FESTSCHRIFT

ZUM LXX. GEBURTSTAGE

VON

Dr. EMIL GASSER

GEHEIMER MEDIZINALRAT,
ORD. PROFESSOR UND DIREKTOR DES ANATOMISCHEN INSTITUTS
DER UNIVERSITÄT MARBURG

AM

8. DEZEMBER 1917

MIT 116 TEXTFIGUREN
UND 38 TAFELN

Springer-Verlag Berlin Heidelberg GmbH
1917

EMIL GASSER

IN DANKBARKEIT, LIEBE
UND VEREHRUNG
GEWIDMET
VON
SCHÜLERN UND FREUNDEN.

Additional material to this book can be downloaded from http://extras.springer.com.

ISBN 978-3-662-42200-7 ISBN 978-3-662-42469-8 (eBook)
DOI 10.1007/978-3-662-42469-8

Sehr geehrter Herr Jubilar!

Gestatten Sie mir als Herausgeber der Zeitschrift für angewandte Anatomie und Konstitutionslehre, Ihnen die herzlichsten Glückwünsche zum heutigen Tage zu übermitteln. Ich betrachte es als eine Auszeichnung, daß Ihre Schüler, welche der Dankbarkeit in der für den Lehrer ehrendsten Form, durch die Herausgabe einer Festschrift, Ausdruck verleihen, die Zeitschrift für Anatomie und Konstitutionslehre dazu gewählt haben. Es erfüllt den Herausgeber mit besonderer Freude, daß der erste Band, welcher nach Ausbruch des Krieges zur Ausgabe gelangt, einen Festgruß an Sie, sehr geehrter Herr Kollege, darstellt. Möge dieser Band nicht nur ein Zeichen der Dankbarkeit Ihrer Schüler und Freunde, sondern auch ein Anzeichen des kommenden Friedens sein, möge es Ihnen gegönnt sein, noch viele Jahre einen arbeitsfrohen sonnigen Frieden zu genießen.

Indem ich den herzlichen Wünschen des Herausgebers die nicht minder herzlichen des engeren Fachkollegen anschließe,

verbleibe ich Ihr hochachtungsvollst

ergebener

Julius Tandler.

Inhaltsverzeichnis.

1. Teil.

2. Teil.

I. TEIL

Beiträge zur Entwicklungsgeschichte von Tatusia novemcincta L.

Von

Prof. **H. Strahl,** Gießen.

Mit 6 Tafeln.

Die Embryologie der Gürteltiere hat in den letzten Jahren eine recht ausgiebige Bearbeitung gefunden. In erster Linie sind es die ausgezeichneten Arbeiten von Miguel Fernandez gewesen, die uns mit einer großen Reihe neuer Tatsachen über den eigenartigen Entwicklungsgang der Mulita und des Peludo bekannt gemacht haben. Ferner sind Beobachtungen nordamerikanischer Autoren zu nennen, die ebenfalls wertvolle Beiträge lieferten.

Fernandez hat schon vor einigen Jahren eine kürzere Mitteilung über die höchst eigenartigen Entwicklungsvorgänge der Keimblase der Mulita veröffentlicht (vgl. Literaturverz. Nr. 1) und dann neuerdings den gleichen Gegenstand in einem großen und ausführlichen Werk (Nr. 2) behandelt.

In letzterem gibt Fernandez da, wo er über die Embryonalhüllen handelt, vielfach Hinweise auch auf die Anlage der Placenta, insbesondere auf die Entwicklung der Zotten und der Umbilicalgefäße. Auch früheste Verklebungen der Fruchtblase mit dem Uterus bildet er ab (l. c. Tafel 6).

Im ganzen hat er dabei aber seine Studien wesentlich den Formen der Fruchtblase gelten lassen und den Entwicklungsgang der Placenten und insbesondere die Veränderungen der Uteruswand nicht genauer dargestellt.

Die Abweichungen in der Placentarbildung von Tatusia hybrida und Tatusia novemcincta können bei der großen Verschiedenheit im Bau der Fruchtblasen wohl keine ganz geringen sein; immerhin sind auch mancherlei Übereinstimmungen vorhanden. So ist z. B. der von Fernandez auf Tafel 1, Fig. 4 abgebildete, längsdurchschnittene Uterus mit Fruchtblase einzelnen unserer Objekte nicht unähnlich.

Auch insoweit scheint eine Übereinstimmung zu herrschen, als bei der Mulita die Placenta wie bei Tatusia nov. zeitweilig ausgesprochen gürtelförmig und für eine Anzahl der Embryonen gemeinsam ist.

Genauere Angaben über den Entwicklungsgang der ganzen Placenta gibt Fernandez aber an dieser Stelle nicht.

Eine eingehendere Darstellung der ersten Placentarbildung liefert Fernandez auch in seiner Arbeit über den Peludo nicht (Nr. 4), die sonst sehr viel des Interessanten bringt. Immerhin möchte ich im Hinblick auf unten mitgeteilte Beobachtungen über die Placenta von Tatusia novemcincta darauf hinweisen, daß Fernandez hier freies mütterliches Blut um die Fruchtblase beschreibt und abbildet. Er hält das Extravasat für entstanden durch Risse in der Uteruswand.

Bei dem eigentümlichen Bau des mütterlichen Gefäßsystems, wie ich ihn im Uterus gravidus von Tatusia novemcincta (und auch bei Cabassous unicinctus) finde und unten beschreibe, möchte ich nicht für unmöglich halten, daß hier ein physiologisches Extravasat vorliegt, kann etwas Genaueres aber mangels Kenntnis der Präparate natürlich nicht sagen.

Soweit Fernandez die Bilder von Schnitten durch die Uteruswand beschreibt (l. c. p. 315) muß man annehmen, daß deren Bau sowohl von dem von Tatusia hybrida als von Tatusia novemcincta abweicht, daß also die erste Placentaranlage ihre Besonderheiten haben wird. Fernandez weist S. 316 auch selbst hierauf hin.

Sehr bemerkenswert ist in bezug auf die Beurteilung der von Fernandez gefundenen überaus eigenartigen Polyembryonie der Mulita, daß der Autor für Dasypus villosus nachweisen kann, daß hier zwar auch in vorgeschrittener Graviditätszeit zwei Feten mit je dem zugehörigen Amnion in einem gemeinsamen Fruchtsack liegen, daß aber dieser Zustand erst während des Entwicklungsganges sich aus zwei ursprünglich getrennten Fruchtblasen herausbildet.

Eine Mitteilung von Fernandez über die Placenta von Tatusia novemcincta (Nr. 3) behandelt im wesentlichen die Formen der Placenta und anscheinend voneinander abweichende Angaben in der Literatur. Ich habe auf diese bereits früher an anderer Stelle geantwortet und glaube die vermeintlichen Differenzen aufgeklärt zu haben (Lit.-Verz. Nr. 8).

Fernandez hat bei seinen Untersuchungen über den Entwicklungsgang der Fruchtblase der Mulita nachgewiesen, daß hier in ganz früher Entwicklungszeit ein Inversionsvorgang sich abspielt, der in vieler Beziehung mit dem übereinstimmt, was von der Inversion der Keimblätter bei Nagern bekannt ist, diesen gegenüber allerdings wieder eine Reihe von durchaus charakteristischen Besonderheiten aufweist.

Für unsere Darstellung vom Aufbau der Placenta ist die Kenntnis dieser Stadien wesentlich, und ich verweise bereits jetzt auf die sehr klaren Schemata, die Fernandez (l. c. Nr. 2, S. 13 und 117) von ihnen gibt; insbesondere darauf, daß schon sehr früh ein überwiegender Teil der Außenwand der Fruchtblase vom Entoderm gebildet wird.

Von den Arbeiten der amerikanischen Autoren nenne ich zunächst die kurze, aber inhaltreiche Mitteilung von Lane (5), über die ich mich auch bereits an anderer Stelle ausgesprochen habe.

Lane nennt die Placenta des Tatu eine Placenta zono-discoidalis indistincta. Nach seinen eigenen schematischen Abbildungen läßt sich darüber streiten, ob diese Terminologie zweckmäßig ist; ich würde nach den Laneschen Figuren die Placenta lieber als eine sehr große Placenta zonaria mit verschieden starken Abschnitten bezeichnen; ich komme unten auf die Frage der Terminologie zurück.

Newman und Patterson (6) behandeln bei ihren Untersuchungen über die Entwicklung des Armadillo die Frage nach der Entstehung der Placenta in erster Linie vom Gesichtspunkt der Form der Placenta, über die sie sich orientieren, indem sie die Fruchtsäcke durch Abnahme der Uteruswand von außen frei legen.

Sie scheiden eine primäre (Träger-) Placenta, die im wesentlichen die Verbindung zwischen Fruchtblase und Uterus herstellen und weniger der Ernährungsfunktion dienen soll, von einer endgültigen ernährenden, sekundären Placenta.

Für die Entstehung der sekundären Placenta geben sie schematische Figuren der Außenseite der Fruchtblase, an welch letzterer sie einen im Fundus belegenen Trägerabschnitt von einem in der unteren Uterushälfte gelegenen Dottersacksabschnitt scheiden.

Das jüngste Stadium, das sie schildern (l. c. S. 389, Fig. 3) zeigt eine Fruchtblase, die im ganzen Fundusteil mit kurzen, weitstehenden Trägerzotten bedeckt ist. Inmitten dieser finden sich hier zunächst voneinander getrennte Placentarscheiben, von denen je eine zu einem der vier Embryonen gehört. Sie sind durch eine dichtere Stellung ihrer Zotten gekennzeichnet.

Dieser Entwicklungszustand soll sich dann so verändern, daß die Placentaranlage im Trägerteil sich relativ vergrößert, der Dottersacksanteil kleiner wird. Gleichzeitig verbinden sich die Placentarscheiben zu einem Ring, an dem aber die Verbindungsbrücken von je zweien der Scheiben breiter sind als die beiden anderen, so daß der Ring aus zwei Stücken besteht, die selbst wieder zweiteilig und untereinander durch schmale Brücken verbunden sind.

Die Brücken entwickeln sich auch weiter ungleichmäßig, und als endgültige Form bilden die beiden Autoren einen von außen frei präparierten Fruchtsack ab, der 210 mm lange Feten einschließt und eine Placenta aufweist, bei der sich zwei Lappen unterscheiden lassen, die durch ganz schmale Brücken verbunden sind, selbst aber wieder durch Einkerbungen am Rande zweiteilig erscheinen. Der untere Abschnitt des Fruchtsackes ist in größerer Ausdehnung zottenfrei; die Zotten, die in ihm ursprünglich vorhanden waren, sollen degeneriert sein.

Newman und Patterson polemisieren auch — wie mir scheint, nicht mit Recht — gegen die Form der zottenfreien Pole der Fruchtblasen in dem Schema von Lane.

Zum Schluß ihrer Mitteilungen über den Placentarbau des Armadillo stellen Newman und Patterson die Angaben der älteren Autoren über die Form der Placenta zusammen: Nach Kölliker ist sie discoidal, nach Milne Edwards zonar, nach Beddard „dome-shaped", nach Lane eine zono-discoidalis indistincta.

Die Placenta von Tatu hybridum sei nach von Ihering eine „annularis composita", die vom „six-banded armadillo" nach Chapmann krikoid.

Nach ihrer eigenen Meinung ist diejenige von Dasypus novemcinctus zuerst einfach discoidal, dann gürtelförmig, dann tetra-discoidal, später eine annularis composita und endlich „incompletely doubly discoidal".

Die Arbeiten der älteren Zeit von Milne Edwards, Kölliker, Ihering sind so vielfach in der Literatur angeführt und so bekannt. daß es eines besonderen Hinweises auf diese kaum bedarf.

In bezug auf die neueren Arbeiten soweit sie hier nicht unmittelbar zitiert sind, kann ich auf das sehr vollständige Verzeichnis von Fernandez verweisen.

Ich selbst habe Gelegenheit gehabt, ein ziemlich umfangreiches Material von graviden und nicht graviden Uteris von Tatusia novemcincta zu untersuchen und habe mich in erster Linie mit dem Aufbau der Placenta dieses Tieres beschäftigt. Es handelte sich dabei für mich insbesondere um Feststellung der Beziehungen der Fruchtblase zum Uterus, die bei den genannten Autoren im ganzen weniger Berücksichtigung erfahren haben.

Ich habe einiges aus der Placentarentwicklung bereits in einer Anzahl kleinerer Mitteilungen berichtet (Lit.-Verz. Nr. 7, 8, 9).

Ich glaube jetzt in der Lage zu sein, eine Übersicht über so ziemlich den ganzen Entwicklungsgang der Placenta geben zu können und möchte das im nachstehenden versuchen. Kleine Lücken im Material, die sich auch heute noch an dieser oder jener Stelle finden, lassen sich dann wohl bei Lieferung neuer Uteri ergänzen.

Ich darf für unsere Darstellung ganz kurz daran erinnern, daß es seit langem bekannt ist, daß Tatusia novemcincta bei seltenen Ausnahmen jeweils vier gleichgeschlechtliche Junge entwickelt, die in einem gemeinsamen Fruchtsack liegen, deren jeder aber ein eigenes Amnion besitzt. Ich füge hinzu, daß dem gemeinsamen Fruchtsack auch eine bis zum gewissen Grade gemeinsame, für alle vier Feten einheitliche Placenta entspricht. Diese füllt den ganzen mittleren Teil des Uterus aus, läßt jedoch den Abschnitt über dem inneren Muttermund und dessen Umgebung, desgleichen ein Feld im Fundus frei, ist also im strengeren Sinne eine ringförmige.

Vielleicht ist es zweckmäßig, ebenfalls gleich vorauszuschicken, daß die fertige Placenta aus einem großen intervillösen Raum besteht, in welchen die Zotten frei hineinhängen, so daß an Schnitten ein Gesamtbild entsteht, das man wohl mit dem der menschlichen Placenta vergleichen kann, das aber im einzelnen freilich so weit abweicht, daß man (abgesehen von den makroskopischen Unterschieden und denen der Größenverhältnisse, die ja sehr ausgiebig sind) auch im feineren Bau die beiden Placenten leicht unterscheiden kann. Dazu kommt, daß, wie die nachstehenden Betrachtungen erläutern sollen, der Entwicklungsgang der beiden Placentarformen ein durchaus verschiedener ist.

Kölliker hat die Tatsache, daß die vier Feten bei Tatusia novemcincta in einem gemeinsamen Fruchtsack liegen, in seiner „Entwicklungsgeschichte" (S. 362) erwähnt. Er nennt dabei die Außenhülle des Fruchtsackes, dem damaligen Stand der Kenntnisse entsprechend, Chorion. Der Terminus Chorion für die äußere Hülle der Fruchtblase ist aber für die Säuger mit Inversion der Blätter nicht recht angebracht; was hier in einem größeren Abschnitte der Fruchtblasenwand bei einigermaßen entwickelter Fruchtblase außen liegt, ist die parietale Platte der Dotterackswand, deren Entodermschicht dann die Außenwand Fruchtblase bildet. Sobotta nennt deshalb Chorion bei der Fruchtblase der weißen Maus auch folgerichtig die Platte, die sich mit der Bildung der Amnion dorsal von der Amnionfalte abspaltet und hier natürlich im Innern der Fruchtblase liegt.

Für unsere Zwecke ist bei Darstellung der Placentarentwicklung von Tatusia novemcincta der Terminus Chorion entbehrlich. Ich möchte ihn, um die Terminologie nicht unnötigerweise unübersichtlich zu machen, vermeiden; unter allen Umständen darf man die an die Uteruswand anschließende Fruchthülle, die vom Entoderm überzogen ist, nicht mit diesem Terminus bezeichnen.

Der nichtgravide Uterus.

Der nichtgravide Uterus von Tatusia novemcincta ist ein kleiner Uterus simplex, der in einem breiten Ligamentum latum sitzt. Er geht nach oben in eine kleine Spitze aus, die in einem Falle mehr, im anderen minder vorspringt, was ich bemerke, da die nichtgraviden Uteri einzelner anderer Gürteltierformen in ihrem Fundus breiter sind und viel mehr als der von Tatusia novemcincta einem stark verkleinerten menschlichen Uterus gleichen. Ein senkrecht durchschnittener Uterus zeigt in einem mikroskopischen Schnitt bei schwacher Vergrößerung, wie auf der Muskulatur des Corpus uteri eine dicke Schleimhaut aufsitzt, die von einem ausgiebigen Komplex zusammengesetzter tubulöser Drüsen vollkommen durchsetzt ist.

Nach unten wird die Schleimhaut dünner, die Drüsen sind minder stark verzweigt und schräg in die Mucosa eingelassen. Wir möchten auf diesen Unterschied in dem Aufbau der Schleimhaut oben und unten, in der Anordnung der Drüsen bereits hier aufmerksam machen, da es sich aus der folgenden Darstellung ergeben wird, daß der untere Abschnitt des Uterus mit den schräggestellten Drüsen zur Anlage bestimmter Abschnitte der Placenta verwendet wird. Auf die in der Literatur ventilierte Frage nach den Beziehungen von Uterus und Scheide zueinander will ich an dieser Stelle nicht eingehen.

Auch bei ganz geringer Vergrößerung lassen unsere Schnittpräparate an der Muskulatur vielfach eine ausgesprochene Lückenbildung erkennen. Wie Untersuchung mit starker Vergrößerung lehrt, ist das der Ausdruck einer eigenartigen Anordnung des Gefäßsystemes, wie sie im Uterus von Tatusia, Cabassous, Tamandua vorkommt. Ich habe früher an anderer Stelle über dieselbe berichtet (Lit.-Verz. Nr. 9) und werde im nachstehenden mich vielfach mit ihr zu beschäftigen haben. Es handelt sich um eine ganz eigenartige Auflösung der venösen Gefäße vermutlich innerhalb derjenigen Lagen der Muskulatur, die an die Schleimhaut anschließen, in ein weit kalibriertes Netzwerk von Stämmen, zwischen welchen die Muskulatur schließlich nur in Gestalt von kleinen Bälkchen liegenbleibt. Eine Anordnung, die ich sowohl im nichtgraviden wie im graviden Uterus finde, bei lezterem sowohl in dem placentaren als in dem nichtplacentaren Teil.

Ich habe geglaubt, sie in mancher Beziehung einem Corpus cavernosum vergleichen zu können und sie auch als Corpus cavernosum uteri bezeichnet.

Die Bilder, die man von diesem im Schnitt bekommt, sind ungemein wechselnde, je nach dem Füllungszustand der Gefäße, auch je nachdem bei entleerten Gefäßen diese klaffen oder in ihren Wandungen zusammenklappen. Auch in letzterem Falle kann man sie, wenn man die ganze Erscheinung kennt, immer leicht nachweisen. Wir kommen im folgenden vielfach auf diese Gefäße zurück, insbesondere auf ihre Beziehungen zur Placenta und zum intervillösen Raum.

Uterus aus der Brunst.

Ein Uterus lag vor, der sich äußerlich von dem nichtgraviden dadurch unterschied, daß er eine ganz geringe Vergrößerung über den Durchschnitt aufwies.

Ich habe den Uterus, wie viele andere, längs durchschnitten und fand in ihm eine gegenüber der spaltförmigen Lichtung des nichtgraviden Uterus nicht zu verkennende Erweiterung des Cavum uteri; eine Fruchtblase war nicht nachzuweisen.

Ich nehme nach den gewonnenen Schnittbildern an, daß es sich hier um ein Stadium der Brunst handelt, kann aber auch eine allerfrüheste Gravidität, etwa im Tubenstadium, nicht sicher ausschließen.

Jedenfalls zeigt der Uterus auf Schnitten, die gemacht wurden, ein Bild, das durchaus zu dem paßt, das man von der Vorbereitung auf die Gravidität erwarten darf.

Die Schleimhaut ist gegenüber der des nichtgraviden Uterus verdickt und weist eine ausgesprochene Entwicklung der Drüsen auf. Diese sind verlängert und verdickt und lassen wohl auch eine Scheidung in einen oberen und unteren Abschnitt erkennen. Die unteren blinden Enden der Drüsen reichen, was mir für Erklärung der Schnittbilder aus späteren Stadien wesentlich erscheint, vielfach bis in die Muskulatur hinein. Das Corpus cavernosum in dieser ist gut entwickelt.

Aus einer sehr großen Zahl gravider Uteri aller Entwicklungsstadien, über die ich verfüge, nehme ich für die Darstellung eine kleinere Reihe heraus, welche ausreicht, um den Entwicklungsgang der Placenta klarzulegen.

Das jüngste Graviditätsstadium, welches sich in meinem Materiale findet, ist ein Uterus, dessen Embryonen auf einem Stadium mit eben angelegter Medullar- und primitiver Rinne stehen und noch keine Urwirbel besitzen.

Uterus gravidus Nr. 1.

Das jüngste Stadium meiner Uteri, die ich für Untersuchung der Placentarbildung verwenden konnte, enthielt Embryonen kurz vor Anlage der ersten Urwirbel.

Ich habe den Uterus durch einen glatten Längsschnitt eröffnet; die eine Hälfte dieses zeigt Fig. 1. Das abgebildete Stück ist in natura 32 mm lang, die Vergrößerung also ungefähr dreifach linear. Der ganze Uterus ist gegenüber dem nichtgraviden, insbesondere in seinen unteren Abschnitten, verdickt; in dem erweiterten Cavum uteri liegt auf der hier dünneren Uteruswand in einer von dieser begrenzten ovalen Höhle eine birnförmige Fruchtblase. Der Hohlraum läßt in der Figur einen oberen, etwas kürzeren und einen unteren längeren zugespitzten Abschnitt unterscheiden, die durch eine ringförmig verlaufende Furche voneinander getrennt sind. Der untere Teil der Fruchtblase enthält die zu erwartenden vier Embryonen als verhältnismäßig lange, schmale Streifen. Unsere Figur zeigt deren zwei, einen gerade am linken Rand, der anderen etwas rechts von der Mitte.

Die Embryonen stehen noch vor Anlage der ersten Urwirbel; sie haben eine ganz flache Medullarrinne entwickelt, hinter dieser eine ausgesprochene Primitivrinne. Sie sind im Verhältnis zu anderen Säugetierembryonen gleichen Entwicklungsgrades verhältnismäßig lang und schmal.

In bezug auf den ersten Entwicklungsgang von Gürteltierfruchtblase kann ich auf die ausführlichen Darstellungen von Fernandez verweisen und für unsere Zwecke nur vermerken, daß die verschiedenen Gürteltierformen sich offenbar recht ungleichmäßig entwickeln. Tatusia novemcincta macht wie die Mulita jedenfalls eine Inversion der Keimblätter durch, ähnlich der, wie sie für eine Anzahl von Nagern bekannt ist, aber doch wieder mit mancherlei Eigenart.

Es findet dabei ein sehr frühzeitiger Schwund der äußeren Teile der Wand der Fruchtblase statt, nach deren Beendigung die obere Wand der Nabelblase die Außenfläche der Blase bildet. Es liegt dann, wie wir zeigen werden, auf weite Strecken das Entoderm an der Oberfläche der Fruchtblase. Ich bitte, für diese Verhältnisse nochmals die Textfigur 41, S. 117 (Nr. 2) von Fernandez zu vergleichen, ebenso meine eigene Abbildung s. Tafel VI aus einem etwas älteren Stadium.

Das von Fernandez abgebildete Entwicklungsstadium ist etwas älter als das vorliegende — etwa mein Präparat von Uterus 3 würde diesem entsprechen —, aber es orientiert rasch über die Anordnung der Embryonalhüllen.

Es muß dabei hervorgehoben werden, daß Tatusia hybrida natürlich in Einzelheiten ihre besonderen Formen gegenüber Tatusia novemcincta aufweist. Die allgemeine Anordnung ist aber wohl die gleiche; insbesondere, daß in dem hier von mir beschriebenen Stadium die ursprüngliche, hinfällige Außenwand der Fruchtblase schon geschwunden ist; die Außenwand wird nunmehr in überwiegendem Teil von der dorsalen Wand der Nabelblase gebildet. Die äußerste Lage ist somit entodermal. Das gilt jedenfalls für die ganzen unteren Abschnitt der Fruchtblase; ob auch für die im Fundus uteri gelegene Kuppe, lasse ich dahingestellt; ich kann es nach meinen Präparaten nicht entscheiden, es kommt auch zunächst für meine Untersuchungen über die Placentarbildung nicht so sehr in Frage als das Verhalten des unteren Teiles der Fruchtblase.

Bei unserem Präparat hat sich am rechten Rande des Stückes die sonst der Innenfläche des Uterus dicht anliegende Fruchtblase etwas abgehoben, so daß sich Uteruswand und Fruchtblase deutlich voneinander scheiden. Aus der gegenüberliegenden Uterushälfte wurde die Fruchtblase herausgenommen und zeigte sich dann ein auffälliger Unterschied in der Anordnung der Innenfläche der Uterusschleimhaut oben und unten. Entsprechend der schon in Fig. 1 beschriebenen Furche ist auch hier oberer und unterer Abschnitt durch eine solche geschieden. Der untere, stärkere ist auf der freien Fläche ganz ausgesprochen glatter, der obere in kleine unregelmäßige Felder geschieden.

Ein Schnittpräparat durch oberen und mittleren Abschnitt der Uterushälfte (Fig. 2) zeigt, daß an der erweiterten Partie einem unteren Teil mit stark verdickter Muskulatur und Schleimhaut ein oberer, dünnerer Teil gegenübersteht. Wir können bereits jetzt vorausschicken, daß in beiden sich Placenta bildet, in dem unteren aber in ganz anderer Form und Ausdehnung als im oberen. Ich bezeichne die verdickte Schleimhaut des unteren Teiles als „Placentarpolster"; eine „Placentarrinne" setzt den oberen Rand des Placentarpolsters gegen den dünneren Abschnitt in der Kuppe des Uterus ab.

Die Schleimhaut des Placentarpolsters ist in ihrer Bindegewebsunterlage überaus verstärkt, und in das Bindegewebe ist ein ungemein entwickelter Drüsenapparat eingelagert.

Die Drüsen sind, wie das die Figur trotz ganz schwacher Vergrößerung erkennen läßt, in ihren tieferen Teilen so angeordnet, daß sie schräg in der Richtung von oberflächlich an der Fundusseite nach tief an der Muttermundsseite ziehen. Man kann das auch an kleineren Spalten im Bindegewebe kontrollieren, die sich an einzelnen Stellen zu größeren Lücken erweitern, und auf welche ich im Hinblick auf die Art und Weise der späteren Placentarbildung jetzt schon aufmerksam machen will. Das eigentümlich Fleckige in dem oberflächlichen Teil der Muskelschicht ist bedingt durch die oben beschriebene Anordnung des Gefäßapparates, durch das Corpus cavernosum uteri, das auch bei Betrachtung der Figur mit der Lupe gut erscheint.

In der Kuppe des Uterus ist die Schleimhaut, die sich dort auch in der Figur als etwas Besonderes nicht absetzt, ungemein dünn; wie stärkere Vergrößerung lehrt, ist sie an einzelnen Stellen sogar in ihrer Kontinuität unterbrochen, so daß die Muskulatur frei an der Oberfläche liegt. Neben solchen von Schleimhaut freien Abschnitten der Uteruswand finden sich solche, in denen kleine Wülstchen von etwas stärkerer Schleimhaut vorhanden sind, die wohl die Durchschnitte von Schleimhautleisten bilden, welche das makroskopisch sichtbare Oberflächenrelief bedingen.

Auch die Muskulatur in der Kuppe ist nicht stark; sie ist von einem gleichen Netz von Gefäßen durchsetzt, wie wir es oben beschrieben haben, ist zum Teil in ein Balkenwerk von feinsten Muskelfäden aufgelöst.

Die Fruchtblase liegt der Innenwand des Uterus im ganzen locker auf; an der Placentarrinne zwischen oberem und unterem Uterusabschnitt, und in deren Nachbarschaft ist bereits eine Verklebung der beiden Teile eingetreten. Über die Natur dieser gibt das folgende Entwicklungsstadium besseren Aufschluß, als das vorliegende.

Uterus gravidus Nr. 2.

Ein in der Entwicklung ein wenig weiter vorgeschrittener Uterus ist von mir bereits früher in einer kurzen Mitteilung im Anatomischen Anzeiger (Lit.-Verz. Nr. 7) erwähnt; ich kann ihn der Vollständigkeit der Darstellung halber hier nicht übergehen, habe auch seit meiner ersten

Veröffentlichung noch eine Reihe sehr instruktiver Präparate von ihm gewonnen.

Das Bild des ganzen, uneröffneten Uterus zeigte, wie sich der Fundus rasch über den oberen Rand des Ligamentum latum erhoben hat; es ist die ursprünglich vorhandene Spitze verstrichen und der ganze Uterus ausgesprochener als früher birnförmig geworden.

In dem frontal eröffneten Uterus liegen auch hier die vier Embryonen in einem gemeinsamen großen Fruchtsack (Fig. 3). Die abgebildete Hälfte zeigt ihrer zwei, die mit dem Kopfende etwas schräg nach unten einwärts liegen, mit dem Hinterende den oberen Rand des Placentarpolsters erreichen.

Die kleinen Embryonen haben einen ähnlichen Bau, wie ihn Fernandez von entsprechenden Stadien der Mulita (Nr. 2, S. 117) im Schema abbildet. Bei unserem Präparat läßt sich unter der Doppellupe bei Beleuchtung mit der für solche Zwecke besonders empfehlenswerten Leitzschen Liliputbogenlampe leicht feststellen, daß vom hinteren Embryonalende Stränge, die auch in unserer Figur hervortreten, zur Uteruswand ziehen und beide Teile miteinander verbinden. Es sind mesodermale Abschnitte der Allantois, die in ähnlicher Form wie bei Nagern mit invertierten Blättern, bei denen sie freilich einheitlicher sind, als starke Straßen die Umbilicalgefäße auf die Uteruswand überleiten.

Vielleicht kann ich an dieser Stelle schon vermerken, daß außer den in der Figur sichtbaren Abschnitten des Allantoiswulstes, die nach oben gegen den Kuppelteil des Uterus ziehen, ein nur an Schnitten nachweisbares anderes Stück desselben sich vom Boden der Placentarrinne aus zwischen Muskulatur und Schleimhaut nach abwärts schiebt.

Der Embryo ist auch in diesem Stadium sehr langgestreckt. Sein Medullarrohr im größten Teil geschlossen, nur hinten noch klaffend.

Herzanlage als kleiner Schlauch in der ventralen Wand des kurzen Kopfdarmes ist vorhanden; der Kopfdarm geht dann in eine flache Darmrinne über, die wieder gegen einen kurzen Enddarm ausläuft. Eine Reihe von Urwirbelpaaren ist entwickelt; neben ihnen geht auf Querschnitten stellenweise die Anlage für die Leibeswand so ausgesprochen steil in die Höhe, wie man das auch bei einzelnen Nagern mit invertierten Blättern in entsprechenden Stadien findet.

Das geschlossene Amnion läuft nach vorn in die von Fernandez beschriebene Röhre aus, die auch in unserer Figur als heller Faden sichtbar ist.

Die Länge des kleinen Embryonalkörpers beträgt am erhärteten Objekt etwa 4 mm.

Der Unterschied zwischen dem unteren Abschnitt des Uterus mit seinem Placentarpolster und dem oberen, dünneren, placentarfreien Teil ist jetzt noch ausgesprochener als im vorigen Stadium; der Rand des

Polsters springt sehr viel stärker heraus; die Rinne, welche beide Abschnitte trennt, ist erheblich tiefer.

Schnittpräparate lehren, daß die Fruchtblase der verdickten Schleimhaut im allgemeinen locker aufliegt, die Schleimhaut des Placentarpolsters läßt die Wucherung der Drüsen erkennen, in deren Anordnung insofern etwas Änderung eingetreten ist, als die Drüsen sich noch ausgesprochener als vorher in Gruppen stellen, die schräg von oben nach unten sich in die bindegewebige Unterlage einsenken, was am Präparat vielfach noch deutlicher als in der Figur hervortritt.

Die bereits im vorigen Stadium sichtbaren Lücken in der Schleimhaut zwischen den Drüsenpaketen haben sich reichlicher erweitert, namentlich am Boden der Schleimhautschicht so stark, daß es auf Strecken zu breiter und vollkommener Abhebung der Schleimhaut von der Muskulatur kommt. Pfeiler von Schleimhaut verbinden beide Teile miteinander. Untersuchung mit stärkerer Vergrößerung lehrt, daß es sich um mit Endothel ausgekleidete Räume handelt, in denen sich mütterliches Blut nachweisen läßt. An dieser oder jener Stelle kann man den unmittelbaren Zusammenhang dieser Räume mit den gerade an diesem Präparat durch natürliche Injektion besonders deutlich hervortretenden Gefäßnetzen in der Muskulatur nachweisen, und der weitere Entwicklungsgang macht es unzweifelhaft, daß wir in diesen erweiterten mütterlichen Bluträumen die Vorläufer von Teilen eines intervillösen Raumes vor uns haben, in die dann weiterhin die Zotten einwachsen.

Ganz ungemein übersichtliche Präparate gewährten solche Schnitte, welche durch Embryo und Uteruswand gleichzeitig gelegt sind. Es wurde der Uterus in Quadranten mit je einem Embryo zerschnitten und dann einer der Embryonen quer, ein anderer in Längsschnitte zerlegt.

In Fig. 4 bilde ich eines der Schnittpräparate ab, welches von der Querschnittserie einen Schnitt mitten durch den Embryonalkörper enthält, zugleich die unter diesem liegende Uteruswand. Für die Beziehungen von Uteruswand und Embryo zueinander scheint mir besonders bemerkenswert, daß auf der Oberfläche des uterinen Placentarpolsters ein sehr wohlerhaltenes Uterusepithel vorhanden ist. An dieses lagert sich der Embryo mit seiner Entoderm seite an, die flache Darmrinne liegt frei über diesem Epithel. Drüsenmündungen, die auf die Uterusoberfläche ausgehen, werden vom Entoderm überdeckt.

Die Beziehungen der einwachsenden Allantois zur Uteruswand zeigen besser die Längsschnitte, von denen einer in Fig. 5 dargestellt ist.

Die Figur zeigt den leicht gebogenen Embryonalkörper annähernd längs getroffen. Er liegt in seinem vorderen Abschnitt der Uteruswand mit der Entodermseite nicht fest auf. Am hinteren Ende biegen die Embryonalhüllen über dem Rande des Placentarpolsters nach unten ab, und hier findet sich an allen Schnitten eine Brücke, an der Uterusepithel und Entoderm des Embryos in schmalem Streifen fest miteinander verbunden sind. Es ist an dieser Stelle unmöglich, eine Grenze zwischen den beiden Lagen festzustellen. Immerhin kann man aber sehen, wie von dieser Brücke aus die Zellen auf den Embryonalhüllen, also Entodermzellen, weiter gehen, während die Lage des Uterusepithels nicht kontinuierlich weiterzieht, sondern von der Verschmelzungsstelle ab gegen den Fundus hin vielfach unterbrochen ist.

Am hinteren Ende des Embryonalkörpers sproßt die Allantois aus. Sie besteht aus einem kurzen Entodermsäckchen, das von einer dichten Lage von visceralem Mesoderm gedeckt ist. Und an dieses schließt sich ein Allantoiszapfen, der nach hinten in den Cölomraum sich vorschiebt und von einem lockeren embryonalen Bindegewebe, dem Träger für die Umbilicalgefäße, gebildet wird, ganz ähnlich dem, was man von dem Allantoiszapfen von Nagerembryonen mit invertierten Blättern kennt.

Dieser Allantoiszapfen stellt dann die Verbindung des hinteren Embryonalendes mit den äußeren Hüllen der Fruchtblase her. Er ist mit seiner Spitze an deren Innenwand angelegt und hat sich mit ihr verbunden. Von der Spitze aus schieben sich die ersten Zotten, deren Durchschnitte unsere Figur als kleine Felder unter dem Allantoiszapfen zeigt, gegen die Uteruswand vor. Sie bestehen aus einem von der Allantois mit den Umbilicalgefäßen gelieferten Kern und einem Überzug der Hüllen. In ihrem inneren mesodermalen Teil ist ein Unterschied in dem von den Hüllen abstammenden und einem allantoiden Abschnitt nicht festzustellen.

Der Längsschnitt zeigt, daß die Zotten an dieser Stelle im wesentlichen gegen den Fundus zwischen Hüllen und Uteruswand sich einschieben. Aus den Querschnitten folgt aber, daß jetzt schon ein anderer Teil derselben in die Räume einwächst, die sich durch Abhebung der Schleimhaut von der Muskelhaut im unteren Placentarabschnitt bilden.

Der Überzug der vorsprossenden Zotten ist ein Syncytium, das ich seiner Herkunft nach für entodermal halte.

Ich tue das, weil ich in diesem Stadium, in dem ich die ersten Zotten sich entwickeln sehe, an der ventralen Seite des Embryos eine sichere Entodermlage nachweisen kann, die sich hinter dem caudalen Ende des Embryos als äußere Wand der Fruchtblase an die Uteruswand verfolgen läßt; und da, wo die Zotten entstehen, kann man die gleiche Lage auch auf diese übergehen sehen.

Ein Zweifel an der Richtigkeit dieser Deutung, den ich meinerseits nicht unerwähnt lassen möchte, könnte nur bestehen, wenn auch für Tatusia novemcincta etwa ein dem vorliegenden vorausgehendes Stadium existierte, das dem Schema der Mulita, wie es Fernandez (Nr. 2, S. 117) gibt, entspräche, d. h. wenn auch hier eine der Struktur, nicht etwa der Topographie nach besondere Trägerplacenta vorkäme.

Den Mitteilungen von Newman und Patterson, die bisher allein die in Frage kommenden Stadien beschrieben haben, kann ich eine Entscheidung nicht entnehmen, und so möchte ich einstweilen bei der oben gegebenen Deutung bleiben.

In der oberen Uterushälfte ist die Schleimhaut stark verdünnt; sie dehnt sich offenbar, der reichlichen Flächenvergrößerung des Uterus folgend, sehr beträchtlich aus, ohne gleichzeitig an Masse zuzunehmen. Die letzte Folge hiervon ist, daß noch deutlicher als im Stadium 2 die Schleimhaut schließlich auf einzelne Stränge reduziert erscheint, zwischen denen Embryonalhüllen und Muskulatur einander berühren.

Nach den Abbildungen von Newman und Patterson reicht der mit Zotten besetzte Teil der Fruchtblase durch den ganzen Fundus. Ich kann nach meinen Präparaten einstweilen nicht entscheiden, ob das richtig ist und ob nicht im Fundus auch jetzt — wie in späteren Stadien sicher — ein zottenfreies Feld vorhanden ist.

Jedenfalls kann man nach den Präparaten des vorliegenden Stadiums aber schon sagen, daß hier die erste Anlage von zwei ganz verschiedenen Abschnitten der Placenta vorhanden ist: Einer derselben, im unteren Teil des Cavum uteri liegend, bildet sich so, daß sein intervillöser Raum nach dem Cavum uteri hin durch mütterliche Schleimhaut abgeschlossen wird, der andere, im Fundus liegend — die Trägerplacenta von Fernandez — so, daß das Dach des intervillösen Raumes nur von den Embryonalhüllen geliefert wird.

Ich habe in der ferneren Darstellung den ersteren als Pars tecta von dem zweiten, der Pars aperta der Placenta, unterschieden.

Uterus gravidus Nr. 3.

Das nächstfolgende Stadium ist ein Uterus von nicht ganz 30 mm Länge. Er wurde, wie die vorhergehenden, frontal eröffnet und zeigte alsdann vier Embryonen von ungefähr 6 mm Länge, vom Nackenhöcker zur Kuppe der Schwanzkrümmung gemessen. Die Embryonen liegen (Fig. 6), wie die vorigen, alle vier mit dem Kopfende nach unten, mit dem Hinterteil gegen den Fundus.

Die Gesichtskopfbeuge ist vollendet, ein Visceralapparat angelegt, ein deutlicher Herzwulst vorhanden. Der allgemeine Entwicklungszustand der Embryonen ergibt sich ohne weiteres aus unserer Figur.

Die Embryonen liegen in einem einfachen Fruchtsack, in dieser Entwicklungszeit noch alle vier in ungefähr gleicher Höhe, jeder in seinem eigenen, knapp anliegenden Amnion. Vom Nabel sieht man auch in unserer ganz schwach vergrößerten Figur bei einem der Embryonen zwei Stränge auslaufen, die den Embryo an seiner ventralen Seite mit der Uteruswand verbinden.

Der vordere ist, wie Schnitte lehren, ein ganz ungewöhnlich stark entwickelter Darmnabelstrang, wie ihn Fernandez auch für die Mulita beschrieben hat; in ihm laufen ausgiebig entwickelte Vasa omphalomeseraica. Der andere enthält die zur Placenta ziehenden Umbilicalgefäße.

Die Scheidung des Placentarpolsters gegen den Fundusraum ist hier nicht so ausgesprochen als im vorigen Stadium, aber immerhin deutlich; die Placentarrinne, die sie bildet, geht im weiteren Verlauf der Entwicklung mehr und mehr verloren.

Obgleich der Unterschied im Entwicklungsgrad der Embryonen gegen das vorige Stadium ja kein so sehr beträchtlicher ist, so ist der in der Placentaranlage ein unerwartet bedeutender. Es ist jetzt in größter Ausdehnung zur Bildung einer Placenta gekommen. Aus der einen Uterushälfte wurde ein queres Stück mit zwei anhaftenden Embryonen herausgenommen und in Schnitte zerlegt, und ich finde in diesen (Fig. 7) bereits eine ganz vollkommen ausgebildete kleine Placenta vor.

Der Schnitt geht mitten durch die beiden nebeneinander gelegenen Embryonalkörper und deren Amnion durch; er trifft beide in der Höhe der unteren Extremität.

Die Uteruswand baut sich aus einer Muskellage auf, die in diesem Präparat sehr stark aufgefasert erscheint; die Spalten zwischen den feineren Muskelbündelchen sind hier wie in den früheren Stadien bedingt durch die Anordnung der Blutgefäße, die weite Lichtungen besitzen. Die Gefäßlücken sind leer und klaffen zum Teil vielleicht stärker als natürlich; die Lücken sind aber kein Kunstprodukt, und das Bild ist nicht etwa auf Maceration der Muskulatur zurückzuführen, sondern ergibt sich ohne weiteres als Fortbildung der jüngeren Entwicklungsstadien. Insbesondere zeigen stärkere Vergrößerungen in den Außenabschnitten der Muskulatur ohne weiteres die Gefäßwandungen mit ihrem Endothel. Ein solches ist an geeigneten Objekten auch an den Bälkchen sichtbar, welche die Gefäßräume in den oberen Muskelpartien begrenzen.

Die auf der Muskulatur aufliegende Anlage der Placenta (Fig. 8) enthält jetzt einen größeren intervillösen Raum. Dieser ist, wie die Fig. 7 lehrt, im vorliegenden Stadium und in der gewählten Schnitthöhe mindestens den beiden im Schnitt getroffenen Embryonen gemeinsam; später ist er — ob schon in diesem Stadium, kann ich nicht sagen — für alle vier Feten auf große Strecken einheitlich.

Der Raum ist entstanden durch Vergrößerung der für das vorige Stadium beschriebenen Spalten; er bildet sich an dieser Stelle, indem sich die ganze Schleimhaut mehr und mehr von der Muskelhaut abhebt. Der ganz überwiegende Teil der Schleimhaut kommt dabei in das Dach des intervillösen Raumes zu liegen; den Boden bildet auf weite Strecken unmittelbar die Muskulatur; an anderen Stellen liegen auf ihm noch kleine Buckelchen von Schleimhaut. Indem Boden und Dach durch Schleimhautpfeiler — Placentarpfeiler — mit Drüsen und Gefäßen verbunden bleiben, kommen Bilder zustande, wie ich solche in einer früheren kurzen Mitteilung im Anatomischen Anzeiger (7) beschrieben und in schematischer Figur abgebildet habe.

Eine Schleimhautdeckschicht des intervillösen Raumes schließt diesen in der Höhe unseres Schnittes nach oben ab; auf ihrer Oberfläche ist das Uterusepithel für lange erhalten, und ihm lagert sich das Entoderm der Fruchtblase, wie im vorausgehenden Stadium, unmittelbar an.

Der intervillöse Raum enthält in unserem Präparat, wie auch vielfach in älteren Stadien, offenbar in Abhängigkeit von der Behandlung, sehr wenig mütterliches Blut. Immerhin ist solches an einzelnen Stellen meiner Schnitte nachweisbar, wenn es auch in unserer Figur nicht erscheint. Im intervillösen Raum liegen Zottendurchschnitte aller möglichen Form. Die einzelne Zotte besteht aus einer Grundlage von embryonalem Bindegewebe, die von einer dünnen, sich etwas dunkler färbenden syncytialen Lage überzogen ist. Ich muß diese nach dem vorausgehenden Entwicklungsstadium als entodermal ansehen, ebenso wie die Klumpen von kleinen stark färbbaren Zellen, die sich auch in allen späteren Stadien an dieser oder jener Stelle an den Zotten anliegend finden. Fernandez und Newman und Patterson haben diese Knoten bereits gesehen und als Trophodermknoten beschrieben.

Die fetalen Gefäße in der Zotte bilden ein dichtes Netzwerk von sehr weiten Capillaren unmittelbar unter der Oberfläche.

Einige der Schnitte zeigen sehr schön den oben bereits erwähnten Darmnabelstrang. In Fig. 7 ist ein solcher an dem linken Embryo in seiner ganzen Länge im Schnitte getroffen, von seinem Ursprung an der ventralen Darmwand an bis zu seinem Ansatz auf der Placentaroberfläche. Er besteht aus einem lockeren Gewebe mit Gefäßen und beherbergt in seinem Innern eine Fortsetzung des Darmepithels, die mit einem offenen Trichter gegen die Placenta endet (Fig. 9). Die dunkle Epithelschicht im Innern des Stranges ist sicheres Entoderm, und man erkennt ohne weiteres, wie dieses unmittelbar auf die Innenwand des Uterus übergeht; da, wie unsere Figur zeigt, derjenige Teil der Uterusschleimhaut, der das Dach des intervillösen Raumes bildet, an seiner freien Oberfläche noch von einem deutlichen Epithel überzogen ist, so liegen denn hier Entoderm und Uterusepithel, wie im vorigen so auch in diesem Stadium leicht nachweisbar, unmittelbar aneinander; an das Entoderm schließt eine Lage embryonalen Bindegewebes, die von dem Darmnabelstrang ausgeht und die Vasa omphalo-meseraica enthält, wie man unserer Fig. 9 unmittelbar entnehmen kann. Ferner findet man, daß sich das Entoderm in kleinen Vorsprüngen in die Uterusschleimhaut einsenkt, es ist also nicht auszuschließen, daß hier im vorliegenden und dem diesen vorausgehenden Stadien eine Dottersacksplacenta nicht nur vorhanden ist, sondern auch sogar funktioniert. Gleichzeitig haben aber jetzt auch die Vasa umbilicalia eine sehr erhebliche Ausdehnung erreicht. Man kann sie an unserer Schnittreihe neben den Vasa omphalo-meseraica vom Embryonalkörper aus nach der Oberfläche der Placentaranlage verfolgen und dann in diese eintreten sehen.

An den Stellen, an denen sie die Placenta erreichen, also an der Placentarrinne, fehlt, wie sich aus dem vorausgehenden Entwicklungsstadium ergibt, im Dach des intervillösen Raumes natürlich die Schlußschicht der mütterlichen Schleimhaut. Hier wird das Dach des intervillösen Raumes von dem Allantoisbindegewebe nebst dessen entodermalem Überzug gebildet, und von hier aus gehen die Zotten und mit ihnen die Verzweigungen der Umbilicalgefäße in den Placentarraum nach allen Richtungen ein. Der eine Abschnitt wächst nach unten zwischen Schleimhaut und Muskelhaut ein, der andere nach oben gegen den Fundus teil, frei zwischen Embryonalhüllen und Uteruswand sich ausbreitend.

Die Zotten haben größte Ähnlichkeit mit denen der menschlichen Placenta der späteren Stadien dieser. Sie bestehen aus einem Grundstock von embryonalem Bindegewebe, das die Verzweigungen der Allantoisgefäße enthält; dies ist von einer niedrigen Lage von Syncytium überdeckt, das ich nach dem oben Gesagten ebenso wie den Überzug der in die Placenta eintretenden Stämme für entodermal halte.

Entsprechend dem Entwicklungsgang finde ich jetzt oberen und unteren Placentarrand ganz verschieden gebaut. Unten verläuft der intervillöse Raum inmitten der verdickten Schleimhaut aus, die den Abschluß auch in seinem Dach bildet. Nach dem oberen Rand zu ist der Raum nur durch Verklebung der Embryonalhüllen mit der Uteruswand abgeschlossen.

Uterus gravidus Nr. 4.

Um eine Übersicht über die allgemeinen Bauverhältnisse des Corpus cavernosum uteri zu geben, habe ich an einem Uterus gravidus die Muskelwand in ihrer äußersten Lage abpräpariert. Damit kann man das Corpus cavernosum wundervoll klar darstellen. Die Einzelräume desselben erscheinen dann (Fig. 10) als rundliche oder ovale Lücken; größere und kleinere sind übereinander gelagert, schmälere und breitere Bänder von glatter Muskulatur ziehen durch dieselben hindurch.

Mir scheint, daß man sich aus der Abbildung leicht und jedenfalls viel besser als aus den Schnitten allein eine Vorstellung von der Art und Weise des Aufbaues der Bluträume des Corpus cavernosum machen kann. Es kommt dabei sogar an einzelnen Stellen die Übereinstimmung mit dem Flächenbilde der natürlichen Injektion, das ich unten in Fig. 19 gebe, heraus.

Es kann sich dabei nur um ein ganz unregelmäßig angeordnetes System von großen und kleinen Gefäßlücken handeln. Die kleinen liegen stellenweise wie Sieblöcher über den großen. Die Kontraktionsverhältnisse der Muskulatur müssen jedenfalls bei der Zirkulation des Blutes hier eine sehr wesentliche Rolle spielen.

Uterus gravidus Nr. 5.

Um eine möglichst zuverlässige Übersicht über die Beziehungen der einzelnen Placenten zueinander zu bekommen, ist ein Uterus mittlerer Graviditätszeit an der Kuppe eröffnet, so daß der Inhalt sich nicht verlagerte, in Celloidin eingebettet und dann in quere Scheiben zerlegt, von denen Schnitte angefertigt werden konnten.

Diese geben gute Übersichtsbilder (Fig. 11) über die Lage der vier, je in ein eigenes Amnion eingeschlossenen Feten, zwischen denen in dem gemeinsamen Fruchtsack in dieser Zeit noch ein weiter Raum übrig ist; dann aber auch über die zu den Feten zugehörigen Placenten, die jetzt in dieser Zeit unzweifelhaft einheitlich sind, alle vier miteinander einen Ring bilden, der einen einzigen großen intervillösen Raum enthält. In diesem (Fig. 12) finden sich an der abgebildeten Stelle, also im Bereich einer Pars tecta, neben den Massen der Zottendurchschnitte noch einzelne Decidualpfeiler und — allerdings nicht überall gleichmäßig stark — über ihm ein deciduales Dach. Der dunkle Streifen unserer Figur enthält dieses und zugleich, ihm fest aufgelagert, das Entoderm der Fruchtblase.

Ein überwiegender Teil der Decidualdecke des Placentaraumes wird in späterer Graviditätszeit — übrigens mehr histologisch als topographisch — rückgebildet. In den vorliegenden mittleren Stadien sind aber die Zellen sowohl der Decidualdeckplatte, wie man sie nennen könnte, als auch der Decidualpfeiler, so wohl erhalten, daß man von einer Rückbildung noch nicht reden darf. Im Gegenteil ist wohl anzunehmen, daß die Drüsen in diesem Teil der Uteruswand noch funktionieren; man sieht stellenweise noch das geronnene Sekret in ihren Lichtungen, ferner Stellen an der Oberfläche, an denen Ausmündungen der Drüsen nachweisbar sind.

Diese werden vom Entoderm überbrückt, so daß man schließen darf, daß ähnlich wie ich das früher zuerst für die Placenta von Talpa zeigen konnte und wie es später bei einer ganzen Anzahl von anderen Placenten gefunden wurde, auch hier Drüsen innerhalb der Placentarwand sezernieren und daß ihr Sekret für den Fetus nutzbar gemacht werden kann, indem es von den Zellen der Embryonalhüllen aufgenommen wird. Wobei allerdings hervorzuheben ist, daß die Zellen der Hüllen hier nicht, wie man das bei vielen anderen Placenten findet, die Aufnahme des Sekretes beobachten lassen. Während man sonst die fetalen

Zellen, welche Drüsenmündungen zudecken, meist viel höher findet als diejenigen, an welchen neben den Drüsenmündungen die Zellen des Chorionepithels mit ihrer Unterlage verklebt sind, lassen sich bei Tatusia nov. besondere Eigentümlichkeiten an den Entodermzellen, welche die Drüsenmündungen überlagern, im mikroskopischen Bilde nicht nachweisen.

Uterus gravidus Nr. 6.

Ein Uterus, der vier Feten von 15 mm größter Länge, vom Scheitelhöcker bis zur Schwanzwurzel in gerader Linie gemessen, trug, wurde durch einen Frontalschnitt eröffnet. Die Feten verschieben sich in diesen mittleren Stadien aus ihrer ursprünglichen Lage in gleicher Höhe nebeneinander etwas, so daß einzelne mehr oben, andere tiefer liegen (Fig. 13). Dabei bleibt aber die Lage immer so, daß der Kopf nach unten gegen den Muttermund sieht, der Schwanz gegen den Fundus. Später gleicht sich die Verschiedenheit im Höhenstand etwas, aber nicht absolut wieder aus. Die Ansätze des Nabelstranges an der Placentaroberfläche bleiben natürlich die gleichen; sie stehen dauernd ungefähr in einer Höhe.

Der Entwicklungsgrad der kleinen Feten ergibt sich aus unserer Figur ausreichend. Ich bemerke noch, daß, was man bei den im Amnion photographierten Feten im Bilde nicht sieht, jetzt die erste Anlage des Gürtels in Gestalt feiner Leistchen mit der Lupe festzustellen ist. Die kleinen Feten liegen in ihrem Amnionsack; die Amnionsäcke füllen den gesamten Fruchtsack jetzt noch immer nicht vollkommen aus.

Ich habe nun aus der einen Hälfte die beiden Embryonen aus dem Amnionsack gelöst und am Nabelstrang kurz abgeschnitten und herausgenommen. Es ließ sich dann feststellen, daß der untere Abschnitt des Cavum uteri von Placenta ausgefüllt ist, die nach unten abflachend allmählich gegen den Muttermund ausläuft; eine ganz scharfe Grenze ist dabei makroskopisch nicht festzustellen. Nach oben gegen den placentarfreien Fundusteil ist die Grenze hier noch leidlich scharf, was in späteren Stadien nicht immer der Fall.

Wenn man jetzt die Form der Gesamtplacenta bestimmen will, so wird man sagen müssen, die Placenta ist ein Gürtel, der oben in weiterem, unten in schmälerem Ring ausläuft; sein unterer, kleinerer Rand läge nicht weit vom Muttermund, der andere, viel weitere nach oben gegen den Fundus, jetzt etwa auf der Grenze des dritten gegen das vierte Viertel des Cavum uteri.

An dem Stück, aus welchem die beiden Embryonen herausgenommen waren, ließ sich die Wand der Fruchtblase in ihrem unteren Abschnitt über etwa zwei Drittel der Placenta ohne weiteres und leicht abheben. Sie besteht nach den vorausgehenden Stadien aus Entoderm und den im Mesoderm gelegenen Verzweigungen der Vasa omphalo-meseraica. Damit wird dann frei gelegt der Teil der Placentaroberfläche, der aus Uterusschleimhaut besteht und die in den vorausgehenden Stadien beschriebene deciduale Deckschicht der Placenta bildet. Sie erscheint bei guter Beleuchtung unter Lupenbetrachtung als ein überaus zierliches Felderwerk, in welchem man sogar die Anordnung der in der Schleimhaut gelegenen Drüsen innerhalb gewisser Grenzen erkennen kann.

Dann folgt eine ringförmige Zone, in welcher die Ansätze der Nabelstränge auf der Placentaroberfläche, die Embryonalhüllen ganz fest auf der Placenta liegen. Es ist das der tiefste Teil desjenigen Abschnittes der Placenta, in welchem das Dach des intervillösen Raumes nicht von Uterusschleimhaut, sondern von Embryohüllen gebildet wird und von dem aus auch die Umbilicalgefäße in die Placenta gehen. Hier sitzen die Hüllen so fest, daß man sie ohne Verletzung der Placenta nicht loslösen kann; man bleibt somit auch über die genauere Anordnung des Oberflächenreliefs im unklaren.

Ein Längsschnitt von diesem Uterus (Fig. 14) geht durch die Placenta an der Stelle, an welcher der überdachte Teil (rechts in der Figur als dunkler Streifen noch in einem kurzen Stück getroffen) an den nur von dem Allantoisbindegewebe überlagerten (links) anstößt. Der letztere ist durch seinen hellen oberen Rand ohne weiteres kenntlich. Die Grenze der beiden Teile gegeneinander liegt an der Stelle, an welcher die rechts losgelösten Hüllen an der Placenta ansitzen. Diese Hüllen gehören nach der rechten Seite als Decke herüber.

Stärkere Vergrößerungen lehren, daß an der mit dem Pfeil bezeichneten Stelle die uterine Deckschicht der Placenta aufhört. An dieser Stelle sind uterine Deckschicht und Entoderm der Hüllen fest miteinander verbunden. Schnitt und makroskopische Präparation stimmen hierin überein.

An dem tiefen Teil des Schnittes hatte sich der ganze intervillöse Raum mit seinem gesamten Inhalt von der unterliegenden Uteruswand etwas abgehoben. An der Muscularis sind dadurch die Muskelbälkchen des Corpus cavernosum uteri deutlich voneinander getrennt, so daß man trotz der ganz geringen Vergrößerung die Spalten der Uterusgefäße erkennt. Man kann sich hier ohne weiteres ein Bild davon machen, daß die Spalten zwischen den Muskelbälkchen unmittelbar in den intervillösen Raum einmünden.

Die Zotten dieser Schnitte enthielten auch eine sehr gute natürliche Injektion der fötalen Gefäße, aus der man mit stärkerer Vergrößerung entnehmen konnte, daß unmittelbar unter der Zottenoberfläche ein Netz von ungemein stark erweiterten Capillaren gelegen ist; ihre Wand besteht lediglich aus einem dünnen Endothelrohr, die Lichtung ist hier vollgepfropft mit Massen fetaler Blutkörper.

Um mehr Auskunft über die Anordnung der glatten Muskulatur in ihrer obersten aufgefaserten Schicht zu bekommen, als sie der Schnitt geben kann, habe ich ein Stück Placenta vorliegender Entwicklungszeit nebst Unterlage zerzupft. Man kann die Muskelbalken auf größere Strecken in der Fläche isolieren und auch auf diesem Wege zeigen, daß das eigentümliche Maschenwerk des Schnittes kein Kunstprodukt, sondern der Ausdruck der eigentümlichen Anordnung der Muskulatur ist. Diese bildet in der Fläche ein Balkenwerk mit sehr regelmäßigen, ovalen Lücken, deren ganz kontinuierliche Endothelauskleidung diese Präparate viel besser zeigen als der Schnitt. Die Präparate bilden eine wesentliche Ergänzung des Schnittbildes. Ich habe das Balkenwerk der Muskulatur in einem Aufsatz im Anatomischen Anzeiger (9) nach einem dicken Flächenschnitt durch die Uteruswand abgebildet (l. c. Fig.3) und verweise auf diese Figur.

Uterus gravidus Nr. 7.

Bei einem Uterus, dessen Feten eine größte Länge von etwa 20 mm besitzen, wurde zunächst der ganze Uterus photographiert, der in diesem Falle ausgesprochen kugelig war, während er in der Mehrzahl der Objekte sonst mehr eiförmig erscheint. Ein Fenster in der Hinterwand zeigt dann die Lage der vier Feten zueinander sowie die Ausdehnung der Placenten im Durchschnitt (Fig. 15). Noch besser trat diese hervor, als die Feten entfernt wurden und nur die leeren Amnionsäcke im Uterus blieben. Und endlich wurden dann auch die Embryonalhüllen über Uteruswand und Placenta fortgenommen und auf diese Weise ein Flächenbild von der Placenta gewonnen (Fig. 16). Dabei zeigte sich auch hier, wie in den vorausgehenden Stadien, daß sich im unteren Teil des Uterus die Embryonalhüllen, Entoderm und viscerales Mesoderm, leicht abnehmen ließen. Es erscheint unter ihnen eine ziemlich glatte Fläche, die Oberfläche der uterinen Deckschicht der Placenta. Die Flecke, die auf dieser in der Photographie erscheinen, könnten Ausmündungsstellen von Drüsen sein.

Dann kam nach oben die Verwachsungszone, an welcher die Embryonalhüllen festsitzen; bei stärkerem Zug löst sich dann hier das ganze Dach des intervillösen Raumes, so daß dieser von oben her eröffnet wird. Die Figur zeigt infolgedessen an dieser Stelle die mäandrischen Figuren der Zottenbüschel, die frei gelegt sind. Am Präparat besser als an der Figur sieht man von den Ansätzen der Nabelstränge aus an diesen Stellen die größeren Stämme der Umbilicalgefäße in den intervillösen Raum eintreten.

Nach oben schließt der Kuppenteil an, der in der Flächenansicht glatt erscheint, über dem aber die Embryonalhüllen an den Schnitten bis oben hin kleine Zotten nachweisen lassen.

Von den Schnittpräparaten, die auch von diesem Stadium vorliegen, bemerke ich, daß sie gegenüber den vorausgehenden keine wesentlichen Unterschiede zeigen. Im Kuppenteil finden sich bis hoch hinauf kleine spärliche Zöttchen, ganz vereinzelt und, wie mir scheint, zum Teil in Rückbildung begriffen; wenigstens zeigt die Grundsubstanz viel weniger Kerne als in den Zotten innerhalb der eigentlichen Placenta und außerdem suche ich vergeblich nach Durchschnitten von fetalen Gefäßen in denselben. Ganz auszuschließen sind solche ja insofern schwer, als sie, wenn sie nicht mit Blutkörpern gefüllt und in ihren Wandungen zusammengeklappt sind, sich der Beobachtung leicht entziehen könnten. Jedenfalls kann ich aber sagen, daß ich auch bei sorgfältigem Suchen nichts von ihnen sehe.

Uterus gravidus Nr. 8.

Im ganzen verändert sich jetzt im weiteren Fortschreiten der Entwicklung der Placentarbau nicht sehr erheblich. Ich kann daher alsbald zur Darstellung älterer und weiter vorgeschrittener Entwicklungsstadien übergehen.

Der Vollständigkeit der Übersicht halber soll von solchen an dieser Stelle zunächst ein Präparat erwähnt werden, das bereits früher im Anatomischen Anzeiger (8) veröffentlicht ist. Es illustriert die Lage der vier Embryonen und der vier Placenten zueinander, wie sie sich auf dem Querschnitt durch den ganzen Uterus zeigen.

Die Feten hatten eine ungefähre größte Länge — vom Scheitel zur Schwanzwurzel gemessen — von etwa 60 mm. Der Schnitt zeigt, daß die Placenten hier in dieser Schnittebene noch einen vollkommenen Ring bilden, der allerdings in seinen einzelnen Abschnitten verschieden stark ist. Es wurden später am Präparat die Feten aus dem Amnion herausgenommen und der entleerte Uterus noch einmal photographiert. Das Bild (Fig. 17) zeigt insbesondere, daß, wie das auch von früheren Autoren beschrieben und wie ich seinerzeit im Anatomischen Anzeiger abgebildet habe, in den älteren Stadien, wenn die Amnien einander berühren, die Nabelstränge an den Septen zwischen den einzelnen Amnionsäcken laufen.

Ich habe dabei in einer Auseinandersetzung mit Miguel Fernandez bereits darauf hingewiesen, daß die Ausbreitungsgebiete der Umbilicalgefäße sich nicht in Feldern finden, welche auf den dem Nabelstrang zugehörigen Amnionsack beschränkt sind, sondern daß sie vielmehr, wie man an geeignet hergerichteten Präparaten leicht feststellen kann, von der Stelle, an welcher je ein Amnionseptum auf die Placenta stößt, nach beiden, an dies Septum anschließenden Seiten sich in den Fruchtkammern ausbreiten.

Eine früher veröffentlichte schematische Figur, auf die ich verweise (7), gibt Auskunft über diese Verhältnisse.

Als nächst in der Reihe anschließenden möchte ich auf einen erheblich weiter entwickelten Uterus verweisen, bei welchem ganz besonders schön die natürliche Injektion der Blutgefäße sich erhalten hatte. Ich habe ihn als Fig. 1 im Anatomischen Anzeiger (9) abgebildet, und zwar in annähernd natürlicher Größe von der Vorderfläche her. Die Figur zeigt die stark mit Blut gefüllten, unmittelbar unter der Oberfläche gelegenen großen venösen Stämme als breite dunkle Streifen, die untereinander durch Anastomosen ausgiebig verbunden sind. Sie laufen im ganzen gegen die Seitenwände des Uterus radiär zusammen, anastomosieren zum Teil aber auch in der Medianlinie und sind jedenfalls im Verhältnis zur Größe des ganzen Uterus außerordentlich weit im Kaliber.

Newman und Patterson geben in Fig. 42 ein Bild eines Uterus von außen, der die eigentümliche Anordnung der Gefäße wenigstens andeutet, sie machen (l. c. S. 391) auch darauf aufmerksam, daß man aus der Anordnung der Gefäße von außen die Lappenbildung der Placenta im Innern kontrollieren kann. Da ich auf die Art der Anordnung der Gefäße für das Verständnis des Placentaraufbaues hier besonderen Wert legen muß, so gebe ich in Fig. 19 noch ein Gefäßbild, welches diese besonders deutlich und besser als die Figur der amerikanischen Autoren zeigt.

Uterus gravidus Nr. 9.

Bei einem Uterus gravidus aus mittlerer Graviditätszeit habe ich, ohne ihn zu eröffnen, die Muskelwand von außen abgenommen und dadurch Placenta und Eihäute von außen her frei gelegt. Das Präparat zeigt nun sehr schön die Form der Placenta (Fig. 18). Es kann einem Zweifel nicht unterliegen, daß es sich in dieser Zeit der Entwicklung um einen ganz breiten Gürtel handelt. Dieser läßt nach oben eine kleine Kuppe placentarfrei, nach unten ein größeres Feld. Während die Kuppe rund erscheint, ist das untere Feld eingekerbt und damit eine Gliederung des Placentargürtels in bilaterale Abschnitte angedeutet. Es würde das Bild in gewissem Sinne an die Abbildungen von Lane erinnern, nur daß diese schematisiert sind.

Ich möchte aber nicht verfehlen, ausdrücklich darauf hinzuweisen, daß meine Fig. 18 die Verhältnisse nur für die mittleren Entwicklungsstadien wiedergibt; die äußeren Formen der Placenta wechseln während der Ausbildung nicht unerheblich.

Uterus gravidus Nr. 10.

Ein weiterer Uterus aus mittlerer Graviditätszeit, älter wie der im Anatomischen Anzeiger (9) abgebildete, zeigte ähnlich wie dieser die natürliche Injektion der oberflächlichen Gefäße, besonders vollständig von der Fläche her, weshalb ich auch von ihm ein Photogramm wiedergeben möchte (Fig. 19).

Auch hier handelt es sich um breite, dunkle Straßen, die untereinander ausgiebig anastomosieren und dann helle Felder zwischen sich lassen; auch hier ist im ganzen die Anordnung so, daß die Gefäße von der Medianlinie aus nach den Rändern konvergieren, wie das besonders an der rechten Seite der Figur hervortritt, an welcher die Venen oben und außen wie in einen Strudel zusammenlaufen. Im übrigen spricht die Abbildung wohl so für sich selbst, daß sie eine weitere Erläuterung nicht braucht.

Immerhin weisen aber die Figuren darauf hin, wie an den Seitenwänden des Uterus die größeren Gefäße reichlicher sind als in den mittleren ventralen und dorsalen Abschnitten. Wir kommen unten noch auf die Lagerung der einzelnen Placentarbezirke im Uterus zurück; ich möchte aber doch jetzt schon darauf aufmerksam machen, daß man nach der Gefäßversorgung die vier Placenten in je zwei seitlich gelegene Gruppen scheiden kann, deren Gefäße in gemeinsame Abflußgebiete geleitet werden. Auf die bilaterale Anordnung der Placentarsysteme weisen auch die Untersuchungen von Lane und von Newman und Patterson bereits hin.

Uterus gravidus Nr. 11.

Der Uterus, welcher Feten von etwa 7 cm Länge enthielt, war von der Hinterfläche eröffnet; die Figur 20 (deren Muttermundsteil hier nach oben gestellt ist, Fundus nach unten, weil das in diesen Stadien die Bilder der Feten besser wiedergibt) soll die Lage der vier Feten zueinander in der Seitenansicht darstellen. Sie zeigt zugleich auf beiden Seiten den Durchschnitt der Placenta, zeigt, daß diese in ihren mittleren Teilen an Stärke ziemlich beträchtlich zugenommen hat. Schnitte, welche hier von den mittleren Teilen der Placenta angefertigt wurden, wiesen im ganzen in bezug auf den intervillösen Raum einen ähnlichen Bau auf wie die vorhergehenden Stadien, der Raum ist, dem makroskopischen Bild entsprechend, tiefer als auf den vorausgehenden Stadien.

Uterus gravidus Nr. 12.

Ein Uterus mit Feten von 9 cm Länge wurde verwendet, um über die Umwandlung der Placentarform in den älteren Entwicklungsstadien Aufschluß zu bekommen. Er ist im ganzen quer durchschnitten, dann sind aus beiden Hälften die Feten herausgenommen, so daß man die Grenzen der Placenta in den Kuppen übersehen konnte.

Zunächst war festzustellen, daß im mittleren Teil des Uterus, aber makroskopisch auch nur in diesem, noch ein vollkommener Placentargürtel vorhanden ist. Er ist, soweit er einen vollständigen Gürtel darstellt, nicht sehr breit und erscheint als dunkles (also dickeres) Stück im Flächenbild. Er ist nach unten gegen den Muttermund in einer etwas unregelmäßigen welligen Linie gegen den unteren Uterinabschnitt abgesetzt, der als jetzt sehr großer Trichter viel heller, also dünner ist und wohl keine Placenta mehr enthält. In dem ganzen Bezirk finden sich jetzt aber kleine unregelmäßig gestaltete Tüpfel, die wie Extravasate aussehen.

Der obere Rand der Placenta erscheint makroskopisch viel unregelmäßiger als der untere. Einmal läuft er, wie in den früheren Stadien, erheblich flacher aus als der untere, der sich schärfer absetzt; er fasert sich vielfach auf ohne einen ganz scharfen Rand zu zeigen; außerdem sind hier die makroskopisch als solche kenntlichen Teile der vier Placenten gegen die Kuppe mit vier Bogen vorgeschoben. Die Einschnitte zwischen diesen reichen in der dorsalen und ventralen Mitte weiter nach unten als in den beiden Seitenrändern, das heißt, man findet zwei breite zusammenhängende Placenten in den Seitenabschnitten und diese Abschnitte in der Mitte bis auf eine kleine Brücke voneinander getrennt. Die vier Nabelstränge sitzen nahe an den funduswärts gelegenen Rändern, jedenfalls sehr hoch.

Die ganze Kuppe des Uterus ist wieder ausgesprochen verdünnt, um so dünner, je weiter nach oben; auch hier liegen kleine dunkle Flecke verstreut, aber viel weniger als in dem unteren Abschnitt.

Uterus gravidus Nr. 13.

Der in der Entwicklung am weitesten vorgeschrittene Uterus gravidus meines Materiales enthielt vier Feten von 132, 133, 135 und 142 mm größter Länge.

Ich kann nicht sagen, wie weit diese noch bis zur vollen Reife in utero sich hätten weiter entwicklen müssen, immerhin wird man doch wohl annehmen können, daß die Placenten auf der Höhe ihrer Entwicklung stehen.

Der Uterus wurde zunächst durch einen glatten Querschnitt in ungefähr seiner Mitte eröffnet. Ein Photogramm des Präparates habe ich bereits im Anatomischen Anzeiger (8) veröffentlicht, wo ich mich mit Fernandez wegen der Form der Dasypusplacenta auseinandergesetzt habe.

Bei der Wichtigkeit des Präparates für die Entscheidung der Frage nach der Anordnung der Placenten und ihren Beziehungen zueinander will ich auf die Figur an dieser Stelle noch einmal ganz besonders hinweisen. Der Schnitt zeigt rechts und links am Rande die Stellen, an denen das breite Mutterband angesessen hat, als kleinen Vorsprung; er ist im übrigen dorso-ventral orientiert und bezeichnet. Die Feten liegen, wie auch Fernandez für seine Objekte beschrieben hat, je einer dorsal, ventral, rechts und links. Vier verdickte Stellen zeigen vier Placentarbezirke an. Sie sind durch dünnere Stellen unterbrochen, von denen die oben und unten immer noch etwas schwächer sind als die rechts und links. Die Grenzen der vier Amnionsäcke stoßen ungefähr auf die mittleren verdickten Placentarabschnitte.

An dem Präparat wurden später die Feten aus dem Uterus herausgenommen und nun festgestellt, daß auch jetzt noch die Nabelstränge am Rande je ihres Amnionsackes nach der Placenta laufen; sie sitzen immer noch verhältnismäßig hoch im Uterus fest. An der Oberfläche der Placenta teilen sich die Umbilicalgefäße und laufen, gerade an diesem Präparat an ihrer natürlichen Injektion sehr schön zu verfolgen, nach je zwei Placenten herüber, wie ich das früher beschrieben habe. Ich kann in dieser Beziehung auf meine schematische Figur (7) verweisen.

Sodann wurde versucht, die Form der Placenten zu bestimmen, soweit das makroskopisch an den erhärteten Objekten zu machen ist. Dabei ist zunächst festzustellen, daß die Placenten, wie ja auch nach dem Querschnitt zu erwarten war, in ihrem mittleren Abschnitt einen Gürtel darstellen. Nach oben und unten ist dieser freilich nicht sicher abzugrenzen, da der Placentarbezirk hier nicht scharf, sondern ganz allmählich ausläuft. Immerhin kann man auch hier, wie in den vorausgegangenen Stadien, in der Uteruswand dunklere (dickere) und hellere (dünnere) Teile voneinander unterscheiden. In dieser Beziehung ist zu sehen:

1. Die Kuppen des Uterus sind oben und unten hell und ganz dünn, werden also wesentliche Placentarteile nicht enthalten, placentar frei sein.
2. Die Placenten sind je in den beiden Seitenhälften am stärksten; in der dorsalen und in der ventralen Mittellinie sind hellere, dünnere Streifen.
3. Auch die Seitenteile gliedern sich wieder in je zwei Abschnitte, die dicker und durch dünnere Teile geschieden sind.

Es kommt also, dem Querschnitt entsprechend, auch in der Fläche zur Bildung von vier Placentarfeldern, die jedoch wenigstens teilweise durch Brücken miteinander verbunden sind.

Dabei ist aber die Grenze der einzelnen Felder keine scharfe, und die Umbilicalgefäße kann man vielfach auch in die dünneren Teile der Uteruswand verfolgen. Bessere Bilder werden voraussichtlich frische Präparate oder Injektionspräparate liefern, die mir beide leider nicht zur Verfügung stehen.

Daß auch die älteren Autoren unter der Schwierigkeit der Bestimmung der Placentarform gelitten haben, zeigen die obern erwähnten, sehr verschiedenen Bezeichnungen, welche sie gefunden hat.

Immerhin möchte ich nach den Abbildungen von Lane und von Newman und Patterson sowie nach den Präparaten, die ich von meinen jüngeren Stadien erhalten habe, annehmen, daß auch in den helleren, dünneren Teilen des Uterus, die an die sicher als solche bestimmbaren Placentarabschnitte anschließen, noch auf weitere Strecken hin intervillöser Raum und kleine Zotten vorhanden sind. Ganz placentarfrei wären nur obere und untere Kuppe des Uterus.

Uterus gravidus Nr. 14.

Ein Schnitt durch den mittleren stärkeren Teil einer reifen Placenta (Fig. 21) zeigt bereits bei ganz schwacher Vergrößerung, daß ein über den ganzen Bereich des Schnittes gehender, einheitlicher, ungeheuer großer intervillöser Raum vorhanden ist. Er ist an dem vorliegenden Präparat reichlich mit mütterlichem Blut gefüllt, in das die Zotten eintauchen. Das Bild desselben kommt im wesentlichen auf eine beträchtliche Vergrößerung des für jüngere Stadien beschriebenen hinaus.

Der Boden wird somit nahezu vollständig unmittelbar von der Muskulatur gebildet, auf der sich jetzt auf weiteste Strecken hin nicht die kleinsten Reste von Schleimhaut mehr nachweisen lassen. Dagegen sind inmitten der Muskelwand nicht nur die Massen der venösen Gefäßspalten vorhanden, man kann auch leicht zahlreiche Gefäßlücken finden, die wohl zumeist venöser Natur sind und die Abflußwege für den intervillösen Raum gegen die mütterlichen Stämme bilden.

Viel schwieriger sind die arteriellen Zuflußkanäle des intervillösen Raumes festzustellen. Ich finde an meinen Schnitten hier und da Durchschnitte von arteriellen Stämmen mütterlicher Herkunft fast frei auf der Oberfläche der Muskellage liegen, welche die Basis für den intervillösen Raum bildet. Ich muß diese für Teile der Zuflußwege halten, wenn ich auch einstweilen die Öffnungen in den intervillösen Raum nicht nachweisen kann.

Desgleichen finden sich dieselben Zuflußwege auch, wie in früheren Stadien, in den wenigen Placentarpfeilern, die auch jetzt noch durch den intervillösen Raum durchziehen. In diesem liegen neben zugrunde gehenden Drüsen sehr wohlerhaltene mütterliche Gefäße.

Im Dach des intervillösen Raumes lassen sich an geeigneter Stelle d. h. an Schnitten aus dem oberen Abschnitt der Placenten, in ausgiebigstem Maße die Reste der mütterlichen Schleimhaut nachweisen. Es sind im Schnitt breite Streifen mütterlicher Zellen, die unter den Embryonalhüllen liegen und mit diesen fest verbunden sind. Eine Lage von großen blasigen Epithelzellen an dieser Stelle verbindet die fetalen und die mütterlichen Teile, feine, dünne, dunkle Zellstreifen an diesen, die aber nicht kontinuierlich sind, deute ich als Reste des Uterusepithels. Denn daß die unter diesen liegende Schicht mütterlicher Herkunft ist, läßt sich aus den in ihr vorhandenen Resten der Uterindrüsen und außerdem durch einen Vergleich mit den früheren Stadien ohne weiteres und mit aller Sicherheit nachweisen.

Dazu kommen, wie eben erwähnt, im Verhältnis zu dem großen intervillösen Raum spärliche, aber ganz unverkennbare Reste von Placentarpfeilern, welche den Raum durchziehen; man kann an geeigneten Stellen ihren Zusammenhang sowohl mit dem Dach als mit der Basis des Placentarraumes nachweisen. An den basalen Haftstellen liegt dann um diese wohl auch noch ein kleiner anderweitiger Schleimhautrest.

Ich möchte übrigens nicht verfehlen, darauf hinzuweisen, daß bereits Kölliker in seinem Lehrbuch der Entwicklungsgeschichte (S. 362) bei einer kurzen Erwähnung der Dasypusplacenta des Schleimhautabschlusses im Dache der Placenta und der Placentarpfeiler Erwähnung tut, ohne sich allerdings des genaueren über ihren Bau und namentlich ihren Entwicklungsgang auszulassen.

Gegen den unteren Placentarrand hin flacht sich der intervillöse Raum ganz allmählich ab, ohne im übrigen zunächst im wesentlichen dabei seine Struktur zu ändern. Etwas mehr als in den mittleren Abschnitten finden sich in den Schnitten kleine Felder blasiger Zellen ohne Gefäße, die aussehen wie im Absterben begriffene Zotten. Ein solches Absterben von Zotten vor dem Ende der Gravidität kommt ja auch an anderen Placenten vor.

Seinen Abschluß am Rande findet der intervillöse Raum nach unten gegen den Muttermund wie bisher in einem Spalt der Schleimhaut, in welchem die letzten Zottendurchschnitte sich verlieren.

Eine Fig. 22 mag bei mittlerer Vergrößerung den Boden des intervillösen Raumes, Fig. 23 bei stärkerer den zentralen Teil desselben von der reifen Placenta wiedergeben. Die erstere Figur zeigt an ihrem unteren Rande den muskulösen Abschluß des Placentarraumes; zeigt insbesondere deutlich die venösen Gefäße des Corpus cavernosum uteri und gegenüber dem Pfeil deren Zusammenhang mit dem intervillösen Raum. Die Fig. 23 soll bei starker Vergrößerung den Bau der Zotten erläutern, ihren Aufbau aus embryonalem Bindegewebe, in dem die zum Teil prall gefüllten hellen fetalen Gefäße, liegen und den schmalen syncytialen Überzug der Zotten.

Im vorstehenden habe ich wesentlich und in erster Linie die Tatsachen der Beobachtung besprochen, die sich bei der Untersuchung des Entwicklungsganges und des Baues der Placenta von Tatusia novemcincta ergaben. Ich möchte nun versuchen, die immerhin nicht ganz leicht zu beurteilenden Vorgänge im Zusammenhang darszustellen und die grundlegenden Erscheinungen an der Hand einer Reihe von schematischen Figuren zu besprechen, die sie erläutern sollen.

1. Wie entsteht die Placenta von Tatusia novemcincta?

Der Entwicklungsgang der Tatusiaplacenta ist eigenartiger als der fertige Bau.

Die Schleimhaut des Uterus bereitet sich für die Aufnahme der Fruchtblase durch Bildung eines Placentarpolsters vor, das sich in der unteren Hälfte der Uterinhöhle als Verdickung der Schleimhaut anlegt, während zugleich der am nichtgraviden Uterus spaltförmige Binnenraum sich anfängt zu erweitern. In diesen erweiterten Raum tritt, wie man nach den Untersuchungen von Fernandez annehmen muß, eine einzige Fruchtblase ein, auf der sich die vier Embryonen entwickeln oder eben entwickelt haben. Die Embryonen machen einen Inversionsvorgang durch, der in vielen Zügen mit den Erscheinungen übereinstimmt, die für die Inversion einer Reihe von Nagerfruchtblasen bekannt sind, der aber daneben doch seine Eigenheiten hat.

Als Endprodukt gewissermaßen bildet sich bei Tatusia novemcincta unter rascher Rückbildung der ursprünglichen Außenwand eine Form der Fruchtblase ähnlich der, wie sie Fernandez (Nr. 2, S. 117) von der Mulita abbildet; die Außenwand der Fruchtblase wird dann in großer Ausdehnung vom Entoderm geliefert, die Ektodermseite sieht in das Innere der Fruchtblase hinein. Die Fruchtblase fügt sich dabei so in die Uterinhöhle ein, daß ihre vier Embryonen mit den Kopfenden nach unten derart in die vier Quadranten eingelagert sind, daß man je einen dorsalen rechten und dorsalen linken und einen ventralen rechten und desgleichen linken unterscheiden kann. Sie liegen also je um 45° von der Frontal- und Sagittalebene verschoben.

Die Stellen, an denen die erste Embryonalanlage im Uterus sich findet, sind zugleich die bleibenden Ansatzstellen der Allantois, also auch der Umbilicalgefäße und auch des Nabelstranges. Da dieser, wie ich vorausgreifend bemerke, bei Tatusia novemcincta, wenn die Amnien so groß sind, daß sie sich in der Mitte berühren, in der Seitenwand des Amnion zur Placenta läuft, so müssen, wie Fernandez richtig betont hat, später die Feten selbst so gelagert sein, daß man einen dorsalen, einen ventralen, einen rechten und einen linken unterscheiden kann.

Sobald die Embryonalkörper als solche unterscheidbar sind, liegt ihr hinteres Körperende etwa dem oberen Rande des Placentarpolsters entsprechend. An dieser Stelle legt sich eine sehr früh entwickelte Allantois an die Innenseite der Fruchtblasenwand und mit dieser an die Innenfläche des Uterus, mit dieser die erste Anlage der Placenta bildend.

Diese ist in der Tat höchst eigenartig und stimmt trotz der gleichen Inversion der Fruchtblase in keiner Beziehung mit derjenigen der bisher untersuchten Formen von Nagern mit Inversion der Blätter auch nur annähernd überein. Bei Meerschwein, Maus und Ratte setzt sich die Fruchtblase exzentrisch an in einem Divertikel des Uterus, in welchem keine Epithelauskleidung nachweisbar ist.

Bei Tatusia novemcincta sitzt die Fruchtblase zentral in der erweiterten Uterinhöhle. An der Innenfläche des Uterus ist dann auf dem Placentarpolster ein wohlerhaltenes Epithel vorhanden. Die erste Verbindung von Fruchtblase und Uterus geschieht so, daß am Rande des Placentarpolsters in einer ringförmigen Zone Entoderm und Uterusepithel miteinander verschmelzen; ich kenne das in keiner annähernd ähnlichen Weise von auch nur einer der vielen Placenten, die ich untersucht habe. Das muß aber für den weiteren Entwicklungsgang der Placenta von einschneidender Bedeutung sein.

Den Sitz der Fruchtblase im Uterus, etwa in dem Stadium des Uterus gravidus Nr. 3, soll die Figur 1, Taf. VI erläutern; zugleich soll sie die ersten Umwandlungen in der Uterusschleimhaut zeigen, die zur Bildung des intervillösen Raumes führen.

Sie gibt den Querschnitt des graviden Uterus wieder; äußere Muskelschicht gleichmäßig grau, innere mit dem Corpus cavernosum uteri gestrichelt. Über der Muskulatur die verdickte Schleimhaut mit ihrem großen Drüsenkörper. Die Schleimhaut ist von der Muskelhaut abgehoben, nur durch schmale Placentarpfeiler mit ihr verbunden. Die Räume zwischen Corpus cavernosum und Schleimhaut stellen die erste Anlage des intervillösen Raumes dar, dessen Inhalt gegen die Muskelschicht in die Lücken des Corpus cavernosum abläuft.

Die Uteruswand hat eine ausgesprochene Ähnlichkeit mit derjenigen aus entsprechendem Stadium des Uterus einzelner Raubtiere, etwa Hund, Fuchs (vgl. z. B. Strahl, Untersuchungen über den Bau der Placenta. Archiv f. Anat. u. Physiol., Anat. Abt., 1890. Tafel 18, Fig. 1); nur daß die erweiterten Räume bei diesen Uterindrüsen sind, hier Gefäßräume. Der Binnenraum des Cavum uteri füllt die Fruchtblase mit den Durchschnitten durch die vier je im geschlossenen Amnion liegenden Embryonen aus. Die Entodermlage (rot) der Fruchtblase schließt an das Oberflächenepithel des Uterus (grau) an.

Die Figur 2, Taf. VI gibt in schematischer Darstellung eine Übersicht darüber, wie sich in etwa gleichem Stadium das Bild im Längsschnitt gestaltet, wenn sich die Allantois an die Innenwand der Fruchtblase und durch deren Vermittlung an den Uterus anlagert.

Sie enthält die Uteruswand mit ihrem Placentarpolster links, nach rechts den dünnwandigen Fundusteil. Die Muskelwand zeigt außen als gleichmäßig graue Lage die Schicht der kompakten Muskulatur M_1 mit den gröberen Gefäßen, innen M_2 das Corpus cavernosum.

Das Placentarpolster P ist von einem wohlerhaltenen Epithel überzogen, die Kuppe des Uterus, rechtes Drittel der Figur, besitzt keinen zusammenhängenden Schleimhautüberzug mehr, Schleimhaut findet sich auf deren Oberfläche nur in Gestalt von kleinen Inseln *I*.

Der längsgeschnittene Embryo *E* liegt im geschlossenen Amnion, das sich nach vorn in einen langen Amniongang auszieht, Kopf nach links, Schwanzende nach rechts. Er besitzt einen kurzen Kopf- und einen ebensolchen Enddarm, zwischen beiden liegt eine breite, offene Darmrinne. Das Entoderm (rot) dieser liegt unmittelbar über dem uterinen Epithel des Placentarpolsters; desgleichen das Entoderm der Fruchtblase auf der Uteruswand des Fundusteiles.

Am hinteren Ende des Embryonalkörpers findet sich eine kleine vom Entoderm ausgekleidete Allantois, von deren mesodermaler Außenwand ein langer Allantoiszapfen *A* gegen die Innenseite der Fruchtblasenwand gerade auf den rinnenförmigen Rand des Placentarpolsters vorgewachsen ist. Der legt sich mit seiner Spitze fest gegen die Innenseite der Fruchtblasenwand und fängt von dieser Stelle an, Zotten zu treiben. Die Zotten bekommen einen Grundstock aus embryonalem Bindegewebe mit den Umbilicalgefäßen und, wenn sie weiter vorstoßen, nach dem eben Gesagten natürlich einen Überzug von Entoderm. Es entwickelt sich sehr rasch ein Astwerk kleiner Zotten, die im Schnittpräparat eine ausgesprochene Ähnlichkeit mit der menschlichen Zotte aufweisen. Während es für diese ja auch heute durch die Beobachtung nicht festgestellt ist, woher der ursprünglich doppelte, späterhin einfach-syncytiale Überzug des Zottenbindegewebes kommt, wir vielmehr nur auf Vermutungen angewiesen sind, die sich der Unsicherheit in der Kenntnis der Tatsachen entsprechend in der Literatur in größter Variationsbreite finden, läßt sich hier zeigen, daß die ersten Zotten einen Überzug von Entoderm an ihrer Oberfläche entwickeln.

Auf ein Bedenken gegen diese Auffassung möchte ich allerdings selbst hinweisen. Wenn der erste Entwicklungsgang von Tatusia novemcincta, den ich nicht beobachtet habe, der grundsätzlich gleiche wäre, wie ihn Fernandez für Tatusia hybrida beschreibt, so ist ein Teil der äußeren Wand der Fruchtblase nicht vom Dottersack, sondern von dem Träger gebildet, der nicht entodermal ist.

Zotten, die gegen den Träger wachsen, Fernandez und Newman und Patterson reden von einer Trägerplacenta, würden dann auch außen keinen Entodermüberzug haben.

Ich sehe an meinen Präparaten von der ersten Entwicklung der Zotten einen so unmittelbaren Übergang des Entoderms auf deren Oberfläche, wie ihn auch unser Schema wiedergibt, daß ich einstweilen meine Auffassung für ausreichend begründet halte.

Wo kommt der intervillöse Raum her?

Die gleiche Frage ist für den Menschen auch heute noch unbeantwortet, soweit es sich um sichere Tatsachen der Beobachtung handelt, ist auch für die bisher untersuchten Formen von Affenplacenten in der

Diskussion. Für Tatusia novemcincta läßt sie sich entscheiden. Unsere Figur zeigt, wie der topographisch einheitliche intervillöse Raum aus zwei der Genese nach verschiedenen Stücken sich bildet, die am Rande des Placentarpolsters aneinanderstoßen. Von diesem aus wachsen die Zotten so gegen den Uterus vor, daß sie sowohl in der Fundusrichtung als in der Richtung gegen den Muttermund sich ausbreiten. Der letztere Teil der Zotten schiebt sich dabei in neu gebildete Räume der Schleimhaut, die entstehen, indem ein großer Teil der Schleimhaut des Placentarpolsters sich von der Muscularis abhebt; nur einzelne Schleimhautpfeiler erhalten die Verbindung der beiden Teile.

Die so neu sich bildenden Räume sind sicher in ihrem Dach von mütterlichem Endothel ausgekleidet und laufen nach oben in Fortsätze aus; sie stehen mit den in der Muskulatur des Uterus liegenden mütterlichen Gefäßen in ausgiebigem Zusammenhang, der insbesondere bei den ungeheuren venösen Netzen leicht nachweisbar ist. In diese Räume wachsen vom Rande des Placentarpolsters Zotten in der Richtung gegen den Muttermund ein, so mit dem neu gebildeten, intervillösen Raum die Anlage des unteren, gegen den Muttermund zu liegenden Abschnittes der Placenta bildend, Pars tecta.

Desgleichen wächst ein anderer Teil der Zotten in der Richtung gegen den Fundus uteri vor. Diese Zotten liegen dann eigentlich frei zwischen Embryonalhüllen und Uteruswand und bilden den zweiten Abschnitt des intervillösen Raumes, Pars aperta. Auch in diesem Teil liegt die Muskulatur an vielen Stellen nach oben nahezu ohne Schleimhautbekleidung frei, den Boden des intervillösen Raumes bildend; an anderen Stellen finden sich in ihm auch noch kleine Polster von Schleimhaut mit deutlich kenntlichen Drüsen vor.

Das Dach des intervillösen Raumes in diesem oberen Abschnitt liefern die Embryonalhüllen, und der unmittelbare Abschluß wird auch hier von einer Schicht geleistet, die ich einstweilen für das Entoderm der Fruchtblase halte.

Die Grenze des letzteren Placentarteiles gegen den Abschnitt des Uterus, der im Fundus nicht zur Placentarbildung verwendet wird, placentarfrei bleibt, kann wohl nur durch eine festere stärkere Verklebung der Embryonalhüllen mit der Uteruswand im Fundus bewirkt werden.

Aus der so angelegten kleinen Placenta entwickeln sich nun verhältnismäßig rasch die grundlegenden Verhältnisse des bleibenden Placentaraufbaues, soweit es sich um die Beziehungen der fetalen zu den mütterlichen Teile handelt; erst nachdem diese vollkommen fertig sind, bildet sich die endgültige äußere Form der Placenta aus.

Zunächst nimmt die Anlage des submukösen Teiles des intervillösen Raumes, der Pars tecta, sehr rasch an Ausdehnung zu. Es hebt sich die Schleimhaut von der Muskellage mehr und mehr ab, so daß bal ein sehr großer, für alle vier Placenten gemeinsamer intervillöser Raur entsteht. Dieser wird in seiner Lichtung von dicken Schleimhautpfeiler durchsetzt, welche das Schleimhautdach mit dem muskulösen Bode des intervillösen Raumes verbinden. Sie führen Mengen gut erhaltene Drüsen, die auf der Oberfläche ausmünden, und mütterliche Blutgefäß mit reichlichem Blut, deren Ausmündung in den intervillösen Raur man hier und da feststellen kann. Ich halte sie für die Zuflußwege de mütterlichen Blutes. Die Abflußbahnen sind wohl gegeben durch di Anordnung der Gefäße am Placentarboden, der siebförmig durchlöcher erscheint und das oben mehrfach beschriebene Lückensystem enthält das ich als Corpus cavernosum uteri bezeichnet habe. Auch der Fundus teil der Placenta wächst erheblich; der ursprünglich schmale Spalt vertieft sich und nimmt Zotten in größeren Mengen auf. Letztere zeiger von erster Anlage an ihre bleibende Form: eine Unterlage von embryonalem Bindegewebe, an deren Oberfläche sich Netze von weiten fetaler Gefäßen finden und die überdeckt ist von einer Lage von entodermalen Syncytium.

Eine Übersicht über den Aufbau der eben fertig gewordenen Placenta gibt Figur 3, Taf. VI, zugleich ein Schema für den ganzen Uterus.

Sie ist gedacht nach einem Schnitt, wie ihn ein Uterus in seinem Entwicklungsgrad etwa der Nr. 3 entsprechend aufweisen würde, wenn man ihn schräg, im Winkel von 45° zur Frontal- oder Sagittalebene durchschnitte. Nur dann würden die Ansatzstellen der Nabelstränge von zweien der vier Embryonen im Schnitt erscheinen können.

Vom Uterus ist die Muskulatur wieder in zwei Schichten M und M_1, dargestellt; die äußere enthält bei im ganzen fester gefügtem Verlauf der Muskelbündel die großen Gefäße, die innere, in der Figur gestrichelte, das Corpus cavernosum uteri; die genauere Anordnung der Muskulatur in ganz feinen Bälkchen, zwischen denen die netzförmig angeordneten Bluträume des Corpus cavernosum liegen, ist aus der schematisierten Figur nicht zu entnehmen.

Auf der Muskulatur findet sich, jederseits von P zu P_1 reichend, die große Placenta, an der man den unteren, gegen den Muttermund liegenden stärkeren und den im Fundus liegenden, dünneren Abschnitt unterscheiden kann, Pars tecta und Pars aperta. Der in beiden Abschnitten vorhandene intervillöse Raum ist im einen in seinem Dach von mütterlichem Gewebe gedeckt, im anderen ohne solches Dach gebaut, also, vom Gesichtspunkt der Topographie der mütterlichen Schleimhaut aus betrachtet, nach oben offen.

Der mütterliche Gefäßbezirk der Placenta besteht jetzt aus einem ungeheuren, allen vier Feten gemeinsamen intervillösen Raum, in welchen die fetalen Zotten hineinhängen. Dieser liegt in der Pars tecta der Placenta zwischen einem Dach, das von der von der Muskulatur abgehobenen mütterlichen Schleimhaut gebildet wird, und einem Boden, den die Muskulatur liefert.

Durch den intervillösen Raum gehen, Boden und Dach verbindend, Schleimhautpfeiler, Placentarpfeiler; in der Abbildung scheinen sie einzelne Abteilungen des intervillösen Raumes zu scheiden; das ist natürlich scheinbar, da sie tatsächlich eben nur Stäbe im intervillösen Raum darstellen.

Der intervillöse Raum bekommt sein mütterliches Blut durch in der Figur nicht angegebene arterielle Zuflußwege und leitet es durch ein Sieb von Abflußkanälen ab, das in der Muskelwand des Bodens gelegen ist. Er ist erfüllt von den Durchschnitten der baumförmig verzweigten Zotten, die aus einer (gelb gehaltenen) Unterlage von fetalem Bindegewebe mit fetalen Gefäßen bestehen und von einem roten Überzug entodermalen Syncytiums überkleidet sind.

Das Schleimhautdach der Pars tecta wird von den Embryonalhüllen überlagert, und zwar von der frei liegenden Oberwand der Nabelblase, so daß deren Entoderm sich an das wohlerhaltene Uterusepithel anlegt. Bei $\times$ hört das Schleimhautdach der Pars tecta auf; hier sind an deren oberem Rande Entoderm und Uterusepithel fest verbunden.

An dieser Stelle sitzt der Nabelstrang an und sendet von hier aus die Zotten in den intervillösen Raum; diese bestehen überall aus der gleichen Grundlage von embryonalem Bindegewebe und dem entodermalen Überzug. Diejenigen von ihnen, die nach oben gegen den Fundusteil ziehen, bilden den Inhalt des intervillösen Raumes der Pars aperta.

Sie sind viel weniger reichlich an Zahl und liegen in einem schmalen Spalt; dieser wird nach unten wieder von Muskulatur begrenzt, die sich auch hier in die Bälkchen des Corpus cavernosum auflöst, während er nach oben sein Dach durch die Embryonalhüllen bekommt, unmittelbar durch das Entoderm der Fruchtblase, der dann das (in der Figur gelbe) viscerale Mesoderm anliegt.

Den Abschluß gegen den Fundus findet der intervillöse Raum gegenüber *F* indem sich die Embryonalhüllen an die Uteruswand anlegen, deren Schleimhautüberzug an der ganzen Muskeloberfläche der Pars aperta aus spärlichen Resten von Bindegewebe mit etwas Drüsen besteht. Die placentarfreie Kuppe von *P* über *F* zu *P* ist in der Figur innen schwarz getüpfelt.

Die Gesamtform der Placenta muß man sich in dieser Zeit der Entwicklung als einen sehr breiten Gürtel mit unterem dicken und oberem dünnen Abschnitt vorstellen.

Neben dem allantoiden entwickelt sich auch noch ein ausgesprochener Dottersackskreislauf. Durch Vermittlung eines stark ausgebildeten Darmnabelstranges *D* bleibt in einem deutlichen Epithelstrang das

Darmentoderm des Embryos mit dem Entoderm der Oberfläche des Fruchtsackes lange verbunden, und in dem Darmnabelstrang laufen die Vasa omphala-meseraica gegen das Dach des intervillösen Raumes. Das Entoderm sendet sogar in die offenen Drüsenmündungen kleine, allerdings gefäßlose Zöttchen hinein.

So entsteht allmählich das Bild einer kleinen, aber wohlentwickelten Placenta.

Wie bildet sich die Placenta endgültig weiter?

Sie verändert sich im ganzen wenig: im wesentlichen so, daß zunächst mit der allgemeinen Vergrößerung der Placenta die mütterliche Schleimhaut im Dach der Pars tecta sich mehr und mehr abflacht; sie wächst offenbar nicht nur nicht weiter, sondern geht schließlich ausgesprochene Rückbildungsvorgänge ein, ohne aber wenigstens bis in die Stadien hinein, die ich selbst beobachten konnte, ganz zu schwinden. Die Rückbildung findet in erster Linie in der bindegewebigen Grundlage der Schleimhaut und in den Drüsen statt, während die Gefäße einstweilen erhalten bleiben. Desgleichen werden die Placentarpfeiler schmaler und rücken meist weiter auseinander, machen außerdem ebenfalls Rückbildungsvorgänge durch, bis die endgültige Form der Placenta erreicht ist.

Den Bau der fertigen Placenta möchte ich ebenfalls an einem Schema erläutern, das ich für die Pars tecta gebe (Figur 4, Tafel VI).

Einem Zweifel kann es nicht unterliegen, daß die fertige Tatusiaplacenta nach der früher von mir vorgeschlagenen Terminologie unter die Topfplacenten zu rechnen ist, als Placenta olliformis bezeichnet werden muß. Das heißt, sie baut sich ähnlich wie die Placenten der Menschen und diejenigen der bisher untersuchten Affen auf aus einem großen intervillösen mütterlichen Blutraum, in den die fetalen Zotten als Büschel und Bäumchen hineinhängen.

Der intervillöse Raum wird im Bereich der Pars tecta noch von Resten mütterlicher Schleimhaut abgeschlossen, die als uterine Deckschicht unter den Eihäuten, hier speziell unter dem in der Figur roten Entoderm der Fruchtblase liegt. Beide diese Lagen sind fest aufeinander gelegt. Der intervillöse Placentarraum *I R* ist von uterinen Placentarpfeilern durchsetzt, die zugrunde gehende Drüsen, aber gut erhaltene mütterliche Gefäße *G* aufweisen. Den Boden des gesamten Placentarraumes bildet nahezu vollkommen die Muskulatur, auf der eigentlich nur an den Abgangsstellen der Placentarpfeiler noch Reste von Schleimhaut sitzen. Die Muskulatur ist in äußere feste Lage *M* und innere kavernöse M_1 angeordnet. Das Corpus cavernosum endet gegen den intervillösen Raum in ein vollkommenes Sieb, das im wesentlichen die venösen Abflußwege der Placenta enthält. Die Arterien treten als an Zahl sehr viel geringere Einzelstämme mit deutlich kennbarer Wand gegen den

Placentarraum; ich kann ihr Ende nicht verfolgen und habe sie deshalb auch in unser Schema nicht eingetragen. In dem intervillösen Raum liegen, wie beim Menschen, die Zotten, deren Durchschnitte in der Figur wiedergegeben sind. Sie bestehen aus einem Grundstock von fetalem Bindegewebe, das von syncytialem Entoderm (rot) überzogen ist, mit Entodermklumpen an einzelnen Stellen. Im Bindegewebe liegen nahe der Oberfläche der Zotten die fetalen Gefäße (gelb).

Die Pars aperta der späteren Stadien unterscheidet sich von den früheren grundsätzlich nicht, nimmt nur etwas an Tiefe zu. Ebenso würden sich die Placentarränder dieser Zeit noch so verhalten, wie sie Schema 2 wiedergibt; der untere endet inmitten der Schleimhaut, der obere, indem Boden und Dach des intervillösen Raumes miteinander verkleben.

Hervorgehoben möge nochmals werden, daß der intervillöse Raum für die Placenta der vier Feten, die man gewöhnlich in dem Uterus gravidus von Tatusia novemcincta findet, dauernd einheitlich ist. Die Placenten gehen nicht nur in ihren mittleren Abschnitten mit starken Brücken äußerlich ineinander über, sondern hängen im Innern in ihrem mütterlichen Abschnitt vollkommen untereinander zusammen.

Über die äußere Form der Gürteltierplacenta lauten die Angaben in der älteren Literatur verschieden, ich habe oben auf die Terminologie bereits hingewiesen.

Der Unterschied in den Angaben mag daher kommen, daß die Placenta im ganzen nicht einheitlich gebaut ist und daß einzelne Autoren nur Teile der Placenta. aber nicht deren ganze Ausdehnung erkannt haben; und das lag wohl wieder daran, daß einzelne Abschnitte der Placenta so dünn sind, insbesondere die Ränder, daß sie sich der Beobachtung leicht entziehen; und endlich an der Besonderheit, daß in einer einzigen Placenta vier Feten das Material für Wachstum und Stoffwechsel finden.

Ferner kommt wohl auch in Betracht, daß die Form der Placenta während des Entwicklungsganges wechselt, eine Eigentümlichkeit, die sie übrigens mit den Placenten einiger anderer Tiere teilt.

Der Umstand, daß die Placenta für die vier Feten gemeinsam ist, wäre denn für eine Schilderung der Form der Placenta auch an die Spitze der Darstellung zu setzen. Die vier Feten werden von einer Placenta aus ernährt, die unzweifelhaft so weit einheitlich gebaut ist, daß man sie eben auch nur als eine einzige betrachten kann. Es sind also für die Feten bei fertig ausgebildeter Placenta nicht vier solche, sondern nur eine einzige vorhanden.

Diese eine läßt aber durch das Vorhandensein von dickeren und dünneren Abschnitten wieder Unterabteilungen scheiden, und so kommen zunächst zwei große, in den Seitenteilen des Uterus gelegene dickere Stücke heraus, die durch in der dorsalen und ventralen Mittellinie gelegene Straßen voneinander geschieden werden.

Und diese beiden Seitenabteilungen werden durch dünnere Abschnitte, wie ich zeigen konnte und wie am einfachsten die Fig. 18 lehrt, wieder in je zwei Teile zerlegt, so daß man einen einheitlichen Gürtel erhält, der aber aus vier dickeren und vier dünneren Stücken besteht.

Ein Zweifel über die Gesamtform der Placenta in den Stadien, soweit ich sie verfolgen konnte, kann aber eigentlich nicht bestehen.

Die Fig. 18 gibt die Form der Placenta wieder, wie sie sich zeigt, wenn man die Muskelwand über ihr abnimmt. Sie erstreckt sich durch einen überwiegenden mittleren Teil des Cavum uteri und läßt nur ein kleines Feld am Fundus, ein größeres oberhalb des inneren Muttermundes frei. Es stimmt das also für die Gesamtplacenta mit den Abbildungen von Lane.

Lane scheidet dann, und auch damit stimme ich überein, dickere und dünnere Teile. Ich weiche insofern von ihm ab, als er nur zwei stärkere Abschnitte zeichnet, während ich davon vier finde.

Auch in der Wahl der Terminologie kann ich mich an Lane nicht anschließen.

Ich habe früher die Placenta des Frettchens als zono-discoidalis bezeichnet, weil sie sich als zonaria anlegt und dann in eine doppelte discoidalis umbildet. Lane hat nun auch die Placenta von Dasypus novemcinctus als zono-discoidalis bezeichnet, aber ein weiteres Adjektivum zugefügt; er nennt sie zono-discoidalis indistincta.

Meines Erachtens kann man die hier vorliegende Placenta, wenn man überhaupt an der durch die ältere Terminologie gegebenen Grundlage festhält, nur als Placenta zonaria bezeichnen. Die Gesamtplacenta ist ein ungemein breiter, aber einheitlicher Gürtel, der einen überwiegenden Teil des Cavum uteri ausfüllt.

Daran würde nichts ändern, daß an diesem Gürtel dünnere und dickere sowie breitere und schmalere Abschnitte zu unterscheiden sind; es ist auch kaum notwendig, dem in der Terminologie noch besonders Ausdruck zu geben. Die Beobachtungen, die Fernandez über die Form der Tatusiaplacenta mitteilt, lassen sich mit dem eben Ausgeführten ganz gut vereinigen; ich habe mich über angebliche Differenzen ja auch bereits an anderer Stelle mit Fernandez auseinandergesetzt, auf die ich verweisen kann. Sie sind bedingt durch zeitliche Verschiedenheit der untersuchten Entwicklungsstadien.

Dem oben Ausgeführten würde nicht entgegenstehen, was Newman und Patterson über früheste Stadien im Entwicklungsgang der Placenta abbilden, daß nämlich hier zuerst vier einzelne, scheibenförmige

Zottenfelder vorhanden sind, von denen je eins zu einem der Feten gehört. Denn diese Zottenfelder sind wieder in ein anderes Feld von minder entwickelten Zotten eingelagert, und dieses bildet mit den genannten einen einheitlichen Ring. Auch hier sind die anscheinenden Differenzen nur zeitliche Unterschiede im Entwicklungsgang. Für angebliche Unterschiede in den Endstadien kann ich einstweilen den sicheren Grund nicht angeben. Auch diese sind aber nicht so, daß man im Entwicklungsgang unserer Placenta einen Grund dagegen fände, sie als Placenta zonaria zu bezeichnen.

Was die physiologischen Verhältnisse der Placenta anlangt, so werden sie wohl, wie vielfach auch bei anderen Placenten festgestellt ist, in den verschiedenen Stadien der Entwicklung nicht ganz gleich sein. Bei der fertigen Placenta kann es sich, soweit sich das aus den Schnitten ablesen läßt, nur ganz überwiegend um einen Stoffwechsel im intervillösen Raum von dessen mütterlichem Inhalt nach den fetalen Gefäßen in den Zotten und umgekehrt handeln. Die vielen anderen Wege, welche sonst neuerdings neben diesem beschrieben sind, kommen für die Tatusiaplacenta wohl nicht in Frage.

Fasse ich die gesamten Entwicklungsvorgänge der Placenta von Tatusia novemcincta in kurze Sätze zusammen, so würde sich ergeben:

1. Tatusia novemcincta entwickelt in einem Uterus simplex eine Placenta zonaria olliformis.
2. Der fertige Placentarring ist im Verhältnis zur Ausdehnung des Cavum uteri sehr breit und in seinen einzelnen Teilen sehr verschieden stark, so daß er im Flächenbild zeitweilig sehr unregelmäßig angeordnete Grenzränder, namentlich nach oben, aufweisen kann.
3. Die Placenta besteht aus einem großen mütterlichen Blutsinus (daher olliformis), der für die vier sich gleichmäßig entwickelnden Feten gemeinsam ist.
4. Der intervillöse Raum der Placenta ist in seinem unteren, gegen den Muttermund liegenden Abschnitt von einer Lage mütterlicher Uterusschleimhaut gedeckt, Pars tecta; an deren Oberflächenepithel schließen hier die außen vom Entoderm überkleideten Embryonalhüllen an.

   Der obere, gegen den Fundus liegende Teil des intervillösen Raumes besitzt kein Dach von mütterlicher Schleimhaut (Pars aperta), sondern ist unmittelbar von den Embryonalhüllen — auch hier zunächst vom Entoderm — gedeckt.
5. Der Boden des intervillösen Raumes wird auf große Strecken nur von Muskulatur und auf diese aufgelagertem Endothel be-

grenzt. Dieser muskulöse Boden des Placentarraumes besteht aus einem Netzwerk von feinsten Fäden glatter Muskulatur, das, von Endothel überkleidet, die venösen Abflußwege umgrenzt (Corpus cavernosum uteri). Der ganze Boden des intervillösen Raumes ist siebförmig durchlöchert.

6. In den intervillösen Placentarraum hängen die baumförmig verzweigten Zotten; sie bestehen aus einer Grundlage von embryonalem Bindegewebe, auf dessen Außenfläche eine syncytiale Entodermschicht aufgelagert ist.
7. Der gedeckte Teil des intervillösen Raumes entwickelt sich, indem die zum Placentarpolster verdickte Schleimhaut sich unter Bildung großer mütterlicher Bluträume von ihrer muskulösen Unterlage abhebt; in die so angelegten Räume wachsen die Zotten ein. Placentarpfeiler halten Dach und Boden des intervillösen Raumes zusammen.
8. Die Zotten wachsen vom oberen Rande des nur in der unteren Uterushälfte ausgebildeten Placentarpolsters in die Tiefe. Ein Teil wächst in der Richtung gegen den Muttermund, zwischen Schleimhaut und Muskelhaut, hier den gedeckten Abschnitt des intervillösen Raumes füllend, ein anderer gegen den Fundus, zwischen Embryonalhüllen und Uteruswand und liefert den Inhalt für den offenen Teil des intervillösen Raumes.
9. Es besteht in jungen Stadien zeitweilig eine ausgiebige Dottersacksplacenta.

Literaturverzeichnis.

(Eine vollständige Zusammenstellung der Literatur über Gürteltierentwicklung gibt Fernandez [l. c. Nr. 2, p. 509], auf die ich verweise.)

1. Fernandez, Beiträge zur Embryologie der Gürteltiere. Morph. Jahrb. **39**, H. 2. 1909.
2. — Die Entwicklung der Mulita. Revista del Museo de la Plata, Tomo XXI, La Plata 1915 und Leipzig, Karl W. Hirsemann.
3. — Zur Anordnung der Embryonen und Form der Placenta bei Tatusia novemcincta. Anatomischer Anzeiger **46**. 1914.
4. — Über einige Entwicklungsstadien des Peludo (Dasypus villosus) und ihre Beziehung zum Problem der spezifischen Polyembryonie des Genus Tatusia. Anatomischer Anzeiger **48**. 1915.
5. Lane, Some observations on the habits and placentation of Tatu novemcinctum. The state university of Oklahoma, research bulletin. Norman 1909.
6. Newman and Patterson, The development of the nine-banded armadillo from the primitive streak stage to birth; with especial reference to the question of specific polyembryony. Journal of morphology. Vol. 21. 1910.
7. Strahl, Über den Bau der Placenta von Dasypus novemcinctus. Anatomischer Anzeiger **44**. 1913.
8. — Über den Bau der Placenta von Dasypus novemcinctus, II. Anatomischer Anzeiger 47. 1914.
9. — Ein Corpus cavernosum uteri. Anatomischer Anzeiger **50**. 1917.

Figurenverzeichnis.

Die sämtlichen Figuren sind auf photographischem Wege nach den Präparaten hergestellt, dann aber, zumeist mit Tusche, und zwar zum Teil recht ausgiebig, nachgezeichnet. Die Photographie soll also hier nur den Wert einer Unterlage für die Zeichnung haben.

Tafel I.

Fig. 1. Halbierter Uterus gravidus von Tatusia novemcincta, in Formol fixiert, längs durchschnitten. Etwa dreifach vergrößert. An der rechten Seite der Figur hat sich die Fruchtblase ein wenig von der Uteruswand abgehoben, sonst liegt sie überall fest an. Zwei Embryonen sind als schmale, helle Streifen sichtbar, einer links am Rande halb in Kantenansicht, ein zweiter rechts neben der Mitte von der Fläche her als sohlenförmiger heller Streifen.

Fig. 2. Schnitt durch den oberen Teil des gleichen Uterus, ohne Embryo. Bei × Ansatz der Allantois; oberhalb desselben die Anlage für die Pars aperta, unterhalb für die Pars tecta der Placenta. *S* Schleimhaut, *M* Muskulatur; in der Innenlage dieser sind mit der Lupe die Räume des Corpus cavernosum uteri sichtbar.

Fig. 3. Uterus gravidus mit Embryonen mit eben geschlossener Medullarrinne, frontal durchschnitten, Hälfte. Zwei mit den Kopfenden nach unten konvergierende Embryonen sind sichtbar. Der schwarze Fleck am unteren Rande des Cavum uteri ist ein Igelstachel, der die Embryonalhüllen festhält.

Das gleiche Präparat, welches ich im Anatomischen Anzeiger **44**, 441 abgebildet habe.

Fig. 4. Querschnitt durch Embryo und Uteruswand des gleichen Uterus. Der Embryo liegt mit seiner Entodermseite dem Epithel der verdickten Uterusschleimhaut gegenüber.

Fig. 5. Längsschnitt durch Embryo und Uteruswand vom gleichen Uterus. Vorwachsen des Allantoiszapfens gegen den Uterus. Kopfende des Embryos nach rechts, Entodermseite gegenüber der Uteruswand.

Tafel II.

Fig. 6. Frontal durchschnittener Uterus, aufgeklappt, mit den vier im geschlossenen Amnion liegenden Embryonen. Vergrößerung etwa 2,5 : 1. Der rechte Embryo läßt sowohl Dottersack- wie Allantoisnabelstrang als helle Streifen an der Ventralseite erkennen.

Fig. 7. Querschnitt durch Uteruswand und zwei der Embryonen von Fig. 6, bei schwacher Vergrößerung. Der linke Embryo zeigt den Dottersacknabelstrang. *P* Placenta. *C c* Corpus cavernosum uteri.

Fig. 8. Placenta des gleichen Uterus, stärker vergrößert. *I R* Intervillöser Raum.

Fig. 9. Ansatz des Dottersacknabelstranges an der Uteruswand aus dem gleichen Uterus, bei starker Vergrößerung. Der Strang endet mit einem offenen Entodermtrichter auf der von Epithel überkleideten Uterusoberfläche.

Tafel III.

Fig. 10. Uterus dessen Muskellage außen teilweise abpräpariert ist; dadurch sind die Räume des Corpus cavernosum uteri von außen frei gelegt.

Fig. 11. Querschnitt durch einen im ganzen in Celloidin eingebetteten Uterus, bei ganz schwacher Vergrößerung, um die Lage der vier Feten zueinander im Schnitt und die Einheitlichkeit der vier Placenten zu zeigen.

Fig. 12. Der obere Rand des intervillösen Raumes des gleichen Uterus. Die schwarze Decke enthält den Rest der Schleimhaut, die den intervillösen Raum nach oben abgrenzt, und das Entoderm der Embryonalhüllen; beide setzen sich aber in der Figur nicht gegeneinander ab.

Fig. 13. Uterus mit Feten von etwa 15 mm Länge, frontal durchschnitten und aufgeklappt; Feten im Amnion.

Tafel IV.

Fig. 14. Placenta des gleichen Uterus im Längsschnitt. Am rechten Rande haben sich die Embryonalhüllen vom Uterus abgehoben. Der ganze Zotteninhalt des intervillösen Raumes hat sich vom Corpus cavernosum uteri an seiner Basis abgelöst, damit die Maschenräume des Corpus cavernosum freilegend.

Fig. 15. Uterus gravidus aus mittlerer Entwicklungszeit, durch ein Fenster eröffnet. Länge der Feten etwa 20 mm Scheitel—Steiß.

Fig. 16. Der gleiche Uterus nach Herausnahme der vier Feten und der Embryonalhüllen.

Fig. 17. Der im Anatomischen Anzeiger **47**, 476 als Fig. 2 abgebildete Uterus nach Herausnahme der vier Feten. Ansätze der Nabelstränge in den leeren Amnionhöhlen.

Fig. 18. Uterus gravidus aus mittlerer Graviditätszeit, bei dem von außen die ganze Muskelwand abpräpariert ist. Die Figur zeigt in etwa Größe 1 : 1 die Form und Ausdehnung der Placenta und die beiden placentarfreien Lappen.

Fig. 19. Uterus gravidus von etwa 10 cm größter Länge von außen bei natürlicher Füllung der Blutgefäße.

Tafel V.

Fig. 20. Uterus gravidus aus vorgeschrittener Entwicklungszeit, durch Fenster eröffnet. Um die Feten besser zu übersehen, ist der Fundus nach unten, Muttermund nach oben gedreht.

Fig. 21. Durchschnitt durch Uteruswand und Placenta zur Zeit der Reife, bei ganz schwacher Vergrößerung. *M.* = Muskelwand.

Fig. 22. Schnitt durch den Boden des intervillösen Raumes aus gleicher Zeit. Zeigt gegenüber dem Pfeil den Durchschnitt der Gefäße vom intervillösen Raum in die Venen des Corpus cavernosum uteri.

Fig. 23. Schnitt durch den intervillösen Raum der reifen Placenta, bei starker Vergrößerung, um den Bau der Zotten zu zeigen.

Tafel VI.
Schemata.

Die Figuren 1—4 sind Schemata nach Präparaten entworfen. Die Figuren 1 und 2 stellen Querschnitt und Längsschnitt von Embryonen und Uteruswand dar, deren Entwicklungsgrad etwa den in Figur 4 und 5 abgebildeten Embryonen des Uterus gravidus Nr. 3 entspricht. Figur 3 gibt eine Übersicht über einen ganzen Uterus des gleichen Stadiums. Figur 4 ist ein Schema des Baues der fertigen Placenta von Tatusia novemcincta.

(Aus dem physiologischen Institute zu Marburg.)

Zur Theorie und Technik der Golgi-Methode.

Von

F. B. Hofmann.

(Eingegangen am 17. September 1917.)

Bei meinen Untersuchungen über das intrakardiale Nervensystem des Frosches[1]) mittels der doppelten raschen Chromsilberimprägnationsmethode war mir aufgefallen, daß für das Zustandekommen der Imprägnation die Konzentration der Osmiumsäure, insbesondere im zweiten Chromosmiumgemisch von großer Bedeutung war: Wurde zu wenig Osmiumsäure genommen, so bildeten sich im Inneren des Präparates viel diffuse Niederschläge, und die Nervenimprägnation war schlecht. Wurde zuviel Osmiumsäure zugesetzt, so fand die Silberimprägnation nicht statt, es bildeten sich aber auch keine Niederschläge im Präparate. Ferner war es für das gute Gelingen der Imprägnation wesentlich, daß die Präparate nach der Übertragung in die Silbernitratlösung noch etwas Osmiumsäure enthielten. Aber es durften auch nur Spuren davon vorhanden sein. War zuviel Osmiumsäure in die Silberlösung mit herübergenommen worden, so schien es mir zweckmäßig, die Gefäße nach einem Tage offen stehen zu lassen, so daß die Osmiumsäure allmählich verdunstete. Ich vermutete, daß ich diesem Verfahren die große Reinheit meiner Präparate von Niederschlägen zu verdanken hatte, die allen die sie gesehen haben, auffiel. Da ich der Meinung war, daß man auf Grund derartiger Beobachtungen vielleicht Aufschluß über das Wesen der Methode erhalten könnte, bin ich den Dingen weiter nachgegangen, und bin jetzt in der Lage: 1. einige Punkte, die für das Gelingen der Methode wesentlich sind, präzise hervorzuheben, sowie 2. anzugeben, wie man aus in Müllerscher Lösung gehärteten Präparaten des Zentralnervensystems mit den einfachsten Hilfsmitteln, insbesondere auch ohne Verwendung von Osmiumsäure, ganz ausgezeichnete Imprägnationsbilder erzielen kann.

1. Der Vorgang beim Zusammenbringen von Silbernitrat und Kaliumbichromat in wässeriger Lösung ist ein ziemlich komplizierter. Es bilden sich, je nach dem Verhältnis der Konzentrationen der beiden Salze,

---

[1]) F. B. Hofmann, Das intrakardiale Nervensystem des Frosches. Archiv f. Anat. 1902, S. 54.

verschiedene Niederschläge, nämlich entweder das Silber(mono)chromat oder vorwiegend Silberbichromat mit wenig Silberchromat. Bei Berührung mit Wasser wandelt sich nun das Silberbichromat allmählich unter Abspaltung von Chromtrioxyd in das normale Silber(mono)-chromat um. Weiteres darüber, sowie die Literatur findet man bei R. E. Liesegang[1]). Treffen Silbernitrat und Kaliumbichromat im Gewebe miteinander zusammen, so können sich auch noch andere Vorgänge abspielen und die Verhältnisse noch verwickelter werden. Ich verwende daher im folgenden nach E. R. Liesegang (l. c.) für den Niederschlag, der beim Zusammentreffen von Silbernitrat und Bichromat im Präparate entsteht, den Ausdruck „Chromatsilber" und lasse die Zusammensetzung desselben im einzelnen dahingestellt.

Ganz allgemein hat die physikalische Chemie über die Bildung von Niederschlägen beim Zusammenbringen zweier ionisierter Salze folgendes Gesetz festgestellt, das wir besser als am Chromatsilber an einer einfacheren chemischen Reaktion darstellen. Kalziumchlorid ist in verdünnter, wässeriger Lösung größtenteils in Kalzium- und Chlor-Ionen zerfallen, Natriumsulfat ebenso in Na- und SO_4-Ionen. Bringt man nun eine wässerige Lösung von Chlorkalzium mit einer wässerigen Lösung von Natriumsulfat zusammen, so entsteht ein Niederschlag von schwefelsaurem Kalk, weil Ca- und SO_4-Ionen nicht in unbegrenzter Menge nebeneinander in Wasser bestehen können. Bezeichnet man die Konzentration der Ca-Ionen mit C_{Ca}, die der SO_4-Ionen mit C_{SO_4}, so ist das Produkt $C_{Ca} \times C_{SO_4}$ für die Löslichkeit des Kalziumsulfats in Wasser maßgebend. Überschreitet es einen gewissen Wert, der als Löslichkeitsprodukt bezeichnet wird, so fällt im allgemeinen (mit einer unten angeführten Einschränkung) der nicht mehr lösliche Überschuß von $CaSO_4$ als Niederschlag aus.

Übertragen wir das nun auf unseren Fall, so wird beim Zusammentreffen von Silbernitrat und Kaliumbichromat Chromatsilber ausfallen, sobald das Löslichkeitsprodukt überschritten ist. Dies ist der Fall, wenn man beide Salze in den für die Silberimprägnationsmethode gebräuchlichen Konzentrationen zusammenbringt. Das Zusammentreffen der beiden Salze erfolgt, wenn man das mit der Bichromatlösung durchtränkte Stück in die Silbernitratlösung hineinwirft, zunächst an der Oberfläche des Präparates. Dort bildet sich also der Niederschlag zuerst, und seine Bildung hält an, solange immer weiter Bichromat aus dem Präparat in genügender Konzentration herausdiffundiert. Durch dieses Herausdiffundieren nimmt nun die Konzentration des Bichromats im Inneren des Präparates allmählich ab. Legt man ein mit Bichromatlösung gleichmäßig durchtränktes Stück Gelatine in Silber-

[1]) R. E. Liesegang, Untersuchungen über die Golgi-Färbung. Journ. f. Psychiatrie u. Neurol. 17, 1. 1910.

nitratlösung, so diffundiert, wie Liesegang in der oben zitierten Abhandlung beschreibt, das Bichromat so weit heraus, daß im Inneren des Stücks kein Silberniederschlag mehr entsteht. Wenn daher bei der Golgimethode dennoch an gewissen Stellen im Inneren des Präparates Niederschläge von Chromatsilber auftreten, so muß an diesen Stellen noch so viel Bichromat übriggeblieben sein, daß das Löslichkeitsprodukt beim Zutritt von Silbernitrat überschritten wird. Hierbei liegen folgende Möglichkeiten vor: Es kann das Silbernitrat an einer günstigen Stelle so rasch ins Präparat eindringen, daß es im Inneren desselben noch eine genügend hohe Konzentration von Bichromat vorfindet, um einen Niederschlag zu bilden. Das ist der Fall, wenn Spalten ins Präparat hereingehen und gibt dann Veranlassung zu Niederschlägen in diesen capillaren Räumen. Auf diese Weise kann sich auch die Imprägnation von feinen, präformierten Hohlräumen im Gewebe, wie der Blutgefäßkapillaren, — soweit es sich nicht um eine Imprägnation von Elementen ihrer Wand selbst handelt — der Gallenkapillaren usf. erklären (Ein weiterer Umstand, der die Imprägnation in diesen Fällen unterstützen kann, kommt später zur Sprache.) Das kann aber noch nicht die Imprägnation der Gewebselemente selbst bewirken. Freilich haben Roßbach und Sehrwald[1]) die Hypothese aufgestellt, daß nicht die Gewebselemente selbst, sondern die sie umhüllenden Lymphräume und Gewebsspalten durch den Niederschlag imprägniert werden. Aber diese Hypothese trifft, wie ich in der eingangs zitierten Abhandlung gezeigt habe, nicht zu. Obwohl ich an den Ganglienzellen des Froschherzens die nach Roßbach und Sehrwald geforderte ringförmige Imprägnation zum erstenmal nachweisen konnte, hat die genauere Analyse doch ergeben, daß sich der Silberniederschlag zwar zunächst an die Oberfläche der Ganglienzelle ansetzt, dann jedoch nach dem Inneren der Zelle zu in diese hinein fortschreitet. Das setzt aber voraus, daß sich das Bichromat in der Zelle selbst so lange hält, bis genügend Silbernitrat durch die bichromatärmere Umgebung herandiffundiert ist. In diesem Augenblick muß also in der Zelle noch eine höhere Konzentration an Bichromat vorhanden gewesen sein, als in der niederschlagsfreien Umgebung. Nun ist, wie schon Liesegang betont hat, das Bichromat in der Zelle keineswegs fest gebunden, weil es sich ja aus ihr auswaschen läßt. Aber das scheint langsamer vor sich zu gehen, als das Herausdiffundieren aus der Umgebung, so daß wir annehmen dürfen, daß das Bichromat an dem Heraustreten aus der Zelle irgend wie gehindert wird. Wenn dann das Silbernitrat in das Innere des Präparates eindringt, trifft es auf die höhere Konzentration des Bichromats in der Zelle, das Löslichkeitsprodukt wird überschritten, und unter günstigen Umständen kommt der Niederschlag zustande.

[1]) M. J. Roßbach und E. Sehrwald, Über die Lymphwege des Gehirns. Centralbl. f. med. Wissensch. 1888, S. 467 und 498.

Dabei sind aber noch folgende Punkte zu berücksichtigen: Es ist nicht notwendig, daß beim Überschreiten des Löslichkeitsproduktes der Niederschlag sofort entsteht, sondern es kann sich zunächst eine sogenannte übersättigte Lösung bilden. Aus dieser kann der Niederschlag allerdings später ausfallen, insbesondere dann, wenn man eine kleine Menge des Niederschlages selbst, einen sogenannten Keim, hineinbringt. Ähnliche Erscheinungen müssen wir auch bei der Bildung des Chromatsilbers berücksichtigen. Auch hier bildet sich zunächst eine übersättigte Lösung. Sobald aber an einer Stelle der Niederschlag erst aufgetreten ist, so schießen an ihn weitere Niederschläge von allen Seiten an. Ein solches Anschießen von Niederschlägen, insbesondere auch von Mitimprägnation sonst nicht imprägnierter Gewebselemente, beobachtet man bei der Golgimethode häufig genug, und es bildet eine wichtige Fehlerquelle, vor der man sich sehr hüten muß. Hat sich andererseits in der übersättigten Lösung an einer Stelle ein Niederschlag gebildet, so reißt dieser ferner aus der Umgebung so viel von der Lösung an sich, daß ein weiterer Niederschlag erst in etwas größerer Entfernung entstehen kann. Dadurch entstehen periodische Niederschlagszonen, und auch diesen Vorgang hat R. Liesegang in der mehrfach zitierten Abhandlung speziell im Hinblick auf die Golgimethode eingehend studiert. Dazu kommt ferner die von Liesegang[1]) betonte Möglichkeit, daß das Gel der organischen Substanz der Gewebselemente als Schutzkolloid das Ausfallen des Silberniederschlags verhindern könnte, während er unter sonst gleichen Bedingungen in den kapillaren Gewebsspalten, in denen das Schutzkolloid fehlt, entsteht; ferner vielleicht auch andere Umstände, die wir noch nicht klar zu überblicken vermögen. Das, was wir sicher fassen können, ist jedenfalls die Überschreitung des Löslichkeitsproduktes an gewissen Stellen, die Bildung übersättigter Lösungen und das Ausfallen des Niederschlags aus diesen beim Zusammentreffen der hierfür günstigen Bedingungen.

Nun beobachtet man beim Zusammenbringen von Silbernitrat und Kaliumbichromat im Reagenzglas bei Gegenwart von wenig Säure, daß der Niederschlag erst bei hohen Konzentrationen dieser Salze auftritt, und daß er ferner bei etwas niedrigerer Konzentration erst nach längerem Stehen ganz allmählich entsteht. Bei Gegenwart von Säuren ist also die Löslichkeit des Chromatniederschlags erhöht und außerdem das Entstehen übersättigter Lösungen begünstigt[2]). Daher ließen sich meine eingangs zitierten Beobachtungen so deuten, daß die wässerige Lösung des Osmiumtetroxyds als schwache Säure wirkt. Freilich ist der Säure-

---

[1]) R. E. Liesegang, Das Verhalten minimaler Räume bei einigen Färbungen. Z. f. wiss. Mikroskopie **28**, 257. 1911. Speziell S. 259.

[2]) Vgl. dazu Liesegang, Eine neue Art gestaltender Wirkung von chemischen Ausscheidungen. Archiv f. Entw.-Mech. **39**, 362. 1914. Speziell S. 371.

charakter der wässerigen Lösung des Osmiumtetroxyds (der sogenannten Überosmiumsäure) außerordentlich schwach ausgesprochen. Aber die Möglichkeit dieser Deutung lag doch vor. Bestärkt wurde ich in dieser Annahme durch Herrn Kollegen M. Siegfried, der mich darauf hinwies, daß bei dem mehrfach empfohlenen Ersatz der Osmiumsäure durch das käufliche Formol vielleicht die im letzteren enthaltene Ameisensäure die Rolle der Osmiumsäure spielen könnte. Überdies hatte Durig[1]), als er bei der doppelten raschen Silbermethode nach Ramón y Cajal die Osmiumsäure durch Formol ersetzte, den Zusatz einer Spur Ameisensäure zur zweiten Silberlösung geradezu empfohlen. Dies führte mich dazu, den Zusatz einer schwachen Säure zum Silbernitrat genauer zu studieren.

Ich verwendete bei diesen ersten, im Jahre 1903 ausgeführten Versuchen das Gehirn einer erwachsenen Ziege, das nach dem Tode des Tieres unmittelbar in Müllersche Lösung eingelegt und darin mehrere Jahre aufbewahrt worden war. Aussehen und Konsistenz war das eines typischen, gut gehärteten Müller-Präparates. Kleine Stückchen der Großhirnrinde wurden zunächst flüchtig in 1 proz. Silbernitratlösung abgespült und dann in ein Gemisch eingelegt, das ich mir herstellte, indem ich zu 10 ccm 1 proz. Silbernitratlösung 1 ccm 10 proz. Essigsäurelösung hinzufügte. Die Essigsäure wählte ich als schwache, flüchtige Säure (sie ist in der verwendeten Konzentration nur zum allerkleinsten Teil in Ionen zerfallen). Man kann sie aber auch durch Salpetersäure von entsprechend niedrigerer Konzentration ersetzen. Ließ ich kleine Stückchen des in Müllerlösung gehärteten Gehirns 1 bis 2 Tage in dieser angesäuerten Silbernitratlösung liegen, so erhielt ich in der Tat sehr brauchbare Imprägnationsbilder der Ganglienzellen. Meist imprägnierten sich allerdings auch einige Gliazellen mit. Auch ist die Imprägnation der Ganglienzellen nicht sehr reichlich, aber dafür ist das Resultat sicher, die Präparate zeichnen sich durch große Reinheit von Niederschlägen aus, und die Ganglienzellen sind schön gleichmäßig mit vielen Ausläufern imprägniert.

Nahm ich die Konzentration der Essigsäure beträchtlich höher, so wurden die Imprägnationen immer spärlicher und hörten schließlich ganz auf. Wurden umgekehrt die Stücke aus der Müllerlösung in zu schwach oder gar nicht angesäuerte 1 proz. Silberlösung übertragen, so traten außer den Zellimprägnationen häßliche, diffuse Niederschläge auf, die die Zellen verdeckten und die Schnitte entstellten. Der Erfolg des Zusatzes von Essigsäure verschiedener Konzentration zur Silbernitratlösung stimmt also überein mit den Beobachtungen, die ich früher über die Wirkung des Osmiumtetroxyds gemacht hatte. Da überdies

[1]) A. Durig, Das Formalin als Fixierungsmittel anstatt der Osmiumsäure bei der Methode Ramón y Cajals. Anatomischer Anzeiger **10**, 659. 1895.

der Zusatz von Salpetersäure zum Silbernitrat ganz ebenso wirkt wie der von Essigsäure, so ist damit der Beweis erbracht, daß diese Wirkung als eine Säurewirkung aufzufassen ist. Daraus folgt aber der für die Technik der Golgimethode wichtige Satz, daß es bei einer geeigneten Säurekonzentration der Silbernitratlösung möglich ist, die diffusen Niederschläge im Inneren des Stückes zu verhindern, während die Imprägnation der Zellen noch erhalten bleibt. Wie die Säure im speziellen wirkt, dafür liegen allerdings verschiedene Möglichkeiten offen. Es wäre z. B. auch zu erwägen, ob sie nicht innerhalb der Zellen an Eiweiß gebunden wird, während sie in der Zwischenflüssigkeit frei ist und infolgedessen ihre oben beschriebene Wirkung auf den Chromatniederschlag entfalten kann.

Während ich nun nach der angeführten einfachen Methode durch Einlegen kleiner Stückchen in angesäuerte 1 proz. Silbernitratlösung in der Großhirnrinde ganz gute Imprägnationen der Ganglienzellen erhielt, bekam ich vom Kleinhirn desselben Müller-Präparates bloß stellenweise eine Imprägnation der Purkinjeschen Zellen, höchst selten noch eine andere Zelle. Am schlechtesten aber waren die Ergebnisse am Hirnstamm und im Rückenmark. Hier reichten Niederschläge bis ins Innere herein und verdeckten die gelegentliche Imprägnation von Zellen, die an sich schon nicht reinlich war. Nun war mir vom Froschherzen her bekannt, daß die Imprägnation in dem relativ lockeren, schwammigen Gewebe des Ventrikels stets zuerst und am allerreichlichsten auftrat, „später erst im Vorhof und auch da zuerst in dem unteren, etwas dickeren Abschnitte in der Nähe des Ventrikels. In der straffen, dünnen Sinuswand (und ähnlich in der derben Bulbuswand) erhielt ich nur ganz ausnahmsweise Imprägnationen der Nervenfasern“ (l. c., S. 56). Bei einem alten Müller-Präparat liegen nun ganz ähnliche Unterschiede in der Konsistenz der einzelnen Teile des Zentralnervensystems vor. Die Großhirnrinde ist verhältnismäßig mürbe, der Hirnstamm und das Rückenmark sind ganz hart. Dem entspricht aber auch der gleiche Unterschied in der Imprägnationsmöglichkeit, und wir können demnach als dritte Bedingung für das Gelingen der Silberimprägnation neben der Chromierung der Gewebselemente und dem passenden Säuregrad der Silberlösung noch den geeigneten Härtungsgrad hinzufügen. Freilich kann man, wie wir später sehen werden, durch geeignete Maßnahmen auch bei gleichbleibender Konsistenz des Präparates die Imprägnation noch abändern, und da nach dem oben Gesagten das Zustandekommen der Imprägnation an Unterschiede in der Diffusionsgeschwindigkeit des Bichromats aus den Zellen und ihrer Umgebung geknüpft ist, so wird es richtiger sein, die geeignete Konsistenz des Präparates allgemeiner auf die für die Imprägnation günstigsten Diffusionsverhältnisse zu beziehen, die allerdings in hohem Grade von der erreichten Härtung abhängen. Diese Annahme erklärt auch erst vollends den Einfluß, den der Zusatz von Osmiumsäure oder von Formol zur Bichromatlösung bei der Golgimethode ausübt: Sie beschleunigen das Erreichen des zur Imprägnation nötigen Härtungsgrades, der ohne Zusatz dieser Mittel bei bloßer Verwendung von Bichromatlösung sehr langsam, bei manchen Objekten vielleicht überhaupt nicht erreicht wird.

2. Wie bekannt, braucht bei Verwendung von Osmiumsäure oder Formol das Erreichen der richtigen Imprägnationsreife für verschiedene Objekte verschieden lange Zeit, und sie wird daher auch bei der Anwendung bloßer Müllerlösung ohne weiteren Zusatz an jedem Objekt besonders zu studieren sein. Da hierbei außer der Reifungszeit noch verschiedene andere Beeinflussungen der Imprägnation durchzuprüfen waren, war für das Ausprobieren der günstigsten Bedingungen für die Imprägnation eine große Menge von Versuchen an jedem einzelnen Objekt nötig. Ich habe dabei zunächst das praktisch wichtigste Problem zu lösen versucht, eine zuverlässige Imprägnationsmethode für die Elemente der Großhirn- und Kleinhirnrinde beim reifen — nicht embryonalen Gehirn — ausfindig zu machen, die es gestatten würde, gute Golgipräparate kursmäßig herzustellen, und die auch eine sichere Anwendung für pathologische Untersuchungen ermöglichte. Die Voraussetzung für das letztere bildet der schon von Kopsch[1]) ermittelte Umstand, daß die Golgiimprägnation noch an Material gelingt, das 24, ja 48 Stunden nach dem Tode der Leiche entnommen wird[2]). Das Material[3]) habe ich in größeren Stücken direkt in Müllersche Flüssigkeit eingelegt und bis zur Verwendung in der einigemal gewechselten Lösung belassen. Nach ungefähr $1^1/_2$ Monaten ist es imprägnationsreif und bleibt es dann wenigstens einige Monate lang, nur werden die Imprägnationen von sehr altem Material vielleicht nicht ganz so reinlich, wie von 2 bis 4 Monate altem[4]). Für die Imprägnation fand ich es vorteilhafter, statt der 1proz. eine 2proz. Silbernitratlösung zu nehmen. Ich schneide daher aus dem Vorratspräparat kleine Stückchen der Hirnrinde in der für die Golgiimprägnation gebräuchlichen Größe ab, spüle sie zunächst flüchtig in

---

[1]) Kopsch, Erfahrungen über die Anwendung des Formaldehyd bei Chromsilberimprägnationen. Anatomischer Anzeiger **11**, 727. 1896.

[2]) Man kann daher auch Schlachthausmaterial noch sehr wohl verwenden.

[3]) Herrn Kollegen Jores bin ich für die Überlassung von menschlichem Material zu Dank verpflichtet.

[4]) Das hängt aber möglicherweise bloß von der Konzentration der Silbernitratlösung ab. Das jahrealte Ziegengehirn, mit dem ich früher arbeitete, gab mit 2proz. angesäuerter Silbernitratlösung unreine, mit 1proz. angesäuerter Silbernitratlösung dagegen niederschlagsfreie Präparate. Ich verfüge im Augenblick nicht über genügend altes Material, um dieser Detailfrage nachzugehen.

2proz. Silbernitratlösung ab, um die oberflächlich anhaftenden Reste des Bichromats zu beseitigen, und lege sie dann gleich in einem kleinen, fest verschließbaren Standgläschen, wie man es zum Aufbewahren von Chemikalien verwendet, in die angesäuerte 2proz. Silbernitratlösung (2proz. Silbernitrat 10 ccm, dazu 1 ccm 10proz. Essigsäure). Von dieser nimmt man recht wenig, etwa so viel, daß das Stück gerade gut bedeckt ist. Zweckmäßig ist es ferner, auf den Boden des Gläschens ein ganz kleines Wattebäuschchen anzudrücken, auf dem dann das Präparat liegt. Die Imprägnation ist schon nach 8 Stunden sehr weit vorgeschritten, nach 24 Stunden wenigstens für die Ganglienzellen fertig. Macht man zu dieser Zeit Rasiermesserschnitte, so kann man mit Sicherheit darauf rechnen, unter der oberflächlichen Niederschlagszone eine Anzahl gut imprägnierter Ganglienzellen zu treffen. Außer ihnen haben sich allerdings meist auch Gliazellen mit imprägniert, anfangs (nach 8 Stunden) noch mit verhältnismäßig kurzen Fortsätzen, deren Imprägnation sich aber nachher immer weiter ausdehnt. Unter Umständen (bei Kurspräparaten) wird man sie gern mit in Kauf nehmen, aber sie verdecken doch zuviel von den benachbarten Ganglienzellen, und zwar um so mehr, je länger man die Lösung einwirken ließ. Ich habe mich daher bemüht, ein Mittel zu finden, um die Imprägnation der Ganglienzellen nach Möglichkeit in den Vordergrund zu rücken. Das gelingt auch gut, wenn man auf das Wattebäuschchen am Grunde des Gläschens vor dem Einfüllen der Silbernitratlösung einige Tropfen Benzol oder Xylol aufträufelt und dann mit der Silbernitratlösung aufschüttelt, so daß sich diese ordentlich mit Benzol belädt. Statt Benzol oder Xylol kann man auch Äther oder Chloroform nehmen, letztere scheinen aber etwas weniger gut zu wirken als die ersteren.

Wie die Wirkung des Benzols und Xylols zustande kommt, läßt sich vorläufig nicht sicher angeben. Im Reagenzglas verhindern weder Benzol, noch Xylol, Chloroform oder Äther die Ausfällung des Silberchromats, sie wirken also nicht wie die Säuren, sondern ihr Einfluß macht sich nur auf die Niederschlagsbildung im Gewebe geltend. Zu ihrer Anwendung veranlaßt hat mich folgende Überlegung: Es war mir seit vielen Jahren, aus Gründen, die ich hier nicht anführen kann, wahrscheinlich, daß die Narkotika in niedriger Konzentration die Durchlässigkeit der Zellen herabsetzen. Diese Meinung wird ja neuerdings auch in der Literatur von mehreren Autoren vertreten. Wenn sie nun dieselbe Wirkung auch noch an toten Zellen besäßen, so müßten sie den Austritt des Bichromats aus der Zelle verzögern und dadurch dem Zellinhalt jene für die Imprägnation nötige höhere Bichromatkonzentration länger erhalten, als der Zwischenflüssigkeit. Tatsächlich war der Versuch erfolgreich. Daß damit auch schon die obige Annahme bewiesen ist, will ich nicht behaupten, ich wollte nur zeigen, wie ich auf diese

Versuche gekommen bin. Allerdings würde dazu stimmen, daß die genannten Substanzen in niedriger Konzentration die Imprägnation allem Anschein nach verzögern. Läßt man sie in allzu reichem Maße auf die Präparate einwirken, indem man letztere z. B. aus der Müllerlösung direkt in Benzol usf. hineinbringt, so wird danach die Imprägnation vollständig verhindert. Ebenso wirken auch andere lipoidlösende Substanzen. Insbesondere darf man die Präparate, die man zur Imprägnation verwenden will, nach der Müllerlösung nicht in Alkohol übertragen [vgl. Liesegang[1])].

Unter der Mitwirkung des Benzols oder Xylols habe ich nun ganz außerordentlich schöne und sehr reiche Imprägnationen der Ganglienzellen der Großhirnrinde erhalten. Insbesondere waren auch die feinen Fortsätze der Zellen gut imprägniert. Unter Umständen kommen zwar auch noch Gliazellen hinzu, auch imprägnieren sich öfter einige Blutgefäßcapillaren. Solche kleine Schwankungen im Resultat ließen sich nicht ganz vermeiden. Im ganzen aber ist die Methode so sicher, daß man sie zur Herstellung von Golgi-Präparaten in histologischen Kursen durchaus empfehlen kann. Man findet zuverlässig mindestens in der Schicht, die unmittelbar unter der oberflächlichen Niederschlagszone liegt, eine Anzahl imprägnierter Ganglienzellen, unter Umständen erhält man sogar durch das ganze Stück hindurch ganz ausgezeichnete Bilder. Dabei ist die Methode so einfach, daß man die Vorbereitung der Präparate bis zum Schneiden einem Diener anvertrauen kann. Die langsame Wirkung der Müllerlösung bietet ferner den Vorteil, daß man sich unter einer größeren Anzahl von Gehirnstücken, die man vorher eingelegt hatte, zunächst durch Probeversuche die imprägnationsreifsten heraussuchen kann, die man dann in der nächsten Zeit aufbraucht, ohne daß man befürchten muß, daß die richtige Zeit überschritten wird.

Auch im Kleinhirn erhält man nach der angegebenen Methode ganz gute Imprägnationen. Hirnstamm und Rückenmark werden hingegen beim Erwachsenen nach monatelanger Aufbewahrung in Müllerscher Lösung derartig hart, daß sie für die Imprägnation unbrauchbar sind. Ich hoffe trotzdem, bald genauer die Bedingungen angeben zu können, unter denen die Imprägnation auch an diesen Objekten gelingt. Auch über das Verhalten von embryonalem Material will ich mich dann erst genauer äußern.

---

[1]) Liesegang, Das Verhalten minimaler Räume bei einigen Färbungen. Z. f. wiss. Mikroskopie 28, 257. 1911.

Beobachtungen und Versuche an Ctenodrilus (Zeppelinia) monostylos.

Von

E. Korschelt.

Mit 14 Textfiguren.

Im Jahre 1881 mit Untersuchungen an Dinophilus beschäftigt, fand ich in einem Seewasseraquarium des Freiburger Zoologischen Instituts einen damals noch unbekannten kleinen Anneliden, der mir, abgesehen von dem sonderbaren unpaaren Tentakel und der sehr einfachen Organisation durch den äußerst primitiven Verlauf seiner an der Mehrzahl der Individuen zu beobachtenden Teilung, sowie durch das gänzliche Fehlen der geschlechtlichen Fortpflanzung auffiel. Da der Wurm im Wandbelag und Bodenschlamm des Aquariums außerordentlich häufig und recht bequem zu halten war, so ließen sich alle Teilungsstadien des sehr einfach organisierten Anneliden mit großer Leichtigkeit feststellen. Die anfangs gehegte Vermutung einer Zusammengehörigkeit mit Dinophilus wurde bei etwas genauerer Kenntnis beider Anneliden bald aufgegeben und das Erscheinen der eingehenden Arbeit v. Kennels (1882) über den in Aquarien der Neapler Station in großer Menge und ebenfalls nur in ungeschlechtlicher Vermehrung auftretenden Ctenodrilus pardalis (Ct. serratus bzw. Parthenope serrata O. Schmidt) ließ sofort erkennen, daß es sich bei dem Anneliden des Freiburger Aquariums um einen ganz nahen Verwandten handeln müsse, der am besten als neue Art der Gattung Ctenodrilus einzureihen sei. Die Teilung ist eine ähnlich weitgehende, wenn sie auch bei Ct. serratus weniger einfach verläuft, da die Teilungszonen bereits vorher am Körper ausgeprägt sind und die neu zu bildenden Regionen vor der Trennung angelegt werden, was bei dem anderen Wurm nicht der Fall ist, so daß dessen Teilung gegenüber der Paratomie des Ct. serratus als Architomie erscheint. Außer diesem verschiedenartigen Verhalten sind gewisse Abweichungen in der Morphologie beider Würmer vorhanden, welche die Unterbringung des Freiburger Anneliden in eine neue Gattung (Zeppelinia) veranlaßten, so genannt nach dem Grafen Max Zeppelin, der damals mit meinem Beobachtungsmaterial die weitere Bearbeitung des Wurmes übernommen hatte. Das mit meinen eigenen Wahrnehmungen über die Organisation und Teilung des Ctenodrilus monostylos übereinstimmende Ergebnis seiner Untersuchungen wurde im darauf folgenden Jahre (1883) veröffentlicht.

Wenn ich jetzt selbst wieder auf das Tier zurückkomme, so ist dies vielleicht durch meine älteren, aus der kurzen Bemerkung am Beginn der Zeppelinschen Arbeit freilich nicht ersichtlichen Beziehungen zu dem merkwürdigen Anneliden erklärlich, dem ich von damals her ein gewisses Interesse bewahrte und von dem ich einige Zeit nach der Bearbeitung des Abschnittes „Ungeschlechtliche Fortpflanzung" im Lehrbuch der Vergl. Entwicklungsgeschichte auf Erkundigung erfuhr, daß er noch immer im Seewasseraquarium des Freiburger Instituts vorhanden sei. Infolge des neueren Zurückkommens auf die Frage der Monogonie und ihre Beziehungen zur Amphigonie lag es nahe, der früher an Ctenodrilus gemachten Beobachtungen zu gedenken (Zeitschr. f. wissensch. Zoologie 117, 371 u. 399. 1917), um sie vielleicht zu erneuern oder auch zu vervollständigen, falls der Wurm in jenem Aquarium noch immer vorhanden oder sonst zu erlangen wäre.

Nach seinem Auffinden wurde Ct. monostylos von mir während eines Jahres und ebenso lange vom Grafen Zeppelin unausgesetzt beobachtet, ohne daß während dieser Zeit von einer geschlechtlichen Fortpflanzung jemals etwas zu bemerken gewesen wäre; dagegen vermehrte sich der Wurm unausgesetzt auf dem Wege der Teilung. Die gleiche Wahrnehmung wurde von anderen Beobachtern des Ctenodrilus, wie schon erwähnt auch von Kennel an Ct. serratus gemacht. Es ist anzunehmen, daß diese Art der Fortpflanzung unter dem Einfluß besonderer Verhältnisse zur überwiegenden oder alleinigen Vermehrungsform geworden ist und daß beim Schwinden dieser Verhältnisse die Fähigkeit zur geschlechtlichen Fortpflanzung von neuem hervortritt. Dies scheint bei Ct. serratus der Fall zu sein, von welchem Monticelli frei im Meeressand des Golfs von Neapel lebende und (im Gegensatz zu den agamen Individuen) mit Bewimperung versehene Geschlechtstiere auffand. Solche hatte v. Kennel unter den Tausenden von ihm beobachteten Individuen nie gefunden. Allerdings scheint die Beobachtungszeit nur eine verhältnismäßig kurze (Juli und August) gewesen zu sein, soweit dies aus Kennels Mitteilungen hervorgeht und es wäre immerhin möglich, daß bei ihrer weiteren Ausdehnung Geschlechtstiere aufgetreten wären. Aber auch Galvagni, der (außer Ct. parvulus) dieselbe Art längere Zeit im Aquarium des Wiener Zoologischen Instituts beobachtete, sagt nichts über Geschlechtstiere, woraus wohl zu entnehmen ist, daß solche nicht vorhanden waren. Dies dürfte auch bei Ct. monostylos für die auf die Zeppelinsche Untersuchungsperiode folgende Zeit zu schließen sein, in welcher (außer meinen eigenen, etwa zwei Jahre später [1885] wieder beginnenden und sich über zwei Jahre [bis 1887] erstreckenden Beobachtungen) nach den gelegentlich von Prof. Weismann erhaltenen Nachrichten im Freiburger Zool. Institut auch weiter auf den Wurm geachtet wurde. Man sollte meinen, daß bei dem allgemeinen Interesse, welches das primitive Teilungsvermögen des Ctenodrilus monostylos nach dem Erscheinen von Zeppelins Arbeit erregen mußte, das Auftreten von Geschlechtstieren in dem noch jahrelang zu Arbeitszwecken benützten Aquarium nicht unbemerkt geblieben wäre. Wie schon erwähnt wurde, erhielt ich noch nach langer Zeit (durch Prof. Weismann) die Mitteilung vom Vorhandensein des Ctenodrilus.

Somit erschien der Versuch sehr naheliegend, auch unter den jetzigen veränderten Verhältnissen des Freiburger Zoologischen Institus in den dortigen Seewasseraquarien nach dem seither anderswo nicht aufgefundenen oder jedenfalls nicht beschriebenen Wurm zu suchen. Durch das große Entgegenkommen des Herrn Kollegen Doflein wurde dieses Vorhaben sehr erleichtert. Von seiner freundlichen Erlaubnis, die Untersuchung an Ort und Stelle selbst vorzunehmen, konnte ich zwar infolge anderweitiger Verhinderung keinen Gebrauch machen, aber mehrmalige Versuche meines in Freiburg beheimateten Assistenten Dr. H. Baumann, den bald in einem der Seewasseraquarien aufgefundenen Wurm in kleinen Gefäßen hierher zu übertragen, erwiesen sich schließlich erfolgreich und es gelang, ihn monatelang hier zu halten.

Schon die flüchtige Betrachtung zeigte, daß es sich um denselben, damals vor so langen Jahren von mir beobachteten Anneliden handelte, und die genauere Untersuchung ergab die völlige Übereinstimmung mit den von mir selbst wie vom Grafen Zeppelin gewonnenen Resultaten hinsichtlich der morphologischen und Fortpflanzungsverhältnisse. Sowohl die im Dezember 1915 gesammelten, wie die im April des nächsten Jahres hierher gebrachten Ctenodrilen befanden sich überwiegend in den von mir zuerst festgestellten Teilungszuständen. Leider gingen die Würmer der ersten Sendung schon in den nächsten Wochen und Monaten zugrunde, wie auch die der zweiten Sendung sich allmählich verringerten, Ende August trotz ihres vorherigen zahlreichen Vorhandenseins nur noch spärlich zu finden und im September ganz geschwunden waren. Ob eine enorme Zunahme der Copepodenfauna die Schuld hieran trug, vermag ich nicht zu sagen; Cladonema-Medusen fanden sich noch Monate nachher in den betreffenden Gläsern sehr wohl. In einer dritten Sendung von Ende September 1916, wie in einer vierten von Anfang Januar 1917 leben die Ctenodrilen noch heute (September 1917) äußerst zahlreich und befinden sich in reger Teilung, ganz so wie ich sie bei ihrem ersten Auffinden und Halten im Jahre 1881 beobachtete.

Leider ist das Seewasseraquarium des Freiburger Instituts, aus dem die Würmer stammen, nicht mehr dasselbe, in welchem sie damals lebten. Über dessen Verbleib konnte ich nichts Rechtes erfahren. Es frägt sich nun, ob die jetzt in den Freiburger Aquarien lebenden Ctenodrilen mit jenen älteren in direktem Zusammenhang stehen oder ob sie gelegentlich mit irgendwelchem marinen Material von neuem dahin gelangten. Nach Prof. Dofleins Auskunft läßt sich aus der Institutstradition ein Zusammenhang des Aquariuminhalts, worin Ctenodrilus jetzt lebt, mit dem alten Aquarium der 80er Jahre nicht mehr feststellen, doch dürfte er auch nicht in Abrede zu stellen sein. Jedenfalls ist es möglich, wenn nicht sogar wahrscheinlich, daß Seewasser, Schlamm oder Tiere aus dem damals einzigen, recht großen Seewasseraquarium in später eingerichtete Aquarien absichtlich oder unabsichtlich übertragen wurden. Das jetzt die Ctenodrilen beherbergende Aquarium ist nach Prof. Dofleins Mitteilung ein Mittelmeeraquarium mit Actinien. Über die Herkunft des alten Aquariuminhalts ist mir Sicheres nicht bekannt, doch weiß ich, daß es aus dem Mittelmeer stammende Actinien enthielt. Auffallend ist jedenfalls, daß die meines Wissens bisher anderswo nicht beobachtete Ctenodrilus - Art sich nun gerade wieder in einem Freiburger Seewasseraquarium vorfindet und in jeder Hinsicht das gleiche Verhalten zeigt wie bei den damaligen, so weit zurückliegenden Beobachtungen. Eine Kontinuität zwischen diesem Vorkommen anzunehmen, erscheint recht naheliegend, wenn sich auch eine so lange Reihe von Jahren dazwischen geschoben hat. Ist diese Annahme zutreffend, dann wäre auch die andere nicht von der Hand zu weisen, daß nach den im Freiburger Institut und späterhin gemachten Wahrnehmungen der Ctenodrilus monostylos sich in diesem ganzen Zeitraum ausschließlich auf ungeschlechtlichem Wege fortgepflanzt hätte. Freilich bleibt dies einstweilen nur eine Vermutung, der jedoch ein ziemlicher Wahrscheinlichkeitswert insofern kaum abzusprechen sein dürfte, als sie durch die andauernd fortgesetzten Beobachtungsperioden der Jahre 1881—1883 bzw. bis 1887 und dann 1915—1917 gestützt wird. Zweifelsohne kommt auch dem Ct. monostylos eine Geschlechtsperiode zu und man darf annehmen, daß sie wie bei Ct. serratus gefunden werden wird; es wäre gewiß von Interesse zu erfahren, unter welchen Verhältnissen die Geschlechtstiere leben und wie sie sich zu der geschlechtslosen Form verhalten.

So lange man den geschlechtsreifen Zustand eines Tieres nicht kennt, bleibt die Bestimmung seiner Artzugehörigkeit stets etwas zweifelhafter Natur. Daß Ct. monostylos als agame Form zu einer der nahestehenden Arten gehört, wie man vielleicht annehmen könnte, ist deshalb unwahrscheinlich, weil deren ungeschlechtliche Fortpflanzungszustände bekannt sind. Sie verhalten sich sowohl in rein morphologischer Hinsicht, wie auch bezüglich des Teilungsverlaufs anders bei Ctenodrilus serratus und Ct. branchiatus Sokolow (Raphidrilus nemasoma Monticelli). Zu ihnen kann also Ct.

monostylos nach seinen morphologischen Merkmalen wohl kaum gehören, da ihn diese recht gut charakterisiert erscheinen lassen und auch den Autoren, welche sich mit den geschlechtlichen und ungeschlechtlichen Formen der oben genannten Arten beschäftigten, genau bekannt waren.

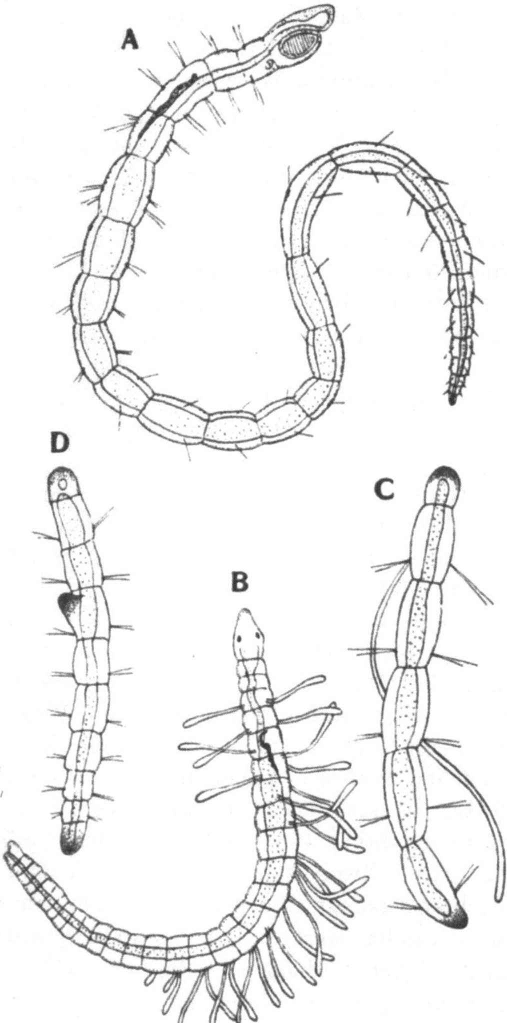

Fig. 1. Ctenodrilus branchiatus, *A* Form *A* ohne Augen und ohne Anhänge, Vergr. 56, *B* Form *B* mit Augen und Segmentanhängen (Kiemenschläuchen, Vergr. 56, *C* und *D* durch Teilung entstandene kürzere Individuen mit einem Kiemenanhang (*C*) und ohne solchen (*D*) letzteres mit Regenerationszone zur Vorbereitung der abermaligen Teilung, beide Individuen mit unvollständig regeneriertem Vorder- und Hinterende. Vergr. 72 (nach J. Sokolow).

Die Abgrenzung der Ctenodrilusarten gegeneinander erscheint freilich nicht gerade übermäßig sichergestellt, wie die Auseinandersetzungen zwischen Sokolow und Monticelli, sowie die wiederholten Aufstellungen der Systematik bei den genannten und früheren Autoren zeigen. Es kommt ferner ein recht variables Verhalten der einzelnen Individuen innerhalb des Bereiches der Spezies hinzu, wie es z. B. aus der Darstellung von Sokolow für Ct. branchiatus zu entnehmen ist und wie ich es nach meinen eigenen Beobachtungen an Ct. monostylos als Folge der ungeschlechtlichen Vermehrung bestätigen kann. Bei Ct. branchiatus ist dieses Verhalten ganz besonders weitgehend, denn Sokolow fand gleichzeitig nebeneinander:

1. Würmer, die aus einer großen Zahl Segmenten bestanden, ohne Körperanhänge und Augen, im Beginn der Teilung, mit Gonaden und Embryonen (Form *A*, Fig. 1 *A*);

2. andere ebenfalls aus einer großen Segmentzahl bestehende, mit besonderen Wimperreifen und langen paarigen Anhängen an fast jedem Segment, mit Augen und ohne Teilungserscheinungen (Form *B*, Fig. 1 *B*);

3. Übergangsformen zwischen beiden, ohne Wimpern, mit und ohne Augen, mit teilweise verloren gegangenen, also in sehr verschiedener Anzahl vorhandenen Anhängen;

4. Würmer, die nur aus wenigen Segmenten bestehen, zuweilen mit ein oder zwei Anhängen; es sind Teilungsprodukte, deren Vorder- und Hinterende sich im Regenerationszustand befindet (Fig. 1 *C* und *D*);

5. Übergangsformen zwischen dem ersten und vierten Zustand, je nachdem die ganze sich teilende Kette in die einzelnen Zooide zerfallen ist oder dies nur zum Teil geschah.

Man sieht also hier bei einer Ctenodrilusart einen weitgehenden Polymorphismus, wie er in ähnlicher Weise von den atoken und epitoken Formen anderer Anneliden bekannt ist und entsprechend von Sokolow aufgefaßt wird. Hier kommen noch die durch den besonderen Verlauf der ungeschlechtlichen Vermehrung bedingten Übergangsformen hinzu. Fände man eine dieser, zumal der längeren segmentreichen Formen für sich (vgl. z. B. unten S. 69 Fig. 11), ohne ihren Zusammenhang mit den anderen zu kennen, so könnte man besonders dann, wenn sie in großer Menge aufträte, wie es bei Ct. serratus und Ct. monostylos der Fall ist, leicht zur Aufstellung einer selbständigen Art kommen. Eine solche wurde jedenfalls für die beiden letztgenannten Anneliden ohne Kenntnis ihrer Geschlechtstiere geschaffen, wie uns diese von Ct. monostylos noch heute unbekannt sind.

Das von Sokolow sehr anschaulich geschilderte Verhalten des Ct. branchiatus erscheint insofern lehrreich, weil es geeignet sein dürfte, dasjenige anderer Ctenodrilus-Arten zu erläutern. Von R. Scharff wurde im Jahre 1887 eine neue Art, Ct. parvulus beschrieben. Der in einem Seewasseraquarium in Birmingham aufgefundene, wahrscheinlich von der britischen Küste stammende Wurm ist in seinen morphologischen, Fortpflanzungs- und Lebensverhältnissen den anderen Arten, besonders dem Ct. serratus und monostylos recht ähnlich, doch zeigt er gewisse, freilich nur geringe Verschiedenheiten von ihnen, welche Scharff zur Aufstellung der eigenen Art veranlaßten. Monticelli hielt allerdings die Zugehörigkeit des Ct. parvulus zu Ct. monostylos für möglich und Galvagni, der außer dem Ct. parvulus auch den Ct. serratus lebend untersuchen konnte, war unabhängig von Monticelli zu einer ähnlichen Vermutung gekommen, weil er ein ungewöhnlich großes, mit einem unpaaren Tentakel versehenes Exemplar des Wurms fand, welches er sonst als Ct. monostylos angesprochen haben würde. „Auf die herkömmlichen unterscheidenden Merkmale, wie Gestalt und Art der Borsten, Segmentzahl usw., möchte ich wegen ihrer Unbeständigkeit gerade bei diesen Gattungen kein allzu großes Gewicht legen", sagt Galvagni. Einen ähnlichen Eindruck gewann ich, als ich ohne genauere Kenntnis der seither über Ctenodrilus erschienenen Arbeiten, von neuem an die Beobachtung des Wurmes ging und in den vielen kleineren Exemplaren beinahe den Ct. parvulus Scharffs vor mir zu haben glaubte. Da aber auch die zunächst seltneren, später in Menge auftretenden tentakeltragenden Formen vorhanden waren, so dachte ich immerhin an die Möglichkeit, daß vielleicht doch zwei Ctenodrilusarten untermischt in dem Freiburger Material vorhanden sein könnten.

Die weitere Untersuchung lehrte dann bald, daß alle die scheinbar so verschiedenen Formen durch Übergänge verbunden sind und offenbar nur der an verschieden großen Exemplaren und in verschiedenen Körperregionen erfolgenden Teilung ihren Ursprung verdanken. Alle die verschieden großen, die langen segmentreichen (Fig. 11), die kurzen segmentarmen, die breiten kompakten und schmalen schlanken, die tentakeltragenden und die tentakellosen Formen gehören zusammen und stellen nur verschiedene Ausbildungszustände der auf dem Wege der Teilung entstandenen neuen Individuen dar. Ich sollte meinen, wenn Scharff es wirklich mit Ct. monostylos zu tun gehabt hätte, daß ihm dann zum mindesten einige ausgewachsene Exemplare mit Tentakel zu Gesicht gekommen wären und er nach dem Kennenlernen dieser ungemein charakteristischen Tiere über die Artzugehörigkeit nicht im geringsten hätte in Zweifel sein können.

Aber nach dem von Scharff beschriebenen Teilungsvorgang kann es sich meines Erachtens bei seiner Art gar nicht um Ct. monostylos handeln, wenigstens habe ich bei der sehr großen Zahl von Teilungen, die ich bei dieser Ctenodrilusart beobachtete, einen derartigen Verlauf des Vorgangs niemals wahrgenommen. Dieser vollzieht sich wie bei Ct. serratus durch Auftreten mehrerer Knospungszonen, welche die Anlage des neuen Vorder- und Hinterendes vorbereiten und den Zerfall in die einzelnen Teilstücke schon früh andeuten, während letzteres bei Ct. monostylos stets in nur sehr beschränktem Maße der Fall ist, so daß die Teilung dieses Wurms in weit unmittelbarer Weise ohne erhebliche Vorbereitung erfolgt. Man könnte dem entgegenhalten, daß auch dieser Unterschied nicht so sehr ins Gewicht fiele, da bei Ct. branchiatus sowohl der eine wie der andere Teilungsmodus vorkommt. Nach Sokolows Darstellung findet bei diesem Wurm sowohl eine Durchteilung des Körpers ohne erhebliche Vorbereitung ganz ähnlich wie bei Ct. monostylos, aber andererseits auch das Auftreten einer Regenerationszone statt (Fig. 1 *D*), welche mit der darin stattfindenden Anlage der Organe durchaus an das Verhalten des Ct. serratus erinnert.

Nach den äußerst zahlreichen Teilungszuständen, welche ich im Laufe der Zeit bei Ct. monostylos gesehen habe, kann ich mit Bestimmtheit sagen, daß derartiges bei diesem Wurm in keinem Fall eintritt. Bei ihm sind es zunächst mehrere, oft ziemlich viele Segmente des alten Wurmkörpers, welche in das neue Individuum hinüber genommen werden und die Verwendung nur eines Körperringes zu dessen Ausbildung ist ein verhältnismäßig seltener Fall, während sich bei Ct. parvulus ebenso wie bei Kennels Ct. serratus die Regenerationszone segmentweise wiederholt und also nur ein Segment in die Neubildung des Körpers eingeht. Hier bestehen also unüberbrückbare Gegensätze, und daß Ct. parvulus zu Ct. monostylos gehört, kann ich trotz der allerdings sehr auffallenden Beobachtung Galvagnis vom Auftreten eines tentakeltragenden Exemplars nicht annehmen.

Nach dem Verhalten bei der Teilung würde man weit eher geneigt sein, den Ct. parvulus in Beziehung zu Ct. serratus zu bringen, nun hat aber Galvagni beide Arten in genügender Menge lebend vor sich gehabt, um seine recht eingehenden Untersuchungen an ihnen auszuführen. Den von früheren Beobachtern mitgeteilten unterscheidenden Merkmalen fügt er neue, besonders auf die von ihm hauptsächlich betonte histologische Beschaffenheit bezügliche Charaktere hinzu. Er denkt also ebensowenig wie die älteren Autoren daran, gerade diese beiden Formen zu vereinigen, sondern sucht in einer gewissen Übereinstimmung mit Monticelli eher Beziehungen des Scharffschen Ctenodrilus zu Ct. monostylos, wie schon weiter oben erwähnt wurde. Dazu will aber nicht recht stimmen, daß Monticelli und mit ihm Sokolow den Ct. monostylos in einer anderen Gattung unterbringen. Danach würde die Systematik der Ctenodrilen etwa folgendermaßen lauten:

1. Ohne Kopftentakel, Borsten von einer Art: Ctenodrilus Claparède 1863 (Parthenope O. Schmidt 1857),

Ct. serratus O. Schmidt 1857, Borsten gekämmt.

Ct. parvulus R. Scharff 1887, Borsten nicht gekämmt.

2. Mit Kopftentakel, Borsten verschiedener Art: Zeppelinia Vaillant 1890 (Ctenodrilus Zeppelin 1883, Monostylos Vejdovsky 1884).

Z. monostyla Zeppelin 1883 (Ct. monostylos Zeppelin 1883, Monostylos tentaculifer Vejdovsky 1884).

Z. dentata Monticelli 1896.

Die letztere, von Monticelli in seinen Adelotacta Zoologica 1896 (Mitteil. der Zoolog. Station Neapel 12) nur ganz kurz gekennzeichnete Art soll sich durch den Besitz zweier Kopftentakel und durch „setole ferti e brevi pettinate“ von der mit einem Kopftentakel und „setole ferti e non pettinate“ versehenen Z. monostyla unterscheiden, wozu allerdings bemerkt werden muß, daß letztere Art zuweilen ebenfalls zwei Kopftentakel trägt. Über diese Art und ihre etwaigen Beziehungen zu der Z. monostyla müssen noch genauere Angaben abgewartet werden.

3. Ohne Kopftentakel, mit Augen und mit Kiemenanhängen an den Rumpfsegmenten, Borsten von einer Art: Raphidrilus Monticelli 1910.

R. nemasoma Monticelli 1910 (Ctenodrilus branchiatus Sokolow 1911, Zeppelinia branchiata Sokolow 1911).

Darüber, ob die letzteren von Monticelli und Sokolow beinahe gleichzeitig, unabhängig voneinander beschriebenen Formen derselben Art angehören, sowie besonders darüber, ob sie dem Genus Zeppelinia oder einer neuen Gattung (Raphidrilus Monticelli) zuzuzählen seien, besteht zwischen den genannten beiden Autoren eine Meinungsverschiedenheit. Infolge der immerhin in den beiden Beschreibungen vorhandenen Differenzen, läßt sich ohne Kenntnis des Objektes ein endgültiges Urteil kaum abgeben, doch dürfte sich die bestehende Schwierigkeit wohl im Sinne der obigen Aufstellung lösen. Die Übereinstimmung der von beiden Autoren beschriebenen Formen scheint eine so große zu sein, daß sich an ihrer Identität kaum zweifeln läßt, zumal sie ziemlich von derselben Örtlichkeit („Amphioxussand“ des Golfs von Neapel aus der Gegend Donn' Anna) stammen. Dahin dürfte schließlich die Meinung nicht nur von Monticelli, sondern auch von Sokolow gehen, wenn auch dieser den in den Beschreibungen bestehenden Verschiedenheiten ein gewisses Gewicht beilegt.

Die andere Frage, ob für die neue Art auch eine neue Gattung gegründet werden solle, fällt mit derjenigen zusammen, ob die Unterschiede zwischen den fünf oder eigentlich nur vier bekannten Ctenodrilus-Arten so groß sind, daß sie die Aufstellung von drei Gattungen erfordern, von denen dann zwei je eine Art umfassen und nur eine Gattung sich zweier Arten erfreut, von denen aber die eine auch noch etwas zweifelhafter Natur ist, was in noch höherem Maße von der fünften Art (Zeppelinia dentata) gilt.

Über die Notwendigkeit derartiger Zerspaltungen läßt sich wie über die Wertung systematischer Merkmale streiten; im vorliegenden Fall könnte man sagen, daß die Verschiedenheit zwischen dem mit Augen und Kiemenanhängen versehenen Raphidrilus und einem Ctenodrilus (serratus oder parvulus) eine recht beträchtliche sei und die Unterbringung in zwei Genera rechtfertige. Wenn man aber die der Anhänge entbehrende Form des Raphidrilus (Fig. 1 *A*) mit einer der genannten Ctenodrilus-Arten, etwa mit einer langen aber tentakellosen sog. Zeppelinia (Fig. 11 S. 69) vergleicht, so ist der Unterschied ein recht geringer, ja in manchen Fällen wird es nicht einmal ganz leicht sein, beide Tiere auseinander zu halten. Es sei in dieser Beziehung an den Zweifel der Autoren über die Selbständigkeit des Ct. parvulus und die mögliche Zugehörigkeit zur Zeppelinia monostyla erinnert. Bei Bestätigung dieser Zweifel würde sich also ein scheinbar echter Ctenodrilus der Gattung Zeppelinia einfügen. Ob es sich unter diesen Umständen empfiehlt, die in ihrer Morphologie, Biologie und Fortpflanzung im ganzen recht übereinstimmenden wenigen Ctenodrilusarten in mehreren Gattungen unterzubringen, erscheint mir recht zweifelhaft. Meines Erachtens hätte man mit der einen Gattung um so eher auskommen können, als man vorläufig nur von zwei Arten die ganze Lebensgeschichte kennt und bei den zwei anderen die Möglichkeit besteht, daß sie nach dem Bekanntwerden der fehlenden Zustände jenen anzunähern sind. Meine freilich nicht sehr ausgedehnten Bemühungen, zu letzterem beitragen zu können, waren bis jetzt nicht von Erfolg gekrönt, doch ist dies ein Schicksal, welches ich leider mit anderen Beobachtern des Ctenodrilus teile.

Meine Absichten beim Wiederaufsuchen des Ctenodrilus gingen dahin:

Erstens, wenn möglich, die bis dahin unbekannten Geschlechtsverhältnisse des Ctenodrilus monostylos aufzuklären oder falls sich dies als undurchführbar erwiese, die etwaigen Ursachen für das Ausbleiben der geschlechtlichen Zustände festzustellen,

zweitens die ungeschlechtliche Fortpflanzung sowohl im Hinblick auf das Stammtier, wie auf die Teilstücke und ihre Ausbildung zum fertigen Wurm einer eingehenden Untersuchung zu unterziehen,

drittens das Verhalten des Ctenodrilus bei künstlicher Teilung festzustellen, sowie dasjenige der auf experimentellem Wege gewonnenen Teilstücke mit dem auf natürliche Weise entstandenen Zooiden zu vergleichen.

Die erste Frage wurde im vorstehenden bereits nach verschiedener Richtung behandelt; ihre Beantwortung erwies sich unter den Verhältnissen, in welchen die zur Beobachtung verfügbaren Ctenodrilen leben, als unmöglich, weshalb die übrigen Ctenodrilus-Arten zum Vergleich herangezogen wurden. Wie bei diesen wird sich die endgültige Beantwortung wahrscheinlich erst aus der Untersuchung der im Freien lebenden Würmer ergeben, wo sie anderen Bedingungen unterworfen sind und sich zu ihrer vollen Ausbildung entfalten können. Als immerhin bemerkenswerte Tatsache läßt sich einstweilen nur feststellen, daß bei den drei zum Teil wiederholt in großen Mengen in Aquarien beobachteten Ctenodrilus-Arten (Ct. serratus, parvulus und monostylos) in ziemlich übereinstimmender Weise die Tendenz zu extremer Ausbildung der Monogonie besteht, während die geschlechtliche Fortpflanzung vollständig unterdrückt wird[1]). Für die Erhaltung

---

[1]) Die an einem ziemlich umfangreichen, gut konservierten Material beabsichtigte Untersuchung, ob bei ausgewachsenen oder jüngeren Würmern Andeutungen des Geschlechtsapparates, besonders der Keimzellen, nachzuweisen sind, konnte ich leider bis jetzt nicht zur Ausführung bringen, da die Bearbeitung der kleinen Objekte recht mühsam und zeitraubend ist.

der Art ist dabei in völlig genügender, wenn nicht sogar in vortrefflicher Weise gesorgt, wenigstens gilt dies nach meiner Beobachtung für Ct. monostylos. Aber auch Ct. serratus und parvulus scheinen sich ganz ähnlich zu verhalten, wie man aus den Mitteilungen über das zahlreiche Auftreten zumal des ersten Wurmes in den Aquarien verschiedener Stationen und Institute (Neapel, Wien, München) entnehmen kann.

Aus den vier kleinen, je $^1/_4$ Liter Seewasser enthaltenden Gläsern, welche der oben erwähnten Sendung vom September 1916 angehörten und zu denen noch zwei ebensolche Gläser (vom Januar 1917) hinzukamen, entnahm ich viele Hunderte ausgewachsener Würmer und mehr oder weniger ausgebildete Teilstücke, ohne daß eine wesentliche Verminderung des Materials zu bemerken gewesen wäre. Beim Abschluß der Untersuchungen waren die Tiere jedenfalls in ebenso großer Menge wie am Beginn derselben vorhanden, wozu allerdings zu bemerken ist, daß ich ihnen nach dem Transport eine mehrwöchentliche Erholungszeit gönnte. Dabei war in jedem der Gläser zunächst nur ganz wenig Bodensatz enthalten, so daß die Zahl der hierher gebrachten Würmer gegenüber den im Freiburger Stammaquarium enthaltenen eine verschwindend geringe sein muß. Nach meinen eigenen Erfahrungen war der Wurm in dem alten Freiburger Aquarium jedenfalls in ebenso großer Menge vorhanden und jederzeit in beliebiger Zahl zu beschaffen. Also genügt die ungeschlechtliche Fortpflanzung für eine offenbar sehr reichliche, durch Jahre hindurch fortgesetzte Vermehrung der Würmer.

Wie schon vorher bei dem Vergleich mit anderen Ctenodrilus-Arten bemerkt wurde, erscheinen die auf dem Wege der Teilung entstandenen Individuen des Ctenodrilus monostylos vor dem Erlangen ihres endgültigen Ausbildungszustandes recht verschieden gestaltet. Dieses zumal in den Extremen sehr auffallende Verhalten findet seine Erklärung in der Herkunft der Teilstücke aus verschiedenen Körpergegenden, sowie von solchen Individuen, welche von der endgültigen Ausbildung noch recht weit entfernt sind und doch schon wieder in die Teilung eintreten. Darunter finden sich ziemlich langgestreckte, schlanke und segmentreiche Individuen (Fig. 11), deren Teilprodukte begreiflicherweise von denen der völlig ausgewachsenen, mit plumpem Körper und breiten Segmenten versehenen Formen recht verschieden sein müssen (Fig. 11). Allerdings mag auch der durchaus nicht immer übereinstimmende Verlauf der Neubildungen, die Umarbeitung der alten Partien und die Art des Wachstums dabei eine wesentliche Rolle spielen, aber Grundlage und Ausgangspunkt der Entwicklungsvorgänge werden jedenfalls von wichtiger, oft maßgebender Bedeutung für das zu erreichende Ziel, d. h. die zunächst erlangbare Ausgestaltung der neuen Individuen sein.

In Zeppelins im übrigen recht eingehender Darstellung des Teilungsvorganges von Ct. monostylos ist über diese Dinge nichts enthalten; das jetzt von mir bearbeitete Material war offenbar ein weit reicheres. Außer der Beobachtung am lebenden Objekt erwies sich für das Studium der inneren Entwicklungsvorgänge die Konservierung der Teilstücke als unbedingt notwendig. Solcher konservierter und gefärbter Teilstücke wurden im ganzen 1053 präpariert. Es wurde immer eine größere Zahl von ihnen gleichzeitig behandelt, wobei infolge der Kleinheit des Objekts mit einer ziemlichen Verlustziffer gerechnet werden mußte. Diese ist in obiger Zahl nicht inbegriffen; mit den übrigen, nur lebend beobachteten Teilstücken kommt also eine recht beträchtliche Anzahl von Stücken zusammen, die ich zu Gesicht bekam und zum Teil genauer studierte. Ebensowenig dabei einbegriffen sind die noch zu erwähnenden zahlreichen Teilstücke, welche auf dem Wege des Versuchs erzielt und längere Zeit gehalten wurden. Ihre Zahl beträgt 1945, so daß bis jetzt über 3000 Stücke zur Beobachtung gelangten.

Um die Ausführung der Versuche gleich hier zu erwähnen, so wurden sie in der Weise vorgenommen, daß gleichzeitig eine Anzahl Würmer in möglichst kleine Teilstücke zerlegt wurde, was sich unter der Lupe mit Hilfe eines feinen scharfen Messerchens leicht ausführen läßt. Die Teilstücke wurden in Uhrschalen mit Vaucherien und wenig Schlamm in der feuchten Kammer gehalten, was sie recht gut vertrugen, obwohl der Wasserinhalt der Uhrgläser ein ziemlich geringer war (etwa 9 ccm). So konnten sie zur Beobachtung ohne erhebliche Störung immer wieder unter das Präpariermikroskop gebracht werden; je nach Bedarf wurden ihnen dann einzelne Stücke zur Untersuchung entnommen. Es wurden im ganzen 35 derartige Versuche angestellt, von denen nur einige wenige nicht gelangen, indem sich die in den betreffenden Gläsern befindlichen Würmer nach einigen Wochen als abgestorben erwiesen; in fast allen Gläsern hielten sich die Würmer einige Monate lang. Da ich dies eigentlich nicht erwartet hatte, wurden die meisten Versuche (nach Bedarf an Untersuchungsmaterial) schon früher beendet. Als kennzeichnend für den Verlauf der Versuche sei erwähnt, daß bei einigen von den im April und Mai unternommenen Versuchen nicht weniger als 123, 139, 147 und 208 Teilstücke (bei dem einzelnen Versuch) konserviert wurden. Mehr zufällig, d. h. um ältere Teilstücke zu gewinnen, ergab sich für einige Versuche eine etwas längere Dauer bis zu $1^1/_2$, 2 Monaten und darüber. Ein am 16. II. begonnener Versuch wurde am 26. V. beendet; hier hatten sich die Teilstücke also über drei Monate gehalten. Über die Ergebnisse dieser Versuche gedenke ich später zu berichten; hier sollen sie nur zur Erläuterung der bei der natürlichen Teilung sich vollziehenden Vorgänge benützt werden.

Daß Ct. monostylos ein sehr weitgehendes Teilungsvermögen besitzt und daß sich die Teilung in ungemein einfacher Weise vollzieht, ging schon aus der vom Grafen Zeppelin gegebenen Darstellung hervor, doch ist die Teilungsfähigkeit in Wirklichkeit noch größer als dort angegeben wurde, wie sich aus der Beobachtung der natürlichen und künstlichen Teilungsvorgänge ergibt. Der einfachste Verlauf der Teilung besteht wohl darin, daß ein als ausgewachsen anzusehender, mit Tentakel ausgestatteter Wurm nach dem Auftreten einer nicht besonders auffälligen, mit einer Segmentgrenze zusammenfallenden Einschnürung in zwei Teile von ungefähr gleicher Länge zerlegt wird, etwa in der Weise, wie sie von Zeppelin beschrieben wurde. Von beiden Teilstücken können sich dann neue Stücke ablösen, die aus mehreren, oft nur aus drei oder zwei Segmenten bestehen. Es können aber auch mehrere Einschnürungen gleichzeitig am Wurmkörper auftreten, so daß die Teilstücke perlschnurartig aneinandergereiht erscheinen und der Zerfall des Wurmes in eine ganze Anzahl solcher Stücke ungefähr gleichzeitig geschieht. Verhältnismäßig selten erfolgt im Gegensatz zu Ct. serratus und parvulus, bei denen sich die Regenerationszonen segmentweise wiederholen, der Zerfall in einzelne Körperringe, obwohl auch dies von Zeppelin beobachtet und von mir wie schon früher so auch diesmal wieder festgestellt wurde. Auch die weitere Ausbildung dieser einsegmentigen Stücke konnte ich nach künstlicher wie nach natürlicher Teilung verfolgen, wofür ich bei Zeppelin keine Angabe finde, der ausdrücklich ihr seltenes Auftreten betont, was ich durchaus bestätigen kann.

Was zunächst das bei der (ungefähr gleichen) Zweiteilung entstehende Kopfstück betrifft, so können sich von ihm nach Zeppelins Angabe so lange Teilstücke ablösen, bis es nur noch sieben Segmente zählt. „Die geringste Segmentzahl, aus der ein Tochterindividuum mit dem primären Kopf bestehen kann, ist demnach sieben", sagt Graf Zeppelin ausdrücklich. In dieser Zahl muß wohl das Kopfsegment inbegriffen, d. h. die Zählung so vorgenommen sein, daß außer dem eigentlichen Kopfsegment (Mundsegment plus Kopflappen) das damit verschmolzene erste borstentragende Segment für sich gerechnet wird und dann noch fünf Körpersegmente hinzukommen. Anders ist die Fig. 26 nicht zu verstehen, da sie sechs borstentragende Segmente und das erste davon mit dem (primären) Kopfsegment verschmolzen zeigt. Da aus Zeppelins Darstellung die Art der Zählung nicht klar hervorgeht, mußte dies festgestellt werden. Soweit aus dem Text zu entnehmen ist, entspricht diese Auffassung seiner Wertung des Kopfabschnittes. Mit dem tatsächlichen Verhalten der Kopfstücke stimmt diese Angabe freilich nicht ganz überein, denn man findet Vorderenden, die außer dem primären Kopfsegment fünf weitere Segmente zeigen, also nur aus sechs Segmenten bestehen. Einige dieser Vorderstücke sind in Fig. 2 dargestellt.

Derartige Kopfstücke lassen ganz wie die aus mehr Segmenten bestehenden Stücke die auf den Wundverschluß folgende Abrundung am Hinterende des letzten Segments, eine Erhöhung seines Körperepithels an dieser Stelle, sowie ein zapfenförmiges Auswachsen nach hinten, verbunden mit Eintreten eines Darmfortsatzes in diesen Regenerationskegel erkennen, d. h. Vorgänge, welche die Vervollständigung des Teilstückes und Neubildung des Hinterendes einleiten (Fig. 2 *B* und *C*). Bei der völligen Übereinstimmung dieser Um- und Neubildungsvorgänge mit denjenigen, wie sie an den segmentreicheren Teilstükken zu beobachten sind, möchte man die Fähigkeit solcher und vielleicht noch kleinerer Stücke zu vollständiger Ergänzung der fehlenden Teile und schließlichen Ausbildung eines Wurmes von normaler Segmentzahl annehmen.

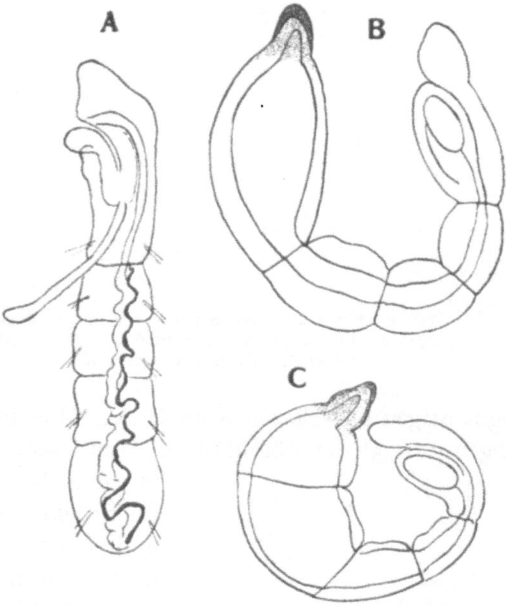

Die weitere Verminderung der Segmentzahl scheint bei Kopfstücken selten zu sein, obwohl Stücke wie die in Fig. 2 *B* und *C*, sowie in Zeppelins Figuren 26 und 27 abgebildeten, die mit großen hinteren Segmenten versehen sind, das Selbständigwerden der letzteren nach allen Erfahrungen als recht möglich erscheinen lassen. Auf dem Wege der künstlichen Teilung sind weit segmentärmere Kopfstücke zu erzielen, die unerwartet lange am Leben bleiben.

Fig. 2. Sechssegmentige (aus dem primären Kopfsegment und 5 borstentragenden Segmenten bestehende) durch natürliche Teilung entstandene Kopfstücke. A mit Tentakel, Rückengefäß, ohne Neubildung am Hinterende, *B* und *C* ohne Tentakel, mit Regenerationskegel am Hinterende. Vergr. 88.

Kopfstücke von der erwähnten Segmentzahl der durch natürliche Teilung zustande gekommenen Stücke werden auf experimentellem Wege häufig erzielt und verhalten sich ganz so wie vorher beschrieben. Teilweise gilt dies auch für die segmentärmeren Stücke, die in großer Zahl zur Beobachtung gelangten und von denen einige charakteristische hier erwähnt seien.

Die durch künstliche Teilung entstandenen Kopfstücke von 5 bis 4 Segmenten verhalten sich ähnlich wie die oben besprochenen sechs-

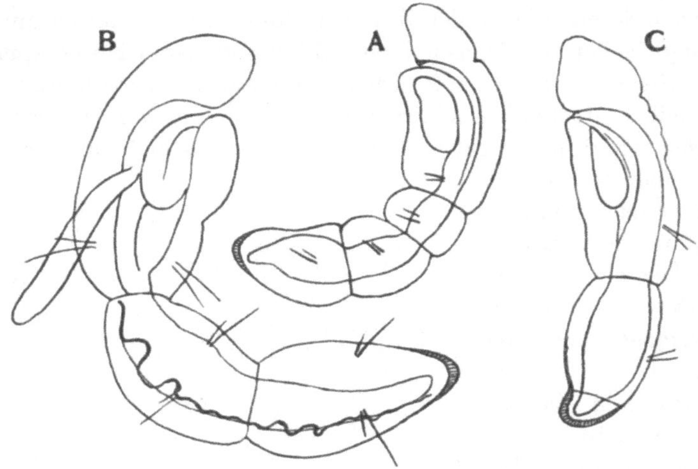

Fig. 3. Ein fünf-, vier- und dreisegmentiges Kopfstück (*A*, *B* und *C*), mit Epithelverdickungen am Hinterende, *B* mit Tentakel und Rückengefäß, von einem großen Wurm stammend. Künstliche Teilung. Vergr. 152.

segmentigen natürlichen Kopfstücke. Wie die Abbildungen Fig. 3 *A—C* zeigen, erfolgt der Abschluß am Hinterende und die Epithelverdickung in ganz ähnlicher Weise. Dies gilt auch für Stücke von drei Segmenten (Fig. 4) und selbst Stücke, die nur aus zwei Segmenten, d. h. aus dem primären Kopfsegment und dem mit ihm verwachsenen ersten borstentragenden Segment bestehen, verhalten sich im ganzen ebenso. Solche Stücke bieten einen recht eigentümlichen Anblick. Kopflappen und Mundsegment zeigen wie in den drei- und viersegmentigen Stücken (Fig. 3 und 4) gegenüber den vollständigen Würmern keinerlei Veränderung (Fig. 5). Abschluß und Abrundung können dicht hinter bzw. an dem (ersten) borstentragenden Segment erfolgen, was dem Ganzen als einen für sich lebenden Kopf ein sonderbares Aussehen verleiht (Fig. 5 *A* und *C*), und zwar dann um so mehr, wenn auch das erste borstentragende Segment noch fehlt (Fig. 5 *B* und *D*).

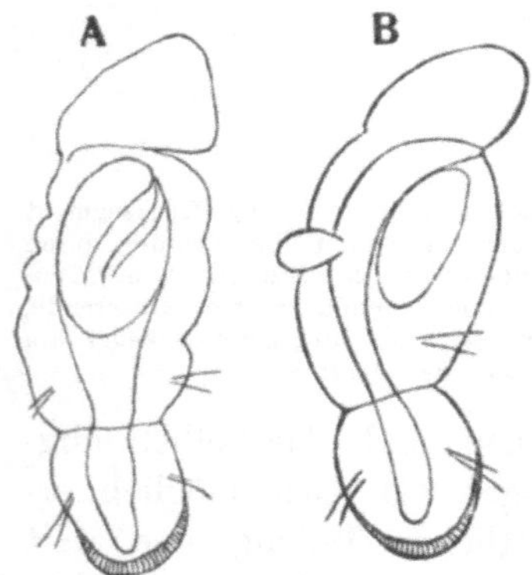

Fig. 4. Zwei dreisegmentige Kopfstücke, mit Epithelverdickungen am Hinterende, *B* mit sprossendem Tentakel, künstliche Teilung. Vergr. 152.

Man sollte meinen, daß derartige Stücke auch wenn ein Wundverschluß an ihnen erzielt wurde, doch verhältnismäßig rasch zugrunde gingen, aber das ist gar nicht einmal der Fall. So entstammen die beiden in Fig. 5 *A* und B abgebildeten Stücke einem am 27. Februar angestellten Versuch; beide Stücke wurden am 27. April konserviert, lebten also zwei Monate in diesem Zustand. Ob sie befähigt sind, die fehlenden Teile zu ergänzen, würde sich erst durch weiter ausgedehnte Versuche entscheiden lassen. Neubildungen am Hinterende solcher zweisegmentigen Kopfstücke sind jedenfalls möglich, wie das in Fig. 6 abgebildete, von demselben Versuch stammende und am gleichen Tage konservierte Kopfstück zeigt. An ihm ist sowohl die vorher beschriebene kegelförmige Verlängerung des Hinterendes, wie auch das entsprechende Darmdivertikel aufgetreten (Fig. 6). Form und Färbung beider Gebilde stimmen durchaus mit dem Verhalten der Neubildungen an zweifellos regenerationsfähigen Teilstücken überein. Daß ein weiteres Auswachsen solcher Teilstücke stattfinden kann, ist also nicht von der Hand zu weisen, wenn es sich nach dem Verhalten anderer Anneliden auch nicht gerade als sehr wahrscheinlich bezeichnen läßt.

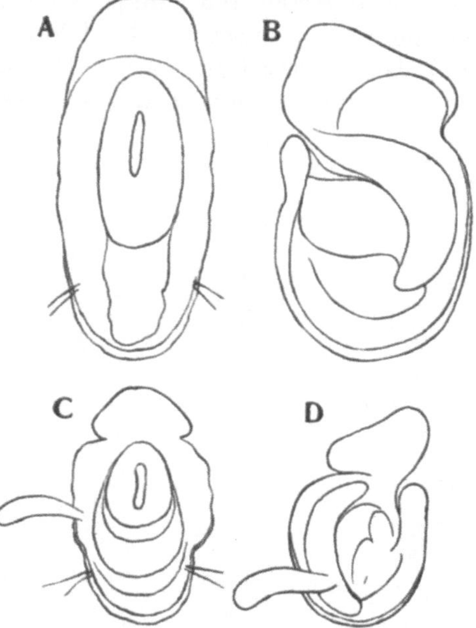

Fig. 5. Kopfstücke mit einem Borstensegment (*A*, *C*) und ohne dieses (*B*, *D*), künstliche Teilung. Vergr. 152.

Die vorderen Körperringe der Anneliden erfahren eine stärkere Spezialisierung, die es ihnen unmöglich macht, das Material für die Neubildung der verlorengegangenen Körperteile aus sich heraus zu erzeugen. Die Zahl der Vordersegmente, für welche das gilt, ist bei den einzelnen Anneliden eine verschiedene; bei den daraufhin untersuchten segmentreichen Oligochäten pflegen Kopfstücke von etwa 10—12 Segmenten nicht mehr zur Wiederherstellung der fehlenden Körperteile befähigt zu sein. Das gilt sogar für so ungemein regenerationsfähige Würmer wie Lumbriculus. Die mitgeteilten Beobachtungen weisen darauf hin, daß Ctenodrilus sich ähnlich verhält. Eine

Fig. 6. Kopfstück mit sprossendem Tentakel und Regenerationskegel, künstliche Teilung. Vergr. 152.

Verringerung des Teilungsvermögens in den vordersten Partien ist jedenfalls vorhanden. Wie weit sie geht, bleibt festzustellen. Auffallend ist immerhin die Fähigkeit der aus ganz wenigen Segmenten bestehenden Kopfstücke zu Neubildungen am Hinterende und die lange Lebensdauer solcher Stücke (Fig. 3, 4 und 6). Allerdings konnte ich am Hinterende einiger nur aus wenigen (6—9) Segmenten bestehenden Lumbriciden-Kopfstücke, die sich sonst als nicht regenerationsfähig erweisen, Regenerationskegel erzielen. Da das Regenerationsvermögen des Ctenodrilus ein ungleich weitgehendes ist, so erscheint das geschilderte Verhalten der Kopfstücke daraus erklärlich; jedenfalls geht die Fähigkeit solcher Stücke, das Verlorene zu ersetzen, weiter als bei anderen Anneliden.

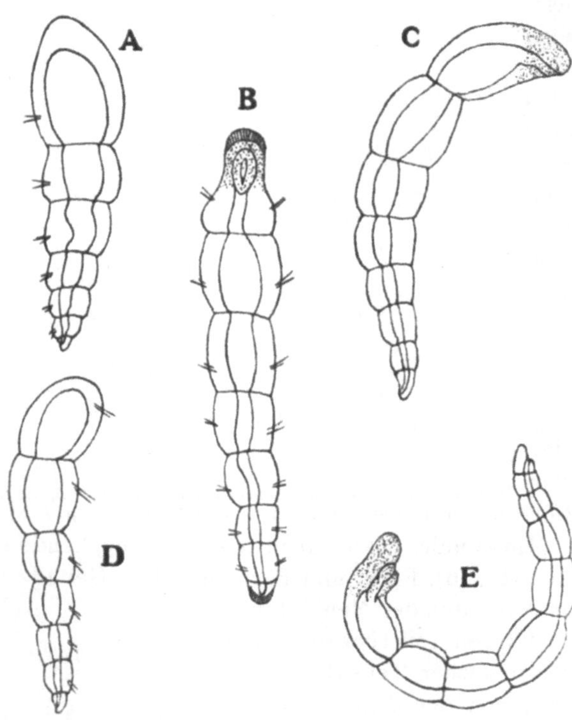

Fig. 7. *A* und *D*, siebensegmentige Schwanzstücke ohne Neubildung, *B*, *C* und *E* zwei acht und ein neunsegmentiges Teilstück mit Kopfbildung am Vorderende, natürliche Teilung. Vergr. 88.

Schwanzstücke von Ctenodrilus monostylos dürfen nach Zeppelin aus nicht weniger als elf Segmenten bestehen, wenn sie zur Ausbildung eines neuen Kopfendes befähigt sein sollen. Das trifft jedoch nicht zu, denn ich konnte eine ganze Anzahl Schwanzstücke beobachten, deren Segmentzahl geringer war. Einige dieser durch natürliche Teilung entstandenen Teilstücke sind in Fig. 7 abgebildet. Die beiden ersten, aus sechs borstentragenden Ringen und dem Endsegment bestehenden Stücke (Fig. 7 *A* und *D*) waren gewiß erst unlängst vor dem Auffinden entstanden; sie haben noch ziemlich umfangreiche vordere Segmente, wie auch Zeppelin angibt, daß seine elfsegmentigen Schwanzstücke in den vorderen 3—4 Ringen noch „ursprünglichen Magendarm“ enthalten. Vorn erscheinen sie abgerundet wie andere Stücke nach vollzogener Teilung. Die anderen aus acht und neun Segmenten bestehenden Teilstücke (Fig. 7 *B*, *C* und *E*) zeigen eine mehr oder weniger weitgehende Ausbildung des Vorderendes, welche aber in ähnlicher Weise an solchen Stücken festzustellen ist, die aus sieben und sogar aus nur sechs Segmenten bestehen. Es tritt eine fortschreitende Verdickung der vorderen Epithelkappe ein, die sich zu einem ventralwärts gerichteten Kegel ausgestaltet und in die sich ähnlich wie am Hinterende ein ebenfalls kegelförmiger Darmzipfel erstreckt. Auf die weitere Ausgestaltung der Mundpartie und des Kopfes (Fig. 7 *B*, *C* und *E*) soll hier nicht eingegangen werden, doch möchte man nach der großen Übereinstimmung dieser Gebilde mit denen an Teilstücken, die aus weiter vorn liegenden Körperpartien stammen, nicht im geringsten an ihrer

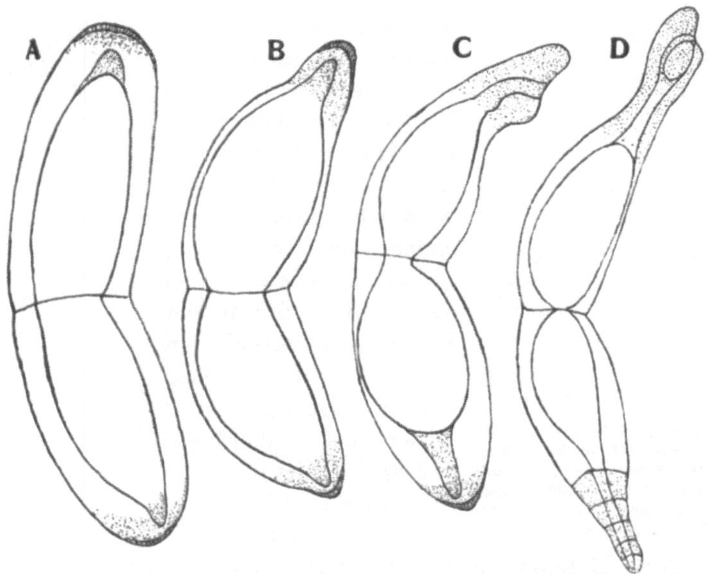

Fig. 8. Auf natürlichem Wege entstandene Teilstücke in verschiedenen Ausbildungszuständen, *A* mit beginnender, *B* mit fortgeschrittener Ausbildung des Regenerationskegels an beiden Enden, *C* Regenerationskegel mit Darmdivertikel am Hinterende, vorn weitere Ausbildung des Vorderdarms und Kopfes, *D* Kopf- und Schwanzende weiter entwickelt, letzteres bereits segmentiert. Vergr. 88.

schließlichen Ausbildung zu normalen Köpfen, sowie an derjenigen der Teilstücke zu vollständigen Würmern zweifeln.

Auf experimentellem Wege wurde eine große Anzahl von Schwanzstücken erzielt, die sich ganz ähnlich verhalten, doch konnten unter diesen zahlreichen Teilstücken auch solche von geringerer Segmentzahl beobachtet werden, welche am Vorderende ganz entsprechende Neubildungen wie die vorher beschriebenen, auf natürliche Weise entstandenen Stücke zeigten. Außer an vielen sechssegmentigen Schwanzstücken konnten vordere Regenerationsknospen auch an Stücken festgestellt werden, die aus fünf und sogar nur aus vier Segmenten bestanden.

Nur kurz sei an dieser Stelle einer heteromorphen Bildung Erwähnung getan, die sich bei den Versuchen ergab. Ein aus zehn Segmenten bestehendes Schwanzstück hatte an seinem Vorderende anstatt des Kopfes ein Schwanzende gebildet, welches sieben deutlich ausgeprägte Segmente zeigte. An der Verbindungsstelle, d. h. an dem ersten Segment des Hauptstückes sproßt ein zur Längsachse ungefähr senkrecht stehender Kopf hervor. Das ist dasselbe Verhalten, wie es bei den von Joest und mir an Lumbriciden angestellten Transplantationsversuchen beobachtet wurde, bei welchen zwei Schwanzenden zur Verwachsung gebracht wurden und nach einiger Zeit an der Verwachsungsstelle ein Kopf oder zwei zur Ausbildung kamen; mit dem Unterschied allerdings, daß es sich hier um eine auf dem Wege der Regeneration entstandene Heteromorphose handelt. Dadurch erlangt der betreffende Fall ein besonderes Interesse. Eine andere Heteromorphose mit Neubildung eines Kopfes am Hinterende soll weiter unten beschrieben werden.

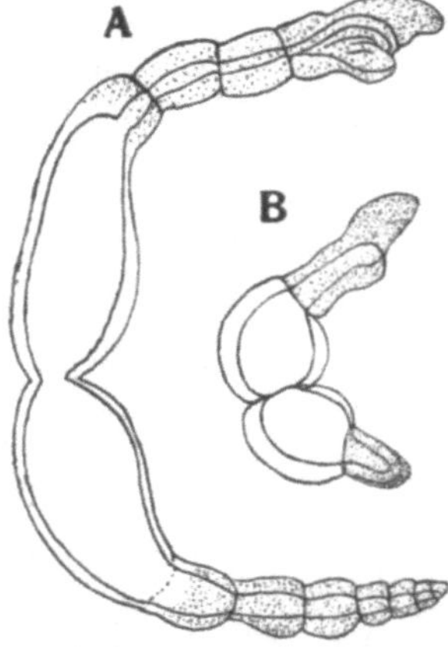

Fig. 9. *A* Kopf- und Schwanzende weiter ausgebildet, beide segmentiert; *B* ein kleineres (ebenfalls auf natürlichem Wege entstandenes) Teilstück mit Ausbildung des Kopf- und Schwanzendes. Vergr. 88.

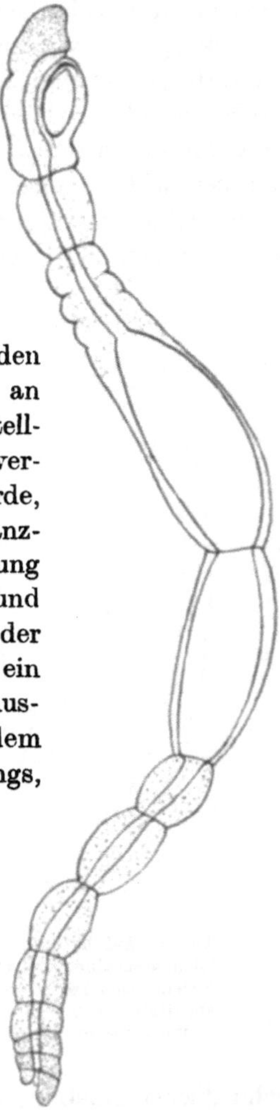

Die Ergänzung nur aus wenigen, vier, drei und zwei Segmenten bestehender Teilstücke durch Neubildung eines Vorder- und Hinterendes wurde bereits von Zeppelin angegeben und von mir in ähnlicher Weise beobachtet. Auf die sich dabei abspielenden, zum Teil recht bemerkenswerten Bildungsvorgänge soll hier nicht eingegangen werden, nur auf das Verhalten der zweisegmentigen Teilstücke möchte ich kurz zu sprechen kommen, weil es den verschiedenen Umfang der

Fig. 10. Aus zwei Segmenten bestehendes, auf natürlichem Wege entstandenes Teilstück mit ausgebildetem Kopf- und Schwanzende. Vergr. 88.

zur Wiederherstellung des Wurmes befähigten Teilstücke in besonders instruktiver Weise erläutert. Fig. 8 zeigt einige solche Teilstücke in der Ausbildung ihres Vorder- und Hinterendes begriffen; der Regenerationskegel mit dem in ihn eindringenden Mitteldarmdivertikel wächst allmählich zum Kopf- und Schwanzende aus (Fig. 8 *A*—*D*). An beiden treten die inneren Differenzierungen auf, zumal die Bildung des Mundapparates und des Afters; äußerlich macht sich die Gliederung bemerkbar und wird immer ausgeprägter, so daß sich die Segmente in zunehmender Anzahl voneinander absetzen (Fig. 8—10). Die alten Körperringe, von denen die Neubildungen ausgingen und die sich von letzteren stark abhoben, werden mit der fortschreitenden Ausbildung des Wurmes den anderen Körperpartien immer gleichartiger, sowohl was die Färbung, wie den Umfang und die gesamte Beschaffenheit anbetrifft. So werden sie allmählich ganz in die Organisation des Wurmes einbezogen und sind schließlich nur noch schwer von den übrigen Teilen zu unterscheiden, was freilich in den hier gegebenen flüchtigen Skizzen, in denen sie hell gelassen sind, nicht recht zum Ausdruck kommt. Fig. 11 stellt einen solchen, aus wenigen alten (anscheinend drei) Segmenten wiederhergestellten Wurm dar, der beinahe die normale Segmentzahl erlangt hat und bei dem die alten Segmente ungefähr die Körpermitte bilden. Sie lassen sich eben noch als solche erkennen; lange würde dies aber nicht mehr der Fall gewesen sein, dann hätte sich der betreffende Wurm nur noch durch seinen ganzen Habitus als ein durch Teilung und Regeneration entstandenes jüngeres Individuum zu erkennen gegeben, welches übrigens seinerseits bald wieder die Teilungsfähigkeit erlangt.

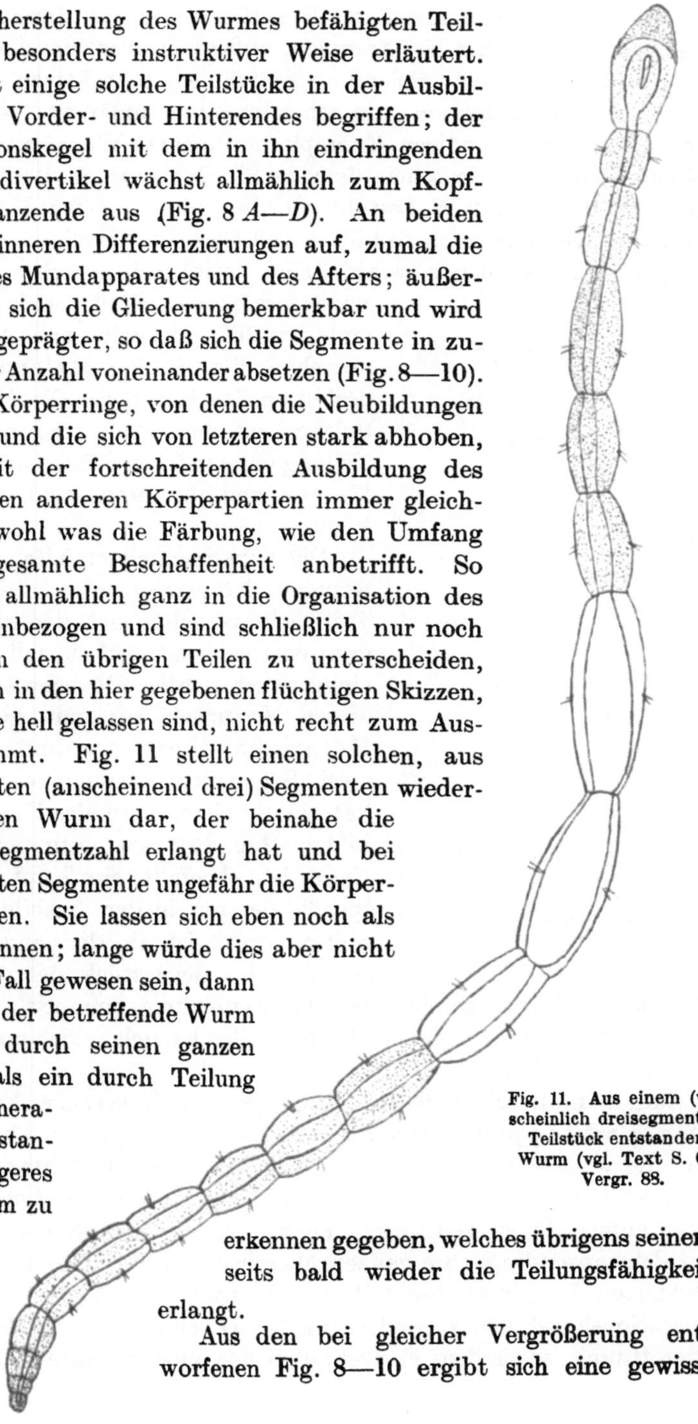

Fig. 11. Aus einem (wahrscheinlich dreisegmentigen) Teilstück entstandener Wurm (vgl. Text S. 69). Vergr. 88.

Aus den bei gleicher Vergrößerung entworfenen Fig. 8—10 ergibt sich eine gewisse

Verschiedenheit im Umfang der Teilstücke, wie sie durch die Körperregion, aus welcher sie stammen, außerdem aber aus den Größenverhältnissen der sich teilenden Individuen zu erklären ist, denn unter Umständen können, wie schon erwähnt, unlängst erst zu mehr oder weniger vollständigen Exemplaren ergänzte Würmer wieder zur Teilung schreiten. Zwischen dem in Fig. 8 *A* dargestellten Teilstück und dem der Fig. 9 *B* besteht ein besonders großer Unterschied. Um zu zeigen, daß auch so kleine Teilstücke in derselben Weise wie die größeren regenerationsfähig sind, wurde ein solches mit teilweise ergänztem Kopf- und Schwanzende gewählt, welches in seiner Ausbildung zwischen den in Fig. 8 *C* und *D* dargestellten Stücken etwa die Mitte hält. Solche, auf dem Wege der natürlichen Teilung entstandenen Stücke messen etwa $^1/_2$ mm und darunter, sind also recht klein.

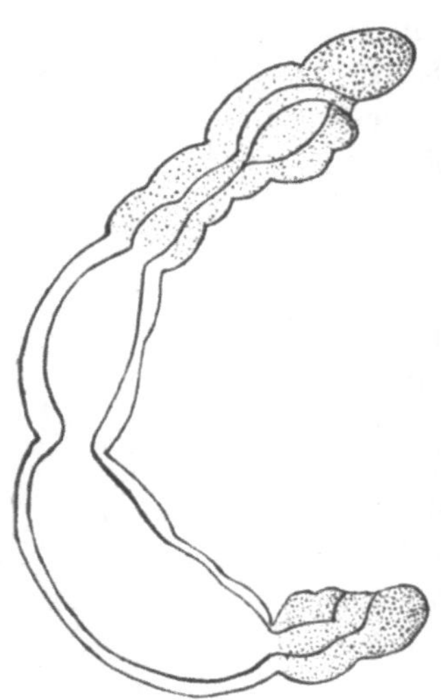

Fig. 12. Zweisegmentiges Teilstück mit ziemlich ausgebildetem Kopf am Vorderende und weniger ausgebildetem, heteromorphem Kopf am Hinterende. Vergr. 152.

Die experimentell erzielten, aus nur wenigen Körpersegmenten bestehenden Teilstücke verhalten sich den natürlichen ganz entsprechend. Auf sie soll hier nicht eingegangen werden. Dagegen sei eine bei diesen Versuchen zustande gekommene Heteromorphose erwähnt. Ein aus zwei Segmenten bestehendes Teilstück hat ein durchaus normales Kopfende gebildet (Fig. 12); am entgegengesetzten Ende ist ebenfalls ein Kopf hervorgesproßt, der nur in der Ausbildung noch weiter zurück ist als der andere. Man hat also das Gegenstück des vorher beschriebenen Falles vor sich, der die Neubildung eines Schwanzendes an Stelle des Kopfes zeigte. In beiden Fällen handelt es sich um typische Heteromorphosen.

Zum Schluß sei noch der einsegmentigen Teilstücke Erwähnung getan. Graf Zeppelins Angabe, daß sie selten sind, kann ich bestätigen; über die weitere Ausbildung dieser Teilstücke gibt er nichts an, scheint sie also nicht beobachtet zu haben. An einigen solchen, auf natürlichem Wege entstandenen Teilstücken konnte ich die Neubildung des Kopf- und Schwanzendes als im ganzen übereinstimmend mit den vorher geschilderten Vorgängen feststellen, d. h. nach dem Auftreten des Regenerationskegel und Darmdivertikels, Durchbruch von Mund- und Afteröffnung, sowie dem Fortschreiten der inneren und äußeren Differenzierungsvorgänge wurde auch das einsegmentige Stück mit Vorder- und Hinterende versehen. Insofern diese nur kleine zipfelförmige Anhänge des plumpen Mittelstückes bilden, zeigt der junge Wurm ein recht eigentümliches Aussehen.

Die an natürlichen Teilstücken gemachten Beobachtungen erfuhren ihre Bestätigung durch die auf experimentellem Wege gewonnenen, in weit größerer Zahl zur Verfügung stehenden einsegmentigen Stücke. Einige davon sind in den Fig. 13 und 14 abgebildet. Isolierte, vorn und hinten völlig geschlossene Stücke fanden sich ziemlich häufig. Abgesehen von diesem Epithelverschluß lassen sich an ihnen gegenüber den in Verbindung mit dem Wurmkörper befindlichen Segmenten keinerlei Besonderheiten erkennen, denn auch die Epithelverdickung kann bereits an den noch nicht aus dem Zusammenhang gelösten Teilstücken vorhanden sein, wie schon von Zeppelin angegeben wurde. Nötig ist dies jedoch nicht, denn man findet genug Teilstücke, bei denen an der Ablösungsstelle nur ein ganz dünnes Epithel zu bemerken ist und auch die Darmwand keine Veränderungen zeigt. Der Beginn der Neubildung besteht in der schon erwähnten Epithelverdickung, einer bald hinzutretenden Vermehrung der Mesodermelemente und der ebenfalls schon bei den umfangreicheren Teilstücken beschriebenen divertikelartigen Darmerhebung. Die in den Fig. 13 *A*—*E* dargestellten isolierten Segmente lassen diese Vorgänge ohne weiteres erkennen. Man sieht aus ihnen, daß die Neubildung ungefähr gleichzeitig an beiden Enden einsetzen kann (Fig. 13 *A* und *B*), daß dies aber auch nur an einem Ende der Fall zu sein braucht (Fig. 13 *C*), oder daß der Fortschritt in den Neubildungsvorgängen an beiden Enden ein verschiedener ist (Fig. 13 *B* und *D*).

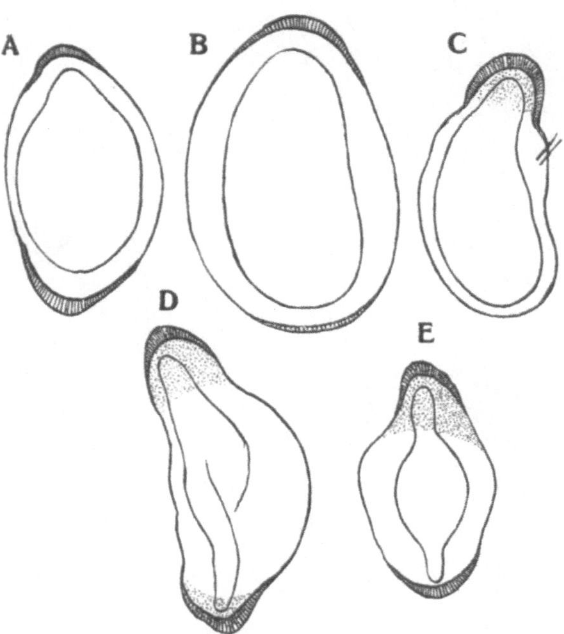

Fig. 13. Auf experimentellem Wege entstandene einsegmentige Teilstücke in verschiedenen Ausbildungszuständen. Vergr. 152.

Die Ausbildung beider Enden, zumal des Kopfabschnittes, schreitet rasch in einer Weise fort, welche ihre Bestimmung sehr bald erkennen läßt (Fig. 13 *D, E* und Fig. 14 *A*). Die Mundöffnung bricht durch und die einzelnen Partien des vorderen Darmabschnittes erlangen die ihnen eigentümliche Differenzierung (Fig. 14 *A—C*). Dabei findet ein nicht unbeträchtliches Wachstum des neugebildeten Kopf- und Schwanzendes statt (Fig. 14*C—E*), wobei anzunehmen ist, daß dies alles auf Kosten des Mittelstücks, d. h. des e i n e n Segmentes geschieht, denn eine Nahrungsaufnahme dürfte wohl kaum oder höchstens im letzten Stadium der geschilderten Vorgänge erfolgen. Es muß also eine weitgehende Verwendung zelligen Materials, eine beträchtliche Umdifferenzierung im Hauptstück stattgefunden haben, worauf bei Gelegenheit ähnlicher Beobachtungen an regenerierenden Anneliden schon mehrfach hingewiesen wurde (Korschelt 1897 und 1898, S. 48, 1907, S. 89).

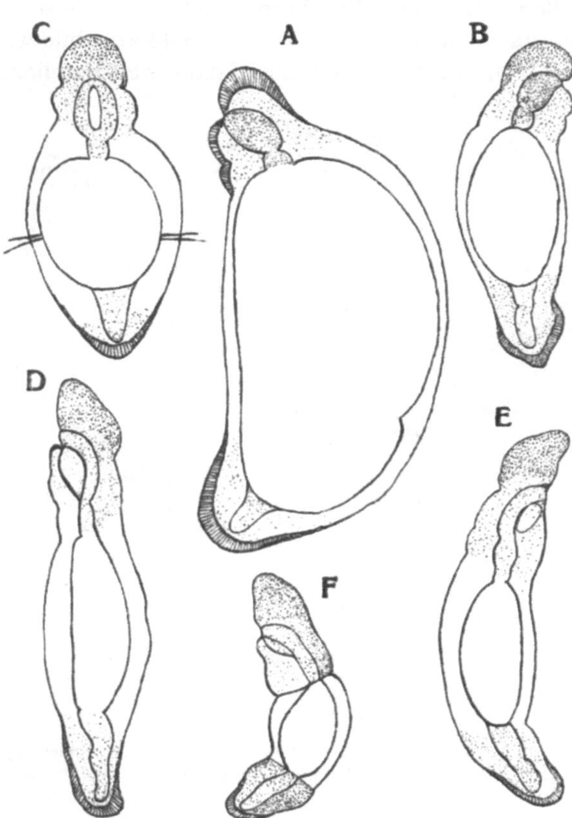

Fig. 14. Weiter ausgebildete einsegmentige Teilstücke mit fortschreitender Entwicklung des Kopf- und Schwanzendes; *A, B, D, E* und *F* von der Seite, *C* von der Fläche gesehen. Vergr. 152.

Das Mittelstück wird infolge dieser Vorgänge mehr und mehr in den sich ausbildenden Wurmkörper einbezogen und Vorder- wie Hinterende heben sich immer weniger von ihm ab (Fig. 14 *D* und *E*). Es ist also auch in diesem Fall ein kleiner, wenn auch noch recht unvollkommener und kaum segmentierter Wurm zustande gekommen, an dessen Vervollständigung aber kaum zu zweifeln ist.

Der Umfang der zur Neubildung des Wurmes führenden Segmente

ist ein recht verschiedener, ganz ähnlich wie es vorher für die zweisegmentigen Teilstücke betont wurde. Zum Teil geht dies schon aus den besprochenen Teilstücken (Fig. 13 und 14) hervor, doch sei noch besonders auf eines dieser Stücke (Fig. 14 *A*) und auf ein anderes, bisher noch nicht erwähntes Stück (Fig. 14 *F*) verwiesen, bei denen die Differenz besonders stark ist. Derartige Unterschiede im Umfang der Teilstücke wurden viel bemerkt und sind teils auf die verschiedene Größe der zu den Versuchen verwendeten Würmer, sowie auf die Körperregionen zurückzuführen, aus welchen die betreffenden Stücke stammten.

Die zur Ausbildung des Wurmes schreitenden einsegmentigen Teilstücke beanspruchen insofern ein besonderes Interesse, als bei den Ctenodrilen mit ausgesprochen paratomischer Teilung (Ct. serratus und parvulus) die Regenerationszonen segmentweise aufeinander folgen und infolgedessen stets nur ein Segment zur Neubildung eines Individuums Verwendung findet. Die künftigen Teilstücke entwickeln sich aber im Schutz der Verbindung mit dem übrigen Körper schon recht weit und sind zur Zeit der Ablösung bereits mit ziemlich weit ausgebildetem Kopf- und Schwanzende versehen, wie aus Kennels Darstellung zu entnehmen ist. Bei Ct. monostylos hingegen brauchen die isolierten Einzelsegmente keine Spur einer Neubildung zu zeigen, sondern erscheinen als kleine abgerundete Teilstücke des Wurmes ohne irgendeine das spätere Kopf- oder Schwanzende andeutende Differenzierung. Die Individualisierung der einzelnen Körperringe zu selbständigen Zooiden tritt also hier in ganz ausgesprochener Weise hervor, was im Hinblick auf die Kormentheorie von Bedeutung erscheint. Auf den Wert dieser zur Erklärung des Zustandekommens der Segmentierung herangezogenen Theorie soll hier nicht eingegangen, sondern gegenüber dem von A. Lang vertretenen Standpunkt nur darauf hingewiesen werden, daß das von ihm in Abrede gestellte und auch speziell für Ctenodrilus nicht anerkannte Selbständigwerden einzelner Segmente für diesen Wurm in der Tat zutrifft. Auf diese und andere Fragen, für welche sich das ungemein weitgehende Teilungs- und Regenerationsvermögen des Ctenodrilus monostylos als wichtig erweist, gedenke ich bei anderer Gelegenheit einzugehen. Hier sollten aus der Fülle des sich bei dem Studium der natürlichen und künstlichen Teilung dieses merkwürdigen Anneliden darbietenden Materials nur einige besonders in die Augen fallende Tatsachen herausgehoben werden.

Literaturverzeichnis.

Galvagni, E., Histologie des Genus Ctenodrilus. Arb. Zool. Institut Wien **15.** 1903.

Joest, E., Transplantationsversuche an Lumbriciden. Arch. f. Ent. mech. **5.** 1897.

Kennel, J. v., Über Ctenodrilus pardalis. Clap. Arb. Zool. Institut Würzburg **5**. 1882.

Korschelt, E., Über Bau und Entwicklung des Dinophilus apatris. Zeitschr. f. wiss. Zool. **37**. 1882.

— Über das Regenerationsvermögen der Regenwürmer. Sitz.-Ber. Nat.-Ges. Marburg. 1897.

— Über Regenerations- und Transplantationsversuche an Lumbriciden. Verh. d. Zool. Ges. Leipzig. 1898.

— Regeneration und Transplantation, Jena. 1907.

— Zum Wesen der ungeschlechtlichen Fortpflanzung usw. Zeitschr. f. wiss. Zool. **117**. 1917.

— u. K. Heider, Lehrb. Vgl. Entwicklungsgeschichte, Allg. Teil. Jena. 1910.

Lang, A., Beiträge zu einer Trophocoeltheorie, Jenaer Zeitschr. **38**. 1904.

Mesnil, F., u. M. Caullery, Sur la position systématique du genre Ctenodrilus Clap.; ses affinités avec les Cirratuliens. Compt. rend. Ac. Paris t. **125**. 1897.

Monticelli, F. S., Sullo Ctenodrilus serratus. Bull. Soc. Naturalist., Napoli t. **7**. 1893.

— Sessualità e gestazione nello Ctenodrilus serratus. Congresso Natural. Italia, Milano. 1907.

— Raphidrilus nemasoma Mont. nuovo Ctenodrile del Golfo di Napoli (Revisione dei Ctenodrilidi). Arch. Zool. Napoli, Vol. **4**. 1910.

— A proposito di un articolo del Sign. J. Sokolow su di un nuovo Ctenodrilus. Zool. Anz. **39**. 1912.

Rosa, D., Il Ctenodrilus pardalis Clap. a Rapallo. Bull. Mus. Zool. Torino, Vol. **4**. 1889.

Scharff, R., On Ctenodrilus parvulus, n. sp. Quart. Journ. Micr. Sc. Vol. **27**. 1887.

Sokolow, Über eine neue Ctenodrilusart und ihre Vermehrung. Zeitschr. f. wiss. Zool. **97**. 1911, u. Zool. Anz. **38**. 1911.

Zeppelin, Graf M., Über den Bau und die Teilungsvorgänge von Ctenodrilus monostylos. Zeitschr. f. wiss. Zool. **39**. 1883.

(Aus dem Pathologischen Institut der Universität Kiel.)

Zur Kenntnis des braunen Pigments von Leber und Herz.

Von

Dr. **Martha Schmidtmann.**

Das braune Pigment, wie es sich in Form von gröberen und feineren Körnern in den Zellen verschiedener Organe, besonders in Leber und Herz, findet, war seit langem bekannt; tritt es doch so häufig in der Leber auf, daß sein Vorkommen hier von manchen Anatomen als normal beschrieben wurde. Aber schon bald zeigten die Untersuchungen, daß das im Alter so reichliche Pigment in der Jugend meist nur spärlich ist, ja sogar häufig fehlt. Es entwickelt sich also im Laufe des Lebens, und zwar am reichlichsten bei an chronisehen Erkrankungen leidenden Individuen, spärlicher bei gesunden. Daher führte Lubarsch den Namen Abnutzungspigment ein.

Dieses Pigment zeigt nun eine gewisse chemische Eigentümlichkeit: nämlich eine Affinität zu Fettfarbstoffen. Nachdem von Obersteiner bereits der Fettgehalt des braunen Pigments der Ganglienzellen nachgewiesen war, zeigten Lubarsch und Sehrt in umfangreichen systematischen Untersuchungen, daß sich das braune Pigment mehr oder minder stark mit Fettfarbstoffen färbt, und daß diese Reaktion nicht mehr eintritt, wenn der Schnitt längere Zeit mit Alkohol behandelt wurde. Daraus schlossen sie, daß die Pigmente fetthaltig seien, und es entstand nun die Frage, in welcher Beziehung steht das Fett zum Pigment, ist das Pigment selbst ein Fettkörper oder läßt sich eine Umwandlung von Fett in Pigment beobachten, oder handelt es sich überhaupt nur um eine mehr oder minder zufällige Beimengung von Fett zu dem Pigment? —

Lubarsch versäumte keine Gelegenheit, zu betonen, daß es sich nach seiner Meinung um eine in den einzelnen Fällen sehr verschiedene Fettbeimengung handele, daß man daher wohl von einer Lipoidaffinität, nicht aber von einem lipoiden Pigment reden dürfe. Trotzdem findet sich bereits in der älteren Literatur der Begriff des Fettgehalts mit dem des Abnutzungspigments auf das engste verknüpft, ja es bürgerte sich der von Neumann angewandte Name „Lipochrome“ ein, eine

Bezeichnung, gegen die Lubarsch sich auf das nachdrücklichste aussprach, sind doch die Lipochrome Pflanzenpigmente, die mit Schwefelsäure und Jodkali eine Blaufärbung zeigen, während sich eine derartige Reaktion an den Abnutzungspigmenten nie nach weisen läßt. Oberndorfer, der in der Samenblase in der Muskulatur fettfreies, in dem Epithel fetthaltiges Pigment fand, schloß aus diesem verschiedenen Verhalten, daß es sich hier um zwei ganz verschiedene Pigmente handele, und zwar rechnete er nur das fetthaltige Epithelpigment den Abnutzungspigmenten zu. Hueck hebt in seinen Pigmentstudien, in denen er sich eingehend auch mit dem Abnutzungspigment beschäftigt, hervor, daß nur ein Teil der braunen Pigmentkörner Fettfärbung zeigt, und gerade die feinsten Körnchen, die er als das reinste Pigment betrachtet, fast stets frei von Lipoid sind, höchstens eine leichte Gelbfärbung zeigen. Mit Nilblausulfat will Hueck nun an allen Körnchen des Abnutzungspigments, auch an den nicht fetthaltigen, eine tiefblaue Färbung erzielt haben, woraus er schließt, daß diese aus Fettsäuren oder fettsäureähnlichen Körpern bestehen. Hueck hält sogar den Ausfall der Nilblausulfatreaktion für ausschlaggebend für die Klassifizierung des Pigments. Da sich nun die Pigmentkörner nach seinen Untersuchungen, wenn auch nur schwer, in Fettlösungsmitteln (Alkohol und heißem Chloroform) lösen, sieht Hueck in diesem Verhalten eine Stütze für die von Aschoff geäußerte Annahme, es könne sich bei den Abnutzungspigmenten um Produkte der Fettzersetzung handeln. Aschoff erwägt diese Möglichkeit in Berücksichtigung der Mühlmannschen Befunde, nämlich daß bei Jugendlichen vor dem Auftreten von Pigment Lipoide in den Ganglienzellen nachweisbar sind (was auch Sehrt schon erwähnte), im Alter hingegen nur fettfreies Pigment zu finden ist.

In diesen neueren Arbeiten von Hueck und Aschoff wird also das Fett in die nächste Beziehung zu dem Abnutzungspigment gebracht, indem sie vermuten, daß es sich nicht nur um eine Verbindung des Fettes mit dem Pigment handelt, sondern das Pigment sich aus Fett bildet, aus Fettbestandteilen besteht.

Da dieses Ergebnis in Widerspruch zu seinen früheren Untersuchungen steht, veranlaßte mich Herr Geheimrat Lubarsch, systematisch an einer Reihe von Fällen den Fettgehalt des Abnutzungspigments zu prüfen und festzustellen, ob und was für Bedingungen auf ihn von Einfluß sind.

Ich untersuchte 180 Lebern und von den gleichen Sektionsfällen 109 Herzen auf ihren Gehalt an braunem Pigment. Von in Orthscher Flüssigkeit gehärteten Organstücken wurden Gefrierschnitte gemacht und an ihnen Carmin- und Scharlachrot-Hämalaunfärbungen vorgenommen, die Scharlachrotreaktion wurde an Schnitten, die eine Viertelstunde in Ätheralkohol gelegen hatten, wiederholt. Außerdem wurde noch vielfach die Berlinerblau-Eisenreaktion angestellt. Ich suchte nun zu prüfen, ob das Abnutzungspigment stets fetthaltig ist, ob der Fettgehalt des Pigments in Beziehung steht zum Alter, der Allgemeinerkrankung, dem Ernährungszustand und dem Fettgehalt des betreffenden Organs. Sehrt stellte eine gewisse Beziehung zu Alter und chronischen Erkrankungen fest, in diesen Fällen trat das Pigment anscheinend reichlicher auf und die Fettreaktion war ausgesprochener. Mühlmann dagegen hebt hervor, daß das Pigment der Nervenzellen im Alter gerade in seinem Fettgehalt abnimmt. Eine Beziehung zwischen dem Fettgehalt des Pigments und des Pigmentorgans konnte Sehrt nicht feststellen.

In der Leber ist der Fettgehalt des Pigments insofern etwas schwieriger zu beurteilen, als sich die größeren Pigmentkörnchen nur wenig unterscheiden von feinen Fetttröpfchen, wie sie in der Leber ja überaus häufig vorkommen, doch zeigen die Pigmentkörnchen außer ihrer etwas mehr eckigen Form stets auch bei ausgesprochener Fettreaktion eine leicht bräunliche Tönung. Trotzdem ist zur Beurteilung der Pigmentmenge zum mindesten der mit Alkohol entfettete Schnitt, oder besser das Carminpräparat zu benutzen, da die fetthaltigen Leberzellen oft einen großen Teil des Pigments überdecken.

In den verschiedenen Fällen zeigte sich nun ein überaus mannigfaltiges Bild: Völlig frei von Abnutzungspigment waren elf Fälle, von denen sieben Kinder bis zu einem Jahr, ein Fall ein neunjähriges Kind betreffen, in den drei anderen Fällen handelt es sich auffallenderweise um höhere Lebensalter: einen 49jährigen an akuter Alkoholvergiftung gestorbenen Mann, einen 42jährigen Pockenkranken und schließlich sogar um eine 52jährige, an Lungentuberkulose gestorbene Frau. Im übrigen fanden sich sehr verschiedene Mengen von Pigment. Die ersten Pigmentkörnchen treten meist in den zentral gelegenen Leberzellen auf, und auch bei stärkster brauner Pigmentierung sind die zentralen Partien die an Pigment reichsten.

Die Färbung mit Scharlachrot ergibt nun, daß von einem konstanten Fettgehalt des Pigments ganz und gar nicht die Rede sein kann, sondern der Fettgehalt des Pigments schwankt zwischen völliger Fettfreiheit bis zu ausgesprochenster Fettreaktion, dazwischen kommen alle Übergänge vor. So sind in einigen Fällen die meisten Körner völlig fettfrei, hellbraun oder graubräunlich gefärbt und nur einige zeigen blaßrötliche oder ausgesprochen rote Farbe; in anderen sind die im Zentrum gelegenen Körnchen fettfrei, während die peripher gelegenen schwache oder ausgesprochene Fettreaktion geben. Bei dieser nur teilweise eintretenden Fettreaktion sind meist die gröberen Körner fetthaltig und die feinsten fettfrei, wie es auch von Hueck erwähnt

Tabellen über die

a) Leber.

Alter	Zahl der untersuchten Fälle	Ernährungszust.			Fettreaktion des Pigments					Pigmentmenge			
		dürftig	mäßig	fettreich	fettfrei	vorwieg. fettfrei	angedeut. Fettreakt.	teilweise	Deutl. Fettreaktion	frei	spärlich	mäßig	reichlich
0—5	28	18	6	4	—	—	6	—	14	8	14	6	—
5—10	3	2	1	—	—	—	1	—	1	1	1	1	—
10—15	7	7	—	—	3	1	2	—	1	—	4	3	—
15—20	9	4	3	2	3	1	2	1	2	—	4	3	2
20—25	6	4	1	1	1	1	4	—	—	—	—	4	2
25—30	7	4	2	1	1	1	3	2	—	—	1	3	3
30—35	5	3	2	—	2	—	—	—	3	—	1	—	4
35—40	6	3	2	1	5	1	—	—	—	—	3	—	3
40—45	12	5	3	4	4	4	2	1	—	1	2	3	6
45—50	22	13	1	8	6	2	2	6	5	1	6	8	7
50—55	18	10	2	6	9	—	2	4	2	1	3	7	7
55—60	14	9	4	1	4	4	2	—	4	—	—	4	10
60—65	11	8	2	1	3	5	2	1	—	—	2	2	7
65—70	10	5	3	2	2	1	2	2	3	—	1	3	6
70—95	19	10	2	3	6	4	4	4	1	—	1	4	14
?	3	1	1	1	—	—	1	1	1	—	1	—	2
Zusammen	180	116	30	34	49	25	35	22	37	12	44	51	75

ist. Zuweilen sieht man in fetthaltigen Leberzellen zwischen den Fetttropfen kleine fettfreie Pigmentkörnchen liegen. Schließlich sind oftmals sämtliche Pigmentkörnchen mit Scharlachrot deutlich oder nur angedeutet gefärbt, wobei je nachdem der rote oder bräunliche Farbenton überwiegt. In den untersuchten Lebern ist nun in 49 **Fällen das Pigment vollkommen**, in 25 **Fällen im wesentlichen fettfrei**, in 22 **Fällen** tritt die Reaktion **nur in einem Teil** des Pigments auf, in 35 **Fällen** ist sie **angedeutet**, in 37 **Fällen** ist sie **deutlich ausgesprochen**. Wie sich der Ausfall der Reaktion auf die verschiedenen Fälle verteilt, zeigt obenstehende Tabelle

Legt man die Schnitte eine Viertelstunde in Ätheralkohol und färbt dann mit Scharlachrot-Hämalaun, so ist das Pigment fast stets frei von Fett, nur in zwei Fällen fand ich danach noch eine schwache Rotfärbung, die aber nach noch einmaliger viertelstündiger Behandlung mit Ätheralkohol ebenfalls völlig verschwindet. Die **Pigmentkörnchen** selbst **werden von diesem Fettlösungsmittel nicht angegriffen**, sie treten gerade in dem entfetteten Schnitt als hellbraune oder graubräunliche gröbere und feinere Körnchen sehr deutlich hervor. Selbst bei dreitägigem Einwirken von Ätheralkohol auf die Schnitte konnte ich eine Löslichkeit des Pigments nicht feststellen. Gerade die kurze untersuchten Fälle.

b) Herz.

Zahl der untersuchten Fälle	Ernährungszustand			Pigmentfettgehalt				Pigmentmenge			
	dürftig	mäßig	gut	fettfrei	angedeutet	deutlich	vorwiegend fettfrei	pigmentfrei	spärlich	mäßig	reichlich
27	16	7	4	—	1	—	—	26	1	—	—
5	3	1	1	—	1	—	—	4	1	—	—
7	6	1	—	4	2	—	—	1	6	—	—
10	3	4	3	1	—	1	2	6	2	1	1
10	5	3	2	3	3	1	3	1	4	3	2
6	2	2	2	—	2	2	2	—	1	3	2
4	2	2	—	3	1	—	—	—	2	1	1
4	3	—	1	3	—	1	—	—	—	2	2
5	2	2	1	2	2	—	—	—	1	3	1
7	5	1	1	2	2	1	1	—	—	2	5
7	3	1	3	2	4	—	1	—	1	4	2
3	3	—	—	2	1	—	—	—	—	—	3
6	5	1	—	4	2	—	—	—	—	3	3
1	—	1	—	1	—	—	—	—	—	—	1
5	2	1	2	3	1	—	1	—	—	1	4
—	—	—	—	—	—	—	—	—	—	—	—
108	60	27	20	30	22	6	10	38	19	23	27

Alkoholbehandlung zeigt aber auf das deutlichste, in welch lockerer Verbindung das Fett mit dem Pigment steht. Wiederholt findet sich in den Leberzellen, allerdings in geringerer Menge wie vor der Alkoholbehandlung nach der Alkoholbehandlung noch Fett, während am Pigment sich keinerlei Fettreaktion mehr nachweisen läßt. Es genügt also zur Entfettung des Pigments oft eine wesentlich kürzere Alkoholeinwirkung als für die verfetteten Leberzellen.

Wovon hängt nun der Fettgehalt des Pigments ab? Da läßt sich vor allem eine weitgehende Übereinstimmung mit dem allgemeinen Ernährungszustand und dem Fettgehalt des Unterhautzellgewebes feststellen. Gerade jetzt kommen ja viele stark abgemagerte Individuen zur Sektion, bei denen das Unterhautzellgewebe äußerst spärlich, so gut wie völlig fettfrei ist, an den Bauchdecken nur mehr einige Millimeter beträgt, bei denen die Fettdepots so gut wie völlig aufgebraucht sind. In diesen Fällen ist das Pigment völlig oder vorwiegend fettfrei, zuweilen zeigt es teilweise oder angedeutete Fettreaktion. Demgegenüber ist das Pigment bei Fettreichen entweder durchweg oder teilweise ausgesprochen fetthaltig. Von dieser Beobachtung weichen nun eine Anzahl unserer Fälle ab.

Es findet sich nämlich im frühesten Kindesalter (es wurden 28 Fälle untersucht), wenn überhaupt, stets Pigment mit ausgesprochener Fettreaktion, einerlei ob das Kind stark abgemagert ist oder in gutem Ernährungszustand sich befindet, ob nur einzelne Pigmentkörnchen oder bereits reichlicheres Pigment auftritt. Es wäre zu überlegen ob das Alter auf diesen konstanten Fettgehalt des Pigments von Einfluß ist. Da das Pigment zu dieser Zeit erst spärlich und vereinzelt auftritt, sich auch in den pigmentfreien Fällen nie eine ähnliche kleintropfige Fettablagerung findet, so berechtigt nichts zu der Annahme eines ursächlichen Zusammenhangs zwischen Kindesalter und Fettgehalt des Pigments. Hingegen läßt sich zur Erklärung dieser Tatsache wohl die Ernährungsweise heranziehen, erhalten doch die Kinder dieses Alters eine fast reine Fetternährung durch die Milch. Und daß der Fettgehalt des Pigments in einer gewissen Beziehung zu den Ernährungsvorgängen steht, kann auch aus der obenerwähnten Tatsache, daß zuweilen bloß die Pigmentkörnchen am Läppchenrand fetthaltig sind, geschlossen werden. Es ist also wahrscheinlich, daß die einseitige Ernährung von ausschlaggebendem Einfluß auf den Fettgehalt des Pigments hier ist.

Ein gewisser Zusammenhang scheint zwischen dem hohen Lebensalter (65 Jahre und darüber) und dem Fettgehalt des Pigments zu bestehen. Entgegen den Angaben Sehrts, der im Alter das Pigment reichlicher und mit besonders deutlicher Fettreaktion fand, zeigt sich das sehr reichliche Pigment in meinen Untersuchungen auch bei gutem Ernährungszustand fettarm, meist vorwiegend oder völlig fettfrei. Nur in einem Fall (von 19) ist eine ausgesprochene Fettreaktion vorhanden, dabei handelt es sich um einen 80jährigen, sehr fettreichen Mann mit incarcerierter Hernie. Außer diesen Fällen ist das Pigment trotz schlechtem Ernährungszustand in folgenden Fällen deutlich fetthaltig:

1. Fall 46. S. 241/17. Alter: 48 Jahre. Geschlecht: Männlich. Allgemeinerkrankung: Progressive Paralyse. Ernährungszustand: Sehr mager. Mikroskopischer Befund der Leber: Ausgebreitete starke Sternzellenverfettung, geringe Randzellenfettablagerung, interlobuläre Blutungsreste, leichte interlobuläre Anthrakose, vereinzelt Randzellenhämosiderose. Pigment: Gleichmäßig verteilt, wenig feinkörniges Pigment mit deutlicher Fettreaktion, nach Alkoholbehandlung fettfrei.

2. Fall 67. S. 296/17. Alter 58 Jahre. Geschlecht: weiblich. Allgemeinerkrankung: Vernarbende und verkalkende Lungentuberkulose. Ernährungszustand Dürftig, Unterhautzellgewebe wenig fetthaltig. Mikroskopischer Befund der Leber Geringe Randzellenverfettung, deutliche Sternzellenverfettung. Pigment: Viel braunes, am reichlichsten zentralgelegenes Pigment mit deutlicher Fettreaktion nach Alkoholbehandlung fettfrei.

3. Fall 71. S. 303/17. Alter: unbekannt, ca. 45—50 Jahre. Geschlecht: weiblich. Allgemeinerkrankung: Leuchtgasvergiftung. Ernährungszustand: Dürftig Unterhautzellgewebe fettarm. Mikroskopischer Befund der Leber: Interlobulär

Rundzellenansammlung. Pigment: Reichlich braunes Pigment, grobkörnig, mit deutlicher Fettreaktion, nach Alkoholbehandlung fettfrei.

4. Fall 87. S. 362/17. Alter: 48 Jahre. Geschlecht: männlich. Allgemeinerkrankung: Chronisch hämorrhagische Cystitis. Ernährungszustand: Dürftig, Unterhautzellgewebe sehr fettarm, dünn, beträgt an den Bauchdecken 9 mm. Mikroskopischer Befund der Leber: Starke, kleintropfige, sehr ausgebreitete Leberzellenverfettung. Pigment: Zentral gelegen, etwas feinkörniges, braunes Pigment mit vorwiegend deutlicher Fettreaktion, nach Alkoholbehandlung fettfrei.

5. Fall 112. S. 251/17. Alter: 5 Jahre. Geschlecht: weiblich. Allgemeinerkrankung: Akute allgemeine Miliartuberkulose. Ernährungszustand: Stark abgemagert Mikroskopischer Befund der Leber: Starke Randzellenverfettung, zahlreiche Miliartuberkel und interlobuläre Zellansammlungen, keine Hämosiderose. Pigment: Feinverteiltes, feinkörniges, vorwiegend im Zentrum gelegenes, hellbraunes Pigment mit deutlicher Fettreaktion, nach Alkoholbehandlung fettfrei.

6. Fall 120. S. 358/17. Geschlecht: männlich. Allgemeinerkrankung: Vereiterte Schußwunde, multiple Abscesse. Ernährungszustand: Dürftig, Unterhautzellengewebe fettarm, an den Bauchdecken 5 mm dick. Mikroskopischer Befund der Leber: Vereinzelt Sternzellenhämosiderose, interlobuläre Rundzellenherde, Blutungsreste. Pigmentbefund: In fast allen Leberzellen feinkörniges braunes Pigment, mit Scharlachrot deutlich rot gefärbt, nach Alkoholbehandlung fettfrei.

7. Fall 129. S. 451/17. Alter: 25 Jahre. Geschlecht: weiblich. Allgemeinerkrankung: Großes, jauchig zerfallendes Oberschenkelsarkom. Ernährungszustand: Dürftig, Unterhautzellgewebe äußerst spärlich, fettarm. Mikroskopischer Befund der Leber: Ausgedehnte gleichmäßige Fettablagerung durch die ganzen Läppchen, interlobuläre Rundzellenansammlungen. Pigment: Reichlich braunes, vorwiegend zentral gelegenes Pigment, mit Scharlachrot deutliche Rotfärbung unter Beibehaltung eines bräunlichen Farbentons der peripheren Pigmentkörner, das zentrale Pigment ist vorwiegend fettfrei, nach Alkoholbehandlung ist alles Pigment fettfrei.

Fettfrei bei gutem Ernährungszustand ist das Pigment in folgenden Fällen:

1. Fall 51. S. 253/17. Alter: 52 Jahre. Geschlecht: weiblich. Allgemeinerkrankung: Indurierende Hepatitis und Pankreatitis. Ernährungszustand gut, Unterhautzellgewebe fettreich, an den Bauchdecken 3 cm dick. Mikroskopischer Befund der Leber: Indurierende Hepatitis mit starken frischen interlobulären Entzündungsherden, mäßige Randzellenhämosiderose und kleine interlobuläre Blutungsreste, intra- und interlobulärer Ikterus. Pigment: Sehr reichlich, vorwiegend zentral gelegenes Gallenpigment, daneben wenig braunes, fettfreies Pigment.

2. Fall 56. S. 271/17. Alter: 52 Jahre. Geschlecht: männlich. Allgemeinerkrankung: Pocken. Ernährungszustand: Gut, Unterhautzellgewebe fettreich, an den Bauchdecken 1,5 cm dick. Mikroskopischer Befund der Leber: Mäßige Randzellen- und Sternzellenverfettung, keine Hämosiderose, Stauungshyperämie. Pigment: Etwas braunes, fettfreies Pigment, gleichmäßig in den Leberzellen verteilt.

3. Fall 79. S. 336/17. Alter: 40 Jahre. Geschlecht: männlich. Allgemeinerkrankung: Pneumothorax bei Lungentuberkulose. Ernährungszustand: Gut, Unterhautzellgewebe fettreich. Mikroskopischer Befund der Leber: Sternzellenverfettung, geringe Sternzellenhämosiderose. Pigment: In den zentralen Zellen reichlich braunes, fettfreies Pigment.

4. Fall 98. S. 390/17. Alter: 36 Jahre. Geschlecht: weiblich. Allgemeinerkrankung: Perforationsperitonitis nach Totalexstirpation des Uterus. Ernäh-

rungszustand gut, Unterhautzellgewebe fettreich. Mikroskopischer Befund der Leber: Geringe Randzellenfettablagerung, interlobuläre Zellansammlungen. Pigment: Nur vereinzelt wenig braunes, grobkörniges, fettfreies Pigment.

Außer der obenerwähnten Fettarmut des Pigments im hohen Alter, scheint der Einfluß des Alters sich nicht so sehr auf die Qualität, als vielmehr auf die Quantität des braunen Pigments zu erstrecken, denn auch bei meinen Untersuchungen kann ich im allgemeinen eine deutliche Zunahme der Menge des Pigments mit dem Alter feststellen. In dem ersten Lebensjahre sind meist nur vereinzelt braune Pigmentkörnchen in den zentralen Zellen des Leberläppchens zu sehen, in einigen Fällen gar kein Pigment. Das Pigment nimmt dann zu, so daß durchschnittlich im Alter von 30—40 Jahren die Leber mäßig viel Pigment enthält, und über 50 Jahre die Leber pigmentreich ist. Auch hiervon finden sich einige Ausnahmefälle, in einem Fall von Lebercirrhose bei einem 44jährigen Mann (Fall 24) findet sich auffallend wenig Pigment, ebenso in zwei Fällen mit starkem Ikterus:

1. Fall 51. S. 253/17. Alter. 52 Jahre. Geschlecht: weiblich. Allgemeinerkrankung: Indurierende Hepatitis und Pankreatitis. Ernährungszustand gut, Unterhautzellgewebe fettreich, an den Bauchdecken 3 cm dick. Mikroskopischer Befund der Leber: Indurierende Hepatitis mit sehr starken frischen Entzündungsherden, intra- und interlobuläre Blutungsherde. Pigment: Sehr reichlich, vorwiegend zentral gelegenes Gallenpigment, daneben wenig braunes fettfreies Pigment.

2. Fall 86. S. 361/17. Alter: 49 Jahre. Geschlecht: weiblich. Allgemeinerkrankung: Krebs des Ductus choledochus. Ernährungszustand: mager, Unterhautzellgewebe wenig fetthaltig. Mikroskopischer Befund der Leber: Krebsige Cirrhose. Pigment: Vorwiegend Gallenpigment, nur einige Körnchen braunes, fettfreies Pigment in der Nähe der Läppchenzentren.

In diesen drei Fällen scheint doch die Lebererkrankung auf die Pigmentmenge von Einfluß gewesen zu sein. Auch sonst sprechen als nicht unwesentlicher Faktor für die Menge des Pigments Erkrankungen mit, und es sind, wie Sehrt hervorhob, die chronischen Krankheiten, die besonderen Pigmentreichtum aufweisen, unter ihnen vor allem Tuberkulose und Krebs. Daß sich hier ebenfalls vereinzelt Fälle mit sehr wenig Pigment finden, geht aus dem obenerwähnten Fall chronischer Lungentuberkulose bei einer 52jährigen Frau mit pigmentfreier Leber hervor.

Auf den Fettgehalt des Pigments scheinen die chronischen Erkrankungen keinen Einfluß zu haben, denn es finden sich in den verschiedenen Fällen eigentlich alle Übergänge von fettfreiem bis zu deutlich fetthaltigem Pigment. Hingegen läßt sich vielleicht ein Zusammenhang der akuten Erkrankungen mit dem Fettgehalt der Pigmente feststellen, nämlich daß das Pigment bei akuten Infektionskrankheiten (Pleuropneumonie, Pocken, Sepsis, Ruhr) fast stets fettfrei ist oder nur wenig angedeutete Fettreaktion zeigt. Erschwert wird die Beurteilung dadurch, daß es sich zumeist um zugleich abgemagerte Individuen handelt, so daß die Entscheidung, was hängt mit dem Ernährungszustand, was mit der Allgemeinerkrankung zusammen, schlecht zu fällen ist.

Was nun den lokalen Fettgehalt der Leber anbetrifft, so ist wohl der Pigmentfettgehalt völlig unabhängig von ihm; es ließe sich höchstens in den Fällen, in denen einzelne Pigmentkörnchen, die in den Randpartien des Läppchens gelegen sind, Fettreaktion zeigen, während die zentralen fettfrei sind, ein Zusammenhang dieser Verfettung mit der der Randzellen annehmen.

Für die Unabhängigkeit des Pigmentfettgehalts vom lokalen Fettstoffwechsel des Organs sprechen die gleichzeitigen Untersuchungen des Herzmuskelpigments. Es zeigt sich nämlich fast immer eine völlige Übereinstimmung des Fettgehalts des Herzmuskelpigments mit dem des Leberpigments, insofern als in dem gleichen Sektionsfall Herzmuskelpigment und Leberpigment entweder beide guten Fettgehalt oder beide fettarm oder ein gleichgeartetes Zwischenstadium zeigen. Dabei kommen natürlich kleinere Abweichungen voneinander vor, z. B. das eine Pigment ist fettfrei, das andere zeigt an einzelnen Körnern eine leichte Rotfärbung. Wesentlich verschieden sind nur folgende Fälle:

1. Fall 41/120. S. 358/17. Alter: 19 Jahre. Geschlecht: männlich. Allgemeinerkrankung: Vereiterte Schußwunde, Sepsis. Ernährungszustand: Dürftig, Unterhautzellgewebe fettarm. Mikroskopischer Befund der Leber: Vereinzelt Sternzellenhämosiderose, interlobuläre Rundzellenherde und Blutungsreste; des Herzens: Herdförmige Verfettung, Ödem der Zwischensubstanz. Pigment: in der Leber deutliche Fettreaktion, im Herzen vorwiegend fettfrei.

2. Fall 69/159. S. 551/17. Alter: 31 Jahre. Geschlecht: männlich. Allgemeinerkrankung: Schußverletzung des Schädels, eitrige Leptomeningitis. Unterhautzellgewebe fettreich. Mikroskopischer Befund der Leber: Stern- und Leberzellenverfettung, Stauung; des Herzens: Vereinzelt kleine Schwielen. Pigment in der Leber reichlich, nicht sehr ausgebreitet, mit ausgesprochener Fettreaktion; im Herzen keine deutliche Fettreaktion.

3. Fall 74/23. S. 171/17. Alter: 38 Jahre. Geschlecht: männlich. Allgemeinerkrankung: Zahlreiche Knochenbrüche. Ernährungszustand: Gut, Unterhautzellgewebe fettreich. Mikroskopischer Befund der Leber: Sehr fettarm, vereinzelt interlobuläre Zellherde; des Herzens: O. B. Pigment: in der Leber reichlich, am stärksten zentral gelegen, völlig fettfrei; im Herzen: Sehr ausgebreitet, einzelne Körnchen zeigen sehr ausgesprochene, die meisten nur angedeutete Fettreaktion.

4. Fall 87/86. S. 361/17. Alter: 49 Jahre. Geschlecht: weiblich. Allgemeinerkrankung: Krebs des Ductus choledochus. Ernährungszustand: Mager, Unterhautzellgewebe wenig fetthaltig. Mikroskopischer Befund der Leber: Krebsige Cirrhose; des Herzens: Vereinzelt kleine Schwielen. Pigment in der Leber: Vorwiegend Gallenpigment, nur einzelne Körnchen braunes Pigment, völlig fettfrei; im Herzen sehr reichlich grobkörniges, vor und nach der Alkoholbehandlung

gleich gefärbtes gelbbraunrötes Pigment, nach 24stündiger Alkoholbehandlung fettfrei.

In dem letzten Fall dürfte wohl die schwere lokale Lebererkrankung von Einfluß auf das in der Leber befindliche Pigment sein.

Das Pigment im Herzen liegt bipolar an den Muskelkernen und tritt, da das Herz seltener Fettablagerung zeigt als die Leber, hier viel deutlicher hervor. Vorwiegend ist es sehr feinkörnig, es kommen aber auch im Alter gröbere Pigmentkörnchen vor. Im großen und ganzen hat das Pigment die gleichen Eigenschaften wie das der Leber. Es ist also von sehr wechselndem Fettgehalt, sehr häufig völlig fettfrei, in anderen Fällen ist die Fettreaktion teilweise oder angedeutet vorhanden, in einigen deutlich ausgesprochen. In zwei derartigen Fällen blieb die Fettreaktion auch nach der Alkoholbehandlung in der gleichen Stärke bestehen, erst nach 24stündigem Einwirken des Ätheralkohols auf den Schnitt war das Pigment fettfrei.

Von Einfluß auf die Menge des Pigments sind auch hier chronische Erkrankungen und das Alter. Dabei ist hervorzuheben, daß sich Pigment viel später im Herzmuskel als in der Leber nachweisen läßt. Während in der Leber, von einigen Fällen von Kindern unter einem Jahr abgesehen, in allen Fällen schon in den jüngsten Altersstufen vereinzelt aber deutlich Pigmentkörnchen auftreten, ist der Herzmuskelschnitt in den meisten Fällen auch bei älteren Kindern bis zu 10 Jahren, ja zuweilen auch danach bei Individuen bis zu 20 Jahren völlig pigmentfrei. Im Gegensatz zu der Leber findet sich dann bei Erwachsenen immer Pigment. Bemerkenswert ist, daß in einer nicht unerheblichen Zahl (11 von 27) der pigmentfreien Fälle die Herzmuskelfasern oder auch die Fasern des Hisschen Bündels mehr oder weniger stark verfettet sind.

Einen Einfluß auf den Pigmentfettgehalt hat der Fettgehalt des Herzmuskels ebenfalls nicht; denn auch hier läßt sich in verfetteten Fasern fettfreies Pigment beobachten, und umgekehrt kommt Pigment mit deutlicher Fettreaktion in Fasern vor, die nicht die geringste Fettablagerung zeigen. Natürlich treffen in manchen Fällen Verfettung der Fasern mit Ablagerung eines Pigments mit deutlicher Fettreaktion zusammen. Von beherrschendem Einfluß scheint auch auf das Herzmuskelpigment der allgemeine Ernährungszustand zu sein sowie das Alter insofern, als gleichfalls hier in den höheren Lebensjahren das Pigment auch bei gutem Ernährungszustand eine Fettreaktion nicht mehr gibt.

Schließe ich damit meine Untersuchungen ab, so komme ich zu dem Ergebnis:

Bei den braunen Abnutzungspigmenten handelt es sich nicht um eine konstante feste Verbindung von Pigment mit Fett, sondern die Verbindung ist eine ganz lockere, indem das Pigment schon durch kurze Alkoholeinwirkung fettfrei zu machen ist.

Der Fettgehalt des Pigments ist sehr wechselnd; in vielen Fällen ist das Pigment völlig fettfrei, in anderen zeigt es ausgesprochene Fettreaktion, dazwischen kommen alle Übergänge von angedeuteter und teilweiser Fettreaktion vor.

Man kann daher nur von einer gewissen Affinität des Pigments zu den Fetten sprechen, nicht von einer für den Charakter des Pigments ausschlaggebenden festen Verbindung.

Der Fettgehalt des Pigments steht im allgemeinen in direkter Beziehung zum allgemeinen Ernährungszustand, indem bei fettreichen Individuen Pigment mit deutlicher Fettreaktion, bei mageren fettarmes oder völlig fettfreies Pigment auftritt.

Bei akuten Infektionskrankheiten und im Alter ist der Fettgehalt des Pigments ein besonders geringer.

Im Säuglingsalter ist das braune Pigment der Leber stets fetthaltig, was mit größter Wahrscheinlichkeit durch die einseitige Ernährungsweise (fast reine Fettkost) bedingt wird.

Im übrigen beeinflussen Alter und Erkrankungen nur die Quantität, nicht die Qualität des Pigments, und zwar nimmt die Menge des Pigments mit dem Alter zu, besonders reichlich findet sich das Abnutzungspigment bei chronischen Krankheiten.

Die Prüfung des Pigmentfettgehalts wurde mit Scharlachrot ausgeführt und nicht die Nilblausulfatmethode angewandt, da Herr Geheimrat Lubarsch mir mitteilte, daß diese Reaktion nach seinen Erfahrungen unzuverlässig sei, da sich nicht nur Fette und Fettsäuren färben, sondern auch andere Substanzen die gleiche dunkelblaue Färbung zeigen. Ich prüfte daher die Reaktion nur an einigen Schnitten von Herzmuskel, Samenblase und Hypophyse, die wegen der Mannigfaltigkeit ihres Pigments hierfür besonders geeignet erschienen. Nur in einem Präparat von Samenblase fand sich ein Teil der mit Scharlachrot nicht gefärbten Muskelpigmentkörnchen wie Hueck beschrieb, tiefblau gefärbt. Im übrigen zeigten die Pigmentkörnchen in keinem der Präparate eine gleichmäßige tiefblaue Färbung, sondern die meisten waren schmutziggrün gefärbt, dazwischen lagen einzelne matt- bis tiefblau gefärbte, und zwar waren es besonders die gröberen, die ausgesprochen blau gefärbt wurden. In den meisten Fällen handelte es sich um so gut wie fettfreies Pigment. Beim Vergleich mit dem Ferro-Cyankalium-Carminpräparat zeigte sich nun auffallenderweise in Hypophysen, daß die am intensivsten blaugefärbten Pigmenthäufchen Stellen mit starker Hämosiderinablagerung entsprachen. Danach kann man die dunkelblaue Färbung nicht für ein absolutes Kriterium für das Vorhandensein von Fettsäuren halten. Sehen wir aber auch hiervon noch ab und stellen uns auf den Standpunkt von Hueck, daß die Tiefblaufärbung spezifisch für Fettsäuren ist, so läßt sich auch dann nicht die Behauptung halten, daß die mit Fettfarbstoffen nicht mehr färbbaren Pigmentkörnchen stets die Fettsäurereaktion mit Nilblausulfat geben, denn fast alle fettfreien Pigmentkörnchen zeigten eine schmutziggrüne Färbung, waren also ungefärbt, nur vereinzelt fanden sich dunkelblaue Körnchen, und zwar waren es gerade die gröbsten, die die ausgesprochenste Fettreaktion zeigten.

Literaturverzeichnis.

Aschoff, Zur Morphologie der lipoiden Substanzen. Zieglers Beiträge **47**, 1. 1910.

Hueck, Pigmentstudien. Zieglers Beiträge **54**, 68. 1912.

Lubarsch, Über fetthaltige Pigmente. Centralbl. f. allg. Pathol. **12**, 881. 1902.

Oberndorfer, Beiträge zur Anatomie und Pathologie der Samenblasen. Zieglers Beiträge **32**. 1902.

— Pigment und Pigmentbildung. Lubarsch-Ostertag-Ergebnisse **12**. 1908.

Neumann, Zur Kenntnis der Lipochrome. Virch. Arch. **170**. 1902.

Sehrt, Zur Kenntnis der fetthaltigen Pigmente. Virch. Arch. **177**, 248. 1904.

(Aus den Anatomischen Instituten der Universitäten Rostock und Marburg.)

Morphologische und kausal-analytische Untersuchungen über die Lageentwicklung des menschlichen Darmes.

Die Wechselwirkung von Duodenum und Colon als Ursache der Darmdrehung, ihre Störung als Ursache von Lageanomalien (Mesent. commune, Hochstand des Caecum).

Von

Dr. **Walther Vogt,**

2. Prosektor am Anatomischen Institut in Marburg.

Mit 16 Textfiguren u. 7 Tafeln (VII—XIII).

Inhaltsverzeichnis:

Einleitung.

Es ist kein Zufall, daß über die Lageentwicklung des menschlichen Darmes und die Bildung seiner Mesenterien kaum je geschrieben worden ist, ohne daß nicht zugleich Varietäten der Darmlage zur Untersuchung mit herangezogen wären, und zwar nicht nur zu ihrer eigenen Deutung, sondern auch als Maßstab für die embryologischen Ergebnisse.

Der menschliche Bauchsitus, insbesondere die Darmlage und hier vor allem die des Colon und seiner Verbindungen, ist wohl das an Varietäten reichste Feld im menschlichen Organismus. Dabei fällt auf, daß außer einzelnen ganz ungewöhnlichen die größere Mehrzahl der Varietäten sich in wohl abgegrenzte wiederkehrende Typen gruppieren läßt. Ohne zunächst an eine Systematik zu denken, erinnere ich an die verschiedenen Formen fehlender sekundärer Verwachsungen, Mesenterium commune in seinen verschiedenen Graden, freies Duodenum, Trennung von Omentum und Mesocolon transversum; ferner veränderte Verwachsungen, wie Hochlage des Caecum unter Ersatz des Ascendens durch Ileum, Anheftung des Colon desc. an die Radix mesenterii, die Hernia mesenterico-parietalis und schließlich anscheinend progressive Formen, wie die mannigfaltigen Bildungen sog. accessorischer Leberligamente in der Gegend des Foramen Winslowii.

Jede typische Varietät ist ein Prüfstein für unsere Kenntnis der normalen Entwicklungsvorgänge. Welchen Ursachen sie auch die Entstehung verdanken mag, sofern sie nur typisch ist, ist sie unentbehrliches Material der entwicklungsgeschichtlichen Forschung; in allererster Linie der entwicklungsmechanischen: eine mit gewisser Regelmäßigkeit wiederkehrende Abweichung erfordert die Annahme wiederkehrender Ursachen, die an irgendeinem Punkte des Entwicklungsweges gewirkt haben müssen; so ist die typische Varietät ein Experiment der Natur und wie das entwicklungsmechanische Experiment geeignet, Kausalzusammenhänge der Entwicklung aufzuklären. Freilich besteht ein Unterschied: beim Experiment sind mit der Versuchsanordnung, die bekannt ist, auch die ersten Ursachen zur Abweichung gegeben, bei der Varietät dagegen ist deren Erkennung erst zu leisten. Doch sind wir in der speziellen Embryologie der höheren Wirbeltiere nicht in der glücklichen Lage, durch Variierung der Bedingungen im Experiment Gesetze finden zu können. So muß die Kenntnis typischer Varietäten und ihrer Entwicklung Ersatz leisten, was vielfach möglich ist: denn der Nebenweg, der zur typischen Abweichung führt, ist nicht ein Spiel des Zufalls, sondern ebenso den Entwicklungsgesetzen unterworfen wie der Weg zur Norm, und ein Vergleich der differenten und gemeinsamen Bilder beider Wege muß die wichtigen Momente und Faktoren der Entwicklung aufdecken lassen und kann mithin als Grundlage zur Aufstellung von Gesetzen dienen.

Diese fruchtbare Methode haben bewußt und ausführlich zum erstenmal Fischer und Eisler (1911) angewandt, indem sie eine typische Varietät, nämlich die Hernia mesenterico-parietalis dextra, kausal zu analysieren und an ihr zugleich für die Vorgänge der normalen Lageentwicklung des Darmes mechanische Gesetze zu finden suchten.

Daß für die rein morphologische Betrachtung der Entwicklung die typischen Varietäten und ihre Entstehungsgeschichte notwendige Ergänzungen sind, ist bei ihrer Mannigfaltigkeit selbstverständlich; das Wesentliche, das Lebensnotwendige, Entwicklunggebende muß ja auch in der Varietät vorhanden sein und kann durch Vergleich besser erkannt werden als bei bloßer Betrachtung normaler Vorgänge (hierzu die klassischen Untersuchungen der Darm- und Mesenteriumentwicklung von Meckel, Johannes Müller, Toldt u. a.).

Schließlich sind Material für die vergleichende und phylogenetische Forschung diejenigen typischen Varietäten, die unter Erhaltung eines foetalen Zustandes oder Ähnlichkeit mit einem solchen zugleich an eine tierische Stufe erinnern. Hier ist aber größte Vorsicht und Zurückhaltung geboten. Die ersten Anregungen nach dieser Richtung hat schon Meckel (1817) gegeben, weiter haben Joh. Müller und Toldt auf die Tierähnlichkeit einzelner Varietäten hingewiesen, ferner hat Klaatsch

(1892) eine ausführliche, vergleichende Darstellung der Mesenterien und Darmlage bei den Wirbeltieren gegeben und die ontogenetischen Stufen der menschlichen Darm- und Mesenteriumbildung damit in Beziehung gesetzt. Auf diesen Untersuchungen weiterbauend, haben schließlich Koch (1900) und von Böninghausen-Budberg (1901) versucht, systematisch die Varietäten der menschlichen Darmlage in eine phylogenetische Reihe zu bringen. Eine solche systematische Gruppierung ist vielleicht einmal möglich. Leider ist aber die Reihe der vorliegenden Untersuchungen sehr unvollkommen und in ganz falsche Richtung geraten; Klaatsch hat offenbar sekundäre Bildungen, wie das Lig. hepato-cavo-duodenale und recto-duodenale, weit überschätzt, diese dann für den Menschen gefordert und in seiner Ontogenese und in Varietäten auch zu finden geglaubt, außerdem sind ihm in der ontogenetischen Darstellung der menschlichen Darmlageentwicklung grobe Fehler unterlaufen (wie z. B. die Umwandlung der „Urflexur" des Colon zur Fl. coli dextra und Einwachsen derselben ins Mesoduodenum); einzelne seiner Beobachtungen haben bereits von Toldt (1893) eine scharfe Widerlegung erfahren. Die Untersuchungen Kochs und B.-Budbergs leiden einmal in ihren Voraussetzungen an der fehlerhaften ontogenetischen Darstellung der Darmlageentwicklung, die ganz von Klaatsch her übernommen wurde; der Hauptfehler liegt aber in der Methode insofern, als die genannten Autoren wahllos jede Lage- oder Mesenterialvarietät des Darmes als tierähnlich in eine Gruppe einzureihen suchten, ohne die unerläßliche Grundfrage zu stellen, welche Varietäten zu phylogenetischer Betrachtung überhaupt geeignet und welche auszuschließen sind. Phylogenetischen Wert können doch gewiß nur solche Varietäten haben, die man als echte regressive Variationen ansehen kann, also solche, deren Entstehungsursache in einer Keimesvariation vermutet werden darf. Dafür genügt aber weder die Tierähnlichkeit noch der Umstand, daß eine Varietät typisch ist.

Vielmehr sind für jede typische Varietät zunächst zwei Möglichkeiten der Entstehung gegeben: Keimesvariation oder Entwicklungsstörung. Die Entscheidung hierüber muß vorher für jede einzelne Form gefällt oder wenigstens erwogen sein, erst dann kann man eine sinnvolle Reihe der tierähnlichen Varietäten aufstellen. Daß diese Entscheidung jedesmal sorgfältiger Untersuchung bedarf und sehr schwierig ist, liegt auf der Hand; denn einmal sind, selbst wenn schon der morphologische Weg zur Abweichung bekannt ist, die Störungsfaktoren nicht immer zu bestimmen; andererseits kann ein abnormer Entwicklungsvorgang als störend erscheinen, der vielleicht eine Parallele bei einer tierischen Form tatsächlich hat und doch auf Erbfaktoren beruht; also auch genaue Kenntnis der tierischen Entwicklungsvorgänge, nicht nur ihrer Endstadien, ist zur phylogenetischen Beurteilung der typischen Varietäten erforderlich; vor allem aber liegt es in dem eigenartigen Zusammenhange der Ontogenese und Phylogenese selbst begründet, daß Entwicklungsstörungen, welche zur Erhaltung ontogenetischer Vorstufen beim Erwachsenen führen, zugleich auch Tierähnlichkeit mit sich bringen; so tritt gerade für die tierähnlichen Varietäten die Frage in den Vordergrund, die die genannten Autoren nicht beachteten, ob nicht eine bloße Entwicklungshemmung vorliegt, durch irgendwelche teratologischen, jedenfalls sekundären Faktoren verursacht: so ist es z. B. durchaus nicht erwiesen, daß die tierähnlichste Varietät, nämlich das Mesenterium commune in allen seinen Abstufungen auf einer Keimesvariation beruht, es ist vielmehr im Gegenteil diese Varietät in ihren verschiedenen Graden viel häufiger mechanisch gedeutet worden als atavistisch, und mir scheint, daß eine phylogenetische Reihe mechanisch erklärbarer Varietäten jeglichen Sinnes entbehrt, wenigstens solange wir nicht auch die Mechanik der tierischen Lageentwicklung genau kennen und mit berücksichtigen.

Diese Vorbemerkungen mögen andeuten, wie die Varietätenforschung mit der entwicklungsgeschichtlichen in engen Rahmen zusammengehört, daß gemeinsame Beurteilung nicht nur berechtigt, sondern notwendig ist. Der phylogenetischen Betrachtungsweise aber muß notwendig die Erörterung der morphologischen und entwicklungsgeschichtlichen Fragen vorangehen.

Es mag ferner daraus hervorgehen, daß die Untersuchungsrichtung bei Einbeziehung von typischen Varietäten in embryologischen Betrachtungen eine zweifache nicht nur sein kann, sondern sein muß: entwicklungsmechanisch und vergleichend, entsprechend den beiden Entstehungsmöglichkeiten, Entwicklungsstörung oder Keimesvariation.

Das ist in der bestehenden Literatur bisher wenig zum Ausdruck gekommen. Am besten noch bei Toldt, der zwischen entwicklungsmechanischen und vergleichenden Gedankengängen schwankt, aber nur mit großer Vorsicht sich zu endgültigen Deutungen herantastet. Ganz einseitig ist, wie schon erwähnt, die Reihe vergleichender Untersuchungen durch die Nichtachtung mechanischer Faktoren. In der kasuistischen Literatur der Mesenterialvarietäten herrscht dagegen das entgegengesetzte Bestreben vor: es wird ausschließlich nach mechanischen Deutungen gesucht, oft ohne an Erbfaktoren überhaupt zu denken.

Eine zusammenfassende Bearbeitung in diesem Sinne, welche also eine Darstellung der Mesenterien- und Lageentwicklung des Darmes im normalen und abnormen Verlauf und eine Gruppierung der Varietäten nach mechanischen und Erbmomenten zum Ziele hätte, wäre zur Sichtung der gewaltig angewachsenen Einzelliteratur und als Grundlage zu vergleichenden Untersuchungen sehr erwünscht. Bei dem Versuch, eine solche zu unternehmen, fand ich aber so wesentliche Widersprüche schon in den rein morphologischen Befunden der früheren Autoren, daß ich mir vorläufig nur die Aufgabe stellen konnte, an der Hand einer neuen umfassenden embryologischen Untersuchung zunächst zu einer eindeutigen Darstellung der normalen Lageentwicklung des menschlichen Darmes zu gelangen, was ich als die wesentliche Aufgabe des I. Teils dieser Abhandlung ansehe.

Zum Leitfaden der Darstellung habe ich gemacht die morphologischen und mechanischen Beziehungen von Duodenum und Colon während der Entwicklung, einmal, weil diese bisher am widerspruchsvollsten behandelt worden sind, vor allem aber, weil ich zu der Überzeugung gekommen bin, daß sie morphologisch und mechanisch den Ablauf der Lageentwicklung beherrschen. Ist das wirklich der Fall, so müssen sie auch vergleichend die größte Bedeutung haben: es sei darauf hingewiesen, daß Klaatsch die Duodenum-Colon-Verbindungen zum wichtigsten Kriterium vergleichender Situsbetrachtungen machte; freilich vor allem die sekundären, wie Lig. recto-duodenale, duodeno-mesocolicum u. a.; ich glaube viel ursprünglichere Beziehungen als maßgebend erweisen zu können.

Ist die Wechselwirkung von Duodenum und Colon entwicklungsmechanisch maßgebend, so müssen auch die Entwicklungsstörungen ganz besonders in den Duodenum-Colon-Beziehungen getroffen sein, was im II. Teil näher begründet werden soll; hier genüge der Hinweis, daß fast alle Untersucher des Mesenterium commune von Treitz (1857) an, auf die auffallende Rechtsstellung des Duodenumendes hinwiesen und die ungewöhnliche Stellung der Fl. duod. jejunalis in kausale Beziehung zum Ausbleiben der normalen Colonbefestigungen zu bringen versuchten, freilich ohne zu einer befriedigenden mechanischen Deutung zu kommen.

Im III. Teil gebe ich die Bearbeitung einer typischen Varietät der Colonlage, nämlich des Caecumhochstandes. Entgegen älteren Deutungen, die diese Varietät auf eine Hemmung der Colonwanderung durch frühzeitige Fixierung der Lage, also als Erhaltung eines foetalen Zustandes, deuteten, fand ich, daß ein entsprechender Zustand beim Embryo normalerweise überhaupt nie existiert; da vielmehr eine Störung der Wechselwirkung von Duodenum- und Colonwachstum als Ursache sich erweisen läßt, habe ich eine Analyse von zwei verschiedenen Typen dieser Varietät als besondere Anwendung der im embryologischen Teil gewonnenen Anschauungen angeschlossen.

Für die embryologische Untersuchung hoffe ich schließlich durch Herausheben dieses einen Tatsachenkomplexes aus der ganzen Lageentwicklung Weitschweifigkeiten vermeiden zu können durch die Weglassung des schon früher einwandfrei Festgestellten. So unterlasse ich eine genaue Bearbeitung des von Mall (1897) erschöpfend behandelten Dünndarmwachstums und übergehe die ziemlich unabhängig geschehende Entwicklung der Bursa retro-ventricularis und ihrer Anhangsorgane (Broman) sowie die Entwicklung des linken Colon (Toldt, Waldeyer).

Um eine Übersicht zu gewinnen, seien kurz die Hauptvorgänge der Mesenterien- und Lageentwicklung vorangestellt, wie sie seit den grundlegenden Untersuchungen von Toldt und Ergänzungen durch Mall, Fischer und Eisler allgemein angenommen werden:

Der wichtigste Vorgang der Lageentwicklung ist die vielbeschriebene sogenannte Darmdrehung; sie besteht in groben Zügen in folgendem: Der longitudinal angelegte, durch dorsales Mesenterium in seiner ganzen Länge an der rückwärtigen Bauchwand befestigte Darm bildet in seinem mittleren Teil eine einfache Schlinge, die als schmale Schleife nach vorn in die Bauch- und weiter in die Nabelschnurhöhle vorgetrieben wird, an ihrem Scheitel mit dem Dottersack durch den dünnen Dottersackstiel verbunden. Ziemlich nahe der Rückwand verbleibt der Anfangsdarm, der gleichzeitig eine S-förmige Biegung erhält, indem sein erster Abschnitt, der Magen, nach hinten links, sein unterer Abschnitt, das Duodenum, nach vorn rechts sich wendet, und der Enddarm, der vom dorsalen Ende des aboralen Nabelschleifenschenkels an zunächst seine Lage hinten längs der Rückwand nicht ändert. Durch die Bildung der mit schmaler Wurzel dorsal beginnenden und endigenden Nabelschleife sind Anfangs- und Enddarm in nahe Beziehung gekommen, eben an der Wurzel der Nabelschleife; hier liegen in naher Nachbarschaft die beiden Übergangswinkel, Flex. duod.-umbilicalis (Brösike) und primäre Colonbiegung.

Auf diese einleitenden Vorgänge folgt als zweite Etappe die Drehung der Schleife: der ursprünglich kranial gelegene orale oder Dünndarmschenkel wird unter Schlingenbildung sowohl in der Bauchhöhle, wie in der Nabelschnur zunächst rechts zum aboralen oder Colonschenkel gebracht und dann allmählich von rechts nach links unter ihm hindurch entwickelt, so daß zum Schluß dieser Etappe der Colonschenkel auf dem stark angewachsenen Dünndarmkonvolut kranial aufliegt, noch immer in ziemlich geradem schlingenlosen Verlauf von vorn nach hinten. Die dorsalen Partien des Colon, also die primäre Colonflexur und der von da absteigende Enddarm, haben gleichzeitig die Mitte verlassen und sind vom anwachsenden Dünndarm unter eigener Verlängerung des Colon und seines Mesenterium nach links verlagert worden, so daß Fl. lienalis und Colon desc. in ihrer späteren Anordnung erscheinen.

Der dritte Abschnitt führt zur endgültigen Lagerung auch des Colonanfangsteils, also des aufsteigenden Nabelschleifenschenkels; nachdem das ganze in der Nabelschnur entwickelte Konvolut in die allmählich erweiterte Bauchhöhle zurückgezogen ist, wird der noch immer dorsoventral dem Dünndarmkonvolut aufliegende Colonschenkel nach rechts an die rückwärtige Bauchwand befördert, indem die begonnene Drehung des Dünndarmknäuels von rechts nach links unter dem Colon hindurch sich vollendet. Durch Ausbildung der Fl. coli dextra und Auswachsen (?) des Colon asc. wird die endgültige Lagerung des Darmes erreicht, durch die sekundäre Verwachsung der an die Rückwand angelegten Mesenterium- und Colonabschnitte schließlich die Radix mesenterii, die definitive Fixation des Darmes, geschaffen.

Während dieser zweiten und dritten Etappe der Lageentwicklung hat der Magen in Fortsetzung der gleich anfangs begonnenen Linkswendung seine große Kurvatur immer weiter von der Rückwand entfernt, nach links und schließlich unter Senkung und Querstellung nach links und vorn abwärts gewendet; zugleich ist sein dorsales Mesogastrium mit übermäßigem Wachstum dieser Bewegung vorangeeilt und hat den Netzbeutel im gleichen Sinne, also erst nach links, dann nach vorn und abwärts weit über die große Kurvatur hinaus entwickelt; das Netz gewinnt seine definitiven Beziehungen dadurch, daß es kranial zu dem ihm entgegen gehobenen Quercolon nach vorn durchgeschoben wird, in sich selbst und mit Colon transversum und dessen Mesocolon verwächst und die Fl. lienalis durch Vermittlung der Milzverbindungen an das Zwerchfell anheftet.

Das sind die Grundzüge der Lageentwicklung, über die sich alle neueren Untersucher von Toldt an einig sind. Im einzelnen sind diese Vorgänge nach mehreren Richtungen hin vortrefflich und erschöpfend behandelt worden. Toldt, der die grundlegenden Untersuchungen gab, indem er zum erstenmal die ganze Lageentwicklung auf die eigenen Wachstumsverhältnisse des Darmes und die endgültig fixierte Lage auf die physiologischen Verwachsungen zurückführte, hat neben einer ausgezeichneten morphologischen Darstellung der einzelnen Entwicklungsstadien vor allem die peritonealen Bildungen, Mesenterien, Ligamente, Peritonealfalten, Recessus (hier besonders auch Brösike, 1891) untersucht und die Entwicklung der Mesenterien und des Netzes in der heute noch allgemein maßgebenden Weise dargestellt. Die wichtigste Ergänzung zu den Toldtschen Befunden hat Mall (1897) gebracht; er fand, daß die gesamte Schlingenbildung des Darmes, also vor allem die des Dünndarms in der Bauchhöhle wie in der Nabelschnur, gesetzmäßig in ganz bestimmter Formenfolge verläuft, und daß es vornehmlich dieses gesetzmäßige Dünndarmwachstum ist, was zur Drehung der Nabelschleife führt. Mall hat damit das wichtigste mechanische Moment für die Lageentwicklung erkannt und seine Wirkung im einzelnen ausgeführt; seine Abbildungen, Zeichnungen nach Wachsrekonstruktionen, sind zugleich wertvollstes Material. In entwicklungsmechanischer Richtung sind die

Beobachtungen Malls wesentlich vertieft worden durch Fischer und Eisler (1911), die besonders auf Grund der Mallschen Befunde eine ausführliche Analyse der typischen und atypischen Lageentwicklung versuchten.

Eine Besprechung der verschiedenen Anschauungen dieser Autoren kann zweckmäßig nur im Anschluß an die einzelnen Untersuchungen gegeben werden, da eine zusammenfassende Darstellung der ungeklärten Fragen bereits zu sehr in die Einzelbefunde führen würde.

I. Die Beziehungen zwischen Duodenum und Colon während der Entwicklung; ihre Wechselwirkung als Ursache der Darmdrehung.

1. Die Lageentwicklung bis zur siebenten Woche; Ausbildung der Duodenalschlinge und ihrer mesenterialen Beziehungen.

A. Die Darmlage beim 6—7wöchigen Embryo.

Zum Ausgangspunkt der Untersuchung wähle ich das viel beschriebene Stadium, welches in den meisten Lehrbuchdarstellungen seiner Übersichtlichkeit wegen als Grundlage zum Ausgangsschema dient, nämlich den 6—7wöchigen Embryo, bei welchem die Gastroduodenalschlinge sowie die Nabelschleife bereits gebildet und auch die wichtigen anfänglichen Beziehungen von Colon und Duodenum schon vorhanden sind. Erst danach werde ich jüngere Stadien zur Erklärung dieses Zustandes heranziehen.

Eigene Befunde bei Embryo I, 17 mm, und Embryo II, 22 mm.

Embryo I, Scheitel-Steiß-Länge 17 mm, Alkohol. (Äußere Form entspricht sehr genau dem Embryo Nr. XX der Keibelschen Normentafel. Das Darmstadium ist etwas älter als das Toldtsche Ausgangsstadium und ungefähr identisch mit Malls Embryo IX, 17 mm, Tafel XX, etwas jünger als Embryo I bei Fischer und Eisler.)

Die Nabelschnur wurde gespalten und mit der vorderen Bauchwand zusammen entfernt, die Leber mit spitzer Pinzette so weit weggenommen, daß Magen und Duodenum von vorn frei liegen. Der Verlauf des Darmtraktus ist aus der Fig. 1 ersichtlich, die von rechts und etwas von vorn gesehen mit dem Zeichenapparat entworfen ist. Der Magen ist flach, die Vorderfläche sieht nach links ventral-kranial, die Pars pylorica steht erheblich weiter vorn als die Cardia und transversal. Der Übergang in das Duodenum bildet einen Bogen mit kranial gerichtetem Scheitel über die darunter vorkommende Nabelschleife hinweg. Das Duodenum ist dick, bildet einen sehr engen Halbkreis in einer nach ventral-caudal sehenden Ebene. Es ist also erst nach rechts, dann nach dorsal-caudal, dann nach links gerichtet. Letzteres Stück ist das kürzeste, es geht in schärfster Umbiegung in den rückläufigen Weg des Dünndarms über. Die so gebildete, scharf markierte Flex. duodeno-jejunalis liegt mit dem links gerichteten Scheitel median, ihre Schenkel parallel voreinander. Der Dünndarmschenkel, deutlich verdünnt, verläßt die Flexur ventral vor dem Duodenumende gelegen, erst ganz kurz nach rechts, dann aufwärts, dann links gewendet, beschreibt also den gleichen rückläufigen Bogen wie das Duodenum, aber enger ihm parallel und ihm ventral-caudal angelagert; er biegt dann unter dem Pylorus nach vorn um, erscheint hier rechts parallel neben dem Colonschenkel, geht mit diesem zusammen schräg ventral-kranialwärts zur Durchtrittsstelle durch die Bauchwand und biegt schließlich in stumpfem, nach caudal offenem Winkel in die ventral-caudale Richtung der Nabelschnur ein. Innerhalb der Nabelschnur bildet der Dünndarmschenkel eine nach links dorsal gerichtete, über dem Colonschenkel gelagerte, einfache Schlinge, die einzige Dünndarmschlinge, die vorläufig besteht, und geht 2,5 mm von der Bauchwand entfernt mit scharfem vorderen Scheitel in den sogenannten aufsteigenden Schenkel der Nabelschleife über. Dieser verläuft ohne Schlingenbildung in geradem Verlauf, beginnt als Dünndarm, geht auf halbem Wege zur Bauchwand in das Colon über; die Caecumanlage, scharf gegen das Ileum abgesetzt, liegt versteckt unter der erwähnten Schlinge des Dünndarmschenkels. Das Colon verläuft dann rückläufig, wesentlich verdünnt, genau links zum Dünndarmschenkel, verschwindet mit ihm unter dem Duodenum-Magenübergang und biegt von hier in der Medianebene gelegen allmählich caudalwärts um. Die Umbiegung erfolgt in sanftem Bogen, ohne daß die spätere Flexura lienalis schon deutlich markiert wäre. Wichtig ist ihre Lage zur Flex. duodeno-jejunalis; das Colon läuft in der Medianebene unmittelbar links an der Flexur vorbei nach hinten in gleicher Höhe mit dem caudalen Umfang der Flex. duodeno-jejunalis. Da nun diese sehr viel dicker als der schmale Colonschenkel ist, steht sie also mit dem Hauptteil ihrer Masse kranial zum Colon, und ihr links gewendeter Scheitel ist gegen das sagittal ausgespannte Mesenterium des primären Colonbogens gerichtet und ihm angelagert. Am deutlichsten ist dies Verhalten von links gesehen, wenn man den Magen aufhebt. Dann sieht man von der Colonbiegung sagittal aufwärts ausgespannt ein dünnes Mesenteriumblatt, durch welches der Scheitel der Flex. duodeno-jejunalis hindurchschimmert. Das Mesenteriumblatt setzt an dem von den Vasa mesent. sup. gebildeten Strang an, verschwindet mit ihnen kranial in der Duodenalbiegung, setzt sich ventral mit ihnen fort in das schmale Gekrösplättchen der Nabelschleife. Diese Verhältnisse der Mesenterien sind deutlicher an dem etwas älteren Embryo II. (Zur Orientierung über Fig. 1 sei noch bemerkt, daß der übrige Bauchraum in folgender Weise ausgefüllt zu denken ist: Der ganze obere Teil enthält Leber, die vorn bis herab zur Nabelschleife, zu beiden Seiten bis hinab aufs Becken, hinten bis tief hinter das Duodenum hinunterreicht, nur hinten seitlich liegen die großen Urogenitalanlagen und unterhalb der Nabelschleife vorn Blase, Urachus und Art. umbilicalis.)

Embryo II, Scheitel-Steiß-Länge 22 mm, Alkohol. (Äußere Formen wie Embryo Nr. XXIII der Keibelschen Normentafel. Das Darmstadium entspricht ungefähr Malls Embryo IV, 24 mm, Fischer und Eislers zwischen 1 und 2.) Alter ca. Anfang der 8. Woche.

In der Nabelschnur liegen mehrere Dünndarmschlingen, die erste caudal unter dem Colonschenkel nach links geschoben, die zweite und dritte kranial darüber, so daß das Caecum dazwischen eingepackt ist. Demnach ist die Schlingenbildung schon auf Malls Stadium Tafel XXII, Fig. 8 und 9, Embryo VI, angelangt, aber die Darmdrehung dagegen noch zurück. Der Nabelbruch wurde mit der Bauchwand entfernt, da die Nabelschnur an der Durchtrittsstelle eingerissen war. Die Leber füllt wie bei I den ganzen Bauch, beiderseits neben der Nabelschleife bis auf das Becken reichend. Sie wurde entfernt außer dem hinter Lig. hepato-entericum und Pars desc. duodeni tief herabreichenden Teil. Später wurde eine sagittale Schnittserie von dem Präparat hergestellt.

Die Stellung des Magens ist aus Fig. 2 ersichtlich. Seine freie Fläche sieht nach links ventral, weniger aufwärts als bei Embryo I. Die Pars pylorica nach rechts aufsteigend, geht in gleichmäßiger Krümmung in die enge Schlinge des

Duodenum über. Dieses, in Fig. 4 von rechts dargestellt, beschreibt eine Spirale, und zwar fast eine volle Windung, deren Achse nach ventral-caudal gerichtet ist, etwas mehr caudal als die wirkliche Achse der Schlinge, nämlich die Vasa mesent. sup. Der Weg, den das Duodenum beschreibt, geht von median vorn oben nach rechts kranial, dann rechts dorsal, dann caudal-dorsal, dann links caudal, dann nach links. Die Flex. duodeno-jejunalis ist mit ihrem scharf geknickten Scheitel genau links gerichtet, überschreitet die Mittellinie ein wenig, ihr Duodenumschenkel liegt dorsal, der Dünndarmschenkel ventral, etwas caudal; von hier aus beschreibt der Dünndarm viel ausgeprägter als bei I den rückläufigen Weg der Duodenumschlinge, ist dabei ebenso wie vorher dem Duodenum parallel ihm ventral-caudal angelagert (siehe Fig. 4), biegt schließlich von der Pars sup. duodeni nach vorn etwas absteigend ab, um in ventral-caudaler Richtung in den rechten Schenkel der Nabelschleife überzugehen. Die beiden Schenkel der Nabelschleife lagen im Bauch und beim Durchtritt vermutlich nebeneinander (nicht mehr zu entscheiden). Sicher aber entfernt sich der rückläufige Colonschenkel im Abdomen allmählich immer mehr caudal vom Dünndarmschenkel und erreicht, die Flex. duodeno-jejunalis unmittelbar caudal berührend, die Rückwand, in flachem Bogen in die Caudalrichtung umbiegend.

So wird von links gesehen wiederum die Flex. duodeno-jejunalis verdeckt durch das Mesenterium der primären Colonflexur. Fig. 2 und Phot. Fig. 3, Tafel X zeigen diese etwas subtilen Verhältnisse: bei emporgehobenem Magen (Fig. 3) erscheint eine dicke, weiße Masse, die die Konkavität der Duodenumschlinge ausfüllt, d. i. Pankreaskopf und -gefäße. Von hier aus setzt sich nach caudal-ventral ein besonders dicker weißer Strang fort (V. omphalo-mesenterica), der weiterhin zur Achse der Nabelschleife wird. Kranial über dem Anfang dieses Stranges verschwindet, von links gesehen, das Duodenum nach rechts; caudal läuft, der V. omphalo-mesenterica zunächst parallel, der aufsteigende Colonschenkel und läßt, indem er sich in flachem Bogen absteigend von ihr entfernt, zwischen sich, der V. omphalo-mes. und der Wirbelsäule eine dreieckige Fläche frei; in diesem Dreieck ist das Mesenterium der primären Colonflexur sagittal ausgespannt, und durch dieses Mesenterium schimmert caudal zur V. omph.-mes., kranial zum Colon, die Flexura duodeno-jejunalis hindurch, die von rechts her gegen das Mesenterium gerichtet ist und es bereits deutlich nach links vorwölbt. Eine scharfe Flexura lienalis besteht noch nicht.

Um die genaue Mesenterialbeziehung der Flex. duodeno-jejunalis und des Colonbogens festzustellen, wurde das Präparat in eine Sagittalserie zerlegt; Fig. 5 zeigt den Medianschnitt (mit kleinen Ergänzungen aus den Nachbarschnitten, und zwar sind ergänzt das Colonlumen und die Anfänge von Art. mes. sup. und inf.). Es ergeben sich folgende Einzelheiten des Mesenterialverlaufs: Das Mesogastrium entspringt in der Mittellinie, von Cardia bis Duodenumanfang als dünne, links gewendete, hintere Platte des Netzbeutels, enthält im caudalen Abschnitt das Corpus pankreatis und reicht noch ein wenig nach links caudal über die große Kurvatur hinaus. Im linken unteren Rande findet sich die wohl abgegrenzte Milzanlage. Das Mesogastrium wird nach caudal und rechts abgegrenzt durch die Art. coeliaca. Von deren Eintrittsstelle in das Mesenterium an caudalwärts (s. Fig. 5) existiert nicht eine einfache Mesenteriumansatzlinie, sondern der Ansatz verbreitert sich sofort zu einem dicken Stiel, der an seinem Ursprung von der Wirbelsäule die Art. coeliaca, mesent. sup., dichte Zellanhäufungen (Sympathicusanlagen) und viel indifferentes Gewebe enthält. Der Stiel ist in der Medianebene schräg ventral-caudal gerichtet und trägt die Duodenumschlinge, indem er die Achse ihrer Spirale bildet. Er setzt sich über sie hinaus fort als Inhalt des Nabelschleifengekröses, als Vena und Art. omphal.-mesenterica. Die Art. coeliaca gehört nur dem Anfang des Stieles an, da sie beim Herantreten ans Duodenum ihre Äste entsendet. Der Gefäßstiel nimmt von der Wirbelsäule sich entfernend rasch an Dicke zu, dadurch, daß der Pankreaskopf und die mächtige V. portae (resp. omphal.-mes.) hinzukommen. Letztere, von der Leber kommend, tritt an den dorsalen Umfang der Pars sup. duod., tritt dorsal vom Pankreaskopf in den Stiel ein (s. Fig. 5) und bildet weiterhin den dicken Kern desselben, erst direkt vor Art. mesent. sup., dann weiter caudalwärts links vor ihr verlaufend. Den genannten Gefäßen liegt der Pankreaskopf breit auf, an ihrem kranial-ventralen und rechten Umfang; da, wo V. omphalo-mes. unter dem Pankreaskopf caudal wieder heraustritt (Pankreaswinkel), liegt sie bereits links vor der Arterie. Die Duodenalschlinge liegt dem so aus Gefäßen und Pankreas gebildeten massiven Stiel mit ganz breiter Fläche an, um ihn herumlaufend, wie der Gummischlauch um eine Radfelge.

Wenn ich diese Masse, welche das Duodenum trägt, hier nicht als Mesoduodenum, sondern als „Gefäß-Pankreas-Stiel" bezeichne, so geschieht das aus Gründen der Darstellung, die noch zu erörtern sein werden. Zunächst die Beziehung des Mesocolon hierzu.

Der Stiel setzt sich vom Pankreaswinkel abwärts mit der Vena omphal.-mes. und Art. mesent. sup. fort als ganz schmales Gekröse der Nabelschleife, in dem die Arterie etwas mehr rechts und hinten und die Vene mehr links und vorn gelegen ist. An den linken lateralen Umfang der Vene schließt das dünne Mesenterium der primären Colonflexur an. Dieses entspringt vor der Wirbelsäule vom Ursprung der Art. mesent. sup. ab caudalwärts in der Mittellinie und setzt kranial an den Stiel an, indem sein Ansatz erst dem Anfangsteile der Art. mesent. folgt und vom Pankreaswinkel ab dem linken Umfang der V. omphalo-mes. Da auf diese Weise das Mesenterium der primären Colonflexur den Winkel ausfüllt, den der Stiel mit der Wirbelsäule bildet, kommt folgende wichtige Peritonealbeziehung zustande: Die linke Platte des genannten Mesenterium setzt sich kranialwärts in ziemlich glattem Verlauf fort, über V. omphalo-mes. hinweg, auf die jetzt noch sehr schmale Ventralfläche des Pankreaskopfes und den ventralen Umfang des oberen Duodenumabschnitts (Pars sup. und desc.). Es folgt die Beziehung der Flex. duod. jejunalis: Indem das Duodenum mit Pars sup. und desc. dem Pankreaskopf, mit Pars inf. dem caudal-dorsalen Umfang des Stieles mit breiter Fläche angelagert ist, beginnt ein schmales, dünnes, eigentliches Gekröseblättchen erst im Bereich der Flexur selbst, und zwar ist die Knickungsstelle an ihrem ventral-kranialem Umfang mit dem caudal-dorsalen des Stieles ganz kurz so verbunden, daß noch im Bereich des letzten Duodenumstückes die breite Anlagerung ziemlich plötzlich in eine schmale Verbindung übergeht; diese folgt dem Knick und geht dann mit dem Dünndarm nach rechts vorn um den Stiel herum, indem sie dauernd die Konkavität dieser ersten Dünndarmschlinge kurz an den rechten Umfang des Stieles anheftet; mit Übergang des Dünndarms in die Nabelschleife wird diese Verbindung natürlich zur rechten Hälfte des Gekröseblättchens der Schleife. Somit ist die Fl. duod.-jejunalis nur mit der unteren hinteren Fläche des Gefäßstieles verbunden an einer Stelle desselben, die bereits ein Stück von der Wirbelsäule entfernt ist; mit der Wirbelsäule selbst und mit dem Mesocolonansatz besteht noch keinerlei andere Beziehung als flächenhafte Berührung.

Toldts Darstellung des 6—7wöchigen Embryo; Kritik seines Schemas. „Mesoduodenum" oder „Gefäß-Pankreas-Stiel".

Die hiermit gegebene Darstellung des 6—7wöchigen Embryo weicht in wesentlichen Punkten ab von der besten und ausführlichsten Beschreibung dieses Zustandes, die wir besitzen in Toldts „Gestaltung des Gekröses bei sechswöchentlichen Embryonen“ (1879). Da Toldts Untersuchungen die Grundlage unserer heutigen Anschauungen von der Mesenteriumentwicklung geworden sind, muß ich ausführlich seine Beobachtungen anführen und die Differenzen aufzuklären versuchen. Was zunächst Stellung und Fixation der Fl. duod.-jejunalis betrifft, so gibt Toldt an, „daß schon in dieser frühen Periode, in welcher noch gar keine Dünndarmwindungen vorhanden sind, der hinterste Teil des aufsteigenden Schenkels (der Nabelschleife) links und über dem absteigenden gelegen ist, und daß er an dieser Stelle in das Endstück des Darmes umbeugt“; bei Beschreibung seines nächsten Stadiums „erste Hälfte des 3. Foetalmonates“: „daß die Fl. lienalis schon in dem sechswöchigen Embryo etwas über der Fl. duod.-jejunalis gelegen, infolge des Wachstums des Dickdarms noch höher hinaufgerückt ist“. Ich glaube, es war Toldt wichtig, gegenüber anderen Darstellungen hervorzuheben, daß am Anfangsteile der Nabelschleife der Colonschenkel links und etwas höher als der Dünndarmschenkel gelegen ist, das trifft aber nicht zu für den dorsalen Abschnitt, den Colonbogen; ich verweise auf Fig. 2—5 und die gleiche Beobachtung an dem Embryo I, den ich wesentlich zu diesem Zweck präparierte; ich verweise ferner auf Malls Abbildungen nach Wachsrekonstruktionen: In Fig. 4, Taf. XX (17 mm, Nabelschleife erst mit einer eben angedeuteten Schlinge) steht die Fl. duod.-jejunalis links gerichtet an die rechte Seite des Mesenterium der flachen Colonflexur angelehnt, ganz analog unserer Fig. 2; das gleiche zeigt besonders Malls Fig. 9, Taf. XXII bei einem 24 mm-Embryo; bei dem 28 mm-Embryo, Fig. 10 und 11, ist die Fl. duod.-jejunalis selbst unsichtbar, aber nach der Richtung ihrer Schenkel erheblich oberhalb der Colonbiegung gegen dessen Mesenterium hin gerichtet. Daß Malls Figuren einwandfreies Material darstellen, liegt bei ihrer Gewinnung auf der Hand.

Dagegen bildet Endres (1892) in der schematischen Fig. 4 bei 6—7 wöchigen Embryonen die Fl. lienalis scharf geknickt, erheblich kranialwärts zur Fl. duod.-jejunalis ab, ähnlich Fredet (s. Poirier und Charpy, 1914), Fischer und Eisler berücksichtigen die Stellung der beiden zueinander nicht, doch geben sowohl Endres wie Fischer und Eisler an, daß die Fl. duod,-jejunalis zu dieser Zeit unmittelbar caudal zum Ursprung der Art. mesenterica sup. liegt und links gerichtet ist; hieraus geht hervor, daß die Lage mit der hier und bei Mall gegebenen Darstellung identisch gewesen sein muß, da auf die Art. mes. sup. abwärts unter allen Umständen ein Stück Mesocolon folgen muß, welches den Raum zwischen den beiden divergent verlaufenden Gebilden, Art. mes. sup. und Colon, ausfüllen muß (von Toldt auch erwähnt).

Über die mesenterialen Beziehungen des Duodenum-Dünndarm-Überganges sagt Toldt, „daß die Umbeugungsstelle des Duodenum in die Nabelschleife jener Punkt des Darmkanales ist, welcher am meisten an die hintere Leibeswand fixiert ist". Er teilt entsprechend das Gekröse in drei Abschnitte: „Der oberste gehört dem Magen und Duodenum an, der mittlere der Nabelschleife, der unterste dem Endstück des Darmes. Zwischen dem oberen und mittleren Abschnitt findet sich eine ganz kurze Unterbrechung entsprechend der Fl. duod.-jejunalis." Von dieser Vorstellung ausgehend hat Toldt sein bekanntes Schema entworfen, welches mit zahlreichen Modifikationen in den gebräuchlichen Lehrbüchern sich findet; der gemeinsame Fehler ist, daß die Fl. duod.-jejunalis durch kurze dorsale Fixation an die Wirbelsäule angeheftet erscheint und so das Mesoduodenum vom Mesenterium der Nabelschleife trennt. Die Unmöglichkeit eines solchen Zustandes ist aus Toldts eigenen Angaben leicht zu erweisen: Wenn die Fl. duod.-jejunalis rechts neben der Fl. lienalis oder gar schon etwas caudal von ihr liegt, beide aber ein dorsales Mesenterium resp. kurze Anheftungen besitzen, so müssen zwei dorsale Mesenterialansätze nebeneinander bestehen, was undenkbar ist, solange sekundäre Verwachsungen fehlen; wenn aber, wie das Toldtsche und die davon ausgehenden Schemata (Corning, Kollmann, Sobotta, Rauber-Kopsch) angeben, die Flexur sich oberhalb des Nabelschleifengekröses an die Wirbelsäule anheftet, so muß sie auch oberhalb der Art. mesent. sup. liegen, da nach Toldts Angaben das Mesenterium der Colonbiegung bis an die Arterie heranreicht; dann müßte sie aber den Pankreaskopf von den Vasa omph.-mesent. trennen, was gleichfalls unmöglich ist. (Tatsächlich schiebt sich in allen den genannten Schemata die Flexur trennend zwischen Art. mes. sup. und Pankreaskopf ein. Über weitere Fehler dieser Schemata s. S. 126, 171 u. 172). Andererseits sind sich die Autoren (Mall, Endres, Fischer und Eisler, sogar Toldt) darüber einig, daß die Fl. duod.-jejunalis im Stadium des sechswöchigen Embryo bereits caudal dem Ursprung der Art. mesent. sup. anliegt, dann ist aber, wie erwiesen, eine Befestigung derselben gegen die Wirbelsäule undenkbar.

Damit fallen eine ganze Reihe von Toldts weiteren Schlüssen, die er auf die frühzeitige Fixation der Fl. duod.-jejunalis gegen die Wirbelsäule aufbaut. (Auffallenderweise schließt sich sogar auch Brösike (1891) in diesen Punkten vollkommen an Toldt an.) Eine Erklärung für Toldts Behauptung ist vielleicht darin zu finden, daß ihm keine Serienschnitte zur Verfügung standen, daß er vielmehr das genauere Verhalten der Mesenterialansätze durch Abpräparieren des ganzen Darmtraktus von der Wirbelsäule festzustellen suchte. Wenn man danach den Darm mit den Mesenterien in einer Ebene flach auszubreiten sucht, kann man wohl jener Täuschung verfallen. Ich verweise noch einmal auf den Sagittalschnitt der Fig. 5 und habe das dort dargestellte Verhalten an mehreren Querschnittserien ähnlicher Stadien (s. später Fig. 6—15) feststellen können: die Flexur ist, sobald sie caudal unter die Gefäße getreten ist, mit ihrem ventral-kranialen Umfang durch eine schmale Verbindung gegen deren caudal-dorsalen Umfang fixiert, diese Verbindung geht duodenumwärts über in die breite Auflagerung des Duodenum auf den Pankreaskopf, und jejunumwärts in das Gekröseblättchen der Nabelschleife. Damit ist eine ununterbrochene Beziehung des Mesenterium der primären Colonflexur zur Ventralfläche des Pankreaskopfes und der Duodenalschlinge sichergestellt.

Es bleibt der dritte Differenzpunkt, das Mesoduodenum: Toldt schreibt dem Duodenum des 6wöchigen Embryo „ein verhältnismäßig langes Gekröse zu, welches an der konkaven Seite der Schlinge haftet und nach aufwärts hinter den Magen ziehend ohne Unterbrechung in das eigentliche Magengekröse übergeht; die Insertionsverhältnisse des Magengekröses lassen sich am besten übersehen, während man den Darmkanal an seinem Gekröse mit der nötigen Vorsicht herauspräpariert. Namentlich überzeugt man sich dabei, daß das Magengekröse erst an der Fl. duod-jejunalis sein Ende erreicht, da, wo diese der Wirbelsäule umittelbar anliegt." Und weiter: „daß dieselbe Gekröseplatte, welche an der großen Kurvatur des Magens haftet, sich ununterbrochen in die Konkavität des Duodenum hinein forterstreckt, sich daselbst als freies Gekröse ansetzt und das Pankreas in sich einschließt". Was Toldt als Mesoduodenum beschreibt, ist, das kann keinem Zweifel unterliegen, genetisch als Mesoduodenum und als Fortsetzung des Mesogastrium aufzufassen. Es ist Toldts Verdienst, gegenüber Joh. Müller und anderen Autoren, die die Existenz eines Mesoduodenum leugneten, beim Menschen ein solches festgestellt und es in Analogie mit den übrigen dorsalen Mesenterialabschnitten gebracht zu haben. Auch die Entstehung des Pankreaskopfes im Mesoduodenum, des Körpers im Mesogastrium, hat Toldt als erster erkannt und so den Übergang dieser Mesenterialabschnitte zweifellos erwiesen. Das Mesoduodenum ist aber im Stadium des 6wöchigen Embryo so umgewandelt, daß es morphologisch diese Bezeichnung nicht mehr verdient. Toldt spricht von einem „verhältnismäßig langen Mesoduodenum" und bezeichnet es als „Gekröseplatte". Mit dem Begriff Mesoduodenum verbindet man notwendig die Vorstellung einer Gekröseplatte, die freilich durch Einlagerung des Pankreaskopfes sehr verdickt sein kann, die aber jedenfalls als Teil des dorsalen Mesenterium einen dorsalen Ansatz an der Wirbelsäule haben muß. Eine Gekröseplatte besteht aber tatsächlich nicht mehr infolge der Querstellung des Duodenumanfanges, der breiten Auflagerung desselben auf den Pankreaskopf und dessen breiten Anschlusses an die Oberfläche der Vasa omph.-mesent. Dadurch kommt die vom früheren Zustand vollkommen abweichende Verlaufsweise des Peritoneum zustande: Während von vornher gesehen die kraniale Bauchfellplatte des oberen Duodenalabschnittes in längerem Verlauf sanft aufsteigend erst den Pankreaskopf bedeckt und dann, mit der Plica art. hepat. resp. coeliacae aufsteigend den Übergang in das Mesogastrium vermittelt und am Ursprung der Art. coeliaca schließlich in das parietale Peritoneum überführt, hat die caudale Peritonealbedeckung des Duodenumanfanges einen gerade entgegengesetzt gerichteten Verlauf: vom caudalen Umfang des Duodenum ausgehend setzt sich das Peritoneum, der ganzen Konkavität der Duodenumschlinge entsprechend, über den Pankreaskopf hinweg auf den Gefäßstiel in glattem Verlauf fort, so daß es von der Pars sup. aus in die linke Platte des Mesenterium der Colonflexur und anschließend in die obere des Nabelschleifengekröses übergeht, von der Pars desc. und inf. auf den rechten vorderen Umfang des Pankreaskopfes und von da ebenfalls in die obere Fläche des Nabelschleifengekröses. Kein Teil dieser Peritonealfläche gewinnt aufsteigend einen eigenen Anschluß an den dorsalen Mesenterialansatz. Also besteht keine Gekröseplatte des Duodenum, sondern eine massive, annähernd spindelförmige Achse, um welche die Schlinge breitbasig anliegend herumgelegt ist.

Dadurch fehlt auch das zweite Kennzeichen eines dorsalen Meso: der Anschluß an die Wirbelsäule. Das Mesogastrium reicht mit seiner Ansatzlinie herab bis zur Art. coeliaca, die seinem Gebiet noch angehört. Unmittelbar darunter entspringt aber bereits die Art. mesent. sup., mit der Coeliaca in gemeinsamem dicken Stiel gelegen, und diese gehört bereits dem Mesenterium der Nabelschleife an; dann folgt sofort das wiederum dünne Mesenterium der Colonbiegung. Es ist klar, daß für ein Mesoduodenum kein eigener dorsaler Ansatzpunkt bleibt; den ganzen Stiel als Mesoduodenum zu bezeichnen, wäre ganz ungenau, da er ja sowohl die Coeliaca als auch die Mesenterica sup. enthält.

Es kommt schließlich noch eine genetische Betrachtung hinzu. Es ist nicht einmal das, was als Mesoduodenum allenfalls übrigbliebe, nämlich die ganze Masse, welche die Konkavität der Duodenalschlinge ringsum an die Gefäßachse anschließt, als einheitliche Bildung des dorsalen Mesenterium aufzufassen. Denn es liegen ebenfalls darin die ventralen Pankreasanlagen, der Lebergang und ein Teil des Verlaufes der V. portae; diese entstammen aber dem ventralen Duodenalgekröse und sind erst durch die bekannten Vorgänge, Rechtsdrehung der Leber, Linksdrehung des Magens und damit Querstellung des Duodenumanfanges und Achsendrehung desselben, vom ventralen Umfang des Duodenum an seinen dorsalen und damit an die Ansatzstelle des Mesenterium dorsale verlagert worden, um hier zum Teil das Lig. hepato-duodenale zu bilden, zum Teil mit dem Mesoduodenum dorsal zu verschmelzen, in ihm aufzugehen. Ein Mesoduodenum existiert also beim 6 wöchigen Embryo morphologisch nicht; weder eine Gekröseplatte, noch ein als Mesoduodenum abgrenzbarer Gekröseabschnitt, noch eine einheitlich aus dorsalem Mesenterium entstandene Bildung ist vorhanden.

Ich schlage deswegen vor, die Bezeichnung „Mesoduodenum" hier ganz fallen zu lassen und die Masse, welche das Duodenum trägt, nach ihrem Aufbau „Gefäß-Pankreas-Stiel" zu nennen. Dieser stellt danach eine von der Wirbelsäule in schräg ventral-caudaler Richtung abgehende Masse dar, welche die Art. coeliaca, mesent. sup. und weiterhin V. omph.-mesent. und Pankreaskopf enthält, um welche das Duodenum breit aufgelagert herumgelegt ist. An den Stiel setzt sich kranialwärts das Mesogastrium an, caudal das Mesenterium der primären Colonflexur; seine eigene freie Fortsetzung ist das Gekröse der Nabelschleife. Der Duodenum-Dünndarm-Übergang ist gewissermaßen als Nebenschleife an den rechten und unteren Umfang dieses Stieles mit schmalem Gekröse angeschlossen. Eine Unterbrechung des Mesenterium dorsale hat nur insofern statt, als es an der Stelle des Ursprunges der Art. coeliaca. und mesent. sup. zu einem Stiel verdickt ist, der das Duodenum und die Nabelschleife trägt. Der Stiel ist morphologisch und mechanisch die Achse der Darmdrehung.

Es ist hiernach notwendig, die Nabelschleife in ihren Abgrenzungen anders zu definieren, als es bei Toldt, Endres, Fredet u. a. geschieht, die ihre Wurzel durch die Enden der Schenkel in Fl. duod.-jejunalis und Fl. lienalis bezeichnet sein lassen. Die Begrenzung des oralen Dünndarmschenkels durch die Fl. duod.-jejunalis ist scharf und hat, morphologisch wenigstens, Berechtigung. Die Colonbiegung dagegen ist in diesem sogar schon ziemlich vorgeschrittenen Stadium der Nabelschleife noch ganz sanft, der Schenkel geht, wie in Fig. 1—5 klar zu sehen ist, in flachem Bogen in den Enddarm über. Hier ist eine besondere Abgrenzung erforderlich: am geeignetsten ist die Zuhilfenahme des Gekröses der Schleife; in ihm verläuft als zentrale Achse die Art. und V. mesent. sup.; da wo diese Arterie im Pankreaswinkel hervorkommt, beginnt das Nabelschleifengekröse, scharf gegen den dicken Gefäß-Pankreas-Stiel als dünnes Mesenteriumplättchen gesondert. Dieser Stelle des Gekröses entspricht eine Stelle des Colon (s. besonders Medianschnitt Fig. 5), die das Ende des geraden Schleifenschenkels und den Beginn der Krümmung zum Enddarm bildet; da hier wenig später die „Fl. coli media" (s. später bei Embryo III) sich markiert, die besonders für die mechanischen Verhältnisse des vorderen und hinteren Colonbereichs eine scharfe Grenze darstellt, so halte ich diese Stelle für geeignet, als Grenze für den aboralen Nabelschleifenschenkel zu dienen; auch Fischer und Eisler setzen hier das Ende des Nabelschleifenschenkels ein. Ich bezeichne also durchweg als Colonschenkel der Nabelschleife nur den gestreckten Colonschenkel bis zu dieser Stelle der späteren Fl. coli media, als „primären Colonbogen" den folgenden Anteil, der durch das beschriebene, dreieckige, breitere Gekröseblatt an Gefäßstiel und Wirbelsäule angeheftet wird, und den Rest als Enddarm. Auch eine andere Einteilung der Mesenteriumabschnitte, als von Toldt diesen Stadien gegeben wurde, halte ich für notwendig; Toldt teilte in drei Abschnitte: Gastroduodenalgekröse, Gekröse der Nabelschleife, Enddarmgekröse. Den vorher gegebenen Ausführungen entspricht dagegen nur folgende Einteilung: 1. Magengekröse mit Magen, 2. Gefäß-Pankreas-Stiel mit zirkulär herumlaufender Duodenalschlinge, 3. Nabelschleifengekröse mit Dünndarm und geradem Colonschenkel, 4. Mesenterium des primären Colonbogens, 5. Enddarmgekröse. Von diesen fünf Gekröseabschnitten hat einer, nämlich das Nabelschleifengekröse, keinen eigenen Ansatz an der Wirbelsäule, dieses bildet vielmehr die freie Fortsetzung des Gefäß-Pankreas-Stieles.

In der Beschreibung eines Mesoduodenum schließen sich die späteren Autoren wesentlich an Toldt an, in seinen Schemata auch Fredet (s. auch Text S. 341). Endres unterscheidet bei Beschreibung des Gastroduodenalgekröses mit Toldt an diesem drei Abschnitte: „der oberste ist nach links, der mittlere nach vorn und abwärts, der unterste nach vorn und rechts gewendet. Eine nach rechts und oben konvexe Falte erhebt sich als Grenze zwischen dem Gebiet des Omentum majus, wozu also auch ein großer Teil des Gekröses der Pars horiz. sup. duodeni gehört, und dem Gekröseanteil des mittleren und unteren Duodenalschenkels (Pl. art. hepat.)." Es kann mit dieser Angabe nur das erwähnte, vom Duodenum kranial und rechts ausgehende Peritoneumblatt gemeint sein, ein ihm entsprechendes caudales linkes existiert nicht (s. hierfür besonders Fig. 16 oder auch 12 und 13). Dabei hat aber diese Trennung durch die Plica art. hepat. eine wesentliche Bedeutung; links von ihr ist außer dem Mesogastrium auch der allererste Anfangsteil eines wirklichen Mesoduodenum gelegen, der mit an der Netzbildung beteiligt wird und sich so als Mesenterium erhält; es wird daraus der Teil der Bursa omentalis, der später das Tuber omentale des Pankreas von Pars sup. duodeni trennt, und der schmale rechte Endabschnitt des Netzes, der später die Fl. coli media mit der Pars sup. duod. verlöten läßt.

Weniger wichtig ist die von Endres gemachte Scheidung in ein rechtes und linkes, resp. oberes „supraarterielles" und unteres „infraarterielles" Gekröseblättchen der Nabelschleife entsprechend der trennenden Art. mesent. sup.; das rechte „supraarterielle" schließt an Pankreaskopf und Duodenum an und bildet gleich an der Wurzel das schmale Seitenfältchen, welches die Fl. duod.-jejunalis von unter her gegen den Gefäßstiel befestigt; das linke „infraarterielle" setzt sich, wie oben beschrieben, rückwärts fort in das dreieckige Mesenterium der Colonbiegung; in Wirklichkeit sind beide im Stadium der ausgebildeten Nabelschleife bereits infraarteriell gelegen.

B. Wachstumsdrehung um den Gefäß-Pankreas-Stiel (von 7 bis ca. 25 mm, 5.—8. Woche).

Die Forderung, daß man im Zustand des 6 wöchigen Embryo nicht ein Mesoduodenum beschreiben soll, sondern die ganze das Duodenum tragende Gewebsmasse unter einen Begriff zusammenfassen, eben als „Gefäß-Pankreas-Stiel", wurde aus den morphologischen Verhältnissen abgeleitet, sie gründet sich aber ebenso auf der Mechanik der Lageentwicklung: dieser Stiel wirkt während des Wachstums des Duodenum als einheitliches Gebilde, als Achse, um welche das Duodenum durch sein Wachstum eine Raddrehung beschreibt, wobei es diese Achse selbst zum Teil mitdreht. Zur besseren Übersicht sei es gestattet, dieses Ergebnis der weiteren Untersuchungen im voraus kurz zusammenzufassen: Die Drehung erfolgt so, daß der Pylorus am wenigsten verschoben wird, und zwar ein wenig nach rechts, wesentlich gehalten durch die Leberverbindung, daß aber von hier aus das Wachstum des Duodenum die Pars desc. abwärts und nach hinten, die Pars inf. erst nach links, dann nach links kranial vortreibt. Eine solche Schiebung muß erfolgen, da die Duodenalschlinge sich nur wenig aufweiten kann (nur entsprechend dem geringen Wachstum ihrer Achse, der sie breitbasig anliegt), und ferner, da am oberen Anfang der feststehende Magen ein aufwärts und links gerichtetes Wachstum nicht erlaubt. Es wird so die Fl. duod.-jejunalis von rechts her caudal zum Gefäßstiel nach links durchgeschoben; sie stößt hier gegen das Mesenterium der Colonbiegung, buchtet dieses erst nach links etwas aus und erhebt es schließlich nach kranial-dorsal empor. Bei diesem Vorgang wird der Stiel etwas mitgedreht, so daß der Pankreaskopf nach rechts caudal um die Gefäße umgebogen wird und diese selbst ihre Lage wechseln. Die angedeuteten Vorgänge sind ausschlaggebende Faktoren für die ganze Darmdrehung.

Der Ablauf der Drehung in dem genannten Sinne als Folge der Wachstumsrichtung des Duodenum läßt sich erweisen vor allem aus drei Momenten: 1. Wanderung der Fl. duod.-jejunalis, 2. Wanderung der Mündungen von Gallengang und Pankreasausführungsgang und 3. der Lageveränderung von Pankreaskopf und -gefäßen zueinander. Um diese drei Vorgänge darstellen zu können, muß ich auf jüngere Stadien zurückgreifen, da der Drehungsprozeß beim 6—7 wöchigen Embryo bereits in vollem Gange ist.

Enstehung und Wanderung der Fl. duod.-jejunalis.

Eine solche wurde zuerst angenommen von Treitz, aber von Waldeyer und Toldt wieder bestritten (Toldt 1879, S. 26), dann von Endres wieder erwähnt, der aber keine Belege dafür bringt, und von Fischer und Eisler bestätigt, die ihr eine wesentliche Bedeutung für die

Drehung beilegen. Doch haben diese Autoren weder ihre genaueren morphologischen Beziehungen noch ihre unmittelbare Wirkung — Aufrichtung des Mesenterium der primären Colonflexur — erkannt. Fischer und Eisler geben als Stellung der Flexur an: beim 16 mm-Embryo median, dorsal zum Gefäßbündel; bei 19 mm links konvex, ungefähr in der Mittellinie, dorsal zu Pars pylorica und Vasa mesent.; bei 23 mm links der Medianebene, dorsal zu Pars pylorica. Auch Fredet (S. 336 und 341) beschreibt die Wanderung, und zwar gibt er dafür an 270°, d. i. $^3/_4$ Kreis. Die Frage nach der Wanderung der Fl. duod.-jejunalis ist untrennbar von der nach ihrer ersten Entstehung, und diese ist identisch mit der von His (1885, S. 21), Toldt (1889, S. 36), Brösike (1891) und Endres (1892) diskutierten Streitfrage, ob die zuerst entstehende Biegung des Duodenum gegen den Dünndarmschenkel der Nabelschleife (Brösikes Fl. duod.-umbilicalis) die spätere Fl. duod.-jejunalis selbst ist (Toldt und Endres), oder ob diese erst sekundär distal von der Fl. duod.-umbilicalis entsteht (His und besonders ausführlich Brösike), so daß danach die Pars inf. und asc. duodeni aus dem Anfang des Dünndarmschenkels der Nabelschleife entstehen würden. Fredet hält die Frage für unentschieden.

Um die Ausbildung der scharf geknickten Fl. duod.-jejunalis und ihre anfängliche Lage rechts von der Mittellinie neben dem dorsalen Mesenteriumansatz zu verstehen, muß man sich die Entwicklung des Duodenalbogens und seine der Magendrehung entsprechende Umwendung nach rechts klarmachen. Gute Abbildungen dieser frühen Verhältnisse hat vor allem His gegeben, man vgl. Taf. XII (Atlas), die Querschnittbilder des 5 mm langen Embryo R mit dem 7 mm-Embryo B der Taf. III. Bei dem 5 mm-Embryo R steht der Darm noch rein sagittal mit kaum merklicher Vorbiegung der Duodenalpartie. Bei dem 7 mm-Embryo B (nach einer zeichnerischen Rekonstruktion, die ich von den Bildern der Tafel I machte) ist die Duodenalschlinge schon deutlich vorgewölbt; in Höhe des sagittal stehenden vorderen Scheitels finden sich die Mündungen von Leber- und Pankreasgängen, von hier caudalwärts bildet das Duodenum einen sanften Bogen dorsalwärts, dessen hinterer Scheitel schon deutlich nach rechts abweicht, so daß die Stelle, welche (von Fig. 25—28) der Höhe des Ursprungs von Art. coeliaca und mesent. sup. entspricht, bereits rechts zu den Gefäßen gelegen ist. Das Mesoduodenum erscheint hier nach rechts umgebogen. Der Übergang in den Dünndarmschenkel der erst angedeuteten Nabelschleife liegt bereits rechts seitlich angelehnt an die Gekrösefortsetzung, die weiter caudalwärts dem Colonschenkel zukommt (Fig. 25, 24 und vorhergehende). Gerade diese Hisschen Figuren zeigen die Anbahnung der späteren Lage ganz vortrefflich. Die Magendrehung hat in dem Stadium des 7 mm-Embryo eben erst begonnen. Indem diese weiterhin rasch sich vollzieht, wird der Anfangsteil des Duodenum quergestellt. Lewis (1910) gibt an, daß beim 7,5 mm-Embryo die Drehung begonnen hat und bereits 20° beträgt. Der Fundus des Magens dreht sich weniger rasch, während der Übergang ins Duodenum sehr bald transversal gestellt ist, so daß er die Gefäße rechtwinklig kreuzt, mit denen er ursprünglich gleichsinnig verlief.

Der Rechtswendung des Duodenumanfanges entspricht ein Anlegen des noch ziemlich flachen bogenförmigen Dünndarm-Überganges an die Rückwand, rechts neben den Gefäßaustrittsstellen, also eine seitliche Anlehnung an das Mesocolon; dadurch wird die Umwandlung des ursprünglich sagittal stehenden Mesoduodenum in eine spiralige oder kreisförmige breite Anlagerung des Duodenum um den Gefäßstiel eingeleitet. Sie wird vollendet dadurch, daß das Mesogastrium oberhalb der Art. coeliaca und das Mesocolon unterhalb der Art. mesent. sup. immer dünner werden, während in der Gefäßgegend die Dicke dauernd zunimmt.

Es bildet sich so zunächst das Stadium aus, welches Brösike beschreibt an einem 13 mm langen Embryo, dem jüngsten Stadium der Literatur, von dem eine sorgfältige Beschreibung makroskopischer Präparation gegeben wurde: Die Pylorusgegend steht transversal, rechts der Mittellinie, ein wenig nach vorn konvex; vom Pylorus aus läuft das Duodenum — „zunächst etwa 1 mm lang in durchaus sagittaler Richtung nach hinten (Pars transv. sup. duodeni), bildet hierauf eine Biegung (Flexura duodeni prima) und verläuft alsdann wiederum in einer Länge von etwa 1 mm senkrecht nach abwärts (Pars desc. duodeni). Dieser letztere Abschnitt, welchen ich, wie eben erwähnt, für die Pars desc. ansprechen möchte, ist zunächst in einer ziemlich tiefen Rinne zwischen der Wirbelsäule und dem Wolffschen Körper verborgen. Erst wenn man den letzteren abgetragen hat, erhält man einen völlig klaren Überblick über seinen Verlauf. Man sieht alsdann deutlich, daß diese Pars desc. an ihrem Ende unter nahezu rechtem Winkel nach vorn abbiegt und in den proximalen (nach Toldt absteigenden) Schenkel der Nabelschleife übergeht. Die letztere Biegung des embryonalen Darmkanals möchte ich, um nichts zu präjudizieren, als Fl. duod.-umbilicalis bezeichnen, weil dieselbe erstens vom Duodenum nach dem Nabel hin abbiegt und zweitens den Übergang zwischen dem Duodenum und der Nabelschleife (Ansa umbilicalis) darstellt. Eine Pars transversa inf. oder ascendens duodeni existiert somit zu dieser Zeit entschieden nicht." — „Das Duodenalgekröse war im übrigen, wie ich beim vorsichtigen Aufheben konstatieren konnte, allseitig frei und nirgends mit der rechten Seite der Wirbelsäule verwachsen; es ging kontinuierlich in das Gekröse der Nabelschleife über. Eine Abgrenzung zwischen dem Duodenalgekröse und dem Gekröseplättchen der Nabelschleife war nur insofern gegeben, als beide, ebenso wie die ihnen korrespondierenden Darmabschnitte, miteinander einen nach vorn offenen, rechten Winkel bildeten."

Danach ist also die anfängliche Rechtswendung des Duodenum, wie sie sich im Hisschen Embryo B, 7 mm findet, in eine Rückwärtswendung mit der Konvexität nach hinten weitergeführt worden, und das hinten gelegene Mittelstück kommt dadurch zwischen Wolffschen Körper und Mesenterialansatz zu liegen. Die Wendung erfolgt nach meiner Ansicht nicht durch eine Drehung des Duodenalbogens um 90°, sondern einmal durch Vorwärts-Abwärtsrücken der Pylorusregion unter gleichzeitiger Querstellung und ferner durch das Längenwachstum der Schlinge (Magensenkung + Magendrehung, s. hierfür Mall 1897, S. 320). Durch eine solche Bewegung der Pylorusregion nach vorn und abwärts muß das transversal rechtsgerichtete Anfangsstück des Duodenum in annähernd sagittale Lage, Richtung dorsalwärts, gedreht werden, da das absteigende Mittelstück nicht nach vorn folgt, vielmehr durch die sich vollendende Drehung der Leberpforte noch etwas weiter nach hinten verlagert wird. Brösike bezeichnet die Ebene der so erreichten Stellung des Duodenum als Sagittalebene mit der Konvexität nach hinten. Da nun (wie Toldts und die eigenen Untersuchungen bestätigen) beim 6—7 wöchigen Embryo die Duodenalschlinge ihre Konvexität nach rechts und ein wenig nach vorn wendet, folgert Brösike hieraus „eine ganz beträchtliche Lokomotion aus der Sagittalebene in die Frontalebene oder sogar noch darüber hinaus — während eines Zeitraumes von 8—14 Tagen". Als Ursache wird angeführt „Wachstum der Urniere, durch welches die zwischen der letzteren und der Wirbelsäule befindliche Rinne ausgefüllt wird. In zweiter Linie Wachstum des Duodenum selbst und der Leber, welche sich mit ihrem hinteren Teil von oben her zwischen das Duodenum und die hintere Bauchwand einschiebt." Die weitere Folgerung Brösikes enthält einen offenbaren Fehler, der ihn zu falschen Schlüssen über die Entstehung der Fl. duod.-jejunalis führt: „Während sich aber das Duodenum und somit auch sein Ende, die Fl. duod.-umbilicalis in der eben geschilderten Weise von hinten nach rechts und vorn bewegt, bleibt der größte Teil des proximalen Schenkels der Nabelschleife unbeweglich im Nabelstrang eingeschlossen: Dies muß dazu führen, daß sich an dem zwischen der Fl. duod.-umbilicalis und dem Nabel gelegenen Anfangsteil der Schleife eine mit der Konvexität nach links und hinten gekehrte Biegung bildet, in welcher ich die erste Anlage der Fl. duod.-jejunalis zu sehen geneigt bin." Wenn tatsächlich, wie Brösike angibt, auch das untere Ende des Duodenalbogens, also die Fl. duod.-umbilicalis, bei der Abhebung des Duodenum sup. und descendens von der Rückwand mit nach vorn rechts bewegt würde, müßte es zu der behaupteten neuen Knickung des Dünndarmanfanges kommen; das ist aber nicht der Fall, auch bleibt Brösike die Belege dafür schuldig. Vielmehr bleibt das Duodenumende, die Stelle, die mit nach hinten gerichteter Konvexität in den Dünndarm übergeht, dauernd hinten an der Rückwand liegen, dauernd unmittelbar rechts der Mittellinie an die rechte Seite des dorsalen Mesenterialansatzes angelehnt.

Dies Verhalten konnte ich an Querschnittserien der Marburger Sammlung in mehreren Stadien feststellen, die zwischen Brösikes 13 mm-Embryo und Toldts resp. meinen 6—7wöchigen Embryo fallen. Ich gebe als Beleg den Befund eines 12,4mm-Embryo, der dem Alter von Brösikes entsprechen dürfte. Der Embryo (Homo Strahl, 12,4 mm, der Marburger Sammlung) findet sich als Nr. 53 in der Keibelschen Normentafel abgebildet und beschrieben. Die Figuren 6—11 geben die wichtigsten Punkte des Duodenalverlaufs: Der Pylorus (Fig. 6) steht quer in der Medianebene, mitten zwischen Wirbelsäule und vorderer Bauchwand; von hier biegt die Pars sup. duodeni ziemlich scharf in genau dorsaler Richtung um (Fig. 7), erreicht die Rückwand (Fig. 8) links von den Gefäßen, läuft von hier als Pars descendens zwischen Wolffschem Körper und Mesenterium caudalwärts, biegt (von Fig. 9 ab), dauernd dem Mesenterium angelagert, nach vorn um, in den Dünndarmschenkel der Nabelschleife (Fig. 10). Es ist übrigens ersichtlich, wie das ganze Duodenum dem Gefäßstiel mit breiter Fläche anliegt und erst (von Fig. 9 an) beim Übergang in den Dünndarm eine schmalere seitliche Anheftung an das Mesenterium bekommt. Dieser Befund entspricht dem Brösikeschen 13 mm-Embryo, nur steht dort der Pylorus median. Bei einem etwas älteren Embryo, 15,5 mm (Rostock) ist der einzige Unterschied, daß der Pylorus noch mehr nach vorn gerückt ist, die Pars sup. duodeni nicht mehr exakt nach hinten, sondern nach rechts verläuft, um mit rechts gerichteter Konvexität in die Pars desc. umzubiegen. Diese ist zunächst durch zwischengeschobene Leber von der Rückwand abgehoben (wodurch eben neuerdings die Querstellung der Pars sup. zustande kommt), aber nur im oberen Teil; sie verläuft dann nach dorsal-caudal, zu der etwas caudalwärts gelegenen Umbiegung in den Dünndarm. Letztere liegt, genau wie beim 12,4mm-Embryo, etwas rechts der Mittellinie, ist aber schärfer geknickt, mit dem Scheitel nach hinten, eben infolge der von obenher erfolgten Abhebung der Pars desc., welche das Spitzerwerden des Umbiegungswinkels am unteren Ende bewirken muß. Dieses Stadium führt unmittelbar in dasjenige über, bei dem eine Linkswendung des eben noch nach hinten gerichteten Scheitels der Fl. duod.-jejunalis beginnt. Sie findet sich bereits in einem 13 mm-Embryo (Homo Lieberknecht, 1. XII. 1906 der Marb. Sammlung), dessen Duodenum im übrigen noch sagittal steht, genau wie bei dem abgebildeten. Sie findet sich ferner weitergeführt bei dem 17 mm-Embryo I, der eingangs beschrieben wurde, bei dem die Flexur bereits in der Mittellinie dorsal zum Stiel gelegen ist.

Jenes Übergangsstadium also, welches Brösike zwischen der 5. und 7. Woche vermutet, in welchem eine Vorwärts- und Rechtsverlagerung auch des untersten Duodenalabschnittes bestehen soll, existiert nicht. Wie ist aber dann die von Toldt und Brösike beobachtete und später oft erwähnte Verlagerung des Duodenum aus der „Sagittalebene“ (5. Woche) in die „Frontalebene“ (7. Woche) vorzustellen? Der Fehler liegt darin, daß das Duodenum tatsächlich in keinem dieser Stadien in einer Ebene liegt, vielmehr die bezeichneten Ebenen nur annähernd sind und nur einen Teil des Duodenum betreffen. Man stelle sich das Duodenum vor, wie es Brösike beschreibt und wie es in meinen Fig. 6 bis 11 dargestellt ist: Die Pars desc. steht mit dem Übergang in den Dünndarm in sagittaler Ebene, aber Pars sup. beginnt vom Pylorus aus in transversaler Richtung, biegt sofort nach hinten um und geht dann hinten in die caudal gerichtete Pars descendens über. Damit beschreibt der Duodenalanfang eine S-förmige Biegung, deren Anfang in einer transversalen Ebene, deren weiterer Verlauf in der Sagittalebene steht. Wenn jetzt die Pars desc. von hinten nach vorn abgehoben wird, so betrifft die Bewegung nur die Fl. duodeni sup., also das Ende der Pars sup. und den Anfang der Pars descendens, denn der Pylorusübergang bleibt transversal gerichtet, der Dünndarmübergang bleibt hinten in sagittaler Lage. Jetzt nimmt also beim 6—7 wöchigen Embryo (z. B. Toldts, bei dem meinigen ist schon die Fl. duod.-jejunalis etwas nach links weitergebogen worden) der Hauptteil des Duodenum, nämlich Pars. sup. und descendens, eine zwischen Frontal- und Transversalebene liegende Schräglage ein (diese als Frontalebene zu bezeichnen — Toldt und Brösike —, ist ungenau, da die Pars sup. und Pylorus viel weiter nach vorn liegen als der Dünndarmübergang), der unterste Abschnitt aber mit dem Dünndarmübergang steht noch immer sagittal.

Die ganze Bewegung, die nach der Brösikeschen Beschreibung eine Umwendung der ganzen Duodenalschlinge um 90° bedeutet, liegt also in einer Vorwärts-Abwärts-Bewegung des Magenduodenumüberganges und einer Vorwärtsbewegung der Fl. duod. sup.

Was diese Bewegung und scheinbare Wendung des Duodenum hervorruft, ist leicht zu übersehen: Wachstum der Leber, des Gefäßstiels und des Duodenum selbst. Dadurch, daß bei ihrem Wachstum die Leberunterfläche sich vergrößert, wird der querstehende Magenduodenumübergang nach vorn bewegt; dadurch, daß gleichzeitig der Gefäßstiel länger wird und der Magen wächst, erfolgt außer der Vorwärtsbewegung die Senkung, so daß der Pylorus mehr annähernd vor die Flexur zu liegen kommt; dadurch, daß die Leber außerdem hinten abwärts wächst, wird die Pars sup. mit ihrem Ende und die Pars desc. mit ihrem oberen Teile von der Rückwand abgehoben, aus der vorher beschriebenen Rinne heraus, indem die Leber sich dazwischen schiebt (s. Embryo II,

Leberkeil bis zur Fl. duod.-jejunalis zwischengeschoben). Dadurch, daß außer alledem noch der Gefäßstiel dicker wird, vor allem durch Pankreaswachstum, und das Duodenum selbst mitwächst, wird die Fl. duod. sup., die vorher mit der Konvexität noch neben dem Gefäßstiel lag, mit ihrer Konvexität nach rechts gerichtet, so daß Pars sup. und Pars desc. jetzt mit ihrer Konvexität den viel massigeren Pankreas-Gefäß-Stiel umgreifen. Aus allem geht hervor, daß die Fl. duod.-jejunalis entsteht: aus dem untersten Teil des anfangs flachen Bogens, den das hinten rechts der Mittellinie angelagerte Mittelstück des Duodenum mit dem Dünndarmschenkel der Nabelschleife bildet, und zwar dadurch, daß dieses Mittelstück von oben nach unten fortschreitend durch herabwachsende Leber abgehoben wird, indem zugleich der länger und dicker werdende Gefäß-Pankreas-Stiel die Konvexität der Fl. duod. sup., die erst nach hinten gerichtet war, nach rechts wendet. Bei alledem ist zu beobachten, daß kleine Abweichungen der Stellen einzelner Teile schon sehr bedeutende Richtungsdifferenzen vortäuschen können, sobald man sich das Duodenum in einer Ebene gelagert denken will. Es ist stets ein etwas spiraliger Verlauf nachzuweisen. Am meisten einer Ebene angenähert dürfte das Duodenum im Embryo I, 17 mm, und II, 22 mm, liegen, da bei diesen das untere Ende der Pars desc. bereits links gewendet ist, entsprechend der weiteren Bewegung der Fl. duod.-jejunalis.

Nachdem erst die Pars desc. duodeni nicht mehr rein caudalwärts, sondern von vorn oben nach hinten um den Pankreas-Gefäß-Stiel herumläuft, ist die nun folgende Umwendung der Fl. duod.-jejunalis aus der Richtung nach hinten in die nach links durchaus verständlich als Folge des Wachstums ihrer beiden Schenkel. Sie kann nur nach links ausweichen; nach rechts liegt der Wolffsche Körper, auch kann nach rechts das Ende der Pars desc. nicht abweichen, da es an den Umfang des Stieles breit angeheftet ist; ein Ausweichen nach hinten ist völlig unmöglich; nach abwärts ist nicht ganz unvorstellbar, es dürfte diese Richtung tatsächlich eingenommen worden sein in einigen Fällen von Hemmungsbildungen (s. später); nach links dagegen ist die gegebene Wachstumsrichtung des Duodenum unten um den Gefäß-Pankreas-Stiel herum. Da der Dünndarmschenkel der Nabelschleife den Gefäßen bei der Schmalheit des Gekröses sehr eng anliegt, ist verständlich, daß dessen Wachstum ebenfalls die Fl. duod.-jejunalis, aus der er beginnt, nach hinten links um den Gefäßstiel herumtreiben muß. Das wird noch unterstützt durch die eigentümliche Parallellagerung des Dünndarmanfanges mit der Duodenalschlinge, die in Embryo I sich anbahnt und bei II sehr charakteristisch vollendet ist. Sie kommt zustande dadurch, daß der Dünndarmschenkel zu dieser Zeit innerhalb der Bauchhöhle nur an seinem Anfang Schlingen bilden kann, da die Nabelschleife in eine Rinne der beiderseits sie umgreifenden Leberunterfläche eingeklemmt liegt. Richtet sich somit das Wachstum dieses intra-abdominalen Teiles des Dünndarmschenkels nach hinten, so muß sich der Dünndarmanfang gegen das Duodenum gegenstauchen und wird, da die scharfe Fl. duod.-jejunalis bereits ausgebildet ist, genau den rückläufigen Weg des Duodenum um den Gefäßstiel herum beschreiben müssen (dieser Vorgang läßt sich ebenso wie die vorher beschriebene Wendung des Duodenum bei der Magensenkung leicht mit Hilfe eines Gummischlauchs veranschaulichen und als zwangläufig erweisen). Liegen aber erst Duodenumende und Dünndarmanfang in entgegengesetzter Verlaufsrichtung parallel aneinander, so kombiniert sich die Richtung ihres Wachstums; dieses schiebt notwendig die Fl. duod.-jejunalis um den Gefäßstiel herum und bringt sie dadurch von rechts hinter und unter den Gefäßen hindurch in die spätere Lage links vor der Wirbelsäule. Hiermit fällt auch Brösikes letztes Argument fort, daß nämlich schwer zu verstehen sei die Verlagerung der rechts angelegten Fl. duod.-umbilicalis nach der Mitte und weiterhin nach links wegen der gleichzeitigen Rechtswendung der Duodenumkonvexität, daß vielmehr die spätere Lage der Fl. duod.-jejunalis links der Mitte notwendig zur Annahme einer neu am Dünndarm entstandenen Flexur führen müsse.

Nach dem vorigen halte ich die Identität der späteren Fl. duod.-jejunalis mit dem unteren Teil der primären Duodenum-Dünndarm-Biegung (Brösikes Flexura duod.-umbilicalis) für erwiesen und damit auch die Entstehung der Pars inf. und ascendens duodeni aus der Duodenalschlinge, nicht aus dem Anfang des Dünndarmschenkels der Nabelschleife.

Wanderung der Mündungen von Ductus choledochus und pankreaticus.

Daß die Wendung der Fl. duod.-jejunalis um den Gefäßstiel herum nur durch Wachstum des Duodenum und Dünndarmanfanges bedingt sein kann, läßt sich schon aus den beschriebenen allmählichen Veränderungen der Form und Lage des Duodenum mit Sicherheit schließen. Diese Wachstumsschiebung wird ausgezeichnet bestätigt durch die Lageveränderung, welche die Mündungen von Ductus choledochus und pankreaticus durchmachen. Die Verschiebung ist insofern kompliziert, als sie nicht nur die beiden Mündungen vom Pylorus immer mehr caudalwärts entfernt, sondern gleichzeitig die Lage der beiden Mündungen zueinander betrifft. Letztere Verschiebung ist bekannt und vor allem von Helly (1898) und anderen Autoren beschrieben worden; es wird der beim 5 wöchigen Embryo in gleicher Höhe mit dem Ductus pankreaticus, aber weiter dorsal mündende Choledochus wesentlich weiter caudalwärts verschoben als der erstere, so daß später die Gänge sich kreuzen. Auf diesen Punkt kann ich hier nicht näher eingehen; es soll zugrunde liegen eine ungleiche Wachstumsschiebung der einzelnen Wandteile des Duodenum, die vor allem zusammenhängt mit der Dorsalwendung der ursprünglich ventralen Duodenum-Leber-Verbindung. Mag eine solche Wachstumsdifferenz immerhin bestehen, so wird das relative Abwärtsrücken der Choledochusmündung jedenfalls unterstützt, wenn nicht allein bedingt, durch eine gleich zu erörternde Richtungsänderung des Duodenum sup. und descendens.

Ich will hier nur als Beweis für die radförmige Schiebung des gesamten Duodenum einige Daten geben über die Höhe der Einmündung beider Gänge im Verhältnis zum Pylorus, zur Fl. duod.-jejunalis und zum caudalen Duodenumscheitel, wie ich sie aus Querschnittserien der Marburger Sammlung gewonnen habe. Die Lagebestimmung wurde vorgenommen an Serien mit bekannter Schnittdicke durch Abzählen der zwischen den wesentlichen Punkten gelegenen Schnitte und durch Messung des Abstandes dieser Duodenumpunkte vom Rückenmark. Es ist klar, daß diese an sich unkorrekte Methode nur annähernde Werte geben kann, aber die Differenzen früherer und späterer Stadien sind so erheblich, daß hier auf solche Weise die Tatsache der Schiebung und ihre ungefähren Maße sich sicher erweisen lassen.

Die Angaben betreffend Pylorus und Flexur beziehen sich stets auf die Lumenmitte.

Bei dem vorher beschriebenen und in Fig. 6—11 abgebildeten Embryo 12,4 mm liegen die beiden Mündungen auf einem Schnitt, Fig. 7, nur 8 Schnitte unterhalb des Pylorus, die des Pankreaticus nur wenig, die des Choledochus etwas mehr dorsalwärts an der ventro-dorsal verlaufenden Pars sup. duodeni; die Mitte der noch nicht sehr scharf geknickten Fl. duod.-jejunalis 30 Schnitte tiefer als die Mündungen und 0,6 mm weiter dorsalwärts als der Pylorus, der Anfang des Dünndarms, also der unterste Scheitel der Biegung (Lumenmitte), sogar 54 Schnitte tiefer.

Das gleiche Verhältnis bei einem 14 mm-Embryo (Homo Gödecke 15. IX. 1910); Pylorus bis Mündungen 0,24 mm abwärts und die des Pankreaticus außerdem 0,15 mm dorsalwärts; Mündungen bis Mitte der Fl. duod.-jejunalis 0,54 mm abwärts und 0,5 mm dorsalwärts; Umbiegung in den Dünndarm, d. h. unterster Teil des Lumens der Fl. duod.-jejunalis, 0,57 mm tiefer als die Mündungen der Ausführungsgänge. Auch bei einem 15,5 mm-Embryo (Rostock) besteht noch etwa gleiche Höhendifferenz. Er verhält sich insofern etwas anders, als die Pars sup. duodeni schon einen etwas erhobenen Scheitel besitzt, der sich über die Pylorushöhe um ca. 0,1 mm erhebt. Der Pylorus steht rechts der Mittellinie, mitten zwischen vorderer Bauchwand und Wirbelsäule; die Pars sup. geht fast genau sagittal nach hinten abwärts, rechts der Mittellinie und biegt rechts unterhalb des Ursprunges der Art. mesent. sup. beim Übergang des dicken Gefäßstieles in das dünne Gekröse der primären Colonbiegung bereits etwas nach links um, so daß von da abwärts die ganze untere Hälfte der Pars desc. nur wenig rechts der Mittellinie abwärts läuft und das Mesenterium schon etwas nach links vorbuchtet; der noch wenig scharfe Übergang in den Dünndarm liegt aber noch mit der Konvexität nach hinten. Hier liegt die Pankreaticusmündung 0,24 mm tiefer als Pylorus (choledochus 0,3 mm), der Übergang in den Dünndarm 0,7—0,8 mm tiefer als die Pankreaticusmündung. (Zwei sehr instruktive Bilder für die Lage der

Gänge zum Duodenumverlauf und zu den Venen gibt Begg [1912] nach Rekonstruktionen von 10- und 11,5-mm-Embryonen.)

Dagegen die Verhältnisse bei einem 36 mm-Embryo (über die Rückenkrümmung gemessen), Fig. 12—15 (Homo Penkert der Marburger Sammlung, 1. VII. 1910, entspricht Nr. 23 der Keibelschen Normentafel): Die Fl. duod.-jejunalis liegt bereits erheblich links der Mittellinie (Fig. 14) und höher als die Pars inf. duodeni; Pylorus bis Pankreasmündung 0,3 mm abwärts und 1 mm dorsalwärts, Pylorus bis Choledochusmündung 0,3 mm abwärts und 1,5 mm dorsalwärts (Fig. 12 und 13); Pankreaticusmündung bis unterer Duodenumscheitel (Lumenmitte) 0,4 mm abwärts und 0,8 mm dorsalwärts; unterer Duodenumscheitel bis Fl. duod.-jejunalis 0,1 mm aufwärts und 0,6 mm nach links. Die Fl. duod.-jejunalis wölbt das Mesenterium der Fl. coli erheblich nach links vor (Fig. 14); die Pars desc. ist bis zur Höhe der Mündungen von Leber- und Pankreasgang von der Rückwand durch zwischengeschobene Leber abgehoben (Fig. 12), von da abwärts der Rückwand anliegend.

Im gleichen Sinne ist die Veränderung fortgeschritten bei einem 44 mm-Embryo (über die Rückenkrümmung gemessen), Fig. 16—18 (Homo Halle der Marburger Sammlung 13. X. 1910, etwas älter als Nr. 25 der Keibelschen Normentafel). Der Pylorus liegt rechts der Mittellinie; das Duodenum steigt erst um 0,15 mm steil rechts an, biegt nach rechts hinten abwärts um. Die Mündung des Ductus pankreaticus (Fig. 16) liegt trotz dieses langen Weges noch um 0,78 mm tiefer als der Pylorus und 0,6 mm weiter rechts dorsalwärts, der Ductus choledochus 1,05 mm tiefer als der Pylorus, ziemlich genau caudal der Pankreaticuseinmündung. Von hier läuft das Duodenum nach medial-dorsal-caudal, so daß sich der unterste Scheitel der Pars inf. (Fig. 18) quer von rechts nach links hinter dem Gefäßstiel hindurch auf die linke Seite begibt, dann nach links ein Stück emporsteigt und erst ganz links von der Mittellinie die scharf geknickte Fl. duod.-jejunalis bildet (Fig. 17). Der unterste Duodenumscheitel (Lumenmitte) liegt 0,7 mm tiefer als die Pankreaticusmündung und 0,7 mm nach medial-dorsal, nur 0.33 mm tiefer als die Choledochusmündung. Die Fl. duod.-jejunalis steht 0,23 mm höher als der unterste Duodenumscheitel und 1 mm nach links vorwärts.

Im ganzen kommen also folgende ungefähren Verhältnisse heraus: Solange die Fl. duod.-jejunalis noch nicht scharf geknickt und noch sagittal nach hinten gerichtet ist, liegt Pankreaticuseinmündung im Verhältnis 1:2 bis 1:5 dem Pylorus näher, als dem unteren Duodenumende, die des Choledochus etwa 1:2 bis 1:4. Ist die Flexur nach links abgebogen und somit eine Pars inf. duodeni geschaffen (Embryo 33 mm), so besteht (für den Pankreaticus gerechnet) das Verhältnis 1:1. Ist die Fl. duod.-jejunalis links der Mittellinie und höher als der untere Duodenumscheitel gelegen, besteht also eine Pars inf. und ascendens (Embryo 44 mm), so steht die Pankreaticusmündung merklich näher dem unteren Duodenumscheitel als dem Pylorus, wenn man den oberen Abschnitt der über den Pylorus erhobenen Pars sup. mit hinzurechnet. Die Choledochusmündung, die anfangs stets genau oder ungefähr in gleicher Höhe mit der Pankreaticusmündung liegt, aber ein gutes Stück weiter dorsal, ist im letzten Falle erheblich tiefer gelegen, so daß sie dem unteren Scheitel im Verhältnis 1 : 3 näher liegt als dem Pylorus, fast in gleicher Höhe mit der Fl. duod.-jejunalis.

Dieses letzte stärkere Abwärtsrücken des Choledochus im Verhältnis zum Pankreaticus ist, wie aus der Serie Homo 44 mm deutlich erkennbar ist, dadurch bedingt, daß jetzt die Leber sich weit abwärts zwischen Pars desc. und Rückwand eingeschoben hat, während sie vorher nur bis etwa zur Höhe etwas oberhalb der Mündungen das Duodenum von der Rückwand trennte (vgl. Fig. 16 und 13). So wird das Stück Duodenum, welches die Mündungen trägt, aus seiner sagittalen in eine schräg von vorn oben nach hinten unten verlaufende Richtung gebracht; das muß natürlich den Choledochus im Verhältnis zum Pankreaticus senken.

Man kann auch diese ganze Lageveränderung des Duodenum und der Mündungen von Choledochus und Pankreaticus in folgender Weise charakterisieren: In der 5. Woche existiert eine Pars sup. duodeni, die sagittal nach hinten gerichtet ist, ungefähr in ihrer Mitte die beiden Mündungen, die des Choledochus mehr hinten, die des Pankreaticus mehr vorn. Im 3. Monat dagegen besteht eine quergestellte Pars sup., die erst etwas auf-, dann wieder absteigt, eine Pars desc., die ungefähr in ihrer Mitte die Pankreaticusmündung, etwas näher ihrem unteren Ende die Choledochusmündung enthält, dazu eine Pars inf. quer und asc. nach links oben. Danach muß die ursprüngliche Pars sup. die spätere Pars sup. und desc. geliefert haben, die ursprüngliche Pars desc. sowohl die inf. wie die ascendens. Das ist das gleiche Resultat, welches aus der Wendung der Fl. duod.-jejunalis erschlossen werden konnte, nachdem ihre Identität mit dem unteren Teil der ursprünglich flachen Fl. duod.-umbilicalis sichergestellt war.

So findet also eine Raddrehung des Duodenum statt: Der obere Anfang steht fest, von ihm aus wird das Duodenum durch sein Wachstum um den rechten Umfang des Gefäß-Pankreas-Stiels herumgetrieben, so daß die Bewegung vom Anfang zur Flexur hin allmählich zunehmende Werte erreicht, gleichzeitig wird der Duodenalbogen aufgeweitet, entsprechend dem Wachstum seines Inhalts, Gefäße und Pankreaskopf. Die Raddrehung wird begleitet von einer Abhebung der hinteren oberen Duodenalbiegung von der Rückwand und der Magensenkung. Beide Vorgänge, das Duodenumwachstum und die Magensenkung, bewirken die komplizierte Lageveränderung des Duodenum: Sie bringen die anfangs langgezogene halbe Spiraltour des Duodenum zunächst in eine zwischen transversaler und frontaler Ebene liegende Schrägebene, wobei der Anfang (Pylorus) und das Ende (Flexur) einander genähert werden, so daß die halbe Spiraltour fast in einen zu $^3/_4$ gechlossenen Kreis weiter gedreht und zusammengeschoben wird; und bewirken weiterhin den völligen Stellungswechsel von Anfang und Ende im Verhältnis zur Achse, indem erst der Duodenumanfang mehr aufwärts, das Ende mehr abwärts zum Gefäßstiel lag, später beide, im Verhältnis zur Achse, einander gegenüber (sehr deutlich im Sagittalschnitt Fig. 5) und indem schließlich der Anfang so weit nach vorn abwärts, das Ende so weit nach hinten aufwärts geschoben wird, daß das Ende, die Fl. duod.-jejunalis, im Endstadium mehr proximal (neben dem Gefäßeintritt), der Anfang, Pylorus-Duodenum-Übergang, mehr distal (vorwärts-abwärts) zum Gefäßstiel gelegen ist; damit ist der Sinn der Spirale umgekehrt gegen anfangs. Das Endstadium ist insofern noch nicht erreicht, als das Duodenum weiterhin sich langsam immer mehr frontal einstellt (über die Ursachen später). In bezug auf die Raddrehung dürfte mit dem zuletzt beschriebenen Embryo 44 mm bereits das Endstadium erreicht sein.

Achsendrehung des Gefäß-Pankreas-Stiels.

Gleichzeitige Lageveränderungen innerhalb des Stiels lassen mit Sicherheit darauf schließen, daß das wandernde Duodenum den Inhalt seiner Schlinge, den Stiel, dem es breitbasig aufgelagert ist, mitdreht, und zwar ungleich, nach dem Ende hin in zunehmendem Maße; einmal die Lageveränderung des Pankreaskopfes, welche der beschriebenen der Ausführungsgänge vollkommen analog ist: Diese Wachstumsbewegung ist ja längst bekannt, von Toldt und besonders von Endres beschrieben, doch hebt Endres nur das Eigenwachstum des Pankreas hervor, welches bewirkt, daß der Kopf, der anfangs nur dem mittleren Duodenumabschnitt innen anliegt, fortschreitend die Duodenalschlinge immer mehr ausfüllt. Fischer und Eisler sprechen vom „Vordringen der Fl. duod.-jejunalis nach links, dorsal um die Vasa mesent. supp. herum, eine Bewegung, die gleichzeitig einen Teil des Pankreaskopfes als Proc. uncinatus um die Gefäße herumschlägt". Ich will hier nur auf einen Punkt hinweisen: Während im 5wöchigen Embryo die ventrale Pankreasanlage an die Choledochusmündung angeschlossen, dorsal hinter der dorsalen Anlage liegt (hierhin gelangt sie phylogenetisch, infolge der Wanderung der Leberpforte und des Lig. hepat.-duodenale), stellt sie später den unteren Teil des Pankreaskopfes dar, welcher dem unteren Teil der Pars desc. und der Pars inf., zuweilen auch noch mehr oder weniger der Pars asc. duodeni innen anliegt. Diese Lageveränderung entspricht der Wanderung der Choledochusmündung und des entsprechenden Duodenalteiles, ist also sehr wohl aus einer Achsendrehung des Stieles erklärlich; ein Punctum fixum ist hierbei die mächtige Vena portae (omph.-mesenterica): Das vereinigte ventrale und dorsale Pankreas zieht kranial quer über sie hinweg, sie rechtwinklig überkreuzend (s. Begg 1912, Fig. 3); anfangs liegt der ventrale Anteil rechts neben ihr, später ganz erheblich caudalwärts, so daß die Vene die Knickungsstelle des Pankreas bezeichnet, um welche es nach rechts unten herumgezogen wird. Das Pankreaswachstum kompliziert die Verhältnisse natürlich, so daß die sicheren Lageveränderungen nur mit Hilfe vor

Rekonstruktionen des ganzen Gefäß-Pankreas-Stieles festgestellt werden können.

Auch für die Lageveränderung der axialen Gefäße im Verlauf der beschriebenen Duodenumumdrehung möge hier ein vergleichender Hinweis auf ihre anfängliche und definitive Lage genügen. Bei dem abgebildeten 12,4 mm-Embryo treten dicht übereinander die Art. coeliaca in den oberen, die Mes. sup. in den unteren Teil des Stieles ein, von hinten oben nach vorn unten verlaufend; die Vena portae (entgegen ihrer Stromrichtung beschrieben) erreicht von kranial her hinter dem Magen die linke Seite des Stieles, so daß sie in Höhe des Pylorus erheblich links der Mittellinie die Stelle des Stieles durchläuft, an welche unmittelbar das Mesogastrium sich ansetzt. Durch die Linkslage der Vena portae wird in diesem Stadium die Art. coeliaca beträchtlich von der Medianebene nach links abgelenkt, indem sie sich am linken Umfang der Vena portae an der Ansatzstelle des Mesogastrium verzweigt. Die Art. mesent. sup. dagegen läuft genau median, in Höhe des Pylorus rechts neben, nur wenig hinter der Vene in den Stiel eintretend. In Höhe der Pankreaticus- und Choledochusmündung ist die Lage die gleiche: In Fig. 6 ist nur der Kopfteil des Pankreas zu sehen rechts neben der Vene, bei anderen gleichaltrigen oder wenig älteren Embryonen zieht in dieser Höhe das Pankreas dorsale vom ventralen aus als schmaler Streif vor der Vene vorbei ins Mesogastrium. Die Lage von Vena portae und Art. mesent. sup. zueinander besteht bis in die Höhe der Fl. duod.-jejunalis unverändert, erst hier, beim Übergang der Gefäße in das Nabelschleifengekröse (Fig. 9), tritt die Vene allmählich mehr vor die Arterie. So liegt also im ganzen Bereich des Durchtritts der Gefäße durch die Duodenalschlinge die Vene links, nur wenig vorwärts zur Arterie. Das Endstadium ist bekanntlich umgekehrt, die Vene rechts neben der Arterie. Das Zwischenstadium findet sich bei den Embryonen mit bereits links gewendeter Fl. duod.-jejunalis, die die Mittellinie noch wenig überschritten hat, z. B. in Fig. 13 des Embryo 36 mm: Die Vene liegt hier in Höhe der Einmündung von Pankreaticus und Choledochus genau vor der Arterie im Stiel und hat diese Lage exakt vom Eintritt in den Stiel bis zum Übergang ins Nabelschleifengekröse, hier tritt sie rechts neben die Arterie.

Es findet also, wenn man die Verlagerung der Gefäße als Ausdruck einer Achsendrehung des Stieles anerkennt, eine Drehung des Stieles um ungefähr 90—120° statt, gleichsinnig mit dem Wachstum des dem Stiel fest angelagerten Duodenum. Dabei bildet die Art. mesent. sup., also der untere linke Umfang des Stieles, ungefähr die Drehungsachse; der übrige Stiel, also Vena portae und Pankreaskopf, wird nach rechts um sie herumgewälzt, aber weit mehr in den distalen als in den proximalen Partien. Sogar der obere Umfang des Stielanfanges, der einem fast unbewegten Darmabschnitt entspricht, nämlich dem Pylorus, macht die

Drehung etwas mit; das drückt sich aus im Verhalten der Art. coeliaca, die anfangs (12,4 mm-Embryo) erheblich nach links abwich, allmählich in die Sagittalebene gelangt, um weiterhin die obere Kante des Stiels bis zum Duodenum hin zu bilden, als Plica art. hepat. Die Drehung darf man sich nicht schematisch, wie an einer in sich selbst unverschieblichen Walze, vorstellen, zumal ja der Ursprung des Stiels ganz unverändert bleibt und die Drehungsachse exzentrisch liegt, doch ist die Achsendrehung überhaupt sicher vorhanden; sie äußert sich auch darin, daß die weitere Fortsetzung des Mesenterium vom Stiel abwärts, also das Mesenterium der primären Colonflexur, seinen kranialen Ansatz ursprünglich genau am caudal-dorsalen Umfang des Stiels hat, im Stadium des 22 mm-Embryo aber am linken.

So ist die Achsendrehung also ungleich, einmal wegen der spiraligen Anordnung des Duodenum, dann wegen der nach abwärts zunehmenden Wachstumsbewegung desselben und ferner wegen der exzentrischen Lage der Drehungsachse (Art. mesent. sup. am unteren linken Umfange); die Drehung ist in grob schematischer Weise zu veranschaulichen, indem man eine kurze biegsame Walze, etwa aus Ton oder Gummi, am einen Ende festhält (entsprechend dem feststehenden Ansatz an der Wirbelsäule), am anderen um etwa $^1/_2$ Windung dreht; dann macht sich die Drehung, je weiter vom Ansatz entfernt, um so stärker bemerkbar.

Nun wird der Inhalt der Duodenalschlinge, also der Gefäß-Pankreas-Stiel, fortgesetzt durch das schmale Gekröse der Nabelschleife. Diese dreht ebenfalls ihre Schenkel durchaus in gleichem Sinne mit der beschriebenen Wanderung der Fl. duod.-jejunalis und der Achsendrehung: Der Dünndarmschenkel liegt anfangs über, dann rechts neben, später rechts unter dem Colonschenkel; der naheliegende Schluß könnte sein, daß die Drehung der Nabelschleife ebenfalls mechanisch durch die Stieldrehung bewirkt wird. Das ist aber nur in beschränktem Maße der Fall. Nur die Wurzel des Gekröses und der erste Anfang beider Schenkel werden durch die Bewegung des Duodenum und seiner Achse mitbewegt; für den Beginn des Dünndarmschenkels ist das selbstverständlich, da er ja die Bewegung der Fl. duod.-jejunalis mitmacht und selbst mitbewirkt; die Einwirkung auf den Anfang des Colonschenkels dagegen ist indirekt und wird sich erst weiterhin erweisen. Für die Nabelschleifenschenkel selbst kommen deren eigene Wachstumsschiebungen als wesentliche Ursache in Betracht, wie es schon Mall (1897) und besonders Fischer und Eisler ausführlich analysiert haben; immerhin ist die Nabelschleifendrehung mit der Stieldrehung gleichsinnig, und man kann zunächst nur sagen, daß beide Vorgänge sich gegenseitig unterstützen.

Der Grund, warum die Stieldrehung nicht als Ursache auch für die Drehung der distaleren Teile der Nabelschleife verantwortlich gemacht werden kann, ist ohne weiteres klar: Das Nabelschleifengekröse ist von der Stelle an, wo es als Wurzel den Gefäß-Pankreas-Stiel verläßt, nur ein dünnes Gekröseplättchen, zwar mit zentralem Inhalt starker Gefäße, aber doch ganz zarten Flügelblättchen; ich glaube, daß diese und überhaupt alle dünnen Mesenteriumpartien, wie z. B. auch das Mesenterium der primären Colonflexur, nicht durch Zug die zugehörigen Darmabschnitte in der Lage beeinflussen können, sondern sie geben vielmehr in ihrer Ausdehnung und ihrem Wachstum ganz den entsprechenden Darmpartien bei deren Lageveränderungen nach. Daher sind nicht nur die beiden Nabelschleifenschenkel, sondern auch der Colonbogen an den beschriebenen Lageveränderungen der Stieldrehung in ihrer ersten Hälfte ganz unbeteiligt; dann aber wird das Colon durch die besondere Wirkung der wandernden Fl. duod.-jejunalis mit in die Drehungsvorgänge hineinbezogen. Diese Einflüsse seien im folgenden geschildert.

2. Die Umwandlung des primären Colonbogens zur Fl. lienalis unter dem Einfluß der Fl. duod.-jejunalis und 1. Jejunumschlinge.

Beziehungen des Colonbogens und seines Mesenterium zum Duodenum. Bis zur 7. Woche, — 22 mm.

In den frühesten Stadien bei noch sagittal gestelltem Darm geht das Gekröse der kaum angedeuteten Nabelschleife unmittelbar kranial in das Mesoduodenum, caudal in das Mesocolon über. Diese ursprüngliche Beziehung des Duodenum zur primären Colonflexur erhält sich nicht nur dauernd, sondern sie wird erheblich inniger durch die relative Konzentration des Duodenalgekröses, die Bildung des Gefäß-Pankreas-Stieles. Da hierbei die Fl. duod.-jejunalis mit zu- und abführendem Schenkel als Seitenschlinge nach rechts umgeschlagen wird, ohne zunächst die Lage des Duodenumanfanges und der beiden Nabelschleifenschenkel erheblich zu beeinflussen, stellt die Wurzel des Nabelschleifengekröses als Fortsetzung des Gefäß-Pankreas-Stiels die unmittelbare Verbindung des Duodenumanfanges mit der primären Colonflexur dar: Der Duodenumanfang liegt dem Stiel quergestellt unmittelbar auf, die primäre Colonflexur folgt ihm unmittelbar caudal, mit ihm durch das Gekröse der Biegung verbunden. So hängt der Duodenumanfang durch Vermittlung des Pankreaskopfes, der Gefäße und des Colongekröses mit der primären Colonflexur direkt kurz zusammen (s. Homo 22 mm, Fig. 3), doch hat dieser Zusammenhang für das Colon während der ganzen bisher dargestellten Drehungsvorgänge nur die eine Folge, daß sein Mesenterialansatz am Gefäßstiel, je weiter er vom Mesenteriumursprung entfernt ist, um so mehr an der linken Seite der Gefäße etwas kranialwärts erhoben wurde; das läßt sich auf Querschnittserien ausgezeichnet verfolgen. Da das Gekröse des Colonbogens selbst ziemlich lang ist, das des Colonschenkels der Nabelschleife ganz schmal, so wird dadurch die Stellung des Bogens gar nicht beeinflußt, während der Colonschenkel mit der ganzen Nabelschleife sich so dreht, daß er in den distaleren Partien erst links, dann links kranial zum Dünndarmschenkel zu liegen kommt; dies geschieht nicht durch Zug von seiten des gedrehten Nabelschleifengekröses (s. Ende vorigen Abschnitts), sondern nach Mall und Fischer und Eisler durch Eigenwachstum des Colon: Indem der sagittal stehende Colonbogen wächst, staucht er sich entsprechend seiner Konvexität nach hinten und oben, er weicht mit dem oralen Schenkel aus, da der aborale nicht ausweichen kann, und muß sich links neben den Dünndarmschenkel legen, da rechts bereits der Weg verlegt ist durch die als Seitenschlinge vorgetriebene Fl. duod.-jejunalis, die sich von rechts her an ihn anlehnt (s. Fig. 1, Embryo 17 mm).

Das ist die zweite und für die ganze Lageentwicklung des Colon ausschlaggebende Beziehung des Duodenum zum Colon; sie ist erreicht mit der Linkswendung der Fl. duod.-jejunalis gegen das sagittal gestellte Gekröse der Colonbiegung beim 22 mm-Embryo II.

Die Wirkungen dieser Lagebeziehung mögen im voraus kurz zusammengefaßt sein; indem die Fl. duod.-jejunalis in der beschriebenen Weise nach links hinter den Gefäßen durchgeschoben wird, wölbt sie das Gekröse der Colonbiegung und diese selbst zunächst nach links vor und erhebt weiterhin beide allmählich fortschreitend nach links oben, indem der Magen Raum gibt. Ist die Fl. duod.-jejunalis neben der Wirbelsäule angelangt, so wird ihre Wirkung auf das Colon in gleichem Sinne fortgesetzt durch die 1. Jejunumschlinge. Diese Vorgänge sind aus dem Vergleich des Embryo II mit einem 9wöchigen Embryo leicht zu erkennen.

Embryo III, 33 mm. Ende 9. Woche.

25 mm Nacken-Steiß-Länge (der Kopf fehlte, das Maß entspricht nach Keibel-Malls Kurve (Hdb. I, Fig. 147) einer Scheitel-Steiß-Länge von etwa 33 mm), Formolfixierung, ausgezeichnete Erhaltung der Körperformen.

In der Nabelschnur liegt ein dickes Konvolut zahlreicher Dünndarmschlingen, diesem links kranial angelagert das Caecum mit Proc. vermiformis; Dünndarm- und Colonschenkel treten nebeneinander in die Nabelhernie ein, das Colon links zum Dünndarm. Die Dünndarmschlingen wurden vom Eintritt des Dünndarmschenkels bis zur Ileumeinmündung abgeschnitten. Nach Entfernung der vorderen Bauchwand erscheinen Leber und Nabelschleife. Die Leber füllt den größten Teil des Bauchraumes. Sie bildet ein beiderseits schräg abfallendes Dach über dem abdominalen Teil der Nabelschleife und reicht zu beiden Seiten bis aufs Becken herab. Bei ihrer Entfernung zeigt sich, daß ein dicker Leberkeil die Pars sup. und desc. duodeni von der Rückwand trennt, aber bis zur Pars. inf. allmählich sich verdünnt, so daß diese der Wirbelsäule anliegt. Die Übersichtsphotographie (Fig. 19), aufgenommen nach Wegnahme der Leber, orientiert über die Lage des Magens, des Duodenum und der beiden von der Pars pylorica an mit den Gefäßen zusammen caudal nach vorn gerichteten Nabelschleifenschenkel. Die Pars pylorica ist nach rechts kranial gerichtet, der Pylorus steht etwas rechts der Mittellinie, die Pars sup. duodeni steigt erst nach rechts dorsal etwas empor, um nach dorsal, etwas caudal, in die Pars desc. überzugehen; die Pars inf. liegt quer vor der Wirbelsäule und geht hinter der Pars pylorica in die Fl. duod.-jejunalis über. Der Dünndarm erscheint erst wieder mit einer rechts konvexen Schlinge, die genau wie bei Embryo II rückläufig den Weg des Duodenum beschreibt, ihm aber nicht ganz angelagert, sondern durch über das Duodenum herübergreifende Leber von ihm getrennt ist (s. Fig. 16—18 des gleich alten Embryo, 44 mm). In Fig. 19 ist diese Schlinge von der des Duodenum noch etwas weiter caudalwärts abgezogen nach Durchtrennung ihres Anfangsschenkels hinter der Nabelschleife, um besser die Richtung des Duodenum zu zeigen. Man erkennt so deutlich den exakten Parallelverlauf beider Schlingen. Diese Dünndarmschlinge geht aber nicht mehr wie bei II direkt aus der Fl. duod.-jejunalis hervor, sondern aus einer weiteren, der 1. Jejunumschlinge, die nach links hinter der Nabelschleife hindurch vorgetrieben ist. Hierüber orientiert Fig. 20. In Fig. 20 ist der Magen an seinem Anfang und Ende durchschnitten, die Ansatzlinie der hinteren Netzplatte entlang dem unteren Rande des Pankreas vom Kopf bis zur Cauda abgetrennt und der Magen mit dem Netz nach links geklappt und durch eine Haarschlinge gehalten. Eine zweite Haarschlinge zieht die Nabelschleife etwas nach hinten. Die Ansicht ist von links und etwas von oben her genommen, so daß sie über die Lage der einzelnen Teile zur Mittellinie keine genaue Auskunft gibt. Es wird jetzt sichtbar das Pankreas ungefähr in seiner späteren Form, aber noch schrägen Lage. Der Anfangsteil der Pars sup. duod. ist nicht in Verbindung mit dem Pankreaskopf, sondern trägt an seinem unteren Anfang den rechten Anfang des Netzes, verhält sich also hier wie der Magen, frei dem Pankreas ventral angelagert. Erst von der Stelle an, wo die Vena omph.-mesenterica an den caudalen Umfang des Duodenumanfanges herantritt, ist dieses der rechten Seite des Kopfes breit angelagert, der von medial nach rechts etwas abwärts in die Konkavität der Duodenumschlinge hineinzieht (vgl. Fig. 16, die diese Anlagerung im Querschnitt zeigt). In ähnlicher Neigung zieht der Pankreaskörper nach links, etwas abwärts, so daß der untere Rand des Pankreas einen stumpfen Winkel bildet, in dem die Art. mesent. sup. hervorkommt. Von hier bis zur Vena omph.-mes. setzt an den unteren Rand des Kopfes eine schräg nach vorn links abwärts sich ausbreitende Gekrösefläche an, die in ihrem rechten vorderen Teil die Gefäße trägt, (von rechts nach links zuerst Vena omph.-mesenterica, dann Vena mesent. sup., dann Art. mesent. sup.) und die von hier aus nach links hin an das Colon ansetzt. Das Colon liegt mit seinem Anfang parallel zu den Gefäßen, der Arterie unmittelbar angeschlossen durch ganz schmales Gekröseblättchen. Nach $^3/_4$ des Weges, vom Caecum bis zum unteren Pankreasrand gerechnet, biegt es nach links dorsalkranial stumpfwinklig ab, biegt darauf zum zweitenmal stumpfwinklig um in kranial-dorsale Richtung, erreicht so den unteren Rand der Cauda des Pankreas und bildet hier die halbkreisförmige, ungefähr in der Frontalebene stehende Fl. lienalis, die mit der Konvexität nach links oben zeigt. Diese zweimalige Knikkung des Colon auf dem Wege bis zur Fl. lienalis ist von Interesse: einmal weil diese Knickungen typisch sind, sich erhalten und späteren charakteristischen Biegungen des Colon entsprechen, was besonders von der ersten gilt. und ferner, weil sie bedingt sind durch den Verlauf der hinter dem Colon und seinem Mesenterium liegenden Fl. duod.-jejunalis. Die erste Knickung, also die Stelle, an welcher der sagittale gestreckte Colonschenkel der Nabelschleife nach links hinten oben sich wendet, bezeichne ich als „Flexura coli media“; von hier ab entfernt sich das Colon unter rascher Verbreiterung seines Mesenterium von der Art. mesent. sup., die Fl. coli media selbst liegt der Arterie unmittelbar an (Fig. 20). In den zweiten stumpfen Winkel hinein zieht von oben her das erwähnte verbreiterte Mesenterium, das vom Pankreaswinkel und der Arterie ausgeht. Dieses Blatt ist etwas vorgewölbt und läßt im Bereich der Wölbung links von den Gefäßen, rechts vom zuführenden Schenkel der Fl. lienalis, caudal zum Pankreaskörper, die Fl. duod.-jejunalis hindurchschimmern. Sie liegt links der Mittellinie mit der Konvexität nach links kranial gerichtet. Ihr Duodenumschenkel läuft aus der vor der Wirbelsäule quergestellten Pars sup. duodeni kurz nach links aufwärts, die Biegung ist ganz scharf, der Dünndarmschenkel verläßt sie in caudaler Richtung, vor dem Duodenumschenkel gelegen. Dieser caudal etwas nach vorn gerichtete Dünndarmanfang verursacht die Vorwölbung des Mesocolon und bewirkt ferner die doppelte Knickung des Colon selbst (s. Fig. 21, bei hochgeschlagener Nabelschleife); er erscheint unterhalb des schräggestellten Mittelstücks des Colonschenkels, bildet eine kreisförmige Schlinge nach links, die 1. Jejunumschlinge, welche frontal gestellt in ihrem weiteren Verlauf genau die Biegung der Fl. lienalis nachahmt, in ihrer Konkavität gelegen, ihrem Mesenterium ventral angelagert. Das Ende dieser Schlinge zieht in transversaler Richtung hinter ihrem eigenen Anfang und dem Colon hindurch nach rechts, caudal zur Fl. duod.-jejunalis, biegt von hier ab dem Duodenum parallel, ihm zunächst caudal angelagert, dann von ihm durch Leber getrennt, nach rechts oben um und bildet so die schon beschriebene Parallelschlinge zum Duodenum um die Gefäße herum, um schließlich als Dünndarmschenkel der Nabelschleife rechts von den Gefäßen, mit ihnen gleich gerichtet, die Bauchhöhle zu verlassen. Die Fig. 21 zeigt nach Emporheben der Nabelschleife nach rechts oben diese ganze 1. Jejunumschlinge, ihren caudal gerichteten Anfang aus der Fl. duod.-jejunalis und ihre Parallellage zur Fl. lienalis. Das Colon geht nach Bildung der Fl. lienalis erst etwas nach rechts, dann allmählich in caudaler Richtung in das Endstück über. Von sekundären Verwachsungen ist noch nichts zu bemerken. Es läßt sich sowohl die Fl. duod.-jejunalis aus ihrer Mesocolonnische hervorziehen, als auch das Mesenterium des Colon desc. von der Rückwand abheben.

Die Mesenterien verhalten sich folgendermaßen: Ein Mesoduodenum besteht wie bei Embryo II nur in der dort beschriebenen Umwandlung als Gefäß-Pankreas-Stiel; der Anfang dieses Stieles ist relativ dünner geworden, er enthält die dicht übereinander entspringenden Artt. coeliaca und mesent. sup. Von oben gesehen breitet sich von der oberen Kante des Stiels, der Plica art. hepat., nach links das dorsale Blatt der Bursa retroventricularis aus, nach rechts das Peritonealblatt, welches schräg abfallend über Pankreaskopf hinweg an den kranialen Umfang des Duodenum tritt (dieses Peritonealblatt wird von Toldt und Endres als Mesoduodenum beschrieben). Das Peritoneum des caudalen Duodenumumfanges geht an dessen breitbasiger Anheftung an den Gefäßstiel direkt in das wesentlich caudalwärts sich erstreckende Mesenteriumblatt über, welches das Duodenum mit den Gefäßen verbindet; es setzt sich fort in das früher linke, jetzt vordere Blatt des Nabelschleifengekröses (diese beiden vom Duodenum ausgehenden Peritonelblätter sind klar in ihrem divergenten Verlauf zu sehen in Fig. 16, dem entsprechenden Querschnitt des Embryo 44 mm). Die Fl. duod.-jejunalis ist durch ganz kurzes schmales Gekröse an den hinteren unteren Umfang des Gefäßstieles befestigt, da wo dieser caudal zum Pankreas hervorkommt. Diese schmale Verbindung stellt die Fortsetzung der breitbasigen Anheftung des Duodenum an den Gefäß-Pankreas-Stiel dar und geht mit dem absteigenden Dünndarmanfang in das breiter werdende Dünndarmgekröse über.

Das Mesenterium des Colon ist anfangs ganz schmal (infraarterielles Gekröseblättchen der Nabelschleife), wird breit, wo es die Fl. duod.-jejunalis ventral überdeckt (Mesenterium des primären Colonbogens). Sein vorderes Blatt setzt sich kontinuierlich über die Gefäße bis an den unteren Rand des Pankreaskopfes fort. Im Pankreaswinkel beginnt der dorsale Ansatz des Mesocolon, der linear in der

Mittellinie von ihm aus abwärts verläuft. Von dieser Ansatzlinie ist das Mesocolon nach links der Rückwand anliegend, je weiter kranialwärts, um so breiter ausgedehnt, so daß das Mesenterium der Fl. lienalis am längsten ist. Zum aufsteigenden Schenkel der Fl. lienalis zieht das Gekröse vom Pankreaswinkel aus ventral zur Fl. duod.-jejunalis, zum Scheitel der Flexur zieht es kranial über den Scheitel der Fl. duod.-jejunalis hinweg, zum absteigenden, also Colon descendens, zieht es dorsal der Fl. duod.-jejunalis, entlang der Rückwand. Somit liegt die Fl. duod.-jejunalis vom Mesocolon dorsal, kranial und ventral umhüllt, das Mesocolon bildet eine kranial konvexe, tütenförmige Falte, in welche die Flexur von caudal rechts her eingeschoben liegt; sie füllt den medialen Teil dieser Falte, dem lateralen ist in gleicher Weise der kraniale Scheitel der 1. Jejunumschlinge eingelagert.

Vergleich mit Embryo II und Mechanik der Linkswanderung des Colonbogens.

Der beschriebene Zustand ist nach den vorigen Auseinandersetzungen über die Wanderung der Fl. duod.-jejunalis ohne Schwierigkeit von dem des Embryo II abzuleiten. Indem die Fl. duod.-jejunalis erst nach links, dann nach links oben geschoben wurde, hat sie das Mesenterium der primären Colonflexur in gleichem Sinne vor sich hergeschoben. Dazu hat der Anfangsteil des Dünndarms eine Schlinge nach links hinter der Nabelschleife vorgetrieben und so mit der Fl. duod.-jejunalis gemeinsam das Mesocolon nach links an die Rückwand angelehnt, indem dieses einem Wachstum des Colonschenkels folgend sich stark verbreitert hat. Es ist durch diese nach links und kranialwärts erfolgte Ausbreitung gefaltet worden, so daß es in Mesocolon descendens und Mesocolon transversum gegliedert erscheint. Als Mesocolon transversum kann man schon jetzt den die Fl. duod.-jejunalis ventral bedeckenden Abschnitt bezeichnen, der vom Pankreaswinkel ausgeht und an die Gefäße links anschließt, also in das Gekröse der Nabelschleife kontinuierlich übergeht. Somit besteht für Dünndarm und Colon bis zur Fl. lienalis ein Mesenterium commune, welches die Fortsetzung des Gefäß-Pankreas-Stieles darstellt. Das Duodenum beginnt bereits durch starkes Wachstum des Pankreaskopfes sich mit der Pars sup. und desc. von den Gefäßen zu entfernen, so daß der Pankreaskopf an seiner Vorder- und Rückfläche in größerer Ausdehnung vom Peritoneum überzogen wird, während er vorher nur mit schmalen Kanten die Peritonealfläche zu beiden Seiten des Duodenum berührte. Dadurch wird von neuem die Existenz eines Mesoduodenum angebahnt, welches aber nur im Bereich des Pankreaskopfes als solches zu bezeichnen ist. Einen eigenen dorsalen Mesenterialansatz gewinnt es nicht, vielmehr hat es Beziehung zur Wirbelsäule nur durch Vermittlung der Art. coeliaca und mesent. sup., von der die eine dem Mesogastrium, die andere dem Mesenterium commune zuzurechnen ist.

Von besonderem Interesse ist noch, daß die Pars sup. duodeni vom Pylorus aus fortschreitend frei von Beziehung zum Pankreas wird, indem in ihrem Bereich Netz von ihrem caudalen und des Pankreas kranialem Umfang nach abwärts sich erstreckt. Ob hier die Netzbildung nach links fortschreitend diesen Teil der Pars sup. vom Pankreaskopf abtrennt oder ob nur der auch früher schon frei gewesene allererste Duodenumanfang gewachsen ist, während der Pankreaskopf gleichfalls wuchs und mehr nach rechts geschoben wurde, so daß dadurch die Netzgrenze nach rechts rückte, ist schwer zu entscheiden. Für letzteren Modus spricht, daß die stark rechts verschobene, noch deutlich in ihrer ganzen Länge als dünner Faden verfolgbare V. omphalo-mesent. noch immer die rechte Netzursprungsgrenze bildet, da wo sie an dem caudalen Umfang der Pars sup. duodeni herantritt.

Für das Verhalten des Colon verweise ich noch einmal auf die Abbildungen von Embryo II und III und vor allem auf die Querschnittbilder der Embryonen von 36 und 44 mm (Embryo 36 mm ist ziemlich genau gleichaltrig mit Embryo II 22 mm, der Embryo 44 mm ebenso mit III 33 mm; die Maßdifferenz erklärt sich bei beiden aus der Messungsweise, Embryo 36 mm und 44 mm sind über die Rückenkrümmung gemessen); besser als durch ausführliche Beschreibung kann man sich durch genauen Vergleich dieser Stadien die Lageveränderung des Colon in ihrer ursächlichen Abhängigkeit von der Drehung der Fl. duod.-jejunalis und Entstehung der 1. Ileumschlinge klarmachen. Die Wirkung der Fl. duod.-jejunalis geht zurück auf ihre sehr frühe seitliche Anlehnung an das Mesenterium der Colonbiegung, deutlich in Fig. 9—11 beim 12,4 mm-Embryo. Bei Embryo II, Fig. 2, 3 und 5 zeigt sich ihr Vordrängen nach links an der Vorwölbung dieses Mesenteriumblattes; am schönsten sieht man dies Verhalten in Fig. 14 und 15 beim 36 mm-Embryo, der seiner Darmlage nach ein genaues Parallelstück zu Embryo II darstellt; in 14 sieht man, wie die Fl. duod.-jejunalis sich im Mesenterium fängt und es mächtig nach links vortreibt, in 15, wie sich der caudale Umfang der Flexur an den Colonbogen anlegt und ihn in die Bewegung nach links mit hineinzieht. Schließlich zeigen die Fig. 17 und 18, die Querschnitte des 44 mm-Embryo, die Umlegung des Colonbogens selbst, etwa bis zur Mitte des Weges nach links hinten vollzogen, ziemlich genau wie bei Embryo III: in Fig. 17 die Abbiegung des Colonbogenanfanges und seines Mesenterium durch die bereits nach links vorn oben vorgetriebene Fl. duod.-jejunalis, diese beginnt eben mit dem Mesocolon durch eine schmale Peritonealverbindung zu verwachsen; in Fig. 18, etwas tiefer, die Einlagerung des Bogenscheitels in das Netz und das Zurückweichen nach links vor dem gegendrängenden Anfang der 1. Jejunumschlinge.

Das Wesentliche der Veränderung ist also: Verschiebung des Colonbogens nach links, dadurch Knickung des Colon am Anfang der Nabelschleife —„Fl. coli media" —, Ausweitung des Mesocolon zu einer Falte, die tütenförmig die Fl. duod.-jejunalis und 1. Jejenumschlinge umhüllt (die Spitze der Tüte liegt am Ursprung des Gefäßstiels, also der Eintrittsstelle der Art. mesent. sup. in das dorsale Mesenterium); schließlich Verschärfung des Scheitels des Colonbogens zur Fl. lienalis und ihre Erhebung nach links oben.

Für diese Vorgänge ist natürlich eine notwendige Vorbedingung das Eigenwachstum des Colon. Dies wird von den früheren Autoren (Toldt 1879, Brösike 1891, Endres 1892) ganz ausdrücklich als das bedingende Moment angesprochen; z. B. gibt Endres (mit Toldt) schon beim 6—7 wöchigen Embryo an, daß durch starkes Wachstum des Enddarms die Fl. coli sinistra schon höher als der Dünndarmschenkel erhoben ist, was zeitlich, wie wir sahen, übrigens gar nicht zutrifft. Nur Fischer und Eisler haben das Duodenum- und Jejunumwachstum und ihre Entwicklung nach links unter der Nabelschleife hindurch als mechanisches Moment mitbeachtet, doch wird die Wirkung der Fl. duod.-jejunalis nur flüchtig erwähnt: „Dessen linke Hälfte bis zur Fl. sin. entsteht aus dem bogenförmigen Verbindungsstück zwischen dorsalem Ende des Colonschenkels der primitiven Darmschleife und Enddarm. Dieses Stück spannt sich anfangs dorsal über die nach links vordringenden Dünndarmschlingen hinweg, nachdem es bereits durch den Scheitel der Duodenojejunalschlinge etwas nach links gedrängt war.“ Für den Mechanismus dieser Linksschiebung der Fl. duod.-jejunalis halten Fischer und Eisler folgenden Vorgang für wesentlich: „Durch die Massenzunahme der dorsalen Leberpartien wird die Leberpforte und die dicht darangepreßte (Duodenum-) Schlinge von der dorsalen Bauchwand in sagittaler Richtung abgerückt, dadurch gleichzeitig das caudal zu der Schlinge in das primitive Mesenterium der Darmschleife ziehende Bündel der Vasa mesenterica supp. ventralwärts etwas angehoben, und es ergibt sich jetzt caudal zum Pankreas und zu den Mesenterialgefäßen ein Locus minoris resistentiae, an dem eine frontal gestellte Darmschlinge nach links getrieben werden kann.“ Das ist insofern ungenau, als das Gefäßbündel nicht angehoben wird, sondern durchaus seine Richtung beibehält, indem es vom sagittal ausgespannten Mesenterium der primären Colonflexur in schräg caudal-ventraler Richtung gehalten wird (s. Embryo II). Vielmehr erfolgt mit dem Leberwachstum und der ventralwärtigen Schiebung der Leberpforte gleichzeitig Verlängerung des Gefäßstiels, so daß dadurch bei seiner Schrägstellung das ganze Pankreas-Duodenum-Paket etwas caudalwärts und vorwärts rückt (entsprechend der Magensenkung) und so von der Wirbelsäule entfernt wird; dieser Vorgang gibt dann Raum für das Vortreiben der Fl. duod.-jejunalis. — „Der aborale Schleifenschenkel verhält sich ebenso wie der wandständige Enddarm noch eine Zeitlang ziemlich passiv, während der Dünndarmschenkel jetzt in seiner ganzen Länge Schlingen produziert und nach links, caudal unter dem Colonschenkel hindurch schiebt.“ Dieses Hindurchschieben unter dem Colonschenkel findet statt, aber der wandständige Enddarm, speziell der Colonbogen, ist zu dieser Zeit nicht mehr unbeteiligt: denn erst, nachdem die Fl. duod.-jejunalis und die 1. Jejunumschlinge bei ihrer Ausbildung den Colonbogen um ein gutes Stück nach links mitgenommen hat, indem sie sich ins Mesenterium von caudal rechts hineindrängt, erst nachdem hierdurch die Aufrichtung der Fl. lienalis und die Faltung des Mesocolon in ein ventral zur Fl. duod.-jejunalis gelegenes späteres Mesocolon transversum und ein dorsal zu ihr und der 1. Jejunumschlinge gelegenes Mesocolon descendens eingeleitet ist, tritt die Hindurchschiebung von Dünndarmschlingen unter dem Colonschenkel hindurch in Aktion, welche weiterhin ganz entsprechend Fischer und Eislers Angaben die kraniale Schiebung der Fl. lienalis, die Ausbreitung des Mesocolon descendens und schließlich wohl auch die Bildung der Fl. sigmoidea beherrscht.

Der Grund, weswegen noch von keinem Autor bisher die Wirkung der Fl. duod.-jejunalis auf das Mesenterium des Colonbogens erkannt wurde, kann nur darin liegen, daß die Stellung der Flexur zum Colonbogen, dessen flacher Verlauf und die Anlehnung der Flexur an das beschriebene Mesenterialdreieck des Bogens bisher nicht bemerkt worden ist. Vor allem haben wohl Verwirrung gestiftet Versuche, die Drehung der Nabelschleife schematisch darzustellen, wie es zuerst Toldt (1879) und auf neue Weise Endres (1892) und Fredet (1911) taten; bei allen ist der Hauptfehler die scharfe Fl. lienalis bei noch sagittal stehendem Colon, die als Wurzel des aboralen Nabelschleifenschenkels gedacht wird, ferner das falsche Verhältnis in der Stellung der Fl. duod.-jejunalis zum Colonbogen, indem alle drei Autoren bei Anfang der Drehung, wenn die Fl. coli schon scharf markiert sein soll, die Fl. duod.-jejunalis noch oberhalb der Gefäße zeichnen; das ist eine Lage, die schon beim 7 mm langen Embryo (B, His) nicht mehr besteht, wenn noch kaum die Nabelschleife gebildet und die Duodenum-Dünndarm-Grenze noch nicht feststellbar ist. Das zeitliche Verhältnis ist vielmehr so, daß die Fl. duod.-jejunalis den größten Teil der Drehung vollendet hat (180°), ehe der Colonschenkel seine Wendung überhaupt anfängt. Diesem Verhältnis widersprechen vollständig die rein theoretisch konstruierten Schemata bei Endres (Fig. 4, 5, 7 und 8) und Fredet (Fig. 211—214). Die wirkliche Mechanik der Darmdrehung wird durch diese Bilder nicht im mindesten zum Ausdruck gebracht, ebensowenig aber auch die wahren Mesenterialbeziehungen.

3. Die Rechtswendung des Colonschenkels der Nabelschleife. Einleitende Vorgänge.

Den weiteren Verlauf fand ich in ganz ähnlicher Weise, wie ihn ziemlich übereinstimmend Toldt (1879), Mall (1897), Fischer und

Eisler (1911) geschildert haben. Aus dem Stadium des Embryo III geht die Lageentwicklung des Darmes zwangläufig in der Weise weiter, daß eine Reihe von Jejunumschlingen aus dem abdominalen Teil des Dünndarms gebildet und sämtlich unter die Nabelschleife geschoben werden; der Hauptteil wird dabei nach links hin entwickelt in die linke Colonnische (Waldeyer) hinein. Die Reihenfolge dieser Schlingen und ihre typische Lagerung ist von Mall sorgfältig bestimmt worden. Entscheidende Veränderungen in der Lage des Colon und Duodenum treten erst ein, wenn mit dem Wachstum des caudalen Bauchhöhlenabschnittes Raum geschaffen ist, um den Inhalt des physiologischen Nabelbruches aufzunehmen. Die weitere Schlingenbildung des Jejunum wirkt nämlich zunächst nur auf die beiden Schenkel der Fl. lienalis und deren Gekröse, indem diese Teile im Wachstum folgen; so wird der vor den Jejunumschlingen gelegene zuführende Schenkel nach vorn erhoben, der links hinten gelegene abführende Schenkel noch weiter nach links hin geschoben unter entsprechender Ausbreitung der zugehörigen Mesenterien. Dabei ist eine besondere Beziehung für den weiteren Verlauf wesentlich: Von dem Gekröse, welches dem Colonabschnitt von Fl. coli media bis zur Fl. lienalis zugehört (Mesocolon transversum), vergrößert sich vornehmlich die laterale Partie. Die Fl. coli media, jene oben erwähnte stumpfwinklige Biegung, welche den Colonschenkel um die Vorwölbung der Fl. duod.-jejunalis nach links herum führt, bewahrt dagegen ihre Lage zum Gefäß-Pankreas-Stiel, und somit braucht sich auch ihr Mesenterium nicht weiter auszudehnen. Ich verweise für diese wichtigen Lagebeziehungen noch einmal auf Fig. 19 und 20. Bei letzterer erscheint die Entfernung der Fl. coli media vom Pankreaswinkel und der Pars sup. duod. allerdings gar nicht besonders gering im Vergleich zu den übrigen Größenverhältnissen; das liegt zum Teil an der Richtung der Aufnahme; der Embryo ist von links vorn oben gesehen, um gerade das vom Pankreaswinkel zum Quercolon ziehende Mesenteriumblatt und die Gefäßstrecke ganz unverkürzt zu zeigen, zu diesem Zweck ist auch das Duodenum ein wenig nach rechts hinüber gezogen worden. Tatsächlich liegt der Colonknick von der Pars sup. duod. nur um etwa Darmesbreite entfernt (Fig. 19), und zwar links unterhalb der Stelle des oberen Duodenum, an der die Vena omph.-mes. (in beiden Bildern schön zu erkennen) als feiner Faden am ventralen Duodenumumfang verschwindet. Wenn man diesen Embryo III von rechts her betrachtet, so sieht man das Peritoneum des caudalen Umfanges der Pars sup. und desc. duodeni in sanfter caudal-medial gerichteter Neigung von rechts her an die Vena mesent. inf. (und den Rest der omph.-mesent.) herantreten, und zwar an die gleiche Stelle, welcher links die Anlagerung der Colonknickung an die Arterie entspricht. Es wird sich weiterhin zeigen, daß hier die schon jetzt kurze Mesenterialverbindung von Pars sup. duodeni und Fl. coli media kontinuierlich in die erste Verwachsung des Colon mit Pankreaskopf und ventralem Duodenumumfang überführt. Auf diese Stelle wird daher weiterhin besondere Aufmerksamkeit zu richten sein.

Die Schlingenbildung des Dünndarms innerhalb der Nabelschnur hat sich wesentlich in gleichem Sinne entwickelt wie in der Bauchhöhle. Die Schlingen sind zum großen Teil caudal zum Colonschenkel angelegt worden und bilden so ein Konvolut, welchem das Colon links kranial aufgelagert ist, dabei kann es aber auch mehr oder weniger von einzelnen Schlingen umgriffen werden. Im Nabelring liegt, wohl dauernd während der Schlingenbildung in Bauchhöhle und Nabelschnur, der Dünndarmschenkel rechts neben dem Colonschenkel (s. Abbildungen bei Mall). Auf diese Lagerung ist übrigens mechanisch kein besonderes Gewicht zu legen, da sicher die Schlingenbildung intra- und extraabdominal wesentlich unabhängig voneinander erfolgt, der im Nabelring gelegene Dünndarmabschnitt bleibt ebenso wie der Colonschenkel an Ort und Stelle liegen, während von ihm aus das Wachstum beiderseits, dorsalwärts in die Bauchhöhle, ventralwärts in die Nabelschnur hinein gerichtet ist (s. über diese Verhältnisse Abschn. 5).

Die Reihenfolge, in welcher die Schlingen aus der Nabelschnur in die Bauchhöhle aufgenommen werden, scheint nicht ganz regelmäßig zu sein. Toldt (1879) beschreibt einen 4,8 cm langen Embryo (erste Hälfte des 3. Monats), bei dem er nur noch eine Ileumschlinge in der Nabelschnur findet, während das Caecum und die Ileumeinmündung bereits intraabdominal in der Gegend des Nabels gelegen sind; Fischer und Eisler geben bei ihrem Embryo X, 30,5 mm (Rumpflänge über der Mitte des Rückens gemessen) an, daß nur die beiden letzten Ileumschlingen in der Nabelschnur liegen, das Caecum intraabdominal, dorsal und links zum Nabelring. Dagegen fand ich bei einem Embryo von 37 mm Scheitel-Steiß-Länge (Embryo IV) das Caecum im Nabelring, einen langen Proc. vermiformis in seiner geraden Fortsetzung im Nabelstrang und die letzte Ileumschlinge gleichfalls darin, caudal zum Caecum und Wurmfortsatz (s. Fig. 22). Bei diesem Embryo würde sich wohl Proc. vermiformis und letzte Ileumschlinge zu gleicher Zeit als letzter Darmteil aus der Nabelschnur zurückgezogen haben, da nach Mall dieser Vorgang in seiner letzten Etappe rasch vor sich gehen muß. Ich bilde das Stadium zugleich ab, weil es gut die Lage des Colon während der Rückkehr in die Bauchhöhle zeigt.

Befunde bei Embryo V—VIII, 10.—11. Woche.

Den Vorgang der Rechtswendung des Colonschenkels und die Ausbildung seiner Verwachsung mit Pankreaskopf und Pars sup. duoden. konnte ich an vier Embryonen von 40—50 mm Scheitel-Steiß-Länge verfolgen. Die Wendung vollzieht sich nach Mall zwischen 28 und 80 mm unter gleichzeitiger Senkung des Magens, so daß dessen Pylorusteil dem Colon während seiner Querstellung entgegenkommt und etwa mit seiner Mitte zusammentrifft. Zwischenstadien zwischen 28 und 80 mm fehlten Mall.

Embryo V, 41 mm.

Der größte Teil des Ileum ist noch in der Nabelschnur gelegen, das Caecum liegt links caudal zu dem Dünndarmkonvolut, läuft von da spiralig um die Schlingen so weit herum, daß es kranial zum Dünndarm in die Bauchhöhle eintritt; es erreicht in gestrecktem, wenig links gerichtetem Verlauf die große Kurvatur dicht links am Pylorus, biegt hier etwas nach links hinten um, folgt weiterhin der großen Kurvatur und bildet etwas dorsal zu ihr eine zweite stumpfe Umbiegung nach links dorsal-caudal, zur Fl. lienalis. Die erste Umbiegungsstelle, die Fl. coli media, liegt ventral zur Austrittsstelle der Arteria mesent. sup., unmittelbar unterhalb des Pylorus, und läßt sich nicht von hier abziehen. Unmittelbar rechts daneben sitzt ein kurzer Stummel, der Rest der Vena omph.-mes., am unteren Umfang des Duodenumanfanges (s. hierüber Broman, 1914). Der Pankreaskopf ist nur in der Konkavität der Pars desc., also dorsal rechts zur erwähnten Stelle, in geringer Ausdehnung zwischen Duodenum und Gefäßen zu sehen; der schmale Anteil zwischen Austrittsstelle der Gefäße und Pylorus ist durch den Colonknick verdeckt, der übrige Teil ist von hier aus nach medial hinten in das Innere des Stieles gerichtet. Dem entspricht die Ebene des Duodenum: der Pylorus weit vorn etwas rechts, die Fl. duod.-jejunalis ganz hinten links, die Ebene des Duodenum etwa eine Mittellage zwischen Frontal- und Transversalebene. Die Fl. duod.-jejunalis läßt sich zwar noch aus der Mesocolonnische hervorziehen, aber nicht mehr zurückdrehen, da ihre Duodenumschenkel an die linke Seite des Gefäßstieles ganz kurz befestigt sind. Von Recessus und Falten ist in ihrer Umgebung nichts wahrnehmbar.

Embryo VI, 40 mm (28 mm Nacken-Steiß-Länge).

Die Nabelhernie ist verschwunden. Caecum mit Proc. vermiformis erscheint bei Wegnahme der vorderen Bauchwand am vorderen Leberrande genau in der Incisura vesicae felleae. Von da geht das Colon gestreckt schräg medial-dorsal an die Fl. duod. sup., läuft von hier ab nach einer stumpfwinkligen Biegung, der Fl. coli media, genau transversal, parallel der Pars duod., biegt dann stumpf nach kranial-dorsal um und läuft ziemlich gerade zur hinter dem Magen gelegenen Fl. lienalis. Die Stelle, an der es der Pars sup. duod. ventral caudal anliegt, ist durch etwa 1 mm breites, glattes Peritonealblatt mit ihr verbunden, so daß sich diese Umbiegungsstelle des Colon nicht mehr vom Duodenum abziehen läßt. Die Verwachsungsstelle greift nur eben noch auf Pars desc. über und setzt sich nach links kontinuierlich in das Netz fort, das als schmale Falte zwischen Pylorus und Colon hervorkommt. Die Art. mesent. sup. läuft dorsal zu diesem Colonabschnitt noch etwas schräger als der Colonschenkel, indem ihr Anfang medial und hinter der Umbiegung gelegen ist, während ihr Ende das postcaecale Colon von hinten her erreicht. Die Stelle, wo die Gefäße unter dem Pankreaskopf hervorkommen, ist nicht mehr frei sichtbar, durch die Fl. coli media verdeckt, ebenso der Pankreaskopf selbst. Die Fl. duod.-jejunalis ist an ihrem kranialen und dorsalen Umfang an das Mesocolon angeklebt, ebenso die kurze Pars desc. Die Ebene des Duodenum ist mehr der Frontalebene angenähert, nur noch eine schmale Leberkante trennt die Pars sup. von der Rückwand. Die Fl. sup. und Pars desc. duodeni sind bereits vollkommen angelagert, aber noch nicht selbst mit der Rückwand verklebt, sondern nur der in ihre Konkavität eingelagerte Pankreaskopf läßt sich nicht mehr abheben. Ein kleines Lig. hepato-renale ist vorhanden.

Embryo VII und VIII, 50 mm.

Bei zwei formolfixierten Embryonen von 50 mm Scheitel-Steiß-Länge von vortrefflicher Formerhaltung fanden sich sehr gleichartige Verhältnisse, dargestellt in Fig. 23 und 24. Die Leber, mit ihrem Vorderrand noch beiderseits fast gleich tief herabreichend, bildete zum Nabel hin einen dachförmigen Ausschnitt. Bei VII ist nach Wegnahme der vorderen Leberhälfte bis auf einen mittleren Keil durch einen Frontalschnitt frei gelegt die Pylorusregion und der von hier nach rechts caudal gerichtete Colonschenkel. Bei VIII ist die Leber ganz entfernt, um die Lage von Magen, Duodenumanfang und rechter Niere und Nebenniere zu zeigen. Bei beiden ist der Dünndarm vom Jejunumanfang bis zur letzten Ileumschlinge entfernt worden. Die schmale Schnittlinie, die in den beiden Abbildungen vom Jejunumanfang bis zur letzten Ileumschlinge läuft, bezeichnet den Rest des entfernten Mesenterium, die Linie entspricht der späteren Radix mesenterii. Das Caecum liegt in beiden Fällen am rechten unteren Rande des rechten Lappens in Höhe des unteren Nierenpols, noch nicht ganz an der Rückwand, sondern von ihr durch die letzte Ileumschlinge getrennt (in beiden Fällen!). Das Colon folgt von da, gestreckt medialwärts aufsteigend, der unteren Leberfläche, erreicht die Pars desc. duodeni an dem Übergang in die Pars sup., ist hier dem Duodenum parallel gebogen — Fl. coli media —, ihm ventral angelagert und kurz verlötet. Erst etwa von der Mittellinie an besteht ein allmählich breiter werdendes Mesocolon, in das von unten her die Fl. duod.-jejunalis eingeschoben ist. Nach der stumpfwinkligen Umbiegung der Fl. coli media ist die erste Strecke transversal gerichtet und reicht bis eben links von der Fl. duod.-jejunalis. Von da ab zeigt das Colon in den beiden Fällen einen verschiedenartigen Verlauf: die Norm ist Fig. 24; das Netz ist hier hochgezogen; das Colon anschließend an die große Kurvatur des Magens bis zur Fl. lienalis, diese in das Netz eingebettet, ihr vorderer zuführender Schenkel medial und schräg gelagert, der hintere abführende Schenkel ganz lateral, vertikal absteigend, von hier ab dem äußeren linken Nierenrande angeschlossen, so daß die linke Niere völlig vom Mesocolon bedeckt ist. Auf die ungewöhnliche Lage des linken Colon in Fig. 23 werde ich im II. Teil eingehen. Die Verlötung der Fl. coli media geschieht in beiden Fällen durch Netz; das Colon ist mit der Fl. duod. sup. bis zum Pylorus hin ganz kurz und fest, das Colon transversum mit der großen Kurvatur nur locker durch Vermittlung des offenen Netzbeutels verbunden. Die Pars desc. duodeni wird vom Colonschenkel gekreuzt, und zwar so, daß etwa $^2/_3$ Colonschenkel lateral über das Duodenum hinausreichen, noch ohne feste Verbindung an der Kreuzungsstelle; das Mesenterium commune läßt den gesamten unteren Duodenalbogen noch frei, wohl aber ist es mit der Vorderfläche des Pankreaskopfes verwachsen. Ein Zurückschlagen des Colon ist infolge dieser und der Verbindung mit Fl. duod. sup. nicht mehr möglich.

Verlauf und Mechanik der Rechtswendung des Colonschenkels.

Aus den Befunden dieser vier Embryonen kann man die Rechtswendung des Colonschenkels und die Ausbildung seiner Verwachsung mit dem Duodenum zusammenfassend charakterisieren: Die Fl. coli media, jene durch die Linkswendung des Colonbogens schon bei Embryo III entstandene stumpfwinklige Abknickung, welche den Colonschenkel der Nabelschleife in die Richtung der großen Kurvatur umbiegen läßt, wird schon vor der Wendung an die Fl. duod. sup. angelagert und mit ihr verlötet, bleibt dann aber in ihrer Lage und bildet das Punctum fixum, um welches sich der Colonschenkel selbst nach rechts dreht; dieser gleitet dauernd gestreckt bleibend an der Unterfläche der Leber entlang, er ist dabei in dem oberen Umfang des rotierenden Dünndarmknäuels eingebettet. Auf diese Weise gelangt das Caecum erst in die Incisura hepatica, dann entlang dem vorderen Leberrand weiter rechts an die Gallenblase (Embryo VI) und schließlich am rechten Leberrand in die Nische vor dem unteren Nierenpol. Wichtig für unsere späteren Betrachtungen ist, daß das Caecum auf keiner Stelle des Weges mit dem Duodenum in Berührung kommt. Schon im Zustand des Embryos IV, wenn das Caecum noch im Nabelring liegt, ist der Abschnitt von ihm bis zum Pylorus so lang, daß es beim künstlichen Umlegen in solchem Stadium erheblich rechts neben die Pars desc. duodeni gelangen würde. Dazu kommt, daß das Colon während der Rechtswendung etwas wächst. Die gleiche Form der Rechtswendung beobachteten Mall, Fischer und Eisler, doch wurde von ihnen die beschriebene Colonknickung und ihr Verhalten nicht besonders beachtet.

Ich habe schon vorher auf die wichtige Bedeutung dieser Colonstelle hingewiesen und sie Fl. coli media benannt: wichtig einmal als natürlicher Fußpunkt des Colonschenkels der Nabelschleife, als Winkelpunkt des sich umlegenden Colonbogens, ferner als Drehpunkt des Colonschenkels bei dessen Rechtswendung und schließlich durch ihre ursprüngliche und immer enger werdende Beziehung zum Duodenum.

Die einzige Lageveänderung, die die Fl. coli media während der Darmdrehung erfährt, ist eine langsame Drehung unmittelbar um die Art. mesent. sup. herum: Die entsprechende Colonstelle befand sich am sagittal stehenden Colon des Embryo II dicht unter der Austrittsstelle der Art. mesent. sup. aus dem Pankreaswinkel, bei Embryo III links neben der Arterie, bei V dicht über ihr, unmittelbar unter dem Pylorus, bei VI bereits an die Pars sup. duodeni angelagert und mit ihr verlötet. Der Weg dieser Lageveränderung ist sehr gering, da das Colon hier bis zur Fixation am Duodenum und Pankreaskopf dauernd sein schmales Mesenterium behält, also an die Arterie dicht angeschlossen bleibt. Schon bei Embryo II, also noch sagittal stehendem Colon, ist die entsprechende Stelle vom Duodenumanfang nur getrennt und zugleich mit ihm verbunden durch den Gefäßstiel: Das Duodenum ist oben quer, das Colon unten sagittal an den Gefäßstiel angeheftet (s. Fig. 3 und 5; in 5 ist die Anheftung des Colon scheinbar unterbrochen, da das Mesenteriumblättchen durch die Fl. duod.-jejunalis etwas nach links vorgewölbt und so im Schnitt nicht getroffen ist). Im Embryo III ist die Knickungsstelle von der Pars sup. duodeni ebenfalls nur getrennt durch die Vasa mesent. supp. eine schmale Pankreasfläche und den Stummel der Vena omph.-mesent. Der Pankreaskopf berührt das

Peritoneum zwischen Fl. duod. sup. und Mesenterialgefäßen nur schmal, weil er erstens noch sehr wenig ausgebreitet ist, ferner noch eine Richtung einnimmt von schräg dorsal-medial nach ventral rechts caudal, und weil sein Hauptteil sich noch rückwärts im Innern des Stieles befindet. Die Stelle des Pankreas, die zuerst überlagert wird, ist zudem die schmalste der ganzen Drüse überhaupt, nämlich diejenige, an welcher die Vena mes. inf. (resp. früher die omph.-mesent.) von caudal her eine tiefe Rinne verursacht. Außerdem liegt die Pars sup. duodeni, da wo die Vena omph.-mesent. an sie herantritt (s. Embryo III) mit ihrem ersten Anfangsstück rein ventral zum Pankreas, da von hier ab nach links schon das Netzbereich beginnt — alles Verhältnisse, welche die Beziehung der Colonknickung zum oberen Duodenum bereits sehr innig erscheinen lassen, noch ehe die Verlötung beginnt. Es sind die von Anfang an gegebenen Mesenterialverhältnisse, welche jetzt zu der engen Colon-Duodenum-Verlötung führen: Die Konzentration des Mesoduodenum, d.i. die Verschmelzung seines Ansatzes mit der Wurzel der Nabelschleife zum Gefäß-Pankreas-Stiel, und der nahe Anschluß des Colonschenkels an die Art. mesent. sup.

Bei der Verlötung ist der äußerste rechte Netzanfang wesentlich beteiligt, wie an allen vier Embryonen V—VIII ersichtlich ist, indem nämlich der erste schmale Neztteil sich bis zur Vena omph.-mesent. erstreckt und von Anfang an kontinuierlich in die Colon-Duodenum-Verbindung übergeht (s. Fig. 23 und 24 sowie Textfig. *k*). Die Verlötung erfolgt unmittelbar mit der Anlagerung. Das ganz schmale Mesenterium des Colonknickes verklebt an seiner ursprünglich linken Peritonealfläche mit dem Peritoneum des schmalen Pankreasstreifens zwischen Art. mesent. und Pars sup. duodeni; das Colon selbst legt sich in die Rinne zwischen Duodenum sup. und Pankreaskopf und findet hier eine schmale Netzfalte vor, die es alsbald innig mit dem unteren Duodenumumfang und der Rinne selbst verkittet. Die Verlötung schreitet fort mit weiterer Anlagerung des Schenkels an die Fl. duodeni sup. und Pars desc. duodeni, hier ohne Netzvermittlung durch Verklebung der visceralen Peritonealblätter beider Darmteile.

Die Erhebung der Fl. coli media um die Arterie herum an das Duodenum geschieht durch die von unten gegendrängenden wachsenden Jejunumschlingen, welche die von der Fl. duod.-jejunalis begonnene Wirkung zwangläufig fortsetzen. Die vordringende Fl. duod.-jejunalis bewirkte bei Embryo III die Linkswendung des primären Colonbogens, brachte die Abknickung des Colon an der Grenze von Colonschenke und -bogen hervor und schob sie gleichzeitig links neben die Arterie; in der so entstandenen linken Colonnische brachte dann die 1. Jejunumschlinge die Fl. coli lienalis zur Entfaltung; indem nun fernerhir in der Nische immer neue Jejunumschlingen gebildet werden, wird der zuführende Schenkel der Fl. coli sin. und von hier das Colon darmaufwärts fortschreitend schließlich bis zur Fl. coli media nach vorn erhoben und an die große Kurvatur und Pars sup. duodeni angelagert. Die Fl. coli media wird dabei nur um einen geringen Betrag nach rechts geschoben, indem sie rechts über die Art. mesent. zu liegen kommt.

Bei diesen Vorgängen wirkt entscheidend mit die schon früher begonnene Senkung von Magen und Duodenumanfang. Es wächst nämlich zu dieser Zeit (von 30—40 mm) der ganze Bauchhöhleninhalt gewaltig an, am meisten die Leber, so daß die Bauchhöhle vor allem in sagittalem Durchmesser zunimmt. Dadurch wird einmal Raum geschaffen zur Aufnahme des physiologischen Nabelbruchs in den unteren Bauchraum und wird ferner die gesamte Gastroduodenalschlinge nach vorwärts abwärts geschoben unter gleichzeitiger Verlängerung des Gefäßstiels; namentlich die Pars sup. duodeni und die Pylorusregion wird nach vorn abwärts gedrängt und weiter von der Wirbelsäule entfernt, dabei löst sich gleichzeitig der Duodenumanfang vom Pankreaskopf durch dazwischen vorquellende Netzfalte; die Pars sup. duodeni wird so weit verschoben, daß schließlich die Fl. sup. duodeni, die beim 17—20 mm-Embryo (I und II) in Schräglage zwischen Frontal- und Transversalebene verlief, in eine reine Transversalebene gelangt (s. Textfig. *k*, Embryo X, im Vergleich mit Fig. 1 und 2).

So kommen Gastroduodenalschlinge und Colon einander entgegen; von hinten oben her drängt die Leber, von hinten unten das wachsende Dünndarmknäuel, so daß beide Teile, große Kurvatur + Duodenumanfang und Colon fest gegeneinander gepreßt und nach vorn gedrängt werden, dabei durch die zwischenliegende Netzfalte miteinander verwachsen. Daß dabei die Abwärtsbewegung von Magen und Duodenum und die Aufwärtsbewegung von Colon nur ganz gering sein kann, ergibt sich aus der nahen Nachbarschaft beider Teile schon in den Anfangsstadien, wie die Abbildungen der Embryonen II und III zeigen; namentlich ist die Colonbewegung nach aufwärts nur relativ; zwar wird die Fl. lienalis auch im Verhältnis zur Wirbelsäule etwas aufwärts verschoben, die Colonmitte dagegen nur im Verhältnis zu den Gefäßen, Pankreas und Duodenum, die ihr durch Wachstumsbewegung in der Richtung der Gefäßachse, also nach vorn abwärts, entgegenkommen; im Verhältnis zur Wirbelsäule werden die gesamten Oberbaucheingeweide und mit ihnen das Quercolon während seiner Anlagerung etwas gesenkt.

Die Mechanik der Rechtswendung des Colonschenkels selbst hat schon von den früheren Autoren eingehende Behandlung erfahren; sie geschieht durch Gegendrängen und Rechtsrotation des Ileumknäuels. Schon Toldt hat diese Anschauung aufgestellt gegenüber der Annahme einer aktiven Teilnahme des Dickdarms; die Art und Weise, wie das Ileumknäuel die Rotation bewirkt, ist von Mall, Fischer und Eisler erschöpfend analysiert worden. Der Prozeß ist durchaus die Fortsetzung der Lageveränderungen, die sich schon innerhalb der Nabelhernie einleiten, und wird nach Aufnahme in die Bauchhöhle dadurch vollendet, daß das ganze Ileumpaket mit dem aufgelagerten Colon die rechte untere Bauchhöhlenhälfte einnehmen muß; sie wird vom rechten Leberlappen frei gegeben, indem dieser im Verhältnis zum Bauchraume im Wachstum zurückbleibt. Dabei bewahrt die Leberunterfläche vorläufig noch ihre Dachform, so daß der unter ihr entlang gleitende Colonschenkel bei der Wendung nicht etwa quergestellt wird, sondern in eine Schräglage von medial oben nach lateral abwärts gelangt; das zeigt besonders ausgeprägt Fig. 23. Somit ist es unzutreffend, von einer „Aufrichtung des Colonschenkels der Nabelschleife" zu sprechen, wie in vielen Darstellungen geschieht. Es findet lediglich eine „Rechtswendung" statt.

Brösike (1891) hat für die Rechtswendung einen anderen Faktor verantwortlich gemacht, nämlich die Umwendung des Duodenum aus einer sagittalen in die Frontalebene; hierbei soll der angelagerte Colonschenkel nach rechts mitgezogen werden. Wenn auch diese Anschauung wegen den schon erörterten ganz anderen Lageverhältnissen des Duodenum hinfällig ist, so bleibt doch eine gewisse Beziehung bestehen: Nicht das ganze Duodenum, sondern nur die Pars desc. wird zu dieser Zeit an die Rückwand angelagert, indem sie aus der Schräglage bei Embryo III allmählich eine frontale Anlagerung an den medialen Nierenrand (Hilusgebiet) erfährt. Das geschieht ebenfalls durch relatives Zurückweichen der Leber. So wird die Pars sup. duodeni in einen mehr der transversalen Ebene angenäherten Bogen gelegt, wie ihn Textfig. *k*, die rechte Seitenansicht eines 8 cm langen Embryo X, in extremer Weise zeigt. Er wird hervorgerufen dadurch, daß die Pylorusregion und Duodenumanfang gegen früher noch mehr nach vorn rücken, während die Pars desc. (in Fig. *k* durch Colon verdeckt) nach hinten oben sich fortschreitend anlagert. So gibt also der hintere Leberrand und mit ihr die Pars desc. duodeni nach hinten Raum und muß auf diese Weise auch die weitere Lagebildung des bereits rechts gewendeten Colonschenkels in gleich zu erörternder Weise beeinflussen, auf die Rechtswendung selbst aber hat das Duodenum keinen Einfluß.

4. Weitere Lageentwicklung des Colon: Ausbildung der Fl. coli dextra und des Colon ascendens.

Es fragt sich, ob die beschriebene Stelle der stumpfwinkligen Colonbiegung, die ich Fl. coli media benannte, mit der späteren Fl. coli dextra identisch ist, oder ob diese erst an dem noch gestreckten Anfangsstück durch eine neue spätere Knickung entsteht. Die Frage ist komplizierter, als zunächst scheinen möchte. Einmal sind die Verhältnisse dieser Gegend nach erfolgter Umlegung des Colonschenkels sehr variabel, worauf schon Toldt hinwies, und ferner ist beim Erwachsenen die Stelle der Fl. coli dextra selten scharf zu bestimmen und nicht immer einheitlich bezeichnet worden. In den meisten Atlasbildern wird in der Ansicht der Baucheingeweide von vorn jene Umbiegung des Colon als Fl. coli dextra bezeichnet, welche in das quergerichtete Anfangsstück des Colon transversum überführt. Dieser Biegung geht aber voraus ein kurzes, von hinten nach vorn verlaufendes Stück, und dieses entspricht einer zweiten meist schärferen Biegung, welche das Colon asc. ventral oder caudal zum unteren Nierenpol in die Richtung nach vorn führt. Bei Corning (1911, S. 451) ist diese Stelle als Fl. coli dextra bezeichnet, und hier ist jedenfalls ihr markantester Punkt, da sie das Ende des Colon asc. unter der Leber darstellt, während derselbe Autor aber in anderen Abbildungen die vordere Biegung beim Überschreiten des Duodenum so benennt; wenn man den ganzen Verlauf der zweifachen Biegung Fl. coli dextra nennt, wie es meist geschieht, so beträgt ihr Bereich jedenfalls eine längere Colonstrecke, etwa 15—20 cm. Ich werde, um Mißverständnisse zu vermeiden, die eigentliche und erste Umbiegung, also die Abknickung des Colon asc. im Nieren-Leber-Duodenumwinkel, als Fl. coli dextra post. bezeichnen, und mit Fl. coli dextra die Gesamtstrecke von dieser Biegung bis zur Anheftung an die Pars sup. duodeni, also bis zur Fl. coli media.

Die Untersuchung von zahlreichen Foeten von über 5 cm Länge bis zur Geburt erweist, daß der Hauptteil der Fl. coli d., insbesondere die Fl. coli d. post., an dem gestreckt umgelegten Colonschenkel erst neu entsteht. Während der umgelegte Colonschenkel vom Caecum bis zur Fl. pylorica nicht sehr beträchtlich in der Länge variiert, wird er durch die neu entstehende Fl. coli d. post. in variablem Verhältnis geteilt. Das ist eine wesentliche Ursache für die Mannigfaltigkeit des rechtsseitigen Colonverlaufs beim Erwachsenen, speziell der Lage des Colon asc. und der Lage des Caecum. Ich habe zur Klärung dieses ganz auffallend wechselnden Verhaltens der rechten Colonhälfte eine große Zahl von Embryonen untersucht und von 12 etwa 3 Monate alten Embryonen zwischen $6^1/_2$ und 8 cm Länge eine Reihe von 7 verschiedenen Typen in den halbschematischen Textfiguren *a—g* dargestellt; mit diesen Figuren sollen die Lageverhältnisse von Duodenum, rechtem Colon und rechter Niere gezeigt werden zu der Zeit, wo die Colonlage bereits fest zu werden beginnt durch Verwachsung der neu entstandenen Flexur und des Colon asc. mit der Rückwand. Die Verwachsungsstellen mit Duodenum und Niere sind in den Zeichnungen kurz schraffiert, die nach hinten gerichtete Fl. coli d. post. längs schraffiert.

Es fällt auf die große Verschiedenheit und Richtung des Colon asc. und seine Lage zur Niere. Die ersten drei, Fig. *a—c*, zeigen schräges und von vorn gesehen ziemlich gestrecktes Ascendens, dabei aber verschiedene Lagen zur Niere: bei *a* (7 cm lang) und *c* ($7^1/_2$ cm) steht die Duodenalschlinge mit Fl. coli duodenalis relativ hoch, das Colon asc. läuft schräg über die untere Nierenhälfte, bei *a* flacher, bei *c* besonders steil. Dagegen bei *b* tieferer Stand des Duodenum, besonders der Fl. sup. duodeni, das Colon asc. folgt dem medialen Rand des unteren Nierenpols, das Caecum liegt lateral unterhalb des Pols. Die folgenden zwei, Fig. *d* und *e*, zeigen quergestelltes Colon asc. bei gleichfalls ziemlich gestrecktem Gesamtverlauf des Schenkels, aber in *d* liegt das Ascendens

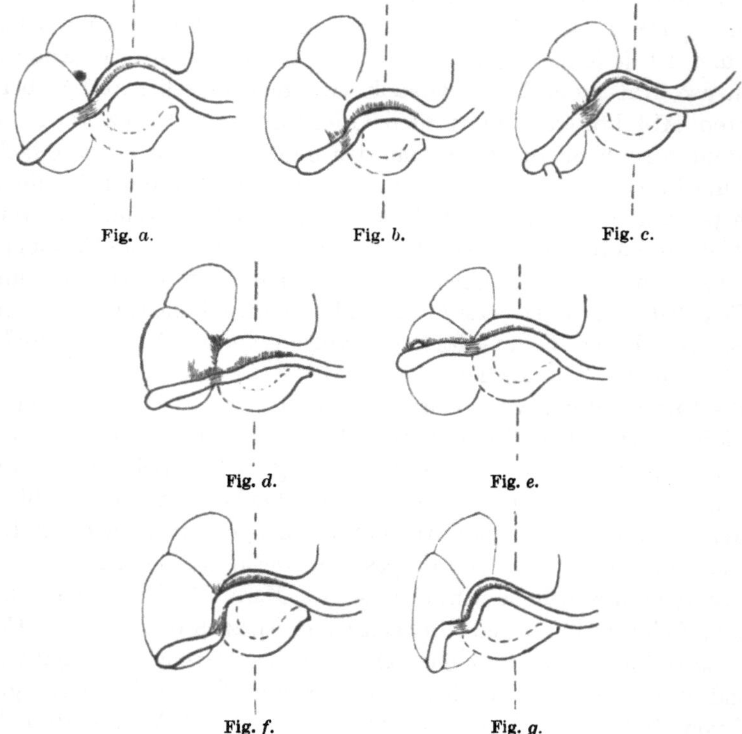
Fig. *a*. Fig. *b*. Fig. *c*. Fig. *d*. Fig. *e*. Fig. *f*. Fig. *g*.

quer vor der unteren Nierenhälfte (bei Tiefstand der Duodenalschlinge), bei *e* quer vor der oberen (bei Hochstand des Duodenum), hier schon in ganzer Ausdehnung bis zum Caecum mit der Rückfläche verwachsen. Die letzten Fig. *f* und *g* zeigen ein zwei- und dreifach geknicktes Colon; bei *f*, einem besonders häufigen Typus, liegt das Ascendens quer vor dem unteren Nierenpol, steigt dann in der Rinne lateral neben Duodenum nach rechtwinkliger Umbiegung kranialwärts empor und schließt sich, erneut rechtwinklig nach vorn medial umbiegend, der Fl. duodeni sup. an. Bei *g* ähnlicher Verlauf, nur ist der erste Anfang des Colon frontal gelegen. Von den fünf nicht gezeichneten Fällen folgten einer von 8 cm

Länge dem Typus *a*, einer von $8^1/_2$ cm dem Typus *d* (etwas schräger), einer von $7^1/_2$ cm hielt die Mitte zwischen *a* und *f*; ein Fall ist in Fig. 25 dargestellt als Embryo IX, $5^1/_2$ cm lang, gleicht der Fig. *f*, aber das querliegende Ascendens liegt etwas höher, vor dem unteren Nierenpol: ein letzter von 7 cm war mit Fig. 25 identisch, aber das quere Ascendens ist bereits zur Hälfte fixiert.

Um die halbschematischen Bilder zu verstehen, muß man sich die erhebliche Tiefendifferenz von Duodenum und Niere klar machen, die in den frontalen Schemata nicht zum Ausdruck kommt. Ich habe deswegen zwei rechte Seitenansichten hinzugefügt in Fig. *i* und *k* (die zu *i* gehörige Frontalansicht ist *h*, beide sind völlig maßgerechte Zeichnungen von einem ca. 10—12 cm langen Embryo und sollen die genaue Syntopie von Eingeweiden und Wirbelsäule darstellen; gezeichnet sind:

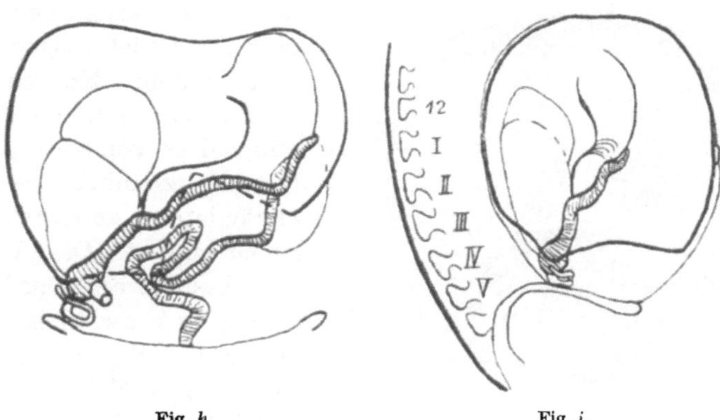

Fig. *h*. Fig. *i*.

Magen, Duodenumanfang, Colon schraffiert, Lebervorderrand punktiert, in *i* äußerer Umfang und unterer Rand des rechten Lappens, ferner rechte Niere und Nebenniere, Wirbelsäule (Spinae iliacae ant. sup. resp. Crista iliaca).

Fig. *i* zeigt die Pars sup. duodeni ziemlich hochstehend, das Duodenum liegt bereits ganz in einer Frontalebene, daher Pars sup. ziemlich der Rückwand genähert (nur ein schmaler, wenig tief herabreichender Leberkeil trennte die Fl. duodeni sup. von der Cava inf.), dementsprechend verläuft das Colon auch in der Seitenansicht ziemlich gestreckt, nur an der Stelle, wo es die Niere verläßt, um den oberen Anfang der Pars desc. duod. zu überkreuzen, biegt es kurz rechtwinklig ab. Das Colon ist bei diesem Embryo bereits in ganzer Ausdehnung mit Duodenum und Niere verwachsen, nur Caecum selbst ist frei. Der hintere Leberrand (nicht bezeichnet) folgt genau dem oberen Rand des Colon asc. Caecum und Proc. vermif. liegen caudal und lateral zum unteren Nierenpol und erreichen gerade die Crista iliaca. Der rechte untere Leberrand reicht noch fast ebenso tief herab.

Eine zweite Seitenansicht, Fig. *k*, entstammt einem etwas jüngeren 8 cm langen Embryo, die zugehörige Frontalansicht ist Fig. *b*. Bei diesem Embryo liegt der Duodenumanfang erheblich weiter vorn und etwas tiefer als bei dem vorigen. Das Duodenum beschreibt erst $^1/_4$ Kreisbogen von medial vorn nach lateral hinten in einer Transversalebene, bis es die Rückwand erreicht und hier ziemlich scharf in die frontal gestellte Pars desc. übergeht, diese liegt (in *k* durch Colon verdeckt) medial dem inneren Nierenrand an. Genau parallel dem Duodenum sup. angeschlossen, beschreibt auch das Colon einen langen Bogen in der Transversalebene und erhält eine gegenüber Fig. *i* viel ausgeprägtere rechtwinklige Knickung in der Duodenum-Nieren-Nische, während es von vorn gesehen (Fig. *b*) ziemlich gestreckt schräg lateral abwärts zu verlaufen scheint. Die Verwachsung besteht am Duodenumanfang aus zwischengelagertem Netz; Fig. *k* zeigt, wie dieses rechte Netzende kontinuierlich in die weitere Verwachsung zwischen hinterem oberen Duodenumwinkel und Fl. coli d. post. übergeht und sich in eine glattere Membran fortsetzt, die den oberen Teil des Asc. mit der Niere verbindet. Die untere Ascendenshälfte und Caecum sind frei, letzteres erreicht mit Proc. vermif. die Spina il. ant. Die Leber ist in Fig. *k* bis zum Ligamentum hepato-duodenale weggenommen, vorn weniger weit, um den tief herabreichenden Vorderrand des rechten Lappens zu zeigen. Der hintere Rand des rechten Leberlappens folgte wie bei *i* genau dem Colon und reichte lateral bis zum Caecum herab; so füllte die Leber also den ganzen in *k* vor der Niere freigelegten Raum aus.

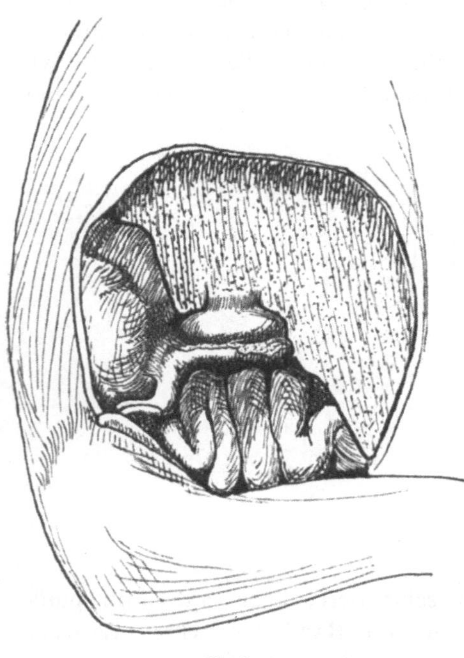

Fig. *k*.

Die aus den beiden Figuren *i* und *k* ersichtliche, bei *i* geringere, bei *k* extreme Vorlagerung der Pars sup. duodeni gilt in wechselnder Abstufung auch für die in *a*—*g* dargestellten Typen. Dementsprechend hat das Colon in allen Fällen eine scharfe, nach hinten gerichtete Einknickung, an der Stelle, wo es aus der Nische neben dem Duodenum auf dessen Pars. desc. übergeht (in den Schemata längs schraffiert), das ist die oben erwähnte Fl. coli d. post. Die Fl. coli media ist in den meisten Fällen schwach erhalten, zuweilen ganz zu einem gleichmäßigen, dem Duodenum sup. folgenden Bogen ausgeglichen, ihre Lage ist aber stets bestimmbar als diejenige Colonstelle, die dem ersten Duodenumanfang angeschlossen ist und die der Austrittsstelle der Vasa mes. sup. aus dem Pankreaswinkel zunächst liegt.

Die Mannigfaltigkeit der Bilder wird noch vermehrt, wenn man auch ältere Stadien mit hinzunimmt. Bei 12 Embryonen zwischen 9 und 18 cm, also von $3^1/_2$—$5^1/_2$ Monaten, fand ich die Lage des rechten Colon folgendermaßen: In allen Fällen außer einem ist das ganze rechte Colon breit mit der Rückfläche verwachsen, und zwar siebenmal auch das Caecum, viermal ist nur Caecum frei, einmal der größte Teil des Ascendens. In der Lage des Ascendens entsprechen fünf Fälle von 10 cm, 14 cm, 16 cm, 18 und 19 cm Länge einigermaßen dem Typus der Fig. *a* oder *h*, einer dieser Fälle von 14 cm Länge ist in Fig. 29 als Embryo XI dargestellt: Das Asc. läuft schräg über die Niere von lateral unten nach medial oben, die Fl. coli d. post. liegt neben oberem Anfang des Duod. desc., nach Überkreuzung desselben Anschluß an die Fl. duod. sup.; in diesen Fällen bleibt die Fl. coli media besonders deutlich bestehen, da der ganze Colonschenkel seine Schräglage beibehalten hat, das Transversum dagegen quer oder in neu gebildeten, abwärts gerichteten Schlingen verläuft. Vier Fälle entsprechen dem Typus der Fig. *f*, zwei Embryonen von 13 cm, je einer von 16 und 18 cm Länge; dabei folgte das Colon noch genauer dem Umfang des rechten Nierenpoles: Caecum in der Rinne caudal-lateral am Nierenpol befestigt, Colonanfang quer, in medial-caudal konvexem Bogen aufsteigend, dann erst der Pars desc. duodeni, dann der Fl. duodeni sup. gleichmäßig parallel angeschlossen; in einem dieser Fälle, einem 13 cm langen Embryo, ist die rechtwinklige Knickung zwischen dem quer aufwärts gerichteten Teil des Ascendens ganz scharf und hinter das Duod. desc. von lateral her eingeschoben, zwischen dieses und die Rückwand, so daß die gesamte Fl. coli dextra spiralig den oberen Teil der Pars desc. und Fl. duodeni umläuft, unter inniger Verlötung, da wo es Duodenum oder Rückwand berührt; Caecum und Proc. vermif.-Anfang ist in diesem Fall ganz mit dem unteren Nierenpol und der Nische unter ihm verwachsen. Ein Fall entspricht etwa dem Typus *g*, die Knickungen ausgeprägter, Caecum mehr lateral und unterhalb des Nierenpols; ein Fall ist in Fig. *h* und *i* dargestellt; ein letzter zeigte völlig freies Ascendens schräg aufsteigend, wie früher etwa in Fig. 23. Hierzu kommt noch als 13. Fall der später zu besprechende Embryo XIV mit fehlendem Ascendens (Textfig. *q*).

Wenn man wieder hinzunimmt, daß auch bei den älteren Embryonen noch die Lage des Duodenum sup. in der größeren oder geringeren Entfernung von der Rückwand variiert, so kann man sich die außerordentliche Vielgestaltigkeit dieses Entwicklungsabschnittes vorstellen. Es ist schwer, einen einzelnen Normaltypus festzulegen. Am häufigsten (unter 24 Fällen neunmal) ist die in den Figuren *a* (*b* und *c*), h (*i* und *k*) und Fig. 29 dargestellte Form; sie ist wohl als Normalform zu bezeichnen, weil sie am zwanglosesten aus den jüngeren Stadien in die beim Erwachsenen als normal bezeichnete Lage überführt; die Merkmale dieses Typus sind: schräger und von vorn gesehen ziemlich gestreckter Verlauf des Ascendens, Caecum lateral unten am unteren Nierenpol, die scharfe Knickung der Fl. coli dextra post. etwa in der Mitte des Colonschenkels gelegen, neben oberem Anfang des Duod. desc., nach hinten in die Nieren-Duodenum-Lebernische gerichtet. Fast ebenso häufig ist auffallenderweise (unter 24 Fällen siebenmal ausgesprochen und zweimal annähernd) der in Fig. *f* dargestellte Typus, der so wenig den Verhältnissen beim Erwachsenen entspricht: Bei dieser Form liegt das erste Drittel des Ascendens quer, dem unteren Nierenrande angeschlossen oder vor der unteren Nierenhälfte, es biegt dann rechtwinklig aufwärts um, liegt mit dem aufsteigenden Drittel dem Duod. desc. entweder lateral oder ventral an und folgt mit dem letzten Drittel der Fl. duod. sup. Eine scharfe Knickung, die als Fl. coli d. post. bezeichnet werden darf, findet sich hier meist neben dem unteren Teil der Pars desc. duodeni, zwischen erstem und zweitem Drittel des ganzen Colonschenkels. Besonders bemerkenswert ist, daß bei sämtlichen vier Fällen der älteren Embryonen diese Querlage des ersten Ascendensdrittels durch breite Verwachsung mit der Rückwand fixiert war, eine Tatsache, die scheinbar schwer mit dem späteren Zustand beim Erwachsenen in Einklang zu bringen ist. Ich komme darauf zurück.

Zunächst einiges über die Ursache der ausgesprochenen Variabilität dieser Stadien. Die Bildung der Fl. coli d. post. wird, wie schon erwähnt, verursacht durch Einpressung des Colonschenkels, gewöhnlich ungefähr seiner Mitte in die Nische, welche ventral zur rechten Niere, lateral neben der Pars desc. duodeni, durch deren mächtige Vorwölbung gebildet wird. Vor Umlegung des Colonschenkels ist diese Nische vollkommen ausgefüllt durch den neben dem Duodenum herabreichenden rechten Leberlappen. Nun ist dessen relatives Zurückweichen bei gleich alten Embryonen durchaus nicht immer gleich weit fortgeschritten, der hintere Rand des rechten Lappens aber unter allen Umständen ganz entscheidend für die Lage des umgelegten Colonschenkels; denn bei allen untersuchten Embryonen liegt das Colon diesem hinteren Leberrand caudal angeschlossen und folgt genau seiner Konfiguration;

das kann nach der vorher gegebenen Darstellung der Rechtswendung auch gar nicht anders erwartet werden, da der Colonschenkel an der unteren Leberfläche entlanggleitend umgelegt wird. Die drei Abbildungen Fig. **23**, **24**, 25 zeigen die Verschiedenheit der rechten Lebernische resp. ihres unteren rechten Randes bei gleich alten Embryonen; bei **24** und 25 ist die Leber entfernt, man kann sich aber die Form ihres rechten Lappens nach der Form der Nische über dem Colonanfang, die sie ganz ausfüllte, leicht vorstellen. Je nach der Ausdehnung, in der die Leber rechts neben dem Duodenum herabreicht, liegt der Anfangsteil des Colon schräg oder quer, hoch oder tief, vor oberer oder unterer Nierenhälfte. Das ist das wichtigste Variationsmoment.

Aber auch das Duodenum ist, wie schon erwähnt, zu dieser Zeit abhängig von der Leberform: Je nachdem, ob sich der anfangs stets hinter Fl. duod. sup. und Pars desc. tief herabreichende Leberkeil während der Rechtswendung des Colon ganz zurückgezogen hat oder noch einen größeren Teil der Fl. duod. sup. von der Rückwand abdrängt, ist das Duodenum sup. mehr vorn und tief oder mehr hinten und hochgelagert. Das beeinflußt den medialen Anteil des Colonschenkels, der meist sehr genau der Fl. duod. sup. folgt. Von diesen beiden Einflüssen zusammen ist abhängig die Entstehung der Fl. coli d. post., die stets da zu suchen ist, wo die drei Organe: Leber, Niere und Duodenum zusammenstoßen und eine tiefe Nische bilden. Man sieht den Leberkeil hinter dem Duodenum in Fig. 2; bei Embryo III (s. Text) reicht der Leberkeil bis an die Fl. duod. inf., nur Pars inf. liegt der Rückwand bereits an; bei dem Embryo V ist die Pars inf. und untere Hälfte der Pars desc. angelagert, bei VI auch Fl. duod. sup., bei mehreren älteren dagegen fand ich wechselnde Verhältnisse, vgl. Fig. *i* und *k*. Jedenfalls erfolgt die allmähliche Anlagerung der Pars asc. gewöhnlich von 30 bis 50 mm. Die Pars sup. duodeni bleibt auch beim Neugeborenen in der Regel durch einen gegen das For. Winslowii gerichteten Leberkeil von der Rückwand getrennt.

Ein dritter beeinflussender Faktor von seiten der Leber ist gegeben in ihrer Gesamtform und Ausdehnung. Ihre Dachform während der Wendung ist in manchen Fällen steil, in manchen abgeflacht, letzteres besonders, wenn ihre mittleren Partien durch das Wachstum weiter nach unten gedrängt sind. Hiervon ist die Höhenlage der gesamten mittleren Baucheingeweide im Verhältnis zur Rückwand abhängig, also besonders die Lage der ganzen Duodenalschlinge zur rechten Niere: Ihre Verschiedenartigkeit bei gleich alten Embryonen kommt in der Figurenreihe *a*—*g* deutlich zum Ausdruck und ebenso der Einfluß auf die Colonlage; vgl. z. B. Fig. *a* und *e* = hohes Duodenum mit *b* und *f* = tiefes Duodenum.

Die bedingenden Momente für die definitive Lagerung des rechten Colon.

Die wechselnde Ausbildung und jeweilige Kombination der genannten drei Faktoren: Ausfüllung der Nieren-Duodenum-Nische durch den hinteren Teil des rechten Leberlappens, Stand des Duodenum sup. in sagittaler Dimension, Stand der Oberbaucheingeweide, insbesondere der Duodenalschlinge zur Rückwand — speziell zur rechten Niere — sind also die Ursache für die wechselnde Lagerung des Colon nach seiner Anlegung an die Rückwand. Es fragt sich nun, wie die einzelnen Typen zu den definitiven Lageformen führen, welcher Lageweise beim Erwachsenen jede einzelne Frühform entspricht. Um das im einzelnen klarzulegen, wäre aber ein sehr großes kasuistisches Material erforderlich, auch würde eine solche Auseinandersetzung nur Interesse haben unter genauer Berücksichtigung der Lage von Ileummündung und Proc. vermif. sowie der Colonligamente und Recessus. Eine recht umfangreiche Literatur über diese Fragen besteht bereits und findet sich zusammengestellt bei Schiefferdecker (1886), Ancel und Cavaillon (1907), Fredet (1914). Ich muß mich hier beschränken auf eine kurze Darlegung der allgemeineren bestimmenden Faktoren für den Übergang zur definitiven Lagerung, soweit es sich nicht um die im III. Teil zu erörternde Frage nach den Ursachen des extremen Caecumhochstandes handelt.

Toldt hat für die variable Art der rechten Colonanordnung beim Erwachsenen eigentlich nur ein ursächliches Moment geltend gemacht, nämlich die sekundäre Verwachsung des Colonschenkels mit der Rückwand: Tritt diese frühzeitig in großer Ausdehnung auf, so soll das zu kurzem Ascendens und hochstehendem Caecum führen, im gegenteiligen Falle entsprechend umgekehrt, eine Anschauung, die von vielen späteren Autoren angenommen wurde, (s. Literatur über Caecumhochstand im III. Teil); wenn dieser Ansicht etwa der Gedanke zugrunde liegt, daß ein frühzeitig angeheftetes Colon im Wachstum gehemmt werden müsse gegenüber einem längere Zeit oder auch dauernd freibleibenden, so widersprechen dem sichere Beobachtungen: Es finden sich bei älteren Embryonen und Neugeborenen zahlreiche Fälle, bei denen trotz innigster Verwachsung des gesamten Colonschenkels vom Caecum bis zur Verbindung mit dem Duodenum dieser Schenkel sehr lang ist, wobei er dann häufig in verschiedenartigen, mit der Nachbarschaft und miteinander verwachsenen Schlingen und Biegungen verläuft; extreme Fälle dieser Art sind z. B. Embryo $8^1/_2$ cm und Fall III des III. Teils; bei solchen Fällen sieht man sogar Colonbiegungen, welche bereits bestehende Verwachsungen benachbarter Organe wieder sekundär getrennt haben, dadurch, daß sie sich dazwischen hineindrängen; so z. B. Duodenum desc. von der Rückwand (wie in Textfig. *q*) oder auch Netz vom

Mesocolon transversum (Fall III); danach ist der oben geäußerte Gedanke sicher abzulehnen, und für besondere Kürze des rechten Colonschenkels beim Erwachsenen kann also frühzeitige Verwachsung nicht verantwortlich gemacht werden. Aber auch die Lage des Caecum und Ascendens beim Erwachsenen ist nicht zwingend abhängig von dem Zeitpunkt und Umfang der Verwachsung; das beweisen folgende Tatsachen: Man findet bei Foeten von 10—18 cm Länge oft das ganze Ascendens mit Caecum oberhalb des Beckens mit dem parietalen Peritoneum breit verwachsen in der Gegend des unteren Nierenpoles, sehr viel häufiger als beim Erwachsenen; man findet ferner häufig die oben erwähnte Querlage des Ascendens in relativ frühen Stadien schon ganz fixiert (s. z. B. Fig. *e* oder *f*, eine Anordnung, die ich bei vier Embryonen unter 18 cm völlig fixiert fand), während solche Lage beim Erwachsenen meines Wissens überhaupt nicht beobachtet wurde; danach ist anzunehmen, daß auch ein schon festgewachsenes Colon ascendens seine Lage zur Rückwand noch ganz erheblich ändern kann, daß also der sog. Descensus des Caecum auch dann erfolgen kann, wenn die Ileocäcalgegend schon frühzeitig am parietalen Peritoneum befestigt worden ist.

Es ist auch zu erwägen, daß solche Umlagerungen überhaupt regelmäßig eintreten müssen, da sich die Bauchhöhlenform vom Embryo bis zum Erwachsenen völlig verändert, man vgl. Fig. *h* und *i* (Ascendens in ganzer Ausdehnung verwachsen) mit dem Bauchsitus eines Erwachsenen. Ähnliches zeigen Merkels Sagittalschnitte (1894); so muß z. B. stets die ganze Duodenalschlinge ein ganzes Stück nach rechts wandern, die Kreuzungsstelle des Colon mit Duodenum desc. ebenfalls, mit ihr die Fl. coli d. post.; diese findet sich beim 8—12 cm-Embryo nahe der Mittellinie (s. Fig.-Reihe *a—g*), beim Erwachsenen stets näher der lateralen Bauchwand als der Mittellinie. Die Möglichkeit solcher Verlagerung schon fixierter Eingeweide ist gegeben durch die relative Unabhängigkeit des parietalen Peritoneum von seiner Unterfläche. Denn das parietale Peritoneum ist der Träger der fixierten Teile, nicht aber das betreffende Organ der Rückwand (z. B. die Niere), an welchem scheinbar die Fixierung eintrat. Das parietale Peritoneum macht zum Teil die Wachstumsschiebungen der Rückwand nicht mit, sondern folgt vielmehr den raumsuchenden Wachstumsverhältnissen der an ihm fixierten Eingeweide. Denn stets und allerorts ist das parietale Peritoneum fester mit dem angehefteten Darm oder dessen Mesenterialabschnitten verbunden, als mit der Rückwand, also ist es an sich schon viel wahrscheinlicher, daß das Peritoneum dem Darmwachstum mehr nachgibt, als den dahinter gelegenen Gebilden der Rückwand.

Für den fälschlich sog. Descensus des Caecum gilt außerdem noch folgende besonders günstige Beziehung: Schon gleich nach der Wendung des Colonschenkels liegt das Caecum gewöhnlich dicht über dem

Beckenrand (z. B. in Fig. *h*, ebenso bei Embryo X, erreicht es die Crista iliaca). Dabei ist diese Stelle dem kleinen Becken und dem Vorderrand des Beckens relativ viel näher benachbart als die Crista iliaca beim Erwachsenen, infolge der geringen Raumausdehnung des Beckens und der Krümmung des Embryo. Wenn nun später das Becken wächst, die Wirbelsäule sich rückwärts beugt, so braucht nur das parietale Peritoneum des großen Beckens seine ursprüngliche Beziehung zu den Organen des kleinen Beckens zu bewahren, so wird es in dieses — relativ — hineingezogen werden, mit ihm die Ileocäcalregion, falls hier Verwachsung besteht; die Beckenschaufeln wachsen gewissermaßen hinter dem Peritoneum in die Höhe, während die gewaltig anwachsende Lendenwirbelsäule ebenfalls hinter dem Peritoneum emporwächst und die hintere Bauchwandung mit den Nieren und die dem Zwerchfell notwendig folgenden Oberbaucheingeweide in die Höhe treibt; so steigt die Leber relativ empor, mit ihr die Duodenalschlinge und die angeheftete Fl. coli dextra; indem sie zugleich relativ nach rechts gezogen wird, kommt es zur Streckung und Aufrichtung des Colon asc. und Senkung der Ileocäcalregion, auch wenn diese schon früh mit paritealem Peritoneum verbunden ist.

Ähnliche Anschauungen sind schon sehr früh von Luschka (1861) geäußert worden, der auf die frühe Verbindung der Ileocäcalverwachsung mit dem Inguinalring durch besonders dichte Stränge im parietalen Bauchfell aufmerksam machte; Luschka schloß daraus auf Abhängigkeit des Descensus caeci vom Desc. testiculorum; zum mindesten besteht in diesem „Lig. genito-mesenterium" eine besondere Beziehung des Caecum zum vorderen oberen Rand des kleinen Beckens durch weniger nachgiebiges parietales Peritoneum, was obige Darlegungen unterstützt. Neuerdings hat Broman (1914) die Ansicht geäußert, daß die sekundäre Verwachsungsstelle von Ascendens und Ileocäcalregion durch relative Wachstumsschiebungen caudalwärts ausgezogen wird, was er durch zwei Vergleichsfiguren eines 25 cm-Embryo und Erwachsenen sehr anschaulich illustriert. Diese beiden Abbildungen geben vor allem auch eine deutliche Vorstellung von der oben erwähnten Nachbarschaftsbeziehung der Ileocäcalgegend zum kleinen Becken resp. dem Peritoneum der Genitalorgane; wenn man sich ihr Verhältnis in Bromans Fig. 14 (Foetus 25 cm) bestehen bleibend denkt, unter gewaltigem Wachstum von Becken und Lendenwirbelsäule, so muß ganz zwanglos die in Bromans Fig. 15 beim Erwachsenen dargestellte Ausdehnung der Verwachsung zustande kommen. Ganz unrichtig ist nach alledem die Ansicht (Ancel und Cavaillon, 1907), daß ein „Auswachsen" des Colon asc. das Caecum ins Becken in wechselndem Grade vorrücken läßt; natürlich ist das Colonwachstum stets mit erforderlich, abe es ist nicht die Ursache der variablen Caecumlage.

Ganz andere Beziehungen treten nun ein, wenn irgendwelche Teile des Ascendens, z. B. die Fl. coli d. post. oder sogar das Caecum nicht nur mit dem parietalen Peritoneum, sondern mit der Leber frühzeitig verwachsen oder auch mit Leberligamenten, z. B. mit dem sehr früh auftretenden kurzen Lig. hepato-renale oder dem Lig. hepato-duodenale oder dessen evtl. bestehender Fortsetzung, einem Lig. cysto-duodenale (über die Genese dieser Bänder und genaue Kasuistik s. Ancel und Sencert, [1903], über ihre Beziehungen zur Genese der Fl. coli dextra s. Harms [1900], auch Broman [1906], über Beziehungen zur Ileocäcalregion s. Reid [1912]). Beim frühen Auftreten solcher Verbindungen wirken die erwähnten Wachstumsschiebungen ganz anders auf das betreffende angeheftete Colonstück: es muß der Leber folgen oder ihren Ligamenten und kann nicht mit den caudalen Partien des parietalen Peritoneum mitgehen. Hierfür sind äußerst lehrreich die häufig beim Erwachsenen vorkommenden Fälle, bei denen besondere Ligamente zwischen Fl. coli dextra oder gar Colonanfang und der Leber oder ihren accessorischen Ligamenten kombiniert sind mit Hochstand des Caecum und Kürze des ersten Ascendensstückes, dafür aber ausgiebiger Schlingenbildung der Fl. coli dextra; das ist zugleich die einzige Verlaufsform, für die das Toldtsche Variationsmoment, frühzeitige Verwachsung, sicher die rechte Colonlage entscheidend beeinflußt, aber eben mit der Einschränkung, daß die Verwachsung auf Leber oder ihre Ligamente übergreift.

Ohne auf ihre Kasuistik weiter einzugehen, möchte ich erwähnen, daß ich beim Erwachsenen eigentlich niemals reichlich ausgebildete accessorische Leberligamente (Lig. hepato-renale ant., post., Lig. cysto-duodenale) gefunden habe, ohne daß nicht zugleich eine besonders innige Verbindung mit der Fl. coli dextra, besonders ihrem Anfang, der Fl. coli d. post. bestand, so daß wohl vor allem das Auftreten der accessorischen Ligamente überhaupt schon ein wesentlich begünstigendes Moment für frühzeitige und reichliche Colonfixation ist.

Ebenso entscheidend ist die Art und Weise, in welcher bei der sich vollziehenden Anlagerung die Einteilung des Colonschenkels in Ascendens und Reststück, d. i. Gesamtstrecke der Fl. coli dextra, erfolgt, durch die Ausbildung der Fl. coli d. post. Das führt uns zurück auf die Typen der Colonlage beim $6^1/_2$—8 cm-Embryo Fig. *a—g*. Während nämlich das hierdurch abgegrenzte Ascendensstück, da es mit parietalem Peritoneum verwächst, noch nicht für die endgültige Lagerung vorbestimmt ist, auch wenn es sich zu dieser Zeit schon in ganzer Ausdehung verwachsen zeigt, wird die Fl. coli d. post. bei dieser Anlagerung viel entscheidender in ihrer zukünftigen Lage bestimmt, da sie mit dem Duodenum selbst verwächst; die Fl. coli d. post. entsteht ja, wie wir sahen, stets da, wo der Schenkel in die Duodenum-Nieren-

Lebernische nach hinten hineingepreßt wird. In dieser Beziehung ist also die Lagerung der Fl. coli d. schon frühzeitig entschieden: in der Verlaufs- und Anheftungsweise an das Duodenum; und in dieser Hinsicht dürften wohl auch die in *a—g* gezeichneten Typen die Vorstufen wechselnder Lageformen sein: Kurze Entfernung der Fl. coli d. post. von der (zuweilen ausgeglichenen) Fl. coli media (wie in Fig. 23, *a*, *c* und *h*) wird langes Ascendens, tiefes Caecum ermöglichen; langer Parallelverlauf der rechten Flexur mit dem Duodenum (wie etwa in 25, *b*, *k*, *f* und *g*) wird kürzeres Ascendens und höhere Caecumlage bewirken, da für die relative Abwärtsbewegung der Verwachsungsstelle mit parietalem Bauchfell relativ wenig Colon verfügbar ist; dabei wird der Colonschenkel im ganzen doch seine reguläre Länge erreichen, indem er, ursprünglich dem Duodenum in längerem Parallelverlauf angeschlossen, später innerhalb des Flexurbereichs in neu entstehende Windungen oder Nebenschlingen sich legt (vgl. Entstehung von Fall III im III. Teil).

Im ganzen sind hiernach für die endgültige Lage des rechten Colon, insbesondere für die Entstehung der rechten Flexur, für die Höhe des Caecum und Länge des Ascendens folgende Umstände bestimmend: Die Vorbedingungen schafft die Anlagerung des rechten Colonschenkels an die Rückwand entlang und entsprechend dem hinteren unteren Leberrand; dessen Konfiguration zusammen mit der Form und relativen Lage des Duodenum bestimmt entscheidend die Stelle am Colonschenkel, an welcher die Fl. coli d. post. entsteht, bestimmt also, in welchem Verhältnis diese den Colonschenkel in Ascendens und der Flexur angehörigen Abschnitt teilt. Da die Fl. coli d. post. fast stets sofort bei ihrer Entstehung in der Nische neben dem Duodenum desc. höher oder tiefer verwächst, gleichzeitig mit parietalem Peritoneum und Duodenum, häufig auch gleich mit dem früh entstehenden Lig. hepato-renale, so ist auch ihre Lage im Verhältnis zur Rückwand schon frühzeitig vorbestimmt. Dagegen macht die Ileocäcalregion und das Ascendens, gleichgültig, ob frühzeitig verwachsen oder noch frei, stets noch eine erhebliche relative Lageverschiebung caudalwärts durch, bedingt durch Wachstumsdifferenz von Darm mit parietalem Peritoneum einerseits und den Organen der Rückwand, Becken, Niere und Wirbelsäule andererseits, und zwar rückt sie weit oder weniger weit herab, je nachdem, wieviel Colon infolge der vorher erfolgten Teilung durch die Fl. coli d. post. für das Ascendens verfügbar geworden ist. Nur eine frühzeitige Festheftung an der Leber selbst oder an ihren accessorischen Ligamenten vermag diesen scheinbaren Descensus zu hemmen, nicht aber die frühzeitige Verwachsung mit parietalem Peritoneum, z. B. vor der rechten Niere.

In letzter Linie ist also die definitive Lage des rechten Colon schon weitgehend abhängig von der variablen Konfiguration des rechten

Leberlappens und der ebenfalls von der Leber beeinflußten Stellung und Form der Duodenalschlinge; das relativ spät einsetzende Wachstum und besonders die im Verhältnis zum übrigen Darm spät auftretende mächtige Volumenvergrößerung des Colon, beides unabhängig von früherer oder späterer Verwachsung, sind hierbei der wichtigste Faktor der Lageentwicklung.

5. Zusammenfassung über Gesamtverlauf und Mechanik der Darmdrehung; die Wechselwirkung zwischen Duodenum und Colon.

Um zu möglichst klaren Vorstellungen über den morphologischen und mechanischen Verlauf der Darmlageentwicklung zu gelangen, halte ich es für zweckmäßig, die in den bisherigen Ausführungen an ein umfangreiches morphologisches Material gebundenen und von Abschnitt zu Abschnitt einzeln erörterten Mechanismen der Lageentwicklung noch einmal im Zusammenhang darzustellen. Es ist notwendig, bei dieser Gelegenheit genauer, als es im Hauptteil geschah, auch auf die einleitenden Vorgänge der Duodenumentwicklung einzugehen, für die mir eigene Untersuchungen fehlen (ich halte mich dabei wesentlich an die Darstellung bei His [1885, III], Endres und Mall).

Denn das wichtigste Ergebnis der vorstehenden Untersuchungen scheint mir zu sein, daß dem Wachstum und den Lageveränderungen des Duodenum eine viel einschneidendere Bedeutung für die Morphologie und Mechanik der Darmdrehung zukommt, als bisher angenommen wurde, insbesondere wird die Lageentwicklung des Colon auf dem ganzen Wege vom Duodenum beeinflußt.

Die Darmdrehung als Ganzes umfaßt, wenn man den 5 mm-Embryo mit der definitiven Lage vergleicht, nicht nur die Nabelschleife, sondern es gehört untrennbar dazu die Bildung der Duodenalschlinge und die Wanderung ihrer Fl. duod.-jejunalis, andererseits die Erhebung des Colonbogens nach links zur Fl. lienalis; nur Enddarm und der Magen sind nicht unmittelbar beteiligt. Als morphologische Achse der Darmdrehung ist von vornherein kenntlich die Art. mesent. sup., sie bleibt bis zu ihrer teilweisen Umlegung durch den Colonschenkel ungestört in der Richtung, die sie vom ersten Auftreten an hat: von ihrem Eintritt ins dorsale Mesenterium (etwa in der Höhe des Pylorus) nach vorn abwärts, median, in gerader Richtung bis in den Scheitel der Nabelschleife hinein verlaufend. Auch mechanisch ist die Arterie die eigentliche Achse, mit ihr zusammen aber, vor allem in den Anfangsstadien, die Vena omph.-mesent., speziell ihr zur Vena portae werdender Anteil, der in den ersten Stadien der Darmdrehung an Volumen das Duodenum noch übertrifft, später aber fortschreitend an relativer Dicke und entsprechend an mechanischer Bedeutung verliert.

Die Darmdrehung wird eingeleitet durch die von der Leber bewirkte Linksdrehung des Magens, die beim 3—5 mm-Embryo bereits ca. 20° erreicht hat, während der ganze Darm noch in der Sagittalebene liegt, noch mit kaum abgrenzbarer Duodenal- und Nabelschleifenbiegung. Die Duodenalschlinge zeigt sich erst deutlich bei ca. 5 mm Länge, als S-förmige Biegung, deren obere vordere Konvexität der Pylorusregion, deren untere hintere dem Dünndarmübergang entspricht. Solange dieses Anfangsstück des Mitteldarms noch sagittal steht, bildet es mit seiner schwachen S-förmigen Biegung das Negativ (Endres) zu dem voluminösen Venendoppelring, mit dem die beiden Vv. omph.-mesent. diese S-förmige Doppelbiegung 8-förmig umschlingen: Dem oberen, von hinten oben nach vorn unten gerichteten Magen-Duodenum-Übergang entspricht ein von vorn oben nach hinten unten gerichteter Venenring; der vorderen Konvexität des Duodenalbogens die hinten im dorsalen Mesenterium liegende zweite Vereinigung der Venen, dem nach hinten abwärts gerichteten Mittelstück der S-förmigen Biegung ein zweiter, es umgreifender, nach vorn abwärts gerichteter Ring; vor der nach hinten gerichteten Konvexität liegt die dritte Venenvereinigung, von da laufen die paarigen Venen gleichsinnig mit dem Anfang der Nabelschleife; „es kommen auf diese Weise zwei im dorsalen Gekröse konvergierende und dort in der Höhe der Pankreasaussprossung sich tangierende Gefäßringe zustande. Indem nun das Venenpaar vor der ersten und nach der dritten Querverbindung verschmilzt und vom oberen Gefäßring die linke, vom unteren die rechte Hälfte verkümmert, tritt an die Stelle der symmetrisch gelegenen Vv. omph.-mesent. ein unpaarer Gefäßstamm, wie er sich eben bei einem vierwöchigen Embryo vorfindet" (Endres). Dieser Vorgang läßt aus der 8-förmigen eine S-förmige Schlinge werden, die die Pylorusregion rechts, die Duodenalschlingenmitte links kreuzt. Die beiden gekreuzten Darmteile weichen beim weiteren Wachstum entsprechend dahin aus, wo die vorher anliegende Vene verschwindet, also der Anfang nach links vorn, die Mitte nach rechts. Hierdurch und durch die gleichsinnige Magendrehung bekommt die Duodenalschlinge die für den weiteren Verlauf entscheidenden Richtungen: der Magen-Duodenum-Übergang quer vor der vorn konkaven dicken Vena omph.-mesent.-Biegung; er tritt damit quer vor die Achse und bleibt hier als Ruhepunkt, als mechanische Basis für die ganze Drehung, dauernd in dieser Stellung. Die Konvexität der Duodenalschlinge liegt jetzt nach rechts gerichtet, Mitte und unterer Teil rechts neben der V. omph.-mesent., die Konvexität ihres allmählichen Übergangs in den Dünndarm nach hinten gerichtet. Die schon früher begonnene Entwicklung des Pankreaskopfes in der oberen Konkavität des Duodenum erhält jetzt eine wichtige mechanische Bedeutung dadurch, daß er eine breitbasige innige Anheftung der oberen Duodenalbiegung um die Gefäße herum bewirkt und damit eine „Konzentration" des Mesoduodenum und Verschmelzung mit der Gefäßachse zu einem einheitlichen Stiel. Für die Rechtswendung des ersten Duodenalbogens kommt die Pankreasentwicklung beim Menschen wohl nicht mechanisch in Betracht, da sie schon vollzogen ist, wenn die Pankreasanlage wegen ihrer Kleinheit noch keine Wachstumswirkung ausüben kann; vielmehr wird der Pankreaskopf und mit ihm Ductus pankreaticus und choledochus durch die beiden genannten Faktoren mit dem oberen Duodenum zusammen nach rechts gewendet.

Bis zu diesem Zeitpunkt, dem 7 mm-Embryo, wirken also außer dem langsamen Längenwachstum wichtige, außerhalb des Darms gelegene Faktoren: Leberwachstum auf die Linksdrehung des Magens, teilweise Obliteration des Venendoppelringes auf die Rechtswendung der Duodenalschlinge, die Pankreasentwicklung auf die innige Anlagerung des Duodenum an den Gefäßstiel und auf die Konzentration des Mesoduodenum. Von diesem Zeitpunkt ab beherrscht fast allein das Längenwachstum des Darmes die weiteren Vorgänge und führt zwangläufig infolge einer jetzt angebahnten Korrelation von Anfang- und Enddarm zu einer Wechselwirkung von Duodenum und Colon, die für den Ablauf der Drehung entscheidend ist; es entstehen nämlich jetzt noch folgende Lagebeziehungen: während die hintere Konvexität der Duodenalschlinge sich rechts neben die V. omph.-mesent. legt, wird die Nabelschleife nach vorn vorgetrieben; ihr Anfang liegt, eben mit dieser Schlußbiegung der Duodenalschlinge, in einer Rinne zwischen Wolffschem Körper und dorsalem Mesenterium, ihr absteigender Dünndarmschenkel oberhalb und rechts zum aufsteigenden, ihr Scheitel vorwärts-abwärts gerichtet in der Nabelschnur, ihr aufsteigender Colonschenkel geht in sanftem, sagittal stehendem Bogen hinten vor der Wirbelsäule in den abwärts gerichteten Enddarm.

Die beiden entscheidenden Beziehungen zwischen Duodenum und Colon, die in dieser Lageweise gegeben sind, sind folgende: 1. die Anlagerung des Duodenum-Dünndarm-Überganges rechts seitlich an das dorsale Mesenterium; dieser Mesenteriumabschnitt ist nämlich das Mesenterium der primären Colonbiegung, das sich in dem von Art. mesent. sup. und Wirbelsäule gebildeten Winkel sagittal ausspannt; und 2. eine direkte mesenteriale Verbindung des Duodenumanfanges mit dem Übergang des Colonschenkels in den Colonbogen, die ebenfalls durch die seitliche Wendung des Duodenum bedingt ist; indem nämlich das Duodenum als Seitenschlinge um die Achse der V. omph.-mesent. und Art. mesent. sup. herumgelegt wird, bleibt der Duodenumanfang an der gleichen Stelle vorn quer über die Gefäße gelagert, an welcher der Übergang des Colonschenkels in den Colonbogen dicht unterhalb der Gefäße ihnen parallel angeschlossen liegt; beide sind mit den Gefäßen ziemlich kurz mesenterial verbunden, der Duodenumanfang nur unter Zwischenlagerung eines schmalen Pankreasstreifens, das Colon durch ganz schmales Mesenterium direkt mit der Art. mesent. sup.

Da die Gefäße mit dem ihnen aufgelagerten Pankreaskopf einen geschlossenen dicken Stiel bilden (von mir als „Gefäß-Pankreas-Stiel" bezeichnet), den das Duodenum breit aufgelagert quer umzieht und dem das Colon unten dicht angeschlossen anliegt, ist die Wirkung der ersten Lagebeziehung beim weiteren Wachstum ganz zwangläufig: Die Fl. duod.-jejunalis wird um den Stiel herumgetrieben durch gleichsinniges Wachstum beider Schenkel, nachdem sie sich bereits zwischen 15 und 17 mm zu einem scharfen Knick zusammengebogen und nach links gewendet hat; sie stößt gegen den Colonbogen und dessen Mesenterium, schiebt ihn nach links unter Umwendung und Faltung und Ausbreitung seines Mesenterium und setzt diese Wirkung immer weiter fort durch gleichsinnige Vortreibung auch der l. Jejunumschlinge, bis zur völligen Linkswendung und Erhebung der Fl. lienalis. Hierbei setzt zum erstenmal das Colon selbst helfend ein durch sein langsam zunehmendes Eigenwachstum; ohne dieses kann der ganze Vorgang nicht zustande kommen, da der Colonbogen durch seine Lage ein Hindernis für die wandernde Fl. duod.-jejunalis bildet; er wird geschoben, aber muß gleichzeitig mitsamt seinem Mesenterium stark wachsen, um die Wendung und Erhebung nach links und Ausbreitung und Faltung seines Mesenterium vollziehen zu können. Ist die Wendung erst einmal im Gange, so ist dem Wachstum des Colon die Richtung gegeben; entsprechend der Richtung ihrer Schenkel muß die aus dem Colonbogen sich bildende Fl. lienalis nach links oben getrieben werden.

Während diese Wirkung der um den Gefäß-Pankreas-Stiel herum nach links vorgetriebenen Fl. duod.-jejunalis auf die Linkswendung des primären Colonbogens sich zweifelsfrei erweisen läßt, ist die zweite Beziehung in ihrer Wirkung weniger klar, aber morphologisch ebenfalls ganz sichergestellt, d. i. die von Anfang an bestehen bleibende Mesenterialbeziehung zwischen Duodenumanfang und Colon. Die Stelle des Colon, die diese Beziehung zum Duodenumanfang hat, ist, solange das Colon eine sagittale Lage beibehält, der Übergang des geraden Colonanteils (aufsteigender Nabelschleifenschenkel) in den Colonbogen, also der Anfang der primären Colonbiegung. Indem der Colonbogen durch die Fl. duod.-jejunalis und 1. Jejunumschlinge unter eigenem Wachstum nach links gewendet wird, entsteht hier eine leichte Knickung, die ich „Fl. coli media" benannte. Diese wird schon durch die darunter geschobene Fl.-duod. jejunalis und weiterhin durch die Wirkung der unter dem Colon sich nach links entwickelnden Jejunumschlinge etwas erhoben und ganz gering nach rechts geschoben, so daß sie erst neben, dann über die Art. mesent. sup. und den schmalen Pankreasstreifen, bis unmittelbar an den Duodenumanfang herangelagert wird. Die Entfernung dieses Weges ist minimal, die Verbindung mit Duodenum ursprünglich, das Mesocolon an dieser Stelle dauernd ganz schmal. Die Anlagerung der Fl. coli media an den Duodenumanfang geschieht schon vor der Rechtswendung des Colonschenkels, selbständig, in kontinuierlicher Fortsetzung der links begonnenen Anlagerung des Colon an die große Kurvatur. Die Verlötung mit dem Duodenum erfolgt sofort, gleichzeitig mit der Anlagerung, durch Vermittlung des Netzes, welches hier seine rechte Grenze hat.

Wenn jetzt unmittelbar folgend auf diese Anlagerung der Fl. coli media an das Duodenum auch der ganze Colonschenkel der Nabelschleife nach rechts gewendet wird, so geschieht dieser letzte Teil der Darmdrehung ganz sicher im wesentlichen unter der Wirkung des Dünndarmwachstums. Von Toldt, Mall, Fischer und Eisler u. a. ist diese „Rollwirkung des wachsenden Dünndarmkonvolutes" als wesentlichster Faktor der ganzen Darmdrehung angesprochen worden; sie besteht zweifellos, aber sie ist nach meiner Auffassung sekundär, gleichsinnig, unterstützend, in ihrer Richtung allein bestimmt von der primären Wirkung des Duodenumwachstums; denn das Duodenum allein, in Abhängigkeit seiner morphologischen Beziehung zur Achse, dem Gefäß-Pankreas-Stiel, bringt die Wendung der Fl. duod.-jejunalis zustande und bestimmt damit die Richtung ihrer Wanderung; diese selbst vollzieht sich unter der Wachstumswirkung beider Schenkel, aber ihre Richtung nach links unter dem Gefäß-Pankreas-Stiel hindurch wird vom Duodenumschenkel der Flexur bestimmt: Dieser ist an die Achse gebunden, der Dünndarmschenkel dagegen relativ frei. So wird also dem ersten Teil des Dünndarms, den intraabdominal sich entwickelnden Jejunumschlingen, ihre Richtung vom Duodenum vorgeschrieben; es gehört hinzu, wie schon ausgeführt, daß der Colonbogen durch sein Eigenwachstum sich der gegendrängenden Fl. duod.-jejunalis unterwirft und so den Weg in die linke Bauchhöhlenseite für den Dünndarm freigibt.

Es fragt sich, wie nun das Wachstum der extraabdominal entstehenden Dünndarmschlingen wirkt; für dieses habe ich eigene Untersuchungen nicht mitaufgeführt, da ich die Befunde von Mall und Fischer und Eisler, die sich am ausführlichsten damit beschäftigen, nur bestätigen konnte. Der extraabdominal liegende Hauptteil der Nabelschleife entwickelt in seinem gesamten Dünndarmanteil ein enormes Längenwachstum, also sowohl am ganzen oralen wie am vorderen Teil des aboralen Schenkels bis zum Caecum. Da weder das Colon noch die Achse Schritt halten, muß er sich in alternierende Schlingen legen; die Schlingenbildung ist eine relativ unabhängige Etappe der Darmentwicklung, da das ganze Konvolut der Nabelschnurhöhle nur durch je einen Schenkel mit dem intraabdominal gelegenen Jejunumanteil und Colon in Verbindung ist; trotzdem geschieht sie, wie zuerst Mall nachwies, mit erstaunlicher Gesetzmäßigkeit, so daß man regelmäßig bei Foeten, oft sogar beim Erwachsenen, die Schlingengruppen noch nachweisen kann, die aus dem zuerst sich bildenden in regelmäßigem Verlauf hervorgehen.

Die Ursachen dieser Gesetzmäßigkeit sind nicht ganz leicht zu verstehen, immerhin lassen sich doch gewisse Abhängigkeiten erweisen: einmal die Lage der beiden Schenkel zueinander im Nabelring; die ursprüngliche Lage, Dünndarmschenkel über dem Colonschenkel, verändert sich nur sehr wenig, der Dünndarm tritt rechts neben oder auch nur rechts oberhalb neben den Colonschenkel, und zwar infolge der Richtung des in die Bauchhöhle hinein nach links unten gerichteten Jejunumschenkels der Fl. duod.-jejunalis. Es muß ja beim Längenwachstum dieser relativ wenig befestigten Darmteile jeder einseitigen Wachstumsrichtung die umgekehrte Gegenwirkung des anschließenden Darmteiles entsprechen nach dem Prinzip von Druck und Gegendruck, Stoß und Rückstoß; daher wird regelmäßig der im Nabelring gelegene Dünndarmabschnitt den nach oben oder rechts oben gerichteten Scheitel einer flachen Schlinge bilden müssen, deren abdominaler Schenkel sich gewissermaßen gegen die Fl. duod.-jejunalis gegenstützt; von ihr aus ist dann das Wachstum nach beiden Seiten, abwärts und links gerichtet; diese Schleife ist an allen Rekonstruktionsbildern Malls sehr klar zu sehen (bezeichnet mit Schlinge 3). Das beschriebene Verhalten hat zur Folge, daß im Nabelschnurkonvolut von Anfang an das Bestreben sein muß, die Schlingen von rechts oben nach links unten hin zu entwickeln, so daß der Hauptteil des Dünndarmknäuels rechts neben und unter den Colonschenkel zu liegen kommt. Eine zweite Abhängigkeit ist in der Verbindung der Achse mit dem weiteren Nabelstrang selbst gegeben durch die V. omph.-mesent., die sich über den Scheitel der Schlinge hinweg in den oberen Inhalt der Nabelschnur fortsetzt; sie verhindert ein Abweichen der Dünndarmschlingen von der erwähnten Richtung. Unterstützend wirkt hierbei wohl auch die Verbindung des Darmscheitels selbst mit dem weiteren Nabelstrang in Gestalt des Ductus omph.-mesent. Dazu kommt als dritter Faktor die Trägheit des Colonwachstums und der Art. mesent. sup.; beide werden durch eine vom wachsenden Dünndarmknäuel ausgeübte Spannung, welche im ganzen nach dem Schleifenscheitel zu wirken muß, gestreckt erhalten und müssen so ebenfalls bestrebt sein, ihre einmal bestehende Lage links und kranial zum Knäuel zu bewahren. Eine solche scheitelwärts wirkende Spannung muß angenommen werden, da der Dünndarm sich ja nicht freiwillig, sondern nur gezwungen durch die zurückbleibende andere Schleifenseite in Windungen legt; sie ist also die Gegenwirkung des sich ausdehnenden Dünndarmknäuels gegen das verharrende Colon. Nur hierdurch ist auch zu erklären, daß der im Verhältnis zum Dünndarm so schwache Colonschenkel trotz der gewaltigen Lageschiebungen neben und um ihn herum seine gestreckte Lage bewahrt; dabei ist von Wichtigkeit, daß dieser Spannung am anderen Schenkelende des Colon als Fußpunkt entgegenwirkt die kurze Verbindung der Fl. coli media mit dem Duodenum sup. und dem Pankreaswinkel resp. der daraus hervorkommenden Art. mesent. sup. Nur durch diese kurze Verbindung wird es verhindert, daß das Dünndarmwachstum den Colonschenkel aus der Bauchhöhle in die Nabelschleife hineinzieht, da ja der weitere Colonverlauf, der Colonbogen, infolge der Ausbreitung seines Mesenterium nur geringen Widerstand leisten kann. Ich glaube, daß dieser Zug auf die Fl. coli media noch eine besondere Wirkung ausübt, indem er durch den Zerrungsreiz zur ligamentösen Verdichtung dieser Verbindung führt und die Verwachsung dieser Stelle mit dem Pankreaskopf und Duodenum begünstigt. Die Spannung wirkt nur bis zum Caecum hin, für den nur aus Dünndarm bestehenden Scheitel und die daraus entstehenden Ileumschlingen gilt noch eine besondere Drehwirkung, auf die ich noch zurückkomme.

Wie man sieht, ist also am extraabdominalen Konvolut ein richtunggebender Faktor von vornherein am Werke, nämlich die Wachstumsrichtung des distalen Schenkels der flachen Jejunumschlinge, die im Nabelring liegt; die beiden anderen Faktoren, eine gewisse Fixierung des Scheitels und Spannung der Colonseite des Knäuels, sind nur unterstützend; so ist also im letzten Grunde wiederum das Duodenum entscheidend auch für die Entwicklung des Nabelschnurkonvoluts, da es durch die Fl. duod.-jejunalis unter Vermittlung ihres abführenden Schenkels auch der Verbindungsschlinge zum extraabdominalen Dünndarmanteil die erste Richtung vorschreibt.

Wenn im weiteren Verlauf das extraabdominale Konvolut allmählich in die Bauchhöhle aufgenommen wird, so helfen neue gleichsinnige Momente den schon bestehenden Tendenzen zur völligen Auswirkung: Die Bauchhöhle weitet sich zuerst und in stärkerem Maße in der linken Seite, infolge der Wachstumsdifferenz von rechtem und linkem Leberlappen; so werden die ersten Jejunumschlingen des Knäuels bei ihrer Aufnahme in die Bauchhöhle in Richtung ihres Verbindungsschenkels also nach links unter dem Colon hindurchgeschoben; wird dann auch die rechte Bauchhöhlenseite freigegeben, so tritt hier das noch übrige Ileumkonvolut hinein; dadurch wird eine Querstellung des ganzen Dünndarmknäuels mit dem Scheitel nach rechts eingeleitet. Hierbei wirkt mit eine schon vorher begonnene Spiraldrehung des aus Ileumschlingen gebildeten Scheitels, welche gleichsinnig mit der ganzen Darmdrehung, nämlich (von vorn gesehen) entgegen dem Uhrzeiger, wirkt, hervorgerufen durch gleich zu erörternde Ursachen.

Das ist im ganzen die sog. Rollwirkung des Dünndarmkonvoluts, welche den anscheinend völlig passiv sich verhaltenden Colonschenkel über das Knäuel hinweg von links nach rechts umlegt und unter der Leber entlang an die hintere Bauchwand befördert. Ich möchte aber gegenüber den genannten Autoren glauben, daß zu dieser Wirkung eine aktive Beteiligung des Colon hinzukommt, sein eigenes Wachstum, sowohl für die Vorgänge an der Fl. coli media wie auch für die Rechtswendung des Schenkels selbst. Man muß sich zunächst einmal klarmachen, daß auch ohne die drehende Wirkung des Dünndarmkonvoluts das wachsende Colon von der Linkswendung der Fl. lienalis an keinen anderen Weg mehr nehmen kann als den der Rechtswendung seines Anfangsteils unter Anschluß der Fl. coli media an das Duodenum. Das Wachstum des sagittalen Colon muß zunächst den Colonbogen nach oben zu schieben suchen, dem Magen entgegen. Indem hier die Linkswendung des Colonbogens durch die Fl. duod.-jejunalis hervorgerufen wird, findet der zuführende Schenkel der Colonflexur (von Fl. media bis lienalis) Parallelanschluß an die große Kurvatur unterhalb des Netzes. Wächst nun der mittlere Teil des Colon weiter (Gegend der Fl. coli media), so muß diese entsprechend der Richtung ihrer Schenkel zwangläufig immer mehr Colon an den Magen und weiterhin an Pylorus und Pars sup. duodeni heranschieben. Diese geringe Rechtsaufwärtsschiebung muß erfolgen, da nach abwärts, caudal zum Gefäßstiel, an den sie befestigt ist, um den sie also rotieren muß, der Weg versperrt ist durch die mächtige, kurz am Stiel befestigte Fl. duod.-jejunalis, speziell ihren abführenden Schenkel.

Eine einzige andere Möglichkeit ist gegeben, nämlich die Ausbildung einer besonderen Schlinge des Colon transversum in folgender Weise: Außer der Fl. coli media ist gewöhnlich (s. Embryo III) durch Wirkung der gegengestauchten Fl. duod.-jejunalis eine weitere stumpfwinklige Knickung des Colon zwischen der Fl. media und lienalis entstanden; wenn diese nun bei der Erhebung durch die Fl. duod. jejunalis an die große Kurvatur heran nicht alsbald durch Netz an den Magen befestigt wird, so kann sie beim Wachstum des mittleren Colonstücks einen Hauptteil des Colon in sich einbeziehen durch Auswachsen im Sinne ihrer ersten Anlagerichtung, also nach abwärts. Eine solche Schlinge des Colon transversum findet sich sehr häufig beim älteren Foetus wie beim Erwachsenen, es ist Klaatschs Prosimierschlinge. Ich habe sie aber niemals stark ausgeprägt gesehen schon vor der normalen Verwachsung des Colon mit dem Duodenum sup., muß also annehmen, daß sie in der Regel erst nachträglich durch starkes Wachstum des bereits in den Endabschnitten festgelegten Colon transversum entsteht unter sekundärer Wiederentfernung von der großen Kurvatur. Damit bleibt in der Regel für das weitere Wachstum des mittleren Colonabschnittes nur die vorher angegebene Richtung, Anlagerung der Fl. coli media an die Fl. sup. duodeni.

Immerhin ist dieser Teil des Colon, für den die Rechtswendung durch Eigenwachstum und Gegenstauchen gegen das Duodenum wirklich nachweisbar ist, nur ein Teil des Colonschenkels der Nabelschleife; für die Wendung des ganzen Colonschenkels nach rechts hinten bliebe die beschriebene rollende Wirkung des Dünndarmkonvolutes als einzige Ursache bestehen, wenn man nicht für diesen zuletzt gedrehten Anfangsteil des Colon die Mitwirkung durch Colonwachstum theoretisch erschließen könnte. Vielleicht reicht die von Toldt, Mall und Fischer und Eisler gegebene Erklärung aus, mechanisch ist kaum ein Einwand zu machen. Doch sei an dieser Stelle hingewiesen auf eine bemerkenswerte Analogie der menschlichen Darmdrehung mit den viel klareren mechanischen Verhältnissen, die sich bei den anuren Amphibien bei der Bildung des Spiraldarmes abspielen, wo zweifellos das Eigenwachstum eines dem Colon entsprechenden Darmstückes den gleichen Wirkungswert hat wie das des Mitteldarms. Reuter (1900) hat von Alytes obstetricans eine ausführliche Beschreibung und Abbildungen von der Enstehung der Darmspirale gegeben. Die Spirale ist eine gleichsinnige Doppelspirale, gebildet vom ab- und wieder aufsteigenden Mitteldarm um die Gefäßachse herum. Das Prinzip ihrer Entstehung ist folgendes: Eine mittlere Achse, Gefäß- und schmales Mesenteriumblatt, trägt beiderseits Darm, zwei ungleich dicke Schenkel, die am Scheitel ineinander übergehen. Die Achse bleibt kurz, während beide Darmteile ein gleichmäßiges enormes Längenwachstum erfahren. Da der Scheitel ganz frei ist, nicht wie beim Menschen in der erwähnten Weise eine gewisse fixierende Fortsetzung hat, kann die ganze Achse mit dem Scheitel rotieren. Der enorm sich verlängernde Darm sucht um die Achse, die nicht mitwächst, einen möglichst langen Weg unter möglichst kurzer Entfernung von der Achse, mit der er ja allerorts durch schmales Mesenterium verbunden ist; da beiderseits der Darm gleichmäßig wächst, muß es zur Spiraldrehung kommen, nämlich so, daß der absteigende Darm mehrfache Spiraltouren um die Achse bis zum Scheitel durchläuft, die der aufsteigende rückläufig bis zum Anfang wiederholt. Die mechanischen Vorbedingungen sind dabei: kurze Achse, freier Scheitel, gleichmäßiges Längenwachstum beider Schleifenschenkel. (Ob tatsächlich der Widerstand der kurzen Achse oder die Raumbeschränkung wirkt, wie es für Alytes wohl zutrifft, ist für die mechanischen Vorstellungen gleichgültig.)

Beim Menschen findet nun ein ungleiches Wachstum statt; der Dünndarm proliferiert enorm, das Colon verharrt in gleicher Länge wie die Gefäßachse und wird mit ihr zusammen durch die erwähnte Spannungstendenz, die im ganzen Knäuel besteht, gestreckt erhalten. Spiraldrehung könnte also zunächst nur am Scheitel eintreten, da hier beide Schleifenschenkel aus gleichmäßig wachsendem Dünndarm bestehen; tatsächlich ist meist am Ileumkonvulut des Nabelbruches der wiederholte Ansatz zu einer Doppelspiralbildung, gleichsinnig mit der ganzen Darmdrehung, erkennbar; besonders das Caecum mit Proc. vermif. ist stets in eine Spiraldrehung des Scheitels der letzten Ileumschlinge mit hineinbezogen; freilich ist diese Spirale nicht korrekt, sondern mit alternierender Schlingenbildung vermischt, wohl infolge der erwähnten anfänglichen Verbindungen des Scheitels mit dem weiteren Nabelstrang, welche anfangs keine ganz freien Drehungen des Scheitels zulassen. Der übrige Dünndarm, welchem auf der anderen Schleifenseite Colon korrespondiert, kann dagegen nur alternierende Windungen bilden, wie es tatsächlich für das Jejunum stets zutrifft. Das Bemerkenswerte ist nun, daß mit Rückkehr des Darmkonvoluts in die Bauchhöhle auch das Colonwachstum so stark wird, daß es dasjenige der Gefäßachse übertrifft; das Colon muß also jetzt einen anderen, längeren Weg als die Gefäßachse suchen; so vollführt es die einzige Bewegung um die Gefäßachse herum, die ihm durch die am Scheitel begonnene Drehung und durch die an der Basis eingeschlagene Richtung des Mittelcolon (entlang der großen Kurvatur) vorgeschrieben wird: es schlägt sich über die Gefäßachse nach rechts hinüber, oder besser, es hilft dem Dünndarmkonvolut eine Spiraldrehung um 90° ausführen, die sowohl die Achse wie das Colon selbst zwangläufig nach rechts umlegen muß, da Achse und Colon nicht in der Mitte des Knäuels, sondern an seinem oberen resp. linken Umfang liegen. Unerläßlich für diesen Vorgang ist ein Überwiegen des Colonwachstums über das der Achse, die übrigens inzwischen verstärkt und gegen Zug widerstandsfähiger geworden ist dadurch, daß zur Arteria und Vena mesent. sup. noch dicke Massen des späterhin die mesenterialen Lymphdrüsen liefernden Gewebes hinzugekommen sind; dies Colonwachstum ist wirklich nachweisbar daran, daß erst vom Augenblick des Hinüberschlagens nach rechts an der Colonschenkel anfängt, sein bis dahin ganz schmales Mesenteriumblättchen zu verbreitern und sich selbst in Biegungen zu legen, die zur Entstehung der Fl. coli dextra in der beschriebenen Weise führen.

Somit vollführt das Colon mit dem bereits fertig ausgebildeten Dünndarmknäuel noch in letzter Stunde eine gemeinsame Drehung, die dem Prinzip der Doppelspiralbildung entspricht, nachdem es bis dahin gerade das Colon war, das infolge seiner Wachstumsträgheit zusammen mit der Achse solche freien Drehungen des Dünndarmknäuels verhindert hat.

Ich gebe zu, daß aus der Untersuchung der menschlichen Lagebilder allein eine Mitwirkung des Colon bei der letzten Drehung des in die Bauchhöhle zurückgekehrten Darmknäuels wohl kaum bewiesen werden kann.

Vielleicht wird es aber vergleichenden embryologischen Untersuchungen gelingen, die Darmdrehung in ihrer Morphologie und Mechanik nicht nur mit dem Spiraldarm der Anuren, sondern auch späteren komplizierteren Entwicklungen in Beziehung zu setzen. Vorläufig fehlt mir genügend vollständiges Material, um mehr als einen bloßen Hinweis auf die Analogie der menschlichen Verhältnisse geben zu können. Doch sei noch bemerkt, daß bei Alytes durch Bildung einer Seitenschlinge des Anfangsdarms nach rechts (entsprechend einer Fl. duod.-jejunalis) Beziehungen zwischen Anfangsdarm und dem aus der Spirale zurückkommenden, in den Enddarm überführenden Darmstück bestehen, die ganz auffallend den menschlichen Verhältnissen gleichen. Auch bei mehreren anderen Wirbeltierarten fand ich einen gewissen Komplex der Erscheinungen ganz ähnlich den menschlichen, nämlich stets vom Anfangsdarm nach rechts seitlich eine besondere Seitenschlinge um die Drehungsachse herumgeschlagen, entsprechend der Fl. duod.-jejunalis, erst von deren abführenden Schenkel an jeweilig entweder Doppelspiraldrehung oder alternierende Schlingenbildung oder beides vermischt, im ganzen sehr mannigfaltige Formen des Dünndarmknäuels, dann aber ganz regelmäßig eine auffallende Parallellagerung des zum Enddarm führenden Darmbogens mit dem zur erwähnten Seitenschlinge zuführenden Schenkel des Anfangsdarmes, ganz ähnlich dem Parallelanschluß des menschlichen Colon an Duodenum und Magen; gerade diese letzte Beziehung ist bei vielen Tieren (z. B. Carnivoren) noch viel ausgeprägter, der parallele Verlauf und der gegenseitige Anschluß auf einer erheblich größeren Strecke und der gemeinsam verlaufende Bogen viel ausgedehnter als beim Menschen. Diese letzten Beobachtungen brachten mich zuerst auf den Gedanken, daß ein besonderes gemeinsames Zusammenwirken von Colon und Duodenum bei der Lageentwicklung bestehen müsse in Form gleichsinnig gerichteter Wachstumsbewegung trotz des gegensinnigen Verlaufs beider Teile an den Parallelstrecken.

Ich beabsichtige daher, die vergleichenden Untersuchungen dieser Art fortzusetzen, da ich der Überzeugung bin, daß der Vergleich der entwicklungsmechanischen Verhältnisse viel tiefer in die Probleme der Phylogenese der Darmlage einzudringen gestatten wird, als es auf dem von Klaatsch (1892) beschrittenen Wege des Vergleichs mesenterialer Bildungen geschehen konnte, die zum Teil ganz sekundärer Art sind, wie z. B. das Lig. hepato-cavo-duodenale. Immerhin hat auch Klaatsch am Vergleich fertiger Formen die fundamentale Bedeutung gerade der Duodenum-Colon-Verbindungen erkannt.

Überblickt man den ganzen Verlauf der Darmdrehung, so lassen sich also folgende Wechselwirkungen von Duodenum und Colon nachweisen: 1. Linkswendung der Fl. duod.-jejunalis gegen den Colonbogen, Erhebung desselben zur Fl. lienalis unter Mitwirkung der 1. Jejunumschlinge; erforderlich ist zur Durchführung dieses Vorganges Eigenwachstum des Colonbogens; 2. Drehung der durch den ersten Vorgang entstandenen Fl. coli media um die Art. mesent. sup. herum, dem Duodenumanfang entgegen, mit dem diese Colonstelle ganz ursprüngliche und mechanisch wirksame Mesenterialbeziehung aufweist; 3. Entwicklung des Dünndarmkonvoluts unter richtunggebenden Bedingungen, die ihm das Duodenumwachstum und die Colonlage und seine Wachstumsträgheit vorschreiben; 4. Drehung des Dünndarmknäuels um die Gefäßachse im Sinne der vorausgehenden Wanderung der Fl. duod.-jejunalis, zwar vollzogen durch Wachstumsschiebungen des Dünndarms selbst, welche aber zwangläufig der durch die Fl. duod.-jejunalis vorgeschriebenen Richtung folgen, wobei das zunächst träg verharrende Colon Abweichungen verhindert; 5. Vollendung der so begonnenen Drehung des Knäuels unter Mitwirkung des jetzt in ganzer Ausdehnung eingreifenden Colonwachstums, Umwendung des Colonschenkels nach rechts und Anlagerung an die Rückwand.

Dem gewaltigen Wachstum des relativ freien Dünndarms kommt lediglich eine an sich ganz richtungslose Tendenz zur Schlingenbildung zu, erst durch die entscheidende Wirkung des Duodenumwachstums wird eine Drehungsrichtung bestimmt; den jeweiligen Grad und schließliche Vollendung der Drehung reguliert das Colon.

Ungefähr gelten für die einzelnen Etappen der Darmdrehung folgende Daten (wegen Kleinheit des Materials nicht absolut zu nehmen):

Einleitend ist Magendrehung nach links; bei 7 mm-Embryo bereits Querstellung der Pylorusgegend, Duodenumwendung nach rechts.

Darauf Wanderung der Fl. duod.-jejunalis, die den Drehungsgrad der Dünndarmschenkelwurzel bezeichnet:

bei 7 mm 90°, bei 22 mm 180°, bei 33 mm 270°.

Wanderung der Fl. coli media, die den Drehungsgrad der Colonschenkelwurzel bezeichnet: bei 22 mm 0°, bei 33 mm 90°, bei 40 mm 180°.

Drehung des Dünndarmschenkels (-knäuels) und Colonschenkels zueinander:

bei 22 mm 45—90°, bei 33 mm 90—120°, bei 40 mm 180°, bei 45 mm 270°.

Die Wirkung des Eigenwachstums der einzelnen Darmabschnitte folgt dabei (mit gewissen Einschränkungen) zeitlich aufeinander, indem zuerst Magen-, dann Dünndarm-, dann Colonwachstum vorherrschen. Diese caudalwärts fortschreitende Wachstumssteigerung im ganzen Darm darf vielleicht auf die entsprechend fortschreitende Ausbildung des Blutgefäßapparates zurückgeführt werden, die ganz allgemein die kranialen Teile des Embryo den caudalen in der Entwicklung voraneilen läßt. Für diese Beziehung spricht besonders, daß am Colon gerade der Abschnitt, der wohl die besten Versorgungsbedingungen hat, nämlich der an den Anfang der Art. mesent. sup. angeschlossene Colonbogen, als erster durch kräftiges Eigenwachstum zur aktiven Mitwirkung an der Darmdrehung gelangt.

II. Störung der Wechselwirkung von Duodenum und Colon als Ursache von Lageanomalien (Hemmung der Darmdrehung).

Wenn jene Vorgänge, die bei der embryologischen Untersuchung in den Vordergrund gerückt werden: die Wachstumsdrehung des Duodenum, Wanderung der Fl. duod.-jejunalis, die Wachstumsrichtung dieser und der ersten Jejunumschlinge, das Einschieben beider in den Colonbogen und sein Mesenterium, die ursprüngliche und enge Mesenterialbeziehung von Duodenum resp. Pankreaswinkel und Colonmitte und schließlich das eigentümliche Ineinandergreifen der Wachstumswirkungen von Duodenum und Colon — wenn diese Vorgänge wirklich entscheidend sind für den Ablauf der Darmlageentwicklung, so muß bei allen denjenigen Lageanomalien des Darmes, welche auf einer Störung der Darmdrehung beruhen, in einer Störung der Wechselwirkung von Duodenum und Colon das genetisch wichtigste Moment liegen und so in ihrem Situs eine Störung der normalen Duodenum-Colonbeziehungen morphologisch zum Ausdruck kommen.

Für eine vollständige und systematische Untersuchung der bekannten Varietäten der Darmdrehung auf diese Frage hin ist das Gebiet zu umfangreich; auch scheint es mir zunächst wichtiger, überhaupt einmal die Anwendung der in der embryologischen Untersuchung neu gefundenen Regeln auf zugehörige Varietäten zu zeigen. Ich beschränke mich daher auf zwei typische Formen abnormer Darmlage, die am ehesten ganz auf eine Störung der beschriebenen Duodenum-Colonbeziehungen zurückgeführt werden können, das sind: 1. Grobe Hemmung der Darmdrehung unter Erhaltung des Mesenterium commune und Linkslage des Dickdarmes und 2. Hochstand des Caecum, beides nicht einheitliche, sondern dem Grade nach sehr verschiedenartig vorkommende Varietäten, oft beschrieben und wegen ihrer Ähnlichkeit mit embryonalen Zuständen fast von allen Autoren als Entwicklungshemmungen gedeutet.

Für die erstere Varietätenform, der eine sehr umfangreiche Literatur zugehört, fehlen mir leider eigene Fälle; so will ich nur die Tatsachen hervorheben, die mit den hier vertretenen embryogenetischen Anschauungen besonderen Zusammenhang haben. Das Hauptmerkmal der unter 1. gehörigen Fälle der Literatur ist die abnorme, einem mehr oder weniger frühen Fötalzustand ähnliche Lage des Dickdarms und das Fehlen aller oder einiger sekundärer Verwachsungen; der Dickdarm liegt links zum Dünndarm, oder mit seiner ersten Hälfte in der Leibesmitte, steil aufsteigend am freien Mesenterium commune, die Gliederung in Ascendens und Transversum fehlt, die Flexuren fehlen beide oder nur die Fl. lienalis ist ausgebildet. So ist auch das Hauptaugenmerk der Untersucher stets auf den Dickdarm und seine Mesenterien gerichtet gewesen; doch haben schon die ältesten Untersucher (Literatur s. bei Fischer und Eisler) neben der abnormen Dickdarmlage gleichzeitig eine Abweichung des aboralen Duodenumteiles bemerkt; so ungenau die Angaben hierüber meist sind, so ist doch in fast allen Fällen, soweit mir die Literatur bekannt wurde, eine solche erwähnt, und zwar eine mehr oder weniger ausgeprägte Rechtslagerung der Fl. duod.-jejunalis bei mannigfacher Verlaufsweise und Form des Duodenalbogens.

Genauer haben erst Fischer und Eisler dieses Zusammentreffen beachtet und in ausführlichster Weise ihren Fall von Hernia mesenterico-parietalis dextra sowie mehrere von anderer Seite beschriebene Fälle mehr oder weniger ausgebliebener Darmdrehung zurückgeführt auf ein abnormes Rechtsbleiben des Duodenumendes. Im I. Teil wurden schon mehrfach embryologische Ausführungen dieser Autoren erwähnt und zum großen Teil bestätigt; ihre Analysen der typischen und atypischen Lageentwicklung sind methodisch vorbildlich, nur ist ihr embryologisches Untersuchungsmaterial zu gering, ihre darauf gegründete Untersuchung des normalen Verlaufs bringt keine volle Klärung; wenn ich hier versuche, ohne eigenes Varietätenmaterial auch ihre Analyse des atypischen Verlaufs weiterzuführen, so geschieht es, weil ich den Grundgedanken ihrer Untersuchung bestätigen kann, aber glaube, ihre Deutung auf dem gleichen Wege noch wesentlich fördern zu können.

Fischer und Eisler haben die Bewegung der Fl. duod.-jejunalis unter den Gefäßen hindurch als erste richtig erkannt, ihre Richtung gebende Bedeutung für die Darmdrehung erwähnt, ohne freilich den entscheidenden Beziehungen zum Colon nachzugehen. So ist der Leitgedanke ihrer Deutung der Hemmungsvarietäten folgender: Die Fl. duod.-jejunalis ist auf irgendeine Weise verhindert worden, nach links unter den Gefäßen hindurchzuwandern; damit ist das Dünndarmwachstum in falsche Richtung gelenkt; es fällt die Rollwirkung des Dünndarmknäuels auf den Dickdarm und damit die Darmdrehung selbst aus. Hierzu muß nach meinen Beobachtungen hinzugefügt werden: nicht nur die allgemeine Einwirkung der Fl. duod.-jejunalis auf die Drehung des Darmes fällt bei ihrem Rechtsbleiben aus, sondern vor allem auch ihre direkte vortreibende Wirkung auf den Colonbogen, welcher normalerweise durch sie und die erste Jejunumschlinge direkt, rein mechanisch nach links verschoben, erhoben und ausgeweitet wird;

erst dadurch wird auch das Fehlen oder die abnorme Lage der Fl. lienalis in den extremen Fällen erklärt; und ebenfalls bleibt aus die Drehwirkung des Duodenum auf den Gefäß-Pankreas-Stiel.

Kein Experiment könnte die kausale Bedingtheit der Darmdrehung durch das Zusammenwirken des wachsenden Duodenum und Colon besser beweisen als dieses regelmäßige Zusammentreffen von Rechtslagerung des Duodenumendes und Hemmung der Darmdrehung. Es ist erstaunlich, daß, so oft dies Zusammentreffen erwähnt ist, doch der Kausalzusammenhang erst so spät erkannt wurde; die Anschauungen waren völlig beherrscht von Toldts Darstellung, nach welcher die Fl. duod.-jejunalis der am frühesten an der rückwärtigen Bauchwand fixierte Punkt des ganzen Darmkanals sein soll. Auch Fischer und Eisler haben den neuen Gedankengang noch nicht in seiner Konsequenz verfolgt, sonst hätten sie in der embryologischen Untersuchung der Duodenumentwicklung größere Beachtung schenken müssen; die direkte Einwirkung der Fl. duod.-jejunalis auf das Colon ist ihnen entgangen.

Für die Ursache der Duodenumabweichung nach rechts konnten Fischer und Eisler keine glaubhaften Tatsachen anführen; sie halten für höchstwahrscheinlich „einen abnormen Druck von seiten der durch die Leber auf das Mesenterium der primitiven Darmschleife gedrängten Nabelvene“. Gegenüber dieser rein hypothetischen und recht gesuchten Annahme bringt, wie ich glaube, der im embryologischen Teil ausführlich erörterte Befund der Linkswendung des Colonbogens eine entscheidende Aufklärung: auch in der normalen Entwicklung besteht ein natürliches Hindernis für die Wanderung der Fl. duod.-jejunalis, eben der Colonbogen und sein sagittal ausgespanntes Mesenterium. Dieses Hindernis muß überwunden werden, wenn die Fl. duod.-jejunalis die Mittellinie überschreiten soll. Das geschieht normalerweise unter sichtbarer Überwindung eines Widerstandes, nämlich unter Vorwölbung des Mesenterium (s. besonders Fig. 17) und allmählichem Nachgeben des Colon nach links bis zur Bildung der Fl. lienalis, wie es bei Embryo II und III beschrieben wurde. Wenn hier aus irgendeinem Grunde das Colon nicht nachgibt, so muß dieses Hindernis dauernd bleiben und wird notwendig die Abweichung der Fl. duod.-jejunalis caudalwärts bewirken, so daß das Duodenumende rechts in der Rinne zwischen Urogenitalorganen und dorsalem Mesenterium eingekeilt bleibt.

Vorher wurde gesagt: Das Rechtsbleiben der Fl. duod.-jejunalis läßt die Wirkung auf das Colon wegfallen, führt also zum Stehenbleiben des Colonbogens und deswegen Ausbleiben der Darmdrehung; hier wird dagegen angenommen, der Widerstand des nicht nachgebenden Colonbogens bewirke die Abweichung der Fl. duod.-jejunalis; das ist freilich ein Widerspruch; welche von beiden Wirkungen die primäre ist oder wirklich zutrifft, ist aber gar nicht das Wesentliche, sondern die gegenseitige Bedingtheit beider Vorgänge, die Wechselwirkung von Duodenum und Colon, und diese wird durch das Ausbleiben der Drehung bei Rechtsbleiben der Flexur jedenfalls entscheidend bestätigt: wird der Colonbogen und sein Mesenterium verhindert, nach links dem Druck der Fl. duod.-jejunalis nachzugeben, so wird diese abgelenkt; ist aber die Fl. duod.-jejunalis nach rechts oder kaudalwärts abgelenkt, so fehlt wieder die Druckwirkung der 1. Jejunumschlinge auf den Colonbogen, und die Ausweitung und Erhebung der Fl. lienalis bleibt aus.

Was schließlich die primäre Störung selbst ist, liegt ganz im Dunkeln; vielleicht ein zu spät einsetzendes Eigenwachstum des Colon, welches zur Linkswendung des Colonbogens ja unerläßlich ist, wie früher erörtert wurde. Es mögen aber auch solche Momente in Betracht zu ziehen sein, welche, sekundär von der Nachbarschaft her wirkend, eine Linkswendung und Aufrichtung des Colonbogens und seines Mesenterium verhindern. Normalerweise wird für diese Wendung Raum geschaffen durch Lüftung des Magens, Anheben seiner großen Kurvatur nach ventral und links. Letztere füllt (s. Embryo II) zusammen mit dem Netz und der Milzanlage den ventralen Teil des Raumes links vom Mesenterium der primären Colonflexur aus, weiter dorsal liegen Nebenniere, Nachniere und Keimdrüse. Abnorme Größenverhältnisse dieser links vom Mesenterium gelegenen Organe, ferner auch Dorsaldrängen des Magens durch besonders großen linken Leberlappen könnten leicht eine Linkswendung des Colon verhindern, die dann selbst zum Hemmnis für die Fl. duod.-jejunalis würde. Gerade der letzte Punkt weist noch auf kausale Beziehungen der Leber zur Darmdrehung hin, die wohl beachtenswert sind. Nämlich schon die Magendrehung und erste Umwendung des Duodenum aus seiner sagittalen Lage in die nach rechts konvexe, später nach hinten gerichtete Schlinge ist abhängig von der Leber; bleibt diese Bewegung im Verhältnis zur übrigen Entwicklung zurück, so wird weniger Lebermasse in die rechte, mehr in die linke Hälfte der Bauchhöhle gelangen, gleichzeitig wäre dann durch den etwas zurückgebliebenen Ansatz des Lig. hepato-duodenale schon eine Hemmung für das Duodenum selbst gegeben. Auf diese Weise sind stets mit dem einen hemmenden Moment eine Reihe gleichsinnig wirkender verbunden; an Möglichkeiten fehlt es nicht, aber es ist schwer und nur hypothetisch zu bestimmen, welcher Faktor die Hemmung als erster bewirkt. Ja, es ist vielleicht richtiger, gar nicht nach *einem* Anfangsmoment zu suchen; ebenso wie ein Komplex gleichsinnig wirkender Faktoren die normale Darmdrehung bewirkt ist wohl auch für das Ausbleiben oder ihre Hemmung ein Komplex von gleichsinnigen Ursachen verantwortlich zu machen.

Immerhin ist wohl mit der Feststellung des physiologischen Hindernisses für die Bewegung der Fl. duod.-jejunalis ein Schritt weiter für die genetische Deutung getan.

Sehr beachtenswert ist noch, daß bei Fällen von Mesenterium commune meistens eine gewisse Colon-Duodenum-Beziehung sich findet, die wir als fundamental wichtig für den normalen Verlauf erkannten, nämlich die Fixation oder nahe Nachbarschaft der Colonmitte, Fl. coli media, mit dem Duodenumanfang; in fast allen beschriebenen Fällen (Fischer und Eisler, Klaatsch (1895), Koch, Böninghausen-Budberg, Descomps, Harms, v. Leměsić u. Kolisko, Frommer, Sawin, Mende u. a.) zeigt das mehr oder weniger frei verlaufende Colon eine scharfe kraniale Knickung, die mit dem Duodenum sup. oder Pankreaskopf oder wenigstens dem Pankreaswinkel entweder verwachsen oder doch nur durch ganz kurzes Mesocolon dieser Stelle verbunden ist. Sie ist zweifellos identisch mit meiner „Fl. coli media", die durch ihr Bestehen in diesen Fällen von zum Teil vollkommen gehemmter Darmdrehung ganz besonders klar ihre primäre Bedeutung erweist.

Besonders wertvoll erscheint eine Angabe Curschmanns (94), der in ganz unbefangener, keiner Theorie dienenden Beschreibung eines sehr umfangreichen Materials erwähnt: „Bei vollkommenem Fehlen beider Flexuren sah ich das dann relativ lange Colon ascendens schief von rechts unten und außen direkt nach oben und mitten bis zum oberen Leberrand, oder noch etwas hinter der Leber verlaufen, hier nur eine kleine Strecke quer liegen, dann unmittelbar in — Colon desc. übergehen." Bei solcher Lage muß, wie aus dem Vergleich mit ähnlichen Fällen und mit der normalen Entwicklung hervorgeht, das hochgelegene kurze Colonquerstück am Duodenumanfang (oder am Pankreaskopf oder Pankreaswinkel) angeheftet, das Mesocolon an dieser Stelle ganz kurz sein. Koch (1903) und Böninghausen-Budberg haben die ursprüngliche Bedeutung dieser auch bei allen Säugern vorkommenden kurzen Verbindung der Colonmitte mit dem Duodenumanfang oder Pankreas scharf hervorgehoben, auf ihr Vorhandensein bei menschlichen Varietäten selbst bei Fehlen fast aller anderen sekundären Colonverbindungen hingewiesen; doch mißdeuten diese Autoren die betroffene Colonstelle selbst, indem sie diese mit Klaatsch für die „Urflexur" halten, welche sie im Laufe der Darmdrehung nach rechts hinüberwandern und zur Fl. coli dextra werden lassen; nach unseren embryologischen Befunden dagegen findet eine Rechtsschiebung des Dickdarmes nicht statt, vielmehr ist die an Duodenumanfang oder Pankreaswinkel kurz fixierte Colonstelle stets identisch mit dem von Anfang an dem Pankreaswinkel zunächst gelegenen Colonabschnitt, nämlich dem Übergang von Colonschenkel in Colonbogen beim sechswöchigen Embryo, die Beziehung zum Duodenum also primär; gerade im Hinblick auf das regelmäßige Vorkommen einer mittleren scharfen Colonknickung bei Fehlen oder abnormem Verhalten der Fl. coli d. und sin. hielt ich es für zweckmäßig, diese mit dem Duodenumanfang verbundene Stelle des Colon besonders zu bezeichnen, als „Flexura coli media". v. Lemĕsić und Kolisko bemerken sehr richtig, daß die Bezeichnung „Flex. hepatica" für diese Anwachsungsstelle des Mittelcolons nicht paßt, da der hängende Abschnitt vom Caecum bis zum Knick viel zu lang ist, als daß dieser dem Ascendens und so die Knickung in der Leibesmitte der Fl. hepatica entsprechen könnte.

Nach v. Lemĕsić und Kolisko ist es unklar, „warum der kraniale Teil des aufsteigenden Colonschenkels sekundär mit dem Peritoneum parietale der hinteren Bauchwand verwächst"; „mit dem parietalen" — ist sicher fehlerhaft, der aufwärts gerichtete Colonknick kann, wenn er hier rückwärts fixiert ist, nur am Pankreaskopf (genetisch also Mesoduodenum) oder am Duodenum-Magenübergang selbst angeheftet sein; diese Fixation ist aber keineswegs unklar, sondern ist jene zuerst eintretende normale sekundäre Verwachsung der Fl. coli media mit Duodenumanfang, die in natürlichem Verlauf von ursprünglich naher Nachbarschaft und mesenterialer Verbindung durch das „infraarterielle Gekrösplättchen" zu inniger Verwachsung überführt (s. Abschnitt 3).

Sehr bemerkenswert ist das Verhalten dieser Gegend bei Toldts (1889) Fall II, bei dem trotz teilweisen Situs inversus der Oberbaucheingeweide eine ungefähr normale Stellung des Dickdarmes besteht, eine im ganzen genetisch sehr schwer verständliche Varietät; doch interessiert hier, daß gleichfalls ein mittlerer aufwärts gerichteter Colonknick vorhanden ist mit ganz kurzem Mesocolon an dieser Stelle und einer Bauchfellfalte aufwärts zur Leberunterfläche und Seitenfläche des ganz abnorm gelagerten Duodenum; es ist also bei Fehlen anderweitiger Colonverbindungen (rechte Flexur konnte nicht festwachsen, weil das Colon beim Hinüberlegen rechts kein Duodenum vorfand, Colon transv. nicht wegen abnormer Magenstellung) jene Verbindung der Fl. coli media besonders deutlich und fest ausgebildet, obgleich in solchem Falle der Zug des Dickdarmes auf sein Mesocolon an dieser Stelle besonders stark wirken mußte (vielleicht auch ist gerade dieser Zug die funktionelle Ursache der besonders festen Fixation).

Wenn man die hierher gehörigen, zum Teil schon früher besprochenen Befunde zusammenhält, nämlich, daß jener hier in Frage stehende mittlere Colonknick in der menschlichen Entwicklung den ruhenden Punkt der Dickdarmdrehung bezeichnet, daß jene Colonstelle eine ursprüngliche Mesenterialbeziehung zum Duodenumanfang besitzt und am frühesten von allen sekundären Verwachsungen mit dem Duodenumanfang oder Pankreaskopf verlötet wird, daß ferner bei Lagevarietäten, beim Fehlen der übrigen sekundären Verwachsungen gerade diese

Duodenum-Colonverbindung regelmäßig vorhanden ist, daß schließlich (nach Klaatsch) bei allen Säugern eine solche Verbindung des Duodenumanfanges oder des Mesoduodenum mit der Colonmitte sich findet, so darf man wohl annehmen, daß die Verbindung der Fl. coli media mit dem Duodenumanfang (oder dem Pankreas) die phylogenetisch älteste Fixation des Dickdarmes darstellt, durch welche er mit einem mittleren Abschnitt kranialwärts gegen die Oberbaucheingeweide fixiert gehalten wird.

Es ist hiernach sehr wünschenswert, daß dieser Stelle bei Beschreibung von Lagevarietäten des Darmes stets besondere Beachtung geschenkt werde, was bisher fast nirgends geschehen ist.

So scheint es mir erwiesen und nach den früher beschriebenen normalen Vorgängen mechanisch recht gut vorstellbar, daß bei Hemmung der Darmdrehung eine Störung der Wechselwirkung von Duodenum und Colon genetisch beteiligt ist; daß aber eine solche Störung wirklich die primäre Ursache sei, ist damit noch nicht entschieden. Es bliebe noch jene in der Einleitung aufgeworfene Grundfrage zu beantworten, ob Keimesvariation oder Entwicklungsstörung den ersten Anstoß zur Abweichung gibt: die Ähnlichkeit mit tierischen Verhältnissen ist bis zu wichtigen Einzelheiten, wie der Verbindung von Colonmitte mit Duodenumanfang (resp. Mesoduodenum) ganz auffallend; aber gerade diese Einzelheiten sind auch mechanisch, wenn man sich den Gang der Störung klarzumachen sucht, durchaus in den normalen Anfangsverhältnissen begründet und aus ihnen erklärbar; das erste spricht für echte regressive Variation, das letztere für Mißbildung. Die Entscheidung dieser biologisch wichtigsten Frage des ganzen Problems ist in der bisherigen Literatur weder jemals versucht worden, noch auch nach den vorliegenden Angaben mit Sicherheit zu treffen, doch scheint mir der Weg dazu jetzt klar vorgezeichnet:

Auf der einen Seite steht 1. die Tatsache, daß für die Mechanik der normalen Darmdrehung beim Menschen die Bewegung der Fl. duod.-jejunalis um die Gefäßachse entscheidend ist; wenn 2. jenes Zusammentreffen von gehemmter tierähnlicher Anordnung von Dick- und Dünndarm mit gleichzeitiger Abweichung des Duodenumendes nach rechts sich als Regel erweisen läßt, so muß für den Vergleich mit tierischen Situsbildern in erster Linie das Duodenumende, die Fl. duod.-jejunalis, und ihr Verhalten zum Colon herangezogen werden. Auf der anderen Seite ist es für die tierische Darmlageentwicklung der von Klaatsch, Koch und Böninghausen-Budberg herangezogenen zahlreichen. Gruppen von Wirbeltieren sehr wahrscheinlich, daß dort ebenfalls eine Umwanderung von seiten der Fl. duod.-jejunalis oder einer entsprechenden Seitenschlinge des Anfangsdarmes um den Gefäßstiel herum statthat und wohl ebenfalls für die Lageentwicklung entscheidend ist; beweisende eigene Befunde hierfür kann ich vorläufig nicht aufweisen, doch läßt sich das schließen aus der von Klaatsch immer wieder hervorgehobenen weitverbreiteten Existenz eines „Lig. duodeno-colicum" (richtiger „duodeno-mesocolicum"), welches das Duodenumende mit dem Mesocolon desc. verbindet; eine solche Verbindung erweist ziemlich sicher ein Einschieben des Duodenumendes in das Mesocolon, also unter den Gefäßen hindurch, während der frühen Lageentwicklung. Wenn diese Annahme zuträfe, wie sich durch vergleichende Untersuchungen über die Mechanik der tierischen Lageentwicklung feststellen lassen wird, so würde gerade der wichtigste Vergleichspunkt zwischen Tier und Varietät gegen den inneren Zusammenhang ihrer Situsformen entscheiden. Damit wären dann die vergleichenden phylogenetischen Betrachtungen über die Hemmungsvarietäten der Darmlage, wie sie von Koch und Böninghausen - Budberg in Form tierähnlicher Reihen der Darmlagevarietäten angestellt wurden, ohne Sinn und hinfällig.

Diese letzten Ausführungen können nicht ein abschließendes Urteil geben, sondern nur den Weg dazu weisen. Ob andere tierähnliche Varietäten des menschlichen Situs sich als echte regressive Variationen erweisen lassen können, bleibt hierdurch ganz unberührt; die Formen von hochgradiger Hemmung der Darmdrehung lassen nach meiner Überzeugung eine solche Deutung nicht zu, sondern sind als Mißbildungen infolge von Entwicklungsstörung aufzufassen.

An dieser Stelle sei ganz kurz auf eine neuerdings von Zander (1916) beschriebene Lagevarietät des Dickdarmes hingewiesen, die mir erst während der Drucklegung bekannt wurde. Ich erwähne sie nur deshalb, weil sie ebenfalls auf eine Störung der besprochenen Drehungsvorgänge zurückzugehen scheint und nach der hier gegebenen Darstellung von der Lageentwicklung des Dickdarmes eine andere Deutung verlangt, als von Zander gegeben wurde.

Die auffallendste Abweichung seines Falles betrifft die Fl. sigmoidea; diese befindet sich in der rechten Fossa iliaca in einem tiefen Recessus retrocaecalis hinter dem Caecum; zu ihr hin führt ein abnorm gelagertes Colon desc., welches von der regelrechten Fl. lienalis ausgehend, erst medialwärts an die Fl. duod.-jejunalis herantritt und von hier ab dicht an die Radix mesenterii angeschlossen an ihrer linken Fläche entlang schräg nach rechts abwärts zur Ileocaecalregion hinzieht.

Zander nimmt an, daß eine frühzeitige Fixierung der Fl. sigm. in der Fossa il. d. die Ursache sei; eine Lagerung der Fl. sigm. rechts der Mitte soll in einer gewissen Zahl von Fällen vorkommen (s. auch Waldeyer [1910] und Gysi). Die fälschlich rechts fixierte Sigmoideumschlinge habe dann das Colon desc. nach rechts verzogen und so in die innige Anlagerung an die Rad. mes. gebracht; das Caecum sei sekundär darüber gelegt, verwachsen und habe so die Schlinge in einen Recessus retrocaecalis eingeschlossen.

Nach den im 2. und 3. Abschnitt beschriebenen Vorgängen wird aber die Lage des Colon desc. schon randständig, lateral zur linken Niere, wenn die Fl. sigm. noch gar nicht ausgebildet ist, und zwar unter der Einwirkung der ersten Jejunumschlingen, welche nach links unter der Nabelschleife hindurchgeschoben die Fl. lienalis emportreiben, den Colonbogen umlegen und so auch die Entfaltung des Mesocolon und Linkslage des Descendens hervorrufen. Daß erst sekundär das Colon desc. aus dieser einmal erreichten randständigen Lage wieder medial verzogen werden könnte, ist nicht sehr wahrscheinlich. Ich verweise auf Fig. 23, welche eine andere Deutung nahelegt: hier ist bei sonst normalen Lageverhältnissen das Colon desc. eng an die Fl. duod.-jejunalis angeschlossen und mit ihr verlötet; wenn hier weiterhin die normale Rad. mes. sich ausbildet, muß das Descendens jene enge Anlagerung an deren linke Ansatzlinie gewinnen. Das ist sicher auch die primäre Abweichung in Zanders Fall gewesen. Es handelt sich dann um eine Hemmungsbildung, die auf die für die Darmlageentwicklung grundlegenden Vorgänge, die Wanderung der Fl. duod. jejunalis und Vortreibung der ersten Jejunumschlingen zurückgeht: während normalerweise die 1. Jejunumschlinge den absteigenden Schenkel des Colonbogens resp. der Fl. lienalis mitnimmt, hat sie ihn hier überschritten, ihn medial liegen lassen und nur nach hinten statt nach links gedrängt; vielleicht dadurch, daß die Fl. duod.-jejunalis, die ja schon während der Umlegung des Colonbogens sich an sein Mesocolon anheftet, besonders innig mit ihm verlötete und so eine Ausbreitung des Mesocolon nach links verhinderte. Hat die 1. Jejunumschlinge erst einmal das absteigende Colon nach links überschritten, so ist das mechanische Moment verpaßt, welches das Colon von medial nach links verlagert. Die Rechtslage der Fl. sigm. wäre dann sekundär und eine natürliche Folge dieser Hemmung.

Daß diese Rechtslage der Fl. sigm. erst in zweiter Linie erfolgt, geht auch aus dem Vergleich von Zanders mit folgendem Parallelfall hervor, den ich gelegentlich beobachtete und eingehend aufzeichnete: Das Colon desc. war genau wie bei Zanders Fall von der Fl. duod.-jejunalis bis zum Caecum aufs innigste mit der Rad. mes. verwachsen, in die Rinne eingelagert, die die Radix mit der Rückwand bildet; die Wurzel der Fl. sigm. lag ebenfalls in der Fossa il. d. neben der Ileocaecalregion fixiert, dagegen war die Fl. sigm. selbst lang und völlig frei über das Caecum, Ascendens und Dünndarm nach rechts oben geschlagen. Wenn also der Unterschied gegen Zanders Fall lediglich in der Lage der Fl. sigm. besteht (dort im Rec. hinter Caecum, hier frei vor den übrigen Därmen), so muß für die abnorme und sehr merkwürdige Lage des Descendens längs der Radix mes. eine eigene primäre Ursache angenommen werden; diese wird nach dem Befund der Fig. 23 in der erwähnten vorzeitigen Überschreitung des Descendens durch die erste Jejunumschlinge gesucht werden können.

III. Abnormer Hochstand des Caecum und seine Genese.

Die im embryologischen Teil gegebenen Ausführungen über die Lagebilder des Colon ascendens und der Fl. coli dextra lassen zunächst schwer verstehen, wie ein extremer Hochstand des Caecum beim Erwachsenen mit scheinbar völligem Defekt des Colon ascendens zustande kommen kann, eine nicht seltene Varietät, die schon wiederholt beschrieben und nach den älteren Anschauungen über die Lageentwicklung als Hemmung der Rechtsschiebung des Caecum gedeutet wurde. Da mir in kurzem Abstand drei schön ausgeprägte Fälle bei Erwachsenen begegneten und ich bei den Embryonalstudien drei Fälle von sicheren Frühstadien dieser Varietät fand, die mit dieser älteren Deutung des Caecumhochstandes nicht in Einklang zu bringen sind, habe ich eine ausführliche Bearbeitung dieser Varietät im Anschluß an die embryologischen Untersuchungen vorgenommen, ausführlicher vielleicht, als es ihre im ersten Anschein relative Geringfügigkeit verlangt, weil ich glaube, in einer genauen Analyse noch einige Ergänzungen zu den embryologischen Untersuchungen über die Wechselwirkung von Colon und Duodenum geben zu können.

6. Fälle von Caecumhochstand und ihre Deutung bei anderen Autoren.

Daß Hochstand des Caecum, verbunden mit Fixation des Ileumendstückes nicht ganz selten vorkommt und für die Bildung der Radix mesenterii von Bedeutung ist, hat schon Toldt erwähnt und als Hemmung gedeutet, verursacht durch frühzeitige Verwachsung des Blinddarms mit der hinteren Bauchwand (Toldt 1879, S. 35, 36). An anderer Stelle erwähnt er gelegentlich der Beschreibung des 5 monatigen Embryos, daß nicht selten schon zu dieser Zeit Colon asc. und Blinddarm mit der hinteren Bauchwand verklebt sind, daß dann das Caecum stets auffallend hoch an der Vorderfläche der rechten Niere liege.

Schiefferdecker hat unter 200 Fällen, die er auf Lage der Ileumeinmündung untersuchte, zweimal extremen Hochstand beobachtet, beide Male auch fixiertes langes Ileumendstück. Erster Fall: „Die Einmündungsstelle des Dünndarms in Höhe des unteren Endes des 3. Lendenwirbels; das Caecum erreichte den Darmbeinkamm, der Proc. vermif. lag auf dem M. iliac. int. festgeheftet. Der Dünndarm stieg zu der Einmündungsstelle steil empor, angeheftet an den M. iliac. int. und den quadr. lumb. — Baucheingeweide sonst normal.“ Zweiter Fall, abgebildet auf Tafel XVI, Fig. 1: Der Fall entspricht hiernach meinem Fall II, das Caecum innen dem Rippenbogen anliegend, etwas caudal gerichtet. „Die Einmündungsstelle lag hier auf der Niere, etwas unterhalb der Mitte desselben zwischen dieser und der Grenze des unteren und mittleren Drittels. Das kurze Caecum endigte noch oberhalb des unteren Nierenrandes, so daß der Proc. vermif. noch der Niere angeheftet herunterstieg, sie überragte und auf dem M. quadr. lumb. endigte. Der Dünndarm stieg steil aufwärts angeheftet an die Mm. psoas, iliac. und quadr. lumb., zuletzt an die vordere Fläche der Niere. Dicht oberhalb der Einmündungsstelle bog das Colon medianwärts in den transversalen Teil um. Diese beiden Fälle bedeuten offenbar ein Stehenbleiben auf einer früheren Stufe der Entwicklung.“

Schiefferdecker schließt sich dabei an Toldt an, doch meint Schiefferdecker selbst, daß für das Zurückführen dieser Anomalie auf die Art der Lagerung in den ersten Lebensmonaten in seinem zweiten Fall das Caecum doch ungewöhnlich hoch zu stehen scheint.

Eine von Luschka (1863) erwähnte Beziehung zwischen gleichzeitiger Hemmung des Descensus testiculi und coli kann Schiefferdecker nicht bestätigen (übereinstimmend mit unseren Fällen).

Zwei verschiedene, hierher gehörige Fälle bildet Zuckerkandl (Top. Atl. 1904) ab. Der eine (in Fig. 325, bez. als: Recessus retrocaecalis mit freiliegendem Proc. vermif.) zeigt ein Caecum in der oberen Hälfte der Fossa iliaca dextra, ziemlich frei, offenbar verschieblich, mit breiter Plica intestini caeci (Plica caecalis), welche kranial noch an den unteren Nierenpol anschließt; ein kurzes Ascendens mit normaler Fl. coli dextra, die an die untere Nierenhälfte angelagert ist; ein kurzes, steil gestelltes Ileumendstück ist mit dem Bauchfellüberzug des Proc. vermif. verwachsen und bildet lateralwärts eine als Plica intestini ilei bezeichnete breite Bauchfellfalte, die mit der Plica caecalis zusammen die tiefe Fossa caecalis begrenzt.

Eine zweiten extremen Fall zeigt Fig. 329: bezeichnet als „Varietät des Caecum und Colon ascendens“. „Das Colon ascendens, welches über das hochgelagerte Caecum herabhing, wurde emporgeschlagen; vom Endstück des Ileum liegt ein längerer Anteil, der senkrecht aufsteigt, auf der Fossa iliaca dextra, und zwar teils angelötet, teils an einem freien Gekröse hängend. Zwischen dem Caecum, Proc. vermif. und Colon asc. einerseits und der ventralen Fläche der Leber andererseits ist eine breite peritoneale Falte (möglicherweise pathologischen Ursprungs) ausgespannt.“

Letztere ist nicht unwesentlich, sie scheint mir identisch mit dem in Fall I vorhandenen Lig. hepato-reno-colicum, schließt aber möglicherweise auch noch an das hepato-duodenale an (nicht ersichtlich), es setzt an der Leber rechts der Gallenblase in schräg lateral-ventral gerichtetem Verlauf an, ist also wohl auf frühe Verwachsung des Caecum mit der Leberunterfläche zu beziehen. Das „herabhängende Colon ascendens" schließt an ein kurzes, queres, postcäcales Colonstück an und bildet wie in Fall I und II den absteigenden Schenkel eines tief herabhängenden Colonbogens. Beziehungen zum Duodenum sind nicht erwähnt. Es scheint, daß der oberste Ileumabschnitt, die Einmündung und das Caecum noch ein kurzes, freies Mesenterium besitzen, mit ein Beweis, daß der Caecumhochstand nicht auf die vorzeitige und allzu innige Anheftung des Caecum an die hintere Bauchwand zurückgehen kann.

Einen weiteren Fall bilden Ancel und Cavaillon (1907) schematisch ab; es ist nur ersichtlich: Ileumeinmündung in Höhe des unteren Scheitels der Duodenalschlinge, Caecum neben Ileum herabhängend, sehr kurzes Ascendens, über weiteren Verlauf des Colon und seiner Verbindungen nichts vermerkt. Ähnliches beobachteten die Autoren zweimal gegen Ende der Foetalzeit, bei einem Neugeborenen, zwei Erwachsenen, von 70 Foeten und 60 Erwachsenen im ganzen. Das Ileumendstück steigt gerade festgeheftet aufwärts, die Art. mesent. sup. resp. Ileocolica verläuft quer nach rechts, über sie geht die Verwachsungsfläche des Mesenterium mit der Rückwand weit hinaus, so daß normale Radix mesenterii zustande kommt. Es ist also ein abnormer Mesenterialsektor an normaler Stelle der hinteren Bauchwand verklebt. Solche Fällen entstehen nach Ansicht der Autoren, „wenn das Colon descendens sich nicht genügend verlängert, um das Caecum die Fossa iliaca erreichen zu lassen". (Zwei ähnliche Fälle bei Bennet und Rolleston [1891]).

Ein weiterer ausführlich beschriebener Fall von Darmlageanomalie, bei dem Caecumhochstand nur Nebenbefund ist, gehört nicht hierher: Lockwood (1903), bei dessen Fall Verdopplung des Colon descendens und starke Wachstumshemmung des ganzen Colon besteht.

Mende (1887) beschreibt einen Fall, bei dem das Caecum hoch steht, aber noch auf der Innenfläche der Beckenschaufel, die Ileumeinmündung in Höhe des 3. Lendenwirbels, am rechten Anfang des Transversum Schlingenbildung. Dabei zeigt die Leber embryonale Formen, auffallend kleinen rechten und großen linken Lappen. Vor allem besteht eine nicht ganz klare Netzanomalie, „eine gestielte fächerförmige Fortsetzung". Die Deutung der Leber- und Netzanomalie ist widersinnig: Frühzeitige Verwachsung des Colon descendens soll die Größe des linken Leberlappens und die Netzwucherung bedingen. Der Caecumhochstand wird als typische Hemmungsmißbildung bezeichnet, durch „unvollkommenen Descensus nach vorzeitiger Verwachsung" bedingt.

W. Koch (1900, III. Heft) hat offenbar zahlreiche Fälle von Caecumhochstand gesehen und folgendermaßen gedeutet: „Die Wanderung des Dickdarmbogens wurde unterbrochen, gehemmt, wenn der Blinddarm, statt auf der rechten Darmbeinschaufel, vor der Niere, unter der Leber, am Pylorus oder gar links unter dem Dünndarm getroffen wird." —„Es muß dies dem bleibenden Zustand zuerst niederer, dann anthropoider Affen an die Seite gestellt werden." Auf seinen Versuch, die Lageanomalien des Darmes nach ihrer Tierähnlichkeit zu rubrizieren und durchweg als Atavismen zu deuten, wies ich bereits hin.

Auch Merkel (1899) deutet den Caecumhochstand als Hemmung des Caecum auf seiner Wanderung; er erwähnt unter den Varietäten: „Das Ileum kann in dem letzten Teil seines Verlaufs an der Unterlage festgeheftet sein;" das Colon ascendens „kann nahezu ganz fehlen, wenn der embryonale Zustand des Dickdarmes (von Fig. 162) bei Bestand bleibt".

Eine andere Deutung des Caecumhochstandes, als die allen genannten Autoren gemeinsame einer Hemmung der Dickdarmwanderung, habe ich in der Literatur nirgends gefunden.

Der Gedankengang dieser Deutung ist abhängig von der älteren, in den meisten Lehrbüchern und Atlanten gegebenen Darstellung der Lageentwicklung; danach erreicht das Caecum in der Weise seine Lage unter dem rechten Leberlappen, daß es von vorn aus der Nabelhernie kommend in den Bauch zurückgezogen zunächst an die große Kurvatur gelangt und von hier vor dem Duodenum vorbei nach rechts hinübergeschoben wird. Merkel gibt folgende Zusammenfassung (Top. Anat. II, 1899, S. 305): „Während der Anfang des Dickdarms nach rechts hinüber wandert, um die Fossa iliaca dextra zu erreichen, schiebt er sich über das Duodenum hin; dabei verwächst er endlich mit dessen Vorderfläche." Und gelegentlich der Varietäten des Caecum äußert er: „Die Wanderung von links oben her in die rechte Darmbeingrube kann auf jeder Station des Weges zum Stillstand kommen." — Auf diese Weise könnte eine Befestigung des Caecum unmittelbar neben der Fl. duod. sup. oder ein direkter Anschluß des Caecum an die Pars desc. duodeni durch vorzeitige Verwachsung zustande kommen und sich in der Weiterentwicklung als extremer Hochstand des Caecum erhalten. Eine ähnliche Vorstellung gewinnt man aus der Betrachtung der schon erwähnten schematischen Darstellung der Mesenterienentwicklung, wie sie zuerst von Toldt, Hertwig und weiter an diese Autoren anschließend von Brösike, Kollmann, Corning, Sobotta, Endres, Fredet u. a. gegeben wurde. Das gemeinsame dieser Darstellungen ist, daß ein zunächst kurzes, gestrecktes, sagittales Colonanfangsstück, welches vom Caecum bis zur primären Colonflexur „Urflexur" (Klaatsch) reicht, bei der Drehung des Mesenterium nicht nur aufwärts gehoben, quergestellt wird, sondern gleichzeitig sich verlängernd vor dem Duodenum vorbei in den Raum rechts unter der Leber hinübergeschoben wird, unter gleichzeitiger Verlängerung seines zunächst schmalen Mesenterium.

Am weitesten geht Klaatsch in diesem Punkte, er nimmt nicht nur eine Rechtsschiebung des Caecum durch Auswachsen des postcäcalen Colonabschnittes an, sondern läßt das ganze primäre Quercolon sich nach rechts hinüber schieben, so daß die primäre Colonbiegung, die Fl. lienalis der anderen Autoren, von links nach rechts über die Fl. duod.-jejunalis hinüber wandert, an das Mesoduodenum resp. die Pars desc. duodeni Anschluß gewinnt und so zum Anfang des Quercolon oder gar zur Fl. coli dextra wird (Böninghausen-Budberg, Koch, Harms).

Wenn eine solche Rechtsschiebung des Dickdarmanfanges vor dem Duodenum vorbei bestände, so wäre an der Möglichkeit der Entstehung der genannten Varietät durch frühzeitige Verwachsung nicht zu zweifeln.

Dem widersprechen aber durchaus die schon im I. Teil ausführlich besprochenen, genaueren Untersuchungen von Mall, Fischer und Eisler, sowie die ebendort wiedergegebenen eigenen Befunde: Es wurde besonders darauf hingewiesen, daß schon vor der Umlegung des Colonschenkels nach rechts das Stück vom Caecum bis zur primären Colonbiegung stets so lang gefunden wird, daß das Caecum weder bei der Rückkehr in die Bauchhöhle die große Kurvatur, noch beim Umlegen nach rechts die Pars. sup. duodeni berühren kann, vielmehr gleitet es entlang dem vorderen Leberrand und gelangt gleich an eine Stelle der rückwärtigen Bauchwand, die erheblich rechts von der Pars. desc. duodeni gelegen ist (s. Fig. 23, 24, 25). Demnach läßt sich die oben wiedergegebene Deutung der anderen Autoren nicht aufrechterhalten.

Ich gebe nun zunächst die Beschreibung der von mir untersuchten drei Fälle beim Erwachsenen, I und II mit scheinbar fehlendem, III mit vorhandenem, aber ganz abnorm gelagerten Colon ascendens, und drei Fällen bei Embryonen von 4,5 , 10,5 und 12 cm Länge, die den Spätstadien sehr genau entsprechen. Die Punkte, auf die besonders Wert zu legen ist, ergeben sich aus der im I. Teil wiedergegebenen Darstellung der Rechtswendung des Colonschenkels; es sind das: Abgrenzung des Colon asc., Verbindungen des Colon und Duodenum, evtl. Verhalten der Fl. coli media.

7. Eigene Fälle bei Erwachsenen.

Fall I. Rostock, Nov. 1913. (52jähriger Mann von kräftigem Habitus, normaler Rumpfform.)

Eine Übersicht gibt Textfig. *l* und Tafelfig. 30. Bei Eröffnung der Bauchhöhle fällt sofort die ungewöhnliche Colonlagerung auf; rechts unter der Leber ist sichtbar das stark geblähte Caecum. Es steht horizontal, setzt sich in einen kurzen horizontalen Abschnitt über das Duodenum hin fort, bis es Pars pylorica des Magens erreicht, biegt von hier rechtwinklig nach unten um, beschreibt einen U-förmigen Bogen, der sich weit abwärts von der großen Magenkurve entfernt, mit seiner Konvexität die Symphyse erreicht, und steigt links aufwärts zur normalen Fl. coli sinistra. Das linke Colon zeigt keine Besonderheiten. Nach

Hochschlagen des Colon-transversum-Bogens mit dem Netz und dem lang ausgezogenen Mesocolon transversum und Hinüberschlagen des Dünndarms nach links erscheint in der Fossa iliaca dextra das aufsteigende, fest an der Rückwand fixierte Ileumendstück. Es entspricht in seiner Lage dem fehlenden Colon ascendens. Das übrige Dünndarmgekröse ist in normaler Weise an einer langen Radix befestigt, die von der linken Seite des 2.—3. Lendenwirbels schräg abwärts die Aorta überschreitet, dann den rechten Vasa il. comm. folgt, bis diese den Seitenrand des kleinen Beckens erreichen. Hier endigt die Radix und damit das freie Dünndarmgekröse, und hier beginnt das retroperitoneal gelegene Ileumendstück.

Topographische Daten:

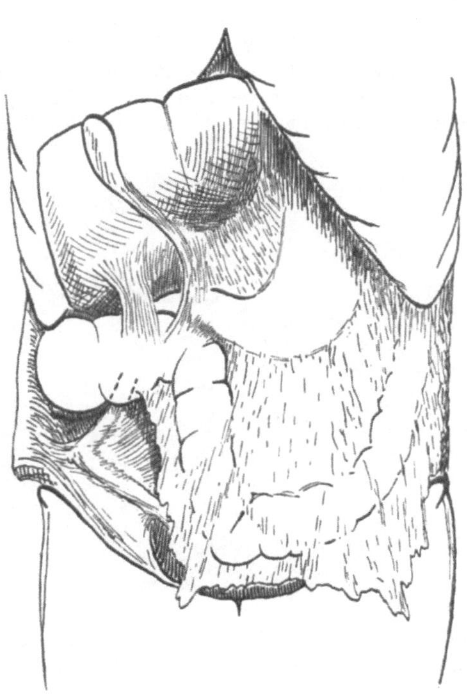
Fig. *l*.

Die Stelle, von der ab das Ileum an der Rückwand breit befestigt ist, liegt auf der Art. il. ext. d., der Mitte des Seitenrandes des kleinen Beckens entsprechend, 6 cm oberhalb Mitte Lig. inguinale. Von hier läuft das Ileum schräg lateral aufwärts, vor M. psoas und iliacus, bis nahe an die Crista iliaca heran. Hier, 10 cm kranial von Mitte Lig. inguinale, 6 cm von Spina iliaca entfernt, biegt es fast rechtwinklig nach medial-kranial um, verschwindet hinter dem Caecum und mündet in dieses von hinten unten her rechtwinklig zu ihm ein. Die beschriebene festgeheftete Ileumstrecke ist 10 cm lang, von Linea terminalis bis zum Knick 6 cm, von da bis zur Einmündung 4 cm. Die Einmündung liegt 13 cm oberhalb der Mitte des Lig. inguinale, ventral auf dem unteren Pol der rechten Niere. Diese zeigt mäßigen Tiefstand, von der Mitte des 1. bis oberen Rand 4. Lendenwirbels reichend. (Die mittlere Lage schwankt nach Disse [Handb. Bardeleben] zwischen unterem Rand 11. Brustwirbels bis oberen 3. Lendenwirbels und oberer Hälfte 12. Brustwirbels bis unterer Hälfte 3. Lendenwirbels.) Das Caecum bedeckt die untere Hälfte und das Hilusgebiet der rechten Niere und schließt kranial unmittelbar an die Unterfläche des rechten Leberlappens an, lateral an die linke Bauchwand. Der folgende Colonabschnitt läuft vor Pars descendens duodeni vorbei, an Pars sup. duod., Pylorus und ersten Anfang der Pars pylorica des Magens unmittelbar angeschlossen. Von hier biegt das Colon scharf um und beschreibt den aus Fig. *l* ersichtlichen, langen, am Mesocolon beweglich hängenden Bogen. Die Fl. coli sinistra wird durch den vorderen aufsteigenden und hinteren absteigenden Schenkel in der Höhe des linken oberen Nierenpols dicht unter der Milz gebildet. Der bogenförmige Colonabschnitt schließt also nur am Anfang und Ende an die große Kurvatur des Magens an. Milz, linke Niere, Colon desc., Fl. sigmoidea, Beckenorgane bieten keine Besonderheiten. Die Leber zeigt typisches Verhalten, großen rechten Lappen, kleinen flachen linken, also keine Andeutung von embryonalem Typus. Die Pforte und der Sulcus sagitt. sin. stehen etwa 5 cm rechts der Mittellinie. Der Magen ist ziemlich klein, kontrahiert, der Pylorus in der Mittellinie in Höhe der Zwischenwirbelscheibe von 1. und 2. Lendenwirbel gelegen. Die Pars sup. duodeni steigt etwas an, bildet oberhalb des quergestellten Colonabschnittes einen flachen Bogen, der nur abschnittweise sichtbar ist, da die darüber ziehenden zwei Ligamente ihn zum Teil verdecken; mit Beginn der Pars desc. verschwindet er caudal hinter Caecum. Pars desc. verläuft ziemlich gestreckt abwärts, verdeckt nicht das ganze Hilusgebiet der rechten Niere, sondern folgt mit ihrem lateralen Rande dem medialen der Niere. Die Pars inferior erreicht, als tiefster Punkt des Duodenum, den unteren Rand des 3. Lendenwirbels. Vor der Mitte dieses Wirbels wird das Duodenum links von der Radix mesenterii sichtbar, in der Weise, daß die ganze Pars ascendens in 5 cm langem, steil aufsteigendem Verlauf links neben resp. in der Radix zum Vorschein kommt. Die Fl. duod.-jejunalis liegt an der linken Seite des 2. Lendenwirbels. Das Pankreas füllt mit seinem Kopf die Duodenalschlinge aus, reicht also mit der Fl. duod. inf. ziemlich weit herab und mit der Pars asc. bis fast an die Fl. duod.-jejunalis heran. Auf diese Weise biegt der Kopf mit seinem medialen Rande sehr scharf geknickt um die Vasa mesent. sup. so herum, daß ein etwa 2 cm langer Fortsatz (Proc. uncinatus) dorsal von den Gefäßen zu liegen kommt und an Pars asc. duodeni angeschlossen noch um $^1/_2$ cm links von den Gefäßen erscheint. Das Corpus ist mit $^1/_2$ cm Breite seines caudalen Randes schon der Wurzel des Mesocolon transv. aufgelagert. Sonst zeigen Corpus und Cauda gewöhnliche Lagebeziehungen.

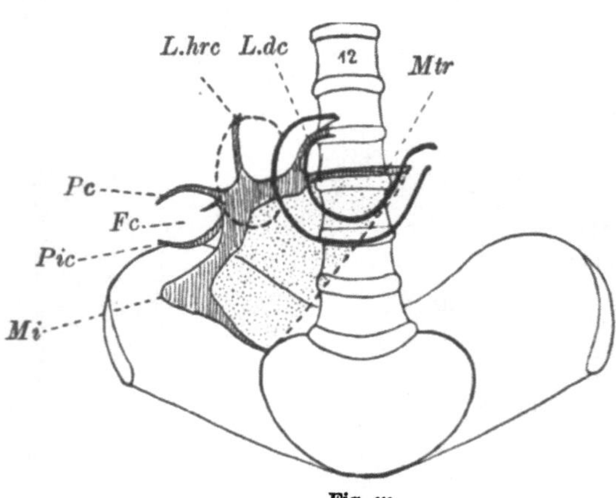

Fig. *m*.

Bauchfellverhältnisse:

Das Verhalten des Bauchfells an Ileum und Caecum und dessen peritoneale Verbindung mit der Umgebung, speziell dem Duodenum, sind das eigentliche Charakteristikum dieser Varietät. Eine Übersicht über die Umschlagestellen des Peritoneum, also die Ansatzlinien des Mesocolon, der Radix, die breiten Fixationsflächen von Ileum und quergestelltem Colon und die Anheftung ihrer Ligamente gibt Fig. *m*, zugleich eine Übersicht über die Beziehungen dieser Ansatzlinien zur rechten Niere, Duodenum, Pankreaskopf. Es ist daraus zu ersehen, daß die Abweichung von den gewöhnlichen Verhältnissen wesentlich darin besteht, daß die Verwachsungsfläche, die sonst dem Colon asc. zukommt, durch das geknickte Ileumende, diejenige der Fl. coli d. durch Caecum, Ileumeinmündung und folgendes Colon eingenommen ist. Das oben beschriebene, in der Fossa iliaca d. breit festgewachsene Ileumendstück beginnt seine kurze Fixation plötzlich, das breite Mesenterium der letzten freien Ileumschlinge endigt entlang der Art. iliac. comm. und ext., da wo Ileum diese kreuzt. Nur eine kleine Peritonealfalte, die sich anspannt, wenn man die letzte Ileumschlinge anhebt, zieht von dieser Stelle weiter vom Ileum abwärts, indem sie 2—3 cm der Linea terminalis von der Kreuzungsstelle abwärts folgt und dann in einen durch das Bauchfell weißlich durchschimmernden derben Bindegewebsstreifen sich fortsetzt, der geradeswegs zur Stelle des Anul. ing. abd. d. hinzieht (hier besteht keine Öffnung, nur eine flache Fovea lat.). Von der Kreuzungsstelle an hat das Ileum zunächst eine schmale, peritoneumfreie, festgeheftete Dorsalfläche, die allmählich sich verbreitert, so daß nur der erste Anfang dieses festgehefteten Darmstückes bei der Bewegung der letzten freien Schlingen gerade noch so folgen kann, daß keine Abknickung entsteht. An der oben beschriebenen und in Textfig. *l* und Fig. 30 ersichtlichen winkligen Umbiegung des Ileumendstückes ist die Festheftung am breitesten, und hier ziehen von seinen beiden Rändern aus schmale derbe Stränge im Peritoneum lateral- und medialwärts, so daß diese Stelle absolut unverschieblich der Fascia il. aufliegt. Die lateralen Stränge erheben sich zu einer besonderen, niedrigen, lateral aufwärts verlaufenden Bauchfellfalte, die mit dem folgenden Ileumstück zusammen die untere Begrenzung bildet für eine oberhalb der Crista il. gelegene tiefe Grube; in dieser liegt weiter aufwärts des Caecum (s. Fig. *l*). Der letzte vom Knick medial aufsteigende Ileumabschnitt ist wieder lockerer, aber doch mit breiter Fläche der Rückwand angeheftet. Die Ileumeinmündung selbst ist schon im Bereich der breiten Verwachsungsfläche des Colon, hinter diesem, gelegen und daher peritoneumfrei; wie schon erwähnt vor unterem Nierenpol, dicht lateral neben dem peritoneumfreien Abschnitt der Pars desc. duodeni. Am Caecum und dem quergestellten Colonabschnitt bestehen folgende peritonealen Beziehungen: Das Caecum selbst ist nur wenig beweglich, beim Anheben wird es zurückgehalten durch eine von seinem kranialen dorsalen Umfang lateral abwärts sich anspannende kräftige Bauchfellfalte von etwa 4 cm Kantenlänge und $1^1/_2$ cm Breite. Nach ihrer Lage zum Caecum und Proc. vermif. entspricht sie völlig einer Plica caecalis (nach der Definition, die Merkel, Topograph. Anat., S. 585 davon gibt), indem sie erstens den Abschluß der Verwachsung von Colon mit parietalem Bauchfell darstellt — lateral abwärts von ihr ist Caecum frei — und zweitens eine tiefe Grube von oben her begrenzt, in deren Tiefe der Proc. vermif. dorsal am Caecum liegt, die Fossa caecalis. Es ist dies die eben erwähnte Grube, deren caudale Begrenzung vom aufsteigenden Ileumendstück und der Falte gebildet wird. Die Fossa caecalis ist besonders tief, da sie hier der natürlichen Grube entspricht, die sich lateral vom caudalen Abschnitt des M. quadrat. lumb. und dem darauf liegenden unteren Nierenpol und kranial der Crista iliaca regelmäßig findet. In der Tiefe erscheint der Proc. vermif., 3 cm lang, narbenlos, von medial oben nach lateral unten gerichtet, $1^1/_2$ cm am dorsal angehefteten Mesenteriolum, $1^1/_2$ cm frei; neben seinem Ursprung caudal und kranial je ein kleiner ca. 2 cm tiefer Recessus retrocaecalis (nach Merkel) als mediale Fortsetzungen der Fossa caecalis hinter das Caecum. Die Ileumeinmündung liegt 2 cm medial vom Ursprung des Proc. vermif. hinter dem Caecum, von ihr geht eine schwache, aber unverkennbare Plica ileocaecalis lateralwärts ans Caecum. Ein Recessus ileocaec. sup. ist angedeutet, indem eine deutliche Falte den medialen Winkel zwischen Colon und Ileum überzieht, die freilich sich nicht frei abheben läßt, sondern zum Teil verklebt ist.

Zwei weitere, wohlbekannte Ligamente, die sonst zuweilen an der Fl. coli dextra vorkommen, halten das Caecum resp. Quercolon nach oben in seiner Lage zur Leberunterfläche: ein kräftiges, 4 cm breites, etwa 3 cm langes Lig. hepato-reno-colicum (s. Fig. 31), welches das For. Winslowii dorsal und lateral flankiert, und ein Lig. hepato-colicum (resp. cysto-duodeno-colicum) ventralmedial von dessen Eingang. Über das Vorkommen dieser „accessorischen Leberligamente" s. Ancel u. Sencert (1903); da sie für die Analyse des Falles von Bedeutung sind, gebe ich eine genauere Beschreibung; das erstere interessiert besonders, da es von Klaatsch auch zum Gegenstand allgemeiner Fragen gemacht worden ist als „Lig. hepato-cavo-duodenale“. Es erregt hier schon durch seine Ausdehnung und außergewöhnliche Festigkeit besondere Aufmerksamkeit.

Als Lig. hepato-reno-colicum läßt dieses Band sich bezeichnen, indem es eine Vereinigung darstellt des regelmäßig von der Unterfläche des rechten Leberlappens ausgehenden Lig. hepato-renale mit dem weniger regelmäßig vorkommenden Lig. colico-renale. Ich habe es nach Feststellung seiner Ansatzlinien in der Weise präpariert, daß ich seine zwei Peritonealplatten voneinander abhob, eine in seine Basis hineinreichende Membrana propria auf ihre Nachbarbeziehungen zu V. cava und Duodenum untersuchte, und zwei kleine, gut injizierte Arterien, die sich in seiner vorderen und hinteren Platte wohl getrennt verzweigten, bis zu ihrem Ursprung verfolgte.

Die Ansatzlinie des Bandes an der Leber geht von der Stelle des Eintritts der Vena cava inf. aus, unmittelbar dorsal zu der Lebersubstanzverbindung des Lobus Caudatus mit Lobus dexter, und läuft von hier an der Unterfläche des Lobus d. lateral vorwärts. Etwa an der Mitte der Leberunterfläche gabelt sich die Ansatzlinie noch durch Bildung einer kleinen Seitenfalte (s. Fig. 30). Die Ansatzlinie entspricht hiermit genau der Grenze von Impressio colica und Impr. renalis, mit ihrem medial hinteren Anfang auch noch der Grenze von Impr. duodenalis und renalis; danach würde in natürlicher Lage das Ligament mit seiner lateralen hinteren Fläche der Nierenvorwölbung angelagert zu denken sein, die Fl. duod. sup. an seiner vorderen medialen Fläche, das Colon davor, ebenfalls der vorderen Fläche und der Gabelung angelagert. Die Ansatzlinie am Colon (s. Fig. *l* u. 31) entspricht ungefähr der Grenze von Cäcum und Colon, läuft von medial hinten über die kraniale Colonfläche nach lateral vorn; es ziehen derbe bräunliche Faserzüge in der vorderen medialen Platte des Ligamentes, vom Leberansatz an bis über die Vorderfläche des Colon lang ausstrahlend. Die Ansatzlinie an der hinteren Bauchwand liegt kraniocaudal dicht lateral neben der Vena cava inf., dicht medial vom oberen Nierenpol, auf Nebenniere, mit ihrem caudalen Teil nicht weit entfernt vom oberen und äußeren Rand der beginnenden Pars desc. duodeni, da wo die Verwachsung von Colon und Duodenum desc. beginnt. Also liegt den äußeren Peritoneumverhältnissen nach tatsächlich eine Leber-Cava-Duodenum-Colonverbindung vor.

Die Präparation ergab wichtige Beziehungen zur Nachbarschaft, die für die Frage der Entstehung des Bandes heranzuziehen sind: das vordere mediale Blatt ist eine leicht abhebbare Peritoneumplatte mit fester bindegewebiger Grundlage, die sich als Peritoneum parietale durch das For. Winslowii hindurch in die Rückwand der Bursa retroventricularis beliebig weit verfolgen läßt. Das Blatt enthält eine kleine Arterie, die von einem kleinen selbständigen ventralen Aortenzweig herkommt; dieser entspringt dicht oberhalb der Art. cöliaca und verzweigt sich im wesentlichen im Ganglion cöliacum und hinter der V. cava hindurch zur rechten Nebenniere, entsendet aber unmittelbar nach Austritt aus der Aorta den genannten kleinen Ast durch das Sympathicusgeflecht hindurch nach vorn, dann lateralwärts in die Bindegewebsplatte des Peritoneum parietale; der Ast verzweigt sich vor der Vena cava inf. lateralwärts ausstrahlend in die genannte vordere Peritoneumplatte des Lig. hepato-reno-colicum, besonders in dessen kranialem Abschnitt, d. h. dem Leberansatz folgend. Der Ansatz der Platte am Colon ist scharf begrenzt, linear und sehr fest, er geht nach hinten medial über in den gleichfalls sehr festen, scharf abgegrenzten Ansatz an der Fl. sup. duod., da wo die Platte bereits als parietales Peritoneum die Dorsalwand des For. Winslowii bildet; irgendeine feste Beziehung zur Cava besteht nicht.

Die hintere laterale Platte geht, vom freien Rande her gerechnet, einmal in das parietale Bauchfell über, läßt sich hier leicht von der Fascia praerenalis lösen, hat also keine feste Beziehung zur Niere, und ferner weiter abwärts in das laterale und hintere viscerale Peritoneum des Cäcum und der dort befindlichen kleinen Bauchfellfalten; der Übergang in dieses viscerale Blatt ist wenig scharf, d. h. es besteht keine feste Fixierungslinie hier, wie an dem vorderen Blatt (Fig. 31 zeigt, wie das Peritoneum von Niere und Hinterfläche des Ligamentes allmählich auf das Colon übergeht, ihm hier also eine gewisse Verschieblichkeit gestattet.) Wohl aber besteht eine andere wichtige Beziehung des lateralen hinteren Blattes zum Darm dadurch, daß das Blatt eine kleine Arterie von ihm aus erhält; diese entstammt einem Ast der Ileocolica, kommt dorsal um das Colon herum, aus dessen Verwachsung mit der Rückfläche, steigt kranialwärts empor, tritt in das hintere Blatt des Lig. hepato-reno-colicum ein und reicht mit vier kleinen Ästen sich verzweigend bis an die Ansatzlinie des Ligamentes an der Leber heran.

Das Band enthält schließlich zwischen beiden Peritonealblättern eine von hinten unten her einstrahlende Bindegewebsplatte; sie kommt aus der vorderen Nierenfascie her und nimmt nach dem freien Rande des Bandes hin allmählich ab; sie läßt sich abwärts hinter dem Colon als derbe Fascie bis ins Becken hinein verfolgen, setzt sich medialwärts rings an den Außenrand des Duodenalbogens fest an und geht medial aufwärts in das Bindegewebe des Peritoneum parietale über, welches die Rückwand des For. Winslowii bildet; Colon und Ileum und deren ganzes flächenhaft angeheftetes Mesenterium mit den zugehörigen Gefäßen lassen sich leicht von dieser Fascie abpräparieren, nachdem der feste Colonansatz der vorderen Peritoneumplatte des Bandes durchschnitten ist. (Diese vordere Nierenfascie kann genetisch nur als früheres parietales Peritoneum gedeutet werden, wie ich in einer besonderen Untersuchung gegenüber Gerota ausführlicher begründen werde.)

Das Lig. hepato-reno-colicum besteht also erstens aus einem von der Aorta her versorgten vorderen, medialen Blatt, das ins parietale Peritoneum vor der Cava und Aorta übergeht, zweitens aus einem vom Darm her (Art. ileocolica) versorgten lateralen hinteren Blatt, das ins parietale Peritoneum der Nierengegend und seitlichen Bauchwand übergeht, und drittens aus einem Blatt Bindegewebe, welches von medial-caudal als Fortsetzung der vorderen Nierenfascie sich allmählich nach dem freien Rande des Ligamentes verliert und kranialwärts bald in die Bindegewebsgrundlage des medial-vorderen Blattes resp. des Peritoneum parietale übergeht.

Das 2. schon erwähnte Band, das Lig. hepato-colicum oder genauer cysto-duodeno-colicum, beginnt als doppelte Falte zu beiden Seiten des Fundus der Gallenblase, so daß diese aus einer Nische hervorsieht, zieht dann längs des freien Randes des Lig. hepato-duodenale als dessen inhaltlose laterale Fortsetzung, überschreitet die Pars sup. duodeni etwa 3 cm vom Pylorus entfernt, setzt sich hier zum Teil an, zum Teil zieht es darüber hinweg zum postcäcalen Colon und verliert sich an dessen kranialer Fläche, ca. 5 cm medial vom Ansatz des Lig. hepato-reno-colicum. So wird also durch beide Ligamente ein Vorraum der Bursa retroventricularis gebildet. Dieses zweite Ligament hält den medialen Teil des queren Colonabschnittes kranial empor, hat aber nur geringe Festigkeit im Vergleich zum vorigen und zu der darauf folgenden innigen Duodenum-Colon-Verbindung. Diese letztere ist zwar an sich normal, abgesehen davon, daß sie statt des Colon transv.-Anfanges einen dem Caecum folgenden Colonabschnitt am Duodenum befestigt, doch verdienen die mesenterialen Verhältnisse dieser Gegend wegen ihrer Kompliziertheit trotzdem im einzelnen hervorgehoben zu werden.

Mit dem Duodenum ist das Colon in der Weise verbunden, daß es zunächst der Pars ascendens breit aufliegt, sie kreuzend; die Verbindung besteht, wie stets bei flächenhaft aneinander gelagerten Darmwandabschnitten, aus lockerem Bindegewebe. Auf diese flächenhafte Verlötung folgt dann kranial eine äußerst derbe, kurze Bindegewebsplatte, welche die Umbiegungsstelle des queren in den absteigenden Colonabschnitt gegen Duodenum und Magen fest fixiert. Die Platte heftet sich an der ganzen Pars sup. duodeni an deren vorderem Umfang an und setzt sich medial, noch über den Pylorus hinausgehend, an die große Kurvatur des Magens, seine Pars pylorica fort. Hier verliert sie ziemlich plötzlich ihre Festigkeit, indem sie zur vorderen Platte des offengebliebenen Netzbeutels wird. Der Verlauf dieser Verbindung ist ersichtlich aus Fig. *l*, in der die Platte als stärker schraffierte Verbindung von Colon mit der Regio pylorica bezeichnet ist, und aus Fig. *m*, in welcher ihr Ansatz am Duodenum eingetragen ist. Der Ansatz geht breit hervor aus der Verbindung des Colon mit dem Pankreaskopf und der Pars descendens duodeni, wird kranial allmählich schmäler, um an der Pars sup. und Pylorus linear in den Ansatz des Netzes an der großen Kurvatur überzugehen.

Die Beziehung zur Ansatzlinie des Mesocolon transversum ist ebenfalls aus Fig. *m* ersichtlich: Das Mesocolon transversum überschreitet mit seinem Ansatz die Wirbelsäule in Höhe zwischen 2. und 3. Lendenwirbel und teilt damit den Pankreaskopf, auf dessen Ventralfläche es sehr derb befestigt ist, in eine kraniale und caudale Hälfte, die kraniale ist zum Teil peritoneumfrei, dadurch, daß sie noch mit in dem Bereich der Verwachsung des postcäcalen Colon mit der Rückwand fällt, und eben deren obere Grenze geht dann in die derbe Colon-Duodenumverbindung über. Die Bursa retroventricularis dehnt sich also nach rechts nicht über den Pylorus hin aus, sondern schließt hier mit dem Übergang des Mesocolon transversum in die Duodenum-Colon-Verbindung ab. Dadurch ist auch noch der Pylorus wenig gegen die Rückwand verschieblich, vielmehr in Höhe des Mesocolon transversum-Ansatzes an diesen und die Colon-Duodenumverbindung fest angeschlossen.

Um so geringer ist die Fixation von Magen und Colon in den nach links folgenden Abschnitten, und zwar infolge des Verhaltens des Omentum majus. Dieses stellt fast in seiner ganzen Ausdehnung einen offenen Sack dar, ein Lig. gastrocolicum fehlt von der Pars pylorica bis zur Milz, die Verwachsung der vorderen mit der hinteren Netzplatte ist bis zum freien Rande des Netzes hin ausgeblieben. Der Netzbeutel erstreckt sich noch etwa handbreit über die herabhängende Colonschlinge abwärts, an den ganzen unteren Colonabschnitt nur mit seiner dorsalen Platte angeheftet. Die sonst in der Regel bestehende Obliteration des Netzbeutels findet sich nur rechts in dem bereits erwähnten Abschnitt der Verbindung von Pars pylorica und oberem Colonknick, ferner in dem kleinen nach rechts über das Colon hinausreichenden Netzbezirk, der in die Konkavität des oberen Colonknicks hineingefügt erscheint (s. Fig. *l*), und schließlich im oberen Abschnitt des linken Netzrandes. Hier links oben ist die Fl. lienalis ganz von Netz überzogen und ihr aufsteigender vorderer Schenkel mit dem hinten absteigenden durch Netz verklebt, auch der untere Milzpol ist durch mehrere Verwachsungen mit Netz und linker Flexur verbunden. Das Lig. phrenico-colicum ist nicht als glattes Ligament ausgespannt, sondern durch Netz gebildet, welches sich von der Flexur zum Zwerchfellansatz in mehreren dichten Falten und Strängen ausbreitet, eine Tasche, auf deren Kranialfläche der Milzpol festgeheftet ist (nicht ungewöhnlich, siehe Toldt, 1879, S. 32).

Die übrigen Mesenterialverhältnisse bieten keine Besonderheit mehr. Das Mesocolon transversum, dessen Ansatzlinie aus der Fig. *m* ersichtlich ist, hängt entsprechend der Länge der Colonschlinge lang herab in der Mitte bis zu 12 cm. Colon descendens und Fl. sigm. sind normal. Die Ansatzlinie des Dünndarmmesenterium ist steil, sie beginnt in Höhe des 3. Lendenwirbels, oberer Rand vor der Aorta, läuft dann, die Pars ascendens duodeni zum größten Teil frei lassend, an deren linkem vorderen Umfang entlang caudalwärts, kreuzt die Aorta und Pars inf. duodeni, zieht dann entlang der Art. il. comm. d. bis ins Becken und endigt hier entsprechend dem Beginn des festgehefteten Ileumstückes an der Linea terminalis.

Gefäßverlauf.

Bei der Feststellung des Gefäßverlaufes sind vor allem zwei Punkte beachtenswert, die auf die Genese des Falles hinweisen: einmal die Gefäßverteilung am Colon, denn man kann hiernach die wegen der abnormen Lage zweifelhaften Abschnitte, Ascendens und Transversum, identifizieren, falls nämlich die Gefäßverteilung einem der gewöhnlichen Typen entspricht; die typischen Verlaufsweisen sind für das Colon von Waldeyer (1900) eingehend beschrieben worden, dessen Namengebung ich hier befolge; als zweiter Punkt: die Reihenfolge und Richtung des Ursprungs der Mesenterica-superior-Äste, denn hieraus läßt sich auf die Vollständigkeit oder Hemmung der Drehung der Nabelschleife schließen, indem diese ja um die Achse der Gefäße herum erfolgt (besonders Fischer und Eisler legen dieser Ursprungsrichtung der Äste der Art. mes. sup. genetische Bedeutung bei).

Im Cöliacagebiet ist eine kleine Besonderheit vorhanden, nämlich sowohl die Art. pankr. duod. inf. wie sup. entspringen aus der Cöliaca. Die Superior in gewöhnlicher Weise als kräftiger Ast der Art. gastroduodenalis entlang der Grenzlinie zwischen Duodenumschlinge und Pankreaskopf; die Inferior kommt als 4. Cöliacaast aus der Teilungsgabel von Art. hepat. und lien. und entsendet außer anderen kleinen Pankreasarterien einen Ast hinter der Vena portae hindurch an die Dorsalfläche des Caput pankr. und Proc. uncinatus, und bildet von hier aus die Anastomose mit der Superior. Sonst ist im Cöliacagebiet nur bemerkenswert eine besonders starke Art. gastro-epipl. dextra, die etwas caudal entfernt von der großen Kurvatur in der vorderen Netzplatte verläuft und mit zahlreichen Ästen den Hauptteil des großen Netzes versorgt.

Die Art. mesent. superior entspringt in Höhe des unteren Randes des 1. Lendenwirbels hinter dem Corpus pankr. Sie wendet sich gleich von der Sagittalen um ca. 35° nach rechts, liegt dann vor dem Proc. uncinat. pancr., der noch um 2 cm links von ihr zum Vorschein kommt; sie beschreibt dann, wenn man die Art. ileo-colica als ihren Endast auffaßt (Klaatsch), im ganzen einen flachen Bogen, der mit seiner Konvexität nur bis zum unteren Rande des 3. Lendenwirbels hinabreicht. Vom caudalen Umfang dieses Bogens gibt die Arterie 4—8 cm vom Ursprung entfernt in drei Gruppen neun Artt. jejun. und ileae ab, die sich in regelmäßigem Fächer im Mesenterium verbreiten. Die Anfänge aller dieser Äste kreuzen die Pars inf. duod., die Artt. jejunales treten unmittelbar, die Ileae erst nach einem kurzen Verlauf an der Rückwand, in die Radix mesenterii ein; die letzte Art. ilea entspricht dem weiteren Verlauf der Ansatzlinie der Radix. Nach Abgabe der Dünndarmarterien läuft der Endast, die Art. il.-colica, fast horizontal nach rechts nur wenig abwärts, um sich erst nach weiteren 7 cm zu verzweigen. Sie gibt zunächst einen absteigenden Ast an das fest geheftete Ileumende ab, der mit der letzten Art. ilea anastomosiert, gibt gleichzeitig drei dünne, ca. 5 cm lange Äste zum Proc. vermif. ab, die dicht nebeneinander hinter der Ileumeinmündung hindurch das Mesenteriolum erreichen. Der Hauptteil der Ileo-colica geht mit drei kleinen Ästen an das Caecum und mit einem starken Endast an die Dorsalfläche, also den Mesenterialansatz des quergestellten postcäcalen Colonabschnitts. Dieser Endast entsendet kranialwärts hinter dem Colon den obenerwähnten kleinen Ast in die laterale hintere Fläche des Lig. hepato-reno-colicum und bildet selbst im weiteren Verlauf entlang dem Colon die starke Anastomose mit der Art. colica med. Deren Verlauf ist von besonderer Bedeutung.

Die Art. colica media entspringt 5 cm vom Ursprung der Mesenterica superior entfernt, aus ihrem kranialen (rechten) Umfang, fast von ihrer Rückfläche, also gegenüber der Abgangsstelle der Aa. jejunales, und biegt sofort scharf um, indem sie erst etwas kranial rechts gerichtet in das Mesocolon transversum eintritt und in diesem sogleich caudalwärts zum absteigenden Schenkel der Colonschlinge hinabläuft. Nach 4 cm ihres Verlaufs teilt sich die Colica med. in einen etwas schwächeren rechten und stärkeren linken absteigenden Ast. Der rechte (bei Waldeyer in Fig. *a* Ramus colicus der Media), wendet sich rechts horizontal, erreicht nach 4 cm das Colon etwas unterhalb von dessen rechtwinkliger Knickungsstelle und teilt sich hier in einen Hauptast — der an die Dorsalfläche des Knickes tritt und mit der Ileo-colica anastomosiert: die starke Anastomose liegt im Bereich des Knickes innerhalb der Colonverwachsung mit der Rückwand — und einen Nebenast. Dieser kleine absteigende Ast des Ramus colicus anastomosiert mit dem linken Hauptast der Colica media. Letzterer tritt in sagittal abwärts gerichtetem Verlauf innerhalb des lang herabhängenden Mesocolon transversum an den unteren Scheitel der großen herabhängenden Colonschlinge, teilt sich dicht am Colon und anastomosiert nach rechts rückläufig aufsteigend mit dem Ramus colicus, nach links als Ende der Colica media mit der Art. mesenterica inf.

Die Mesenterica inf. entspringt in Höhe des 3. Lendenwirbels, gibt nach 2 cm ihres Verlaufs die rückläufig aufsteigende Colica sinistra ab, welche einmal die Fl. coli sinistra versorgt und mit ihrem Hauptast absteigend entlang dem aufsteigenden Schenkel der Colonschlinge in sehr langem Verlauf die starke Anastomose mit der Colica media bildet. Weiterhin entsendet die Mesenterica inferior zwei Aa. sigmoid. und endet als Haemorrh. sup.

Es fehlt also eine Art. col. dextra, statt ihrer ist vorhanden ein mittelstarker Ramus dexter der Colica media. Ferner fehlt eine Art. colica media accessoria (Waldeyer), die sonst bei Fehlen der Colica dextra häufig als großer erster Ast der Mesenterica sup. die Mitte des Colon transversum versorgt und so als Zwischenglied der Anastomose der Media und Sinistra vermittelt (Waldeyer, Fig. *a* und *c*). Doch ist diesem Verlauf entsprechend in vorliegendem Falle eine starke Vene vorhanden, die ohne Begleitarterie den beschriebenen Weg nimmt, aus der Mitte der langen Anastomose von Media und Sinistra mit zwei Ästen ihren Ursprung nimmt und vom linken unteren Scheitel des herabhängenden Colonbogens das Mesocolon transversum in seiner größten Länge durchläuft, um in die Vena colica media an der Stelle einzumünden, wo die Art. col. med. sich teilt.

So entspricht die Gefäßversorgung des Colon dem von Waldeyer in Fig. *a* gegebenen Typus mit der einen Abweichung, daß der Weg der Art. col. med. access. nur durch eine Vene bezeichnet ist, dafür die Anastomose der Art. col. med. mit der Sin. sehr lang und stark ist. Die Gefäßversorgung entspricht genau der von Gegenbaur als Lehrbuchbild gegebenen Darstellung Fig. 188, an der aber Waldeyer das Fehlen der Art. col. med. access. moniert.

Die Venen folgen im übrigen in ihrem Anfangsgebiet genau den Arterien. Die Dünndarmvenen liegen vor oder rechts neben der zugehörigen Arterie. Sie sammeln sich zum Hauptstamm der Vena mes. sup. kranial neben der Sammelstelle der Dünndarmarterien, die Art. mes. sup. vorn überkreuzend. Der Stamm der Vena mes. sup. liegt dann aufsteigend unmittelbar rechts neben der Arterie, verläßt die Arterie vom Pankreaswinkel aufwärts etwas rechts sich wendend und nimmt dorsal vom Pankreaskopf die Vena mesent. inf. auf. Diese zeigt normalen Verlauf.

Morphologische Analyse von Fall I.

Indem ich zunächst aus der Einzelbeschreibung des Falles die wesentlichen atypischen Punkte zusammenfasse, will ich versuchen, die Genese der Abweichungen so weit festzustellen, als sie sich aus der morphologischen Darstellung von selbst ergibt. Es gelingt hierbei leicht, das genetisch bedingende Moment aufzufinden; erst im Zusammenhang mit den anderen Fällen will ich die Ergebnisse der embryologischen Untersuchungen mit heranziehen.

Die abnorme Lagerung betrifft wesentlich den Dickdarm und das Ileumende. Ein Colon ascendens existiert nicht. An seiner Stelle liegt in der Fossa iliaca, retroperitoneal aufsteigend, ein 11 cm langes Endstück des Ileum; das Caecum steht unmittelbar unter der Leber, mit ihr doppelt ligamentös verbunden, selbst durch eine breite Verwachsungsfläche an die Rückwand in der Gegend der rechten Niere und der Pars descendens duodeni angeheftet, lateralwärts durch eine kräftige Plica caecalis gehalten. Der unmittelbar folgende, postcäcale Abschnitt ist äußerst fest mit Pars sup. duodeni und Regio pylorica verwachsen, während normalerweise diese Verwachsung erst an dem Anfangsteil des Colon transversum sich findet. Anstatt eines der großen Kurvatur folgenden Quercolon besteht eine, bis ins kleine Becken lang herabhängende, bogenförmige Colonschlinge.

Die erste Frage drängt sich ohne weiteres auf: Ist durch Wachstumshemmung die Ausbildung des Colon asc. ausgeblieben, oder hat dieser Darmabschnitt nur abnorme Lagerung? Wo ist dann die Stelle der Fl. coli d. zu suchen? Die Gesamtlänge des Colon, ebenso die Länge des Abschnittes von Caecum bis Fl. coli sin. stimmen weitgehend mit dem als Mittel angegebenen Maßen (Corning) überein:

Gesamtcolon bei Corning	154 cm, hier 140
Caecum bis Fl. lien. bei Corning . .	25 + 50 cm, hier 65
Descendens bei Corning	25 cm, hier 30
Sigmoideum bei Corning.	45 cm, hier 50

Viel wesentlicher als die mit der Norm übereinstimmenden Längenverhältnisse ist die typische Gefäßversorgung, diese erlaubt mit Sicherheit die Abgrenzung des scheinbar fehlenden Colon ascendens. Die Gefäßäste der Art. mesent. sup. entstehen ja sehr früh und sind bereits vorhanden, wenn das Caecum die rechte Körperseite erreicht, wenn also die Arterie, die sonst die Fl. coli d. versorgt, hier an einen Teil der herabhängenden Colonschlinge tritt, so ist ein dem Colon asc. entsprechender Abschnitt sicher vorhanden. Daß eine Art. col. d. hier fehlt, ist nicht atypisch, da eine solche als selbständiger Ast der Mesent. sup. nach Waldeyer nur in der Hälfte der Fälle vorhanden ist. Es besteht statt dessen, wie in Waldeyers Fig. *a*, ein Ramus col. d. der Col. media. Die Col. media verläuft in den Fällen der Versorgung nach Waldeyers Typus Fig. *a* mit ihrer Gabelung so zur Fl. coli dextra hin gerichtet, daß die Teilung an den ersten Anfang des Colon transversum herantritt, der rechte Ast das Ascendens und die Flexur, der linke den Anfangsteil des Transversum versorgt. Im vorliegenden Fall ist die Gabel der Col. med. gegen eine Stelle des senkrecht absteigenden Schenkels des Mittelcolon gerichtet, die 10 cm abwärts von der rechtwinkligen Colonknickung am Pylorus und 28 cm entfernt vom Caecumende gelegen ist. Das entspricht der mittleren Entfernung von Caecum und Anfang Transversum. Mithin ist in diesem Colonteil das dem Colon asc. entsprechende Stück enthalten und nur in seiner Lage verschoben.

Beim ersten Anblick des Situs könnte es den Anschein haben, als wäre die rechtwinklige Umbiegung des queren in den absteigenden Schenkel die Fl. dextra, nach medial verschoben und um 90° gedreht, und das Querstück demnach das Ascendens, zumal durch das Netzstückchen, welches in dem rechten Winkel ausgespannt ist, dieser ganz unveränderlich erhalten wird; aber, da die Stelle der Fl. dextra am Colon sehr variabel auftritt (s. embryonaler Teil), man oft ein kurzes Ascendens bei langem Transversum und umgekehrt findet, je nach der Stelle, an welcher das Colon nach rechts oben speziell zur Pars sup. duodeni hin befestigt ist, so kann man wohl sagen, daß die Biegungsstelle in diesem Fall nur zufällig ungefähr der Stelle der Fl. dextra am Colonschenkel entspricht. Jedenfalls ist aus den Maßverhältnissen des Colon und dem Gefäßverlauf sicher zu entnehmen, daß das Colon ascendens nicht vollkommen fehlt und der Caecumhochstand also nicht durch fehlendes Auswachsen des Colon bedingt ist. Es ist nicht angängig, aus dem Hochstand des Caecum ohne weiteres auf Wachstumshemmung zu schließen, wie Ancel und Cavaillon tun (s. Literaturübersicht zu Teil III).

Die Folgerung aus der durch die typische Arterienversorgung sichergestellten, normalen Existenz der Colonabschnitte ist zwingend: Das Colon muß bereits, als es seine sekundären Verwachsungen in der rechten Bauchseite einging, eine abnorme Lagerung gehabt haben, in der Weise, daß eine ungewöhnliche Stelle des Colon die erste Verwachsung mit der Rückwand einging und von da aus das Wachstum des Colon in eine falsche Richtung gelenkt wurde. Anstatt der Mitte des Colonschenkels ist sein Anfang zuerst mit der Rückwand verwachsen. Das Wachstum des Schenkels mußte dann von dem fixierten Punkt aus eine ausschließlich mediale Richtung nehmen: statt daß von der fixierten Mitte des Colonschenkels aus der freie Anfang des Ascendens nach lateral abwärts auswuchs, ist vom fixierten Anfang aus das entsprechende Stück nach medial gewachsen, also zum Colon transversum hinzugekommen; dadurch wurde dieses zu lang und mußte den mächtigen Bogen abwärts bilden; dem folgte ein besonders lang auswachsendes Mesocolon transversum sekundär. (Hiermit soll nicht gesagt werden, daß jeder tief herabhängende Colon-transversum-Bogen diese Genese haben müßte, mir ist wohl bekannt, daß auch bei normal langem Colon ascendens tief herabhängendes Colon transversum vorkommt.)

Es fragt sich nun, ob auch an den Verbindungen selbst, welche anstatt der rechten Flexur den Dickdarmanfang an die Rückwand anheften, ungewöhnliche Verhältnisse bestehen, so daß man abnorme Zustände der hinteren Bauchwand vor Eintritt der Verwachsungen als Ursache in Betracht ziehen müßte.

Ungewöhnlich ist an den Verbindungen des Dickdarmanfanges eigentlich nur das auffallend starke Lig. hepato-reno-colicum, freilich kommt auch dieses, obgleich selten, in gleicher Ausbildung an der Fl. coli dextra zur Beobachtung. (Eine solche, Leber, rechte Niere, rechte Flexura coli verbindende freie Bauchfellfalte bildet z. B. Toldt ab, Anat. Atlas Bd. 1, 8. Aufl., 1914, Fig. 808, S. 477, doch ohne sie zu bezeichnen; abgebildet und bezeichnet ist das ventral vom For. Winslowii liegende Lig. hepatocolicum in Fig. 807 als Varietät.) An anderer Stelle äußert sich Toldt eingehend über das Wesen solcher „freien Bauchfellfalten" gegenüber den „Gefäßfalten" und stellt ihre „rein lokale Natur und daher große Variabilität" fest; sie werden durch Wachstum und Schiebung benachbarter Organe sekundär vom parietalen Peritoneum abgehoben, können höher oder niedriger werden, sich wieder ausgleichen, Nebenfalten bilden, ihre Abgangsstelle verschieben, je nach Form, Lage und Verschiebung der Organe, unter Umständen auch willkürlich erzeugt werden. Am beständigsten sind diejenigen, an deren Ursprung das Bauchfell fest mit der Unterlage verbunden ist, z. B. Lig. hepato-renale, welches dadurch zu einem „wahren Haftband" wird. Toldt wendet sich in diesen Ausführungen gegen Klaatsch (1892), S. 709: „Durch Beziehungen zur Niere werden Teile des Lig. hepato-cavo-duodenale zum Lig. hepato-renale und duodeno-renale." Klaatsch sieht in den lateral und dorsal vom For. Winslowii vorkommenden Ligamenten oder Falten Reste seines Lig. hepato-cavo-duodenale, denen er daher eine fundamentale vergleichend-anatomische Bedeutung beilegt. Nach ihm sollen Teile des Lig. hepato-cavo-duodenale nicht nur als solche, als ursprünglicher Haftapparat des Duodenum, Bedeutung haben, sondern auch bei der Lageentwicklung des Caecum und postcäcalen Colon zum Befestigungsmittel für diese werden, indem das von links nach rechts oberhalb der Fl. duod.-jejunalis sich hinschiebende Colon erst Anschluß an das Mesoduodenum, dann an das Duodenum selbst gewinnt und schließlich in dessen Lig. cavo-duodenale resp. die rechte Platte seines Meso einwächst. Diese vielfach vertretene Ansicht von der „Rechtsschiebung" des Caecum wurde bereits ausführlich widerlegt. Daß auch Klaatschs Auffassung von der Genese des Lig. hepato-cavo-duod. nicht zutrifft, läßt sich hier aus der rein morphologischen Untersuchung ableiten. Die beschriebenen Einzelheiten dieses Bandes lassen nämlich im vorliegenden Fall ganz fraglos seine sekundäre Entstehung erkennen: es kann nur durch das Wachstum des Caecum nach bereits erfolgter Anheftung an die Rückwand ausgezogen worden sein. Das Band besteht aus einer medial vorderen Peritoneumplatte, die eine kleine Arterie von der Wand her bezieht, also ist diese Platte ursprünglich parietales Peritoneum gewesen. Die lateral hintere Peritoneumplatte dagegen führt einen bis an den Leberansatz hin und bis an den freien Rand des Bandes sich verzweigenden Ast der Art. ileo-colica, der von der Dorsalfläche des Caecum her in sie eintritt. Dieses merkwürdige Verhalten kann nur eine Erklärung darin finden, daß diese Platte ursprünglich viscerales Peritoneum des Colon war, welches sekundär vom Caecum abgezogen und durch Wachstum ergänzt worden ist. Dann kann aber das Band erst entstanden sein, nachdem das Caecum seine definitive Lage erreichte und seine Verwachsung mit der Rückwand schon in Bildung begriffen war. Wenn eine bemerkenswerte Bauchfellfalte an dieser Stelle schon vorher bestanden hätte, müßte auch die lateral hintere Platte aus parietalem Peritoneum bestehen und von diesem arteriell versorgt werden. Ganz unwahrscheinlich scheint mir, daß der Ast der ileo-colica, der kräftig genug ist, um leicht bis in seine Endverzweigung im Leberansatz des Ligamentum verfolgt werden zu können, erst nachträglich in das schon bestehende Ligament hineingesandt worden sein könnte, zumal seinen feinen Ästen jegliche darstellbaren Anastomosen mit der freien Verzweigung des parietalen Astes im vorderen Blatt fehlen.

Der Vorgang der sekundären Entstehung des Ligamentes ist unschwer vorstellbar: Das Caecum legte sich in die Peritonealnische lateral vom For. Winslowii, unterhalb der Leber, vor der Nebenniere und Vena cava, verlötete hier mit der Rückwand, so daß diese Verwachsungsfläche unmittelbar unter dem hinteren Leberrand begann. Der Anschluß an die Leber wird sich in der Gegend der beiden vorspringenden Punkte besonders innig gestaltet haben, nämlich am Lig. hepato-duodenale und an der Eintrittsstelle der Vena cava inf. Erhält sich nun an diesen Punkten beim weiteren Wachstum von Leber und Colon die peritoneale Verbindung, so muß sie notwendig als Falte von der Rückwand ausgezogen werden, während an den übrigen Stellen der Peritonealraum zwischen den wachsenden Organen sich erhält oder gar vertieft. Die entstehende Falte wird notwendig in der Wachstumsrichtung der beiden Organe sich ausbilden müssen, und in der Tat stellen die Ansatzlinien des Lig. hepato-reno-colicum an Leber und Colon genau deren einzig mögliche Wachstumsrichtung dar: von hinten nach lateral vorn. Besonders wenn man sich den Ansatz des Ligamentes an der Leberunterfläche ansieht, wird dieses Verhalten deutlich. Der rechte Leberlappen, hinten und medial (Cava) fixiert, kann sein Wachstum nur nach lateral vorn entwickeln, so daß jeder Punkt seiner Unterfläche in diesem Sinne fortgeschoben wird; so muß ein mit dem Colon peritoneal verbundener Punkt, der ursprünglich in der Gegend des Cavaeintrittes an der Rückwand lag, bei Erhaltung der Verbindung eine Ansatzlinie an der Unterfläche der Leber ziehen, die von dem Cavaeintritt zur Mitte der Unterfläche des rechten Lappens hingeht, so wie es im vorliegenden Fall verwirklicht ist. Im gleichen Sinne entwickelt sich das Wachstum des dorsal und medial fixierten Colonabschnittes, natürlich unabhängig davon, ob hier Caecum oder Querschenkel der Fl. dextra gelegen ist. Ich habe das Lig. hepato-reno-colicum noch mehrfach bei normaler Fl. coli dextra gesehen und stets diese charakteristische Ebene und Ansatzlinie an der Leberunterfläche feststellen können. Auch das Lig. hepatorenale für sich ausgebildet zeigt stets diesen schräg nach vorn lateral gerichteten Verlauf und Ansatz. Daß hierbei die Falte ihre medial vordere Platte aus dem parietalen Peritoneum, der hinteren Begrenzung des For. Winslowii, bezieht, wie die Gefäßversorgung beweist, ist ohne weiteres verständlich, da die Falte ja vom parietalen Peritoneum her ausgezogen wird; daß die hintere laterale Platte vom Colon her geliefert wird, ist wohl so zu verstehen: Die Leber gibt Peritoneum nicht ab wegen des äußerst innigen Zusammenhanges ihrer Drüsensubstanz mit der Bindegewebskapsel; das laterale parietale Peritoneum, in welches diese Platte am dorsalen Ansatz der Falte übergeht, wohl deswegen nicht, weil dieser Übergang spitzwinklig erfolgt, gegenüber dem flachen, stumpfwinkligen der vorderen Platte; so bleibt nur übrig das viscerale Peritoneum des dorsal-kranialen Umfanges des Colon; auch an diesem ist der Übergang der Faltenrückfläche in das Colonperitoneum flach stumpfwinklig. Daß überhaupt bei diesem Vorgang ein breites Ligament sich bildet, obgleich doch die beiden verbundenen Organe, Leber und Colon, dauernd dicht flächenhaft aneinandergelagert gedacht werden müssen, versteht sich aus der Wachstumsdifferenz: Das Colon nimmt relativ erheblich mehr an Umfang zu als der rechte Leberlappen, somit ist das Bestehenbleiben einer linearen Verbindung nicht möglich. In gleicher Weise erklärt sich die Ausbildung des Lig. hepato-colicum (cysto-duodeno-colicum), auch dieses zeigt die schräge Richtung nach lateral vorwärts. Ich glaube nicht, daß dieses Band als Rest des ventralen Mesenterium aufzufassen ist, als über den freien Rand des Lig. hepato-duodenale hinaus stehengebliebene Leber-Duodenum-Verbindung (wie besonders Brösike, auch Broman (1906) und für einige Fälle Ancel und Sencert annehmen). Toldt (1879) läßt es im 7.—8. Embryonalmonat entstehen als „vorwuchernden Peritonealsaum vom freien Rande des Lig. hepato-duodenale aus, der sich zunächst nur von der Gallenblase zur Pars descendens duodeni erstreckt. Erst bei seiner weiteren Vergrößerung übergreift er auf das mit dem letzteren verklebte Stück des Colon.“

Toldt meint wohl selbst mit „Vorwuchern“ und „sich vergrößern und übergreifen“ kaum ein selbständiges Wachstum. Ich sah das Band in drei Fällen so, wie es oben beschrieben wurde, nämlich doppelt, die Gallenblase in eine Nische einfassend. Das erklärt sich ohne weiteres aus einer frühzeitig eingetretenen Verwachsung des Colon mit Lig. hepato-duodenale und Gallenblase und nachträglichem Ausziehen als Falte durch Wachstum und Organverschiebung. Es sind danach beide Ligamente, das Hepato-reno-colicum sicher und das Cysto-duodenum-colicum wahrscheinlich, erst gebildet worden, nachdem das Colon seine Lagerung unter der Leber eingenommen hatte, und zwar vom Colon durch dessen und der Leber Wachstum.

Somit trete ich betreffend des Lig. hepato-renale durchaus Toldts Ansicht bei, daß solche freien Bauchfellfalten aus lokalen Wachstumsbedingungen entstehen und nur lokale Bedeutung haben.

Ich hielt es für notwendig, in einem Fall, wo die Entstehung sich so sicher aus den Befunden ableiten läßt, die Analyse ausführlich zu geben, wenn auch dem Bande an sich nicht die Bedeutung zukommt, die einen solchen Aufwand rechtfertigte; aber es ist prinzipiell wichtig, daß die rein lokale Natur dieser Art von Bauchfellfalten erweisbar ist; und es ist somit ein Fehler (Klaatsch in bezug auf das Lig. hepato-cavo-duodenale), derartige Bildungen, die sich beim Menschen ab und zu finden, als sichere Erinnerungen an tierische Zustände aufzufassen und rein funktionell erklärbaren Varietäten vergleichend-anatomisch große Bedeutung beizulegen, zumal wenn nicht einmal die ontogenetische Entstehung der Bildungen weder bei Tier noch Mensch überhaupt berücksichtigt wird.

Die Ligamente lateral, dorsal vom For. Winslowii, also: Lig. hepato-renale, duodeno-renale, reno-colicum, evtl. auch eine Vereinigung dieser Einzelbänder, erweisen auch dadurch ihre rein lokale Natur, daß sie in der Embryonalentwicklung erst relativ spät auftreten. In den sämtlichen menschlichen Serien bis zu 45 mm habe ich nicht die geringste Andeutung dieser Bänder oder eines Lig. hepato-cavo-duodenale finden können; nur das Lig. hepato-renale findet sich zuweilen schon vor der Rechtswendung des Colonschenkels angedeutet.

An den übrigen Peritonealverbindungen des Dickdarmanfanges ist nichts Ungewöhnliches zu finden, was auf besondere Verhältnisse der hinteren Bauchwand schließen ließe. Man kann zusammenfassend sagen, daß die Bauchfellbildungen, die sonst das Caecum in der Fossa iliaca dextra aufweist, mit denen, die sonst der Fl. col. dextra in der Gegend der Fl. duodeni sup. zukommen, in unmittelbare Nachbarschaft zusammengerückt erscheinen. Das ist für die Genese der Varietät nicht verwertbar, wohl aber für die Vorgänge de sekundären Verwachsungen allgemein von Interesse: Das Caecum ha seine ihm eigentümlichen Bauchfellverhältnisse trotz der abnormen Lage in typischer Weise gebildet, eine tiefe nach rechts geöffnete Fossa caecalis mit zwei Recessus retrocaecales, eine kräftige Plica caecalis, welche das laterale Ende der breiten Verwachsung des Dickdarmanfanges bezeichnet und die Fossa caecalis kranial begrenzt; ferner eine deutliche Plica ileo-caecalis und einen Recessus ileo-caecalis sup. mit einer ihn bedeckenden Falte angedeutet. Daß die beiden letzteren Bildungen sich auch bei abnormer Lagerung vorfinden können, ist selbstverständlich, da sie dem visceralen Peritoneum angehören und unabhängig von der sekundären Verwachsung entstehen (Waldeyer 1874, Toldt 1879). Daß die Plica caecalis, Fossa caecalis und Recessus retrocaecales bestehen, ist bemerkenswert, da dies Bildungen des parietalen Peritoneum mit dem Caecum sind. Ihr Vorhandensein an abnormer Stelle beweist, daß sie nach Fixation des postcäcalen Colon lediglich den eigentümlichen Wachstums- und Bewegungsverhältnissen des Caecum ihre Entstehung verdanken.

Ähnliches zeigt sich an den Colon-Duodenum-Verbindungen; deren Beziehung zur Rückwand ist normal, die Stelle des Colon, an der sie ansetzen, ist ungewöhnlich. Die Festheftung des Colon am Duodenum ist im normalen wie im vorliegenden Falle folgende: es besteht eine sehr innige — zuweilen breite, wie hier, zuweilen lineare, wie in Fall II — Verwachsung mit Pars desc. duod., welche durch sie gekreuzt wird; medialwärts an diese schließt sich einerseits die horizontal laufende Ansatzlinie des Mesocolon transversum, welches von hier aus frei wird und rasch sich verbreitert, andererseits die kranialwärts bogenförmig der Pars sup. duodeni folgende kurze, sehr feste lineare Verbindung mit dem Übergang von Magen und Duodenum, das Lig. duodeno-colicum.[1]) Die Unterschiede von der Norm liegen also hier nur im Darm selbst: Die breite Anheftung auf Pars descendens kommt normal der Fl. coli dextra zu, hier dem Caecum und der Ileumeinmündung, die lineare Anheftung an Pars sup. duodeni und Ende der großen Kurvatur sonst dem Anfang des Transversum, hier dem Anfang des postcäcalen Colon, das nach medial frei werdende Mesocolon sonst dem Anastomosengebiet des linken Colica-

[1]) Diese Bezeichnung möchte ich für die stets vorhandene und für die ganze Fixation des Colon so wichtige kurze Verbindung von Colon und Duodenumanfang reserviert halten, da diese Verbindung die unmittelbare Fortsetzung der Magen-Colon-Verbindung, Lig. castro-colicum, darstellt und die gleiche Genese hat, wie jene. Die Bezeichnung ist nicht allgemein gebräuchlich; Klaatsch bezeichnet bei verschiedenen Tieren, speziell Kaninchen, als Lig. colico-duodenale mit Krause den peripheren Teil des Mesoduodenum, welcher durch das ans Mesoduodenum festgeheftete Colon frei gelassen wird. Hier wäre vielleicht besser zu sagen: Lig. meso-duodeno-colicum und für die Verbindung des Duodenum ascendens mit dem Mesocolon ascendens nicht Lig. recto-duodenale [Klaatsch], sondern duodeno-meso-colicum.

media-Astes, also Transversum, hier bereits einem Teil des vom rechten Colica-media-Aste versorgten Colon, also eigentlich Colon ascendens. Andererseits besteht eine normal verlaufende Radix mesenterii, da an Stelle des Colon ascendens das letzte Ileumstück mit seinem zugehörigen Mesenterium festgeheftet ist.

Darin liegt also das Hauptmoment des abnormen Situs: Es ist vom gemeinsamen Mesenterium von Dick- und Dünndarm ein anderer Abschnitt als in der normalen Entwicklung mitsamt seinem zugehörigen Darmteil sekundär angewachsen, ohne daß die Verwachsungsstelle an der Rückwand besonders abnorme Verhältnisse darbietet. Man kann sich das ursprüngliche Mesenterium commune des bereits gedrehten Darmes als einen Fächer denken, dessen Peripherie der Darm, dessen Ansatz oder Winkel die Gefäßeintrittsstelle ist, so stellt der Sektor des Fächers, der den Colonanfang von Ileummündung bis zum Transversum-Anfang zur Peripherie hat, den zur Verwachsung bestimmten Teil des Mesenterium dar; durch seine flächenhafte sekundäre Anheftung an die hintere Bauchwand entsteht die Radix mesenterii und die rechte Hälfte der Mesocolon-transversum-Ansatzlinie. Im vorliegenden Fall ist der größte Teil dieses Sektors frei geblieben, und der proximal folgende Sektor, welcher dem letzten Ileumstück bis zum postcäcalen Colon zugehört, ist statt seiner im normalen Bereich der hinteren Bauchwand festgewachsen. Aus zahlreichen embryologischen Untersuchungen (Toldt, Klaatsch, s. auch embryologischer Teil) ist bekannt, daß diese Verwachsung stets eingeleitet wird durch Fixation des Colon an das Duodenum an der Stelle, wo es der Pars sup. duodeni parallel läuft. Somit stellt die Ausbildung des Lig. duodeno-colicum am postcäcalen Colonanfang das variierte Moment dar, dessen Entstehung erst im Vergleich mit embryologischen Verhältnissen aufgeklärt werden kann.

Für die allgemeinen Anschauungen über die Ursachen der sekundären Verwachsungen von Darm und Mesenterien läßt sich aus dem Vorliegenden ein wichtiger, freilich negativer Schluß ziehen: Keinesfalls ist die primäre Ursache für die Verwachsungen eine in bestimmten Abschnitten des visceralen und parietalen Peritoneum liegende vererbte Tendenz zur Verklebung, sonst könnte nicht ein Stück Dünndarm-Mesenterium in vollkommen analoger Weise, wie das Mesocolon ascendens, durch sekundäre Verwachsung eine normale Radix mesenterii liefern.

Caecumhochstand, Fall II.

Der vorige Fall wird gut ergänzt durch einen zweiten Fall, der mir im Marburger Anatomischen Institut zur Bearbeitung überlassen wurde. Ich gebe nur die wesentlichsten Punkte des Situs und die Abweichungen von Fall I.

Im allgemeinen ist die Übereinstimmung der Lage fast vollkommen, wie die Übersichtszeichnung Fig. *n* zeigt. Es handelt sich um eine ältere weibliche Leiche, deren Baucheingeweide einige andere Abnormitäten aufweisen: rechts besteht eine Hernia femoralis praevascularis, darin ein Netzzipfel, der die herabhängende Colonschlinge hier festhält. Links Hernia inguinalis, die in die große Labie führt, an ihrem Eingang ist der untere Winkel des hängenden Colonbogens fest verwachsen und weist hier Spuren abgeheilter Incarceration auf: zwei pflaumengroße Anhänge, die je ein geschrumpftes, halb abgeschnürtes, dickwandiges Divertikel bilden. Die ganze Facies diaphragmatica des rechten Leberlappens ist vollkommen mit dem Zwerchfell verwachsen unter Bildung zahlreicher derber bindegewebiger Stränge, offenbar Spuren einer lokalen Peritonitis. Außerdem besteht erhebliche Gastroptose, der Magen hängt, mit seinem Mittelstück unten abgeknickt, so tief herab, daß die kleine Kurvatur bis zur Höhe des unteren Nierenpols (ob. Rd. 4. Lendenwirbels), die große bis zum Promontorium herabreicht.

Die Darmlage ist folgende: Normal sind Verlauf des Duodenum, Stellung der Fl. duod.-jejunalis, Lage des Dünndarms, Verlauf der Ansatzlinie von Mesocolon transversum und Radix mesenterii. Vom Duodenum wäre nur zu bemerken: Die Pars descendens liegt ventral vom Nierenhilus, ihr Übergang in Pars inf. medial dicht neben der Ileumeinmündung, die Pars inf. von der Radix gekreuzt, die Pars ascendens mit ihrem linken vorderen Umfang von der Radix unbedeckt, die Fl. duod.-jejunalis breit an Rückwand und Unterfläche des Meso-colon-transversum-Ansatzes fixiert. Das Lig. hepato-duodenale steht in normaler Höhe, rechts der Mittellinie, jegliche Verbindungen von Leber, Gallenblase, Lig. hepato-duodenale mit dem Colon fehlen. Das letzte Ileumstück ist 11 cm lang, breit in der Fossa il. d. festgeheftet, steigt auf von der Linea terminalis in gleichmäßigem flachen, lateral konvexen Bogen, liegt mit den letzten 3 cm dem unteren Nierenpol an, vor welchem es in das Caecum rechtwinklig einmündet. Dieses steht in Höhe der Crista iliaca fast horizontal, nur etwas lateral abwärts gerichtet, der ventralen Fläche der unteren Nierenhälfte aufgelagert, und setzt sich unmittelbar in ein kurzes quergestelltes Colon fort, welches schon 7—8 cm vom Caecumende entsprechend der Fl. duod. sup. in den absteigenden Schenkel der herabhängenden Colonschlinge übergeht. Die Lage des Caecum ist weniger fixiert als in Fall I, es läßt sich stark nach abwärts ziehen, doch muß man unmittelbare Anlagerung an die Unterfläche des rechten Leberlappens annehmen, da dieser eine deutliche Facies colica zeigt und das dem Caecum unmittelbar folgende Stück bereits an Pars sup. duodeni kurz befestigt ist. Da die Leber zudem besonders fest mit ihrem vorderen Rande fixiert ist und hinter dem rechten Rippenbogen verschwindet, muß das Caecum intra vitam noch dem Rippenbogen innen angelagert gewesen sein. Die Fixation des querstehenden Colonschenkels ist sehr übersichtlich, es fehlen alle die Verbindungen des Falles I, die wir in ausführlicher Beschreibung als erst nachträglich entstanden analysierten. Es besteht nur eine transversale, schmale, sehr kurze, derbe Anheftung der Dorsalfläche von Ileumeinmündung und folgendem Colon quer auf der Ventralfläche der unteren rechten Nierenhälfte und der Pars descendens duodeni, sie geht medial über in die Ansatzlinie des Mesocolon transversum. Das kurze Caecum selbst ist frei, der normale fingerlange Proc. vermif., an seiner Dorsalfläche ebenfalls frei, besitzt nur ein kleines Mesenteriolum. Die feste kurze Anheftung auf der

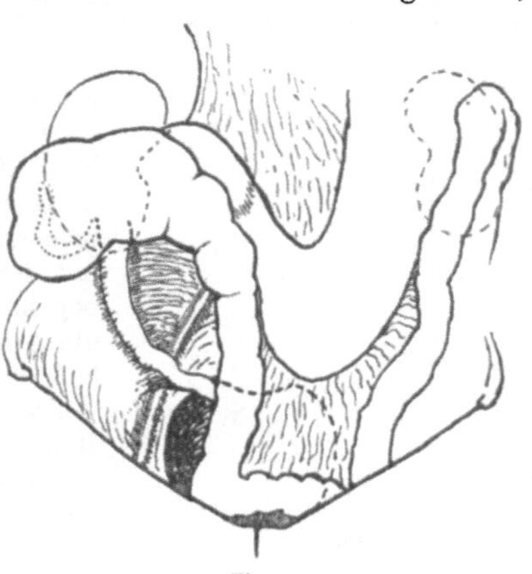

Fig. n.

Niere ist in Fig. *o* dargestellt durch Abwärtsziehen des Caecum; das so nach kranial sich anspannende Lig. colico-renale ist die kurze kraniale Bauchfellplatte der queren Verwachsung, keine besondere Falte. Unmittelbar medial schließt sich an ein sehr kräftiges kurzes Lig. duodeno-colicum. Dieses verbindet derb den kranialen Umfang des postcäcalen Colonabschnittes mit der Pars sup. duodeni, bis zur Pars pylorica sich fortsetzend; hier geht es sehr ähnlich wie in Fall I ziemlich plötzlich in eine lockere Colon-Magen-Verbindung über, Lig. gastrocolicum, welches aber nur bis zum Knick des Magens, also an der Pars pylorica, besteht. Der links gerichtete Teil der großen Kurvatur ist nur durch lange, zarte, vordere Netzplatte mit dem wiederaufsteigenden linken Colonabschnitt verbunden, der Netzbeutel ist offen von dem unteren Knick der großen Kurvatur in der Mittellinie bis zur Milz. Der herabhängende Colonbogen hat fast identische Lage, Länge und Gefäßbeziehung wie in Fall I, nur ist er durch die beiden Hernien nach beiden Seiten caudalwärts winklig geknickt, indem er in beide zum Teil mit hineingezogen war. Der aufsteigende Schenkel bildet dann den normalen vorderen Schenkel der Fl. lienalis, die normale Höhen und Verbindungen aufweist. Colon desc. und sigm. o. B.

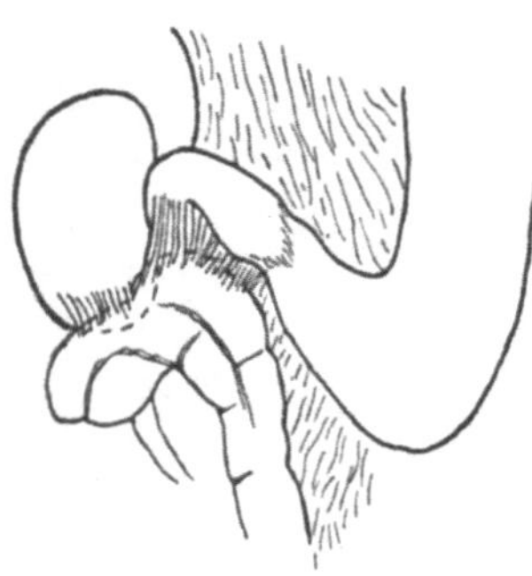
Fig. *o*.

Das Mesocolon ist entsprechend lang ausgezogen, in ihm verläuft die Art. colica med. caudalwärts zum rechten unteren Winkel in langem Verlauf, sie teilt sich nahe dem Caudalende des absteigenden Colonastes, versorgt diesen mit einem rechten rückläufig aufsteigenden Ast und folgt mit dem linken dem weiteren Verlauf des Colonbogens nach links und kranialwärts. Von der übrigen Verzweigungsweise der Art. mesent. sup. ließ sich ohne Präparation nur feststellen, daß sie, wie in Fall I, die Art. ileo-colica in flachem Bogen nach rechts entsendet zur Ileocaecalgegend, die Dünndarmarterien caudalwärts, so daß sie einzeln in die Radix eintreten. Die Art. mesent. sup. ist rechts gewendet, beschreibt mit ihrem Endast, der Art. ileo-colica, den flachen Bogen wie in Fall I, fast transversal verlaufend. Die Länge des Colon bis zur Fl. lienalis beträgt etwa 70 cm, davon kommen 7—8 cm auf das transversale Anfangsstück, 20 cm auf den absteigenden, 15 cm auf den im Beckeneingang liegenden queren, 25 cm auf den zur Fl. lienalis aufsteigenden Colonabschnitt. Diese Längenverhältnisse und ferner der lange caudal gerichtete Verlauf der Art. colica media beweisen wiederum, daß das fehlende Colon asc. in dem rechts absteigenden Colonschenkel enthalten und der Colonbogen durch diese Verlängerung des Colon transversum sekundär caudalwärts ausgedehnt wurde.

Im ersten Augenblick könnte man bei Annahme einer angeborenen Hernie glauben, daß diese für den herabgezogenen Colon-transversum-Abschnitt ursächlich das erste Moment darstellte, daß damit der Caecumhochstand erst sekundär entstanden sei. Dagegen spricht aber die völlige Analogie mit Fall I, bei dem keine Hernien bestehen. Ferner würde bei sehr frühzeitigem Tiefstand des Quercolon das Zustandekommen des normalen kräftigen kurzen Lig. duod.-colicum und colicorenale nicht verständlich sein, vielmehr hätte dann hier die Verwachsung überhaupt ausbleiben und ein Mesenterium commune entstehen müssen.

Die Gastroptose dagegen und mit ihr der steile Verlauf der Pars sup. duod. sowie die beiden caudalen Knickungen des Colonbogens sind ohne weiteres als Folgen der beiden Hernien verständlich.

Somit sind die Charakteristica, die dem Fall I und II gemeinsam sind und für diese Varietät überhaupt typisch sein dürften, folgende: Fixation des letzten Ileumstückes in der Fossa il. d., der Ileummündung und des Caecum auf der unteren Hälfte der rechten Niere; ferner kräftiges Lig. duod.-colicum zwischen Pars sup. duodeni und postcäcalem Colonanfang, tief ins Becken herabhängender Colonbogen, der von Ascendens und Transversum zusammen gebildet wird, dementsprechend lang ausgezogenes Mesocolon transversum, langer, caudal gerichteter Verlauf der Art. colica media, Fehlen des Lig. gastrocolicum von Pars pylorica bis zur Milz.

Der Unterschied gegenüber I ist für die Deutung wichtig: Bei II das völlige Fehlen der Colonverbindungen zur Leber und lateralen Bauchwand; nichts weist auf besonders innige, vorzeitige Verwachsung des Colonanfanges mit der Leber-Nierennische hin, vielmehr hat seine innige ligamentöse Verbindung mit der Fl. duodeni sup. nur auf die Vorderfläche der Niere übergegriffen, nicht mehr als man erwarten muß, wenn überhaupt die sekundäre Verwachsung eines der Fl. coli dextra und dem Ascendens entsprechenden Darmstückes neben dem Duodenum descendens eintritt.

Fall III (54jähriger Mann).

Dieser dritte Fall von Hochstand des Caecum steht den ersten beiden als vollkommen anderer Typus gegenüber wegen seiner andersgearteten Beziehungen zur Pars sup. duodeni.

Der Hochstand des Caecum ist hier, wie bei I und II, verbunden mit retroperitonealer Lage des letzten Ileumstückes, doch ist die Lagerung der Ileocolonpartie wesentlich kompliziert durch eine ausgiebige Schlingenbildung in der Gegend der Fl. coli d.

Die Übersichtszeichnung Fig. *p* ist in allen Konturen maßgerecht, im Verhältnis 5 : 1 am Objekt gezeichnet. Die Radix mesenterii läuft wieder, wie bei I und II, normal, ebenso Duodenum und Dünndarm. Die letzte Ileumschlinge ist in 13 cm Länge breit auf der Unterlage verwachsen, retroperitoneal; sie läuft von den Vasa iliaca an nach einem kleinen lateralen Bogen gerade aufwärts, medial vom Caecum, die letzten 6 cm ans Caecum angeschlossen, ihm parallel, und mündet in Höhe des unteren Rippenbogenscheitels, 11 cm oberhalb der Spina iliaca ant. sup. (Verbindungslinie beider Sp.). Ileum und Caecum sind durch eine sehr kräftige dicke Plica ileo-colica verbunden. Die Falte geht von dem durch dicke Lymphgewebsansammlungen bezeichneten Weg der Art. mesent. sup. über Ileum und Proc. vermif. hinweg, lateralwärts an den medialen Umfang des Caecum und setzt sich auf dem Anfang des Mesenteriolum fort; dieses verbindet sich wieder durch eine ähnliche kräftige, bogenförmige Falte, die etwas weiter caudal herabreicht und von der ersten bedeckt ist, über Proc. vermif. hinweg mit dem Ileum; so bestehen trotz der abnormen Parallellagerung von Ileum, Proc. vermif. und Caecum doch typische Recessus ileocaec. sup. und inf. Das letzte Ende vor der Einmündung ist fest mit dem Caecum verwachsen und von gemeinsamem Peritoneum überzogen, an die Einmündung schließt unmittelbar die erste Umbiegung des postcäcalen Colon an. Das Caecum steht hoch, caudal gerichtet: unteres Ende 5 cm über Spina iliaca, Länge 10 cm bis zur Ileumeinmündung, davon sind 6 cm breit auf der hinteren Bauchwand, und zwar auf unterer Nierenhälfte, angewachsen, nur etwa 4 cm Caecum sind frei abhebbar. Das Peritoneum des Caecum geht lateral und medial (abgesehen von den besprochenen Falten) glatt breit in das parietale über ohne weitere Seitenfalten (Plica caecalis ist eben angedeutet); das Caecum ist ebenso wie das folgende kurze Ascendens fest und breit auf der Unterlage fixiert. In der Gegend der rechten Flexur finden sich von den vorher besprochenen Fällen durchaus abweichende Verhältnisse: Hier geht das Colon mit doppelter Schlinge in dreifacher Lage vor Niere und Duodenum vorbei in folgender Weise: erste Biegung von rechts nach links, vor der Niere,

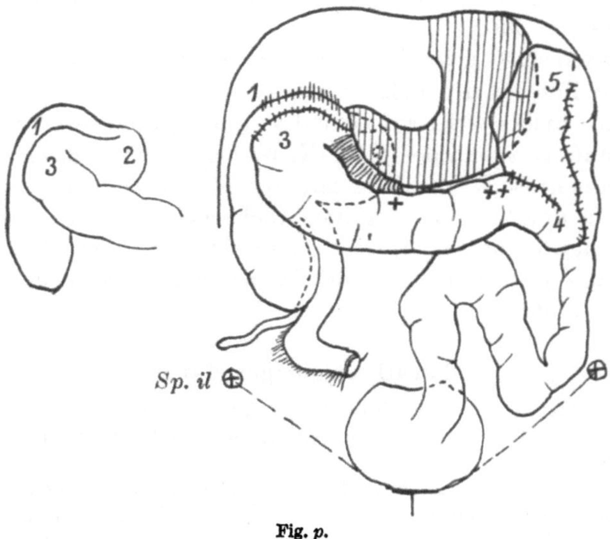

Fig. *p*.

rechtwinklig, scheinbar die Fl. coli d.; das nun horizontal verlaufende Stück liegt erst der oberen Nierenhälfte auf, biegt dann etwas nach vorn, dann wieder nach links um, indem es erst lateral, dann vor der Pars desc. duodeni und Pankreaskopf liegt. Es folgt die mächtige merkwürdige Schlinge 2 (Fig. *p*), durch welche das Colon den eben beschriebenen Weg, vor dem ersten Abschnitt liegend, von links nach rechts wieder zurückläuft. Die genaue Lagerung dieser sich mächtig nach links und vorn vorwölbenden Umbiegung wird gleich zu erörtern sein. Das Colon gelangt so vor das Ascendens resp. die erste Biegung und biegt nunmehr endgültig in die normale Richtung des Colon transversum um, ist also nach dieser zweiten, nach rechts gerichteten Schlinge wiederum vor die vorhergehenden Abschnitte gelagert. Es liegen somit an Stelle der normalen Fl. coli d. drei Colonschenkel annähernd horizontal voreinander.

Ausschlaggebend für die Beurteilung ist die Art der Verbindung der beschriebenen Colonschlingen unter sich und mit der Nachbarschaft: Die übereinander gelagerten Colonteile sind durchgehend mit breiten Flächen aneinander durch lockeres Bindegewebe verwachsen, so daß erst durch

Präparation ihre Lagebeziehungen festgestellt werden konnten. Der erste Schenkel ist auf die Nierenvorderfläche gelagert, die rechtwinklige Umbiegung durch ein breites, sehr derbes Lig. hepato-cavo-reno-colicum aufwärts gegen die obere Nierenhälfte befestigt; dies Ligament, aus einer Lage Bauchfell mit einer derben platten Bindegewebsunterlage bestehend, setzt sich an den hinteren unteren Rand des rechten Leberlappens an, medial bis an die Cava heran, an der es gleichfalls derb befestigt erscheint. Dahinter liegt lockeres Gewebe, Kapselfett und die Nebenniere, lateral geht es allmählich in das schwächere Bauchfell des Zwerchfells über. Wenn man das Colon von dieser Platte abpräpariert, läßt sich leicht feststellen, daß sie hinter dem Colon sich nach unten fortsetzt, aber allmählich dünner werdend sich nach unten und medial ans Duodenum verliert. Die folgende links vorn gewendete Schlinge hat eine merkwürdige Lage in einer mächtigen Bucht, die sie sich hinter dem Colon transversum und dem Duodenumanfang und vor Pars desc. duodeni und Pankreaskopf gebildet hat. In dieser Bucht liegt sie ringsum nur durch lockeres Bindegewebe befestigt, so daß sie sich leicht stumpf herauslösen läßt, nachdem die vor der Schlinge gelegene Netzverbindung von großer Kurvatur resp. Duodenumanfang zum Colon-transversum-Anfang durchschnitten ist. In der Bucht erscheint die Pars desc. duodeni, medial davon der Pankreaskopf; der Pylorus und die Pars asc. duodeni liegen vor, die Pars sup. über ihr. Die Unterwand der Höhlung wird gebildet durch das Mesocolon transversum, so daß die Schlinge also von rechts her zwischen Mesocolon transversum und Omentum majus dazwischen geschoben liegt, diese beiden also bis zum Scheitel der Schlinge nicht untereinander verwachsen sind; erst von da nach links bildet die hintere Netzplatte mit dem Mesocolon die gewöhnliche Einheit. Da die Schlinge von außen rechts her zwischen Mesocolon-transversum-Anfang und rechte Netzpartie hineingeschoben erscheint, ist der Raum, den sie ausfüllt, getrennt von der Bursa retroventricularis. Die Lage der dritten, nach rechts gerichteten Schlinge (3 in Fig. *p*) ist einfacher: Sie liegt vor Colon ascendens, mit ihm durch nicht sehr festes Bindegewebe verwachsen, dabei bedeckt vom großen Netz. Dessen Verhalten ist wichtig. Es kommt, wie eben erwähnt, zwischen Pars pylorica und Duodenumanfang einerseits, der zweiten Colonschlinge andererseits hervor und liegt über dem ganzen Colonpaket; und zwar bildet es von Pars pylorica und Duodenumanfang eine derbe kurze Verbindung zum Anfangsteil des Colon transversum, also dem vorderen Schenkel dieser dritten, rechts gewendeten Schlinge, so daß diese kurze Verbindung vor der zweiten Schlinge vorbei das Transversum kurz gegen die Pylorusgegend befestigt. Die Verbindung geht nur bis + (Fig. *p*), von da nach links ist die direkte Verbindung zwischen Magen und Colon ausgeblieben, der Netzbeutel vollkommen offen. Das Netz setzt sich rechts über diese Verbindung hinaus nach unten und oben fort; nach oben in der Weise, daß es auf der dritten, rechts gewendeten Schlinge flach verwachsen diese aufwärts an den vorderen Leberrand und die Gallenblase befestigt. Die nicht sehr feste, scheinbar ganz aus Netz bestehende Platte deckt die ganze Flexur und Umgebung zu, und, da sie nach rechts an die Bauchwand, nach links in das Lig. hepato-duodenale übergeht, bildet sie eine Platte vorn frontal vor dem Raum unter dem rechten Leberlappen, dem Vorraum zum For. Winslowii, welches auf diese Weise überhaupt nicht erreichbar ist; die Ansatzlinie dieser Verbindung an der Leber geht vom Lig. hepato-duod. beginnend, linear am lateralen Rande der Gallenblase entlang nach vorn und am ganzen vorderen Leberrand entlang bis zum rechten Lig. triangulare.

Daß diese ganze Platte etwa als vorderster Teil des Mesogastrium ventrale, also als Lig. hep.-entericum (Klaatsch), aufzufassen sei, erscheint ausgeschlossen, da vom vorderen Leberrand aufwärts der ganze rechte Leberlappen mit der Oberfläche gegen das Zwerchfell durch lockeres Bindegewebe und zahllose, etwas derbe Stränge verbunden ist, bis heran an das Lig. falciforme, so daß wohl ein abgeheilter peritonitischer Prozeß hier anzunehmen ist, der vielleicht das Netz sekundär an dem vorderen Leberrand fixiert hat. Gallenblase, Leber, Niere und Colon zeigten aber keinerlei pathologische Veränderungen, und die Platte selbst ist völlig netzartig, nicht sehr fest und gerade an der Gallenblase entlang exakt linear befestigt, so daß sie auch als besonders ausgedehntes accessorisches Leberligament gelten kann, als Lig. hepato-duodeno-colicum.

Das weitere Verhalten des Colon transversum und der linken Flexur ist auf der gegebenen Fig. *p* deutlich. Das Colon transversum verläuft der großen Kurvatur entsprechend, aber mit ihr von + bis + + nicht verbunden. Von da ab besteht typisches Lig. gastrocolicum. Eine abermalige Schlingenbildung, ehe die linke Flexur erreicht wird, bewirkt auch links Parallellagerung freier Colonschenkel, die wieder flächenhaft gegeneinander befestigt sind, durch Vermittlung des Netzes. Auch diese Schlinge 4 läßt sich, wie die rechts gelegene, vom Colon descendens nicht abheben, aber ziemlich leicht abpräparieren. Die Milz-Magen-Verbindungen sind typisch, das Lig. phrenico-colicum als sehr breite derbe Verwachsung ausgebildet, Colon desc. breit an der Rückfläche befestigt, Colon sigm. o. B.

Entsprechend der Schlingenbildung in der rechten Flexurgegend ist auch die Verzeigungsweise der Art. mesent. sup. anders als in Fall I und II; ihr Gesamtverlauf und ihre Verzweigung am Dünndarm verhalten sich wie vorher: der Endast, Art. ileo-colica, rechts transversal gerichtet, die Dünndarmäste caudalwärts; dagegen besteht eine Art. colica dextra, die kurz vor Abgang der Ileocolica aus dem rechten kranialen Umfang der Art. mesent. sup. entspringt und mit mehreren Zweigen an die links gewendete, im Duodenumbogen eingeschlossene Schlinge 2 sich begibt; von hier aus einerseits mit der Ileocolica anastomosiert, entsprechend dem ersten transversalen Colonabschnitt, und andererseits mit dem linken Ast der Colica media, entsprechend der rechts gewendeten vor der Ileumeinmündung gelagerten dritten Colonschlinge. Die Colica media entspringt dem vorderen Umfang der Art. mes. sup. und teilt sich sogleich nach dem Austritt; der rechte Ast geht entlang dem Colon-transversum-Anfang, anastomosiert mit der Colica dextra im Bereich der rechts gewendeten Schlinge 3, deren distalen Schenkel der Colon-transversum-Anfang bildet, der linke ist Hauptast, er versorgt das ganze Transversum und anastomosiert mit dem ersten Ast der Colica sinistra im Bereich der linken Colonschlinge und der Fl. coli sin.

Der Arterientypus ist also ein anderer als in Fall I, da eine selbständige Art. colica dextra existiert. Ihr Versorgungsgebiet ist stets das Colon asc. So geht also sowohl aus dem Arterienverlauf, wie aus der Anordnung der Ligamente hervor, daß das Colon asc. hier in der rechts gelegenen Schlingenbildung enthalten ist, was ja fast selbstverständlich erscheinen muß: Wesentlich ist dabei das Lig. duodeno-colicum; dieses hat keine andere Beziehung zum Colon asc., als daß es die eine Schlinge überlagert, es ist angeheftet nur an den Beginn des Transversum. Mithin ist hier die normale Duodenum-Colon-Verbindung eingetreten, nämlich Pars sup. duodeni mit dem aboralen dritten Drittel des Colonschenkels, nicht wie in I und II mit seinem Anfang. Der Hochstand des Caecum ist hier von dieser Verbindung unabhängig entstanden, und ist daher nur auf die einzige Verbindung nicht zusammengehöriger Teile zurückzuführen, nämlich das Lig. colico-renale; dieses ist an sich typisch gebildet, aber hält den D i c k d a r m - a n f a n g anstatt einer normalen Fl. hepat. gegen die Leberunterfläche und hintere Bauchwand fixiert. Die Fixation des Ileumendstückes ist ebenso wie in Fall I und II als sekundär aufzufassen. Merkmale einer unvollständigen Darmdrehung fehlen hier ebenso wie bei I und II.

8. Fötale Vorstufen des Caecumhochstandes.

Die drei hierhergehörigen Fälle von abnormer Caecumlage beim Foetus, die ich gelegentlich der embryologischen Untersuchungen fand, sind so klar in ihren Abweichungen vom normalen Verhalten, daß ich mich auf ganz kurze Darstellungen beschränken kann. Es handelt sich um einen 45 mm-Embryo, der seinem Entwicklungsstadium nach auf den Zeitpunkt unmittelbar nach Rechtswendung des Colonschenkels angesetzt werden muß, und zwei etwas ältere, bei denen die Umlegung des Colonschenkels bereits 2—4 Wochen zurückliegt. Besser als Beschreibung zeigt der Vergleich der Abbildungen der abnormen mit den beschriebenen normalen Foeten die fraglichen Verhältnisse; man vgl. Fig. 26, 27 und 28 mit den entsprechenden normalen 23, 24 und 25 und Textfigur *q* mit der entsprechenden Textfigur *h* oder Tafelfigur 29.

Embryo XII, 45 mm, Fig. 26.

Dünndarm von Fl. duod.-jejunalis bis Ileummündung entfernt. Magen, Duodenum, Netz zeigen nichts Auffallendes, nur ist die Duodenumschlinge ziemlich groß, das Duodenum dick, sein Umfang fällt besonders auf im Vergleich mit dem dünnen Colon. Dieses zeigt zwar in sich normale Abschnitte, ist aber offenbar im ganzen verkürzt: Die Ileocäcalregion liegt unmittelbar rechts vor Pars desc. duodeni, der Colonschenkel kreuzt sofort anschließend die Pars desc. und ist von der Kreuzungsstelle an bis zur Pylorusgegend ziemlich fest mit der Fl. duod. sup. verwachsen, die Verwachsung bildet die rechte Fortsetzung des großen Netzes. Eine deutliche Fl. coli media bezeichnet den Anschluß des oberen Colonscheitels an den vorderen unteren Umfang der Fl. duod. sup. und teilt das ganze quere Colonstück von Caecum bis Fl. lienalis etwa im Verhältnis 2 : 3. Das Querstück von Fl. media an ist der großen Kurvatur angelagert, hat die (bei Embryo III, Fig. 20) besprochene stumpfwinklige Knickung abwärts und geht dicht über und etwas links neben der Fl. duod.-jejunalis in die Fl. lienalis über. Diese liegt vor dem oberen Pol der linken Niere, hat ebenso, wie das Quercolon, keine Fixation am darüber gelegten Netz und umläuft genau den Übergang der Fl. duod.-jejunalis in den ersten Jejunumanfang. Colon desc. vertikal absteigend vor dem medialen Nierenrand, Fl. sigmoidea als einfache lateralwärts gerichtete Schlinge ausgebildet, Übergang in den Enddarm o. B.

Es bestehen folgende Verwachsungen: hintere Pankreasfläche mit der Rückwand verklebt, Duodenum selbst dagegen frei, nur Fl. duod.-jejunalis an das dahinter ausgespannte Mesocolon der Fl. lienalis fixiert. Kreuzungsstelle des Colon mit Duodenum fest verbunden bis zur Regio pylorica, von da ab frei, auch Fl. lienalis nicht mit Netz verwachsen. Colon desc. selbst frei, sein Mesenterium mit der Rückwand flächenhaft verklebt. Wurzel des Mesenterium commune geht quer über den Pankreaskopf, abwärts davon das ganze Dünndarmmesenterium frei.

Embryo XIII, 105 mm, Fig. 27 mit, 28 ohne Dünndarm.

Sehr ähnliche Verhältnisse wie bei dem vorigen. Caecum, Ileumeinmündung und Wurzel des Proc. vermif. liegen dicht lateral am Duodenum desc., vor der rechten Nierenhilusgegend; Leber-Nieren-Duodenum-Nische durch diese Teile ausgefüllt. Kreuzung des Colon mit Duodenum unmittelbar anschließend. Fl. coli media wie bei XII, dem Pankreaswinkel nahe benachbart, teilt das Quercolon von Caecum bis Fl. lienalis etwa im Verhältnis 1 : 2; Fl. lienalis hinter dem Fundus des Magens erheblich lateral und oberhalb der Fl. duod.-jejunalis. Colon descendens auf der Vorderfläche der linken Niere vertikal absteigend, Fl. sigmoidea kaum angedeutet.

Verwachsungen: ganze Duodenumschlinge von Pars desc. an mit der Rückwand; Ileocäcalregion breit und innig verklebt mit der Leber-Nieren-Duodenum-Nische; Colonanfang bis Fl. coli media fest mit Fl. duod. sup. verbunden, dazwischen Netz; Colon transversum von Fl. media bis lienalis locker durch Netz an große Kurvatur geheftet, Fl. lienalis hinter dem Magenfundus mit der Umgebung verklebt. Colon desc. mitsamt seinem Mesenterium fest an der Rückwand fixiert. Eine Radix mesenterii besteht entlang dem unteren Duodenumrande, indem das Mesenterium commune mit der ganzen Vorderfläche von Pankreas und Duodenum fest flächenhaft verbunden ist, weiter abwärts ist das Mesenterium commune frei.

Embryo XIV, 12 cm, Textfig. *q*.

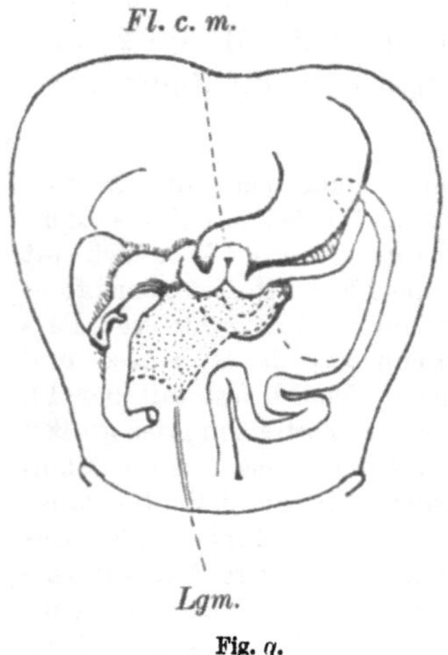

Fig. *q*.

Er unterscheidet sich wesentlich von XII und XIII durch die Länge des ganzen Colon und ausgiebige Schlingenbildung des Colonschenkels.

Caecum mit Ileummündung liegt vor der rechten Nierenmitte; Colonanfang quer, schiebt eine kurze Schlinge hinter die Fl. duod. sup.; von da umkreist das Colon in engem Bogen den Umfang des Duodenum desc., quer dazu liegend, der Bogen etwas abwärts gerichtet; dann gewinnt es Anschluß an den Duodenumanfang mit scharfer, nach oben gerichteter Fl. coli media. Weiterhin, im wesentlichen der großen Kurvatur angeschlossen, zeigt das Colon in langem Verlauf noch mehrfache kleine Biegungen, aber sonst normales Verhalten; Fl. lienalis weit hinten oben, Colon desc. lateral um den Außenrand der linken Niere herum, Fl. sigmoidea gut ausgebildet.

Verwachsen sind: der ganze Colonanfang mitsamt Caecum, einem längeren aufsteigenden Ileumendstück und dem Proc. vermif. breit auf der Vorderfläche der rechten Niere, die Verwachsung greift noch etwas über unteren Nierenrand abwärts hinaus; das Caecum nach aufwärts mit einem deutlichen kleinen Lig. hepatorenale laterale; die erste Colonschlinge in der Nische hinter Duodenum desc.-Anfang mit diesem und der Rückwand, nämlich der Niere und mit einem deutlichen Lig. hepato-cavo-renale; ferner die ganze Schlinge, die das Duodenum desc. kreuzt und umgreift, mit diesem selbst und den benachbarten Colonstrecken; ferner die Fl. coli media fest am Duodenumanfang, mit ihren Schenkeln gegeneinander, und nach abwärts mit der Vorderfläche des Pankreaskopfes; die übrige Colonstrecke bis zur Fl. lienalis locker mit dem darüberhängenden Netz; die Fl. lienalis mit ihrer Umgebung; Colon desc. mit zugehörigem Mesenterium fest flächenhaft mit der gesamten Vorderfläche der linken Niere, das Colon selbst in der Rinne um ihren äußeren Rand; die Duodenumschlinge mit der Rückwand in ganzer Ausdehnung. Eine Verwachsungsfläche des Mesenterium commune mit der Vorderfläche der gesamten Duodenalschlinge und des Pankreaskopfes sowie lateral anschließend mit der rückwärtigen Bauchwand besteht in der punktiert gezeichneten Ausdehnung, nach unten spitz auslaufend in ein durch fester Stränge im parietalen Peritoneum deutlich markiertes Lig. genito-mesentericum (**Luschka**).

9. Genese des Caecumhochstandes.

Der Beweis, daß die beschriebenen drei Foeten die Vorstufen der zwei verschiedenen Typen des Caecumhochstandes beim Erwachsenen darstellen, liegt auf der Hand; es sind die aus der morphologischen Analyse der Fälle I, II und III gefundenen Charakteristika der Varietät bereits vorhanden: Anschluß der Ileocäcalregion an das Duodenum desc., bei XII (45 mm) unmittelbar vor der Verwachsung, bei XIII und XIV nach bereits vollzogener inniger Verwachsung in der Leber-Nieren-Duodenum-Nische; ferner Kreuzung der Pars desc. bei XII und XIII durch den der Ileocäcalpartie unmittelbar folgenden Colonanfang — das entspricht dem ersten Tpyus der Fälle I und II; bei XIV dagegen Kreuzung der Pars desc. erst durch eine weiter aboral folgende Colonstrecke nach Schlingenbildung der Strecke zwischen Anfang und Fl. coli media — das entspricht dem zweiten Typus des Falls III; ferner bei XIV bereits vollzogene Anheftung des vertikalen Ileumendes an die Rückwand, dadurch Bildung einer Radix mesenterii in normaler Lage, aber als Verbindungslinie der Fl. duod.-jejunalis mit einer Ileumschlinge anstatt mit der Ileocäcalregion; ferner bei XIV Übergreifen der Caecumverwachsung nach aufwärts auf zwei deutliche Leberligamente, und zwar ein laterales Lig. hepato-renale und ein schon besonders gut ausgebildetes hepato-cavo-renale; und schließlich am ganzen Colon durchaus im Bereich der Norm liegende Längenverhältnisse der einzelnen Abschnitte zueinander.

Am weitesten geht also die Ähnlichkeit von Embryo XIV und dem Fall III; der einzige Unterschied liegt darin, daß bei dem Foetus (Fig. *q*) die erste überzählige Colonschlinge sich hinter das Duodenum einschiebt, zwischen dieses und die Rückwand, während bei dem Erwachsenen eine gleichgerichtete Schlinge (Fig. *p*, Schlinge 2) sich vor Duodenum desc., zwischen den Duodenumanfang mit dem Netz und das Mesocolon transversum hineindrängt. So ist auch die Deutung dieses zweiten Typus einfacher: Die Anfangspartie eines normal langen Colonschenkels, der an sich eigentlich bei der Umlegung weit über das Duodenum hinausreichen könnte, ist auf irgendeine Weise bei der Umlegung des Schenkels nach medial in die Leber-Nieren-Duodenum-Nische hineingedrängt worden, anstatt lateralwärts und tiefer an den unteren äußeren Rand der rechten Niere angelegt zu werden. In dieser Nische ist der ganze Ileocäcalkomplex alsbald besonders innig verwachsen, bei XIV unter zweimaligem Übergreifen der Verwachsung auch auf den hinteren unteren Leberrand, nämlich durch Vermittlung eines lateralen Lig. hepatoreno-colicum und eines medialen Lig. hepato-cavo-reno-colicum; bei Fall III ist entsprechend der erste quere Colonanfang mit der Leber durch ebenfalls ein Lig. hepato-cavo-colicum und außerdem ein Lig.

cysto-duodeno-colicum verbunden, welches dem Lebervorderrand entlang bis an die laterale Bauchwand reicht und so den Vorraum der Bursa retro-ventricularis zudeckt.

Beim Vergleich mit dem normalen Entwicklungsweg, wie er im vierten Abschnitt ausführlich besprochen und abgebildet wurde, ergibt sich, daß nur sekundäre Ursachen außerhalb des Darmes selbst diese Verlagerung der Ileocäcalregion hervorgerufen haben können. Es kommt nur in Frage die Form des rechten Leberlappens, speziell dessen hinteren Randes: Es ließ sich im vierten Abschnitt nachweisen, daß dessen Konfiguration entscheidend ist für die Art der Anlegung des rechten Colonschenkels, für Richtung und Lage des Ascendens und die Ausbildung einer Fl. coli dextra post. Wenn man sich in Textfig. *q* die Leber ergänzt, die den ganzen Raum neben und über dem Caecum ausfüllte, so kann man sich die Form des rechten Lappens während der Umlegung ungefähr vorstellen: Die Leber liegt mit einem wahrscheinlich tief herabreichenden Seitenstück zwischen Caecum und laterale Bauchwand zwischengeschoben, anstatt wie bei Fig. 23 einen gleichmäßigen Abfall nach der Seite hin zu bilden. Ursachen einer solchen ungewöhnlichen Konfiguration der Leberunterfläche und ihres hinteren Randes sind leicht vorstellbar, wenn man bedenkt, daß vorher hier Dünndarmschlingen lagen, die bei ihrem Wachstum wohl leicht einmal unregelmäßige Impressionen an der Unterfläche im erwähnten Sinne hervorrufen können. Es sei erwähnt, daß man zuweilen bei jungen Embryonen den rechten Leberlappen mit einem vorderen Teil bis weit in die Nabelschnurhöhle hineinreichend findet, so daß hier das Darmknäuel von oben und rechts von der Leber umgriffen wird; wenn ein solches Leberstück bei der Aufnahme des Knäuels in die Bauchhöhle mitgenommen wird, kann es sehr wohl den Raum zwischen lateraler Bauchwand und Duodenum so verkleinern, daß beim Umlegen des Colonschenkels nach rechts dieser zu Schlingen zusammengestaucht und in die Duodenum-Nieren-Nische hineingedrängt wird; daß er hier dann besonders innig verwächst, ist eine Folge, aber nicht die Ursache dieser Lage, da sich, wie beschrieben, ausgedehnte Verwachsung ebenso in Frühstadien findet, die sicher zu normaler Lageentwicklung führen (s. vierter Abschnitt); wenn Caecum oder Colonanfang ein schon gebildetes Lig. hepato-renale oder hepato-cavo-duodenale vorfinden, so muß natürlich die Verwachsung mit ihnen endgültig verhindern, daß das Caecum noch nachträglich seinen Weg nach abwärts findet, wie es ohne diese Verbindung vielleicht noch ein kleines Stück weit geschehen könnte; die Schlingenbildung in diesem Bereich wird infolge des weiteren Wachstums des Colon, das in seinen Endpunkten festliegt, allmählich zunehmen; das Colon wird trotz inniger Verwachsung der Schlingen miteinander nicht im Wachstum gehemmt.

Im ganzen ist also für diesen Typus eine gewissermaßen zufällige äußere Wirkung von seiten des rechten Leberlappens als Ursache verantwortlich zu machen, durch die das Caecum, unter Mitwirkung des Darmkonvoluts, in die Leber-Nieren-Duodenum-Nische gedrängt wird.

Für den ersten Typus, Fall I und II vom Erwachsenen, Embryo XII und XIII, muß eine ganz andere Entstehungsweise angenommen werden. Zunächst bedarf noch der Erklärung ein Unterschied in der Colonanordnung der foetalen und ausgebildeten Fälle. Bei Fall I und II ist gemeinsam ein tief herabhängender Colonbogen des Transversum, der schon ca. 10 cm vom Colonanfang entfernt beginnt und den Hauptteil des eigentlichen Colon ascendens mit enthält, bestimmbar aus der Arterienanordnung. Dadurch ist die Stelle der Fl. coli media weit vom Duodenum nach abwärts entfernt. Bei den Foeten dagegen findet sich beide Male die Fl. coli media in der regulären Lage, dicht über dem Pankreaswinkel an das Duodenum sup. angeschlossen. Trotzdem glaube ich, daß die foetalen Fälle XII und XIII die Vorstufe zu Fall I und II darstellen. Es ist nämlich nach den beschriebenen Vorgängen bei und vor der Rechtswendung des Colonschenkels kaum vorstellbar, daß die vom ganzen Schenkel von vornherein am besten fixierte Stelle der späteren Fl. coli media etwa schon vor der Rechtswendung vom Duodenum abgedrängt und caudalwärts verlagert werden könnte und daß trotzdem das Caecum nach oben in die Duodenalnische zu gelangen vermöchte. Viel eher kann man sich vorstellen, daß aus den Lageverhältnissen der Embryonen XII und XIII die Bilder des Falles I und II entstehen durch Wiederlösung der Fl. coli media vom Duodenum unter Einwirkung des von rechts nach links hin wirkenden Colonwachstums. Denn bei Embryo XIII ist die Verwachsung der Ileocäcalpartie mit Duodenum desc. und der ganzen Nische so innig und fest, daß an dieser Stelle eine Wiederlösung ganz undenkbar ist, zumal wenn auch das Ileumende erst anfängt, mit der Rückwand zu verwachsen; dann wird also beim weiteren Wachstum der Colonschenkel ständig nach medial hin wirken müssen. Es könnte immerhin zur Schlingenbildung kommen wie bei Fall III, aber, da der Colonschenkel (bei XIII) schon in ganzer Ausdehnung verwachsen ist und bis dahin ganz gestreckt blieb, sicher viel schwieriger. Außerdem ist die Fl. coli media stets an einer Stelle mit dem Duodenum verwachsen, wo noch wirkliche Netzbildungsstätte zwischen ihm und dem Pankreaskopf vorhanden ist, während die Kreuzungsstelle und Ileocäcalregion nur durch Netzfortsetzung oder gar Verschmelzung der eigenen Peritonealblätter mit der Umgebung sich fixieren; auch dieser Umstand erleichtert die Vorstellung, daß gerade die Stelle der Fl. coli media, die normalerweise beim Erwachsenen besonders fest und ligamentös verdichtet ist, sich hier sekundär wieder löst unter Proliferation von Netz und Mesocolon, die ihm dann jene lang ausgezogene Verbindung nach oben liefern, wie sie sich bei Fall I und II findet. Die endgültige und ligamentartige Festigkeit des Lig. duod.-colicum entsteht, wie ich glaube, überhaupt erst nach der Geburt, wenn ein dauernder Zug von seiten der weniger fixierten Teile, Colon asc. und transversum einen funktionellen Bildungsreiz auf diese Colon-Duodenum-Verbindung ausübt; dieser fällt zum Teil fort, wenn die ganze Ileocäcalregion von Anfang an ihre eigene Fixation in gleicher Höhe mit der Fl. coli media gefunden hat, wie bei XIII.

So glaube ich, ist die Annahme nicht gezwungen, daß die Fl. coli media erst nachträglich, entsprechend dem Colonwachstum, sich wieder vom Duodenum entfernt unter gewaltiger Ausdehnung ihrer beiden Verbindungen, Lig. duodeno-colicum und Mesocolon transversum; dabei rückt der Colonanfang nach, so daß schließlich nur der unmittelbar auf die Ileocäcalregion folgende Abschnitt an der Pars sup. duodeni dicht angeschlossen bleibt. Mit dieser Annahme bereitet die Ableitung der Fälle I und II von Vorstufen wie XII und XIII keine Schwierigkeiten mehr. Es bleiben also nur noch die Ursachen nach der Entstehung dieser foetalen Formen XII und XIII selbst fraglich; sie sind gegeben in den Befunden.

Beide Foeten zeigen bei sonst normalen Colonabschnitten eine allgemeine Verkürzung des Colon, die sich nur erklären läßt mit der Annahme einer Wachstumshemmung des Colon; bei XIII vielleicht einer ungleichen, nämlich besonders seines Schenkels; denn hier ist die Fl. lienalis wenigstens an normale Stelle gerückt (in Fig. 28 verdeckt vom Magen), während bei XII auch diese ganz zurückgeblieben ist; dafür besteht aber auch bei XIII die ungewöhnliche, zu weit mediale Lage des Descendens und der Mangel einer Fl. sigmoidea, beides ebenfalls Momente, die auf Wachstumshemmung hinweisen. Die Hemmung betrifft lediglich das Colon, das in beiden Fällen auch in der Dicke relativ zurückgeblieben ist; bei XII kommt noch hinzu besondere Größe der Duodenalschlinge.

Es ist also folgendes geschehen: Die Darmdrehung ist normal verlaufen bis zur Linkswendung des Colonbogens durch die gegendrängende Fl. duod.-jejunalis; dann ist das jetzt einsetzende Wachstum des Colonbogens, welches sonst zur weiteren Links- und Aufwärtsschiebung der Fl. lienalis führt, relativ zurückgeblieben, so daß die Jejunumschlingen vor dem absteigenden Schenkel der Fl. lienalis vorbei nach links gelangten und so das Colon desc. nicht weit genug lateralwärts schoben. Bei XII ist auch die ganze Fl. lienalis selbst, bei XIII nur ihr abführender Schenkel zu weit medial geblieben. Bei der folgenden Rechtswendung des Colonschenkels war dieser noch zu kurz, um das Caecum bis an die laterale Bauchwand gelangen zu lassen, vielmehr traf bei der Umlegung des Schenkels die Ileocäcalpartie auf die Leber-Nieren-Nische neben dem Duodenum desc., wo sie bei XIII alsbald mit der Umgebung innig verwuchs.

So liegt also eine Störung der Duodenum-Colon-Korrelationen vor, insofern als das Colon infolge von relativer Wachstumshemmung dem übrigen Darm nicht nachkam und infolgedessen an der normal großen (bei XII besonders umfangreichen) Duodenalschlinge mit einer falschen Stelle anlangte und verwuchs. Die Hemmung ist sicher nur zeitlich; die Fälle I und II vom Erwachsenen zeigen, daß späterhin sich ein Colon von reichlicher normaler Länge entwickelt. Das zu spät einsetzende Längenwachstum des Colon treibt dann (vielleicht erst nach der Geburt durch Mithilfe des einseitigen Zuges des Colon transversum) die anfangs normal eingetretene Verbindung der Fl. coli media mit dem Duodenumanfang sekundär weit auseinander, unter Ausdehnung des verbindenden Netzes und Mesocolon und unter Nachrücken des Colonanfanges.

Die Ursachen der Verspätung im Colonwachstum sind völlig dunkel.

Am Schluß des I. Teils war besonders versucht worden, zu erweisen, daß das Colonwachstum selbst aktiv an der normalen Lageentwicklung beteiligt ist. Hier erweist sich, wie notwendig ein zeitlich genaues Ineinandergreifen des Wachstums der einzelnen Darmabschnitte zur normalen Lageentwicklung erforderlich ist, und wie eine auch nur zeitliche Hemmung eines Teils durch Störung der Korrelationen zur Lageanomalie führt.

Die eingangs erwähnte Deutung der älteren Autoren, die den Caecumhochstand durchweg als Erhaltung eines embryonalen Zustandes durch vorzeitige Verwachsung bezeichneten, ist hinfällig mit der Tatsache, daß eine Rechtsschiebung des Colonanfanges über das Duodenum hinweg, welche das Caecum mit dem Duodenum in Berührung bringt, in der normalen Entwicklung nicht stattfindet.

Erklärung der Abbildungen.

Tafelfiguren:

Fig. 1. Embryo I, 17 mm, von rechts; Zeichenapparat; Vergr. 8 : 1.

Fig. 2. Embryo II, 22 mm, von links vorn; Zeichenapparat; Vergr. 6 : 1. *Vu* = Vena umbilicalis. *Dn* = Dünndarmschenkel. *Co* = Colonschenkel der Nabelschleife. *Fl* = Vorwölbung des Mesenteriumdreiecks, welches den Colonbogen nach oben an den Gefäß-Pankreas-Stiel und nach hinten an die Wirbelsäule befestigt; es schimmert durch die Fl. duod.-jejunalis.

Fig. 3. (Taf. X.) Derselbe. Photogr. Vergr. 4: 1. Magen mit Netz durch Haarschlinge emporgehoben; darunter erscheint Pankreas, das sich in den Gefäßstiel fortsetzt; über diesen herumlaufend Dünndarm, unter ihm Colonbogen; durch das Mesocolon schimmert die Fl. duod.-jejunalis hindurch (Fl.).

Fig. 4. Derselbe von rechts; Zeichenapparat; Vergr. 6 : 1. Parallelverlauf von Duodenum und Dünndarm (*Dn*); die Fl. duod.-jejunalis wird gegen das Mesocolon von rechts nach links gegengetrieben.

Fig. 5. Derselbe; Medianschnitt; Zeichenapparat; Vergr. 8 : 1 (mit kleinen Ergänzungen aus Nachbarschnitten). *Ac* = Arteria coeliaca. *Ams* = Art. mesent. sup. *Ami* = Art. mesent. inf. *Vm* = Vena mesenterica. *Pa* = Pankreas. *Mc* = Mesentericum commune. *Du* = Duodenum. *Dn* = Dünndarm. *Co* = Colon. *Fl* = Flex. duod.-jejunalis.

Fig. 6—11. Querschnitte von Embryo 12,4 mm, Strahl, 5. V. 1910 Marburg. Vergr. 17 : 1.

Fig. 6. In Höhe des Pylorus. *Pa* = Pankreas. *Am* = Art. mesent. sup. und *Vom* = Vena omph.-mesent., bilden zusammen den Gefäß-Pankreas-Stiel, um den der Magen nach rechts hinten in das Duodenum superior umbiegt, die Arterie tritt in den Stiel ein.

Fig. 7. In Höhe der Mündungen des Duct. choledochus (*Dch*) und Duct. pankreat. (*Dp*). Art. mesenterica superior im Stiel rechts hinter der Vene; Leberkeil zwischen Duodenum-sup.-desc.-Übergang und der Rückwand.

Fig. 8. In Höhe der oberen Biegung der rückwärts gerichteten Duodenumkonvexität. *Dd* = Duodenum descendens ist ganz hinten an dem Gefäßstiel seitlich mit breiter Fläche angelagert.

Fig. 9. In Höhe der Mitte der hinteren Duodenumkonvexität. Duodenum in der Nische zwischen Mesenterium des Colonbogens und Wolffschem Körper. Vena omph.-mesent. gabelt sich in Vena mesent. sup. (hinten links) und Vena vitellina (vorn rechts).

Fig. 10. In Höhe des unteren Winkels der hinteren Duodenumkonvexität, des Überganges von Duodenum in Dünndarm. Dieser (*Dn*) liegt rechts vom Colonschenkel (*Co*), beide ziemlich in gleicher Höhe. *Mc* = Mesocolon, an welchem der Duodenum-Dünndarm-Übergang (*Fl*) rechts anlehnt.

Fig. 11. In Höhe der beiden Flexuren. *Fl. du* = Flex. duod. umbilic. (unterer Scheitel). *Fl. c* = Flex. coli (hinterer oberer Scheitel des flachen primären Colonbogens).

Fig. 12—15. Querschnitte von Embryo 36 mm (über die Rückenkrümmung gemessen), Penkert, 1. VII. 1910, Marburg. Vergr. 14 : 1.

Fig. 12. In Höhe des Pylorus. *Am* = Arteria mesent. sup. beim Eintritt in den Gefäßstiel. Im Bilde rechts Magen, unten Leber. Leberkeil zwischen Duodenum sup. und V. cava inf.

Fig. 13. In Höhe der Mündungen. *Dch* = Duct. choledochus hinten, *Dp* = Duct. pankreaticus vorn. Vom Duodenum ist der Übergang von Pars sup. in descendens getroffen, breitbasige Anheftung am Gefäßstiel durch Vermittlung des Pankreaskopfes, Art. und V. mesent. sup. trennen Pankreaskopf (im Stiel) und -körper (im Mesogastrium).

Fig. 14. In Höhe der Mitte der Fl. duod.-jejunalis. Getroffen ist hinten der Duodenumschenkel der Flexur, der von hinten rechts nach vorn links hinter Gefäß-Pankreas-Stiel hindurch das dünne Mesenterium (des Colonbogens) stark nach links vorwölbt. Die dunklere Stelle im Mesenterium ist eine sehr kernreiche Partie, offenbar die Stelle der späteren Verwachsung mit der anliegenden Fl. duod.-jejunalis.

Fig. 15. In Höhe des Dünndarmanfanges der Fl. duod.-jejunalis. Dünndarm biegt scharf nach rechts und vorn um; Colonschenkel liegt links dazu, sein hinterer Abschnitt mit dem Mesocolon ist etwas nach links gedrängt vom Colon ist getroffen Schenkel und Anfang des Bogens.

Fig. 16—18. Querschnitte von Embryo 44 mm, (über die Rückenkrümmung gemessen), Halle, 13. X. 1910, Marburg. Vergr. 14 : 1.

Fig. 16. In Höhe der Mündung von Duct. pankreaticus. *M* = Magen (unterer Abschnitt). *Dd* = Duodenum descendens, breitbasig an Pankreas angelagert mit der Mündung des Duct. pankr. (vorn) und dem Duct. choled. (hinten), quergetroffen, oberhalb seiner Mündung. Leberkeil hinter Duodenum descendens.

Fig. 17. In Höhe der Mitte von Fl. duod.-jejunalis. Diese ist mit Mesocolon sekundär verbunden und wölbt Mesocolon und Colon stark nach links vor. *Di* = Duodenum inf. *Dn* 1, 2, 3=aufeinanderfolgende Teile des Dünndarms, Leberkeil zwischen Duod. inf. und Dünndarmschenkel (*Dn* 2).

Fig. 18. In Höhe des unteren Scheitels der Pars. inf. duodeni. Colon durch Fl. duod.-jejunalis und Dünndarmanfang (*Dn* 1) stark nach links in die unteren Netzpartien hineingeschoben. Leberkeil zwischen Duodenum inf. und Dünndarmschenkel.

Fig. 19. Embryo III, 33 mm (gemessen ist Nacken-Steiß-Länge = 25 mm). Übersicht von vorn. Magen steil, vom Duodenum nur Anfang und Pars sup. sichtbar; *Dn* = 2. Jejunumschlinge (Dünndarmschenkel der Nabelschleife) rechts neben Colon. *Cae* = Caecum mit Proc. vermif. *Vom* = Vena omph.-mesent. als Faden bis an das Duodenum verfolgbar, hier bildet sie die rechte Netzgrenze.

Fig. 20. Derselbe von vorn links, etwas von oben. Magen vom Duodenum abgeschnitten und nach links geklappt. Es wird sichtbar *Pa* = Pankreas, darunter dünnes flaches Mesenteriumblatt, das zum Colon zieht und durch welches hindurchschimmert die Fl. duod.-jejunalis. Das Colon zeigt auf dem Wege vom Caecum zur Fl. lienalis (*Fl. l. c.*) zwei stumpfe Knicke, der erste an die Art. mesent. sup. angeschlossen = „Flex. coli media", beide hervorgerufen durch die von hinten gegengeschobene Fl. duod.-jejunalis. Die erste Dünndarmschlinge (Je 1) liegt eingebettet in die Fl. lienalis.

Fig. 21. Derselbe wie vorher, Nabelschleife nach rechts oben geklappt. Man sieht so den Dünndarmanfang aus der Fl. duod.-jejunalis (*Fl. dj*) unter dem Mesocolon hervorkommen.

Fig. 22. Embryo IV, 37 mm (gemessen ist Nackensteißlänge 27 mm); Vergr. 3 : 1. Bauchhöhle und Nabelbruchhöhle von links geöffnet, in letzterer nur noch Proc. vermif. und letzte Ileumschlinge.

Fig. 23. Embryo VII, 50 mm (nach Photogr.); Vergr. 3 : 1. Vordere Leberhälfte frontal weggeschnitten bis auf einen mittleren Teil. Dünndarm entfernt, nur erster Jejunumanfang und eine ganze Ileumschlinge sind erhalten. Diese liegt hinter Caecum zurückgebogen und trennt noch das Caecum von der Rückwand. Caecum rechts, weit vom Duodenum entfernt, erreicht den oberen Beckenrand. (Fl. lienalis und Colon descendens sind ungewöhnlich: Descendens liegt vor der linken Niere, läßt diese zum größten Teil frei; Fl. lienalis infolgedessen invertiert.) Steile Lage des Colonschenkels, Fl. coli media deutlich, am Duodenumanfang festgeheftet (Fl. c. m.).

Fig. 24. Embryo VIII, 50 mm. Leber ganz entfernt, Netz hochgeklappt, sonst wie VII. Fl. lienalis und Colon desc. in der Normallage. Descendens läuft lateral um die linke Niere herum, sein Mesocolon bedeckt sie ganz. Rechts ist sichtbar rechte Niere und Nebenniere. Caecum in Höhe des unteren Nierenpols, von ihm getrennt durch die letzte Ileumschlinge. Flache Lage des Colonschenkels, Fl. coli media wie bei VII.

Fig. 25. Embryo IX, 55 mm (gemessen ist 40 mm Nacken-Steiß-Länge). Nach Photogr.; Vergr. 3 : 1. Kreuzung von Duodenum und Colon tief, geknickte Lage des Colonschenkels, Ascendens quer. Caecum mit Proc. vermif. weit rechts vom Duodenum entfernt vor unterem Nierenpol, Ascendens frei.

Fig. 26. Embryo XII, 45 mm; Vergr. 3 : 1, nach Photogr. Frühstadium von abnormem Caecumhochstand, Ileummündung vor Nierenmitte dicht am Duodenum desc. Fl. duod.-jejualis in die Fl. lienalis eingelagert. Colonschenkel kurz, Colon zürückgeblieben. Fl. coli media in normaler Lage fixiert.

Fig. 27—28. Embryo XIII, 105 mm (gemessen ist Nacken-Steiß-Länge 85 mm); natürliche Größe. Abnormer Caecumhochstand. Caecum mit Ileummündung in Duodenum-Nieren-Nische vor Nierenmitte innig verwachsen. Schenkel ganz kurz. In Fig. 28 Dünndarm entfernt: Colon auffallend klein, Fl. lienalis tief und zu weit medial. Descendens nicht weit genug außen, Fl. sigmoidea fehlt. Fl. coli media deutlich normal fixiert am Duodenum-anfang.

Fig. 29. Embryo XI, 140 mm, natürliche Größe. Häufigster Typus der Lage von Caecum und Colon vom Zeitpunkt der völligen Anlegung an die Rückwand bis zur Geburt. Schrägverlauf des Colonschenkels, Caecum am unteren Nierenpol außen, wenig oberhalb Spina iliaca (×), Fl. coli media undeutlich, verstrichen, oberhalb der Austrittsstelle von Art. mesent. sup. am Duodenumanfang fixiert.

Fig. 30. Caecumhochstand, Fall I. Übersicht von vorn. Leber nach oben, Colon etwas nach links gezogen.

Fig. 31. Derselbe von rechts. Rechte Bauchwand und Brustwand entfernt; Caecum aufgeblasen und aus der Leber-Nieren-Nische caudalwärts gezogen, um das Lig. hepato-reno-colicum zu zeigen. Leber mit ihrer Facies renalis von der Niere aufwärts abgehoben.

Textfiguren:

Fig. *a*—*g*. Variationen des Colonschenkels nach der Rechtswendung bei $6^1/_2$- bis 8 cm-Embryonen, 12. — 13. Woche. Gegend der rechten Lebernische von vorn, halbschematisch. Gezeichnet sind: Duodenum, Colon, rechte Niere und Nebenniere. Verwachsungsstelle des Colon mit der Rückfläche (Fl. duod. oder Niere) kurz schraffiert, Einknickung der Fl. coli dextra post. längsschraffiert. *a*—*c*: Schräglagen, *d*—*e*: tiefe und hohe Querlage, *f*—*g*: Abknickung des Colon asc. Länge der einzelnen Embryonen: *a* = 7 cm, *b* = 8 cm, *c* = 7,5 cm, *d* = 7 cm, *e* = 7,5 cm, *f* = 7,5 cm, *g* = 6,5 cm.

Fig. *h* und *i*. Syntopie von Baucheingeweiden, Becken und Wirbelsäule eines 10—12 cm langen Embryo mit typischer Colonlage (maßgerechte Zeichnung). Fig. *h*: Frontal-, Fig. *i*: rechte Seitenprojektion. Gezeichnet sind: Leber (in *h* Vorderrand punktiert, in *i* äußerer Umfang nur des rechten Lappens gezeichnet), Magen mit Duodenumanfang, Colon (schraffiert), rechte Niere und Nebenniere, Spinae il. ant. sup., resp. in *i* Crista il. und 12. Brust- bis 5. Lendenwirbel-Dornfortsatz.

Fig. *k*. Embryo X, 8 cm (gemessen $5^1/_2$ cm Nacken-Steiß-Länge); Vergr. 2 : 1. Rechte Seitenansicht nach Wegnahme der rechten Bauchwand und des größten Teiles des rechten Leberlappens bis an das Lig. hepato-duodenale durch schrägen Longitudinalschnitt von lateral vorn nach medial hinten. Stellung von Duodenum sup. und rechtem Colonschenkel; Fl. coli dextra post.: Pars sup. duod. mit darunter parallel angehefteter Fl. coli dextra in einer Transversalebene, miteinander verbunden durch rechte Netzfortsetzung (Duodenum desc. verdeckt durch Colon asc.); rechtwinkliger Knick des Colonschenkels in der Leber-Nieren-Duodenum-Nische = Fl. coli dextra post.; diese und Ascendens auf der unteren Nierenhälfte mit glattem Peritonealblatt angeheftet, welches in die Colon-Duodenum-Verbindung und rechte Netzfortsetzung übergeht; Caecum mit Proc. vermif. erreicht Spina il. ant. sup. (Frontales Halbschema desselben Embryo ist Fig. *b*.)

Fig. *l*—*m*: Caecumhochstand beim Erwachsenen, Fall I.

Fig. *l*. Übersicht nach Photographie. Letztes Ileumstück in der Fossa il. d. verwachsen; Caecum in der Lebernische, Colonanfang durch zwei accessorische Leberligamente aufwärts fixiert (hepato-reno-colicum lateral und cysto-duodeno-colicum medial = Fortsetzung des Lig. hepato-duodenale). Lig. gastro-colicum nur in der Pylorusregion ausgebildet.

Fig. *m*. Schema der mesenterialen Fixationslinien von Fall I. *Fc* = Fossa caecalis, von *Pc* = Plica caecalis und *Pic* = Plica ileocaecalis begrenzt, in ihrer Tiefe der Mesenteriolumansatz; kranialwärts die Leberverbindung *L. hrc* = Lig. hepato-reno-colicum; *L. dc* = Lig. duodeno-colicum (Duodenumansatz); *Mi* = Ileumanheftung; Radix mesenterii (punktiert) verbindet Fl. duod.-jejunalis und unteres Ende der Ileumanheftung; *Mtr* = Mesocolon-transversum-Ansatz.

Fig. *n*—*o*: Caecumhochstand beim Erwachsenen, Fall II.

Fig. *n*. Übersicht. Caecum vor der Niere, Ileummündung vor dem unteren Nierenpol fixiert.

Fig. *o*. Die Fixation des Caecum (abwärts gezogen) durch sekundäres Mesenterium auf der Nierenvorderfläche, des Colonanfangs am Duodenum sup. durch Lig. duodeno-colicum.

Fig. *p*. Caecumhochstand beim Erwachsenen, Fall III (1 : 5 maßgerecht). Schlingenbildung des Colonschenkels; 1, 2, 3 = aufeinanderfolgende Colonstrecken; Schlinge 2 zwischen Duodenumanfang und Pars desc. duodeni eingeschoben; Verwachsungen (schraffiert) der einzelnen Colonstrecken miteinander, der Ileocäcalregion mit der Rückwand, des Schlingenanfanges mit der Niere, des Colon-transversum-Anfanges (3) mit der Pylorusregion. Letztere ist die festeste Verbindung, reicht als Lig. duodeno-colicum von 3 bis +; von + bis + + fehlt Lig. gastro-colicum infolge Offenbleibens des Netzbeutels.

Fig. *q*. Caecumhochstand bei Embryo XIV, 12 cm (natürliche Größe). Schlingenbildung des Colonschenkels. Verwachsung von Ileumende, Caecum, Proc. vermif. und Colonanfang schraffiert; Schlinge 1 zwischen Duodenum sup. und Rückwand eingeschoben; Schlinge 2 umkreist Duodenum desc.; Schlinge 3 = Fl. coli media (*Fl. c. m.*) am Duodenumanfang fixiert. Verwachsungsfläche des Mesenterium commune punktiert, nach unten spitz zulaufend in ein Lig. genito-mesentericum (*Lgm*).

Literaturverzeichnis.

Ancel et Cavaillon, L'évolution du Mésentère commun chez l'homme. Journal de l'Anat. et Physiol. 1907.

— et Sencert, Morphologie du Péritoine. Les ligaments hépatiques accessoires chez l'homme. Journal de l'Anat. et Physiol. 1903.

Begg, Al., The anomalous Persistance in Embryos of Parts of the Peri-intestinal Rings formed by the vitelline veins. Americ. Journ. of Anat. 13. 1912.

Bennet u. Rolleston, Abnormal arrangement of the illeocaecal Portion of the intestine. Journal of Anat. and Physiol. 25. 1891.

Böninghausen-Budberg, Frhr. v., Über den Dickdarm erwachsener Menschen und einiger Mammalien, welcher dem Dickdarm des 3. menschlichen Entwicklungsmonats ähnlich ist. Med. Inaug. Diss. Dorpat 1901.

Brösike, Über intraabdominale (retroperitoneale) Hernien und Bauchfelltaschen nebst einer Darstellung der Entwicklung peritonealer Formationen. Berlin 1891. Fischers med. Buchhdlg.

Broman, Über die Entwicklung der Mesenterien und Körperhöhlen bei den Wirbeltieren. Ergebn. der Anat. und Entw. **15.** 1906.

— Anatomie des Bauchfelles (Peritoneum). Handb. d. Anat. d. Menschen, herausgeg. von v. Bardeleben, **6**, Abt. 3, Teil 2. Jena 1914.

— Über das Schicksal der Vasa vitellina bei den Säugetieren. Ergebn. d. Anat. und Entw.-Gesch. 1914.

Corning, Lehrbuch der topographischen Anatomie, 3. Aufl. Wiesbaden 1911.

Descomps, Anomalie de la torsion intestinale. Journ. de l'Anat. et Physiol. **45.** 1909.

Endres, H., Anatomisch-entwicklungsgeschichtliche Studien über die formbildende Bedeutung des Blutgefäßapparates, unter besonderer Berücksichtigung der damit verbundenen mechanischen Einflüsse. I. Teil, Beitr. z. Entwicklungsgesch. u. Anatomie des Darmes, des Darmgekröses und der Bauchspeicheldrüse. Archiv f. mikr. Anat. **40.** 1892.

Fischer u. Eisler, Die Hernia mesenterico-parietalis dextra, Versuch einer kausalen Analyse der atypischen Lagerung des Darmes. Anat. u. entw.-gesch., Monographien, herausg. v. W. Roux. Leipzig 1911. Verlag v. W. Engelmann.

Fredet, s. Poirier und Charpy.

Frommer, Zur Kasuistik der Anomalien des Dickdarms. Archiv f. klin. Chir. **76**, H. 1. 1902.

Gegenbaur, Lehrbuch der Anatomie des Menschen 1903.

Gerota, Beiträge zur Kenntnis des Befestigungsapparates der Niere. Archiv f. Anat. und Entwicklungsgesch. 1895.

Gysi, Varitäten des Colon pelvinum. Archiv f. Anat. u. Physiol., Anat. Abt., 1914, H. 2/3.

Haberer, H. v., Über Ausbleiben der Verlötung des Netzes mit dem Mesocolon transversum. Archiv f. Anat. und Entwicklungsgesch. 1912.

Harms, Wilh., Über Lage und Gestalt des menschlichen Darmes und über Eingeweidebrüche. Ein krit. Versuch auf Grund von 58 Leichenöffnungen. Arbeiten der Chirurgischen Universitätsklinik Dorpat. Herausgeg. v. W. Koch, 4. H. Berlin 1900. Rothacker.

Henle, Handbuch der systematischen Anatomie des Menschen **2**, 2. Aufl. 1873.

— u. Merkel, Lehrbuch der Anatomie, 4. Aufl. 1901.

Helly, Zur Frage der primären Lagebeziehungen beider Pankreasanlagen des Menschen. Archiv f. mikr. Anat. **63.** 1904.

His, Anatomie menschlicher Embryonen. Atlanten nebst Text, III. 1885.

Keibel u. Elze, Normentafeln zur Entwicklungsgeschichte des Menschen. Jena 1908.

— u. Mall, Handbuch der Entwicklungsgeschichte des Menschen. Leipzig 1910.

Klaatsch, Zur Morphologie der Mesenterialbildungen am Darmkanal der Wirbeltiere. Morph. Jahrb. **18.** 1892.

— Zur Morphologie der Mesenterialbildungen. Entgegnung an H. Prof. Toldt. Morph. Jahrb. **20.** 1893.

Klaatsch, Über Persistenz des Lig. hepato-cavo-duodenale beim erwachsenen Menschen in Fällen von Hemmungsbildungen des Situs peritonei. Morph. Jahrb. **23**. 1895.

Koch, W., Die angeboren ungewöhnlichen Lagen und Gestaltungen des menschlichen Darmes. Arbeiten der Chirurgischen Universitätsklinik Dorpat, III. H., 1900, V. H. Dorpat, 1903. Leipzig, Vogel.

Kölliker, Entwicklungsgeschichte des Menschen und der höheren Tiere. II. Aufl. 1879.

Kollmann, Handatlas der Entwicklungsgeschichte des Menschen, 2. Teil. Jena 1907.

v. Lemešić u. Kolisko, Fälle von unvollständiger Drehung der Nabelschleife. Anat. Hefte **50**. 1914.

Lewis, s. Keibel und Mall.

Lockwood, The british med. Journal 1882.

— The developement of the great Omentum and transverse Mesocolon. Journ. Anat. a. Physiol. **18**. 1884.

Luschka, Über peritoneale Umhüllung des Blinddarmes und über die Fossa ileocaecalis. Virchows Archiv **21**. 1861.

— Anatomie des Menschen **2**, 1. Teil. Tübingen 1863.

Mall, Über die Entwicklung des menschlichen Darmes und seiner Lage beim Erwachsenen. Archiv f. Anat. u. Physiol., Anat. Abt., 1897, Suppl.-Bd.

Mathes, P., Zur Morphologie der Mesenterialbildungen bei Amphibien. Morph. Jahrb. **23**, H. 2. 1895.

Maurer, F., Die Entwicklung des Darmsystems. In Oskar Hertwig, Handb. d. vergleichenden und experimentellen Entwicklungslehre der Wirbeltiere **2**, Teil I. 1902.

Meckel, Bildungsgeschichte des Darmkanales der Säugetiere und namentlich des Menschen. Deutsches Archiv f. d. Physiol. **3**, H. 1. 1817.

Mende, P., Ein entwicklungsgeschichtlich interessanter Fall von frühzeitiger Verwachsung der Mesocola mit dem parietalen Bauchfelle bei gleichzeitigem abnormen Verhalten des Netzes und der Leber. Med. Inaug.-Diss. Breslau 1887.

Merkel, Fr., Menschliche Embryonen verschiedenen Alters auf Medianschnitten untersucht. Abhandlg. d. K. Ges. d. Wissensch. Göttingen **40**. 1894.

— Handbuch der topographischen Anatomie **2**. Braunschweig 1899.

Poirier u. Charpy, Traité d'Anatomie humaine. Tome IV. 1er. fasc. Tube digestif; 3er fasc. Péritoine. Paris 1914.

Reid, Douglas, Studies of the Intestine and Peritoneum in the Human Fetus. Part III. Journ. of Anat. a. Physiol. **46**. 1912.

Reuter, Karl, Über die Entwicklung der Darmspirale bei Alytes obstetricans. Merkel-Bonnet. Anat. Hefte, Heft 42/43. 1900.

— Über die Rückbildungserscheinungen am Darmkanale der Larve von Alytes obstetricans. I. Teil, Äußere Veränderung der Organe. Ebenda, Heft 45. 1900.

Rauber-Kopsch, Lehrbuch der Anatomie 1914.

Sawin, Variationen der Lage des Magens und Darmes in Abhängigkeit von Abweichungen in der Entwicklung in frühester Keimperiode. Archiv f. klin. Chir. **91**. 1910.

Schiefferdecker, Beiträge zur Topographie des Darmes. Archiv f. Anat. u. Physiol., Anat. Abt., 1886.

Schmidt, Victor, Über eine seltene Entwicklungsstörung am Darm eines neugeborenen Kindes. Anatomischer Anzeiger **41**. 1912.

Sobotta, Atlas der deskriptiven Anatomie des Menschen, II, 1904.

Tandler, Über Mesenterialvarietäten. Vortrag. Wiener klin. Wochenschr. 1897, Nr. 9.

Toldt, Bau und Wachstumsveränderungen der Gekröse des menschlichen Darmkanals. Denkschr. Kais. Akad. d. Wissensch. Mathem.-naturw. Klasse **41**. 1879.

— Die Darmgekröse und Netze im gesetzmäßigen und im gesetzwidrigen Zustand. Ebenda **56**. 1889.

— Über die maßgebenden Gesichtspunkte in der Anatomie des Bauchfelles und der Gekröse. Ebenda **60**. 1893.

— Bauchfell und Gekröse. Ergebn. d. Anat. und Entwicklungsgesch. **3**. 1894.

Treitz, Hernia retroperitonealis. Ein Beitrag zur Geschichte innerer Hernien. Prag 1857.

Waldeyer, Die Colonnischen, die Aa. colicae und die Arterienfelder der Bauchhöhle nebst Bemerkungen zur Topographie des Duodenum und Pankreas. Abh. d. Kgl. Akad. d. Wiss. Berlin 1900.

— Heterotopie des Colon pelvinum. Arch f. Anat. u. Physiol., Anat. Abt., 1910, Heft 5 und 6.

Zander, R., Versuch der Erklärung eines Falles von seltener Lageabweichung des Colon desc. und des Colon sigm. beim erwachsenen Menschen aus der Entwicklungsgeschichte des Darmes. Merkel-Bonnet. Anat. Hefte, **54**. Heft 162, 1916.

Zuckerkandl, Atlas der topographischen Anatomie des Menschen, III. Heft. 1901.

(Aus dem anatomischen Institut zu Marburg.)

Die quere Oberschenkelfurche des Neugeborenen und ihre Entstehungsbedingungen.

Von

Prof. Dr. G. **Wetzel.**

Prosektor am Anatomischen Institut zu Breslau.

Mit 1 Textfigur.

In dem körperlichen Gesamtbilde des gesunden Säuglings bilden die Oberschenkelfurchen ein besonders augenfälliges Merkmal. Sie sind daher auch von treu beobachtenden bildenden Künstlern häufig dargestellt worden. Dagegen haben ihnen nur wenige ärztliche oder anatomische Schriftsteller die nötige Aufmerksamkeit geschenkt. Unter ihnen befinden sich in erster Linie Czerny und Keller, welche die Furchen in ihrem Buche „Des Kindes Ernährung" in ihrer Bedeutung für den Ernährungszustand des Kindes gewürdigt haben[1]). Czerny und Keller betonen noch besonders, daß die Bedeutung dieser Hautfalten und ihr Zustandekommen bisher weder studiert noch erklärt sei. Ferner hat Bade (1903) sie von einem besonderen Standpunkt aus berücksichtigt und Michael Cohn[2]) hat über sie eine eingehende Abhandlung veröffentlicht.

Die Oberschenkelfurchen finde ich nicht erwähnt in Kollmanns „Plastischer Anatomie für Künstler", in Frorieps „Anatomie für Künstler, zweite Aufl." und in der plastischen Anatomie von Harless. In der 4. von Wiedersheim herausgegebenen Auflage der Gauppschen Bearbeitung von Duvals Grundriß der Anatomie für Künstler ist ohne besondere Erläuterungen die Tatsache verzeichnet, daß man sehr gewöhnlich bei jüngeren Kindern eine tiefe Querfurche in den dicken Wulst am inneren Oberschenkelumfang einschneiden sieht. Bei Toby Cohn in seinem Buche: „Methodische Palpation", welches neben den

[1]) Ad. Czerny und Keller, Des Kindes Ernährung, Ernährungsstörungen und Ernährungstherapie. Leipzig-Wien.

[2]) Jahrb. f. Kinderheilk. **64.** 1906.

tastbaren Gebilden die äußerlich sichtbaren zum besonderen Gegenstande hat, ist die Furche zwar auf zwei Abbildungen zu sehen, aber im Text findet sich nichts darüber. Bei Stratz (Der Körper des Kindes, 3. Aufl. 1909) ist die Furche erwähnt und auch auf ihre Entstehungsbedingungen kurz eingegangen (S. 178, 179). Endlich findet sie sich schon bei Langer „Anatomie der äußeren Körperformen" erwähnt und mit einigen kurzen Worten in ihrem Zustandekommen berücksichtigt. Außer den angeführten Werken fand ich sie in keinem Lehr- oder Handbuche berücksichtigt.

Die Furchen werden am einfachsten zutreffend als Oberschenkelfurchen oder quere Oberschenkelfurchen des Säuglings bezeichnet. M. Cohn, der in der Überschrift ebenfalls diese Benennung wählt, zieht dann im Text die Bezeichnung als Adductionsfalten (nicht Furchen) des Oberschenkels vor. Diese Benennung hat er offenbar von Bade übernommen, der wenigstens die größte der fraglichen Furchen als Adductionsfalte bezeichnet. Die übrigen, bisher beachteten und benannten Furchen der Gegend, haben schon längst gute unterscheidende Namen erhalten, so die Leistenfurche, die Schenkelbeugefurche[1]), der Sulcus genitofemoralis und die Glutaealfurche. Alle diese Furchen liegen überdies an den Grenzen des Oberschenkels, nur die Schenkelbeugefurche liegt ein klein wenig nach abwärts von der oberen Grenze der Vorderfläche des Oberschenkels. Es ist also keine Verwechslung möglich, wenn ich die einfache Bezeichnung als Oberschenkelfurche des Säug-

[1]) Michael Cohn spricht übrigens von einer „Falte resp. Faltengruppe, die auf der Vorderfläche des Oberschenkels dicht, d. h. etwa 1 Querfinger breit unterhalb der Inguinalbeuge, dem Poupartschen Bande parallel gelegen ist. Es handelt sich in der Regel um eine längere, hier und da wohl auch um zwei kürzere Falten. Diese Subinguinalfalte ist keineswegs konstant. Am häufigsten begegnet man ihr in den ersten Lebenswochen und -monaten. Sie verdankt vorwiegend der Flexions-, weniger der Adductionshaltung des Oberschenkels ihre Entstehung. Mit der Zunahme des Fettes und der häufigeren Übung der Extension pflegt sie meist frühzeitig zu verstreichen. Indessen kommt es gelegentlich vor, daß sie sich im Gegenteil auf der einen oder anderen Seite allmählich mehr und mehr vertieft und sich dann noch bis zum Ende des 1. Lebensjahres erhält. Später begegnet man ihr kaum je."

Es war dem Autor nicht bekannt, daß seine Subinguinalfalte als eine regelmäßig vorkommende Falte, nämlich als Schenkelbeugungsfurche (Sulcus flexorius femoris, Waldeyer) bei den Anatomen längst bekannt und benannt ist. Die Schenkelbeugungsfurche zeigt sich nach Waldeyer bei wohlgenährten Kindern beider Geschlechter und beim Weibe, während sie beim Manne seltener ist. Sie geht von der Genitofemoralfurche aus, zieht aber dann nicht steil nach oben wie die Inguinalfurche, sondern mehr quer nach außen auf der vorderen Oberschenkelfläche dicht unterhalb der Inguinalfurche hin. Von dieser Furche ist bei Brücke (Schönheit und Fehler der menschlichen Gestalt, 1905), der gute Abbildungen der Furchen bringt, und nach Waldeyer auch bei Leboucq über den antiken Schnitt der Beckenlinie (Anat. Versammlung in Basel, 1895) die Rede.

lings beibehalte, zumal gegen die Benennung als Adductionsfurche auch sachliche Bedenken aus meiner Abhandlung sich ergeben.

Übrigens ist es eigentümlich, daß bei manchen Autoren die Benennungen Falte und Furche durcheinander gehen. Es wird z. B. von einer Falte (bei Bade und bei Cohn) gesprochen, wenn ganz offenbar die tief in den Oberschenkel einschneidende Furche gemeint ist. Von einer Falte spreche ich daher, wenn eine nach außen gedrängte Erhebung der Haut gemeint ist, von einer Furche, wenn die Haut gegen das Innere zu verlagert ist. Eine Falte geht in einen Wulst über, je

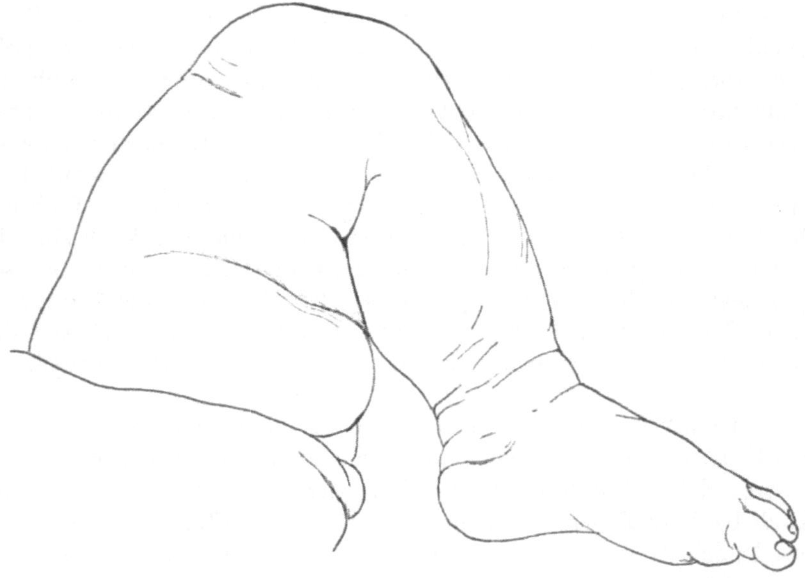

Fig. 1.
Die quere Oberschenkelfurche (Hauptfurche) am linken Schenkel der Leiche eines neugeborenen Mädchens.

mehr sie rundliche Form annimmt. Jederseits von einer Furche, und mit ihr gleichlaufend ist also eine Erhebung vorhanden, der wir, je nach ihrem Aussehen, den Namen einer Falte oder eines Wulstes beilegen können.

Ich gebe zunächst eine Darstellung der Lage und des Verlaufes der Oberschenkelfurchen und wülste. Die Furchen kommen in einer etwas verschiedenen Form und Verteilung vor. Am häufigsten trifft man folgendes Verhalten an: Oberhalb der Mitte der Innenseite verläuft eine fast quere oder etwas schräge Furche, die Hauptfurche, die außer der Innenseite einen Teil der Vorderseite und den größeren Teil der Beugeseite umgreift. Diese Furche ist gemeint, wenn kurzweg von der Oberschenkelfurche gesprochen wird. Nach distal davon, dem oberen Grenzgebiete der Kniekehle entsprechend, findet sich eine kleinere Furche vor, die wir im Gegensatz zur ersten, der Hauptfurche, als Nebenfurche bezeichnen wollen. Da die Hauptfurche meist mehr oder weniger tief einschneidet, so kann man in dem unter der Haut gelagerten Fett einen oberen und einen unteren Fettwulst unterscheiden, der auf Schnitten senkrecht durch die Mitte der Furche besonders deutlich hervortritt. Hier läßt sich natürlich mit Recht die Bezeichnung Falte oder Wulst aufnehmen, und eine untere, nicht ganz so breite Fettfalte (= Fettwulst) unterscheiden. Die Nebenfurche begrenzt den unteren Fettwulst und bildet sich hauptsächlich durch die Beugestellung des Kniegelenkes aus, wodurch die Haut und die darunterliegenden Weichteile nach oben gedrängt werden. Wir können sie daher auch als die oberste Beugefurche des Knies betrachten und werden sie nur in zweiter Linie berücksichtigen. Die Richtung der Furche an der Hinterseite finde ich ziemlich genau quer, an der Vorderseite steigt sie dagegen nach außenhin mehr oder weniger schräg an. Sie kreuzt aber dabei stets die Richtung des Schneidermuskels in einem bedeutenden Winkel. Häufig sind die Furchen auf beiden Seiten symmetrisch, etwas seltener asymmetrisch gebildet. Die häufigsten Asymmetrien bestehen in einem verschiedenen Höhenstand der Falten auf beiden Seiten, seltener befindet sich auf einer Seite noch eine überzählige Furche, die auf der anderen Seite fehlt.

Naturgetreue Abbildungen der Furchen finden wir bei Malern und Bildhauern. Auf folgenden Bildern konnte ich sie zur Zeit der Abfassung dieser Arbeit nach Reproduktionen feststellen: Am Christuskinde bei Dirk Bouts (die Madonna und der heilige Lukas), bei Rubens am Amor auf dem Bilde Meleager und Atalante, ferner auf dem Früchtekranz (München, alte Pinakothek), bei Lucca della Robbia auf der Maria mit dem Kinde und zwei Engeln, sowie bei Rosselino „Anbetung der Hirten.“ Nach Gaupp (Duvals Grundriß usw., S. 298) zeigt die Statue des Knaben mit der Gans im vatikanischen Museum zu Rom die Furche.

Die Furchen treten schon vor der Geburt zu gleicher Zeit mit der stärkeren Fettablagerung im Körper des Foetus auf. Sie sind während der ganzen Säuglingszeit schön ausgebildet und werden (nach Angabe von M. Cohn) späterhin noch regelmäßig im 2. Jahr, bei einzelnen Kindern auch noch im 3. und selbst im 4. Lebensjahr mehr oder weniger deutlich erkennbar angetroffen. Bevor die Furchen verschwinden, sieht man sie nicht mehr einschneiden, sondern erkennt sie nur noch an dem Vorhandensein einer Bruchlinie in der Haut (z. B. sah ich sie als Bruchlinie an einem $1^1/_2$ jährigen an Diphtherie verstorbenen, nicht abgemagerten Mädchen). Die Furchen und Falten sind um so ausgeprägter je stärker das Fettpolster des Kindes ist, und je länger es sich in der anfänglichen Stärke erhält, um so länger dauern sie an.

Ich lasse hier noch die Beschreibung der „Falten“ durch M. Cohn folgen, die mit meiner im wesentlichen übereinstimmt. „Auf der Höhe ihrer Ausbildung handelt es sich bei der in Rede stehenden, durch ihre Lokalisation an der Innenseite des Oberschenkels gekennzeichneten Faltenanlage nicht selten nur um eine einzige tiefe Falte (richtig „Furche“, Wetzel), die dann fast immer entweder genau in der Mitte oder doch nahe der Mitte des Femur ihren Sitz hat. In der größeren Zahl der Fälle hat man es mit zwei Falten (Furchen! W.) zu tun, einer oberen, längeren, stärker vertieften Hautfalte, die ziemlich weit auf die Streckseite, bis jenseits deren Mitte, übergreifen kann und einer unteren, kürzeren, flacheren, die sich vorwiegend nach der Flexorenseite fortzusetzen pflegt; erstere etwa zwischen oberem und mittlerem, letztere zwischen mittlerem und unterem Drittel des Oberschenkels gelegen. In einer frühen Periode begegnet man wohl auch drei und vier Falten, die gewöhnlich von oben nach unten an Stärke abzunehmen pflegen, und von denen späterhin die eine und andere zu einer Zeit verstreicht, da die übrigbleibenden sich noch kräftiger herausbilden. Man kann diese Falten (Furchen! W.) unter der Bezeichnung Adductorenfalten des Oberschenkels zusammenfassen, wobei man sich freilich dessen bewußt bleiben muß, daß hiermit nur in erster Reihe ihre Lage in der Adductorengegend gekennzeichnet ist.“

Die Furchen und die durch sie bedingten Falten sind nach Czerny und Keller als der Ausdruck eines normalen Ernährungszustandes des gesunden Säuglings anzusehen und insofern zur Beurteilung des körperlichen Zustandes von Bedeutung. Auf der anderen Seite können sie Ursache für Hauterkrankungen werden, die infolge der Anhäufung von abgestoßenen Epithelien und Hautsekreten in der Tiefe der Furchen sich bilden können.

Über die Lage der Furchen gibt Bade (Berliner klin. Wochenschr. 1903) an, daß, wenn wir den Oberschenkel des Neugeborenen von vorn betrachten, uns außer der Inguinalfalte zwei Hautfalten auffallen. „Die erste, die Adductorenfalte (soll heißen: Furche) liegt zwischen der Adductorenkulisse und dem Quadriceps cruris. Sie zieht von vorn oben außen nach unten hinten. Die zweite Falte liegt etwas tiefer, näher dem Kniegelenk zu und beginnt etwas mehr medianwärts. Sie ist nicht so scharf ausgeprägt wie die Adductorenfalte und wird, je älter das Kind wird, schwächer.“ Mit dieser Beschreibung kann ich mich für die Lage der von Bade Adductorenfalte genannten oberen Furche (der Hauptfurche) nicht einverstanden erklären. Sie liegt nicht zwischen der genannten Kulisse und dem Quadriceps, sondern kreuzt in der Regel die Adductoren, den Schneidermuskel und zum Teil auch noch den Quadriceps in beträchtlichem Winkel. Außerdem ist hier wieder die Bezeichnung Falten zu beanstanden, da offenbar nur die Furchen gemeint sind.

Wir kommen nun zu den Bedingungen des Zustandekommens der

Furchen. Hier sind zunächst zwei Vorbedingungen, die der Körper des Neugeborenen erfüllt, zu nennen. Das sind der Fettreichtum des Unterhautgewebes und die Proportionen des Neugeborenen.

Zunächst das Fett. Beim Neugeborenen und im Säuglingsalter ist das Fett (nach Froriep, Anatomie für Künstler, 2. Aufl. 1890, S. 22) „ausschließlich auf die Körperoberfläche beschränkt. Es greift nicht zwischen die Muskeln und andere Organe in die Tiefe, paßt sich nicht an diese an, sondern hüllt die Körperteile ein, wie eine gleichmäßige dicke Schale". Hierzu möchte ich bemerken, daß sich auch im Inneren des Neugeborenen besondere Fettkörper finden, die typisch sind, z. B. unter der Pleura. Jedoch hoffe ich bei anderer Gelegenheit auf die Fettverteilung im Körper des Neugeborenen eingehen zu können. Für unseren gegenwärtigen Zweck ist die das Auffälligste bezeichnende Frioriepsche Beschreibung der richtige Ausgangspunkt.

Daß mit dem Fettpolster auch die quere Oberschenkelfurche verschwindet, zeigt jedes stark abgemagerte Kind. Bei solchen tritt statt dieser eine ganze Anzahl anderer Furchen auf, die dicht beieinander liegen und dazu auch eine abweichende Richtung einschlagen. Diese Furchen und Falten ziehen sehr schräg (etwa in der Richtung des Schneidermuskels) von oben außen (Gegend des vorderen Darmbeinstachels) nach unten innen, wo sie an der Innenseite des Kniegelenkes und aufwärts davon an dem Innenrande des Oberschenkels endigen. Sie sind vortrefflich zu sehen bei Stratz, l. c. Fig. 159, an einem frühgeborenen Kinde. Die Zahl dieser Falten wechselt. Sie nehmen zu bei möglichst völliger Streckung im Hüftgelenk.

Cohn bemerkt folgendes: „Bei Kindern, die während des ersten Lebensjahres ungenügend zunehmen, sich nur langsam entwickeln, deren Entwicklung durch allerhand künstliche Störungen oder infolge Unterernährung gehemmt wird, wird eine charakteristische Ausbildung der Falten überhaupt ausbleiben. Wiederholt konnte bei Kindern, die etwa gegen Ende des ersten Jahres zwar normales Fettpolster und dem Alter entsprechendes Körpergewicht aufzuweisen hatten, die die Falten an ihren Oberschenkeln so gut wie ganz vermissen ließen, anamnestisch nachgewiesen werden, daß sie sich ursprünglich nur dürftig und mangelhaft entwickelten und erst in letzter Zeit stärker zugenommen und das Versäumte nachgeholt hatten" (S. 858).

Ich habe noch eine andere Bemerkung zu einer Beobachtung an einem einen Monat alten Kinde mitzuteilen. Das Kind wies trotz seines erträglichen Fettpolsters keine Oberschenkelfalten auf. Das erklärte sich dadurch, daß es sich um eine Frühgeburt handelte, bei der die normale Fettentwicklung im 9. und 10. Monat vor der Geburt nicht eingetreten war. Man kann also gewiß auch umgekehrt das trotz vorhandenen Fettpolsters bemerkbare Fehlen der Falten in den ersten Säuglingsmonaten neben anderen Merkmalen als einen Hinweis darauf benutzen, daß man es mit einer Frühgeburt zu tun hat.

Wir betrachten nun als zweite allgemeine Vorbedingung für das Zustandekommen der Furchen einen wichtigen Unterschied in den Proportionen des Oberschenkels des Neugeborenen und des Erwachsenen, der geeignet ist das Auftreten der Furchen dem Verständnis näher zu bringen. Im Zusammenhange damit ist zugleich das allgemeine Zustandekommen von Falten und Furchen zu berücksichtigen.

In den Gelenkgegenden kommen stets Furchen und sie begrenzende Falten zustande, die durch die Bewegung der Glieder bedingt sind. Am Knie wird bei der Beugung die Haut an der Rückseite stärker zusammengeschoben, bei der Streckung an der Vorderseite. Die hier entstehenden Furchen verdanken zum Teil, wie allgemein feststeht (vgl. z. B. Froriep, Anatomie für Künstler, S. 20), ihre Entstehung dem Umstande, daß die Haut hier fester an den tieferen Teilen angeheftet ist und sich nur darüber und darunter wulstförmig erheben kann. Die Aufwulstung der Haut macht sich je nach den Besonderheiten einer Gegend noch bis zu einer größeren oder geringeren Entfernung von der Gelenkgegend bemerkbar, deren relative Ausdehnung zur Länge eines Gliedes wesentlich von dem Verhältnis der Dicke zur Länge des Gliedes abhängt, auf welchem sich der durch Verschiebung entstehende Wulst bildet. Bei zwei Gliedern von gleicher Länge, aber sehr verschiedener Dicke wird er an dem dickeren sich auf weitere relative Entfernung von dem Gelenk aus erstrecken.

Da ist es nun wichtig, daß das Verhältnis der Länge zur Breite des Oberschenkels beim Neugeborenen ganz anders ist als beim Erwachsenen. Der kurze, dicke Oberschenkel des Neugeborenen zeigt es ohne weiteres. Einige Messungen an Abbildungen mögen einen zahlenmäßigen Anhaltspunkt geben. An Lebenden konnte ich zur Zeit die Messungen leider nicht anstellen. Ein anderes Ergebnis ist dabei jedoch nicht zu erwarten. Lege ich die Länge der Innenseite des Oberschenkels zugrunde, an der der Hauptsitz der Furche ist und vergleiche sie mit der Breite des Schenkels entsprechend dem oberen Ende der Innenseite, so erhalte ich folgendes Ergebnis:

Am Oberschenkel des Neugeborenen findet sich nur ein geringer Unterschied zwischen Länge und Breite, die Länge kann die Breite ein wenig übertreffen, ebenso aber kann auch das Umgekehrte eintreten. Dagegen ist der Oberschenkel des erwachsenen Mannes etwa doppelt so lang wie breit. Das Schlankerwerden des Oberschenkels veranschaulicht auch sehr gut die Darstellung der Wachstumsproportionen bei Stratz Fig. 88. Ich stelle die ausgeführten Messungen hier zusammen:

1. Neugeborener Knabe, Czerny und Keller, Fig. 34. Rückan-

sicht: Länge 7, Breite 8 mm. Ebenda Fig. 36. Vorderansicht: Länge 8, Breite 7 mm. Ebenda Fig. 33 Rückansicht: Länge 6, Breite $7^1/_2$ mm.

2. Erwachsene Männer. Joessel-Waldeyer topographische chirur. Anatomie Bd. II, Fig. 79. 15jähriger Knabe, Rückansicht: Länge 28, Breite 14 mm. Cohn, Methodische Palpation, Taf. II, Fig. 33, Vorderansicht: Länge 33, Breite 18 mm. Frohse und Fränkel: Die Muskeln des menschlischen Beines (Handbuch von Bardeleben) Fig. 3, Rückansicht: Länge 63, Breite 33 mm. Ebenda Fig. 1 Vorderansicht, Länge 68, Breite 33 mm.

In der Rückansicht wurde von dem unteren Ende der Crena ani horizontal zur äußeren Grenze und nach abwärts bis zur Horizontalen durch die Beugefurche des Kniegelenks oder durch die Mitte der Kniekehle gemessen. In der Vorderansicht wurde von der Wurzel des Penis horizontal zur äußeren Grenze des Oberschenkels und abwärts bis zu der Horizontalen durch den unteren Rand der Kniescheibenerhebung gemessen.

Als Folge des Proportionsunterschiedes können sich Verschiebungen und Faltenbildungen der Haut, die ihren Ursprung in Zuständen oder Lageveränderungen am oberen oder unteren Ende des Oberschenkels haben, beim Kinde relativ viel weiter nach abwärts oder aufwärts am Oberschenkel erstrecken als beim Erwachsenen. Wenn also bei Beugung im Hüft- und im Kniegelenk eine Zusammenschiebung der Haut gleichzeitig von beiden Enden her stattfindet, so ist bei dem relativ kurzen Oberschenkel des Kindes leichter die Bildung einer queren Furche zwischen beiden Gelenkgegenden möglich als beim Erwachsenen. — Bei meinen Vorgängern finde ich die Bedeutung der Proportionen für die Faltenbildung am Oberschenkel nicht berücksichtigt.

Was die mediale Fläche des Oberschenkels weiterhin besonders kennzeichnet und für die Faltenbildung geeignet macht, ist außer der starken Fettansammlung, die dünne Beschaffenheit der Fascia lata. An der lateralen Seite ist die Fascia lata besonders stark ausgebildet und stellt hier zugleich die aponeurotische Sehne des M. tensor fasciae latae und der oberen Hälfte des M. glutaeus maximus vor.

Merkel sagt über den Zustand der Fascie, sowie des Unterhautbindegewebes und des Fettgewebes am Oberschenkel (Handbuch der topograph. Anat. 1907, **3**, 672) „Das Unterhautbindegewebe ist sehr geneigt, Fett aufzunehmen und man findet es demnach bei verschiedenem Ernährungszustande auch sehr verschieden mächtig; vorn ist es ziemlich regelmäßig lamellös gebaut, hinten erstreckt sich der areoläre Bau des Fettgewebes, wie ihn das Gesäß zeigt, noch auf den Oberschenkel fort. An der medialen Seite des Oberschenkels ist die

Fetteinlagerung reichlicher, als an der lateralen. Mit der unterliegenden Fascie ist das Subcutangewebe nicht eben fest verbunden, wodurch sich die große Verschieblichkeit der Haut des Oberschenkels erklärt. Eine Ausnahme macht nur die Furche zwischen Vastus lateralis und Flexoren. Dort ist die Haut an der unterliegenden Aponeurose fest angeheftet und beim Zirkelschnitt ist es nötig, beide hier künstlich voneinander zu trennen."

Die Fascie „ist am stärksten an der vorderen und besonders an der lateralen Seite, schwächer hinten und sehr dünn am oberen Teil der Medialfläche . . . Seitlich in der Fascie fällt ein starker Streifen längsverlaufender Fasern auf, Tractus iliotibialis (Maissiatii), welcher sich vom Darmbeinkamm bis zu einem Höcker der Tibia über dem oberen Tibiofibulargelenk erstreckt".

„An ihrer Außenseite ist die Fascia lata mit dem Subcutanfett an den meisten Stellen nur locker verbunden, doch ist der Zusammenhang an einigen Stellen, besonders da, wo die sogleich zu beschreibenden Septa intermuscularia abgehen, ein festerer."

Solche Septen sind in starker Ausbildung nun über der Gegend der Adductionsmuskulatur, also an der eigentlichen Innenseite des Oberschenkels, nicht vorhanden. Nur schwächere, wenn auch deutliche Septen setzen sich hier mit den Fascien des mittleren und unteren Endes des Sartorius und des Gracilis in Verbindung. Am Distalende des Oberschenkels hört die geschlossene Scheide des usculus Msartorius auf, „er wird nur noch an seiner Vorderseite von der allgemeinen Fascia lata überzogen, an seiner Rückseite aber findet man lockeres, nur von einer zarten Bindegewebslamelle überzogenes Fett, welches mit dem die Kniekehle ausfüllenden zusammenhängt". „Auch der Musculus gracilis ist, ähnlich wie Tensor fasciae und Sartorius, in ein geschlossenes Fach eingeschlossen, welches dadurch hergestellt wird, daß die deckende Fascia lata an seinen beiden Rändern mit der unter ihm hinziehenden Fascie der Adductoren verwächst. Proximal ist der Sartorius weit von ihm entfernt, distal nähert er sich ihm mehr und mehr, bis sie schließlich unmittelbar aneinanderliegen. Dort hat auch für ihn, wie für den Sartorius mit dem Ende des Muskelfleisches der Adductoren die hintere Wand der Scheide aufgehört und er liegt wie dieser auf lockerem Fett."

Aus dieser Beschreibung ist so viel zu folgern: daß eine quere Faltenbildung oder Furchenbildung besonders über den starken Septa intermuscularia beiderseits von dem Quadriceps auf erhebliche Hindernisse stößt. Dagegen ist an der medialen Seite eine Abhebung und Aufwulstung der Haut wegen der etwas schwächeren Septen, besonders in dem obersten Teile möglich, wo nur die Scheide für den Gracilis und nur eine sehr lockere Fascie in Betracht kommt. Gelangen wir über den obersten

Teil der Innenseite nach abwärts, so treffen wir eine stärkere Befestigung an, da hier auch der jetzt an die mediale Seite gelangte Sartorius mit seinen Scheiden in Betracht kommt. Noch weiter distal hören dann die eigentlichen Scheiden der beiden Muskeln und damit auch die stärkere Befestigung der Haut auf.

Die auf der geringeren Fascien- und starken Fettbildung beruhende größere Prädispositon der gesamten medialen Seite des Oberschenkels gegenüber der lateralen in Hinsicht auf Falten- und Furchenbildung, hat Cohn richtig hervorgehoben, dabei aber, wie wir weiter unten sehen werden, die auch aus der Merkelschen Beschreibung bis zu einem gewissen Grade ableitbare Verschiedenheit der Hautbefestigung in verschiedenen Höhen der medialen Seite nicht bemerkt. Wir begnügen uns hier zunächst mit der Tatsache, daß gegenüber der Außenseite des Oberschenkels an der Innenseite die Möglichkeit der Fettansammlung, sowie der Furchen- und Faltenbildung bedeutender ist. Das gehört noch zu den Vorbedingungen der queren Oberschenkelfurche.

Alle Furchen und Falten des Körpers und somit auch die hier betrachteten, sind von der Haltung der Glieder abhängig. Von diesem Gesichtspunkt aus liegt es nahe, die Haltung, welche das Neugeborene vorher lange Zeit hindurch im Uterus eingenommen hat, zur Erklärung heranzuziehen. Das ist auch von M. Cohn geschehen, jedoch mit Begründungen, denen ich nicht überall beipflichten kann. Auf die Abweichung meiner Auffassung komme ich unten zurück und stelle zunächst mein Untersuchungsverfahren dar, das im Ausprobieren der Faltbarkeit der Haut bei verschiedener Haltung des Ober- und Unterschenkels an der Leiche und am Lebenden beruht.

Bei der Haltung im Uterus kommt sowohl die Bewegung im Hüftgelenk wie auch die im Kniegelenk in Frage. Ich untersuchte daher an Leichen Erwachsener, wie sich Spannung und Erschlaffung der Haut am Oberschenkel bei den verschiedenen Stellungen verhält, die in beiden Gelenken möglich sind.

In Streckstellung beider Gelenke ist die Haut an der Außenseite oben und unten straff, an der Vorderseite oben straff und unten über dem Knie in Falten gelegt oder leicht faltbar.

An der Hinterseite ist sie oben leicht faltbar, unten wenig faltbar oder straff, an der Innenseite ist sie oben und unten mäßig faltbar.

Wird nun bei gestrecktem Knie im Hüftgelenk gebeugt, so nimmt an der Außenseite die Faltbarkeit oben unter Bildung einer sichtbaren Furche bedeutend zu, unten wird die Haut wenig schlaffer. An der Vorderseite wird die Haut oben leicht faltbar unter Bildung einer sichtbaren Hautfurche, unten bleibt sie ohne Mühe faltbar. An der Hinterseite wird die Haut auch oben straff, an der Innenseite nimmt die bestehende Faltbarkeit besonders oben meist etwas zu, eine Abnahme der Faltbarkeit läßt sich jedenfalls nicht feststellen.

Füge ich nun zu der Beugung im Hüftgelenk noch die Beugung im Kniegelenk hinzu, so strafft sich die Haut an der Außenseite wieder in der oberen Hälfte, wo die bei Hüftgelenkbeugung entstandene Falte verschwindet. An der Vorderseite wird sie oben und unten straff, die obere und die zweite auch unten über der Patella gebildete Falte verstreicht. An der Hinterseite wird die Haut oben etwas, unten bedeutend schlaffer, und zwar unten unter Faltenbildung. An der Innenseite nimmt die bei Hüftgelenkbeugung proximal eingetretene mäßige Erschlaffung bedeutend zu, unten entsteht sichtbare Faltenbildung als Fortsetzung der an der Hinterseite aufgetretenen Faltung.

Umstehende zwei Beobachtungsaufnahmen in Tabellenform dienen zur eingehenden Erläuterung. Im ganzen sind Versuche an vier teils mageren, teils im mittleren Ernährungszustand befindlichen Leichen ausgeführt worden, sowie Versuche an zwei Lebenden.

Die an der Leiche bei einzelnen Stellungen auftretenden Furchen und Einsenkungen der Haut beruhen in dem hohen Grade, in dem sie auftreten, darauf, daß bei Annäherung zweier Gliederteile die zwischen ihnen angespannte Muskulatur einsinkt. Beim Lebenden würde sie bei aktiver Annahme derselben Stellung in Zusammenziehung geraten und auch bei weiterer passiver Beibehaltung der Lage infolge ihres natürlichen Tonus nicht so stark einsinken wie an der Leiche, und die einsinkende Furche oder die Fältelung käme nicht so stark zustande. Die Entspannung der Haut zwischen den einander genäherten Teilen tritt aber sowohl am Lebenden wie an der Leiche auf. So ist das Einsinken der Haut oder wenigstens ihre Erschlaffung in der oberen Hälfte der Innenseite bei Beugung im Hüftgelenk darauf zurückzuführen, daß die Adductoren zum Teil auch kräftige Beuger sind und an der Leiche bei Beugung erschlaffen. Die starke Erschlaffung der Haut an der Innenseite bei Beugung in beiden Gelenken tritt deswegen besonders zutage, weil jetzt unter der Haut der Musculus gracilis besonders erschlafft. Das Einsinken der Haut proximal an der Außenseite bei Hüftgelenkbeugung führt sich besonders auf Erschlaffung des Musc. tensor fasciae latae zurück. Die bei den passiven Bewegungen an der Leiche auftretenden Falten bieten also ein in höherem Grade für den toten als für den lebenden Körper charakteristisches Bild. Diese Bemerkungen ergaben sich infolge der Versuche an der Leiche, beeinträchtigen aber die Verwertung der Beobachtungen für den besonderen Zweck dieser Abhandlung nicht.

Das Ergebnis der Leichenversuche ist also folgendes: Bei Beugung in Hüft- und Kniegelenk wird an der Vorderseite und Außenseite die durch die eine Beugung erzeugte Erschlaffung durch Beugung in dem anderen Gelenke wiederaufgehoben, an der Rückseite gilt dies immer nur für die proximale Partie, während am Knie die Erschlaffung durch die Kniegelenkbeugung so stark ist, daß sie durch Beugung im Hüftgelenk nicht nennenswert beeinflußt wird. Nur an der Innenseite summiert sich die Erschlaffung in beiden Stellungen, wenn sie auch bei Hüft-

1. Mittelkräftige männliche Leiche (mittlerer Ernährungszustand),

	Streckung i. Hüftgelenk und Kniegelenk	Beugung im Hüftgelenk Streckung im Kniegelenk	Beugung im Hüftgelenk und Kniegelenk
Vorderseite	proximal straff, distal über dem Knie ohne Mühe faltbar	proximal leichte Faltbarkeit, sichtbare Hautfurche, distal sichtbare Falte über dem Knie	proximale und distale Falte verstrichen
Außenseite	proximal straff, distal straff	proximal Hautfurche vom Trochanter majo rzum Sartorius herüber (Tens. fasciae latae schlaff), distal wenig Veränderung, nicht faltbar	proximale Falten verschwinden
Hinterseite	proximal leicht faltbar, Knie fast straff	proximal straff, distal straff	proximal etwas schlaffer werdend, am Knie starke Erschlaffung
Innenseite	proximal mittlere Faltbarkeit, distal mäßige Faltbarkeit	Faltbarkeit nimmt etwas zu	proximal stärker erschlafft. Am Knie Erschlaffung, sichtbare Fältelung als Fortsetzung der Faltung an der Beugeseite

2. Männliche Leiche (guter Ernährungszustand).

Vorderseite	Faltenbildung gelingt subinguinal gut, auch über dem Knie	Subinguinal schon bei Betrachtung sichtbar gefaltet	Die sichtbaren Falten verstreichen zum Teil, über dem Knie Faltung herabgemindert
Außenseite	oben wenig faltbar, auch neben dem Knie wenig	Faltbarkeit bedeutend erhöht, vor allem proximal in Trochanterhöhe, aber auch distal etwas	Faltbarkeit besonders am Knie, aber auch oben herabgesetzt
Hinterseite	Fältbarkeit oben mittel, unten schwach	Faltbarkeit fast aufgehoben, Haut oben und unten straff	Faltbarkeit am Knie stark erhöht
Innenseite	Faltbarkeit mittel	Fältelung erhöht, am meisten proximal	Faltbarkeit proximal etwas, distal stärker erhöht

beugung allein nur gering ist. Jedenfalls aber zeigt sich eine Bevorzugung der Innenseite für Erschlaffung und damit für Fettablagerung und Wulstbildung infolge der Beugungsstellung in beiden Gelenken. Die Innenseite des Oberschenkels ist daher, auch abgesehen von der Feinheit ihrer Fascie als diejenige Gegend am Oberschenkel zu bezeichnen, wo trotz verschiedener Beinhaltung, am ungestörtesten eine größere Fettablagerung erfolgen kann. Da Beugung in beiden Gelenken für die Haltung der Beine im Uterus charakteristisch ist, so ergibt sich diese Haltung als eine Begünstigung für die Bildung von Fettansammlung, wenn auch nicht ohne weiteres für die Bildung der queren Oberschenkelfurche des Säuglings. Diese Haltung begünstigt aber zugleich das Zustandekommen der Furche aus einem anderen, jedoch erst weiter unten angeführten Grunde.

Zunächst ist festzustellen, daß von M. Cohn die Haltung im Uterus in einer von mir ziemlich abweichenden Weise zur Erklärung herangezogen wird. M. Cohn spricht nämlich von einer intrauterinen und postembryonalen Adductionsstellung der Oberschenkel und legt besonders auf die Adduction für das Zustandekommen der Furche großen Wert. Er sagt: „Die Betrachtung der Oberschenkel Neugeborener läßt als wirksame Ursache für die Entstehung der typischen Oberschenkelfalten (Furchen W.) die eigenartige Haltung der unteren Extremitäten in utero erkennen. Diese Haltung besteht bekanntlich in einer starken spitzwinkeligen Flexion in Hüft- und Kniegelenk bei gleichzeitiger Adduction der Hüftgelenke; sie wird noch während der ersten Lebensmonate mehr oder weniger beibehalten“ usw. Zur Begründung der Bedeutung der Adduction wird dann noch darauf aufmerksam gemacht, daß die Furche in Fällen, wo sie nicht stark entwickelt ist, durch Extension und Adduction sich hervorbringen läßt. Für die Bedeutung der Flexion im Knie- und Hüftgelenk als eine der Vorbedingungen trete ich ebenfalls ein und habe meine Begründung durch die Faltungsversuche am Lebenden und an der Leiche im obigen ausführlich dargelegt. Dagegen vermisse ich eine solche Begründung bei M. Cohn. Bei ihm tritt die Adduction in den Vordergrund. Daß bei starker Abduction die Furche verschwindet oder besser abgeflacht wird, ist richtig. Aber die Adductionshaltung erscheint mir von geringerer Wichtigkeit. Eine besonders starke Adductionsstellung scheint mit der Haltung im Uterus nämlich gar nicht verbunden zu sein. Eine unmittelbare Beobachtung steht mir freilich nicht zu Gebote; ich bin auf Abbildungen in Büchern angewiesen. Da zeigen z. B. in Bumms Lehrbuch der Geburtshilfe die Figuren auf S. 119 und 159 keineswegs eine auffallende Adduction der Oberschenkel. Auch läßt sich eine starke Adduction mit der meistens gekreuzten Stellung der Unterschenkel nicht vereinigen. Man kann höchstens sagen, daß keine Abductionsstellung im Uterus vorhanden ist. Oder auch so: Die Haltung der Oberschenkel im Uterus ist im Hinblick auf Ad- und Abduction höchstens als Normalstellung zu bezeichnen. Den Ausdruck „Normalstellung“ gebrauche ich im Sinne von Fick im Handbuch der Anat. und Mechanik der Gelenke Teil III, S. 462.

Noch weniger aber ist die Adductionstellung die normale Haltung beim Säugling. Der frei daliegende Säugling hält die Beine im Hüftgelenk und im Knie stärker oder schwächer stumpfwinklig gebeugt, dagegen die Oberschenkel in einem mittleren Grade abduziert. Hier bleiben trotzdem die queren Furchen bestehen, so daß ich also, was die Wirkung der Haltung angeht, die Hauptsache in der Beugestellung beider Gelenke sehe[1]). Hiergegen kann die Tatsache, daß man durch stärkere Abduction die Furche zu teilweisen Verschwinden bringen kann, nichts beweisen. Auch beobachtet man selbst bei starker Abduction nicht das völlige Verstreichen der Furche. — Auch verträgt sich eine starke Adduction im Hüftgelenk nicht mit gleichzeitiger stärkster Beugung in demselben Gelenk. Wenigstens ist bei Erwachsenen in der Adductionsstellung des Oberschenkels keine so starke Hüftgelenkbeugung möglich, als bei mäßigerer Abduction. Führt man an der Leiche einen im Hüftgelenk in mäßiger Abduction möglichst spitzwinklig gebeugten Oberschenkel unter Beibehaltung der Beugung in Adduction über, so gelingt dies nur unter Überwindung eines merklichen Widerstandes und unter gleichzeitiger Vergrößerung des spitzen Beugungswinkels.

Das geht auch aus den Ergebnissen der Gelenkmechanik hervor. Fick bemerkt im Handbuch der Gelenkmechanik Teil III, S. 471 zu der Erläuterung einer Bahnkugelabbildung eines rechten Hüftgelenkes nach Strasser: Die ausgiebigste Hebungs-Senkungsbewegung war also nicht von der Normalstellung, sondern von einer etwas ‚abduzierten‘ Stellung aus möglich.“ Ebenso auf Seite 473: „Eine etwas größere Vor- und Rückhebung durch Drehung um die ‚quere‘ (medianolaterale) Hüftachse aus der Grundstellung kann man mit dem Bein ausführen, wenn es etwas abduziert ist ...“ Es schließt also die größte mögliche, spitzwinkelige Beugung im Hüftgelenk nicht nur die gleichzeitige möglichst große Adduction, sondern auch den der Normalstellung entsprechenden Adductionsgrad aus.

Die Adduction ist also mehr negativ von Bedeutung, insofern als

---

[1]) Wer im Augenblick nicht in der Lage ist, sich von der geringen Wirkung der Abduction auf das Verstreichen der Querfalte gleich am Lebenden zu überzeugen, der findet in den Abbildungen zu Tobler, Über kongenitale Muskelatonie, Jahrbuch f. Kinderheilk. **66.** 1907, zufällig ein gutes Beispiel. Fig. 3 zeigt ein krankes Kind auf dem Gesäß und beiden voneinander abduzierten, dem Boden anliegenden Oberschenkeln sitzend. Trotzdem ist die quere Falte an beiden Beinen deutlich zu sehen.

eine ausgesprochene Abduction, wenn sie im Uterus möglich wäre, der Ausprägung der Furche hinderlich sein würde, und die Bedeutung der Beugung in beiden Gelenken liegt in der Herbeiführung einer Erschlaffung der Haut an der medialen Seite.

Das Bein des Neugeborenen besitzt aber noch eine besondere Eigentümlichkeit, in Folge deren die Beugung im Knie als ein Moment erscheint, welches beim Neugeborenen die Haut an der hinteren und medialen Seite zu einer stärkeren Erschlaffung bringt, als es beim Erwachsenen oder beim älteren Kinde der Fall ist. Das ist die beim Foetus und beim Kinde in der ersten Lebenszeit bestehende Retroversion des Tibiakopfes. Die Erscheinung äußert sich im Bestehen eines weniger stumpfen Winkels zwischen den proximalen Teilen der Tibia und deren Hauptabschnitt.

Auf die Kniegelenkfläche der Tibia bezogen, besteht die Retroversion darin, daß diese Fläche beim Neugeborenen in einem stärkeren Winkel gegen die Längsrichtung des Tibiaschaftes nach abwärts und hinten geneigt ist als beim Erwachsenen. Die Retroversion verliert sich beim Europäer jenseits der Mitte des ersten Lebensjahres. Beim Erwachsenen bleibt nur noch ein geringer Neigungsgrad zurück. Infolge der Retroversion wird es möglich, daß bei einer gegebenen Beugungsstellung zwischen den im Kniegelenk sich berührenden Gelenkflächen des Femur und der Tibia, die Tibia und die Wade der ganzen Länge nach dem Oberschenkel mehr genähert ist, als es ohne die Retroversion sein könnte. Die Retroversion erlaubt also eine engere Anlagerung der Wade an die Beugeseite des Oberschenkels. Dadurch wird natürlich auch die Erschlaffung der Haut vermehrt. Diese größere Erschlaffung betrifft aber die ganze Beugeseite des Oberschenkels und die Innenseite.

Endlich kommt aber noch eine, für jedes Lebensalter geltende Besonderheit in der Topographie der Kniekehle hinzu, die es mit sich bringt, daß hier an der Grenze der Hinterfläche gegen die Innenfläche die Haut für einen ausgiebigeren Wechsel in der Dehnung eingerichtet ist, als an der Grenze der Hinterfläche gegen die Außenfläche. Die angedeutete topographische Verschiedenheit der medialen und der lateralen Wand der Kniekehle finde ich in den Werken, in denen ich nachgeschlagen habe, nicht erwähnt. Ich fand sie weder im Joessel-Waldeyer, noch im Merkel, um nur unsere größten und ausführlichsten Handbücher anzuführen. Ebenso finde ich sie nicht in dem die äußere Form speziell behandelnden Buche von Toby Cohn über „Methodische Palpation“ und auch nicht in dem speziell der unteren Extremität gewidmeten Band des v. Bardelebenschen Handbuches von Fränkel und Frohse. Ich bin deshalb wohl berechtigt, näher darauf einzugehen. Der Ausgang der Kniekehle in der Beugelage ist nämlich nicht einfach nach hinten, sondern nach hinten und außen gerichtet. Die laterale, durch den Musculus biceps gebildete Wand ist weniger hoch als die mediale, die durch den Musculus semimembranosus und M. semitendinosus gebildet wird. In Streckstellung, wo bekanntlich an Stelle der Kehle ein Wulst vorhanden ist, macht sich der obige Umstand nicht bemerkbar. Läßt man dagegen jemanden das Knie in einem rechten Winkel beugen und veranlaßt, während man die weitere Beugung hemmt, eine kräftige Anziehung der Beugemuskulatur, so ist von außen her die Kniekehlenseite der medialen Wand in großer Ausdehnung sichtbar. Umgekehrt ist von der medialen Seite aus die laterale Wand nicht zu sehen.

Auch an mageren Leichen kann man bei passiver Beugung im Kniegelenk feststellen, daß die mediale Kniekehlenwand tiefer steht als die laterale und von außen sichtbar ist. An der Leiche tritt auch noch ein Unterschied im Verhalten der Haut hervor. Sie liegt glatt um die Sehne des M. biceps, dagegen faltig und etwas herabhängend um die Sehne des medialen M. semitendinosus.

Auch an dem nur stumpfwinklig gebeugten Bein eines in Formalin eingelegten sechsmonatligen Embryo finde ich die mediale Wand der Kniekehle von der Außenseite her sichtbar, die laterale Wand dagegen von der Innenseite her verdeckt.

Der Unterschied beruht auf dem verschieden hohen Ansatz der lateralen und medialen Beugemuskeln. Der Biceps femoris (lateral) setzt sich am Wadenbeinköpfchen an, der Semimembranosus, noch mehr der Semitendinosus reicht mit seinem Fascienansatz weit an dem Schienbein abwärts, dem untersten Ausläufer der Rauhigkeit des Schienbeins entsprechend, und noch darüber hinaus. Bei gestrecktem Bein ist natürlich von dem Unterschiede nicht so viel bemerken. Medial und lateral liegen die Muskeln dem Schenkel möglichst nahe an. Da aber in Beugestellung die medialen Muskeln sich weiter vom Femur abheben, so verlangt dies auch eine entsprechende ausgiebigere Verschieblichkeit der Haut. Die Muskelanordnung trägt also dazu bei, die Haut an der medialen Seite an der Grenze gegen die Hinterfläche für Faltungen geeigneter zu machen.

Die Faltbarkeit ist also auf Grund der Faltungsversuche und infolge der angeführten beiden anatomischen Eigentümlichkeiten, der Retroversion des Tibiakopfes und der Lage der Sehnen der medialen Beuger teils an der Innenseite, teils an der Beuge- und Innenseite besonders ausgeprägt.

Die Erschlaffung tritt in den Faltungsversuchen bei Beugung im Kniegelenk und Hüftgelenk besonders hervor. Die spitzwinkelige Beugung im Hüftgelenk wird aber noch in anderer Hinsicht von Bedeutung. Die Regio hypogastrica ist nämlich durch erhebliche Fettanhäufung ausgezeichnet. Beim weiblichen Neugeborenen zeichnen sich auch die äußeren Geschlechtsteile selbst durch bedeutende Größe aus. So stößt also die Fetteinlagerung an der medialen Seite des Oberschenkels bei den starken Beugungen gegen die Fettmasse der Unterbauchgegend und wird von ihr nach abwärts gedrängt. Hierdurch kommt der obere Fettwulst zustande. An erkalteten kindlichen Leichen sieht man beim Strecken der Oberschenkel unmittelbar den Eindruck, den die Unterbauchgegend auf den Oberschenkel hervorgebracht hat. Auf Längsschnitten durch den Oberschenkel, die von medial nach lateral gelegt sind, sieht man auch sehr hübsch die Zuspitzung und Verschmälerung des oberen Fettwulstes nach dem Sulcus genitofemoralis zu.

Auch hier zeigt zufällig die eben angeführte Toblersche Arbeit eine Abbildung (Fig. 5), die uns zeigt, daß selbst bei senkrecht nebeneinander stehenden Beinen und aufgerichtetem Oberkörper noch die Unterbauchgegend und Genitalgegend sich gegen den oberen Fettwulst des Oberschenkels anlegt und ihn nach abwärts drängt. Es ist verständlich, daß diese Wirkung noch stärker hervortritt bei Beugung im Hüftgelenk.

Hier können wir nicht an der Äußerung Langers über die quere Furche des kindlichen Oberschenkels vorübergehen, die, in allgemeinerer Form gehalten, sich doch nahe mit dem zuletzt Gesagten berührt. Er schreibt: „An sehr fetten Kindern findet sich der Schenkel durch eine ziemlich tiefe, schräg gelegene Furche geteilt, als ob da die Haut zusammengeschoben wäre.“

Es findet natürlich nicht nur ein Herabschieben des Fettes und der Haut durch den Bauch infolge der spitzwinkligen Beugung im Hüftgelenk, sondern auch ein Heraufschieben infolge der Beugung im Kniegelenk statt. Hierdurch kommt die Nebenfurche zustande, die als eine obere Beugefurche der Kniegegend anzusehen ist.

Es ist nun noch zu fragen, warum die Haut sich nun gerade einmal (wenigstens in den meisten Fällen) und gerade an einer bestimmten Stelle einfurcht. Das Herabschieben des Fettwulstes bei Beugung im Hüftgelenk läßt eigentlich nur die Entstehung eines einzigen Wulstes an der Innenseite des Oberschenkels verständlich erscheinen. Hierauf ist zunächst zu antworten, daß bestimmte Lagebeziehungen der Furche zu den tiefer gelegenen Gebilden vorhanden sind. Man sieht nämlich bei Abpräparation der Haut mitsamt dem Fett bis auf die Muskelfascie, daß die Hautfurche einen deutlichen Eindruck an der unteren Hälfte des Adductor magnus hervorbringt. Die Lage der Hautfurche entspricht ungefähr dem Übergange des Adductor magnus in seine untere Sehne, die sich am Epicondylus medialis des Femur befestigt. Die Bildung der Furche steht also in den meisten Fällen in einer gewissen Beziehung zu der Form der Muskulatur, da sich etwa in dieser Gegend die günstigste Möglichkeit zur tiefen Einschnürung der Haut bietet[1]). Dies ist die einzige Stelle, an welcher die Kontraktionen der Muskeln nicht das Einschneiden einer Furche beeinträchtigen. Oberhalb dieser Stelle wird diese Wirkung von den Adductoren ausgeübt. Deshalb reicht der obere Fettwulst bis in diese Gegend. Der infolgedessen hier beginnende untere Fettwulst wird in seiner Ausdehnung nach abwärts durch die Beugestellung im Kniegelenk bedingt, welche ihrerseits die Nebenfurche erzeugt. Auch diese entspricht übrigens ungefähr einer bestimmten Stelle des Musculus gracilis, nämlich ungefähr dem Übergange des Muskelbauches in seine Sehne. Beide hier hervorgehobenen Lagebeziehungen sind bei den früheren Autoren nicht erwähnt; sie haben also an Stelle der von Bade der Hauptfalte irrtümlich angewiesenen Lage zwischen Adductoren und dem Quadriceps cruris zu treten (siehe oben).

Daß diese Lagebeziehungen das Auftreten einer Furche und ihr Auftreten gerade an dieser Stelle begünstigen, besser vielleicht gesagt, an dieser Stelle am wenigsten hindern, schließt aber keine absolute Gesetzmäßigkeit in sich. Es können, wie angegeben, auch gelegentlich mehrere Furchen auftreten und außerdem wechselt ihre Höhe in merklichem Grade. Die Lage der Furche an der Innenseite wird aber hierdurch bis zu einem gewissen Grade verständlich. Aus ihrer hier mehr queren Richtung geht sie nach vorn zu in eine mehr oder weniger schräg ansteigende über. Dieses Ansteigen erklärt sich, wenn ich auf die Faltbarkeit der Haut zurückgreife. Sie ist gerade bei gleichzeitiger Beugung im Knie und Hüftgelenk im oberen Teil des Oberschenkels besser ausgeprägt als im unteren, wo die Haut bei dieser Stellung ziemlich straff ist. Die Furche zieht sich also an der Vorderseite nach der verschieblicheren Gegend hin.

Übrigens läßt sich auch außen an der Haut einiges erkennen, was in ungefähre Beziehung zur Lage der queren Furche gebracht werden kann. Das ist die Richtung der Haarströme, wie man sie z. B. im Anat. Atlas von Toldt Fig. 1498, Bd. VI, dargestellt sieht. Die Richtung der Wollhaare ist hier im Bereiche des oberen Fettwulstes untereinander übereinstimmend und annähernd quer. An der Stelle, wo sich die quere Furche befinden müßte, gehen die Haare von hinten und von vornher in die Längsrichtung über.

Weniger genau als diese Übereinstimmung mit dem Wechsel in der Richtung der Haarströme erscheint die Beziehung zu der Richtung der Bindegewebszüge der Haut und den Spaltrichtungen in der Cutis.

---

[1]) Der innere Umriß des Oberschenkels des Erwachsenen läßt ja auch eine Einsenkung erkennen, welche auch durch das Aufhören der Hauptmuskelmasse der Adductoren bedingt ist.

Ich ziehe die Fig. 1496 im Toldtschen Atlas zur Vergleichung heran. Auch hier macht sich an der Innenseite eine Änderung der Spaltrichtung bemerkbar, die sowohl aus der Vorderansicht, wie aus der Hinteransicht zu ersehen ist. Allem Anschein nach liegt die Zone, in welcher die Änderung auftritt, weiter distal als die Stelle der Oberschenkelfurche des Neugeborenen.

Wenn ich also die Beziehung zu der Richtung der Bindegewebszüge der Haut noch unbestimmt lasse, so ist jedenfalls beachtenswert die gleichzeitig vorhandene Beziehung zu der Muskulatur, insofern oberhalb der Furche die mächtigste Ansammlung von Muskelbäuchen liegt, dann die Beziehung zur Fascie, welche in demselben Gebiete am zartesten ist und endlich zu den Haarströmen, welche innerhalb des Gebietes oberhalb der Furche untereinander übereinstimmen.

Abgesehen von diesen verschiedenen Lagebeziehungen der Furche ist eine zwingende Notwendigkeit der Entstehung der queren Furche gerade an einer einigermaßen bestimmten Stelle in den ganzen obigen Ausführungen nicht gegeben. Auch können diese Lagebeziehungen nicht als unbedingte Ursache angesehen werden.

Denken wir uns da angesammelte Fett von obenher herabgedrückt durch die Unterbauchgegend und die äußern Genitalien und zugleich infolge der Kniebeugung heraufgedrückt durch die Weichteile des Unterschenkels, so können wir wohl verstehen, daß eine Art Beugefurche durch das Zusammendrücken der Weichteile am unteren Ende des Oberschenkels entsteht. Zwischen dieser, der obigen Nebenfurche und dem oberen Ende des Oberschenkels, also der Genitofemoralfurche können wir uns eigentlich nur das Zustandekommen eines einzigen Fettwulstes vorstellen. Daher spricht auch Gaupp (Wiedersheim) im Grundriß der Anat. für Künstler davon, daß man bei jüngeren Kindern eine tiefe Querfurche „in den dicken Wulst am inneren Oberschenkelumfang" einschneiden sieht (vgl. S. 209). Wie nun da dieses Einschneiden, also die auffallende quere Furche, hinzukommen muß, ist trotz aller obigen Ausführungen doch nicht ganz einzusehen.

Ich habe daher in Analogie zu den Beugefurchen an den meisten Gelenken, welche auf dem Vorhandensein von Retinacula cutis beruhen, nach solchen gesucht. Ich konnte aber präparatorisch keine darstellen. Jedoch schien es mir bei dem Abpräparieren der Haut, als ob sie sich beim stumpfen Zurückdrängen mit der Pinzette in der Gegend der Furche schwerer abtrennen ließ, als oberhalb davon.

Daß nun in der Gegend der Furche in der Tat eine festere Anheftung der Haut besteht, läßt sich durch direkten Versuch am Lebenden sicher feststellen. Hebt man hier, ganz oben nahe der Genitofemoralfurche beginnend, die Haut in Falten auf und setzt dies nach dem Knie zu fort, so ist es anfangs leicht, Falten aufzuheben, bald aber kommt eine

Zone, wo dies bedeutend schwerer wird und die Faltenerzeugung sich auch mit einem deutlichen Schmerzgefühl für den Untersuchten verbindet. Die Grenzzone ist nicht ganz scharf. Auch unterliegt sie wohl einem individuellen Wechsel. Die Falten lassen sich übrigens in etwas schräg nach außen oben ansteigender Richtung leichter aufheben als genau quer. Dies Gebiet stimmt zweifellos, wenn wir auf die oben angeführten Auseinandersetzungen von Merkel zurückgreifen, mit dem lockersten Gebiet der Fascie an der Innenseite überein, ebenso mit der Stelle, wo an Längssepten die Fascie nur die für den oberen Teil des Gracilis besitzt, während an der Grenzgegend unterhalb dieses Gebietes sich die Längssepten für den Gracilis und Sartorius vorfinden.

Die genauere Lage der Grenze bei der Feststellung der leichten Faltbarkeit befand sich bei einem 19jährigen Manne am rechten Bein, etwa 10 cm nach abwärts von der Genitofemoralfurche, während die Entfernung dieser Furche vom Epicondylus medialis 34 cm betrug. Für das linke Bein waren die entsprechenden Zahlen 12 und 32. Bei einem 11jährigen Knaben fanden sich die entsprechenden Entfernungen bei 13 und 28 cm. Bei einem Mann von 45 Jahren lag die Grenze bei 16 cm, während die Länge der Innenseite, wie oben gemessen, 35 cm betrug.

Was hieran noch unsicher bleibt und durch weitere Untersuchungen an einer großen Zahl von Personen festzustellen ist, ist die genaue Lage der Grenze. Anscheinend sind individuelle Schwankungen vorhanden. Das stimmt auch mit der gelegentlichen Variation der Hauptfurche in Höhe und Zahl. Auch Veränderungen in verschiedenen Lebensaltern sind nicht unwahrscheinlich. Bei weiblichen Personen schien es mir, als sei sogar der obere Fettwulst des Kindes noch wieder zu erkennen, wenn er auch nicht nach unten durch eine Furche begrenzt wird, sondern höchstens durch eine Einsenkung. Alle diese Einzelheiten müssen zunächst noch unentschieden bleiben.

Was aber sicher feststeht ist: daß die Bildung der queren Furche etwa die Gegend bezeichnet, an welcher eine festere Anheftung der Haut begonnen hat. Ebenso steht fest, daß sich hierauf in letzter Linie ihre Lokalisation zurückführt. Auch dieser Umstand ist bisher übersehen worden. In der kurzen Wiedergabe meines Vortrages über die Oberschenkelfalten in dem ärztlichen Verein in Marburg ist er auch noch nicht erwähnt, da auch für mich damals das Verhalten der Hautanheftung in verschiedener Höhe noch nicht genügend klargestellt war.

Auch auf die Nebenfurche können wir hier noch kurz eingehen. Es wurde oben als leicht verständlich angesehen, daß bei der Kniebeugung die Haut nach aufwärts geschoben wird und mit dem darunter gelegenen Fett zusammen einen Wulst bildet. Die konstante Lage, in welcher der Wulst mit der Nebenfurche endigt, wird mit dem Aufhören der lockeren Fascien (s. oben S. 217) und dem Beginn der stärkeren Fascien und Muskelscheiden am Sartorius und gracilis in Zusammenhang zu bringen sein. Diese infolge der stärkeren Fascien weniger verschieblichen Hautteile begrenzen den Wulst. Innerhalb des Gebietes des Wulstes läßt sich an mageren Leichen (s. oben S. 224) auch die Faltigkeit der Haut auf der Sehne des Semitendinosus feststellen.

Von der Hauptfurche und der Nebenfurche kann man auch zusammenfassend sagen, daß die eine etwa die obere Grenze, die andere etwa die untere Grenze desjenigen Gebietes der Innenseite bezeichnet, in welchem eine stärkere Fascienbildung und eine geringere Faltbarkeit der Haut besteht. Dabei muß ich nochmals daran erinnern, daß die Lage aller in Betracht kommender Furchen nicht ganz konstant ist, und daß das Zusammenfallen zweier Furchen mit der oberen und der untern Grenze der geringeren Faltbarkeit nur in einzelnen Fällen annähernd genau genannt werden kann.

Zur Schlußübersicht gliedern wir uns die zahlreichen Bedingungen für das Zustandekommen der Falten, in solche, die in jedem Lebensalter vorhanden sind, und in die Gruppe derer, die nur der Neugeborene oder das Kind in der ersten Lebenszeit bieten.

Die erste Gruppe enthält folgende Bedingungen:

1. Die Zartheit und lockere Anheftung der Fascia im oberen Drittel der Innenseite des Oberschenkels.

2. Die leichte Aufhebbarkeit von Hautfalten in diesem Gebiet und die dann beginnende Erschwerung der Faltenbildung.

3. Das besondere Verhalten der Haut in ihrer Anspannung oder Erschlaffung bei gleichzeitiger Beugung im Hüft- und Kniegelenk.

4. Die größere Höhe der medialen Wand der Kniekehle, die stärkere Bewegungsbreite der Sehnen hierselbst und infolgedessen die größere Weite der Haut an dieser Stelle (kommt hauptsächlich für den distal von der unteren Falte sich bildenden Wulst in Frage).

5. Der übereinstimmende Verlauf der Haarströme im Gebiet oberhalb der Oberschenkelfurche.

6. Die stärkste Entwicklung der Muskelbäuche der Adductoren im Gebiet oberhalb der Oberschenkelfurche und ihr nicht seltenes ungefähres Zusammenfallen mit dem Übergang des Adductor magnus in seine untere Sehne.

Die nur für das frühe Kindesalter geltenden Bedingungen sind folgende:

1. Die Proportionen des kindlichen Oberschenkels, seine relative Kürze und Dicke und ebenso die absolut nur geringe Länge der in Betracht kommenden Hautstrecke.

2. Der große Fettreichtum.

3. Die starke Entwicklung der Unterbauchgegend, welche bei der Beugung im Hüftgelenk Haut und Fett der oberen Hälfte des Oberschenkels nach abwärts schiebt.

4. Die Retroversion der Tibia.

5. Die gleichzeitige Beugung im Hüftgelenk und Kniegelenk während des Aufenthaltes im Uterus. Sie hört zwar bei der Geburt auf, ist aber bei der Ausbildung der Furche schon im Uterus besonders im Zusammenhange mit 3 von Bedeutung. Eine eigentliche Adductionsstellung gibt es dabei nicht.

6. Die Prallheit der Haut oder, was dasselbe bedeutet, ihr starker Turgor, den sie infolge des jugendlichen Zustandes ihrer Gewebselemente besitzt und der noch durch das reichliche Fettgewebe verstärkt wird.

Auf diesen letzten und auf den ersten Punkt muß ich zum Schluß noch genauer eingehen.

Bei Erwachsenen soll es auch bei starker Fettablagerung nach M. Cohn niemals zur Entstehung solcher queren Furchen, ähnlich denen des Neugeborenen kommen. Mir selbst fehlt es hierin an Erfahrung. Ich will aber die Richtigkeit der Tatsache nicht in Zweifel ziehen. Die Ursache für das verschiedene Verhalten ist in der zweifellos geringeren Prallheit und dem geringeren Turgor der Gewebe des Erwachsenen zu suchen.

Überlegen wir uns, was geschehen wird, wenn wir eine Hautplatte von großer Prallheit und eine von schlafferem Zustande, bei beiden gleiche Längen vorausgesetzt, durch Zusammenschieben, also durch Annäherung beider Enden aneinander, zwingen, sich in Falten zu legen. Das steifere Stück wird nur erst eine Falte aufweisen; bei einem Grad der Zusammenschiebung, bei dem das schlaffere Stück einige Falten gebildet hat. Und wenn bei weiterem Zusammenschieben auf dem pralleren Stück einige Falten entstanden sind, so wird das schlaffere schon deren zahlreiche aufweisen. Dem Verhalten des ersten Stückes entspricht die Haut des Neugeborenen.

Kranke Neugeborene oder Säuglinge liefern uns den unmittelbaren Beweis der Richtigkeit unserer Überlegung. Wird nämlich die Haut durch Abnahme ihres Fettes und durch Verschwinden ihres gesunden Ernährungszustandes ihres normalen Turgors beraubt, so legt sie sich an derselben Seite des Oberschenkels, an der sich vorher nur die eine Furche gebildet hatte, in zahlreiche Falten und Furchen.

Der stärkeren Prallheit des Systemes Haut und Unterhautfettgewebe und seinem bedeutenderen Turgor ist noch, in gleicher Richtung wirkend, die abweichende Beschaffenheit des Fettes des Neugeborenen anzureihen. Nach den Untersuchungen von Langer, Knoepfelmacher, Müntz, Lebedeff, Kurbatoff, Raudnitz, Siegert, Jaeckl und Dobatowkin[1]) hat das Fett des Neugeborenen einen höheren Schmelz-

[1]) Alles zitiert nach Gundobin: Die Besonderheiten des Kindesalters. Übersetzung. Berlin 1912.

punkt als das des Erwachsenen. Es ist also weniger flüssig als das des Erwachsenen, wird somit auch im Gewebe diese Eigenschaft bewahren und für eine Bildung von kleinen zahlreichen Falten hinderlich, dagegen der Formung gröberer, ausgedehnter Wülste förderlich sein. Jedenfalls unterstützt es die Prallheit der kindlichen Formen.

Auch die Bedeutung der geringeren absoluten Länge des Oberschenkels und damit auch seiner Innenseite können wir uns durch die Vorstellung eines ähnlichen Versuches klarmachen. Auf die Bedeutung der absolut geringeren Länge möchte ich deswegen hier noch besonders hinweisen, weil oben der Nachdruck nur auf die Proportionen gelegt worden ist. Beide Umstände wirken allerdings in einer ähnlichen Weise. Nehme ich zwei Hautstücke von gleicher Prallheit und sehr ungleicher Länge, das zweite etwa doppelt so lang als das erste, so wird bei einem gewissen Grade der Zusammenschiebung das erste sich in eine oder wenige Falten legen, während das zweite eine größere Anzahl bilden wird. Von den beiden gedachten Stücken entspricht das erste dem kindlichen Zustande.

Endlich ist das Verhalten der Haut des reifen Foetus oder Neugeborenen an der Innenseite und Beugeseite des Oberschenkels noch der Aufmerksamkeit wert, wenn wir es mit dem Verhalten der Muskeln des Oberschenkels und dem des Bertinischen Bandes vergleichen.

Alle drei Gebilde, die Haut, die Beugemuskeln des Oberschenkels, besonders der Iliopsoas, und das Bertinische Band werden durch die gebeugte Haltung des Oberschenkels im Hüftgelenk in derselben Weise beeinflußt. Sie würden, wenn ihre Länge der beim Erwachsenen entspräche, für die des Neugeborenen zu lang sein. Für den Iliopsoas und das Bertinische Band kommt nur die Hüftgelenksbeugung in Betracht, für die Haut dagegen noch die Beugung im Kniegelenk und die Retroversion des Tibiakopfes. Die Haut an der Innenseite und der Beugeseite wird also durch drei Umstände entspannt. Von diesen drei Umständen ist vielleicht gerade das am schwierigsten zu verstehen, warum die Beugung im Hüftgelenk auf die Haut der medialen Seite, die die Adductoren überdeckt, erschlaffend einwirkt. Die Faltungsversuche an der Leiche haben die Tatsache erwiesen (vgl. S. 221). Sie läßt sich aber auch durch Überlegung dem Verständnis näherbringen. Die Adductoren sind nämlich nicht allein Anzieher des Oberschenkels, sondern zugleich auch Beuger. Sie erschlaffen daher an der Leiche bei Beugung im Hüftgelenk und somit muß auch die Haut über ihnen bei dauernder Annahme dieser Bewegung am Lebenden sowohl wie an der Leiche erschlaffen.

Da sich nun die Haut bei der Haltung im Uterus an der Innenseite (und auch noch Beugeseite) in starke Falten legt, so ist sie also, kurz gesagt, für dies Haltung zu weit. Dagegen genügt ihre Weite der gestreckten Haltung in beiden Gelenken. Die Streckung als dauernde Haltung tritt aber erst viel später ein. Die Haut wird also von vornherein so gebildet, wie es ihre spätere Beanspruchung erfordert, nicht aber in Anpassung an die augenblicklich vorhandene Lage der Glieder.

Da das Lig. iliofemorale so kurz ist, daß es eine volle Streckung nicht zuläßt und gleichzeitig die Beugemuskulatur ebenfalls in einem für Streckung zu kurzen Zustande sich befindet, dagegen der Beugestellung in ihrer Länge angepaßt ist, so fordert dies zu einer Überlegung der Gründe des so verschiedenen Verhaltens von Haut einerseits, Bändern und Muskeln andrerseits auf; es scheint, daß die Haut durch ihre Weite schon einem noch gar nicht vorhandenen Zustande entsprechend gebildet ist, daß also eine Art von Zielstrebigkeit vorliegt. Wir gelangen auf ein Gebiet, auf dem verschiedene Forscher Theorien aufgestellt haben. Ich muß aber darauf verzichten, den Gegenstand in dieser Richtung weiter zu behandeln, da dies nicht mehr zu der eigentlichen Aufgabe, der Darlegung der Bedingungen für die quere Oberschenkelfalte des Neugeborenen gehört und beschränke mich auf den Hinweis, wie die Tatsachen sich verhalten.

Über das Variieren der Lage der Furchen werde ich mein bisher sehr geringes Beobachtungsmaterial an lebenden Säuglingen noch vergrößern und dann auch auf das anscheinend häufige Vorkommen von ähnlichen queren Furchen am Oberarm zu sprechen kommen. Auch die Nebenfurche bedarf noch einer genaueren Lagebestimmung auf Grund recht zahlreicher Beobachtungen.

Zur Umwandlung des menschlichen Rumpfes.

Der breite Rückenmuskel der Primaten.

Von

Prof. **Georg Ruge,** Zürich.

1. Ursprungsgebiete.

Der Musculus latissimus dorsi gehört nach der segmentalen Nervenversorgung in das Gebiet des 6.—8. Hals-Neuromeren. Sein Ursprung liegt durchwegs weiter caudalwärts als die ursprüngliche Lage seiner Bausteine.

Die Verschiebung über den Rumpf in caudaler Richtung hat so hohe Grade angenommen, daß der Ursprung schließlich vom Schulterblatte bis zum Becken herab sich ausgedehnt und auf diesem weiten Gebiete sich fest angesiedelt hat. Er wird regelmäßig an den Dornfortsätzen derjenigen thorakalen Wirbel angetroffen, welche kaudalwärts von der Schulterblattgegend liegen. Die Ursprungszacken greifen am Rücken auf die Lende über, erobern sich die Spitzenabschnitte unterer Rippen und die lateralen Flächen aufwärts sich anschließender Rippenspangen und erwerben endlich Beziehungen zum Darmbeinkamme.

Da alle diese Ursprungsgebiete, nach der Metamerie des Körpers bemessen, dem Muskel ursprünglich fremd und von ihm erst erworben worden sind, so ist das morphologische Verhalten auf den Grad der Ursprünglichkeit in jedem Einzelfalle ohne weiteres leicht zu beurteilen; denn ein weiteres Ausgreifen der Ursprungszacken in caudaler Richtung ist jeweilig als fortschreitender Zustand aufzufassen. Ebenso verhält es sich mit der Verschiebung über die Rippen in kranialer Richtung. Je mehr untere Rippen Ausgangspunkte für den Muskel darbieten, um so differenter ist der vorliegende Fall.

Bezüglich der stammesgeschichtlichen Beziehungen liegen die Verhältnisse anders. Hier können morphologisch hochentwickelte Zustände für eine Gattung die Vorläufer von solchen sein, welche durch einen Rückbildungsvorgang wieder auf einen morphologisch indifferenten Grad zurückweichen. Die Beurteilung, ob für eine Gattung oder Art der festgestellte, regelrechte Befund eine stammesgeschichtlich progressive oder regressive Erscheinung sei, kann großen Schwierigkeiten unterliegen und mit einiger Sicherheit nur durch Vergleichung mit dem Bauplane niederer, verwandter Formen getroffen werden. So ist z. B. die Tatsache der Ausdehnung des Ursprunges bis auf die 8. Rippe beim Menschen nicht aus sich heraus als eine für den letzteren fortschreitende Erscheinung ohne weiteres erklärbar, da sie auch einen Rückschlag auf einen phylogenetisch höheren Ausbildungsgrad bedeuten kann, welcher als Regel wieder aufgegeben worden ist.

Der Latissimus dorsi gilt mit Recht als geeignet, um stammesgeschichtliche Wandlungen in der Primatenreihe an einem Beispiele darzulegen. Um die Ergebnisse aber auf die Stellung der Menschenrassen zueinander in Anwendung zu bringen, bedarf es für alle Folgerungen aus ihnen noch derjenigen Vorsicht im Urteile, welche die Möglichkeit eigener Umbildungsvorgänge innerhalb des Menschengeschlechtes vorschreibt. Es wird eben auch hier erforderlich, die ursprüngliche, phylogenetische Anlage für eine jede Art erst genau festzustellen, bevor eine Rangordnung für alle Arten festgelegt werden kann.

In Anbetracht dieser Umstände müssen auch die folgenden Darstellungen einer erneuerten Kontrolle in Zukunft unterworfen werden, um allmählich zu einigermaßen gesicherten Anschauungen zu gelangen.

Mancherlei Erscheinungen, welche die Wandlungen im Ursprungsgebiete des Latissimus dorsi in der Primatengruppe begleiten, befinden sich in unmittelbarer Abhängigkeit von den Veränderungen am Rumpfe. Mit dem Verluste präsakraler Segmente und der Ausschaltung von aboralen Rippenpaaren stellt sich eine hochgradige, segmentale Verkümmerung bei höheren Primaten ein, welche die Ursprungsfelder am Brustkorbe und an der Lende beeinflußt und den Muskel in nachbarliche Beziehung zum Darmbeine, ihn außerdem mit weiter oralwärts gelegenen Rippen in Berührung bringt. Die Wechselbeziehungen zwischen Aufbau des Rumpfes und Ausdehnung des Muskelursprungs sind so innige, daß sie bei der Erörterung des letzteren nicht außer acht gelassen werden dürfen.

a) Ursprung an den Dornfortsätzen thoraco-lumbaler Wirbel.

Die Ausdehnung des Muskelursprunges über die thoraco-lumbale Rückengegend ist für einige Prosimier und eine größere Anzahl von Simiern festgestellt, tabellarisch sowie in schematischen Bildern erläutert worden (Schück 1913, S. 284, Bild 11—20). Als erster Entwurf gibt die Zusammenstellung noch keine Übersicht über die wahrscheinlich herrschenden größeren Schwankungen; sie wird aber mit eingefügten Ergänzungen eine Handhabe für mancherlei Beurteilungen.

Ansehnliche Schwankungen in der caudalen Ausdehnung befinden sich in Abhängigkeit vom Aufbau des Rumpfes aus der Anzahl thorakaler und lumbaler Folgestücke. Da dieselben im großen ganzen bei den höheren Primaten sich vermindern, so ragt der Muskel bei letzteren nur über eine geringere Zahl von Segmenten caudalwärts herab als bei niederen Abteilungen. Damit hängt auch die Ausbildung einer Pars iliaca bei den Anthropomorphen mit der kleinsten Zahl thoraco-lumbaler Wirbel zusammen.

Die offenkundige Wechselbeziehung zwischen beiden Erscheinungen steht unter der Führung der zahlenmäßigen Segmentation des Rumpfes. Die Befunde am Muskel sind nur Symptome derselben; sie haben von sich aus, soweit es sich erkennen läßt, keinen gestaltenden Einfluß auf den Rumpf und sind morphologisch insofern minderwertig.

In gleicher Weise scheint auch die schwankende Ausdehnung des Ursprunges längs der Wirbeldornen in kranialer Richtung in sehr unmittelbare Abhängigkeit von dominirenden, anderen Organisationszuständen gesetzt zu sein. Letztere wären noch genauer festzustellen. Zu ihnen gehört aber ohne Frage die Höhenlage des Schultergürtels, des Schultergelenkes und im besonderen der Ansatzstelle des Muskels am Oberarmknochen. Eine besondere Bedeutung kommt dabei auch der Ausbildung des unteren Winkels des Schulterblattes zu. Diese Momente beeinflussen die Höhenlage der nahezu quer gerichteten, kranialen Bündellagen des Latissimus dorsi.

Als Schwankungen kranialer Ausdehnung, nach den Dornfortsätzen thorakaler Wirbel bemessen, sind für Prosimier und Simier etwa folgende maßgebend:

	Wirbel, bis zu welchen der Ursprung oralwärts heranreicht							
Halbaffen[1]	2.		6.		8.			
Platyrrhina			6.	7.		9.		
Catarrhina								
Papio		5.		7.	8.			
Macacus (nach Leche, Schück)			6.	7.	8.			
Cercocebus		5.						
Cercopithecus			6.	7.	8.			
Semnopithecus nasicus (Kohlbrügge)					8.			
Semnopithecus maurus (Schück, Kohlbrügge)		5.			8.			
Colobus guereza (Polak)							10.	
Hylobates leuciscus[2]					8.			
Hylobates agilis, syndactylus (Kohlbrügge, Schück)					8.	9.	10.	
Orang (Hepburn 1892, S. 51; Schück)						9.	10.	
Gorilla (Hepburn, Sommer 1906, S. 5; Pira 1913, S. 315)						9.	10.	11.
Schimpanse						9.	10.	

[1]) Der Muskel reicht bei Chiromys bis zum 2. thorakalen Wirbel im Ursprunge hinauf, was Zuckerkandl (1899, S. 26) angibt.

[2]) Kohlbrügge 1890, S. 227.

Aus dieser Zusammenstellung ergibt sich, daß der weit oralwärts ausgedehnte Ursprung der ursprüngliche Zustand ist.

Der 5. thorakale Wirbel bezeichnet bei Papio babuin, Cercocebus und Semnopithecus die äußerste Grenze,

der 6. Wirbel bei Lemur, Cebus apella, Cercopithecus sabaeus und patas,

der 7. Wirbel bei Cebus flavus, Papio anubis, Macacus cynomolgus, Cercopithecus sabaeus und patas,

der 8. Wirbel bei Nycticebus, Papio hamadryas, Macacus cynomolgus und Cercopithecus patas, Hylobates leuciscus,

der 9. thorakale Wirbel ward bei niederen Formen als orale Ursprungsgrenze nur bei Ateles beobachtet.

Für Hylobates und Anthropomorphe beginnt eine neue Reihe insofern, als der Ursprung bei Hylobatiden über den 8. und bei Anthropomorphen über den 9. Wirbel oralwärts nicht herausreicht und bis zum 11. thorakalen Wirbel beim Gorilla herabgedrückt werden kann.

Diese Erscheinung ist eindeutig und besagt, daß der weiter caudal gelegene Ursprung der oralen Bündel sekundärer Natur ist. Er ist durch Verschiebung in der genannten Richtung erworben und kommt den höheren Katarrhinen zu, wird für sie gesetzmäßig. Sie zeichnen sich nun gerade durch die geringere Anzahl thoraco-lumbaler Segmente und die Höhenentwicklung des Schulterblattes aus, so daß diese Eigenschaften neben der Höhenstellung der humeralen Insertion des Muskels für die Ursprungsverhältnisse verantwortlich gemacht werden können.

Ateles ater ist nach den vorliegenden Beobachtungen der einzige Vertreter niederer Primaten, welcher der Gattung Hylobates und den Anthropomorphen sich anschließt. Aus dieser Einzelerscheinung indessen Folgerungen über die Stellung der Tiere zueinander zu ziehen, wäre voreilig, da Parallelbildungen vorliegen können.

Mensch.

Für die Beurteilung der menschlichen Organisation sind die vorhergehenden Ergebnisse maßgebend.

Spärliche Angaben über niedere Rassen zeigen uns nach E. Loth[1]) als weitest oral gelegenen thorakalen Wirbel den

5.				Wirbel einmal, den
	6.			„ dreimal, den
		7.		„ einmal, den
			8.	„ beim Papua nach A. Forster[2]).

[1]) 1912, S. 103.

[2]) 1904, S. 15.

Europäer verhalten sich im wesentlichen gleich. Am häufigsten bildet, wie es nach gebräuchlich gewordenen Darstellungen[1]) sich ergibt, der 7. 8. oder 9. Brustkorb-Wirbel die orale Ursprungsgrenze des Latissimus dorsi.

Der Ursprung kann nach C. Gegenbaur[2]) bis zum 5. Wirbel, nach Rauber-Kopsch[3]) bis zum 6. und nach Macalister[4]) und Le Double[5]) sogar bis zum 4. Wirbel hinaufreichen. J. Henle[6]) drückt die herrschenden Schwankungen durch den Grad der Entfernung vom M. rhomboides aus, an welchen er heranreichen kann.

Für Europäer läßt sich das wechselnde Verhalten der oralen Ursprungsgrenze durch die folgende Übersicht festhalten:

Orale Ausdehnung nach thorakalen Wirbeln					Forscher
4.					Macalister 1866
	5.				Gegenbaur 1899
		6.			Rauber-Kopsch 1914
			7.		auch beim Neugeborenen (Sommer 1904).
				8. 9	
				9.	

Ein wesentlicher Unterschied zwischen niederen und höheren Rassen läßt sich nach diesen Angaben zunächst nicht feststellen. Häufigkeitswerte mögen bestimmtere Ergebnisse bringen.

Ganz anders liegen die Dinge, wenn menschliche Befunde mit denen bei Affen und Halbaffen in Vergleich gesetzt werden. Dabei ergibt sich, daß die menschliche Organisation mit der ursprünglichen bei Prosimiern, Platyrrhinen (mit Ausnahme von Ateles) und Cercopitheciden übereinstimmt, daß sie sich aber auf die höhere, durch Hylobates und Anthropomorphe erreichte Stufe nicht erhebt.

Diese Tatsache ist zweideutig. Erstens kann sie auf stetigem Bewahren des ursprünglichen Bauplanes, zweitens durch Zurückgehen auf diesen aus einem einmal erreichten, fortgeschritteneren Befunde beim Genus Homo beruhen.

Die Wahrscheinlichkeit spricht dafür, daß der Mensch die Umwandlungen, welche Hylobates und Anthropomorphe eingeschlagen haben, nicht an sich vollzog. Diese Annahme kann zugunsten einer frühen Abspaltung der Gattung Mensch im Primatenstamme verwertet werden.

[1]) Siehe z. B. Henle.
[2]) 1899, S. 346.
[3]) 1914, S. 24.
[4]) 1866, S. 453.
[5]) 1897, S. 195.
[6]) 1858, S. 25.

Unter allen Umständen müssen aus stammesgeschichtlichen Reihen die Folgerungen gezogen werden, können aber erst nach Erledigung aller Einwände einigermaßen gesichert werden, was noch nicht erreicht ist.

Das aus den Erscheinungen bei Primaten hervorspringende Ergebnis, daß der weiter oralwärts ausgedehnte Ursprung der ursprünglichere ist, wird fester durch den Vergleich mit dem Bauplane bei niederen Ordnungen begründet. Bei Monotremen reicht die Pars spinalis bis zum 1. thorakalen Wirbel hinauf (Westling), und bei Beuteltieren ist das Verhalten ähnlich (Macalister, Cunningham). Es kehrt bei anderen Ordnungen, z. B. bei Arctomys unter den Rodentia (Testut) und bei Insectivoren (Potamogale) nach Dobson wieder, wo alle thorakalen Wirbel Ausgangspunkte für den Muskel darbieten.

Neben diesem urtümlichen Ursprunge des Muskels stellen sich aber auch abgeänderte Organisationen bei Vertretern derselben Ordnungen ein, welche hier nicht in Betracht kommen.

b) Ursprungssehne des Latissimus dorsi

Sie breitet sich flächenartig auf dem tiefer gelegenen, spino-costalen M. serratus posterior aus, ist mit dessen Ursprungssehne und weiter caudalwärts mit tieferen Fascienblättern eng verwachsen. Als flächenartige Sehne erhält sie einen aponeurotischen Charakter und besteht aus nebeneinanderliegenden Sehnensträngen. Sie bildet die Unterlage der Aponeurosis lumbo-dorsalis, an deren Aufbau der M. seratus posticus inferior beim Menschen lebhaften Anteil nimmt. Eine oberflächliche Fascia lumbo-dorsalis breitet sich auf dem aponeurotischen Abschnitte des Latissimus dorsi aus.

Wenn man früher die Fascia als Ursprungssehne bezeichnet hat, so wird diese heute nach dem Vorschlage von H. Virchow[1]) eine Aponeurosis lumbo-dorsalis zu heißen sein.

Die Ursprungssehne legt sich verhältnismäßig frühzeitig embryonal an, was durch Grosser und Fröhlich bekannt geworden ist[2]).

Die aponeurotische Ursprungssehne kann in der Rückenlende Zusammenhang mit den Ursprungssehnen des M. transversus abdominis und unter Umständen mit denen aboraler Zacken des äußeren und inneren schrägen Bauchmuskels in rein sekundärer Weise erlangen, wodurch das eigentliche Gebiet der Latissimus-Aponeurose aber unbeeinflußt bleibt.

Letztere dehnt sich in der Regel von der Lende in die thorakale Gegend aus und heftet sich hier median an den Wirbeldornen und am Bandapparate zwischen ihnen fest. Nur selten gehen die Fleischbündel,

---

1) 1909.
2) 1901.

unvermittelt durch die Sehnenplatte, von den Spitzen der Wirbeldornen direkt aus. Das findet nach A. Schück[1]) z. B. bei Papio, Cercocebus und Macacus statt, bei welchen der muskulöse Ursprung an den 6.—8., 8.—9. oder 9.—11. thorakalen Wirbel heranreicht.

Die Grenzlinie zwischen Fleischkörper und sehniger Ursprungsplatte zeigt bei Prosimiern und niederen Simiern, wenn sie nicht durch fleischige Ursprünge an den Wirbeldornen in einen oralen und aboralen Abschnitt getrennt ist, eine median-caudalwärts gerichtete Krümmung. Die stärkste Biegung fällt zuweilen in die Höhe derjenigen Wirbel, von welchen bei den oben genannten Tieren fleischige Bündel ausgehen. Ausgesprochen liegt diese Erscheinung bei Cercopithecus patas[2]) vor.

Die Aponeurose beginnt bei Semnopithecidae hinter der Mitte der 12. Rippe und erstreckt sich von hier aus auf die Außenfläche des M. obliquus thoraco-abdominalis externus. Sie beginnt bei Hylobates leuciscus und syndactylus in der Höhe des 12. thorakalen Wirbels und fällt von hier aus in eine zur 13. Rippe ziehenden Linie ab[3]). Von der Rippe erstreckt sie sich zum vorderen Rande des Darmbeinkammes und leitet dadurch die Ausdehnung des Fleischkörpers bis zum Becken ein. Die Grenzlinie ändert sich bei den Anthropomorphen; sie verliert die Krümmung und stellt eine schräg gestellte Gerade dar. Sie beginnt beim Schimpansen in der Höhe des 10., beim Orang am 9. thorakalen Wirbel und läßt sich von hier aus in aboraler und lateraler Richtung zum Darmbeinkamme verfolgen. Die aponeurotische Ursprungssehne empfängt eine dreiseitige Form. Die Spitze, oralwärts gerichtet, fällt beim Orang in die Mittellinie, ist beim Schimpanse nicht scharf ausgeprägt, da die Grenzlinie vom Dornfortsatze des 10. thorakalen Wirbels entfernt bleibt.

Die dreieckige Form der thoraco-lumbalen Aponeurose kam durch zwei Umstände zustande, erstens durch die Ausbildung einer Pars iliaca des Muskels und zweitens durch Annäherung (Schimpanse) und Erreichen (Orang) der Medianlinie durch die oralen, fleischigen Ursprungsbündel.

Diese den Anthropomorphen eigenen Verhältnisse haben beim Orang zu einer Art von Neubildung geführt. Sie beruht in der Längsabspaltung der oralen, etwa am 9. und 10. thorakalen Wirbel muskulös entspringenden Bündelmassen vom aboralen Hauptabschnitte. Der orale Muskelstreifen geht eine engere Beziehung zum Teres major ein[4]).

Die Befunde beim Menschen schließen sich auch hier enger an die indifferenten des Schimpanse an. Orang nimmt eine Sonderstellung durch die weiter geförderte Ausbildung der genannten Einrichtung ein.

---

[1]) 1903, S. 284, Abb. 11—20.

[2]) Schück. 1913, S. 285, Abb. 17 und 18.

[3]) Kohlbrügge, 1890, S. 227 und 1897, S. 68.

[4]) Man vergleiche Schücks Abb. 7 und 19 auf S. 279 und 285.

Die Umwandlungen in der Richtung der Grenzlinie zwischen Aponeurose und Fleischkörper sowie in der Form des aponeurotischen Feldes sind die natürlichen Folgerungen der Umgestaltungen im Aufbaue des Rumpfes, welche auch die Ausbildung der kräftigen Pars costalis und Pars iliaca bei Anthropomorphen in die Erscheinung riefen.

Als Folgeerscheinungen erhalten diese Äußerungen des Latissimus dorsi eine gewisse symptomatische Bedeutung und helfen das Gesamtbild erläutern, welches vom Umwandlungsvorgange des Rumpfes der Primaten zu entwerfen ist.

Es bleibt eine dankbare Aufgabe, die Merkmale am Muskel von jenen Gesichtspunkten aus genauer zu verfolgen und die Aufmerksamkeit im besonderen der menschlichen Organisation zuzuwenden. Die Anknüpfungen hätten an die Schücksche Darstellung anzuknüpfen.

c) Ursprung an den Rippen (Pars costalis).

1. Halbaffen.

Lemur macaco. Der Muskel zeigte bei zwei Tieren keine Ursprungsbeziehungen zu den Rippen (Schück).

Chiromys. Rippenursprünge fehlen nach Zuckerkandl (1899) und werden von Oudemans (1888) nicht erwähnt. Wenn Owen (1863, S. 30) den Muskel von den dorsalen Flächen der letzten 5 Rippen ausgehen läßt, so kann es sich nur um die engere Verlötung der dorsolumbalen Aponeurose mit den Rippen handeln. Ähnliche Angaben bei Murie und Mivart und W. Leche (S. 724) sind übernommen und unzulänglich.

Perodicticus Potto. Rippenursprünge fehlen[1]).

Nycticebus tardigradus. Rippen bieten keine Ursprungsflächen dar[2]).

Das Fehlen eines costalen Ursprungsgebietes ist ein indifferenter Entwicklungszustand für den Latissimus dorsi, welcher auf die thoracolumbale Rückenfläche des Rumpfes beschränkt bleiben kann. So wird denn auch ein Pars costalis bei niederen Ordnungen der Säugetiere einerseits zuweilen vermißt; während sie aber andererseits zu vollster Entfaltung gelangt. Sie fehlt z. B. bei Chiroptera und Galeopithecidae, unter den Marsupialia bei Phascolarctos nach Young[3]), Myrmecobius nach Leche und Dasyurus nach Mac Cornick[4]). Sie besteht bei Ornithorhynchus, unter den Beutlern bei Phascolomys[5])

[1]) van Campen 1859, S. 31.
[2]) A. Schück 1913.
[3]) 1881—1882.
[4]) 1886.
[5]) Macalister 1870, S. 153.

an 6. Rippen, Thylacinus, Phascogale und Phalangista[1]), stellt sich unter den Edentaten[2]) bei Cyclothurus, Bradypus und Manis, bei Rodentia[3]) bei Lepus und Sciurus, bei Pinnipedia[4]) bei Phoca und Otaria, usf. ein. In derselben Ordnung können der ursprüngliche und der fortgeschrittene Zustand wie bei den Primaten nebeneinander bestehen.

2. Affen.

Platyrrhina. Der Muskel entspringt regelmäßig an einigen der letzten Rippen[5]). Die Zahl costaler Zacken schwankt zwischen 3 bei Cebus apella und 7 bei Cebus flavus. Die in Betracht kommenden Rippen sind die 14. bis zur 7. Spange. Die Befunde, welche durch neue ergänzt werden müssen, sind in phylogenetischer Hinsicht nicht ohne Bedeutung und als Ergebnisse zu übernehmen.

Cebinae	Rippenursprünge								Forscher
Ateles ater	14.	13.	12.	11.	10.	9.			Schück
„ „		13.	12.	11.	10.	9.	8.	7.	Meckel
Cebus flavus		13.	12.	11.	10.				
„ „		13.	12.	11.	10.	9.	8.	7.	
„ apella				11.	10.	9.			

Catarrhina.

Rippenurrsprünge wurden häufig wie bei Halbaffen vermißt, und zwar bei Papio hamadryas, P. anubis, Macacus cynomolgus (2 mal), M. maurus, Cercopithecus sabaeus (2 mal), C. patas (3 mal), Semnopithecus maurus (Schück), Orang (Hepburn 1892, S. 151).

Der differente Befund von Rippenursprüngen wurde beobachtet bei Papio babuin, Semnopithecus (Kohlbrügge 1897, S. 68), Hylobates syndactylus (4 mal), Hylobates (Hepburn, 1892), Orang, Gorilla (Hepburn und Sommer, 1906, S. 5), Schimpanse (3 mal nach Schück, 1 mal nach Hepburn).

Diese aus Schücks Aufsatz entnommene Liste berücksichtigt nicht die Angaben aller Forscher; sie wird sich allmählich ebenso wie die folgende tabellarische Übersicht weiterhin vervollständigen lassen. Immerhin läßt sie die Tatsache deutlich hervortreten, daß der Latissimus dorsi bei der tief stehenden Familie der Cercopithecidae nur ausnahmsweise Beziehungen zu Rippen gewonnen hat, daß solche bei

[1]) Cunningham 1882.
[2]) Humphry 1869—1870 und Mac Intosh 1874.
[3]) Hoffmann und Weyenbergh 1870.
[4]) Murie 1874.
[5]) Siehe Schück 1913.

Hylobatiden regelmäßig und bei den Anthropomorphen meistens bestehen.

Hylobatidae und Anthropomorphae erheben sich durch den Besitz costaler Ursprünge über die Cercopithecidae. Sie schließen sich dadurch zugleich enger an die Platyrrhina an. Dieser Anschluß kann verwandtschaftlich begründet sein, kann aber auch auf Konvergenz der differenten Bildungsgrade beruhen, was aus dem morphologischen Verhalten allein allerdings nicht zu entscheiden sein wird.

Die Ausbildung von Ursprungszacken erfolgte an aboralen Rippen zuerst und schritt in oraler Richtung weiter. Die Schwankungen in der Zahl costaler Ursprünge bei den verschiedenen Arten sind demgemäß, wie es für Platyrrhinae geschehen ist, natürlich zu ordnen.

Die in Anspruch genommenen Rippen sind aboral das 13. oder 12. Paar und oral das 7. bei größter Ausdehnung des Muskels.

Wenn bei Platyrrhinen das 14. Rippenpaar Ursprünge darbietet (Ateles), so liegt ein ursprünglicherer Zustand als wie bei den Catarrhinen vor, welcher durch den Aufbau des Rumpfes aus einer größeren Anzahl von präsakralen Segmenten bedingt ist.

Die 7. Rippe tritt bei beiden Unterordnungen als die am weitest oral gelegene Ursprungsstätte auf (Cebus flavus, Hylobates syndactylus).

Die muskulösen Rippenzacken sind auf die dorsal von den Ursprüngen des äußeren schrägen Bauchmuskels gelegenen freien Flächen der Knochenspangen naturgemäß angewiesen. In oraler Richtung werden ihnen diese Felder durch den M. serratus anterior strittig gemacht, so daß in dessen Bereich der Latissimus dorsi nur seltener Ursprungsgebiete gewinnt.

Liegen die Ursprungsflächen an oralen Rippen zugleich deren Spitzen benachbart, so nehmen sie oralwärts mehr und mehr die lateralen Abschnitte in Anspruch.

Die Angriffspunkte des Muskels auf den Oberarm werden mit der Ausbildung costaler Ursprünge von der thoraco-lumbalen Rückengegend auf die seitliche Fläche des Brustkorbes verlegt. Aus diesem Umstande ist ein erhöhtes Leistungsvermögen des Muskels abzuleiten. Rippenzacken werden den Oberarm in mehr senkrechter Richtung herabzuziehen vermögen, als die aus der dorsalen Lendengegend herkommenden Muskelabschnitte es imstande sind. Eine neue Einwirkung des Latissimus auf den Brustkorb wird damit zugleich eingeleitet.

Es wird zu ermessen sein, welche der beiden Funktionen die formative Haupttriebfeder für die Ausgestaltung der costalen Zacken bei den höherstehenden Familien, den Hylobatiden und Anthropomorphen, gewesen sei. Wahrscheinlich spielen dabei beide neuerworbene Leistungen eine gemeinsame Rolle.

Für die Bestrebungen, entweder stammesgeschichtliche Beziehungen zwischen Unterordnungen, Familien, Unterfamilien und Gruppen der Primaten auf Grund costaler Ursprünge des Latissimus dorsi näher zu ergründen oder aber die Wechselbeziehungen der letzteren zu anderen Einrichtungen am Rumpfe klarzustellen, wird das erste Erfordernis sein, alle gut beglaubigten Befunde zu sammeln und zu ordnen. Die folgenden Zusammenstellungen können nur einen ersten Grundstock dafür bilden, da mancherlei Angaben aus der zerstreuten Literatur nur allmählich wieder ans Tageslicht gezogen werden können.

Cercopithecidae	Rippenursprünge			Zahl der Fälle	Forscher
Papio hamadryas	0				
„ anubis	0				
„ collaris	0				
„ babuin		12.	11.		
Macacus inuus	0				Meckel
„ cynomolgus	0			2.	Schück
„ maurus	0				Schück
Cercopithecus sabaeus	0			2.	Schück
„ patas	0			3.	Schück
Semnopithecus maurus	0				Schück
„ nasicus		12.	11.		Kohlbrügge 1897, S. 68
„ maurus		12.	11. bis 8.		Kohlbrügge 1897, S. 68
Colobus guereza		12.	11.		Polak 1908, S. 33

Hylobatidae	Rippenursprünge							Zahl der Fälle	Forscher
Hylobates (Fötus)	13.	12.	11.	10.	9.				
Hylobates leuciscus	13.	12.	11.	10.	9.	8.			Bischoff, Deniker, Kohlbrügge
Hylobates agilis	13.	12.	11.	10.	9.	8.			Kohlbrügge 1890, S. 227
Hylobates syndactylus	13.	12.	11.	10.	9.			3 mal	Schück 2 mal, Hepburn
Hylobates syndactylus	13.	12.	11.	10.	9.	8.			
Hylobates syndactylus	13.	12.	11.	10.	9.	8.	7.		Kohlbrügge, Schück

Anthropomorphae	Rippenursprünge							Zahl der Fälle	Forscher
Gorilla . . .	13.	12.	11.					4 mal	Duvernoy 1855; Macalister 1870 bis 1874; Bischoff 1880; Deniker 1885
„ . . .	13.	12.	10.	10.				2 mal	Duvernoy, Deniker (Fötus)
„ . . .	13.	12.	11.	10.	9.			2 mal	Sommer 1906, S. 35; Pira 1913, S. 315
„ . . .	13.	12.	11.	10.	9.	8.		2 mal	Bischoff 1979, S. 11; Hepburn 1892
Chimpanse .	13.	12.	11.					2 mal	Hepburn, Champneys
„ . .	13.	12.	11.	10.				2 mal	Schück, Kohlbrugge 1897
„ . .	13.	12.	11.	10.	9.	8.		2 mal	Schück
„ . .		12.	11.	10.	9.			3 mal	Gratiolet 1866; Champneys 1872 Bischoff 1880
Orang. . . .				·0				1 mal	Hepburn 1892, S. 151
„	13.	12.							Bischoff
„			11.	10.				1 mal	Schück

3. Mensch.

Niedere Rassen. E. Loth hat sich der dankenswerten Aufgabe unterzogen, die zerstreuten Angaben zusammenzutragen und die Art costaler Ursprünge bei 23 Individuen an 44 Körperseiten zu bestimmen[1]). Ich entnehme aus der tabellarischen Übersicht, daß, aus Körperseiten berechnet, die

12. Rippe in 95,4%, die

11. Rippe in 4,5% als letzte, vom Latissimus dorsi beanspruchte Rippe ist.

Rechnet man noch die von Le Double (1897, S. 195) stammende Beobachtung des Ursprunges von 11. und 10. Rippe bei einem Angola-Neger hinzu, so beläuft sich die Prozentzahl für die 12. Rippe auf 91,3%, für die 11. Rippe auf 8,7%.

Die Ausdehnung auf vordere Rippen gestaltet sich sehr verschieden-

[1]) 1912, S. 104.

artig. Am häufigsten bildet die 9. Rippe, darauf die 10. Rippe die oralwärts gesteckte Grenze. Die Ausdehnung bis auf die 8. Rippenspange, also über die normale Grenze hinaus, tritt häufiger als die Beschränkung auf 11. oder 12. Rippe zutage.

In Anbetracht der Wichtigkeit auch der vorläufigen Ergebnisse sei hier die Tabelle Loths, allerdings in anderer Ordnung und unter Hinzufügen eines unberücksichtigten Falles von Le Double, aber unter Weglassung des Verzeichnisses der Forscher nochmals festgelegt, um sie als Ausgang für weitere Untersuchungen dienstbar zu machen.

Zahl der Individien	Zahl der Körperseiten	Ursprungszacken von Rippen					Prozentzahl
2	4	12.	11.	10.	9.	8.	8,7%
9	18	12.	11.	10.	9.		39,1%
8	15	12.	11.	10.			32,6%
2	3	12.	11.				6,5%
1	2	12.					4,35%
1	2		11.	10.	9.		4,35%
1	2		11.	10.			4,35%; Angola-Neger (Le Double 1897, S. 195

Der von A. Forster[1]) aufgenommene Befund beim Papua-Neugeborenen, von Loth nicht berücksichtigt, zeigt den Muskel mit der 12.—9. Rippe in Beziehung. Rechnet man diesen Fall zu den von Loth verwerteten Befunden hinzu, so erhöht sich der Prozentsatz für den Ursprung bis zur 9. Rippe auf 47,8%.

Es fällt auf, daß eine Ursprungszacke von einer 13. Rippe bei niederen Rassen nicht beobachtet worden ist, hingegen der Ausfall der 12. Rippenzacke in 4,5% sich einstellt. Diesbezüglich hat sich die Rückbildung am Skelett sowie an der Pars costalis des Muskels bei Negern weiter vollzogen als beim Gorilla und Schimpanse, welche bisher regelmäßig eine 13. Rippe und 13. Rippenzacke haben erkennen lassen. Das Verhalten niederer Rassen zu Hylobates ist ein gleiches.

Die Ausschaltung der 12. Rippenzacke bei Negern entspricht dem Befunde beim Orang. Sie kann aber nicht ohne Weiteres auf eine engere verwandtschaftliche Beziehung, sondern zunächst nur auf einen mehr gleichlautenden, segmentalen Umwandlungsvorgang am Rumpfe bezogen werden.

Europäer. Die beobachteten anatomischen Tatsachen lassen sich etwa folgendermaßen ordnen:

---

[1]) 1904, S. 16.

Ursprungszacken von Rippen

12.	11.	10.	9.	8.	Wood, Cloquet, Paxton
12.	11.	10.	9.		Henle
12.	11.	10.			Henle
12.	11.				
12.					
	11.	10.			Gruber, Macalister, Sömmering
		10.			Le Double 1897, S. 195
			9.		Le Double 1897, S. 195
				8.	Le Double 1897, S. 195

Die 8. Rippe bildet die äußerste Grenze, bis an welche der Latissimus dorsi heranreicht (Winslow).

Der Ursprung von einer erhaltenen 13. Rippe ist nicht bekannt geworden. Das hängt damit zusammen, daß diese Spange, verkürzt, nicht mehr in das costale Ursprungsgebiet hineinragt. Die muskulöse Ursprungszacke, einer 13. Rippe zugehörend, kann aber trotzdem erhalten sein. Ihr Ursprung ist dann auf die Fascia lumbalis verlegt und schließt an die Aponeurose an.

Ein entsprechender Zustand stellt sich ein, wenn die verkürzte 12. Rippe sich aus dem Ursprungsgebiete zurückgezogen hat.

Für die Züricher Bevölkerung hat H. Frey an 98 Körperseiten die letzte Zacke bestimmt, bis zu welcher der Latissimus dorsi den Ursprung ausdehnt. Die kraniale Ausdehnung blieb dabei unberücksichtigt. Es liegen zwei Untersuchungsreihen vor, von denen die eine 46, die andere 50 Fälle enthält. Die Ergebnisse sind folgende:

Rippen der letzten Ursprungszacke				Häufigkeitswerte für		
				Reihe 1 (46)	Reihe 2 (50)	Reihe 1 u. 2 (96 Fälle)
12.				39%	38%	37 mal = 39%
	11.			57%	60%	56 mal = 58%
		10.		4%	0%	2 mal = 2%
			9.	0%	2%	1 mal = 1%

Für die beiden am häufigsten vertretenen Zustände, in welchen 12. oder 11. Rippe die letzte Zacke entstehen lassen, hat sich in beiden Untersuchungsreihen bereits ein nahezu gleicher Häufigkeitswert ergeben (39 und 38%; 57 und 60%); indessen für die seltenen Vorkommnisse, in welchen 10. oder 9. Rippe die untere Grenze der Pars costalis bedeuten, der Prozentgehalt ein schwankender ist (4 und 0% ;0 und 2%). Voraussichtlich werden neue Aufnahmen bald zu konstanteren Werten führen.

Die Tatsache, daß die letzte Zacke weitaus am häufigsten an der 11. Rippe (in 58%) angetroffen wird, hängt mit der Verkürzung des

12. Rippenpaares auf das engste zusammen. Bis zu ihr dehnt sich der Muskel nur noch in 39% aus. In diesen Fällen reicht er erfahrungsgemäß nicht selten auf die Fascia lumbo-dorsalis herab und läßt sich dann zuweilen als die einer 12. costalen Zacke gleichwertige Bildung erkennen.

Da die 11. Rippe ebenfalls einer nachweisbaren Verkürzung unterliegt, kann die seltene Verlegung der letzten Ursprungszacke auf die 10. Rippe (2%) in gleichem Sinne gedeutet werden. Es steht auch der Annahme nichts im Wege, den äußerst seltenen Ursprung der letzten Zacke an der 9. Rippe (1%) ebenso zu beurteilen, zumal die 10. Rippe bei der Zürcher Bevölkerung besonders häufig durch die Umänderung zu einer fluktuierenden Spange in den Reduktionsvorgang deutlich hineinbezogen erscheint.

Legt man dem Wechsel im Ursprunge der letzten Zacke als Ursache die Verkürzung des 12.—10. Rippenpaares unter, so gliedert sich der ganze Erscheinungskomplex in den gewaltigen Umwandlungsvorgang ein, welcher am Rumpfe der Primaten als „segmentale Verkürzung" sich kundtut. Mit der Ausschaltung letzter Rippen, des 14. und 13. Paares, und der Längenabnahme der folgenden, des 12.—10. Paares, würde eine Verschiebung des Latissimus-Ursprunges in oraler Richtung als Folge sich eingestellt haben.

Dieser Annahme widerstreiten andere einschlägige Tatsachen zunächst nicht. Zieht man zum Vergleiche die gewonnenen Werte bei niederen Rassen heran, so ergibt sich das Folgende:

Rippen der letzten Zacken	Niedere Rassen	Zürcher Bevölkerung
12.	91,3%	39%
11.	8,7%	58%
10.	0%	2%
9.	0%	1%

Die letzte Zacke geht bei niederen Rassen fast regelmäßig von der 12. Rippe (91,3%) und nur selten von der 11. aus (8,7%). 10. und 9. Rippe kommen für sie nicht in Betracht.

Diese ohne jegliches Voreingenommensein registrierten Befunde sind nur dahin zu deuten, daß die letzten Rippen niederer Rassen noch nicht denjenigen Grad der Verkürzung erfahren haben, welcher erforderlich ist, um den Latissimus-Ursprung von der 12. Rippe auf die 11. als häufige Erscheinung zu verlegen, wie sie bei der Züricher Bevölkerung sich eingestellt hat.

Sichere Anhaltspunkte zum Vergleiche mit anderen Stämmen Europas stehen nicht zur Verfügung. Bekannt ist nur, daß die 11., 10., 9. und sogar die 8. Rippe der letzten Zacke die Ursprungsfläche darbieten kann, was für niedere Rassen nicht bekannt geworden ist und als eine progessive Umwandlung gelten darf.

Die vorgetragene Darstellung läßt sich weiterhin durch den Vergleich mit den Befunden bei Hylobatiden und Anthropomorphen fester begründen. Bei ihnen entsteht die letzte Latissimuszacke noch von der 13. Rippe, und zwar bei Hylobates und Gorilla in 100%. Bei Schimpanse kommt die 13. Rippe in 66,66% in Betracht; die 12. Rippe ist in den übrigen Fällen (33,33%) eingesprungen und bahnt den Weg an, welchen die menschliche Organisation beschritten hat. Orang zeigt den Ursprung der letzten Zacke an der 13. Rippe einmal, einmal an der 11. Rippe und läßt einmal die Pars costalis gänzlich vermissen; er bietet hierdurch erstens den Anschluß an Hylobates, Gorilla und Schimpanse, zweitens denjenigen an den häufigen Befund des Menschen dar; indessen durch das Fehlen der Pars costalis Eigenartiges für ihn zum Ausdruck kommt.

Für Hylobates, Anthropomorphe und den Menschen liegt eine geschlossene, morphologische Reihe vor. Sie lehrt, daß die 13. Rippe als Ursprungsstätte für den Muskel beim Menschen vollkommen ausgeschaltet und die 12. Rippe bereits dem gleichen Schicksal der Ausschaltung verfallen ist, insofern die 11. Rippe in der Mehrzahl der Fälle die letzte Zacke entstehen läßt.

Die heute bekannten, grundlegenden Tatsachen lassen sich folgendermaßen kurz tabellarisch zusammenfassen:

Letzte Rippenzacke	Hylobates	Gorilla	Schimpanse	Orang	Niedere Rassen	Zürcher Bevölkerung
13.	100%	100%	66,7%	33,3%	0%	0%
12.	0%	0%	33,3%	0%	91,3%	39%
11.	0%	0%	0%	33,3%	7,7%	58%
10.	0%	0%	0%	0%	0%	2%
9.	0%	0%	0%	0%	0%	1%
Fehlen der Pars costalis .	0%	0%	0%	33,3%	0%	0%

Bleibt der aus dieser Zusammenstellung sprechende Sinn verstanden, so wird die aufs neue einsetzende, mühsame Forschung die Reihe erweitern und vielleicht ändern, aber wohl kaum vollkommen aufheben können.

d) Ursprung am Darmbeinkamme (Pars iliaca).

Stränge der Aponeurose leiten die Ausbildung einer Pars iliaca ein; sie werden hier und da angetroffen und scheinen bei Hylobatidae die größte Rolle zu spielen.

Wenn hier von einem fertigen Zustande gesprochen wird, so handelt es sich immer um die Ausdehnung des Fleischkörpers bis zum Beckenrande.

Die Ausdehnung des Latissimus dorsi aus der Lende herab bis zum Darmbeinkamme wird bei Halbaffen vermißt. Angaben über Lemur, Chiromys[1]) und Nycticebus[2]) liegen vor.

Ursprungsbündel am Becken fehlen den Platyrrhinen und unter den Catarrhina sämtlichen Cercopithecidae und Hylobatidae. Von ersteren werden genannt: Papio hamadryas, P. babuin, P. anubis (2mal)[3]), Macacus cynomolgus (2 mal), M. Maurus, Cercocebus collaris, Cercopithecus sabaeus (2 mal), C. patas (3 mal), Semnopithecus maurus (Kohlbrügge), Colobus guereza[4]).

Verschiedene Hylobates-Arten sind durch Bischoff[5]), Deniker (1885, S. 140), Kohlbrügge (1890, S. 227) und Schück untersucht worden. Beim hoch differenzierten H. syndactylus vermißte letzterer 4mal die Pars iliaca. Die Beziehungen zum medialen Abschnitte des horizontal gestellten Darmbeinkammes können indessen durch die Aponeurose nach Kohlbrügge (1890, S. 227) bereits eingeleitet sein. Auch können Stränge der Aponeurose von der 13. Rippe zum vorderen Rande der Crista iliaca gelangen (Hyl. leuciscns, syndactylus). Muskulöse Ursprünge bestehen indessen nicht. Eine Pars iliaca besteht nach Bischoff (1880) bei H. leuciscus und bei einem Fötus nach Deniker (1885).

Anthropomorphae. Fehlen einer Pars iliaca: bei Gorilla nach Bischoff (1879, S. 11) und Broca (1869, S. 313). Letzterer vermißte sie auch beim Schimpanse.

Der Muskel entspringt sonst bei ihnen nicht nur regelmäßig am Darmbeinkamme, sondern erreicht auch an ihm zuweilen eine sehr ansehnliche Ausdehnung, welche allerdings durch die Größe der Tiere mit bedingt wird. Die Ursprungsbündel reichen zuweilen bis an die Spina iliaca anterior superior heran, was Bischoff und Deniker beim Gorilla beobachtet haben. Beim ausgewachsenen Orang betrug die Ausdehnung über den Darmbeinkamm 16 cm[6]). Die Fleischbündel können aber auch beim Gorilla (Duvernoy und Hepburn), Schimpanse und Orang (Hepburn) vom Leistenbande entfernt bleiben.

Orang. Die Pars iliaca wurde festgestellt durch Hepburn (1892, S. 151), Deniker, Fick (1895), Schück (1913).

Gorilla. Eine Pars iliaca fehlt nach Brocas Angabe. Duvernoy (1855), Bischoff (1880), Deniker (1885), Hepburn (1892) Sommer (1906, S. 5) und Pira (1913, S. 315) stellten aber den Ursprung am Darmbeinkamme fest. Die Pars iliaca bleibt entweder einige Zentimeter

---

1) Zuckerkandl 1899, S. 26.

2) Schück 1913.

3) Champneys 1872, S. 176.

4) C. C. Polak 1908, S. 33.

5) 1880, S. 11.

6) Fick 1895, S. 19.

von der Spina ant. sup. entfernt (Sommer, Pira) oder nimmt den ganzen Darmbeinkamm in Anspruch (Duvernoy, Deniker).

Schimpanse. Broca vermißte die Pars iliaca. Duvernoy, Champneys, Bischoff, Deniker, Hepburn, Duckworth und Schück (3 mal) stellten den Ursprung am Becken fest. Der Muskel kann bis auf das Leistenband übergreifen (Bischoff 1880 und Duckworth 1904). In anderen Fällen bleibt er auf den Darmbeinkamm beschränkt (Champneys).

Die Liste genauer Angaben ist auch hier durch Heranziehen älterer Forscher erweiterungsfähig.

Da die Pars iliaca bei den Anthropomorphen zum ersten Male unter den Primaten und sofort in voller Ausbildung auftritt, so ist es sehr unwahrscheinlich, daß das Fehlen beim Gorilla (Bischoff) auf einer Rückbildung beruhe. Die Annahme, es liege ein niederer Zustand wie etwa bei Hylobates vor, ist die ungezwungenere.

Die funktionelle Bedeutung der Pars iliaca des Latissimus dorsi beruht nicht nur in dem Ursprunge von einem festliegenden Gebiete, von welchem aus eine gesicherte Einwirkung auf den Oberarm erzielt werden kann, sondern auch in der Tatsache, daß der Muskel die Ursprungsbündel aus der Rückengegend weiter nach vorn bis zum Darmbeinstachel verlegt, wodurch eine neugerichtete Einwirkung auf den Humerus zustande kommt. Diese Leistung vervollkommnet diejenige der Rippenursprünge.

Pars costalis und Pars iliaca wirken in einheitlichem Sinne auf den Oberarm. Die Rippenzacken sind die bei Primaten zuerst entstandenen und stellen sich bei Platyrrhinae, bei Papio babuin, Semnopithecus, Colobus und bei Hylobates ein, welche Tiere insgesamt den Darmbeinursprung noch vermissen lassen. Es ist daher unstatthaft, anzunehmen, daß die Rippenursprünge aus Ablagerungen tiefer Schichten einer über die Rippen streichenden Pars iliaca sich entwickelt haben.

Dieser Umstand berührt die morphologische Seite der Pars iliaca-Frage, welche weitere Ausblicke gewährt.

Zunächst ist die höchst bedeutungsvolle Tatsache hervorzuheben, daß der Latissimus dorsi bei den Primaten eine fortlaufende und sich steigernde Entwicklung erfährt. Diese prägt sich nach einer Richtung aus erstens in dem sporadischen Auftreten costaler Ursprünge bei den niederen catarrhinen Affen, den Cercopitheciden, zweitens im regelmäßigen Erscheinen derselben bei den Hylobatiden und drittens im Festhalten dieses Erwerbes bei den Anthropomorphen und beim Menschen. Nach einer anderen Richtung äußert sich die gesteigerte Fortentwicklung im Hinzukommen einer Pars iliaca bei den Anthropomorphen und beim Menschen.

Diese reihenweise eingesetzte Ausgestaltung im Ursprunge des Muskels wird nur unter annähernd gleichen ursächlichen Bedingungen erfolgt sein können, welche im Gesamtbaue der Träger der Erscheinung tiefer begründet sein müssen. Für die verschiedenen Hylobates-Arten wird man das Fehlen einer Pars iliaca ohne Zögern als eine auf Verwandtschaft beruhende, innere Ursache gelten lassen. Für die Anthropomorphen, deren Vertreter verwandtschaftlich weiter auseinanderstehen, kann man die Zuflucht zur Annahme nehmen, daß allgemein wirksame Kräfte das Bestehen einer Pars iliaca als nur ähnliche Erscheinungen durch Konvergenz haben zustande kommen lassen. Gleiches wird man den Anthropomorphen gegenüber für das Genus Homo befürworten können. Damit wird eine durch engere Verwandtschaftlichkeit verursachte, gleiche Erscheinung abgelehnt. Das bedeutet aber eine Ausflucht, welche nur durch berechtigten Skeptizismus entschuldbar ist. Dem Unbefangenen wird diese Auslegung fremdartig erscheinen, aber immerhin zulässig, weil die Bestimmung des engeren verwandtschaftlichen Zusammenhanges der Organismen miteinander durch einzelne morphologische Merkmale in der Tat zu den allerschwierigsten Aufgaben gehört, welche mit Sicherheit auch durch den hier behandelten Gegenstand nicht gelöst werden.

Mit gleichem Rechte wie die Annahme der Konvergenz darf aber die innige stammesgeschichtliche Zusammengehörigkeit als Ursache für das Zustandekommen der gleichen morphologischen Erscheinungen ausgegeben werden.

Das Auftreten einer Pars iliaca des Latissimus dorsi ausschließlich bei den höchststehenden Primaten fällt zusammen mit der tief eingreifenden Umwandlung am Rumpfe dieser Lebewesen. Die hochgradige Ausschaltung präsakraler Segmente und die Breitenzunahme von Brustkorb und Beckengegend kennzeichnen diese Wandlung, welche auch an wichtigen anderen Organen des Rumpfes die lebhaftesten Veränderungen unmittelbar hervorgehen läßt. Zu derartigen Wechselbeziehungen kann nun auch die Ausbildung des Ursprunges des Muskels am Darmbeinkamme gezählt werden.

Rein mechanisch aufgefaßt ist der Vorgang so zu verstehen, daß der Ausfall präsakraler Segmente eine relative Verkürzung der dorsalen Lendengegend zum ganzen Rumpfe nach sich zieht, und daß der lumbale Ursprung des Muskels hierdurch räumlich dem sich kranialwärts verschiebenden Beckengürtel genähert wird.

Hierzu gesellt sich aber die bereits bei Hylobatiden einsetzende, aber noch ohne Folgeerscheinungen bleibende und die bei Anthropomorphen gewaltig gesteigerte Entfaltung der Darmbeinschaufeln, welche in das ursprüngliche, lumbale Ursprungsgebiet des Latissimus dorsi hineinwachsen und letzteres in Lagebeziehung zu sich bringen.

Das Zusammentreffen grundlegender Wandlungen am ganzen Rumpfe mit dem Eigenverhalten des Muskels bei den Anthropomorphen kann nur leichthin als ein zufälliges aufgefaßt werden. Es ist vielmehr eine Fundamentalerscheinung, welche mit der Aufrichtung des Körpers und der Ausbildung des aufrechten Ganges in allerengster Wechselwirkung sich befindet.

Wir stehen daher nicht an, die scheinbar unwesentliche Pars iliaca des Latissimus dorsi bei Anthropomorphen als einen der vielen bedeutungsvollen Folgezustände der eingreifenden Veränderungen am Rumpfe zu beurteilen, welche durch vielfache statische Einwirkungen auf ihn verursacht worden sind.

Diesen schwerwiegenden Momenten gegenüber spielen andere Möglichkeiten, welche bei der Anlage einer Pars iliaca mitgespielt haben mögen, eine bescheidenere Rolle. Nichtsdestoweniger kommt die Tatsache in Betracht, daß die beim Fortbewegungsvorgange des Körpers mehr ausgeschaltete und freier werdende obere Gliedmaße erheblichen Nutzen für neue Wirkungsarten aus jenen Ursprungsbündeln zieht. Diese Erscheinung kann jedoch auch nur als eine Folge der angegebenen grundlegenden Wandlungen aufgefaßt werden.

Mensch.

Die Pars iliaca des Menschen wird als regelrechte Bildung angesehen. Sie ist aber häufig schwach entwickelt und kann sogar fehlen, was Meckel bereits festgestellt hat[1]). Sie unterliegt einer Summe von namhaften Schwankungen, welche zu einer natürlichen Reihe geordnet werden müssen. Dabei ist das Anfangs- und Endglied festzustellen. Rein morphologisch betrachtet, ist der Fall des Fehlens an den Beginn, der des stattlichsten Auftretens an das Ende der Reihe zu setzen.

Die phylogenetisch begründete Reihe kann so, aber auch umgekehrt lauten. Wenn der Mensch Entwicklungsphasen, wie die Anthropomorphen sie aufweisen, durchlaufen hat, so muß die Höchstausbildung der Pars iliaca als der Ausgangspunkt, das Fehlen aber als Rückbildung gedeutet werden. Dies zu bestimmen, stößt auf Schwierigkeiten. Wird es aber möglich, vielleicht durch Feststellen embryonaler Befunde, so bildet das Ergebnis einen Grundpfeiler bei der Beurteilung der Stellung des Menschen zu den Anthropomorphen. Die Tatsache, daß die Pars iliaca beim Gorilla (v. Bischoff) fehlen kann, wird dei diesen Erwägungen nicht außer acht bleiben dürfen. Wenn das Fehlen beim Gorilla als ein ursprünglicher Zustand gelten darf, so kann das ähnliche Verhalten beim Menschen als bei einer höher stehenden Form auch der anderen Deutung zugängig sein.

Vorderhand ist man nicht berechtigt, den Mangel einer Pars iliaca

---

[1]) Meckels Archiv 8, 585.

beim Menschen als einen rudimentären Zustand aufzufassen, wofür ihn Le Double[1]) hält.

Sehr häufig wird der Ursprung am Becken durch ein Blatt der Aponeurose vermittelt[2]); dieser Befund kann für den Menschen ein ursprünglicher sein.

Die Ursprungsbündel des Latissimus dorsi am Darmbeine werden bei niederen Säugetierordnungen entweder vermißt, oder sie sind ausgebildet. Auch hier stellt die erste Art, vom rein morphologischen Verhalten aus betrachtet, den ursprünglichen Zustand dar, indessen die zweite Art den höheren bedeutet. Letzterer ist z. B. bei Talpidae, Chiroptera, Rodentia und Ursidae beobachtet worden[3]); er darf selbstverständlich mit dem Bau bei Anthropomorphen in keine genetische Beziehung gebracht, sondern nur als Konvergenzerscheinung beurteilt werden.

Aus diesen Erörterungen ist zu ersehen, eine wie große Bedeutung der strengsten abwägenden Beurteilung der Eigenschaften eines einzelnen Gliedes des Muskelsystems zukommen kann. Es ist nicht gerechtfertigt und erscheint als eine Art Redewendung, wenn man den Erwerb einer höheren Organisation für eine jede Gattung je von einem niederen Bauplane selbständig geschehen läßt, womit eine engere Verwandtschaft der Gattungen geleugnet wird. Eine Ableitung dieser Art kann auf alle Organisationen Anwendung finden; denn eine jede Bildung ist auf eine Urform zurückzuführen. Es ist äußerst mühsam, aber allein lohnend, alle Umstände in Rechnung zu setzen, welche bestimmen, ob die Träger einer gleichen höheren Organisation zu einer engeren Gruppe verwandtschaftlich gehören und gemeinsam von einer Urform herstammen, oder ob sie je für sich eine parallele Entwicklung eingeschlagen haben. Wird es jedoch annehmbar, daß einzelne Gattungen enger zusammengehören, so läßt sich der Grad des verwandtschaftlichen Verbandes nur annähernd bestimmen, wobei jeder Versuch, die eine Gattung direkt von einer anderen abzuleiten, von vornherein als gescheitert gelten darf. Wenn das Genus Homo und die Familie der Anthropomorphen wirklich aus einer gemeinsamen Urform hervorgegangen sind, so kann irgendeine rezente Form der letzteren nicht als Urahne in gerader Linie für den Menschen gelten. Es führt aber geradezu zu einer Art von Spekulation, wenn man verschiedene Menschenrassen je direkt von verschiedenen, rezenten Arten der Anthropomorphen stammesgeschichtlich ableitet; denn für eine derartige lockere Beweisführung fehlen die geschlossenen Beweise.

Diese Überlegungen, auf vielen Wahrnehmungen beruhend, finden

---

[1]) 1897, S. 195.

[2]) Siehe Henle 1858, S. 25.

[3]) Siehe W. Leche 1874—1900, S. 722.

Anwendung auch auf die Folgerungen aus den Erscheinungen, welche uns der Latissimus dorsi darbietet.

Menschenrassen.

Niedere Rassen sind bezüglich des Verhaltens einer Pars iliaca des Latissimus dorsi genauer nicht untersucht worden. Beim Papua-Neugeborenen fehlt nach A. Forster (1904, S. 16) jedenfall seine muskulöse Zacke (Bild 1, Tafel 1); indessen die Aponeurose den Darmbeinkamm erreicht.

Europäer weisen einen Darmbeinursprung des Muskels in der Regel auf, lassen ihn zuweilen aber gänzlich vermissen. Häufigkeitsbestimmungen über Ausbildung und Fehlen bei niederen und höheren Rassen stehen aus. Einmal ausgeführt stellen sie die Möglichkeit eines tieferen Einblickes in die Vorgeschichte des menschlichen Muskels in Aussicht.

Auch ist der Höhengrad der Ausdehnung der muskulösen Zacke nach vorn behufs eines Vergleiches mit dem anthropomorphen Verhalten noch zu bestimmen. André beobachtete die Ausdehnung bis zum vorderen Drittel des Darmbeinkammes [1]).

Inzwischen sind die Ergebnisse einer statistischen Untersuchung bei der Zürcher Bevölkerung durch H. Frey [2]) bekannt geworden. An 49 Individuen, d. i. an 98 Körperseiten, ist die Pars iliaca in 92,86% angetroffen, in 7,14% vermißt worden. Sie darf daher als eine regelmäßige Bildung für diese Bevölkerung gelten. Sie besteht links häufiger (95,3%) als rechts (89,8%). Diese Erscheinung läßt sich vorläufig aus statischen Ursachen heraus nicht erklären. Geneigter für eine Erklärung mag man für die Tatsache sein, daß die Pars iliaca bei Männern öfter (95,3%) als bei Frauen (88,2%) angetroffen wird, wenn man ersteren den besser entwickelten Muskel zumutet. Da aber für andere Muskeln, den oberflächlichen Daumenbeuger z. B., das umgekehrte Verhältnis besteht, so wird man auch hier mit dem Urteile vorsichtig sein müssen.

2. Verbindungen des Latissimus dorsi mit Nachbarmuskeln.

Unter ihnen sind zwei Gruppen zu unterscheiden. Zur ersten Gruppe gehören die Verbindungen mit dem genetisch ihm verwandten Musc. teres major und durch dessen Vermittlung mit dem M. subscapularis. Der zweiten Gruppe fallen die Vereinigungen mit benachbarten, wesensungleichen Muskeln zu. Sie sind durch den M. serratus posticus inferior, dessen aponeurotische Ursprungssehne die Verbindung vermittelt, durch den M. trapezius und zuweilen durch den M. rhomboides vertreten. Hierzu gesellt sich die innige Verschmelzung des Latissimus dorsi mit dem Triceps brachii.

---

[1]) Siehe Le Double 1893.

[2]) H. Frey.

a) Die genetisch begründeten Verbände mit dem Teres major treten in drei Zuständen zutage:

1. im Ursprung des Latissimus dorsi an der Dorsalfläche des unteren Winkels des Schulterblattes im engsten Anschlusse an den Ursprung des Teres major[1]),

2. im Übergange abgespaltener, oraler Bündelgruppen des Latissimus dorsi in den Körper des Teres major,

3. in der Vereinigung abgesprengter Bündelmassen des Teres major in den Latissimus dorsi.

Es hat nicht den Anschein, daß diese Verbindungsarten irgendeine gesetzmäßige, d. i. wohlbegründete Ausbildung bei den Primaten erfährt. Wo sie auftreten, handelt es sich um primitive entwicklungsgeschichtliche, wo sie fehlen, um fortgeschrittene derartige Zustände. Stammesgeschichtlich scheinen sie keine besondere Bedeutung für die Primaten zu besitzen. Sicheres hierüber wird aber erst aus einer Feststellung des Häufigkeitsverhaltens bei niederen und höheren Abteilungen zu erschließen sein.

Die Verbindung eines 7 mm breiten, abgespaltenen oralen Randbündels des Latissimus dorsi mit dem Teres major ist unter den Halbaffen bei Chiromys beobachtet worden[2]).

Unter den Platyrrhinen besteht der Übergang dünner Fleischmassen des Latissimus dorsi in den Teres major bei Ateles ater[3]).

Cercopithecide lassen die Verbindung häufiger hervortreten. Sie ist für Cercocebus collaris, alle Makaken als Pars scapularis und in schwacher Ausbildung für Semnopithecus maurus festgestellt worden (Schück). Auch bei Colobus guereza besteht der Verband in ausgesprochener Weise[4]).

Anthropomorphe zeigen nach Hepburn[5]) eine scharfe Scheidung zwischen beiden Muskeln. Beim Schimpanse wurde eine Pars scapularis des Latissimus, mit dem Teres major verbunden, beobachtet. In einem Falle bildeten zwei schmale, getrennte Bündel die Pars scapularis, deren Ansatz selbständig und distal vom Teres major am Humerus Anheftung fand (Schück, S. 282, Bild 10). Ihre engere Zugehörigkeit zum Teres major geht aus der Abbildung hervor.

Auch Hepburn beobachtete einen feinen Muskelstreifen, welcher vom Latissimus dorsi zur Endsehne des Teres major gelangte (1892, S. 151)

Gorilla läßt eine Pars scapularis vermissen[6]).

---

[1]) Diese Ursprungszacke ist den älteren Anatomen bereits bekannt gewesen; sie wird als Pars scapularis heutzutage meistens aufgeführt.

[2]) Zuckerkandl 1899, S. 26.

[3]) Schück 1913, S. 274.

[4]) C. C. Polak 1906, S. 33, Abb. 8.

[5]) 1892, S. 151.

[6]) Sommer 1906, S. 5.

Orang nimmt eine Sonderstellung dadurch ein, daß eine breite, orale Randpartie, abgespalten vom Latissimus dorsi, humeruswärts mit dem Teres major verschmilzt und ihm zuzurechnen ist (Schück, S. 279). Als schmales Bündel wurde dieser Teil auch durch Hepburn und Primrose beobachtet.

Mensch.

Eine Pars scapularis des Latissimus dorsi ist bei niederen Rassen an 53 Individuen 7 mal gefunden worden[1]). Rechnet man das Vorkommen einer Pars scapularis beim Papua hinzu[2]), so ergibt sich ein Häufigkeitswert von 14,8%.

Für Europäer liegen zuverlässige statistische Beobachtungen nicht vor.

b) Verbindungen mit dem Trapezius.

Sie stellen sich im Verlaufe des Latissimus dorsi über die Dorsalfläche des Angulus inferior scapulae ein und dienen zur Fixation des Muskels an das Schulterblatt. Die Befestigung, welche das Herabgleiten vom Schulterblatte bei stattfindender Drehung desselben zu verhindern bestimmt ist, wird durch Verwachsung mit der Fascia infraspinata[3]) außerdem hergestellt.

Verlötungen mit dem aboralen-lateralen Rande des Trapezius durch eine Fascia kommen nach Schück[4]) allen von ihm untersuchten Primaten zu, fehlen aber nach Keith[5]) bei 14 genauer darauf geprüften Arten; während sie bei Macacus silenus und Orang nach ihm bestehen.

Eine anders zu bewertende Vereinigung beider Muskeln wird nur zuweilen zwischen den Ursprungsteilen in der Nähe der Wirbeldornen, wo sie übereinander lagern, wahrgenommen. Schück hat diesen Zustand nur beim Orang beobachtet[6]). Beim Schimpanse liegt er aber auch nach Vrolik vor.

Die Vereinigung der freien, entgegengerichteten Ränder beider Muskeln ist für den Menschen durch Keith genauer beschrieben worden

Eine besondere morphologische Bedeutung kann diesen Verbindungsarten nicht zuerkannt werden.

c) Übergreifen der oberflächlichen Schicht der hinteren Muskeln des Oberarmes auf die Endsehne des Latissimus dorsi: Musculus latissimo-brachio-antebrachialis = Musculus latissimo-tricipitalis.

Es handelt sich um die Verbindung einer oberflächlichen Schicht der dorsalen Muskelgruppe des Oberarmes, welche hauptsächlich al

---

1) E. Loth 1912.
2) Forster 1904, S. 16.
3) J. Henle 1858, S. 28.
4) 1913, S. 270.
5) 1896, S. XIV.
6) 1913, S. 280.

Strecker des Vorderarmes wirksam ist, mit dem Endteile des Latissimus dorsi.

Die Vereinigung findet mit der Endsehne und dem anschließenden Fleischkörper des letzteren statt. Dabei gehen aber die Muskelbündel beider nicht unmittelbar ineinander über. Als Zeichen einer erworbenen Verbindung stellt sich eine Zwischensehne zwischen beiden Muskeln ein, welche mehr oder weniger deutlich ausgeprägt bleibt und eine Grenzlinie ist. Wird sie undeutlich, so kann sich ein Übergreifen der Fleischfasern von dem einen in das andere Gebiet einstellen und einen primären Zusammenhang beider vortäuschen (Testut, 1884).

Die oberflächliche Schicht des Vorderarmstreckers ist ursprünglich in ganzer Ausdehnung von den typischen drei Köpfen abgetrennt, welche als Pars scapularis im Caput longum und als Pars humeralis im Caput laterale und Caput mediale auftreten.

Wenn die oberflächliche Verbindungsschicht mit dem Latissimus dorsi besteht, so ist der Vorderarmstrecker ein ausgesprochener vierköpfiger Oberarmmuskel, ein M. quadriceps brachii.

Der oberflächliche und der vom Schulterblatte ausgehende Kopf wirken nicht allein streckend auf den Vorderarm ein, sondern ermöglichen auch Bewegungen des Oberarmes im Schultergelenk.

Die ursprünglich selbständige, oberflächliche Schicht geht anfänglich in die Fascie des Vorderarmes über. Sie gewinnt durch sie Beziehungen zum Olecranon der Elle, welches die drei anderen Köpfe des Vorderarmstreckers bereits in Anspruch genommen haben.

Weiterhin kommt die in die Fascie übergehende Endsehne der Latissimusschicht des Vorderarmstreckers durch Verschmelzung mit dem Epicondylus medialis humeri allmählich in engere Beziehung.

An diesen Zustand fügt sich bei höheren Primaten eine stufenweise verfolgbare Reihe von Rückbildungen der oberflächlichen Schicht an. Sie kennzeichnen sich durch deren Umfangsabnahme sowie durch Verschiebungen der Endsehne in proximaler Richtung. Dabei erhält sich am längsten und deutlichsten der am Epicondylus medialis humeri festgeheftete Strang der Endsehne. Er gewinnt eine verhältnismäßig ansehnliche Stärke und kann als Hauptendsehne des Latissimuskopfes auftreten.

Indem diese Endsehne zwischen M. brachialis, Caput longum und Caput mediale des Vorderarmstreckers sich fester einlagert, nimmt sie die Stätte ein, an welcher beim Menschen das Septum intermusculare mediale sich befindet. Sie bildet einen Teil der anatomischen Unterlage dieser Muskelscheidewand, in welche allerdings noch andere Muskeln der ventralen Gruppe des Oberarmes sich einsenken.

Die Endsehne der oberflächlichen Schicht der Strecker bietet in ihrem Verlaufe zum Epicondylus medialis humeri dem M. brachialis, dem Caput mediale des Vorderarmstreckers sowie der ventralen Vorderarmmuskulatur Ursprungsflächen dar und wird dadurch als nützlicher Apparat vor weiterer Rückbildung bewahrt, welcher der muskulöse, vom Latissimus ausgehende Abschnitt bei den höheren Primaten allmählich verfällt. Als ein Teil des Septum intermusc. mediale gewinnt die Endsehne sogar eine eigene Ausbildung, bedingt durch neue auf sie einwirkende Kräfte. Es sind bei Hylobatiden Zustände bekannt, in welchen das Zwischenmuskelblatt aus Sehnensträngen des oberflächlichen Muskels und aus Eigenbündeln besteht. Letztere bilden schließlich den alleinigen Bestand dann, wenn der Muskelbauch selbst ganz verschwunden ist.

Eine zweite Art der Anheftung leitet sich durch die Verbindung der proximal sich rückziehenden Endsehne ein. Sie verschmilzt mit dem Caput longum des Vorderarmstreckers, und zwar bei den verschiedenen Formen in allen Höhen des Oberarmes. Bei größter Rückbildung des Muskelkörpers liegt die Vereinigung unweit des Ursprunges von der Latissimus-Endsehne. Beim Menschen werden nur noch Bindegewebsstränge zwischen letzterer und dem Caput longum als häufigere Erscheinungen angetroffen. Wenn auch diese fehlen, so ist vom ganzen Muskel nur noch die zum Epicondylus medialis humeri ausgedehnte, aber in neue Dienste getretene Endsehne durch den Vergleich mit niederen Zuständen erkennbar.

Nach der Rückbildung der oberflächlichen Schicht des Vorderarmstreckers strahlt der übrigbleibende und zum Triceps brachii gewordene Streckmuskel ebenfalls in die Fascia antebrachii ein, und zwar medial vom Olecranon ulnae. Wieviel von diesem Abschnitte der Endsehne auf diejenige der rückgebildeten, oberflächlichen Schicht zu beziehen ist, läßt sich nicht ohne weiteres entscheiden. Es ist aber wahrscheinlich, daß auch hier ein Teil derselben durch Verbindung mit der Endsehne des Triceps brachii zur nützlichen Verwendung kam; denn die Lage des fascialen Ansatzes ist in früheren und späteren Zuständen die gleiche.

Der Ursprung der oberflächlichen Schicht wird bei allen Primaten gleichartig an der Latissimus-Endsehne oder in deren unmittelbarer Nachbarschaft angetroffen. Der Ansatz unterliegt indessen großen Schwankungen. Sie äußern sich im proximalen Rückzuge der Ansatzstellen vom Vorderarme aus bis in die Gegend des Ursprungsortes.

Die sehr verschiedenen Befunde des Muskels sind bei niederen Abteilungen der Säugetiere und bei denen der Primaten nach und nach festgestellt worden. Die Forscher, welche den Muskel beobachtet und beschrieben haben, gaben ihm Namen, deren Berechtigung aus den je vorgelegenen Eigenschaften sich begründete. So kam es, daß eine Fülle von Bezeichnungen für den wechselvollen Muskel gewählt wurde. Wohl keine einzige Benennung erschöpft das Wesen desselben, welches für die ganze Säugetierreihe maßgebend ist, da das Gemeinsame außer acht gelassen worden ist, und in der Regel nur Besonderheiten für die Benennung in Betracht gezogen worden sind.

Das Bedürfnis, eine einheitliche Bezeichnung für den Muskel unter den vielen bestehenden zu wählen, welche am besten auf alle Primaten Anwendung findet, entscheidet für den von R. Fick[1]) vorgeschlagenen, auf den Orang anwendbaren Terminus eines M. latissimo-tricipitalis, da durch ihn die morphologischen Beziehungen des Gebildes zum Triceps brachii und zum Latissimus dorsi scharf zum Ausdrucke kommen[2]). Ganz prägnant ist auch diese Bezeichnung nicht, da der Muskel gemeinsam mit dem Triceps brachii die dorsale Gruppe bildet und eigentlich einen Extensor antebrachii quadriceps darstellt. Der oberflächliche Muskel ist an sich morphologisch ebenso vollwertig wie das Caput longum eines späteren Triceps brachii. Die Ursprungsbeziehungen zum Latissimus dorsi kommen durch die Bezeichnung einer Pars accessoria musculi latissimi dorsi (Musc. accessorius latissimi dorsi nach Tyson, 1699; Accessoire du grand dorsal, Broca; Accessory fasciculus Owens 1868) zum Vorscheine; während alle anderen Eigenschaften durch sie nicht gedeckt werden.

Die Zugehörigkeit zum Triceps brachii spricht sich im Namen einer Portio posterior musculus tricipitis (Chef posterieur du triceps, Milne-Edwards) aus.

Die Streckwirkung auf den Vorderarm, wie sie aber nur bei niederen Primaten angenommen werden kann, drückt sich im M. extensor cubiti Naumanns aus. Für Hylobatiden, Anthropomorphen und den Menschen wird die Bezeichnung unzulänglich, da antebrachiale Beziehungen aufgegeben worden sind.

Das Gebiet des Muskels wird durch sehr allgemeine Benamung eines M. dorso-antebrachialis (Westling) angedeutet. Auf den Triceps brachii bleibt sie stets anwendbar; aber auf die oberflächliche Schicht nur im primitiven Säugetierzustande. Die Bezeichnung ist daher nicht erschöpfend.

Die ursprüngliche Zugehörigkeit zum Vorderarmstrecker brachte Cuvier durch die Bezeichnung „Quatrième extenseur de l'avant bras" zum Ausdrucke. Für höhere Primaten wird sie unzureichend, da bei ihnen keine Streckung des Vorderarmes mehr ausgeübt wird.

Als M. anconaeus quintus, von Halbertsma und W. Gruber auf-

---

[1]) 1895, S. 20.

[2]) Die Gründe für die Wahl des Namens waren für R. Fick andere als die, welche uns für die Beibehaltung desselben bestimmen. Ursprung des Muskels am Latissimus dorsi und Ansatz an der Endsehne des Triceps brachii beim Orang-Utan waren für Fick maßgebend. Er wollte daher auch die Bezeichnung eigentlich nur auf den vorliegenden Befund angewendet wissen.

geführt, gibt der Muskel keinerlei wichtige Merkmale zu erkennen, ebensowenig wie als Anconaeus accessorius, wie ihn Kuhl (1820) bei Ateles bezeichnet hat.

Die ständigen Ursprungs- und die mannigfaltigen Ansatzformen treten hervor in einem M. latissimo-olecranalis (Windle) oder im gebräuchlichen M. latissimo-condyloideus (Bischoff, 1879, S. 12) zutage. Diese Bezeichnungen könnten durch einen M. latiss.-antebrachialis fascialis im ursprünglichen Sinne und einen M. latissimo-tricipitalis im abgeleiteten Verhalten ergänzt werden. Für letztere Bezeichnung könnte die umfassendere: M. latissimo-brachialis gewählt werden.

Im M. dorso-epitrochlearis [1]) (Duvernoy, Wood, Deniker, Hepburn, Leche) werden die Lage, aber nur eine der vielen Arten des Ansatzes erkennbar.

Bezeichnungen wie die eines M. omo-anconaeus (Devis) sind unglücklich gewählt; denn Beziehungen zur Omoplata werden durch den Muskel nicht unterhalten [2]).

Der Muskel erscheint in allen Zuständen voller Ausbildung und schrittweise erfolgender Rückbildung als eine oberflächliche Schicht der dorsalen Gruppe des Oberarmes, welche vom Latissimus dorsi ausgeht, aber wechselnde Ansatzgebiete besitzt. Nimmt man den M. triceps brachii wegen dessen Beständigkeit als Vertreter der ganzen dorsalen Muskelgruppe hin, so ist das weiter zu besprechende Gebilde eine Pars superficialis oder Pars latissimi dorsi des Triceps brachii oder noch besser der hinteren Muskeln des Oberarmes. Wir lassen ihn als Musculus latissimo-tricipitalis weiterhin gelten, um nicht neue Termini einzuführen.

Musculus latissimo-tricipitalis.

Er kommt allen Säugetieren zu und wird in guter Ausbildung bereits bei Monotremen und Beuteltieren angetroffen. Die Primaten tragen ihn als Erbstück von niederen verwandten Formen. Er ist ein Allgemeingut für sie. Daß er allen Affen zukommt, ist durch H. Burmeister bereits 1846 ausgesprochen worden. Diese Angabe kehrt ständig wieder [3]). Wo der Muskel vom ursprünglichen Säugetierzustande abweicht, handelt es sich tatsächlich um eine Abänderung; wo er fehlt, um eine Rückbildung.

Der Muskel ist, wie Hj. Grönroos 1903 ausgeführt hat, den alten Anatomen bekannt gewesen. Zergliederungen von Affen ließen ihn erkennen. Galen (1576), Sylvius und Tyson (1699) erwähnen ihn.

---

[1]) Dorso-épitrochléen französischer Forscher (Duvernoy 1855).

[2]) Die für den Muskel gewählten verschiedenen Namen sind bei Testut und später bei Le Double (1897, S. 203), Leche u. a. zusammengestellt worden.

[3]) Kohlbrügge 1897, S. 116; Grönroos 1903.

Im 19. Jahrhundert beschäftigten sich die namhaften Forscher mit ihm und beschrieben ihn allmählich bei allen Vertretern der Primaten.

Die ursprüngliche Anordnung kehrt bei Prosimiern und niederen Affen wieder; die abgeänderte Form der Muskeln stellt sich bei höher stehenden Simiern ein. Die völlige Rückbildung findet sich vielleicht zuweilen bei Anthropomorphen (nach Broca) und in der Regel beim Menschen.

Entsprechend der Rückbildung des Muskels in aufsteigender Reihe ist er bei niederen Primaten am stärksten entwickelt, was nicht unbekannt geblieben ist (s. Kohlbrügge, 1897, S. 117). Er erlangt bei Papio leucophaeus eine so stattliche Ausbildung, daß die Latissimus-Endsehne sogar untergeordnet erscheint [1]).

Die hervorstechenden, ursprünglichen Eigenschaften des Muskels beruhen, abgesehen vom Ursprunge am Latissimus dorsi, in der völligen Abtrennung von den tieferen Muskeln der hinteren Gruppe des Oberarmes sowie im Übergange in die Fascie des Vorderarmes. Dieser Zustand zeigt die oberflächliche Schicht in sehr großer Selbständigkeit und in einer Absonderung von der ganzen Gruppe, welche die Säugetiere von ihren Vorfahren übernommen haben. Als oberflächliche, in die Fascie ausstrahlende Lage kann sie distsalwärts bis zur Hand herabreichen [2]). Als solche hat sie auch die Vereinigung mit dem Latissimus dorsi eingehen können, welche sie niemals wieder aufgegeben hat. Daß diese Verbindung eine erworbene ist, hat H. Burmeister bereits 1846 in dem mustergültigen Werke über Tarsius spectrum gegen J. T. Meckel und Burdach ausgesprochen [3]). Sie hat sich immerhin zwischen Gliedern von zwei größeren Gruppen eingestellt, welche durch Lage in der Gliedmaße und durch die Art der Innervation enger zusammengehören. Die eine dieser Gruppe umfaßt die durch die Nervi subscapulares und den Nervus axillaris, die andere die durch den Nervus radialis am Oberarme versorgten Gebilde.

In welcher Weise die mittelbare Verbindung zwischen beiden Muskeln sich anbahnt, ist bei den Säugetieren nicht mehr zu erkennen. Verschiedene Zeichen sprechen für einen früheren engeren Anschluß der Subscapularis-Gruppe an die hintere Gruppe der Oberarmmuskeln. Ich nenne den scapularen Ursprung des Caput longum des Triceps brachii, den beim Schimpansen von Duvernoy beobachteten Übergang eines Bündels des Teres major in das Caput mediale und ferner den Verband der oberflächlichen Schicht der hinteren Oberarmgruppe mit dem Latissimus dorsi.

---

[1]) Pagenstecher 1867.

[2]) Edentaten: Pholidotus, Cyclothurus.

[3]) 1846, S. 50: Der Latissimus dorsi ist bloß die Basis für den Muskel, nicht seine Quelle.

Daß der Musculus latissimo-tricipitalis zum Endgebiete des Nervus radialis gehört, geht aus seiner Stellung zum Triceps brachii hervor und ist im übrigen für den Muskel der Primaten verschiedentlich festgestellt worden[1]).

Die Funktion des Muskels ist erstens aus Ursprung und Ansatz und zweitens aus der Verbindung mit dem Latissimus dorsi abzulesen. Denkt man sich die Wirkung des Muskels allein und ohne gleichzeitiges Eingreifen des Latissimus dorsi, so äußert sie sich ursprünglich in Streckung des Vorderarmes, wobei durch den Übergang in die Fascie distale Strecken derselben sich darbieten. Durch Anheftung am Olecranon und an benachbarten Teilen der Ulna tritt die gleichsinnige Wirkung mit dem Extensor triceps antebrachii schärfer hervor, und der gesamte Komplex der Strecker stellt sich deutlicher als ein M. quadriceps dar.

Ist der Ansatz des Muskels auf den Oberarm verlegt, so ist die ursprüngliche Wirkung auf den Vorderarm ausgeschaltet und durch die sekundäre Einwirkung auf den Oberarm eingeleitet. Diese kann nun ohne gleichzeitiges Eingreifen des Latissimus dorsi schlechterdings nicht vor sich gehen. Beide Muskeln greifen auf den gleichen beweglichen Abschnitt der Gliedmaße ein und sind in funktioneller Beziehung als einheitliches Gebilde aufzufassen. Die Angriffspunkte des Latissimus dorsi auf den Humerus pflanzen sich durch den Latissimo-tricipitalis auf weiter distal gelegene Stellen des Oberarmes fort und werden eine Sicherung der Wirkung des ersteren zustande bringen.

Es ist nun ohne weiteres ersichtlich, daß diese gemeinsame Funktion auch im ursprünglichen Stadium der Ansatzart des Latissimo-tricipitalis eine große, aber nicht die alleinige Rolle spielen wird.

Mit dem Verluste der Streckfähigkeit auf den Vorderarm tritt der letztere ganz in den Dienst des Latissimus dorsi und wird zu einer Pars latissimo-brachialis.

Durch den Umstand einer unbedingten Zusammenwirkung beider Muskeln ist der Grund gelegt für eine weitere Rückbildung des Latissimo-tricipitalis, welche durch wechselseitige Weiterentfaltung des Latissimus dorsi ausgeglichen werden muß. In gleicher Weise wird auch der Triceps brachii eine kompensatorische Ausgestaltung mit der Rückbildung der Beziehungen zum Vorderarm durch den Latissimo-tricipitalis erfahren haben.

Aus der Verbreitungsart des ursprünglichen Verhaltens des Latissimo-tricipitalis bei Halbaffen und niederen Affen ist zu folgern, daß die Vorteile, durch die streckende Einwirkung des Muskels auf den Vorder-

[1]) Champneys 1872 (Schimpanse), Westling 1884 (Orang), Eisler 1890 (Gorilla), Kohlbrügge 1890 (Hylobates), Hepburn 1892 (Hylobates, Anthropomorphe), Fick 1895 (Schimpanse), Michaelis 1903.

arm bedingt, für die Fortbewegung des Körpers die gleichen wie bei niederen Säugetieren geblieben sind. Diese Vorteile in allen Einzelheiten genau zu bestimmen, ist uns nicht gestattet.

Die Tatsache, daß der Muskel im veränderten Zustande, durch Eingreifen auf den Oberarm sich äußernd, bei den höheren Primaten sich einstellt, weist darauf hin, daß er mit dem Freierwerden der vorderen Gliedmaße ausschließlich der Sicherung der Bewegungen im Schultergelenke Dienste leistet. Diese Funktionsänderung kann zugleich auf die bei Hylobatiden beginnende und bei den Anthropoiden weiter geführte Aufrichtung des Körpers bezogen werden, da die Erscheinungen bei diesen Formen zusammenfallen und vor allem die oberen Gliedmaßen aus den Apparaten für die Fortbewegungen des Körpers mehr und mehr ausschalten. Weiterhin kann die Tatsache, daß der Muskel bei Anthropomorphen sich rückbildet und beim Menschen verschwunden ist, dahin gedeutet werden, daß die Ausschaltung der vorderen Gliedmaße als Fortbewegungsapparat des Körpers die Bedeutung des Muskels illusorisch gemacht hat.

Der Versuch, dem M. latissimo-tricipitalis bei der kletternden Bewegung eine bevorzugte Rolle zuzuschreiben[1]), scheitert an der Tatsache seines Vorkommens bei allen Säugetieren.

Wenn man sich die Wirkung als eine verstärkende des Latissimus dorsi vorstellt, so wird wohl das Richtige getroffen und auf alle Fälle anwendbar sein. Die vorgestreckte Gliedmaße wird durch ihn energischer nach hinten, die seitwärts erhobene aber gegen den Rumpf bewegt werden[2]). Diese Leistung kommt den Organismen sowohl beim Fortbewegen auf der Erde als auch beim Klettern zugute, wobei der Angriffspunkt am Vorder- oder Oberarme sich befinden kann. Im ersteren Falle wirkt er als langer, im letzteren Falle als kürzerer Hebelarm[3]). Die in ihren Bewegungen freier gewordene Gliedmaße des Menschen erhält durch den Latissimus dorsi allein diejenige Sicherung bestimmter Einstellungen, an welchen sich vorher noch der Latissimo-tricipitalis hat beteiligen können.

Die morphologische Bedeutung des Muskels ist für die Feststellung allgemeiner stammesgeschichtlicher Beziehungen der Primaten zur Säugetierklasse etwa ebensogroß wie diejenige des Hautrumpfmuskels. Beide kommen allen Säugern zu; beide werden aus dem Bauplane höherer Primaten ausgeschaltet. Letzterer Umstand erlaubt aber auch Schlüsse auf engere phylogenetische Zusammenhänge der letzteren untereinander. Da der Muskel bei ihnen ein rückgebildetes Organ ist, so läßt sich nach seinem Ausbildungsgrade bei verschiedenen

[1]) Vrolik, Duvernoy, Gratiolet und Alix, Sirena.

[2]) Michaelis 1903, S. 219.

[3]) Schück 1913, S. 291.

Gattungen und Rassen diesbezüglich mit genügender Sicherheit deren allgemeine Stellung zueinander bestimmen. Für die menschlichen Rassen sollte diese Erscheinung mit Nutzen verwendet werden können.

Hier hat die Forschung aufs neue einzusetzen. Bereits erzielte Ergebnisse sind dabei immer wieder als Ausgangspunkte zielbewußter Untersuchungen zu berücksichtigen. Diese werden sich ausweiten, sobald z. B. die Fragen kompensatorischer Ausbildung bestehen bleibender Muskeln beim Rückgange anderer beantwortet werden sollen. Derartige Fragen sind bisher nicht gestellt worden. Latissimus dorsi und Teres major werden zunächst hierbei in Betracht kommen.

Die wichtigsten, über den Latissimo-tricipitalis bekannt gewordenen Daten seien im folgenden zusammengestellt.

Prosimiae.

Der Muskel ist bei allen Familien in kräftiger Ausbildung angetroffen worden. Die Endsehne, welche bei Nycticebus in der Nähe oder bei Lemur kurz über dem Olecranon aus dem Bauche hervorgeht, zeigt die ursprünglichen Beziehungen zum Vorderarme[1]). Durch die Anheftung am Olecranon (Lemur) erscheint er als ein 4. Kopf des Vorderarmstreckers. — Murie und Mivart lassen die Endsehne in die Vorderarmfascie zwischen Olecranon und Condylus medialis humeri übergehen und heben dadurch die ursprünglichen Beziehungen hervor (1872, S. 32).

Genauere Angaben beziehen sich auf die folgenden Formen:

Lemuridae.

Lorisinae. Der Ansatz erfolgt bei Stenops d'Illiger (Nycticebus) nach Vrolik[2]) am Condylus medialis humeri. — Bei Nycticebus Potto heftet sich der vom Triceps brachii getrennte Muskel nach van Campen[3]) am medialen Rande des Olecranon fest.

Lemurinae. Die Anheftung stellte Cuvier bei Lemur varius an der Ulna fest.

Galaginae. Der als Anconaeus quintus bei Otolicnus Peli aufgeführte Muskel entspringt nach Hoekema Kingma[4]) sehnig am Vorderrande des Latissimus dorsi. Nach einem Verlaufe an der Innenfläche des Oberarmes heftet er sich medial am Olekranon fest. Der Ansatz ist bei Galago allenii nach Murie — Mivart[5]) ein gleicher.

Chiromynae. Der bei Chiromys madagascariensis breit von der Latissimus dorsi-Endsehne ausgehende Muskel bleibt vom Triceps brachii getrennt (Zuckerkandl). Er heftet sich nach Zuckerkandl[6]) me-

[1]) 1843, S. 107.
[2]) 1859, S. 34.
[3]) 1855, S. 25.
[4]) 1872, S. 32.
[5]) 1899, S. 30.
[6]) 1863, S. 30.

dial am Olecranon, nach R. Owen[1]) am Olecranon und Humerus, nach Oudemans[2]) nur am Condylus medialis humeri fest. Die hiernach bei Chiromys bestimmbaren Schwankungen äußern sich in einer proximalen Verschiebung des Ansatzes von der Ulna zum Humerus.

Tarsiidae.

Der Ansatz liegt bei Tarsius spectrum nach H. Burmeister[3]) an gleicher Stelle wie bei Otolicnus und Nycticebus am Olekranon.

Simiae.

Platyrrhina. Bei sonst gleichen Verhältnissen wie bei den vorigen scheint die Grenze zwischen Fleischkörper und Endsehne proximalwärts verschoben zu sein. Ihre Lage wird für Cebus apella im distalen Drittel des Oberarmes angegeben (Schück). Auf die kräftige Muskelanlage bei Cebus ist schon von Macalister (1867, S. 453) hingewiesen worden. Der Ansatz liegt bei Ateles am Olecranon (Meckel, Kuhl 1820, S. 20, A. Macalister 1871).

Catarrhina.

Cercopithecidae. Auch bei ihnen sind die ursprünglichen Säugetierzustände in allen wesentlichen Punkten erhalten geblieben. Der Muskel ist durch eine Zwischensehne im Ursprunge vom Latissimus dorsi scharf abgesetzt. Ein breiter und platter, ansehnlicher Bauch geht, scharf begrenzt, in eine breite Endsehne über. Sie heftet sich am Medialrande des Olecranon fest, geht breit in die Vorderarm-Fascie über und gewinnt Anheftungen am medialen Vorsprunge des Oberarmknochens. So erfolgt der Ansatz bei Macacus inuus am Olecranon und Condylus medialis humeri (Duvernoy 1855), oder am Olecranon allein (Meckel, Burdach), was auch für Papio zutrifft (Burdach 1838, Macalister). E. Burdach fand die Olecranon-Insertion in gleicher Weise bei Cercopithecus (1838, S. 20). Die Grenze zwischen Fleischkörper und Endsehne fällt wie bei Platyrrhinen in das distale Drittel des Oberarmes bei Cercopithecus sabaeus (Schück).

Semnopitheciden besitzen einen noch in ganzer Ausdehnung vom Triceps brachii abgeschiedenen Muskel, dessen Endsehne sich entweder erst im distalen Sechstel oder im distalen Drittel des Oberarmes entwickelt, um zum medialen Rande des Olecranon zu gelangen[4]). Für Semn. entellus beschreibt Grönroos die Olecranon-Insertion.

Die Abgrenzung gegen den Latissimus durch eine Zwischensehne ist auch den Semnopithecinen zu eigen. Cl. Polak beschreibt sie für

---

1) 1888, S. 5.
2) 1846, S. 50, 54.
3) Schück 1913, S. 290.
4) Kohlbrügge 1897, S. 116.

Colobus guereza[1]). Der Ansatz am Olecranon wird für zwei Colobusarten von Grönroos angegeben (1903, S. 60).

Es gehört zu den wichtigsten Merkmalen des Muskels aller aufgeführten, niederen Primaten, daß eine Anheftung am Septum intermusculare mediale fehlt. Diese Ansatzweise spielt erst bei den Hylobatiden eine bedeutsame Rolle; sie wird dadurch zu einem Kriterium der Bestimmung engerer verwandtschaftlicher Beziehungen dieser Affengattung zu den Anthropomorphen und zum Menschen.

Hylobatidae.

Die Ursprungsbeziehungen zum Latissimus dorsi scheinen im allgemeinen einem Wechsel nicht zu unterliegen. Der Muskel ist immer gut entwickelt, was auch im Ursprunge zum Ausdrucke kommen kann. Derselbe liegt bei Hyl. leuciscus an der ganzen Vorderfläche der Endsehne des Latissimus dorsi und breitet sich an ihr zwischen distalem und proximalem Rande aus (Grönroos 1903, S. 20). Bei Hyl. lar bleibt die Ursprungsfläche von den Rändern entfernt (1903, S. 27).

Die Grenze zwischen Bauch und Endsehne erleidet im Vergleiche mit den niederen Simiern eine nicht unerhebliche proximale Verschiebung. Sie entfällt bei Leuciscus nach Bischoff in die Mitte und bei H. syndactylus[2]) in die obere Hälfte des Oberarmes, ist aber bei anderen Arten bis in den Distalabschnitt des oberen Drittels verschoben worden[3]). Ist dies der Fall, dann sind die distalen Bündel schräg, die proximalen mehr und mehr quer und selbst gegen den Kopf des Humerus gerichtet. Der platte Muskelkörper empfängt eine abgestumpfte, dreieckige Gestalt (Grönroos).

Der Muskel lagert dem Caput mediale des Triceps brachii regelmäßig auf.

Die stattliche Endsehne nimmt eine aponeurotische Beschaffenheit an. Sie hat im Gegensatze zu allen tiefer stehenden Primaten die unmittelbaren Beziehungen zum Vorderarme verloren, gelangt nach Macalister noch zum Olecranon; sie ist bei H. leuciscus und H. agilis scharf abgegrenzt gegen die Fascia brachii, welche sich aber an die Endsehne weiterhin anlehnt.

Die Ansatzgebiete der Endsehne sind vorwiegend der Epicondylus medialis humeri (Leuciscus, Agilis) und bei H. syndactylus die Oberarmfascie, welche aber auch anderen Arten zur Aufnahme der Endsehne bestimmt sein kann. Deniker (1885) beschreibt den Ansatz am Epicondylus rechterseits; Chapman (1900) beschreibt ihn von Leuciscus.

Die derben zum Epicond. med. humeri ziehenden Sehnenstränge,

---

[1]) 1908, S. 34.

[2]) Schück.

[3]) Kohlbrügge 1890; S. 233; Grönroos 1903.

welche als ein freier Strang vom Humeruskörper zu ihm nach Hj. Grönroos immer bestehen, bilden einen Teil der Unterlage für ein allmählich deutlicher werdendes Septum intermusculare mediale, von welchem die benachbarten ventralen (Biceps brachii) und dorsalen Muskeln (Caput mediale des Triceps brachii) Ursprungsbündel beziehen können. Ein Nebenkopf des Biceps brachii geht dabei von einem Sehnenstrange aus, welcher vom Tuberculum minus zum Septum verläuft. Mit der Anheftung des Latissimo-tricipitalis an diesem tuberculo-septalen Sehnenstrange entsteht eine Art Muskelkette, welche, in gemeinsamer Funktion gedacht, vom Latiss.-tricipitalis auf die vordere Gruppe bis auf den Vorderarm übergreifen. A. Keith (1891) erwähnt diesen Apparat von H. lar., Hj. Grönroos (1903, S. 39) widmet ihm besondere Aufmerksamkeit.

Die Ausdehnung vom Epicondylus auf das distale Drittel des Humerus ist von Kohlbrügge angegeben, bis zur Mitte des Oberarmes von Hartmann.

Die Anheftung am Septum intermusculare ist von W. Barnard 1876, Bischoff 1880, R. Hartmann 1883, J. Deniker 1885, Hepburn 1892 und Kohlbrügge beobachtet worden. Letzterer hat die verschiedenen Ausbildungsgrade der Muskelscheidewand, welche durch die Endsehne des Latiss.-tricipitalis bedingt werden, genauer angegeben; er führt das Septum mediale auch beim Menschen auf die Endsehne des Latissimo-tricipitalis zurück. Dieser Ableitung ist nur bedingterweise zuzustimmen, da auch der Coraco-brachialis und der Pectoralis major Anteil nehmen an der Bildungsgeschichte jener Muskelscheidewand. Grönroos hat die Zusammensetzung des Septum intermusc. mediale bei vier verschiedenen Hylobatesarten sehr gründlich untersucht und gefunden, daß dasselbe bereits aus Eigenfasern bestehe, welche von der Ansatzstelle des Coraco-brachialis zum Epicond. medialis sich ausdehnen, daß ihm ein Sehnenstrang außerdem zugehöre, welcher vom Tuberculum minus zum Humerus gelangt. An diesem Strange entsteht ein Kopf des Musc. biceps brachii (Caput tuberculo-septale). Schließlich werden Teile des Latissimo-tricipitalis im Septum gefunden; sie bilden die distale, frei über den Nervus ulnaris zum Epicondylus medialis ausgedehnte Strecke.

Der Wechsel des Ansatzes am Epicondylus medialis kann durch Vorhandensein und Fehlen an der einen und anderen der beiden Körperseiten zu schärferem Ausdrucke gelangen (J. Deniker). Grönroos vertritt auf Grund seiner Untersuchungen an elf Gliedmaßen die Ansicht, daß die Ausdehnung der Endsehne bis zum Epicondylus immer bestehe und daß diese Strecke der eigentlichen Endsehne entspreche (1903, S. 23), welcher sich allerdings die anderen beiden Bestandteile des Septum intermusculare hinzugesellen.

Der Übergang des Muskels in das Caput mediale des Triceps brachii kann neben den anderen Ansatzarten bestehen. Bei Hylobates lar wird er durch einen Teil des Fleischkörpers hergestellt; während er bei Hyl. Gibbon, H. lar und H. Mülleri durch Sehnenfasern mit der Fascia des Triceps zustande kommt[1]). Im Vergleiche mit dem Verhalten bei Prosimiern und niederen Affen ist der Zusammenhang mit dem Caput mediale ein progressiver Zustand.

Die Versorgung des Muskels durch den Nervus radialis ist von Kohlbrügge[2]) für Leuciscus, Agilis und Syndactylus festgestellt worden. Ein zum Caput mediale des Triceps brachii ziehender Nerv durchbohrt bei Leuciscus und Agilis die Endsehne des Latiss.-tricipitalis, bevor er das Endgebiet erreicht. Hepburn[3]) bestätigte die Versorgung des Muskels durch den N. radialis.

Die Hylobatiden haben den Cercopitheciden gegenüber sehr eingreifende Wandlungen am Muskel zu verzeichnen. Sie äußern sich im wesentlichen darin, daß Vorderarmabschnitte nicht mehr als Ansatzpunkte dienen, daß der Oberarm als alleiniges Angriffsgebiet dient. Dabei nimmt der Muskel einen stattlichen Umfang an und übertrifft darin das Gebilde der Anthropomorphen, was Deniker allerdings für Hylobates und Gorilla hervorhebt.

Die Eigenheiten des Muskels der Hylobatiden treten zum Teil schärfer bei den Anthropomorphen hervor. Diese lassen aber auch ursprünglichere Einrichtungen wieder zum Vorschein treten.

Dieser Umstand hängt damit zusammen, daß die Oberarmmuskulatur der Hylobatiden auch an der Beugergruppe eine sehr eingreifende Umgestaltung erfahren und den einem kurzen Kopfe des Biceps brachii anderer Simier gleichwertigen Muskel in nachbarliche Beziehungen zum Ansatze des Latissimo-tricipitalis gebracht hat. Diese von Grönroos genauer dargestellten Einrichtungen stehen im Einklange mit dem hohen Leistungsvermögen der oberen Gliedmaße, welches sich beim lebhaften, sprungweise erfolgenden Fortbewegen der Hylobatiden äußert. Es handelt sich um besondere Ausbildungen jener Muskeln in Anpassung an die Lebensweise; und es erscheint als eine äußerst dankenswerte Aufgabe, zu bestimmen, ob die Anthropomorphen die bei den Hylobatiden erworbenen Eigenheiten in ihrer Vergangenheit ebenfalls besessen haben. Die Frage ist durch die Vergleichung der Biceps-Gruppe zu behandeln und berührt unseren Gegenstand nicht unmittelbar[4]).

---

[1]) Siehe Grönroos 1903, S. 27. Auch J. Deniker beobachtete den Übergang in die Fascia brachii linkerseits (1885, S. 140).

[2]) 1890, S. 235.

[3]) 1892.

[4]) Das Umfassendste über diese Frage ist in der Arbeit von Grönroos 1903 enthalten.

Anthropomorphae.

Schimpanse. Der Muskel ist beständig und nur von P. Broca[1]) vermißt worden; er wird von J, Symington[2]) und A. Keith[3]) kräftiger als wie beim Gorilla bezeichnet. E. Tyson erwähnt ihn bereits 1699. W. Vrolik beschreibt und bildet ihn 1841 ab. G. L. Duvernoy beobachtete ihn 1855, und seitdem ist er etwa noch 20mal von den Forschern beschrieben worden.

Der Ursprung unterliegt keinem nennenswerten Wechsel. Der platte Muskelbauch geht nach A. Schück[4]) erst im distalen Drittel des Oberarmes, nach Hj. Grönroos zwischen 2. und 3. Drittel des Oberarmes (1903, S. 46) in die Endsehne über; er verhält sich demgemäß ursprünglicher als bei Hylobatiden. Die Endsehne reicht in Übereinstimmung hiermit auch weiter distalwärts herab.

Im Ansatze treten Schwankungen auf, welche nach der Ursprünglichkeit sich ordnen lassen.

Anheftungen am Olecranon wurden gleichzeitig mit solchen am Epicondylus medialis von W. Vrolik[5]) wahrgenommen.

Olecranon, Epicondylus medialis und Oberarmfascie nehmen die Endsehne nach L. Testut[6]) auf.

Diesen Ansatzstellen gesellt sich das Caput mediale des Triceps brachii nach Hj. Grönroos[7]) hinzu.

Nach Ausschaltung des Ansatzes am Olekranon gelangt die Endsehne allein zum Epicondylus medialis nach E. Tyson[8]), Gratiolet und Alix[9]), Fr. Champneys[10]), W. S. Barnard[11]), J. Sutton[12]), F. E. Beddard[13]), H. Chapman[14]) und J. Symington[15]).

Epicondylus medialis und Caput mediale des Triceps brachii nehmen die Endsehne nach R. Hartmann[16]) auf.

Die Ausschaltung des Olecranon und Epicondylus medialis ist eine

---

[1]) 1869, S. 313. Bischoff hat 1879 die Angabe Brocas als unzutreffend zurückgewiesen.
[2]) 1890.
[3]) 1899.
[4]) 1913.
[5]) 1841, S. 18.
[6]) 1884, S. 120.
[7]) 1903, S. 46.
[8]) 1699, S. 88.
[9]) 1866, S. 157.
[10]) 1872, S. 180.
[11]) 1876, S. 137.
[12]) 1884, S. 76.
[13]) 1895, S. 185.
[14]) 1879, S. 54.
[15]) 1889, S. 630.
[16]) 1883.

seltenere Erscheinung. Der Ansatz findet sich dann nach Humphry[1]) am Triceps brachii, am Septum intermusculare mediale nach D. Hepburn[2]), am Septum und an der Triceps-Endsehne nach B. G. Wilder[3]) und R. Fick[4]).

Nach Verlust distaler Ansatzgebiete verliert sich die Endsehne in der Oberarmfascie und kann nach A. Macalister[5]) bis in deren Mitte proximalwärts verschoben sein. Gervais beobachtete nach L. Testut[6]) einen ähnlichen Fall.

Der ursprüngliche Ansatz am Vorderarm stellt eine Ausnahme dar. In der Regel nimmt der Epicondylus medialis die Endsehne auf. Aber auch er kann ausgeschaltet werden; dann rückt die Ansatzstelle proximalwärts hinauf und kann bei stärkster Umwandlung in der Mitte des Oberarmes in der Fascie angetroffen werden.

Die Versorgung des Muskels durch den Nervus radialis ist durch Grönroos[7]) zweimal festgestellt worden.

Gorilla.

Der Muskel wurde zuerst von G. L. Duvernoy 1856 als Latissimocondyloideus beschrieben. Er ist, wie auch spätere Forscher angeben, nicht sehr umfangreich[8]), aber ganz selbständig. Der geringe Umfang äußert sich bei einem von A. Sommer[9]) untersuchten erwachsenen Weibchen in der nur 1 cm Breite erreichenden Ursprungssehne. Der Muskelbauch ist dementsprechend dünn und platt.

Der Umfang des Muskels hat im Vergleiche mit demjenigen beim Schimpanse abgenommen. Nichtsdestoweniger ist er ein beständiges Gebilde geblieben und als solches von allen Forschern, welche sich mit dem Gegenstande befaßt haben, festgestellt worden. Eine einzige Ausnahme macht P. Broca, dessen Angabe von Th. Bischoff als unzutreffend zurückgewiesen worden ist.

Der Muskel ist neunmal beschrieben worden[10]).

Der Ursprung hebt sich gegen die Endsehne des Latissimus dorsi scharf ab. Einige Fleischbündel können aber in den Muskelbauch des

---

[1]) 1867, S. 159.

[2]) 1892, S. 159.

[3]) 1861, S. 359.

[4]) 1895, S. 313.

[5]) 1871, S. 344.

[6]) 1884, S. 120/121.

[7]) 1903, S. 47.

[8]) A. Macalister 1873, H. Chapmann 1878, Th. Bischoff 1879, Sommer 1906, A. Pira 1913.

[9]) 1906, S. 17.

[10]) Duvernoy 1856, A. Macalister 1870, H. C. Chapman 1879, Th. Bischoff 1879, J. Deniker 1885, J. Symington 1890, D. Hepburn 1892, A. Sommer 1906, A. Pira 1913.

letzteren ohne erkennbare Grenze übergehen, was A. Pira [1]) beschreibt. Eine Grenzlinie wäre durch die Durchkreuzung beider Bündelarten aufgehoben.

Die Endsehne kann in ursprünglicher Weise wie bei Schimpanse bis zur Fascia antebrachii herabreichen, was A. Macalister [2]) beschreibt, oder nach J. Deniker [3]) das Olekranon erreichen.

Der Epicondylus medialis nahm die Endsehne bei den Befunden von G. Duvernoy [4]), H. Chapman [5]), Th. Bischoff [6]) und J. Symington [7]) auf.

Nach weiterer Verkürzung findet sich der Ansatz der Endsehne nach R. Hartmann [8]), D. Hepburn [9]), A. Sommer [10]) und A. Pira [11]) am Septum intermusculare mediale, wobei aber noch Sehnenstränge zum Epicondylus herabreichen.

Bei stärkster, proximaler Verschiebung geht die Endsehne in die Fascie des Oberarmes über, was durch J. Deniker [12]) bei einem Fötus beobachtet worden ist.

Der auf dem Wege der Rückbildung sich befindende Muskel des Gorilla unterliegt nach den vorliegenden Beobachtungen fraglos größeren individuellen Schwankungen, welche in einer proximalwärts sich verschiebenden Ansatzweise am sinnfälligsten sich äußern. Der Breitegrad der Schwankungen ist einerseits durch die primitiven Beziehungen zur Vorderarmfascie, wie sie bei Halbaffen, Platyrrhinen und Cercopitheciden bestehen, begrenzt, andererseits durch den erworbenen Übergang der Endsehne in das Septum intermusculare oder in die Oberarmfascie, wie er den Hylobatiden ganz zu eigen ist.

Die Breite der Schwankungen gleicht derjenigen beim Schimpanse. Nur scheint das primitivere Verhalten beim letzteren häufiger als beim Gorilla vertreten zu sein. Diesbezügliche Unterschiede werden einmal durch statistische Werte sich genauer bestimmen lassen.

Orang.

Der Muskel, von Duvernoy 1856 ebenfalls zuerst genauer beschrieben, ist, wie es scheint, niemals vermißt worden. Wir verfügen

---

[1]) 1913, S. 328.
[2]) 1873, S. 502.
[3]) 1885, S. 137. Deniker beschreibt das Verhalten von einem jungen Tier.
[4]) 1856, S. 80.
[5]) 1878.
[6]) 1880, S. 12.
[7]) 1889.
[8]) 1883, S. 156.
[9]) 1892, S. 159.
[10]) 1906.
[11]) 1913.
[12]) 1885.

über vierzehn Beobachtungen [1]). Als regelmäßiges Gebilde hat er sich auch einen ansehnlichen Umfang bewahrt, welcher am breiten, fleischigen Abschnitte zutage tritt. Die Innervation durch den N. radialis wurde durch Grönroos zweimal beobachtet (1903, S. 44).

Der Ursprung kann wie bei niederen Primaten muskulös sein. So wird er von A. Schück abgebildet. Er kann aber zu einer längeren Sehne umgewandelt sein, wie ihn R. Fick beschreibt.

Die Endsehne entwickelt sich nach Th. Bischoff und J. Deniker erst im distalen Drittel, was einem primitiven Verhalten gleichkommt. Sie entsteht etwas weiter proximal, nach Hj. Grönroos und Schücks [2]) Darstellung. Die Grenze liegt nach Grönroos zwischen 3. und 4. Viertel (1903, S. 43).

Individuelle Schwankungen beherrschen auch hier das Ansatzgebiet.

Das Olecranon nimmt die Endsehne nur noch selten auf. G. Duvernoy und W. S. Church [3]) erwähnen diesen Zustand. Dabei greift der Ansatz auf die Fascia brachii über.

Das Übergreifen auf den Epicondylus medialis humeri ist von Th. Bischoff [4]) beobachtet worden.

Epicondylus und Septum intermusculare bieten der Endsehne Ansatzpunkte dar nach G. Duvernoy und Hj. Grönroos [5]). Letzterer sah die Endsehne bei zwei Tieren am distalen Viertel der Humeruskante und an den Eigenbündeln des Septum befestigt.

Das Septum intermusculare wird am häufigsten als Ansatzstelle angegeben, und zwar von H. Chapman, R. Hartmann, A. Primrose, D. Hepburn, F. Beddard und R. Fick.

Ein gleichzeitiger Ansatz am Septum und mittelst eines fleischigen Endabschnittes an der Ansatzsehne des Triceps brachii am Olekranon ist von R. Fick [6]) beschrieben worden.

Eine nennenswerte Verschiedenheit im Ansatze des Muskels von Orang gegenüber demjenigen von Schimpanse und Gorilla besteht nach den vorliegenden Beobachtungen in dem verhältnismäßig häufigen Übergreifen der Endsehne auf das Septum beim Orang. Es findet zehnmal an vierzehn Befunden statt, bildet aber eine Ausnahme beim Schimpanse,

---

[1]) G. L. Duvernoy 1856, S. 80; W. S. Church 1861, S. 512; Th. Bischoff 1870, S. 210; H. Chapman 1880, S. 162; R. Hartmann 1883, S. 156; A. Primrose 1900, S. 21. D. Hepburn 1892, S. 159; F. Beddard 1895, S. 206; R. Fick 1895, S. 20 und 298 (2 Fälle); Deniker 1885; Hj. Grönroos 1903, S. 43 (2 Fälle); A. Schück 1913 (2 Fälle).

[2]) 1913, S. 290.

[3]) 1861, S. 512.

[4]) 1870, S. 210.

[5]) 1903, S. 43.

[6]) 1895, S. 20.

bei welchem es nur dreimal in 20 Fällen beschrieben ist, und Gorilla, welcher es viermal in neun Fällen zeigt.

Wenn es sich hier auch nur um vorläufige Ergebnisse handelt, so hebt sich doch aus ihnen die Tatsache heraus, daß Schimpanse und Gorilla sich enger aneinander schließen und vom Orang sich schärfer unterscheiden.

Orang schließt sich durch die kräftige Entfaltung des Muskels sowie durch die häufige Insertion am Septum intermusculare mediale enger an die Hylobatiden an, bei denen beide Eigenschaften regelmäßig sich einstellen. Man wird daher daran denken können, daß Orang den Zustand der Hylobatiden vollgültig einmal besessen habe, ihn jetzt aber nur noch im Stadium der Verkümmerung darbiete. Es ist aber auch möglich, daß das Verhalten bei Orang nur eine Vorstufe der Höchstentfaltung des Muskels der Hylobatiden sei.

Beide Ansichten bleiben diskutierbar, namentlich nachdem Hj. Grönros[1]) festgestellt hat, daß das Septum intermusculare der Hylobatiden und von Orang nicht ausschließlich ein Produkt des Latissimo-tricipitalis ist, sondern auch aus Eigenfasern besteht.

Für die Annahme indessen, daß Schimpanse und Gorilla mit der diesbezüglichen Organisation der Hylobatiden übereingestimmt und durch Rückbildung des Muskels ihr jetziges Gepräge erhalten haben, fehlen deutliche Merkmale. Beide Anthropomorphe schließen sich im ganzen enger an den Menschen an.

Die von Hj. Grönroos[2]) angestellten Erwägungen über die gegenseitigen Beziehungen zwischen Hylobatiden, Anthropomorphen und Mensch beleben in erfreulicher Weise eine stammesgeschichtliche, grundlegende Frage. Ob sie je endgültig gelöst werden könne, ist nicht vorauszusagen. Wir dürfen aber mit jenem Forscher annehmen, daß der Latissimo-tricipitalis der Hylobatiden unter Aufgeben primitiver Eigenschaften eine ganz besondere Ausbildung unter den Primaten genommen habe.

Angaben über den Ursprung eines Latissimo-tricipitalis am Coracoid oder vom M. coraco-brachialis aus sind für Schimpanse (Gratiolet und Alix 1886, S. 157), Gorilla (Duvernoy 1856, S. 80) und Orang (Hartmann 1883, S. 155) gleichlautend; sie dürfen aber nicht auf den Latissimo-tricipitalis, sondern müssen auf die Beugergruppe bezogen werden.

Der Latissimo-tricipitalis erleidet bereits bei niederen Säugetierordnungen diejenigen Umwandlungen, welche sich unabhängig hiervon und aufs neue bei den Hylobatiden einstellen. So heftet sich der Muskel z. B. bei Echidna[3]) am Condylus medialis humeri, bei Ornitho-

[1]) 1903, S. 44.
[2]) 1903, S. 58.
[3]) Westling 1889.

rhynchus in der Mitte der medialen Fläche des Humerus und bei Chrysochloris[1]) am Processus supracondyloideus fest. Hier liegen Anpassungen des Muskels an die besondere Gebrauchsweise der vorderen Gliedmaße vor, welche aber nichts mit derjenigen bei Primaten zu tun hat.

Mensch.

Niedere Rassen. Der Muskel war bei einem Papuakinde durch einen zarten und kurzen Bindegewebsstrang ersetzt, welcher sich zwischen der Endsehne des Latiss. dorsi und dem Caput longum des Triceps brachii ausdehnte (Forster, 1904, S. 16).

Th. Chudziński beschrieb einen ähnlichen Zustand bei einem Neger (Petit frère; 1874, S. 22). Mit der Abänderung des Muskels zum starken Bindegewebsstrange griff dieser auf die Fascie des benachbarten Teres major über. Ein derartiger Zustand wird auch für Befunde bei Europäern angegeben.

H. C. Chapman beschrieb Reste des Muskels bei farbigen Rassen (1878, S. 388).

Testut fand den zum Sehnenstrang umgewandelten und zum Caput longum des Triceps brachii ziehenden Muskel bei einem Buschmann (1884, S. 124 und 187), Ed. E. Loth bei einem Kamerunneger (1912, S. 141) sowie bei einem Neger aus St. Franzisko, bei letzterem nur an der rechten Körperseite.

Aus den Zusammenstellungen E. Loths, welcher über 120 auf den M. triceps brachii untersuchte Extremitäten berichtet (1912, S. 141) und dabei nur die Beobachtungen Testuts und die eigenen, also drei Fälle, als einschlägige Latiss.-tricipitalis-Varietäten angibt, geht hervor, daß letztere entweder nicht besonders häufig auftreten, oder daß in den zugrunde liegenden Untersuchungen der vielen Forscher uns nicht der wirkliche Tatbestand vorgelegt ist.

Ed. Loth berechnet den Häufigkeitswert des Latissimo-tricipitalis bei niederen Rassen bei der Besprechung des Latissimus dorsi (1912, S. 105) unter Zugrundelegen der Angaben von Chudziński (1874, S. 22 und 1898, S. 175) und Testut (1884) auf 10%. Er verfügt über 53 Personen, bei welchen der Muskel 5 mal beobachtet worden ist, so daß der genaue Wert nur 9,4% beträgt. Er ist mit demjenigen bei Europäern nicht ohne weiteres vergleichbar, da der Wert bei ihnen aus Beobachtungen an beiden Körperseiten gewonnen worden ist.

Auffallend ist die Erscheinung, daß ein muskulöser Latissimo-tricipitalis bei niederen Rassen bisher nicht beobachtet zu sein scheint.

Ich berechne nach den mir vorliegenden Angaben das Häufigkeits-

---

[1]) Dobson.

verhältnis des Muskels auf 7,3%[1]), spreche diesem Werte aber auch eine sehr bedingte Bedeutung zu und möchte ihn nur als ersten Versuch einer statistischen Bestimmung auf diesem Gebiete betrachtet wissen, welcher zu genaueren Forschungen anregen mag. Statistische Werte, sind sie zuverlässig, haben eine zu weittragende Bedeutung, so daß mit nicht zuverlässigen Berechnungen nicht viel anzufangen ist.

Europäer. Der Muskel tritt selten im fleischigen, häufiger im reduzierten, sehnigen Zustande wieder in die Erscheinung. Seine morphologische Bedeutung ist seit langer Zeit erkannt, indem die volle Übereinstimmung mit dem bei Säugetieren und im besonderen bei Halbaffen und Affen auftretenden Muskel nachgewiesen worden ist. Seitdem Bergmann, welcher den Muskel beim Menschen zuerst beobachtete, und Halbertsma (1856), welcher ihn genauer beschrieb, den Muskel beim Menschen als das gleichwertige Gebilde von Säugetieren nachgewiesen haben, ist er wohl immer im gleichen Sinne als Rückschlag von unseren namhaften Anatomen gedeutet worden.

Die Versorgung durch den Nervus radialis ist durch K. Bardeleben (1882), A. Birmingham (1889) und Le Double (1893, S. 651) beschrieben worden, wodurch das Wesen des Muskels sich ebenfalls scharf abhebt.

Der Ursprung fällt mit der Vorderfläche des distalen Randes der Endsehne des Latissimus dorsi zusammen und tritt von hier aus zuweilen mit dem benachbarten Teres major in sekundäre Beziehung (Macalister 1867, S. 453). Der mediale Abschnitt der Ursprungsportion kann muskulöser Natur sein und dann nach Verschwinden der Zwischensehne einen unmittelbaren Zusammenhang mit dem Fleischkörper des Latiss. dorsi vortäuschen[2]). Der laterale Abschnitt des Latiss.-tricipitalis bewahrt den sehnigen Charakter.

Der zuerst beschriebene, geschichtlich merkenswerte Fall zeigte die Ursprungssehne in einer Breite von 1 cm, den Aufbau aus Fleischbündeln und den Übergang in den Bauch des langen Tricepskopfes (Halbertsma, 1856).

Die Länge des rückgebildeten Muskels ist einmal von Testut (1884) auf 3,9 cm bemessen worden. Rückgänge bis zu unansehnlichen, sehnigen Strängen werden öfter beobachtet. Die Breitenausdehnung ist eine beschränkte, beträgt im Testutschen Falle nur 0,8 cm.

Es kann kaum dagegen etwas einzuwenden sein, wenn die sehr häufig auftretende Fascie, welche von der Latissimus-Endsehne zur Oberarmfascie oder zur Ursprungssehne des langen Kopfes der Triceps brachii sich ausdehnt, als letzter Rest des Latissimo-tricipitalis gedeutet wird (Quain, 1882).

---

[1]) Das etwa 9 malige Auftreten des Muskels nach Forster, Chudziński, Testut und Loth verteilt sich auf etwa 124 Gliedmaßen.

[2]) Testut berichtet über einen Zusammenhang beider Muskeln, 1884, S. 292.

Der Ansatz fällt in der Regel mit der Fascie des Caput longum des Triceps brachii zusammen. Ein fleischiger und längerer Muskel kann in den Muskelbauch des Caput longum sich einsenken, was auch L. Testut beschreibt. In der Regel ist aber der Ansatz weiter proximalwärts verschoben und fällt dann mit der Ursprungssehne des langen Tricepsteiles zusammen.

Von einer eigenen funktionellen Bedeutung des menschlichen Muskels kann dann schlechterdings nicht mehr gesprochen werden.

Die distale Ausdehnung unterliegt nach bekannt gewordenen Befunden einem bemerkenswerten Wechsel. Die Zustände sind nach den Graden ihrer Ursprünglichkeit folgendermaßen zu ordnen:

1. Übergang der Endsehne in die Vorderarmfascie mit gleichzeitigem Ansatze am medialen Rande des Olecranon. Fälle dieser Art sind sehr selten; sie wiederholen, was bei niederen Primaten die Regel ist. Hierher gehören die von A. Macalister[1]) und von Philippeau[2]) an einer Körperseite aufgenommenen Befunde.

2. Anheftung der Endsehne am Epicondylus medialis. Dieser Zustand ist mit dem vorigen gepaart (Philippeau), ist aber auch nach Ausschaltung der Vorderarm-Insertion allein beobachtet worden. Der von W. S. Barnard[3]) beschriebene Fall behandelt einen fleischigen, zum Arm verlaufenden und sehnig am Epicondylus medialis angehefteten Latissimo-tricipitalis. Hj. Grönroos hebt die exzessive Form diese atavistischen Varietät hervor. Der von S. Pozzi[4]) beschriebene Muske scheint ebenfalls bis zum Epicondylus medialis ausgedehnt gewesen zu sein (vgl. Grönroos). J. Deniker[5]) beobachtete einen derartigen Zustand, und Le Double[6]) führte ihn auf.

3. Übergang der Endsehne in die Oberarmfascie. Er tritt gleichzeitig mit dem Ansatze am Epicondylus medialis auf, was Deniker[7] beschreibt. Nach der Ausschaltung dieser Anheftung am Humeru bleibt er allein bestehen. Quain[8]) und Le Double[9]) erwähnen dies Zustände.

Die Anheftung des Latissimo-tricipitalis am Septum intermusc mediale findet nur bei Quain Erwähnung (s. Grönroos, S. 56).

4. Der in der Regel stark verkürzte Muskel sendet die Endsehne ode das sehnige Ende zur hinteren Fläche des Caput longum des Tricep

[1]) 1866, S. 453.
[2]) Vgl. Le Double 1893, S. 650, und 1897, S. 203.
[3]) 1876; siehe Testut 1884, S. 124.
[4]) 1875.
[5]) 1885, S. 137.
[6]) 1893, S. 650, und 1897, S. 203.
[7]) 1885, S. 137.
[8]) 1882, S. 193.
[9]) 1875, S. 203, und 1893, S. 650.

brachii, wo die Anheftung schließlich nach weiterer Reduktion an dessen Ursprungssehne angetroffen wird. Fälle dieser Art sind durch Bergmann und Halbertsma (1856), A. Macalister[1]) J. Wood[2]) in fünf Varianten, J. Henle (1871), J. F. Knott[3]), Quain, W. Gruber und Le Double[4]) beschrieben oder aufgeführt worden. Hj. Grönroos[5]) stellte diese Angaben sorgfältigst zusammen und fügte eine gleichlautende Beobachtung bei einem Kinde bei.

5. An Stelle des Muskels tritt eine sehnige, verschieden gut entwickelte Membran zwischen Latissimus dorsi und Armfascie oder Ursprungssehne des Caput longum des Triceps brachii auf. Sie ist eine häufige Erscheinung und von einigen Forschern sogar als regelrechte Bildung ausgegeben worden[6]).

Der Muskel ist in dieser Rückbildung zu einer Art von Fascia latissimo-tricipitalis geworden.

Alle bekannt gewordenen Varietäten lassen sich als Glieder in diese natürliche Reihe einfügen. Zahlreiche eigene Beobachtungen werden manchen Anatomen wie auch mich davon überzeugt haben, daß sie in den verschiedenen Rückschlägen eine Verschiebung des Muskels in proximaler Richtung auch beim Menschen erkennen lassen, und daß diese Verschiebung sich mit dem stammesgeschichtlichen Entwicklungsgange deckt. Bei Hylobatiden und Anthropomorphen setzt die Ausschaltung distaler Abschnitte des Muskels ein und scheint beim Gorilla den höchsten Grad erreicht zu haben. Beim Menschen hat die Ausschaltung distaler Ausdehnung sich aufs neue eingestellt und den Muskel zugrunde gehen lassen.

Die Tatsache der Verkümmerung des Latissimo-tricipitalis in proximaler Richtung bei den Primaten lehrt, daß der Muskel dem Latissimus dorsi bis zuletzt Dienste tut und dessen Ansatzgebiet auf distale Teile des Oberarmes überträgt. Diese Leistung kann selbst noch in den letzten sehnigen Verbindungen zwischen Latissimus und Caput longum des Triceps brachii als Verbindungsbrücken erkannt werden.

Einwirkungen auf den Vorderarm gehen jedenfalls zuerst verloren; sie werden durch den Triceps brachii kompensiert worden sein.

Es ist wissenswert, bis zu welchem Grade des Rückschlages auf ursprünglichere Primatenzustände es beim menschlichen Muskel kommen kann. Die Ausdehnungen bis zur Vorderarmfascie und zum Olekranon wären bei neuen Befunden wiederholt zu prüfen und mit dem Verhalten bei Hylobatiden und Anthropomorphen sorgfältigst zu vergleichen.

---

[1]) 1866, S. 453.
[2]) 1867, S. 524, und 1868, S. 494.
[3]) 1881.
[4]) 1893, S. 650, und 1897, S. 203.
[5]) 1903, S. 52.
[6]) Cruveilhier, Sappey, Lannegrace; siehe bei Le Double 1893, S. 649.

Von besonderer Wichtigkeit ist die Frage, ob Anheftungen der Endsehne einer ursprünglichen Muskelvarietät am Humerus oder am Septum intermusculare oberhalb des Epicondylus medialis beim Menschen vorkommen. Grönroos [1]) hat diese Frage aufgegriffen, sie im ganzen vortrefflich erörtert; aber nicht endgültig lösen können. Es handelt sich dabei um die Entscheidung, ob der Mensch in seiner Vergangenheit einen Bauplan besessen habe, wie er durch die besondere Ausbildung des Muskels bei der Gattung Hylobates sich ausprägt. Für die Anthropomorphen wäre die Entscheidung in gleicher Weise zu treffen. Nach Grönroos liegen keine zwingenden Gründe zur Annahme vor, daß der Muskel der Anthropomorphen und des Menschen Ansätze am Septum mediale wie bei Hylobates besessen habe, wennschon es möglich sei. Die Einrichtungen bei Hylobatiden können demnach in dieser Gruppe eigens, und zwar in Anpassung an deren Lebensweise, erworben worden sein. Ich neige dieser Ansicht zu, wobei mich viele andere Tatsachen leiten, räume aber ein, daß es erforderlich sei, die grundlegende Frage an der Hand von Tatsachen immer wieder zu prüfen. Man sollte meinen, daß niedere Rassen besonders günstige Untersuchungsobjekte trotz der negativen bisherigen Ergebnisse abgeben würden.

Eine andere, eng hiermit zusammenhängende Frage ist die, ob das Septum intermusculare mediale des Menschen ein Abkömmling der Endsehne des Latissimo-tricipitalis sei. J. H. Kohlbrügge [2]) hat diese Ansicht befürwortet, die menschliche Bildung dabei direkt auf die Eigenbefunde bei Hylobatiden zurückgeführt und damit die zuvor berührte Frage, ob der Mensch den diesbezüglichen Hylobatidenbau durchlaufen habe, bejaht. Nun ist es aber Hj. Grönroos [3]) gelungen, die Ansicht Kohlbrügges in allen Einzelheiten als nicht stichhaltig zurückzuweisen, wobei er namentlich auf den Aufbau des Septum der Hylobatiden nicht nur aus der Endsehne des Latissimo-tricipitalis, sondern auch aus Eigenfasern und auch aus anderen Elementen hat hinweisen können. Der Ausspruch Kohlbrügges wirkte bis zu einem gewissen Grade bestechend, und man mußte aus ihm die Folgerungen ziehen, welche bezüglich der Vergangenheit des Genus Homo sehr weittragend waren. Grönroos befreite uns hier von einem Zwange und gab die Frage nach der Stellung des Menschen zur Gattung Hylobates wieder frei. Wir gewinnen aus dessen sorgfältigen Untersuchungen und nach der streng abwägenden Verwertung des Tatsächlichen aufs neue die Überzeugung, daß die Bestimmung engerer Verwandtschaft zwischen dem Menschen und niederen Primaten sehr schwer zu treffen sei. Die Hylobatiden zeigen so viele Eigenheiten im Körperbau, daß wir sie uns am besten

[1]) 1903, S. 59, 60, 61.

[2]) 1890, S. 233, und 1897, S. 117.

[3]) 1903, S. 44 und 56.

als einen selbständigen Seitenzweig am Stammbaume der Primaten vorstellen.

Der Häufigkeitswert ist durch Le Double für Franzosen und durch Wood für Engländer auf etwa 5% berechnet worden [1]). Schück bemißt denselben für Zürcher Kantonsbürger geringer und schätzt ihn auf 2,5% [2]). Diese Angabe stimmt aber mit meinen eigenen Erfahrungen nicht überein. Die Widersprüche entstehen, sobald nicht genau angegeben wird, welche Zustände der Rückbildung des Muskels mit in die Statistik aufgenommen worden sind. Wenn man aber im allgemeinen mit dem Vorhandensein eines Latissimo-tricipitalis rechnet, so ist der Begriff in rein morphologischem Sinne zu nehmen, und dementsprechend müssen alle auf den Muskel beziehbaren Befunde in Rechnung kommen. Selbstverständlich können auch die verschiedenen Ausbildungsgrade des Gebildes für statistische Bestimmungen benützt werden. Dieselben wären aber zuvor genau zu umgrenzen, was bisher nicht geschah.

Die Woodschen statistischen Werte sind, wie Hj. Grönroos ausgeführt hat [3]), zu hoch gegriffen, da in ihnen Varietäten in Rechnung gebracht worden sind, welche mit einem Latissimo-tricipitalis nichts zu tun haben. Es handelt sich dabei z. B. um einen kontrollierbaren Fall, welcher einwandlos als latero-dorsaler Rest des Rumpf-Hautmuskels zu deuten ist. Grönroos schrieb ihm die Bedeutung eines aberrierenden Bündels der Pars costalis des Latissimus dorsi zu, „welches höchstens vielleicht als eine Abart des sogenannten Musculus pectoralis quartus (Macalister, 1869) aufgefaßt werden könnte".

Sind demgemäß die Angaben über die Häufigkeit des Latissimo-tricipitalis auch nicht ganz einwandfrei, so wird man doch zunächst an sie sich zu halten haben. Sie lauten für

Franzosen auf 5,3% (Le Double),
Engländer auf 4,9% (Wood),
Zürcher auf 2,5% (Schück).

Die Werte erhöhen sich, sobald die sehnigen Häute zwischen Latissimus und Caput longum des Triceps brachii auf Reste des Latissimo-tricipitalis zurückgeführt und in die Statistik aufgenommen werden. A. Macalister berechnete danach den Häufigkeitswert auf 10% [4]).

Um brauchbare statistische Ergebnisse für rassenmorphologische Untersuchungen zu erlangen, wird man in Zukunft die in die Statistik aufgenommenen Bildungsgrade genau zu umschreiben haben. Diesbezüglich halte ich für aussichtsvoll, die Befunde folgendermaßen zu

---

[1]) Siehe Wood 1868, S. 484, Le Double 1893, S. 652, und Rauber-Kopsch 1914, S. 27.

[2]) Er fand ihn an 41 Gliedmaßen nur einmal.

[3]) 1903, S. 47, 48.

[4]) 1866, S. 453.

verwerten: 1. alle Fälle des rückgebildeten Muskels, 2. Fälle mit erhaltenem Muskelbauche, 3. Fälle mit Ansatz an Olecranon oder Epicondylus medialis, 4. Fälle mit Ansatz an Fascia brachii oder Endsehne des Triceps brachii, 5. Fälle mit Ansatz an der Ursprungssehne des Caput longum des Triceps brachii.

Die bei den Anthropomorphen eingeleitete und beim Menschen vollzogene Rückbildung des Muskels fällt, wie oben ausgeführt worden ist, mit den grundlegenden Erscheinungen der Aufrichtung des Körpers und der unmittelbar mit ihr verbundenen Ausschaltung der oberen Gliedmaße als Fortbewegungsorgan des Körpers zusammen. Damit verliert aber auch die bei den Vierfüßern äußerst wirksame Vorwärtsbewegung beim Ausgreifen der vorderen Gliedmaße bei höheren Primaten an Bedeutung. Dafür stellen sich die freieren und ergiebiger auszuführenden Seitwärtsbewegungen ein.

Die bei der Fortbewegung des Körpers im ersten Akte dieser Bewegung nach vorn ausgreifende, vordere Gliedmaße muß mit großer Energie im folgenden Akte dieser Bewegung dem Rumpfe wieder genähert werden. Gerade hierbei wird der M. latissimo-tricipitalis die besten Dienste tun, da der lange und ausgiebig sich verkürzende Latissimus dorsi durch ihn die Einwirkung nicht nur auf den Ober- sondern auch auf den Vorderarm zu äußern vermag, also einheitlich auf die ganze rückwärts zu bewegende Gliedmaße eingreift. Bei kletternd sich vorwärts bewegenden Organismen wird der Wichtigkeit des muskulösen Apparats zunächst kein Abbruch geschehen. Halbaffen und niedere Affen bezeugen das. Fällt aber die quadrupede Lokomotionsart mehr und mehr aus, so sind die Bedingungen gegeben, welche die geringere Bewertung des Latissimo-tricipitalis für den Organismus uns verständlich machen und dessen Rückbildung erklären.

Die Hylobatiden sind durchweg vortreffliche Kletterer. Eigentlich sollten sie die ursprüngliche Anordnung des Muskels sich bewahrt haben. Da dies nicht zutrifft, kann man zur Ansicht gelangen, daß die Gattung Hylobates diejenigen Umwandlungen durchlaufen habe, welche für die Anthropomorphen gelten, und daß die hervorragende Kletterfunktion erst sekundär auf der Basis der veränderten Organisation erworben worden sei.

Unter allen Umständen ist die Annahme unzulässig, daß höhere Primaten mit rückgebildetem Muskel früher einmal gute Kletterer gewesen sind. Das ist ja möglich, aber aus jenem Umstande nicht zu erschließen, da die Anwesenheit des Latissimo-tricipitalis nur auf die Übereinstimmung mit dem allgemeinen Bauplane der Säugetiere und auf eine einstmalige quadrupede Fortbewegungsart hindeutet.

So sind denn auch für Schlußfolgerungen bezüglich der Vergangenheit des Genus Homo auf Grund des Auftretens des bedeutungsvollen Muskels bei ihm bestimmte Grenzen gesteckt. Über ein etwaiges früheres besseres Leistungsvermögen im Klettern beim Menschen erfahren wir aus dem sonst so vielsagenden morphologischen Dokumente nichts Bestimmtes.

Einschlägige Werke und Aufsätze.

Bardeleben, K., Muskel und Fascie. Jenaische Zeitschr. f. Naturwissensch. **15.** 1882.

Barnard, W. S., Observations on the membral musculation of Simia satyrus and the myologie of man and the apes. Proceedings of the American Association for the advanvement of science. 24th. Meeting. 1876.

Beddard, F. E., Contribution to the anatomy of the anthropoid Apes. Transactions of the zool. Society of London. Vol. XIII. 1895.

Birmingham, A., The homology and innervation of the Achselbogen and Pectoralis quartus. Journal of Anat. and Phys. Vol. XXIII. 1889.

v. Bischoff, Th. L. W., Beiträge zur Anatomie des Gorilla. Abhandl. d. königl. bayer. Akad. der Wissensch., II. Kl., **13,** III. Abt. 1879.

— Beiträge zur Anatomie des Hylobates leuciscus. Abhandl. der königl. bayer. Akad. der Wissensch. **10,** III. Abt. 1880.

Bolk, L., Die Segmentaldifferenzierung des menschlichen Rumpfes und seiner Extremitäten. Morphol. Jahrb. **25** und **26.** 1897.

Broca P., L'ordre des primates. Parallèle anatomique de l'homme et des singes. Bull. de la Soc. d'Anthropologie de Paris. T. IV. 1869.

Burdach, E., Beiträge zur vergleichenden Anatomie der Affen. Berichte von der Königlichen Anatomie zu Königsberg. 9. Bericht. 1838.

Burmeister, Hermann, Beiträge zur näheren Kenntnis der Gattung Tarsius. Berlin 1846. G. Reimer.

van Campen, T. A. W., Ontleedkundig onderzoek van den Potto von Bosman. Verh. d. Kon. Akad. d. Wetensch. afd. Natuurk. D. VII. Amsterdam 1859.

Champneys, Fr., On the muscles and nerves of a Chimpanzee and a Cynocephalus anubis. Journal of Anat. and. Phys. Vol. VI. 1872.

Chapman, H. C., On the structure of the Gorilla. Proceed. of the Academy of Natural Sciences of Philadelphia. 1878.

— Observations upon the anatomy of Hylobates leuciscus and Chiromys madagascariensis. Proceed. of the Academy of Natural Sciences of Philadelphia. 1900.

Chudziński, T., Nouvelles observations sur le système musculaire du Nègre. Revue de la Société d'Anthropologie de Paris. Tome II 1873. T. III 1874.

— Contributions à l'étude des variations musculaires dans les races humaines. Revue de la Société d'Anthropologie de Paris. 1882. Vol. V, 2. Sèrie.

— Observations sur les variations musculaires dans les races humaines. Mémoires de la Société d'Anthropologie 1898, 3. S., Vol. II.

Church, W. S., On the myology of the Orang-Utang (Simia Morio). The Natural History Review. 1861, 1862.

Cunningham, Report of some points in the Anatomy of Thalacynus cynocephalus, Phalangista maculata and Phascogale calura etc. Report on the scient. results of the voyage of Challenger **5.** 1882.

Deniker, J., Recherches anatomiques et embryologiques sur les singes anthropoïdes. Arch. de Zool. expérim. et géner. 2. S., T. IIIb. 1885.

Dobson, Monograph of Insectivora 1882—1883.

Duckworth, W. L. H., Morphology and Anthropology. Cambridge, University Press. 1904.

Duvernoy, Deuxième communication sur l'anatomie du Gorilla. Comptes rend. Acad. sc. Paris. T. XXXVII. 1853.

— G. L., Des caractères anatomiques des grands singes pseudo-anthropoides. Archives du Muséum d'Histoire Naturelle, T. VIII. Paris 1855/56.

Eisler, P., Das Gefäß- und periphere Nervensystem des Gorilla. Halle 1890.

Fick, R., Vergleichend anatomische Studien an einem Orang. Archiv für Anatomie 1895.

— Beobachtungen an einem zweiten erwachsenen Orang-Utang. Archiv f. Anat. u. Physiol., Anatom. Abt. 1895.

Forster, A., Das Muskelsystem eines männlichen Papua-Neugeborenen. Abh. der Kaiserl. Leop.-Carol. Deutschen Akademie der Naturforscher **82**, Nr. 1. Halle 1904.

Gegenbaur, C., Lehrbuch der Anatomie des Menschen. 7. Aufl. Leipzig 1899.

Grosser und Fröhlich, Beiträge zur Kenntnis der Dermatome. Morpholog. Jahrb. **30**. 1901.

Grönroos, Hj., Die Musculi biceps brachii und latissimo-condyloideus bei der Affengattung Hylobates usf. Abhandl. der Königl. Preuß. Akad. der Wissensch. Berlin 1903.

Gruber, W., Mém. de l'Acad. des sciences de St. Pétersbourg. Tome XVI.

Halbertsma, H. J., Verslagen en Mededeelingen der Kon. Akad. van Wetenschappen. Afdeeling Natuurkunde, Deel IV. 1856, S. 238—246.

Hartmann, Rob., Die menschenähnlichen Affen und ihre Organisation im Vergleiche zur menschlichen. Leipzig 1883.

Haughton, On the muscular anatomy of Macacus. Proc. of the Zoolog. Society. London Vol. IX. 1867.

Henle, J., Handbuch der systematischen Anatomie des Menschen. Muskellehre. Braunschweig 1858.

Hepburn, D., The comparative Anatomy of the Muscles and Nerves of the Superior and Inferior Extremities of the Anthropoid Apes. Journ. of Anat. and Phys., Vol. XXVI. 1892.

Herpin, A., Note sur l'aponévrose du grand dorsal. Bibliogr. anatom., T. 13, Fasc. 1. 1904.

Höfer, W., Vergleichend-anatomische Studien über die Nerven des Armes und der Hand bei den Affen und dem Menschen. Münchener medizin. Abhandl., 7. Reihe, Heft 3. 1892.

Hoffmann und Weyenbergh, Verh. Holl. Maatsch. Haarlem 1870.

Humphry, On thome points in the anatomy of the Chimpanzee. Journal of Anat. and Phys., Vol. I. 1867.

— Myology of the limbs of Choloepus didactylus, Bradypus trid., Cyclothurus did., Manis Dalmanni. Journ. of Anat. and Phys. **4**. 1869—1870.

Huxley, Th., Lectures on the structure and classification of the Mammalia. The medical Times and Gazette- London Vol. I. 1864.

Keith, A., Anatomical notes on Malay Apes. Journal of the Straits Branch of the Royal Asiatic Society. Singapore 1891.

— A fibrous Band lying on the Dorsum of the Scapula. Journ. of Anat. and Phys., Vol. XXX. 1896.

— An Introduction to the Study of Anthropoid Apes. Natural Sciences, Vol. IX. London 1896.

— On the Chimpanzees and their Relationship to the Gorilla. Proc. Zool. Soc. 1899.

Hoekema Kingma, P., Eenige vergelijkend-ontleedkundige aanteekeningen over den Otolicnus Peli. Eene academische proeve 1855, Leyden.

Knott, J. F., Muscular anomalies. Journ. of Anat. and Phys., Vol. XV. 1881.

Kohlbrügge, J. H. F., Versuch einer Anatomie des Genus Hylobates. Webers zoologische Ergebnisse einer Reise in Niederländisch-Ost-Indien. Leiden 1890—1891.

— Muskeln und periphere Nerven der Primaten, mit Berücksichtigung ihrer Anomalien. Verhandelingen der Koninklijke Akademie van Wetenschappen te Amsterdam, II Sectie, Deel V, Nr. 6. 1897.

Kuhl, H., Beiträge zur Zoologie und vergleichenden Anatomie. Frankfurt a. M. 1820.

Le Double, A. F., Les anomalies du grand dorsal. Bulletin de la Société d'Anthropologie de Paris, Série IV, Tome IV. 1893.

— Traité des variations du système musculaire de l'homme. T. I. Paris 1897.

Leche, W., Bronns Klassen und Ordnungen des Tierreichs. 6. Bd. Säugetiere. Leipzig 1874. — 1900.

Loth, Eduard, Beiträge zur Anthropologie der Negerweichteile (Muskelsystem). Stuttgart 1912. [Aus Studien und Forschungen zur Menschen- und Völkerkunde, unter wissenschaftlicher Leitung von Georg Buschan.]

Macalister, A., Notes on muscular anomalies in Human anatomy. Proceedings of the Royal Irish Academy, Vol. IX. 1864—1866.

— Notes on an instance of irregularity in the muscles. Journ. of Anat. and Phys., Vol. I. 1867.

— On the myology of Bradypus tridactylus. The annals and magazine of natural history. 4th Series, Vol. IV. 1869.

— On some points of the Chimpanzee and others of the primates. Annals and magaz. of natural history. 4. S., **7**. 1871.

— On muscular anomalies in human anatomy. Proceed. of the Royal Irish Academy. 2. Series, **1**. 1871.

— Annals and Mag. Nat. History **10**, 133. 1872.

— The muscular Anatomy of the Gorilla. Proc. Royal Irish Acad. Temes Sc., Serie 2, Vol. I. Dublin 1873.

— The muscular Anatomy of the Gorilla. Proeeedings of the Royal Irish Academy Sc., Serie 2, Vol. I. Dublin 1873.

Mac Cornick, Journ. of Anat. and Phys. N. S. **1**, 13. 1886.

Mac Intosh, Proceed. Irish Academy **1**. 1874.

Meckel, J. F., System der vergleichenden Anatomie. Halle 1821—1833.

Michaelis, Zur vergleichenden Myologie des Cynocephalus babuin, Simia satyrus, Troglodytes niger. Archiv für Anatomie 1903.

Murie, J., and St. G. Mivart, On the Anatomy of the Lemuroidea. Transactions of the Zoological Society, Vol. VII, Part. I. 1872.

— Transact. Zoolog. Soc. **7**. London 1874.

Oudemans, J. T., Beiträge zur Kenntnis des Chiromys madagascariensis Cuv. Kön. Akad. der Wiss. zu Amsterdam 1888. Natuurk. Verh. d. Kon. Akademie. Dl. XXVII.

Owen, R., Monography on the Aye-Aye (Chiromys madagascariensis Cuvier). London 1863. On the Anatomy of Vertebrates, Vol. III. London 1868.

Pagenstecher, Ein Vergleich der Muskulatur des Drill mit der des Menschen. Der zoolog. Garten, Jahrg. 8. 1867.

Pira, Ad., Beiträge zur Anatomie des Gorilla. Vergleichend-anatomische Studien. Morpholog. Jahrb. **47**. 1913.

Polak, Clara, Die Anatomie des Genus Colobus. Verhandelingen der Koninklijke Akademie van Wetenschappen te Amsterdam. Deel XIV, Nr. 2. 1908.

Pozzi, S., De la valeur des anomalies musculaires au point de vue de l'anthropologie zoologique. Association française pour l'avancement des sciences. Comptes rendus de la 3me session. Lille 1874; Paris 1875.

Primrose, A., The Anatomy of the Orang-Outang. Transact. of the Canad. Inst., Vol. VI. University of Toronto. Studies. Anatomical series 1900.

Quains, Elements of Anatomy. Vol. II, Part. 2, Myology by G. D. Thane. London 1892.

Raubers Lehrbuch der Anatomie des Menschen, herausgegeben von Fr. Kopsch. 10. Aufl. Leipzig 1914.

Sommer, Das Muskelsystem des Gorilla. Jenaische Zeitschr. f. Naturwissensch. **42**. 1906.

Schück, Ad. C., Beiträge zur Myologie der Primaten. I. Der M. latissimus dorsi und der M. latissimo-tricipitalis. Morpholog. Jahrb. **45**, Heft 2. 1913.

Sutton, J. B., On some points in the anatomy of the Chimpanzee. Journal of Anat. and Phys., Vol. XVIII. 1884.

Symington, J., Observations of the Myology of the Gorilla and Chimpanzee. Rep. of the 59th Meeting of the Brit. Assoc. for the Advance of Sc. 1889. London 1890.

Testut, L., Dissection d'un jeune négresse d'origine sénégalienne. Gazette Médicale de l'Algérie. 1884.

— Observations d'anomalies musculaires recueillies sur un nègre de l'île Bourbon. Bordeaux, Impr. nouvelle A. Bellier & Comp. 1884.

— Dissection d'un Boschiman. Nouvelles Archives du Muséum d'histoire naturelle, Vol. VI. Paris 1884.

Tyson, E., Orang-Outang sive homo sylvestris or the anatomy of a pygmie compared with that of a Monkey, an Ape and a Man. London 1699.

Virchow, H., Über die Rückenmuskeln eines Schimpanse. Archiv für Anatomie 1909, Heft 3 und 4.

Vrolik, Recherches d'anatomie compar. sur le Chimpansé. Amsterdam 1841.

— W., Recherches d'anatomie comparée sur le genre Stenops d'Illiger. Nieuwe Verhandelingen der 1. Klasse van het Koninklijk Nederlandsch Instituut van Wetensch. etc. te Amsterdam. 1843.

Westling, Charl., Beiträge zur Kenntnis des peripherischen Nervensystems. Bihang till Svenska Vetenskaps-Akademiens Handlingar, T. IX. 1884. (Orang utan.)

— Anatomische Untersuchungen über Echidna. Bihang Svenska Vet. Akad. Handlingar **15**. Stockholm 1889.

Wichmann, Ralf, Die Rückenmarksnerven und ihre Segmentbezüge. Berlin 1900.

Wilder, B. G., Contributions to the comparative myology of the Chimpanzee. Boston Journal of Natural History, Vol. VII. 1859—1863.

Wood, J., Variations in Human Myology. Proceed. of the Royal Society of London, Vol. XV, 1867, S. 229 und 518, Vol. XVI, 1867/68, S. 68.

Young, Journ. of Anat. and Phys. **16**, 217. 1881—1882.

Zuckerkandl, E., Zur Anatomie von Chiromys madagascariensis. Denkschriften der mathematisch-naturwissenschaftl. Klasse der Kaiserl. Akad. d. Wissenschaften **68**. Wien 1899.

Gastrulation und Chordulation.

Von

Prof. Dr. **Hermann Triepel.**

(Aus der Entwicklungsgeschichtlichen Abteilung des Anatomischen Institutes in Breslau.)

Mit 2 Textfiguren.

Vor mehr als einem Menschenalter haben Sie, hochverehrter Herr Geheimrat, sich eingehend mit dem „Primitivstreifen" der Vögel beschäftigt, ingleichen mit dem von Ihnen entdeckten „Canalis neurentericus" der Gans. Darum scheint es mir statthaft zu sein, daß ich in der Festschrift, die Ihnen bei Gelegenheit Ihres 70. Geburtstages überreicht wird, von den theoretischen Ableitungen rede, die an die primitiven axialen Organe des Embryos geknüpft worden sind, und etwas ausführlicher über die Anschauungen berichte, die ich von den mit ihnen verbundenen Vorgängen der Gastrulation und Chordulation gewonnen habe.

Sie haben bereits die Entstehung einer Kommunikation zwischen dem Neural- und Darmrohr bei höheren Formen mit der Bildung des Blastoporus oder Urmundes bei niederen Wirbeltieren verglichen. Neben und ungefähr zur gleichen Zeit mit Ihnen hat Kupffer dasselbe Problem auf breitester Grundlage behandelt. Auf diese Arbeiten ist es zurückzuführen, daß die Annahme immer weitere Verbreitung fand, es sei die Invagination, die an den meroblastischen Wirbeltiereiern vorkommt, homolog der Invaginationsgastrulation der Keime von Evertebraten und von Amphioxus.

Für die Übertragung der Gastrulationstheorie von den meroblastischen auf die holoblastischen Wirbeltiereier, besonders diejenigen der Säugetiere, ist in erster Linie Bonnet eingetreten. Es ist mit Anerkennung hervorzuheben, daß er, was für die Durchführung einer Theorie sehr wichtig ist, eine Nomenklatur gebrauchte, die seinem Gedankengang mit vollkommener Konsequenz angepaßt erscheint. Bei ihm wird der Primitivstreifen zur Urmundleiste, die Primitivrinne zur Urmundrinne, der Primitivknoten zum Gastrulaknoten und die Primitivgrube zur Gastrulagrube, ihr Eingang zum Blastoporus oder Urmund. Dieser wird vorn von der vorderen Urmundlippe begrenzt, während der Kaudalknoten der hinteren Lippe entspricht. Der Kopffortsatz des Primitivstreifens heißt Urdarmstrang, er wird, wenn ihn ein Kanal („Chordakanal“ vieler Autoren) durchsetzt, zum Urdarm, dessen Wand, das Protentoderm, sich als Urdarmplatte in das primär gebildete Dotterentoderm einfügt. Der Ausdruck „Dotterentoderm“ wird in gleicher Weise für die einander homologen inneren Keimblätter dotterreicher und dotterloser Eier verwendet. Aus dem Protentoderm geht hervor durch Abschnürung die Chorda, ferner Mesoblast und ein Teil des Enteroderms (Darmentoderms).

Die Theorie von der „Invaginationsgastrulation der Wirbeltiere“, wie ich der Kürze halber die im vorstehenden gekennzeichnete Anschauung benennen will, ist auf das lebhafteste von Rabl befürwortet worden, besonders nachdem ihr Hubrecht eine andere Theorie entgegengesetzt hatte, die „Rückenmundtheorie“ heißen möge. Rabl wies vor allem darauf hin, daß bei Vögeln und Säugetieren die Chordaplatte der Autoren so viel Material enthalte, daß aus ihr außer der Chorda auch Darmentoderm hervorgehen muß.

Hubrecht äußert sich zunächst dahin, daß dem Begriff „Gastrulation“ eine auf alle Metazoen anwendbare Deutung gegeben werden müsse. Er definiert Gastrulation als den „Vorgang, bei dem ein Darmentoderm sich einem Hautektoderm gegenüber differenziert und somit aus der einschichtigen Keimanlage eine zweischichtige hervorgeht“. Nach ihm hat ferner die Invagination, die an der Rückenseite der Kraniotenkeime zur Beobachtung kommt, eine ganz andere Bedeutung als die bei Evertebraten und Amphioxus erfolgende Invagination. Dort hat sie mit der Darmbildung nichts zu tun, sie steht dagegen mit der Bildung der Chorda und des Mesoderms in engem Zusammenhang, sie bedingt die Entstehung der bilateralen Symmetrie und der Metamerie des Keimes. Die Invaginationsöffnung entspricht somit auch nicht dem Urmund oder Blastoporus, Hubrecht nennt sie „Rückenmund“. Sie ist vergleichbar dem Aktinienmundschlitz, der in das Stomodaeum führt und erst durch dieses in die Darmhöhle. Die Chorda ist aus dem Stomodaeum abzuleiten.

Für die Rückenmundtheorie Hubrechts ist Keibel eingetreten, auch O. Hertwig hat sie im Prinzip angenommen. Die drei genannten Forscher sprechen in gleicher Weise von einer „Gastrulation in zwei Phasen“, wobei sie als zweite Phase die Einleitung zur Bildung von Chorda und Somiten bei Kranioten ansehen. Das erscheint befremdlich im Hinblick auf die erwähnte, das Wesentliche treffende Definition von Gastrulation, wie auch Keibel erkennt, wenn er sagt: „Die sogenannte zweite Phase der Gastrulation darf nicht mehr Gastrulation genannt werden.“

In sehr lebhafter Weise hat Schlater die Rückenmundtheorie verteidigt. Seinen Arbeiten habe ich die Ausdrücke Chordula und Chordulation entlehnt, deren ich bei meinen weiterhin zu gebenden Ableitungen benötige.

Von den beiden einander gegenüberstehenden Theorien habe ich im vorstehenden nur eine Skizze entworfen, auf einzelne Punkte, die mit ihnen in Beziehung stehen, werde ich später noch zurückzukommen haben.

Zunächst scheint es, als ob sich die beiden Theorien gegenseitig vollständig ausschlössen, und doch ist, wie ich glaube, der Versuch nicht aussichtslos, sie miteinander zu vereinigen.

Man kann, wie ich es getan habe, zum Zweck der vorläufigen Verständigung von zwei Invaginationen reden, einer ersten und einer zweiten, die sich zeitlich und formell voneinander unterscheiden. Die erste führt, wo sie vorhanden ist, in erster Linie zur Bildung eines Darms, die zweite zur Bildung von Chorda und Mesoderm. Hierdurch ist vorerst noch nichts über das morphologische Verhältnis ausgesagt, in dem sie zueinander stehen. Die erste Invagination findet sich — wenn man von den Evertebraten absieht — nur bei Amphioxus, die zweite bei Ichthyopsiden, Sauropsiden und Säugern[1]).

Wenn man den Ableitungen Hubrechts folgt, so sieht man die beiden Invaginationen in einem neuen Lichte, die zweite erscheint dann als eine Fortsetzung der ersten, als eine Ergänzung zu ihr. Hieraus ergibt sich auch, daß ein morphologischer Zusammenhang zwischen ihnen besteht. Freilich ist das nicht in dem Sinne zu verstehen, daß die zweite Invagination einfach der ersten homologisiert werden könnte. An diese erinnern, d. h. ihr homolog sind nur Vorgänge, die die zweite Invagination vorbereiten und einleiten oder als Begleiterscheinungen neben ihr einhergehen und als solche mehr oder weniger in die Augen fallen.

Der Canalis neurentericus, dessen regelmäßige Wiederkehr so oft zugunsten der Vererbungshypothese verwandt worden ist, erweist sich als eine Konvergenzerscheinung. Seine Wand besteht bei höheren Formen zum Teil aus anderem Material als bei Amphioxus. Dabei soll nicht bestritten werden, daß der erste Anstoß zu seiner Anlage auf vererbten Mechanismen beruht.

Von den beiden Theorien, die ich einander näher bringen möchte, hat jede manches Bestechende. Für die „Gastrulationstheorie" spricht nach meinem Dafürhalten besonders der Umstand, daß bei höheren Formen, wie mir eigene Präparate und viele in der Literatur niedergelegte Abbildungen zu beweisen scheinen, Zellen der Chordaplatte

---

[1]) In meiner ersten, auf den Gegenstand sich beziehenden Publikation (1914) habe ich die Anamnier zu den Formen mit erster Invagination gestellt, später (1916) habe ich die Einteilung so vorgenommen, wie sie oben angegeben ist.

zum Darmentoderm hinzugezogen werden. Auch ist das Material der Chordaplatte zu groß, als daß es sich mit der Bildung der Chorda erschöpfen würde. Doch lege ich hierauf nicht viel Gewicht, da ich gelegentlich gesehen habe, daß die Chordaplatte auch noch mesodermale Elemente (außer der Chorda) liefern kann.

Der „Rückenmundtheorie“ günstig ist die leicht zu beobachtende Tatsache, daß die bei der „zweiten Invagination“ gelieferte Chordaanlage deutlich die Eigenschaften des Ektoderms zeigt. Der histologischen Verwandtschaft beider Teile ist, wie ich glaube, die größte Bedeutung zuzuerkennen.

Solche und ähnliche Überlegungen haben sich bei mir zu Anschauungen verdichtet, die ich in zwei Arbeiten (1914 und 1916) dargelegt habe, und denen ich in meinem Lehrbuch der Entwicklungsgeschichte gefolgt bin. Im folgenden will ich sie kurz zusammenfassen.

Sämtliche Metazoen durchlaufen, wie bekannt, während ihrer frühen Entwicklung mehrere Stadien, die überall angetroffen werden, wenn auch oft in stark modifizierter Form. Es handelt sich um das Morula-, Blastula- und Gastrulastadium. Ihnen ist bei Chordaten das Chordulastadium anzufügen.

Wichtig erscheint es mir, die Gastrula in möglichst einfacher Weise zu definieren, nämlich als den die erste Darmanlage enthaltenden Keim der Metazoen. Dabei ist es gleichgültig, ob die Gastrula durch Invagination oder durch Epibolie oder durch Delamination oder durch Immigration entsteht. In den meisten — aber nicht allen — Fällen deckt sich die angegebene Definition mit dem Begriff des „zweischichtigen Keimes“.

Die Chordula ist durch das Auftreten des die Chordaanlage enthaltenden Mesoblasts charakterisiert. Die Chorda gehört, wie ich mit Koelliker annehme, und wie ich 1914 ausführlich begründet habe, zum mittleren Keimblatte. Man könnte daher geneigt sein, die Chordula einfach als dreischichtigen Keim der Chordaten zu definieren. Indessen ergibt sich hier eine Schwierigkeit aus dem Verhalten der Primatenkeime. Bei diesen ist ein Teil des Mesoblasts, der primäre Mesoblast, bereits vorhanden, bevor die axialen Primitivorgane erschienen sind, von denen die Chordaanlage ausgeht. Daher erscheint es korrekter, wenn man den Begriff enger faßt und die Chordula definiert als „den eine Chordaanlage zeigenden dreischichtigen Keim der Chordaten“.

Gastrulation ist „die Bildung des die erste Darmanlage enthaltenden Keimes der Metazoen“, Chordulation „die Bildung des eine Chordaanlage zeigenden dreischichtigen Keimes der Chordaten“.

Nun kann die Chorda und das übrige Mesoderm aus dem Entoderm hervorgehen, wie bei Amphioxus. Dann liegt eine „entodermale Chordulation“ vor. Oder die Chorda und das übrige Mesoderm können dem Ektoderm entstammen, wie bei den Kranioten. Dann handelt es sich um eine „ektodermale Chordulation“[1]).

Die Angabe, die Chordulation der Kranioten sei ektodermal, könnte vielleicht bemängelt werden, weil bei diesen Chorda und Mesoderm unzweifelhaft Zuwachs von seiten des Entoderms erhalten. Ohne auf Einzelheiten einzugehen, will ich nur an den entoblastogenen blutbildenden „ventralen“ Mesoblast Rückerts, die „Ergänzungsplatte“ Bonnets (bei Vögeln und Säugetieren) und an die zur Bildung von Mesoblast dienende ringförmige Entoblastwucherungszone erinnern, die von Bonnet beim Schaf, von Hubrecht bei Sorex und Tarsius gefunden wurde. Es zeigt sich hier, wie auch anderwärts, daß die Keimblätter bei der Entstehung der Organe keine ausschlaggebende Rolle spielen, daß sie, wie ich sie genannt habe, „Durchgangsstationen sind, die von den Organen auf ihrem Entwicklungswege durchlaufen werden müssen“. Man könnte, wenn man vollkommen korrekt sein will, von

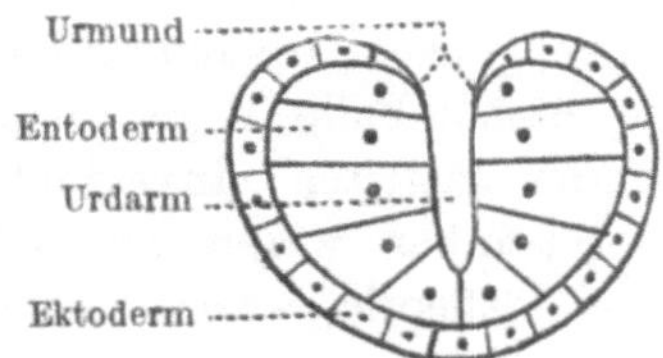

Fig. 1. Gastrula eines Coelenteraten (eines Hydroiden). Schema.

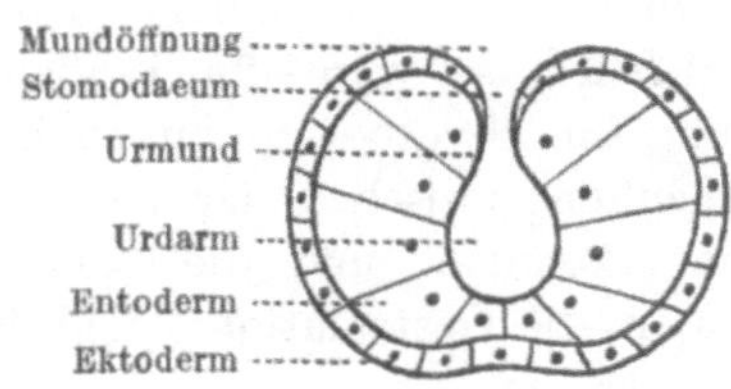

Fig. 2. Stomodaeula eines Coelenteraten (einer Aktinie). Schema.

einer ekto-entodermalen Chordulation der Kranioten sprechen. Da aber bei diesen das Ektoderm die Hauptquelle für die Bildung der Chorda darstellt und eine solche Beziehung sofort in die Augen springt, so kann man es, wie ich glaube, bei dem Ausdruck „ektodermale Chordulation“ bewenden lassen, zumal er auf den Gegensatz hinweist, der zwischen den Kranioten und Amphioxus mit seiner rein entodermalen Bildung von Chorda und Mesoderm besteht.

Ektodermale Chordulation ist dasselbe, was ich oben als „zweite

[1]) Wenn auch die Chorda bald vom äußeren, bald vom inneren Keimblatt abzuleiten ist, so hindert das nicht, daß man sie zum Mesoblast rechnet, wie ich z. B. auch mit anderen Autoren sage, das Blut sei mesoblastischer Natur, obgleich es wohl in letzter Linie vom inneren Keimblatt abstammt. — Um die folgende Darstellung zu erleichtern, werde ich öfter Chorda und Mesoderm gesondert erwähnen, wobei dann unter letzterem das mittlere Keimblatt ohne Chorda zu verstehen ist.

Invagination“ bezeichnet habe. Sie ist abzuleiten (nach Hubrecht) von der bei vielen Coelenteraten (Aktinien, Ctenophoren) vorkommenden Bildung eines Stomodaeums. In Fig. 1 ist die Gastrula, in Fig. 2 die Stomodaeula eines Coelenteraten schematisch dargestellt. Man sieht, daß die letztere eine Ergänzung der ersteren ist. Bei Stomodaeulation — sit venia verbo — wird, wie Fig. 2 zeigt, der Urmund von der Oberfläche in die Tiefe verlagert. Ebenso ist auch im Falle ektodermaler Chordulation der Urmund in der Tiefe des Keimes zu suchen, er liegt als „virtueller Urmund“ am Rande der Chordaanlage, dort, wo ektodermales an entodermales Material anstößt.

Mit der ektodermalen Chordulation steht ein wichtiger Vorgang in Zusammenhang: es wird Material von der Oberfläche des Keimes in die Tiefe transportiert, zum Zweck der Beteiligung an der Bildung des Darmentoderms. Das Material ist als „Urentoderm“ zu bezeichnen. Man könnte sich vorstellen, daß die Chordaanlage bei ihrem Einwachsen das Urentoderm vor und neben sich herschiebt; es ist auch denkbar, daß die Verlagerung des Urentoderms das Primäre ist und dieses die Chordaanlage nachzieht. Trifft die zweite Annahme das richtige, so wäre die Tendenz zu der ganzen Invaginationsbewegung im Urentoderm zu suchen. In diesem Falle wäre der Zusammenhang zwischen der „ersten“ und der „zweiten“ Invagination leicht erkennbar, und die beiden sich scheinbar widersprechenden Theorien, die Gastrulations- und Rückenmundtheorie, wären einander nähergebracht.

Der Umfang des Urentoderms ist offenbar in den einzelnen Gruppen der Kranioten sehr verschieden. Seine Abgrenzung in den verschiedenen Phasen der Chordulation ist vorläufig kaum durchführbar.

Man könnte den Vorgang der ektodermalen Chordulation in mehrere Unterabteilungen zerlegen, was bei den einzelnen Gruppen in sehr verschiedener Weise zu geschehen hätte. Bei den Primaten folgen aufeinander Bildung des Primitivstreifens, Bildung des Kopffortsatzes und Ausbreitung des axialen Mesoblasts, Chordakanal, Canalis neurentericus und Chordaplatte, Abschnürung der Chorda und Abgabe von Material an das Darmentoderm.

Es ist verlockend, die Chordulationstheorie bei den einzelnen Gruppen der Chordaten weiter zu verfolgen. Indessen würde die Durchführung einer solchen Aufgabe im Rahmen eines kurzen Aufsatzes nicht möglich sein. Ich muß mich daher auf einzelne Bemerkungen beschränken, die den Gegenstand erläutern sollen, und glaube das um so eher tun zu können, als ich in meinem Lehrbuch der Entwicklungsgeschichte die Gastrulation und Chordulation der Amphibien, Vögel, Säugetiere und des Menschen ziemlich ausführlich (die der Selachier und Reptilien etwas kürzer) geschildert habe. Ein sehr reiches hierhin gehörendes Tatsachenmaterial ist in der Literatur niedergelegt und in großer Vollständigkeit von O. Hertwig in seiner Abhandlung „Die Lehre von den Keimblättern" im „Handb. d. Entwicklungslehre", 1. Bd., 1. T., zusammengestellt worden. Auf einige der dort aufgenommenen Abbildungen werde ich im folgenden hinzuweisen haben (bezeichnet mit H.). Auch auf einige Figuren meines Lehrbuches beziehe ich mich (bezeichnet mit T.). Die Auffassung der Autoren, auf deren Abbildungen ich hier verweise, stimmt öfters mit der meinigen nicht überein.

1. Amphioxus.

Die Gastrulation erfolgt durch Invagination. Die Chordulation ist entodermal.

2. Cyclostomen.

Bei den Petromyzonten entsteht die Gastrula (ähnlich wie bei den Amphibien) durch Invagination, verbunden mit Epibolie. An die Gastrulation schließt sich ein Vorgang an, den ich als ektodermale (ekto-entodermale) Chordulation bezeichnen muß. Vom Ektoderm her schieben sich zylindrische Zellen vor, die anscheinend die runden Entodermzellen zurückdrängen, wobei die Gastrulationshöhle durch die Chordulationshöhle vergrößert wird (H., Fig. 261, Petromyzon, nach Goette). Das mittlere Keimblatt stößt bei seiner Bildung an die Chordaanlage und an das Entoderm an; wahrscheinlich erhält es von beiden Zuwachs. Querschnitte durch den Kopf eines jungen Embryos erinnern lebhaft an entsprechende Bilder von Amphioxus mit den zur Entstehung des Mesoderms führenden Rinnen im Dach des Urdarms (H., Fig. 269, Petromyzon, nach Kupffer).

Die Myxinoiden unterscheiden sich in ihrer Entwicklung auffallend von den Petromyzonten und nähern sich den Selachiern. Ihre Gastrulation erfolgt wie bei diesen durch Delamination (H., Fig. 276, Bdellostoma, nach Dean), ihre Chordulation ist (wahrscheinlich) ektodermal.

3. Selachier.

Die Gastrulation erfolgt durch Delamination. Die Keimblasenhöhle wird durch schärfere Differenzierung der primären Keimblätter zur Gastrulahöhle. In der Wand der Gastrula sind deutlich zu unterscheiden das aus zylindrischen Zellen festgefügte Ektoderm und das aus rundlichen Zellen zuerst locker, später fester gefügte Entoderm (H., Fig. 353 und T., Fig. 38, Pristiurus, nach Rückert). Die Chordulation ist ektodermal (ekto-entodermal), die Zellen der Chordaanlage lassen deutlich ihren ektodermalen Ursprung erkennen (H., Fig. 356 und T., Fig. 39, Torpedo, nach Ziegler). Bei Gelegenheit der Chordulation werden Urentodermzellen in die Tiefe verlagert. Das mittlere Keimblatt nimmt seinen Ursprung zum Teil aus dem Ektoderm, zum Teil aus dem Entoderm. Es entsteht an zwei Stellen, die das gemeinsam haben, daß an ihnen ektodermale Elemente an entodermale angrenzen (virtueller Urmund), nämlich am Rande der Chordaanlage und am Rande der Keimscheibe (H., Fig. 362 und T., Fig. 40, Pristiurus, nach Rabl).

4. Teleostier.

Das Bild der frühesten Entwicklung wird vollkommen von der ektodermalen Chordulation beherrscht (die von fast allen Autoren als Gastrulation bezeichnet wird) oder, genauer gesagt, von dem ersten Teile der ektodermalen Chordulation. Die eingestülpte Schicht hat anfangs ausgesprochen ektodermalen Charakter (H., Fig. 380, Salmonidenkeim, nach Jablonowski). Aus ihr geht die Chordaanlage hervor und ferner das (übrige) Mesoderm und das Entoderm (Urentoderm); die beiden Keimblätter, das mittlere und innere, sondern sich durch einen Delaminationsprozeß voneinander (H., Fig. 405, Salmo salar, nach Goronowitsch). Man erhält den Eindruck, daß bei den Teleostiern eine zeitliche Verschiebung zwischen Gastrulation und Chordulation eingetreten ist. (Eine zeitliche Verschiebung eines Entwicklungsvorganges, die während der Phylogenese eintrat, kann ja auch anderwärts beobachtet werden!) Die Chordulation, die sonst häufiger der Gastrulation nachfolgt, geht dieser hier mit ihrem Anfang voraus. Die Folge ist die, daß die Gastrula nicht zweiblättrig, sondern sofort dreiblättrig erscheint.

5. Ganoiden.

Die Knorpelganoiden stehen in ihrer frühesten Entwicklung den Petromyzonten und den meisten Amphibien nahe. Die Gastrulation erfolgt wie bei diesen durch Zusammenwirken von Epibolie und Invagination. Zeitlich nicht von ihr zu trennen ist die deutlich ektodermale Chordulation (H., Fig. 337, Acipenser, nach Salensky).

Die Entwicklung der Knochenganoiden erinnert in einigen Punkten, die hier nicht besprochen werden (Bildung des zentralen Nervensystems), an die der Teleostier, in anderen wieder an die der Petromyzonten und Amphibien. Es vereinigen sich Gastrulation durch Invagination und ektodermale (ekto-entodermale) Chordulation (H., Fig. 349, Amia calva, nach Dean). Bei der Einstülpung ektodermalen Materials werden Urentodermzellen in die Tiefe verlagert. Die seitlichen Teile des Mesoderms lehnen sich zur Zeit ihrer Bildung wie bei Petromyzon an die Chordaanlage und das Entoderm an (H., Fig. 350 *B*, Lepidosteus, nach Dean).

6. Dipnoer.

Es besteht auch hier eine große Ähnlichkeit mit den Amphibien. Die Gastrulation kommt durch Invagination im Verein mit Epibolie zustande. Die mit ihr verbundene Chordulation ist ektodermal (H., Fig. 335, Ceratodus, nach Semon), sie liefert die Chordaanlage und das axiale Mesoderm.

7. Amphibien.

Urodelen und Anuren stehen in ihrer ersten Entwicklung den Petromyzonten nahe. Es vermischen sich wie bei diesen epibolische und Invaginationsgastrulation, die gleichzeitig einsetzende Chordulation ist ektodermal (ekto-entodermal). Daß die Chordaanlage vom äußeren Keimblatt abgeleitet werden muß, ist unverkennbar (H., Fig. 290, Triton, nach O. Hertwig; H., Fig. 295, Frosch, nach O. Hertwig; T., Fig. 42, Amblystoma). Das (übrige) Mesoderm ist sowohl vom äußeren wie vom inneren Keimblatt abzuleiten.

Die Gymnophionen nehmen infolge des großen Dotterreichtums ihrer Eier eine besondere Stellung ein. Die Gastrulation erfolgt bei ihnen durch Delamination. Die Chordulation ist deutlich ektodermal (H., Fig. 299, Hypogeophis, nach Brauer). Vor der aus zylindrischen Zellen bestehenden Chordaanlage liegen kleinere, polyedrische vegetative Zellen; ob sie als Urentoderm anzusprechen sind oder zum primären Entoderm gehören, möchte ich nicht entscheiden.

8. Reptilien.

Die Entwicklung der Reptilien soll nach oft geäußerter Ansicht besonders beweisend für die Gastrulationstheorie sein. Ich glaube sie mit demselben Rechte als Stütze der Chordulationstheorie anziehen zu können. Das innere Keimblatt (von Kupffer als Paraderm beschrieben) bildet sich durch Delamination. An der Chordulationshöhle

(O. Hertwigs Mesodermsäckchen) ist das Dach mit dem ektodermalen Charakter deutlich verschieden von dem Boden (H., Fig. 433 und T., Fig. 44, Platydactylus, nach Will), aus dem Dach entsteht die Chorda, die Zellen des Bodens stellen Urentoderm dar. Das Mesoderm ist von den Seitenwänden der Chordulationshöhle und vom hinteren Teil der den Einstülpungsort bezeichnenden „Primitivplatte" abzuleiten, vielleicht liefert das Entoderm noch einen kleinen Zuwachs. Die Chordulation ist somit im wesentlichen ektodermal.

9. Vögel.

Die Gastrulation erfolgt durch Delamination, die erste Anlage der Darmhöhle ist die zwischen primärem Entoderm (Dotterblatt) und Dotter liegende, sog. subgerminale Höhle. Primitivstreifen und Kopffortsatz sind ektodermale Bildungen (H., Fig. 510 *A*, Sperling, nach Schauinsland; T., Fig. 47, Fig. 48, Huhn), beide liefern Mesoderm, der Kopffortsatz die Chordaplatte (ektodermale Chordulation). Da der Rand der ausgebreiteten Chordaanlage als Urentoderm zum Darmentoderm hinzugezogen wird, ist anzunehmen, daß entodermbildende Zellen sich bereits in frühester Zeit an der Oberfläche des Keimes neben ektodermalen Elementen finden.

10. Säugetiere.

Eine Schicht des Embryonalknotens differenziert sich zum inneren Keimblatt, dieses liefert die Auskleidung der ersten Darmanlage und der Nabelblase, es liegt also Gastrulation durch Delamination vor (T., Fig. 51, 55, 56, Schemata nach Keibel; H., Fig. 585, 586 und T., Fig. 57, Maus, nach Selenka). Wie bei den Vögeln, sind auch hier Primitivstreifen und Kopffortsatz, also die Bildner von Chorda und Mesoderm, ektodermaler Herkunft. Gelegentlich ist der Zusammenhang der Chordaanlage mit dem Ektoderm sehr deutlich zu sehen (H., Fig. 616, Vespertilio, nach Van Beneden). Die in das innere Keimblatt eingelagerte Chordaplatte gibt wahrscheinlich ihre Randzellen als Urentoderm an das Darmentoderm ab. Das, was oben bei den Vögeln über die ursprüngliche Lage des Urentoderms an der Oberfläche des Keimes gesagt wurde, gilt auch von den Säugetieren.

11. Mensch.

Die jüngsten bekannten Keime des Menschen befinden sich, wie man annehmen muß, im Gastrulastadium; ein Entodermbläschen, die erste

Anlage von Darm und Nabelblase, ist vorhanden. Es hat sich ebenso wie das Amnionbläschen, wie jetzt wohl allgemein angenommen wird[1]), durch Dehiszenz in einem Zellhaufen gebildet. Wie bei den übrigen Säugetieren ist auch bei den Primaten, insbesondere dem Menschen, die Chordulation ektodermal. Aus welchen Vorgängen sie sich hier zusammensetzt, habe ich bereits oben erwähnt (S. 290). Daß beim Menschen ein primärer Mesoblast auftritt, bevor die axialen Organe angelegt sind, ist als ein Anachronismus aufzufassen, der in der Phylogenie nicht ohne Beispiel ist.

Es ist eine Aufgabe der kommenden Jahre, an der Hand neuer ausgedehnter Untersuchungen die Verwendbarkeit der Chordulationstheorie bei den einzelnen aufgezählten Abteilungen der Chordaten zu prüfen. Einen Versuch dieser Art habe ich 1916 für den Menschen unternommen.

Literaturverzeichnis.

(Arbeiten, die für das Thema bemerkenswert erscheinen.)

Gasser, Der Primitivstreifen bei Vogelembryonen. Schriften d. Gesellschaft z. Beförderung d. gesamten Naturw. in Marburg **11**. 1878. — Cassel 1879.

— Beiträge zur Kenntnis der Vogelkeimscheibe. Archiv f. Anat. u. Physiol., Anat. Abt., 1882, S. 359.

Kupffer, C., Die Gastrulation an den meroblastischen Eiern der Wirbeltiere und die Bedeutung des Primitivstreifs. Archiv. f. Anat. u. Physiol., Anat. Abt. 1882, S. 1ff., 139ff., 1884, S. 1ff.

Bonnet, R., Beiträge zur Embryologie der Wiederkäuer, gewonnen am Schafei. Arch. f. Anat. u. Physiol., Anat. Abt., 1889, S. 1ff.

— Lehrbuch der Entwicklungsgeschichte. Berlin 1907. 2. Aufl. 1912.

Rabl, C., Édouard Van Beneden und der gegenwärtige Stand der wichtigsten von ihm behandelten Probleme. Archiv f. mikr. Anat. **88**, S. 3ff. 1915.

Hubrecht, A. A. W., Die Gastrulation der Wirbeltiere. Anat. Anz. **26**, S. 353ff. 1905.

Keibel, F., Die Gastrulation und die Keimblattbildung der Wirbeltiere. Ergebn. d. Anat. u. Entwicklungsgesch. **10**, S. 1002ff. 1901.

— Zur Gastrulationsfrage. Anat. Anz. **26**, S. 366ff. 1905.

Hertwig, O., Die Lehre von den Keimblättern. Handb. d. Entwicklungslehre **1**, 1. Teil, S. 699ff. 1906.

---

[1]) In meiner Abhandlung von 1916 habe ich irrtümlich angegeben, Strahl und Beneke hätten hinsichtlich des Amnions eine andere Ansicht vertreten. Ich will Gelegenheit nehmen, diese Angabe zu berichtigen.

Schlater, G., Über die phylogenetische Bedeutung des sogenannten mittleren Keimblattes. Anat. Anz. **31**, S. 312ff., 321ff. 1907.

Triepel, H., Chorda dorsalis und Keimblätter. Anat. Hefte I. Abt., **50**, S. 499ff. 1914.

— Ein menschlicher Embryo mit Canalis neurentericus. Chordulation. Anat. Hefte I. Abt., **54**, S. 149ff. 1916.

— Lehrbuch der Entwicklungsgeschichte. Leipzig 1917.

Über die Verwendung der Kälte in der anatomischen Technik.

Von

Physikus Dr. med. **Karl Reuter**, Hamburg.

Mit 15 Textfiguren.

In der makroskopischen Anatomie sowohl wie in der histologischen Technik hat sich die Gefriermethode einen hervorragenden Platz erobert.

Auch der Umstand, daß die Fäulniserscheinungen an Leichen und Leichenteilen bei niedrigen Temperaturen hintangehalten werden, hat von jeher das Interesse der Anatomen für die Fortschritte der Kühltechnik wachgehalten.

Zweifellos scheint die Abkühlung eines Leichenkellers bis auf die Höhe von 0° C schon ein wertvolles Mittel zur Erreichung einer bestmöglichen Konservierung der anatomischen Objekte in ungefrorenem Zustande zu sein; und wohl die Mehrzahl der bis jetzt in anatomischen Anstalten in Gebrauch befindlichen Kühlvorrichtungen mag in Hinsicht auf diesen Grundgedanken erbaut worden sein.

Indessen hat diese Konservierungsmethode noch keine allgemeine Verbreitung gefunden, und es gibt auch heute nur wenige Institute, welche in der Lage sind, sich ihrer mit besonderem Erfolg zu bedienen. Selbst eine mit ganz modernen technischen Hilfsmitteln ausgestattete Anstalt, wie die Marburger Anatomie, hat auf die genannte Einrichtung bis jetzt Verzicht geleistet und wie ich wohl im voraus sagen darf, mit vollem Recht. Hier wie an den meisten anderen Plätzen beherrscht die chemische Konservierungsmethode (Injektion von Formolgemischen u. dgl.) nach wie vor das Feld. So wurden beispielsweise nach einer Mitteilung Gassers an Waldeyer (1) aus dem Jahre 1904 (und werden vielleicht gegenwärtig noch) die Leichen der Marburger Anatomischen Anstalt mit einer Mischung von 10—15 ccm Formalin und 1 l Alkohol von 70 % injiziert. „Je nach der Größe der Körper werden 3—5 l eingespritzt. Die Aufbewahrung der Leichen erfolgt in Alkoholdampf unter Wasserrinnenverschluß. Wesentlich ist die richtige Abschätzung der Flüssigkeitsmenge und die gute Ausführung der Injektion, gegebenenfalls der Nachinjektion der unteren Extremität. Die Füllung von der Art. axillaris aus wird bevorzugt.“

Solche und ähnliche Methoden, die sich in der Praxis bewährt haben und mit welchen man das erstrebte Ziel, ein brauchbares Unterrichtsmaterial, erlangen kann, dürften nur dann gegenüber einem kostspieligen Kühlverfahren geopfert werden, wenn sowohl die Ersparnis an Mühe und Arbeit als auch ein noch besseres Resultat die Ausgabe lohnten. Das aber scheint bis jetzt nicht allgemein der Fall zu sein, und es ist in der Tat nicht schwierig, die Gründe dafür ausfindig zu machen. Man kommt bei solchen Überlegungen gezwungenermaßen zu dem Ergebnis, daß eine Abkühlung des Aufbewahrungsraumes bis auf 0° die Leichenfäulnis nicht genügend hintanzuhalten vermag, sobald es sich um eine langdauernde Aufbewahrung handelt. Tatsächlich wissen wir auch, daß eine nicht geringe Zahl von Fäulniserregern, insbesondere auch die Schimmelpilze u. a., ihr Zerstörungswerk bei dem in Frage stehenden Temperaturen ungehindert fortzusetzen vermögen (2—7). Da das den anatomischen Anstalten von fernher zugeführte Leichenmaterial nun keineswegs immer frisch ist, so kann man sich durchaus vorstellen, daß der Nutzen einer Kühlanlage, von der Leistungsfähigkeit, wie wir sie bis jetzt in Betracht gezogen haben, relativ gering, ja bei lange Zeit notwendig werdender Leichenbewahrung völlig illusorisch sein kann und zu den Bau- und Betriebskosten in keinem Verhältnis steht.

Nichtsdestoweniger würde man zu weit gehen, wenn man sagen wollte, daß die Frage der Kältekonservierung von Leichenmaterial für anatomische Zwecke als eine unlösbare Aufgabe zu den Akten zu geben sei.

Daß es sich dabei um kein von vornherein ganz aussichtsloses Bestreben handeln kann, lehrt ein vergleichender Blick auf die Leistungen unserer großen Schlacht- und Kühlhäuser, in denen frisches Fleisch auf kühltechnischem Wege monatelang genußfähig erhalten wird. Eine solche Tatsache ist geeignet, immer wieder zu der Überlegung anzuspornen, ob nicht etwas Ähnliches bei der Leichenkonservierung für anatomische Zwecke ebenfalls zu erreichen wäre.

Ein solches Problem entbehrt nicht gewisser Reize, wenn man bedenkt, welchen bedeutsamen Wert die Erhaltung von Farbe und Konsistenz der Leichenpräparate allein schon für den Medizinstudierenden hätte.

Allerdings besteht zwischen Schlachthausmaterial und anatomischem Leichenmaterial hinsichtlich des ursprünglichen Zustandes ein fundamentaler Unterschied. Das erstere kann absolut frisch, das letztere aber bereits in mehr oder weniger weitgehender Zersetzung begriffen, dem Kühlprozeß unterworfen werden. Diejenigen Temperaturen, welche zur Frischerhaltung des ersteren genügen, reichen daher selbstverständlich zur Konservierung des letzteren bei weitem nicht aus.

Man wird also auf Grund einfacher Überlegung bei der Leichenkonservierung weit unter 0° abkühlen und damit eine Temperaturgebiet in Anwendung bringen müssen, welches notwendigerweise zum Hartfrieren des Leichenmaterials führt. Diese Methode aber ist für die Zwecke der Leichenkonservierung sensu strictiori in der normalen Anatomie bisher nirgends verwendet worden, weil dann die direkte Bearbeitung mit dem Seziermesser unmöglich ist und jedesmaliges Auftauen der Leichen erforderlich wird. Immerhin bildet dieser Umstand kein unüberwindliches Hindernis, und man braucht seinetwegen die Erörterung der sich daran anknüpfenden Fragen nicht ohne weiteres abzulehnen, wenn sich Aussichten bieten, die Leichenkonservierungsfrage im übrigen technisch mit besserem Erfolg zu lösen als bisher.

Während einer langjährigen gerichtsärztlichen Tätigkeit habe ich auf Grund einer großen Zahl von Beobachtungen an gefrorenem Leichenmaterial in allen nur denkbaren Stadien der Zersetzung die Überzeugung gewonnen, daß mit dem Augenblick des vollendeten Hartgefrorenseins die Fäulnisvorgänge in biologischem Sinne vollständig aufhören.

Diese Beobachtungen finden auch in den Erfahrungen der Tierärzte ihre Bestätigung. So sagt Ostertag (7): „Wenn es auch nicht möglich ist, durch Kälte die Fäulniserreger zu töten, so gelingt es durch niedrige Temperaturen doch, das Wachstum und die Vermehrung der Bakterien zu verhüten, sie in latentem Zustande zu erhalten.“ Auch nach meinen Erfahrungen kann bei einer dauernden Temperatur von etwa —10° C von einem völligen Sistieren aller Bakterienwucherung wohl die Rede sein. Wenn auch die Lebensfähigkeit aller Mikroorganismen damit noch nicht vernichtet ist (2—6), so kann sie doch erst nach erfolgtem Auftauen des Kadavers wieder erneut einsetzen. Es würde also eine hartgefrorene Leiche, bei etwa —10° C aufbewahrt, nicht faulen können und in diesem Sinne eigentlich unbegrenzt haltbar sein.

Wir wissen aus dem Bericht Friedenthals (8), daß Jahrtausende alte, in den Tundren Sibiriens eingefrorene Mammutleichen sich nach dem Auftauen so frisch erwiesen haben, daß ihr Fleisch von Hunden mit Gier gefressen wurde. Auch Ostertag (7) erwähnt, daß heute noch die Jakuten ihre Hunde mit solchem Mammutfleisch aus dem Eise der Lena füttern.

Gehen wir also von der Annahme aus, daß solche Voraussetzungen im wesentlichen richtig sind, so würde der Anatom in der Lage sein, das ihm zugeführte Leichenmaterial durch sofortiges Einfrieren dauernd konservieren, ansammeln und nach Bedarf zu beliebigen Zeiten in Gebrauch nehmen zu können.

Es würde sich nach jeweiligem Auftauen in dem gleichen Erhaltungszustande befinden, in welchem es seinerzeit dem Institut zugeführt worden war. Die außerordentlichen Vorteile einer solchen Möglichkeit werden am deutlichsten gekennzeichnet durch die Äußerungen Frorieps auf der Anatomenversammlung in Tübingen im Jahre 1899, wo er die Demonstration der Kühlanlage der dortigen anatomischen Anstalt mit den Worten einleitete: „Die meisten von uns haben mehr oder weniger zu kämpfen für die Versorgung des Präpariersaals mit reichlichem Leichenmaterial. In der schwierigeren Lage befinden sich die in kleinen Städten gelegenen Institute. Die Abnahme in der Zahl der eingelieferten Kadaver macht sich aber nicht nur in diesen, sondern, soweit meine Erkundigungen reichen, wenigstens in Deutschland, allgemein geltend und dürfte auf Ursachen zurückzuführen sein, die, wie vor allem die Ausbreitung der Unterstützungskassen, in der Zukunft höchst wahrscheinlich eine immer größere Wirkung ausüben werden.

Es ist daher von Wichtigkeit, durch erfolgreiche Konservierung wenigstens dafür sorgen zu können, daß das eingelieferte Material in vollem Umfang verwertbar bleibt. Aber nicht nur dies. An Orten, wo, wie hier in Tübingen, bisher keine Kühlvorrichtungen vorhanden waren und die Leichenzufuhr deshalb während der heißen Jahreszeit ganz unterbrochen wurde, kann durch Herstellung einer Kühlanlage und hierdurch ermöglichte Ausdehnung der Zufuhr auf alle Jahreszeiten eine positive Vermehrung des eingelieferten Materials erreicht werden. Zu diesem Vorteil kommt noch die Rücksicht auf die chirurgischen Operationsübungen an der Leiche, die hier wie anderwärts während des Sommersemesters gehalten werden und bisher trotz sorgfältiger Durchführung der Carbolinjektion unter dem schlechten Zustande des Materials empfindlich gelitten haben.“ (9.)

Man kann sich allerdings wohl kaum vorstellen, daß die demonstrierte Kühlanlage des Tübinger anatomischen Institutes die erstrebten Vorteile voll und ganz erreicht und die Schwierigkeiten der Leichenkonservierung in befriedigender Weise beseitigt hat. Es war eben in Deutschland der erste Versuch mit einer Anlage, welche dem Projekt nach den Leichenkeller auf + 3° C erhalten sollte. Ein Durchfrierenlassen des genannten Leichenmaterials war also nicht beabsichtigt und hätte wesentlich andere Einrichtungen bedingt. Indessen zeigte sich, daß die Anlage auch mit einer für die Ziele der normalen Anatomie sehr wichtigen Nebeneinrichtung verknüpft war. Es war mit ihr ein Gefrierkasten verbunden, in welchem Leichenteile bis zur Größe eines ganzen Kadavers einer Temperatur von —12° beliebig lange ausgesetzt werden konnten. Diese Einrichtung zielt natürlich auf die Herstellung von Gefrierschnitten hin.

Die Gefrierschnittmethode ist wohl zweifellos eines der wichtigsten Hilfsmittel für die topographisch-anatomische Forschung geworden, besonders seitdem dieselbe in Deutschland durch W. Braune zuerst in größerem Umfange betrieben und durch den prachtvollen Atlas dieses

Forschers populär gemacht worden ist. An die Entstehung des Verfahrens knüpfen sich nach Braunes eigener Darstellung die verdienstvollen Arbeiten von Ed. Weber, M. Riemer, N. Pirogoff, Rüdinger und anderer Forscher, und in der Gegenwart verfügt wohl eine jede anatomische Sammlung über zahlreiche Gefrierschnitte, deren Herstellung allerdings in den meisten Fällen mit der Anwendung von sogenannten Kältegemischen (Schnee, Eisstückchen, mit Salz untermischt) erzielt wurde. Daß ein solches Verfahren nur bei starker Winterkälte in größerem Maßstabe erfolgreich durchgeführt werden kann, ist klar, und macht bei jedem, der sich mit ihm befassen will, den Wunsch nach zeitlicher Unabhängigkeit in dieser Richtung geltend.

Nur eine tadellos arbeitende Kühlanlage, welche ein schnelles Durchfrieren ganzer Leichen gestattet, würde dieses Ziel in vollkommener Weise erreichen lassen. Eine elektrisch betriebene Bandsäge, wie sie von der modernen Industrie in der vollkommensten Weise geliefert wird, kann die Herstellung von Schnitten von verschiedenster Dicke und Richtung in exaktester Weise mühelos erreichbar machen.

Wenn wir die Leistungsfähigkeit einer für anatomische Zwecke zu benutzenden Kühlanlage in erster Linie danach bemessen wollen, daß ein Durchfrieren des gesamten Leichenmaterials möglich sein muß, so wird man in zweiter Hinsicht auf ein schnelles Abkühlen und Kühlerhalten der sofort nach der Einlieferung in ungefrorenem Zustande zu verwertenden Leichen deshalb nicht zu verzichten brauchen und kann in dritter Hinsicht endlich die Gefrierschnittmethoden in weitgehendster Weise unabhängig von der Witterung zur Anwendung bringen.

Die Erörterung der auf einfache Weise zu verbindenden Ziele lenkt naturgemäß unsere Aufmerksamkeit auf die auffallende Tatsache, daß wir über die Gefriervorgänge an Leichen noch verhältnismäßig außerordentlich wenig wissen. Wenn wir auch voraussetzen können, daß die Fäulnisvorgänge an einem durchgefrorenen Kadaver wirklich zum Stillstand kommen, so muß doch weiterhin die Frage aufgeworfen werden, ob das Durchfrierenlassen an sich nicht störende Veränderungen an der Leiche bewirkt, welche den durch Fäulnisprozesse gesetzten Schädigungen ähnlich oder gar gleichwertig sind. Weiterhin muß in Rechnung gezogen werden, ob nicht während der langdauernden Aufbewahrung in gefrorenem Zustande die Kadaver von schädigenden äußeren oder inneren Einflüssen betroffen und in ihrer Verwendbarkeit beeinträchtigt werden. Selbst das hinterherige Auftauen der gefrorenen Leichen vor ihrer Verwendung im Seziersaal kann als ein für den Erhaltungszustand gleichgültiger Vorgang keineswegs angesehen werden, und es muß untersucht werden, ob derselbe nicht Schädigungen verursacht und gegebenenfalls, wie dieselben vermieden werden können. Aber selbst wenn wir in der Lage wären, diese drei wichtigen Fragen in befriedigender Weise zu beantworten, so müßten wir zum Schluß immerhin das Resultat vergleichend abwägen gegenüber der Verwendbarkeit des alteingebürgerten chemischen Leichenkonservierungsverfahrens, ehe wir letzteres beseitigen, um die wesentlich kostspieligere Kältekonservierung an seine Stelle zu setzen. Und wie hätte man sich dann zum Schluß die praktische Durchführung der Anlage zu denken?

Es könnte merkwürdig erscheinen, daß sich die Anregung zur Erörterung solcher Fragen gerade jetzt bemerkbar macht. Indessen hat der Weltkrieg mit seinen höchst beachtenswerten Nebenerscheinungen unter dem Drucke der Ernährungsfrage in Deutschland das Problem der Kältekonservierung erneut zum Gegenstande eingehender Prüfung und Forschung gemacht. So war mir persönlich Gelegenheit geboten worden, Studien über die Konservierung von Fischen durch das Gefrierverfahren gemeinsam mit Prof. Dr.-Ing. R. Plank, Danzig, und dem Hamburger Fischereibiologen Prof. Dr. Ehrenbaum anzustellen. Diese in den Abhandlungen zur Volksernährung von der Zentral-Einkaufsgesellschaft verbreiteten Ergebnisse (16) eines gemeinsamen Zusammenarbeitens boten so mannigfaltige und interessante Beziehungen zu dem hier zur Erörterung gestellten Thema, daß es gewagt werden mag, auch die Aufmerksamkeit des Fachanatomen auf diese Dinge zu lenken, die vielleicht in späterer Zeit noch einmal Gelegenheit bieten könnten zur Gewinnung eines willkommenen Hilfsmittels für den Unterricht sowohl wie für die anatomisch-wissenschaftliche Forschung.

Schon bei dem einfachen Versuch einer Erklärung des Gefriervorganges an der Leiche stoßen wir auf mannigfache Schwierigkeiten und Lücken in der bisherigen Erkenntnis. Die banale Tatsache, daß eine Leiche beim Gefrieren so erhärtet, daß sie zersägbar wird, kann allein in anatomischer Beziehung nicht befriedigen. Naturgemäß erstreckt sich der Erstarrungsvorgang auf die Weichteile und die Körperflüssigkeiten. Sie werden den physikalischen Gesetzen unterliegen, welche beim Gefrieren eines Gemisches von Salzlösungen und Kolloidstoffen zur Anwendung kommen. Dabei interessieren besonders die in Betracht kommenden Temperaturen, der Verlauf der Abkühlung im Innern, etwaige chemische Trennungsvorgänge sowie die Dauer des ganzen Vorganges bis zur Erreichung des Endzieles, des Überganges aus dem weichen, flüssigen, in den festen Zustand.

Der zum Einfrieren erforderliche Temperaturgrad sowie die Dauer seiner Einwirkung sind einmal abhängig von der Größe und Oberfläche sowie von der Eigentemperatur und Leitfähigkeit des abzukühlenden Kadavers. Eine noch wesentlichere Rolle spielt die Leitfähigkeit des umgebenden Mediums. Bekanntlich ist Luft ein schlechter Wärmeleiter, und so wird das Einfrieren darin wesentlich langsamer vonstatten gehen als in einem sogenannten Kältegemisch (Eis-Salz), welches durch direkte Berührung der Oberfläche mehr Wärme zu entziehen vermag.

Bleiben wir zunächst bei der Luftkühlung stehen, so wird als wesentlicher Faktor auch die Luftbewegung in Betracht kommen, da bei schneller Zirkulation der Kühlungsprozeß sich schneller vollzieht als ohne diese. Daher sind die meisten Gefrieranlagen zum Zwecke der Fleischkonservierung mit Vorrichtungen versehen, welche ein dauerndes Zirkulieren der kalten Luft aus dem Kühlapparat in die Lagerräume ermöglichen (Exhaustoren). Die Temperatur in den Gefrierräumen der Kühlhäuser für Rindfleisch wird in der Regel bei —6 bis —8° C gehalten. In den Gefrierzellen der Leichenhalle des Hamburger Hafenkrankenhauses ist eine Abkühlungsmöglichkeit der zirkulierenden Luft auf —23° C vorgesehen. Sie ermöglicht also ein relativ schnelles Einfrieren. In Hinsicht auf den Temperaturgrad, bei welchem das Innere der Leiche in Erstarrung gerät, sind wir bislang noch auf Vermutungen angewiesen. Der Gefrierpunkt des frischen, normalen Blutes beträgt bekanntlich —0,56° C. Derselbe sinkt bereits mit dem Einsetzen der ersten Leichenerscheinungen auf —1° und darunter. Daß das Muskelfleisch und die übrigen Körpergewebe auf eine wesentlich tiefere Erstarrungstemperatur Anspruch machen, ist in Hinsicht auf ihren höheren Gehalt an Salzen ohne weiteres anzunehmen. Beim frischen Rindfleisch kann nach praktischen Erfahrungen das Durchfrieren als beendet gelten, wenn die Fleischtemperatur im Innern auf etwa —5° C gesunken ist. Dasselbe darf, wenn es in gefrorenem Zustande aufbewahrt werden soll, nicht über eine Temperatur von —3° C hinaus erwärmt werden. (15.)

Bei der verwickelten Lage der physikalischen Bedingungen läßt sich die Dauer des ganzen Gefriervorganges bei jeder Kühleinrichtung nur auf empirischem Wege annäherungsweise bestimmen. So gefriert z. B. bei einer Lufttemperatur von —11° ein Rinderviertel im Gewicht von etwa 60 kg in rund 84 Stunden. Ähnliche Verhältnisse würden wir auch bei menschlichen Leichen zu erwarten haben und können daraus erkennen, wie verhältnismäßig zeitraubend und ungünstig sich das Einfrieren in Luft für die Leichenkonservierung stellt, ganz abgesehen davon, daß es relativ höhere Kosten verursacht als andere Methoden, auf die wir säter eingehen wollen. Daran schließt sich noch ein weiterer sehr bemerkenswerter Übelstand, nämlich die bei langdauerndem Einfrieren und langem Aufbewahren eintretenden Verdunstungsvorgänge, welche um so stärker ins Gewicht fallen, je lebhafter die Luftzirkulation unterhalten wird. Dieselben können schließlich zum vollständigen Austrocknen, zur Mumifizierung der Leiche resp. Leichenteile führen. Durch die damit verbundenen Gewichtsverluste werden diese Vorgänge am deutlichsten erkennbar, und man kann sich durch regelmäßige Wägungen der in gefrorenem Zustande aufbewahrten Leichen leicht von der Nachhaltigkeit der austrocknenden Wirkung der gekühlten Luft überzeugen. Beim Gefrieren von Rindervierteln beträgt der Gewichtsverlust für die Dauer des Einfrierens knapp 2%, bei Schweinehälften offenbar infolge der schützenden Speckschicht 1,5%. Bei unzerteilten menschlichen Leichen mit unverletzter Hautoberfläche dürften diese Verluste wohl etwas geringer einzuschätzen sein, werden aber bei Leichenteilen, Organen, Präparaturen u. dgl. mindestens die gleichen Werte erhalten. Beispielsweise habe ich früher in den Kühlzellen der Anatomie des Hafenkrankenhauses ganze Thoraxquerschnitte sowie Lungen, Herz und andere Organe in gefrorenem Zustande innerhalb einiger Monate zu vollständig mumifizierten, in Konsistenz und Gewicht an Papiermachémodelle erinnernden Präparaten eintrocknen lassen. Wir sehen also, daß die Gefriermethode unter solchen Umständen die bei der chemischen Konservierung so sehr verdammte Schrumpfung ebenfalls nicht absolut ausschaltbar macht. Wird auf diese Weise die Konsistenz der Leichenorgane durch den Gefrierprozeß in Frage gestellt, so muß man andererseits in Rücksicht auf den Ausdehnungsprozeß, welchen das im Körper gefrierende Wasser durchmacht, auch berücksichtigen, ob nicht dadurch Verdrängungserscheinungen im Innern, Verlagerungen, Rupturen innerer Organe u. dgl. entstehen werden.

Bekanntlich dehnt sich das Wasser beim Gefrieren fast um etwa $^{1}/_{10,9}$ seines Volumens aus. Bei Fischen wurde eine Volumenvergrößerung beim Gefrieren um etwa 7,6% (im Mittel) festgestellt. Organe mit einem Wassergehalt von 80% müßten bei ungehinderter Ausdehnung theoretisch eine Volumenzunahme von 0,8.10 = 8% aufweisen, vorausgesetzt, daß tatsächlich alles Wasser in den festen Aggregatzustand übergeführt wird, was nur unter besonderen Bedingungen der Fall ist. Da diese Ausdehnung bei gleichmäßiger Abkühlung alle Teile des Körpers in gleicher Weise betrifft und da sie verhältnismäßig nicht besonders groß ist, so dürfen wir erwarten, daß die Störungen der grobanatomischen Verhältnisse, die auf diese Weise in Erscheinung treten können, überall da gering und kaum bemerkbare sein werden, wo es sich um Körperteile handelt, welche in den gegebenen Grenzen genügende Dehnbarkeit besitzen. Das trifft wohl im allgemeinen für alle Weichteile des Körpers zu. In der Tat habe ich auch bei den zahlreichen, gefroren gewesenen Leichen, die ich zu sezieren Gelegenheit gehabt hatte, niemals in die Augen fallende Verlagerungen der Weichteile, Rupturen weicher Hohlorgane, z. B. Magen, Darm, Harn- und Gallenblase, schwangerer Uterus usw., bei der Sektion beobachtet. Vielmehr finden wir hier nach dem Auftauen überall wieder normale Verhältnisse vor. Diese Beobachtung wird auch durch die Ergebnisse der topographischen Forschung an Gefrierschnitten, soweit mir bekannt, nicht widerlegt.

Wesentlich andere Verhältnisse ergeben sich aber in denjenigen

Fällen, wo flüssigkeitshaltige oder weichteilhaltige Hohlräume von festen Wänden, Knochenkapseln usw. umgeben werden, deren geringe Dehnungsfähigkeit das Ausweichen des gefrierenden Weichteil- und Flüssigkeitsinhaltes nicht oder nur in beschränktem Maße gestattet. In erster Linie käme hier die Schädelhöhle, in gewissem Sinne der Beckenring und die markhaltigen Röhrenknochen in Betracht.

Es ist Frorieps Verdienst (11), auf die Gefrierartefakte im Schädelinnern mit Nachdruck hingewiesen zu haben. Er hat gezeigt, daß das beim Gefrieren in Ausdehnung begriffene Gehirn sich nicht nur durch die verschiedenen, natürlichen Öffnungen (Hinterhauptsloch usw.) einen Weg bahnen kann, sondern daß sogar Sprengungen des Schädels (Dach der Nasenhöhle, Sinus frontalis und sphenoidalis) bewirkt werden können. Froriep kommt zu dem Ergebnis, daß weder durch Entfernung des Schädeldachs noch durch Vorfixierung des Gehirns mittels Formolinjektion vor dem Einfrieren die geschilderten Artefakte ganz verhindert werden können, und schließt mit den Worten: „Das Ergebnis der mitgeteilten Erfahrungen ist eine Mahnung zur Vorsicht in der Verwertung von Gefrierschnitten. Wir dürfen dieselben künftig nicht mehr als gegebene Naturobjekte betrachten, sondern nur als entstandene und müssen die Erforschung ihrer Entstehung im Gefrierprozeß zu einem Bestandteil der anatomischen Analyse machen.“ Leider hat die in diesen Worten enthaltene Anregung zur eingehenden Erforschung der Gefriervorgänge im allgemeinen bisher wenig befruchtend gewirkt, und so kann es bei unserer geringen Kenntnis über diese Dinge immer noch als eine offene Frage gelten, ob nicht doch Mittel und Wege gefunden werden sollten, die erkannten Mängel des Verfahrens durch eine vollendetere Technik zu beseitigen. Ein von Synnington angegebenes Verfahren zur Herstellung von Gefrierschnitten durch den Kopf scheint in diesem Sinne der Beachtung und Nachprüfung wert zu sein (12).

Neben den Gefahren der Eintrocknung und der Sprengung festwandiger geschlossener Hohlräume ist drittens die Gefrierhämolyse ein Kunstprodukt, welches die Brauchbarkeit des anatomischen Gefrierpräparates gefährden kann. Offenbar ist sie bei der bisher geübten Methode der Herstellung von Gefrierschnitten nicht besonders störend in Erscheinung getreten und wird in der Literatur selten hervorgehoben. Erst derjenige, welcher häufig gefrorene und wieder aufgetaute Leichen zu sezieren Gelegenheit hat, kann sich von den störenden Folgeerscheinungen, welche die Gefrierhämolyse hervorruft, eine ausreichende Vorstellung machen. An den unaufgetauten oder an den noch in gefrorenem Zustande schnell in Alkohol oder Formalingemischen fixierten Gefrierschnitten fällt die Hämolyse offenbar deswegen nicht auf, weil bei einem solchen Vorgehen die Zeit fehlt, welche erforderlich ist, um eine Diffusion des gelösten Hämoglobins in die Umgebung der Gefäße und eine Anfärbung der Organe hervorzurufen. Bei einer gefroren gewesenen und wieder aufgetauten Leiche hingegen treten sehr bald fast alle Stadien der Diffusionsfärbung so verwirrend zutage, daß es schwer ist, diese Erscheinungen bei ihrer großen Ähnlichkeit mit der Fäulnisdiffusion richtig einzuschätzen. Besonders Orth hat in nicht mißzuverstehender Weise auf die Bedeutung dieser Vorgänge hingewiesen (Diagnostik). Jedenfalls kann das Farbenbild wieder aufgetauter Organe durch den Gefrierprozeß so stark verändert sein, daß es erhebliche Fäulnisveränderungen oder gar Krankheitszustände vorzutäuschen vermag. Für die pathologische Anatomie scheint daher das Leichengefrierverfahren zunächst durchaus unzweckmäßig zu sein. Auch in der normalen Anatomie dürfte der Eintritt der Gefrierhämolyse als einer der schwerwiegendsten Gründe anzusehen sein, welche gegen die Verwendung dieses Verfahrens zum Zweck der Leichenkonservierung ins Feld geführt werden können.

So kann man nach dem bisher Gesagten mit Recht die Frage aufwerfen: Welche Vorteile bleiben dann noch übrig, wenn es nicht gelingt, durch technische Maßnahmen alle die bisher aufgezählten unangenehmen Folgen des Einfrierens zu beseitigen? Ist letzteres überhaupt denkbar und auf welchem Wege?

Diese Frage wird nur beantwortet werden können, wenn wir uns ein Bild von dem Wesen des Gefrierprozesses an den einzelnen Körpergeweben machen können, insbesondere, wenn es glückt, die cellulären Veränderungen, welche das Einfrieren bewirkt, genügend aufzudecken, kurz, wenn uns das Studium der Gefrierhistologie Einblicke in die Gesetzmäßigkeiten ihres Geschehens erlaubt.

Bei dem Versuch, durch reine theoretische Überlegung der Beantwortung solcher Fragen näherzukommen, muß naturgemäß von der Gewebszelle als der biologischen Einheit des Organismus ausgegangen werden. Die Zelle besteht, physikalisch betrachtet, aus einem halbflüssigen Gemisch von Eiweißstoffen kolloidaler Natur, welche durchtränkt sind von einer dünnen Salzlösung, Zellflüssigkeit. Diese beiden Substanzen verhalten sich nach bisher bekannten Gesichtspunkten dem Gefrierprozeß gegenüber ganz verschieden, so daß es zweckmäßig erscheint, diese Vorgänge von vornherein gesondert zu betrachten. Um sich über die Vorgänge beim Gefrieren einer Salzlösung vollkommen klar zu werden, empfiehlt es sich, der Darstellung Planks (16) folgend, zunächst eine Kochsalzlösung (Na Cl) ins Auge zu fassen und deren Verhalten bei verschiedenen Temperaturen und Konzentrationen zu verfolgen.

„Unter der Konzentration verstehen wir den prozentualen Gewichtsanteil wasserfreien Salzes in 100 Gewichtsteilen Wasser (nicht in 100 Gewichtsteilen Lösung!). Wenn wir eine bestimmte Wasermenge mit Salz mischen, so können wir den Salzgehalt so weit steigern, bis die Sättigungskonzentration erreicht ist. Dieselbe beträgt z. B. bei Wasser von 0° Grad für Kochsalz rund 35,6 %. Wenn wir die Temperatur t des Wassers erhöhen, so ist es in der Lage, mehr Salz aufzunehmen, d. h. die Sättigungskonzentration c_s steigt. Andreae[1]) fand zwischen 0 und 100°:

$$c_s = 35{,}63 + 0{,}007889\ (t - 4) + 0{,}0003113\ (t - 4)^2.$$

Unterhalb 0° gilt diese Gleichung nicht mehr; die Sättigungskonzentration nimmt unterhalb 0° viel schneller ab; bei —15° ist $c_s = 32{,}73\%$ und bei —21,2° ist $c_s = 28{,}9\%$.

In Fig. 17 sind die Temperaturen als Abszissen und die Konzentrationen als Ordinaten aufgetragen. In dieses Diagramm ist die Sättigungskurve eingezeichnet, deren Ordinaten für jede Temperatur die Sättigungskonzentrationen darstellen.

Während reines Wasser bei 0° zu gefrieren beginnt, liegt bekanntlich der Gefrierpunkt einer Salzlösung tiefer, und zwar um so tiefer, je konzentrierter die Lösung wird. Jeder Konzentration entspricht eine bestimmte Temperatur, bei der sich aus der Lösung Eiskristalle abzuscheiden beginnen. Verbindet man die Punkte dieser zugehörigen Wertpaare von Konzentration und Gefriertemperatur, so erhält man in Fig. 1 die sogen. Eiskurve. Wenn eine schwach konzentrierte Lösung, die z. B. 1% NaCl enthält, bis zu ihrem Gefrierpunkt, der bei —058° liegt, abgekühlt wird, so scheidet sich aus der Lösung reines Eis (H_2O) aus, der flüssige Teil wird konzentrierter, so daß es möglich ist, die Lösung weiter abzukühlen. Je mehr Eis aus der Lösung ausfriert, um so tiefer sinkt der Gefrierpunkt, wobei sich der Zustand der Lösung längs der Eiskurve (Fig. 1) bewegt, und zwar so lange, bis im Punkt K

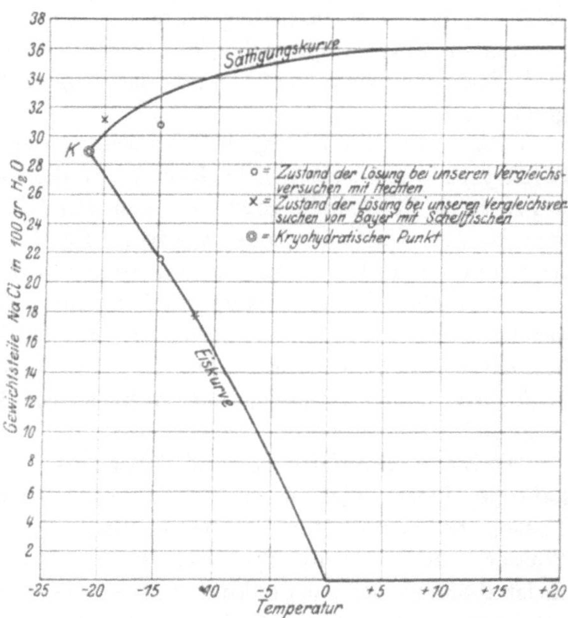

Fig. 1. Sättigungskurve und Eiskurve von Kochsalzlösungen.

[1]) Andreae, Journal für prakt. Chemie (2) Bd. 29, S. 456, 1884 auch Landolt-Börnstein, Phys.-chem. Tabellen, 2. Aufl., S. 244.

die Eiskurve die Sättigungskurve schneidet. Der Punkt K ist der Gefrierpunkt der gesättigten Lösung, er wird als kryohydratischer Punkt bezeichnet und stellt zugleich die tiefste mögliche Gefriertemperatur der Lösung dar. In diesem Punkt frieren aus der Lösung Eis und Salz in konstantem Verhältnis als einheitlicher Körper aus; erst wenn die ganze Masse in den festen Aggregatzustand übergegangen ist, sinkt die Temperatur weiter[1]).

Bei schwachen Lösungen ist die Gefrierpunktserniedrigung $\triangle$ der Konzentration c proportional, und zwar gilt für NaCl:

$$\triangle = 0,583\,c.$$

Die Gefriertemperatur t_g ist also

$$t_g = -0,583\ c.$$

Diese Gleichung kann für Konzentrationen von 0 bis 5% angewandt werden. Die Eiskurve ist in diesem Gebiet dementsprechend als gerade Linie aufzufassen (Fig. 1). Für stärkere Konzentrationen sinkt der Gefrierpunkt schneller. Es wird nach de Coppet[2]) bei c = 10% $t_g = -6,1°$ und bei c = 20% $t_g = -13,6°$. Im kryohydratischen Punkt ist c = 28,9% und $t_g = -21,2°$ (nach Meyerhoffer[2]). Fig. 1 stellt somit das Zustandsdiagramm der Kochsalzlösungen dar in dem für uns in Frage kommenden Temperaturgebiet. Von der Sättigungs- und Eiskurve wird das Gebiet der ungesättigten Lösungen eingeschlossen.

Ebenso wie die Lösung bei Erreichung der Sättigungskurve reine Salzkrystalle auszuscheiden beginnt, so werden bei Erreichung der Eiskurve reine Eiskrystalle gebildet. Man könnte daher auch in sehr bezeichnender Weise die obere Kurve in Fig. 1 die Sättigungskurve für Salz und die Eiskurve die Sättigungskurve für Wasser nennen:

Ein solches Zustandsdiagramm kann für jede wässerige Salzlösung gezeichnet werden. Die Grenzkurven verlaufen hierbei qualitativ stets ähnlich wie beim Kochsalz. Die Lage des kryohydratischen Punktes ist für jedes Salz verschieden und nur für wenige Salze hinreichend genau bekannt[1]).

Die Zustände auf der Eis- und Sättigungskurve repräsentieren physikalische Gleichgewichtslagen zwischen einer flüssigen und einer festen Phase, ebenso wie sich z. B. beim Druck von 1 Atmosphäre flüssiges Wasser und Wasserdampf von 100° im Gleichgewicht befinden. Es ist aber auch der Fall denkbar, daß bei außerordentlich starker Wärmeentziehung die Erstarrung einer ungesättigten Lösung nicht in einer Aufeinanderfolge von Gleichgewichtszuständen längs der Eiskurve,

[1]) Siehe Gröber, Physikalische Untersuchungen für die Kältetechnik. Dissertation, Techn. Hochschule München, 1908.

[1]) Landolt und Börnstein, Phys.-chem. Tabellen, 3. Auflage, S. 556.

sondern in labilen Lagen vor sich geht. Bei sehr schnellem Gefrieren können zwischen den gebildeten Eisnadeln Salzteilchen eingekapselt werden, und da, wie wir weiter sehen werden, bei genügend rascher Wärmeentziehung die Zahl der Krystallisationskerne wie auch die Wachstumsgeschwindigkeit der Krystalle eine sehr große ist, so kann die Lösung auch schon unterhalb des kryohydratischen Punktes zu einem scheinbar homogenen Block erstarren; die Salzteilchen bzw. Tropfen von hochkonzentrierter Lösung sind dabei zwischen den aus-

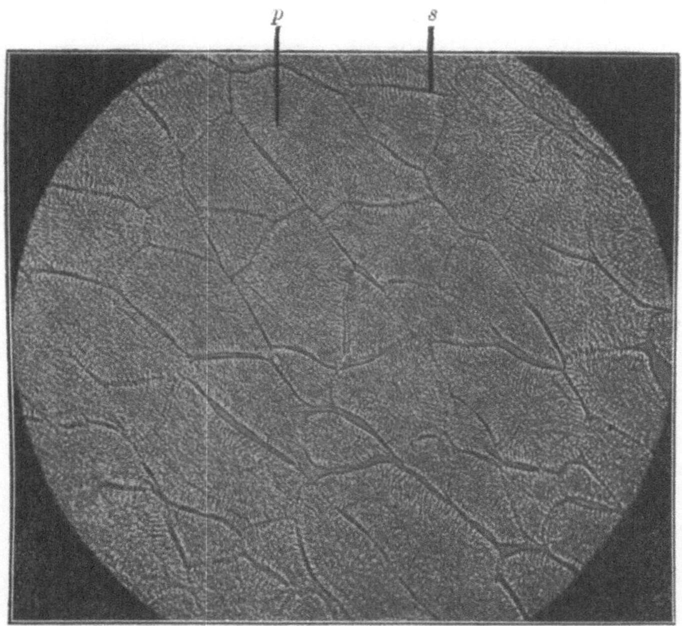

Fig. 2. Frischer, sehr dünner Querschnitt eines mit flüssiger Kohlensäure in wenigen Sekunden gefrorenen Muskels vom Schellfisch, welcher infolge der kurzen Gefrierdauer überhaupt keine Gefrierveränderungen zeigt und als normaler Muskelquerschnitt gelten kann. Präparat in physiologischer Kochsalzlösung frisch und ungefärbt photographiert, bei einer Vergrößerung von 1 : 180. p = Muskelplasma; s = Sarkolemm.

gefrorenen Eisteilchen eingeschlossen im Gegensatz zu dem wirklich homogenen Eisblock, der nur im kryohydratischen Punkt erhalten werden kann."

In dem Zellsaft der Körperzelle würde der Gefrierprozeß natürlich genau so wie in einer Salzlösung verlaufen, wenn nicht außer den Krystalloiden (Salzen) noch Kolloide (Eiweißstoffe) vorhanden wären. Die letzteren aber veranlassen durch ihre Gegenwart noch weitere Modifikationen, und es dürfte schon von vornherein die Vermutung gerechtfertigt erscheinen, daß durch sie gerade histologisch erkennbare Veränderungen bedingt werden. R. Zsigmondy (17) äußert sich darüber allgemein folgendermaßen: „Beim Gefrieren des Dispersionsmittels verhalten sich gleichfalls die Kolloide sehr verschieden. Viele erleiden dabei irreverisible Zustandsveränderungen, so daß sie nach dem Auftauen nicht mehr als Kolloidlösungen fortbestehen, sondern als lose Gallerte, feines Pulver, oder in Form von Blättchen sich ausscheiden. — Gelatine, Hausenblase, ferner Carrageen, Agar-Agar und Sapo medicatus verändern sich so, daß die ersten Mengen der auftauenden Flüssigkeit fast nichts von den gelösten Stoffen enthalten. Nach dem völligen Auftauen ist die Substanz inhomogen, aus dünner Flüssigkeit und schwammiger

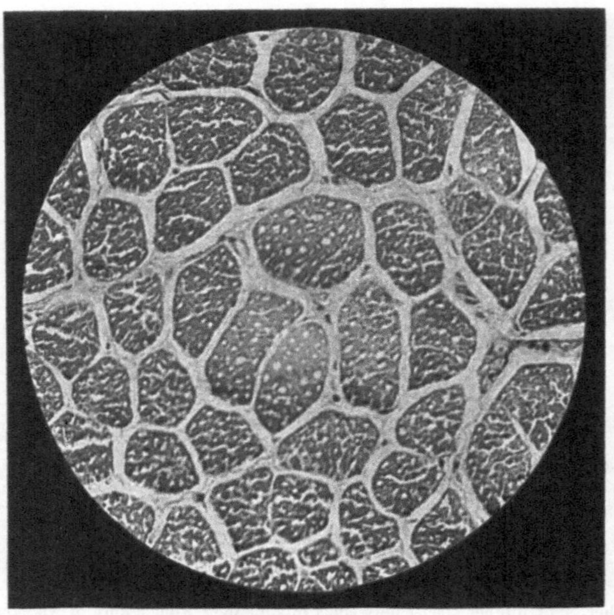

Fig. 3. Schnell im Kohlensäurestrom gefrorener M. sartorius des Menschen, nachträglich mit Formol fixiert und in Paraffin geschnitten. Hämatoxylin-Eosinfärbung, durch Entwässerung geschrumpft. Das Einbettungsverfahren ist hier deshalb gewählt, weil die Schnittrichtung besser hergestellt und so die Deutlichkeit der feinen Gefrierlücken erhöht werden konnte.

Gallerte bestehend. Bei Zimmertemperatur ist die Veränderung selbst noch 48 Stunden nicht rückgängig."

Es sind demnach zwei wichtige Vorgänge, die sich am Protoplasma der Zelle beim Gefrieren abspielen, zu beachten, einmal die Trennung des reinen Wassers von den Salzen, deren Lösung dadurch nach und nach immer mehr eingeengt wird, und zweitens die Koagulation der Kolloide. Diese beiden Erscheinungen gehen parallel nebeneinander her, und sie stellen im Prinzip nichts weiter dar als eine allmählich verlaufende besondere Art der Wasserentziehung, welche das Zellprotoplasma erleiden muß, und welche in jeder Phase ihres Ablaufs je nach der Abkühlungsgeschwindigkeit durch den Erstarrungsprozeß schon vor der Erreichung des kryohydratischen Punktes unterbrochen werden kann.

Schon diese einfache Überlegung lehrt, daß vermutlich die Gefriergeschwindigkeit einen bedeutenden Einfluß auf die Gewebsstruktur haben muß. Noch klarer läßt sich diese Tatsache erkennen beim Studium gefrorener Gewebe mittels histologischer Untersuchungsmethoden. Der regelmäßige histologische Aufbau der Skelettmuskulatur bietet für derartige Untersuchungen zweifellos die günstigsten Verhältnisse. Aus rein zufälliger Veranlassung wurden diese Versuche von mir zuerst an der Muskulatur der Fische angestellt, und es sollen aus äußeren Gründen

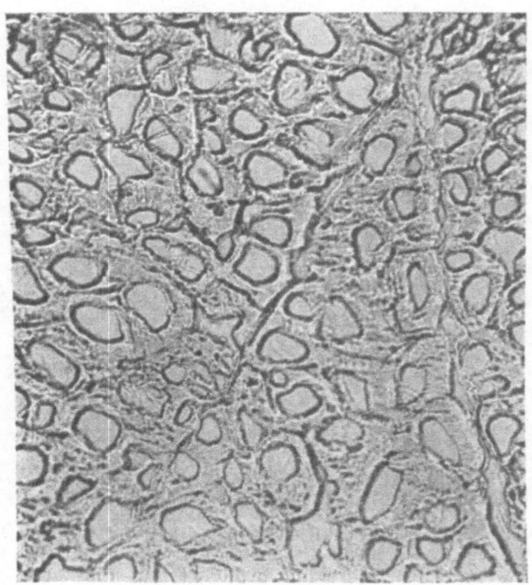

Fig. 4. Gefriermikrotomschnitt vom M. rectus femoris des Menschen, frisch in physiologischer Kochsalzlösung, langsam gefroren.

ein Teil der davon noch vorhandenen Abbildungen den weiteren Ausführungen zugrunde gelegt werden. Indessen sei vorausgeschickt, daß inzwischen auch von anderer Seite angestellte vergleichende Studien an der Muskulatur der Säugetiere und des Menschen erklärlicherweise ganz gleiche Resultate ergeben haben. Es steht daher m. E. einer Verallgemeinerung der Untersuchungsergebnisse prinzipiell nichts im Wege.

Man kann von frischen, unfixierten Muskelstückchen mit Hilfe des Gefriermikrotoms leicht und bequem Schnitte gewinnen, an welchen sich die Gefrierveränderungen unter dem Mikroskop in aller wünschenswerten Klarheit erkennen lassen.

Kleine Stücke (Würfel von ca. 0,5 cm Seitenlänge) eines unfixierten frischen Leichenmuskels werden mittels flüssiger Kohlensäure mit beliebiger Geschwindigkeit allmählich auf dem Objekttischchen eingefroren und in Schnitte von 10 μ zerlegt. Sowohl unfixiert, wie bei nachträglichen Formolfixation zeigen solche Schnitte schon alle prinzipiellen Veränderungen, welche der Muskel durch den Gefrierprozeß erleidet.

Es ergibt sich dabei die bereits vermutete und meines Wissens bis jetzt völlig unbeachtet gebliebene Tatsache, daß je nach der Schnellig-

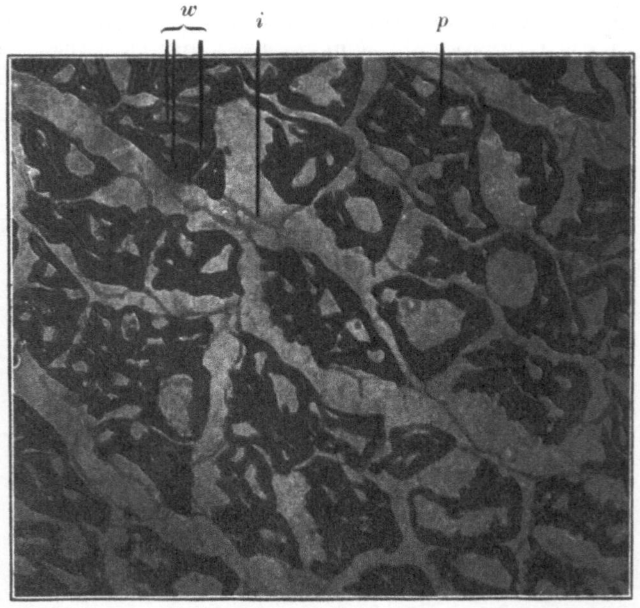

Fig. 5. Querschnitt durch die Muskulatur dicht unter der Haut eines nach Ottesens Methode in Thisted (Jütland) am 18. August 1915 eingefrorenen und bis zum 7. Oktober 1915 gefroren erhaltenen Kabeljaus (K 28). Der Fisch wurde vom letztgenannten Tage bis zum 9. Oktober 1915 morgens langsam auf Eis aufgetaut. Alsdann wurde die Probe herausgeschnitten und konserviert. Die Muskelfasern enthalten infolge des schnellen Gefrierens der Randschichten, denen sie angehören, zumeist zahlreiche Lücken und zeigen das Bild des Querschnittes von Schema Fig. 11. Das Präparat bildet zugleich einen Beweis für die Annahme, daß die Rückbildung der Gefrierveränderungen selbst nach langsamem Auftauen ausbleibt. Die größeren Zwischenräume zwischen den Muskelfasern sind durch den Muskelsaft hervorgerufen. Vergrößerung 1 : 180. *i* = interstitielles Gewebe; *w* = Fleischsaftlücken; *p* = Muskelplasma.

keit, mit welcher der Gefrierprozeß im Muskel verläuft, die histologischen Veränderungen ganz verschieden ausfallen. Man kann das Präparat durch reichliche Kohlensäurezufuhr an der dem Objekttischchen aufliegenden Seite fast momentan in wenigen Sekunden einfrieren lassen. Kehrt man alsdann nach dem Durchfrieren des ganzen Stückes den Block um, nachdem man ihn mit dem Knorpelmesser abgestemmt und mit etwas Wasser von neuem umgewendet auf der Unterlage hat anfrieren lassen (NB. unter Vermeidung jeglichen Auftauens), so zeigen die von der am schnellsten eingefrorenen ursprünglichen Fußseite des Präparates hergestellten Mikrotomschnitte ein vollständig normales Bild, welches nicht die geringste Störung des histologischen Gefüges erkennen läßt. Die Fibrillen, die Cohnheimschen Felder, das Zwischengewebe und auf Längsschnitten die Längs- und Querstreifung zeigen völlig normales Verhalten und lassen nirgends Spuren einer Gefrierschädigung erkennen Fig. 2.

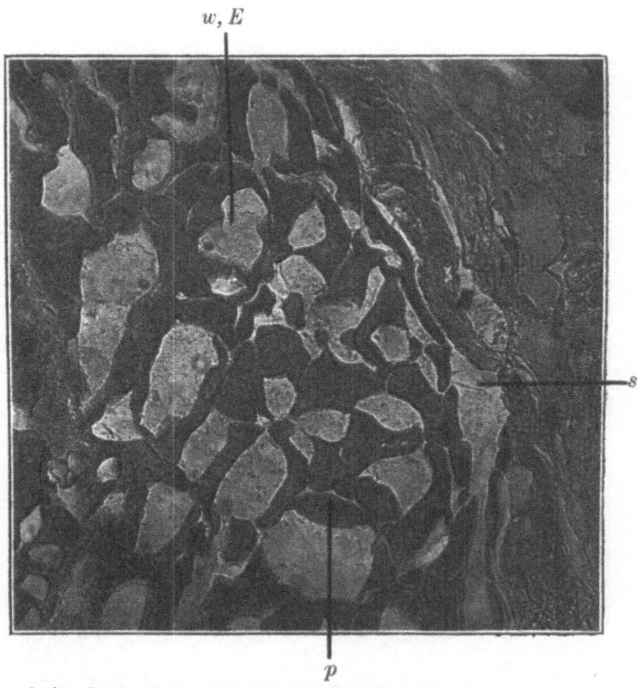

Fig. 6. **Querschnitt durch die mittleren Muskelschichten eines nach Ottesen's Methode gefrorenen Schellfisches. Man sieht, daß die Lücken durch Confluenz im Innern jeder Faser vereinzelt und größer geworden. Präparat in gefrorenem Zustande konserviert. Vergrößerung 1:180 s = Sarkolemm; p = Muskelplasma; w, E = Fleischsaftlücken mit Eiweißniederschlägen.**

Anders wird das Ergebnis, wenn man durch Verlangsamung der Kohlensäurezufuhr das Präparat erst nach einigen Minuten durch allmähliche Kühlung zum Erstarren bringt. Man braucht dann das Präparat nicht auf den Kopf zu stellen, denn gerade die zuletzt erhärtete, dem Objekttisch abgewendete Fläche desselben zeigt natürlich das Resultat am schönsten. Man sieht auf den hergestellten Schnitten im Sarcolemma den Beginn der durch das Einfrieren hervorgerufenen Veränderungen. Sie dokumentieren sich durch das Auftreten von kleinen rundlichen oder polygonalen Hohlräumen in wechselnder Anzahl, welche ziemlich gleichmäßig im Sarkoplasma eines jeden Faserquerschnitts in Erscheinung treten und auf diese Weise den Cohnheimschen Feldern ein mehrfach gefenstertes Aussehen verleihen (Fig. 3). Das Sarcolemma, das Zwischengewebe und die übrigen histologischen Einzelheiten bleiben indessen noch im wesentlichen erhalten. Wiederholt man den Versuch an einem neuen Objekt unter noch weitergehender Verlangsamung des Gefrierprozesses mittels Drosselung der Kohlensäurezufuhr, so erkennt man, daß an Stelle der zahlreichen kleinen ein einziger großer

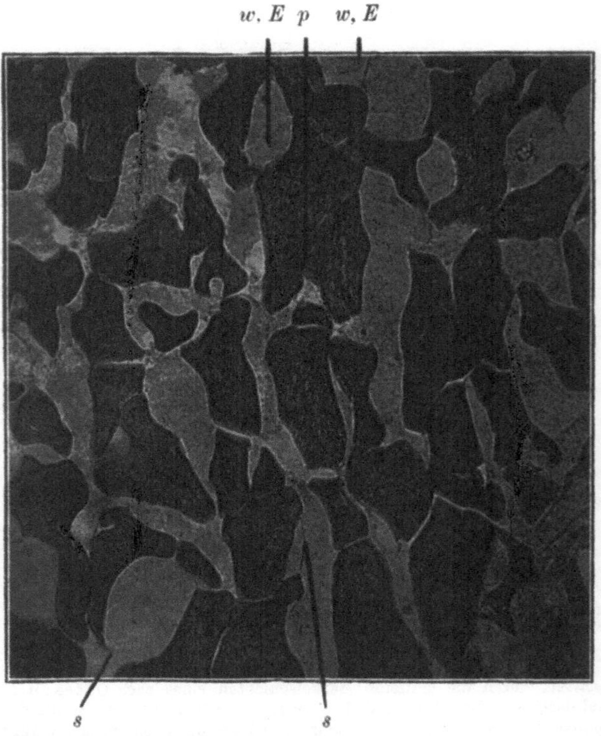

Fig. 7. Querschnitt durch die tiefsten Schichten desselben Fisches, von welchem das Präparat der Fig. 6 stammt. Das Sarkolemm ist größtenteils gesprengt, und der Fleischsaft hat sich in die interstitiellen Räume ergossen, in welchen die geronnenen Eiweißmassen sichtbar sind. (*E.*) **Vergrößerung 1 : 180. Bezeichnungen wie in Fig. 6.**

zentral gelagerter Hohlraum in jedem Faserquerschnitt entsteht. So verwandeln sich alsdann die Cohnheimschen Felder in polygonale Ringfiguren (Fig. 4). Eine weitere Verzögerung des Einfrierens läßt sich aber dann mit dem Kohlensäuregefriermikrotom nicht mehr so bequem erreichen. Man muß, um eine gesteigerte Wirkung zu erzielen, nunmehr schon die Gefrierkammer in Anspruch nehmen und den Muskel bei Lufttemperaturen von —10° und darüber dem langsameren Einfrieren aussetzen. Von derartig gefrorenen größeren Muskeln kann man unter Vermeidung des Auftauens zugeschnittene kleine Stücke auf dem Gefriermikrotom befestigen und in Serien zerlegen. Solche Schnitte zeigen dann je nach der Dauer des Einfrierens fortschreitende Stadien der Gefrierveränderung. Man sieht als nächste Folge, daß sich die zentral gelegenen Hohlräume vergrößert haben. Sie haben das Sarkoplasma weiter verdrängt und an offenbar günstigen Stellen der Peripherie durchbrochen, bis sie das Sarcolemma erreichten. Das letztere ist, dadurch ungleichmäßig gedehnt, schon an vielen Stellen zerrissen (Fig. 6 u. 7).

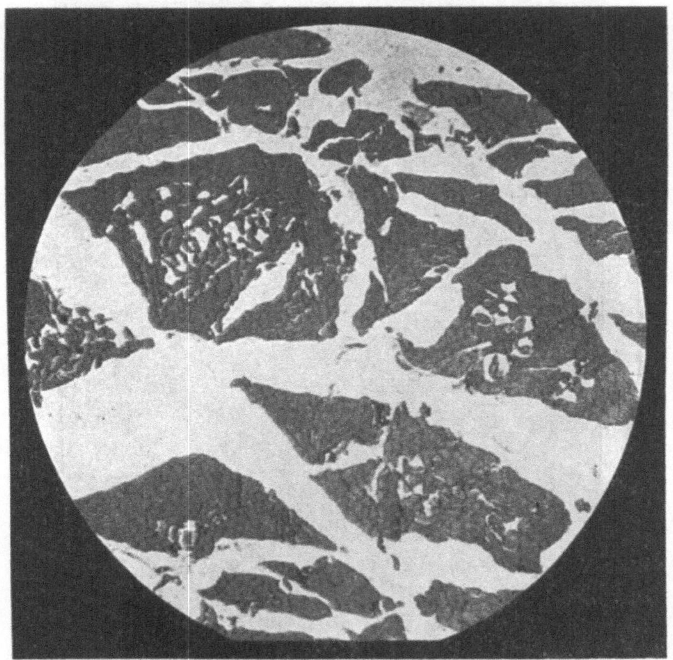

Fig. 8. Querschnitt durch die Muskulatur des Oberschenkels einer mehrere Tage bei —10° in der Kühlzelle der Anatomie des Hofenkrankenhauses durchfrorenen Leiche. Paraffineinbettung.

Auf solche Art werden weiterhin überall die Bahnen des Zwischengewebes eröffnet und verbreitert. Die Cohnheimschen Felder weichen auseinander und machen vorübergehend einem Netz breiter Zwischenlücken Platz. Indem sie dann später wieder von außen her zusammengedrängt werden, gruppieren sie sich bündelweise in geschrumpfter Form inmitten der weit klaffenden Spalten der Bindegewebszüge, welche offenbar durch frei ergossene Flüssigkeit resp. Eiskrystalle auseinandergehalten werden (Fig. 8 u. 9).

Da die einzelnen Phasen dieser Gefrierveränderung bei langsamem Gefrieren größerer Muskeln allmählich von außen nach innen fortschreitend ineinander übergehen, so erhält man häufig auf Querschnittsbildern die verschiedenen Stadien der Gefrierveränderung nebeneinander. Auch dadurch, daß die Muskelfasern nicht immer in derselben Richtung verlaufen, in welcher der Abkühlungsprozeß vor sich geht, kann die Regelmäßigkeit der Querschnittsbilder gelegentlich mehr oder weniger gestört erscheinen (Fig. 5). Von Störungen, welche durch Isolierung (Fettschicht, Hautüberzug usw.) abhängig sind, muß natürlich ganz abgesehen werden.

Wenn man alle derartigen Zufälligkeiten ausschaltet oder in Rech-

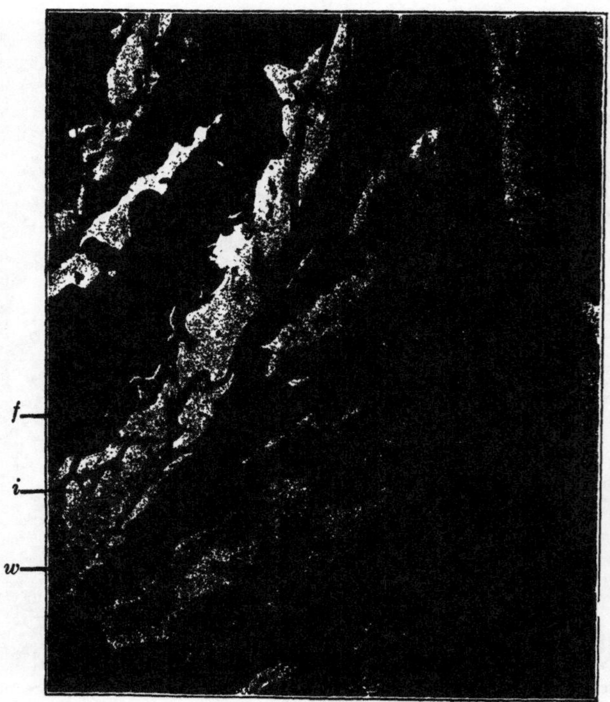

Fig. 9. Querschnitt durch einen in Luft gefrorenen Schellfisch bei schwacher Vergrößerung 1:40. Man sieht die Muskelfasern zu großen Zügen zusammengepreßt und dazwischen die breiten mit bloßen Augen sichtbaren Lücken, welche von Bindegewebsfasern durchzogen sind und die Eiskristalle enthielten. *f* = zusammengedrängte Muskelfasern; *w* = Fleischsaftlücken; *i* = interstitielles Gewebe.

nung zieht, so kann man sich von der Regelmäßigkeit und Gesetzmäßigkeit des Eintritts der geschilderten Gefrierveränderungen durch häufige Beobachtung leicht überzeugen.

Weiterhin empfiehlt es sich, Längsschnittbilder zum Vergleich hinzuzuziehen und ferner auch Kontrollpräparate unter Anwendung der Formolfixierung und Paraffineinbettung von dem gefrorenen Objekte anzufertigen. Man erkennt dann unschwer, daß die auf den Querschnitten in Erscheinung tretenden Veränderungen jede Muskelzelle der Länge

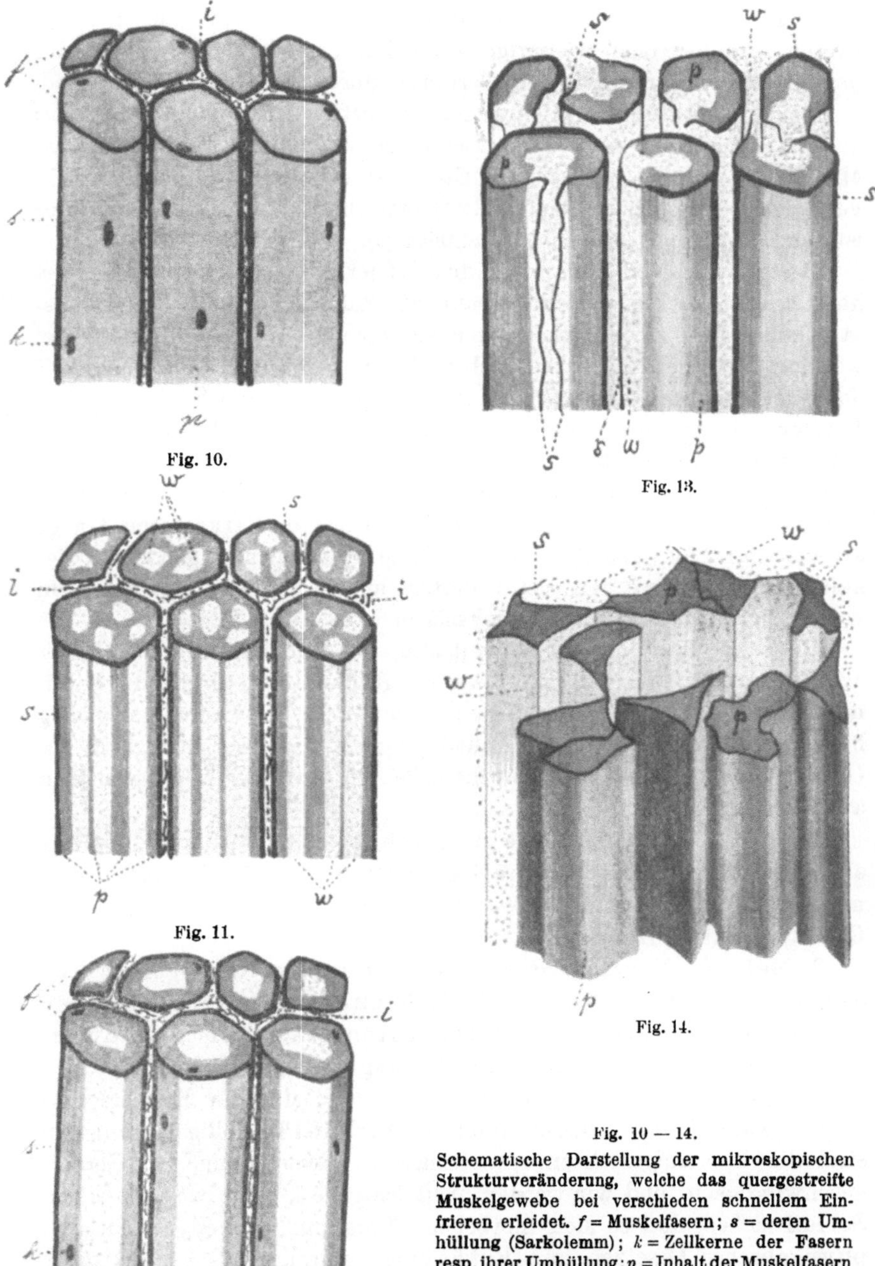

Fig. 10.

Fig. 13.

Fig. 11.

Fig. 14.

Fig. 12.

Fig. 10 — 14.

Schematische Darstellung der mikroskopischen Strukturveränderung, welche das quergestreifte Muskelgewebe bei verschieden schnellem Einfrieren erleidet. f = Muskelfasern; s = deren Umhüllung (Sarkolemm); k = Zellkerne der Fasern resp. ihrer Umhüllung; p = Inhalt der Muskelfasern (Muskelplasma); die Querstreifung ist der Übersichtlichkeit wegen fortgelassen; w = die innerhalb der Muskelfasern ausgefrorenen Wasser- resp. Eissäulchen; i = Bindegewebe.

nach durchsetzen. Ferner erkennt man, daß die entstandenen Hohlräume offenbar eine wässerige eiweißhaltige Flüssigkeit beherbergt haben, da von ihr die feinen Gerinnsel durch Fixation erhalten sind.

Rein schematisch und räumlich vorgestellt, würden wir also bei äußerst schnellem, in wenigen Sekunden erzeugtem Einfrieren eines Muskels normal histologische Verhältnisse erhalten, wie sie in Fig. 10 vergleichsweise skizziert sind (die Querstreifung und fibrilläre Struktur ist der Einfachheit halber vernachlässigt).

Bei geringer Verlangsamung des Gefrierprozesses erzielen wir Verhältnisse, wie sie Fig. 11 veranschaulicht. Zahlreiche dünne Flüssigkeitssäulchen sind in dem Sarkoplasma ausgeschieden. Sie konfluieren bei weiterer Verzögerung, vermutlich weil ihnen vor der Erstarrung Zeit dazu gelassen wird, zu einer zentral gelegenen dickeren Säule (Fig. 12). Letztere nimmt später an Umfang zu, verdrängt das Protoplasma und sprengt, wenn die Zeit dazu reicht, das Sarcolemma (Fig. 13). Schließlich ergießen sich die aus dem Zellinnern abgeflossenen Flüssigkeitsmengen in die interstitiellen Räume und drängen die deformierten Sarkoplasmastränge auseinander (Fig. 14). Sie schaffen eine zusammenhängende Flüssigkeitsbahn zwischen den deformierten und geöffneten Muskelzellen, welche den gröberen Bindegewebszügen breitspurig folgt.

Dieser gesamte Prozeß erscheint also, wenn man die einzelnen Bilder aneinanderreiht, als eine das Gewebe gleichmäßig ergreifende, kontinuierliche, allmählich durch die zunehmende Gefrier verlangsamung hervorgerufene histologische Schädigung. Die Gesetzmäßigkeit des Gefriervorganges am Muskelgewebe ließe sich also etwa folgendermaßen ausdrücken:

1. Durch sehr intensive und schnelle Abkühlung gelingt es, Muskelgewebe so schnell zum Gefrieren zu bringen, daß mikroskopisch erkennbare Störungen des histologischen Gefüges ausbleiben.

2. Bei der Verzögerung des Einfrierens dagegen treten die geschilderten kontinuierlich zunehmenden Störungen der Gewebsstruktur auf, deren Intensität sich also umgekehrt verhält wie die Abkühlungsgeschwindigkeit.

Die gröberen Gefrierveränderungen, welche sich am Muskelgewebe zeigen, waren längst bekannt (holländ. Bericht 13), völlig neu dagegen sind die hier aufgestellten, gesetzmäßigen Beziehungen zur Gefriergeschwindigkeit, und wir werden nicht fehlgehen, wenn wir daraus den Schluß ziehen, daß es sich hierbei um Vorgänge handelt, welche rein physikalischen Gesetzen ihre Entstehung verdanken.

Das Verständnis dafür wird uns erleichtert, wenn wir die Muskelzelle als ein kompliziertes kolloides System betrachten. Im Innern beherbergt sie das halbflüssige, einem Gel vergleichbare Muskelplasma, welches durch reichlich Wasser und Salze in einem gleichmäßigen Quellungszustande erhalten wird. Durch die Kühlung unter den Gefrierpunkt des Wassers wird ein Trennungsvorgang zwischen den gelösten und ungelösten Bestandteilen durch Ionenwanderung eingeleitet. Derselbe beansprucht wie die meisten kolloid-chemischen Prozesse eine gewisse Zeit. Ist die Abkühlungsgeschwindigkeit sehr groß, die Zeit zur Ionenwanderung zu kurz, so erstarrt das System in molekularer Anordnung. Wird ihm dagegen durch langsamere Abkühlung Zeit gelassen, die Trennung räumlich zu vollenden, so kommt es zur Flüssigkeitsausscheidung aus dem Gel.

Die Flüssigkeit enthält außer dem Wasser die Salze und löslichen Eiweißstoffe und sie unterliegt den physikalisch-chemischen Gesetzen, die beim Gefrieren solcher Gemische bekannt sind. In jeder beliebigen Phase dieses Absonderungsprozesses kann die Erstarrung beginnen. Zuerst wird das Wasser in reiner Form auskrystallisieren, zuletzt, wenn der Sättigungspunkt der dadurch immer mehr eingeengten Lösung erreicht ist, beim sogenannten kryohydratischen Punkt (für Kochsalz —21,2° C), muß auch der letzte Flüssigkeitsrest in den festen Aggregatzustand übergeführt sein. Durch die Ausdehnung des gefrierenden Wassers und ungleichmäßige Druckverteilung werden die Zellhüllen (das Sarcolemma) gesprengt und die noch flüssigen Anteile in die interstitiellen Räume gedrängt.

Solche Gefrierveränderungen entstehen natürlich nicht allein im Muskelgewebe, sondern in allen protoplasmatischen Körpergeweben von gelartiger Konsistenz, und sie erzeugen dementsprechende, dem Bau der Gewebe Rechnung tragende histologische Veränderungen. Wir würden daher ganz allgemein sagen können:

Beim Gefrieren frischer protoplasmatischer tierischer (vermutlich auch pflanzlicher) Gewebe spielen sich bei gleichmäßiger Abkühlung die physikalisch-chemischen, in festem Abhängigkeitsverhältnis zur Gefriergeschwindigkeit stehenden Dissoziationsvorgänge (Ionenwanderungen und kolloidale Trennungserscheinungen) von vornherein isoliert im Innern einer jeden Körperzelle ab und liefern gegebenenfalls den Dimensionen der letzteren angepaßte, feine gewebliche Strukturveränderungen. Der Zellorganismus, als somit noch aktiv morphologisch bestimmender Faktor, kann bei zunehmender Verlangsamung des Abkühlungsprozesses und bei Gegenwart überwiegender Flüssigkeitsmengen unter Sprengung der Zellgrenzen so vollständig ausgeschaltet und beiseite gedrängt werden, daß er morphologisch nur noch die Rolle eines passiven Fremdkörpers innerhalb der zusammenhängend abgeschiedenen Gewebsflüssigkeit spielt, die darauf als Ganzes den Krystallisationsgesetzen unterliegt.

Die Grenze der Gefrierverlangsamung, bis zu welcher die Körperzelle das histologische Bild beherrscht, ist bei verschiedenen Geweben naturgemäß verschieden, aber beeinflußt durch den jeweiligen Wassergehalt, die Zellgröße und die Dehnbarkeit der Zellmembran.

Die neue Kenntnis der gesetzmäßigen Entstehung der Gefrierartefakte in den Geweben gibt uns die Möglichkeit, sie experimentell zu beherrschen, was an der Hand der bisherigen Erfahrungen nicht möglich war. Man hat sie stets als einen unabänderlichen Übelstand mit in den Kauf genommen, und die vielen Klagen über die Mängel des Gefrierfleisches auf dem Gebiete der Nahrungsmittelkonservierungstechnik zeigen, daß trotz aller beim Auftauen angewandten Vorsicht die unangenehmen Folgen des Gefrierprozesses nicht beseitigt werden konnten.

Weil man bisher nur die Geschwindigkeit des Auftauens auf Grund zahlreicher Untersuchungen für die Mängel des Gefrierfleisches verantwortlich gemacht hat, herrschte darum die allgemeine Ansicht, daß ein langsames Auftauen die Gewebe mehr schont und einen geringeren Saftverlust verursacht als rasches Auftauen. Der Einfluß der Gefriergeschwindigkeit auf die Struktur des Fleisches dagegen war bisher niemals eingehend geprüft worden, und es ist ein besonderes Verdienst von R. Plank (16), auf die Wichtigkeit dieser Frage hingewiesen und die Notwendigkeit der dazu erforderlichen histologischen Studien betont zu haben.

Somit sind mit der Konservierungsfrage auch anatomische Interessen aufs engste verknüpft worden und man wird beim Austausch der gemachten Erfahrungen auch die Leichenkonservierung durch Einfrieren so gestalten müssen, daß das Auftreten histologischer Schädigungen von Anbeginn an auf das Mindestmaß beschränkt bleibt. Natürlich gibt es nur ein Mittel, um dies zu erreichen, und das ist ein möglichst schnelles Einfrieren.

Von praktischen Gesichtspunkten ausgehend, müßte man wohl in Rücksicht auf die durch den Gefrierprozeß im allgemeinen hervorgerufenen Veränderungen drei Stadien unterscheiden. Das erste Stadium, in welchem durch eine äußerste Geschwindigkeit des Gefrierprozesses jegliche histologische Veränderung des Gewebes ausbleibt. Dasselbe läßt sich erfahrungsgemäß nur bei Anwendung sehr hoher Kältegrade mittels flüssiger Kohlensäure, flüssiger Luft u. dgl. Medien erreichen, mit deren Hilfe sich an frischen unfixierten Geweben das Auftreten histologischer Störungen des Gefüges vermeiden läßt.

Da diese Methode sich nur für leicht durchkühlbare, sehr kleine Objekte eignet, so würde sie für die histologische Technik zur Herstellung von Gefrierschnitten besonders in Betracht kommen.

Ein zweites Stadium würde bei der Verlangsamung des Gefrierverfahrens (aus technischen Gründen geboten) zu berücksichtigen sein, wenn es sich um das Einfrieren von Leichen oder Leichenteilen zu makroskopischen Zwecken handelt, und man würde hier die Grenze der Gefrierverlangsamung als gegeben betrachten in dem Augenblick, wo makroskopisch sichtbare Veränderungen im Gewebe auftreten. Diese Grenze ist schwer feststellbar. Immerhin dürfte sie nach dem bisher Gesagten zusammenfallen mit der Verlangsamung des Einfrierens, welche bei den bisher benutzten Einfriermethoden in unterkühlter Luft zur Anwendung kommt. So daß man annehmen kann, daß das dritte Stadium, d. h. dasjenige der Entstehung von makroskopischen Gewebszerstörungen, mit dem Luftgefrierverfahren beginnt.

Es würden uns daher bei der Leichenkonservierung solche Methoden eine besonderes Interesse abnötigen, bei denen das Einfrieren ganzer Leichen so schnell herbeigeführt werden kann, daß die Entstehung makroskopisch sichtbarer Veränderungen durch den Gefrierprozeß vermieden wird. Die Mittel und Wege hierzu erscheinen theoretisch ziemlich einfach.

Wenn man erwägt, daß die histologischen Veränderungen erst bei einer Temperatur dicht unter dem Gefrierpunkt des Wassers überhaupt einsetzen können, so braucht man die Abkühlung bis zum Nullpunkt nicht zu beschleunigen. Es wird sich also empfehlen, die zu gefrierenden Leichen einer gleichmäßigen Vorkühlung in Luft bis auf 0° C zu unterwerfen, bevor sie eingefroren werden. Beim Einfrieren dagegen darf kein Mittel gespart werden, um die Abkühlung von 0° bis auf —10°, d. h. jedenfalls bis zur schnellen Erstarrung, mit äußerster Geschwindigkeit zu erreichen. Für ein solches Ziel kann, wie schon früher erwähnt, die Luft als kühlendes Medium nicht in Betracht kommen. Es eignen sich dazu vielmehr stark gekühlte, gut leitende Salzlösungen, wie sie bereits bei der Nahrungsmittelkonservierung praktisch Verwendung finden. Dahin gehören Lösungen von Kochsalz, Chlorcalcium und Clormagnesium.

Der kryohydratische Punkt der Kochsalzlösung liegt bei einer Temperatur von —21,2° bei einer Konzentration von 28,9%, derjenige von Chlormagnesium bei —33,6° und 26,5% und derjenige von Chlorcalcium bei —55° und 42,5%.

Eine Chlorcalciumlösung würde demnach bei entsprechender Konzentration gestatten, mit der Temperatur am tiefsten herunterzugehen, um eine möglichste Beschleunigung des Einfrierens zu erzielen.

Praktisch könnte man sich die Lösung der Aufgabe so denken, daß die aus der Kältemaschine kommende, auf dem erforderlichen Temperaturminimum befindliche Sole einen verschließbaren, gut isolierten und abgedichteten Behälter passiert, welcher die zu gefrierende Leiche beherbergt.

Dieses Verfahren des Einfrierenlassens durch Eintauchen in tiefgekühlte Salzlösungen ist neuerdings unter Anwendung besonderer Vorsichtsmaßregeln mit bestem Erfolge zum Einfrieren von Fischen verwendet worden.

So hat der dänische Fischexporteur A. Ottesen in Thisted im Jahre 1913 ein derartiges Verfahren zum Gefrieren von leicht verderblichen Lebensmitteln in Norwegen patentiert erhalten. Der Wert des Verfahrens besteht besonders darin, daß die Salzlösung dabei als völlig indifferenter Leiter der Kälte funktioniert und nicht in die eingetauchten Objekte selber einzudringen vermag.

Zur Erreichung dieses Zieles ist die Konzentration der Salzlösung so zu wählen, daß sich die Lösung bei der jeweiligen Betriebstemperatur gerade auf ihrem Gefrierpunkt befindet, so daß sie eben beginnt, reines Eis abzusondern. Letzteres wird als weiche schneeförmige Masse ausgeschieden, die teilweise auf der Oberfläche schwimmt, teilweise sich an den kalten Verdampfungsröhren der Kältemaschine absetzt, wo sie, ohne Störung zu verursachen, leicht beseitigt werden kann.

Auf die theoretische Begründung dieses Verfahrens kann hier nicht eingegangen werden, da sich dieselbe in der unter 16 angeführten Publikation genauer dargestellt findet. Es sei nur hervorgehoben, daß die Methode sich für schnelles Einfrieren von Fischen sowohl wie von Schlachtviehfleisch vorzüglich zu bewähren scheint und daß Geschmacksveränderungen durch Eindringen der Salze in dic Nahrungsmittel bei richtiger Anwendung des Verfahrens leicht verhindert werden können. Die bei der Nahrungsmittelkonservierung in Anwendung kommenden Temperaturen von —10 bis —20° C könnten vermutlich bei der Konservierung von Leichenmaterial für anatomische Zwecke noch erheblich erniedrigt werden zugunsten schnelleren Einfrierens, durch Anwendung einer Chlorcalciumlösung von entsprechender Konzentration.

Daß es aber natürlich auch unter diesen Umständen nicht gelingen wird, einen ganzen Kadaver binnen so kurzer Zeit zum Durchfrieren zu bringen, daß histologische Gewebsveränderungen völlig ausbleiben, bedarf nach den gemachten Ausführungen wohl keiner eingehenden Begründung mehr. Immerhin würde man sich aber mit einem Resultat begnügen können, welches makroskopisch erkennbare Veränderungen vermissen läßt. Bei kleineren Objekten, wie Schellfischen, Dorschen usw., ist dies schon unter Anwendung mäßig tiefer Temperaturen (—15° C) erreichbar. Man kann sich davon leicht durch den Vergleich der beiden in Fig. 15 abgebildeten Objekte überzeugen, von denen das eine (Fig. 15*a*) den Querschnitt durch einen nach dem Ottesenschen Verfahren bei —17° gefrorenen und einen (Fig. 15*b*) in Luft bei —7° langsam gefrorenen Fischkörper darstellt. Das erste Objekt zeigt sich auf dem Querschnitt völlig homogen und frei von makroskopisch erkennbaren Veränderungen.

Überall schließen die Muskelsepten dicht aneinander, und die anatomischen Einzelheiten der Schichtbildung in der Muskulatur sind deutlich erkennbar, während sie bei dem Vergleichsobjekt durch Krystallbildung und Gewebszerreißung makroskopisch ganz erheblich verwirrt und gestört erscheinen.

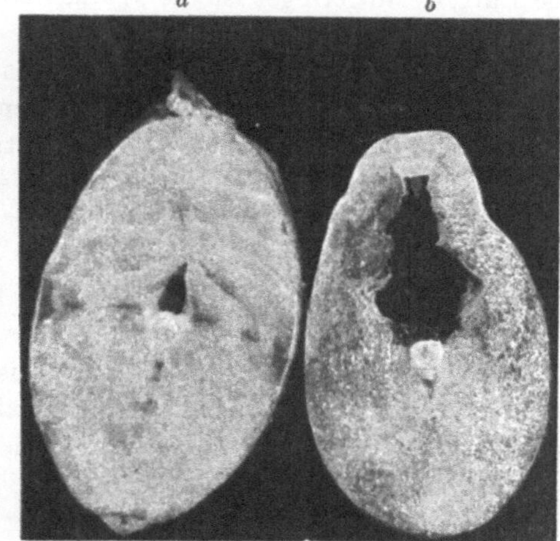

Fig. 15. Querschnitte durch Schellfische in gefrorenem Zustande makroskopisch photographiert: a nach Ottesens Verfahren eingefroren, b in Luft eingefroren, 24 Stunden gelagert.

Wenn sich nun bei Anwendung entsprechend niedriger Kältegrade das Durchfrieren ganzer Leichen unter Vermeidung makroskopischer Gefrierveränderungen auf dem geschilderten Wege ebenfalls erreichen ließe, so würde man immerhin doch die mikroskopischen Veränderungen mit in den Kauf nehmen müssen. Im Anschluß an die Erörterung ihrer Enstehungsbedingungen würde daher die Frage reifen, ob nicht sie wenigstens bei oder nach dem Auftauen von selber sich zurückbilden oder durch besondere Modifikationen des Auftauprozesses zum Verschwinden gebracht werden können.

Leider ist das nicht der Fall. Diese Tatsache wird verständlich, wenn man sich wieder die kolloidalen Eigenschaften des Muskeleiweißes vor Augen führt. Dasselbe gehört nicht zu jener Gruppe von Kolloiden, bei denen der Vorgang der Wasserentziehung durch Wiederaufquellung rückbildungsfähig ist. Bei dem Muskeleiweiß, wie bei den meisten anderen Eiweißstoffen, handelt es sich also nach den neuesten Erfahrungen beim Gefriervorgang um eine Flüssigkeitsabsonderung von irreversibler Natur. Dieselbe ist aller Wahrscheinlichkeit nach um so beständiger, je länger der Zustand des Gefrorenseins gedauert hatte. Weder schnelles noch langsames Auftauen hat daher auf die Rückbildung der entstandenen histologischen Gewebsveränderungen irgendeinen Einfluß. Der einzige leitende Gesichtspunkt beim Auftauverfahren wird der sein müssen, die Objekte vor mechanischen Gewalteinwirkungen (Druck, Zerrung, Pressung) nach Möglichkeit zu bewahren. Dementsprechend müßte bei der Behandlung der Leichen während des Auftauens verfahren werden.

Von nicht minder einschneidender Bedeutung aber ist die Art der Aufbewahrung durchfrorener Leichen für ihren endlichen Konservierungszustand. Auf die Gefahr der Austrocknung durch Wasserverdunstung von der Oberfläche aus ist bereits mit Nachdruck hingewiesen. Ferner wäre ein wichtiger Gesichtspunkt die Vermeidung jeglicher Schimmelbildung. Beide Vorgänge sind abhängig von der Temperatur und dem Feuchtigkeitsgehalt der umgebenden Luft. Je feuchter die Luft, desto geringer ist die Wasserverdunstung aber desto größer die Neigung zur Schimmelbildung an der Oberfläche der eingefrorenen Objekte. Bei sinkender Temperatur dagegen nehmen beide Prozesse ab. „Für die Aufbewahrung von gefrorenem Rind- und Schweinefleisch in den Kühlhäusern kann eine Temperatur von —8 bis —10° und eine relative Feuchtigkeit von 90 bis 92% als die günstigste bezeichnet werden.“ So kann man nach Plank und Kallert (14, 15) z. B. Lagerräume mit mangelhafter Ventilation zur Lagerung von Gefrierfleisch verwenden, wenn die Temperatur entsprechend tief herabgesenkt werden kann. In Amerika werden z. B. fast ausnahmslos Lagerräume mit reiner Röhrenkühlung benutzt, wobei Temperaturen bis zu —20° in Anwendung kommen. Eine Temperatursenkung unterhalb —10° erscheint auch dann angebracht, wenn sich auf dem Fleisch beginnende Schimmelbildung bemerkbar macht.

Ein sicheres Mittel zur Verhütung der Oberflächenverdunstung sowohl als auch der Schimmelbildung kann man in der Verwendung luftundurchlässiger Überzüge erblicken. Durch solche wird die Verdunstung unmöglich gemacht und andererseits der für die Verhütung von Schimmelbildung notwendige Sauerstoffabschluß von den lagernden Objekten erreicht.

Bei der Konservierung von Fischen ist ein solches Verfahren auf meinen Vorschlag bereits mit recht günstigem Erfolg versuchsweise zur Anwendung gelangt. Es macht beispielsweise keine großen Schwierigkeiten, solche Objekte durch Eintauchen in eine Paraffinlösung mit einem luftdichten Überzuge zu versehen. Als Ersatz für das in der Kälte leicht abbröckelnde Paraffin hat sich dann später eine im Handel befindliche Carnaubawachskomposition sog. Jelamasse als noch brauchbarer erwiesen. Es wäre der Gedanke nicht fernliegend, auch ganze Leichen durch Überstreichen mit ähnlichen Überzügen für die Kältekonservierung geeignet zu machen und dadurch die bei der Lagerung auftretenden Übelstände, Verdunstung und Schimmelbildung, zu beseitigen. Auch würde es bei Anwendung dieses Verfahrens nicht erforderlich sein, die Temperatur der Lagerungsräume allzu tief herabzusenken, so daß man mit Temperaturen bis höchstens —10° auskommen könnte. Versuche in dieser Richtung sind mit Leichenmaterial noch nicht angestellt, könnten aber wohl aus aussichtsvoll bezeichnet werden.

Wenn es nun auf Grund bisheriger theoretischer Erörterungen möglich ist, ganze Leichen durch schnelles Einfrieren in makroskopisch unverändertem Erhaltungszustande vor bakterieller Zersetzung, Vertrocknung und Schimmelbildung dauernd zu schützen, so wäre des weiteren die Frage aufzuwerfen, ob die alleinige Zeitdauer der Aufbewahrung in diesem Zustande an sich nicht noch unerwünschte Veränderungen im Gefolge haben kann, besonders wenn man bedenkt, daß das Ziel des Konservierungsverfahrens in einer möglichst unbeschränkten Dauer des Erhaltungszustandes über Monate, Jahre hinaus bestehen kann.

Diese Frage könnte paradox erscheinen, da wir ja gar nicht wissen, welche Schädigungen außer den genannten nun eigentlich noch die gefrorenen Objekte treffen könnten. Immerhin haben die Versuche bei der Fischkonservierung gelehrt, daß mit der Dauer des Gefrierzustandes noch weiter fortschreitende koagulationsähnliche Vorgänge am Muskeleiweiß einhergehen, dessen gelatinöse Konsistenz dadurch beeinträchtigt wird. Ob wir es dabei mit einer Art von sogenanntem Altern des kolloidalen Systems zu tun haben, oder ob nicht vielleicht chemische Prozesse im Spiele sind, deren Ablauf wir uns oberhalb des kryohydratischen Punktes immerhin noch vorstellen können, oder ob es der ins Innere der Objekte eindringende Sauerstoff ist, welcher diese Erscheinungen hervorruft, muß vorläufig noch als unaufgeklärt gelten. Jedenfalls habe ich mich an gefrorenen Leichen davon überzeugt, daß beim Fehlen eines luftdichten Überzuges der Gasaustausch zwischen dem Innern und der umgebenden Luft ein erheblicher ist. Der Zustand des Gefrorenseins bietet für das Eindringen des Sauerstoffs ins Innere der Leiche und ebenso für den Austritt des Wasserdampfes und anderer Gase an sich kein Hindernis. Das lehrt schon allein die Tatsache der völligen Austrocknungsmöglichkeit bei langer Lagerung an der Luft. Außerdem aber zeigt sich der Vorgang recht deutlieh an der von außen nach innen allmählich zunehmenden Oxydhämoglobinfärbung des Leichenblutes. Ja, es kann nach meinen Erfahrungen die Sauerstoffwirkung sogar bei monatelanger Lagerung in gefrorenem Zustande und bei lebhafter Luftzirkulation bis zur beginnenden Methämoglobinbildung fortschreiten, so daß alsdann wieder aufgetaute Leichen eine deutlich iktebrische Hautfärbung aufweisen können. Eine bei stark gefaulten und interher durchgefrorenen Leichen sich infolge des Gasaustausches recht angenehm bemerkbar machende Begleiterscheinung ist die neben der Lagerungsdauer einhergehende allmähliche Abnahme des Fäulnisgeruchs. Die letztere geht beispielsweise so weit, daß selbst hochgradig gasgeblähte, grünfaule, bei der Einlieferung unglaublich stinkende Wasserleichen schon nach mehrtägiger Aufbewahrung in durchgefrorenem Zustande so gut wie völlig desodorisiert waren und erst nach dem Auftauen, allmählich weiterfaulend, wieder anfingen, übelriechend zu werden.

Für gerichtsärztliche Zwecke hat daher das Durchfrierverfahren an der Luft gegebenenfalls seinen Wert, während für die Zwecke der normalen Anatomie die Verwendung luftdichter Überzüge im Sinne bestmöglichster Konservierung bei frischem Leichenmaterial entschieden zu empfehlen wäre.

Es liegt kein triftiger Grund vor, die Haltbarkeit des Leichenmaterials nach dem Auftauen als besonders beeinträchtigt anzusehen, obgleich im allgemeinen gegen die Haltbarkeit von Gefrierfleisch ein großes Vorurteil in den Kreisen der Bevölkerung besteht. Für die Entstehung des letzteren ist zweifellos die Schädigung des Aussehens von Gefrierfleisch durch die Hämolyse und das starke Abfließen von Fleischsaft ebenso verantwortlich zu machen wie die allerdings bei langsam gefrorenem Fleisch schneller einsetzende Bakterienwirkung. Die Keime können in den größeren Gewebslücken sich leichter ausbreiten und finden nach dem Auftauen für ihre Wanderung ins Innere breite Straßen vor. Beim Schnellgefrierverfahren würde diese Gefahr wesentlich geringer sein, und es scheint sogar, als ob die Fäulnisfähigkeit gefroren gewesener Fische im Vergleich zu ungefrorenem Material geringer wäre (16). Auch wird von praktischen Gesichtspunkten ausgehend (14, 15) beim Schlachtfleisch ein langsames Auftauen empfohlen, da die Menge des abfließenden Fleischsaftes alsdann geringer sein soll. Es wäre möglich, daß ein teilweises Wiederaufsaugen der ausgeschiedenen Gefrierflüssigkeit seitens der Gewebe stattfände, doch bleibt zu beachten, daß der ursprüngliche kolloidale Zustand der letzteren nicht wiederhergestellt wird. Über die Vorteile resp. Notwendigkeit langsamen Auftauens anatomischer Objekte müßten in Zukunft besondere Erfahrungen gesammelt werden, ebenso wie über die vielleicht geradezu ausschlaggebende Frage der Hämolyse. Hierüber fehlen jegliche Versuche. Man könnte meinen, daß auch zur Vermeidung hämolytischer Vorgänge ein schnelles Einfrierenlassen der Objekte genügen würde. Das scheint nach meinen bisherigen, immerhin sehr spärlichen Beobachtungen nicht der Fall zu sein. Der einzige Vorteil ist vielmehr der, daß Zerreißungen des Zwischengewebes und der Capillaren beschränkt oder vermieden werden, und daß auf diese Weise das Austreten des Gefäßinhalts verhindert wird.

Man wird daher in Zukunft der Bedeutung der Hämolyse für die Einfriertechnik besondere Beachtung schenken müssen. Die Bedingungen ihres Eintretens müßten von ähnlichem Standpunkte aus erforscht werden wie die Gefrierschädigung des Muskelgewebes. Erst dann ließe sich über die praktische Verwendbarkeit des Gefrierverfahrens zur Leichenkonservierung für anatomische Zwecke ein Urteil gewinnen.

Wenn wir daher noch einmal das Ergebnis der bisherigen Betrachtungen zusammenfassen, so erhalten wir auf theoretischem Wege die

Möglichkeit, die Körpergewebe durch sehr schnelles Einfrieren und Lagern bei tiefen Temperaturen unter Verhinderung des Austrocknens in makroskopisch brauchbarem Zustande dauernd zu konservieren. Es ist zu vermuten, daß ganze Leichen in tief gekühlten Salzlösungen so schnell zum Gefrieren gebracht werden können, daß ihr Erhaltungszustand nach dem Auftauen für die Zwecke der makroskopischen Anatomie dem Zustande frischer Leichen gleichkommt (etwaige Hämolyse ausgenommen), wenn man sie bei langer Lagerungsdauer vor Austrocknung hat genügend schützen können.

Dies einfache Abkühlungsverfahren auf Temperaturen bis 0° genügt nicht für die dauernde Leichenkonservierung und ist nicht geeignet, die bisher üblichen chemischen Konservierungsmethoden zu verdrängen. Ebensowenig eignet sich das Einfrieren der Leichen in tiefgekühlter Luft zum Zweck dauernder Konservierung.

Da über ein Schnellgefrierverfahren zum Zweck der Leichenkonservierung bisher keine praktischen Erfahrungen vorliegen, so mögen zum Schluß einmal kurz die Versuchsbedingungen angedeutet werden, unter denen vielleicht ein solches Konservierungsverfahren erfolgreich geprüft und verbessert werden könnte.

1. Vorkühlung. Das gesamte, dem Schnellgefrierverfahren zu unterwerfende Leichenmaterial müßte in einem entsprechend großen, gut isolierten Raume in Luft bei annähernd 0° C einer mehrtägigen Vorkühlung unterworfen werden.

2. Das Einfrieren müßte nach dem Ottesenschen Prinzip in einer möglichst tief abkühlbaren Solelösung (Chlorcalcium) so schnell geschehen, daß auch in den tiefsten Schichten der Gewebe keine makroskopischen Gewebsveränderungen mehr eintreten können.

3. Das Lagern der gefrorenen Leichen würde in einem Raume zu erfolgen haben, in welchem die Lufttemperatur etwa auf —10° C zu erhalten ist. Durch luftundurchlässige Überzüge können dabei Austrocknung, Schimmelbildung sowie anderweitige Veränderungen weiterhin ausgeschaltet werden.

4. Das Auftauen würde bei gewöhnlicher Lufttemperatur unter völliger Vermeidung mechanischer Insulte langsam vor sich gehen müssen.

Man wird in der Erwartung nicht fehlgehen, daß nach Beendigung des gegenwärtigen Weltkrieges aus allen Orten die Nahrungsmittelkonservierung und Hand in Hand mit dieser die Kühltechnik Fortschritte zeitigen wird, welche vielleicht auch für die Zwecke der Leichenkonservierung im Dienste der anatomischen Wissenschaft ausgenutzt werden können. Als eine Anregung, in diesem Sinne weiterzuforschen, mögen die vorstehenden Ausführungen angesehen werden.

Literaturverzeichnis.

1. Merkel und Bonnet, Ergebnisse der Anat. u. Entwicklungsgesch. **14**, 1243. 1904.
2. Müller, M., Über das Wachstum und die Lebensfähigkeit von Bakterien sowie den Ablauf fermentativer Prozesse bei niederer Temperatur. Archiv f. Hyg. **47**. 1903.
3. Fischer, B., Bakterienwachstum bei 0° usw. Centralbl. f. Bakt. u. Parasitenk. **4**, 89. 1888.
4. Dieudonné, A., Beiträge zur Kenntnis der Anpassungsfähigkeit der Bakterien an ursprünglich ungünstige Temperaturverhältnisse. Arbeiten a. d. Kais. Gesundheitsamt **9**, 492. 1894.
5. Schmidt-Nielsen, Über einige psychrophile Mikroorganismen und ihr Vorkommen. Centralbl. f. Bakt. u. Parasitenk. **9**, Abt. 2, Nr. 5. 1902.
6. Pictet und Young, Compt. rend. de l'Acad. des Sc. T. **98**, 747. 1884.
7. Ostertag, R. von, Handbuch der Fleischbeschau **2**, 6. Aufl. 1913.
8. Friedenthal, H., Archiv f. Anat. u. Physiol., Physiol. Abt., 1904, S. 577.
9. Froriep, A., Über die Kühlanlage der Anatomischen Anstalt in Tübingen. Verhandl. d. Anatom. Gesellsch., 13. Vers. Tübingen 1899, S. 126—129.
10. His, W., Zur Geschichte der Gefrierschnitte. Anatomischer Anzeiger **13**, 331ff. 1897.
11. Froriep, A., Über ein für die Lagebestimmung des Hirnstammes im Schädel verhängnisvolles Artefakt beim Gefrieren des menschlichen Kadavers. Anatomischer Anzeiger **19**, 427ff. 1901.
12. Symington, J., Are the cranial contents displaced and the Brain damaged by Freezing the entire Head? Journ. Anatomy. Vol. **37**, N. S, Vol. **17**, P. II, S. 97—106. 1903.
13. Verslag van de door de Nederlandsche Vereeniging voor de Koeltechniek ingestelde Commissie voor de Vischconserveering etc. Delft 1912/13. F. Gräfe.
14. Plank, R., und E. Kallert, Über die Behandlung und Verarbeitung von gefrorenem Schweinefleisch. Verl. d. Zentral-Einkaufsges. m. b. H., Berlin W 8, Behrenstr. 21. 1915. Abhandl. zur Volksernährung.
15. Dieselben, Über die Behandlung und Verarbeitung von gefrorenem Rindfleisch. Ebenda. 1916.
16. Plank, Ehrenbaum, Reuter, Die Konservierung von Fischen durch das Gefrierverfahren. Ebenda. 1916.
17. Zsigmondy, R., Kolloidchemie. Ein Lehrbuch. Leipzig 1912.
18. Grönroos, H., Zusammenstellung der üblichen Konservierungsmethoden für Präpariersaalzwecke. Anatomischer Anzeiger **15**, 5. u. 6. 1899.
19. Plank, R., Über den Einfluß der Gefriergeschwindigkeit auf die histologischen Veränderungen tierischer Gewebe. Zeitschr. f. allgem. Physiol. **17**, H. 3. 1916.

Weitere Untersuchungen über die Lymphocyten und ihre Zellkörner.

Von

Professor Dr. **Herm. Schridde.**

(Aus dem Pathologischen Institute der Städt. Krankenanstalten in Dortmund.)

Mit 2 Textfiguren.

Im Jahre 1905 gelang es mir in Marburg, in den menschlichen Lymphocyten mit Methoden, die sich auf der Altmannschen Granulafärbung aufbauten, um den Kern herum plump-stäbchenförmige Zellkörner nachzuweisen[1]. Im Laufe der Jahre habe ich immer wieder mein Augenmerk auf diese Zellkörner gerichtet und durch verbesserte Färbungsmethoden und durch Vergleich mit anderen Färbungen und anderen Zellen versucht, über diese Dinge nach jeder erdenkbaren Richtung hin Klarheit zu schaffen. Ich will an dieser Stelle nicht auf die Bedeutung und Erklärung der körnigen und fädigen Bestandteile undifferenzierter und differenzierter Zellen eingehen, da eine solche Betrachtung nur auf breiter Grundlage des Studiums der verschiedensten, menschlichen und tierischen Gewebe geschehen kann, und die letzten Arbeiten von Meves[2] und das Referat Bendas[3] gezeigt haben, daß noch große Unklarheit auf diesem Gebiete herrscht. Es soll hier allein meine Aufgabe sein, die mit den Altmannschen Methoden darstellbaren Zellbestandteile der lymphocytären Zellen zu schildern und zu versuchen, aus den Ergebnissen dieser Untersuchungen Schlüsse zu ziehen, die nicht nur hinsichtlich dieser Zellen sondern vielleicht auch für Zellfragen allgemeiner Art ihre Bedeutung haben können. Ich werde daher heute, um nichts vorwegzunehmen, auch keine der für die körnigen oder fädigen Bestandteile des Zelleibes gebräuchlichen Bezeichnungen, die immerhin mehr oder minder Bestimmtes über diese Dinge aussagen wollen, benutzen, sondern nur den auf die Form dieser Bestandteile sich gründenden Ausdruck Körner oder Fäden anwenden, auch wenn es sich zeigen sollte, daß wir

---

[1]) Münch. med. Wochenschr. 1905, 26.

[2]) Archiv f. mikr. Anat. u. Entw. **75.** 1910.

[3]) Verhandl. d. Deutschen Pathol. Ges. 1914.

das Recht haben, diese Gebilde als etwas Bestimmtes aufzufassen und von anderen, bei unseren Darstellungsmethoden ähnlichen Zellbestandteilen zu unterscheiden.

Die nachstehenden Beschreibungen beziehen sich auf Befunde, die ich an den lymphocytären Zellen mit einer neuen Anwendungsweise der Altmannschen Methode (Zentralbl. f. pathol. Anatomie 1912, 22) in Abtupfpräparaten vom Gewebe, in Abstrichpräparaten vom Blute und in Paraffinschnitten gewonnen habe, und ich werde zum Schlusse nur ganz flüchtig, da es sich nicht umgehen läßt, auf die Zellbestandteile der undifferenzierten Myeloblasten des Knochenmarkes eingehen.

Zu meinen Untersuchungen habe ich verwandt:

1. Ausstrichpräparate vom menschlichen, normalen Blute und Blute bei lymphatischer Leukämie;
2. Schnitt- und Abtupfpräparate von Halslymphknoten 4—6 Wochen alter Kaninchen;
3. Schnitt- und Abtupfpräparate von hypertrophischen Gaumenmandeln des Menschen.

Normales Blut.

Im ganzen wurden 500 Lymphocyten in Blutausstrichen verschiedener, gesunder Menschen geprüft. Die Untersuchungen bestätigen meine früher erhobenen Befunde. Es finden sich in allen Lymphocyten des Blutes meist an der einen Seite des Kernes, wo der Zelleib des Lymphocyten etwas breiter ist, im Durchschnitte ungefähr 20—25 plump-stäbchenförmige, ziegelrot gefärbte Zellkörner. Meist liegen sie dicht zusammen. Hin und wieder sieht man auch, daß einzelne Körner sich um das Rund des Kernes herum verteilen. In Präparaten, die gut gelungen sind, zeigen diese Körner sich niemals über dem Kerne, sondern stets an einer Seite oder um ihn herum.

Besondere Aufmerksamkeit wurde darauf gerichtet, ob sich nicht in den Lymphocyten des Blutes fädige Bestandteile darstellen und nachweisen ließen. Das gelang niemals. Es wurden stets nur die untereinander gleichgroßen, plump-stäbchenförmigen Zellkörner festgestellt.

In anderen Zellen des menschlichen Blutes habe ich nie, obwohl ich die Jahre hindurch mit Sorgfalt darauf geachtet habe, gleiche, mit der Altmannschen Methode färbbare Zellkörner gefunden. Nur in den sog. Übergangszellen (Fig. 1 *Ü*) habe ich rotgefärbte Körner gesehen, die sich aber durch ihre Kleinheit und vielfach durch ihre Anordnung zu kurzen Fäden von den Zellkörnern der Lymphocyten auf das deutlichste unterscheiden.

Blut bei lymphatischer Leukämie.

Die Beurteilung der Befunde bei leukämischem Blute stößt auf gewisse Schwierigkeiten. Es ist bekannt, daß man hier sowohl kleine wie große Lymphocyten antrifft. Dabei erhebt sich natürlich die Frage, ob etwa die großen Lymphocyten den sog. Lymphoblasten, den Keimzentrumszellen der Lymphknoten, entsprechen. Diese Frage ist um so berechtigter, als man ja auch im leukämischen Blute sich in indirekter Zellteilung befindliche Lymphocyten bemerkt, und die Keimzentrumszelle, worauf ich weiter unten noch zurückkommen werde, nichts weiter darstellt als ein Teilungsstadium des (kleinen) Lymphocyten.

Bei dem von mir untersuchten Falle von Leukämie kamen kleine und große Lymphocyten vor. In ihnen fanden sich hinsichtlich der Größe, Lagerung und Färbung ganz dieselben Zellkörner, wie sie in den Lymphocyten des normalen Blutes vorhanden sind.

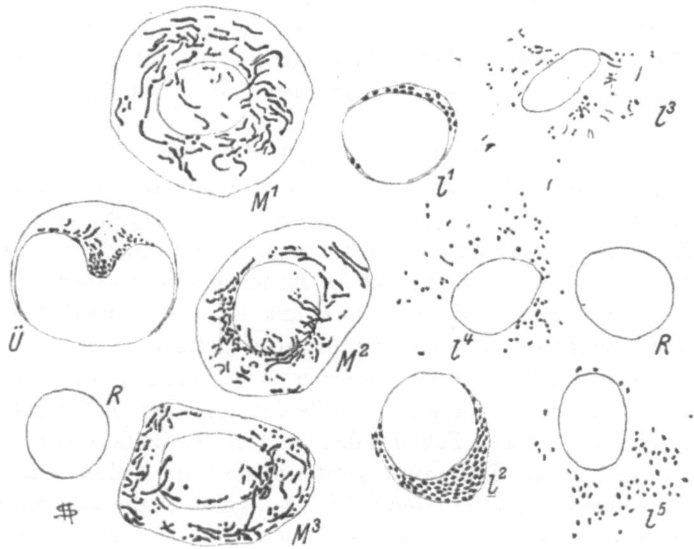

Fig. 1.
l 1 normaler Lymphocyt *l* 2—5 lymphocytäre Zellen bei lymphatischer Leukämie, z. T. in zerquetschtem Zustande. *M* 1—3 Myeloblasten aus dem Knochenmarke eines 5 Monate alten menschlichen Fetus, *R* normale rote Blutkörperchen. *Ü* sog. Übergangszelle.

Nur eines fiel sofort in die Augen, daß in den großen Lymphocyten gegenüber den normalen Befunden eine ganz beträchtlich größere Anzahl der Zellkörner enthalten ist (Fig. 1, l_2). Ich habe Zellen mit 90 bis 100 Körnern feststellen können. Auch hier waren die Gebilde niemals über den Kern hingelagert, sondern lagen stets an seiner einen Seite oder auch wohl in einzelnen Stücken um ihn herum.

Die Nachforschung, ob in den Zellen der lymphatischen Leukämie außer den plump-stäbchenförmigen Zellkörnern noch andere, fädige Bestandteile vorkommen, verlief an den 500 untersuchten Zellen ergebnislos. Ich sagte mir nun, daß solche fädigen Gebilde vielleicht durch die große Anzahl der sehr dicht gelagerten Körner verdeckt sein könnten, und zog deshalb insbesondere im Ausstrichpräparate zerquetschte Zellen zur Betrachtung heran. Wohl findet man hier, wie Fig. 1, *l* 3 und *l* 4 zeigen, des öfteren kurze, fädige Gebilde. Diese zeichnen sich jedoch auf den ersten Blick dadurch aus, daß sie heller rot erscheinen als die Lymphocytenkörner und sehr zart und dünn sind. Es unterliegt keinem Zweifel, daß wir hier weiter nichts als beim Ausstrich gequetschte und langgezogene Zellkörner vor uns haben. Auf der anderen Seite sehen wir bei diesen zerquetschten Zellen auch kleine, runde Körner. Hier handelt es sich um Teile zersprengter, stäbchenförmiger Zellkörner.

Es zeigt sich also einmal, daß wir in den lymphocytären Zellen der lymphatischen Leukämie ganz dieselben Zellkörner vor uns haben wie in den Lymphocyten des normalen Blutes, weiter aber haben wir erfahren, daß in den großen Zellen dieser Art die Anzahl der Körner eine viel beträchtlichere ist als in den normalen Zellen des Blutes.

Halslymphknoten von jungen Kaninchen.

Von diesen Lymphknoten wurden zuerst Schnitte mit Hämatoxylin-Eosin, Methylgrün-Pyronin und polychromem Methylenblau gefärbt. Es handelte sich nach diesen Untersuchungen um Lymphknoten, deren Rindenknötchen ausgesprochene Keimzentren besaßen. Danach wurden 2—3 μ und 5 μ dicke Schnitte mit der oben erwähnten Altmannschen Methode nach meinen Angaben gefärbt.

Bevor ich auf die Ergebnisse eingehe, muß ich hervorheben, daß durch den Schnitt in manchen Fällen nur Teile der einzelnen Zellen getroffen werden, und daß in diesen Zellen daher ein Teil der Zellkörner nicht zur Beobachtung gelangt. Es kommt sogar vor, daß die Zelle so durch den Schnitt getroffen wird, daß in den Schnitt nur ganz wenige oder gar keine Zellkörner fallen. Besonders die Schnitte von 2—3 μ Dicke weisen diese Fehler auf. Ich habe deshalb, wenn es sich um Zählung dieser Zellgebilde handelte, stets die 5 μ dicken Schnitte zum Studium herangezogen und habe ferner, um in jeder Weise sicher zu gehen, zum Vergleiche immer Abtupfpräparate von demselben Materiale angefertigt. Denn bei diesen, in den Abtupfpräparaten vorhandenen Zellen hat man die Gewähr, die ganze Zelle vor sich zu haben, und kann sich Gewißheit darüber verschaffen, inwieweit die am Schnittpräparate gewonnenen Befunde als richtig anzuerkennen sind.

Da auch bei diesen Untersuchungen nur eine Durchforschung zahlreicher, einzelner Zellen einen möglichst einwandfreien Schluß gestattet, so wurden auch hier die Befunde an 500 Zellen verzeichnet und aus ihnen erst die Folgerungen gezogen.

In den Lymphocyten im äußeren Teile des Rindenknötchens fanden sich in ganz gleicher Weise und Anordnung die Zellkörner, wie ich sie oben für den Menschen beschrieben habe. Es verblüfft geradezu, wie groß auch in diesen kleinsten Dingen die Übereinstimmung zwischen tierischen und menschlichen Zellen ist.

Auch hier ergab sich, daß der Durchschnitt der Zellkörner in einer Zelle 20—25 beträgt. Ich muß jedoch hervorheben, daß ich auf der einen Seite auch 10 und auf der anderen Seite auch 54 und 57 Zellkörner in Zellen dieser Art gezählt habe.

Niemals wurden in den Zellen kürzere oder längere fädige Gebilde festgestellt, niemals auch eine Anordnung der Körner in Ketten. Auch in den Schnittpräparaten lagen diese Bestandteile immer an einer Seite des Kernes oder auch einzelne um ihn herum.

Von besonderer Bedeutung erscheinen mir die Befunde in den Zellen des Keimzentrums, den sog. Lymphoblasten. Ich habe stets die Meinung vertreten, daß wir in dieser großen Zelle mit bläschenförmigem Kern nichts weiter als ein Teilungsstadium des Lymphocyten, das Stadium der Prophase, vor uns haben. Die Auffassung, daß es sich hier um eine undifferenzierte Vorstufe des Lymphocyten handele, oder gar, daß diese Zelle der undifferenzierten Zelle des Knochenmarkes, dem Myeloblasten, gleich sei, habe ich stets für falsch gehalten, aus Gründen, die ich hier nicht noch einmal in Breite darlegen möchte und auf die ich erst am Schlusse ganz kurz eingehen werde. Wir werden auch aus den vorliegenden Untersuchungen mit Gewißheit sehen, daß meine Ansicht zu Recht besteht.

Es konnte nun festgestellt werden, daß auch in diesen Zellen völlig die gleichen Zellkörner vorhanden sind, wie sie in den Lymphocyten sich finden. Der Vergleich der Zellkörner ist ja ein sehr leichter, da im Schnitte Lymphocyten und Keimzentrumszellen nebeneinander gelagert sind.

Andere Gebilde als die plump-stäbchenförmigen Zellkörner konnten auch hier nicht beobachtet werden. Niemals zeigten sich kurze oder längere fädige Bildungen oder aneinander gereihte Körner, Körnerketten oder gekörnte Fäden.

Ein bemerkenswertes Ergebnis lieferte die Zählung der Zellkörner, die wiederum an 500 Zellen angestellt wurde. Es ergab sich nämlich, daß hier im Durchschnitt rund 50 derartige Gebilde in der Zelle sich befanden. Allerdings habe ich auch Zellen mit 28 und anderseits mit 82 Körnern gesehen. Aber solche Zellen sind doch in der Minderzahl, und schließlich ist allein der Mittelwert, der gefunden wurde, maßgebend.

Über das Verhalten der Zentralkörperchen kann ich leider keine Auskunft geben, da bei der angewandten Methode diese nicht zur Darstellung kommen. Es wird natürlich von Wichtigkeit sein, auch auf sie ein besonderes Augenmerk zu richten.

In den Abtupfpräparaten von diesen Kaninchen-Lymphknoten wurden folgende Befunde gewonnen.

Während die sog. Lymphoblasten im Schnitte allein durch ihre Lage schon zu erkennen sind, begegnet ihre einwandfreie Feststellung im Abtupfpräparate einer gewissen Schwierigkeit. Man könnte annehmen, daß hierbei auch Retikulumzellen des Lymphknotens zur Beobachtung kämen. Nun wissen wir allerdings, daß die lymphatischen Zellen in ihrem Retikulum sehr lose sitzen. Das beweist die Tatsache, daß man bekanntlich diese Zellen durch Auspinseln aus dem Retikulum entfernen kann. Weiter haben mir die Untersuchungen am Schnittpräparate gezeigt, daß die Retikulumzellen viel feinere Zellkörner haben als die lymphocytären Zellen, so daß auch darin schon eine sichere Unterscheidung im Abtupfpräparate vorhanden ist. Es ist ferner ein Anhaltspunkt, daß

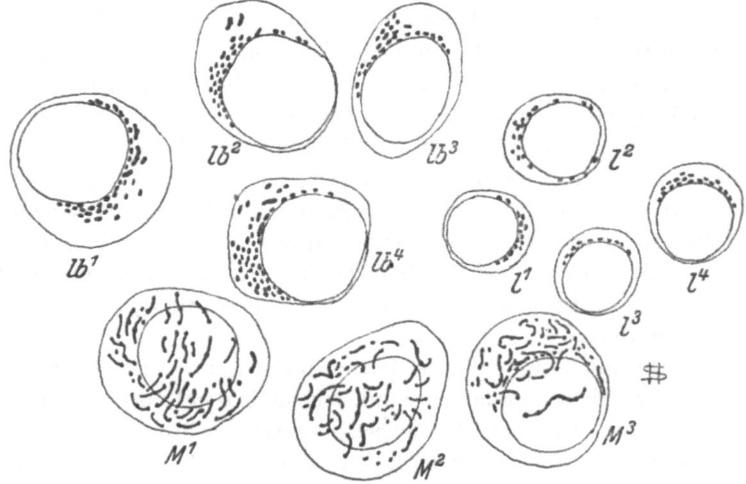

Fig. 2. Lymphocytäre Zellen und Myeloblasten eines 6 Wochen alten Kaninchens.
lb 1—4 Lymphoblasten (Keimzentrumszellen).
l 1—4 Lymphocyten. *M* 1—3 Myeloblasten.

man Lymphoblasten vor sich hat, dadurch gegeben, daß diese großen Zellen in einer mehr oder minder reichlichen Anzahl zusammenliegen. Das ist auch erklärlich, da die Zellen aus dem Keimzentrum auf den Objektträger abgetupft werden. Weiter habe ich noch, um allen Einwänden begegnen zu können, eine ganze Reihe von Präparaten zuerst mit Azur II — Eosin und Methylgrün-Pyronin gefärbt und auf Grund dieser Färbungen die Zellen bestimmt. Schließlich müssen die Lymphoblasten ja auch leicht im Abtupfpräparate herauszufinden sein, da wir am Schnittpräparate erfahren haben, daß sie ganz die gleichen Zellkörner besitzen wie die Lymphocyten.

Es zeigten sich daher auch in diesen Präparaten in den Keimzentrumszellen (Fig. 2) Zellkörner, die hinsichtlich ihrer Lagerung, Gestalt, Größe und Färbung in jeder Weise den betreffenden Zellbestandteilen der

Lymphocyten gleich waren. Auch hier wurden, auch an zerquetschten Zellen, niemals fädige Gebilde bemerkt.

Die an 500 Zellen vorgenommenen Zählungen der Zellkörner ergaben in Übereinstimmung mit den am Schnittpräparate erhaltenen Ergebnissen, daß im Durchschnitte 50 bis 60 Zellkörner in der Zelle vorhanden waren. Auch in Abtupfpräparaten wiesen wieder einige Zellen in dieser Hinsicht mehr oder weniger starke Abweichungen nach oben und unten hin auf.

Hypertrophische Gaumenmandeln des Menschen.

Auch hier wurden Schnitt- und Abtupfpräparate in genau der gleichen Weise untersucht wie bei den Lymphknoten des Kaninchens. Es hieße die im vorhergehenden Abschnitte gemachten Mitteilungen Wort für Wort wiederholen, wollte ich die Befunde an diesem Materiale hier anführen. Hinsichtlich der Lagerung, der Zahl, der Form und der Färbung der Zellkörner wurden sowohl in den Lymphocyten wie in den Lymphoblasten völlig die gleichen Befunde erhoben, wie ich sie eben beim Kaninchen geschildert habe. Niemals wurden fädige Bestandteile festgestellt. Auch in den Lymphocyten, die durch das bedeckende Epithel in die Lakunen gewandert waren, zeigten sich dieselben Zellkörner und keine anderen Zellbestandteile.

Aus allen den im vorstehenden angeführten Untersuchungen ergibt sich also, daß sowohl die Lymphocyten wie die Keimzentrumszellen nur allein plump-stäbchenförmige Zellkörner enthalten, und daß niemals fädige Bildungen in diesen Zellen beobachtet werden konnten.

Ganz das gleiche Verhalten wiesen auch die Lymphocyten des Blutes und die aus den Gaumenmandeln in die Lakunen ausgewanderten Lymphocyten auf. Auch die Zellen der lymphatischen Leukämie zeigen dieselben Zellkörner. Bei einer großen Anzahl dieser Zellen ist jedoch eine bei weitem größere Anzahl dieser Zellbestandteile festzustellen, als wir das bei normalen Zellen dieser Art beobachten können. Ob dieser Befund als pathologischer Charakter dieser Zellen zu betrachten ist, oder ob wir in den Zellen Elemente vor uns haben, die den Keimzentrumszellen gleich stehen, ist nicht mit Sicherheit zu entscheiden. Meiner Meinung nach ist die letztere Annahme die richtige.

Des weiteren zeigt sich, daß der Lymphocyt im Durchschnitt 20 bis 25 Zellkörner aufweist, während die Keimzentrumszelle 50 bis 60 derartige, ganz gleichgeartete Gebilde besitzt.

Die allgemeine, wohlbegründete Ansicht ist nun die, daß die Lymphocyten durch Teilung dieser Keimzentrumszellen entstehen. Damit ist jedoch nichts darüber gesagt, ob diese Zellen Vorstufen oder einfache Teilungsstadien der Lymphocyten sind. Die letztgenannte Auffassung habe ich, wie oben schon gesagt, stets vertreten, und sie wird durch die vorliegenden Untersuchungen, die sowohl in dem sog. Lymphoblasten wie im Lymphocyten stets die völlig gleichen Zellkörner festgestellt haben, bewiesen.

Es ist aber noch ein weiterer, mir ganz besonders wichtig erscheinender Schluß aus den in vorstehendem Aufsatze geschilderten Befunden zu ziehen. Wir sehen nämlich in der Keimzentrumszelle, die wir der ganzen bläschenförmigen Kernform nach als eine im Stadium der Prophase der Zellteilung befindliche Zelle auffassen müssen, rund die doppelte Anzahl der Zellkörner wie in den ruhenden Lymphocyten. Daraus ist meines Erachtens die Folgerung zu ziehen, daß die Zellkörner der Lymphocyten sich in diesem Stadium geteilt haben. Ich wüßte jedenfalls nicht, wie man diese Tatsache sonst anders deuten sollte. Wie die Teilung dieser sehr kleinen Zellbestandteile geschieht, dafür habe ich allerdings keine sicheren Befunde erheben können. Das mag insbesondere an der Kleinheit dieser Gebilde liegen. Aber es ist wohl nicht zu gewagt zu sagen, daß diese stäbchenförmigen Zellkörner sich durch Einschnürung in der Mitte teilen. Aus diesen Keimzentrumszellen, in denen darauf die Kernteilung einsetzt, gehen dann wieder die Lymphocyten mit der Hälfte der Zellkörner hervor.

Es steht daher nach diesen Untersuchungen meiner Ansicht nach fest, daß die Teilung der Zellkörner der Teilung des Kernes voraufgeht, daß also die Erscheinungen der sich entwickelnden Zellteilung zuerst im Protoplasma auftreten. In welcher Weise sich hierzu die Zentrosphäre verhält, das habe ich noch nicht feststellen können, das müssen erst weitere Untersuchungen ergeben.

Befunde an menschlichen und tierischen Myeloblasten.

Zum Schlusse seien noch ganz kurz Untersuchungen angeführt, die ich an Myeloblasten eines menschlichen Fetus von 5 Monaten und junger, 6 Wochen alter Kaninchen angestellt habe. Ein kurzer Hinweis auf diese Befunde läßt sich nicht umgehen, da von verschiedenen Seiten noch immer die Meinung vertreten wird, die lymphatischen Zellen der Lymphknötchen und die basophilen Zellen des Knochenmarkes, die Myeloblasten, seien identisch, oder zwischen ihnen beständen doch genetische Beziehungen. Zuerst hat Freifeld 1909 (In.-Diss. Zürich 1909) auf die körnigen und fädigen Zellbestandteile dieser Zellen hingewiesen. Ich gebe in Fig. 1 Myeloblasten des Knochenmarkes eines menschlichen Fetus von 5 Monaten und in Fig. 2 diese basophilen Zellen des Kaninchenknochenmarkes wieder. Schon aus diesen wenigen Abbildungen geht mit Sicherheit hervor, daß wir hier in diesen Zellfäden und gekörnten Fäden ganz andere Dinge vor uns haben als in den Zellkörnern der Lymphocyten. Aus ihnen entstehen ja auch, wie wir wissen, andersgeartete, spezifische Zellbestandteile, die neutrophilen, eosinophilen und basophilen Granula der Myelocyten und Leukocyten, während die in den lymphocytären Zellen vorhandenen Zellkörner das bleiben, was sie sind, und nichts anderes werden, mögen sie nun im lymphatischen Gewebe sein oder ins Blut gelangen oder auf die Oberfläche von Schleimhäuten oder ins Bindegewebe wandern. In den Körnern der Lymphocyten haben wir, wenn ich so sagen soll, fertige, funktionstüchtige Zellorgane vor uns, aus denen nichts anderes wird. In den Zellbestandteilen der Myeloblasten handelt es sich aber um unfertige Gebilde, es sind erst die unreifen Vorstufen reifer, funktionstüchtiger Zellteile.

Zur Kenntnis der Entwicklung und der morphologischen Bedeutung der Hautdrüsenorgane.

Von

Prof. Dr. **B. Henneberg**, Gießen.

(Kurze Zusammenfassung am Schluß.)

Mit 3 Tafeln (XIV—XVI).

Hautdrüsenorgane finden sich bei den Säugern in weiter Verbreitung und in verschiedenster Form. Eine Anzahl derselben ist bereits genauer untersucht worden. Brinkmann (1911) zählt in seinem Referat über „Die Hautdrüsen der Säugetiere" bereits 22 Hautdrüsenorgane auf, deren histologischer Bau bekannt ist. Viel weniger sind wir über die Entwicklung dieser Gebilde unterrichtet. Die Kenntnis der Entwicklungsgeschichte ist aber in diesem Falle von ganz besonderer Wichtigkeit, da erst mit ihrer Hilfe die morphologische Bedeutung eines Drüsenorganes erkannt wird. Wir haben daher die Gelegenheit, die Entwicklung eines Drüsenorganes verfolgen zu können, benutzen zu sollen geglaubt. Unsere Untersuchung erstreckt sich auf die Präputialdrüse der Ratte. Die Entwicklungsgeschichte derselben und unsere daraus abgeleitete Ansicht über ihre morphologische Bedeutung seien im folgenden mitgeteilt.

Lage und Bau der ausgebildeten Präputialdrüse. Die Präputialdrüsen der Ratte — wir untersuchten die weiße und schwarzbunte Form der Wanderratte (Mus decumanus) — stellen große, paarige, jederseits vom Präputium in die Schafthaut[1]) und unter die an den Phallus angrenzende Bauchhaut sich erstreckende, in das Cavum praeputii mündende, zusammengesetzte alveoläre Drüsen vor. Beim ausgewachsenen Tiere hat jede Präputialdrüse eine flach keulenförmige Gestalt. Das verjüngte Ende stellt den Ausführungsgang vor, der auf das innere Blatt des Praeputiums dicht am Orificium des letzteren mündet. Beim Weibchen hat sie eine Länge von ca. 1 cm, beim Männchen entsprechend der bedeutenderen Größe des Phallus eine solche von ca. $1^1/_2$ cm. Die größte Breite beträgt ca. 3 mm. Die größere

---

[1]) Betreffs der Terminologie vgl. die Tabelle der Termini in Henneberg; Beitrag zur Entwicklung der äußeren Genitalorgane beim Säuger II. Anatom. Hefte Bd. 55. S. 406.

Länge der Drüse beim Männchen wird hauptsächlich durch die Länge des schmäleren Ausführungsganges bedingt. Die Präputialdrüsen sind also bedeutend länger, als das Cavum praeputii tief ist. Nach ihrem Bau stellen die Präputialdrüsen stark entwickelte Talgdrüsen vor. Schon bei Lupenbetrachtung erkennt man ihre Zusammensetzung aus einer großen Zahl von Läppchen. Kleine, aus diesen hervorgehende Gänge münden in den zisternenartigen Hauptgang, der wie jene mit Sekret gefüllt ist. Die Drüsenläppchen umgeben ringsum die Zisterne. Der Ausführungsgang ist von einem geschichteten Plattenepithel ausgekleidet. Aussen findet sich eine Schicht glatter Muskulatur. Das von Leydig (S. 32) und Disselhorst (S. 280) konstatierte schwarze Pigment in der Umgebung des Ausführungsganges fehlt bei den meisten unserer Präparate. Es erklärt sich dies wohl dadurch, daß die von uns untersuchten Tiere überhaupt pigmentarm waren. In einigen Fällen war dagegen die schwarze Pigmentierung schon makroskopisch zu erkennen. Die Drüsenzellen zeigen die typische Gestalt der Talgdrüsenzellen. Näher auf den mikroskopischen Bau der ausgebildeten Präputialdrüsen einzugehen, ist für unsere Zwecke nicht notwendig.

Das Sekret ist eine gelbliche, fettartige, spezifisch riechende Substanz, die bei Körpertemperatur von vaselinartiger Konsistenz ist, an der Luft fester und bröcklig wird.

Durch Druck auf die Drüsen kann man das Sekret beim lebenden oder getöteten Tiere leicht am Orificium praeputii zum Austritt bringen. Männchen und Weibchen verhalten sich hierin gleich. Die Angaben Disselhorsts, daß beim Weibchen das Sekret sich in einen zentralen Kanal ergieße, ist nur richtig, falls unter letzterem das Cavum praeputii verstanden werden soll. In dem Sekret fanden wir nicht selten ein oder mehrere Haare, eine Tatsache, die bisher unbeachtet geblieben, für die Deutung der Drüse aber von Wichtigkeit ist. Eine Untersuchung von 28 Tieren zeigte, daß bei jungen Individuen in jeder Drüse 0—2 Haare vorhanden waren, bei ausgewachsenen meist mehrere. In einzelnen Fällen fanden sich 7, 8, einmal sogar 18 Haare in einer Drüse.

Die Entleerung der Drüse wird in der Art erfolgen, daß der Überschuß des angesammelten Sekretes aus der Drüsenöffnung heraustritt.

Vergleichend-anatomische Bemerkung. Ähnlich gestaltete Glandulae praeputiales wie bei der Wanderratte finden sich bei verwandten Formen. Tullberg erwähnt bei einer Reihe von Spezies unter den Muriformes und Muridae das Vorhandensein solcher Drüsen. In einzelnen Fällen scheinen sie im weiblichen Geschlecht zu fehlen. Auch bei einigen, den genannten Formen ferner stehenden Nagern hat er Präputialdrüsen gefunden. Als Beispiele mit ausgebildeten Präputialdrüsen seien genannt: Hausmaus, Hamster, Wasserratte (Arvicola amphibius). Nicht vorhanden sind sie z. B. bei Cavia und Kaninchen.

Bemerkungen zur Terminologie. Mit der Bezeichnung Glandulae praeputiales hat man verschiedene Gebilde benannt. In der menschlichen Anatomie versteht man darunter Talgdrüsen von verschiedener Form und Größe, die sich am Penis rings um das Collum und die Corona glandis sowie auch dem inneren Blatte des Praeputiums finden (vgl. z. B. Rauber-Kopsch, 10. Aufl. IV, S. 344) Sodann nennen die Autoren die Talgdrüsen, die in großer Anzahl das Orificium praeputii des Penis, z. B. bei Cavia und Lepus, umgeben, ebenfalls Glandulac praeputiales. Diese Drüsen münden in die Follikel der hier befindlichen Haare (vgl. Rauther S. 414 und 433). Weiter nennen verschiedene Untersucher die Inguinaldrüsen des Hasen und Kaninchens Glandulae praeputiales, wodurch weitere Unklarheit gestiftet wird. Die Inguinaldrüsen haben mit dem Praeputium nichts zu tun und sollten daher nicht Präputialdrüsen genannt werden. Sie liegen bei beiden Geschlechtern in der Inguinalgegend zur Seite des Phallus und münden in eine haarfreie Hauttasche. Eine genauere Beschreibung von ihnen hat zuerst Leydig gegeben. Er nennt sie nach Cuvier und Joh. Müller Inguinaldrüsen (l. c. S. 32). Krause bezeichnet sie irrtümlich als Drüsen des Praeputiums (Disselhorst 1904, S. 252). Wie ich sehe, hat auch Courant in seiner Arbeit „Über die Präputialdrüsen des Kaninchens usw.“ nicht Präputialdrüsen, sondern jene von Leydig genauer beschriebenen Inguinaldrüsen gemeint, zitiert er doch in extenso die Beschreibung der Inguinaldrüsen, die Leydig gegeben hat. Auch Tullberg nennt die Inguinaldrüsen der männlichen Leporiden Präputialdrüsen (S. 52). Bei den weiblichen nennt er übrigens die Inguinaldrüsen Clitoraldrüsen (wie auch bei Lagomys, S. 56). — Die Glandulae praeputiales des Weibchens als clitorales zu bezeichnen, halten wir nicht für zweckmäßig. Handelt es sich doch bei beiden Geschlechtern um durchaus homologe Gebilde, die daher auch mit demselben Namen zu nennen sind. Anderen Autoren folgend, kann man die Präputialdrüse der Ratte als ein Hautdrüsenorgan auffassen und sie Präputialorgan nennen. Damit wäre unsere Drüse unterschieden von jenen kleinen, in größerer Zahl vorhandenen Präputialdrüsen, wie sie sich z. B. beim Menschen finden. Warum wir die Bezeichnung der Inguinaldrüsen des Kaninchens als Präputialorgan, wie dies bei Brinkmann geschieht, nicht billigen, geht aus dem oben Gesagten hervor.

Angaben anderer Autoren über die Entwicklung der Präputialdrüsen. In der Literatur finden sich über die fertig ausgebildete Präputialdrüse der Nager verschiedentlich Untersuchungen. Diese sind zusammengestellt von Stuzmann, Rauther, Disselhorst und Brinkmann, woselbst auch die ältere Literatur nachzusehen ist. Über die Entwicklung der Präputialdrüsen sind jedoch, soweit ich sehe, die Angaben äußerst spärlich.

Stuzmann sagt über die Entwicklung der Präputialdrüsen der Ratte folgendes (S. 282): „Sie entstehen bei 2,5 bis 3 cm langen Embryonen aus der äußeren Bedeckung durch Einstülpung in das subepitheliale Gewebe an der Vorderseite des Geschlechtshöckers, der im Querschnitt die Anlage der Eichel zeigt und von einer Hautfalte, dem Praeputium, überdeckt wird. Die Anlage der Drüse dringt zu beiden Seiten der Urethra ein ziemliches Stück dorsalwärts und teilt sich am blinden Ende in mehrere kleine Zapfen. Die vordere Ausgangsstelle rückt im Laufe der vollkommeneren Ausbildung des äußeren Geschlechtsteiles, besonders des Praeputiums, mehr auf die innere Fläche des letzteren in die Gegend der späteren Corona glandis, wo dann auch beim erwachsenen Tier der Ausführungsgang ausmündet.“

Eigene Untersuchung über die Entwicklung der Präputialdrüsen der Ratte.

A. Embryonale Entwicklung.

Erstes Auftreten. Lage. Form. Die Präputialdrüsen treten beim Embryo am Ende des 16. Tages — gerechnet von der Begattung der Mutter — in Gestalt einer ungefähr linsenförmigen Epithelverdickung des Genitoperinealhöckers auf. Diese Anlage liegt jederseits in dem Winkel zwischen Höckerschaft und Schafthaut, und zwar seitlich nach dem Dorsum hin. Am deutlichsten tritt dies auf quer durch den Embryo gelegten Schnitten hervor (Tafel XIV, 1 und 2).

Weiterentwicklung der Anlage. Bald, bei $16^1/_2$ tägigen Embryonen, wird die geschilderte Epithelverdickung zu einem Zapfen, der mit abgerundetem Ende in das darunterliegende Bindegewebe hineinragt (Tafel XIV, 3, 4). Dieser nimmt an Länge zu und ist dabei mit dem Fundus etwas medianwärts gerichtet. Die Mündung liegt auf dem breiten Rande der Schafthaut. Bei $17^1/_2$ tägigen Embryonen ist die Mündung der Präputialdrüsen auf der freien Randfläche der Schafthaut jederseits als kleine Einsenkung mit dem binokularen Mikroskop sichtbar. Die Drüsenanlage ist zusammen mit der Schafthaut beträchtlich in die Länge gewachsen (Tafel XIV, 5 und 6).

Art des Längenwachstums. Wenn am Ende des 19. Tages die Schafthaut zur Bildung des Praeputiums auswächst, kommt ein Teil der Drüse in dieses zu liegen und nimmt mit dem Praeputium zugleich an Länge zu (Tafel XIV, 7 und 8). Mit Hilfe desselben Verfahrens, das uns dazu diente, die Wachstumsart des Praeputiums zu demonstrieren, gelingt es, über das Längenwachstum der Drüse Aufschluß zu bekommen. Die dort (Anatomische Hefte Bd. 55, Tafel 33) wiedergegebenen Figuren zur Bildung des Praeputiums können auch dazu dienen, das Wachstum der Präputialdrüsen zu zeigen. Man sieht, daß die Längenzunahme nicht etwa, wie man annehmen könnte, dadurch zustande kommt, daß der Fundus in die Tiefe wächst, so wie die Spitze einer Pflanzenwurzel in das Erdreich eindringt, sondern dadurch, daß, während der Fundus bis zu der Zeit, da die Sprossung auftritt, an dem Ort, wo er entstanden ist, liegenbleibt, die Schafthaut und nachher das Praeputium nach dem Apex phalli zu wächst und die Mündung der Drüse auf solche Weise mitnimmt, wodurch die Drüse gewissermaßen in die Länge gestreckt wird. Dem entspricht auch, daß die Mitosen in der Drüse über die ganze Länge derselben gleichmäßig verteilt sind.

Lageveränderung der Drüsenmündung. Auch die Lageveränderung der Drüsenmündung tritt auf jenen Figuren deutlich hervor. Während die Drüse in ihrem Anfangsstadium, wie gezeigt wurde, an der Grenze zwischen Höckerschaft und Schafthaut liegt (Tafel XIV, 1 und 3), wird ihre Mündung durch die fortschreitende Bildung der Schafthaut lateralwärts verschoben, so daß sie sich von der Achse des Phallus immer mehr entfernt und auf den freien Rand der Schafthaut zu liegen kommt (Tafel XIV, 5 und 6). Wenn dann später die Schafthaut zum Praeputium auswächst, liegt die Drüsenmündung auf dem das Orificium praeputii umgebenden Rand des Praeputiums (Tafel XIV, 7 und 8).

Bau der Drüsenanlage. Bis zu dieser Zeit ist der Bau der Drüsenanlage derart, daß man eine epitheliale Wandschicht und Innenzellen unterscheiden kann. Die erstere besteht in der ersten Zeit aus mehreren Schichten hoher, dicht gedrängt stehender prismatischer Zellen, später, bei $18^1/_2$ tägigen Embryonen nur aus einer Schicht. Die Innenzellen sind groß und rundlich.

Auftreten einer Haaranlage. Am 20. Tage geht an jeder Drüse seitlich aus dem Fundus ein Sproß hervor, der lateral und nach dem Dorsum phalli gerichtet, in das lockere Bindegewebe der Schafthaut einwächst (Tafel XIV, 8; Tafel XV, 9–11). Dadurch, daß sich an dem freien Ende des Sprosses bald — am 20. oder 21. Tage — eine Haarpapille bildet, erweist sich derselbe als eine Haaranlage. Letztere tritt zu derselben Zeit auf wie die Anlagen der Körperhaare, eilt diesen dann aber in der weiteren Entwicklung und besonders in der Größenzunahme bedeutend voraus. Die Haaranlage und die gleich zu erwähnenden Drüsensprossen verhalten sich also, um auf unseren Vergleich noch einmal zurückzukommen, wie die Pflanzenwurzeln: sie dringen mit ihrem freien Ende basalwärts in das Bindegewebe vor.

Auftreten der Drüsensprossen. Gegen das Ende des 20. Tages oder am 21. treten noch weitere Sprossen an der Drüse auf, die sich zuerst als rundliche Vorwölbungen oder Buckel ankündigen. Diese gehen ebenfalls vom Fundus aus und zwar sind es oft zuerst zwei Sprossen, so daß die Drüse an ihrem Ende dichotomisch geteilt erscheint. Zu diesen kommen bald noch einige andere hinzu. Diese Sprossen haben mit Haaranlagen nichts zu tun. Es sind vielmehr Drüsensprossen, die zur Entwicklung des Drüsenkörpers führen, nachdem die Drüse lange Zeit nur aus einem einfachen Schlauche bestanden hat (Tafel XV, 12).

Unterschiede zwischen Drüsen und Haaranlagen. Drüsensprossen und Haaranlagen unterscheiden sich dadurch voneinander, daß die Haaranlage eine bestimmte Richtung einnimmt, wie sie eben beschrieben wurde, und daß sie schlanker ist, während die Drüsensprossen, abgesehen davon, daß sie basalwärts in das Bindegewebe der Schafthaut einwachsen, keine bestimmte Richtung erkennen lassen, plumper sind und Verengerungen und Anschwellungen zeigen. Auch in bezug auf ihren Bau unterscheiden sich die Drüsensprossen und die Haaranlage voneinander. Das Wandepithel der letzteren besteht aus dicht gedrängt stehenden, hohen, prismatischen Zellen, während das in den Drüsensprossen jetzt von großen kubischen Zellen gebildet wird. Die Innenzellen der Haaranlage (Bulbuszapfen) sind kleiner und haben einen kleineren Kern als die Innenzellen der Drüsensprossen.

Weiterentwicklung des Drüsengewebes. Ungefähr gleichzeitig mit dem Auftreten der Haaranlage machen sich Veränderungen im Bau der Drüse bemerkbar. Im Bereich der künftigen Mündung tritt eine Verhornung des Innenepithels auf, wie der Verhornungsprozeß jetzt auch in der Epidermis eingesetzt hat. In der Drüse schreitet er schnell vorwärts und führt zum Untergang der Zellen, die dann ausgestoßen werden, so daß die Drüse nun eine offene Mündung besitzt. Sodann machen sich Erscheinungen bemerkbar, die die künftige sekretorische Tätigkeit der Drüse vorbereiten. Es werden nämlich die Innenzellen größer und heller, wobei aber der Kern in der Mitte der Zelle liegenbleibt. Dies ist, abgesehen vom Fundus, von wo jetzt die Sprossenbildung ausgeht und wo daher nur junge Zellen zu finden sind, in ganzer Ausdehnung der Drüse der Fall. — Um die Drüse herum hat sich (Tafel XV, 12) allmählich das Bindegewebe verdichtet, so daß sie eine, wenn auch noch lockere Bindegewebshülle bekommt.

B. Postembryonale Entwicklung.

Bald nach der Geburt treten auch am Stamm der Drüse kleine, zuerst knopfförmige Sprossen auf, und zwar hauptsächlich so, daß dadurch die Drüse in der Sagittalebene vergrößert wird. Auch an den, aus dem ehemaligen Fundus hervorgegangenen Sprossen treten sekundäre Sprossen auf (Tafel XV, 13). Schließlich ist die Zisterne, abgesehen von ihrem Mündungsteil, ganz von Alveolen und Alveolenbüscheln umgeben (Tafel XV, 14; Tafel XVI, 18). Die Wand der Cisterne besteht bei dreitägigen Ratten noch aus 8—10 Schichten flacher Zellen, bei fünftägigen aus ca. 5 Lagen. Zugleich nimmt die Bindegewebshülle der

Drüse an Mächtigkeit zu, während Haarbalg und Haar in die Länge wachsen (Tafel XV, 15 und 16; Tafel XVI, 17).

Um für das Längenwachstum einen Anhalt zu geben, sei gesagt, daß die Länge der Drüse im weiblichen Geschlecht bei 18tägigen Embryonen ca. 100 μ, zur Zeit der Geburt durchschnittlich ca. 1100 μ beträgt. Beim Männchen bei $19^1/_2$tägigen Embryonen ca. 850μ, am zweiten Tage nach der Geburt ca. 1600 μ beträgt. Nach einigen Monaten hat die Drüse ihre definitive Größe und Gestalt erreicht. Die bauchige Erweiterung der zuerst zylindrischen Zisterne erfolgt offenbar durch den Druck, den das sich ansammelnde Sekret auf deren Wandung ausübt. In dieser Zeit sind dann meist auch noch ein oder mehrere Haarfollikel mit Haar zur Ausbildung gelangt. — Die Bulbushaare stecken mit ihren Wurzeln in den Follikeln, der Haarschaft liegt eingebettet in das Sekret in der Zisterne. Die abgestorbenen Kolbenhaare liegen in dem Sekret und gelangen mit diesem allmählich nach außen.

Die bereits beim Embryo einsetzende Umwandlung der Drüsenzellen in Sekret schreitet jetzt schnell vorwärts. Dabei beobachtet man eine Deformierung der Zellkerne, die bald zugrunde gehen, während der Zelleib, der fein granuliert erscheint, noch etwas länger erhalten bleibt. Freies Sekret findet sich vom zweiten Tage nach der Geburt an zuerst in sehr geringer Menge. Es nimmt beständig zu, so daß es bei 7tägigen Ratten schon reichlicher, bei 20tägigen sehr reichlich vorhanden ist (Tafel XVI, 19 und 20). Es füllt hier das ganze Lumen des Hauptstammes aus, der sich damit zur Zisterne entwickelt.

Abweichung in der Zahl der Drüsen. Unter 59 (32 Männchen und 27 Weibchen), auf die Präputialdrüsen untersuchten Embryonen und bis 20tägigen (nach der Geburt) jungen Ratten fanden sich dreimal je zwei Präputialdrüsen auf einer Seite (einmal beim Weibchen und zweimal beim Männchen, (Tafel XVI, 21 und 22), und zweimal war im ganzen nur eine Präputialdrüse vorhanden. Akzessorische finden sich bei zwei Embryonen verschiedenen Geschlechtes im Alter von 17 Tagen 20 Stunden, die demselben Uterus entstammen, so daß es möglich ist, daß die Vermehrung der Drüsen familienweise auftritt. In allen drei Fällen liegen die akzessorischen Anlagen ein Stückchen ventral von der eigentlichen Drüse, aber doch nicht so weit entfernt, daß es nicht durchaus möglich wäre, daß Hauptdrüse und akzessorische aus derselben Anlage hervorgegangen wären. — Da auch der dritte Embryo — vom 19. Tage — noch ein relativ frühes Stadium der Drüsenentwicklung vorstellt, so vermögen wir über die Weiterentwicklung der akzessorischen Drüsen nichts auszusagen.

Morphologische Bedeutung der Präputialdrüsen.

Erst die Kenntnis der Entwicklungsgeschichte erlaubt es, die Präputialdrüsen in ihrer morphologischen Bedeutung zu verstehen. Die fertige Drüse hätte man für eine sog. freie, d. h. nicht in einen Haarbalg einmündende Talgdrüse halten können. Dann bliebe aber das Vorkommen von Haaren in der Drüse rätselhaft, oder man hätte unsere Drüse für eine in gewöhnlicher Weise mit einem Haarbalg in Verbindung stehende betrachten können und die Zisterne für den kolossal erweiterten Haarbalg. Gegen diese Auffassung spricht das außerordentlich frühzeitige Auftreten der ganzen Anlage — weit früher, als sich die Körperhaare anlegen — und auch die Größe derselben. Sodann haben wir gesehen, daß die Haaranlage erst sekundär und seitlich gerichtet und zu derselben Zeit, wo sich die Körperhaare anlegen, also diesen wohl gleichwertig, von der Zisternenanlage aussproßt. Unerklärt bliebe auch das Auftreten mehrerer Haare in der Drüse. Gehen wir dagegen von der Entwicklung des ganzen Gebildes aus, so kommen wir zu der folgenden Auffassung. Wenn es sich um eine gewöhnliche Talgdrüse handelte, so müßte zuerst die Haaranlage auftreten und von dieser die Talgdrüse auswachsen. Wir haben gesehen, daß dies nicht der Fall ist. Es bildet sich vielmehr zuerst die Zisterne in Gestalt eines soliden Epithelzapfens. Von diesem sprossen sekundär Alveolen und Alveolenbündel mit sekundären Ausführungsgängen und Haaranlagen aus. Man kann daher das eingesenkte Epithelgebilde als ein eingesenktes Drüsenfeld bezeichnen, von dem Drüsen und Haare aussprossen. Daß die Haare bei der Bildung der Drüse keine wichtige Rolle spielen, geht daraus hervor, daß sich die Drüse anlegen und vollständig fertig ausbilden kann, ohne daß ein Haar dabei auftritt. Von 28 Embryonen, die älter als 19 Tage waren, also so weit ausgebildet waren, daß das Drüsenhaar vorhanden sein konnte, fanden sich bei 11 überhaupt keine Haaranlagen. Im ganzen waren von den 56 Drüsen 21 frei von Haaranlagen. Im postembryonalen Leben fanden sich unter 28 Tieren im Alter von einigen Tagen bis einigen Monaten und älteren 8 Individuen, die kein Haar in ihren beiden Präputialdrüsen aufwiesen. Im ganzen waren von den 56 Drüsen 22 haarfrei.

Bildungsweise ähnlicher Hautdrüsenorgane. Von einigen Hautdrüsenorganen ist bereits die embryologische Entwicklung bekannt. Nur auf eine Beschreibung sei hier hingewiesen, da eine Vergleichung jener Befunde mit den unsrigen Verschiedenheiten und Übereinstimmungen ergibt, die für uns von Interesse sind. Wir meinen die Rückendrüse von Dicotyles. Von dieser hat Houy unter Leitung von Strahl nachgewiesen, daß sie sich durch Einsenkung einer Hauttasche bildet, von der aus tubulöse Drüsen und Haare mit Talgdrüsen aussprossen. Noch vor der Geburt beginnen dann, während die Talgdrüsen bestehen bleiben, die Haare sich zurückzubilden, wodurch der Befund Brinkmanns, der bei älteren Tieren nur ganz vereinzelt Haarrudimente gefunden hatte, verständlich wurde. „Im ganzen kann man hier", sagt

Houy, „die Haaranlagen gewissermaßen als die Vermittler für die Anlage der Talgdrüsen ansehen, und sobald diese vorhanden ist, hat das Haar seine Aufgabe erfüllt und wird rückgebildet.“ Während hier also das Auftreten der Haare durchaus verständlich ist und ihnen eine Rolle zugewiesen werden kann, scheinen sie bei unserer Drüse bedeutungslos zu sein. In beiden Fällen würde es sich übereinstimmend um die Einsenkung einer Hauttasche oder, wie wir sagten, eines Drüsenfeldes handeln.

Kurze Zusammenfassung.

Beim Embryo der Ratte erfolgt die Anlage der Präputialdrüsen in der Weise, daß frühzeitig ein starker, solider Epidermiszapfen in das Bindegewebe der Schafthaut einwächst. Dadurch, daß letztere als Praeputium um die Glans apikalwärts wächst, wobei der Mündungsteil der Drüsenanlage mitgenommen wird, kommt jener in die Praeputiumwand zu liegen. Von dem Epithelzapfen sproßt meist eine Haaranlage aus. Der Epithelzapfen wird unter Zugrundegehen der Innenzellen zur Zisterne. An seiner Wand bilden sich Alveolen und Alveolenbüschel. Zu dieser Zeit beginnt auch die Sekretbildung. Im postembryonalen Leben erfolgt unter reichlicher Sekretbildung eine bedeutende Größenzunahme der Drüse durch Vergrößerung der Zisterne und Vermehrung der Alveolen. Oft treten noch mehrere Haare in der Drüse auf. Abgestorbene Haare gelangen mit dem Sekret nach außen. Nach dem Verhalten der Haare zur Drüsenanlage ist die Präputialdrüse als ein eingesenktes Drüsenfeld zu betrachten. Sie kann als Präputialorgan bezeichnet werden. Von ihr zu unterscheiden sind die Inguinaldrüsen anderer Nager.

Figurenerklärung.

Tafel XIV.

1. Horizontalschnitt durch den Genitoperinealhöcker eines 16tägigen Embryos. 25 mal vergrößert.
2. Querschnitt durch den Genitoperinealhöcker eines 16tägigen Embryos. 25 mal vergrößert.
3. Horizontalschnitt durch den Phallus eines Embryos von 16 Tagen 20 Stunden. 25 mal vergrößert.
4. Sagittalschnitt durch den Phallus eines ungefähr gleichweit (wie Fig. 3) entwickelten Embryos. 25 mal vergrößert.
5. Horizontalschnitt durch den Phallus eines $17^1/_2$ tägigen männlichen Embryos. 25 mal vergrößert.
6. Horizontalschnitt durch den Phallus eines $17^1/_2$ tägigen weiblichen Embryos. 25 mal vergrößert.
7. Horizontalschnitt durch den Phallus eines $18^1/_2$ tägigen weiblichen Embryos. 25 mal vergrößert.

Tafel XV.

8. Horizontalschnitt durch den Phallus eines 19tägigen weiblichen Embryoas. Präputialdrüse mit Haaranlage. 25 mal vergrößert.
9. Sagittalschnitt durch den Phallus eines 20tägigen weiblichen Embryos. Basales Ende der Präputialdrüse mit Haaranlage. 25 mal vergrößert.
10. Querschnitt durch den Phallusschaft eines ca. 20tägigen männlichen Embryos mit Haaranlage jederseits neben der Präputialdrüse. 25 mal vergrößert.
11. Detail aus Fig. 13, Präputialdrüse mit Haaranlage. 135 mal vergrößert.
12. Horizontalschnitt durch den Phallus eines 21tägigen weiblichen Embryos. 15 mal vergrößert.
13. Sagittalschnitt durch die Präputialdrüse (Mündungsteil nicht auf dem Schnitt) einer 14 Stunden alten männlichen Ratte. 50 mal vergrößert.
14. Herauspräparierte Präputialdrüse mit Haar einer $3^1/_2$ tägigen männlichen Ratte. 15 mal vergrößert.
15. Sagittalschnitt durch den basalen Teil einer Präputialdrüse mit Haaranlage einer 12 Stunden alten weiblichen Ratte. 75 mal vergrößert.
16. Querschnitt durch Präputialdrüse und Haarbalg mit Haar einer zweitägigen männlichen Ratte. 75 mal vergrößert.

Tafel XVI.

17. Horizontalschnitt durch die Präputialdrüse mit Haar einer $12^1/_2$ tägigen männlichen Ratte. 25 mal vergrößert.
18. Horizontalschnitt durch den Apex phalli mit den beiden Präputialdrüsen einer 20tägigen weiblichen Ratte. 15 mal vergrößert.
19. Horizontalschnitt durch die Präputialdrüse einer $12^1/_2$ tägigen männlichen Ratte. 25 mal vergrößert.
20. Querschnitt durch die Präputialdrüse mit Haar einer 14tägigen weiblichen Ratte. 50 mal vergrößert.
21. Querschnitt durch den Phallus eines 19tägigen männlichen Embryos mit akzessorischer Präputialdrüse. 25 mal vergrößert.
22. Sagittalschnitt durch den Phallus eines männlichen Embryos von 17 Tagen 20 Stunden mit akzessorischer Präputialdrüse. 25 mal vergrößert.

Abkürzungen.

Coll. gland. = Collum glandis.
Gland. lam. = Glandarlamelle.
Haaranl. = Haaranlage.
Orific. präp. = Orificium präputii.
Präp. = Präputium.
Präpdrs. = Präputialdrüse.
Präpdrs. akzess. = Akzessorische Präputialdrüse.
Sin. ur. = Sinus urogenitalis.
Zist. = Zisterne.
* = künstlicher Spalt.

Literaturverzeichnis.

Brinkmann, Die Rückendrüse von Dicotyles. Anatom. Hefte **36.** 1908.
— Die Hautdrüsen der Säugetiere. Ergebnisse der Anatomie und Entwicklungsgeschichte, herausgegeben von Merkel und Bonnet **20.** 1911.

Courant, Über die Präputialdrüse des Kaninchens und über Veränderungen derselben in der Brunstzeit. Archiv f. mikr. Anat. **62**, 175. 1903.

Disselhorst, Ausführapparat und Anhangsdrüsen der männlichen Geschlechtsorgane. In Lehrbuch der vergleichenden mikroskopischen Anatomie der Wirbeltiere, herausgegeben von Oppel. 1904.

Henneberg, Beitrag zur Entwicklung der äußeren Genitalorgane beim Säuger, Teil I und II. Anatom. Hefte **50**, 1914; **55**, 1917.

Houy, Über die Entwicklung der Rückendrüse von Dicotyles. Anatom. Hefte **40**. 1910.

Leydig, Zur Anatomie der männlichen Geschlechtsorgane und Analdrüsen der Säugetiere. Zeitschr. f. wiss. Zoologie **2**, p. 32. 1850.

Rauther, M., Über den Genitalapparat einiger Nager und Insektivoren, insbesondere der akzessorischen Genitaldrüsen derselben. Jenaische Zeitschr. f. Naturwissensch. **38**. 1903.

Stuzmann, J., Die akzessorischen Geschlechtsdrüsen von Mus decumanus und ihre Entwicklung. Zeitschr. f. Naturwissensch., Organ des Naturwissensch. Vereins für Sachsen und Thüringen, **71**. 1898.

Tullberg, Über das System der Nagetiere. Nova acta regiae societatis scientiarum upsaliensis. Seriei tertiae, Vol. XVIII, Fasc. I. 1899.

Beitrag zur Kenntnis des Primordialschädels von Polypterus.

Von

Dr. **Charlotte Lehn.**

(Aus der Anatomischen Anstalt zu Marburg.)

Mit 18 Textfiguren und 1 Tafel.

Einleitung.

Die vorliegende Untersuchung wurde vor dem Kriege im Anatomischen Institut zu Marburg begonnen, und zwar auf Veranlassung und unter der Leitung von Herrn Professor Veit, dem ich sowohl für die Überlassung des zur Arbeit nötigen Materials, wie für die liebenswürdige Unterstützung, welche ich stets bei ihm gefunden habe, zu herzlichem Danke verpflichtet bin.

Wenn die Resultate der inzwischen jahrelang liegengebliebenen Arbeit jetzt veröffentlicht werden, so geschieht das im wesentlichen, weil die zur Fortführung der damals begonnenen Untersuchungen notwendige Muße sich auch in absehbarer Zeit kaum finden lassen wird. Die Mitteilung auch des bescheidensten Ergebnisses über die Entwicklung des Schädels von Polypterus erscheint aber gerechtfertigt, wenn man bedenkt, wie außerordentlich dürftig unsere Kenntnisse gerade in diesem Punkte bisher sind.

Der Schädel des erwachsenen Tieres wurde von Traquair eingehend beschrieben; eine Darstellung des Nervenverlaufes und des Visceralskelettes findet sich in der bekannten Arbeit van Wijhes. Einzelheiten sind von Gegenbaur, Fürbringer, Bridge, Waldschmidt und Allis untersucht worden. Pollard hat die betreffenden Verhältnisse beim halberwachsenen Tier geschildert. Budgett beschrieb kurz eine Larve von 30 mm Länge, und Kerr unterzog die frühesten bekannten Entwicklungsstadien einer Untersuchung.

Eine genaue Beschreibung des Schädels junger Tiere existiert aber bisher noch nicht. Und doch sind bei der Lückenhaftigkeit unserer Kenntnisse auf diesem Gebiet und der daraus sich ergebenden Unsicherheit unserer Schlußfolgerungen gerade objektive und möglichst eingehende Schilderungen der tatsächlichen Verhältnisse das, was wir vor allem brauchen. Ich habe deshalb geglaubt, mich im folgenden wesentlich auf eine derartige Beschreibung beschränken zu sollen; ein abschließendes Urteil über die hier vorliegenden höchst interessanten Verhältnisse werden erst weitere entwicklungsgeschichtliche Untersuchungen uns ermöglichen.

Als Material standen für die vorliegende Arbeit drei Exemplare von Polypterus Senegalus in Gesamtlängen von 55, 76 und 90 mm zur Verfügung. Sie wurden in Querschnittserien von 10—18 μ zerlegt und mit Hämatoxylin-Eosin bzw. Boraxkarmin-Pikrinsäure gefärbt. Von der mittleren Serie (76 mm) wurde der Schädel nach der Bornschen Plattenmodelliermethode rekonstruiert. Auch die folgenden Querschnittszeichnungen und graphischen Rekonstruktionen sind nach dieser Serie angefertigt. Wo sich bei dem älteren oder dem jüngeren Tiere wesentliche Abweichungen von dem mittleren Stadium fanden, ist das in der Beschreibung jedesmal bemerkt worden. Im allgemeinen waren diese Abweichungen nicht so weitgehend, um ein wesentlich anderes Bild hervorzubringen.

Meine Beschreibung beschränkt sich auf das Neurocranium. Die Untersuchung des Visceralskelettes ist eine Aufgabe für sich, zu der mir jetzt die Zeit mangelt. Von einer Schilderung der Deckknochen kann abgesehen werden, da die vorliegenden Stadien hierin nicht nennenswert vom erwachsenen Tier abweichen; die von Traquair beschriebenen Deckknochen waren vollzählig und in kräftiger Ausbildung vorhanden.

Der Primordialschädel selbst war noch größtenteils knorpelig, wies aber bereits die typischen Ersatzverknöcherungen, zum Teil schon in weiter Ausdehnung, auf. Er stellt ein verhältnismäßig langes, schmales Gebilde dar, das seinen größten Höhen- wie Breitendurchmesser in der Höhe der Hyomandibularpfanne erreicht. Der Höhendurchmesser nimmt von hier caudal ziemlich rasch, rostral allmählich und nur wenig ab. Die Breite des Schädelraumes, vom Ohrkapselgebiet abgesehen, verringert sich nach vorn nur wenig, denn der Schädel besitzt ausgesprochen plattbasischen Typus.

Für die besondere Beschreibung ist die bekannte Einteilung in Regionen zugrunde gelegt.

Beschreibung der Befunde.

1. Occipitalregion.

Im Gegensatz zu den Angaben Gegenbaurs und Fürbringers über das erwachsene Tier erscheint die Occipitalregion im vorliegenden Stadium (76 mm) kurz und gedrungen. Sie ist bereits weitgehend und einheitlich verknöchert. Die äußere Form ist außerordentlich einfach. Vom Körper des ersten freien Wirbels rundum durch eine bindegewebig geschlossene Spalte getrennt, besitzt die Occipitalregion im hinteren

Viertel typisch wirbelkörperähnlichen Aufbau. Weiter nach vorn weist dieser, nur den Boden des Hirnraumes bildende Teil Besonderheiten auf, die später genauer beschrieben werden sollen. Ihm schließt sich jederseits der steil aufsteigende, mäßig nach außen geneigte Occipitalpfeiler an, der mit ziemlich scharfer Kante in ein nach vorn rasch aufsteigendes und dabei breiter werdendes Dach übergeht. Sein Vorderrand schließt das Vagusloch nach hinten ab. Die Dachplatten beider Seiten vereinigen sich bald, und das nun einheitliche Dach schiebt sich sacht ansteigend eine beträchtliche Strecke weit nach vorn, um endlich kontinuierlich in das Tectum synoticum überzugehen. Dem hintersten Abschnitt der Region sitzt ein freier Wirbelbogen auf, der sowohl von dem wirbelkörperartigen Boden seines Bereiches wie von dem rostral dicht vor ihm aufsteigenden Seitenpfeiler durch Bindegewebe getrennt ist.

Bei der genaueren Beschreibung werden zweckmäßig Boden, Seitenwände und Dach der Region voneinander getrennt.

Boden. Der Boden zeigt, wie gesagt, im hinteren Abschnitt regelrecht den Aufbau eines Wirbelkörpers. Er wird von einem Knochenring gebildet, der die Chorda umschließt. Dieser Knochen ist nicht kompakt, sondern besteht, namentlich in den seitlichen und unteren Partien, aus einem zierlichen Balkenwerk, das große Markräume einschließt.

Die Chorda selbst beginnt bald nach ihrem Eintritt in den Schädel rostralwärts sehr rasch an Durchmesser abzunehmen. Als feiner Strang ist sie bis etwa zur Mitte der Labyrinthregion zu verfolgen. Auf der Grenze zwischen Schädel und Wirbelsäule ist die ganze Chorda dorsoventral zusammengedrückt, so daß sie im Durchschnitt oval erscheint. Ihre Faserscheide ist hier stark verbreitert, sie bleibt im weiteren Verlauf nach vorn durchweg unverknöchert. Während auf der Grenze zwischen Schädel und Wirbelsäule eine Differenzierung der Faserscheide in mehrere Schichten nicht nachweisbar war, besteht eine solche im Verlauf innerhalb des Schädels. Deutlich ist hier eine äußere, stärker färbbare und mehr homogen erscheinende Schicht gegen die blassere, innere Schicht abgesetzt. Stellenweise wird die äußere Schicht so breit, daß sie die innere fast ganz verdrängt. Die Chordascheide ist nicht überall von gleichmäßiger Dicke, sondern an den Stellen, wo Knorpel ihr aufliegt, verdünnt. Im dorsalen Teil ist sie im allgemeinen dicker als im ventralen.

Zwischen der Chorda und ihrer knöchernen Umhüllung befindet sich im hintersten Abschnitt ein feiner, sehr zellreicher Knorpelstreif, der, dorsal am breitesten erhalten, die Chorda eine kurze Strecke weit vollständig umgibt. Der dorsale Teil dieses Knorpelringes setzt sich in rostraler Richtung fort, nimmt hierbei an Mächtigkeit zu und bildet in seinem vorderen Teile zwei kleine, flügelförmig der Chorda aufsitzende Knorpelleisten, die ihre größte Ausdehnung in dorsolateraler Richtung

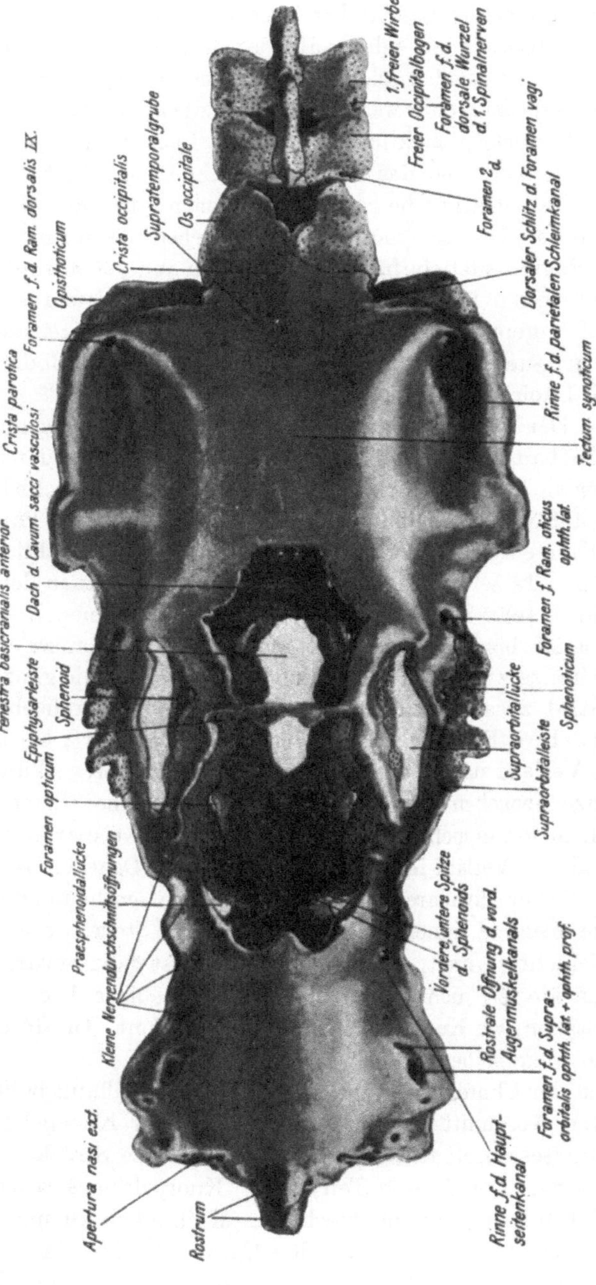

Fig. 1. Primordialschädel von dorsal gesehen. Vergrößerung 1 : 12,5.

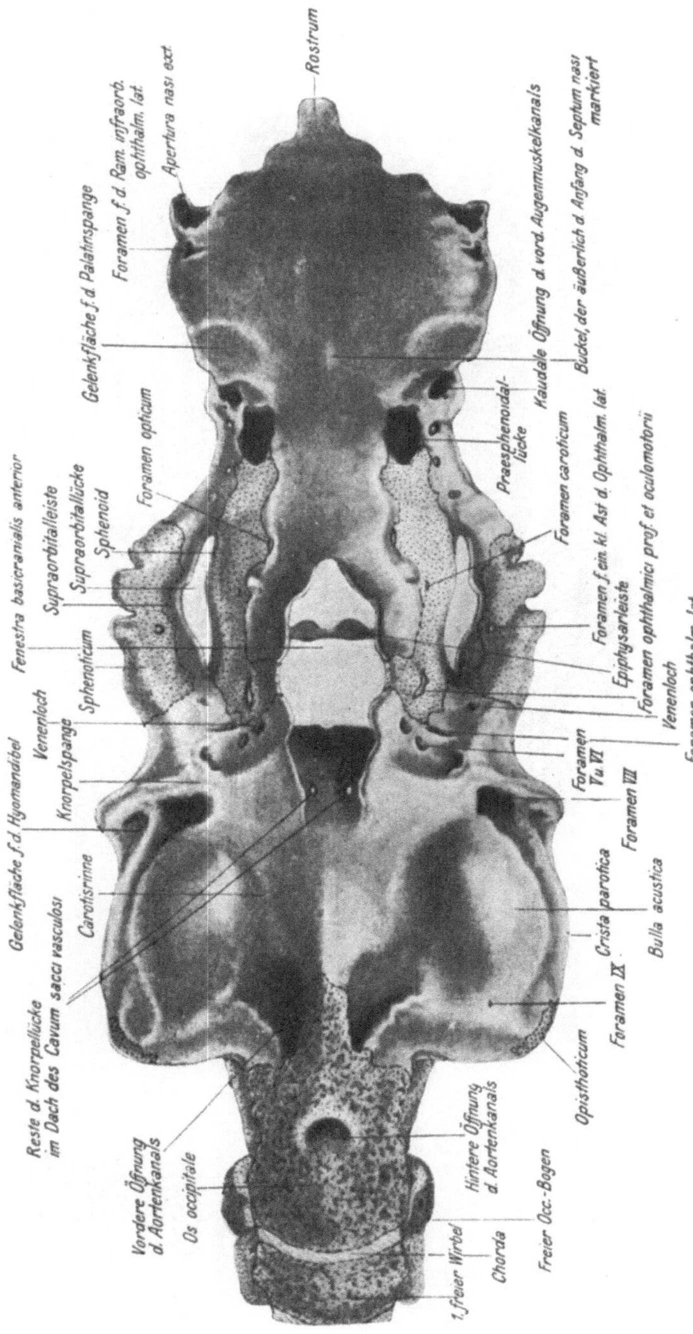

Fig. 2. Primordialschädel von ventral gesehen. Vergrößerung 1 : 12,5.

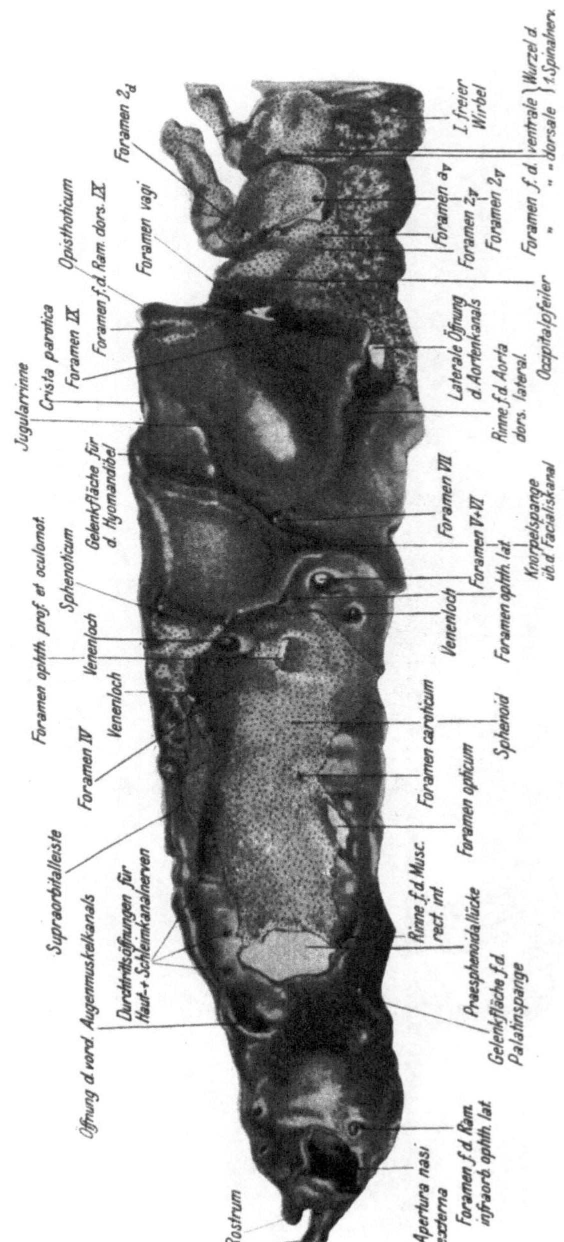

Fig. 3. Primordialschädel von lateral gesehen. Vergrößerung 1 : 12,5.

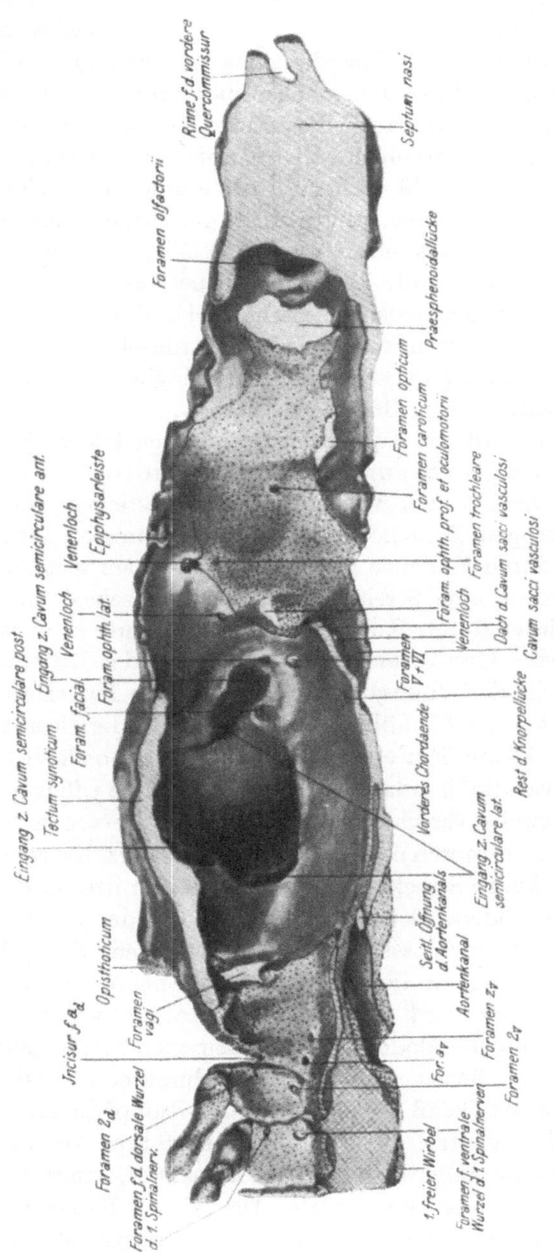

Fig. 4. Primordialschädel von medial gesehen. Vergrößerung 1 : 12,5.

besitzen — in Höhe der Austrittsöffnung für den zweiten Spinooccipitalnerven — und in der Mittellinie durch das sie umgebende Knochengewebe auseinandergedrängt werden. Von dem Knorpelboden im vorderen Teil der Occipitalregion sind diese Knorpelleisten im vorliegenden Stadium — 76 mm — durch Knochengewebe getrennt. Bei einem Tier von 55 mm Länge dagegen war die Knorpelkontinuität nach vorn erhalten. Der geschilderte Knorpelrest ist nach Form und Lage den Knorpelteilen im Innern der ausgebildeten Wirbel sehr ähnlich, nur fehlen ihm die, in letzteren stets vorhandenen, ventrolateral gerichteten unteren Flügelfortsätze, die in dem jüngeren Stadium von 55 mm Länge aber auch noch deutlich erkennbar sind. Mit dem Knorpel des dieser Gegend aufsitzenden freien Wirbelbogens besteht keinerlei Zusammenhang, vielmehr verdrängt der hier unmittelbar an die Chordascheide herantretende Wirbelbogen anscheinend den erwähnten, ursprünglich hier vorhandenen, schon in Rückbildung begriffenen Knorpelrest.

Den Boden im vorderen Teil der Occipitalregion bilden die ebenfalls ganz von Knochengewebe umgebenen parachordalen Knorpelplatten, die seitlich bis zur Vagusöffnung emporsteigen. Nach hinten laufen die knorpeligen Parachordalia in je eine schmale Spitze aus, die von der Chorda durch Knochen getrennt ist. In ihrem weiteren Verlauf nach vorn liegen sie eine Strecke weit der Chordascheide unmittelbar an, um dann wieder durch Knochen von ihr getrennt zu werden. Sie gehen endlich ohne Grenze in den Knorpelboden der Labyrinthregion über. In der Höhe des Vagusaustrittes weichen die Parachordalia mitsamt ihrer knöchernen Umhüllung beiderseits von der Chorda seitlich ab, so daß eine kleine Fenestra basicranialis posterior gebildet wird, in deren Mitte die Chorda frei entlang läuft. Diese Öffnung ist durch lockeres Bindegewebe verschlossen. Gefäße oder Nerven treten durch sie nicht aus. Im hintersten Abschnitt der Fenestra basicranialis posterior hilft eine kurze Strecke weit die Chorda unmittelbar den Boden der Schädelhöhle bilden. Schon im vorderen Teil der Fenestra ist sie hiervon wieder ausgeschlossen durch einen feinen Knorpelstreifen, der ihr dorsal aufliegt, und der bis in die Labyrinthregion zu verfolgen ist. Die Erscheinung wird dort näher besprochen werden. Ventral von der Chorda wird der Boden der Occipitalregion fast in ganzer Ausdehnung von einem mächtigen Längskanal durchsetzt, der die dorsale Aorta birgt. Dieses Gefäß liegt auf der Kopf-Rumpf-Grenze dem perichordalen Knochen ventral dicht an. Mit der starken Verjüngung der Chorda nach vorn zu steigt die Aorta nach dorsal auf, immer dicht unter der Chorda liegend, aber im caudalen Drittel des Kanals durch den Knochen des Occipitals von ihr getrennt. Im selben Maße, wie die Aorta und ventrale Chordagrenze nach vorn dorsal in die Höhe steigen, wird das Gefäß von seitlichen Knochenfortsätzen umgriffen, die sich bald unter ihm vereinen und es so in einen Knochenkanal einschließen. In seinem vorderen Ende wird der Boden dieses Kanals nicht nur von Knochen gebildet; dem Knochen dorsal aufgelagert bzw. von ihm eingeschlossen liegt vielmehr der caudale Fortsatz eines ziemlich kräftigen Knorpelbalkens, der weiter vorn der Chorda ventral anliegt und sie endlich, mit dem Parachordalknorpel verschmelzend, ganz umschließt. Auf diese Weise entsteht an der Unterseite des Schädels eine median gelegene, kräftig vorspringende Knorpelleiste, perichondral verknöchert, die, hinten in den Occipitalknochen übergehend und unter der Aorta liegend, weiter vorn die beiden Äste der sich hier teilenden Aorta voneinander trennt.

Seitenwand. Der Boden der Occipitalregion geht allmählich, ohne scharfe Biegung in die Seitenwände über, die in ihrem vorderen Teil von dem mächtigen Occipitalpfeiler, im hinteren von dem freien Wirbelbogen gebildet werden.

Die Occipitalpfeiler sind mäßig nach außen geneigt, so daß der Querdurchmesser des Cavum cranii am Dach größer wird als am Boden. Ihre Grundlage bildet jederseits der von einer perichondralen Knochenschale umgebene Parachordalknorpel. Von diesem erhebt sich dorsolateral ansteigend ein kräftiges Knochengebälk, das zahlreiche Markräume einschließt. Im ventralen und im hinteren Teil ist der Occipitalpfeiler rein knöchern. Im vorderen und oberen Gebiet umschließt er eine nach vorn immer kräftiger werdende Knorpelplatte, die, mit der entsprechenden Bildung der anderen Seite verschmelzend, das Dach der Region bildet. Diese Knorpelplatte ist in ihrem hinteren Abschnitt verknöchert, dabei ist die Verknöcherung an der Außenseite weiter vorgeschritten als innen, wo im hinteren Teil der Knorpel frei sichtbar ist.

An seinem knöchernen Vorderrande trägt der Occipitalpfeiler eine bogenförmige Einkerbung, die hintere Begrenzung des Foramen vagi. Nahe dem Hinterrande des Os occipitale liegt auf der Grenze von Boden und Seitenwand die Durchtrittsöffnung für die ventrale Wurzel des zweiten Occipitalnerven (Fürbringer a^v), wenig weiter rostral im selben Horizontalniveau die des ersten Occipitalnerven (Fürbringer z^v). Die zum zweiten Occipitalnerven gehörige dorsale Wurzel (Fürbringer a^d) tritt über den freien Hinterrand des Os occipitale.

Das Os occipitale bildet die Seitenwand der Occipitalregion nur in deren rostralen drei Vierteln. Im caudalen Viertel sitzt dem Schädelboden ein Paar freier dorsaler Wirbelbogen auf, die, zum größten Teil verknöchert, jederseits knorpelige dorsale Schlußstücke und in der Mittellinie einen von einer Knochenschale umgebenen, knorpeligen Dornfortsatz besitzen, der von den Schlußstücken durch eine Bindegewebsfuge getrennt ist. Das Bogenpaar sitzt der Chorda mit knorpeligen Basalstücken unmittelbar auf; dieser Knorpel hängt aber nirgends

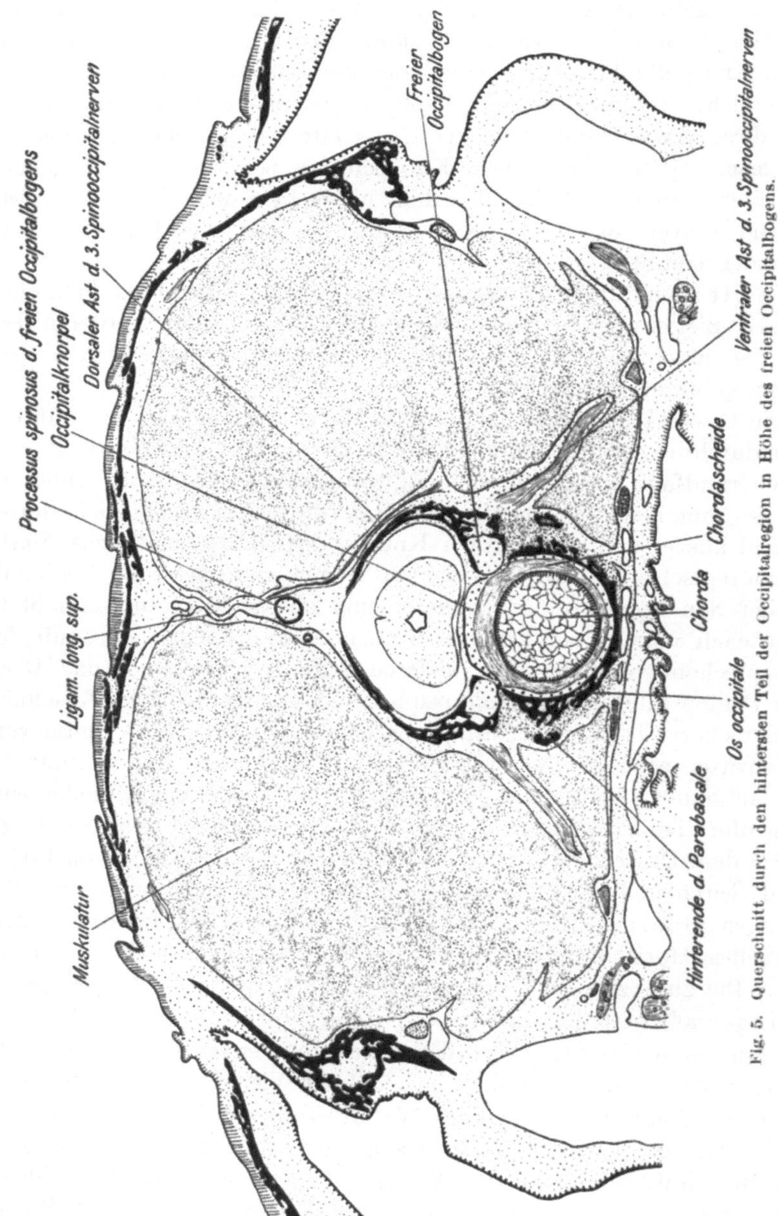

Fig. 5. Querschnitt durch den hintersten Teil der Occipitalregion in Höhe des freien Occipitalbogens.

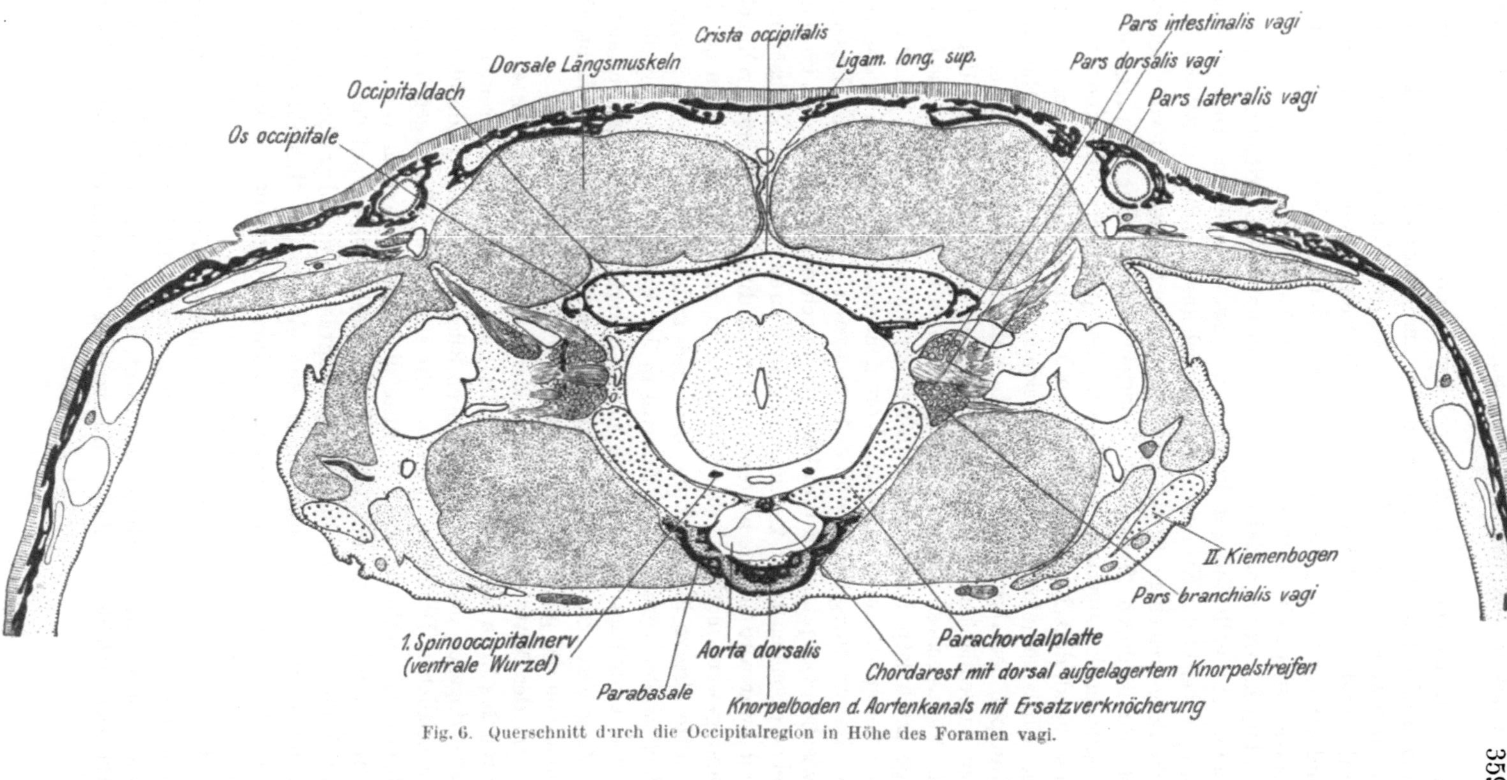

Fig. 6. Querschnitt durch die Occipitalregion in Höhe des Foramen vagi.

mit dem perichordalen Knorpel der Region zusammen, sondern der Bogen bleibt überall vom Knochen und Knorpel des Schädels durch Bindegewebe getrennt. Er wird nahe seinem Vorderrande von der ventralen und dorsalen Wurzel des dritten Occipitalnerven (Fürbringer 2^v und 2^d) durchsetzt. Die Austrittsöffnung der dorsalen Wurzel liegt weiter rostral, sehr nahe dem vorderen Rand des Bogens.

Dach. Der Schädel besitzt nur im vorderen Drittel der Occipitalregion ein vollständiges knöchernes bzw. knorpeliges Dach. Weiter caudal weicht der Knochen rasch seitlich auseinander, so daß eine gleichschenklig-dreieckige Lücke entsteht, deren Spitze nach vorn gerichtet ist. Sie ist durch die straffen Bindegewebsmembranen des Ligamentum longitudinale superius geschlossen, die, jederseits am Knochenrande ansetzend, dorsal ansteigend bis zur Mittellinie ziehen und sich dort an die Cutis anheften. Das Schädeldach besteht im wesentlichen aus Knorpel, der aber im hinteren Abschnitt sowohl an der Innen- als an der Außenfläche durch Knochenlamellen gedeckt ist. Von der Mitte des Vagusloches an nach vorn ist das Dach rein knorpelig. Die knorpelige Dachplatte ist in der Mitte weniger mächtig, während sie sich nach den Seiten zu stark verdickt. Vorn geht sie kontinuierlich in das Dach der Labyrinthregion über (Tectum synoticum), doch ist die Grenze zwischen Occipitaldach und Ohrkapsel noch eine Strecke weit im Knorpel zu erkennen in der Verlängerung der oberen Spalte der Vagusöffnung, und zwar wird sie im hinteren Abschnitt durch ein dichtes, zellreiches Bindegewebe markiert, das die Spalte ausfüllt und nach vorn zu ohne scharfe Grenze in eine Zone besonders zellreichen Knorpels übergeht. Noch weiter vorn ist der Knorpel in der Verlängerung der Spalte dagegen auffallend zellarm, die mächtig entwickelte Grundsubstanz ist im Gegensatz zu der der Umgebung wesentlich schwächer gefärbt, aber sonst von der gleichen homogenen Beschaffenheit.

In der Mitte ist das Schädeldach dieser Gegend dorsal fixiert durch das Ligamentum longitudinale superius. Auf seinen Seiten lastet dagegen der Druck der langen Rückenmuskeln. Dadurch werden die seitlichen Dachteile in einem sehr stumpfen Winkel gegeneinander abgeknickt, während in der Mitte die dorsal schwach vorspringende Crista occipitalis entsteht. Die Muskeln höhlen auf der Oberseite des Schädels jederseits eine flache Supratemporalgrube aus. Diese beiden Gruben sind durch die bis zum Ansatz der Muskeln nach vorn ziehende Crista occipitalis getrennt. Ihre Seitenränder bildet der aufgewulstete Knorpel der Ohrkapseln.

Die Seitenkante des vorderen Dachteiles bildet die obere Begrenzung des Foramen vagi, das nach dorsorostral die schon erwähnte tiefe, spaltförmige Verlängerung zeigt, durch welche die Pars dorsalis vagi den Schädel verläßt. Die ventrale Begrenzung dieses Spaltes

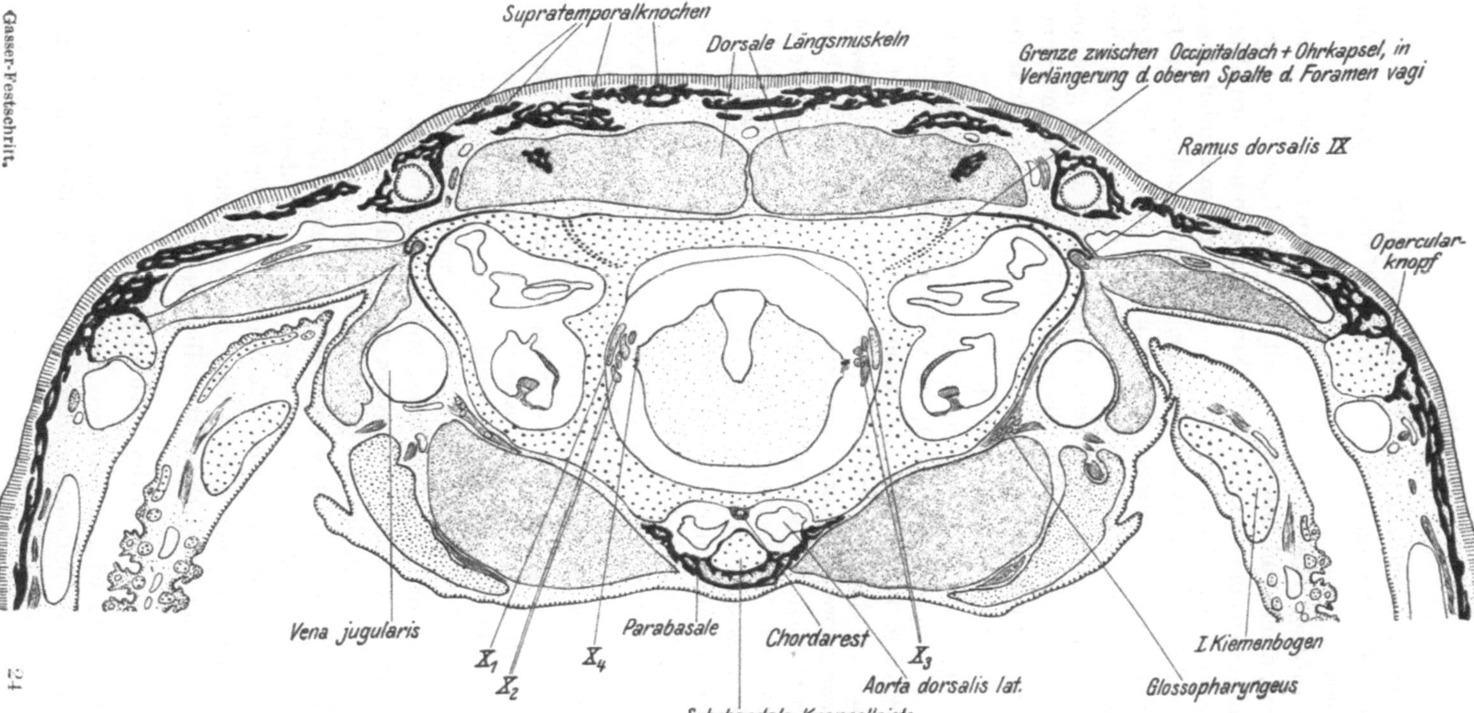

Fig. 7. Querschnitt durch den hintersten Teil der Labyrinthregion in Höhe des Vagusursprunges.

sowie die vordere Begrenzung des Foramen vagi überhaupt bildet die das Opisthoticum tragende, frei nach hinten vorspringende Kuppe der Ohrkapsel.

Schädelhöhle. Das Cavum cranii der Occipitalregion hat eine sehr einfache, annähernd konische Gestalt. In der Gegend des Vagusaustrittes zeigt es flache, grubenförmige Erweiterungen nach den Seiten. Der Vertikaldurchmesser nimmt von vorn nach hinten ziemlich rasch und gleichmäßig ab. Der Querschnitt erscheint im vorderen Teil annähernd kreisförmig, nur dorsal schwach abgeplattet, in der Gegend des Vagusaustrittes etwa oval, weiter hinten wieder kreisförmig, aber allmählich in ein Fünfeck übergehend, dessen Spitze dorsal gerichtet ist. Durch den schrägen Abfall des Occipitalpfeilers nach hinten kommt das Foramen occipitale magnum in eine Ebene zu liegen, die schräg von hinten unten nach vorn oben aufsteigt.

Ersatzknochen. Die Verknöcherung der Occipitalregion ist, wie auch von Traquair angegeben, eine völlig einheitliche und im vorliegenden Stadium bereits fast die gesamte Region umfassende. Sie ist, wie schon im einzelnen erwähnt, auf der Innenseite des Schädels im ganzen weniger weit vorgeschritten als außen. Den Knorpel der Parachordalia sowie den der Dachplatte umgibt das Os occipitale als feine perichondrale Lamelle; im mittleren und hinteren Teil der Schädelseitenwand, im ganzen caudalen, die Chorda umgreifenden Gebiet wie im ventralen, den Aortenkanal einschließenden Abschnitt bildet es das schon beschriebene feine Balkenwerk mit zahlreichen Markräumen. Am weitesten rostral vorgeschritten ist die Verknöcherung an der Unterseite des Schädels, auf der vorspringenden Leiste, welche die lateralen Äste der dorsalen Aorta unmittelbar rostral von ihrem Ursprung voneinander trennt.

Nerven. Als Nerven der Occipitalregion sind der Vagus und die Occipitalnerven zu nennen, von denen im vorliegenden Stadium drei ventrale und zwei dorsale Wurzeln vorhanden sind. Die Verhältnisse gleichen also den für das erwachsene Tier beschriebenen (Fürbringer z^v, a^v und a^d, 2^v und 2^d). Von diesen treten, wie erwähnt, die ventralen Wurzeln des ersten und zweiten Nerven durch den caudalen Teil des Os occipitale, auf der Grenze von Boden und Seitenwand. Eine dorsale Wurzel für den ersten Nerven war nicht mehr nachzuweisen. Die dorsale Wurzel des zweiten Nerven tritt über den freien Hinterrand des Occipitalpfeilers. Die Wurzeln des dritten Nerven durchsetzen im entsprechenden Niveau den vorderen Teil des frei der Occipitalregion aufsitzenden Wirbelbogens.

2. Labyrinthregion.

Als Regio otica wird in der Regel der chordale Teil des Schädels bezeichnet, der zwischen dem Foramen vagi und dem Foramen prooticum s. Foramen trigemini liegt. Diese Einteilung soll auch hier beibehalten werden. Die Chorda konnte in den vorliegenden Stadien zwar nur bis etwa zur Mitte der Region verfolgt werden, es spricht indes alles dafür, daß sie früher mindestens bis zur hinteren Grenze der Fenestra basicranialis anterior reichte. Der Schädel ist im Bereich dieser Region fast vollkommen knorpelig, als einzige Verknöcherungen sind das Opisthoticum auf der hinteren Ohrkapselkuppe und das Sphenoticum an der vorderen Labyrinthgrenze zu nennen.

Bei der Formbeschreibung der Regio otica unterscheidet man zweckmäßig den Boden des Schädels, dessen Dach und die Ohrkapseln, welche die Seitenwände bilden.

Boden. Der mittlere Schädelboden wird im Bereich der ganzen Region von einer einheitlichen Knorpelplatte gebildet, die in transversaler Richtung leicht, in sagittaler ziemlich erheblich konkav nach dem Cavum cranii zu gebogen ist. In der Medianebene liegt dieser Knorpelplatte eingebettet die Chorda, resp. deren in Rückbildung begriffener Überrest, die inhaltsleer gewordene Chordascheide. Im vorliegenden Stadium (76 mm) waren die Residuen der Chorda bis etwa zur Mitte der Region zu verfolgen, weiter vorn ließen die verschmolzenen Parachordalia keine Spur des früheren Chordaverlaufes mehr erkennen. Tiere von 55 und 99 mm Länge zeigten im wesentlichen die gleichen Verhältnisse; die in Rückbildung begriffene Chorda war in allen Fällen bis annähernd zur Mitte der Region zu verfolgen.

Zweckmäßig wird bei der Beschreibung des Bodens der vordere Teil desselben, der sein Gepräge durch den zur Aufnahme des Saccus vasculosus bestimmten Raum erhält, vom hinteren Abschnitt getrennt Dieser hintere Abschnitt, der nach vorn bis fast zur Höhe des Facialisaustrittes gerechnet werden muß, zeigt in den Partien nahe der Medianlinie ein eigentümliches Verhalten. Bereits im vorderen Bereich der kleinen Fenestra basicranialis posterior wird die Chorda von der direkten Begrenzung des Cavum cranii ausgeschlossen durch einen feinen Knorpelstreifen, der ihr dorsal aufliegt und vorn in den Knorpel der Bodenplatte übergeht. Während ihres ganzen weiteren Verlaufes nach vorn bleibt die Chorda vollständig in Knorpel eingeschlossen. Aber dieser perichordale Knorpel zeigt dem der übrigen Bodenplatte gegenüber gewisse Strukturunterschiede, und es tritt auf der Grenze beider ein eigentümlich zelliges Knorpelgewebe auf, so daß der perichordale Knorpel als rundlicher Stab bis zur Höhe des Foramen faciale verfolgt werden kann, in ein Gebiet, wo von Chordaresten im Knorpel schon nichts mehr zu erkennen ist. Die gleichen Verhältnisse zeigte ein Tier von 90 mm Länge, während in einem jüngeren Stadium (55 mm) der perichordale Knorpelstab rostral vom vorderen Chordaende von den Bodenplatten jederseits durch eine membranös geschlossene Knorpellücke getrennt war. Diese

Spalten reichten bis nahe an die große mediane Fenestration des Daches des Cavum sacci vasculosi, die dieses Tier aufwies, hingen aber nicht mit ihr zusammen. Dorsal lagen diesen Spalten die an der Hirnbasis entlang ziehenden Arteriae basales dicht auf, ohne indes einen Ast durch die Öffnung zu schicken. Dieses jüngste Stadium unterschied sich von dem älteren auch wesentlich dadurch, daß die Chorda während eines großen Teiles ihres Verlaufes, vom Niveau des Foramen glossopharyngei bis fast zu ihrem Vorderende, dorsal nicht von Knorpel gedeckt, sondern frei am Boden des Cavum cranii sichtbar war.

Der vordere Abschnitt des Schädelbodens der Labyrinthregion erhält sein Gepräge durch die Beziehungen zur Hypophyse und dem Saccus vasculosus. Von der Höhe des Foramen faciale an rostralwärts beginnt der Boden des Cavum cranii sich stärker nach dorsal aufzubiegen. Gleichzeitig erstrecken sich von den Seiten her zwei Knorpelplatten nach ventral. Diese liegen anfangs ziemlich nahe der Mittellinie, weichen aber je weiter rostral, desto mehr auseinander und gehen endlich kontinuierlich in die Schädelseitenwand der Orbitotemporalregion über. Auf diese Weise wird im vordersten Bereich der Labyrinthregion eine zur Aufnahme von Hypophyse und Saccus vasculosus dienende Höhle geschaffen — Cavum sacci vasculosi, — die vorn in ganzer Breite mit dem Cavum cranii in Verbindung steht. Dorsal ist sie durch den vordersten, aufgebogenen Teil des Schädelbodens abgeschlossen, dessen Knorpel rostralwärts in eine straffe Bindegewebsmembran übergeht, die noch eine Strecke weit zwischen Infundibularteil und der Basis des Mittelhirns nachweisbar ist. Die breite ventrale Lücke wird vom Parabasale geschlossen, das nur eine feine Öffnung besitzt, durch welche ein offener Kanal vom Binnenraum der Hypophyse in die Mundhöhle führt. Auch die Seitenwand des Cavum sacci vasculosi weist eine Öffnung auf und zwar nahe der vorderen Grenze der Höhle und diese Öffnung verbindet das Cavum sacci vasculosi mit dem als Trigeminofacialiskammer zu beschreibenden Raum an der Außenseite des Schädels. Durch dieses Foramen, daß die Hypophysenhöhlung mit der Orbita verbindet, empfängt die Vena jugularis interna einen Zweig aus dem Hypophysenkörper (Allis). Endlich ist das Dach der Höhle im hinteren Teil jederseits von einem Foramen durchbohrt. Diese dorsalen Foramina sind membranös geschlossen und ohne jede funktionelle Bedeutung. Sie sind die Reste einer in jüngeren Stadien beträchtlich ausgedehnten, einheitlichen Knorpellücke, die bei einer Körperlänge von 55 mm noch die gesamten kaudalen zwei Drittel des Daches der Höhle einnahm. Bei dem Tier von 90 mm Länge war nur noch auf der rechten Seite ein kleines Foramen vorhanden. Während in diesem Stadium der vordere Rand der Dachplatte bereits vom Sphenoid aus zu verknöchern begann, war das Dach des Cavum sacci vasculosi bei dem jüngsten Tiere noch größtenteils membranös, nur rostral schloß es mit einem derben Knorpelstab ab. Der Saccus vasculosus selbst lag hier mit seinem kaudalen Anteil im Niveau der Schädelbasis der Labyrinthregion, er drängte die ihm rostral anliegende Bindegewebsmembran längst nicht so weit dorsal empor wie das in den späteren Stadien mit dem Knorpel der Fall ist. Das ganze Cavum sacci vasculosi war also im mittleren und hinteren Teil wesentlich flacher, der Saccus vasculosus selbst schwächer entwickelt.

Seitenwand. Die Ohrkapsel bildet jederseits eine lateral weit vorspringende Ausbauchung des Schädels, die ihr besonderes Relief nur zum Teil durch das eingeschlossene Sinnesorgan erhält. Nach dem Cavum cerebrale zu ist sie in breiter Ausdehnung offen.

Bei Betrachtung des Schädels von außen fällt zunächst die nach ventrolateral vorspringende, fast halbkugelige Vorwölbung der Bulla acustica saccularis auf, die den unteren Teil des Sacculus umschließt. Sie ist von ventrorostral nach dorsokaudal etwas oval ausgezogen und nimmt reichlich die hintere Hälfte der Region ein. Vom Boden des Cavum cerebrale setzt sie sich scharf ab; in dieser Grenzlinie entlang läuft die Carotis, bezw. weiter kaudal die Aorta dorsalis lateralis, nahe ihrem Ursprung aus der ungeteilten, dorsalen Aorta noch gestützt durch die bei Beschreibung der Occipitalregion erwähnte, mediane Knorpelleiste am Schädelboden, die vom Os occipitale aus verknöchert. Die Carotisrinne (resp. Aortenrinne) wird durch den aufsteigenden Querflügel des Parabasale zum Carotiskanal (bzw. lateralen Aortenkanal) vervollständigt. Nahe ihrem caudalen Ende besitzt die Bulla acustica saccularis eine feine Öffnung, durch die der Glossopharyngeus den Schädel verläßt. Dieses Foramen glossopharyngei liegt wesentlich mehr ventral als die Unterwand des Foramen vagi. Es bezeichnet ziemlich genau den Hinterrand der Bulla acustica bzw. deren Übergang in die nach hinten oben aufsteigende hintere Kuppe der Ohrkapsel, die den hinteren Bogengang einschließt. Etwas nach vorn und dorsal vom Foramen glossopharyngei trägt die Bulla acustica die Anlagerungsstelle für das Pharyngobranchiale inferius des ersten Kiemenbogens. Gegen den dorsalen Teil der Ohrkapselseitenwand wird die Bulla acustica abgegrenzt durch die vorn tiefe, nach hinten seichter werdende Rinne, in der die Vena jugularis entlang läuft. Oberhalb dieser Rinne springt die Ohrkapselseitenwand stark dorsolateral vor und bildet zusammen mit dem Dach der Region eine scharfe Leiste, Crista parotica. Sie liegt auf der Außenwand des Cavum semicirculare laterale, ohne mit dieser Bildung in ursächlichem Zusammenhang zu stehen. Zwischen Jugularisrinne und Crista parotica befindet sich noch eine weniger scharf vorspringende Leiste, die sich bis zum hinteren Ende der Ohrkapsel erstreckt, sie dient dem Musculus retractor hyomandibulae zum Ansatz.

Die hintere Kuppe der Ohrkapsel trägt in ihrem oberen Teil eine hufeisenförmige Ersatzverknöcherung, das Opisthoticum. An der vorderen Grenze dieses Knochens wird die Crista parotica von einem feinen Kanal durchbohrt, durch den der Ramus dorsalis glossopharyngei auf das Schädeldach tritt, um hier zu seinem Versorgungsgebiet, dem das Parietale durchziehenden Schleimkanal, zu gelangen.

Rostral von der Crista parotica liegt an der Seitenwand der Ohrkapsel, bis zur Dachgrenze hinaufreichend, die Anlagerungsstelle für die Hyomandibel. Die Gelenkfläche für die Hyomandibel ist relativ klein, hauptsächlich in sagittaler Richtung ausgezogen, in der vertikalen, zumal im hinteren Teil, äußerst schmal. Nach vorn und oben ist die Gelenkpfanne von einem bogenförmigen Knorpelwall begrenzt. Direkt unterhalb des Hyomandibulargelenkes zieht dicht dem Knorpel anliegend ein Zweig der Vena jugularis nach hinten. Die vordere Grenze des Gelenkes liegt annähernd in der gleichen Vertikalebene mit dem Vorderende der Bulla acustica und der hinteren Grenze des Cavum sacci vasculosi. Rostral vom Hyomandibulargelenk biegt die Schädelseitenwand entsprechend dem Verlauf des lateralen Bogengangs nach medial ein; so entsteht zwischen Hyomandibulargelenk und vorderer Ohrkapselkuppe eine Delle, hinter der die Gelenkregion mit scharfer Kante lateral ausládt. Äußerlich legt sich hier der Spritzlochkanal, der weiter hinten lateral von der Hyomandibel und durchweg lateral vom aufsteigenden Seitenflügel des Parabasale in die Höhe zieht, dem Knorpelschädel dicht an. Vor der Delle springt die obere Seitenkante des Schädels wieder stärker lateral vor, dem Verlaufe des vorderen Bogenganges entsprechend. Diese vordere Kuppe der Ohrkapsel ist zum Teil perichondral verknöchert und geht nach vorn kontinuierlich in den supraorbitalen Knorpelbalken über. Die ventrale Seite der vorderen Ohrkapselkuppe bildet eine Art Dach über der Trigeminofacialiskammer, die dem Hauptteil der Seitenwand des vorderen Ohrkapselgebietes von außen anliegt.

Trigeminofacialiskammer. Die Trigeminofacialiskammer stellt am Schädel eine nach der Orbita breit offene Höhle dar, deren transversaler Durchmesser gering ist. Der vertikale Durchmesser nimmt von hinten nach vorn rasch an Größe zu. Der Querschnitt des Raumes bildet ein Dreieck, dessen spitzester Winkel medioventral gerichtet ist. Die mediale Wand besteht aus dem vordersten Teil der Schädelseitenwand der Labyrinthregion resp. der sich mit dieser verbindenden Seitenwand der hinteren Orbitotemporalregion; lateral und nach abwärts schließt der aufsteigende Seitenflügel des Parabasale den Raum ab. Nach hinten setzt dieser breite, vordere Teil der Kammer sich in einen Knorpelkanal fort, der dorsocaudal aufsteigt. Die Öffnungen dieses Kanales, die beide außen am Schädel liegen, schauen also nach vorn

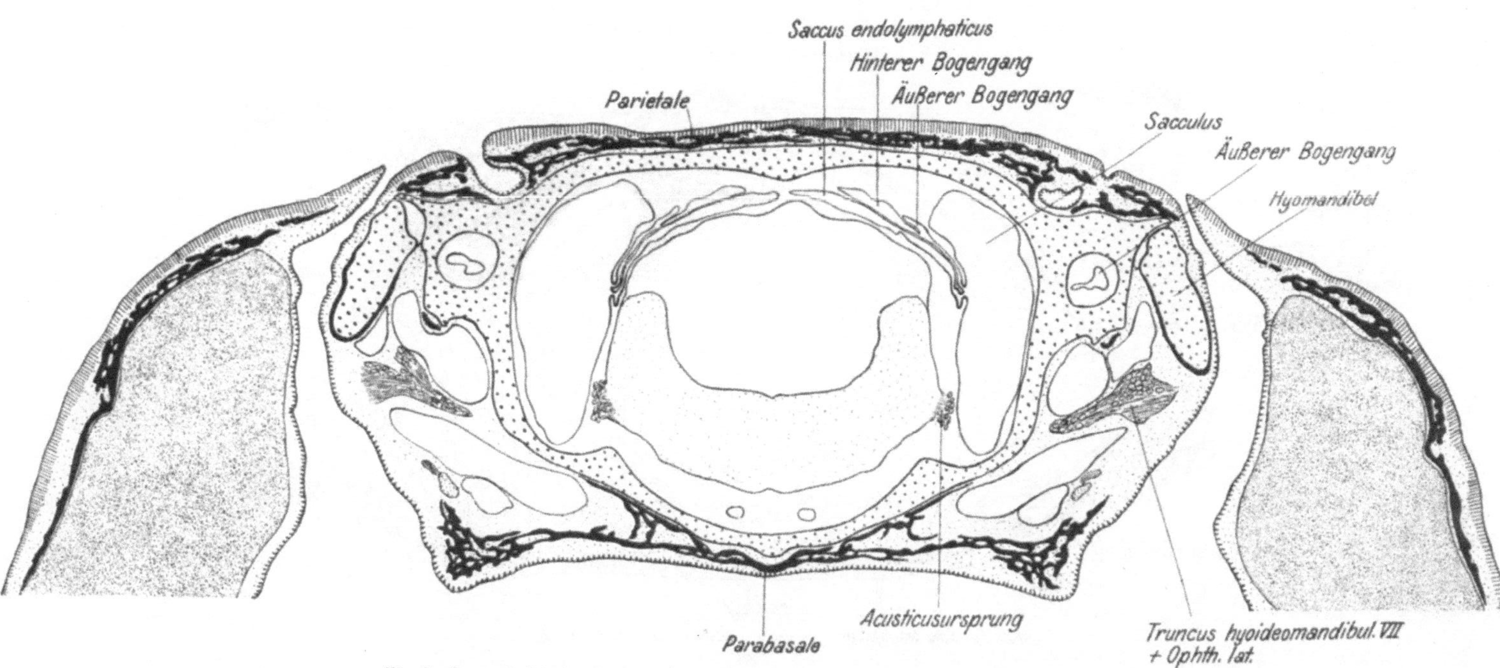

Fig. 8. Querschnitt durch die Labyrinthregion in Höhe des Hyomandibulargelenkes.

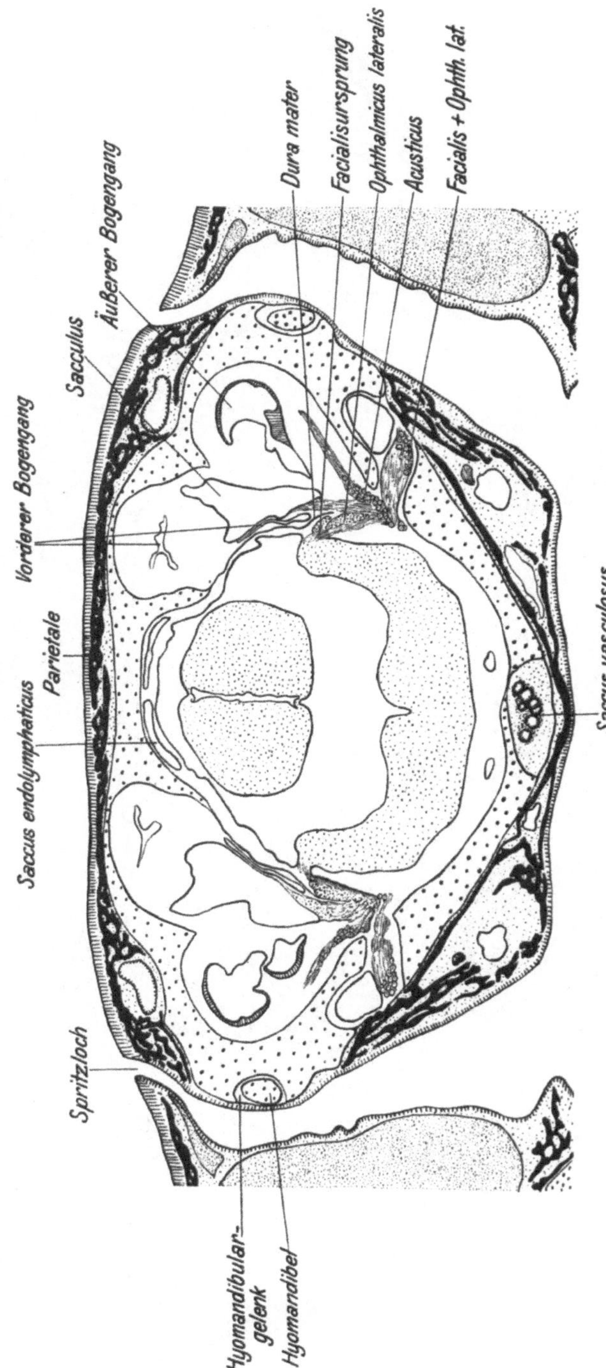

Fig. 9. Querschnitt durch die Labyrinthregion in Höhe des Foramen faciale.

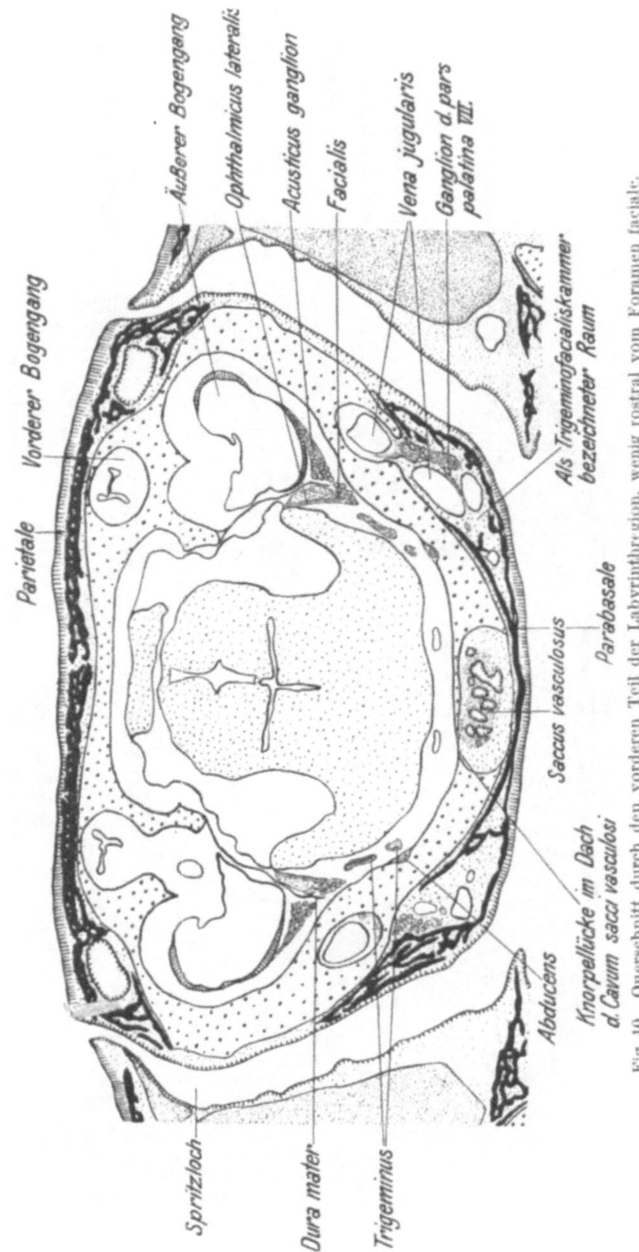

Fig. 10. Querschnitt durch den vorderen Teil der Labyrinthregion, wenig rostral vom Foramen faciale.

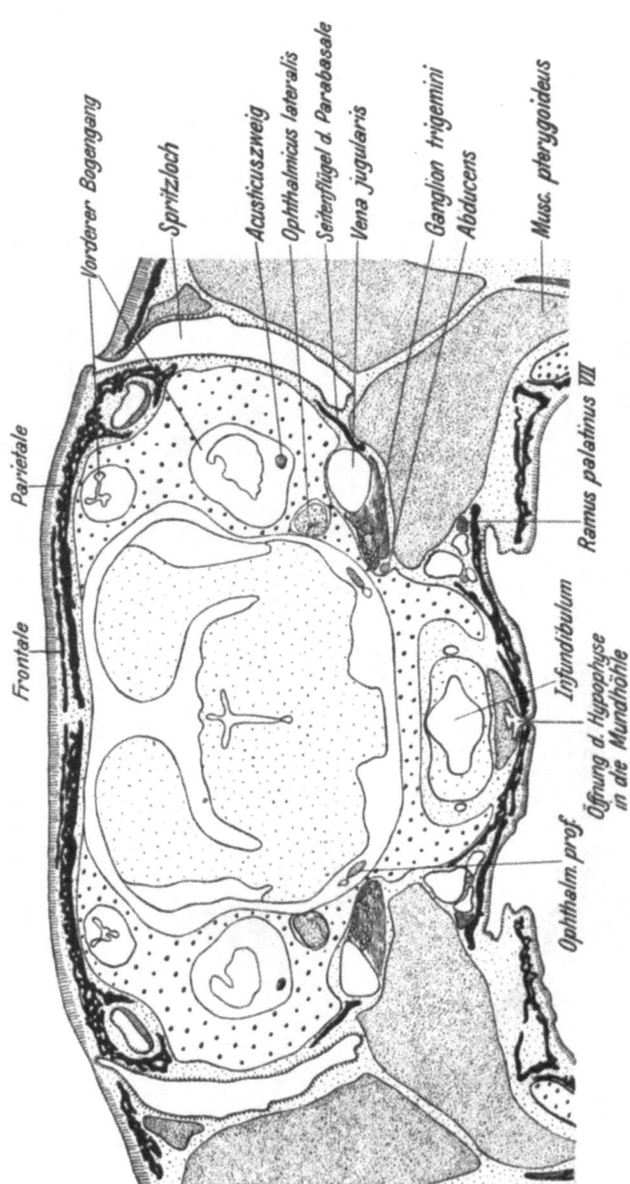

Fig. 11. Querschnitt durch den vorderen Teil der Labyrinthregion.

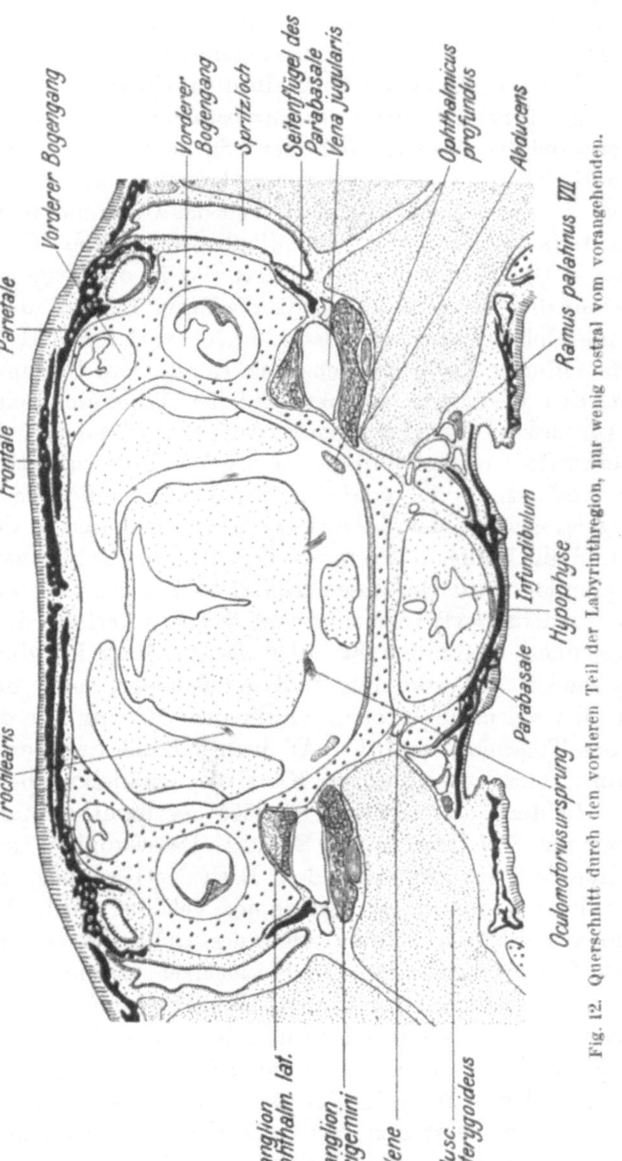

Fig. 12. Querschnitt durch den vorderen Teil der Labyrinthregion, nur wenig rostral vom vorangehenden.

unten resp. hinten oben. Seine laterale Begrenzung bildet eine kleine Knorpelspange, die sich ventrorostral vor dem Hyomandibulargelenk von der Ohrkapselkuppe schräg nach hinten unten hinüberspannt zu dem unmittelbar vor dem vorderen Ende der Bulla acustica gelegenen Gebiet. Der Hinterrand dieser Spange liegt im Niveau des Foramen faciale, dieses wird aber völlig in die Knanalbildung einbezogen dadurch, daß der aufsteigende Seitenfortsatz des Parabasale, der, wie schon bemerkt, die Seitenwand des vorderen Teils der Trigeminofacialiskammer bildet, der auch die besprochene Knorpelspange lateral deckt, nun nach hinten die Rinne, in der die Vena jugularis und das Ganglion facialis liegen, bis unmittelbar unter das Hyomandibulargelenk zum Kanal vervollständigt. — Das Cavum cerebrale öffnet sich in die Trigeminofacialiskammer mit drei Foramina, durch die die Nervi Trigeminus, Abducens, Facialis und Ophthalmicus lateralis den Schädel verlassen. Hierzu kommt als vierte Öffnung das Venenloch, welches aus dem Cavum sacci vasculosi in den vordersten, unteren Teil der Trigeminofacialiskammer führt. Am meisten caudal gelegen ist das Foramen faciale. Es befindet sich unmittelbar vor der vorderen Grenze der Bulla acustica, und der Facialis muß, um in den vorderen Teil der Trigeminofacialiskammer zu gelangen, erst noch den beschriebenen Knorpelkanal in der Schädelseitenwand durchlaufen. Übrigens liegt ein beträchtlicher Teil des Facialisganglions weder in diesem Kanal noch in der Trigeminofacialiskammer, sondern caudal vom Foramen faciale unterhalb des Hyomandibulargelenkes. Durch den Kanal nach vorn läuft lediglich die Pars palatina facialis. Im vorderen Teil der Kammer, nahe dem Boden, befindet sich sodann die große, gemeinsame Öffnung für den Hauptstamm des Trigeminus und den Abducens. Dicht darüber, ein wenig weiter vorn, durchsetzt ein kurzer Kanal den Schädelknorpel in ventrolateraler Richtung, durch diesen verläßt der Ophthalmicus lateralis zusammen mit Facialisfasern den Schädel. Das Ganglion des Ophthalmicus lateralis liegt dicht unter dem Dach der Kammer, das, wie erwähnt, von der vorderen Ohrkapselkuppe gebildet wird. Von diesem Ganglion aus zieht der Ramus oticus des Ophthalmicus lateralis zu seinem Schleimkanalgebiet auf dem Schädeldach, indem er das Dach der Trigeminofacialiskammer durchbohrt, lateral vom häutigen Bogengang das Cavum semicirculare anterius durchzieht, auch dessen Dach durchbohrt und so an die obere Fläche des Schädels gelangt.

Ohrkapsel von innen. Bei Betrachtung der Ohrkapsel von innen her ist zunächst das fast vollständige Fehlen einer Knorpelwand zwischen Cavum cerebrale und Labyrinthgebiet charakteristisch. Eine solche besteht nur eine kurze Strecke weit im caudalen Teil der Region, im Gebiet der Ampulla posterior, sowie unvollständig als mediale Wand des Cavum semicirculare anterius. Die caudale Lamelle der medianen Ohrkapselwand verbindet, vom Foramen vagi beginnend, Boden und Dach der Labyrinthregion; sie ist im ganzen in vertikaler Richtung gebogen, wobei die Konkavität dem Cavum cerebrale zugewandt ist. Ihre Ebene ist nicht genau sagittal, sondern von mediorostral nach laterocaudal gerichtet. Der vordere Rand ist bogenförmig ausgekerbt. Die Lamelle trennt die Ampulla posterior sowie den caudalen Teil des Cavum semicirculare laterale vom Hirnraum. Die vordere Grenzlamelle ist nur eine vom Dach der Ohrkapsel herabhängende Kulisse, die selbst an ihrem tiefsten Punkt, der Verbindung mit der Schädelseitenwand, nicht bis zur Hälfte der vertikalen Ausdehnung des Schädelraumes herabreicht. Sie steht in einer von mediocaudal nach laterorostral gerichteten Ebene und ist im ganzen leicht gebogen, mit der Konkavität nach dem Cavum cerebrale zu. Am Schädeldach reicht sie nicht, wie die caudale Lamelle, bis zur Medianlinie. Ihr unterer Rand bildet eine scharfe, ziemlich steil nach hinten aufsteigende Kante. Sie trennt das Cavum semicirculare anterius vom Hirnraum. Über ihre mediale Kante schiebt sich oben am Schädeldach der Saccus endolymphaticus in den Hirnraum herein nach vorn, er liegt dann dicht unter dem Tectum synoticum, vom Recessus lateralis ventriculi quarti getrennt durch die Dura. Gegen den Boden des Cavum cerebrale setzt sich die Bulla acustica saccularis mit einer scharfen Kante ab und bildet dann die starke ventrale und laterale Ausbauchung, die auch außen am Schädel erkennbar ist. An diesen Raum, der in seinen lateralen und ventralen Teilen den Sacculus, im medialen, oberen Abschnitt den Utriculus beherbergt, schließen sich die Cava semicircularia an, durch die üblichen drei Septa von ihm getrennt. Die Septa sind ziemlich breite, solide Knorpelplatten, namentlich das Septum laterale besitzt eine beträchtliche sagittale Ausdehnung. Hinteres und seitliches Septum verschmelzen in dem dorsal und caudal vom Sacculus zwischen hinterem und seitlichem Bogengang gelegenen Gebiet zu einer einheitlichen Knorpelmasse. Das vordere Septum steht mit dieser Masse in keinem Zusammenhang. Es spannt sich vom dorsalen Teil der vorderen Ohrkapselseitenwand wenig schräg nach vorn, unten, innen zur Hirnschädelseitenwand hinüber. Seine freien Ränder schauen dabei im wesentlichen nach oben und unten. Nach der Ampulle des seitlichen Bogenganges zu springt es mit einer scharfen, nach unten gerichteten Kante vor. Das Septum laterale schaut mit seinen freien Rändern nach vorn und hinten; die des hinteren Septums sind nach vorn oben und hinten unten gerichtet.

Lage des Labyrinthes. Die häutigen Bogengänge schlingen sich um diese Septen herum. Der hintere Bogengang beginnt unten, am Boden des hinteren Ohrkapselgebietes mit der Ampulla posterior, er steigt steil dorsolateral auf, äußerlich am Schädel durch die hintere Kuppe der Ohrkapsel markiert, biegt dann nach vorn um und zieht, am Schädeldach als seichte Vorbuchtung eben zu erkennen, nach vorn, um in den Recessus superior utriculi zu münden. Die Ampulle des seitlichen Bogenganges liegt im vorderen Ohrkapselgebiet in Höhe des Foramen faciale. Der Bogengang zieht von dort, mäßig nach außen ausladend, nach hinten, biegt, wenig mediorostral von der Umbiegungsstelle des hinteren Bogenganges und von diesem durch Knorpel nicht getrennt, nach medial um und zieht nun, zunächst medial vom Sacculus, dann zwischen Sacculus und Utriculus gelegen, nach vorn und mündet breit in den mittleren Teil des Utriculus an dessen lateraler Seite. Die Ampulle des vorderen Bogenganges setzt sich gegen die Ampulla lateralis kaum ab. Sie liegt in einer vorderen, unteren Nische der Ohrkapsel, die vom Cavum cerebrale durch die vordere, mediale Ohrkapselwand getrennt ist. Der Bogengang steigt von der Ampulle dorsorostral auf und biegt dann nach hinten um; die Umbiegungsstelle markiert sich am Schädeldach als leichte Prominenz, auch der weitere Verlauf des Kanals nach hinten ist am Schädeldach außen als schwache Vorwölbung zu erkennen. Der Bogengang mündet gegenüber dem hinteren Bogengang in den Recessus superior utriculi. Der Sacculus, der, wie erwähnt, direkt medial vom Bogengangsgebiet liegt, schmiegt sich dorsal, lateral und ventral dem Knorpel der Septa und der Ohrkapselseitenwand überall dicht an. Seine mediale Wand sowie das ganze Utriculusgebiet sind die einzigen Teile des häutigen Labyrinthes, die keine Beziehung zum Knorpelschädel gewinnen. Über die Lage des Ductus endolymphaticus wurde schon weiter oben das Nötige gesagt.

Dach. Am Dach der Labyrinthregion kann man bei der Beschreibung zweckmäßig das Dach der Ohrkapseln von dem dazwischen gelegenen Dach des Cavum cerebrale, dem Tectum synoticum, trennen. Äußerlich stellen beide Teile eine zusammenhängende, solide Knorpelplatte dar, die im ganzen dorsal leicht vorgewölbt, nach den Seiten wenig abfällt und im hinteren Teil mit scharfem Rande, der Crista parotica, nach vorn vom Hyomandibulargelenk aber allmählich in die Seitenwand der Region übergeht. Das Dach der Ohrkapsel erhält sein äußeres Relief im wesentlichen durch den parietalen Schleimkanal. Dieser liegt von seiner Einmündung in die hintere Commissur an dem primordialen Schädeldach direkt auf, in einer Rinne von wechselnder Tiefe dem Knorpel eingelagert. Das Parietale bildet nur das Dach des Kanals. Nur unmittelbar vor dem Hyomandibulargelenk umgreift das Parietale für eine ganz kurze Strecke den Schleimkanal vollständig. Im vorderen Bereich der Region übernimmt allmählich mehr und mehr das Frontale die Überdachung des Schleimkanals. Das Dach der Ohrkapseln bildet für den größten Teil der Region zugleich das Dach des Hirnraumes, da die Ohrkapseln dem Hirnschädel nicht seitlich ansitzen, sondern ihm nach der Mitte zu geneigt aufgelagert sind.

In der Nähe des Hyomandibulargelenkes nähern sich die Ohrkapseln beider Seiten so sehr der Mittellinie, daß von einem dazwischenliegenden Tectum synoticum kaum noch die Rede sein kann, wenn man nicht die ventral nach dem Cavum cerebrale vorspringende Leiste, in der das Ohrkapseldach beider Seiten verschmilzt, dafür ansprechen will. Nach hinten zu ist das Dach des Hirnraumes deutlicher von dem des Labyrinthgebietes abzugrenzen; es ist eine mächtige Knorpelplatte, die kontinuierlich in den als Occipitalbogen beschriebenen Dachknorpel der Occipitalregion übergeht. Der vordere Abschnitt des Tectum synoticum ist eine wesentlich dünnere Knorpelplatte, die in Höhe des Foramen trigemini den hinteren Rand der großen Fontanelle bildet, die sich von hier bis fast zum rostralen Ende der Orbitotemporalregion erstreckt.

Häutiges Labyrinth. Das häutige Labyrinth besteht aus dem Utriculus mit den drei Bogengängen, dem Sacculus und dem Ductus endolymphaticus. Die oberen Schenkel der Bogengänge entspringen dem Recessus superior des Utriculus, der untere Schenkel des äußeren Bogenganges mündet nahe dem des vorderen in den Recessus anterior utriculi. Der Sacculus liegt in breiter Ausdehnung in dem vom lateralen Bogengang umschlossenen Raume, dabei trennt ihn die Knorpelwand des Septum laterale durchgehends vom lateralen Bogengang. Er reicht nach oben fast bis zum oberen Rande des Recessus superior utriculi. Nach unten überragt er das Niveau der Bogengänge fast um ein Drittel der gesamten vertikalen Ausdehnung des Labyrinthes. Eine Lagena ist nicht vom Gebiet des Sacculus abgesetzt, und der Nervus glossopharyngeus verläuft ventral vom ganzen Sacculusgebiet. Der Ductus endolymphaticus ist ein Blindsack, der an der medialen Seite des Sacculus entspringend, sich dicht unter dem knorpeligen Schädeldach bis zur Mittellinie hinzieht, wo er den Ductus endolymphaticus der anderen Seite fast berührt. Er steht sowohl mit dem Sacculus als dem Utriculus in gesonderter offener Verbindung, außerdem besteht eine feine Öffnung zwischen Sacculus und Utriculus direkt. Alle drei Verbindungen, Ductus utriculosaccularis, Ductus sacculoendolymphaticus und Ductus utriculoendolymphaticus, liegen sehr dicht beieinander und sind von sehr geringen Dimensionen. Am Ductus utriculoendolymphaticus liegt die kleine Macula acustica neglecta. Übrigens weist das Labyrinth die typischen Maculae acusticae auf, die Macula lagenae ist von der Macula saccularis deutlich getrennt.

Ersatzknochen. Die Labyrinthregion besitzt zwei Ersatzverknöcherungen: Opisthoticum und Sphenoticum. Über das Opisthoticum ist dem bereits Gesagten nichts wesentliches zuzufügen.

Das Sphenoticum ist die Verknöcherung der vorderen Kuppe der

Ohrkapsel, erstreckt sich aber weit nach vorn auf die Supraorbitalspange, die es in ihrem mittleren Drittel völlig umgreift. Es besteht aus einer perichondralen Knochenlamelle, die dem intakten Knorpel anliegt; am dorsolateralen Rande bildet der Knorpel einzelne, kleine Markräume umschließende Zacken, die unregelmäßig gegen das Bindegewebe vorspringen. Dem Knochen resp. Knorpel dieser Gegend liegt der Hauptseitenkanal dorsal direkt auf, vom Frontale zugedeckt. Er gibt hier den Supraorbitalkanal ab, der im Postfrontale hinter dem Auge abwärts zieht. Das Postfrontale ist mit dem Sphenoticum so verwachsen, daß eine scharfe Trennung beider Komponenten nicht durchführbar ist.

3. Orbitotemporalregion.

Die Orbitotemporalregion erhält ihr charakteristisches Gepräge durch die ausgesprochene Platybasie des Schädels. Das Cavum cerebrale der Labyrinthregion setzt sich ohne jede Einschränkung seiner Dimensionen nach vorn zu fort, namentlich der horizontale Durchmesser erscheint nirgends wesentlich verringert. Der vertikale Durchmesser nimmt nach vorn zu allmählich an Größe ab, entsprechend der Form des Gehirns, das im vorderen Teil der Region ja nur noch aus den Lobi olfactorii besteht. Für die ganze Region gilt, daß die horizontalen Durchmesser im dorsalen Abschnitt größer sind als im ventralen; die Schädelseitenwände stehen leicht nach außen geneigt.

Bei der Formbeschreibung sollen, wie im Vorhergehenden, Dach, Seitenwände und Boden der Region unterschieden werden, dazu kommt die Vorderwand als Abgrenzung gegen die Ethmoidalregion. Dabei sei im voraus bemerkt, daß Dach, Boden und Vorderwand weitgehende Fenestrationen aufweisen, so daß die Seitenwände als der wesentlichste Teil des Schädels in dieser Region anzusehen sind.

Bevor diese Teile nun im einzelnen genauer geschildert werden, sei kurz die Bildung der Orbita beschrieben. Diese bildet am Primordialschädel eine im Verhältnis zu der außerordentlich großen sagittalen Ausdehnung flache Grube, deren Vorder- und Hinterwand die seitlich weit vorspringende Nasen- resp. Ohrkapsel bildet. Ein namentlich im hinteren Abschnitt der Orbitotemporalregion weit ausladendes, supraorbitales Dach entsteht durch eine besondere Bildung des dorsalen Randes der Schädelseitenwand. Einen Boden besitzt die Orbita am Primordialschädel nicht.

Auf der hinteren Grenze der Region finden gewisse Verschiebungen der Labyrinthregion gegenüber statt. So greift am Boden die Schädelhöhle der Orbitotemporalregion bis zur Höhe des Facialisaustrittes in das Gebiet der Labyrinthregion über mit der Bildung des Cavum sacci vasculosi, während im dorsalen Teil die Ohrkapsel sich mit ihrer vorderen, den Canalis semicircularis anterior beherbergenden Kuppe lateral weit an der Seitenwand der Orbitotemporalregion vorbei nach vorn schiebt. Die daraus resultierenden besonderen Formverhältnisse sind an entsprechender Stelle genauer geschildert.

Seitenwand. Die Seitenwände der Orbitotemporalregion sind breite, solide Platten, die Dach und Boden der Region, soweit diese vorhanden sind, verbinden. Wie schon erwähnt, sind sie im ganzen leicht nach außen geneigt. Hinten geht die Seitenwand überall kontinuierlich in den Knorpel der Labyrinthregion über; vorn endet sie in großer Ausdehnung frei mit leicht eingekerbtem Rand als hintere Begrenzung einer membranös geschlossenen Lücke, die die Seitenwand der Orbitotemporalregion von der Nasenkapsel trennt. Der gleich näher zu beschreibende, dorsale Randbalken der Seitenwand sowie die Bodenplatte, die sich beide breit mit der Nasenkapsel verbinden, geben dabei dem Schädel die nötige Versteifung. Der mittlere Teil der Seitenwand ist in großer Ausdehnung einheitlich verknöchert, dieser Knochen wird am besten mit Traquair als Sphenoid bezeichnet.

Supraorbitalleiste. Da im hinteren Gebiet der Region weder Boden noch Dach vorhanden sind, endet die Seitenwand hier oben und unten mit freiem Rande. Der obere Rand verdickt sich im vorderen Orbitalgebiet wesentlich und sendet einen ziemlich kräftigen, leistenartigen Fortsatz in dorsolateraler Richtung aus. Vorn steht diese Knorpelleiste mit der Nasenkapsel in Verbindung. Von der Höhe des Foramen opticum an nach hinten entfernt sie sich immer mehr von der eigentlichen Seitenwand, so daß zwischen beiden eine breite Lücke im supraorbitalen Dach entsteht. Die Leiste geht endlich in den Knorpel der vorderen Ohrkapselkuppe über, deren perichondrale Verknöcherung, das Sphenoticum, weit nach vorn auf die Leiste übergreift. An der unteren und inneren Seite der Supraorbitalspange setzt in ganzer Ausdehnung der Musculus temporalis an; seine Hauptmasse aber sucht, durch die Lücke durchtretend, die Fixierung am Os frontale, dessen mächtige Platten für die ganze Orbitotemporalregion ein solides Schädeldach bilden. Außer dem Temporalis ziehen verschiedene gröbere und feinere Nervenzweige durch die Supraorbitallücke zu ihrem, teils sensiblen, teils sensorischen Versorgungsgebiet auf dem Schädeldach. Ein kräftiger Sinnesnerv durchbohrt den hinteren, knöchernen Teil der Supraorbitalspange. Rostral von der Supraorbitallücke weist das nach vorn immer schmaler werdende supraorbitale Dach noch drei Nervendurchtrittsöffnungen auf.

Dabei erscheint der dorsale Rand der Schädelseitenwand verdickt und ein wenig nach innen gebogen.

Der ventrale Rand endet zugeschärft und bildet im hintersten Teile die Seitenwand des Cavum sacci vasculosi.

Foramina. Die Schädelseitenwand der Orbitotemporalregion be-

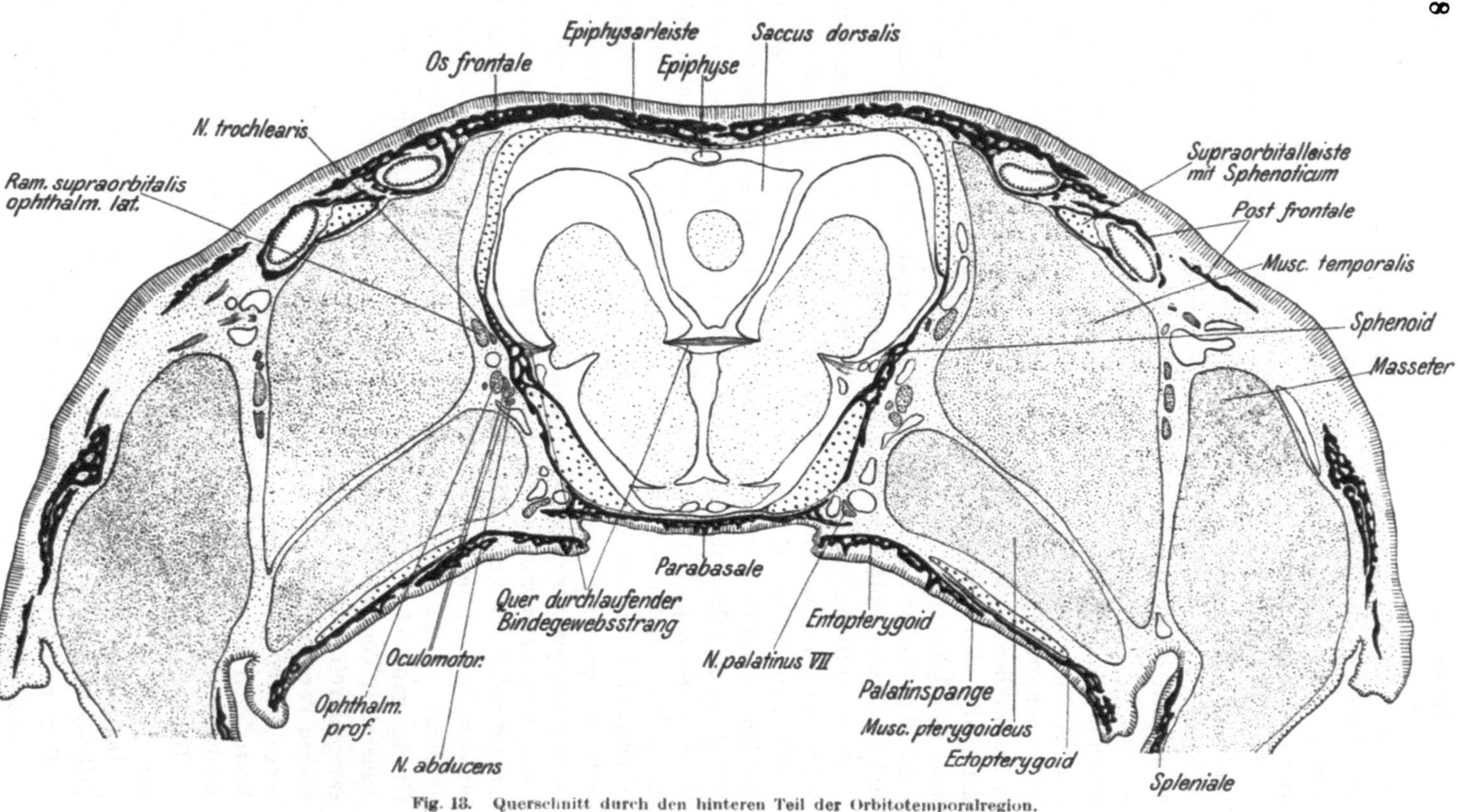

Fig. 13. Querschnitt durch den hinteren Teil der Orbitotemporalregion.

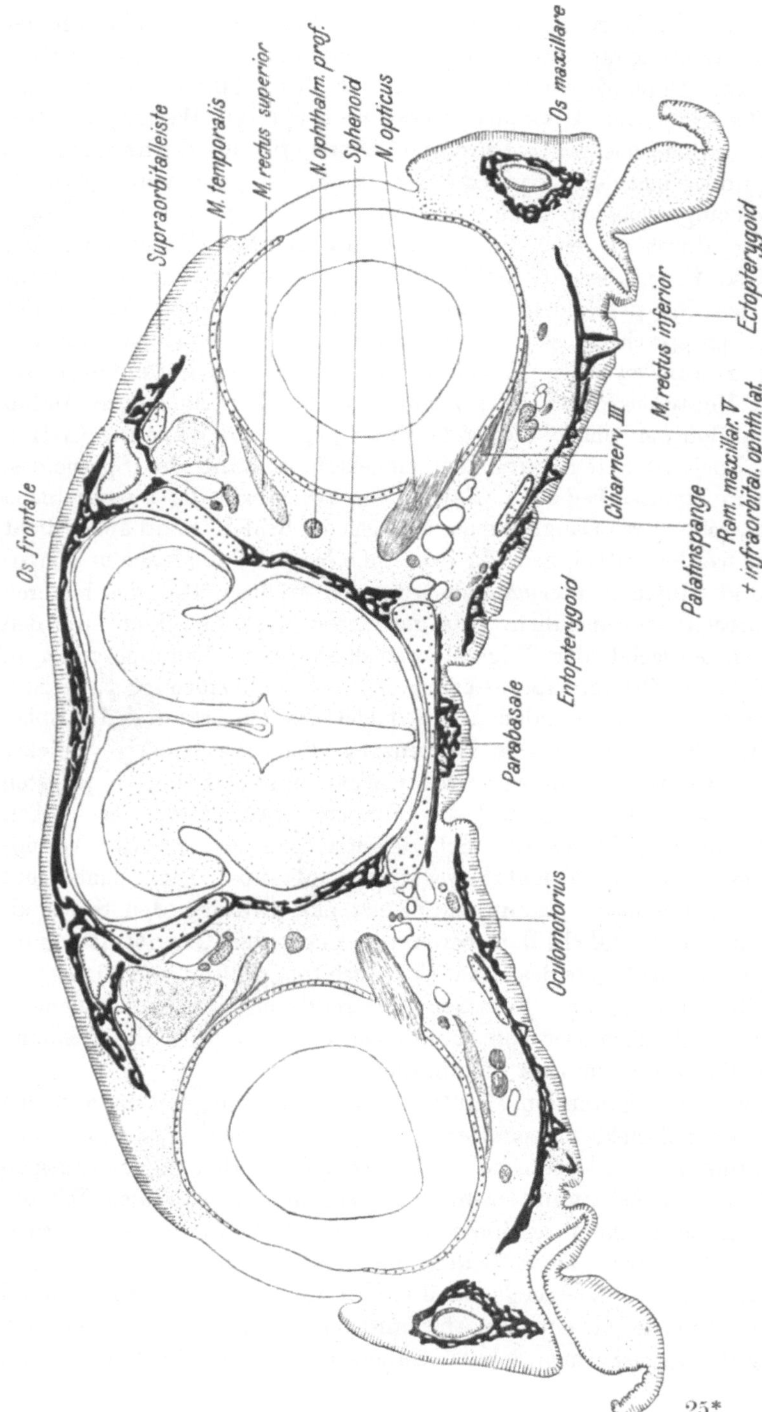

Fig. 14. Querschnitt durch den mittleren Teil der Orbitotemporalregion.

sitzt sieben Öffnungen. Ventrorostral vom Foramen trigemini befindet sich eine Öffnung im Knorpel, welche Cavum sacci vasculosi und Orbita verbindet. Durch dieses Loch nimmt die Vena jugularis interna einen Zweig aus dem Hypophysenkörper auf (Allis). Weiter vorn oben liegt die große gemeinsame Durchtrittsöffnung für den Ophthalmicus profundus und den Oculomotorius. Sie ist ganz vom Sphenoidknochen eingeschlossen. Senkrecht darüber im Knorpel liegt eine kleinere Öffnung, durch die eine Vene tritt. Im gleichen Horizontalniveau wie diese Vene, aber wesentlich weiter vorn, durchbohrt der Trochlearis den Sphenoidknochen. Senkrecht über dem, der Feinheit des Nerven entsprechend sehr kleinen Foramen trochleare gewinnt der Sinusraum zwischen Mittelhirn und der großen Seitentasche des dritten Ventrikels durch eine ziemlich große Öffnung seinen Abfluß in die außen am Schädel ziehende Vena jugularis externa (Allis). Dieses Loch ist unten durch den eingekerbten Rand des Sphenoides, oben von Knorpel begrenzt. Sowohl die Venen wie die ausgetretenen Nerven, resp. deren Ganglienmassen liegen der Schädelwand außen dicht an und werden seitlich gedeckt durch die Massen des Musculus temporalis und Musculus pterygoideus, die den größten Teil des hinteren Orbitaabschnittes ausfüllen. Die genannten Muskeln bilden auch den vorderen Abschluß der Trigeminofacialiskammer. Ziemlich genau in der Mitte der Orbitotemporalregion liegt das schlitzförmige Foramen opticum. Seinen dorsalen Rand bildet die Unterkante des Sphenoidknochens, zur ventralen Begrenzung dient die wulstig verdickte Seitenkante der Bodenplatte des Cavum cranii. Bei dem jüngsten der untersuchten Tiere stand das Foramen opticum mit der großen präsphenoidalen Lücke der Schädelseitenwand in direkter Verbindung, sein vorderer Abschluß war nur membranös. Dicht hinter und über dem Foramen opticum durchsetzt eine Öffnung den Sphenoidknochen und ermöglicht dem cerebralen Zweig der Carotis interna den Eintritt ins Innere des Schädels. Auch im Stadium von 90 mm war diese Gefäßöffnung vom Foramen opticum durch eine Knochenlamelle getrennt, bei einem Tier von 55 mm Länge war dagegen die Trennung beider Foramina nur eine membranöse.

Unmittelbar hinter dem Carotisforamen entspringt von der medialen Wand des Sphenoids ein straffer, bindegewebiger Strang, der sich horizontal durch das Cavum cranii bis zur entsprechenden Stelle der gegenüberliegenden Seitenwand zieht. Er liegt in den caudalen Teil des Velum transversum eingeschlossen, auf dem Dache des Zwischenhirnes, hart am Ependym. Seine Bedeutung ist nicht klar.

Außen am Schädel liegt an dem wulstig verdickten Knorpelrand der Bodenplatte im hinteren Abschnitt des Foramen opticum der Ursprung des gemeinsamen Sehnenstranges für die Musculi recti inferior, superior und lateralis. Nach vorn zu verbindet sich, wie schon erwähnt, nur der dorsale Randwulst der Seitenwand knorpelig mit der Nasenkapsel. Ventral von diesem schmalen Supraorbitaldach ist die Verbindung nur eine membranöse. Am Schädel besteht hier also eine große präsphenoidale Öffnung, deren Oval im wesentlichen vertikal ausgezogen erscheint. Vorn begrenzt sie der kaudal ein wenig vorspringende Knorpelrand der hinteren Nasenkapselwand, hinten der leicht bogig eingekerbte, freie Knochenrand des Sphenoids. Den schmalen dorsalen Rand bildet die untere Kante des supraorbitalen Dachstreifens, den wesentlich breiteren ventralen der freie Knorpelrand der Bodenplatte. Die größere Ausdehnung des freien unteren Randes der Lücke ist durch den Ursprung des Musculus rectus internus an dieser Stelle bedingt. Die Fasern des genannten Muskels heften sich an der Dorsalseite der Bodenplatte nicht weit vom Rande an, und der Muskel liegt mit seinem Anfangsteil in einer kleinen Rinne, die nach vorn zu offen ist und so eine spaltartige Verlängerung der Präsphenoidallücke nach hinten darstellt. Die Wände dieser Rinne bildet ventral der ein wenig ausgehöhlte Knorpel der Bodenplatte, dorsal die frei nach medial vorspringende vordere, untere Spitze des Sphenoids. Ähnliche Verhältnisse zeigten die Tiere von 90 und 55 mm Länge; die Verknöcherung der die Präsphenoidallücke schließenden Membran war bei dem ältesten Tier etwas mehr, bei dem jüngeren weniger weit vorgeschritten; das Foramen opticum war, wie bemerkt, noch nicht in allen Fällen von der Präsphenoidallücke durch Knochen getrennt.

Boden. Der Boden der Orbitotemporalregion weist in seiner hinteren Hälfte eine große Öffnung auf, Fenestra basicranialis anterior. Sie ist von lanzettförmiger Gestalt, beginnt auf der Grenze von Labyrinthregion und Orbitotemporalregion und endet vorn in der Höhe des Foramen opticum. In der Gegend unmittelbar hinter dem Foramen opticum beginnt der Knorpel des ventralen Teils der Seitenwand nach medial umzubiegen, und bereits im Niveau des hinteren Abschnittes der Opticusöffnung haben die Knorpelplatten beider Seiten sich in der Mittellinie vereinigt. Während ihres ganzen weiteren Verlaufes nach vorn behält die Bodenplatte die gleiche, einfache Gestalt einer mäßig dicken, horizontalen Lamelle mit dorsal aufgewulsteten Seitenrändern bei. Zwischen Foramen opticum und Präsphenoidallücke ist dieser wulstige Seitenrand in die verbreiterte untere Kante des Sphenoids eingefalzt. Im vordersten Bereich der Präsphenoidallücke verdickt sich der Knorpel der Bodenplatte beträchtlich im vertikalen Durchmesser, namentlich im medianen Teil, und geht kontinuierlich in die hintere und untere Wand der Nasenkapsel über.

Dach. Von einem primordialen Schädeldach ist in der Orbitotemporalregion nur sehr wenig vorhanden. Fast das ganze Gebiet wird von einer ausgedehnten Fontanelle eingenommen, die nur durch die schmale Epiphysarleiste in einen kleineren caudalen und einen größeren rostralen Abschnitt zerlegt erscheint. Der hintere Teil reicht bis in die Labyrinthregion hinein; das Tectum synoticum bildet dort seine hintere, der zugeschärfte medial vorspringende Rand der vorderen Ohrkapselkuppe seine seitliche Begrenzung.

Die Epiphysarleiste geht vom oberen Rande der Schädelseitenwand aus. Sie ist im seitlichen Teil sehr schmal und zart, verbreitert sich aber nach der Mitte zu wesentlich, Am vorderen Rande befindet sich in der Mitte eine tiefe Einbuchtung, an deren Seiten der Knorpel in zwei feinen Zungen jederseits von der Epiphyse vorspringt. Diese vorderen Vorsprünge waren besonders bei dem 55 mm langen Exemplar weit ausgezogen. Das älteste Tier (90 mm) unterschied sich von dem jüngeren wesentlich dadurch, daß die Knorpelverbindung mit der Schädelseitenwand nicht erhalten war, es bestand hier also nicht eigentlich eine Epiphysarleiste, sondern nur noch eine mittlere Epiphysarplatte. Die Epiphyse lag dem Knorpel in allen Fällen so an, daß sie, in der Medianebene fast senkrecht aufsteigend, den Hinterrand der Knorpelspange erreichte. Dann bog sie um, von Knorpel gedeckt, lag vorn in der beschriebenen Einbuchtung dicht unter der straffen Membran, die die Knorpelzungen beider Seiten verbindet.

Ein eigentliches Dach besteht nur im vordersten Teil der Orbitotemporalregion. Vom Hinterrande der Präsphenoidallücke an sendet der obere Randbalken der Seitenwand einen medialen Fortsatz aus, der sich bald mit dem der anderen Seite zu einer soliden Dachplatte über dem vordersten Abschnitt des Cavum cerebrale verbindet. Nach vorn geht das Dach der Orbitotemporalregion kontinuierlich in das der Nasenkapsel über. Vom Vorderende der Supraorbitallücke an setzt sich das Supraorbitaldach gegen die eigentliche Seitenwand mit einer seichten Rinne ab. Diese Rinne setzt sich zwischen Supraorbitaldach und Dach des Hirnraumes nach vorn bis auf die Nasenkapsel fort. In der Rinne ruht der frontale Schleimkanal, ganz in Knochen eingeschlossen. Sowohl die Fontanellen wie das schmale vordere Dach der Region werden dorsal gedeckt von den mächtigen Platten des paarigen Os frontale, das sich bis auf die Nasenkapsel erstreckt.

Der vordere Abschluß des Cavum cerebrale gegen die Nasenkapsel ist am Schädel nur ein unvollständiger, da das Foramen olfactorium wegen der außerordentlichen Dicke des Riechnerven so groß ist, daß es fast das ganze Gebiet der Vorderwand der Orbitotemporalregion einnimmt. Die beiden Foramina olfactoria sind durch den hinteren Rand des knorpeligen Nasenseptums geschieden, der zur Bodenplatte nicht senkrecht, sondern in einer nach vorn geneigten Ebene steht. Sowohl vom Septum wie von der Bodenplatte und dem Dach

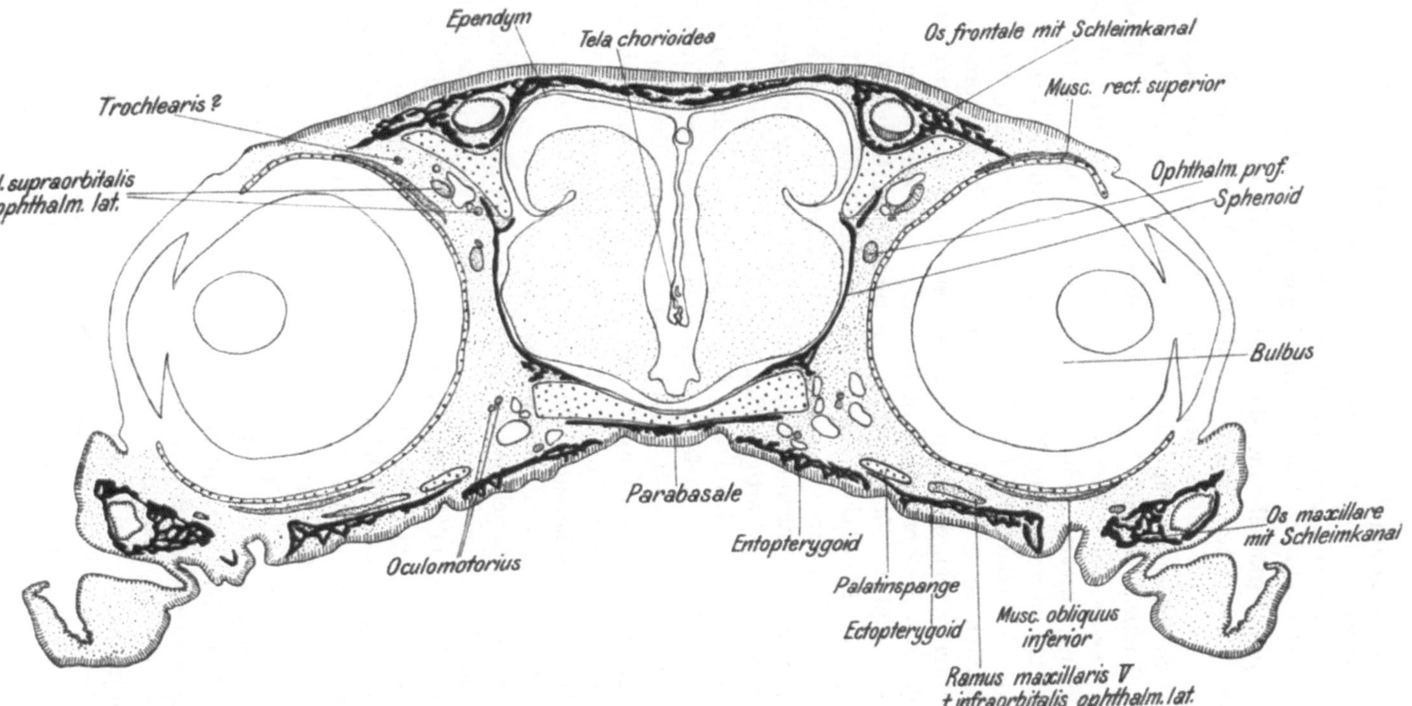

Fig. 15. Querschnitt durch den vorderen Teil der Orbitotemporalregion.

aus springt der Knorpel kulissenartig vor und engt das Foramen olfactorium ein wenig ein. Im ganzen wölbt sich der vorderste Teil des Cavum cerebrale leicht nach vorn in das obere Gebiet der Nasenkapsel vor.

Ersatzknochen. Die Orbitotemporalregion besitzt nur eine perichondrale Verknöcherung, das Sphenoid. Es besteht im hinteren Abschnitt aus einer inneren und einer äußeren perichondralen Lamelle. Von der Höhe des Foramen trochleare an beginnt der Knorpel zu schwinden, zunächst in den mittleren, dann auch in den unteren Partien; an seine Stelle tritt ein Gerüstwerk von Knochenbalken, welches, kleine Markräume umschließend, diploeartig die innere und äußere Knochenlamelle verbindet. Im dorsalen Teil bleibt der Knorpel bis zum vorderen Ende der Supracrbitallücke erhalten und wird von den beiden Knochenlamellen perichondral umgriffen. Von hier an nach vorn scheint das Sphenoid eine rein membranöse Verknöcherung zu sein, der Knorpel ist in den oberen wie in den unteren Rand des Knochens eingefalzt, ohne direkt mit ihm zusammenzuhängen. Die Knochenplatte selbst verliert die Diploe und besteht schließlich nur aus einer einheitlichen, sehr dünnen Knochentafel. Bei dem jüngsten Tier (55 mm) waren Knorpelreste im mittleren Teil des Knochens bis zum Foramen opticum zu sehen, im vorderen Teil war es an den Rändern zu einem falzartigen Umgreifen des Knorpels noch nicht gekommen. Der obere Rand des Knochens war ein wenig verbreitert, der untere lief in eine scharfe Kante aus; beide waren vom Knorpel des Daches resp. Bodens breit bindegewebig getrennt. Bei dem ältesten Tier zeigt im Niveau des Vorderrandes des Sphenoides die derbe Bindegewebsmembran, welche innen auf dem Knorpelboden liegt, deutliche Anzeichen einer Verkalkung, ohne daß aber dieses Gewebe schon als echter Membranknochen angesprochen werden könnte. Die Verkalkungszone war undeutlich paarig, sie hing in diesem Stadium noch nicht lateral mit dem Sphenoid zusammen. Die von Traquair beschriebene Horizontallamelle am Hinterrande des Sphenoides war noch in keinem Falle vorhanden; den Vorderrand des Schädelbodens, der hier das Dach des Cavum sacci vasculosi bildet, deckte von vorn und oben kräftiges, straffes Bindegewebe. Das Sphenoid wird von drei Öffnungen durchbohrt, die als Foramen trochleare, Foramen ophthalmici profundi und oculomotorii und Foramen caroticum beschrieben wurden; sein Oberrand besitzt senkrecht über dem Foramen trochleare eine Einkerbung, die das dort gelegene Venenloch begrenzen hilft; sein Unterrand schließt das Foramen opticum dorsal ab.

Hirnnerven. Von den Hirnnerven verlassen in der Orbitotemporalregion der Ophthalmicus profundus, Oculomotorius, Trochlearis, Opticus und Olfactorius den Schädel. Ihre Durchtrittsstellen wurden schon genauer beschrieben. Außer ihnen gewinnen periphere

Zweige des Ophthalmicus lateralis und des Trigeminus nähere Beziehung zum Schädel, da sie die supraorbitale Dachleiste durchbohren müssen, um zu ihrem Versorgungsgebiet zu gelangen. Auch über ihre Durchtrittsöffnungen wurde an entsprechender Stelle das Nötige gesagt.

4. Ethmoidalregion.

Der präcerebrale Teil des Schädels gelangt bei Polypterus infolge der außerordentlichen Größe des kompliziert gebauten Geruchsorgans zu beträchtlicher Entwicklung. Das im vorliegenden Stadium noch rein knorpelige Skelett der Nase stellt eine im Vergleich zur Höhe sehr breite Kapsel dar, deren weit vorspringende seitliche Kuppen die Orbita nach vorn abschließen. Der Binnenraum wird durch das knorpelige Nasenseptum in zwei völlig voneinander getrennte Höhlen zerlegt, die sich vorn jederseits mit einer sehr großen Apertura nasi externa nach außen öffnen. Vor der Nasenkapsel verlängert sich das Septum zu einer kurzen rostralen Bildung, der die vordere Quercommissur des Hauptseitenkanals eingelagert ist.

Bei der genaueren Beschreibung sind Dach, Boden, Vorder-, Rück- und Seitenwand zu unterscheiden, dazu kommt als besondere Bildung das Septum.

Boden. Betrachtet man die Nasenkapsel von außen, so stellt sich der Boden als eine breite, solide Knorpelplatte dar, die sich, den beiden Nasenhöhlen entsprechend, jederseits im ganzen ein wenig nach unten vorwölbt. Zwischen diesen beiden Vorwölbungen zieht in der Mittellinie eine flache Furche nach vorn bis in die Höhe des Hinterrandes der äußeren Nasenöffnungen. In dieser Furche ruht die vordere Spitze des Parabasale. Hinten geht der Boden der Nasenkapsel, wie schon früher erwähnt, ohne Grenze in die Bodenplatte der Orbitotemporalregion über. In diesem Gebiet, wenig vor dem Vorderrand der Präsphenoidallücke, entspringt am Übergang des Bodens in die Hinterwand der Nasenkapsel in einer grubigen Vertiefung des Knorpels der Musculus obliquus inferior. Unmittelbar rostral von dieser Stelle trägt der Boden die ausgehöhlte Gelenkfläche für die knorpelige Palatinspange. Im hinteren und seitlichen Teil geht die Bodenplatte scharf umbiegend in die senkrecht aufsteigende Hinter- resp. Seitenwand der Region über. Im vorderen Teil der Region wird sie rasch schmaler. Sie endet hier frei mit scharfem, ein wenig aufgebogenem Rande und bildet die untere Begrenzung der großen äußeren Nasenöffnung. Der mediane Teil setzt sich in die Rostrumbildung fort. Nahe dem Hinterrande der Apertura nasi externa liegt auf der Grenze zwischen Boden und Seitenwand eine Öffnung, durch welche ein Zweig des Ramus infraorbitalis ophthalmici lateralis in die Nasenhöhle eintritt (Nasalis internus Pollard), um, in einer feinen Rinne auf dem Boden der Höhle längs dem Unterrande

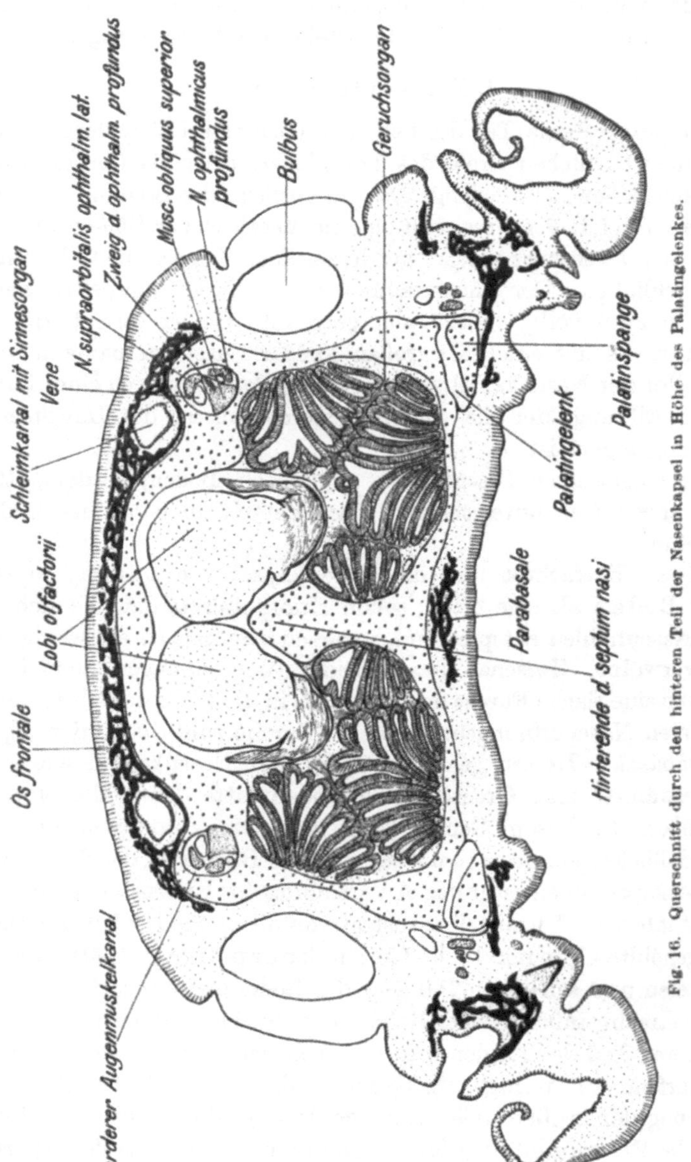

Fig. 16. Querschnitt durch den hinteren Teil der Nasenkapsel in Höhe des Palatingelenkes.

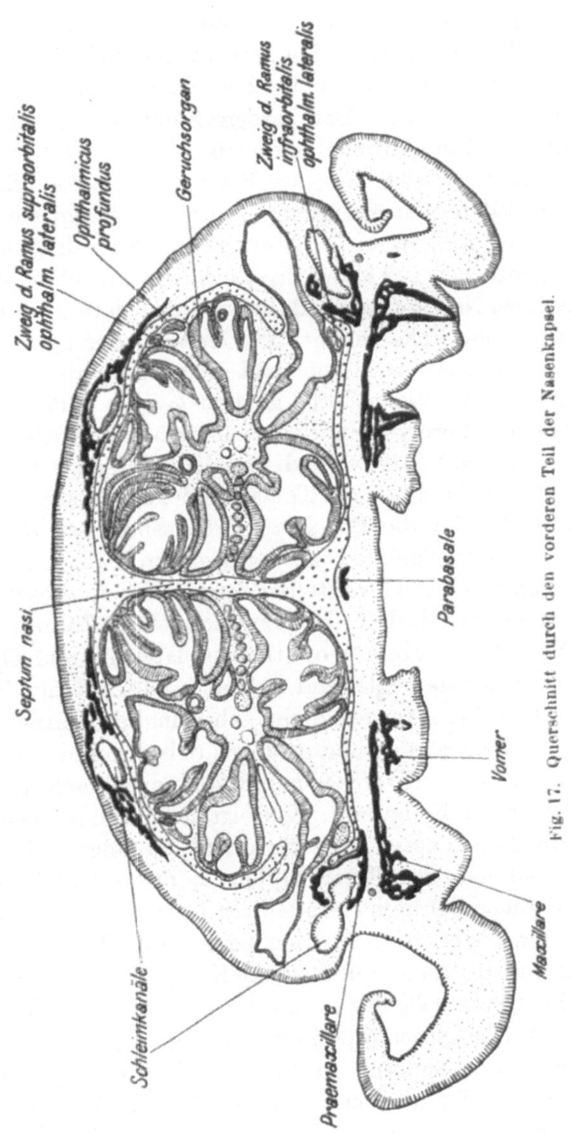

Fig. 17. Querschnitt durch den vorderen Teil der Nasenkapsel.

der äußeren Nasenöffnung nach vorn laufend, zum Teil durch den vorderen, unteren Winkel der Apertura nasi externa, zum Teil durch einen Knorpelkanal, der in die Querspalte des Rostrums führt, die Nasenhöhle wieder zu verlassen.

Seitenwand. Die Seitenwand verbindet, annähernd senkrecht aufsteigend und ein wenig nach der Seite ausgebaucht, Boden und Dach der Region. Nach hinten biegt sie ohne scharfe Grenze in die Hinterwand der Nasenkapsel um. Der vordere Rand ist tief ausgekerbt und hilft die äußere Nasenöffnung begrenzen.

Dach. Das Dach ist eine solide Knorpelplatte, die allmählich umbiegend in die Seitenwand übergeht; nach hinten hängt sie ohne Grenze mit dem Dach des vordersten Teils der Orbitotemporalregion zusammen. Im vorderen, seitlichen Teil endet das Dach frei und bildet so den oberen Rand der äußeren Nasenöffnung; dabei springt es lateral mit einer scharfen Ecke vor. Diese Ecke zerlegt den Oberrand der äußeren Nasenöffnung in einen größeren vorderen und einen kleineren seitlichen Teil. Der mittlere Teil der Dachplatte geht in ganzer Ausdehnung in das Septum nasi über. Vorn verbindet sich der nahe der Mittellinie gelegene Teil mit der schmalen Vorderwand der Region. Über das Dach nach vorn zieht jederseits eine im mittleren Teil sehr seichte, nach vorn und hinten etwas vertiefte Furche, die Fortsetzung der schon von der Labyrinthregion an auf dem Schädeldach zu verfolgenden Rinne, in welcher der Hauptseitenkanal ruht. Unmittelbar lateral neben dieser Furche befindet sich im hinteren Teil der Region eine große Öffnung. Durch diese treten die Nervi Supraorbitalis ophthalmici lateralis und Ophthalmicus profundus nebst der sie begleitenden Vene ins Innere der Nasenkapsel. Dort ziehen die beiden Nerven dicht nebeneinander unmittelbar unter dem Knorpeldach nach vorn und gelangen teils durch die äußere Nasenöffnung, teils durch mehrere feine, das Knorpeldach durchsetzende Öffnungen zu ihrem Endgebiet. Verfolgt man die Nerven von ihrem Eintritt in die Nasenkapsel nach rückwärts, so zeigt sich, daß sie unmittelbar caudal von ihrer Eintrittspforte in das Schädelinnere in einer kurzen tiefen Rinne auf dem Schädeldach liegen. Diese Rinne befindet sich dicht lateral neben der für den Seitenkanal bestimmten Furche. Nach hinten zu wird diese Furche vom Knorpel überbrückt und so in einen Kanal umgewandelt, der caudal rasch weiter wird und am oberen, seitlichen Winkel der Nasenkapselhinterwand frei in die Orbita mündet. Außer den erwähnten Nerven und ihrer Begleitvene birgt er den Ansatzteil des Musculus obliquus superior, dessen Fasern sich an der medialen Wand des Kanals anheften. Die beschriebene Bildung ist dieser Beziehung wegen als vorderer Augenmuskelkanal zu bezeichnen.

Hinterwand. Die Hinterwand der Nasenkapsel bildet in ihrem seitlich vorspringenden Teil die vordere Begrenzung der Orbita. Sie ist im ventralen Abschnitt breiter als im dorsalen und weist außer der Mündung des Augenmuskelkanales keinerlei Besonderheiten auf. Ihr medialer Teil, der den vorderen Abschluß des Cavum cerebrale bildet und vom Foramen olfactorium durchsetzt wird, ist von dem seitlichen Teil durch eine scharfe, dorsal vorspringende Vertikallamelle getrennt. Diese begrenzt die Präsphenoidallücke nach vorn zu und wurde schon bei deren Beschreihnng besprochen. Ebenso ist über das Foramen olfactorium und seine Umgrenzung bereits das Wesentliche gesagt.

Vorderwand. Die Vorderwand der Nasenkapsel besteht aus einer schmalen, rostral vorgewölbten Knorpelplatte jederseits vom Septum und ist mit diesem verschmolzen. Sie verbindet den vorderen, medialen Teil von Dach und Boden und bildet die mediale Begrenzung der äußeren Nasenöffnung. Sie trägt dicht am Septum jederseits eine Öffnung, durch welche, wie schon erwähnt, ein Zweig des Ophthalmicus lateralis (Nasalis internus) in die Querspalte des Rostrums tritt.

Septum. Das Septum nasi teilt das Innere der Nasenkapsel in zwei völlig getrennte Nasenhöhlen. Es beginnt bereits im vordersten Bereich der Orbitotemporalregion, breit vom Boden aufsteigend. Sein verdickter hinterer Rand trennt die beiden Foramina olfactoria. Im weiteren Verlauf nach vorn ist das Septum im ganzen eine dünne Vertikallamelle, die sich nach unten nur wenig, nach oben ziemlich beträchtlich verdickt. Es springt als Rostrum vorn eine kurze Strecke weit vor die Nasenkapsel vor. Dieser Vorsprung ist nicht kompakt, sondern wird von einer tiefen Querrinne für die vordere Schleimkanalcommissur so durchsetzt, daß nur zwei schmale Knorpelplatten stehenbleiben, eine längere ventrale und eine kürzere dorsale. Beide sind vorn nicht miteinander vereinigt.

5. Hirnnerven.

Das Nervensystem von Polypterus ist zwar bereits mehrfach genau beschrieben worden; trotzdem erscheint es mir passend, an dieser Stelle nochmals eine Schilderung, im wesentlichen der Ursprungsverhältnisse und der Hauptverzweigungen der Hirnnerven, einzufügen. Der Versuch mag unzweckmäßig erscheinen angesichts des geringen untersuchten Materials und der nicht spezifischen Färbung. Wenn er trotzdem unternommen wird, so hat das verschiedene Gründe. Einmal müßten Einzelheiten, deren Erwähnung nicht zu umgehen ist, im Rahmen dieser Arbeit sonst unverständlich bleiben. Zudem war es bei dem vorliegenden Material immerhin möglich, einzelne Punkte, namentlich der Ursprungsverhältnisse, klarer zu stellen, als die Untersuchungstechnik der älteren Autoren das erlaubte. Was die Nomenklatur anbetrifft, so wurden durchweg die von Veit für Lepidosteus gebrauchten Bezeichnungen gewählt, ohne daß dadurch für die vergleichend-anatomische Bedeutung der einzelnen Elemente irgend etwas präjudiziert werden sollte.

N. olfactorius. Der Olfactorius entspringt vom vorderen Ende der mächtigen Lobi olfactorii, durchbohrt unmittelbar nach seinem Austritt aus dem Gehirn die Vorderwand des Cavum cerebrale und tritt in die Nasenkapsel ein, dort senkt er sich von dorsal in das Geruchsorgan ein und teilt sich dann in mehrere große Äste, die zu den Endverzweigungen führen.

N. praeopticus. Ein Nervus praeopticus war nicht aufzufinden.

N. opticus. Der Opticus verläßt das Gehirn am Boden des Zwischenhirns, unmittelbar vor dem Chiasma. Er zieht eine Strecke weit der Unterseite des Gehirns dicht angeschmiegt im Schädelraum nach vorn, tritt dann, von einem feinen Gefäß begleitet, durch das Foramen opticum in die Orbita, an deren Boden er noch eine kurze Strecke weiter nach vorn zieht, ehe er sich von hinten unten in den Bulbus einsenkt.

N. oculomotorius. Die Fasern des Oculomotorius treten unweit der Mittellinie aus der Basis des Mittelhirns. Der Nerv biegt sogleich nach rostrolateral um und zieht, der Außenseite des Haubenteils dicht angeschmiegt, nach vorn. Während seines Verlaufes innerhalb des Schädels liegt er im gleichen Horizontalniveau mit dem Ophthalmicus profundus, medial von diesem und im hinteren Teil durch Blutgefäße von ihm getrennt. Er verläßt den Schädel dicht vor dem Ophthalmicus profundus durch die vordere Ecke ihrer gemeinsamen Austrittsöffnung im Sphenoid. Unmittelbar darauf anastomosiert er mit dem Ophthalmicus profundus, dessen Ganglienmasse ihn an die äußere Schädelwand anpreßt und lateral zudeckt. Bald teilt er sich in einen kleineren, dorsalen und einen größeren, ventralen Ast, die nahe beieinander weiter nach vorn ziehen. Der dorsale Ast, Ramus superior oculomotorii, senkt sich in den Musculus rectus superior, unweit von dessen Ursprung am Schädel. Der ventrale, Ramus inferior oculomotorii, zieht lateral um den caudalen Teil des genannten Muskels herum weiter ventrorostral, zwischen den Musculi Rectus superior, Rectus inferior und Rectus lateralis. Bald teilt er sich in zwei Zweige, von denen der lateral gelegene einen kurzen Ast zum Musculus Rectus inferior abgibt und dann zu einem kleinen Ganglion anschwillt, von dem ein relativ kräftiger Ciliarnerv auf dem Musculus Rectus inferior entlang zur Unterseite des Bulbus zieht. Der mediale Zweig läuft, die Unterseite des Opticus kreuzend, nach vorn weiter, teilt sich in zwei Teile, die kurz darauf wieder anastomosierend zusammenlaufen, sich dann abermals teilen und nun die Musculi Obliquus inferior und Rectus medialis versorgen.

N. trochlearis. Der Trochlearis entspringt vom Dach des

Mittelhirns da, wo über dem Mittelhirndach die Kleinhirnaussackungen von beiden Seiten in der Mittellinie sich aneinander zu legen beginnen. Gleich darauf kreuzt er sich mit dem Nerven der anderen Seite auf dem Dach des Mittelhirns. Dann zieht er zwischen Mittelhirn und Kleinhirn nach vorn und unten und kommt eine Strecke dorsorostral vom Oculomotoriusursprung unterhalb des Recessus lateralis cerebelli an der Außenseite des Gehirns zum Vorschein. Dem Mittel- resp. Zwischenhirn außen seitlich angeschmiegt, läuft er nach vorn weiter, bis er das Sphenoid durchbohrt und an die Außenseite des Schädels gelangt. Er liegt hier, nach vorn ansteigend, lateral vom Ramus supraorbitalis ophthalmici lateralis zugedeckt. Mit diesem Nerven verschmilzt er bald darauf so, daß eine Trennung nicht mehr durchführbar war. Auch die Endausbreitung am Musculus obliquus superior war infolgedessen nicht mit Sicherheit festzustellen.

N. abducens. Der Ursprung des Abducens war nicht mit voller Sicherheit festzustellen. Ein Nervenbündel, welches mit einer gewissen Wahrscheinlichkeit dafür angesprochen wurde, entspringt aus der Basis des Nachhirns, unweit der ventralen Mittellinie, ein wenig caudal vom Glossopharyngeusursprung. Dieser Nerv durchbohrt sogleich die Dura und zieht, dem Schädelknorpel eng angeschmiegt, nach vorn. Während dieses Verlaufes nach vorn war er eine Strecke weit in den vorliegenden Serien nicht aufzufinden. Sicher festgestellt werden konnte der Abducens erst hinter dem Trigeminusursprung. Er lag hier zwischen Dura und Schädelknorpel, in eine kleine Rinne des letzteren eingebettet, ventral vom Trigeminus. Den Schädel verläßt er durch das Foramen prooticum, rostral vom Trigeminus. Nahe der Schädelwand zieht er nun nach vorn, zunächst medioventral vom Trigeminusganglion, dann ventral von den Nervi Ophthalmicus profundus und Ramus inferior oculomotorii. Mit letzterem entfernt er sich von der Schädelwand und tritt in den Musculus Rectus lateralis nahe dessen Ursprung. Anastomosen zu anderen Nerven konnten nirgends festgestellt werden.

N. ophthalmicus profundus. Der Ophthalmicus profundus entspringt, vom Trigeminus durch die Dura getrennt, ventrolateral aus dem Vorderende der Hinterhirnbasis. Er durchbohrt sogleich die Dura und zieht zwischen Dura und Schädelknorpel bis zu seiner Durchtrittsöffnung im Sphenoid. Unmittelbar nach seinem Austritt aus dem Schädel bildet er ein großes Ganglion, das von den Ganglien des Trigeminofacialiskomplexes durch die Vena jugularis getrennt wird. Der ventrale Teil des Ganglions anastomosiert mit dem Oculomotorius, der ihm ventromedial dicht anliegt. Wenig weiter rostral geht vom dorsalen Teil des Ganglions eine mächtige Anastomose zum Ramus supraorbitalis ophthalmici lateralis. Darauf spaltet er mehrere kleine Äste ab, die medial vom Ramus supraorbitalis ophthalmici lateralis dorsal zu ziehen. Einer dieser Äste, dem sympathische Elemente von der Vena jugularis beigefügt zu sein scheinen, verschmilzt völlig mit dem Ramus supraorbitalis ophthalmici lateralis. Der Hauptteil des Ophthalmicus profundus läuft in der Orbita nach vorn. Dabei liegt er zunächst dorsolateral vom Oculomotorius, dann an der lateralen, später der ventralen Fläche des Musculus Rectus superior. In Höhe des Foramen opticum gibt er einen Ramus ciliaris ab, der, sich wieder teilend und von sympathischen Elementen nicht trennbar, dicht ventral unter dem Rectus superior zum Bulbus zieht. Der Ophthalmicus profundus selbst läuft zwischen Bulbus und Sphenoid weiter, langsam dorsorostral aufsteigend bis unter das Dach der Orbita. Ein feiner Ast durchbohrt das Supraorbitaldach und zieht durch den Schleimkanal im Os frontale zur Haut; er ist rein sensibel. Ventral vom Ramus supraorbitalis ophthalmici lateralis tritt der Hauptnerv mit diesem, einem Gefäß und dem Musculus obliquus superior in den vorderen Augenmuskelkanal. Hier liegt er zunächst ventral vom Muskel, während der Ramus supraorbitalis ophthalmici lateralis dorsal liegt. Er gelangt, sich um den lateralen Rand des Muskels schlingend, an dessen dorsale Seite und anastomosiert hier mit dem Ramus supraorbitalis ophthalmici lateralis. Vorher sendet er quer durch den Muskel einen feinen sensiblen Zweig, der, Knorpel und Knochen durchbohrend, in den Schleimkanal des Frontale und von hier zu seinem Versorgungsgebiet gelangt. Ophthalmicus profundus und Ramus supraorbitalis ophthalmici lateralis treten dann gemeinsam aus dem Augenmuskelkanal auf die Schädeloberfläche und von dort in die Nasenkapsel, an deren Dach entlang sie nach vorn ziehen, um teils durch die äußere Nasenöffnung, teils das Knorpeldach der Nasenkapsel durchbohrend zu ihren Endgebieten zu gelangen.

N. trigeminus. Der Trigeminus entspringt ventrolateral aus der Basis des Hinterhirns mit einer feineren ventralen und einer mächtigeren dorsalen Wurzel. Beide Stämme sind im Schädel sowie beim Durchtritt durch das Foramen prooticum deutlich getrennt. Sofort nach ihrem Austritt gehen sie in das große gemeinsame Ganglion trigemini über. Dieses nimmt in seinem caudalen Teil einen kräftigen Ramus anastomoticus von der Pars palatina facialis auf. Von den dorsomedial gelegenen Ganglienmassen des Ophthalmicus lateralis bleibt es zunächst durch die Vena jugularis getrennt. Weiter rostral treten beide Ganglienkomplexe in Beziehung zueinander. Dabei war es an dem vorliegenden Material nicht festzustellen, ob nur eine Durchflechtung der Fasern beider Nerven oder eine wirkliche Anastomose und Faseraustausch vorliegt. In diesem Fall wäre anzunehmen, daß die Fasern, welche dem Ophthalmicus superficialis trigemini anderer Formen entsprechen, in den Supraorbitalteil des Ophthalmicus lateralis übergehen. Jedenfalls war ein selbständiger Ramus ophthalmicus superficialis trigemini nicht vorhanden. Das Ganglion des Trigeminus entsendet nach ventrolateral den mächtigen Ramus mandibularis, nach vorn den Ramus maxillaris, außerdem verschiedene kleinere motorische und sensible Zweige. Der Ramus maxillaris zieht mit dem Ramus infraorbitalis ophthalmici lateralis zusammen hinter dem Bulbus abwärts, dann an dessen Unterseite entlang und endlich längs der lateralen Kante der Palatinspange auf dem Ektopterygoid nach vorn. Noch unter dem Bulbus verschmelzen beide Nerven miteinander und sind im weiteren peripheren Verlauf nicht mehr zu trennen.

N. facialis. Der Facialis entspringt dorsolateral aus der Basis des Hinterhirns. Seine Fasern sind im Ursprunge sicher von denen des Ophthalmicus lateralis zu trennen, die unmittelbar caudal von ihm das Hirn verlassen. Sogleich nach ihrem Austritt aus dem Gehirn legen sich die Fasermassen beider Nerven dicht aneinander; der Facialis bildet dabei den kleineren, medialen Teil des Komplexes. Seine Fasern ziehen mit der Hauptmasse der Ophthalmicus lateralis-Fasern ventrolateral über den vorderen Abschnitt des Acusticusganglions. Es war bei den vorliegenden Serien nicht möglich, Facialis und Ophthalmicus lateralis so voneinander zu trennen, daß ein Faseraustausch zwischen beiden Nerven ausgeschlossen werden könnte. Ein Teil der Facialisfasern, dem sicher keine Lateraliselemente beigemischt sind, geht bereits innerhalb des Schädels in sein Ganglion über; es ist dies die Pars palatina facialis. Rostral von dem übrigen Facialis- und Ophthalmicus lateralis-Bündel durch das Foramen faciale tretend, gelangt dieser Teil in den Knorpelkanal der Trigeminofacialiskammer, wo er unmittelbar ventral von der Vena jugularis liegt. Im vorderen Teil der Trigeminofacialiskammer angekommen, schwillt er zu einem mächtigen Ganglion an, welches eine Anastomose zum Trigeminus besitzt. Der Nervus palatinus facialis zieht von hier auf der seitlich vorspringenden Leiste des Parabasale, später auf der Dorsalseite des Ektopterygoids nach vorn zu seinem Endgebiet. Der übrige Teil des Facialis, der als Truncus hyoideomandibularis bezeichnet werden muß, war, wie gesagt, vom Ophthalmicus lateralis nicht sicher abzutrennen. Gemeinsam mit dessen hinterem Ast verläßt er den Schädel durch das Foramen faciale und schwillt gleich darauf ganglionös an. Von diesem Ganglion, das sich bis unter das Hyomandibulargelenk erstreckt, steigt ein dorsaler Ast, der Ramus hyoideus facialis, hinter dem Gelenk in die Höhe, schlingt sich über den Processus opercularis hyomandibulae und zieht dann hinter der Hyomandibel im Kiemendeckel abwärts. Dorsal vom Opercularfortsatz anastomosiert er mit einem rückläufigen Aste des Vagus; ventral vom Operculargelenk entsendet er den Ramus opercularis, der in der gewöhnlichen Weise im Kiemendeckel nach hinten läuft. Der ventrale Teil des Truncus hyoideomandibularis zieht mit dem Ramus mandibularis ophthalmici lateralis zunächst caudal und nimmt einen Verbindungszweig vom Glossopharyngeus auf. Dann zieht er, noch immer vom Ophthalmicus lateralis nicht abgetrennt, am inneren Rande der Hyomandibel abwärts, versorgt einen Teil der Hinterwand des Canalis spiracularis mit sensiblen Elementen und trennt sich vom Ophthalmicus lateralis erst da, wo dieser durch eine Incisur des vorderen, unteren Teils der Hyomandibel an deren Außenseite tritt, um als Nervus mandibularis externus weiter zu laufen. Der Facialis läuft als Nervus mandibularis internus diesem Teil des Ophthalmicus lateralis fast parallel, an der Innenseite der Unterkiefers, in dessen sensible Versorgung er sich mit dem Nervus mandibularis trigemini teilt.

N. ophthalmicus lateralis. Der Opthalmicus lateralis entspringt unmittelbar ventrocaudal vom Facialis aus der Hinterhirnbasis. Die Masse seiner Ursprungsfasern überwiegt die des Facialis bei weitem. Sie bildet den großen lateralen Anteil des zwischen Hirn und Sacculus labyrinthi unter der Dura gelegenen Faserkomplexes beider Nerven. Vom Ganglion des Acusticus ist der Ophthalmicus lateralis durch die Dura getrennt, weiter hinten jedoch scheint eine innigere Beziehung zwischen dem Ophthalmicus lateralis und den Ursprungsfasern des Acusticus stattzuhaben; jedenfalls sind die Elemente beider Nerven bei dem vorliegenden Material nicht mit Sicherheit voneinander zu scheiden. Die nach dem Austritt aus dem Gehirn medial gelegene Masse der Ophthalmicus lateralis-Fasern zieht in der schon beim Facialis beschriebenen Weise über das Acusticusganglion durch das Foramen faciale an die Außenseite des Schädels, wird hier ganglionös und versorgt als Ramus mandibularis externus ophthalmici lateralis die Sinnesorgane des Operculo-Mandibularkanales (Traquair). Der laterale Wurzelanteil liegt zunächst noch eine Strecke weit nach vorn zwischen Hirn und Dura, dorsal von dem ganglionösen Facialisrest, der nach Abspaltung der Pars palatina im Schädel verblieben ist. Mit diesem zusammen, aber noch gut von ihm abtrennbar, durchbricht er die Dura und tritt durch einen kurzen Knorpelkanal in die Trigeminofacialiskammer, wo er dorsal von der Vena jugularis und durch diese vom Trigeminus geschieden liegt. Hier schwillt er zu einem großen Ganglion an, und dabei geht die Grenze gegen den kleinen Facialisrest verloren. Es ist anzunehmen, wenn auch nicht sicher nachzuweisen, daß dieser in den sensiblen Ramus dorsalis übergeht, der durch den hinteren Winkel der Supraorbitallücke aufsteigt. Noch im Bereich der Trigeminofacialiskammer verläßt der Ramus oticus das Ganglion des Ophthalmicus lateralis, um durch das Cavum semicirculare anterius senkrecht in die Höhe ziehend den Hauptseitenkanal auf dem Schädeldach zu erreichen. Unmittelbar rostral von seiner Abgangsstelle aus dem dorsalen Teil des Ganglions befindet sich an dessen ventraler Seite die schon beim Trigeminus näher beschriebene Anastomose des Ophthalmicus lateralis mit dem Trigeminus. In der Höhe des Foramen ophthalmici profundi teilt sich der Ophthalmicus lateralis in seine Endäste auf. In der Nähe der Schädelwand zieht der Ramus supraorbitalis ophthalmici lateralis dorsomedial vom Bulbus nach vorn. Mit dem Ophthalmicus profundus zusammen tritt er in den vorderen Augenmuskelkanal und teilt von da an im wesentlichen den schon beschriebenen Verlauf dieses Nerven. Auch über die verschiedenen Anastomosenbildungen beider Nerven wurde bereits das Nötige erwähnt. Der Stamm des Infraorbitalis ophthalmici lateralis zieht, begleitet vom Maxillaris trigemini und kleineren Trigeminuszweigen, zunächst zwischen Musculus Temporalis und Musculus Levator maxillae, dann zwischen Temporalis und Masseter nach vorn und abwärts. Er teilt sich bald in den eigentlichen Infraorbitalis und Ramus maxillaris ophthalmici lateralis. In der Gegend des Bulbus angekommen, nehmen Infraorbitalis ophthalmici lateralis und Maxillaris trigemini ihren Weg hinter dem Musculus Rectus lateralis an der Unterseite des Bulbus nach vorn in der schon beim Trigeminus beschriebenen Weise. Über die Beziehungen zur Nasenkapsel vergleiche das dort Gesagte. Der Maxillaris ophthalmici lateralis tritt sogleich hinter dem Bulbus nach außen zu seinem Endgebiet, das ist der caudale Teil des maxillaren Schleimkanales.

N. Acusticus. Der Acusticus entspringt unmittelbar ventrocaudal vom Ophthalmicus lateralis aus der Hinterhirnbasis. Er geht sogleich in sein großes, langgestrecktes Ganglion über, das sich der medialen Seite des unteren Sacculusgebietes dicht anschmiegt. Der größte Teil des Ganglions liegt extradural, nur ein vorderer, unterer Zipfel befindet sich innerhalb der Dura. Die medial von diesem Abschnitt liegenden Ursprungsfasern sind es, die vom Ophthalmicus lateralis nicht sicher getrennt werden konnten. Der Ganglienzipfel selbst schiebt sich unter den Fasern des Ophthalmicus lateralis und des Facialis noch ein Stück nach vorn. Vom Ganglion aus treten die Zweige des Acusticus dann an die einzelnen Teile des Labyrinthorganes heran.

N. glossopharyngeus. Der Glossopharyngeus entspringt der Hinterhirnbasis ventrolateral. Sogleich nach seinem Austritt aus dem Hirn anastomosiert er mit der vorderen Vaguswurzel, deren Ursprung sich direkt dorsal von dem des Glossopharyngeus befindet. Medial von dem zum hinteren Bogengang ziehenden Acusticuszweig tritt er in den hinteren Teil der Ohrkapsel und liegt dort zunächst caudal vom Sacculusgebiet am Boden der Bulla acustica saccularis, weiterhin am Boden des Cavum semicirculare posterius. Den erwähnten Acusticuszweig von unten kreuzend tritt er durch einen feinen Knorpelkanal hinter der Bulla acustica saccularis, ventrocaudal von der Anlagerungsstelle des ersten Kiemenbogens, an die Außenseite des Schädels, wo er sogleich ganglionös wird. Er biegt sofort dorsal um und schickt seinen Ramus dorsalis zwischen Schädelwand und Vena jugularis aufwärts. Dieser durchbohrt die hintere Ohrkapselkuppe an der Vordergrenze des Opisthoticums und gelangt so auf das Schädeldach, wo er ein Sinnesorgan des Hauptseitenkanals mit sensorischen, die Gegend der Quercommissur mit sensiblen Fasern versorgt. Der ganglionöse Hauptteil des Nerven zieht auf der Oberseite des Infrapharyngobranchiale I dicht unter der Vena jugularis nach vorn. Dorsal von der Artikulationsstelle zwischen Supra- und Infrapharyngobranchiale I zweigt sich der Ramus posttrematicus glossopharyngei vom Ganglion ab, um an der Vorderseite des ersten Kiemenbogens abwärts zu ziehen. Dieser Zweig nimmt nahe seinem Ursprung einen Verbindungszweig vom ersten Ramus praetrematicus vagi auf. Er enthält sensible und motorische Fasern. An der Vorderwand der ersten Kiemenspalte löst sich der Glossopharyngeus in seine Endäste auf. Diese sind der Ramus praetrematicus glossopharyngei, Rami pharyngei und Ramus palatinus. Der Ramus praetrematicus läuft hinter Hyomandibel und Opercularkopf, dicht über der Arterie des Zungenbeinbogens in der Vorderwand der ersten Kiemenspalte zur Schleimhaut. Die feinen Rami pharyngei versorgen die Schleimhaut der Pharynxtasche medial hinter dem Spritzloch; der Ramus palatinus zieht unter der Carotis im Carotiskanal des Parabasale nach vorn und geht endlich in den Ramus palatinus facialis über. Der letzte Rest des Glossopharyngeus anastomosiert mit dem caudalen Zipfel des Ganglion facialis (Pars mandibularis).

N. vagus. Der Vagus entspringt mit fünf deutlich voneinander getrennten Wurzeln lateral aus dem caudalen Teil der Hinterhirnbasis. Die große vordere Wurzel, die dem Lateralissystem zugehört, tritt direkt dorsal vom Glossopharyngeusursprung aus dem Hirn und nimmt eine Anastomose von diesem Nerven auf. Die Lateralisfasern sind sowohl im Ursprungsgebiet wie im weiteren peripheren Verlauf von den Elementen des übrigen Vagus mit Sicherheit abtrennbar. Wurzel II und III sind sehr fein, ihre Fasern stellen das Hauptkontingent für die Pars branchialis vagi. Die voluminöse vierte Wurzel geht zum größten Teil in die Pars dorsalis vagi über, ihr kleinerer Teil verschmilzt früh mit der zarten fünften Wurzel zur Pars intestinalis vagi. Die genannten drei Teile des eigentlichen Vagus sind im wesentlichen gut gegeneinander abgrenzbar, doch besitzen sie zahlreiche Anastomosen; auch mußte die Deutung einzelner Elemente bei dem vorliegenden Material zuweilen unsicher bleiben. Nach ihrem Austritt aus dem Gehirn haben die Faserkomplexe der einzelnen Wurzeln folgende Anordnung: Am meisten lateral liegen die Lateraliselemente, d. h. die Wurzel I; diesen schließen sich medial die Dorsalisfasern, d. h.

Wurzel IV, an, sie sind bereits hier in eine Anzahl einzelner Bündel gespalten. Ventral vom Dorsalis befinden sich die Fasern der Wurzel III und ventrolateral von diesen die der Wurzel II. Beide vereinigen sich später zur Pars branchialis. Schon hier, innerhalb des Schädels, schließt sich ein kleiner Teil von Wurzel III untrennbar der Pars dorsalis an. Am meisten medial finden sich die Fasern der Wurzel V, die sehr bald mit einem ansehnlichen Teil der Pars dorsalis verschmelzen und dann als Pars intestinalis vom übrigen Nervenkomplex deutlich getrennt

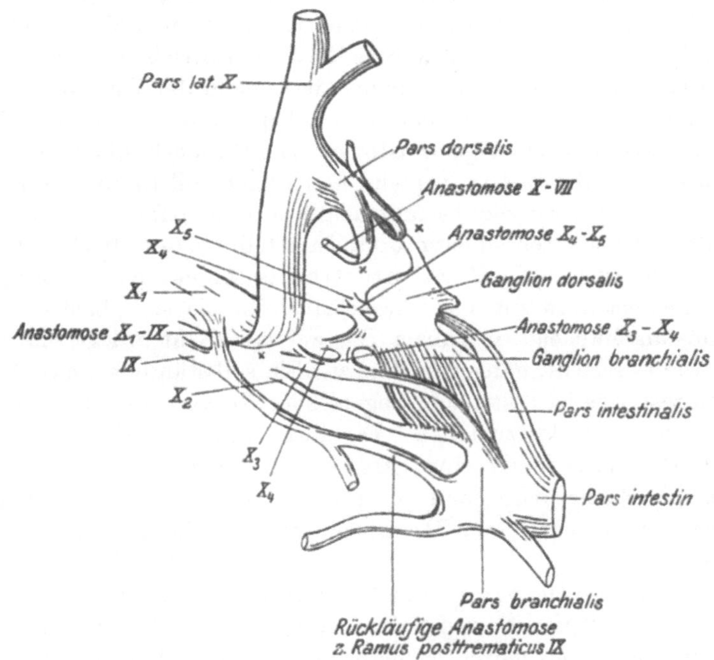

Fig. 18. Ursprungsverhältnisse und Anfangsverzweigungen des Nervus vagus. Laterale Ansicht.

bleiben. In der geschilderten Anordnung treten die Vagusteile durch die Dura und liegen nun dem hintersten Teile der caudalen Ohrkapselkuppe medial dicht an. Die Pars dorsalis wird jenseits der Dura sogleich ganglionös, die Pars branchialis sehr bald darauf. Beider Ganglienmassen sind im vorderen Teil durch den Lateralis so getrennt, daß das Dorsalisganglion dorsal, das Branchialisganglion ventral von diesem Nervenstamm liegt. In der Mitte verschmelzen sie zu einem einheitlichen Komplex, während sie im caudalen Teil wieder getrennt erscheinen, und zwar hier durch die Fasermassen der Pars intestinalis. Die innigen Beziehungen zwischen dorsalem und branchialem Vagusteil werden noch verstärkt durch ein kräftiges Faserbündel, das von der

Pars branchialis, den Intestinalteil und das Dorsalganglion kreuzend, zum Ramus dorsalis zieht. In dieser Anordnung erreicht der Vaguskomplex das Foramen vagi und tritt an die Außenseite des Schädels, wo die einzelnen Stämme sich sogleich voneinander trennen, um gesondert ihren peripheren Lauf anzutreten. Die Pars dorsalis zieht durch den oberen, vorderen Schlitz des Foramen vagi aufwärts, ihr schließt sich ein Teil des Lateralis an, um zu den Sinnesorganen der Quercommissur und des ihr benachbarten Teils des Hauptseitenkanals zu gelangen. Dieser Teil des Lateralis bezitzt sein eigenes Ganglion, doch waren seine Fasern von denen der Pars dorsalis vagi nicht immer zu scheiden. Diese selbst führt sowohl sensible wie motorische Elemente, mit denen sie den Recessus dorsalis spiraculi, die Gegend der Quercommissur und den Musculus Retractor hyomandibulae et opercularis versorgt. Außerdem besitzt sie eine rückläufige Anastomose zum Ramus hyoideus facialis. Der Hauptstamm des Lateralis wird nach seiner vollständigen Lösung vom übrigen Vagus ganglionös und teilt sich dann bald in einen stärkeren lateralen und einen feineren dorsalen Ast, die in der üblichen Weise caudal weiterlaufen. Die Pars intestinalis schickt einen kräftigen Ramus anastomoticus zur Pars branchialis, der sie sich bald darauf, ganglionös anschwellend, in ganzer Breite dorsal dicht anlegt, und mit der sie, wie es scheint, ganz verschmilzt. Ein selbständiger, mächtiger Ramus intestinalis ist erst nach Abgabe aller Nerven für das Kiemenbogengebiet wieder festzustellen. Die Pars branchialis, die also von der Pars intestinalis eine Strecke weit nicht zu trennen ist, versorgt mit Rami prae- und posttrematici die zweite bis vierte Kiemenspalte und mit feinen Rami pharyngei die Schleimhaut des Pharynx.

Spinooccipitalnerven. Der Vollständigkeit halber sei hier noch einmal kurz der Spinooccipitalnerven gedacht. Die Verhältnisse wichen bei den untersuchten Exemplaren im wesentlichen nicht von den für das erwachsene Tier beschriebenen ab. Es bestanden jederseits drei ventrale und zwei dorsale Wurzeln. Letztere werden sogleich nach ihrem Austritt aus dem Schädel ganglionös und nehmen Verbindungszweige von den entsprechenden ventralen Wurzeln auf. Nervus I besitzt nur eine ventrale Wurzel, Nervi II und III sowohl ventrale wie dorsale Wurzeln. Die ventrale Wurzel des Nervus II zeigte bei dem jüngsten Tier insofern eine Besonderheit, als sie mit zwei deutlich getrennten Wurzelbündeln aus dem Rückenmark entsprang. Diese Wurzeln bleiben während ihres Verlaufes innerhalb des Schädels getrennt, vereinigten sich im Durchschnitt durch das Os occipitale und waren dann nicht mehr voneinander unterscheidbar. Über die Beziehungen der Nerven zum Schädel wurde bereits das Wesentliche bei Beschreibung der Occipitalregion gesagt.

Kritische Erörterung einiger Eigentümlichkeiten.

Der Schädel von Polypterus besitzt insofern besonderes Interesse, als er von dem der übrigen lebenden Knochenganoiden wesentlich verschieden ist. Er ist in dieser Fischgruppe mit sonst typisch kielbasischem Schädelbau der einzige Vertreter mit ausgesprochen plattbasischem Schädel. Nun muß nach Gaupp eine gewisse Tropibasie für primär gehalten werden, ja, Veit stellt den tropibasischen Schädel sogar neben den plattbasischen. Immerhin neigt heute noch die Mehrzahl der Autoren dazu, in dem plattbasischen Schädel den phylogenetisch älteren Typus zu sehen. Ob die Untersuchungen von Fuchs über die Schädelentwicklung von Chelone imbricata als eine neue Stütze dieser Anschauung betrachtet werden dürfen, ist zum mindesten fraglich, da ontogenetische Vorgänge zweifellos nicht ohne weiteres als Beweis für phylogenetische Verschiebungen herangezogen werden können. Es muß demnach noch offen bleiben, ob Polypterus als ältere, primitive Form seinen näheren Verwandten, Amia und Lepidosteus, gegenübergestellt werden darf, als eine Schädelform, deren Weiterentwicklung nicht in der Linie der Teleostier liegt, sondern die eher eine Mittelform darstellt zwischen gewissen Selachiern und den Amphibien, wie das von Pollard und Budgett angenommen wurde.

Occipitalregion. Wesentliches Interesse beansprucht der eigenartige Bau der Occipitalregion. Was zunächst die Frage nach der Zahl der hier dem Schädel assimilierten Wirbelelemente betrifft, so ist es klar, daß in den für die vorliegende Untersuchung verfügbaren Stadien die Verschmelzung der einzelnen Teile zu weit vorgeschritten ist, um ein sicheres Urteil hierüber zu gestatten. Indessen gibt der Vergleich mit Budgetts Abbildungen interessante Aufschlüsse über die Entstehung der Occipitalregion bei Polypterus. Das von Budgett beschriebene Stadium (30 mm) zeigt nämlich an die Ohrkapsel anschließend eine große Lücke, durch die nicht nur der Vagus, sondern auch der von uns als z^v, von Budgett als XI aufgeführte Nerv hindurchtreten. Der caudal vom diesen Nerven gelegene Skeletteil aber ist unverkennbar ein Wirbelbogen, dessen Knorpel sich, das Vagusloch überbrückend, bis weit in die Labyrinthregion hinein vom Ohrkapselknorpel getrennt verfolgen läßt. Diese Darstellung bestätigt die Vermutung, welche sich bei Betrachtung der im vorangehenden geschilderten Verhältnisse aufdrängt, daß nämlich das Dach der Occipitalregion einen modifizierten Wirbelbogen darstellt. (Vgl. auch die Fortsetzung des Ligament. longitud. superius bis in dieses Gebiet.) Den Schädelboden und zum Teil die Seitenwand dieser Gegend aber bilden bis zum Foramen z^v die Parachordalia, indem sie sekundär caudal auswachsen. Es steckt also im sogenannten Occipitalpfeiler bis zum Foramen z^v anscheinend lediglich Parachordalknorpel, caudal von dieser Öffnung aber Wirbelelemente, und zwar nur ein Wirbelbogen.

Die Assimilation dieses ersten Wirbels wird vermutlich infolge verschiedenartiger Einflüsse erfolgt sein. Mir scheint in dieser Hinsicht neben der Volumzunahme des Gehirns und der caudalen Ausdehnung des Parabasalknochens das Verhalten des Parachordalknorpels zur Aorta wesentlich. Die primordiale Bildung eines Aortenkanales im Os occipitale ist eine Eigentümlichkeit, die, soweit mir bekannt, bei keinem Fisch außer Polypterus beschrieben worden ist. Auch Amia hat bekanntlich einen Gefäßkanal im Occipitalknochen, aber durch diesen ziehen kleinere Gefäße zur dorsalen Längsmuskulatur. Ein knöcherner Aortenkanal im Hinterhaupt ist nach Sagemehl für die Gruppe der Cyprinoiden charakteristisch, aber auch diese Bildung kann mit dem Aortenkanal von Polypterus sicher nicht verglichen werden. Einmal besitzt Polypterus keinen Pharyngealfortsatz und auch weder starke untere Schlundzähne noch ein Webersches Gaumenorgan, wodurch diese Fortsatzbildung veranlaßt werden könnte (Sagemehl). Dann aber ist der Aortenkanal von Polypterus zweifellos knorpelig präformiert, während der der Cyprinoiden sehr wahrscheinlich durch Bindegewebsverknöcherung entsteht, wenigstens größtenteils, denn auch Nusbaum, dem zufolge der Pharyngealfortsatz aus den unteren Bogen des zweiten und dritten Wirbels entsteht (Cyprinus carpio), gibt an, daß die basale Knorpelanlage dieser Bogen sehr gering sei und ihre Verknöcherung größtenteils bindegewebig. Welches etwa bei Polypterus die mechanische Ursache dieser Kanalbildung sein könnte, ist mir bei dem vorliegenden Material nicht möglich gewesen, herauszufinden. Da sie aber bereits frühzeitig, und zwar vom caudalen Ende aus, entsteht (Budgett), so muß dadurch die Chorda in dieser Gegend bereits vor der Entwicklung von Wirbelkörpern derartig immobilisiert werden, daß die Einbeziehung der betreffenden Wirbelkörper in das Os occipitale fast selbstverständlich erscheint.

Die Figur 12 Pollards entspricht nicht den tatsächlichen Verhältnissen, ebensowenig wie die Angabe von Bridge. Der Aortenkanal wird ventral nirgends vom Parabasale geschlossen; dieses liegt dem Occipitalknochen in dieser Gegend lateroventral flügelförmig an, und die Flügel beider Seiten sind in der ventralen Mittellinie durch eine Bindegewebsfuge getrennt, die, je weiter caudal, um so breiter wird, so daß die Enden des Parabasale sich nach hinten an den Seiten des Os occipitale in die Höhe ziehen. Dagegen decken sich meine Befunde mit den von Pollard in Fig. 24 und 25 dargestellten Verhältnisse. In der Höhe des Vagusaustrittes (Pollard, Fig. 23) bestehen allerdings wieder wesentliche Unterschiede zwischen Pollards Darstellung und meinem Befund, die aber vielleicht durch den Altersunterschied der untersuchten Tiere erklärt werden. Pollards Abb. zeigt hier weder die Chorda, die bei den von mir untersuchten Exemplaren hier noch deutlich vorhanden war, noch die Knorpellücke der Basalplatte jederseits der Chorda, noch endlich den Knorpelstreifen, der dem Occipitalknochen hier median direkt unter der Chorda aufliegt. (Bei dem Tier von 55 mm Länge fehlte die deutliche Ausbildung der Knorpellücke.) Der Ansicht Allis', daß der den Aortenkanal einschließende Knochen „has every appearance of being wholly and purely of membrane origin" und „would seem not to have been preformed in cartilage", kann ich mich nicht anschließen. In dem jüngsten von mir untersuchten Stadium von 55 mm Länge zeigt der Parachordalknorpel noch deutlich ein flügelförmiges Herabwachsen an der Seitenwandung der Aorta, wenn auch diese Knorpelflügel bereits weitgehend in Rückbildung begriffen und zum Teil schon durch Knochenspangen ersetzt sind. Median unter der Aorta liegt die caudale Verlängerung der vor der Bifurkation verschmolzenen Parachordalia, ebenfalls in Verknöcherung und Rückbildung begriffen. Die von dieser Knorpelleiste ausgehenden Knochenspangen wachsen denen an der Seitenwand des Aortenkanales entgegen und sind in den späteren Stadien völlig mit ihnen verschmolzen. Entgegen der Auffassung von Allis scheint mir demnach die Angabe von Budgett über eine Larve von 30 mm Länge durchaus dem zu entsprechen, was man für ein so junges Stadium erwarten würde. Budgett sagt: „Posteriorly the two lateral masses of cartilage" (Parachordalia) „send wings ventrally, which meet and fuse below the dorsal aorta, enclosing it in a short canal which is roofed by the notochord itself."

Gegenbaur hat nach Untersuchung von ausgewachsenen Polypteri die Ansicht geäußert, daß auf der Kopf-Rumpf-Grenze dieses Fisches ein ganzer Wirbelkörper zugrunde gegangen bzw. in der Entwicklung unterdrückt sei. Nach Gegenbaurs Beschreibung sitzt der zur Occipitalregion gehörige freie Wirbelbogen nicht eigentlich auf dem Os occipitale, sondern „ist mehr zwischen dem Occipitale laterale und dem folgenden Wirbel eingefügt". Er besitzt ferner „eine kurze Fortsetzung unterhalb des Rückgratskanals, die dem Bogen eine nicht ganz vollständige Ringform gibt". Auch Pollards Figur eines halberwachsenen Tieres von 21 cm Länge zeigt den Bogen an der von Gegenbaur beschriebenen Stelle (Pollard, Fig. 12). Bei den von mir untersuchten Exemplaren saß der Bogen größtenteils im Bereich des Os occipitale selbst, mit seinem caudalen Ende aber auf der Grenze zwischen Schädel und erstem freien Wirbel, und zwar reichte der Occipitalknochen ventral von der Chorda wesentlich weiter caudal vor als im dorsalen Teil. Hier hörte der Knochen bereits etwa in der Mitte der

Anlagerungsstelle des freien Bogens an die Chorda auf; anscheinend war dieses Zurückbleiben eben durch die Anlagerung des freien Bogens selbst bedingt. Am ausgesprochensten war dieser sozusagen intervertebrale Sitz des freien Wirbelbogens bei dem jüngsten der untersuchten Tiere. Irgendeine Andeutung eines zu diesem Bogen gehörigen Körpers war nicht vorhanden. Es fragt sich nun, ob jener hinterste, wirbelkörperliche Teil des Os occipitale, dem der freie Occipitalbogen auf- bzw. ansitzt, nicht doch den ursprünglich zu diesem Bogen gehörigen Körper darstellt. Ich halte das für sehr unwahrscheinlich, wenn man bedenkt, daß der freie Bogen mit dem in Rede stehenden Teil des Schädelbodens keinerlei direkten Zusammenhang hat, vielmehr durchweg bindegewebig von ihm getrennt bleibt, während im Bereich der ausgebildeten Wirbelsäule Bogen und Körper jedes Wirbels eine zusammenhängende Knochenmasse bilden. Anzunehmen, daß der Bogen sich sekundär von seinem Körper getrennt habe, liegt keinerlei Anlaß vor, ja, eine solche Trennung wäre in diesem Gebiet der Immobilisierungs- und Verschmelzungsvorgänge kaum zu verstehen. Zudem zeigen die Wirbelkörper, welche sich dem Schädel sekundär anschließen, eine stärkere Reduktionstendenz als die Bogen. Das zeigen nicht nur die hier geschilderten Befunde, es geht auch sehr deutlich aus Budgetts Figur einer 30 mm langen Polypteruslarve hervor. Obwohl eine genauere Beschreibung der Occipitalregion bei Budgett leider fehlt, zeigt doch seine Fig. 4 deutlich das Fehlen der bereits ein Segment weiter caudal vorhandenen knorpeligen Andeutung des späteren Wirbelkörpers, nämlich der lateralen und ventralen Fortsätze, im Bereich des typisch ausgebildeten ersten Wirbelbogens. An der Wirbelkörpernatur des hintersten Occipitalbodenteils kann wohl kaum gezweifelt werden, andererseits ist die Zusammengehörigkeit desselben mit dem freien Occipitalbogen aber unwahrscheinlich. Mit Rücksicht auf Budgetts schon mehrfach erwähnte Figur dürften sich die Verhältnisse wohl am ehesten folgendermaßen interpretieren lassen: Der zu dem wirbelkörperartigen, caudalen Abschnitt des Occipitale gehörige Bogen ist der im Occipitalpfeiler steckende. Der freie Occipitalbogen besitzt keinen Wirbelkörper, es scheint, daß dieser bereits frühzeitig in der Ontogenese unterdrückt wird, denn bereits im Stadium von 30 mm Länge scheint jede Andeutung desselben verloren gegangen zu sein. In der gesamten Occipitalregion von Polypterus wäre demnach nur ein vollständiger diskreter Wirbel und ein Wirbelbogen ohne Körper nachzuweisen. Über den Verbleib dieses Körpers konnte leider nichts festgestellt werden. Sein Fehlen selbst aber ist interessant genug, als eine der vielen Tatsachen, die für eine Verschiebung der Kopf-Rumpf-Grenze in der Wirbeltierreihe sprechen. Da gerade in neuester Zeit wieder die Meinung ausgesprochen wurde, daß diese Grenze konstant sei (Jaekel, Froriep), so erscheint es nicht unwesentlich, auf Befunde dieser Art immer wieder hinzuweisen. Die Kopf-Rumpf-Grenze der kiemenatmenden Gnathostomen ist eine fließende, sie bildet sich noch jetzt unter dem Einfluß der Funktion, wie das erst kürzlich wieder von Veit betont wurde.

Labyrinthregion. In der Labyrinthregion ist vor allem das völlige Fehlen eines Prooticum bemerkenswert.

Am Boden dieser Region verdient die Entstehung des rostralen Teiles, welcher das Dach des Cavum sacci vasculosi bildet, Beachtung.

Streng genommen gehört dieser Teil des Schädelbodens gar nicht der Labyrinthregion an, denn es ist ziemlich sicher, daß die Chorda niemals bis zur Spitze dieser sattellehnenartigen Bildung reichte. Vielmehr scheint es, daß sie mindestens am hinteren Ende der Fenestra basicranialis anterior aufhörte. Diese Vermutung gewinnt noch größere Wahrscheinlichkeit durch Budgetts Befund bei einem 30 mm langen Exemplar: „In front of the notochord the floor of the cranium is formed merely of membrane, the bases of the lateral walls of the cranium being widely separated by a very large fontanelle in the posterior region of which lies the hypophysis. The hypophysis is not at this stage enclosed in a special pocket of the cranial wall or ‚sella turcica', but curving backwards lies close under the hind end of the mid-brain (separated from it by a thin membrane) and above the dermis of the roof the mouth." Auch bei dem jüngsten der hier beschriebenen Tiere ist das Dach des Cavum sacci vasculosi ja noch größtenteils membranös, wenn auch schon im Begriff, von seiner rostralen Kante her zu verknorpeln. Nach Traquairs und Pollards Angaben verknöchert dieser Vorderrand später, und zwar vom Sphenoid aus. Das ganze Cavum sacci vasculosi ist also eine sekundäre Bildung am Schädel, anscheinend hervorgerufen durch die zunehmende Größe des Saccus vasculosus, vielleicht um dieses weiche, blutreiche Gebilde vor dem Drucke des über ihm lagernden Gehirns zu schützen.

Ähnliche Vorgänge sind von Schleip für die Entstehung des Daches des Augenmuskelkanals von Lachs und Forelle beschrieben worden. Nun ist der hintere Augenmuskelkanal der Teleostier wie der von Amia oder, wie Allis annimmt, wenigstens dessen hintere Hälfte, dem Cavum sacci vasculosi von Lepidosteus und Polypterus zweifellos homolog. Und es ist nicht ohne Interesse, diese Übereinstimmung in der Bildungsweise unter völlig verschiedenen mechanischen oder funktionellen Bedingungen festzustellen.

Eine eigentliche Trigeminofacialiskammer als laterale Erweiterung der Schädelhöhle, wie sie von Lepidosteus und Amia bekannt ist, besitzt Polypterus nicht. Der im vorangehenden so bezeichnete Raum liegt vielmehr völlig außerhalb des Cavum cranii an der Außenseite des Schädels im hintersten Teil der Orbita. Die Ganglienmasse des Trigeminofacialiskomplexes ist hier also ähnlich gelagert wie bei Selachiern. Allerdings findet sich bei den Selachiern zum Teil ein knorpeliger Orbitalboden, der Polypterus fehlt. Boden und Seitenwand seiner Trigeminofacialiskammer bildet der aufsteigende Querflügel des Parabasale. Nur an einer Stelle, unmittelbar vor dem Foramen faciale, besteht eine Knorpelbrücke lateral von dem Ganglion und bildet so eine kleine Facialiskammer am Primordialschädel selbst. Es soll auch durch die Bezeichnung „Trigeminofacialiskammer" hier lediglich die funktionelle, nicht die morphologische Übereinstimmung der in Frage stehenden Räume angedeutet werden. Die kammerartige Umschließung des Trigeminofacialisganglions kommt bei Polypterus ja auch keineswegs durch ein relatives Zurückwandern der Ganglienmasse in den Schädel infolge Schwundes eines Orbitalbodens zustande (Veit), sondern ist lediglich eine Folge der Verschiebungen, die hier auf der Grenze von Labyrinth- und Orbitotemporalregion eintreten. Indem die Ohrkapsel mit ihrer vorderen Kuppe weit in die Orbitalregion sich vorschiebt, überdacht sie einfach die hier an der Schädelaußenwand liegende Ganglienmasse, und das Parabasale vervollständigt dann die Kammerbildung.

Nur der kleine, als Facialiskanal beschriebene Raum an der Außenseite des Schädels, welcher die Vena jugularis und den Ramus palatinus facialis mit einem Teil seines Ganglions beherbergt, könnte als ein dem hinteren Teil der Trigeminofacialiskammer von Lepidosteus homologes Gebilde betrachtet werden. (Damit eine eigentliche Trigeminofacialiskammer zustande käme, müßte vor allem der Knorpel der Schädelseitenwand zwischen den Foramina facialis, trigemini und ophthalmici profundi schwinden, dafür aber die Knorpelspange, welche den Facialiskanal äußerlich abschließt, eine entsprechende Verbreiterung in rostraler Richtung erfahren. Davon ist jedoch, wie auch Pollards Figuren zeigen, auch bei älteren Tieren nicht die Rede.)

Das Sphenoticum ist insofern beachtenswert, als es keine reine Ersatzverknöcherung darstellt. Allgemein ist das Sphenoticum ja als primordialer Knochen zu betrachten, wobei jedoch nicht ausgeschlossen erscheint, daß es bei Teleostiern durch Ausdehnung gegen das Integument hin die Oberflächenstruktur typischer Deckknochen annehmen kann (Gaupp). Schleip und Böker haben es bei Lachs und Forelle als reine Ersatzverknöcherung beschrieben. Bei dem vorliegenden Material war es, wie erwähnt, vom Postfrontale nicht deutlich zu trennen. Dabei muß, wegen der vorgeschrittenen Entwicklung in den untersuchten Stadien, offenbleiben, ob etwa der ganze Knochen seine Entstehung einem Übergreifen des Postfrontale auf den Knorpelschädel verdankt, oder ob die Verschmelzung beider Teile eine sekundäre ist, wie es nach den vorliegenden Serien den Anschein hat.

Orbitotemporalregion. In der Orbitotemporalregion ist die eigenartige Bildung der Supraorbitalspange zu erwähnen. Leider war es nicht möglich, aus den vorliegenden Stadien ein Urteil über die Ursache dieser Erscheinung zu gewinnen. Bei Betrachtung eines Einzelstadiums liegt vielleicht der Gedanke nahe, daß dem mächtig entwickelten Temporalmuskel, der durch die Lücke hindurch seine Fixation am Os frontale sucht, diese Lückenbildung zuzuschreiben sei. Da die Lücke aber auch bei einem Tier von 30 mm Länge bereits in gleicher Ausdehnung besteht, während sich nur erst Andeutungen der Deckknochen finden (Budgett), so dürfte diese Erklärung aufzugeben sein. Es müssen auch hierfür weitere Untersuchungen abgewartet werden.

Das Sphenoid ist bei Polypterus ein Mischknochen. Sein größerer caudaler Abschnitt entsteht durch typische perichondrale Ossifikation; der kleinere rostrale Teil ist anscheinend eine reine Membranverknöcherung, die von ihrem Vorderrande aus fortschreitet. Die Grenze zwischen beiden Komponenten scheint in einer Linie zu liegen, die vom Hinterrande des Foramen opticum schräg nach vorn oben zum vorderen Ende der supraorbitalen Knorpellücke aufsteigt. Es ist jedoch nicht ausgeschlossen, daß sie im ventralen Teil noch etwas weiter caudal liegt, denn Budgetts Figur einer 30-mm-Larve zeigt eine große Fenestra optica, die von der Nasenkapsel an bis zur Mitte zwischen Opticus- und Oculomotoriusöffnung reicht und das Carotisforamen mit einschließt. Zweifellos ist aber dieser vordere Teil des Sphenoids keine Deckknochenbildung, etwa ein Fortsatz des Os frontale nach abwärts, wie Agassiz (zitiert nach Pollard) meinte und wie es, in modifizierter Weise, auch Pollard selbst angibt. Die Grenze zwischen Frontale und Sphenoid ist überall absolut scharf, ein Übergreifen der Frontale auf den Schädelknorpel oder auf das Sphenoid ist mit Sicherheit auszuschließen. Traquairs überaus sorgfältige Untersuchung hatte ihn auch hier bereits die Verhältnisse richtig erkennen lassen.

Ethmoidalregion. In der Ethmoidalregion fehlt auffallenderweise noch jede Andeutung einer Ersatzverknöcherung, während dieselben am ganzen übrigen Schädel bereits vollständig und in großer Ausdehnung vorhanden sind. Nur bei den ältesten der untersuchten Tiere waren die ersten Spuren einer perichondralen Verknöcherung auf der Außenseite des hinteren Teiles der Nasenkapsel, in Schnitthöhe des Palatingelenkes, zu erkennen. Es handelt sich hier um den Knochen, der von Traquair als Praefrontale, von Pollard als Ektethmoid beschrieben wurde. Von einem Mesethmoid war keine Spur vorhanden.

Figurenerklärung.

Fig. 1. Primordialschädel von dorsal gesehen.
Fig. 2. Primordialschädel von ventral gesehen.
Fig. 3. Primordialschädel von lateral gesehen.
Fig. 4. Primordialschädel von medial gesehen.
Alle vier Figuren gezeichnet nach einem Wachsplattenmodell, Vergrößerung 1 : 12,5.
Fig. 5. Querschnitt durch den hintersten Teil der Occipitalregion in Höhe des freien Occipitalbogens.
Fig. 6. Querschnitt durch die Occipitalregion in Höhe des Foramen vagi.
Fig. 7. Querschnitt durch den hintersten Teil der Labyrinthregion in Höhe des Vagusursprunges.
Fig. 8. Querschnitt durch die Labyrinthregion in Höhe des Hyomandibulargelenkes.
Fig. 9. Querschnitt durch die Labyrinthregion in Höhe des Foramen faciale.
Fig. 10. Querschnitt durch den vorderen Teil der Labyrinthregion, wenig rostral vom Foramen faciale.
Fig. 11. Querschnitt durch den vorderen Teil der Labyrinthregion.
Fig. 12. Querschnitt durch den vorderen Teil der Labyrinthregion, nur wenig rostral vom vorangehenden.
Fig. 13. Querschnitt durch den hinteren Teil der Orbitotemporalregion.
Fig. 14. Querschnitt durch den mittleren Teil der Orbitotemporalregion.
Fig. 15. Querschnitt durch den vorderen Teil der Orbitotemporalregion.
Fig. 16. Querschnitt durch den hinteren Teil der Nasenkapsel, in Höhe des Palatingelenkes.
Fig. 17. Querschnitt durch den vorderen Teil der Nasenkapsel.
Fig. 18. Ursprungsverhältnisse und Anfangsverzweigungen des Nervus vagus. Laterale Ansicht. Nach graphischer Rekonstruktion stark vergrößert und schematisiert. Die einzelnen Nervenzweige sind in der Zeichnung in vertikaler Richtung etwas auseinandergezogen; an den mit × bezeichneten Stellen ist das am meisten lateral gelegene Bündel dorsal in die Höhe geklappt, um die medial davon liegenden Teile sichtbar zu machen.
Fig. 19. Medianer Längsschnitt durch das Neurocranium.
Graphische Rekonstruktion, Vergrößerung 1 : $16^2/_3$.
Fig. 20. Ursprungsverhältnisse und Anfangsverzweigungen der Hirnnerven.
Graphische Rekonstruktion, schematisiert. Vergrößerung 1 : $16^2/_3$.
Fig. 19 und 20 befinden sich auf Tafel XVII.

Fig. 5—17 sind exakte Querschnittsbilder, Vergrößerung 1 : 22. Nur in der Ausführung wurde der leichteren Übersichtlichkeit halber schematisiert. Grobe Punktierung bedeutet Knorpelgewebe, mittlere Zentralnervensystem, feine Bindegewebe, ganz feine Muskulatur. Knochen sind schwarz dicht gezeichnet, Epithel zum Teil gestrichelt. Nerven im Längsschnitt gestrichelt, im Querschnitt punktiert. Ganglien grob punktiert. Blutgefäße sind nur umrandet.

Literaturverzeichnis.

1. Allis, E. Ph. jr., The Lateral Sensory Canals of Polypterus bichir. Anatomischer Anzeiger 17. 1900.
2. — The Cranial Muscles and Cranial and first Spinal Nerves in Amia Calva. Journal of Morphology, Vol. XII. 1897.

3. — The Pseudobranchial and Carotid Arteries in Polypterus. Anatomischer Anzeiger **33**. 1908.
4. — The Premaxillary and Maxillary Bones and the Maxillar and Mandibular Breathing Valves of Polypterus bichir. Anatomischer Anzeiger **18**. 1900.
5. — The Pituitary Fossa and Trigemino-facialis Chamber in Selachians. Anatomischer Anzeiger **46**. 1914.
6. — The Trigemino-facialis Chamber in Amphibians and Reptiles. Anatomischer Anzeiger **47**. 1914—1915.
7. Bender, O., Die Schleimhautnerven des Facialis, Glossopharyngeus und Vagus. Semon, Zoolog. Forschungsreisen. 1906.
8. Böker, H., Der Schädel von Samo salar. Anat. Hefte **49**, Heft 147/148.
9. Bridge, T. W., Some Points in the Cranial Anatomy of Polypterus. Birmingh. Philos. Soc., Vol. VI, part I. 1886.
10. Budgett, J. S., On the Structure of the Larval Polypterus. Transact. of the Zool. Soc. of London, Vol. XVI, part VII. 1902.
11. Froriep, A., Die occipitalen Wirbel der Amnioten im Vergleich zu denen der Selachier. Verhandl. d. Anat. Gesellsch. 1905.
12. — Diskussionsbemerkung zu O. Jäkel: Über den Bau des Schädels. Verhandl. d. Anat. Gesellsch. 1913.
13. Fuchs, H., Über einige Ergebnisse meiner Untersuchungen über die Entwicklung des Kopfskelettes von Chelone imbricata. (Material Voeltzkow.) Verhandl. d. Anat. Gesellsch. 1912.
14. Fürbringer, M., Über die spinooccipitalen Nerven der Selachier und Holocephalen und ihre vergleichende Morphologie. Festschrift für Carl Gegenbaur **3**. 1897.
15. Gaupp, E., Die Entwicklung des Kopfskelettes. Handbuch der Entwicklungslehre, herausg. v. O. Hertwig, **3**. 1905.
16. — Über den Nervus trochlearis der Urodelen und über die Austrittsstellen der Gehirnnerven aus dem Schädelraum im allgemeinen. Anatomischer Anzeiger **38**. 1911.
17. Gegenbaur, C., Über die Occipitalregion und die ihr benachbarten Wirbel der Fische. Festschrift für A. v. Kölliker, Leipzig. 1887.
18. — Untersuchungen zur vergleichenden Anatomie der Wirbeltiere, Heft 3. Das Kopfskelett der Selachier. Leipzig. 1872.
19. Jaekel, O., Über den Bau des Schädels. Verhandl. d. Anat. Gesellsch. 1913.
20. Kerr, J. G., The Development of Polypterus senegalus Cuv. The Work of J. S. Budgett. Cambridge. 1907.
21. Müller, Joh., Über den Bau und die Grenzen der Ganoiden und über das natürliche System der Fische. Abhandl. d. Königl. Akademie d. Wissensch. zu Berlin. 1844.
22. Nusbaum, J., Entwicklungsgeschichte und morphologische Beurteilung der Occipitalregion des Schädels und der Weberschen Knöchelchen bei den Knochenfischen. (Cyprinus carpio L.) Anatomischer Anzeiger **32**. 1908.
23. Panschin, B. A., Die peripheren Nerven des Hechtes. Anatomischer Anzeiger **35**. 1910.
24. Pollard, H. W., On the Anatomy and Phylogenetic Position of Polypterus. Zoolog. Jahrbücher **5**. 1892.
25. Retzius, G., Das membranöse Gehörorgan von Polypterus bichir Geoffr. und Calamoichthys calabricus. Biolog. Untersuchungen. Stockholm. 1881.
26. Sagemehl, M., Beiträge zur vergleichenden Anatomie der Fische. I. Das Cranium von Amia calva. II. Das Cranium der Characiniden. III. Das Cranium der Cyprinoiden. Morpholog. Jahrbuch **9**, 1884; **10**, 1885; **17**, 1891.

27. Schleip, W., Die Entwicklung der Kopfknochen bei dem Lachs und der Forelle. Anat. Hefte **23**. 1904.
28. Schneider, H., Über die Augenmuskelnerven der Ganoiden. Inaug.-Diss. Jena. 1881.
29. Schreiner, K. E., Einige Ergebnisse über den Bau und die Entwicklung der Occipitalregion von Amia und Lepidosteus. Zeitschr. f. wissensch. Zoolog. **72**. 1902.
30. Traquair, R H, On the Cranial Osteology of Polypterus. Journal of Anatomy and Physiology von Humphry and Turner, Vol. V. 1871.
31. Veit, O., Über einige Besonderheiten am Primordialcranium von Lepidosteus osseus. Anat. Hefte **33**. 1907.
32. — Beiträge zur Kenntnis des Kopfes der Wirbeltiere. I. Die Entwicklung des Primordialcranium von Lepidosteus osseus. Anat. Hefte **44**, Heft 1. 1911.
33. — Zur Theorie des Wirbeltierkopfes. Anatomischer Anzeiger **49**. 1916.
34. Waldschmid, J., Beitrag zur Anatomie des Zentralnervensystems und des Geruchsorgans von Polypterus bichir. Anatomischer Anzeiger, 2. Jahrg. 1887.
35. Wiedersheim, R., Vergleichende Anatomie der Wirbeltiere. 7. Auflage. 1909.
36. van Wijhe, J. W., Visceralskelett und Nerven des Kopfes der Ganoiden und von Ceratodus. Niederländ. Archiv f. Zoologie **5**. 1882.

II. TEIL

Über Form und Wachstum des oberen Femurendes.

Von

Geh. Med.-Rat Prof. Dr. **Fritz König.**

(Aus der Chirurgischen Klinik und Poliklinik zu Marburg a. L.)

Mit 7 Tafeln.

Die folgenden Studien sind aus dem Wunsche entstanden, aus eigener Beobachtung über die Entwicklung des oberen Femurendes am wachsenden Individuum ein Urteil zu gewinnen zum Verständnis der pathologischen Formen des Schenkelhalses.

Wenn ich hoffe, mit ihnen einen kleinen Beitrag zu der anatomischen Formenbildung zu liefern, so ist es nicht nur, weil die Analyse pathologischer Vorgänge gelegentlich auf die normale Entwicklung Rückschlüsse erlaubt. Auch durch die Wiedergabe röntgenologischer Aufnahmen von normalen Skeletten, welche der Direktor unseres Anatomischen Instituts, Herr Geh. Rat Gasser, dem ich dafür hiermit bestens danke, zur Verfügung stellte, und endlich durch Röntgenaufnahmen an normalen Kindern glaube ich einiges für dio normale Anatomie Interessante beibringen zu können. Wenn auch die Aufnahmen am lebenden Körper die Struktur der Skeletteile nicht annähernd so schön wiedergeben können wie die von skelettierten Knochen selbst, so ergänzen sie doch die Beobachtungen in erwünschter Weise, da die Anatomischen Institute gerade Kinderskelette aus den verschiedensten Jahren nicht so leicht in reicher Zahl besitzen. Es wäre ganz gewiß auch durch systematische, alljährlich an demselben wachsenden Individuum angefertigte Röntgenaufnahmen eine willkommene Beobachtung des Knochenwachstums, der Entwicklung der Form möglich, besser als das die Vergleichung noch so zahlreicher verschiedener Skelette gestattet.

Die dem Anatomischen Institut gehörenden Skelette entstammten Kindern von 25 Wochen, im 1. Halbjahr, von 1 Jahr, 2 und 8 Jahren. Die fehlende und für uns für die Betrachtung der Gestaltung des oberen Femurendes so wichtige Beobachtung der zwischen 2 und 8 Jahren liegenden Zeit habe ich durch an unserer Klinik und Poliklinik gemachte Röntgenaufnahmen der Hüftgegend geeigneter Kinder ergänzt.

In den Röntgenaufnahmen der Skelette allerjüngster Individuen im 1. Halbjahr findet sich bei der Betrachtung der langen Röhrenknochen eine große Übereinstimmung (Fig. 1). Da es uns zunächst nur auf die gröbere anatomische Gestaltung ankommt, so will ich bezüglich der feineren Struktur des Knochens nur bemerken, daß die Diaphysen überall die bekannte Dickenzunahme der Corticalis im mittleren Teil besitzen, daß die Spongiosa ein unregelmäßiges Netzwerk darstellt, welches besonders auch am Femur die feine Anordnung vermissen läßt, die wir später in wachsendem Maße sich heranbilden sehen. Die äußere Gestaltung der Röhrenknochen ist übereinstimmend die von Trägern, einem säulenförmigen Mittelstück sind proximal und distal plattenartige Schlußteile aufgelegt. Der Oberschenkelknochen der frühesten Zeit ist vom Oberarmbein nicht verschieden; der Kopfteil am oberen Ende ist bei beiden in der Richtung nach der Gelenkpfanne zu aufgesetzt, weitere Unterschiede bestehen aber auch von den anderen Knochen nicht.

Diese Ähnlichkeit der später so verschiedenen Knochenteile verliert sich nun ganz allmählich. Bei dem Skelett im ersten und zweiten Jahre sehen wir langsam vom Schaft aus ein kleines Ansatzstück in sehr steilschräger Richtung nach dem Gelenkkopf hin wachsen (Fig. 2).

Während wir bis dahin nur sagen können, daß das Kopfstück dem Schenkelschaft in einer bestimmten Winkelstellung angefügt ist, so daß es zur Diaphysenachse in einem Neigungswinkel von etwa 160° steht, so entsteht nun in deutlicher Ausprägung das Collum femoris, und es treten die charakteristischen Formveränderungen ein.

Schon bei dreijährigen Kindern, noch mehr mit 5 Jahren (Fig. 3) sehen wir den Schenkelhals entwickelt und in einem Winkel von 135 bis 145° von der Oberschenkelachse zum Kopf aufsteigen, die Trochanteren sind ausgebildet. Am schönsten prägt sich die Änderung auf der Röntgenaufnahme des Skeletts vom Achtjährigen aus (Fig. 4). Diese Formen entsprechen vollkommen denen des Erwachsenen. Wir wollen die Hauptunterschiede nebeneinanderstellen (Fig. 5).

Wir sahen in dem oberen Ende des Femur vom 1. Halbjahr eine gerade Stütze mit einem bei dem Zweijährigen unter einem Neigungswinkel von 160° aufgesetzten Kopf, die Trochanteren kaum angedeutet. Kopf und Diaphyse stehen so unter dem Gelenkdach, daß eine von der Gelenkfläche zum Fuße gezogene Belastungslinie noch in den Knochenschaft, zu allererst mittendurch, dann im 1. und 2. Jahre näher der inneren Corticalis, herunterfällt. Im Inneren keine charakteristische Gliederung.

Bei dem Skelett des Achtjährigen sind die Trochanteren deutlich. Von der Linea intertrochanterica geht ein ausgesprochener Hals zum Kopf, und seine Achse steht zur Längsachse des Oberschenkelschaftes in einem Neigungswinkel von 125°. Kopf und Schaft haben ihre Lage zur Gelenkpfanne völlig geändert; wenn man hier die Belastungslinie vom

Pfannendach zum Fuße zieht, so fällt sie medial am Femur vorbei, neben seiner Innenfläche herunter. Noch deutlicher ist dies alles am Femur des Erwachsenen (Fig. 6). Bekanntlich fällt „normaler" Weise diese Schwerlinie durch den inneren Kondyl des Femur am Knie, bevor sie weiter zum Fußgelenk geht.

Der innere Knochenbau ist aufs schönste gegliedert — es sind alle jene sich rechtwinklig kreuzenden Bälkchennetze, die Trajektorien, die Zug- und Druckkurven entstanden, von denen wir seit Herm. v. Meyer und Culmann wissen, daß sie nach den Gesetzen der graphischen Statik angeordnet die besten Verhältnisse für die Belastung schaffen; wir sehen die kräftige Verstärkungsleiste an der Innen-, d. h. Druckseite, vom Schenkelhals über den Troch. minor zum Schaft gehend.

Betrachten wir die zwei nebeneinander gestellten Gestalten des oberen Femurendes aus frühestem und aus späterem Lebensalter und fragen wir uns, welche ist zweckmäßiger für die Hauptfunktion der unteren Extremität, die Belastung, so fällt die Antwort ohne weiteres zugunsten der späteren Form — Festigkeit des Knochenbaus vorausgesetzt — aus. In jener frühesten Form haben wir ein paar Stöcke, welche an das Becken befestigt sind — in der des späteren „normalen" Schenkelhalses eine Schwebevorrichtung für die Last des Rumpfes. Der Gang auf der ersten Form ist ohne großen Ausschlag, kurz, und in der Tat sehen wir demgemäß die Kinder in der ersten Belastungszeit trippeln, steif, von einer Seite auf die andere fallend. Die Beine sind wie ein paar mit Kniegelenk versehene Stelzen, die einer Puppe angesetzt sind. Die größere Exkursionsfähigkeit der späteren „normalen" Form aber erlaubt ein sicheres Stehen auch bei gespreizten Beinen, ein besseres Ausgleichen, sicheres Halten des Gleichgewichts. Es ist die zweckmäßige Form für die Belastung.

Es läßt sich feststellen, daß diese Form des Schenkelhalses, mit dem geringeren Neigungswinkel gegen den Schaft, sich im Laufe der Jahre beim Kinde allmählich herausbildet. Schroeder hat, wie Vogel mitteilt (über Coxa valga, Zeitschr. f. orthop. Chir. Bd. XXXII, S. 235), eingehende Messungen über den Neigungswinkel des Schenkelhalses an Skeletten vorgenommen. In den ersten $1^1/_2$ Lebensjahren — soweit man da von einem Hals sprechen kann — fand er die größten, steilsten Winkel und überhaupt noch sehr hohe, nämlich zwischen 130 und 148°, in den ersten 3 Jahren. „Die Größe des Neigungswinkels nimmt von der Zeit ab, wo das Individuum seine Gliedmaßen als Stütze und zum Gehen wirklich zu benutzen anfängt, stetig ab."

Es erhebt sich nun die Frage: Ist das eine von vornherein oder im Lauf einer langen Entwicklung ererbte Bildung? Und gibt es etwa auch hier, da auch beim Erwachsenen der Neigungswinkel großen Schwankungen unterliegt (Sharpey 115—140°, Kienlicz 116—138°, Alsberg

108—140°), Verschiedenheiten familiärer Natur, etwa wie eine bestimmte Form der Gesichtszüge, der Augenbildung, der Nase sich im weiteren Wachstum des Kindes analog wie bei seinen speziellen Vorfahren entwickelt?

Oder haben wir es bei der Ausgestaltung des oberen Femurendes nur mit der Folge der Funktion der Belastung beim Stehen und Gehen zu tun? Ist das, was wir als „normale" Schenkelhalsform ansehen, das Produkt der Anpassung an die funktionelle Beanspruchung, wie sie in W. Roux' ausgezeichneten Werken herausgearbeitet ist, der funktionellen Selbstgestaltung? Oder endlich: Haben wir es jetzt mit ererbter Bildung zu tun, nachdem in langen Generationen die funktionelle Selbstgestaltung immer wieder diesen Typ des Schenkelhalses herausgebracht hatte?

Mit der Belastung im engeren Sinne, dem Tragen der Rumpflast, ist freilich nicht die Summe aller funktionellen Beanspruchungen an das Femur erschöpft. Dazu kommt, und schon lange vor dem „Stehen", die Arbeit sämtlicher Muskelgruppen, die vom intrauterinen Leben an die Gestaltung durch Knochenbildung an den am stärksten beanspruchten Stellen, durch Atrophie an den wenig oder gar nicht beanspruchten beeinflussen und auf die wir noch zurückkommen werden. Aber während diese Wirkung bei den im Wechselspiel nach allen Seiten gehenden Muskelkontraktionen mehr eine gleichmäßige sein dürfte, so wirkt die Körperlast in ganz bestimmter Richtung, in der oben bezeichneten Schwerlinie. Sie sucht auf der Innenseite die Teile zusammenzudrücken, auf der äußeren auseinanderzuziehen, und sie muß, sofern der Knochen nachgibt, die Tendenz haben, den Schenkelhals der aus frühester Zeit in steiler Richtung vom Schaft zum Kopf geht, „umzulegen", den Neigungswinkel zu verkleinern.

Wir haben, wenn diese Wirkung eintritt, die Verbiegung des Schenkelhalses, die wir als Coxa vara bezeichnen und die dem oberen Femurende eine dem „normalen" entgegengesetzte Gestaltung geben kann (Fig 7).

Dieser ungünstigen Folgeerscheinung entgegenzuwirken ist eben die Aufgabe der Anpassung. Es beginnt, wie Roux sagt, der Kampf der Teile gegen die äußeren Einflüsse; dem stärksten Druck auf der inneren, der Konkavseite, wird durch Ausbildung der „Verstärkungsleiste" entgegengewirkt, die Ausgestaltung der Zug- und Druckbälkchen gibt dem Knochen unter der Belastung die nötige Festigkeit.

Es kommt so, indem der Femurhals unter dem Druck der Belastung ein wenig umgebogen wird, während einer weiteren Neigung die funktionelle Anpassung Halt gebietet, zur „normalen" Gestalt des oberen Femurendes.

Ob diese ganze Rechnung stimmt, ist nun durch eine Probe festzustellen. Es müßte nachgewiesen werden, daß bei Ausbleiben der

Belastung der Effekt des Umlegens des Schenkelhalses regelmäßig ausbleibt.

Den Fall, daß Kinder niemals belastet haben, findet man nur bei Gelähmten oder, wie wir sehen werden, bei spastischen Zuständen. Es hat nun bereits Albert darauf hingewiesen, daß Gelähmte eine besondere Form des Schenkelhalses, die Coxa valga, darbieten, und auch die Lehrbücher der Orthopädie verweisen auf diese Entstehung. Irgendwie systematische Untersuchungen darüber sind aber, wie ich auch der erwähnten Arbeit Vogels (1913) entnehme, nicht angestellt worden.

Ich habe daher, angeregt durch die Beobachtung eines dreijährigen Mädchens (s. Krankengeschichte Nr. 1) mit spastischer Gliederstarre, welches bis dahin nie gelaufen war, bei einer Anzahl von Kindern, welche wegen Kinderlähmung in unserer Klinik behandelt waren, Röntgenaufnahmen der Hüften machen lassen, deren Ergebnisse ich in folgendem wiedergebe. Gemeinsam war allen, daß die Lähmung, angeboren oder erworben, schon eingetreten war, bevor das Kind laufen lernte, dagegen habe ich keinen Wert darauf gelegt, wie weit die Lähmung die untere Extremität ergriffen hatte. Es befinden sich unter den Untersuchten Lähmungen, welche das Bein von der Hüfte abwärts betreffen, und solche, welche sich auf kleinere Gebiete, z. B. nur den Fuß, beschränken; einseitige und doppelseitige Lähmungen.

Von Bedeutung ist auch — wie eigentlich schon aus den einseitig partiellen Lähmungen folgt —, daß in späteren Zeiten die Belastung in unseren Fällen nicht dauernd ausgeschlossen blieb. Denn jedes Kind mit Teillähmung an einem Fuß wird schließlich zu laufen versuchen. Ja, wir haben sogar einen z. Z. der letzten Aufnahme 16jährigen kräftigen Knaben mit doppelseitigem paralytischen Klumpfuß darunter, der in den letzten Jahren zur Schule gegangen war und bei dem gleichwohl die Hüften bzw. Schenkelhälse die in Frage kommende Anomalie zeigen. Mit Rücksicht auf diese Schenkelhalsform scheint uns das von großer Bedeutung zu sein, und ich werde auf diesen Punkt noch zurückkommen.

Ich gebe zunächst meine Betrachtungen mit ganz kurzen klinischen Bemerkungen wieder. Alle Röntgenogramme dabei zu reproduzieren, erschien überflüssig, da die nicht hier wiedergegebenen durchaus den abgebildeten im wesentlichen entsprechen. Die Patienten sind nach dem Lebensalter geordnet.

1. Günther, Anna, 3 Jahre. 3. VI. 17.

Hat überhaupt noch nicht laufen gelernt.

Fettreiches Kind, vermag nicht allein zu stehen oder zu gehen. Beide untere Extremitäten in leichter, aber dauernder, ausgesprochen spastischer Kontraktion vom Fuß bis zur Hüfte, besonders Adductoren.

Röntgenaufnahme des Beckens in gerader Stellung, Fußspitzen gerade aufwärts gerichtet; Mittelstellung zwischen Ein- und Auswärtsrotation.

Schenkelhälse steil aufwärts steigend, Neigungswinkel links 165°, rechts 160°. Trochanteren nur angedeutet, innere Verstärkungsleiste ebenso.

Siehe Fig. 8 *a*.

2. Kinkel, Luise, 5 Jahre. 19. VII. 17.

Seitdem das Kind anfing zu laufen, hat die Mutter immer verstärktes Hinken bemerkt.

Am linken Fuß besteht durch Lähmung bedingte Klump-Spitz-Fußstellung mit Anziehen des Vorderfußes.

Röntgenaufnahme des Beckens wie bei 1.

Beide Schenkelhälse ziemlich steil, besonders aber der an der Seite des paralytischen Fußes. Neigungswinkel beträgt an der gesunden Seite 155°, an der der Lähmung 175°. Die Trochanteren sind beiderseits eben sichtbar.

Siehe Fig. 8 *b*.

3. Pfaff, Ferdinand, 5 Jahre.

Von August bis Ende Dezember 1915 in Behandlung der Klinik wegen schlaffer Lähmung beider Beine von frühester Kindheit an, und zwar an Ober- und Unterschenkeln. Pat. wurde mit Gehapparat entlassen, in dem er selbständig gehen lernte.

Befund am 7. VI. 17. Geht sehr mühsam mit Schlottergelenken. Rechtes Bein ist völlig schlaff, das linke kann der Kleine selbsttätig erheben, auch das Knie strecken. Quadriceps gut entwickelt.

Trochanter steht rechts 1 cm oberhalb der Sitz-Darmbeinlinie, links in derselben. Röntgenaufnahme wie oben:

Beide Schenkelhälse steil, Neigungswinkel rechts 160°, links 170°. Trochanteren sehr unbedeutend, innere Verstärkungsleiste sehr wenig ausgebildet.

4. Lehnhäuser, Joh. Jost., 6 Jahre.

Vom 15. VII. 13 bis 23. VIII. 13 in der Klinik behandelt, als 2jähriges Kind, wegen Lähmung des linken Beines. Nachuntersuchung am 7. VI. 17. Starke Atrophie am ganzen linken Bein. Bewegungen im Knie und Hüfte gut, im Fuß fast aufgehoben, nur Zehenstrecken gut. Linkes Bein $4^1/_2$ cm kürzer als das rechte. Linker Trochanter erreicht die Sitz-Darmbeinlinie nicht, rechts steht er fast fingerbreit höher.

Röntgenaufnahme wie oben:

Rechtes Becken und Oberschenkel kräftig, Neigungswinkel gut, 140°; Trochanter vorhanden.

Linkes Becken und Oberschenkel atrophisch, Halsstellung steiler, Neigungswinkel 155°, Trochanter minimal, ebenso innere Knochenleiste.

Siehe Fig. 8 *c*.

5. Burk, Konrad, 8 Jahre.

Mit einem Jahr plötzliche Erkrankung und Lähmung des rechten Beines, seither nicht gebessert. Pat. war im August 1902 in Behandlung der Klinik. Am rechten Fuß schlaffe Lähmung, Knie und Hüfte frei. Es wurde eine Sehnenüberpflanzung ausgeführt.

Nachuntersuchung 8. VI. 17 ergab rechts Hohlfuß und schlaffe Lähmung, Unterschenkel atrophisch, Schlottergelenk im Fuß. Hüfte frei. Der Junge läuft.

Röntgenaufnahme:

Kranke Seite Beckenhälfte atrophisch; gesunde Seite gut entwickelt. Troch. maj. und minor deutlich, Schenkelhals gleichmäßig gut, innere Verstärkungsleiste kräftig. Schwerlinie fällt nach innen von derselben herunter. Neigungswinkel des Schenkelhalses 145°.

Kranke Seite: Trochanteren, besonders maj., schwach, Kopf steil gestellt, fast zur Hälfte außerhalb der Pfanne, Schenkelhals mit 160° Neigungswinkel, innere Verstärkungsleiste, zumal am Troch. min., gering. Schwerlinie fällt vom Kopf aus noch innerhalb der Diaphyse.

Siehe Fig. 8 *d*.

6. Dersch, Katharina, 9 Jahre.

Vom zweiten Jahre an Lähmung am linken Bein. Mit 5 Jahren kurze Aufnahme in der Chirurgischen Klinik. Nachuntersuchung 7. VI. 17. Hackenfuß. Peroneuswirkung gut. Supination gelähmt.

Das Kind läuft, ermüdet aber rasch.

Röntgenaufnahme: Rechtes Becken und Schenkel kräftig, links schwächer. Links Troch. maj. sehr schwach, innere Knochenleiste ebenso. Neigungswinkel des Schenkelhalses rechts 130°, links 150—160°.

7. Bastian, Elisabeth, 10 Jahre.

Wenige Tage nach der Geburt bemerkten die Eltern, daß der linke Fuß schlotterte. 1912 (mit 5 Jahren) Aufnahme in der Klinik. Atrophie des Beins, Schlottergelenk, Lähmung, Verkürzung 2 cm. Es wurde Arthrodese gemacht.

Untersuchung am 7. VI. 17. Linkes Bein stark atrophisch, starkes Pes valgus paralyticus. Linkes Bein 4 cm kürzer. Trochanter erreicht eben die Sitz-Darmbeinlinie.

Röntgenaufnahme:

Schenkelhals steil, auf der gesunden Seite 155°, auf der kranken 165°. Auch auf der gesunden Seite sehr steil. Trochanteren beiderseits ausgesprochen.

8. Müller, Heinrich, 11 Jahre.

Von März bis April 1912 in Behandlung der Klinik. Bereits früher wegen vollkommener, schlaffer Lähmung beider Beine mit Arthrodese beider Knie behandelt. Bis auf die nunmehr versteiften Knie schlaffe Lähmung, Schlotterung der Fuß- und Hüftgelenke. Nachuntersuchung Juni 1917. Pat. fährt nur im Wagen; kann umständlich etwas erhoben werden, beide Beine liegen schlaff. Unterhalb der Knieversteifung ist Verkrümmung eingetreten, rechtes Bein in Innendrehung.

Röntgenaufnahme:

Beide Schenkelhälse, besonders der linke, steil, Trochanteren fehlen fast vollständig, zumal links. Neigungswinkel rechts 150°, links 175°.

Siehe Fig. 8 *e*.

9. Koch, Heinrich, 8 Jahre.

Pat. wurde im Februar 1917 wegen Fractura femoris sin. eingeliefert und behandelt. Das gebrochene Bein war durch Kinderlähmung atrophisch. Kinderlähmung seit dem ersten Lebensjahre. Oberschenkelbruch am gelähmten Bein.

Röntgenaufnahme ergibt die gleiche Form des Schenkelhalses wie die vorhergegangenen.

10. Lölkes, Hans, 16 Jahre.

Seit Geburt Lähmung an beiden Beinen und an den Händen. Cerebralen Ursprungs. April bis Mai 1914 in Behandlung der Klinik — Sehnenverpflanzung am linken Fuß.

Untersuchung 7. VI. 17. Kräftiger Junge, läuft mühsam umher, rechter Fuß seit einiger Zeit verschlimmert, starke, fixierte paralytische Klumpfußstellung. Linkes Bein verkürzt und atrophisch, linker Fuß etwas schlottrig, aber brauchbar.

Röntgenaufnahme:

Beiderseits typische Steilstellung des kräftig entwickelten Schenkelhalses. Troch. maj. gering. Schwerlinie fällt beiderseits noch innerhalb der Diaphyse. Neigungswinkel 150°.

Siehe Fig. 10.

11. Kreckel, August, 39 Jahre.

Mit $^3/_4$ Jahren Kinderlähmung beider Beine. Soll mehrfach in Behandlung gewesen sein. Pat. lernte mit dem achten Jahre gehen, nachdem sich das rechte Bein sehr gebessert hatte, so daß es jetzt normal ist. Das linke blieb erheblich zurück, es ist jetzt zum größten Teil gelähmt. Trotzdem betätigt sich Pat., so daß er im Januar 1916 durch Überspringen eines Grabens einen Kniegelenkerguß bekam, wegen dessen er hier in Behandlung war.

R.-B. Juli 1917.

Beide Femurenden atrophisch, Neigungswinkel rechts 140°, links 150°. Becken links schwer atrophisch.

Bei der Beurteilung der Röntgenaufnahmen, welche Beckenübersichtsbilder sind, sind nun, die Form des oberen Femurendes betreffend, die bekannten Vorsichtsmaßnahmen in jedem Einzelfalle wohl innezuhalten. Jede Aufnahme muß unbedingt in Mittelstellung zwischen Innen- und Außenrotation der Beine gemacht werden, die Zehen, die Kniescheiben müssen nach vorn gerichtet sein. Ein Blick auf die Fig. 9, welche ein in Außendrehung aufgenommenes oberes Femurende darstellt, macht diese Forderung klar. Auch hier haben wir eine steil ansteigende Schenkelhalsform. Aber es ist leicht zu sehen, daß dieser Schenkelhals nicht von dem frontal gestellten Schaft ausgeht, die Linea intertrochanterica, die an dem in Mittelstellung aufgenommenen Femur (Abb. 6) den Übergang vom Schaft zum Hals klar vermittelt, die Form der Trochanteren selbst ist gänzlich anders. Es wird immer darauf aufmerksam gemacht, daß bei richtiger Aufnahme der Trochanter minor kaum hervortritt; daß ein stärkeres Bild vom kleinen Rollhügel dafür spricht, daß die Aufnahme in Außendrehung gemacht ist. Allein das scheint mir nicht das wesentlichste Zeichen. Auf einigen unserer Aufnahmen ist der kleine Trochanter ganz deutlich, und doch ist bei allen peinlich auf richtige Stellung gehalten worden. Viel wichtiger erscheint mir, daß die Konturen des Trochanter major im Röntgenbild immer mehr medial rücken, schließlich sich mit denen des Kopfes überschneiden, wie das ja bei der Projektion des Schenkelhalses bei Außendrehung eintreten muß. Wenn der Hals frei zu sehen ist, kann von stärkerer Außenrotation, welche allein eine Verwechslung möglich macht, gar keine Rede sein.

Das Auffallendste an all den vorgeführten und den ihnen völlig gleichenden, nicht mit abgebildeten Röntgenogrammen ist nun zweifellos die steile Form des Schenkelhalses, wie wir sie als Coxa valga bezeichnen, weiter das Ungegliederte, das geringe Hervortreten des Rollhügels und endlich der für die Funktion wichtigste Befund, daß die von der Gelenkhöhle abwärts gedachte Schwerlinie entweder direkt an der inneren Corticalis herabfällt oder gar noch innerhalb des Schaftes verläuft (s. Fig. 8 *d* und andere). Wir sehen damit den Zustand, wie wir ihn in den frühesten Stadien fanden, und wir erkennen den großen Unterschied gegenüber dem „normalen“ Verhalten (s. Fig. 3 u. 4).

Von dem, was heute als Coxa valga bezeichnet wird, weicht diese Form immerhin noch in manchem ab, besonders was die Ausbildung der charakteristischen Form des oberen Femurendes mit den Rollhügeln u. a. m. betrifft. Insofern der Neigungswinkel von der Norm abweicht, decken sich die Begriffe. Ich habe schon darauf hingewiesen, daß diese Form der Coxa valga bekannt ist und daß man sie als „Entlastungsdeformität" im Gegensatz zu der oben beschriebenen „Belastungsdeformität", der Coxa vara (s. Fig. 7), bezeichnet. Der Ausdruck wird besonders damit begründet, daß diese Form auftrete, wenn die Belastung wegfalle, also z. B. bei Amputierten. Ich habe von 7 Patienten Röntgenaufnahmen der Hüften machen lassen, welche zum Teil schon sehr lange und jedenfalls schon mehrere Jahre lang amputiert waren; sowohl im Kindesalter, wie als Erwachsene. Irgendeine Regelmäßigkeit im Auftreten einer unseren Bildern ähnlichen Form, überhaupt einer der Coxa valga gleichzusetzenden Gestaltung, habe ich bei den völlig entlasteten Oberschenkeln nicht feststellen können. Es verliert sich, durch Nichtgebrauch, die feinere Struktur, der Stumpf dreht sich außerdem leicht in Außenrotation, aber die Coxa valga tritt höchstens in Andeutung ein, und ich lasse unentschieden, wie weit hier die durch die Außendrehung leicht mögliche Täuschung mitgespielt hat.

Bei unseren Fällen von „Entlastungsdeformität" zu sprechen, ist aber überhaupt unzulässig. Es war ja gerade allen gemeinsam, daß die Lähmung den Gebrauch der Glieder, die Belastung, verhinderte. Wo aber keine Belastung vorhanden war, da kann man auch nicht von Entlastung reden.

Wir kommen vielmehr zu dem Schluß, daß das, was wir ganz regelmäßig auf unseren Bildern wiederfinden, die natürliche, eben nicht durch Belastung gestörte Weiterentwicklung der angeborenen Form des oberen Femurendes dargestellt, die Entwicklung welche letztes nehmen würde, wenn wir experimenti causa ein Kind von Geburt an jahrelang liegen ließen. Mit dem Neigungswinkel, welcher für unsere Beobachtungen charakteristisch ist, sagen wir von 160° und mehr, war in der frühesten Zeit das Kopfstück bzw. das Rudiment des Halses dem Schaft aufgesetzt, und so hat es sich ungehindert weiterentwickelt.

Bemerkenswert erscheint mir nun, daß diese Form, wenn sie einmal herausgebildet war auch dann bestehenbleibt, wenn später eine Belastung eintritt. Freilich wird diese Belastung bei einseitigen und auch bei doppelseitigen Teillähmungen immer geringer sein als bei normal gebildeten Individuen, aber es ist doch eine Belastung. Von unseren Fällen war nur in Fall 1 und 8 gar keine Belastung eingetreten; beidemal doppelseitige Erkrankung, das 3 jährige Mädchen mit spastischer Gliederstarre und der 11 jährige Knabe mit schwerer Doppellähmung der ganzen Beine. Eine mehr oder weniger sehr schwache Belastung war nachträglich eingetreten in den einseitigen Teillähmungen der Fälle 2, 5, 6, 7, 9, 11. Sie alle haben das typische Bild.

Von den doppelseitig Gelähmten ist Nr. 8, der 11jährige Heinr. Müller, völlig außerstande zu gehen, Nr. 3, der 5jährige Ferdinand Pfaff, geht mühsam und mit einem Apparat, belastet also ebenfalls so gut wie gar nicht.

Dagegen hören wir, daß Nr. 10, der 16jährige Hans Lölkes, mit angeborener cerebraler Lähmung, die zu doppelseitiger paralytischer Fußdeformität geführt hat, die Beine, wenn auch mühsam und naturgemäß wenig, zum Gehen gebraucht hat, daß er in die Schule gegangen ist.

Die Röntgenaufnahmen dieses Patienten verdienen deshalb unsere besondere Aufmerksamkeit. Man sieht (Fig. 10) beiderseits typische Steilstellung des Schenkelhalses, die Schwerlinie fällt beiderseits noch in die Diaphyse, der Neigungswinkel beträgt 150°, also dem Alter des Knaben entsprechend abnorm hoch. Was aber den übrigen Bildern gegenüber auffällt, ist die kräftige Form des Knochens, des oberen Femurendes. Wir haben nicht das Bild der Atrophie vor uns.

Diese starke Knochenentwicklung legt den Gedanken nahe, ob nicht ohne die Funktion der Belastung der Knochenbau bereits kräftig sich entwickeln konnte durch die andere, oben angeführte Kraft, die in dem Gebrauch der am oberen Femurende ansetzenden Muskeln liegt. Denn diese Muskeln waren ja nicht gelähmt. Es läßt sich denken, daß durch den Tonus, durch die Funktion dieser Muskeln das Knochengerüst mittlerweile eine solche Festigkeit erlangte, daß die dann einsetzende Belastung nicht hinreichte, um den Schenkelhals umzulegen. Die Steilform, die „Coxa valg“, blieb.

Wir müssen hier einen Exkurs auf das Gebiet der Coxa valga als Krankheitsbild machen, das uns nicht gerade häufig entgegentritt. Ich halte mich an die Beobachtung eines kräftigen jungen Mannes, der wirkliche, hier nicht weiter auszuführende Beschwerden von seinen Hüften hatte. Im Röntgenbild erscheint auch hier (Fig. 11) die typische Steilrichtung des Schenkelhalses. Und wir haben dieselbe kräftige Entwicklung der ganzen Partie des oberen Femurendes, wie wir sie im zuletzt erwähnten Fall Lölkes hatten, dem Knaben mit Lähmung, bei dem trotz späterer Belastung die für den unbelastet fortentwickelten Schenkelhals charakteristische Form sich findet. Es liegt der Gedanke nahe, daß es Individuen gibt, bei denen schon sehr frühzeitig das Knochengerüst eine solche Festigkeit erlangte, daß die Belastung beim Laufenlernen nicht imstande war, den Schenkelhals umzulegen, den Neigungswinkel zu verringern. Und die großen Differenzen in der Form, in der Größe des Neigungswinkels, erklären sich dann daraus, daß das eine Mal die Belastung, die „Umlegung“, das andere Mal die Knochenfestigkeit im Kampf der funktionellen Anpassung den Sieg davontrug.

Vielleicht könnten wir an der Ausbildung der Trochanteren, welche ja doch durch die Funktion der inserierenden Muskeln bestimmt wird, diese Frage klären. Bei den wirklich Gelähmten sind Trochanteren eigentlich nur bei Nr. 7 und bei dem hier ausführlicher besprochenen 16jährigen Knaben stärker nachweisbar. In Fall 7 handelt es sich um ein durch Arthrodese einigermaßen brauchbar gemachtes Fußgelenk; hier war also ein stärkerer Gebrauch der Extremität möglich. Es ist anzunehmen, daß damit überhaupt eine stärkere Muskelaktion Hand in Hand ging. Wo die Trochanteren zum Ausdruck kommen, da ist eben die außer der Belastung gestaltende Kraft, die Tätigkeit der Muskeln, in Wirksamkeit; und ruft frühzeitig eine starke Knochenbildung hervor.

Wir haben an unseren Beobachtungen gesehen, daß in dem Aufbau des oberen Femurendes wirklich der gestaltenden Kraft der Funktion, und insbesondere der Belastung, eine ausschlaggebende Wirkung zukam, daß ohne ihr Hinzutreten das Femur sich in abweichender Art entwickelte. Auch auf die Frage, ob neben dieser Kraft, neben der funktionellen Selbstgestaltung, der Vererbung der einmal herausgebildeten Form eine Rolle zufällt, geben unsere Ergebnisse wohl eine Antwort. Wir lesen und hören von der Annahme, daß sich auch die äußere Form vererben könne, sei es im feinsten Strukturbild, sei es in gröberer Form, welche durch mehrere Generationen dieselbe gewesen ist. So wird die Beobachtung weiter berichtet, daß das Bäckerbein, das Genu valgum, sich auf diese Art vererben könne.

Unsere Untersuchungen scheinen einer solchen Annahme jeden Boden zu entziehen. Das, was wir die „normale“ Form des oberen Femurendes genannt haben, die ausgebildeten Trochanteren, den in zwar variabelm Neigungswinkel, aber doch immer in ziemlich stark dem rechten Winkel sich nähernder Richtung abbiegenden Schenkelhals mit der innen neben dem Schaft herunterfallenden Schwerlinie, das haben die Menschen in Jahrhunderten und Tausenden von Generation zu Generation aufgewiesen. Wenn dann eine angeborene oder noch vor dem Laufenlernen erworbene Lähmung genügt, um, mit gleicher Regelmäßigkeit, eine davon abweichende Gestaltung zu erzeugen; nur weil die formende Kraft der Belastung fehlt, dann kann von Vererbung eines durch Gewohnheit angenommenen Typus keine Rede sein. Vererbt ist nur das Material, und die Form hängt lediglich ab von der funktionellen Selbstgestaltung; um mit Roux zu sprechen, vom Ausgang des Kampfes der Teile im Organismus.

Erklärung der Röntgenaufnahmen (Tafel XVIII—XXIV).

1. Skelett aus dem 1. Halbjahre. Sammlung des Marburger Anatomischen Institutes.
2. Skelett eines Kindes von 2 Jahren. Marburger Anatomie.

3. Brand, P., 5 Jahre. Aufnahme des normalen Beckens.
4. Skelett des Achtjährigen. Marburger Anatomie.
5. Skelett aus dem 1. Halbjahre (25. Woche) und von 8 Jahren nebeneinander.
6. Oberes Femurende des Erwachsenen, frontale Aufnahme.
7. Vendt, Dora. Coxa vara.
8. Röntgenaufnahmen von Gelähmten.
   a' Günther, Anna, 3 Jahre. (Krankengeschichte Nr. 1.)
   b' Kinkel, Luise. (Nr. 2.)
   c' Lehnhäuser, Joh. Jost 6 Jahre. (Nr. 4.)
   d' Burk, Konrad, 8 Jahre. (Nr. 5.)
   e' Müller, Heinrich, 11 Jahre. (Nr. 8.)
9. Normales oberes Femurende in Außenrotation.
10. Lölkes, Hans, 16 Jahre. (Nr. 10.)
11. Arnold. Coxa valga.

Über die Ursache des Geburtseintritts.

Von

Prof. Dr. **A. Lohmann**, Marburg (z. Z. im Felde).

(Aus dem Physiologischen Institute zu Marburg.)

Über die innere Ursache der geschlechtlichen Funktionen der Säugetiere sind wir noch völlig im dunkeln. Weshalb wird ein Tier zu bestimmten Zeiten brünstig? Wie kommt es, daß plötzlich beim ausgetragenen Fetus der komplizierte Mechanismus der Geburt einsetzt? Warum wird der abgestorbene Fetus durch Abort ausgestoßen? Wie kommt das Einsetzen der Milchsekretion zustande? Das alles sind Fragen von der größten Wichtigkeit, auf die wir aber keine Antwort zu geben vermögen.

Wenn man darüber nachdenkt, wie diese Wechselwirkung zwischen den verschiedenen, räumlich zum Teil weit getrennten Organen zustande kommen könne, so drängt sich einem die Vermutung auf, daß es vielleicht bestimmte chemische Stoffe sind, die bei der Zustands- und Funktionsänderung eines Organes von diesem ans Blut abgegeben werden und andere Organe zu entsprechenden Funktionsänderungen anregen.

Von derartigen Erwägungen ausgehend, habe ich versucht, Blut von einem Tier, das sich in einem bestimmten Zustand der Geschlechtsfunktion befand, auf ein anderes zu übertragen, und dann zu beobachten, ob entsprechende Veränderungen bei diesem zweiten Tier auftraten.

Ich will über einen derartigen Versuch berichten: Kaninchen „Emma" wurde am 15. VI. 14 belegt. Am 14. VII. 14 warf es zwischen 8 und 10 Uhr morgens. Um 10 Uhr wurden 5 ccm Blut dem Herzen des Tieres entnommen. Zu dem Zwecke wurden in eine sterile 10-ccm-Rekordspritze 5 ccm einer 2 proz. Natriumcitratlösung angesaugt und darauf die Spitze der Kanüle in das pulsierende Herz durch die Brustwand hindurch eingestoßen; darauf wurden durch langsames Anziehen des Spritzenstempels zu der vorgelegten Natriumcitratlösung noch 5 ccm Blut angesaugt. Es ist das ein Eingriff, der sehr leicht auszuführen ist und ohne jede Schädigung vertragen wird. Von diesem, durch das Natriumcitrat ungerinnbar gemachten Blute wurden sofort dem Kaninchen „Ada" 8 ccm in die Ohrvene injiziert.

Das Kaninchen „Ada" war am 22. VI. 14 belegt, hätte also am 21. VII. 14 ausgetragen.

Am 15. VII., 9 Uhr vorm. nichts Besonderes. Um 10 Uhr vorm. (24 Stunden nach der Bluttransfusion) findet sich im Käfig an verschiedenen Stellen Blut, ebenso in reichlicher Menge unter dem Schwanze. Da von Foeten nichts zu sehen ist, wird angenommen, daß „Ada" abortiert und die Foeten aufgefressen hat. Um darüber Gewißheit zu bekommen, wird am Nachmittag im Beisein von Herrn Prof. Göppert „Ada" getötet und der Uterus herausgenommen. Der Befund: „Uterus puerperalis, Foeten nicht mehr vorhanden", bestätigt unsere Annahme.

Nach dem Versuche erscheint die Annahme berechtigt, daß Bestandteile des Blutes von dem gebärenden Tier „Emma" bei der schwangeren „Ada" den Abort ausgelöst haben.

Daß nicht etwa der Eingriff als solcher oder das Natriumcitrat für den Abort verantwortlich war, zeigte ein Kontrollversuch.

Es wurde sofort eine größere Versuchsserie angesetzt, aber wegen der inzwischen eingetretenen Mobilmachung konnten die Versuche nicht durchgeführt werden.

Über einen zweiten, in ähnlicher Richtung sich bewegenden Versuch will ich noch kurz berichten: Dem Kaninchen „Eva", das sicher nicht gravid war, wurden 6 ccm verdünntes Blut in die Ohrvene gespritzt. Das Blut war dem Herzen des Muttertieres „Anna" entnommen, das seit 14 Tagen säugte. „Eva" machte zwei Tage nach der Transfusion einen ganz veränderten Eindruck; ein unbefangener Kaninchenzüchter erklärte sie für schwanger, „Eva" „grunzte", wie gravide Kaninchen zu tun pflegen, und verhielt sich gegen einen Bock gänzlich ablehnend.

Wenn ich mir auch durchaus darüber klar bin, daß diese Einzelversuche in keiner Weise bindende Beweise darstellen, so glaube ich sie doch mitteilen zu dürfen, da sie mir von allgemeinerem Interesse zu sein scheinen.

Über ausgedehnte Versuchsserien, vielleicht auch über die Natur der in Betracht kommenden Stoffe, hoffe ich später berichten zu können.

(Aus der Chirurgischen Klinik zu Marburg [Direktor Geh. Rat König].)

Umbau von Knochenformen und Spongiosa-Architektur im Sinne der funktionellen Anpassung bei Gelenkkontrakturen.

Von

Dr. Georg Magnus,

Privatdozent für Chirurgie und 1. Assistent der Klinik.

(Mit 1 Tafel und 2 Textfiguren.)

Es waren Kniegelenke von Kaninchen, bei denen diese Veränderungen zur Beobachtung kamen. Die Versuche, die an der hiesigen Klinik ausgeführt wurden, bezweckten, eine lokale eitrige Arthritis durch Infektion von außen zu erzeugen, das klinische Bild zu studieren und die pathologisch-anatomischen Veränderungen an den einzelnen Gelenkteilen zu untersuchen, wie sie sich im Verlaufe der Entzündung einstellten[1]).

Die Versuchsanordnung war eine sehr einfache: Bouillon wurde mit stark abgeschwächten Staphylokokken beschickt, und dann 0,5 ccm einer derartigen, 24 Stunden alten Reinkultur in das linke Kniegelenk der Tiere eingespritzt. Der klinische Verlauf war stets der gleiche: Die Kaninchen schonten das Bein am nächsten Tage, und nach zwei- oder dreimal 24 Stunden stellte sich unter Anschwellen des Knies eine Beugecontractur des Gelenks ein, die das Tier in allen Fällen bis zu seinem Tode beibehielt. Es war bei der Auswahl der Kaninchen darauf geachtet worden, daß stets unausgewachsene Tiere genommen wurden. Im Verlauf der Krankheit litt ihr Allgemeinbefinden erheblich, der Ernährungszustand war durchweg mangelhaft; die Tiere nahmen jedoch sämtlich schnell und in gewohnter Weise an Größe zu, und wuchsen so gleichsam in ihre Contracturstellung hinein. Daß unter diesen Umständen eine sehr weitgehende „funktionelle Anpassung" eintreten würde, war vorauszusehen. Die veränderte Statik während des Wachstums erforderte ja nicht einmal einen Umbau des Systems, sondern hatte nur die Neuanlage der wachsenden Teile im Sinne der veränderten Beanspruchung zu beeinflussen.

---

[1]) Magnus, Arch. f. klin. Chir. **102**.

Um die Formveränderungen der Gelenke zu studieren, wurden die Tiere nach sehr verschieden langer Zeit getötet und die Knie in toto entkalkt, fixiert und gehärtet. Die Einbettung erfolgte in Celloidin, die Schnittrichtung war durchweg sagittal. Zur Verwendung kamen nur Schnitte, die annähernd aus der Mittelebene stammten, und demnach sämtlich die Patella mitgetroffen hatten.

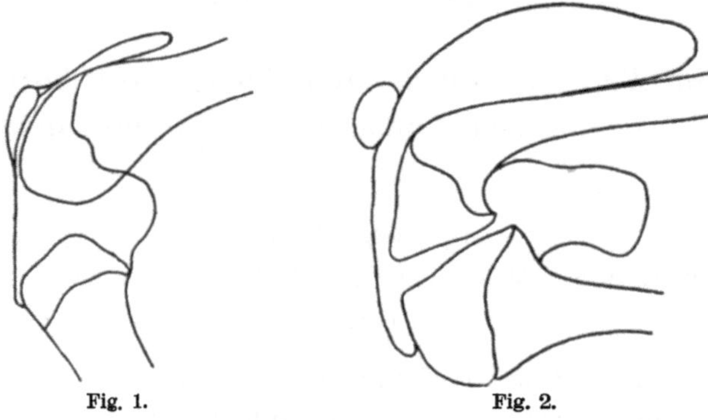

Fig. 1. Fig. 2.

Die Reproduktion der mikroskopischen Präparate wurde vermittels des Diaskops vorgenommen. An der Wand wurden die Konturen des Gelenks nachgezogen und diese größeren Zeichnungen dann photographiert. Fig. 1 zeigt die normalen Verhältnisse eines Kniegelenks: beide Knochen bilden einen stumpfen Winkel mit annähernd geraden Schenkeln, die Epiphysen sind kalottenförmig und sitzen den Diaphysen senkrecht auf. — Anders, wenn das Gelenk während der Wachstumszeit in Beugecontractur gestanden hat. In diesem Falle ist eine Beanspruchung des gestreckten Knies nicht mehr zu erwarten, sondern der Körper hat sich mit der Belastung des über den rechten Winkel hinaus gekrümmten Knies abzufinden. Dementsprechend sieht man bei diesen Gelenken nicht mehr die Konstruktion eines Winkels mit geraden oder annähernd geraden Schenkeln, sondern die eines Bogens; die der Epiphysenlinie benachbarte Partie der Diaphyse weicht von der Längsrichtung der Diaphyse ab und strebt dem anderen Knochen zu. Die Epiphysen geben ihre Kalottenform auf, die ja bei der verlorenen Funktion des Gelenks keinen Zweck mehr hat, und nehmen eine dreieckige Gestalt an. Dadurch geht der Gelenkspalt in seiner ganzen Tiefe verloren, und die Epiphysen berühren sich mit einer sehr erheblich vergrößerten Fläche. Zieht man in Betracht, daß das Ende des Prozesses eine knöcherne oder mindestens bindegewebige Ankylose des Gelenkes ist, so liegt auf der Hand, daß das Glied für eine etwa erfolgende Belastung in der Contracturstellung eine möglichst gute Vorbereitung getroffen hat. Diesen Umbau in der Konstruktion des Gelenkes zeigt Fig. 2. Das Präparat stammt von einem Tier, das die Infektion um 48 Tage überlebt hatte.

Dieselbe Anpassung an die neue funktionelle Ruhelage der Beugecontractur, die sich in der Änderung der groben Form bemerkbar macht, zeigt sich auch im Umbau der Spongiosa-Architektur. Auf Tafel XXV, Fig. 1 sind die normalen Verhältnisse bei Lupenvergrößerung dargestellt. Die einzelnen Bälkchen verlaufen genau in der Achse der Knochen, ihre Verlängerungen schneiden sich also innerhalb des Gelenkes im selben Winkel wie diese. Beim gestreckten Bein fallen ihre Richtungen demnach zusammen: die Spongiosabälkchen verlängern einander. — Anders, wenn das Gelenk dauernd in Contractur gestanden hat und in dieser Stellung seine Beanspruchung erfährt. Tafel XXV, Fig. 2 zeigt die entsprechenden Verhältnisse bei einem Tier, das 25 Tage die Infektion überstanden hatte. Auch hier der Umbau des Winkels zu einem Bogen. Die Bälkchen, welche die Epiphysenlinie noch in der Richtung des Schaftes verlassen, biegen früher oder später um, und streben der Berührungsfläche der beiden Gelenkkörper zu. Auf diese Weise verlängern sie einander bereits in der Beugestellung. Tritt die Ankylose ein — durch knöcherne Verwachsung der Gelenkkörper oder durch bindegewebige Schrumpfung der benachbarten Weichteile —, so findet sie die Knochen bereits zweckmäßig umgebaut vor; das Ganze bildet schließlich ein einheitlich konstruiertes System mit weitgehender Anpassung an die neue funktionelle Ruhelage.

(Aus der medizinischen Klinik Marburg, Direktor Prof. Dr. G. von Bergmann.)

Die Erklärung der Haustrenformung des Kolons.

Von

Privatdozent Dr. **Gerhardt Katsch,**

Oberarzt der Klinik.

Mit 8 Textfiguren.

In der neuesten Bearbeitung der Eingeweidelehre von Merkel betont der Verfasser im Vorwort:

„Die Eingeweide sind zum Teil postmortalen Veränderungen in erheblichem Grad ausgesetzt, auch ist ihre Lage an der Leiche nicht immer einwandfrei zu bestimmen. Es mußten deshalb Untersuchungen am Lebenden, für welche wir besonders der klinischen Medizin verpflichtet sind, überall berücksichtigt werden.... Bei keinem Kapitel der Anatomie bestehen so viele Beziehungen zur ärztlichen Praxis."

Wenn wir uns speziell zur Anatomie des Verdauungsschlauches wenden, so ist diesen einführenden Sätzen von Merkel hinzuzufügen, daß nicht allein die Störung durch postmortale Veränderungen es ist, die die ergänzende Untersuchung am Lebenden erforderlich macht, sondern vor allem auch dieses: Im Gegensatz zu den meisten anderen Organen haben Magen und Darm in ihrer Formung nichts Stabiles; es gehört zu ihrem Wesen, zu ihrer konstruktiven Eigenart, daß ihre Formung auch im Groben einem beständigen Wechsel unterliegt. Und ganz besonders gilt das vom Dickdarm als dem „variabelsten Abschnitt des Verdauungsrohres" nach dem Ausdruck von Spalteholz.

Was den Magen anbetrifft, so ist in der angedeuteten Richtung viel geleistet durch das Werk des Schweden Gösta Forssell, der in gründlichster Weise Röntgenstudien mit Untersuchungen des gut konservierten Leichenmagens verbunden hat.

Die Forssellschen Ergebnisse finden sich in dem Merkelschen Buch — das uns als ein Beispiel moderner anatomischer Darstellung hier diene — durchaus berücksichtigt. Indessen überwiegt doch eine statische Betrachtungsweise, z. B. heißt es dort: (die Muskelhaut des Magens) „setzt sich aus den beiden Muskelschichten der Speiseröhre, der äußeren Längs- und der inneren Ringschicht, unmittelbar fort, erfährt aber starke Modifikationen, welche in der eigenartigen Form des Organs begründet sind". Wir würden dem gegenüber gerade umgekehrt sagen, daß die modifizierte Anordnung der Muskulatur die besondere, vom einfachen Hohlmuskelschlauch abweichende Form des Magens ihrerseits aktiv bewirkt. Gerade darin liegt die Errungenschaft der Forssellschen Untersuchungen und Betrachtungen, daß durch sie gezeigt worden ist: Die große Mannigfaltigkeit der Formungen des Magens wird durch seine strukturelle Eigenart bedingt und durch Kontraktionsphänomene seiner eigentümlich angeordneten Muskelzüge. Dadurch ist eine Klärung und Vereinfachung vollzogen; denn gegenüber der großen Vielheit der Formen des Magens lernen wir nun das größere Gewicht legen auf seine eine eigentümliche unwandelbare Architektur, die den Wandel der Formen ermöglicht und den Spielraum dafür umgrenzt. „Die Röntgenologie", so sagt Forssell, „hat die mit der anatomischen Forschung gemeinsame Aufgabe, den typischen und konstanten Bau zu erforschen, auf welchen die wechselnden Magenformen zurückgeführt werden können." Näheres über diesen Bauplan des Magens, über die Differenzierung von Stütz- und Verstärkungsapparaten in seiner Muskelwand findet sich bei Forssell oder in der neuen Darstellung der Röntgenuntersuchung des Magens von G. von Bergmann im Handbuch der inneren Medizin von Kraus-Brugsch.

Wenn also eine Befruchtung und Bereicherung der anatomischen Vorstellungen vom Magen durch Ergebnisse der Röntgenuntersuchungen am Lebenden in weitgehender Weise stattgefunden hat, so wird Ähnliches beim Dickdarm einstweilen vollkommen vermißt. In jenem Merkelschen Buche z. B. findet sich trotz der Leitsätze im Vorwort nicht ein Wort über das Röntgenbild des Dickdarmes. Und doch liegt einiges an recht sicheren Beobachtungen auch hier schon vor, was fundamental unsere morphologischen Vorstellungen über den Dickdarm beeinflussen muß. Es handelt sich da zum Teil um Dinge, die jeder, der viel Dickdärme mit Röntgenstrahlen untersucht, mit Selbstverständlichkeit unmittelbar sehen müßte, — freilich vielleicht, ohne sich bewußt zu werden, wie durch diese Beobachtung eine Revision der Dickdarmanatomie nötig wird. Ich habe vor Jahr und Tag in den Fortschritten auf dem Gebiete der Röntgenstrahlen (Bd. XXI) „über die Natur und die Bewegungen der Kolonhaustren" geschrieben und, wie Hess-Thaysen inzwischen bestätigt hat, erstmalig erwiesen, daß die Plicae semilunares des Kolons durch Muskelkontraktionen zustande kommen, daß die Haustrenformung des Kolons etwas rein Funktionelles durch Kontraktions- und Tonusphänomene Bedingtes und sich Wandelndes ist. Trotzdem scheint es berechtigt, auf diese Feststellung unter mehr anatomischem Gesichtspunkte zurückzukommen.

Ähnlich wie der Magen erhält das Kolon eine besondere Form dadurch, daß die Längsmuskelschicht nicht als gleichförmiger Schlauch ausgebildet ist, sondern sich differenziert, und zwar zu drei Längswülsten. Da hierbei die Muskelfasern mithin nur in der Richtung der zwei Hauptachsen des Organes verlaufen, sind die anatomischen Verhältnisse immerhin viel einfacher und deutbarer als beim Magen. Denn bei diesem verlaufen die Stütz- und Verstärkungsapparate in seinen Wandungen sehr viel komplizierter. Die Haustrenbildung, das makroskopisch am meisten in die Augen springende Merkmal des Kolons, wird — darüber besteht kein Zweifel — durch jene Sammlung der Längsmuskelfasern zu drei einzelnen Wülsten bedingt. Diese Beziehung wird nun allerorten so dargestellt, daß durch die zu geringe Länge der Tänien der Hohlmuskelschlauch gerafft und gefaltet wird, wie ein Puffärmel durch seine Längsbänder. Präpariert man die ab, dann streckt sich der Dickdarm zu einem glatten Rohr. Dieses Experiment erscheint beweisend für die Annahme einer Kolonraffung durch Kürze der Tänien. Und seit lange ist daher diese sehr einleuchtende Erklärung vorherrschend.

Zwar enthalten sich bis heute viele anatomische Darstellungen jeder Deutung und Erklärung des Charakters der Haustren und Transversalfurchen des Dickdarmes. So Spalteholz, so das Lehrbuch von Rauber-Kopsch usw. Daneben aber taucht schon frühzeitig die Ansicht auf: es seien die Tänien kürzer als der natürlichen Länge des Ringmuskelschlauches entspricht, deshalb müsse er ausweichen und sich falten. Nach der Übersicht, die Albrecht von Haller gibt, waren die Tänien schon Sylvius, Eustachius u. a. bekannt. Die Theorie der zu kurzen Tänien stamme von Vosse. Haller selbst übernimmt sie mit den Worten: „Haec ligamenta perpetua sua adtractione, dum robur reliqui intestini coli superant, idem in brevitatem reducunt..." Er kommt durch diese Ausdrucksweise unserer Anschauung über die Formung des Kolons ganz wesentlich näher als die späteren Beschreiber, wie alsbald klar werden wird. Er spricht von der Kraft (robur) und dem Zug (adtractio) der Tänien als etwas Vitalem, während später nur immer die Kürze betont wird. So erklärt kurz und präzis Rüdinger die Haustration „indem das längere Grimmdarmrohr den kürzeren Ligamenta coli angepaßt ist". Ich greife nur einzelne Beispiele heraus. Und nun ergibt sich in neuerer Zeit ein ganz merkwürdiger, für die Entwicklung des naturwissenschaftlichen Denkens bezeichnender Widerspruch: Es wird nämlich in der Nomenklatur der ältere Ausdruck „Ligamenta coli" ersetzt durch „Taeniae coli" auf Grund der Erkenntnis, daß sie sich aus glatten Muskelfasern, nicht aus Bindegewebszügen zusammensetzen. (Von Ligamenta pylori spricht man indessen noch heute, obwohl in ihnen die Muskelfasern wesentlicher sind als das Bindegewebe.) Hieraus müßte eigentlich gefolgert werden, daß eine Relaxation dieser Muskelwülste dem Abpräparieren gleichkommt, so daß auch bei Erschlaffung der Tänien der Dickdarm sich zu einem glatten Rohr strecken müßte. Dann wäre also nicht durch ontogenetisch gehemmtes Längenwachstum der Tänien, sondern durch ihren funktionellen Tonuszustand die Haustrenbildung bedingt. Dies aber erscheint hypothetisch und eine mechanistisch denkende Zeit neigt nicht zum Operieren mit dem Tonus und mit vitalen aktiven Formungen. Und so kommt es, daß Albrecht von Haller von „Ligamenta" sprach, diese jedoch eine beständige Adtraktion ausüben läßt — während heut die „muskulären Tänien" wie tote Bänder das Kolon raffen, weil sie ein für allemal zu kurz seien. Cunningham gibt sogar genau an, die Tänien seien um ein Sechstel kürzer (!) als der Darmteil, zu dem sie gehören; „consequently in order to accomodate the bowel to the length of the taeniae, the gut is tucked up, giving rise to a sacculated condition". Ähnlich drückt sich Testut aus: „La formation de ces bosselures caractéristique du gros intestin, semble être la conséquense de l'inégalité de longueur qui existe entre les bandes musculeuses précitées et le conduit intestinal lui même; en effet, les bandes musculaires étant beaucoup plus courtes que le conduit, celui-ci est naturellement obligé, pour se maintenir dans les limites de ces dernières, de se replier sur lui-même, de se froncer, de se bosseler."

Nun zu unseren Gründen, weshalb wir nicht jene raffende Kürze für definitiv in der Anlage gegeben halten.

Die erste wesentliche Beobachtung in dieser Richtung drängte sich auf, als es mir gemeinsam mit Borchers gelungen war, große Celluloidfenster in die Bauchdecken von Kaninchen durch eine einfache Methode einzuheilen, und die Därme der Tiere nun Wochen und Monate (bis zu einem Vierteljahr) nach dem operativen Eingriff mühelos in ihrer normalen Formung und Bewegung direkt studiert werden konnten. Am Kolon, das uns heut lediglich beschäftigt, zeigten sich nun zwei Arten von Bewegungen unmittelbar jedem Beobachter. Das waren einerseits unregelmäßige Wandlungen, Ausstülpung einzelner Säckchen, Einziehung anderer, dann wieder Teilung vorhandener größerer Haustren, manchmal zu fächerartiger Anordnung, und auch seitliche Hin- und Herschiebungen kamen vor. Wir beschrieben das als „Ausstülp- und Einziehbewegungen" und nannten später die zugehörige unregelmäßige Formung des Kolons: Polymorphe Haustration (v. Bergmann und Katsch, Fig. 2*b*). Sehr viel eigentümlicher und überraschender war uns die zweite Bewegungsform. Ich nannte sie „Haustrenfließen." Man sieht die kleinen Haustren alle in einer Richtung und in gleichem Tempo entlang auf der Taenia libera sich vorwärtsschieben. Es sieht wirklich wie ein Fließen aus. Und da es nicht wirklich die Säckchen selbst sind, die sich seitlich weiterschieben, sondern nur ihre Formen, so ist der Vergleich mit fortschreitenden kleinen Wellen wohl berechtigt (Fig. 1). Es liegt eine sehr wunderbare Ordnung in den Kontraktionsphänomenen, die zu diesem merkwürdigen Spiel des Haustrenfließens führt. Wer es einmal sieht, der kann keinen Zweifel mehr haben, daß hier am Kaninchenkolon die Haustren etwas rein Funktionelles sind, da sie seitlich weiter wandern, unter Kontrolle des Auges; da in jedem Moment andere Ringmuskelfasern sich kontrahierend zu Plicae semilunares werden, andere erschlaffend an der Säckchenbildung sich beteiligen. Wie anatomisch und topisch Fixiertes stehenbleibt im Gegensatz zu diesem Wandern der Haustrensäckchen, das sieht man am klarsten, wenn man eine von den zirkulär verlaufenden Arterien oder Venen ins Auge faßt. Diese bleiben natürlich an ihrem Ort und daher sind sie bald auf einem der Haustren zu sehen, verschwinden dann unsichtbar in der nächsten Plica semilunaris und tauchen alsbald auf dem nächsten nun vorrückenden Haustrum wieder auf. Die Fig. 1 soll in schematischer Weise dieses Verhalten veranschaulichen.

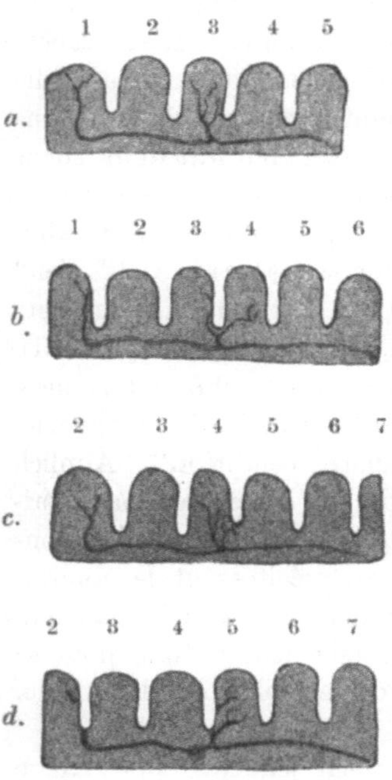

Fig. 1. Haustrenfließen beim Kaninchen (schematisch nach Bauchfensterpausen). Man beachte die Verschiebungen der zirkulär laufenden Blutgefäße. Die Arterie in der Mitte liegt erst auf Haustrum 3, dann 4, dann 5.

Findet das Haustrenfließen am Kaninchenkolon statt, dann ist die Formung eine sehr gleichmäßige, die Haustren sind alle gleich groß. Wir haben das „isomorphe Haustration“ genannt (Fig. 2*a*).

Allein durch die Bewegungsform des Haustrenfließens, die direkt vom Auge zweifelsfrei beobachtet werden kann, ist für das K a n i n c h e n k o l o n ein Zweifel nicht möglich, daß die Haustren etwas rein Funktionelles sind, nicht topisch fixiert, nicht anatomisch präformiert.

Nun kommt auch beim Menschen sowohl die polymorphe, wie die isomorphe Art der Haustrenformung vor. Und an anderer Stelle habe ich eine Anzahl Gründe zusammengestellt, die dafür sprechen, daß ein „Haustrenfließen“ auch beim Menschen vorkommt. Der zwingende Beweis hierfür fehlt freilich. Aber auch ohne daß das Haustrenfließen beim Menschen bewiesen ist, läßt sich der Beweis erbringen, daß am menschlichen Kolon Säckchenbildung und Faltung rein funktionelle Dinge sind, daß jede Stelle Falte oder Säckchen sein kann.

Dies wird dem Beobachter vor dem Röntgenschirme zur vollen Gewißheit, wenn er sieht, wie bei jeder Weitung des Kolons die Haustration

Fig. 2. Kaninchenkolon (halbschematisch nach Umrißpausen durch ein Celluloid-Bauchfenster).

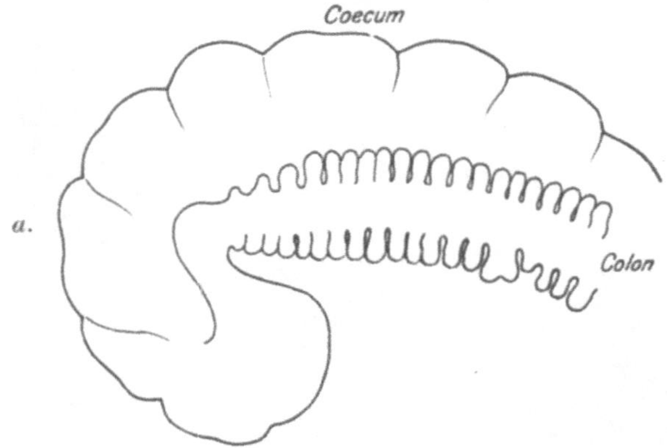

Isomorphe Haustration. Haustrenfließen.

total verschwinden, „verstreichen“ kann. So bei großen, peristaltischen Schüben, die zur lumenlosen Konstriktion breiter Darmteile und zur Weitung anderer führen (vgl. von Bergmann und Lenz). Hier ver-

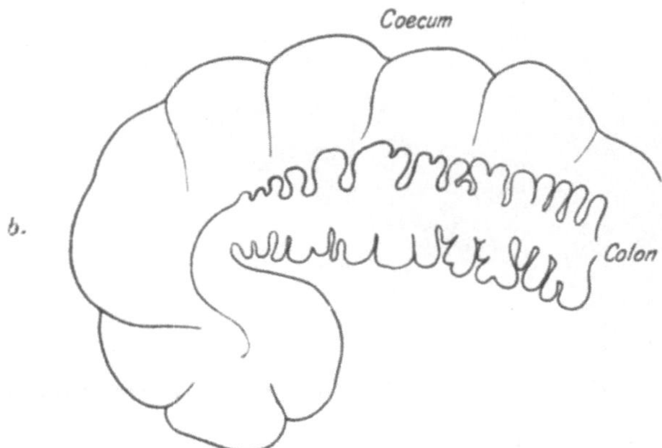

Polymorphe Haustration. Haustrenstülpen.

schwindet die Haustration ohne Abpräparieren der Tänien. Sehr gut sieht man das durch sehr große kontrastgebende Klistiere. Da zeigt sich häufig, wenn man 2 l Wismutbrei als Klysma in den Dickdarm einfließen läßt, zunächst ein fast vollständiges Fehlen der Haustration. Erst allmählich umspannt die Kolonmuskulatur den eingeflossenen

Inhalt fester; dann bilden sich in zunehmender Weise Haustren, dann steigt der Druck im Darminnern und — subjektiv — fallen Stuhldrang und Schmerzsensationen mit diesem Zunehmen des Tonus häufig zu sammen. Im übrigen braucht man nur bei einem paralytischen Ileus nach Eröffnung der Bauchhöhle den Dickdarm zu betrachten, um sich zu überzeugen, daß auch ohne Abpräparieren durch bloßen Tonusnachlaß

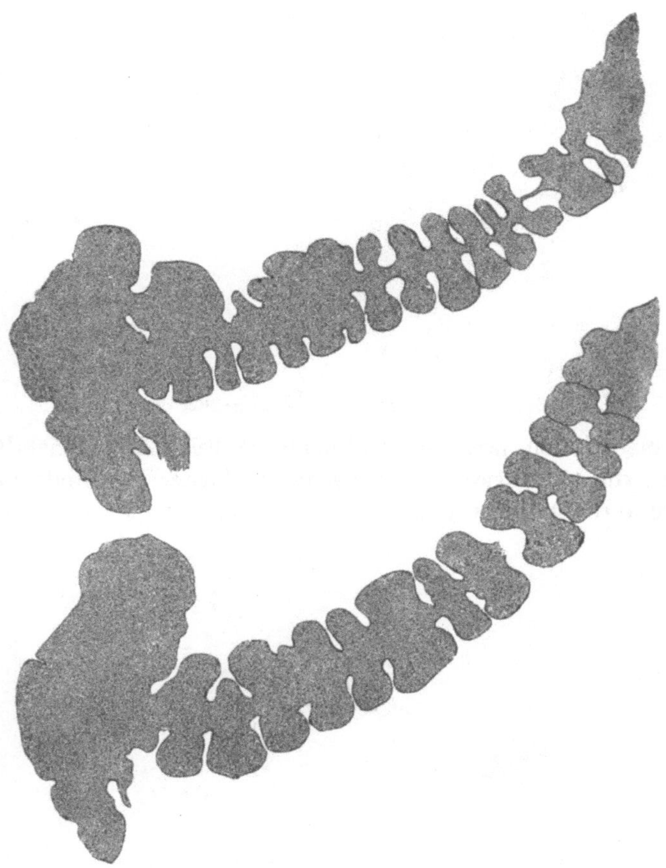

Fig. 3. Fall N. 2 Blitzplatten vom selben Kolon in kurzem Zeitabstand.

der Tänien der Dickdarm zum ungegliederten glatten Rohr werden kann.

Besonders anschaulich traten diese Dinge hervor in Versuchsreihen, in denen wir aufeinanderfolgend denselben Darm röntgenographierten, während er unter Einwirkung verschiedener, stark auf den Muskeltonus einwirkender Alkaloide stand (Physostigmin, Atropin). Hier ging der Tonusänderung eine deutliche Änderung in der Haustration parallel.

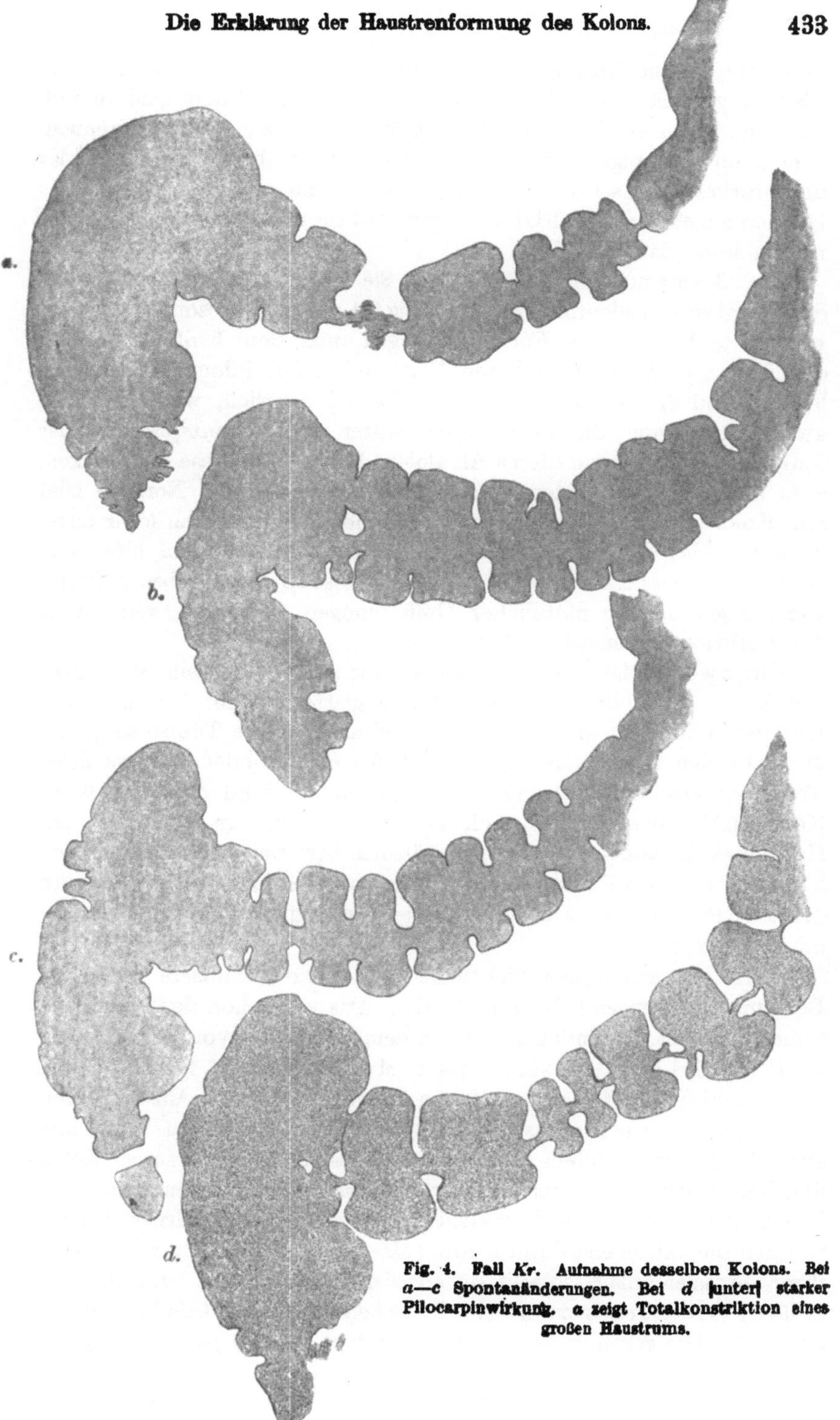

Fig. 4. Fall ***Kr.*** **Aufnahme desselben Kolons. Bei** ***a—c*** **Spontanänderungen. Bei** ***d*** **unter starker Pilocarpinwirkung.** ***a*** **zeigt Totalkonstriktion eines großen Haustrums.**

Wir bringen eine Anzahl von Kolonumrissen, die genau nach Röntgenplatten gepaust sind. Solche Platten vom selben Darm sind in teilweise ganz kurzen Zeitabständen (10 Minuten) voneinander gewonnen. Wer auch nur einige dieser Beispiele aufmerksam betrachtet, wird klar den starken Wechsel der Formungen sehen und mir zugeben, daß die Haustren nichts topisch Fixiertes sind, daß sie mit Kontraktionsphänomenen kommen und gehen.

Fig. 3—6 sind Beispiele hierfür. Sie zeigen sowohl den Wandel, den spontan die Kolonform erleidet (Fig. 3), wie auch besonders die sehr starken und plötzlichen Formänderungen unter dem Einfluß von dem den Tonus steigernden und den Vagus reizenden Pilocarpin (Fig. 4*d*, Fig. 5*c* und *d*). Andererseits macht Fig. 6*b* deutlich, wie unter Wirkung von Atropin die Formungen sanfter werden, entsprechend der tonuslösenden Wirkung dieses Alkaloids. Wenn auch diese sehr starken, aufs äußerste gesteigerten Formänderungen nicht das Normale sind am Kolon, sondern eine pharmakologische Ursache haben (oder unter pathologischen Verhältnissen auftreten), so kommt es uns hier ja in erster Linie darauf an, die Möglichkeit selbst so übertriebener Formänderungen und so plötzlicher Umformungen zu zeigen, weil daraus der funktionelle Charakter hervorgeht.

Ein zweiter Grund, auf den wir uns stützen, ist ein physiologischer: Wir können uns schlechthin glatte Muskulatur ohne contractile Funktionen nicht vorstellen. Wenn aber die Tänien als glatte Muskeln sich kontrahieren und erschlaffen können oder wenn sie ihren Tonus ändern, so ändert sich damit ihre Länge. Und dann muß der Konstruktion des Organes nach eine Faltung und ein Ausstülpen des Hohlmuskelschlauches in den intertänialen Streifen zustande kommen. Es muß unter dem Einfluß solcher funktionellen Längenänderung der Tänien die Haustration mindestens quantitativ gemehrt oder gemindert werden.

Auch entwicklungsgeschichtliche Daten stützen unsere Annahme. Bei jungen Föten fehlt die Haustration. Das war schon den alten Anatomen bekannt. Es findet sich, nach dem Handbuch von Keibel und Mall (Artikel von Grosser, Lewis, Murrich) zuerst nur eine Ringmuskelschicht bei Föten von 42 mm Länge Die ersten Anzeichen von der Bildung einer Längsmuskelschicht treten bei einem Foetus von 75 mm auf. Und erst nachdem die Längsmuskelschicht am ganzen Kolon deutlich geworden ist, erst dann tritt am Ende des fünften Monats die Haustration auf. Diese Verhältnisse erwecken den Eindruck, als gewännen die Tänien erst dann Einfluß als raffende Bänder, wenn sie nach ihrer formalen Anlage so weit differenziert sind, daß sie wirklich muskulären vitalen Tonus erwerben. Tonus heißt ja doch vitale Verkürzung eines Gebildes gegen seine der Anlage entsprechende passive Länge.

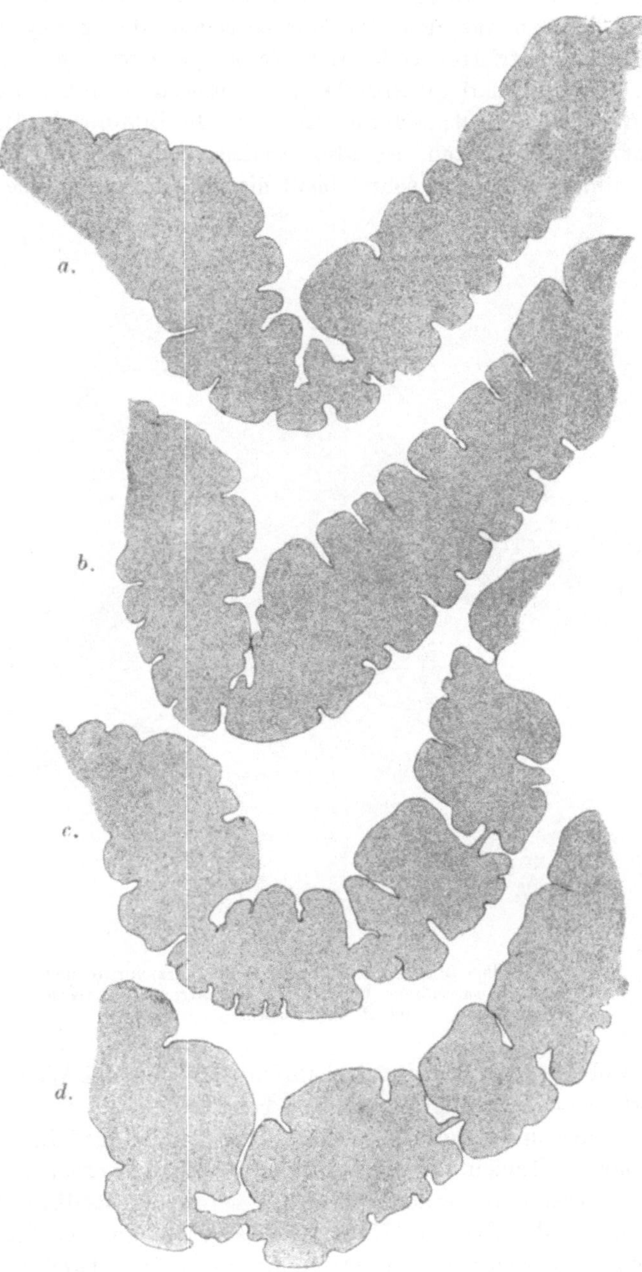

Fig. 5. **Fall** *Ahr.* Formwandlungen **desselben Kolons** innerhalb **35 Minuten. Bei** *a.* **und** *b.* zunehmende **Atropinwirkung (1 mgr). Bei** *c.* **und** *d.* **zunehmende** Pilocarpinwirkung (3 **centigr). Röntgenblitzplatten.**

Diesen Befunden an Embryonen steht nun freilich eine Beobachtung von Hess-Taysen aus neuester Zeit entgegen, der zufolge Tänien „nicht in den haustrierten Teilen der Cola der jüngeren Föten gefunden wurden". Daraufhin und auf Grund mehrerer Erwägungen kommt Hess-Thaysen zu dem Schluß: „Ob die Tänien für die Bildung der Haustren überhaupt etwas bedeuten, ist also zweifelhaft." Seine Embryonalbefunde würden in der Tat sehr lebhaft hierfür sprechen. Eine Untersuchung weiterer Föten scheint deshalb, auch wegen des Widerspruchs gegen andere Beobachtungen, dringend erforderlich.

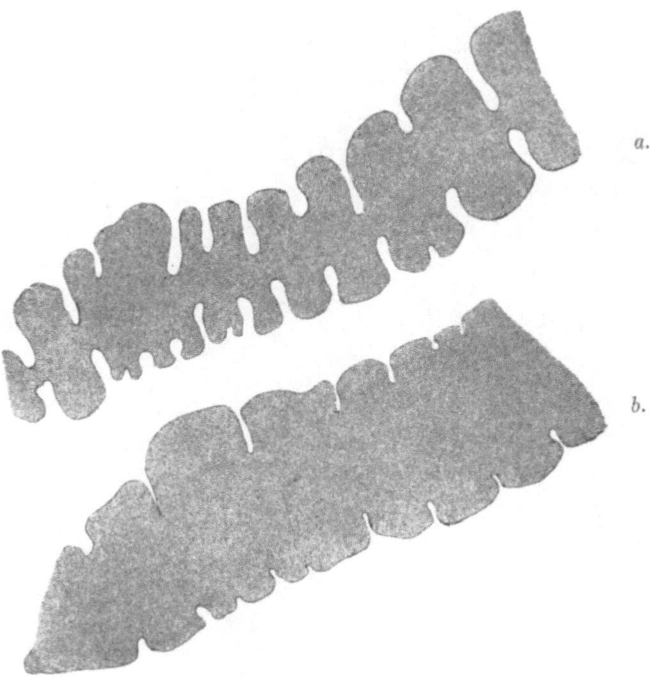

Fig. 6. Fall *Ah*. Dasselbe menschliche Kolon kurz vor (*a*) und kurz nach (*b*) subcutaner Einspritzung von Atropin. Gepaust nach Röntgenplatten.

Wir möchten uns durch diesen Fötalbefund nicht für überzeugt erklären. Daß die Tänien für die Haustrenbildung überhaupt nichts bedeuten, scheint uns schon strukturell schwer vorstellbar. Und es bleibt doch auffällig, daß eine Haustration sich nur an den Dickdarmteilen zeigt, die Tänien besitzen: Das „Intestinum fasciatum" von Vicq d' Azyr ist zugleich das „Intestinum haustratum"; dies Zusammentreffen allein ist doch bedeutsam! Und wo analwärts die Längsmuskelfasern zu einer gleichmäßigen, zirkulären Schicht auseinanderlaufen, hört auch die Haustrenbildung auf. Ja es gibt gerade in dieser unteren Beendigung der Tänien und Haustren zweifellos individuelle Unterschiede.

Endlich gibt in gleichem Sinne wie dieses letzte Argument eine vergleichend anatomische Beobachtung zu denken. Ich habe seinerzeit mit Herrn Oberveterinär Christian bei Hagenbeck in Stellingen öfters Tierkadaver zerschnitten. Dabei wurde ich mit dem sehr eigentümlichen Magen des Känguruhs bekannt. Bei diesem sind in der caudalen Hälfte des Magens die Längsmuskelfasern zu zwei tänienartigen Wülsten gesammelt, die sich makroskopisch sehr deutlich abheben. Und dieser Känguruhmagen ist haustriert — so daß er von vorn ganz wie ein Teil des Colon transversum aussieht. Hiernach scheint mir doch ein Zusammenhang zwischen der Faltung, der Haustration eines Hohlmuskelschlauchs und der Trennung seiner Längsmuskelschicht in einzelne kräftige Wülste strukturell gegeben. Auch hier aber ist die Faltung eine funktionelle, durch Dehnung des Magens kann man sie zum Verstreichen bringen. Ebenso durch Abpräparieren dieser „Magentänien".

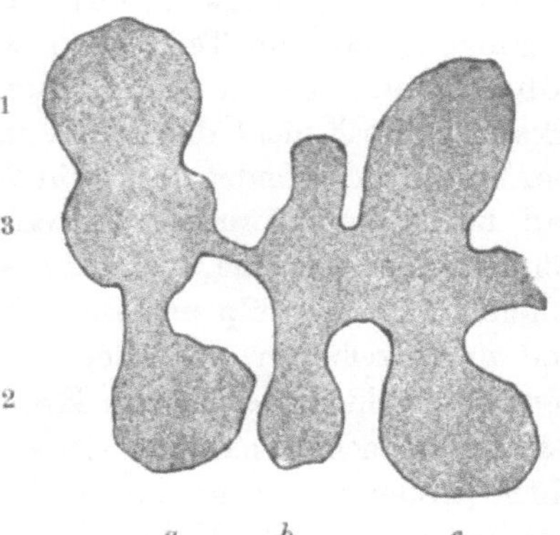

Fig. 7. Haustren mit Kolbenform. Röntgenogrammpause vom Menschen.

Auch die Tatsache, daß die einzelnen Haustren oft an ihrer Basis schmaler sind als an ihren freien Enden scheint uns übrigens durch Tätigkeit der Längsmuskulatur bedingt und anders schwer erklärbar (Fig. 4*d*, 7, 5*d*). In Fig. 7 finden sich Beispiele solcher kolbigen Formung. Dabei ist besonders die Haustrengruppe links im Bilde interessant (a). Man erkennt dort auch das dritte, nach hinten ragende Säckchen (3).

Eine isolierte Kontraktion der Tänien anzunehmen ist kein unmöglicher Gedanke und wir glauben, daß bei Umlagerung des Querkolons der „Tänientonus" eine große Rolle spielt. Eine solche isolierte Konstriktion der Tänien würde natürlich deren „Kürze" im Verhältnis zur Länge des Ringmuskelschlauchs verstärken und letzteren zwingen, sich zu falten.

Es ist aber unnötig, eine isolierte Verkürzung der Tänien in allen Fällen anzunehmen: Bei der Kontraktion oder Tonussteigerung des gesamten Kolons verkürzt sich auch die Länge der Tänien, während der Ringmuskelschlauch länger werden muß durch Zusammenschieben seiner Muskelfasern. Infolgesessen steigert sich das Mißverhältnis in den Längen zwischen Ringmuskelschlauch und Längsbändern, und infolgedessen wird der Hohlzylinder da, wo er von Längsmuskulatur nicht umspannt wird, ausweichen und sich falten — haustrieren.

Wir nehmen also an, daß die Sammlung der Längsmuskulatur des Kolons zu Tänien die strukturelle Vorbedingung für die Bildung der Haustra ist. Und die Kürze der Tänien, die die Formdifferenzierung effektiv werden läßt, erscheint als etwas Tonisches, Variables, rein Funktionelles. Hierzu steht wohl kaum im Widerspruch, daß das Kolon des normalen ausgebildeten Individuums fast stets haustriert sich darstellt.

Die feineren Einzelheiten in der Haustration, die unendlich mannigfaltige Fülle der einzelnen Formungen, werden erzeugt durch die Tätigkeit der Ringmuskulatur. Die sehr bunten Formen dieser Bewegungen sind zum Teil schon weiter zurückliegend von Gottwald Schwarz und Kästle und Brügel beschrieben worden. Diese Autoren erkannten noch nicht das rein Funktionelle der Kolonfalten, wie es sich hier ergab. Man findet dort kein Widersprechen gegen die Anschauung, daß die halbmondförmigen Falten zwar verstreichen und verschwinden können, aber wenn sie auftreten, stets an denselben Stellen wieder erscheinen. Die Ausstülp- und Einziehbewegungen usw. finden sich bestätigt und in Einzelheiten, vor allem auch zeitlich, noch genauer studiert in den Beobachtungsserien von Hess-Thaysen, der meine Ansicht vom rein funktionellen Charakter der Plicae semilunares energisch bekräftigt. Noch größeres Gewicht möchte ich gelegt wissen auf das gelegentliche seitliche Wandern der Kolonfalten. Das ist an Plattenserien mit minutenlangen Abständen nicht so gut zu erkennen wie beim ununterbrochenen Anschauen der Kolonbewegung durch das Bauchfenster, so wie ich es nicht nur am Kaninchen, sondern auch am Rhesusaffen beobachten konnte, dessen Kolon ja wie das aller Kurzkopfaffen dem menschlichen recht ähnlich ist. Einige innerhalb von 23 Minuten nacheinander gewonnene Umrißpausen eines kurzen Kolonstückes von diesem Affen zeigt Fig. 8, aus der die große Variabilität und das Funktionelle der Haustrenformung wohl zweifelsfrei hervorgeht. Besser als eine Beschreibung mit vielen Einzelheiten lehrt wohl ein Blick auf diese so außerordentlich sich wandelnden Formungen desselben kleinen Kolonbezirkes, ein wie reiches Formenspiel hier durch die Tätigkeit der Ringmuskelfasern erzeugt wird.

Nur eingeschaltet und angedeutet sei hier die Bemerkung, daß auch die Lagerung ganzer Kolonteile lediglich unter dem Einfluß von Kontraktions- und Tonusphänomenen funktionell sich ändert. So kann ein Typhlon, das gestern tief stand, heute gehoben erscheinen. So verläuft ein Querkolon gestreckt von rechts nach links, und wenige Minuten später hängt es girlandenartig in einem Bogen in der Mitte tief herunter, weil der Tänientonus nachgelassen hat; es erscheint ptotisch, wie man früher sagte. In dieser Art kann sich funktionell in jedem Fall eine „Koloptose" ausbilden und wieder verschwinden. Selbst der Tonus der Ligamente, die ja glatte Muskelfasern enthalten, scheint manchmal Schwankungen aufzuweisen. Ein sehr frappierendes Beispiel dafür ist mit Abbildungen in meiner Arbeit über den menschlichen Darm bei pharmakologischer Beeinflussung seiner Innervation in den Fortschritten für Röntgenstrahlen besprochen.

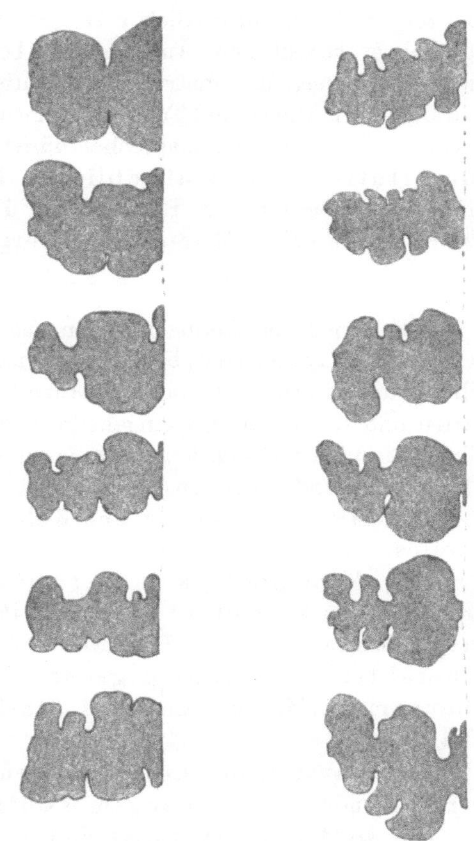

Fig. 8. Dasselbe Kolonstück eines Rhesusaffen 9 Tage nach Bauchfensteroperation Direkte Umrißpausen in kurzen Abständen während insgesamt 23 Minuten.

Daß diese geänderten Vorstellungen über den Dickdarm von Einfluß sind und sein müssen für die Darmpathologie, daß neue Forschungsaufgaben sich darbieten für die Deutung und Behandlung der unzähligen funktionellen Darmleiden, daß gerade die sich ergebende Abhängigkeit der Formzustände und Bewegungsvorgänge des Kolons von Einwirkungen des vegetativen Nervensystems für die Klinik von erheblicher Wichtigkeit ist, das alles sei an dieser Stelle nur berührt. Engstes Zusammenarbeiten von anatomischem und klinischem Suchen muß auf diesem Gebiet von ganz besonderer Förderlichkeit sein.

Form und Bewegung in der Beschreibung zu trennen — das wird bei einem in der Gestalt so unstabilen, so beständig sich wandelnden Organ wie dem Kolon immer weniger möglich. Zu dieser Erkenntnis drängt uns die Beobachtung des Dickdarms im lebenden unverletzten Körper. Von einer rein statischen Morphologie müssen wir uns hier erheben zu einer morphologischen Kinetik, einer Kenntnis der normalerweise sich folgenden und sich ablösenden Formzustände, des Spielraums der normalen wechselnden Formungen. — Zudem gelingt es, zu zeigen, daß ein wesentlicher Teil der formalen Verhältnisse am Kolon und ihrer beweglichen Änderlichkeit bedingt wird durch die strukturelle Anordnung, die konstruktive Eigentümlichkeit des Organs und durch vitale Kontraktions- und Tonusphänomene. So daß man von einer Dynamik der Kolonform wird sprechen dürfen. Es führt so ein Weg von der statischen unmaßgeblichen Betrachtung einer zufälligen, postmortalen Ruhephase über eine formale Kinetik zur dynamischen Morphologie dergleichen unstarrer Organe.

Auf Grund von Beobachtungen und Untersuchungen menschlicher Cola mit Röntgenplatten, besonders bei pharmakologischer Beeinflussung ihrer motorischen Funktion, auf Grund ferner von Befunden an Rhesusaffen und Kaninchen mit eingeheiltem experimentellem Celluloidbauchfenster, auf Grund endlich einer Parallele zum haustrierten Magen des Känguruhs ergibt sich uns:

Die Haustrenbildung des Kolons ist etwas rein Funktionelles.

Der Mannigfaltigkeit der funktionell sich wandelnden Formungen am Kolon, der Vielheit seiner Bewegungen steht als Stabiles und als Einheit der eigentümliche Strukturcharakter des Organs gegenüber. Es ist die Sammlung der Längsmuskelfasern zu drei starken Muskelwülsten, den Tänien.

Die Haustrenbildung wird strukturell ermöglicht durch diese Sammlung der Längsmuskelfasern zu einzelnen Tänien.

Sie wird effektiv nicht dadurch, daß, wie die bisherige Theorie besagte, die Tänien in ihrer Anlage kürzer sind als der Länge des Ringmuskelschlauches oder seiner Achse entspricht, sondern durch reversible Tonus- und Kontraktionsphänomene der Muskulatur. Die Tänien sind durch ihren Tonus kürzer als der Ringmuskelschlauch.

Die Einzelheiten der Haustrenformungen, ihre Ausstülp- und Einziehbewegungen, ihre seitlichen Verschiebungen, ihre Teilungen, kommen zustande durch die Tätigkeit der Ringmuskelfasern des Kolons.

Marburg, August 1917.

Literaturverzeichnis.

von Bergmann, Die Röntgenuntersuchung des Magens in: Spezielle Pathologie und Therapie Innerer Krankh. von Kraus-Brugsch.
— u. Katsch, Deutsche med. Wochenschr. 1913, Nr. 4.
— u. Lenz, Deutsche med. Wochenschr. 1911, Nr. 31.
Cunningham, Text Book of Anatomy 1902.
Forssell, Über die Beziehungen der Röntgenbilder des Magens zu seinem anatomischen Bau. Hamburg, Gräfe und Sillem, 1913.
von Haller, Elementa Physiologiae. Lausanne MDCCLXXVIII.
Hess Thaysen, Über den Bau und die Entstehung der Haustra Coli. Anatomische Hefte **54**. 1916.
Kästle u. Brügel, Münch. med. Wochenschr. 1912, S. 446.
Katsch, Der menschliche Darm bei pharmakologischer Beeinflussung seiner Innervation. Fortschritte auf dem Gebiete der Röntgenstrahlen **21**, 159.
— Über die Natur und die Bewegungen der Kolonhaustren. Ebenda **21**, 189.
— u. Borchers, Das experimentelle Bauchfenster. Zeitschr. f. experim. Pathol. u. Ther. 1912.
— — Über physikalische Beeinflussung der Darmbewegungen. Ebenda 1912.
Keibel u. Mall, Handbuch der Entwicklungsgeschichte, Leipzig 1911.
Merkel, Friedr., Die Anatomie des Menschen. Vierte Abteilung: Eingeweidelehre. Wiesbaden, von Bergmann, 1915.
Rauber-Kopsch, Anatomie des Menschen. Leipzig 1914.
Rüdinger, Topogr.-chirurg. Anatomie des Menschen. Stuttgart 1873.
Testut, Traité d'Anatomie. Paris. Tome IV.

Über den Termin der Eibefruchtung beim Menschen.[1])

Von

Prof. Dr. **W. Zangemeister**, Marburg.

Mit 3 Textfiguren.

Als Beginn der Schwangerschaft muß derjenige Augenblick gelten, in dem die Eizelle befruchtet wird. Von diesem Moment ab birgt der weibliche Organismus das wachsende Ei in sich. Wenn von gynäkologischer Seite[2]) als Schwangerschaftsbeginn der Augenblick der Einnistung des Eies definiert worden ist, so ist das willkürlich und verursacht unnötige Schwierigkeiten. Denn dadurch entstehen Unterschiede im Alter der Schwangerschaft und des Eies, die zu Mißverständnissen führen. Wir wissen, daß von der Befruchtung der Eizelle bis zur Einnistung des Eies ein nicht unerheblicher Zeitraum vergeht, etwa 1 Woche.

Für die Ermittlung der wahren Schwangerschaftsdauer ist es naturgemäß von großer Wichtigkeit, den Termin des Schwangerschaftsbeginns zu kennen. Bisher befanden wir uns hierüber ziemlich im unklaren. Der Zeitpunkt der Eibefruchtung läßt sich einzig und allein an sehr früh zur Unterbrechung kommenden Schwangerschaften durch embryologische Schätzung des Eialters feststellen. Indem wir diesen Zeitpunkt gegenüber einem anderen Termin bestimmen, welcher auch bei weitergehenden Schwangerschaften wenigstens in den meisten Fällen mit einer gewissen Sicherheit zu ermitteln ist, nämlich gegenüber dem Beginn der letzten Menstruation, sind wir in der Lage, die durchschnittliche Dauer der wahren Schwangerschaft zu berechnen.

Ich habe seinerzeit gezeigt, daß die embryologische Altersschätzung annähernd richtig sein muß, da die Größenmaße junger Eier unter Berücksichtigung ihres embryologischen Alters in eine Kurve fallen[3]), während dies z. B. unter Berücksichtigung der seit der letzten Menstruation verflossenen Zeit keineswegs der Fall ist. Wir sind nun durch Anlegen einer Interpolationskurve in der Lage, kleine Fehler der embryologischen Altersbestimmung zu korrigieren. Aus einer solchen Kurve ergibt sich die Möglichkeit, für jede Ei- resp. Embryogröße das Alter abzulesen.

---

[1]) Die Arbeit erscheint ausführlich im Archiv f. Gynäkol. Bd. **107**, S. 405. („Über die Schwangerschaftsdauer und die Fruchtentwicklung").

[2]) L. Fraenkel, Liepmanns Handbuch der gesamten Frauenheilkunde III, S. 68.

[3]) Verhandl. d. D. Ges. f. Gyn. 1913, **2**, 210. — Siehe auch Fig. 1 und 2.

Bekanntlich hat auch His (Anatomie menschlicher Embryonen, Leipzig 1882 II. S. 86) die Embryogröße für die Altersbestimmung, wenn auch nicht in der hier geschilderten Art, verwandt.

Bringt man nun die aus dem Alter der Eier hervorgehenden Termine der Eiimprägnation rechnerisch oder graphisch in Beziehung zur letzten Menstruation, so ergibt sich, daß die Eibefruchtung meist um den 16. bis 24. Tag nach Beginn der Menstruation erfolgt, und zwar fällt das Maximum auf den 16. Tag.

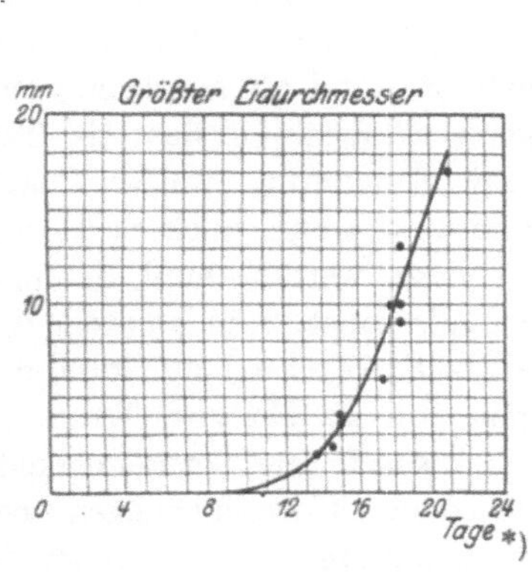

Fig. 1.

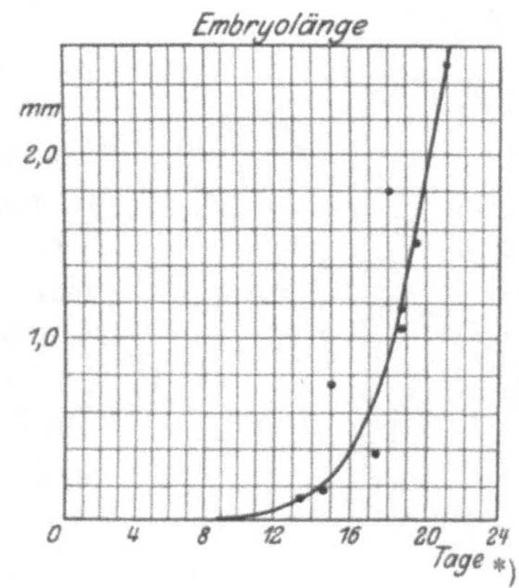

Fig. 2.

*) (Embryol. geschätztes Alter.)

Tabelle der zugrunde gelegten jungen Eier.

Fall:	Ei-Alter: nach dem Eidurchmesser.[1]) Tage	nach der Embryolänge[1]) Tage	embryologisch geschätzt Tage	danach im Mittel Tage	Eialter n. d. letzten Menstruation Tage	Imprägn. n. d. letzt. Menstruation Tage	Das ist der ... te Tag p.[menstr.
Bryce-Teacher . . .	13,8	14,0	13,5	13,8	38	24,2	25.
Peters	14,2	14,4	14,5	14,4	30	15,6	16.
Jung	—	—	15,0	15,0	32	17,0	18.
Beneke-Strahl . . .	15,2	17,5	15,0	15,9	25	9,1	10.
Merttens	15,3	—	15,0	15,2	21	5,8	6.
Spee-Herff	16,4	15,7	17,5	16,5	40	23,5	24.
Leopold	16,4	—	17,5	17,0	15	2,0[2])	2.[2])
Rossi-Doria	17,8	—	18,5	18,2	28	9,8	10.
Eternod	18,1	18,3	18,5	18,3	34	15,7	16.
Grosser	18,1	19,8	18,0	18,6	37	18,4	18.
Frassi	19,2	18,6	18,5	18,8	42	23,2	24.
Spee-Glaevecke . .	—	19,4	19,5	19,5	40	20,5	21.
Zangemeister . . .	20,6	21,0	21,0	20,9	40	19,1	20.
Im Mittel	16,8	17,6	17,1	17,1	32,5	15,4	16.

[1]) Bestimmung des Alters nach den von mir angelegten Kurven.
[2]) Vor der letzten Menstruation!

Triepel[1]) stützt sich bei der Ermittlung der Schwangerschaftsdauer auf den Zeitpunkt der Ovulation, indem er den Zeitabstand derselben von der letzten Menstruation von dem Alter junger Eier p. menstr. in Abzug bringt. Theoretisch ist diese Art der Berechnung unrichtig, da der Zeitraum vom Austritt des Eies aus dem Follikel bis zu seiner Befruchtung außer acht gelassen wird. Praktisch trifft sie aber durchschnittlich nahezu das Richtige, weil dieser Zeitabstand offenbar meist ein sehr kleiner ist. Triepel fand eine bemerkenswerte Übereinstimmung des also berechneten Eialters mit demjenigen, welches die embryologische Bestimmung ergab. Er fand als mittleren Wert des Schwangerschaftsbeginns den 18. Tag p. menstr., ein Zeitpunkt, welcher nach Triepel „um etwas, wenn auch nicht um viel" zurück verlegt werden muß, da man den mittleren Ovulationstermin an Stelle des 18.—19. Tages (L. Fraenkel) auf Grund der Untersuchungen von R. Meyer, Ruge II und Schröder etwas früher anzusetzen hat. Aus den verschiedenen Untersuchungen über den Ovulationstermin ergibt sich, daß der Eiaustritt am häufigsten um den 15.—16. Tag p. menstr. erfolgt. Bringen wir diese Korrektur an dem von Triepel ermittelten Zeitpunkt für die Eiimprägnation in Rechnung, so kommen wir auf den 15. Tag, also auf einen dem von mir berechneten sehr nahe gelegenen Termin.

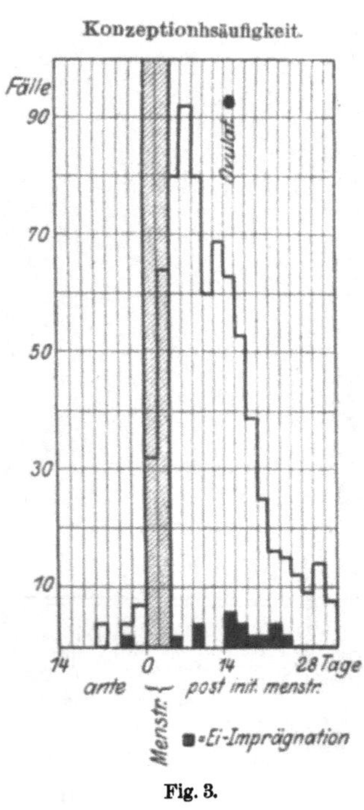

Fig. 3.

Aus der Tabelle und der unten angeführten Kurve geht aber hervor, daß die Eiimprägnation offenbar auch zu jedem anderen Zeitpunkt des Menstruationszyklus erfolgen kann, — wenn man den Fall von Leopold anerkennt, sogar kurz vor der in normaler Stärke eingetretenen letzten Menstruation. Es gehört danach eine gewisse Eientwicklung, vielleicht auch der Beginn der Eieinnistung dazu, um die Menstruation zu blockieren. (Daß die Anwesenheit des Eies im Uterus hierzu nicht nötig ist, beweisen die Erfahrungen bei Tubargravidität.)

Die Tatsache, daß eine Eibefruchtung jederzeit eintreten kann, läßt sich nur so erklären, daß entweder auch die Ovulation, wenngleich sie meist an einen bestimmten Termin des Menstruationszyklus gebunden sein mag, zu jedem beliebigen Zeitpunkt eintreten kann,

[1]) Anat. Anzeiger, Bd. 48. S. 133.

oder daß (bei ausschließlich periodisch auftretender Ovulation) das Ei der vorhergehenden Ovulationsperiode eine mehr oder weniger lange Zeit, und zwar über die nachfolgende Menstruation hinaus, befruchtungsfähig in der Tube verbleibt.

Auf Grund der Untersuchungen über die Corpus luteum-Bildung stehen die meisten neueren Autoren auf dem Standpunkt, daß die Ovulation nur in einem engbegrenzten Zeitraum des Intermenstruums erfolgen kann. Ich halte es aber nicht für ausgeschlossen, besonders im Hinblick auf die Untersuchungen Leopolds, daß die Ovulation — trotz der Cyklotypie der Corpusluteumbildung — jederzeit vor sich gehen kann, und daß lediglich die Bildung eines typischen Corpus luteum an bestimmte Phasen des Intermenstruums gebunden ist. Zu dieser Annahme wird man um so mehr gedrängt, als berechtigte Zweifel vorhanden sind, an eine lange Lebensdauer des einmal ausgetretenen Eies zu glauben[1]). Auch meine Berechnungen über die Schwangerschaftsdauer p. concept., d. h. nach der zur Befruchtung des Eies führenden Kohabitation, sprechen in diesem Sinne. Denn die Schwangerschaftsdauer p. concept. ist um so länger, je früher die Konzeption (im Vergleich zur letzten Menstruation) erfolgt. Da die wahre Schwangerschaftsdauer (von der Eibefruchtung bis zur Geburt eines reifen Kindes) bei größeren Serien durchschnittlich stets die gleiche sein muß, so läßt sich diese Tatsache nur dahingehend auslegen, daß bei Frühkonzeptionen von der Konzeption bis zur Eibefruchtung i. D. ein längerer Zeitraum verstreicht als bei Spätkonzeptionen, daß mithin das Sperma hier längere Zeit auf den Eiaustritt warten muß. Auf Grund der Annahme, daß bei allen Eibefruchtungen vor dem 15. Tag p. menstr. das Ei der vorhergehenden Ovulationsperiode befruchtungsfähig in der Tube verbleibt, lassen sich die eben beschriebenen Unterschiede in der Schwangerschaftsdauer p. concept. hingegen nicht erklären.

Den Konzeptionstermin habe ich aus 675 Fällen der Literatur bestimmt. Es ergab sich, wie die Konzeptionskurve (Fig. 3) zeigt, daß das Maximum der Konzeptionen auf den 7.—8. Tag p. menstr. fällt. Die überwiegende Mehrzahl der Konzeptionen ereignet sich in der ersten Hälfte des Intermenstruums; sie können aber zu jeder Zeit erfolgen, auch intra- und antemenstruell. Die Berechnung ergab: antemenstruelle Konzeptionen 3%, intramenstruelle Konzeptionen 15%, postmenstruelle Konzeptionen 82%.

Teilt man die Fälle in einzelne Zeiträume ein, so ergeben sich die folgenden Mittelwerte für die Schwangerschaftsdauer p. concept. Unter gleichzeitiger Berücksichtigung der Schwangerschaftsdauer p. menstr. und der wahren Schwangerschaftsdauer (264,1 Tage) lassen sich auch die Termine der Eibefruchtung durchschnittlich berechnen.

---

[1]) Vgl. His, l. c. I. S. 167.

Konzeption:	Antemenmenstruell Tage	intramenstruell Tage	5.—11. Tag p. menstr. Tage	12.—18. Tag p.menstruell Tage	19.—25. Tag p. menstr. Tage
Fälle:	15	68	182	158	66
Schwangerschaftsdauer p. concept	279,2	276,0	272,1	268,5	263,8
Schwangerschaftsdauer p. menstr.	275,6	278,9	280,1	283,5	285,0
Konzeptionstag .	3,6 a. m.	2,9 p. m.	8,0 p. m.	15,0 p. m.	21,2 p. m.
Imprägnation . .	11,5 p. m.	14,8 p. m.	16,1 p. m.	19,4 p. m.	20,9 p. m.

Auch hieraus ergibt sich, daß die Eiimprägnation hauptsächlich in der zweiten Hälfte des Intermenstrualraumes stattfindet. Es zeigt sich, daß bei Frühkonzeptionen auch die Eiimprägnation im Durchschnitt früher erfolgt als bei Spätkonzeptionen[1]).

[1]) Weitere Einzelheiten sind aus meiner Arbeit im Arch. f. Gynäkol. zu ersehen.

Anatomisch-physiologische Beobachtungen an plastischen Amputationsstümpfen.

Von
Prof. Dr. **F. Sauerbruch.**
(Aus der Chirurgischen Universitätsklinik Zürich und dem Reservelazarett Singen.)

Mit 16 Textfiguren.

Die allgemeine Einführung willkürlich bewegbarer Ersatzglieder für unsere Kriegsamputierten darf heute als gesichert gelten. Die Arbeiten im Reservelazarett Singen von Stadler und mir haben den endgültigen Beweis erbracht, daß die chirurgische Umbildung eines Amputationsstumpfes zur Herstellung brauchbarer lebender Kraftquellen möglich ist. Weiter entstanden in der dortigen Versuchswerkstätte zweckmäßige Konstruktionen von Prothesen die durch Antrieb solcher lebenden Kraftquellen die wichtigsten mechanischen Funktionen der Hand nachzuahmen vermögen. Wie im einzelnen das chirurgische Vorgehen sich gestaltet, ist in früheren Arbeiten ausführlich beschrieben.

Das Ergebnis der chirurgischen Umgestaltung der Amputationsstümpfe geht aus nebenstehenden Bildern hervor. Die Muskulatur der Amputationsstümpfe wird durch geeignete Vorbehandlung beweglich gemacht, dann wird durch den Muskel senkrecht zu seiner Längsachse, ein Kanal gelegt, der mit Haut allseitig ausgekleidet wird. Auf diese Weise wird es möglich, den „Kraftkanal" mit einem Elfenbeinstift zu armieren, der die Kraft des Muskels bei der Verkürzung auf die Maschine des künstlichen Gliedes übertragen kann (Fig. 1 und 2).

Die Lösung der technischen Aufgabe zweckmäßiger Konstruktionen der Prothese wird in Ergänzung zu unserer ersten Arbeit demnächst ausführlich veröffentlicht werden. In Fig. 3—12 sind Ober- und Unterarmamputierte mit willkürlich bewegbaren Gliedern dargestellt (Fig. 5—12).

Willkürlich bewegbare künstliche Prothesen bleiben Ersatzglieder. Ein Vergleich ihrer Verrichtungen mit den Gesamtleistungen der normalen Hand ist unangebracht. Alle die feinen Wechselbeziehungen zwischen der lebenden Hand und dem Gesamtorganismus durch das periphere und zentrale Nervensystem fallen fort. Kein Ersatzglied kann dem Invaliden normales Fühlen und normale Empfindung vermitteln. Lagegefühl, körperliches Erkennen, Muskelsinn und die Beziehungen, die man unter dem Namen der Koordination zusammenfaßt, sind dem Invaliden nur mit Einschränkung möglich. Ja, selbst die rein mechanischen Leistungen der lebenden Hand können nur teilweise nachgeahmt werden. Die lebende Hand hat für das Spiel ihrer Bewegungen eine Unzahl von Kräften zur Verfügung, die einzeln und in geschickter Verbindung miteinander wirken können. Der künstlichen Hand fehlt diese Vielseitigkeit. Viel

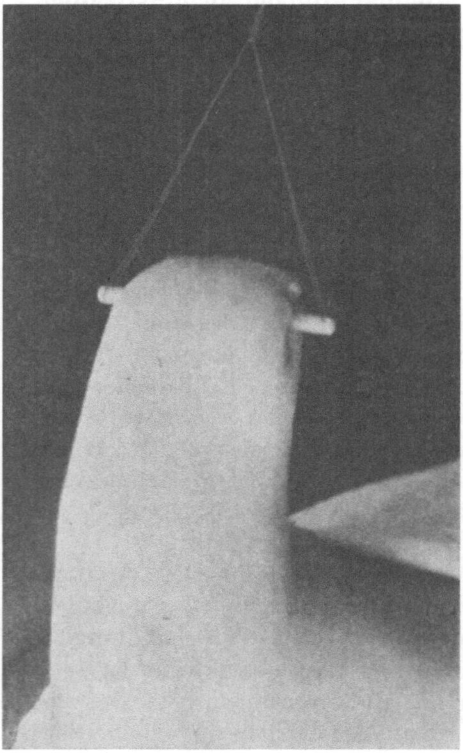

Fig. 1.
Plastisch umgewandelter Oberarmstumpf.

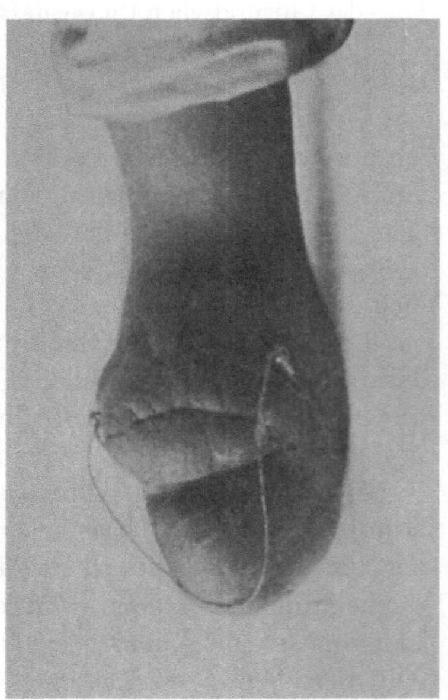

Fig. 2.
Plastisch umgewandelter Unterarmstumpf.

ist erreicht, wenn sie ein willkürliches, zuverlässiges Halten der im täglichen Leben und im Beruf notwendigen Gegenstände ermöglicht.

Für Kopfarbeiter, deren Arm unterhalb des Ellenbogengelenkes abgesetzt ist, ist ein befriedigendes Ergebnis bereits erreicht. Für die anderen Berufsklassen sind die Vorarbeiten so weit fortgeschritten, daß man mit Zuversicht eine praktisch brauchbare Lösung erwarten darf. Es empfiehlt sich, Einzelheiten über diese Tatsachen in den früheren Arbeiten nachzulesen.

Es mag erwähnt werden, daß heute schon eine große Zahl von Kriegsamputierten mit willkürlich bewegbaren Ersatzgliedern ausgestattet ist und beachtenswerte Leistungen mit ihnen vollbringt.

Fig. 3.

Fig. 3—7: Verschiedene Verrichtungen eines Unterarmamputierten mit seiner willkürlich bewegbaren künstlichen Hand.

Bei der Gestaltung dieses praktischen Zieles haben einige anatomisch-physiologische Beobachtungen bei unseren Amputierten Bedeutung erlangt. Sie haben die chirurgische Arbeit weitgehend beeinflußt und werden ohne Zweifel für die anatomisch-physiologische Forschung anregend wirken.

Grundlegende anatomische Unterschiede in der Länge und in der Form der einzelnen Stümpfe sind dem Chirurgen bekannt. Es ist das Verdienst der Anatomen Ruge und Felix, auf Grund anatomischer Untersuchungen dem Chirurgen wertvolle Winke für eine noch weitere Beurteilung der Amputationsstümpfe gegeben zu haben.

Fig. 4.

Sie teilen den Ober- und Vorderarm nach dem Ansatze und der Wirkung der einzelnen Muskelgruppen, in bestimmte Zonen ein (Fig. 13 und 14). Diese anatomische Gliederung des Amputationsstumpfes bildet die Grundlage für seine Bewertung. Nach den „Wertzonen“ kann der Chirurg die vorliegenden funktionellen

Möglichkeiten einschätzen und dementsprechend die allgemeinen Aussichten seines Vorgehens von vornherein bestimmen. Das Ergebnis der vorliegenden Erfahrungen läßt sich kurz zusammenfassen:

Fig. 5.

1. Von der absoluten Länge eines Amputationsstumpfes hängt die Größe des Hebelarmes ab, mit der die Prothese bewegt wird. Sind ihm alle normalen Bewegungskräfte erhalten, die normalerweise auf ihn wirken, so wird er dem künstlichen Glied das größte Maß allgemeiner Bewegung mitteilen können. Fehlen bestimmte Muskelkräfte oder sind sie geschädigt, so ist damit der Wert des Stumpfes geringer geworden. Ein kürzerer Stumpf mit ausgiebiger und freier Betätigung hätte gegenüber einem längeren mit eingeschränkter Eigenbewegung größeren Wert. Daraus folgt, daß alle Muskeln, die den Stumpf selbst bewegen, geschont werden müssen.

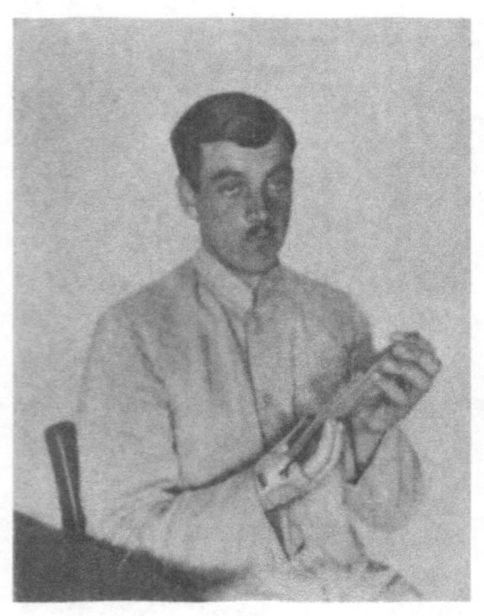

Fig. 6.

2. Große Bedeutung haben diejenigen Muskelkräfte erlangt, die für die Bewegung des Stumpfes an sich überflüssig sind, aber als Arbeitskräfte für die künstliche Hand in Betracht kommen. Es handelt sich bei Vorderarmstümpfen um die Beuge- und Streckmuskulatur der Hand bzw. der Finger. Bei Oberarmstümpfen um die Beuge- und Streckmuskulatur des Vorderarmes. Die zweckmäßige Verwendung dieser lebenden Kraftquellen für die Bewegung der künstlichen Hand hat zur Voraussetzung, daß die Muskulatur quer zu ihrer Achse kanalisiert wird. Das geschieht chirurgisch in der Weise, daß ein gestielter Hautschlauch durch die Muskulatur durchgelegt und zur Einheilung gebracht wird. Auf diese Weise

zieht ein allseitig mit normaler Haut versehener Kanal durch die Muskulatur hindurch. Ein durch diesen Kanal geführter Stift muß alle Bewegungen der Muskeln mitmachen und kann diese so auf die Maschine der künstlichen Hand übertragen (Figur 15 und 16).

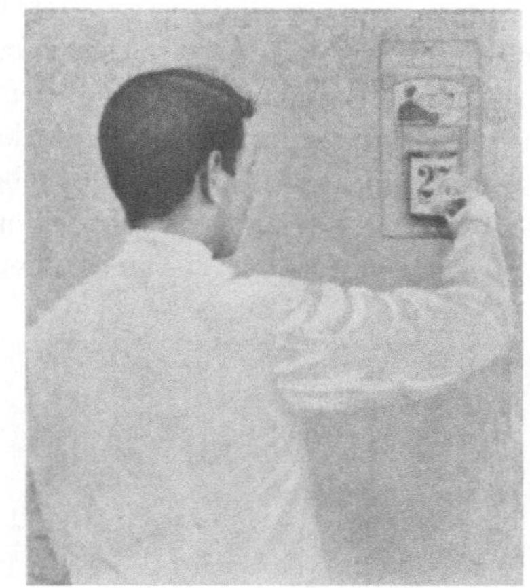

Fig. 7.

Der Anatom hat uns die Lage, die Abgrenzung und die verschiedene Wichtigkeit der einzelnen Muskelgruppen gezeigt. Je mehr von ihnen erhalten ist, desto leichter wird sich die Bildung der Kraftquellen vollziehen. Je größer ihre physiologische Verkürzung und ihre Kraft ist, desto wirkungsvoller wird ihre Arbeit sein. Von diesem Gesichtspunkte aus kann ein um wenige Zentimeter längerer Stumpf in der Nähe einer anatomischen Wertgrenze eine erheblich größere Leistungsfähigkeit gewinnen; es steht ihm eben Muskulatur zur Verfügung, die kurz oberhalb schon fehlt. So erlaubt z. B. ein exartikulierter Unterarm dem Chirurgen die Benutzung der gesamten Beugermuskulatur des Oberarmes, Biceps und Brachialis. Da beide Muskeln außerordentlich stark entwickelt sind, kann sogar daran gedacht werden, beide getrennt zu einer Kraftquelle umzugestalten. Schon wenig weiter oberhalb steht dem Chirurgen der Musculus brachialis nur noch zu einem kleinen Teil zur Verfügung, so daß er praktisch nicht ausgenutzt werden kann. Dagegen ist der Biceps noch gut und stark entwickelt, so daß seine Umwandlung zur Kraftquelle leicht gelingt. In dieser Höhe

Fig. 8.
Unterarmamputierter mit kurzem Stumpf mit willkürlich bewegbarer Hand bei 2 Kraftquellen.

könnten wir bei Bildung zweier Kraftquellen aus den Streckern den Triceps und den Brachioradialis benutzen.

Ähnlich erleichtert auch bei den Unterarmstümpfen die anatomische Einteilung die Arbeit. Hier sind die Wertzonen noch schärfer geschieden als beim Oberarm, namentlich in bezug auf die vorhandene Möglichkeit der Pro- und Supination. Die Schonung der Drehmuskulatur des Unterarmes ist von besonderer Wichtigkeit. Aber auch die Ansätze von Beugern

Fig. 9.

Fig. 10.

Oberarmamputierter mit kurzem Stumpf mit willkürlich bewegbarer Hand und freier Aufhängung in der Schulter.

und Streckern vom Oberarm müssen bei Anlage der Kraftquellen sorgfältig geschont werden. Sie sind bei kurzen Unterarmstümpfen oft gefährdet.

Diese Beispiele mögen die Bedeutung der anatomischen Stumpfeinteilung zeigen. Sie ermöglicht dem Chirurgen eine sichere Entscheidung über die Wahl des besten Operationsgebietes. Vor allem kann er ein Urteil gewinnen, welcher Teil der Muskulatur des Stumpfes zur Bildung der Kraftwülste herangezogen werden kann und welcher Abschnitt unter allen Umständen geschont werden muß. Die Wichtigkeit einer genauen anatomischen und funktionellen Untersuchung jedes

Stumpfes bedarf kaum noch weiterer Begründung. Von dem Ausfall der Prüfung der Muskulatur hängt der ganze Operationsplan ab. Freilich ist das endgültige Urteil über den Wert der vorhandenen Muskulatur oft erst nach wochenlanger Beobachtung möglich.

Nicht selten ist die Muskulatur so atrophisch und leblos, daß wir weder anatomisch noch funktionell ein Urteil über ihre Entwicklung und Leistungsfähigkeit gewinnen können. Dann sollte durch entsprechende Maßnahmen die Muskulatur gekräftigt werden, bis es gelingt, ihre Anordnung und Tätigkeit genau zu untersuchen.

Fig. 11.

Fig. 12.

Oberarmamputierter mit langem Stumpf mit willkürlich bewegbarer Hand bei freier Aufhängung in der Schulter.

Immer muß der Chirurg über die Angaben des Anatomen hinaus entscheiden, ob die einer bestimmten Zone angehörige Muskulatur noch vollwertig ist. Nicht selten hat verletzende Gewalt weit unten das Glied zertrümmert, daneben aber auch weit höher gelegene Muskelabschnitte zerrissen und beschädigt. Sehr häufig leiden obere Bezirke auch durch Entzündungen, Eiterungen und Schädigungen der Nerven. So kommt es, daß der Chirurg die anatomischen Angaben über die Wertigkeit eines Stumpfes durch das Ergebnis der klinischen Unter-

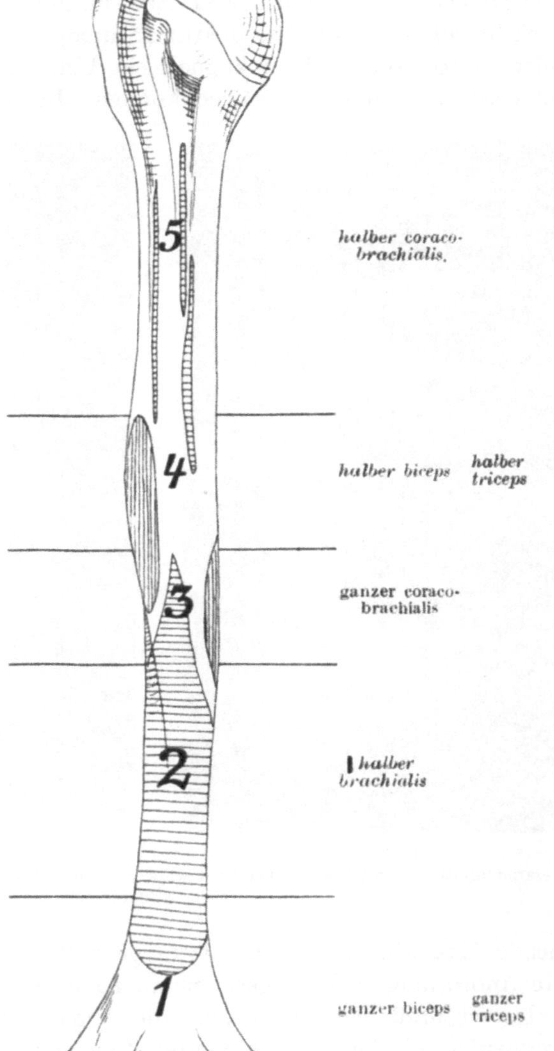

Fig. 18.
Die Wert-Zonen am Oberarm.

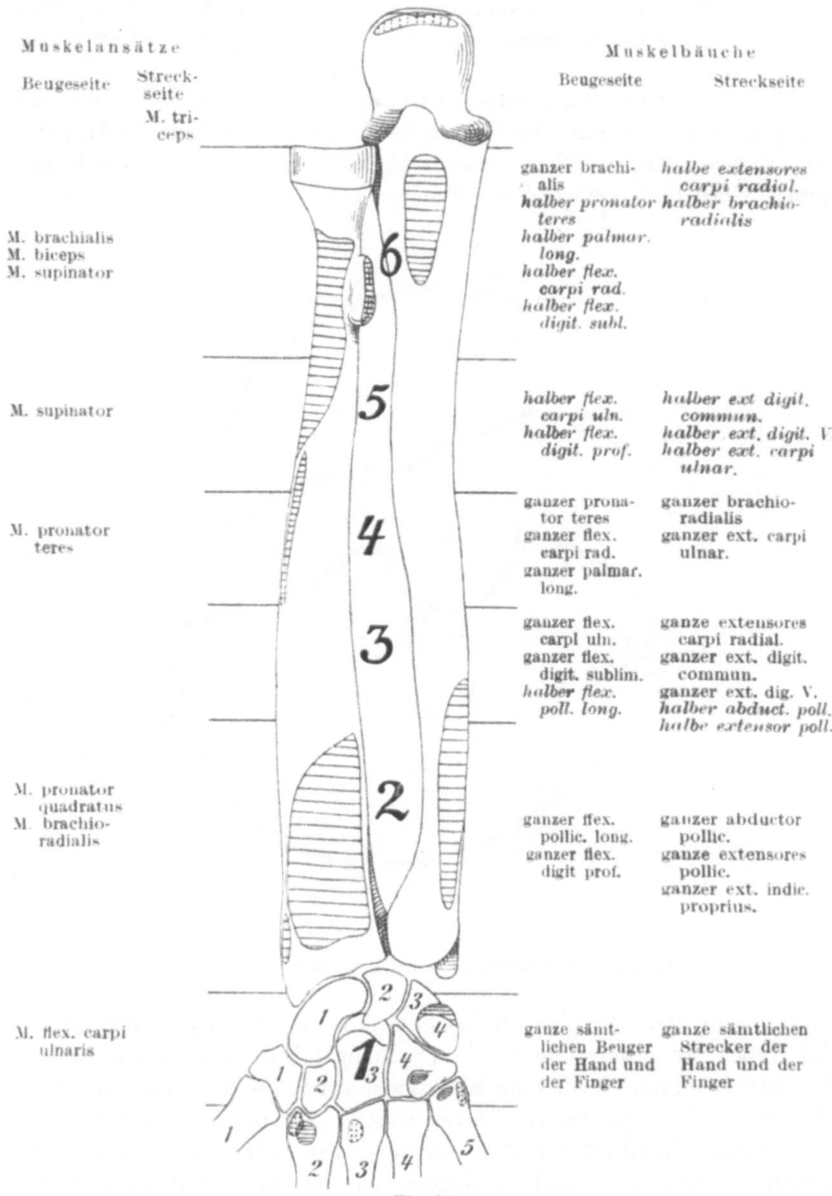

Fig. 14.
Die Wertzonen am Vorderarm.

suchung ergänzen muß. Nicht selten wird auf diese Weise die anatomische Wertzone eingeschränkt. Die anatomischen Verhältnisse liegen im allgemeinen aber so günstig, daß in allen Wertzonen des Vorder- und Oberarmes das Material für die Herstellung von mindestens zwei Kraftquellen aus der erhaltenen vorderen und hinteren Muskulatur erhalten ist.

Hat der Chirurg die plastische Umwandlung des Stumpfes und die Bildung der Kraftquellen beendet, so besteht im Einzelfalle die Aufgabe, die lebenden Kraftquellen zweckmäßig für die Bewegung der künstlichen Glieder zu verwenden. Hier seien einige allgemeine Gesichts-

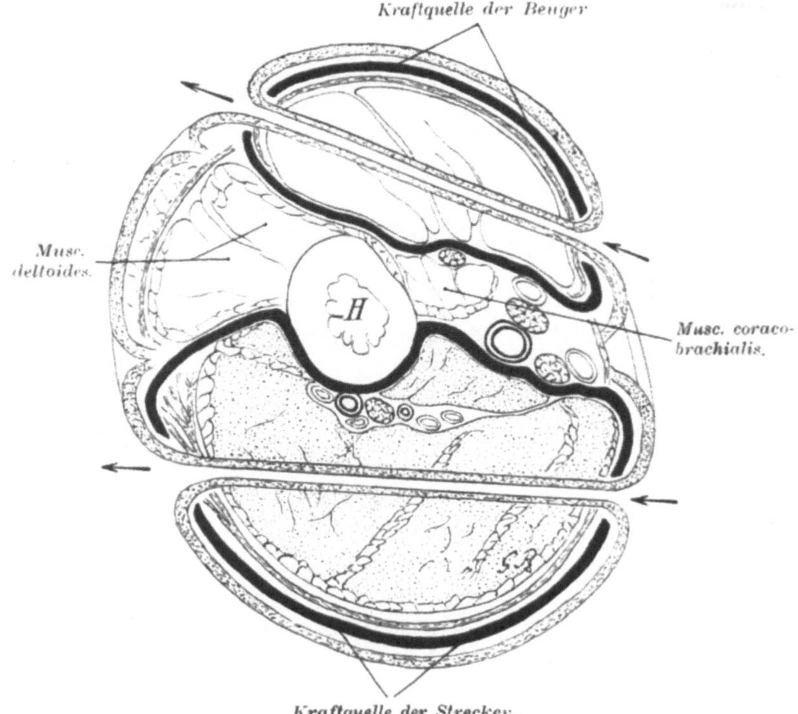

Fig. 15. Lage der Kraftkanäle in der Muskulatur eines Oberarmes.

punkte mitgeteilt, die sich im Laufe unserer Erfahrungen herausgebildet haben. In Anlehnung an die physiologischen Verhältnisse wäre es das Gegebene, immer die eine Kraftquelle im Sinne des Arbeitsmuskels, die andere als Gegenmuskel zu verwenden. Auf diese Weise würde die anatomische Tätigkeit der Muskelgruppen wie unter normalen Verhältnissen ermöglicht. Durch geeignete maschinelle Einrichtung würde die Muskulatur an das zu bewegende künstliche Glied befestigt und daher die anatomische Verbindung der Beuger und Strecker am Knochen nachgeahmt. Eine solch ideale Verwendung der lebenden Kraftquellen ist aber nur in wenigen Fällen möglich. Sie gelingt eigentlich nur bei kurzen Handstümpfen mit beweglichem Handgelenk. In der Tat kann hier die Beugung und Streckung der künstlichen Finger durch die Beuger und Strecker des Vorderarmes in physiologischem Sinne ermöglicht werden. Unter Schonung der anderen, zur Hand ziehenden Muskeln werden ausschließlich die Beuger und Strecker zur Herstellung der lebenden Kraftquellen verwandt. Diejenige aus den Beugern würde die Beugung oder den Schluß der Finger und damit das Greifen und

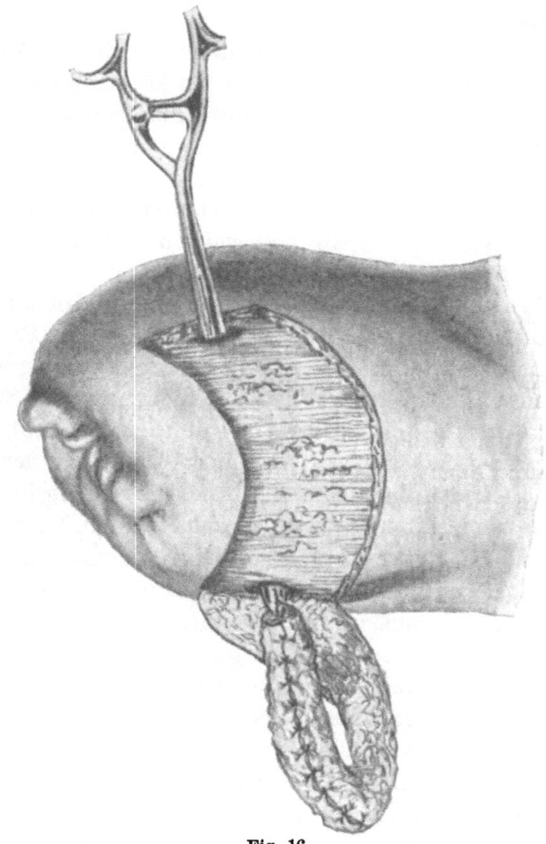

Fig. 16.
Durchziehen des Hautschlauches durch den Muskelkanal.

Halten von Gegenständen ermöglichen. Die Kraftquelle aus den Streckern wäre für die Streckung der Finger, d. h. die Öffnung der Hand und somit für das Loslassen der Gegenstände bestimmt. Diese Anordnung kommt physiologischen Verhältnissen gleich. Wie die Sehnen der Muskulatur am Knochen, sind hier die Kraftquellen mit Hilfe der Übertragungseinrichtung an den künstlichen Fingern gekuppelt. Die Möglichkeit des antagonistischen Muskelspieles ist vollständig wiederhergestellt. Es ist darum auch erlaubt, von einer physiologischen

Betätigung dieser künstlichen Finger zu sprechen. Die Unversehrtheit des Handgelenkes verleiht den Verrichtungen einer solchen künstlichen Hand etwas Gefälliges und Natürliches. Die antagonistische Tätigkeit der Beuger und Strecker gibt dem Invaliden ein Gefühl für den Muskelwiderstand, der bei der Betätigung des künstlichen Gliedes eintritt. Es hat sich gezeigt, daß im Laufe der Zeit diese Empfindung vom Invaliden für die Erkennung und Beurteilung einzelner Gegenstände umgedeutet werden kann.

Schon ungünstiger liegen die Verhältnisse nach der Absetzung des Armes oberhalb des Handgelenkes. Auch hier können Beuger und Strekker zur Betätigung der Finger der künstlichen Hand in der oben beschriebenen Weise ausgenutzt werden. Auch hier ist die antagonistische Wirkung der Beuger und Strecker erhalten, und ihre Betätigung erfolgt nach physiologischen Gesetzen. Auf eingefahrenen Bahnen erfolgt vom Gehirn aus der Antrieb für die notwendigen Bewegungen. Dagegen fehlt die freie Betätigung der künstlichen Hand selbst.

Es entsteht nun die Frage, ob nicht eine andere Ausnutzung der zur Verfügung stehenden Kraftquellen zweckmäßiger ist. Pro- und Supinationsbewegung des Vorderarmstumpfes können erfolgreich auf die künstliche Hand übertragen werden. Die Beugung und Streckung im Handgelenk ist dann weniger wichtig. Fehlt aber die Drehbewegung des Vorderarmes und damit auch die Pro- und Supination der künstlichen Hand, so ist die Herstellung einer normalen Bewegung im Handgelenk eine dringliche Forderung. Es muß versucht werden, sie durch eine der Kraftquellen zu ermöglichen. Man wird im allgemeinen die Beugung der Finger immer von der Kraftquelle der Beuger besorgen lassen. Die Leistungen des Gegenmuskels werden durch eine Feder ersetzt. Die Streckmuskulatur wird damit für einen neuen Zweck frei. Sinngemäß sollte man diese Kraftquelle für die Streckung der künstlichen Hand verwenden. Ihre antagonistische Beugung würde wieder einer entsprechend gebauten Feder obliegen. Eine umgekehrte Anordnung wäre auch möglich. Oder aber man verzichtet auf Beugung und Streckung im Handgelenk und benutzt die Streckerkraft für Pro- und Supination der Hand. Bei einer solchen Ausnutzung der Muskulatur wird von den normalerweise in enger Wechselbeziehung arbeitenden Muskelgruppen eine ungewohnte, selbständige Arbeit verlangt. Unabhängig von der Beugemuskulatur soll die Arbeit der Streckmuskulatur und umgekehrt vor sich gehen. Bei der Dorsalbeugung der Hand wird durch die Fingerstrecker immerhin noch eine Streckbewegung von der Streckmuskulatur verlangt. Benutzt man die Strecker zur Handdrehung, so ist die neue Aufgabe noch schwieriger. Auch kann es vorkommen, daß durch Art und Ausdehnung der Verletzung der Beugeapparat viel mehr geschädigt ist als die Streckmuskulatur. Die Kraftquelle der Strecker ist dann leistungsfähiger, während die Beuger nur in engen Grenzen zu wirken vermögen. Die wichtige Funktion des Handschlusses wird man dann der Streckmuskulatur übertragen. Die Beuger werden für die Beugung oder die Drehung der Hand benutzt. Man sieht, daß wiederum eine erhebliche Abweichung von physiologischen Verhältnissen eingetreten ist. Je mehr von dem Glied durch die Absetzung verlorenging, desto schwieriger wird die Aufgabe. Immer mannigfaltiger werden die Möglichkeiten, unter denen die Kraftquellen für die Betätigung des künstlichen Gliedes verwendet werden.

Bei Oberarmamputierten werden aus Zweckmäßigkeitsgründen die aus der vorhandenen Muskulatur gebildeten Kraftquellen überhaupt nicht mehr zu der früheren Arbeit verwandt. Beugung und Streckung des künstlichen Unterarmes besorgen nicht die Muskelgruppen, die dafür anatomisch bestimmt sind. Diese werden vielmehr ausschließlich zur Bewegung der künstlichen Hand verwandt. Wie das geschieht, hängt von den gegebenen Verhältnissen im Einzelfalle ab. Im allgemeinen wird man die Beugerkraft zur Beugung der Finger verwenden. Die Strecker kommen für die Bewegungen der Hand selbst im Sinne der Beugung, Streckung oder Drehung in Frage. Ähnlich wie bei Unterarmstümpfen kann aber auch hier die Beugemuskulatur hinter der der Strecker zurückbleiben. Dann wird die größere Streckkraft für die Fingerbeugung verwandt.

Die Beugung des künstlichen Unterarmes läßt sich nach Ballifs Vorschlag in zweckmäßiger Weise durch Ausnutzung der Eigenbewegung des Stumpfes erreichen (Einzelheiten können in den früheren Arbeiten nachgelesen werden).

Die neue ungewohnte Verwendung der Muskelkräfte bedeutet eine schwierige Aufgabe für den Invaliden. Unter der Vorstellung eingeschulter und eingewöhnter Bewegungen sollen sich fremdartige Leistungen des künstlichen Gliedes einstellen. So muß z. B. der Invalide mit der Absicht, den Unterarm zu beugen, den Schluß seiner künstlichen Finger zu erreichen suchen. Die Drehung der Hand vermittelt ihm die Innervation zur Streckung des Vorderarmes.

Die Voraussetzung für diese Betätigung ist eine weitgehende Selbständigkeit der Muskelgruppen unter Preisgabe ihrer gewohnten Wechselbeziehungen und eine ungeheure Anpassung. Es scheint, als ob die Ausführung der Beugebewegungen durch die Streckmuskulatur die größte Schwierigkeit mache. Jedenfalls kann ein Oberarmamputierter die Beugung der künstlichen Finger leichter durch die Kraft der Beuger als durch die der Strecker vollführen. Diese Beobachtung spricht für gegebene assoziative Beziehungen bei der Tätigkeit der Beugemuskulatur des Ober- und Unterarmes.

Immer aber wird bei den Invaliden schon nach kurzer Übung

die Selbständigkeit der Muskulatur und ihre Anpassung an die neuen Verhältnisse so groß, daß Beuger und Strecker sich geradezu ersetzen können, je nach dem gewünschten Zweck. Nur bleibt die Geschicklichkeit in der Benutzung des Streckapparates für Beugebewegungen gewöhnlich geringer. Eine unbewußte, reflektorische Betätigung der künstlichen Hand tritt dann erst spät ein.

Es ist überraschend, daß die Einschulung und Gewöhnung der Stumpfmuskulatur für die neue Aufgabe in so kurzer Zeit, oft in wenigen Wochen, und verhältnismäßig leicht erfolgt.

Die meisten Invaliden erlernen die Fähigkeit isolierter Kontraktion der einzelnen Muskelgruppen unter der Vorstellung der physiologischen Arbeitsleistung. Die Kontraktion der Strecker erfolgt, wenn der Kranke seinen Unterarm strecken will, und der Beugewulst verkürzt sich, wenn das Glied in die Beugestellung gebracht werden soll. Die gleichzeitige Kontraktion beider Muskelgruppen tritt unter der Vorstellung des Faustschlusses ein. Bei einzelnen fehlt die Vorstellung einer bekannten und gewohnten Bewegung; der Amputierte hat vielmehr nur die Empfindung, daß die Stumpfmuskulatur sich zusammenzieht. Dann bedarf es für die geforderte Leistung einer starken Willensanspannung. Auf diese Tatsachen hat schon Stadler hingewiesen.

Noch andere Amputierte haben bei gleichzeitiger Kontraktion der Beuger und Strecker nur die Empfindung derjenigen physiologischen Funktion, die der Verkürzung des stärker entwickelten Muskelstumpfes entspricht. Ist z. B. der Triceps kräftiger als der Biceps, so tritt das Gefühl der Streckung des Unterarmes ein und umgekehrt.

Sehr beachtenswert ist auch, wie Verwachsungen und Narben einen Einfluß gewinnen können auf das Muskelgefühl des Amputationsstumpfes. Ist z. B. das untere Ende der Beugemuskeln am Knochen fixiert und gleichzeitig nach dem Ende des Stumpfes zu verzogen, so glaubt der Invalide, der Unterarm befände sich in Beugestellung. Ebenso vermittelt ihm eine narbige Verkürzung der Streckmuskulatur die Vorstellung der Streckstellung des Armes.

Nach genügender Einschulung und Gewöhnung erreicht man wohl immer eine solche Anpassung und Selbständigkeit der Muskulatur, daß die notwendigen Bewegungen ausgeführt werden können. In späterer Zeit erfolgen Innervation und Arbeit der Muskulatur sogar unter der Vorstellung der gewünschten Leistung der künstlichen Hand. Ja, bei geschickten Invaliden tritt schließlich der letzte Grad der Anpassung ein: die reflektorische Betätigung der künstlichen Hand.

Es lag nahe, die an unseren Amputierten nach der Stumpfoperation gewonnenen Erfahrungen genauer zu untersuchen und besonders mit bekannten physiologischen Tatsachen der Bewegungsvorgänge zu vergleichen. Von besonderer Bedeutung war, daß es jetzt zum ersten Male möglich wurde, am Menschen die Versuche auszuführen, durch die Sherrhington am Tiere die zentrale Abhängigkeit der Agonisten und Antagonisten voneinander einwandfrei nachweisen konnte. Sherrhington löste bei seinen Untersuchungen am Versuchstier den Insertionspunkt der Sehnen vom Knochen ab und trennte dadurch die mechanische Kupplung zwischen den beiden Muskelgruppen. Wurde jetzt eine Beugung des Gliedes angeregt, so zogen sich die Beugermuskeln zusammen, gleichzeitig verlängerten sich ihre Antagonisten, die Strecker. Das Umgekehrte trat ein, wenn reflektorisch eine Streckbewegung hervorgerufen wurde.

Diese experimentellen Ergebnisse wurden an unseren Invaliden von Bethe in schönen Untersuchungen nachgeprüft.

Die in Frage kommenden Muskeln stehen nach Herstellung der Kraftquellen nur noch auf dem Wege der Nerven und des zentralen Nervensystems miteinander in Verbindung. Die Verhältnisse gleichen also denen beim Versuchstier. Bethe bediente sich folgender Versuchsanordnung: Der Einarmige wurde in einem Stativ fest eingespannt, so daß seitliche Verschiebungen seines Körpers unmöglich waren. Der Armstumpf selbst ruhte auf einem kleinen, am Stativ angebrachten Tische. Die Verkürzung des Strecker- und Beugerapparates wurde auf die beiden Hebel eines Doppelmyographions übertragen und die Bewegungen der Muskeln auf eine Kymographiontrommel aufgezeichnet. Es entstand so eine Kurve, die der Bewegung der Streckmuskulatur und eine andere, die der Bewegung der Beugermuskulatur entsprach. Die Zeit wurde in Sekunden markiert. Die Muskulatur wurde unter der Vorstellung einer normalen Bewegung, z. B. Beugung und Streckung des Unterarmes, ausgelöst. Einigen Amputierten, die schon selbständig ihre Muskeln bewegen konnten, wurde die Aufgabe gestellt, nur die Strecker oder Beuger zu kontrahieren.

„Bei schnellem Bewegungsablauf trat bei den Soldaten das reziproke Verhältnis der Antagonisten aufs deutlichste zutage. Dabei war es gleichgültig, ob die normale Bewegungsvorstellung oder lediglich die Absicht, die eine oder andere Muskelgruppe zu bewegen, den Antrieb für die Betätigung abgaben. Immer trat reflektorisch ohne Wissen des Amputierten bei der Verkürzung der Beuger eine Verlängerung der Strecker und umgekehrt ein. Auch bei langsamem Ablauf der Bewegung wurde dasselbe Verhalten, wenn auch in schwächerem Maße, beobachtet.“

Die Zweckmäßigkeit dieser gegenseitigen Abhängigkeit liegt auf der Hand. Fehlte die Verlängerung des Streckapparates während der Tätigkeit der Beuger, so wäre der Widerstand der Streckmuskulatur zu überwinden. Die entsprechende Arbeit ginge als Nutzeffekt verloren.

Das im Tierexperiment festgestellte Gesetz der reflektorischen Abhängigkeit von Beuger und Strecker trifft also im vollen Umfange auch für die Muskeltätigkeit beim Menschen zu (Bethe).

In Anlehnung an unsere klinischen Beobachtungen erweiterte Bethe seine Versuche. Er fand, daß auch bei langsamen Bewegungen, die unter der normalen Vorstellung erfolgen, ein Amputierter nicht imstande ist, die entgegengesetzte Mitbewegung des Antagonisten zu unterdrücken. Dagegen gelingt die antagonistische Hemmung, wenn die Aufmerksamkeit allein auf die Muskelkontraktion gerichtet wird und die Bewegungsfolge langsam geschieht. Sie wird erleichtert, wenn das Resultat am Hebel des Apparates beobachtet werden kann. Fast immer bleiben kleinste, antagonistische Mitbewegungen bestehen, die allerdings praktisch keine Bedeutung haben.

In anderen Versuchen ließ Bethe nach erfolgter Kontraktion der Beuger die Verkürzung des Streckers hinzutreten. Dabei wurde immer eine prompte, aber unvollkommene Hemmung der Beuger beobachtet.

Bethe glaubte anfangs, daß die von ihm nachgewiesene Abhängigkeit der Beuger und Strecker eine gewisse Erschwerung für die Betätigung der künstlichen Hand bedingen würde. Selbst bei Ausschaltung der alten Bewegungsvorstellung würde doch immer noch die Hemmung des Gegenmuskels genügen, um eine große Unsicherheit herbeizuführen und häufig das Fallenlassen der ergriffenen Gegenstände bedingen.

Die Erfahrung hat gezeigt, daß diese Befürchtung unrichtig ist. Die Selbständigkeit der Muskeln nimmt im Laufe der Zeit immer mehr zu, und selbst die letzten Reste der Mitbewegung können verschwinden.

Praktisch ist also die Möglichkeit isolierter unabhängiger und gemeinsamer Betätigung der Beuge- und Streckmuskulatur erwiesen. Bethe weist darauf hin, daß die gleichzeitige Betätigung von Beuger und Strekker auch im Normalen vorkommen. Bei der Feststellung des Armes im Ellenbogengelenk, wie wir sie für bestimmte, mit Kraft zu vollziehende Verrichtungen gebrauchen, tritt die gleichzeitige Kontraktion der beiden Muskelgruppen regelmäßig ein. Auch offenbart sich nach seiner Meinung die hemmende Wirkung des Antagonisten auf den Agonisten unter normalen Verhältnissen in einem kurzen Zurückgehen der eingenommenen Armstellung beim plötzlichen Fixieren des Gelenkes.

Schließlich konnte Bethe an Oberarmamputierten eigentümliche Mitbewegung der Stumpfmuskulatur feststellen, die sich ohne willkürliche Betätigung derselben reflektorisch einstellte. So erfolgten stets deutliche Zuckungen der Hebel, wenn sich der Kranke den Schluß der Hand vorstellte. Diese Ausschläge erfolgten durch eine gleichzeitige kräftige Kontraktion der Beuger und Strecker des Oberarmes. Die Vorstellung der Handöffnung löste ein gleichzeitiges Erschlaffen dieser Muskeln aus.

Eine solche Mitbewegung der Oberarmmuskulatur tritt auch beim Faustschluß unter normalen Verhältnissen auf. Sie ist leicht an der Festigkeit der Muskulatur zu erkennen. Durch sie wird bei kräftigem Faustschluß die Feststellung des Armes im Ellenbogengelenk erreicht.

Um die Erziehung der Muskulatur zur Selbständigkeit besonders günstig und schnell zu ermöglichen, hat Bethe einen sehr zweckmäßigen Apparat konstruiert. Er besteht aus zwei spiegelbildlich gleichen Teilen zur gleichzeitigen Übung mit den Beugern und Streckern. Das Wesentliche dieses Apparates ist, daß Dynamofedern sich unter der Wirkung der Muskelverkürzung bewegen und Zeiger entsprechend der Stärke der Kraft auf einer Skala vorwärtsdrängen. Der Amputierte kann nun bei Übungen mit diesem Apparat zunächst unter Kontrolle des Auges ganz bestimmte Hubhöhen und Kraftleistungen mit der Streck- und Beugemuskulatur vollziehen. Er kann sich überzeugen, ob bei der Kontraktion der Beuger die Strecker vollständig in Ruhe bleiben und umgekehrt, während natürlich die gleichzeitige Kontraktion beider Muskelgruppen möglich ist und sich in dem Bewegen beider Federn kundgibt. Dadurch, daß der Amputierte sich nun bemüht, allmählich ohne Kontrolle der Augen einen bestimmten Weg mit einer bestimmten Kraft durch die Kontraktion seiner Muskeln zu erzielen, lernt er die Arbeit seiner Stumpfmuskulatur zuverlässig abstufen und reflektorisch einschätzen.

Die Möglichkeit der Ausnutzung dieses Apparates für die Einschulung der Amputierten ist sehr vielseitig.

Derartig eingeübte Invaliden sind gewöhnlich schon innerhalb der ersten Stunden nach Anlegen des Ersatzgliedes in der Lage, die wichtigsten Verrichtungen mit ihm auszuüben und die künstliche Hand zu verwerten. Die Geschicklichkeit in der Ausnutzung der gegebenen Möglichkeiten nimmt dann gewöhnlich rasch zu. Einige Amputierte lernen oft in auffallend kurzer Zeit reflektorische Betätigung der Hand. Schließlich darf man bei wenigen sogar mehr erwarten. Sie erlernen aus dem Gefühl der Anspannung der Muskulatur heraus, Rückschlüsse auf die Form und die Beschaffenheit des Gegenstandes zu schließen. So können z. B. mehrere unserer Oberarmamputierten mit einer anatomischen Pinzette kleinste Gegenstände greifen und loslassen. Für diese Verrichtung ist die Dosierbarkeit der Kraft eine wichtige Voraussetzung.

Es steht zu erwarten, daß mit weiterer Einschulung der Muskulatur und Verbesserung der Prothese die Leistungen unserer Invaliden noch zunehmen. Auch wird gesteigerte Anpassung der assoziativen Funktion des zentralen Nervensystems die Betätigung der willkürlich bewegbaren künstlichen Hand günstig beeinflussen.

Neben dieser funktionellen Anpassung der Muskulatur an die neuen Verhältnisse kommt es zu einer gesteigerten anatomischen Umbildung der Stümpfe. Unter dem Einfluß der Mehrarbeit tritt sehr bald eine starke Zunahme, eine Hypertrophie der gesamten Stumpfmuskulatur ein. Das Volumen vergrößert sich in Länge und Querschnitt um ein Vielfaches. Die Zunahme der Muskulatur im Laufe ihrer Einschulung und späteren Benutzung ist oft ganz überraschend.

Amputationsstümpfe, die ein Relief der Muskulatur nicht mehr erkennen ließen, zeigen später mächtige Beuger- und Streckerwülste. Exakte Maße über die Größe der Muskelzunahme sind bisher nicht gewonnen. Eine zweckmäßige Bestimmung der Muskelzunahme läßt sich aus der Größe der Wasserverdrängung vornehmen. Ein für diesen Zweck eingerichteter Apparat befindet sich im Bau.

Wir waren bisher nicht in der Lage, festzustellen, ob es sich nur um eine Vergrößerung oder auch um eine Vermehrung der Muskelelemente handelt. Auf Grund vorliegender Erfahrungen bei anderen Organen ist wohl eine wirkliche Neubildung von Muskelgewebe wahrscheinlich.

Es bleibt noch übrig, auf die Anpassung der Haut, der Blutgefäße und der Knochen an die neuen Verhältnisse hinzuweisen.

Aus der praktischen Betätigung der Kraftquellen folgt, daß die Haut des Kanals dauernder Belastung ausgesetzt ist. Ähnlich wie unter dem Einfluß chronischen Druckes an anderen Körperstellen tritt in der Haut des Kanals eine derbe Schwielenbildung auf.

Bei einem Amputierten, dem wegen eines Sarkoms der Oberschenkel abgesetzt werden mußte und dessen Kraftkanäle für die spätere Betätigung eines künstlichen Unterschenkels eingeübt wurden, trat ein halbes Jahr nach der Operation durch Metastasenbildung in der Lunge der Tod ein. Die anatomische Untersuchung ergab eine schwielige Verdickung und Verhornung der Haut des Kanals.

Es liegt auf der Hand, daß ein hypertrophischer, funktionell in Anspruch genommener Muskel auch eine besonders günstige Blutversorgung hat. Das Aussehen des Stumpfes, die Weichheit und Nachgiebigkeit seiner Gewebe entsprechen durchaus normalen Verhältnissen. Auffallend ist, daß die von den Amputierten sehr häufig geklagten Stumpfschmerzen und Neuralgien bei den plastisch umgebildeten Operationsstümpfen selten vorkommen. Auch erweist sich der Knochenstumpf unempfindlich gegenüber Druck und Belastung durch die Prothese. Man kann darum mit Recht von „lebenden Stümpfen“ sprechen gegenüber den atrophischen, empfindlichen, funktionsuntüchtigen Stümpfen früherer Zeiten.

In dem Verhalten solcher Amputationsstümpfe haben wir ein schönes Beispiel zweckmäßiger Anpassung unseres Organismus an neue Verhältnisse.

(Aus der Chirurgischen Universitätsklinik Würzburg und dem Diakonissenhaus Freiburg i. Br.)

Beiträge zur Anatomie der Struma und zur Kropfoperation.

Von

Geh. Hofrat Prof. Dr. **E. Enderlen** und Prof. Dr. **G. Hotz.**

Mit 4 Tafeln.

In der ersten Zeit der Kropfoperation hat man in der Wegnahme des strumösen Gewebes entschieden des Guten zuviel getan. Die Folgen blieben nicht aus: Kachexia thyreopriva und Tetanie kamen zur Beobachtung. Sick (Medizinisches Korrespondenzblatt des Württembergischen Ärztlichen Vereins 37, Nr. 26) machte schon 1867 auf die Gefahr der Totalexstirpation der Schilddrüse aufmerksam; die Erklärung, die er gab, war falsch, da er noch von der Regulationstheorie befangen war. Die Mitteilungen der beiden Reverdins und Kochers schafften Klarheit. Wir haben keinen Anlaß, auf die Prioritätsstreitigkeiten der letztgenannten Forscher einzugehen; die Hauptsache ist, daß die Funktion der Schilddrüse für den Körperhaushalt anerkannt werden mußte.

Mit dieser Erkenntnis und auf die Autorität Kochers hin wurde in der folgenden Zeit mehr Rücksicht auf die Menge der zurückgelassenen Schilddrüsensubstanz mit Einschluß der Epithelkörperchen genommen. Der Stimmbandnerv kam dabei nicht zu kurz. Wir nennen nur die Arbeiten von Krecke, Leischner, Schloffer, Stierlin u. a. Das Glockenzugphänomen des letztgenannten wird manchem ein wertvoller Wegweiser geworden sein. Die Meinungen, ob man sich den Recurrens sichtbar machen soll oder nicht, sind verschieden. Es ist der Gedanke zum Ausdruck gekommen, daß seine Freilegung von Narbenbildung gefolgt sein kann (Monnier) und daß diese eine Störung seiner Funktion bedingt. Resektion, Enucleation, Umstechung des Schilddrüsengewebes mit Vernachlässigung der gefährlichen Partie am Eintritt der Art. thyreoidea inferior wurden deshalb vorgeschlagen. Uns persönlich ist es angenehm, den N. recurrens vor der Unterbindung der unteren Schilddrüsenvenen bzw. der Art. ima zu Gesicht zu bekommen. Auf diese Weise meidet man ihn am besten und schützt ihn vor einer Schädigung.

Weiter nach oben legen wir ihn nicht frei. Es erübrigt sich dies bei dem später zu erwähnenden Vorgehen.

Was die Menge des verbleibenden Schilddrüsengewebes anbelangt, so wurde bei einseitigen Strumen nicht damit gekargt und entweder die Seite im ganzen oder nach dem Vorschlage von Kocher mit Zurücklassung einer dünnen Schicht Drüsengewebe zum Schutz des Recurrens und der Epithelkörperchen entfernt. Je weniger Gewebe zurückblieb, desto besser waren die Heilungsresultate. Auch Kocher spricht davon, daß man mit einer einseitigen „sauberen" Excision besser fährt.

Wenn beide Lappen der Drüse vergrößert waren, genügte für die Atmung wenigstens eine einseitige Entfernung, wenn man nach Spiegelung oder Radiographie wußte, „wo den Patienten der Kropf drückt" (de Quervain). Der Kosmetik war dabei freilich nicht Genüge getan. Es kann aber sein, wie Kocher hervorhebt, daß auf der anderen Seite die derbe Kolloidmasse noch so breit und fest der Trachea anliegt, daß sie die Atmung behindert. Dies kommt ferner vor, wenn früher die einseitige Excision gemacht wurde und die andere Seite so stark weiterwuchs, daß sie trotz einseitiger völliger Entlastung Stenose bewirkt. In diesen Fällen, schreibt Kocher, „darf unter Umständen eine präliminare Gefäßligatur gemacht werden".

Die Sorge um die Epithelkörperchen beeinflußte besonders nach den Mitteilungen Erdheims das Vorgehen in mehrfacher Art. Die Enucleation oder die Resektion gefährden sie naturgemäß am wenigsten. Mit Rücksicht auf die Excision des Kropfes sagt Corning: Beide Glandulae parathyreoideae liegen vor der Fascia praevertebralis, aber außerhalb der Capsula interna gland. thyreoideae, so daß man sie beim Herausschälen der Drüse leicht schonen kann, wenn man sich unmittelbar an diese Kapsel hält. Auch Rehn spricht davon, das Epithelkörperchen mit den Resten der äußeren Kapsel vorsichtig in die Tiefe zurückzuschieben. Die Unterbindung der isolierten Art. thyreoidea inferior soll, wenn es angeht, distal vom Epithelkörperchen geschehen, um seine Ernährungsader zu schonen. Ähnlicher Anschauung sind Mac Callum, Roepke, Boese und Lorenz. Die Unterbindung der unteren Schilddrüsenarterie nimmt Rehn nur in Ausnahmefällen vor, wenn z. B. der N. recurrens durch die Gabelung der Arterie verläuft. Es handelt sich bei Rehn um die von Halsted früher empfohlene, dann aber verlassene „Ultraligatur" der Arterie. Halsted hatte sie ursprünglich anempfohlen, weil nach seinen Untersuchungen die Epithelkörperchen ihre arterielle Blutversorgung nur durch kleine Ästchen erhalten, die entweder aus der Arteria thyreoidea inf. oder einem Verbindungszweig zwischen der oberen und unteren Arterie entspringen; er vermißte Gefäßverbindungen zwischen den Epithelkörperchen und dem umgebenden Bindegewebe. Zur Zeit ist Halsted der Anschauung, daß die Gefahr der Tetanie auch nach Unterbindungen der vier Arterien wahrscheinlich nicht so groß ist, wie man gemeinhin annimmt (Kocher, v. Eiselsberg u. a.), vorausgesetzt, daß die Ligatur sorgfältig ausgeführt und in genügender Entfernung von dem Epithelkörperchen vorgenommen wird.

Wir glauben nicht zu weit zu gehen, wenn wir behaupten, daß die Frage der Operation der Struma noch nicht vollkommen abgeschlossen ist. Dies beweisen die immer wieder auftauchenden Modifikationen, auf welche wir nur kurz eingehen wollen. Man darf wohl sagen, daß die einseitige Operation bei vielen den Vorzug genießt. Sie ist, wie schon erwähnt, „sauber" auszuführen, läßt eine genügende Menge von Schilddrüsengewebe und Epithelkörperchen zurück, schädigt auch die Stimme nicht, falls man auf den Recurrens die nötige Rücksicht nimmt bzw. nehmen kann. Manchesmal muß man, wie Kocher auf dem Chirurgenkongreß 1912 hervorhob, froh sein, „wenn man so oder anders zu Rande kommt und der Patient vom Tische glücklich wieder wegkommt".

Ein erheblicher Nachteil vieler Kropfoperationen, sowohl bei einfacher Struma wie beim Basedow ist nun die Tatsache, daß nach einer verheißungsvollen gelungenen Operation auf der anderen Halsseite ein Kropf nachwächst, daß die Basedowerscheinungen eine Zeitlang gebessert werden, dann aber erneut auftreten.

Die große Mehrzahl solcher Rezidive — diese kurze Bezeichnung mag gestattet sein, wenn sie auch den Anforderungen der allgemeinen Pathologie nicht ganz entspricht, bedrückt die Patienten aus kosmetischen Gründen, seltener sehen wir erneute, grob mechanische Schädigungen durch Druck auf die Luftröhre, recht häufig jedoch sind die Störungen, welche wir auf die sekretorische Tätigkeit des Kropfes beziehen müssen.

Die Frage des Rezidivs spielt unter den Resultaten der Kropfoperationen keine so unbedeutende Rolle, wie man nach den Statistiken allein annehmen könnte, auch hört man denn von den Kranken recht oft die Frage: „Wächst mein Kropf nicht wieder nach?"

Bei aller Verschiedenheit der Operationsmethoden dürfte doch darüber allgemeine Einigkeit bestehen, daß der Erfolg um so sicherer ist, je ausgiebiger die Reduktion der Struma vorgenommen werden kann; dies gilt ganz besonders für die diffusen, doppelseitigen Kröpfe. Eine postoperative Insuffizienz der Schilddrüse und der Epithelkörper kann sowohl durch die Entfernung dieser Teile eintreten, wie auch durch unbeabsichtigte Quetschung, besonders der E. K., aber auch, wie Geis u. a. hervorgehoben, durch den Verschluß der zugehörigen ernährenden Blutgefäße.

Alle diese Gefahren vermeidet bekanntlich die Enucleation,

wobei ein oder mehrere entartete Knoten aus dem übrigen gesunden Gewebe ausgeschält werden. Solche Bedingungen trifft man aber nur ausnahmsweise und bezüglich der Rezidive ist die Methode jedenfalls nicht günstiger als alle anderen.

Verstehen wir unter der Exstirpation und Strumektomie die totale Entfernung eines Schilddrüsenlappens, so wissen wir sogleich, daß das Verfahren nicht doppelseitig angewendet werden darf, denn damit würde alle Schilddrüsensubstanz, auf welche man normalerweise rechnen darf, in Wegfall kommen, und wenn es auch gelingt, die Epithelkörperchen lebensfähig abzulösen, so ist doch die thyreoprive Kachexie die Folge.

Die Resektion der Schilddrüse kann auf beiden Seiten vorgenommen werden, vorausgesetzt, daß dabei ausreichend viel Drüse und eine genügende Zahl von Epithelkörperchen zurückbleiben. (Verfahren von Mikulicz, Kausch u. a.)

Nach diesen Grundsätzen ergibt sich die Möglichkeit von drei verschiedenen Kombinationen: Resektion und Enucleation, Exstirpation und Enucleation und als die gefährlichste die Exstirpation der einen, kombiniert mit der Resektion der anderen Seite. Gleichgültig ob der Eingriff einseitig oder etwa bei Rezidivoperationen auf zwei Male verteilt wird.

Mit der immer noch ungeordneten Nomenklatur setzt sich bereits Kausch auseinander. Nach seinem Vorschlag ist von Resektion nur zu sprechen, wenn mit dem zurückgelassenen Schilddrüsenrest auch die entsprechende Arterie erhalten bleibt. Wir halten diese Bedingung nicht für notwendig.

Mit Rücksicht auf die Drüsensubstanz ist die Exstirpation zu weitgehend und eigentlich nur da berechtigt, wo keinerlei normal funktionierendes Gewebe vorliegt, bei Cysten, alten verkalkten grobknolligen Kröpfen, wenn man sich durch Augenschein überzeugt hat, daß die andere Seite als gesund beurteilt werden kann oder bei maligner Degeneration.

Die totale Entfernung einer Strumahälfte erlaubt meistens keine sichere Entscheidung über die Qualität des Gewebes und es ist deshalb auch aus diesem Grunde die Resektion vorzuziehen, wie bereits Kausch fordert, da man auf dem Schnitt die Verhältnisse übersehen und bemessen kann, welche Drüsenteile und wieviel man zurücklassen will.

Aber auch mit Rücksicht auf die Epithelkörperchen ist die Exstirpation eine gefährliche Methode, denn kein Operateur wird behaupten wollen, er könne in jedem Falle die E. K. finden und mit Sicherheit unbeschädigt ablösen. Vielmehr ist damit zu rechnen, daß bei der Exstirpation höchstens ein E. K. sicher zurückbleibt, das andere haftet möglicherweise an der abgezogenen äußeren Kapsel des Unterlappens. Häufiger wird es mit herausgenommen und über die Lebensfähigkeit der kleinen Parathyreoidea bleibt man im unklaren. Die Vorstellung einer gelungenen Autotransplantation (von Eiselsberg, Danielsen, Leischner) ist jedenfalls keine sehr sichere Garantie.

Vollends mißlich ist eine vorausgegangene Exstirpation sowohl in bezug auf Drüsensubstanz wie auf E. K., wenn später wegen Rezidivs wieder operiert werden muß. Und da die Rezidivkranken aus naheliegenden Gründen häufig einen anderen Chirurgen aufsuchen, ist es oft nicht leicht, über den früheren Eingriff genauen Aufschluß zu bekommen.

Die Technik der Kropfoperation spricht auch von einer Excision. Zum Teil versteht man darunter die völlige Wegnahme eines Lappens; die Methode ist dann gleichwertig mit der Exstirpation, zum Teil wird ausdrücklich angegeben, daß ein Rest Schilddrüsengewebes am Gefäßstiel oder im Bereich der hinteren Kapsel zurückgelassen wird. Klarer wäre die Bezeichnung „ausgedehnte Resektion".

Außer auf dem Wege der operativen Entfernung von Schilddrüsengewebe können wir das Volumen einer blutreichen Struma und die überreiche Sekretionstätigkeit auch einschränken dadurch, daß wir die zuführenden Hauptgefäße unterbinden.

Die Arterienligatur ist als schonender Eingriff die Methode der Wahl bei allerschwersten Kropfformen, insbesondere bei den Fällen von weit vorgeschrittenem und verschlepptem Basedow, und dann von ausgezeichnetem Wert.

Als normale Gefäßversorgung für die Schilddrüse kennen wir die beiden Art. thyr. superiores und zwei Art. thyr. inferiores. Überzählige Arterien dürfen wir in praxi nicht in Betracht ziehen. Die Schilddrüse wie auch die Struma wird damit in vier Gefäßbezirke eingeteilt, nach welchen wir am einfachsten die Ausdehnung eines chirurgischen Eingriffs an der Schilddrüse berechnen können.

Die erfahrensten Kropfchirurgen haben als weise Regel festgesetzt, nicht alle vier Gefäße zu unterbinden und nicht sämtliche vier Hörner der Struma operativ anzugreifen, als besonders gefährlich wurde die Unterbindung der beiden unteren Schilddrüsenarterien und die Entfernung beider Unterlappen angesehen. Wenn damit nicht gesagt war, daß nicht beide Kropfhälften reduziert werden könnten, so hat sich doch die Praxis namentlich bei Anwendung der Exstirpation allzu häufig nur auf eine Seite beschränkt. Das ist der Grund für die vielen Rezidive und die Mißerfolge bei thyreotoxischen Strumabeschwerden.

Auch das Röntgenverfahren hat eine gewisse Schuld an dem Haftenbleiben an einseitiger Kropfoperation. Sehen wir auf der Platte eine Kompression der Trachea von vorne oder von der Seite, eine Verlagerung der Luftröhre nach rechts oder links, so haben wir allerdings den

Vorteil, nicht nur nach dem Außenbefund, sondern nach anatomischen Richtlinien zu arbeiten, allein es wäre unrichtig, darum die andere Schilddrüsenhälfte als normal anzusprechen. Man kann nach der Röntgenaufnahme, das gleiche gilt für die Tracheoskopie, wohl die Lage der komprimierenden Struma feststellen, bei schlitzförmiger Verengerung des Lumens auch ersehen, daß die Kompression doppelseitig ist; aber man darf sich bei einer bogenförmigen Verlagerung der Luftröhre nicht damit zufrieden geben, den Knoten auf der Druckseite allein wegzunehmen, denn nach wenigen Jahren kann die zurückgebliebene Kropfhälfte gewachsen sein und dann die Trachea um so leichter verengern, als die derben Narben nach der ersten Operation ein elastisches Ausweichen verhindern. Der Wert der Röntgenaufnahmen liegt mehr in der Beweisführung schwarz auf weiß, daß die Luftröhre gedrückt wird, für die Ausdehnung einer Strumaoperation ist sie nur von untergeordneter Bedeutung.

Für die Inangriffnahme beider Seiten trat besonders Kausch ein und empfahl die Resektion nach Mikulicz. Er kümmert sich dabei nicht um die untere Schilddrüsenarterie. Kausch hebt unseres Erachtens mit Recht hervor, daß man auch das kosmetische Resultat berücksichtigen müsse. Dies ist nun bei einseitigem Eingriff durchaus nicht immer der Fall. Nach der Resektion ist die eine Halsseite schmal, die andere meist voluminös. Wenn Atemnot bestand, sind die Patienten oft nur in der ersten Zeit über deren Behebung zufrieden, dann aber tauchen Bemerkungen über die noch bestehende Vergrößerung auf, besonders wenn der drückende Teil substernal gelegen war, und äußerlich kaum in Erscheinung getreten war. Darauf wies auch einmal de Quervain hin, indem er empfahl, dem Patienten mitzuteilen, daß man nicht den prominenten, sondern den einengenden Teil entfernen werde.

In zweiter Linie kommt zugunsten eines doppelseitigen Eingriffes in Betracht, daß die zurückgelassene Hälfte namentlich bei jüngeren Individuen eine Größenzunahme erfährt, sei es mit, sei es ohne Beschwerden oder nur mit Beeinträchtigung der Kosmetik. Es handelt sich dabei um Rezidive im weiteren Sinne des Wortes. Wirkliche Kropfrezidive — diffuses Nachwachsen einer operativ verkleinerten Schilddrüse — kommen ebenfalls vor. de Quervain weist bei der Erörterung dieses Punktes auf die Wichtigkeit der Zahl der unterbundenen Arterien hin. Wir haben später noch darauf zurückzukommen.

Wir müssen zur Kriegszeit leider auf eine Nachuntersuchung unserer Patienten verzichten, eine schriftliche Anfrage würde jetzt ebenfalls lückenhaft ausfallen, da viele unserer Patienten, wie wir uns persönlich „draußen" überzeugen konnten, im Felde stehen, zum Teil auch gefallen sind. Die Zahl der Nachoperationen gibt ein falsches Bild.

Manche finden sich mit ihrem Rezidiv ab, falls nur die Form des Halses einwandfrei ist, manche suchen eine andere Operationsstätte auf.

Von 2014 Operationen, die vom 1. April 1907 bis 20. November 1917 ausgeführt wurden, waren 62 Eingriffe bei Rezidiven. 50 waren auswärts einer oder auch zwei Operationen unterzogen worden. 22 betreffen unser eigenes Material.

Von den eigenen Fällen seien nur erwähnt: zweimal Resektion ohne Gefäßunterbindung nach ausgiebiger Reduktion der anderen Seite, einmal Reduktion der einen Seite und Ligatur der A. sup. und inf. der anderen Seite. Also Ligatur aller vier Arterien in einer Sitzung (Op. 1913).

Außer den Rezidiven und den nicht immer einwandfreien kosmetischen Erfolgen hat uns auch die Form der fränkischen und badischen Strumen immer mehr von den einseitigen Eingriffen abgedrängt. Die Vergrößerung einer Hälfte ist ziemlich selten, meist sind beide Lappen ergriffen, meist auch ist der Isthmus beteiligt, sowohl nach oben als auch nach unten hin. Wir gingen von der halbseitigen Operation langsam zu Eingriffen auf der anderen Seite über: Unterbindung der Art. thyr. superior oder inferior allein, oder der Inferior plus dem vorderen Aste der Superior (de Quervain) oder der ganzen Superior. Daran reihten sich Resektionen des Strumagewebes und schließlich scheuten wir uns nicht, ziemlich häufig alle vier Schilddrüsenarterien zu unterbinden mit Resektion der Struma auf beiden Seiten, besonders bei jugendlichen Kranken mit thyreotoxischen Symptomen. Wir möchten gleich hier bemerken, daß man auch nach solchen ausgedehnten Eingriffen stets an der dorsalen Wand der Struma hellrote Färbung sah im Gegensatz zu den vorderen blauroten Partien, und daß die arterielle Blutung aus dem verbleibenden Rest nichts an Reichlichkeit vermissen ließ.

Zulässigkeit der Arterienunterbindung.

Die Frage der Gefäßunterbindung wie auch die Anschauungen darüber, wieviel man und wo man unterbinden und resezieren soll und darf, sind noch recht verschieden, und in allererster Linie abhängig von der Gefäßversorgung der Struma. Auch die Reihenfolge Arterien-Venen wird verschieden gehandhabt. Wir möchten der präliminaren Arterienunterbindung entschieden das Wort reden. Die Venen sind nach ihr bedeutend weniger gefüllt, die Struma selbst nimmt an Umfang zusehends ab. Ach scheint anderer Meinung zu sein, indem er zuerst die akzessorischen Venen unterbindet.

Die Unterbindung der Art. thyreoidea inferior auch auf einer Seite wird gemieden teils aus Rücksicht auf den N. recurrens (Schloffer, Kausch, Th. Frazier, Krecke u. a.), teils aus Furcht vor der Schädigung der Epithelkörperchen (Iversen, Schloffer). Vor der doppelseitigen Unterbindung warnte Kocher auf dem Kongresse Deutscher Chirurgen (1912) entschieden. „Man kann beide Superiores unterbinden und eine Inferior. Aber wenn man beide Inferiores gleichzeitig unterbindet, so ist es ganz sicher, daß man die Epithelkörperchen in Gefahr bringt. Man kann es tun, wenn man eine Zwischenzeit zwischen beiden Operationen verstreichen läßt, bis sich das erste Epithelkörperchen von der Anämie und Schädigung erholt hat.“ Auch Krecke ist der Meinung, daß man nach Resektion der einen Seite die andere nur angehen dürfe, wenn man deren Art. inferior nicht unterbindet und die Gegend der Epithelkörperchen nicht freilegt. de Quervain trat dafür ein, daß man beide Inferiores in einem Akte unterbinden dürfe, und zwar im Zusammenhange mit einer oder $1^1/_2$ Superiores. Den hinteren Ast der zweiten Superior möchte er intakt lassen wegen der Versorgung der Epithelkörperchen. Er sagt ferner: „Es ist sicher, daß in der Regel selbst die Unterbindung aller vier Arterien, wenn sie an richtiger Stelle und in richtiger Weise vorgenommen wird, anstandslos vertragen würde.“ Er hielt den Versuch für überflüssig, da ihm die Unterbindung von 3—$3^1/_2$ Arterien alles leistete, was man von der präventiven Blutstillung verlangen kann. Wir dürfen hier kurz auf die von de Quervain geübte Technik eingehen. Er unterbindet prinzipiell die Art. thyreoidea inferior extrafascial, was gewiß dem Vorgehen von Drobnik, Delore, Halsted und Alamartine weitaus vorzuziehen ist. Erstere unterbinden das Gefäß in seinem aufsteigenden Abschnitt, auf der lateralen Seite des Sternocleidomastoideus am inneren Rande des Scalenus anticus; letzterer geht durch den ebengenannten Muskel hindurch. Wir schließen uns de Quervain an, verzichten aber stets darauf, wenn das Gefäß nicht rasch gefunden wird — in 2—3% kann es fehlen; wir suchen ferner nicht primär nach ihm, wenn der Kropf seitlich breit ausladet, endlich gehen wir (wie auch unter den vorgenannten Umständen) an seine Ligatur nach vorhergehender Unterbindung der ganzen Superior, wenn es sich um ältere Leute handelt, bei welchen brüchige Gefäße zu erwarten sind. Wenn die Arterie bei der Freilegung einreißt, dann ist es mit der Monotonie der Kropfoperation (Monnier), aber auch mit der „Viertupferoperation“ vorbei und der Eingriff „kein leichter“, wie de Quervain selbst (l. c. 484) schreibt. Nimmt man die Superior zuerst in Angriff, dann die Inferior, zum Schluß die Venae accessoriae, so kann man die Operation ebenfalls unblutig gestalten. Eine außergewöhnlich große Superior deutet dann manchmal darauf hin, daß man mit Recht nicht weiter nach der Inferior suchte. Die Hauptsache ist, die Art. thyr. inf. möglichst lateral zu unterbinden, dann bleiben auch die Epithelkörperchen vor Schaden bewahrt. Wenn sich das genannte Gefäß schon vor dem Durchtritt unter der Carotis geteilt hat, wird das kleine Kaliber des vorgefundenen Astes dazu veranlassen, nach einem weiteren zu suchen. Die Unterbindung jenseits der Epithelkörperchen nach deren Abschieben, welche wir eine Zeitlang ausführten, ist anatomisch sicher richtig und ausführbar, praktisch aber zu verwerfen. Es kann auch bei großer Vorsicht zum Einreißen der Drüsen kommen, bei der dann notwendigen Blutstillung müssen sie mehr oder weniger stark notleiden. Es kommt ferner dazu, daß schon eine geringe Blutung in die Umgebung der Epithelkörperchen uns diese zu verdecken vermag und daß wir uns dann mit dem unbefriedigenden Gedanken abfinden müssen, in ihrer „Gegend" zu sein. Handelt es sich aber um eine Rezidivoperation und wissen wir nicht, was auf der anderen Seite vorgenommen wurde, so kann die Lage mißlich sein, falls man sich auf die Unterbindung eingelassen hat. Gulecke zieht aus seinen Studien den Schluß, daß jedenfalls die Unterbindung der Art. thyreoidea inferior in der Nähe der Epithelkörperchen vermieden werden muß und daß die Ligatur entweder weit von ihnen entfernt am Stamm der Gefäße oder im Schilddrüsengewebe selbst an den Ästen des Gefäßes vorgenommen werden soll.

Kehren wir zur Zahl der Arterienunterbindungen zurück. Den letzten Schritt tat von neuem Pettenkofer, indem er 1914 empfahl, alle vier Arterien zu unterbinden. Er berichtete damals über 23 Fälle, die in dieser Weise operiert worden waren und keinerlei Ausfallserscheinungen aufwiesen. Auf eine etwa vorhandene Art. thyr. ima nahm er anscheinend keine Rücksicht. Ebensowenig schenkt er dem Isthmus Aufmerksamkeit. de Quervain empfiehlt, ihn zu erhalten aus Rücksicht auf die Ernährung des Drüsenrestes und aus kosmetischen Gründen. Nach Abtragung des Isthmus kann es vorkommen, daß die Haut der Trachea adhärent wird und eine unschöne Einziehung resultiert. Kausch ist anderer Meinung.

Die Blutversorgung des Kropfes entspringt aus vier Quellgebieten.

I. Der Zufluß aus den beiden unteren Schilddrüsenarterien Er liegt rein dorsal. Die beiden Stammgefäße treten von hinten her über die prävertebrale Ebene in das Fasernetz, welches die Visceralorgane von der Wirbelsäule abhebt. Man kann an dieser Stelle nicht von einer einfachen Fascie sprechen, wie sie etwa vorne dem Kropf aufliegt, auch nicht wohl von einem Bindegewebsspalt, es handelt sich vielmehr um ein sehr lockeres Gewebe, ähnlich dem Filz eines dichten Spinngewebes, das im natürlichen Zustand plattgedrückt, beim Hervorziehen des Kropfes in weiter Ausdehnung angespannt wird und sich alsdann längs der Seitenkante der Schilddrüse in der Tiefe bis zur Wirbelsäule und nach außen bis zur Carotis ausdehnt. In diesem Fasernetz verläuft die untere Schilddrüsenarterie an die hintere Kante des Kropfes, spaltet sich meist in zwei Hauptäste. Der untere wendet sich zum unteren Pol der Schilddrüse, versorgt diesen mit Drüsenästen und sendet einen größeren Zweig nach vorne zur unteren Begrenzung des Isthmus, wo häufig eine Kommunikation mit der anderen Seite besteht. Einige feine Äste aus dem Hauptstamm treten zum Oesophagus. Der obere Hauptast gibt seine Zweige in die Drüse, kleinere Äste an den Oesophag und setzt sich stark verjüngt aufsteigend hart an der Rückseite der Drüse als A. laryngea inferior fort, tritt dann von hinten durch die Wandung des Oesophagus an die Rückseite des Kehlkopfes und über dem M. cricoarytaenoideus in Kommunikation mit der Art. laryngea superior. Ein anderer Ast hält sich eng an die Schilddrüse und anastomosiert mit dem Ramus posterior der Art. thyr. superior.

II. Anastomosen aus dem Gefäßnetz des Oesophagus und der Trachea. Besondere Bedeutung erlangt die Art. pharyngea ascendens in Verbindung mit den Rami pharyngei der Art. thyr sup. und inferior. Unser Injektionspräparat (Fig. 4 u. 5) zeigt, daß auch nach Unterbindung der Art. thyr. sup. et inf. im Stamm von der Aorta aus durch die Carotiden die Kropfgefäße vollkommen gefüllt werden können, hauptsächlich durch Vermittlung der Art. pharyngea ascendens und des arteriellen Geflechtes an der Rückseite des Oesophagus, Verbindungen mit der Art. thyr. sup., Art. laryngea und Art. thyr. inferior. Die bekannten Bilder von Toldt (8. Aufl. 1914, S. 613) zeigen diese Verhältnisse sehr deutlich, ebenso das Präparat, welches Pettenkofer (Beitr. z. klin. Chir. 93, 294. 1914) abgebildet hat.

III. Der Zufluß aus der oberen Schilddrüsenarterie, ein hauptsächlich ventral gelegenes Quellgebiet, welches sich vom oberen Pol über die Vorderfläche der Schilddrüse ergießt. Der erste Ast, die Art. laryngea sup. tritt durch die Membrana thyreoidea und stellt dann die obenerwähnte Anastomose mit der Laryngea inferior her. Der Stamm der Thyreoidea durchsetzt ein ähnliches Fasernetz wie die untere Arterie, schickt den Hauptast an die Vorderfläche der Schilddrüse, einen kleineren Zweig, Ramus posterior an deren Hinterseite. Der obere Ast der Thyreoidea inferior und dieser Ramus posterior bilden eine auf der Rückseite der Schilddrüse selbst gelegene, oft deutlich sichtbare Anastomose und stehen auch durch Kollateralen im Inneren der Drüse mehrfach mit den übrigen Gefäßen in Verbindung.

An die Medianlinie nach vorne, auf die Membrana cricothyreoidea wird ein oft starker Ast abgegeben, der häufig schon aus der Thyreoidea sup. entspringt, ehe sie an den Kropf herantritt und mit der anderen Seite kommuniziert. Aus diesem Gefäß ziehen mehrere kleine, aber nicht unbedeutende, oft auch größere Gefäße an die obere Begrenzung der Schilddrüse, besonders zum Isthmus und an den Lobus pyramidalis. Außerdem stellt häufig der vordere Endast des Ramus anterior auf dem Isthmus eine starke Kommunikation zur anderen Seite her (Fig. 6).

IV. Schließlich sind noch Gefäße zu erwähnen, welche aus den geraden Halsmuskeln vorne an die Struma herantreten. Diese kommen bei Kropfoperationen nicht in Betracht, weil sie, vorne gelegen, zum Beginne doch durchtrennt werden.

Die Gefäßversorgung einer diffusen Struma mit zwei Seitenlappen und einem Mittelstück ist also eine sehr reichhaltige und dementsprechend kann auch der Kropf von jeder einzelnen der Art. thyr. superiores oder inferiores durchblutet werden, solange man nur den Isthmus nicht durchschneidet.

Fassen wir die verschiedenen Kommunikationen kurz zusammen. Es sind:

1. auf der Drüse selbst
   a) Ramus thyr. posterior mit der Art. thyr. inferior (Fig. 4 u. 5).
   b) Über dem Isthmus der Ramus ant. der Art. thyr. superior und der untere Ast der Art. thyr. inf. mit den gleichnamigen Ästen der anderen Seite (Fig. 6).
   c) Anastomosen der Oberlappen durch Zweige der Art. cricothyreoidea.
2. Präglanduläre Gefäße vorne, aus den großen Halsmuskeln kommend:
3. Retroglanduläre Anastomosen:
   a) Die Verbindung der Art. thyr. superior mit der Art. thyr. inferior durch die Bahn der Art. laryngea sup. et inf. (Fig. 4 u. 5).
   b) Rami oesophageales et tracheales, insbesondere der Art. pharyngea superior (Fig. 1, 2, 4, 5).

Der Blutabfluß ist durch zahlreiche Venen gewährleistet, welche am oberen Pol austreten: Vv. thyr. sup., lateral in die Vena jugularis einmünden, Vv. thyr. inf., oder medial in starken Stämmen vom Isthmus und den anliegenden Seitenlappen das Blut in die V. subclavia und anonyma abführen, V. v. ima.

Schließlich finden wir regelmäßig am Gefäßstiel der Inferior ein Venengeflecht, welches die Verbindung mit den Venen des Oesophagus herstellt.

Die Gefäßversorgung der Epithelkörperchen.

Das Interesse für die Gefäßversorgung der Epithelkörperchen ist jüngeren Datums. Eine gute Zusammenstellung gibt Guleke in seiner Chirurgie der Nebenschilddrüsen (1913). Wir folgen seinen Angaben:

Jede Nebenschilddrüse hat ihre eigene Arterie, die A. parathyreoidea. Diese tritt in den Hilus der Drüse ein, verläuft zentral und gibt nach der Peripherie gehende Äste ab. Von der Kapsel her dringen keine Gefäße in das Innere der Epithelkörperchen ein, auch dann nicht, wenn dieses in die Schilddrüse eingebettet ist und seine Kapselgefäße mit denen der Schilddrüse anastomosieren (Geis, Evans). Die A. parathyreoidea sowohl des oberen wie des unteren Epithelkörperchens entspringt aus einem Ast der A. thyr. inf. Diese teilt sich in 3—4 Äste, von denen gewöhnlich der mittelste mit einem der von oben herabsteigenden Zweige der A. thyreoidea sup. anastomosiert (Channel-Halsted). Die oberen Epithelkörperchen erhalten ihr Gefäß entweder aus diesem Verbindungszweig oder aus einem Ast der A. thyr. inf. selbst, die unteren regelmäßig aus einem Ast der unteren Schilddrüsenarterie. Gewöhnlich ist die A. parathyreoidea nur 4—5 mm lang, sie kann aber, wenn das untere Epithelkörperchen weiter von der Schilddrüse abrückt, ein 2—3 cm langes Stämmchen bilden (Halsted, Evans, Geis). Die Art. thyr. inf. stellt somit das Hauptternährungsgefäß für beide Epithelkörperchen dar. Wird sie unterbunden, so kann, so lange die Anastomose mit der oberen Schilddrüsenarterie nicht unterbrochen wird, auf diesem Wege noch reichlich Blut zugeführt werden[1]). Aber selbst nach Ligatur beider großen Gefäße bleiben sehr oft Ernährungsstörungen für die Nebenschilddrüsen aus, da ihre Gefäße noch eine Reihe weiterer Anastomosen eingehen; sie können sowohl mit der A. thyreoid. inf. der gegenüberliegenden Seite quer über den Isthmus der Schilddrüse hinweg (Geis) als auch mit Pharyngeal-, Oesophageal- und Trachealgefäßen zusammenhängen (Ginsburg, Delore und Alamartine). Wie leicht trotz dieses ausgiebigen Gefäßnetzes Ernährungsstörungen nach Ligatur auch nur eines Gefäßes an ungeeigneter Stelle, besonders bei Lageanomalien, hervorgerufen werden, hat Geis gezeigt. Injektionsversuche aus neuerer Zeit und von chirurgischer Seite stammen von Alamartine und Pettenkofer. Letzterer hat außer auf die normale Versorgung, welche früher erwähnt wurde, auch darauf Rücksicht genommen, wie die Verhältnisse sich nach Arterienunterbindung (4) gestalten. Er unterband die Carotis externa beiderseits unterhalb des Abganges der Lingualis, die Interna wurde in gleicher Höhe ligiert. Die Thyreoidea inf. wurde knapp vor ihrem Eintritt in die Drüse unterbunden. Daraufhin wurde von der Carotis communis aus die Injektion der Thyreoidea bzw. deren abgehender Äste vorgenommen. Es folgte darauf eine Streckung der A. thyreoidea bis zu den Ligaturstellen, selbst die feinsten Gefäße der „Gefäßkapsel" der Drüse wurden injiziert.

Am nächsten Tag wurden die Inferiores an der Kreuzungsstelle mit der Carotis ligiert, ebenso die Aa. subclaviae distal vom Truncus thyreocervicalis. Die Injektion erfolgte in die Aorta ascendens. Dabei platzte die rechte A. thyr. inf., deswegen mußte der genannte rechte Truncus thyreocervicalis unterbunden werden. Bei der erneuten Injektion wurden in der Gefäße führenden Drüsenkapsel injizierte Blutbahnen sicht-

---

[1]) Derselben Anschauung ist de Quervain.

bar, doch in wesentlich geringerem Maße als bei der Injektion der A. thyr. sup. Als Ursache sieht Pettenkofer das Platzen der Inferior und die Wahl der Ligaturstelle an. Bei der Herausnahme des Präparates waren einzelne feine Gefäße der tiefen Halsmuskulatur mit Injektionsmasse gefüllt.

An dem aufgehellten Präparate ging der Ramus hyoideus beiderseits von der A. thyr. sup. ab (Gegenbauer), nicht, wie mancherorts angegeben ist, von der A. lingualis. Die Aa. laryngeae sup. kommunizierten mit oberflächlich und quer verlaufenden Endzweigen der Aa. thyr. sup. Ferner fanden sich beiderseits injizierte und verzweigte Gefäße auf der Dorsalseite des Präparates (Ramus posterior der A. thyr. sup.), die unterhalb der Ligaturstelle abgingen und somit wie der vordere Ast der A. thyr. sup. rückläufig der Hauptsache nach von der A. laryngea sup. injiziert wurden.

Halsted und Evans studierten 1906 die Blutversorgung der Epithelkörperchen. Nach ihnen erhält jedes in der Höhe seines Hilus ein oder mehrere Arterienästchen aus der A. thyreoidea inferior oder aus der Anastomose zwischen A. thyreoidea superior und inferior. Diese Gefäßzweige sind die einzige Blutversorgung der Drüschen, sie ist von der Gefäßkapsel der Schilddrüse vollkommen unabhängig. Wenn die Gefäße einmal verletzt sind, gehen die Epithelkörperchen zugrunde und funktionieren nicht mehr.

Delore und Alamartine fügen den Angaben von Halsted noch hinzu, daß die Epithelkörperchen noch beträchtliche Äste aus den pharyngealen und trachealen Gefäßen erhalten.

Man muß also, um die Drüschen zu schonen, die Äste der A. thyreoidea inf. intracapsulär unterbinden (Ultraligatur) oder, wenn dies unmöglich ist, an den Stamm der Arterie in ihrem horizontalen Verlaufe herangehen.

Technik der Kropfoperation.

Unser Vorgehen gestaltet sich nunmehr kurz folgendermaßen:

a) Bei einseitiger Vergrößerung:

Kragenschnitt, Aufsuchen der Inferior, Durchtrennung der kurzen Muskeln, der Sternocleido bleibt stets intakt. Wurde die Inferior nicht gleich gefunden, so Freilegung der Superior und dann extrafasciale Unterbindung der Inferior, Ligatur der Venen, Abtragung des Kropfes, mit Rücklassung einer Gewebsscheibe, welche vernäht wird, Naht der Muskulatur und Haut (Fig. 2).

b) Bei der fast stets vorhandenen doppelseitigen Vergrößerung mit Beteiligung des Isthmus (Fig. 2):

Nach Freilegung der einen Seite Herumgehen am unteren Ende auf die zweite Hälfte und Unterbindung der Inferior (extrafascial). Darauf

Aufsuchen der Superior und Ligatur beider Äste oder nur des vorderen Astes, je nach der Masse des hellrot gefärbten Drüsengewebes. Sind alle 4 oder $3^1/_2$ Arterien unterbunden, und beide Kropfseiten völlig freiliegend, so wird über der Trachea der Isthmus scharf durchschnitten und durch seitliche Ablösung beider Lappen die Vorderfläche der Luftröhre völlig freigelegt. Die beiderseitigen Kröpfe hängen dann noch am Gefäßstiel der A. thyr. inferior. Endlich Resektion der beiden Hälften, so daß annähernd gleich große Stücke zurückbleiben. Die restierende Menge schwankt je nach der Qualität des Gewebes, bei Basedow bleiben zwei kaum daumengroße Wülste zurück, bei Kolloidkröpfen etwas mehr. Auf der Schnittfläche sind häufig die Hauptgefäßäste isoliert zu unterbinden. Darüber wird die zusammengelegte Schnittfläche fortlaufend mit Catgut vernäht. Massenligaturen werden sorgsam vermieden. Die alleinige Unterbindung der Gefäße auf der zweiten Seite haben wir in etwa 10 Fällen jugendlicher Strumen ausgeführt, wenn die Kropfbildung dieser zweiten Hälfte noch sehr gering war in Anlehnung an de Quervain, welcher schreibt, daß die Unterbindung von 3 und $3^1/_2$ Arterien sich als genügend erweist, um weiteres Wachstum zu verhindern, daß sie aber nicht genügt, um die Struma zum Schrumpfen zu bringen. De Quervain bringt außerdem Beweise dafür, daß auch Resektionen, wenn sie nicht von ausgiebigen Gefäßunterbindungen begleitet sind, vor einem Nachwachsen nur ungenügend schützen.[1])

Wir stehen mit de Quervain im Gegensatz zu Kausch, welcher nur der beiderseitigen Resektion entschieden das Wort redet, ebenso entschieden aber die Unterbindung der Inferior vermieden wissen will. Legt man die Ligatur weit außen, dann sind die Bedenken von Kausch beseitigt und man hat die Annehmlichkeit der geringeren Blutung. Diese ist bei der Resektion nach Mikulicz, wie Kausch selbst angibt, ziemlich reichlich.

Die Praxis hat zur Genüge bewiesen, daß man ohne Schaden für den Patienten alle vier Schilddrüsenarterien unterbinden kann. Trotzdem dürften die Wege von gewissem Interesse sein, auf welchen der zurückgelassene Rest sein Blut bezieht.

Sobotta schreibt, daß, „abgesehen von abnormen überzähligen Arterien“, vier ziemlich starke Äste zu dem Organ treten, die beiden Superiores und die meist noch stärkeren Inferiores. Die ersteren stellen die Arterien der Vorderfläche und des Mittellappens, die letzteren die der Hinterfläche dar.

Die Art. thyr. sup. zerfällt in der Gegend des oberen Endes des Seitenlappens der Drüse in drei Hauptäste, von denen einer an der

[1]) Auf Anfrage teilte uns Herr Kausch mit, daß er nie ein Rezidiv nach der Resektion sah.

anterolateralen Fläche des betreffenden Lappens entlang nach abwärts läuft; ein zweiter zieht am vorderen Rande des Seitenlappens nach unten bis zum Isthmus und begegnet hier anastomotisch dem gleichen Aste der anderen Seite; hier kommt es (Landström) fast ausnahmslos zu einer anastomotischen Verbindung aller vier Schilddrüsenarterien. Ist ein Lobus pyramidalis vorhanden, so erhält dieser auf dem gleichen Weg sein Blut. Der dritte Ast der Thyreoidea superior geht zur medialen Fläche des oberen Abschnittes des Seitenlappens der Drüse; es ist dies also der einzige Ast der Arterie, der sich nicht am vorderen Umfange des Organs verästelt.

Die Arteria thyreoidea inferior sendet meist zwei deutlichgetrennte Äste zur Schilddrüse, von denen einer am unteren Rande des Seitenlappens entlang verläuft und sich am hinteren Umfange des Isthmus mit dem der anderen Seite begegnet, während der zweite Ast auf der hinteren und medialen Fläche des Organs emporsteigt. Dazu gesellt sich ein dritter Arterienzweig, meist ein Ast des vorigen, der sog. Ramus perforans von Streckeisen. Dieser gewöhnlich nur schwache Ast liegt zwischen Isthmus und Luftröhre und kann am oberen Rande des ersteren zutage treten; er ist es, der die obengenannte Anastomose mit der Thyreoidea superior vermittelt. Sowohl an der Oberfläche wie im Inneren der Schilddrüsensubstanz kommen vielfache Anastomosen der Arterienzweige vor.

Nach Fischer kommt es in 33% der Fälle zu einer Auflösung der unteren Schilddrüsenarterie in mehrere Äste, in 21% zu einer Dreiteilung.

Zu den genannten Gefäßen gesellt sich in 10% eine dritte, unpaare Arterie, die Arteria thyreoidea ima. Ihr Kaliber ist meist gering, doch stellt sie in seltenen Fällen ein starkes, genau median vor der Trachea emporziehendes Gefäß dar, das einen Ursprung direkt vom Aortenbogen oder von der Anonyma nimmt; sie kann auch aus der rechten Carotis communis oder Subclavia stammen; ist sie schwach, so geht sie aus kleineren Ästen der Subclavia ab. Nach Gruber gehört sie meist der rechten Körperhälfte an (Fig. 3).

Major wies auf zahlreiche Variationen der vier Hauptarterien der Schilddrüse hin; er weicht auch in seiner Beschreibung ihres Verhaltens von dem üblichen Schema ab. Es handelt sich nach ihm um regelmäßige Unterschiede zwischen rechter und linker Seite. Die rechte Thyreoidea superior soll zum oberen Pol des betreffenden Seitenlappens laufen, die linke dagegen sich am medialen Rande entlang bis zum Isthmus herab verzweigen; die rechte Thyreoidea inferior geht zum Rande des entsprechenden Seitenlappens, die linke zum unteren und zum medialen Rande ihres Lappens. Auf jeder Seite anastomosieren Thyreoidea superior und inferior miteinander. Anastomosen an der Oberfläche der Drüse sind beim Menschen zum mindesten sehr selten.

Im Inneren der Schilddrüse konstatierte Major nur wenig größere Arterien; die Hauptverzweigung findet bereits außerhalb des Organes statt. Auf die Einteilung Majors in vier Ordnungen von Arterienästen gehen wir nicht näher ein und führen nur an, daß es bei Strumen wenigstens im „Inneren" auch nach Unterbindung der vier Hauptarterien in kräftigem Strahle bluten kann.

Auf etwaige Unterbrechung des Blutkreislaufes nahmen die eben genannten Autoren keine Rücksicht.

Über die Verteilung der Gefäße in der Schilddrüse selbst äußert sich Alamartine ebenfalls. Er unterscheidet mit Bérard zwei Zonen, eine äußere und eine innere. Die erste besitzt ungefähr 1 cm Dicke, in welcher man Gefäße von größerem Kaliber findet, welche zu einer Unterbindung zwingen. In der inneren Zone finden sich nur Capillaren, deren Blutung man mit Hilfe der Naht oder Tamponade stillen kann. Es kommt vor, daß kräftigere Zweige von der Peripherie nach dem Zentrum gehen.

Auf Horizontalschnitten wies Alamartine nach, daß sich die A. thyreoidea sup. vorwiegend in der vorderen äußeren Partie der zwei oberen Drittel des Seitenlappens verbreitet; das Gebiet der Inferior ist die hintere innere Fläche der unteren zwei Drittel des Lappens. Dort wo die Schilddrüse der Trachea anliegt, bestehen Anastomosen zwischen Superior und Inferior, außerdem steht letztere in Beziehung zu den Trachealgefäßen.

Alamartine hält die Unterbindung der vier Hauptarterien mit Wölfler für gefahrlos. Eine genügende Zirkulation stellt sich wieder her, sei es auf dem Wege der Ima und dem der verschiedenen akzessorischen Gefäße oder mit Hilfe der zahlreichen Anastomosen, welche Schilddrüse, Oesophagus, Trachea usw. verbinden.

Der übrigen Darstellung, welche in der Regel ein Überwiegen der A. thyr. superior, eine Teilung der A. inferior bereits außerhalb der Carotis annimmt, vermögen wir uns nicht anzuschließen.

Ein gutes Schema, welches in manchen Arbeiten wiederkehrt, welches auch Wölfler in seiner Schrift „Über die Gefäßtherapie des Kropfes" benützt, ist das von Jäger - Luroth.

Wölfler schreibt, daß zentral von den beiden Ästen der Superior die beiden Laryngeae superiores bleiben, welche mit Hilfe der Aa. laryngeae inferiores mit den Aa. thyr. inferiores in Verbindung treten. Mit dem Mittelstamm der Aa. cricothyreoideae (aus der Superior) pflegen zumeist die Aa. hyoideae (nach Henle aus der A. lingualis) zu anastomosieren, so daß vom Isthmus aus ein Kollateralkreislauf eingeleitet werden kann. Kocher will lieber die Ligatur der Superior unterhalb des Ramus hyoideus und laryngeus sup. anlegen, um die Kehlkopfzirkulation nicht zu stören, dagegen sollen die Rami musculares ausgeschaltet werden, namentlich der Ramus cricothyreoideus, der auf der Membrana hyo-thyreoidea eine starke Anastomose mit der anderen Seite eingeht. Den reichlichen Verbindungen der Rami hyoidei und laryngei schreibt er die Gefahr einer Kollateralzirkulation zu und will daher vorderen und hinteren Ast der Superior unterbunden wissen.

Nach Gegenbauer ist der Ramus hyoideus variabel und kommt dann und wann aus der A. lingualis.

Corning bildet in seinem bekannten Buche einen Verbindungsast der beiden Superiores ab. Von der Inferior teilt er mit, daß sie Rami glandulares von der hinteren Fläche der Glandula thyreoidea an die Drüse abgibt, außerdem Rami pharyngei, oesophagei und tracheales, sowie die A. laryngea inferior zur hinteren Wand des Kehlkopfes. Die A. thyreoidea inferior anastomosiert längs des oberen und unteren Randes der Drüse mit der A. thyr. sup. und der A. thyreoidea inf. der anderen Seite. Auch innerhalb der Drüse sind nach Corning Anastomosen nachzuweisen, so daß die Annahme, es hätten die zur Schilddrüse gehenden Arterien als Endarterien zu gelten, hinfällig wird.

Die vorhin erwähnte Laryngea inferior (thyr. inf.) versorgt in der hinteren Wand des Kehlkopfes sowohl Muskel als auch Schleimhaut und anastomosiert mit der A. laryngea sup. (Gegenbauer, Toldt).

Ewald konnte beim Menschen, Fuhr beim Hunde von den Kropfgefäßen aus die Gefäße der Trachealschleimhaut injizieren. Nach Cornings Beschreibung kommuniziert ein absteigender Ast der A. pharyngea ascendens (Carotis) mit der anderen Seite und mit den Verzweigungen des Ramus posterior der A. thyr. superior. Nach Toldt kommen die Rami tracheales und oesophagei (A. thyreoid. inf.) in Betracht; nach Billroth aufsteigende Äste der A. thyr. inf. für den dorsalen Teil der Speiseröhre und den Pharynx. Wie Spalteholz angibt, bezieht der Schlundkopf ernährende Bahnen aus der A. maxillaris interna und aus der A. pharyngea ascendens. Dreesmann weist auf die Aa. cricothyreoideae, Oesophagusblutgefäße und die zahlreichen Verbindungen der Schilddrüsenarterien mit der Umgebung hin.

Eigene Versuche.

Dank dem Entgegenkommen der Herren Geh. Rat Wiedersheim, M. B. Schmidt und Prof. Schultze war es uns möglich, einige Injektionsversuche anzustellen. Die Freiburger Präparate fielen zum Teil leider dem Fliegerüberfall zum Opfer.

Bei der Gewinnung der abgebildeten Präparate gingen wir folgendermaßen vor: An der frischen Leiche wurden beiderseits von einem Längsschnitt am medialen Rande des Sterno cleidomastoideus aus die Superior und Inferior unterbunden. Erstere muß direkt am Abgange von der Carotis externa ligiert werden, sonst kann es sein, daß man einen Ast übersieht. Der Inferior wurde an der Kreuzungsstelle mit der Carotis communis unterbunden, wie bei der Operation. Daraufhin wurde die Leiche vorgewärmt und nach Unterbindung der Aorta descendens unterhalb des Zwerchfells die Injektion vorgenommen. Die gelungene Füllung erkannte man gut an dem Hervortreten der kleinen Gefäße des Gesichtsschädels. Nach dem Erkalten erfolgte die Herausnahme des Präparates und dessen Darstellung. Das Ergebnis war nach den reichlichen operativen Erfahrungen kein überraschendes. Die Schilddrüse wies in ihrem ganzen Bereiche eine gute Gefäßfüllung auf. Inferior und Superior waren bis zu den Ligaturstellen strotzend gefüllt. Noch reichlicher war das Gefäßnetz bei einer Injektion, bei welcher nur der vordere Ast der A. thyreoidea superior unterbunden worden war.

Aus unseren Präparaten ersehen wir, daß die Blutfüllung der Schilddrüse auch nach Ausschaltung des Hauptzuflusses durch die Art. thyr. sup. et inf. noch in tadelloser Weise möglich ist, bis zur vollkommenen Injektion nicht nur des Kropfes, sondern, was besonders wichtig ist, bis in die zentralen unterbundenen Gefäßstümpfe der Art. thyr. sup. et inf. hinein (Fig. 1, 2, 4, 5).

Darauf kommt es uns ganz besonders an, weil wir damit bewiesen haben, daß die nach unserer Darstellung als „retroglanduläre Anastomosen" bezeichneten arteriellen Kollateralen aus dem Gefäßnetz des Oesophagus und der Trachea in Verbindung mit der Art. laryngea inferior vollständig genügen sowohl zur Speisung eines sonst intakten Kropfes, bei welchem die vier Arterien unterbunden wurden, eines nach der Operation zurückgelassenen Schilddrüsenrestes, vor allem aber auch der Hilusverzweigung der A. thyr. inferior.

Es handelt sich nicht etwa nur um eine kümmerliche Speisung oder gar um einen Zustand ähnlich dem hyperämischen Infarkt, sondern um eine richtige arterielle Pulsation. Bei einer größeren Reihe von doppelseitigen Resektionen, bei welchen vorher beide Aa. thyr. inferiores und alle Äste der Superior unterbunden, der Isthmus durchtrennt und die Kropfkörper von der Trachea abgelöst waren, haben wir nach weitgehender doppelseitiger Resektion und Übernähen der blutenden Schnittfläche uns absichtlich noch einmal von den Zirkulationsverhältnissen überzeugt, indem wir peripher von der Ligatur der Art. thyr. inferior das Stammgefäß anschnitten. Wir bekamen regelmäßig eine erhebliche arterielle Blutung aus dem peripheren Stumpf, der dann natürlich noch einmal unterbunden wurde.

Die retroglanduläre Gefäßversorgung auf dem Wege der Pharyngea ascendens, Laryngea superior, Rami oesophageales et tracheales führt zur Füllung der Art. laryngea inferior, des Stammes der Art. thyreoidea inf. und ihrer Anastomosen mit dem Ramus posterior.

Der Gefäßbogen an der Rückseite der A. thyr. inf. wird also damit gefüllt. Infolgedessen haben sowohl die zurückgebliebenen Schilddrüsenreste wie auch die Epithelkörperchen ihre genügende und reichliche Ernährung behalten.

Unsere eigenen Erfahrungen an 192 doppelseitigen Kropfresektionen mit vorausgehender Unterbindung von vier Gefäßen, bei welchen wir Tetanie nicht gesehen haben, beweisen mit den Erfahrungen von Pettenkofer, daß die Unterbindung beider Art. thyr. sup. et inf. ohne Schaden ausgeführt werden kann.

Hierbei sind freilich zwei wichtige Bedingungen einzuhalten:

I. Die Art. thyr. inf. soll womöglich in ihrem Stamm, jedenfalls weit lateral unterbunden werden. Wir empfehlen, die Ligatur möglichst nahe an der Kreuzungsstelle mit der Carotis vorzunehmen. Sie ist dort technisch ja auch am leichtesten auszuführen, ob primär nach de Quervain oder sekundär, ist unwesentlich.

II. Darf keine Verletzung oder Unterbindung der Art. laryngea inferior oder anderer Gefäßzweige an der Hinterkante des Kropfes vorgenommen werden, weil damit der wichtige, retroglanduläre Gefäßbogen abgeschnürt und damit die Lebensfähigkeit der Epithelkörperchen gefährdet werden kann.

Keinerlei Kombinationen im Sinne der Ultraligatur! Man muß von Anfang an auf die Excision oder Strumektomie verzichten. Den N. recurrens legen wir regelmäßig an seiner Kreuzungsstelle mit der A. thyr. inf. stumpf frei durch Auseinanderziehen des Fasernetzes; damit wir nach Orientierung über dessen Lage und Verlauf ohne Gefährdung am unteren Pole des Kropfes die nötigen Unterbindungen vornehmen und die Drüsenresektion nach der Seite in einem für die spätere Naht genügenden Abstande vornehmen können (Fig. 4).

Ein Vorteil ist es ferner nach dem früher Gesagten, daß die Art. thyr. sup. nicht im Stamm, ferne von der Drüse, sondern ziemlich dicht (Polarligatur nach Kocher) am Kropf unterbunden wird, eventuell in 2—3 Ästen mit zweifacher Ligatur, damit die Art. laryngea superior nicht mitgefaßt werde, weil diese eine wichtige Verbindung mit der Art. laryngea inferior bildet. Allerdings ist die Gefahr lange nicht so groß wie bei Läsion der letzteren.

Diese Behandlung der Art. thyr. superior entspricht im ganzen ebenfalls der leichteren technischen Ausführung, wenn die Kropfresektion beabsichtigt wird. Bei schwerem Basedow, wenn wir nur die Gefäßunterbindung ausführen, ziehen wir es vor, einseitig von zwei kleinen Schnitten aus die Stämme der Art. thyr. sup. et inf. zu unterbinden und nach 14 Tagen die andere Seite vorzunehmen.

In solchen Fällen ist die Unterbindung der Superior im Stamm einfacher, man kann dabei alle, für Basedowkranke schädlichen Manipulationen am Kropf vermeiden.

Unsere Empfehlung, bei doppelseitigen Kröpfen, besonders jugendlicher Individuen, beide Strumahälften ausgiebig zu resezieren, ist wie von Pettenkofer so auch von uns bereits an zahlreichen Fällen praktisch erprobt; wir hoffen mit der vorliegenden Arbeit auch die anatomischen Grundlagen, welche diesen radikalen Eingriff zulassen, genügend erklärt zu haben.

Soweit wir die Operierten nach einem Jahre oder etwa zufällig auch später wieder gesehen haben, ist das Resultat recht günstig, sowohl bezüglich der kosmetischen Lösung der Aufgabe, als hauptsächlich bei denjenigen Fällen, welche an thyreotoxischen Beschwerden oder eigentlichem Basedow gelitten haben. Bei Basedowstrumen, deren Träger noch nicht schwer kachektisch sind, gab uns die gleichzeitige doppelseitige Resektion (gegebenen Falles unter starker Reduktion der Thymus) viel bessere Resultate als die einseitige Kropfentfernung, auch wenn später etwa in einer zweiten Operation die andere Seite vorgenommen wurde.

Eine zweimalige Operation ist dem Kranken unerwünscht und für den Chirurgen ist der Überblick durch die früheren Narben immer wesentlich gestört.

Bei weit vorgeschrittenen Basedowformen, bei welchen jeder größere Eingriff gefährlich ist, haben wir nach der Unterbindung aller vier Arterien in zwei Sitzungen von vier kleinen Schnitten aus günstige Wendung und mehrmals Heilung gesehen.

Wir möchten aber keineswegs das Verfahren der doppelseitigen Resektion mit Unterbindung aller vier Arterien als Normalmethode hinstellen. In vielen Fällen, besonders, wenn der obere Pol der Struma nicht zu umfangreich und gut zu entwickeln ist, können wir uns mit der Unterbindung des vorderen Astes der A. superior begnügen, den hinteren intakt lassen und trotzdem beidseitig resezieren; aber wir halten uns jedenfalls dazu berechtigt, häufiger als früher primär doppelseitig zu resezieren.

Die Indikation dazu ergibt sich für jeden Schilddrüsenlappen sobald die kropfige Entartung das natürliche Volumen um etwa das Doppelte vermehrt hat, wenn es sich um jüngere Patienten handelt und wenn der allgemeine Kräftezustand vor und während der Operation einen doppelseitigen Eingriff zuläßt.

Wir haben die Resektion nach Gefäßligatur auch ausgedehnt auf alle jene Fälle, bei denen aus irgendwelchen Gründen von vornherein nur eine einseitige Operation geplant ist, und damit die Exstirpation eines Kropfes, die Strumektomie völlig aufgegeben. Bei jeder Kropfoperation wird mindestens ein daumengroßes Gewebstück über der Eintrittsstelle der Art. thyr. inferior erhalten. Es liegt uns ferne, dieser Operationsweise etwa die anspruchsvolle moderne Empfehlung einer „physiologischen Operation" beizulegen; es liegt darin einfach das Geständnis, daß schon mit der Totalexstirpation einer Schilddrüsenhälfte zu viel geopfert wird, und daß es wenig zweckmäßig ist, auf der einen Seite alles wegzunehmen, auf der anderen aber die Anlage zu neuer Kropfbildung unbeeinflußt stehen zu lassen.

Bei maligner Struma wird selbstverständlich nach anderen Gesichtspunkten verfahren.

Daß die Frage der Kropfoperation einer weiteren Bearbeitung bedarf, ergibt sich auch aus den Verhandlungen der Schweizerischen Gesellschaft für Chirurgie (10. III. 17). Soweit bisher Berichte vorliegen, waren die älteren. Chirurgen zurückhaltend mit der Ausgiebigkeit der Operation, während die jüngeren für ausgedehntere Eingriffe eintraten.

In einem Züricher Briefe über die vierte Tagung der Schweizerischen Gesellschaft für Chirurgie heißt es: Wenn man nun etwa glauben wollte, die glänzenden Operationsresultate, welche zum großen Teil schweizerischen Chirurgen zu verdanken sind, hätten eine siegesfreudige, selbstzufriedene Stimmung ausgelöst, so würde man sich täuschen, denn die ungeschminkten Mitteilungen Roux' über die Dauerresultate wirkten abkühlend. Die Rezidive sind nicht zu vermeiden und der erfahrene Operateur, welcher seine Klienten mehrere Jahrzehnte verfolgen konnte, zeigte sich weniger befriedigt als die jüngeren Kollegen, denen die Dauerbeobachtungen noch fehlen. So fand denn die Überzeugung Roux', man müsse versuchen, der Krankheit auf anderem Wege beizukommen, allgemeine Zustimmung und zeigte ferner das Schlußwort Kochers. Dieser führte an, daß experimentelle Studien mit Fischen der Hoffnung Raum lassen, daß in nicht allzu ferner Zeit die Kropfkrankheit prophylaktisch bekämpft werden kann.

Vorerst freilich hat noch die operative Therapie die Führung in der Bekämpfung des Kropfleidens und auf diesem Wege verdanken wir die sicherste Führung der Anatomie.

Schlußsätze.

1. Rezidive nach Kropfoperationen kommen in größerer Anzahl vor als bisher angenommen wurde. Sie beeinträchtigen teils nur die Kosmetik, teils kehren die früheren Störungen von seiten der Trachea, des Herzens usw. zurück.

2. Dies ist um so eher der Fall, wenn bei der Operation nur eine Seite angegangen wurde, während die andere schon etwas größer war; namentlich bei jugendlichen Individuen.

3. Die Unterbindung der Art. thyreoidea superior der zweiten Seite genügt nicht, diesen Übelstand zu vermeiden; das gleiche gilt, wenn man diejenige der Inferior hinzugesellt.

4. Am sichersten wirkt bei doppelseitiger Struma eine ausgiebige Reduktion des Gewebes auf beiden Seiten mit entsprechender Einengung des Kreislaufes. Dabei darf man sich nicht scheuen, unter Umständen auch alle vier Hauptarterien zu unterbinden.

5. Voraussetzung bei dieser weitgehenden Maßnahme ist, daß man die Inferior an der Kreuzungsstelle mit der Carotis communis ligiert.

6. Ob man die Art. thyreoidea superior oder die Inferior zuerst unterbindet, ist ziemlich gleichgültig. Bei sorgfältigem Operieren läßt sich die Blutung fast immer auf ein Geringes herunterdrücken.

7. Bei Unterbindung an der erwähnten Stelle der Inferior leiden die E. K. keine Not, ebensowenig kommt der Recurrens in Gefahr, da die dorsale Partie der Struma in situ und in Ruhe gelassen wird.

8. Die Versorgung der Strumareste mit Blut geht aus von der Laryngea superior und inferior, von oesophagealen, pharyngealen und trachealen Anastomosen, abgesehen von einer nicht unterbundenen Ima.

9. Der Heilverlauf ist weniger günstig als bei der „sauberen" einseitigen Excision; dies fällt gegenüber einer Rezidivoperation nicht in die Wagschale.

Literaturverzeichnis.

Alamartine, Technique actuelle des opérations pour goître. Rev. de Chir., 10. April 1913.

Brief aus Zürich, Med. Klin. **18**. 1917.

Delore et Alamartine, La ligature des artères thyroïdiennes. Rev. de Chir. **44**, 10. Sept. 1991.

— — La Tétanie Parathyréoprive Postopératoire. Rev. de Chir. **42**. 1910.

Erdheim, Tetania parathyreopriva. Mitt. a. d. Grenzgeb. d. Med. u. Chir. **16**.

Geis, The parathyroid glands. Ann. of surgery **47**. 1908.

Guleke, Chirurgie der Nebenschilddrüsen (Epithelkörperchen). Neue deutsche Chirurgie **9**.

Halstedt, Verhandl. d. Deutschen Gesellschaft f. Chirurgie 1911, S. 45.

— Excision of both lobes of thyroid gland for cure of Graves disease. Transactions of the American Surgical Association 1913.

— Preliminary ligation of the Thyroid arteries and of the inferior in preference to the superior artery. Transactions of the American Surgical Association. 1913.

— u. Evans, The parathyreoid glandules. Annals of Surgery **4**. 1907.

— — The parathyreoid gland; their blood supply and their preservation in operation upon the thyroid gland. Annals of Surgery 1907, S. 489.

Kausch, Beiderseitige Resektion oder einseitige Exstirpation des Kropfes? Archiv f. klin. Chir. **93**, Nr. 4.

Landstroem, Über Morbus Basedowii. Dissertation. Stockholm, bei Sobotta zitiert.

Lenormant et Delore, Le traitement chirurgical du goêtre exophtalmique. Congrès de l'association française de Chirurgie. Paris 1910.

Major, Studies on the vascular system of the thyroid gland. Americ. Journ. anat. **9**.

Pettenkoffer, Beitrag zur operativen Behandlung zweiseitiger Strumen. Bruns Beiträge z. klin. Chir. **73**.

de Quervain, Zur Technik der Kropfoperation. Med. Gesellschaft Basel 1911. Korrespondenzbl. f. Schweiz. Ärzte **9**. 1912.
— Zur Technik der Kropfoperation. Deutsche Zeitschr. f. Chir. **116**.
— Über den Schutz des Recurrens und der Epithelkörperchen bei der Kropfoperation. Verhandl. d. Deutschen Gesellschaft f. Chirurgie. 1912.
— Weiteres zur Technik der Kropfoperation. Deutsche Zeitschr. f. Chir. **134**.
Schloffer, Über die operative Behandlung der Basedowschen Krankheit. Prager med. Wochenschr. 1913, Nr. 23.
— Über Kropfoperationen. Med. Klin. 1909.
— Kropfoperation und Recurrenslähmung. Kongreß der deutschen Gesellschaft für Chirurgie 1910.
Sobotta, Anatomie der Schilddrüse. Handbuch der Anatomie des Menschen **6**.
Streckeisen, Beiträge zur Morphologie der Schilddrüse. Virchows Archiv **103**.

Erläuterung der Abbildungen (Tafel XXVI—XXIX).

1. Aa. thyr. sup. et inf. beidseits unterbunden (s. Ligaturstellen). Injektion von der Aorta aus. Man erkennt die Verbindungen der A. pharyng. ascendens mit den Schilddrüsengefäßen.
2. Anastomose der A. pharyng. asc. mit der sehr kleinen A. thyr. inf. Diese war unterbunden wie die drei anderen Schilddrüsengefäße und aus retroglandulären Anastomosen gefüllt. Das Ästchen zum E. k. entstammt der großen A. thyr. ima, s. Fig. 3.
3. Stark entwickelte A. thyr. ima. Ein Zweig, gestrichelt, führt zum unteren E. K.
4. Unterbindung der A. thyr sup. beidseits. Injektion von der Carotis aus. Füllung der A. thyr. inf., der laryngealen und oesophagealen Anastomosen. Situs der A. laryngea inferior.
5. Unterbindung beider A. thyr. sup. Injektion von der Carotis aus. Retroglanduläre Injektion der Schilddrüse.
6. Situs der doppelseitigen Kropfresektion. Die Struma ist beidseits von der Luftröhre gelöst, die vier Gefäße unterbunden.

Die Bilder verdanken wir den Herren Universitätszeichnern Freytag und Schilling.

Beitrag zur Nephrotomiefrage.

Von

Privatdozent Dr. W. Lobenhoffer.

(Aus der Chirurg. Klinik Würzburg [Prof. Dr. Enderlen].)

Mit 1 Tafel (XXX).

Die Indikation zur typischen Nephrotomie ist immer noch nicht ganz festgelegt. Israel selbst empfahl und benutzte die Operation anfangs in ziemlich weitem Umfange nicht nur zur Entfernung sicher nachgewiesener Steine, sondern auch bei weniger klaren Fällen und sie wurde eine Zeitlang geradezu als Probeschnitt bei Nierenerkrankungen der verschiedensten Art gebraucht, teils um Einblick in das Nierenbecken zu bekommen, teils um das Parenchym auf dem Durchschnitt besichtigen und Scheiben davon zur mikroskopischen Untersuchung entnehmen zu können. Unerwartete, günstige Erfolge nach Operationen, welche den vermuteten Befund an der Niere nicht ergeben hatten, ließen die Indikation noch weiter ausdehnen. Bald zeigte sich jedoch, daß der Eingriff keineswegs harmlos ist, und besonders in neuerer Zeit mehrten sich die Stimmen, die auf Grund übler Erfahrungen die Indikationsstellung dazu nach Möglichkeit eingeschränkt wissen wollten. Eine Anzahl von Untersuchungen an Tieren suchte Klarheit zu bringen, jedoch gilt dafür der Einwand Zondecks, daß die Gefäßversorgung der tierischen Niere eine andere ist als die der menschlichen und deshalb Tierversuche nur bedingten Wert hätten. Es ist deshalb wünschenswert, daß alle Fälle bekanntgegeben werden, bei denen es möglich war, die Wirkung des Sektionsschnittes auf die menschliche Niere zu studieren. Die Gelegenheit ist der Natur der Sache nach nicht häufig, wird wohl manchmal auch nicht benutzt. Genauere und aussichtsreiche Untersuchungen sind auch nur möglich, wenn Nephro- und Nephrektomie einen gewissen Zeitraum auseinanderliegen und die Niere nicht vereitert ist. Außerdem wurden sicher mehr nephrotomierte Nieren später entfernt, als aus begreiflichen Gründen veröffentlicht wurde.

Während von Simon und Holmes kurze Notizen über das makroskopische Aussehen früher gespaltener Nieren stammen, die bei der Sektion nachgesehen wurden, demonstrierte Kümmell auf dem Naturforschertag in Bremen 1890 ein Präparat, welches die vorzügliche Heilungstendenz der Nierenwunden dartun sollte. Er fand nach einer keilförmigen Nierenresektion im oberen Pol eine so glatte Heilung der Wunde, daß überhaupt keine Spur des Eingriffes bei der Sektion mehr zu sehen war. Die Schnittfläche war nicht genäht, sondern nur tamponiert worden, und doch zeigte das Organ später die gleiche Form und Größe wie vor der Operation. Mikroskopische Untersuchungen waren nicht gemacht worden. Über die daran sich anschließenden Tierversuche wird weiter unten zu berichten sein.

Als erster hat dann Overbeck[1]) eine eingehende Beschreibung der Heilungsvorgänge in Wunden von zwei menschlichen Nieren gegeben, die allerdings nicht von Nephrotomien, sondern von Rupturen stammten. Die erste Niere kam 14 Tage, die zweite wesentlich später, nachdem die Nierenzerreißung längst geheilt war, zur Untersuchung. Er fand als Resultat der Heilungsvorgänge eine bindegewebige Narbe und reichliche Regeneration der gewundenen Harnkanälchen, während die geraden Kanälchen und die Glomeruli nur so wenig Spuren von Neubildung zeigten, daß Overbeck überhaupt daran zweifelte. Eine Restitutio ad integrum, wie sie von Kümmell angenommen wurde, hält er für ausgeschlossen.

Eine spätere Arbeit von Floercken[2]) beschäftigt sich ebenfalls mit der Untersuchung einer rupturierten Niere. Da erst 10 Stunden nach der Verletzung vergangen waren, konnten natürlich nur Nekrosen und Blutungen festgestellt werden. Auf Mitosen in den Kanälchenepithelien wurde offenbar nicht geachtet.

Eine Anzahl Beobachtungen von Stich- und Schußverletzungen sind in der Literatur verstreut, befassen sich aber jeweils nur mit den makroskopischen Beschreibungen des Organs (cf. Edler und Marchand[3])).

Von besonderer Wichtigkeit für die einschlägigen Fragen ist die Arbeit von Barth[4]), der eine Niere untersuchen konnte, die von Küster 34 Tage zuvor mit dem Sektionsschnitt gespalten worden war. Es fand sich im Gebiete der Narbe ein mehr als walnußgroßer nekrotischer Infarkt, in dessen weiterer Umgebung das Nierengewebe in breiter Ausdehnung im Zustande der Schrumpfung war. Bei der Beschreibung der feineren histologischen Details unterscheidet Barth[5]) drei verschiedene Zonen; die im Kern des Infarktes gelegene besteht nur aus nekrotischem Gewebe, das großenteils noch die Grundformen der Harnkanäl-

---

1) Overbeck, I.-D. Kiel 1891.

2) Floercken, Bruns Beiträge 1907, 54.

3) Edler, Traumat. Verletzungen der parenchym. Organe des Unterleibs. Lgb. 34. — Marchand, Wundheilung.

4) Barth, Verhandl. der 63. Vers. d. Naturf. u. Ärzte 1890.

5) Barth, Nierenbefund nach Nephrotomie. Lgb. *a* 46. 1893.

chen und Glomeruli erkennen läßt und vielfach mit Fibrinfäserchen durchflochten ist; die zweite, sich um die erste herumlegende Zone ist durchsetzt von Leukocyten, die einen nach außen dichter stehenden Wall bilden; zwischen den Leukocyten liegt körniger Detritus in fettigem Zerfall. In der dritten Zone macht sich die Regeneration geltend; es finden sich zwischen den nekrotischen Partien reichlich junge Bindegewebselemente und neugebildete Harnkanälchen, welche aus langgestreckten, manchmal gabelförmig geteilten, soliden Zellsträngen bestehen. Die Stränge gehen nach seinen Befunden, von den geraden Harnkanälchen aus. Das Parenchym der weiteren Umgebung zeigt vielfach Verfettung des Tubularepithels und lebhafte Proliferation.

Im ganzen weist Barth darauf hin, daß durch die Operation die Niere immer eine tiefgreifende Schädigung erleide, die in keiner Weise ausgeglichen werde durch die Regenerationsvorgänge an den geraden Harnkanälchen, welche es nicht bis zur Funktionsfähigkeit bringen.

Ferner berichtet Simmonds[1]) über einen Fall, bei dem zwei Jahre zuvor die Nephrotomie gemacht worden war. Es fand sich nur eine schmale Narbe mit kleinzelliger Infiltration, die nur einige kleine Ausläufer in die Nachbarschaft schickte. In der Narbe sind die Harnkanälchen ganz untergegangen, ein Teil der Glomeruli ist erhalten; die Nierenwunde war nur tamponiert, nicht genäht worden.

In der gleichen Zeitschrift schildert Fränkel ein ähnliches Präparat, das einige Tage nach der Operation zur Untersuchung kam und das ausgedehnte Infarkte aufwies. Auch Veränderungen in der weiteren Umgebung fanden sich, welche er auf die infolge der zeitweiligen Absperrung des Blutzuflusses bei der Operation herbeigeführte Ischämie zurückführt.

Zwei Fälle von Nephrotomie konnte Greifenhagen[2]) studieren. Der erste kam 5 Monate nach der Operation zur Untersuchung. Es war nur eine kleine Incision gemacht worden, die durch Nähte verschlossen wurde. Die Narbe bestand aus derbem Bindegewebe, welches meist hyalin degenerierte Glomeruli enthielt; kernreiche und mit Leukocyten durchsetzte Ausläufer der Narbe zogen nach den Seiten hin in das Parenchym hinaus. Auch in dieser Grenzzone finden sich noch Spuren stärkerer Veränderungen in Gestalt hyaliner Glomeruli und verästelter Harnkanälchen. Besonders hervorzuheben sind die Zeichen der ausgedehnten Thrombosen in den Gefäßen im Narbengebiet. Der zweite Fall war in ähnlicher Weise operiert, jedoch wurde die Wunde unbeabsichtigt vergrößert durch einen Einriß im oberen

[1]) Simmonds, Über Nierenveränderungen bei Nephrotomie. Münch. med. Wochenschr. 1903, S. 271.

[3]) Greifenhagen, Über Nephrolithotomie vermittels des Sektionsschnittes. Lgb. a. 48.

Nierenpol, wobei eine starke Blutung nach Verletzung einer größeren akzessorischen Arterie entstand. Die Blutung wurde durch Nähte gestillt, die Wunde genäht. Nach 7 Monaten wurde die Niere entfernt, sie war atrophisch, die Operationsnarben waren durch zwei tiefe Furchen markiert. Die Operationsnarbe glich der des ersten Falles, nur fand sich außerdem noch Pigment. An der Verletzungsstelle überwog die kleinzellige Infiltration, während die Zeichen der Degeneration und Verödung mehr zurücktraten.

Einen weiteren Fall analysierte Röpke[1]). Die Niere wurde ganz aufgeklappt und nach einer Probeexcision wieder zusammengelegt; ob sie genäht wurde, wird nicht ausgesprochen. Nach zwei Jahren wurde sie wegen Hydronephrosebildung herausgenommen. Die Narbe war tief eingezogen. Die Schnitte zeigten, daß teils zu beiden Seiten der Narbe, vielfach aber nur auf einer Seite, ausgedehnte Schrumpfungsgebiete vorhanden waren, deren unregelmäßige Verteilung auch in weiterer Entfernung von der Narbe auffallend war und nur so erklärt werden kann, daß bei dem Sektionsschnitt auch Gefäßausbreitungsgebiete in Mitleidenschaft gezogen wurden, die in der weiteren Nachbarschaft der Narbe liegen. Die Schrumpfung und Bindegewebsbildung ist in den Präparaten so überwiegend, daß von Neubildung von Kanälchen offenbar gar nichts mehr zu finden ist. Im ganzen bedeutet der Effekt der Nephrotomie in Röpkes Fall einen ganz bedeutenden Ausfall funktionierender Substanz für das Organ und die Hydronephrose.

Eine kurze Beschreibung einer 3 Jahre nach Nephrotomie entfernten Niere gibt Braatz[2]). In der offenbar ziemlich schmalen Narbe finden sich nur Bindegewebsmassen und Leukocyten nebst absoleten Homerulis und cystisch entarteten Harnkanälchen; größere Nekroseherde sind nicht mehr zu entdecken, wie ausdrücklich erwähnt ist. Der Narbenherd und Ausfall des funktionierenden Parenchyms ist also scheinbar ziemlich gering, jedoch war die Niere im ganzen atrophisch, was Braatz auf die Schnittführung zurückleitet. Dementsprechend war auch der mikroskopische Befund an dem Nierengewebe in der weiteren Umgebung der Narbe, an dem hochgradige interstitielle Nephritis festgestellt wurde. In einem zweiten Falle, den Braatz nach 7 Monaten untersuchen konnte, erwähnt er ebenfalls die merkliche Schrumpfung; leider fehlen hierbei mikroskopische Untersuchungen. Aus seinen Erfahrungen schließt er nun, daß die Spaltung der Niere stets eine ernstliche Schädigung zufügt.

Kurz zu erwähnen ist noch ein Fall von Haberer[3]), der die Niere

[1]) Röpke, Folgen der Nephrotomie für die menschliche Niere. Lgb. *a*. 84.
[2]) Braatz, Münch. med. Wochenschr. 1903, S. 159.
[3]) v. Haberer, Beiträge zu den Gefahren der Nephrotomie. Bruns Beiträge **79**. 1912.

4 Tage nach der Nephrotomie entfernen mußte wegen einer Nachblutung und sie mit Infarkten durchsetzt sah. Mikroskopische Befunde fehlen.

Von Interesse für die einschlägigen Fragen ist schließlich noch ein Versuch von Ekehorn[1]), durch klinische Untersuchung festzustellen, welchen Einfluß die Spaltung der Niere auf ihre spätere Funktion hat. An drei Fällen untersuchte er die Nierenurine nach verschieden langer Zeit. In zwei Fällen, die nach $3^1/_2$ und 5 Monaten untersucht wurden, schieden die operierten Nieren Urine aus, die in der Konzentration und Harnstoff- und Kochsalzausscheidung völlig normal waren. Eine dritte Niere, die wegen akuter infektiöser Nephritis erst $1^1/_2$ Monate vorher operiert war, schied nur halb so viel wie die andere und viel dünneren Urin aus; ob der Unterschied aber auf der Operation oder der Krankheit beruht, muß dahingestellt bleiben.

Zu den aus der Literatur angeführten 10 Fällen kann ich nun einen eigenen fügen, der in der hiesigen Klinik zur Behandlung kam.

Pat. Sch., 45 Jahre. Es bestand ein durch Cystoskopie und Röntgenaufnahme festgestellter Stein im rechten Nierenbecken. Am 17. IX. 1916 entfernte ich ihn durch eine Nephrotomiewunde. Die zuerst geplante Pyelotomie ließ sich nicht ausführen, weil die Niere sich nicht genügend luxieren ließ. Die Blutung aus der Nierenwunde war anfänglich etwas stärker, ließ aber rasch nach, so daß Unterbindungen eines Gefäßes unnötig waren. Der Schnitt war etwas nach hinten zu an der Konvexität angelegt worden und teilte die beiden Pole nicht. Nach Extraktion des Steines wurde ein dünnes weiches Drainrohr in das Nierenbecken eingelegt und die Nierenwunde mit vier tiefgreifenden Catgutnähten bis auf die Drainöffnung geschlossen.

Die Rekonvaleszenz verlief zunächst günstig. Am dritten Tage war der anfangs stark blutige Urin klar und Pat. ohne Schmerzen und Fieber; es blieb so bis zum Abend des sechsten Tages, wo Pat. anfing, unruhig zu werden und über Schmerzen in der Wunde und ganzen rechten Bauchseite klagte. Der bis dahin ganz klare Urin wurde wieder dick blutig, und in den ersten Stunden der Nacht stellte sich eine ziemlich starke Sickerblutung aus der Wunde ein. Die Blutung war nicht abundant, aber doch so, daß der Verband nach einigen Stunden vollgesaugt war. Koaguleninjektionen, die uns einmal eine fortwährende Blutung einer Stichverletzung der Niere, zeitweise allerdings nur, zum Stehen gebracht hatten, waren erfolglos. Da Pat. anämisch wurde, durfte nicht länger zugewartet werden, weshalb die Niere am folgenden Morgen, also am siebenten Tage nach der Nephrotomie, entfernt wurde. Der weitere Verlauf gestaltete sich für den Pat. günstig.

---

[1]) Ekehorn, Die Funktion der Niere nach durchgemachtem Sektionsschnitt. Deutsche Zeitschr. f. Chir. 78.

Makroskopischer Befund: Die Niere ist 14 cm lang, 5 cm dick und auffallend schwer. Der über die Konvexität hinziehende Einschnitt ist 9 cm lang und reicht etwas mehr in den unteren Pol hinein. Im oberen Drittel ist er durch eine seichte Furche markiert, während er weiter caudalwärts einen tieferen Graben darstellt. Soweit die Incisionswunde reicht, ist die Kante der Niere belegt mit einer pappedicken Fibrinschicht. An den Flanken der Niere ist die Kapsel glatt. An mehreren Stellen, sowohl in der Nachbarschaft des Schnittes als auch weiter entfernt davon, so am oberen Pol, schimmern durch die Kapsel etwas beetförmig über ihr Niveau vorspringend bläulichrote unregelmäßig runde Herde.

Auf radiär gelegten Durchschnitten durch die Niere sieht man, wie die Incisionswunde im Rindengebiet überall durch eine gelbliche, homogen aussehende Masse verklebt ist, während sie nach dem Mark zu vielfach noch klafft. Zu beiden Seiten des Schnittes sind zwar teilweise dorsal und ventral gleich verteilt, im ganzen aber ventral mehr, liegen in der Marksubstanz Bezirke mit streifenförmigen Blutungen. Der Aufbau des Nierengewebes ist dabei noch gut zu erkennen. Ferner springen zu beiden Seiten des Schnittes, aber auch wieder mehr ventral, keilförmige, etwas mißfarbig helle Partien vor, die teils nur die Rinde, teils Mark und Rinde durchsetzen und die nur als Infarkte gedeutet werden können. In den ventral von dem Schnitt gelegenen Partien des Parenchyms erscheinen manche Bezirke etwas getrübt.

In der Umgebung der Catgutnähte finden sich stellenweise 5—6 mm breite Bezirke offenbar auch nekrotischen Nierengewebes oder der Faden ist von einem mehrere Millimeter breiten hämorrhagischen Hof umgeben. An dem ventralen Lappen sieht man auf zwei verschiedenen Schnittflächen (siehe Tafel), wie um den Bezirk zwischen dem Faden und dem Schnitt ein 6—8 mm breiter Infarkt liegt.

Bei der mikroskopischen Untersuchung ergibt sich folgendes: Der Schnitt ist an der Stelle, welchen das Bild zeigt (siehe Tafel), im Parenchym der Rinde völlig mit Blutgerinnsel erfüllt, in anderen Höhen des Organes klafft er mehr oder weniger, nie aber über das ganze Gesichtsfeld, und ist dann an beiden Rändern mit Fibrinschichten besetzt; wo er einen weiteren Spalt bildete, ist alles mit frischem Blut erfüllt, das bei der Fixation ausfiel und sich nur da erhielt, wo die Schnittränder enger zusammenliegen, wie an der auf der Tafel abgebildeten Stelle; diese ist so gewählt, daß der Schnitt nicht das ganze Parenchym getroffen hat, sondern sich vom Nierenbecken aus nur ein Stück weit kapselwärts fortsetzt; sie stellt ein Stück aus dem oberen Drittel der Niere dar, wo die Nephrotomiewunde in der Tiefe offenbar etwas weiter polwärts reichte als in der Rinde. Dorsal vom Schnitt aus zieht vom Nierenbecken beginnend eine 5—11 mm breite, nur ganz leicht eosinrot gefärbte

Zone, welche die ganze Dicke des Parenchyms durchsetzt, beckenwärts am schmalsten und unter der Kapsel am breitesten ist; die Umrandungen sind unregelmäßig gewellt. An der Spitze, dicht am Nierenbecken liegt der Durchschnitt eines Catgutfadens. Ein kleinerer, ebenfalls keilförmiger, gleichgefärbter Bezirk liegt im ventralen Lappen, nur die Rinde einnehmend; an seiner vorderen Seite steckt ebenfalls der Durchschnitt eines Catgutfadens. Die hellen Felder sind hervorgerufen durch völlige Nekrose des Nierengewebes, das an seiner Struktur noch zu erkennen ist, aber jede Färbbarkeit verloren hat. Der Rand der Nekrose ist überall umsäumt von einem dunklen Band, das gebildet ist durch einen Wall von Leukocyten, der sich in die Bindegewebsspalten einschiebt; die Kanälchen und Glomeruli sind noch fast immer frei davon und enthalten nur stellenweise etwas körnigen, dunkelgefärbten Detritus. Nach außen von diesem Leukocytensaum kommt eine Gewebszone, die dadurch ausgezeichnet ist, daß zwar das Kanälchenepithel gänzlich nekrotisch ist, daß aber das widerstandsfähigere Zwischengewebe die Färbbarkeit der Kerne erhalten hat; Bindegewebskerne wie auch die Endothelkerne sind zu erkennen. Das lebende Bindegewebe wird je weiter nach außen um so dichter. Nach dem Nekroseherd zu sieht man nur vereinzelt feine Gefäßchen, die mit Leukocyten erfüllt sind, nach außen nehmen sie an Zahl wesentlich zu. Da die Leukocyten sich in dieser Zone fast nur in den erhaltenen Gefäßen finden, ist sie weniger dunkel gefärbt als die Randpartie der Totalnekrose, wodurch die auf der Tafel deutlich hervortretende doppelte Kontur kommt. Hervorzuheben ist noch, daß in dem Felde einzelne kleine Bezirke liegen, die auf dem Schnitt scheinbar nach allen Seiten von nekrotischem Gewebe umschlossen, gut erhaltenes Kanälchenepithel aufweisen; sie sind um blutgefüllte, etwas größere Gefäßchen gruppiert, welche offenbar die Ernährung der nächsten Umgebung besorgen. Die nächst äußere Zone ist wieder dunkler gefärbt. In ihr ist ein großer Teil des Epithels erhalten, wenn auch vereinzelte der Tubuli contorti noch nekrotisch sind. Der Epithelbelag hat aber vielfach seine Wandständigkeit verloren, die Zellen liegen in lockeren Verbänden und unregelmäßig gestaltet in der Bindegewebshülle des Kanälchens; oft sind ihre Kerne oder auch die ganze Zelle übermäßig groß, nicht gerade selten sind auch Mitosen. Statt des offenen Kanälchens sind auf diese Weise maschige oder solide Zellstränge entstanden. Daß dabei eine Zellvermehrung und nicht nur Desquamation im Spiel sein muß, ist unverkennbar. Diese Veränderung hat fast alle Tubuli contorti betroffen, während die geraden Harnkanälchen offenbar widerstandsfähiger sind und ihren normalen Zellbelag meistens erhalten haben; sie enthalten dafür vielfach Zylinder aus körnigen Massen, auch gelegentlich Leukocyten. Die erhaltenen Glomeruli sind sehr kernreich und vielfach strotzend mit Blut gefüllt. Das Zwischengewebe ist mit Leukocyten infiltriert; diese Infiltration zieht sich ziemlich weit in das benachbarte Nierengewebe hinaus.

Ähnliche Bilder finden sich überall, wo Stufen senkrecht auf die Nephrotomie geschnitten wurden. An einem Präparat ist sehr schön zu sehen, wie der Operationsschnitt selbst einen schmalen, fibrinverklebten Streifen darstellt, zu dessen beiden Seiten wenig nekrotisches Gewebe mit den beschriebenen Reaktionserscheinungen liegt, die sich hier in sehr bescheidenem Maße hielten, während einige Millimeter davon ein breiter Nekrosebezirk beginnt, dessen Spitze sich am Nierenbecken der Wunde nähert. Die Nekrose in der Schnittlinie ist an solchen besonders günstigen Partien so gering, daß nur eine kleine Anzahl Harnkanälchen ganz ohne Epithel ist und vereinzelte Glomeruli mit lebhaft gefärbten Kernen dicht am Schnitt liegen, jedoch weist das ganze Gewebe weithin dichteste Infiltration mit Leukocyten auf. Die Rinde ist stärker mitgenommen als die viel widerstandsfähigeren Markkanälchen.

Die Untersuchung der obenerwähnten blauroten Bezirke in der weiteren Umgebung des Nierenschnittes läßt erkennen, daß es sich um mehr oder weniger große keilförmige Infarkte mit der gleichen Randbeschaffenheit handelt, wie sie in der Nähe des Schnittes sich fand. Zahlreich sind überall, besonders an den Grenzen und der Spitze der Nekrosegebiete, Thromben in den größeren Gefäßchen und Stase und blutige Anschoppung in den Capillaren.

Einen sehr bemerkenswerten Befund bot die Untersuchung des Nierenparenchyms zwischen den infarzierten Gebieten dar; in weiterer Ausdehnung befindet sich das Epithel der gewundenen Harnkanälchen im Zustand starker Erkrankung; es ist gequollen, trüb und hat den Flimmersaum und die Stäbchenanordnung verloren. Die Kerne fehlen streckenweise ganz oder sind sehr spärlich und blaß.

Es stand mir außer dem eben beschriebenen Präparat noch ein älterer Schnitt aus der Sammlung von Herrn Prof. Dr. Enderlen zur Untersuchung zur Verfügung, der von einer Niere stammt, die etwa $3^1/_2$ Monate vor der Entnahme gespalten war. Die Wunde lag ziemlich weit dorsal, und das Operationsgebiet ist bezeichnet durch eine ziemlich tiefe Furche und auf dem Schnitt durch einen 1—1,5 cm breiten Nekrosebezirk, der als breiter Keil bis ins Nierenbecken hineinreicht. Der Nekrosebezirk läßt im Inneren noch ganz gut die äußere Form der Kanälchen und Glomeruli erkennen; jedoch ist das ganze Gebiet homogen und kernfrei. Am Rand kommt zunächst wieder ein dichter Leukocytenwall, der sich zwischen den Kanälchen vorschiebt und deren Form noch deutlicher markiert. Die nächste blässere Zone enthält zwischen den nekrotischen Kanälchen kernhaltiges Bindegewebe, gefüllte Gefäße und Pigment, daran schließt sich die Zone lebhafterer Gewebsreaktion an, wo ein Teil der Kanälchenepithelien erhalten ist. Die Anordnung dieser epithelhaltigen Gebiete zeigt einiges Bemerkenswerte. Vielfach ist zu beobachten, daß die Kanälchen büschelförmig gegen den Infarkt kurze Strecken sich vorschieben; sie sind meistens solide, öfters aber auch hohle Zellstränge; Mitosen lassen sich nicht finden. Immerhin wird aber durch diese Anordnung wahrscheinlich, daß hier der Versuch vorliegt, einen Teil der abgestorbenen Kanälchen mit neuem Epithel zu versehen; daß ein größerer Nutzeffekt nicht erreicht wurde, wird dadurch bewiesen, daß diese Strecken nur sehr kurz sind und funktionierende Glomeruli im ganzen Gebiete überhaupt fehlen.

Weiter nach außen findet sich an diesem Präparat überall eine sehr dichte Infiltration des interstitiellen Gewebes mit Leukocyten. Strangweise interstitielle Herde finden sich auch überall im Rindengebiet weit entfernt von der Narbe. Das Kanälchenepithel ist ebenfalls an zahlreichen Tubuli contorti getrübt und gequollen. Auffallend weit in die Nephrotomiewunde hereingezogen ist das Epithel des Nierenbeckens. Die Thromben in den Gefäßen sind alle organisiert.

Von den beiden beschriebenen Fällen muß der erste vom klinischen und vom pathologisch-anatomischen Standpunkt aus beurteilt werden. 6 Tage nach der Lithonephrotomie kam es zu einer schweren Nachblutung, welche die Nephrektomie unumgänglich notwendig machte. Derartige Fälle sind in der Literatur nicht selten veröffentlicht worden und sind jedenfalls noch viel häufiger vorgekommen, als bekanntgegeben wurde. Daß diese Gefahr bei jeder Nephrotomie besteht, darf nie vergessen werden. Neuhäuser berichtet über 9% Nachblutungen aus der Klinik Israels. Makkas bringt 10 Fälle von Blutungen. In der Arbeit von Pleschner[1]) sind die Fälle aus der Literatur zusammengestellt, letzterer konnte noch 3 eigene Fälle dazufügen, deren 2 nach Nephrektomie noch zu einem guten Ende kamen, während der dritte erlag. Die Fälle von Haberer und mir stellen sich ihnen an die Seite. Die Blutungsgefahr der Nephrotomiewunde mit dem Sektionsschnitt ist auch von keiner Seite verkannt worden, und es taucht immer mehr das Bestreben auf, sie auszuschalten. Die gerade unter diesem Gesichtspunkte angestellten Tierversuche können, wie schon oben erwähnt, nicht als ausschlaggebend angesehen werden, weil der Bau der Gefäßbäumchen der Menschenniere anders ist als beim Tier (Zondeck). Von einem Teil der Chirurgen wird deshalb der radiäre Schnitt bevorzugt, den Marwedel zuerst empfahl. Er ist auch von anderen Operateuren angenommen und nicht ganz selten ausgeübt worden. Nach den Resultaten Simons ist die Aussicht der Gefäßverletzung

[1]) Pleschner, Zeitschr. f. Urolog. 5, 541.

beim radiären Schnitt ungefähr die gleiche wie beim Sektionsschnitt. Zondeck[1]) empfiehlt ferner in Fällen, wo die Pyelotomie nicht genügend Platz zur Entfernung des Steines gibt, die Verlängerung des Schnittes in das Nierenparenchym; dieser Schnitt muß dann radiär weiter geführt werden, was besonders bei der vorderen Pyelotomie wegen der Arterie nicht ungefährlich bezüglich der Blutung und des Infarktes ist. Immerhin ist die Methode öfter benutzt worden, so von Casper u. a.

Andererseits ist die Pyelotomie als das ungefährlichere Verfahren wieder mehr in Gebrauch gekommen. Die ausführliche Diskussion auf dem Chirurgenkongreß 1908 und dem Urologenkongreß 1909 über diese Frage hat viel zur Klärung beigetragen. Israel selbst betonte, daß er sie der Nephrotomie vorzieht, wo es geht. Nach einer Zusammenstellung, die vom 1. I. 1910 bis 1. IV. 1913 reicht, führte er 18 Nephrotomien und 24 Pyelotomien aus. Die typische Nephrotomie hält er aber für unumgänglich in Fällen, wo entweder das Nierenbecken nicht genügend zugänglich ist oder besonders große Steine enthält. Die Gefahr der Pyelotomie ist namentlich die Fistelbildung, doch ist diese durch die verbesserte Technik bedeutend verringert worden. Im Jahre 1902 stellte Schmieden unter 54 Fällen 12 Fisteln = 22% fest, 1909 Blum und Hegmann 110 Fälle mit 5 Fisteln = 5%, 1912 Baum 88 Fälle, Michelson 40 und Oelsner 17 Fälle ohne Fistelbildung. Damit ist ohne weiteres die Frage entschieden, daß die Pyelotomie anzuwenden ist, wo es eben geht. Die Verfeinerung der Röntgendiagnostik hat ja viel dazu mitgeholfen, die Indikation zur Pyelotomie zu erleichtern.

Die pathologisch-anatomische Untersuchung meiner beiden Präparate zeigt klar die möglichen Gefahren, welche die Nephrotomie dem Nierenparenchym bringen kann. Es ist ohne weiteres offenbar, daß es sich um eine weitgehende Infarzierung handelt, die durch Gefäßverletzungen herbeigeführt ist. Die Quelle der Blutung war nicht mehr nachweisbar, jedenfalls hatte sich ein Thrombus gelöst.

Es sind zwei Ursachen für die Infarzierung anzunehmen. Erstens werden beim Schnitt selbst Arterien verletzt. Auch wenn man den Vorschriften Zondecks genau zu folgen sich bemüht, so wird man nicht stets ohne Verletzung einer Arterie an das Nierenbecken gelangen. Er selbst schildert die Verschiedenheit der Nieren in ihrer Volumenverteilung und demgemäß Vascularisation und verlangt, daß man in jedem Fall streng individualisieren und nur unter genauester Kenntnis der gesamten Topographie der Niere unter normalen und topographischen Verhältnissen an die Nephrotomie gehen dürfe. Zudem bestehen doch gewisse Differenzen unter den Untersuchungsresultaten über die Teilbarkeit in der Niere; ich brauche nur auf die Präparate Kümmells

[1]) Zondeck, Berl. klin. Wochenschrift 1909, S. 1009.

und die Studien Albarrans zu verweisen. Zum mindesten wird durch diese Differenzen bewiesen, daß sehr vielfach individuelle Schwankungen vorhanden sind, und daß demnach der Operateur und der Patient viel Glück haben müssen, wenn bei der Nierenspaltung kein größerer Bezirk außer Zirkulation gesetzt wird.

Die andere Möglichkeit, Infarktbildung hervorzurufen, liegt in der Naht. Ich bin geneigt, in meinem ersten Fall der Naht sogar mehr Schuld daran beizumessen als dem Schnitt selbst. Auf einem Teile der Präparate sieht man nämlich, wie beschrieben, daß zu beiden Seiten der Schnittlinie nur schmale Nekrosebezirke liegen, während gleich daneben ein breiter Infarkt liegt; zudem beherbergt dessen Spitze den Durchschnitt eines Catgutfadens; an einem kleineren Infarkt findet sich das gleiche. Es kann das Zufall sein, ebenso kann aber das Gefäß auch erst beim Durchstechen mit der Nadel oder bei dem allerdings nur lockeren Zusammenziehen des Fadens verletzt oder geschnürt worden sein. (In der Sammlung der Klinik findet sich ein Präparat von einer nach Nephropexie mit Silberdraht entfernten Niere, die voller Infarkte ist; darin liegt auch ein Beweis, wie gefährlich das Durchziehen von Fäden durch die Niere sein kann.) Auch für die Anlegung der Nähte gibt uns Zondeck Vorschriften: sie sollen parallel zum Verlaufe der Gefäße liegen und dürften möglichst tief in das Mark gestochen werden. Auch diese Vorschrift befolgte ich in meinem Fall, und doch scheint mindestens an der gezeichneten Stelle der Infarkt durch die Naht verursacht zu sein. Es ist theoretisch sicher richtig, daß bei paralleler Lage der Fäden zu den Gefäßen nur wenig Äste geschnürt werden können; praktisch ist es aber kaum möglich, mit einiger Sicherheit das Anstechen eines oder mehrerer derselben zu vermeiden. Die Fäden wurden nicht fest zusammengezogen, so daß der Einwand, den Israel gegen Barth und Braatz erheben wollte, hier ebensowenig Geltung haben kann wie bei Barth. Die Erfahrungen Kochers ermuntern ebenfalls nicht sehr zur Naht. Ich halte dafür, daß der Vorschlag, die gespaltene Niere nur leicht zu tamponieren, sehr viel für sich hat, zumal ja die Naht nicht einmal vor Blutung schützt, wie eine ganze Reihe von Fällen beweist, und die Untersuchungen Hermanns gezeigt haben, daß eine derartig behandelte Niere sich sehr gut erholen und heilen kann. Eventuell ließe sich auch das von Albarran für die Nierenzerreißung angegebene Fadennetz mit Vorteil verwenden[1]).

[1]) Um einen Vergleich über die Wirkung verschiedener Wundversorgung bei Nephrotomiewunden anstellen zu können, wurden sechs Hunde in folgender Weise operiert: bei zweien wurde die Niere längsgespalten und mit tiefgreifenden Catgutnähten genäht, bei zwei weiteren wurde die gespaltene Niere nur zusammengelegt und bei zwei anderen außerdem noch mit Netz umwickelt. Naoh sechs Wochen wurden die Nieren untersucht. Bei dem einen Tier des ersten

Bezüglich der Reaktionserscheinungen des Nierengewebes auf die Nekrosen habe ich den eingehenden Beschreibungen und den Deutungen Barths und Röpkes nichts Wesentliches beizufügen. Es schiebt sich sehr bald ein Leukocytenwall gegen den Nekrosenherd vor; schon am siebenten Tag ist er sehr deutlich ausgebildet. Die Zufuhrwege dafür sind die Gefäße der Randzone, in der das empfindlichere Epithel der Kanälchen tot, das Bindegewebe aber noch am Leben ist. Diese Anordnung ist nach $3^1/_2$ Monaten fast noch unverändert. Die Kanälchenepithelien reagieren an der Randzone des Infarktes, wie es auch zahlreiche Tierversuche erwiesen haben, damit, daß sie sich durch Mitose vermehren; dadurch kommt es zur Bildung solider Zellstränge; diese Vermehrung setzt schon in der allerersten Zeit ein, am siebenten Tage sind die Kanälchen schon mit Zellen angefüllt und zeigen relativ wenig Mitosen mehr. Die Marksubstanz ist widerstands- und auch reaktionsfähiger als die Rinde. Die Regenerationsversuche haben keinen Nutzeffekt. Nach $3^1/_2$ Monaten sind nur kurze strahlige Fortsätze in dem vernarbenden Infarkt gebildet. Eine starke interstitielle Infiltration umgibt den Infarkt weithin und kann sich auch im übrigen Parenchym zeigen. Als Nebenbefund sei noch erwähnt, daß im zweiten Falle das Epithel des Nierenbeckens auffallend weit in die Wunde hereinwuchert, wie das Barth und Nowikow auch sahen.

Besonderer Erwähnung bedarf noch der Befund der parenchymatösen Nephritis in meinen beiden Präparaten. Im ersten Falle könnte eine Infektion der Niere der Grund dafür gewesen sein; klinische Anhaltspunkte ergibt die Krankengeschichte dafür nicht. Die Bakterienfärbung zeigte allerdings an den Wundrändern an der Kapsel und am Nierenbecken Kokken. Im zweiten Fall, von dem ich keine klinischen Daten besitze, überwiegt die interstitielle Nephritis. Ähnliche Schädigungen wurden auch an Tieren von Haberer, Hermann und Nowikow beobachtet. Hermann sucht sie damit zu erklären, daß durch die Nephrotomie Nephrolysine entstehen sollen, die auf das gesunde Parenchym schädigend wirken. Andererseits scheint diese Theorie etwas zu wenig fundiert, ich meine, es genügt schon zur Erklärung, die rein

---

Paares war die Niere stark atrophisch, das Parenchym eine dünne Schale, die einen mit dem Nierenbecken kommunizierenden Hohlraum umschloß, bei dem anderen bestand eine ziemlich ausgedehnte Nekrose, in beiden Fällen lagen also erhebliche Parenchymschädigungen vor. Bei den vier anderen Tieren dagegen waren die Nieren nicht atrophisch; wo keine Umwicklung gemacht war, war die Nierenoberfläche glatt, äußerlich die Nephrotomie kaum als feine Linie zu erkennen. Auf den mikroskopischen Schnitten war bei allen vier Hunden die Inzision als schmale bindegewebige Narbe im Parenchym zu erkennen. Infarkte oder Nekrosen fehlten stets.

Diese vergleichenden Untersuchungen beweisen wohl deutlich, daß die Naht es ist, welche die Niere am meisten gefährdet.

mechanischen Insulte heranzuziehen, welche die Niere bei der behutsamsten Operation erleidet, zumal da an einem schon vorher erkrankten Organ operiert wird.

Überblickt man die Untersuchungsresultate an den bisher bekannt gewordenen Fällen sekundär entfernter, gespaltener Nieren, so ergibt sich folgendes:

Mit Ausnahme einer Keilresektion wurden in allen Fällen die Sektionsschnitte gemacht. Es standen die Heilungsstadien zur Untersuchung am 4. Tag (von Haberer), 7. Tag (mein 1. Fall), unbestimmt (Fränkel), 34. Tag (Barth), ca. 3 Monate (Overbeck und mein 2. Fall), 5 und 7 Monate (Greifenhagen), 2—3 Jahre (Kümmell, Simmonds, Braatz, Röpke). Außer dem Fall von Kümmell haben alle Untersuchungen schwere, zum Teil sogar sehr schwere Schädigungen der Niere ergeben. Als geringster Schaden ist eine mehr oder weniger breite Narbe in der Gegend des Schnittes mit weit sich ausdehnender Leukocyteninfiltration des interstitiellen Gewebes zu finden (Greifenhagen). Viel häufiger ist der Infarkt, der multipel auftreten kann und viel größere Stücke des Parenchyms zum Ausfall bringt, also eine bedeutende Reduktion des Nierengewebes bedeutet (von Haberer, meine Fälle, Barth, Röpke). Seine Ausheilung kann nur durch Ersatz mit Narbengewebe geschehen und dauert sehr lange; nach 2 Jahren findet man ihn immer noch deutlich (Röpke). Als Endresultat der Nephrotomie kann die Atrophie der Niere eintreten (Braatz), also der funktionelle Ausfall des ganzen Organes. Außer der Schädigung des Gewebes der nächsten Umgebung des Schnittes können auch parenchymatöse und interstitielle Nephritiden in der ganzen Niere vorkommen.

Als Resultat der vorliegenden Untersuchung möchte ich folgendes zusammenfassen:

Die Nephrotomie mit dem Sektionsschnitt ist keine harmlose Operation, die als Probeincision bei zweifelhaften Nierenkrankheiten ausgeführt werden darf. Sie birgt die Gefahren der Nachblutung und der schweren Parenchymverluste durch Infarktbildung und der parenchymatösen und interstitiellen Nephritis in sich. Die tiefgehende Naht erhöht die Gefahr der Gefäßverletzung und ist besser durch andere Nahtmethoden oder Tamponade zu ersetzen, wo die Nephrotomie nicht zu umgehen ist.

(Aus der Chirurgischen Universitätsklinik Würzburg. [Vorstand: Professor Dr. Enderlen.])

Zur Frage des Sinus pericranii.

Von

Dr. **Ernst Müller,**

Oberarzt am König-Ludwig-Haus, Würzburg.

Mit 3 Textfiguren und 1 Tafel.

Als Sinus pericranii bezeichnete Stromeyer, der diesen Ausdruck geprägt hat, einen Blutbeutel auf dem Cranium, der mit den Venen der Diploe und durch diese mit den Sinus des Gehirns in Verbindung steht, wobei eine unvollkommene Bildung der äußeren Knochenlamelle deutlich fühlbar ist. Eine Erklärung für die Entstehung des Sinus pericranii gab er zunächst nicht, vielmehr befaßte er sich in seiner 1850 darüber erschienenen Abhandlung nur mit den äußeren Merkmalen der Affektion. Er rechnete dazu drei Fälle (Hecker, Stromeyer, Francke), von denen die ersten beiden als traumatisch entstanden, der letzte als angeboren bezeichnet werden. Hecker hatte bereits 1845 den einen dieser Fälle auf einen früheren Vorschlag Stromeyers hin als Varix spurius circumscriptus venae diploicae frontalis beschrieben und seine Entstehung so erklärt, daß durch Fall auf den Kopf eine Abtrennung der äußeren Knochenlamelle mit Zerreißung der diploischen Venen entstand, wobei das Blut, das sich in das nachbarliche Zellgewebe ergoß, nicht zur Gerinnung kam und eine venöse Blutgeschwulst bildete. Stromeyer hat später den Ausdruck Sinus pericranii wieder aufgegeben und dafür wegen der nicht zu verkennenden Verwandtschaft mit dem Cephalämaton die Bezeichnung Cephalämotocele (1864) gewählt, von der er annimmt, daß sie sowohl schon im Mutterleibe sich bilden als auch später durch Verletzungen herbeigeführt werden könne. Er rechnete dazu auch den Fall, den Dufour (1851) als Fistule ostéovasculaire beschrieben hatte und bei dem eine Blutgeschwulst an der Stirn nach einer angeblichen Depressionsfraktur durch Kolbenstoß entstanden war.

Während Stromeyer somit traumatisch entstandene wie angeborene Fälle dieser Art zu ein und demselben Krankheitsbilde zusammenfaßte, bemühten sich spätere Autoren, eine schärfere Trennung nach Maßgabe der Entstehung auch in der Bezeichnung durchzuführen.

Bruns ordnete 1854 die ganze Affektion dem Begriff Varix unter und unterscheidet den traumatischen Varix von dem Varix verus. Die erstere Gruppe zerfällt in den Varix traumaticus simplex, zu dem er die Fälle Dufour, Hecker und Stromeyer zählt, und den Varix traumaticus arteriosus oder das Aneurysma traumaticum varicosum. Die andere Gruppe umschließt den Varix verus circumscriptus (spontan entstandene, umschriebene Erweiterung einer Kopfvene; zwei eigene Fälle und Fall Francke) und den Varix verus cirsoides (ein eigener Fall, Fall Melchiori, Pelletan und Merssemann). Heineke wählte 1882 für den traumatischen Venensack den Ausdruck Varix spurius communicans, weil er den Zusammenhang mit dem Sinus als seine charakteristischste Eigenschaft ansah (Fälle von Dufour, Azam, Hecker, Stromeyer, Duplay, Verneuil, Giraldès, Rose) und trennte von ihnen die ihm ähnlichen, jedoch nicht traumatisch entstandenen Phlebektasien der Schädeldeckenvenen (Varix simplex communicans und Varix racemosus communicans; Fall Francke, Richard, Lücke) und weiter die auf Entwicklungsfehlern beruhenden herniösen Ausbuchtungen des Sinus sagittalis (Varix herniosus sinus sagittalis; Fälle von Beikert, Flint, Busch, Demme, Ogle, Chassaignac, Foucteau und Glattauer). Lannelongue trifft 1886 unter den Blutgeschwülsten des Schädels, die mit dem Sinus longitudinalis sup. kommunizieren, eine Unterscheidung nur zwischen den traumatischen kommunizierenden Hämatomen oder venösen Aneurysmen (Hématomes communiquants ou aneurysmes veineux) und dem häufigeren eigentlichen Angiom, welches angeboren ist. Mastin (1886) unterscheidet hinsichtlich der Entstehung der mit dem duralen Kreislauf in Verbindung stehenden kraniellen venösen Blutgeschwülste angeborene, spontane und solche traumatischen Ursprungs und hinsichtlich ihrer Anatomie die durch Perforation des Schädeldachs oder des Sinus und durch Blutextravasation unter die Kopfschwarte entstandenen diffusen Tumoren von den durch Ausdehnung der Wand eines Sinus, der Venae emissariae und Vv. diploeticae entstandenen venösen Geschwülsten.

Allen diesen ins einzelne gehenden Unterscheidungen und ihren Benennungen ist es nicht gelungen, sich einzubürgern oder den Ausdruck Sinus pericranii zu verdrängen. Wenn dieser sich durchzusetzen und dauernd zu erhalten vermochte, trotzdem Stromeyer selbst ihn aufgegeben hatte, so hat er dies einerseits seiner Kürze und scheinbaren Prägnanz zu verdanken, andererseits aber vor allem der völligen Gleichartigkeit der Hauptsymptome aller der Erkrankungsformen, die sich unter diesem Begriff sammelten und die zu trennen sich die genannten Autoren bemüht hatten. In dieser zusammenfassenden Bezeichnung lag ein Vorzug, zugleich aber auch eine Gefahr. Denn wie das Hauptinteresse von je den traumatischen Fällen von Sinus pericranii und ihrer

Entstehungsweise galt, so war man geneigt, deren Pathogenese halb unbewußt auf den Begriff Sinus pericranii überhaupt zu übertragen, so daß sich unwillkürlich mit dem Gesamtbegriff Sinus pericranii mehr und mehr die Vorstellung der traumatischen Entstehung verknüpfte.

Angesichts der neuerdings sich häufenden Publikationen, die vor allem die Kasuistik vermehren, soll an der Hand eines in der Würzburger Chirurgischen Klinik untersuchten Falles näher darauf eingegangen und vor allem die Frage einer kritischen Untersuchung unterzogen werden, inwieweit überhaupt die üblichen Vorstellungen über die Vorgänge bei der traumatischen Entstehung des Sinus pericranii gerechtfertigt sind.

Die Symptome des Sinus pericranii sind diejenigen eines zwischen Schädelknochen und Haut sich ausbreitenden, venösen Bluthohlraums oder Blutsacks, der direkt oder indirekt mit den intrakraniellen Sinus in Verbindung steht. Sie sind außerordentlich gut bekannt und namentlich von den älteren Autoren mit großer Sorgfalt studiert und zusammengestellt, in deren Publikationen sie darum auch den größten Teil des Raums einnehmen. Sie ergeben sich am einfachsten und klarsten aus dem klinischen Befund unseres Falles.

M. F., 21 jähriger Dienstknecht, trat im Dezember 1912 wegen schweren Beckenbruchs mit totaler Zerreißung der Harnröhre in die Behandlung der Chirurgischen Klinik. Nach externer (perinealer) Urethrotomie und Naht des Corpus cavernosum urethrae über einem Nélatonkatheter ungestörte Heilung.

Als Nebenbefund wurde bei ihm bei Horizontallage (Fig. 1) am behaarten Schädel, und zwar in der Gegend der oberen Partien des linken Scheitelbeins eine etwa nierenförmige, wasserkissenartig fluktuierende, schmerzlose, nicht pulsierende Geschwulst konstatiert. Die Haut ist von ihr nicht abhebbar, zeigt aber sonst keine Veränderungen, insbesondere nicht in ihrer Farbe. Größte Länge der Schwellung (in sagittaler Richtung) 8 cm, größte Breite (frontal) 5 cm. Ihr vorderer Rand liegt etwa 1 cm hinter der Kranznaht, ihr hinterer Rand ca. 5 cm vor der Lambdanaht. Medial reicht sie vorn etwa bis zur Mittellinie, hinten etwas über diese nach rechts hinaus. Die ganze Schwellung läßt sich durch Kompression mit der flachen Hand wegdrücken, mit aufhörender Kompression füllt sie sich jedoch langsam wieder.

Bei aufrechter Körperhaltung sinkt die Schwellung von selbst ein (Fig. 2). An ihrer Stelle fühlt man im Scheitelbein eine seichte Grube mit knöchernem Grunde und etwas erhabenen Rändern. Vorn hat der Knochenwall eine gleichmäßige Rundung, hinten bildet er mehrere Buchten. In einer von diesen ist der Grund etwas druckempfindlich, doch ist keine Lücke im Schädeldach fühlbar.

Beim Niederlegen in horizontale Körperhaltung füllt sich die Schwellung langsam wieder an, und zwar derart, daß der am tiefsten gelegene Punkt sich stets zuerst füllt, also bei Rückenlage der occipitale, bei Bauchlage der nach vorn gelegene Abschnitt. Komprimiert man aber zuvor die Schwellung mitsamt den Nachbarteilen etwa in ihrer Mitte in querer Richtung mit dem Finger, so daß ein vorderer und ein hinterer voneinander getrennter Abschnitt entsteht, so füllen sich beide gleichzeitig, der occipitalwärts gelegene aber stets schneller, gleichgültig, ob Patient auf dem Bauch oder auf dem Rücken liegt. Die Schwellung hat also mehrere Zuflüsse, zum hinteren Abschnitt aber stärkere als vorn.

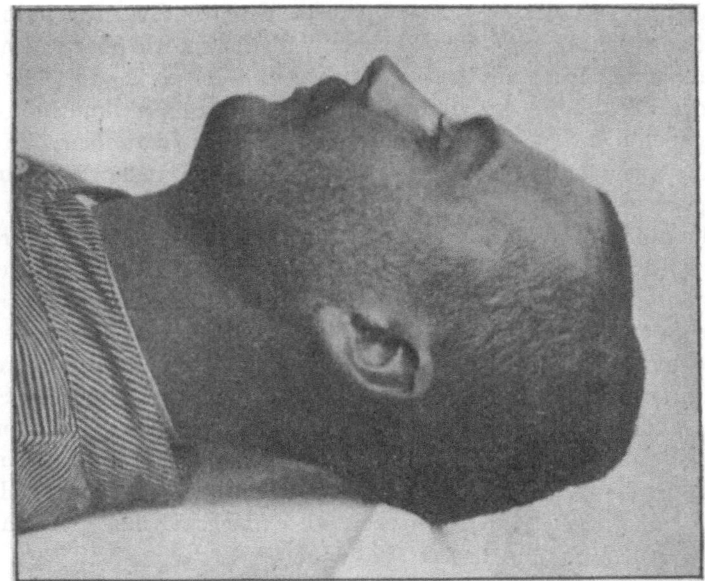

Fig. 1. Sinus pericranii bei Horizontallage gefüllt.

Fig. 2. Sinus pericranii bei aufrechter Körperhaltung leer.

Auch bei aufrechter Körperhaltung kann man eine, wenn auch etwas langsamere Füllung dadurch erzeugen, daß man den Patienten bei angehaltenem Atem stark pressen läßt. Man kann das Auftreten der Schwellung sehr beschleunigen, wenn man gleichzeitig die Jugularvenen manuell komprimiert. Denselben Effekt bekommt man noch besser und ohne Mitwirkung des Patienten durch Anlegung einer Staubinde am Hals (Fig. 3). Dabei treten die Hautvenen der linken Schläfen- und Parietalgegend (V. temporalis superficialis, V. frontalis und V. auricularis post.) und ihre Äste prall hervor, sind aber nicht erweitert und nicht geschlängelt. Sie reichen bis in die Nähe der Geschwulst heran, ein direkter Übergang von ihnen in die Geschwulst läßt sich aber nicht nachweisen. Schnürt man die Zirkulation in diesen subkutanen Schädelvenen durch straffe Anlegung eines Gummischlauchs

Fig. 3. Sinus pericranii bei aufrechter Körperhaltung durch Stauung der großen Halsvenen mittels Staubinde gefüllt.

um den Kopf in frontooccipitaler Ebene ab, so wird dadurch weder die Füllung der Schwellung (bei Horizontallage oder durch die Kompression der großen Halsvenen bei aufrechter Körperhaltung) noch ihre Entleerung (bei aufrechter Haltung) irgendwie beeinflußt, auch nicht hinsichtlich der Zeitdauer.

Die Röntgenuntersuchung des Schädeldachs in sagittaler und frontaler Richtung ergibt unter der Geschwulst eine ungleichmäßige Verdünnung des linken Scheitelbeins, doch nur auf Kosten der äußeren Schichten; die Tabula interna tritt an dieser Stelle nicht aus der Ebene der übrigen Innenfläche des Schädeldachs heraus, ist also nicht deprimiert.

Bezüglich der Entstehung der Geschwulst gibt der Patient an, daß er in seinem 10. Lebensjahr einen sehr harten Schneeball, wahrscheinlich ein Eisstück, gegen den Kopf, und zwar gegen die Stelle der jetzigen Schwellung bekommen habe.

Er hätte eine unbedeutende Wunde davongetragen, die etwas blutete, aber bald glatt heilte. Bereits kurze Zeit danach hätte sich die Geschwulst entwickelt. Sie sei schon im Anfang nahezu von der jetzigen Größe gewesen, habe ihm aber keine besonderen Beschwerden verursacht.

Kurz zusammengefaßt handelt es sich also um eine subkutane venöse Blutgeschwulst im Bereich des linken Scheitelbeines, die durch mehrere, den Schädelknochen durchdringende Kommunikationen mit dem intrakraniellen Venensystem in weiter Verbindung steht und ganz entsprechend dem in diesem System herrschenden Druck zur Füllung oder Entleerung kommt. Sie hat, wie Melchior treffend sagt, den Charakter eines äußerlich eingeschalteten Manometers des im Schädelinnern herrschenden venösen Drucks. Der Sitz der Geschwulst in den obersten Partien des Scheitelbeins läßt eine ziemlich nahe Beziehung zum Sinus long. sup. vermuten. Ein Zusammenhang mit den subkutanen Venen ist nicht sicherzustellen. Jedenfalls hat er, wenn er bestehen sollte, keinen wesentlichen Einfluß auf den Füllungs- oder Entleerungszustand des Sinus pericranii. Im Bereich der Geschwulst lassen sich gewisse Knochenveränderungen feststellen, die in einer deutlichen, grubenartigen Vertiefung des Scheitelbeins mit etwas unregelmäßigen, wallartigen Rändern und knöchernem Grunde bestehen. Sie erstrecken sich, wie das Röntgenbild ergibt, nur auf die Tabula externa.

Damit sind die charakteristischsten Hauptsymptome des Sinus pericranii beschrieben, die allen seinen Formen, den angeborenen wie den in späteren Jahren spontan oder traumatisch entstandenen, gemeinsam sind. Kleine Abweichungen davon, Gradunterschiede und kleine weitere Besonderheiten tun wenig zur Sache. Die Geschwulst sitzt gewöhnlich breitbasig auf, nur höchst selten einmal, wie im Fall Foucteau, ist sie gestielt. Ihr Sitz wechselt zwischen Stirn, Scheitelbeingegend und Hinterhaupt, er entspricht bald genau dem Verlauf eines der großen Sinus der Dura mater (Sinus long. sup., Sinus transversus, Gegend der kleinen Fontanelle), bald hält er sich etwas mehr entfernt von diesem. Ihre Größe schwankt ebenfalls; sie bildet so wenig etwas Charakteristisches wie ihre Form, die bald als rund, bald als langgestreckt oder ähnlich beschrieben wird. Pulsation gehört nicht zu ihren Symptomen, wird aber gar nicht selten beobachtet (Wislicenus, Arnheim, Melchiori, Pott, Demme, Andrews, Aubry, Krause, Gussew, Rex, Glattauer, Langenhahn, Rößler), sie ist meist nur gering und wird als vom Gehirn aus fortgeleitet betrachtet[1]). Der Einfluß der Kompression der Jugular-

[1]) Eine Ausnahme bildet der Fall von Rizzoli, der vielfach bei den Fällen von Sinus pericranii erwähnt wird, aber streng genommen nicht hierher gehört. Bei ihm lag eine Blutgeschwulst am Hinterhaupt vor, welche die Verbindung von einem Aneurysma eines Astes der linken A. occipitalis mit dem rechten Sinus transversus darstellte.

venen auf die Füllung der Geschwulst ist altbekannt, es ist dabei gleichgültig, ob sie manuell geschieht oder, wie in unserem Fall, durch eine Gummibinde. Der Nachweis, daß der Zusammenhang mit den Hautvenen keinen Einfluß auf den Inhalt des Sinus hatte, läßt sich durch zirkuläre Kompression der Umgebung der Geschwulst mit einem Beinring (Middeldorpff) oder auch durch Anlegung einer Binde um den Kopf (Dupont) erbringen. Knochenveränderungen im Bereich der Geschwulst finden sich in fast allen Fällen, nur höchst selten werden sie vermißt. In einem Teil der Fälle bestehen auch Hautveränderungen, die Haut ist verdünnt und bei gefüllter Geschwulst bläulich durchscheinend; in einigen Fällen (z. B. Hecker) ist sie an einzelnen Stellen als blaugefleckt bezeichnet. In anderen Fällen wieder ist sie ganz unverändert.

Der Vorgeschichte nach gehört unser Fall zu der traumatisch entstandenen Gruppe des Sinus pericranii. Das Trauma bestand in einer Kontusion des Schädels mit objektiver Wirkung (Blutung) und betraf die Stelle des späteren Sinus pericranii. Die Zeit, die zwischen Trauma und Auftreten des Sinus pericranii verging, kann nicht genau angegeben werden, wird aber nur als kurz bezeichnet. Es sind somit alle Momente gegeben, die einen ursächlichen Zusammenhang zwischen Trauma und Sinus pericranii vermuten lassen können.

Die Vorstellungen, die man sich bezüglich der pathologisch-anatomischen Vorgänge bei der Entstehung des traumatischen Sinus pericranii gebildet hat, sind in zwei Hypothesen niedergelegt, die sich an den Namen Hecker einerseits und andererseits an die Namen Stromeyer und Heineke knüpfen. Wir werden später sehen, daß mit der von Wieting versuchten Deutung seines Falles eine weitere Hypothese hinzutritt.

Hecker erklärte sich die Entstehung des traumatischen Sinus pericranii so, daß durch Fall auf den Kopf eine Abtrennung der äußeren Knochentafel und damit eine Zerreißung der diploischen Venen entstand, so daß das Blut sich in das nachbarliche Zellgewebe ergoß. Stromeyer sagt, die Wahrscheinlichkeit spricht dafür, daß bei den traumatischen Fällen der Cephalämatocele eine Abtrennung des Pericraniums durch Bluterguß stattfinden, also ein Cephalämatom zuerst entstehen müsse, und daß sich dieses in eine Blutcyste verwandle durch irgendein noch unbekanntes Hindernis der Heilung. Heinekes Auffassung bewegt sich in derselben Richtung, nur spricht er sich noch etwas genauer aus als Stromeyer: „Es unterliegt keinem Zweifel, daß wir es in allen diesen Fällen“ (gemeint sind die Fälle von Azam, Hecker, Stromeyer, Duplay, Verneuil, Giraldès, Rose) „wie in dem durch Sektion klargestellten“ (gemeint ist Fall Dufour) „mit Blutsäcken zu tun haben, die infolge einer Verletzung unmittelbar über dem Knochen entstanden, von einem Sinus gespeist werden oder von Venen, welche mit dem Sinus zusammenhängen. Die Verletzung hatte vielleicht eine Fraktur mit Sinuszerreißung hervorgerufen oder nur eine Ablösung des Periosts bewirkt an einer Stelle, an welcher nicht ganz unbedeutende Vasa emissaria aus demselben hervortreten. Die unmittelbar am Knochen abgerissenen Venen können sich, da sie an der Wand des Knochenkanals festsitzen, nicht zurückziehen und deshalb nicht verschließen. Sie lassen, wenn die Lage oder der Blutdruck es begünstigt, Blut aus dem Sinus in die durch die Ablösung des Periosts entstandene Höhle übertreten, halten diese offen und weiten sich, weil das Blut in ihnen oft hin und her strömt, allmählich mehr und mehr aus."

Auch Melchior übernimmt diese Vorstellung bei Besprechung der subkutanen kommunizierenden Verletzungen der Hirnsinus und vervollständigt sie, indem er den Übergang aus dem akuten kommunizierenden subperiostalen Hämatom in die dauernde kommunizierende Blutcyste präzisiert. Er sagt: „Bei längerem Bestehen kann ein derartiges subaponeurotisches mit einem der Sinus durae matris kommunizierendes Hämatom allmählich eine Umwandlung erfahren, die eine große Ähnlichkeit mit den zur Aneurysmabildung führenden Vorgängen besitzt. Das Hämatom bildet in seiner Peripherie feste Gerinnsel, die zu Bindegewebswucherungen der Nachbarschaft Anlaß geben, so daß eine fibröse Kapsel entsteht. Das Zentrum der Hämatome verflüssigt sich — bzw. bleibt von vornherein flüssig —, wird vom Blutstrom weiter geschwemmt und, indem das Endothel des Sinus durch die Knochenlücke hindurch sich über die Innenwand der Tasche ausbreitet, entsteht eine varixartige, mit dem Sinus direkt kommunizierende Cyste."

Gemeinsam ist diesen Theorien die Annahme eines unbekannten Hindernisses der Heilung des Blutextravasats; sie unterscheiden sich hinsichtlich der anatomischen Stelle der Gefäßverletzung.

Es ist auffallend, daß die Theorie Heinekes soviel Überzeugungskraft für ihn besaß, daß er sie auch auf solche Fälle anwandte, in deren Vorgeschichte ein Trauma nicht nachgewiesen war. Für die Entstehung dieser Fälle nimmt er an, daß „unter Umständen starkes Drängen und Pressen, Erbrechen, Husten, Behinderung der Atmung durch Kehlkopfkrankheiten usw. ein Abreißen eines Emissariums unmittelbar am Knochen bewirken und, wenn das Emissarium weit genug war und einen lebhaften Blutstrom zwischen Schädelhöhle und Schädeldecken unterhielt, in ähnlicher Weise wie ein Trauma einen kommunizierenden Blutsack an der Außenfläche des Schädels hervorrufen können". Weniger befremdet es, wenn er auch kongenitale Fälle seiner Theorie einzuordnen versucht, indem er sie mit Quetschungen, welche der Schädel beim Durchtritt durch die Geburtswege erfährt, in Beziehung bringt.

Es ist verwunderlich, daß diese Theorien nirgends ernstlich bestritten worden sind, wiewohl sich eine Reihe schwerwiegender Bedenken von vornherein dagegen hätten erheben lassen können, daß der ursprünglich als Hypothese aufgestellte Vorgang bei der traumatischen Entstehung des Sinus pericranii den Wert einer Tatsache gewann und daß man den jeweiligen Fall dieser Vorstellung unterordnete, ohne zu bedenken, daß diese überhaupt erst noch des Beweises durch eine tatsächliche Beobachtung bedurfte.

Gegen Heckers Theorie ist zunächst zu sagen, daß er zu ihrer Aufstellung allein durch den palpatorischen Befund seines Falles geführt wurde. Beim Abtasten des Knochens unter der auf der rechten Stirnseite sitzenden Blutgeschwulst fühlte er zahlreiche Knochenvorsprünge, Vertiefungen und Furchen, die er als Kanäle der Stirndiploevenen deutete und nahm demzufolge an, daß die Tabula externa hier in großem Umfange fehle. Damit ist ein hinreichender Beweis für die Knochenverletzung natürlich ebensowenig gegeben wie für die Annahme einer Zerreißung der Diploevenen. Wenn auch, soweit ich sehe, Hecker der einzige geblieben ist, der dem klinischen Befund am Knochen eine derartige Deutung gibt, so fand doch die daraus abgeleitete Theorie der Entstehung des traumatischen Sinus pericranii aus der Zerreißung der Diploevenen und der Fraktur der Tabula externa allgemeinere Annahme. Nach den Gesetzen der Mechanik der Schädelfrakturen dürfte aber eine isolierte subkutane Fraktur der Tabula externa kaum möglich sein. Und selbst gesetzt, eine solche hätte vorgelegen, so wäre doch eher eine Verdickung des Knochens durch Callusbildung als ein spurloses Verschwinden der Tabula externa zu erwarten. Handelte es sich aber um eine Fraktur durch die ganze Dicke des Schädelknochens, so müßte, damit eine breite Kommunikation zwischen den zerrissenen Diploevenen und dem subkutanen Blutsack zustande käme und die Vorbedingung für das Bestehenbleiben der Zirkulation zwischen beiden erfüllt wäre, der Knochen in großem Umfange gesplittert gewesen sein. Dazu dürfte aber weder das ätiologisch angeschuldigte mehrmalige Fallen mit dem Kopf auf den Bretterfußboden geeignet gewesen sein, noch würde man in der Vorgeschichte Angaben über unmittelbar darauf folgende schwere Störungen des Bewußtseins usw. vermissen. Die Annahme einer Externafraktur und Diploevenenzerreißung erscheint daher zu wenig begründet. Berücksichtigt man außerdem, daß nach Heckers Angaben alle nach dem ersten Auftreten der Blutgeschwulst angewandten Heilversuche erfolglos waren, zu denen man doch wohl in erster Linie die einfache Kompression rechnen muß, so ist es wahrscheinlicher, daß es sich nicht um eine traumatisch aus einem Hämatom entstandene Blutgeschwulst gehandelt hat, sondern um eine echte, durch konservative Methoden eben nicht zur Heilung zu bringende Gefäßgeschwulst und um sekundär durch deren Druck erzeugte Umwandlungen der Externaoberfläche.

Noch stärkere Zweifel lassen sich gegen die Annahme eines unbekannten Hindernisses der Heilung eines solchen Blutextravasats anführen. Hecker gibt dafür keine besonderen Erklärungen. Heineke sucht sie in dem Verwachsensein des unmittelbar am Austritt aus dem Knochen abgerissenen Emissariums mit dem Knochenkanal, wodurch eine Retraktion der Wand des Gefäßes und damit sein Verschluß verhindert werden soll, und in einer besonderen Weite dieses Emissariums. Mag es sich nun aber um ein Extravasat aus den Diploevenen oder aus einem Emissarium handeln, immer wird es doch zunächst zu einem subperiostalen Hämatom kommen. In diesem wären aber alle Bedingungen zur

Blutgerinnung — Verletzung der Gefäßintima, Verlangsamung, Umformung und Aufhebung der Blutströmung — gegeben, auch wenn die Wand des zerrissenen Gefäßes sich nicht retrahieren kann. Erschwert werden könnte die Thrombenbildung nur durch eine anhaltend vermehrte Strömungsenergie in dem Hämatom und durch dieses hindurch. Letztere würde nun allerdings sowohl beim Zufluß des Blutes aus der zerrissenen Vene zu dem subperiostalen Hämatom, insbesondere aber bei seinem Rückfluß daraus durch eine besondere Weite des zerrissenen Gefäßes eine gewisse Förderung erfahren. Da das venöse Hämatom aber nicht ständig, sondern nur bei Erhöhung des intrakraniellen Venendrucks in den Blutlauf eingeschaltet ist, Zufluß und Abfluß nicht gleichzeitig vor sich gehen, sondern nur zeitlich nacheinander erfolgen können, so könnte eine vermehrte Strömung nur durch einen ununterbrochenen Wechsel zwischen starker Steigerung und nachfolgendem Abfall des intrakraniellen venösen Drucks zustande kommen. Bliebe dieser Wechsel eine Zeitlang aus, so wird es, solange überhaupt Blut in der Hämatomhöhle ist, zur Thrombenbildung, wenn sie dagegen leer ist, zur Verklebung und Verwachsung des abgelösten und gespannten Periosts mit dem Knochen kommen müssen. Nur dann, wenn von Anfang an dieser ununterbrochene Wechsel von Zustrom und Abfluß so lange anhielt, bis es zu einer völligen Endothelauskleidung von dem Emissarium oder der Diploevene her gekommen wäre — dazu wären Wochen erforderlich —, würden Thrombenbildungen und Verwachsungen nicht eintreten. Hätte aber zuvor die Thrombenbildung an irgendeiner Stelle begonnen, so würde sie auch fortschreiten; sie würde auch durch eine beginnende Endothelwucherung nicht aufgehalten werden und würde ihrerseits die Endothelisierung dauernd stören. Und solche Thrombenbildungen würden schließlich auch ein ganz anderes klinisches Bild entstehen lassen, als es der weiche schlaffe Blutsack eines Sinus pericranii bietet.

Relativ am günstigsten für das Zustandekommen einer solchen lange anhaltenden Vermehrung der Strömungsenergie liegen die Verhältnisse noch beim Neugeborenen (überwiegend Horizontallage, Schreien, Pressen usw.). Das Cephalhämatom des Neugeborenen, das bezüglich seiner Entstehung als traumatisches subperiostales Hämatom ja durchaus der Heineckeschen Hypothese des traumatischen Sinus pericranii entspricht, müßte also die besten Bedingungen zur Persistenz finden. Und doch ist das Schicksal des Cephalhämatoms regelmäßig seine allmähliche Resorption. Selbst die lange Zeitdauer, die darüber bis zum gänzlichen Schwinden seiner Residuen hingeht, genügt nicht zur Endothelisierung des Hämatoms.

Von Interesse ist in dieser Hinsicht eine Beobachtung von Bondy.

Bei einem durch Zange entwickelten Kinde zeigte sich am Tage der Geburt ein walnußgroßer Tumor auf dem l. Scheitelbein, der wegen seiner typischen Konsistenz, Knochenwall usw. als Cephalhämatom angesprochen wurde. Bei weiterer Beobachtung ließ sich feststellen, daß dieses Cephalhämatom durch einen deutlich tastbaren Knochenspalt sich reponieren ließ. Die Diagnose Meningocele traumat. spuria wurde erwogen, schließlich wurde der Fall aber als Cephalhaematoma externum et internum angesehen. Mehr als 7 Monate nach der Geburt war die Geschwulst hühnereigroß und nicht mehr reponibel. Bei der Operation (Küttner) zeigte sich, daß es sich um eine in toto ausschälbare, durch größere Gefäße ernährte Blutgeschwulst zwischen Periost und Knochen handelte, unter der der Knochendefekt noch immer nachweisbar war. Es schien sich um ein Cephalhaematoma persistens zu handeln. Aber bei der histologischen Untersuchung wurde Bondy wieder zweifelhaft, ob es sich nicht vielleicht um eine echte angeborene Geschwulst, ein Kavernom oder Angiom handelt. Bondy erscheint es fraglich, ob histologisch die Differentialdiagnose zwischen einem organisierten Cephalhämatom oder einer primären Gefäßgeschwulst überhaupt endgültig sich wird stellen lassen.

Der Nachweis eines Cephalhaematoma persistens, der gleichbedeutend wäre mit dem Nachweis eines traumatisch entstandenen Sinus pericranii im Sinne von Stromeyer-Heineke, ist somit durch diesen Fall nicht erbracht worden, da der histologische Befund an eine echte Gefäßgeschwulst denken läßt. Für letztere spricht jedenfalls, daß die in toto ausschälbare Geschwulst als durch größere Gefäße ernährt bezeichnet wird. Das Vorhandensein des sowohl klinisch wie bei der Operation nachweisbaren Knochendefekts läßt sich nach keiner bestimmten Richtung verwerten, da es sowohl auf einen Entwicklungsfehler im Knochen wie auch als traumatisch durch die Zange entstanden gedeutet werden kann. Bondys Fall weist aber auf die große Bedeutung der histologischen Untersuchung der exstirpierten Geschwulst hin, ohne die der Fall wahrscheinlich ohne weiteres als einwandfreies Cephalhaematoma persistens angesehen worden wäre. Leider ist der histologische Befund nicht angeführt, so daß über das wichtige histologische Verhalten der (angeblich zwischen Knochen und Periost sitzenden) Geschwulst zum Periost, über ihre Wandelemente usw. kein Aufschluß zu erhalten ist.

In der Literatur habe ich unter den Geschwülsten des Schädels mit den Symptomen des Sinus pericranii nur 10 Fälle aufgeführt gefunden, bei denen die Geschwulst als angeboren bezeichnet wird. Von diesen sind die drei Fälle von Francke, Wislicenus I und Middeldorpff lediglich klinisch untersucht. Über ihre Natur läßt sich daher etwas Sicheres nicht aussagen. Fall Francke läßt aus der Beschreibung auch keine Vermutungsdiagnose zu. Wislicenus nimmt in seinem Falle eine variköse Geschwulst einer mit dem Sinus long. sup. durch eine abnorm große Öffnung des Stirnbeins in Kommunikation stehenden Vene an und deutet die beschriebenen beweglichen Körper als Phlebolithen. Dem ist zuzustimmen, da auch das bläuliche Durchscheinen der Blutgeschwulst durch die Haut dafür spricht. Middeldorpff konnte in seinem Falle durch die Punktion der Geschwulst und durch Einführung einer Sonde durch die Punktionskanüle die Diagnose so weit fördern, daß sich sagen ließ, daß der Knochen mit einer dünnen Haut bedeckt war und daß die Geschwulst große Maschen und dünne hautartige Zwischenwände aufwies. Alles dies deutet auf ein Kavernom.

Die weiteren 5 Fälle von Busch, Flint, Foucteau, Demme und Pelletan sind durch Sektion genauer bekannt. In Buschs Fall handelt es sich um ein sehr großes subperiostales Hämatom nach Zerreißung von Emissarien und einen kleinen Einriß des Sinus sagittalis, aber bei einem Totgeborenen; sonach kann von einem ausgebildeten Sinus pericranii nicht die Rede sein. Flints Angaben sind nur spärlich. Da es sich aber um ein nur einige Tage altes Kind handelte, so kann man selbst in dem Fall, daß eine traumatische Blutgeschwulst vorgelegen hatte, ebenfalls noch nicht von einem Sinus pericranii reden, da sie im Lauf der Zeit, wie jedes Cephalhämatom, wieder verschwinden konnte. Im Fall Foucteau und Demme handelt es sich um eine angeborene herniöse oder variköse Ausstülpung des Sinus longitudinalis, im ersten Fall von sehr beträchtlicher Größe, mit dem Sitz in der Gegend der kleinen Fontanelle und einer fingerstarken Kommunikation zum Sinus long. hin. Im Fall Demme, in dem die Geschwulst etwas weiter vorn saß, ergab die histologische Untersuchung völlige Übereinstimmung der Epithelauskleidung und der Wand der Blutcyste und ihres Stiels mit denen des Sinus long. Die Diagnose im Falle Pelletan läßt sich mit Sicherheit auf variköse Erweiterung der Stirnvenen stellen, die mit dem Sinus long. sup. kommunizierten.

Operiert wurden nur die zwei Fälle von Franke und Achilles Müller. Die Angaben im Fall Franke sind zu spärlich, als daß sich der Wahrscheinlichkeitsdiagnose Varix verus eines Emissariums etwas hinzufügen ließe. In Achilles Müllers Fall, der von Hildebrand operiert wurde, ist die Diagnose durch histologische Untersuchung auf ein kavernöses Angiom venöser Natur absolut festgelegt[1]).

Somit ergibt die Durchsicht der Kasuistik des angeborenen Sinus pericranii mit Sicherheit oder Wahrscheinlichkeit Varicen (Wislicenus, Pelletan, Franke — wahrscheinlich), Kavernome (Middeldorpff — wahrscheinlich, Achilles Müller — sicher, Bondy — wahrscheinlich), herniöse oder variköse Ausstülpung des Sinus (Foucteau — sicher,

[1]) In Mersseman ns Fall (angeborene, taubeneigroße, in 6 Wochen sich verdreifachende Geschwulst auf der hinteren Fontanelle), der hierher gerechnet werden könnte, ist die Zugehörigkeit zum Sinus pericranii nicht sichergestellt, da aus der Krankengeschichte die Kommunikation der Geschwulst mit dem Schädelinnern nicht mit Sicherheit hervorgeht. Die Geschwulst, die durch langsame Abschnürung des Stiels abgetragen und geheilt wurde, bestand aus einem Bündel von Venen von erstaunlicher Dicke.

Demme — sicher). Im Fall Busch lag eine frische Verletzung des Sinus long. sup. und mehrerer Emissarien vor. Fall Francke und Flint erlauben keine genauere Diagnose. Niemals aber lag ein Befund vor, der auch nur mit einiger Sicherheit den Übergang eines akuten subperiostalen Hämatoms in einen persistierenden Blutsack nachweisen ließe. Das muß um so mehr betont werden, als das bekannte und keineswegs seltene Cephalhämatom beim Neugeborenen der Heinekeschen Theorie durchaus entspricht und als es gerade in der ersten Zeit nach der Geburt, nach den obigen Ausführungen, die günstigsten Bedingungen für seine Persistenz finden müßte.

Beim Erwachsenen günstigere Verhältnisse für das Ausbleiben von Gerinnungen und Verwachsungen in dem subperiostalen Schädelhämatom anzunehmen als beim Neugeborenen, liegt kein Grund vor. Die Einwände bleiben also die gleichen, und die Frage geht daher wieder darauf hinaus, ob die Kasuistik einen einwandfreien Beweis liefert.

Zuverlässige Aufklärung über den Charakter des Sinus pericranii kann natürlich nur die Autopsie des einzelnen Falles geben, sei es durch die Operation, sei es durch die Sektion; auf die Notwendigkeit und den Wert der mikroskopischen Untersuchung sind wir gelegentlich des oben erwähnten Falls von Bondy aufmerksam gemacht worden.

Unser Pat. entschloß sich zur Operation, obwohl er keine Beschwerden seitens der Geschwulst hatte.

Operation am 25. I. 1913 (Prof. Enderlen). Lokalanästhesie. Hinterstiche. Umschneidung eines Hautlappens über der Geschwulst mit der Basis vorn seitlich. Die Haut läßt sich von dem bei der Horizontallage des Patienten prall gefüllten und jetzt etwas bläulich durchschimmernden Tumor leicht abpräparieren. Nach gänzlicher Freilegung seiner Oberfläche wird er von der Basis losgelöst. In den äußeren Bezirken ist dies mit Belassung des Periosts am Knochen möglich, dann aber werden einige wabenartige, blutgefüllte Hohlräume des Tumors eröffnet, die sich in den Knochen hinein fortsetzen. Es muß daher in dem zentralen, etwa fünfmarkstückgroßen Bezirk das übrigens sehr dünne Periost mitgenommen werden. In diesem Bezirk, der ganz im Bereich des Os parietale liegt, finden sich zahlreiche, meist in größeren oder kleineren Gruppen zusammenstehende wabenartige Öffnungen im Knochen, aus denen es mäßig blutet. Die Blutung läßt sofort nach, sobald der Patient in halbsitzende Lage gebracht wird. Die in einer Gruppe zusammenstehenden kleinen Löcher im Schädel, deren größtes etwa pfefferkorngroß ist, sind voneinander nur durch feine Knochenwände getrennt. Sie durchbohren den Schädel nicht in gerader Richtung, sondern setzen sich nach der Tiefe zu durch feine Kommunikationen in andere wabenartige Hohlräume fort. Die anfängliche Absicht, die größeren dieser Löcher durch Holznägel zu verschließen, muß daher aufgegeben werden, da diese nicht haften. Der ganze, anfangs als Impression imponierende Bezirk zeigt keinerlei Reste einer älteren Knochenverletzung; die Oberfläche ist, abgesehen von den Öffnungen, ganz glatt.

Der Übergang des exstirpierten Tumors, der aus einem zarten, maschigen, blutgefüllten Gewebe zu bestehen scheint, aber sofort ausgeblutet und in sich zusammengesunken ist, in eine Hautvene ist bei der Operation nicht sichtbar. Da die Blutung aus dem Knochen in halbsitzender Stellung nur ganz gering ist, so wird auf eine besondere Blutstillung verzichtet, der Hautlappen zurückgeschlagen und nach Einlegung eines kleinen Drains vernäht. Der Lappen wird nach Entfernung der Hinterstiche an seiner Basis durch einen in den Verband eingelegten sterilen Gummischwamm an den Knochen angepreßt. Sitzende Stellung im Bett. Primäre Heilung.

Die nach der Exstirpation zusammengefallene Geschwulst enthält bei mikroskopischer Untersuchung (Fig. 1 u. 2 der Tafel XXXI) in einem kernarmen fibrillären Grundgewebe zahlreiche, teils kollabierte, teils noch weit offene bluthaltige Hohlräume von sehr verschiedener Größe. Sie stehen meist in breiter Kommunikation untereinander, zum Teil sind sie noch durch dünne bindegewebige Wände oder schmale Leisten voneinander getrennt, vielfach auch von zarten Strängen durchzogen. Ihre Innenfläche ist mit einem flachen einschichtigen, fast überall gut erhaltenen Endothel ausgekleidet, das an manchen Stellen dem fibrillären Grundgewebe direkt aufliegt; meist aber findet sich unter dem Endothel noch eine Lage elastischer Fasern, die bald nur dünn und streckenweise unterbrochen ist, bald auch, besonders bei kollabierter, gefalteter Wandung, eine ziemlich dicke, zusammenhängende, den ganzen Umfang einnehmende Schicht darstellt (Fig. 2 der Tafel XXXI).

Der Inhalt besteht da, wo er noch erhalten ist, aus normalem Blut. In einzelnen der Räume jedoch finden sich auch vereinzelte Thromben in verschiedenen Stadien, zum Teil noch ganz frische aus Fibrin, roten und weißen Blutkörperchen zusammengesetzte, zum Teil auch solche älteren Datums mit einsprossenden Gefäßen und jungem Bindegewebe, zum Teil auch schon organisiert und mehrfach auch schon weitgehend kanalisiert. An einigen Stellen sind die Kanäle so weit und das Bindegewebe ist zu so schmalen Balken reduziert, daß diese Partien den ursprünglichen Hohlräumen sehr ähnlich sehen. Von diesen sind sie jedoch leicht dadurch zu unterscheiden, daß das Bindegewebe der Balken und Stränge sehr viel kernreicher ist, daß elastische Fasern in ihnen völlig fehlen und daß in ihnen unregelmäßig verstreut bald einzeln, bald in Haufen, Zellen mit bräunlichem Pigment liegen, das die Berlinerblaureaktion gibt. Außer in diesen organisierten Thromben finden sich solche Eisenpigmentzellen oder andere Anzeichen für eine Blutung oder Blutresorption nirgends.

Der Nachweis der elastischen Fasern in der Wand der Hohlräume gibt bereits einen sehr deutlichen Hinweis auf ihre Entstehung. In den Randpartien der Geschwulst, in denen die Hohlräume noch besser gegeneinander abgegrenzt und noch nicht so weit dilatiert sind wie in den zentralen Partien, und wo die elastischen Fasern in deren Wand noch reichlicher und dichter sind, lassen sich aber außerdem in der Wandung noch zahlreiche glatte Muskelfasern nachweisen (Fig. 3 der Tafel XXXI), so daß über die Herkunft der Bluträume aus Blutgefäßen, und zwar aus Venen, kein Zweifel sein kann. Letzteres geht weiterhin noch daraus hervor, daß in dem Bindegewebe, welches die Ränder der eigentlichen Geschwulst umgibt, sich eine Anzahl kleiner geschlängelter Venen findet, die alle in der Richtung zu der Geschwulst ziehen, und daß einzelne dieser Venen bereits in einiger Entfernung von der Geschwulst an umschriebener und von der Geschwulst durch eine normale Strecke getrennter Stelle in einen Hohlraum umgewandelt sind, wie ihn die Randpartien der Geschwulst aufweisen (Fig. 1 der Tafel XXXI).

Das Periost begrenzt die Geschwulst an der Unterseite ohne Unterbrechung, ist von ihr durch eine breite Lage fibrillären Bindegewebes getrennt und wird, soweit es auf den mikroskopischen Präparaten zu verfolgen ist, nur an einigen Stellen von erweiterten und etwas geschlängelten Venen meist schräg durchbohrt.

Es handelt sich demnach unzweideutig um ein kavernöses, venöses Angiom, das zum größten Teil eine umschriebene extraperiostale Geschwulst darstellte, sich aber mit zahlreichen, in Gruppen zusammenstehenden Ausläufern in den Knochen hinein fortsetzte und wahrscheinlich auch einen Teil der Diploevenen noch erfaßte. Durch diese stand es mit dem intrakraniellen venösen System in Verbindung und konnte so die Symptome des Sinus pericranii geben. Daß das Kavernom seinen Ausgang von den kleinen Venen der Schädelschwarte nahm, mit denen es nach dem mikroskopischen Bilde im engsten Zusammenhang steht, ist wahrscheinlich. Das Übergreifen auf die kleinen Venen innerhalb des Os parietale wäre dann als sekundär aufzufassen. Das Umgekehrte wäre auch möglich, ist aber mit Rücksicht auf die größere extrakranielle Ausbreitung des Kavernoms weniger wahrscheinlich. Daß klinisch und makroskopisch ein Zusammenhang der Geschwulst mit den subkutanen Venen nicht nachweisbar war, erklärt sich ohne weiteres nach dem mikroskopischen Befund, der die Entstehung der Geschwulst aus den kleinsten Venen ergab.

Die Entstehung der Geschwulst im Sinne Heckers und Heinekes aus einem Hämatom, das sekundär von der zerrissenen Vene her mit Endothel ausgekleidet worden wäre, läßt sich dadurch mit aller Sicherheit ausschließen, daß mikroskopisch der Nachweis von elastischen Fasern und glatten Muskelfasern in der Wandung der Geschwulsträume geführt und deren Herkunft aus kleinen Venen sichergestellt werden konnte. Die Blutresorptionsstellen und Thromben, die das mikroskopische Bild an einzelnen Stellen erkennen läßt, können ebenfalls zur Verwechslung mit einem Hämatom keinen Anlaß geben, da sie völlig innerhalb der angiomatösen Räume liegen. Gelegentlich können solche Thromben, wenn sie größer sind, wohl auch klinisch nachweisbar werden, wenigstens deutet Wislicenus in seinem ersten Fall einige harte bewegliche Körper in der Geschwulst als Phlebolithen; auch Middeldorpff beobachtete sie in seinem Fall.

Endlich besteht auch über die Natur der Knochenveränderungen volle Klarheit. Ein Anzeichen einer Fraktur, auch nur der Tabula externa, läßt sich nirgends erbringen. Die Verdünnung des Schädeldaches, die nur auf Kosten der Externa erfolgt ist, ist als Druckatrophie durch die Geschwulst aufzufassen. Bereits Bruns wies darauf hin. Die klinisch vorhandene Unebenheit des Knochens unter der Geschwulst hängt mit den wabenartigen Perforationen des Knochens durch die angiomatösen Gefäße zusammen. Solche mehrfache Perforationen, die mit Resten einer Kommunitivfraktur nicht zu verwechseln sind, fanden sich auch in den Fällen von Wieting und Mörig I.

Es fragt sich, ob sich unter den sonst bekannten, traumatisch entstandenen Fällen von Sinus pericranii ein Beweis für jenen Entstehungsmodus erbringen läßt oder inwieweit andere Erkrankungsformen vorlagen und nachgewiesen wurden. Ich habe im ganzen 20 Fälle zusammentragen können. Davon sind 13 nur klinisch beobachtet, die übrigen 7 sind autoptisch untersucht, und zwar 3 durch Sektion, 4 durch Operation.

In den lediglich klinisch beobachteten Fällen von Hecker, Verneuil, Giraldès, Arnheim, Rex, Mörig II, Stromeyer, Duplay, Wislicenus II, Glattauer, Borchard, Azam I und II läßt sich ein sicheres Urteil über die anatomische Natur des Sinus pericranii nicht geben. Es wäre müßig, aus dieser oder jener Angabe eine anatomische Diagnose konstruieren zu wollen. Die Unterlagen sind viel zu gering, als daß sie nach einer bestimmten Seite hin den Ausschlag geben könnten. Immerhin findet sich auch in diesen Berichten manches, was sich mit der Vorstellung einer traumatischen Entstehung des Sinus pericranii im Sinne Heckers und Heinekes nicht in Einklang bringen läßt. So ist bemerkenswert, daß es sich im Fall Rex, Mörig II und Wislicenus II um sehr langgestreckte Geschwülste handelt, die stets eine Knochennaht (Coronar- resp. Lambdanaht) überschreiten. Das läßt sich schlecht mit der Entstehung aus einem subperiostalen Hämatom vereinigen, von dem man erwarten sollte, daß es entsprechend dem von der Blutungsquelle gleichmäßig nach allen Seiten fortgeleiteten Druck sich mehr rundlich ausbreiten würde. Auch wäre wohl anzunehmen, daß es an den Knochennahtstellen einen etwas größeren Widerstand fände (analog dem kindlichen Cephalhämatom), da das Periost auch beim Erwachsenen dort noch etwas fester dem Knochen anhaftet als sonst am Schädel.

Gegen die Entstehung aus einem traumatischen subperiostalen Hämatom spricht auch der Befund, den Azam in seinen beiden Fällen erhob; er konnte, wie vor ihm bereits Middeldorpff, mittels der Sondierung des Geschwulstinnern durch eine Punktionskanüle hindurch feststellen, daß der Knochen mit einer weichen Membran bedeckt und nicht entblößt war, und daß in dem zweiten Fall die Geschwulst aus einem weitmaschigen spongiösen Gewebe bestand.

Einen gewissen Anhalt bietet auch das Versagen der Therapie, die in der Regel in einfacher Dauerkompression des Sinus pericranii besteht. Bei einem Entstehungsmodus im Sinne Heckers und Heinekes sollte man erwarten, daß die permanente Kompression der Schädelschwarten gegen die zerrissenen Diploevenen oder Emissarien eine Verwachsung herbeiführen müßte. Wenn nun im Falle Hecker gesagt wird, daß alle gleich nach der Entstehung der Geschwulst an der Stirn angewandten Heilversuche fruchtlos waren, so darf man zu diesen wohl auch die Kompression, als am nächsten liegend, rechnen und kann den Mißerfolg nur so erklären, daß bereits im Beginn der Entstehung des Sinus pericranii ein endothelausgekleideter Blutsack vorlag. Im Fall Azam I, in dem 20 Tage lang eine Kompression der Geschwulst ohne den geringsten Erfolg ausgeübt wurde, wäre ein gleicher Schluß nicht bündig, da die Kompression erst 7 Jahre nach der Entstehung versucht wurde, also zu einer Zeit, wo bereits eine sekundäre Endothelauskleidung eines Hämatoms beendet sein könnte. Umgekehrt läßt sich auch die Angabe Verneuils, daß in seinem Fall, infolge der langen Untersuchungen und Betastungen die Geschwulst nicht mehr erschien und geheilt sein soll, nicht verwerten, da dieser Ausgang nicht ganz sichergestellt ist.

Die Veränderungen am Schädelknochen sind in allen den genannten Fällen — mit der einen Ausnahme von Stromeyers Fall — derart, daß sie als unmittelbare Folgen des Traumas nicht angesehen werden können. Meist handelt es sich nur um eine flache Delle mit leichtem wallartigen Rand und unebenem knöchernen Grund, Veränderungen, die, wie oben schon erwähnt, sich leicht als Druckatrophie durch den Sinus pericranii erklären lassen. In Borchards Fall ließ sich eine die ganze Dicke der Hinterhauptschuppe durchdringende Knochenlücke röntgenologisch nachweisen, sie lag aber wie der ganze breitaufsitzende Sinus pericranii genau entsprechend dem Sinus transversus, so daß hier wohl eher an einen angeborenen Knochendefekt und eine Sinusausstülpung nach Art der Fälle Foucteau und Demme als an eine traumatische Entstehung im Sinne Heckers oder Heinekes zu denken ist. Auch Glattauers Fall, der einen taubeneigroßen Sinus pericranii in der Mitte des Hinterhaupts etwas unterhalb der Eminentia occipitalis ext. und einen fingerspitzengroßen Knochendefekt aufwies, dürfte in gleicher Weise zu deuten sein.

Einzig und allein Stromeyers Fall, bei dem durch Sturz aus bedeutender Höhe auf den Kopf das Seitenwandbein in großer Ausdehnung bis an die Pfeilnaht heran eingedrückt war, läßt vermuten, daß es sich um schwerere traumatische Knochenveränderungen gehandelt hat, vielleicht mit einer direkten Läsion des Sinus longitudinalis in der Art der später zu erwähnenden Fälle von Pott und Hutin.

Von den autoptisch untersuchten 7 Fällen wurden die Fälle von Marcacci, Dufour und Hutin seziert, die 4 Fälle von Pott, Hirsch-Krause, Mörig I und Wieting operiert. Auch in diesen Fällen läßt sich trotz der Autopsie nicht immer ersehen, um was es sich gehandelt hat. Denn mikroskopisch untersucht wurde keiner.

Im Falle Marcacci allerdings kann wohl an der Diagnose variköse Erweiterung von zwei Venae emissariae kein Zweifel entstehen, und in den Fällen Hutin und Pott handelt es sich um frische Verletzungen des Sinus long. sup. mit akuten subperiostalen Hämatomen. In letzteren beiden Fällen ist es aber zur Umwandlung in den persistenten Sinus pericranii nicht gekommen, da Hutins Patient an der Verletzung starb und Potts Patient geheilt wurde, so daß durch sie gerade das, was zu beweisen wäre (Übergang des Hämatoms in den Sinus pericranii), nicht bewiesen werden kann.

In den anderen Fällen aber muß man sich eines abschließenden Urteils enthalten. Doch läßt sich so viel sagen, daß in Dufours Fall die extraperiostale Lage des Sinus pericranii, die Verdünnung des Stirnbeins lediglich auf Kosten der äußeren Schicht und das Fehlen einer Veränderung der Tabula interna gegen eine traumatische Entstehung des Sinus pericranii sprechen und daß seine Struktur (buchtiger, von Trabekeln und Fäden durchzogener Sack) eine gewisse Ähnlichkeit mit dem Durchschnitt des kavernösen Angioms in unserem Fall aufweist (wie auch die beiden Fälle Azam vielleicht dahin zu deuten sind). Im Fall Hirsch-Krause, in dem es sich um eine gestielte Blutgeschwulst in der Mitte der Stirn mit einem zum Sinus long. durch einen länglichen Knochenspalt ziehenden Stiel handelt, ist, da Residuen eines Traumas nach Krauses ausdrücklicher Angabe nicht zu sehen waren und die Geschwulst, wie aus dem Abschieben des Periosts bis zum Spalt und Stiel zu schließen, extraperiostal saß, wohl der Spalt als Entwicklungsfehler und der Sinus pericranii als Ausbuchtung des Sinus long. oder echte Gefäßgeschwulst aufzufassen. In Mörigs erstem, von Nast-Kolb operierten Fall handelt es sich um eine fast walnußgroße dünnwandige Blutcyste, die als varixähnlich bezeichnet wird und durch drei nadelspitzgroße Öffnungen mit den Gefäßen der Knochensubstanz in Zusammenhang steht. Nach diesen Angaben ist wohl eine traumatische Entstehung im Sinne Heckers oder Heinekes auszuschließen.

Am eingehendsten hat sich Wieting mit der Deutung seines Falles abgegeben:

Wieting. 20jähr. Mann, vor 1$^1/_2$ Jahren Fraktur des rechten Seitenwandbeines durch Hufschlag. Die Folgen, Bewußtlosigkeit, Schmerzen usw., gingen nach einmonatigem Bettliegen vorüber, doch schlossen sich die jetzigen Beschwerden (Auftreten von Schwindelgefühl beim Kopfneigen und beim Liegen auf der rechten Seite und Kopfschmerzen) an.

Befund: Breite, mäßig flache Delle des r. Seitenwandbeins, die mit dem oberen Rand fast die Pfeilnaht erreicht; Haut darüber verschieblich. Keine Narbe. Wenn der Kopf tiefer als die Horizontale liegt, treten langsam wachsende, weiche, fluktuierende, wegdrückbare Prominenzen auf; Gestalt unregelmäßig, wellig begrenzt, flach.

Operation: Nach Abpräparierung der Haut unter resp. im Periost flache Bluträume in einem unregelmäßig begrenzten, 3 : 5 cm großen Bezirk. An der Peripherie eines größten Herdes von $1^1/_2 : 2^1/_2$ cm größtem Durchmesser sitzen multiple, etwa 5—6 hirsekorn- bis flachkirschkerngroße, isolierte Herde, dunkelblau-rötlich durchscheinend, ganz flach dem Knochen aufsitzend. Bei Anschneiden eines Herdes zeigt sich, daß er durch ein stecknadelkopfgroßes Loch mit dem Schädelinnern kommuniziert. Umschneidung des Periosts im Gesunden und Abhebelung vom Knochen nach der Sinusseite. „Das gelingt, so daß der große Blutraum mit abgehebelt werden kann, bis nahe zur Pfeilnaht. Etwa 2 mm davor reißt das Periost ab, nahe am Rand eines erbsengroßen Lochs, durch das das Blut frei zirkuliert. Bei der Einatmung sieht man eine häutige glatte Wand in der Tiefe, die Durakonvexität selber, auf der das Blut aus dem wohl breit zerrissenen Sinus sich bewegt. Zur näheren Feststellung und Sondierung bleibt keine Zeit, da die Gefahr der Luftembolie droht. Durch Kompression ist die Blutung leicht zu beherrschen. Feststellen läßt sich jedenfalls, daß die Schädeldecke in dem flachen Depressionsgebiet an mehreren (5—6) Stellen siebartig durchlöchert ist, daß die kreisrunden, scharfrandigen Löcher stecknadelkopf- bis erbsengroß sind und daß durch diese Löcher eine freie Kommunikation venöser, epiduraler Bluträume mit extrakraniellen, sub- oder intraperiostalen flachen Bluträumen besteht." „Die Schädeldecke ist im Gebiet der Löcher außerordentlich dünn, an den Rändern der runden Löcher fast papierdünn." Anschorfung der Löcher ringsum mit dem Thermokauter, Bedeckung mit der Galea, Naht. Primäre Heilung. Beschwerden verschwunden.

Wieting sagt zu seinem Fall, daß die Lücken im deprimierten Knochenbezirk offenbar nicht alle traumatisch präformiert waren. Nur die größte Öffnung wäre möglicherweise der Rest einer durch das Trauma entstandenen Knochenlücke, die übrigen müssen als sekundär entstandene Durchlöcherung der in diesem Gebiet stark verdünnten Schädeldecke angesprochen werden. Die Verdünnung der Schädeldecke sei dem frei unter ihr zirkulierenden Blut zuzuschreiben. Im subkraniellen Teil zirkuliere das Blut direkt am Knochen, ohne Intimaschutz oder Zwischenlagerung von Bindegewebe, dagegen sei auf der Außenseite festzustellen gewesen, daß nur in ganz geringem Umfang um die Löcher der Knochen entblößt und dem Blut direkt ausgesetzt war, während 1 oder 2 mm davon entfernt eine, wenn auch feine Schicht fibrösen Gewebes den Knochen deckte. Der Blutraum lag hier also gewissermaßen intraperiostal. Die Skizze, die Wieting zu seinem Fall gibt, zeigt eine starke Verdünnung des Scheitelbeins auf Kosten der Externa und darunter einen großen epiduralen Blutraum, der einerseits breit mit dem Sinus long. sup. kommuniziert, anderseits durch Löcher im verdünnten Scheitelbein mit kleineren epikraniellen Bluträumen in Verbindung steht.

Für Wietings Fall kommt somit weder der Entstehungsmodus von Hecker noch der von Heineke in Betracht, vielmehr nimmt er einen dritten, ganz besondern Entstehungsmodus an, nämlich die Entstehung des Sinus pericranii aus einem venösen extraduralen Hämatom nach Sinuszerreißung.

Inwieweit ist diese Annahme gerechtfertigt? Für die Enstehung des extraduralen Hämatoms ausschlaggebend ist die Differenz zwischen dem Druck in der Blutquelle und dem intraduralen Druck; der erstere muß den intraduralen Druck beträchtlich überragen, um die Adhärenz der Dura am Knochen überwinden zu können. Bei einer arteriellen Blutung zwischen Dura und Schädelknochen ist diese Differenz gegeben, bei einer venösen Blutung liegen die Verhältnisse nicht so klar. Nach Zieglers Versuchen beträgt der Druck im Sinus long. sup. vorn durchschnittlich 7,5 mm Hg, im Maximum 23,5 mm Hg; hinten in der Nähe des Torcular ist er wesentlich niedriger; er beträgt dort durchschnittlich 2,4, im Maximum 5,8 mm Hg. Die Differenz des Druckes an den verschiedenen Stellen des Sinus erklärt sich nach Ziegler durch das Druckgefälle, da das Blut im Sinus long. von vorn nach hinten fließt. Der normale Liquordruck dagegen stellt sich im Mittel auf 6 mm Hg, im Maximum auf 16,5 mm Hg. Im allgemeinen ist der Hirndruck gleich dem mittleren Sinusdruck. Somit überwiegt der Sinusdruck in den vorderen Abschnitten den intraduralen Druck um ein geringes. Bei einem Wechsel im allgemeinen venösen Blutdruck tritt ein analoger Wechsel im Hirndruck ein (Hill[1])). Unter gewissen Bedingungen aber, wenn, wie bei der Erstickung, eine gleichzeitige Steigerung des Druckes im arteriellen und venösen System sich einstellt, kann der Sinusdruck sich so wesentlich erhöhen, daß er den Liquordruck um 30 mm Hg überragt (Ziegler). Die Möglichkeit also, daß es infolge des Überwiegens des Sinusdrucks über den intraduralen Druck zur Bildung eines venösen extraduralen Hämatoms kommen kann, ist nicht abzuweisen, vorausgesetzt, daß die Vorbedingung dazu, die Zerreißung der Sinuswand ohne gleichzeitige Durazerreißung, eingetreten ist.

Die Literatur kennt allerdings bisher einen einwandfreien Fall eines reinen extraduralen venösen Hämatoms nach Zerreißung des Sinus longitudinalis sup. noch nicht, wohl aber sind venöse extradurale Hämatome aus anderer Blutquelle beschrieben worden. Jones hat durch histologische Untersuchungen nachgewiesen, daß in einer Reihe von extraduralen Hämatomen, für deren Entstehung sonst eine Zerreißung der Arteri meningea media angeschuldigt wird, nicht diese, sondern der sie be

[1]) Nach Kocher.

gleitende Sinus spheno-palatinus oder die Vena meningea media zerrissen war. Immerhin aber sind auch solche Beobachtungen noch sehr selten gemacht worden, und man kann sich nicht ohne weiteres der Anschauung Melchiors anschließen, welcher glaubt, daß die extraduralen Hämatome aus dem Sinus spheno-palatinus oder der Vena meningea media wesentlich zahlreicher seien, als bisher angenommen.

Die zweite Frage ist die, ob und wie ein solches venöses extradurales Hämatom in Zirkulation mit dem zerrissenen Sinus bleiben und sich in einen dauernden Blutsack in der Art, wie es Wieting annimmt, umwandeln könnte.

Handelt es sich um ein venöses extradurales Hämatom in geschlossener Schädelkapsel, das mit einem Sinus in Verbindung steht, so kommt es, wenn der Sinusdruck so stark überwiegt, daß er den intraduralen Druck und die Adhärenz der Dura am Knochen überwinden kann, zu einem langsamen Wachstum so lange, bis die Druckverhältnisse sich ausgeglichen haben. Mit dem Stillstand des Zuflusses beginnt die Thrombose. Daß eine Zirkulation zurück zum Sinus und von diesem wieder zum Hämatom eintreten könnte und die Thrombose so hintangehalten würde, ist nicht anzunehmen.

Anders liegen die Verhältnisse, wenn das extradurale Hämatom durch ein Loch im Knochen mit einem extrakraniellen Hämatom kommuniziert. Dann fallen die engen Beziehungen zwischen Sinusdruck und intraduralem Druck weg, und es entwickelt sich bei allen Druckschwankungen im venösen System des Schädels, wie sie bei jedem Lagewechsel aus der Vertikalposition in die Horizontallage auftreten, ein Blutstrom aus dem Sinus durch das extradurale Hämatom hindurch nach dem Hämatom außerhalb des knöchernen Schädels und ein Rückfluß bei jedem umgekehrten Lagewechsel. Es könnte auf diese Weise in den epiduralen und extrakraniellen Bluträumen eine ausgiebige Zirkulation sich entwickeln, die allerdings nur durch fortwährende Druckschwankungen im venösen System des Schädels, in der Hauptsache also durch immer wiederholten Lagewechsel des Körpers, unterhalten würde.

Daß durch eine Verletzung des Sinus long. sup. solche extraduralen Hämatome entstehen können, die gleichzeitig durch den Knochen hindurch mit einem subkutanen Hämatom kommunizieren, beweist der Fall von Hutin. Jedoch ist dies auch der einzige derartige Fall und insofern noch besonders gelagert, als er durch eine frühere Schädelfraktur nach einem Säbelhieb dazu besonders präpariert war; es war nicht nur ein breiter Knochenspalt übriggeblieben, welcher die Verbindung zwischen intra- und extrakraniellem Hämatom leicht vermittelte, sondern auch ein spitzer Knochensplitter, durch den die Sinuswand an ganz umschriebener Stelle zerrissen wurde.

Ob aber die Zirkulation, die zwischen beiden Hämatomen zustande kommen könnte, ausreichen würde, um Thrombenbildungen in den beiden Bluträumen und Verwachsungen ihrer Wände hintanzuhalten so lange, bis eine Endothelisierung ihrer Innenfläche vom Sinus her eingetreten ist, bleibt doch auch hier sehr ungewiß, und es müssen besonders sichere Beobachtungen gefordert werden, um dies glaubhaft erscheinen zu lassen. Es fragt sich, ob Wietings Fall diese Sicherheit bietet.

Tatsächlich feststellen ließ sich in Wietings Fall nur, wie Wieting selbst betont, daß die Schädeldecke in dem flachen Depressionsgebiet siebartig durchlöchert war, und daß durch die kreisrunden, scharfrandigen stecknadelkopf- bis erbsengroßen Löcher eine freie Kommunikation venöser epiduraler Bluträume mit extrakraniellen Bluträumen bestand.

Alles andere aber, was darüber hinaus gesagt wird, ist lediglich Kombination und entbehrt des Beweises. So ist vor allen Dingen nicht bewiesen, daß der venöse epidurale Blutraum wirklich, wie Wieting annimmt, aus einem extraduralen Hämatom durch eine Zerreißung des Sinus long. sup. entstanden war. Wieting schließt es daraus allein, daß beim Anschneiden eines erbsengroßen Loches in dessen Tiefe eine häutige glatte Wand sichtbar wurde, die er für die Dura ansprach. Da nun aber nach seinen eigenen Worten zu jeder genaueren Untersuchung, zur Sondierung usw. wegen drohender Luftembolie keine Zeit war, so dürfte auch eine sichere Bestimmung dieser glatten Wand nicht möglich gewesen sein. Es könnte ebensogut die Innenfläche irgendeines anderen venösen Blutraums (Vene, Varix, Kavernom) vorgelegen haben. Da die Öffnung im Knochen nach Wieting nur 2 mm von der Pfeilnaht entfernt war, kann es sich auch um die Innenfläche des Sinus long. sup. selbst gehandelt haben.

Und damit erweisen sich auch alle weiteren daraus abgeleiteten Annahmen als zu schwach gestützt, so die Behauptung, die Tabula interna sei von jeder Gewebsbekleidung entblößt und dem Blutstrom frei ausgesetzt gewesen, die Verdünnung der Schädeldecke sei dem frei unter ihr zirkulierenden Blut zuzuschreiben, der Knochen sei sekundär von diesem extraduralen Hämatom aus perforiert worden. Unbewiesen bleibt insbesondere die Annahme einer breiten Sinuszerreißung als Quelle des epiduralen Blutraums. Die Stärke der venösen Blutung aus dem Loch im Schädeldach, aus der Wieting offenbar auf diese Sinuszerreißung schließt, kann jedenfalls dafür nicht bestimmend sein, da aus jedem venösen Gefäß am Schädel die Blutung bei horizontaler Lage des Patienten sehr stark zu sein pflegt, und zwar um so stärker, je näher die Blutungsquelle dem Sinus liegt.

Ungeklärt bleibt auch, worin denn die Ursache für die Sinuszerreißung gelegen haben sollte. Denn alle beträchtlichen, bei der Operation gefundenen Knochenveränderungen (Verdünnung, Perforationen) betrachtet Wieting ja erst als Folge und Wirkung des epiduralen Blutraums, während von Resten der angeblichen Scheitelbeinfraktur durch den Hufschlag, die doch wohl allein eine Zerreißung des Sinus bewirkt haben könnte, nichts Sicheres erwähnt wird. Dabei muß darauf hingewiesen werden, daß die Knochenarrosion durch den epiduralen Blutraum sehr ungewöhnlich wäre, da die Perforationen als kreisrund und scharfrandig bezeichnet werden, während doch sonst der Rand solcher Arrosionen sehr unregelmäßig und zackig ist.

Endlich muß auch das Verhalten der extrakraniellen Bluträume, die teils subperiostal, teils intraperiostal gelegen haben sollen, sehr auffallend genannt werden. Makroskopisch allein läßt sich eine solche Beziehung wohl unmöglich sicherstellen. Durch die histologische Untersuchung aber hätte man nicht nur darüber sicheren Aufschluß erhalten, sondern auch Gewißheit über die Wandelemente der extrakraniellen Bluträume und ihre Innenauskleidung und damit einen Hinweis auf ihre Herkunft erlangt und wäre vielleicht zu einem ähnlichen Resultat wie in unserem Fall gelangt, mit dem Wietings Fall in vieler Beziehung, insbesondere auch hinsichtlich der am Knochen vorgefundenen Veränderungen, eine große Ähnlichkeit hat.

Aus allen diesen Erwägungen geht hervor, daß die tatsächlichen Unterlagen in Wietings Fall für die Deutung, die er ihnen gibt, nicht genügend sind und daß sie somit auch als ein ausreichender und vollgültiger Beweis für die Entstehung eines Sinus pericranii auf dem Wege über einen venösen extraduralen Blutraum nicht gewertet werden können.

Als sicher traumatisch entstanden können daher nur die Fälle von Pott und Hutin gelten. Beide stellen aber nicht einen ausgebildeten Sinus pericranii, sondern nur einen Anfangszustand eines solchen dar. Beide Male handelt es sich um Verletzung des Sinus long. sup., nicht um einen Abriß eines Emissariums oder eine Diploevenenzerreißung.

Die Möglichkeit einer traumatischen Entstehung des Sinus pericranii durch einen ähnlichen Vorgang wie bei Hutin liegt vielleicht in Stromeyers Fall vor und kann nicht ganz abgelehnt werden im Fall von Wieting, doch sichergestellt ist diese und damit der Übergang vom kommunizierenden venösen Hämatom zum Sinus pericranii in keiner Weise.

In allen übrigen Fällen ist der Nachweis einer traumatischen Entstehung nicht erbracht, weder im Sinne Heckers noch im Sinne Stromeyers und Heinekes, vielmehr ist in einigen Fällen trotz des Traumas in der Anamnese eine anderweitige Entstehung bewiesen (Marcacci — Varicen; unser Fall — Hämangiom) oder wahrscheinlich (Dufour, Azam I und II, Rex, Mörig II, Wislicenus II — Angiome; Mörig I — Varix; Hirsch-Krause — Sinusausstülpung).

Wir können daraus den Schluß ziehen, daß das Trauma für die Entstehung des Sinus pericranii vielfach überschätzt oder falch eingeschätzt

34*

wird und daß die Rolle, die es nach Heckers und Heinekes Hypothesen spielen sollte, ihm nicht zukommt. Wie weit es als Ursache für die Entstehung von Varicen oder Angiomens oder Ausstülpungen eines Durasinus mit den Symptomen eines Sinus pericranii in Betracht kommt, mag dahingestellt sein. In der weitaus größten Anzahl der Fälle wird ihm auch hier nur die Bedeutung zukommen, daß es die Aufmerksamkeit auf eine bereits vorher vorhandene Geschwulst lenkte. Sehen wir doch, daß sich dieselben anatomischen Veränderungen zum Teil auch bei solchen Fällen von Sinus pericranii finden, in denen von einem Trauma als Ursache keine Rede ist.

Die Durchsicht der Literatur auf einen solchen ohne Trauma erworbenen Sinus pericranii ergab nochmals 17 Fälle, von denen wiederum 7 (Lücke, Rößler, Dupont, Richard, Bruns, Larrey, Foucher) nur klinisch beobachtet sind. Im Fall Foucher muß man sich der Ansicht von Wislicenus anschließen, welcher die Affektion für eine variköse Erweiterung der V. ophthalm. sup. hält, in gleicher Weise wie der später zu erwähnende Fall von Aubry. In allen übrigen Fällen muß die Frage nach der anatomischen Diagnose offen bleiben. Im Fall Dupont und Richard läßt der Sitz des Sinus pericranii in der Gegend der kleinen Fontanelle an eine direkte Verbindung mit dem Sinus long. sup. denken. Mit der Annahme einer Sinusausstülpung analog dem Sektionsbefund von Foucteau und Demme würde sich nicht ganz vereinigen lassen, daß Dupont mehrere Vertiefungen im Knochen feststellen konnte, durch deren Zuhalten die Füllung der Geschwulst nicht verhindert werden konnte; die Verbindung mit den Hautvenen war durch eine zirkuläre Kopfbinde abgeschnürt worden. Diese mehrfache Kommunikation nach dem Schädelinnern hin spricht daher mehr für variköse Venenerweiterungen wie sie unter den weiteren 10 Fällen dieser Rubrik, die autoptisch untersucht sind (7 seziert, 3 operiert, mikroskopisch untersucht nur Langenhahns Fall), noch 4 mal vorkamen. In Aubrys Fall ergab die Sektion eine Erweiterung der V. opthalmica bis zur Weite eines kleinen Fingers, daneben Erweiterung der V. supraorbitalis, nasalis und facialis. In Melchioris Fall erwies sich bei der Sektion die Geschwulst bestehend aus einem Netz untereinander kommunizierender Venen mit einem gemeinsamen zum Sinus transversus laufenden Stamm. Andrews beschrieb eine Blutgeschwulst am Hinterhaupt; bei der Sektion stellte sich heraus, daß sie aus zahlreichen großen, ausgedehnten Venen bestand, die durch eine federkieldicke Vene mit dem Sinus durae matris an der Stelle des Torcular Herophili kommunizierte. Langenhahn veröffentlichte einen von Heineke operierten Fall mit einem haselnußgroßen Sinus pericranii an der Stelle der kleinen Fontanelle, der bei mikroskopischer Untersuchung nur erweiterte venöse Gefäßdurchschnitte zeigte.

Eine zweite Gruppe dagegen zeigt wieder Ausstülpungen von einem Sinus aus von der gleichen Art, wie sie die Fälle von Foucteau und Demme in der Gruppe des angeborenen Sinus pericranii darstellen. Hierzu gehören 5 Fälle, von denen 4 durch Sektion und 1 (Wiesinger) durch Operation sichergestellt ist. Hierher rechne ich Fall Beikert und Chassaignac-Bérard, obwohl bei ihnen der Zeitpunkt des ersten Auftretens des Sinus pericranii nicht klargestellt ist. Die Originalmitteilungen waren mir nicht zugängig. In Beikerts Fall fand sich eine Ausstülpung der Sinus falciformis nahe der oberen Spitze der Hinterhauptsschuppe, bei Chassaignacs Fall handelte es sich um denselben Sitz bei einem Kinde.

Bedeutsame Ergänzungen hierzu bilden die Fälle von Meschede und Wiesinger. Trotzdem beide Male klinische Symptome eines Sinus pericranii nicht beobachtet wurden, so sollen sie doch hier erwähnt werden, weil sie das Anfangsstadium jener Ausstülpungen darzustellen scheinen. Meschede sezierte einen 37jährigen, an Apoplexie gestorbenen Mann, der seit dem 6. Jahre an Epilepsie litt, und fand in der Scheitelhöhe links neben der Sagittalnaht einen bohnengroßen, nur mit dem Lumen des Sinus sagittal. kommunizierenden Blutsack, der im Schädelknochen eingebettet und nur noch von einer papierdünnen Lamelle der Tabula externa bedeckt war. Das gleiche fand Wiesinger bei der Operation eines 14jährigen Mädchens, das seit 5 Jahren eine unter ständigen Kopfschmerzen wachsende Knochenauftreibung der vorderen Scheitelgegend aufgewiesen hatte. Auch hier ergab sich nach Entfernung der äußeren Knochenlamelle im Knochen ein großer Varix vonSinus long. Da in beiden Fällen die Blutgeschwulst etwas neben der Mittellinie lag, so ist zu vermuten, daß sie nicht direkt vom Sinus long., sondern von einer Lacuna lateralis ausging.

In diese Gruppe gehört auch Casellis Fall mit einem enormen Tumor am Kopf längs der Pfeilnaht vom Hinterhauptsbein bis über die Coronarnaht. Die Sektion ergab eine enorme Erweiterung des Sinus long., der sich 1 cm breit zwischen beiden Hemisphären bis zum Corpus callosum erstreckte und sich durch eine Lücke im Seitenwandbein ausgedehnt und dort die äußerliche Geschwulst gebildet hatte. Wenn in diesem Fall die Geschwulst nicht mehr reponibel war, so ist wohl ihrer Größe daran Schuld zu geben.

Gussews Fall endlich steht für sich. Gussew sah bei einem seit mehreren Monaten an Kopfschmerzen leidenden Manne in der Pfeilnaht eine apfelgroße Geschwulst, bei deren Incision sich Eiter und Blut aus einer subperiostalen, mit dem Sinus long. sup. kommunizierenden Höhle entleerte; auch der Sinus war mit Eiter und Blut gefüllt. Der Mann starb an Meningitis. In erster Linie handelt es sich in diesem Fall offenbar um einen von einer Thrombophlebitis des Sinus ausgehenden Absceß, der natürlich auch Blut enthielt. Wie es sonst zu einer Abhebung des Periostes hätte kommen sollen, ist nicht ersichtlich. Ein Trauma lag nicht vor, so daß der Fall als Beweis für Stromeyers oder Heinekes Hypothese nicht in Betracht kommt. Und da auch über die Symptome der Geschwulst bei Lebzeiten des Mannes nichts Genaueres gesagt wird, vor allem nicht darüber, ob sie dem Hauptsymptom des Sinus pericranii entsprechend bei aufrechter Körperhaltung verschwand, so steht die Zugehörigkeit der Geschwulst zum Sinus pericranii überhaupt in Frage.

Überblicken wir zum Schluß die drei Gruppen des angeborenen, des traumatisch erworbenen und des spontan entstandenen Sinus pericranii, so läßt sich etwa folgendes sagen: Sehen wir von der sehr großen Reihe von Fällen ab in denen eine Entscheidung darüber nicht möglich ist, welche anatomischen Veränderungen dem Sinus pericranii zugrunde gelegen haben, so finden wir, daß die Bilder der varikösen Erweiterung von subkutanen Schädelvenen oder Emissarien einerseits und die Bilder der herniösen Ausstülpung eines Sinus andererseits sich in allen drei Gruppen wiederholen. Angiome mit den Symptomen des Sinus pericranii kommen angeboren, aber auch traumatisch entstanden vor. Und wollte man auch den ätiologischen Wert des Traumas in diesen Fällen anzweifeln, so bleibt doch immer die Tatsache bestehen, daß solche Angiome nicht allein, wie Lannelongue behauptet, angeboren beobachtet werden, sondern ebenso auch noch später sich entwickeln können.

Anderweitige anatomische Grundlagen eines Sinus pericranii sind bisher nicht bewiesen. In den Fällen, in denen eine traumatische Zerreißung eines Sinus oder mit ihm in Verbindung stehender Venen zweifellos vorlag und zu einem extrakraniellen, mit dem Durasinus direkt oder indirekt kommunizierenden Blutsack Anlaß gab, handelte es sich stets um Zustände sehr bald nach der Verletzung (Busch, Pott, Hutin). Die Behauptung, daß ein solches, durch eine frische Verletzung entstandenes, kommunizierendes venöses Schädelhämatom persistieren und in den Sinus pericranii übergehen kann, ist noch durch keinen Fall erhärtet. Die traumatische Entstehung eines Sinus pericranii im Sinne Heckers, Stromeyers und Heinekes ist unwahrscheinlich, eine solche im Sinne Wietings, für die evtl. Stromeyers und Wietings Fall in Betracht kämen, bedarf ebenfalls noch des Beweises.

Soll in die Genese und die pathologische Anatomie des Sinus pericranii mehr Licht gebracht werden, so sind dazu weitere exakte Befunde notwendig. Diese kann uns in der Regel nur die histologische Untersuchung liefern, die bisher allerdings nur in 5 Fällen (Demme, Achilles Müller, Bondy, Langenhahn, unser Fall) vorgenommen wurde. Sie ist erschwert, da ein Sinus pericranii meist nur einen Nebenbefund darstellt und weder wesentliche Beschwerden macht noch besondere

Gefahren in sich birgt. Daher wird zur Sektion selten Gelegenheit gegeben und eine Operation streng genommen nicht sehr oft indiziert sein. Die Gefahr der Blutung aus einem verletzten Sinus pericranii besteht zwar, darf aber doch nicht überschätzt werden. Die hauptsächlichste Indikation zur Operation werden daher drohendes Wachstum und kosmetische Störungen bilden. Wesentliche Bedenken gegen die Operation, aseptische Operationsmöglichkeit vorausgesetzt, bestehen kaum, während andere Heilverfahren entweder wirkungslos sind (Dauerkompression) oder größere Gefahren in sich bergen (Elektropunktur, Ätzung — Thrombosen, Eiterung). Die Schwierigkeiten, die sich bei der Operation einstellen können (Blutungen, Technik des Verschlusses), werden sich, wenn auch nicht immer leicht, in der Regel überwinden lassen. Die Blutung läßt sich vor allem durch entsprechende Erhöhung des Operationsgebietes über den übrigen Körper und die übrigen Schädelpartien beherrschen, und die dazu nötige Umlagerung läßt sich, wenn die Operation in Lokalanästhesie ausgeführt wird, gut bewerkstelligen. Auf den Verschluß des Knochendefektes wird man, solange nur mäßig große Löcher vorliegen, wie in Wietings oder unserem Fall, verzichten können, da die Weichteile, wenn sie in der ersten Zeit durch leichten Kompressionsverband an den Knochen angedrückt werden und neue Blutungen aus dem Schädelknochen durch erhöhte Lagerung des Kopfes vermieden werden, fest genug anwachsen und den Defekt decken. Wieting glaubt die Verwachsung durch Anschorfung mit dem Thermokauter begünstigen zu können. Größere Defekte können in der bekannten Weise durch freie oder gestielte Knochenplastiken (Krause), Silberdrahtnetz (Franke) u. a. gedeckt werden.

Gelingt es, durch Operationen ein größeres histologisches Material zu gewinnen, so wird auch die Frage des traumatisch entstandenen Sinus pericranii sich noch weiter klären lassen. Vorerst müssen wir uns bewußt bleiben, daß seine traumatische Entstehung nicht sichergestellt ist und daß die Bezeichnung Sinus pericranii lediglich ein klinischer, allerdings durch einen geschlossenen Symptomenkomplex wohl charakterisierter und daher durchaus brauchbarer, aber sehr mannigfache Erkrankungsformen umschließender Begriff ist.

Kasuistik.

(Auszüge.)

I. Fälle mit angeborenem Sinus pericranii.

a) Nur klinisch untersucht:

Francke[1]). 20jähriger Soldat mit einer angeborenen Blutgeschwulst über dem l. Auge, die gewöhnlich nicht hervorragt, bei allen Momenten aber, die das Blut zu Kopf treiben oder seinen Rückfluß behindern, sich stark füllt. Bei ihrer

[1]) Nach Wislicenus.

Entleerung fühlt man eine Vertiefung im Stirnbein wie einen Substanzverlust des Knochens und darin an ihrem äußeren Ende eine Stelle wie ein ziemlich großes Foramen. Hautfarbe nicht verändert.

Wislicenus I. 11 jähriger Knabe; seit Geburt, die normal verlief, auf der l. Stirnhälfte große Geschwulst, die anfangs das l. Auge ganz verdeckte, dann sich etwas verkleinerte. Auf der l. Stirnhälfte eine stark prominierende, 5 : 6,5 cm große Blutgeschwulst, die sich durch Druck zum Verschwinden bringen läßt und über der an einer Stelle die verdünnte Haut den Geschwulstinhalt bläulich durchscheinen läßt. Die übrige, die Geschwulst überziehende Haut ist normal und legt sich beim Stirnrunzeln in Falten, ein Beweis, daß die Geschwulst über dem M. frontalis sitzt. In der Geschwulst einige harte, glatte, mehr und weniger bewegliche Körper von etwa Bohnengröße und kleiner fühlbar. Der Knochen unter der Geschwulst ist etwas vertieft, möglicherweise fehlt die äußere Knochenlamelle. Der den Defekt umschließende Rand ist nicht über dem Niveau des Stirnbeins erhaben, er ist unregelmäßig, springt stellenweise mit scharfen Zacken nach innen vor. Der Grund ist unregelmäßig, höckerig; zwischen den Höckern spaltartige Vertiefungen, deren Boden man nicht fühlt.

Middeldorpff[1]). 9 jähriges Mädchen mit runder Geschwulst am Stirnbein links von der Mittellinie, die unmittelbar nach der Geburt kirschgroß war und später etwas wuchs. Beim Bücken wird sie prall, beim Druck verschwindet sie. Im Knochen, entsprechend der Basis der Geschwulst, ein gezackter Rand. Der von ihm begrenzte Boden der Geschwulst ist fast eben. Beim Einstechen einer Nadel keine Spur eines Spaltes. In der Geschwulst ein kleiner, reiskorngroßer, ovaler, beweglicher Körper von knorpliger Konsistenz. Punktion ergibt Blut. Durch die Kanüle eingeführte Fischbeinsonde bleibt bei Rotationsbewegungen an feinen Hindernissen hängen. Man fühlt mit ihr, daß der knöcherne Grund der Geschwulst mit einer dünnen Haut bedeckt und nicht entblößt ist. Wenn man mit einem Elfenbeinring, der die ganze Geschwulst umgibt, die Umgebung komprimiert, läßt sich die Geschwulst durch Druck, doch gleichmäßig entleeren, ein sicheres Zeichen, daß das Blut sich durch den knöchernen Grund und nicht durch Gefäße der Umgebung entleert. Diagnose: Venöser, kavernöser Tumor, welcher entweder mit den Venae diploicae oder mit dem Sinus long. sup. kommuniziert.

b) Sezierte Fälle:

Busch. Totgeborenes, seit mehreren Tagen abgestorbenes Kind mit einer fluktuierenden bläulichen Geschwulst, die sich von der Protuberantia occip. bis über die Mitte der Pfeilnaht und bis zu den Ossifikationspunkten beider Scheitelbeine erstreckte. Bei Eröffnung zeigte sich, daß sie Blut enthielt, das zwischen Pericranium und Schädelknochen saß, und daß sie durch Verletzung mehrerer, vom Sinus falciformis sup. ausgehender und mit der äußeren Bedeckung in Verbindung stehender Gefäße entstanden war. Der Sinus war in einer kleinen Strecke geöffnet. Das Kind war durch Zange entwickelt, doch zeigten die zurückgebliebenen Spuren der Zange, daß die Entstehung der Geschwulst weder mittelbar noch unmittelbar dem Druck des Instrumentes zugeschrieben werden konnte.

Flint. Auf dem Hinterhaupt eines einige Tage alten Kindes beträchtliche Geschwulst. Bei Incision venöse Blutung, an der das Kind starb. Die Geschwulst kommunizierte mit dem Sinus long. sup.

Foucteau. In der Gegend der kleinen Fontanelle angeborene gestielte Geschwulst, deren größter Umfang 40 cm beträgt und deren Stiel 12 cm Umfang hat. Der Kopf des Kindes wird durch das Gewicht der Geschwulst nach hinten

[1]) Nach Wislicenus.

gezogen. Ligatur des Stieles und Punktion: teils seröse, teils blutig gefärbte Flüssigkeit. Der Sack füllte sich von neuem. Das Kind starb am nächsten Tage. Sektion: Zwischen Sinus long. sup. und der Geschwulst eine für den kleinen Finger durchlässige Kommunikationsöffnung. Die Geschwulst, die aus mehreren Taschen bestand, wird als eine Blutcyste, gebildet durch Hervorwölbung der Serosa des Hirnsinus und durch die kleine, nicht geschlossene Fontanelle, bezeichnet.

Demme. $^3/_4$ jähriger Knabe; angeborene rundliche Geschwulst in der Mitte der Sutura sagitt. von der Größe eines kleinen Apfels, teils fluktuierend, teils fester. Durch Druck läßt sie sich beträchtlich verkleinern, doch nicht ganz verdrängen. Beim Schreien beträchtliche Volumenzunahme. Tod an Cholera infantum. Sektion: Blutgeschwulst, die durch eine sondierbare Öffnung mit dem erweiterten Sinus long. sup. in direkter Verbindung steht. Epithelauskleidung und übrige Wand der Blutcyste entsprechen denen des Sinus, ebenso Epithel und Wand des vom Sinus zur Cyste durch die leicht auseinander gewichene Dura sagitt. führenden Stieles. Das Pericranium war nirgends abgehoben, sondern trat, dem Knochen innig anliegend, dicht an den Cystenstiel heran, um teils in denselben überzugehen, teils ihn entsprechend der Öffnung der Knochenschale zu umgreifen. Der Knochen war, soweit die Cyste auflag, in Rarefaktion begriffen.

Pelletan[1]). 15 jähriger Mann mit taubeneigroßer Geschwulst auf der l. Stirnhälfte. Bei Neigen des Kopfes nach vorn vergrößerte sie sich, die Haut erschien dann bläulich; morgens beim Aufstehen war die Geschwulst bedeutend verkleinert, die Haut ohne Verfärbung. Bei Spaltung der Geschwulst entleerte sich eine große Menge Blut. Der Durchschnitt der Geschwulst ähnelte dem Milzgewebe. Da die Blutung nicht zu stillen war, Bestreichung der Wunde mit Antimonbutter. Fieber, Betäubung, Konvulsionen, Lähmung und Tod am 4. Tage. Sektion: Das Stirnbein wird von drei Löchern durchbohrt; durch diese ziehen widernatürlich ausgedehnte Venen, die „einerseits mit dem Sinus long. sup. kommunizierten und andererseits die äußere fungöse oder variköse Geschwulst bildeten“. Dura entzündet und mit Eiter bedeckt. „Der junge Mann hatte den Anfang dieses Übels mit auf die Welt gebracht.“

c) Operierte Fälle:

Bondy (siehe oben).

Achilles Müller. 13jähriges Mädchen mit walnußgroßer Geschwulst am linken Scheitelbeinhöcker, die seit frühester Kindheit besteht (beim ersten Waschen bemerkt). Schwere Geburt, sonst kein Trauma. Langsames Wachstum. Operation (Hildebrand): Exstirpation; Zufluß aus zwei kleinen Emissarien. Verschluß durch Elfenbeinstifte. Histologische Untersuchung: Kavernöses Angiom venöser Natur.

Franke. 20jähriges Mädchen mit anscheinend angeborener, allmählich gewachsener Blutcyste hinten rechts vom Scheitel.

„Die unter lebensgefährlicher Blutung ausgeführte Operation legte außer den die Verbindung mit dem Schädelinnern besorgenden Öffnungen zwei Defekte der knöchernen Schädeldecke bloß, welche in einer zweiten Operation durch ein Silberdrahtnetz ersetzt wurden, das reaktionslos eingeheilt ist und seinen Zweck erfüllt.“ Franke hat die Überzeugung gewonnen, daß die Cyste auf einen Varix verus, wahrscheinlich eines Emissariums, zurückzuführen ist, dessen Entstehung vielleicht durch einen angeborenen Defekt des Schädelknochens begünstigt wurde.

---

[1]) Nach Wislicenus.

II. Traumatisch entstandener Sinus pericranii.

a) Nur klinisch untersucht:

Hecker. 43jähriger Fabrikarbeiter mit einer fluktuierenden Geschwulst auf der r. Stirnseite, die sich im ersten Lebensjahre nach mehrmaligem Fallen mit dem Kopf auf den Bretterfußboden entwickelt hat. Alle damals angewandten Heilversuche waren fruchtlos. Im Jahre 1834 starke Blutung aus der Geschwulst nach einem Stich mit einer Mistgabel.

Die Geschwulst nimmt beinahe die ganze rechte Seite der Stirn ein, erstreckt sich noch etwas auf die linke hinüber und besteht aus zwei durch eine leichte Einschnürung nur unvollständig getrennten Hälften, deren größere die eigentliche apfelgroße, blaugefärbte Geschwulst darstellt, während die andere kleinere als minder erhabener Wall mit normaler Haut die erste allseitig umgibt. Sie entwickelt sich bei allen, den Rückfluß des Venenbluts vom Kopf erschwerenden Momenten; bei praller Füllung ist die Haut darüber dunkelblau und etwas gefleckt. Der Tumor läßt sich wegdrücken oder verschwindet bei aufrechter Körperhaltung von selbst. Unter ihm fühlt man in der äußeren Knochentafel eine beinahe kreisrunde Lücke, von einem mehr oder weniger scharfen und erhabenen Knochenrand umgeben. „Man überzeugt sich auf das bestimmteste, daß hier die äußere Tafel in großem Umfange fehlt, keineswegs aber eine die ganze Schädeldecke durchdringende Spalte oder Öffnung zugegen ist. Unmittelbar unter der Haut liegt somit die diploische Substanz, auf der man zahlreiche ... Knochenvorsprünge und außerdem Vertiefungen oder wirkliche Furchen, nämlich die knöchernen Kanäle, in welchen die Stirndiploevene verläuft, deutlich fühlen kann. Etwa in der Mitte der Knochenlücke, doch etwas mehr gegen den Infraorbitalrand zu, befindet sich ein ziemlich starker Knochenvorsprung, auf dessen Spitze man eine Öffnung wahrzunehmen vermeint, und dies ist die einzige Stelle, welche schon bei etwas unsanfter Berührung schmerzhaft wird. Am stärksten ist der Substanzverlust im Stirnbein über dem Orbitalrand, je mehr man sich von hier entfernt, desto seichter und flacher wird die Vertiefung im Knochen."

Verneuil[1]). 17jähriges Mädchen, seit Kindheit auf der Stirn Geschwulst, die kongenital zu sein scheint, doch will das Mädchen einmal einen Schlag auf die Stelle der Geschwulst erhalten haben. Auf dem rechten Stirnhöcker rundliche, weiche, fluktuierende Geschwulst von der Größe einer halben Nuß, die beim Vornüberneigen größer wird, durch Druck aber völlig zum Verschwinden gebracht werden kann; Haut normal. Auf dem Knochen nur ein kleiner Wall fühlbar, der die Geschwulst kreisförmig begrenzt. Später trat Heilung ein, wenigstens erschien die Geschwulst infolge der langen Untersuchung und der wiederholten Betastung nicht mehr. Verneuil führt diesen Ausgang mit Vorbehalt an, da er die Patientin nicht wiedersah.

Giraldès. Kind mit einer vor 5 Jahren unmittelbar nach einem Fall auf die Stirn entstandenen Geschwulst. Für gewöhnlich nicht sichtbar, tritt beim Vorneigen des Kopfes, Schreien usw. auf der r. Stirnhälfte eine 5—6 cm große Geschwulst hervor, die sich durch Fingerdruck allmählich zum Verschwinden bringen läßt. An ihrer Stelle dann im Stirnbein eine kleine Depression wie eine Unterbrechung der Kontinuität des Knochens, durch deren Zuhalten das Erscheinen der Geschwulst verhindert wird. Beim Einstechen einer Nadel in die entwickelte Geschwulst kommt venöses Blut.

Arnheim. 20jähriger Mann. Beim Vorneigen des Kopfes, Husten usw. etwa walnußgroße, bläulichrote, leicht pulsierende Geschwulst auf dem r. Stirnbein. Bei aufrechter Körperhaltung verschwindet sie; an ihrer Stelle eine Delle im

---

[1]) Nach Wislicenus.

Stirnbein. Ihre Entstehung führt Patient auf einen 6 Jahre zurückliegenden Fall auf die Stirn zurück.

Rex. Rekrut, über dem r. Stirnbeinhöcker eine horizontal gegen die Schläfe laufende, 3 cm lange, 2 mm breite Knochenfurche, an die sich eine andere, 2 cm lange, bogenförmige, in der Schläfengegend sich verlierende Furche anschließt. Haut normal, am inneren Ende der horizontalen Knochenfurche leichte Pulsation. Beim Neigen des Kopfes, Schreien, Husten usw., Kompression der V. jugularis zeigen sich über den Knochenfurchen zwei bläuliche, leicht pulsierende, zusammendrückbare Geschwülste. Ihre Entstehung geht auf eine Verletzung zurück, die Patient im 9. Lebensjahre durch Sturz von einem Baum auf den Hinterkopf erlitt.

Mörig II. 24jähriger Soldat, hat an der l. Kopfseite schon immer eine Delle bemerkt. 1915 Fall von einem Munitionswagen auf die l. Kopfseite; ohne weitere Beschwerden. Anfang August 1916 Fall vom Lebensmittelwagen; kurze Zeit benommen. Ende August bemerkte er beim Bücken usw. eine Anschwellung an der l. Seite des Kopfes; Beschwerden; Gefühl wie betrunken, zeitweise Kopfschmerz, Brechreiz usw. An der l. Kopfseite vom Stirnhöcker nach rückwärts eine 9 cm lange, $2^1/_2$ mm breite, flache Delle, über der beim Kopfneigen und bei Kompression beider Vv. jugulares eine 13 : $3^1/_2$ cm große, weiche, fluktuierende Geschwulst erscheint, die beim Erheben des Kopfes wieder verschwindet. Im Röntgenbild keine Knochenveränderung.

Stromeyer. Ein 6jähriger Knabe war im zweiten Lebensjahre von bedeutender Höhe auf den Kopf gefallen und hatte einen Eindruck des r. Seitenwandbeines davongetragen, der längs des größten Teils der Pfeilnaht verlief, welche erhaben stand, weil das Seitenwandbein niedergedrückt war. An der tiefsten Stelle betrug der Eindruck $2^1/_2$ Linien. Die ganze niedergedrückte Stelle im Umfang von ungefähr $2^1/_2$ Quadratzoll war mit einem Blutbeutel bedeckt, der bei Füllung sich ungefähr 3 Linien hoch erhob, bei völliger Entleerung jedoch die mangelhafte Bildung der äußeren Knochentafel gut erkennen ließ. Die Turgescenz des Blutbeutels wurde durch jeden Umstand begünstigt, welcher Kongestionen gegen den Kopf zu veranlassen geeignet ist. Im gewöhnlichen Zustand war an der deprimierten Stelle keine Flüssigkeit zu entdecken.

Duplay. Bei einem 4jährigen Kind entstand nach einem Trauma am r. Scheitelbein in der Nähe der Lambdanaht ein fluktuierender, pulsierender Tumor, der beim Vorwärtsneigen des Kopfes anschwoll, beim Heben des Kopfes verschwand.

Wislicenus II. 15jähriges Mädchen, war mit 35 Wochen die Treppe heruntergefallen und war bis zum nächsten Tag bewußtlos. Links am Hinterhaupt bildete sich eine stark prominierende Geschwulst und man merkte eine Spalte im Knochen. Der Arzt diagnostizierte angeblich eine Fraktur der Schädelknochen. Bei Incision der Geschwulst entleerte sich Blut. Längere Spitalbehandlung. Anlegung einer Kopfbinde mit Pelotte. Befund: Auf dem hinteren Teil des l. Scheitelbeines und der l. Hälfte des Hinterhauptsbeines pulsierende $10^1/_2$: $3^1/_2$ cm große, von normaler Haut bekleidete Geschwulst, in deren Bereich sechs grubenartige Vertiefungen im Knochen fühlbar sind. Diese haben knöchernen Grund mit Ausnahme von einer, in der offenbar eine Kommunikation mit dem Innern des Schädels anzunehmen ist. Der Inhalt der Geschwulst läßt sich durch Druck leicht entleeren, sofort nach Aufhören des Drucks füllt sie sich wieder. Die Füllung der Geschwulst ist bei aufrechter Kopfhaltung am schwächsten; beim Bücken und Hintenüberneigen, beim Husten und Pressen schwillt der Tumor an.

Glattauer. 5jähriger Knabe; seit frühester Kindheit am Hinterhaupt eine weiche Stelle. Im zweiten Lebensjahr Fall auf das Hinterhaupt. Später, in der Rekonvaleszenz von Variola, bemerkte man an der weichen Stelle des Hinterhaupts einen Tumor. Befund: Am Hinterhaupt in der Mittellinie unterhalb der Eminentia occip. externa taubeneigroßer, fluktuierender, leicht pulsierender, kompressibler Tumor; Haut schwach blaurot. Probepunktion ergibt Blut. Im Knochen ein Defekt, in den die Spitze des kleinen Fingers eindringen kann.

Borchard. 27 jähriger Mann; vor 13 Jahren Fall auf den Hinterkopf; $^1/_4$ Stunde bewußtlos. Nach 14 Tagen ziemlich plötzlich an der r. Seite des Hinterkopfes nach und nach größer werdende Anschwellung, die bei Lageveränderung zu- oder abnahm.

Am Hinterkopf, 3 cm rechts von der Mittellinie, genau entsprechend dem Sinus transversus, eine 3 : $1^1/_2$ cm große, flache, breit aufsitzende, weich-elastische, auspreßbare Geschwulst, von normaler Haut überzogen; darunter im Schädelknochen fingerkuppengroße Delle mit unebenem, leichten Wall. Beim Nachlassen des Druckes kehrt die Geschwulst langsam, beim Husten schneller wieder. Bei Kompression der Vv. jugul. stärkere, doch nie pralle Füllung. Punktion: venöses Blut. Röntgenskizze: Im Schädel eine Lücke, die in der Lamina interna weit größer ist als in der Externa.

Azam I[1]). 22 jähriger Müller, hatte im 15. Lebensjahr einen Hufschlag an die Stirn bekommen (nach Ref. in Schmidts Jahrbüchern: Fall auf die Stirn im 10. Lebensjahr), keine Bewußtseinsstörung. Einige Tage später Geschwulst, die sich seit dieser Zeit immer gleich blieb. Auf der Stirn, etwas rechts von der Mitte, Geschwulst vom Umfang einer großen Nuß, fluktuierend, wegdrückbar; Haut normal. Darunter ein unregelmäßig kreisförmiger Knocheneindruck mit ungleich erhabenen Rändern. Die Geschwulst verschwand beim Zurückbeugen des Kopfes und kehrte beim Vorbeugen wieder. Punktion ergibt Blut. Die eingeführte Sonde fühlt die Depression im Knochen und einige Erhabenheiten, doch ist der Knochen überall mit einer weichen Membran bedeckt und nirgends entblößt. Keine Kommunikation mit dem Innern des Schädels nachweisbar.

Azam II. 60 jährige Frau, stieß sich vor 18 Monaten mit dem Griff eines Rechens gegen die Stirn. 20—25 Tage später an derselben Stelle weiche Geschwulst, über der sich die Haut verdünnte und violett färbte. Bei Probeeinstich unverhältnismäßig starke Blutung. Auf der Mittellinie der Stirn, nahe am Beginn der Kopfhaare, halbnußgroße, weiche, fluktuierende, livide Geschwulst, die beim Neigen des Kopfes an Resistenz zunahm, bei Druck mit den Fingern sich allmählich verkleinerte. Bei Punktion entleert sich venöses Blut. Mit der Kanüle fühlt man, daß die Geschwulst aus spongiösem Gewebe mit weiten Maschen besteht. Ein Kanal in den Schädel konnte nicht gefunden werden. Rauhigkeiten und Entblößungen des Stirnbeins waren nicht zu fühlen.

b) Sezierte Fälle:

Marcacci[2]). 23 jähriger Mann; vor einem Jahr nach Fall vom Baum Geschwulst am l. Warzenfortsatz, welche nach dem Tod des Patienten, der unter Lähmungserscheinungen erfolgte, als von zwei Vv. emissariae ausgegangen erkannt wurde. Die Venen hatten sich allmählich ausgedehnt, die Knochenkanäle bedeutend erweitert und außerhalb die Geschwulst gebildet, die leicht nach innen abdrückbar war. Die varikösen Venen standen mit dem Sinus transversus in Verbindung. Außerdem hochgradige, variköse Entartung aller Hirngefäße.

Dufour. Der Marquis de Walmener, geb. 1770, erhielt 1799 einen Schlag mit dem Gewehrkolben auf die r. Seite des Stirnbeins; 24 Stunden bewußtlos; angeblich Schädelfraktur. In der Folge an der Verletzungsstelle walnußgroße,

---

[1]) Nach Wislicenus.

[2]) Nach Rizzoli.

beim Vorwärtsneigen des Kopfes zutage tretende Blutgeschwulst. Darunter fühlbare Depression des Knochens. 1851 Tod an Erysipel. Sektion: Verdünnung des Stirnbeins an der Verletzungsstelle mit vollständigem Schwund der Diploe, doch ohne intrakranielle Hervorragung des Knochens. Vor der dünnsten Stelle, die mit Periost überkleidet ist, ein dünnhäutiger, buchtiger Blutsack, der von Trabekeln und Fäden analog den Sehnenfäden der Herzklappen durchzogen ist, und der mittels mehrerer kleiner Gefäße durch kleine Löcher im Knochen mit den intrakraniellen Venen und dem Sinus long. sup. in Verbindung steht.

Hutin[1]). 35jähriger Soldat erhielt in der Schlacht bei Jena zwei Säbelhiebe auf die mittlere obere Partie der Stirn und den Scheitel. Keine Bewußtseinsstörung. Extraktion einiger Knochensplitter. Heilung nach 9—10 Monaten. Nach 40 Jahren Fall in einen Laufgraben. Mit Oberschenkel- und Rippenbruch im Hospital aufgenommen, erkrankte er an Pleuropneumonie und Erysipel am Arm und am Kopf. Bei Incision einer auf der r. Seite des Scheitels fühlbaren Fluktuation entleerte sich nur Blut, das sich zwischen den Knochen und das abgelöste Pericranium ergossen hatte. Bei späterer Vergrößerung der Incision findet man eine kleine Öffnung im Knochen, aus der venöses Blut hervorquillt und durch die man mit der Sonde in die Schädelhöhle gelangt. Tod an Pleuropneumonie. Sektion: Frische Perforation der Wand des Sinus long. sup. in 4 mm Länge durch einen fest angewachsenen, von dem alten Säbelhieb herrührenden Knochensplitter; 3 : 2 cm großes, extradurales Hämatom, das durch eine 2 mm : 1 cm große, nicht obturierte, alte Fissur im r. Scheitelbein mit einem äußeren, zwischen Knochen und Pericranium gelegenen Hämatom in Verbindung steht. Letzteres war incidiert worden.

c) Operierte Fälle:

Pott[1]). 9jähriger Knabe erhielt einen Stockschlag auf den Kopf; danach einige Minuten schwindelig. Im Anschluß daran in der Mitte des Wirbels Geschwulst von der Größe einer Walnuß, die bei Incision eine große Menge venöses Blut entleert. Die genauere Untersuchung ergab einen Bruch in der Pfeilnaht und Anspießung des Sinus sagitt. durch einen Knochensplitter, der durch Trepanation entfernt wurde. Blutstillung durch Scharpieknopf. Heilung.

Hirsch - Krause. 47jähriger Mann, an der Stirn (nach Hirsch links, nach Krause Mitte der Stirn) etwa pflaumengroße Geschwulst, die sich beim Bücken füllt, beim Aufrichten entleert; seit 25 Jahren beobachtet. Im 17. Lebensjahr Sturz von einer Leiter auf die Stirn. Operation: Residuen des Traumas nicht zu sehen. Ablösung des Hautlappens, Umschneidung des ganzen Sinus samt Periost bis auf den Knochen, Abschieben mit Raspatorium. Spalt im Stirnbein von 27 mm Länge und einigen Millimetern Breite. Erweiterung mit dem Meißel. Der Stiel der Geschwulst führt durch den Spalt zum Sinus long. Abbindung, Deckung des Spaltes durch Hautperiostknochenlappen.

Mörig I (Nast - Kolb). 20jähriger Mann; vor 4 Jahren Fall 3 m hoch herunter auf die r. Stirnseite. Im Anschluß daran an dieser Stelle starke Beule, die seitdem immer wieder auftrat, wenn der Kopf nach vorn herunter gebeugt wurde. Vor 2 Jahren nochmals Schlag mit der stumpfen Seite einer Axt an dieselbe Stelle. An der Protuberanz der r. Stirnseite erbsengroße Unregelmäßigkeit im Knochen. Beim Nachvornsenken des Kopfes tritt an dieser Stelle eine fast walnußgroße Geschwulst zutage. Im Röntgenbild keine Knochenveränderung. Operation: Dünnwandige, bläuliche, varixähnliche, vom Knochen ausgehende Cyste, deren papierdünne Wand bei ihrer Abtragung einreißt. Reichlich venöse Blutung; sie stammt aus drei nadelspitzgroßen Öffnungen im Knochen. Ausmeißelung des

[1]) Nach Wislicenus.

Knochens in etwa Pfenniggröße. Die Blutung stammt aus der Knochensubstanz und wird durch Zuklopfen gestillt. In der Dura zwei ganz feine, schlitzförmige Spalten, aus denen etwas Liquor fließt. Füllung der Knochenwunde mit einem freien Fettfascienlappen.

Wieting (siehe oben).

III. Spontan entstandener Sinus pericranii.

a) Nur klinisch untersucht:

Lücke. 6jähriges Mädchen mit einer fast hühnereigroßen, fluktuierenden Geschwulst auf dem l. Scheitelbein, die schon seit mehreren Jahren bestand und langsam zugenommen hatte. Bei Druck verschwand sie vollständig; dabei drückende Schmerzen im Kopf. Bei Nachlassen des Druckes wieder langsame, beim Husten schnellere Füllung. Haut darüber gesund. Unter der Cyste Vertiefung im Knochen fühlbar. Punktion: Venöses Blut. Elektropunktur und elastische Kompression ohne Erfolg.

Rößler. 21jähriger Mann; seit dem 6. Lebensjahre ohne Verletzung kleine, weiche Geschwulst am Schädel. Auf dem r. Scheitelbein dicht neben der Sagittalnaht, dicht nebeneinander zwei rundliche, zweimarkstück- resp. einmarkstückgroße Vertiefungen im Knochen, über denen sich bei allem, was Blutstauung zum Kopf veranlaßt, eine weiche, prall-elastische, breitbasige Geschwulst entwickelt. Ganz schwache Pulsation? Kopfhaut unverändert.

Dupont. 19jährige Frau, die in ihrem 11. Lebensjahr von sehr heftigen Kopfschmerzen befallen war und damals auf dem Scheitel eine weiche Stelle von der Größe eines Fünffrankenstückes bemerkte, die ihre Mutter jedoch schon im 4. oder 5. Lebensjahr bemerkt haben will. Seit 3 Jahren Zunahme der Geschwulst. In der Hinterhauptsgegend, auf der Sutura sagittalis und dem oberen Winkel des Occiput reitend, tritt bei Anstrengungen, Vor- und Rückwärtsbeugen des Kopfes, Kompression der Jugularvenen usw. eine kugelige, an der Basis 6 : 7 cm große, weiche, fluktuierende Geschwulst auf, die beim Aufhören der Anstrengung usw. schnell wieder zusammensinkt. Ihre Basis ist von einer scharfen, glatten, ziemlich regelmäßigen Knochenleiste umgeben. Im Knochen fühlt man mehrere Vertiefungen, welche einer Kommunikation mit der Schädelhöhle dienen könnten. Bei ihrem Verschluß mit den Fingern läßt sich das Auftreten der Geschwulst beim Bücken nicht hintanhalten. Anlegung einer fest angezogenen Binde um den Kopf bleibt ohne Einfluß auf Erscheinen und Verschwinden der Geschwulst. Später tritt neben der großen Geschwulst eine weitere kleinere auf.

Richard. Frau mit einer weichen, fluktuierenden Geschwulst in der Gegend der hinteren Fontanelle, die bei senkrechter Haltung des Kopfes verschwindet, bei herabhängender Lage wieder erscheint.

Bruns. 36jähriger Bauer; seit 3 Jahren entstand allmählich an der Stirn, links neben der Mittellinie eine Geschwulst, die bald größer, bald kleiner war, bald ganz verschwand. Sie hat die Größe eines halben Hühnereis, füllt sich beim Bücken des Kranken und bei allen Momenten, die den Rückfluß des Venenblutes vom Kopf erschweren, läßt sich aber durch leichten Fingerdruck beseitigen. An ihrer Stelle dann eine deutliche Vertiefung im Stirnbein, nach rechts hin begrenzt von aufgewulstetem Knochenrand.

Larrey[1]). 23jähriger Mann; seit dem 11. Lebensjahr Geschwulst über dem l. Auge mit etwa fünffrankenstückgroßer Basis; wenn Patient liegt oder aufrecht steht, nur wenig vortretend, beim Neigen des Kopfes schnell an Volumen zunehmend. Sie zeigt unregelmäßig begrenzte dunkelblaue Flecke und ist weich. Wenn

[1]) Nach Wislicenus.

man sie wegdrückt, fühlt man im Knochen eine Perforation des Schädels von unregelmäßiger Form und engem Lumen, so daß der Finger nicht eindringen kann. Beim Wegdrücken Symptome von Hirndruck.

Foucher[1]). Bei einer 37jährigen Frau entwickelte sich spontan seit einem Jahr am inneren oberen Teil der l. Orbita eine unmerklich zunehmende Geschwulst. Bei aufrechter Kopfhaltung ist sie nicht zu bemerken, bei Neigung des Kopfes nach vorn nimmt sie die Größe einer kleinen Nuß an, ist ohne abnorme Färbung, sehr weich, eindrückbar, fluktuierend. Keine Knochenveränderung.

b) Sezierte Fälle:

Aubry[1]). 32jährige, fast blödsinnige Frau; seit 4 Jahren Vortreibung des rechten Augapfels. Am r. oberen Augenlid zwei subcutane weiche, wegdrückbare, aber sofort wiederkehrende Tumoren. Plötzlicher Tod. Sektion: Erweiterung der Vena ophthalmica bis zur Dicke eines kleinen Fingers. Erweiterung der Vena supraorbitalis, nasalis und facialis in ihren dem inneren Augenwinkel nahe liegenden Verlaufsstellen. Gehirnerweichung.

Melchiori[1]). 14jähriges Mädchen, bei welchem sich im Jahr zuvor im Anschluß an eine fieberhafte, mit heftigem Kopfschmerz einhergehende Erkrankung eine Geschwulst in der l. Seitenwandbeingegend bemerkbar machte. Die Geschwulst nahm die hinteren Teile des l. Seitenwandbeins vom Processus mastoideus bis zum Scheitelbeinhöcker ein. Leichte Pulsation. Delirien, Convulsionen, Tod. Sektion: Die Geschwulst bestand aus einem Netz untereinander kommunizierender Venen von verschiedener Dicke, die alle in einem gemeinsamen Stamm endigten. Dieser durchbohrte das Schädeldach in der Gegend des unteren hinteren Winkels des Seitenwandbeines und mündete in den Sinus transversus. Alle Blutleiter waren mit Gerinnseln gefüllt, die in ihrem Zentrum viele hanfkorn- bis erbsengroße Abscesse umschlossen. Der l. Blutleiter war erweitert und von einem bis in die Vena jugularis interna sich erstreckenden Koagulum ausgedehnt. Nach Melchioris Ansicht war die Geschwulst verursacht durch eine Anomalie, nämlich eine Vergrößerung einer Vena emissaria und durch ein Hindernis des freien Kreislaufs des Blutes, nämlich durch ein im Querblutleiter seit kurzem entstandenes Blutgerinnsel.

Andrews[1]). Bei einem Kinde, das bis zum 4. Lebensjahr an Skrofulose und bald danach an einer intermittierenden Neuralgie mit Schmerzen im Hinterhaupt, Nackensteifheit und Fieber gelitten hatte, zeigte sich im 5. Lebensjahr im Anschluß an neuerlich auftretende Schmerzen an der l. hinteren Partie des Kopfes dort eine pulsierende Geschwulst. Gleichzeitig Verlust des Sehvermögens. Im nächsten Jahr verschwand die Geschwulst wieder, kam aber im Verlauf eines zweiten Jahres gelegentlich eines neuen „neuralgischen Anfalls" wieder zum Vorschein. Am Hinterhauptsbein Vertiefung im Knochen, gerade an der Stelle der pulsierenden Geschwulst. Tetanische Krämpfe, Tod unter komatösen Erscheinungen. Sektion: Die Geschwulst bestand aus zahlreichen, großen, ausgedehnten Venen etwa in der Mitte des Hinterhauptsbeines, darunter entsprechend dem Torcular Herophili eine Knochendepression und ein Loch von der Dicke eines Federkiels, welches eine freie Kommunikation zwischen dem Sinus der Hirnvenen und den vergrößerten auswendigen Venen gestattete. Seitenventrikel bis zum Dreifachen ihrer natürlichen Größe ausgedehnt. Tuberkel im Thalamus opt., in der Medullarsubstanz, im r. Kleinhirnlappen und an anderen Stellen des Gehirns.

Caselli. Bei 9jährigem Mädchen seit 2 Jahren enormer Tumor am Kopf, der sich vom Hinterhauptsbein bis über die Coronarnaht längs der Pfeilnaht nach

[1]) Nach Wislicenus.

vorn erstreckte. Haut bläulich gefärbt und etwas gespannt. Geschwulst nicht reponibel, fluktuierte überall. Sektion: Enorme Erweiterung des Sinus longit., der sich 1 cm breit zwischen beiden Hemisphären bis zum Corpus callosum erstreckte, sich durch eine Lücke des Seitenwandbeines nach außen ausgedehnt und die Geschwulst gebildet hatte.

Chassaignac-Bérard[1]). Kind mit Tumor am Hinterhaupt, der bedeutend anschwoll, sobald das Kind eine Anstrengung machte. Sektion: Ausbuchtung des Sinus long. sup.

Beikert[2]) beschreibt ein Präparat des Prosektors Jakoby, welcher bei einer Leiche eine nicht unbedeutende, mit geronnenem Blut gefüllte Geschwulst am Hinterhaupt fand. Durch ein längliches Loch im Hinterhauptsbein nahe unter der oberen Spitze der Schuppe hatte der Sinus falciformis eine Ausstülpung nach außen unter die weichen Schädeldecken hinausgeschickt, gleichsam eine Hernia sinus falciformis, welche Aussackung eben jene Geschwulst darstellte.

Meschede. 37jähriger Mann; seit 6. Lebensjahr Epilepsie. Tod an Apoplexie. Autopsie: Sämtliche Sinus gleichmäßig erweitert. An der Innenfläche des Schädeldaches in Scheitelhöhe links neben der Sagittalnaht außer unbedeutenden Pacchionischen Grübchen eine größere Grube, entstanden durch Schwund der inneren Knochentafel, Diploe und eines Teils der Externa, von der nur eine papierdünne Lamelle übrig war. Darin eine bohnengroße Blutgeschwulst, die einen geschlossenen, nur mit dem Sinus long. sup. kommunizierenden Sack darstellte.

c) Operierte Fälle:

Wiesinger. 14jähriges Mädchen; seit 5 Jahren unter ständigen heftigen Schmerzen langsam wachsende dreimarkstückgroße Auftreibung des Schädelknochens in der vorderen Scheitelgegend dicht neben der Mittellinie. Ursache unbekannt. Im 3. Jahre Fall von der Treppe; vorübergehende äußere Verletzung der Hinterhauptsgegend. Operation: Der Knochen schimmert bläulich durch, Entfernung der äußeren Knochenlamelle, großer Varix im Knochen, der mit dem Sinus long. in Verbindung steht. Exstirpation. Bedeutende Blutung. Tamponade. Heilung.

Langenhahn. 11jähriger Junge, bei dem im 1. Lebensjahr ohne nachweisbare Ursache auf dem Hinterkopf eine weiche Geschwulst entstanden war. An der Stelle der kleinen Fontanelle etwa haselnußgroße, leicht pulsierende Geschwulst, die bei tiefer Inspiration, Herabhängen des Kopfes und bei Kompression der Jugularvenen etwas anschwillt und die sich durch Druck von außen nicht zurückdrängen läßt. Haut unverändert. Palpatorisch kein Defekt im Schädeldach nachweisbar; im Röntgenbild an der Vereinigung von Lambda- und Sagittalnaht erbsengroße Öffnung im Schädel. Operation (Heineke): Exstirpation der Geschwulst, die durch einen dünnen, in die Knochenlücke sich einsenkenden Stiel mit dem Schädelinnern in Verbindung steht. Beim Durchschneiden des Stieles Blutung aus mehreren kleinen, in dem Stiel verlaufenden Venen, die bei genauerer Untersuchung mit denen der Schädeldecke in Verbindung stehen. Tamponade. Deckung des erbsengroßen Schädeldefektes durch kleinen Periostlappen. Im mikroskopischen Bild erweiterte, venöse Gefäßdurchschnitte.

Gussew. 43jähriger Mann, seit mehreren Monaten starke Kopfschmerzen. Apfelgroße, leicht pulsierende Geschwulst in der Pfeilnaht. Incision: Eiter und venöses Blut. Periost vom Schädel abgehoben; sondenknopfgroße Öffnung in der Pfeilnaht. Nach Erweiterung der Öffnung zeigte sich, daß das Loch der inneren

---

[1]) Nach Glattauer und Wislicenus.

[2]) Nach Wislicenus und Bruns.

Schädellamelle 1,5 cm groß war und direkt in den Sinus long. führte; aus letzterem Eiter und Blut. Tamponade. Tod nach 4 Tagen an Meningitis.

Erklärung der Tafel XXXI.

Fig. 1. Randpartie des Sinus pericranii. Lage außerhalb des Periosts *(P)*. Hohlräume noch weit offen, mit einem flachen Endothel ausgekleidet. In der Wand der weniger gedehnten Hohlräume Schicht elastischer Fasern *(E)*. Deutlicher Zusammenhang mit den stark geschlängelten Schädelschwartenvenen, deren mittlere in einiger Entfernung von der Hauptmasse des Sinus pericranii an umschriebener Stelle stark erweitert ist. Hämatoxylin-Safranelin-Färbung. Vergr. 15/1.

Fig. 2. Partie aus dem mittleren Teile des Sinus pericranii. Lage außerhalb des Periosts *(P)*. In den gefalteten und zum Teil stark verdünnten Wänden der teilweise kollabierten Hohlräume zahlreiche elastische Fasern. Hämatoxylin-Safranelin-Färbung. Vergr. 25/1.

Fig. 3. Glatte Muskelfasern und elastische Fasern in der Wand eines Hohlraumes des Sinus pericranii. Vergr. 100/1.

Literaturverzeichnis.

Arnheim, Sinus pericranii. Deutsche med. Wochenschr. 1908. S. 1121.

Azam, Eigentümliche Art von Blutgeschwulst am Schädel. Schmidts Jahrbücher **83**, 210. 1854.

Bondy, Beitrag zur Diagnose des Kephalhämatoms. Münch. med. Wochenschrift 1912, Nr. 42, S. 2306.

Borchard, Sinus pericranii. Centralbl. f. Chir. 1916, Nr. 38.

Bruns, Handbuch der praktischen Chirurgie, I. Abteilung, S. 187—194 und 641. 1854.

Busch, Heidelberger klinische Annalen **2**, 250. 1826.

Caselli, Memorie chir. e relazione quadriennale (1872—1875). Turin 1876. Centralbl. f. Chir. 1877.

Demme, Über extrakranielle, mit dem Sinus durae matris kommunizierende Blutcysten. Virchows Archiv **23**, 48. 1862. Jahrbuch f. Kinderheilk., Wien, 5. Jahrg., H. 4. 1862.

Dufour, Canstatts Jahresberichte 1852, II.

Duplay, Tumeur sanguine de la voûte du crâne en communication avec la circulation veineuse intracranienne. Revue clinique chir. de l'Hospital St. Louis. Arch. générale de méd. 1877.

Dupont, Essai sur un nouveau genre de tumeurs de la voûte du crâne, formées par de sang en communication avec la circulation veineuse intracranienne. Thèse de Paris 1858.

Flint, Journal hebdomadaire. Sept. 1833, t. XII, S. 480.

Foucteau, Archiv f. klin. Chir. **3**, II, S. 207.

Franke, Über die Blutcysten am Schädel und ihre Behandlung. Centralbl. f. Chir. 1902, Nr. 26.

Giraldès, Geschwulst an der Stirngegend, mit dem Sinus der Dura mater kommunizierend. Ref. in Schmidts Jahrbüchern **124**, 304. 1864.

Glattauer, Ein Beitrag zu den pulsierenden Blutcysten am Kopfe. Wiener klin. Wochenschr. 1877, Nr. 32, S. 774.

Gussew, Ein Fall von Sinus pericranii Stromeyer. Russki Wratsch 1908, Nr. 43. Ref. im Centralbl. f. Chir. 1909, Nr. 5, S. 169.

Hecker, Erfahrungen und Abhandlungen im Gebiete der Chirurgie und Augenheilkunde. Erlangen 1845, S. 151.

Heineke, Krankheiten des Kopfes. 1882, S. 59.

Hirsch, Berliner klin. Wochenschr. 1910, Nr. 50, S. 2318.

— Berliner klin. Wochenschr. 1911, Nr. 13, S. 588.

Jones, The vascular lesion in some cases of middle meningeal haemorrhage. Lancet 1912, II, S. 7.

Kocher, Hirnerschütterung, Hirndruck und chirurgische Eingriffe bei Hirnkrankheiten. Spez. Pathologie und Therapie, herausgegeben von Nothnagel, 9, III. T., II. Abt.

Krause, Berliner klin. Wochenschr. 1911, S. 641. Centralblatt f. Chir. 1911, Nr. 24, S. 831.

Langenhahn, Über Sinus pericranii. Diss. Leipzig 1912.

Lannelongue, Tumeurs sanguines du crâne communiquantes avec le sinus longit. sup. Congrès français de Chirurgie, II. Session. Paris 1886, S. 421.

Lücke, Sinus pericranii. Deutsche Zeitschr. f. Chir. 2, 236. 1873.

Mastin, Venous blood tumours of the cranium in communication with the intracranial venous circulation, especially the sinuses of the Dura mater. Journ. of the Amer. med. Assoc. 7, Nr. 12—14. 1886. Ref. im Centralbl. f. Chir. 1887, Nr. 4, S. 59.

Melchior, Die Verletzungen der intrakraniellen Blutgefäße. Neue deutsche Chir. 18, II. T., 6. Abschn.

Merssemann, Schmidts Jahrbücher 8, 72.

Meschede, Varix verus des Sinus durae matris falciformis. Virchows Archiv 57, 525. 1873.

Mörig, Über Sinus pericranii. Münch. med. Wochenschr. 1917, Nr. 7, S. 234.

Müller, Achilles, Über Sinus pericranii. Berliner klin. Wochenschr. 1912, Nr. 29, S. 1372.

Rex, Ektasie einer diploetischen Vene. Schmidts Jahrbücher 166, 152. 1875.

Richard, Tumeur sanguine de la tête paraissant et disparaissant suivant la position. Gaz. d. hôp. Nr. 121. 1856. Ref. Cannstatts Jahresberichte 1856, IV, S. 406.

Rizzoli, Di un aneurisma arterioso-venoso attraversante la parete del cranio, costituito da un grosso ramo dell' arteria occipitale sinistra e dal seno trasverso destro della dura madre . . . Schmidts Jahrbücher 168. 1875.

Rößler, Ein Fall von Sinus pericranii. Diss. Leipzig 1911.

Stromeyer, Über Sinus pericranii. Deutsche Klinik 1850, S. 160.

— Cephalaematocele. Blutsack am Schädel. Handbuch der Chirurgie 2, 93. 1864.

Wiesinger, Auftreibung des Schädelknochens in der vorderen Schädelgegend. Deutsche med. Wochenschr. 1901, Nr. 29.

Wieting, Zur Chirurgie des Sinus pericranii. Deutsche med. Wochenschr. 1911. Nr. 31, S. 1438.

Wislicenus, Über Sinus pericranii. Diss. Zürich 1869.

Ziegler, Über die Mechanik des normalen und pathologischen Hirndrucks Archiv f. klin. Chir. 53, 75. 1896.

(Aus der chirurgischen Universitätsklinik Würzburg [Vorstand Prof. Enderlen].)

Zur Frage der Hepaticusnaht.

Von

Privatdozent Dr. **Erich Freiherrn v. Redwitz,**

Assistent der Klinik.

Mannigfach sind die Wege, welche eingeschlagen wurden, wenn es galt bei Trennung der Gallenwege durch Verletzungen oder planmäßige, operative Eingriffe auf mehr oder minder große Strecken eine Verbindung des Gallensystems mit dem Darm wiederherzustellen.

Wenn wir dabei von den Gallenblasen-, Magen- oder Darmverbindungen, welche der technischen Einfachheit halber zuerst ausgeführt wurden, absehen, so eröffnet Riedels[1]) seitliche Choledocho-duodenostomie (1888) bei stark erweitertem Choledochus den Reigen dieser Operationsmethoden. Es folgen die Implantationen des quer durchtrennten Choledochus an alter und neuer Stelle in das Duodenum [Neocholedochoduodenostomie, Eichmeyer[2])], die Choledochojejunostomie [Summers[3]), Bakes[4])], die Verbindung des Choledochus mit dem Magen [Brunner[5])], die Hepaticoduodenostomie, welche zuerst von Mayo[6]) ausgeführt worden ist, die Hepaticojejunostomie [Dahl[7]), Enderlen[8])], die Hepaticogastromie (Quénu[9]), Tuffier[10])

---

[1]) Riedel, Die Pathogenese, Diagnose und Behandlung des Gallensteinleidens. Jena 1903.

[2]) Eichmeyer, Beiträge zur Chirurgie des Choledochus und Hepaticus. Archiv f. klin. Chir. **93**, 857, **94**, 1. 1910.

[3]) Summers, A contribution to the surgery of the common bile duct, &c. Journ. of the Amer. med. Assoc. **1**, 592. 1900.

[4]) Bakes, Eine neue Operation am Ductus choledochus, Choledochojejuneostomie. 1. int. Chir.-Kongreß Brüssel 1906.

[5]) Brunner, Der Hydrops und das Empyem der Gallenwege bei chronischem Choledochusverschluß. Deutsche Zeitschr. f. Chir. **111**, 344. 1911.

[6]) Mayo, J. W., Some remarks on cases involving operation loss of continuity of the common bile duct. Annals of surg. **2**. 1908.

[7]) Dahl, Eine neue Operation an den Gallenwegen. Centralbl. f. Chir. 1909, S. 266.

[8]) Enderlen, Hepaticojejunostomie. Münchener med. Wochenschr. 1908, S. 2066.

[9]) Quénu, Contribution à la Chirurgie du canal hépatique et Hepaticogastrostomie. Rev. de Chir. **1**, 533. 1905.

[10]) Tuffier, Diskussionsbemerkung. Rev. de Chir. **1**, 383. 1905.

und die verschiedenen Formen der Hepatocholangioenterostomie, um die sich Baudouin[1]), Langenbuch[2]), Kehr[3]), Jordan[4]) (Czerny), Enderlen und Zumstein[5]) verdient gemacht haben.

Kausch[6]) und Eichmeyer[7]) haben noch kurz vor dem Kriege übersichtliche Darstellungen über dieses chirurgische Kapitel gegeben.

Wo immer aber die Verhältnisse es erlaubten, wurde versucht, durch direkte zirkuläre Naht der durchtrennten Gallengänge oder auch durch plastischen Ersatz des zu Verlust gegangenen Kanalabschnittes die Kontinuität des Gallenkanalsystems wiederherzustellen. Das große Regenerationsvermögen der Gallengangschleimhaut kam diesen Bestrebungen zugute, so daß selbst der Versuch, bei größeren Defekten der Gallengänge ein Drainrohr zwischen den durchtrennten Gallenhauptgängen als Brücke einzulegen und alles übrige der Heilkraft der Natur zu überlassen, von Erfolg gekrönt war. [Fälle von Jenkel[8]), Verhoogen (bei de Graeuwe[9]), Doberauer[10]), Propping[11]), Völker[12]), Brewer[13]), Wilms) (siehe bei Brandt[14]), Cahen[15]), Mann[16]) Smoler

[1]) Baudouin, Une nouvelle opération sur les voies biliaires intrahépatiques, la cholangiostomie. Progrès méd. **1**, 257. 1896.

[2]) Langenbuch, Chirurgie der Leber und Gallenblase. Deutsche Chirurgie, Lief. **45**, c. 1897.

[3]) Kehr, Über fünf neue Operationen am Leber- und Gallensystem usw. Verhandl. d. Deutschen Gesellschaft f. Chir. 1. Teil, S. 65. 1904.

[4]) Jordan, Verhandlungen der Deutschen Gesellschaft für Chirurgie 1899 und bei Merk, Beiträge zur Pathologie und Chirurgie der Gallensteine. Mitt. a. d. Grenzgeb. d. Med. u. Chir. **9**, 445. 1902.

[5]) Enderlen und Zumstein, Ein Beitrag zur Hepatocholangioenterostomie und zur Anatomie der Gallengänge. Mitt. a. d. Grenzgeb. d. Med. u. Chir. **14**, 104. 1905.

[6]) Kausch, Gallenwege-Darmverbindungen. Archiv f. klin. Chir. **97**, 249 und 574. 1912.

[7]) Eichmeyer, l. c.

[8]) Jenkel, Beitrag zur Chirurgie der Leber und Gallenwege. Deutsche Zeitschr. f. Chir. **104**, 1. 1910. (Fall 145.)

[9]) de Graeuwe, Über die Resektion des Choledochus. Centralbl. f. Chir. **26**, 790. 1908.

[10]) Doberauer, Über die Carcinome des Ductus choledochus. Beiträge z. klin. Chir. **67**. 1910.

[11]) Propping, Regenerierung des Choledochus nach Einlegen eines T-Rohres. Beiträge z. klin. Chir. **83**, 369. 1913.

[12]) Völker, Transduodenale Drainage des Ductus hepaticus bei Plastik des Ductus hepatico-choledochus. Beiträge z. klin. Chir. **72**, 581. 1911.

[13]) Brewer, Hepaticoduodenalanastomose. Annals of surgery Juni 1910. Centralbl. f. Chir. **45**, 1460. 1910.

[14]) Brandt, Bildung eines künstlichen Choledochus mittelst eines einfachen Drainrohres. Deutsche Zeitschr. f. Chir. **119**, 1. 1912.

[15]) Cahen, Bildung eines künstlichen Choledochus mittels eines Drainrohres. Deutsche Zeitschr. f. Chir. **121**, 133. 1913.

[16]) Mann, Arthur, A rubber tube in the reconstruction of an obliterated bile duct. An Hepaticoduodenostomie Surg. gynæcolog. a. obstetr. **18**, Nr. 3, S. 326. 1914.

(bei Kehr[1]) Experimente von Sullivan[2]), Arnsperger und Kimura[3]).] Auch der plastische Ersatz von zu Verlust gegangenen Anteilen der Hauptgallengänge wurde mehrfach versucht. Liebold[4]) hat einen Choledochusdefekt mit gutem Erfolg mittels eines gestielten Lappens aus der Gallenblase gedeckt. v. Stubenrauch[5]) hat am Menschen und im Experiment getrachtet, durch gestielte Lappen aus der Magendarmwand mit Schleimhaut ausgekleidete Kanäle zum Ersatz des Choledochus zu schaffen. Kehr[6]) hat Serosalappen aus dem Magen verwandt, um Choledochusdefekte zu decken.

Stropeni und Giordano[7]), R. Danis[8]) haben im Experiment den Ersatz des Choledochus durch frei transplantierte Vene versucht, Davis und Levis[9]) die Möglichkeit der Transplantation freier Fascien zu diesem Zwecke experimentell an Hunden geprüft, Molineus[10]) ist der Frage der Verwendbarkeit des Wurmfortsatzes zum Ersatz des Choledochus in Versuchen an der Leiche näher getreten.

So wunderbar auch die Erfolge bei vielen dieser Versuche waren, so sehr blieb das Bestreben bestehen, wenn irgend angängig die direkte Naht der Hauptgallengänge auszuführen, womöglich unter Benützung der seinerzeit von Kocher[11]) angegebenen Mobilisation des Duodenums. Doyen[12]) gilt als der erste, der die zirkuläre Naht des Choledochus

---

1) Kehr, Chirurgie der Gallenwege. Neue Deutsche Chirurgie. Stuttgart, Enke, 1913.

2) Sullivan, Reconstruction of the bile ducts. Journ. of the Amer. med. Assoc. **53**, 1, S. 774. 1909.

3) Arnsperger und Kimura, Experimentelle Versuche über künstliche Choledochusbildung durch einfaches Drainrohr. Deutsche Zeitschr. f. Chir. **119**, 345. 1912.

4) Liebold, Plastische Deckung eines Choledochusdefektes durch die Gallenblase. Centralbl. f. Chir. 1908, S. 500.

5) v. Stubenrauch, Über plastische Anastomosen zwischen Gallenwegen und Magendarmkanal zur Heilung der kompletten äußeren Gallenfistel. Verhandl. d. Deutschen Gesellschaft f. Chir. **2**, 39. 1906.

6) Kehr, Über plastischen Verschluß von Defekten der Choledochuswand durch Netzstücke und durch Serosa-Muscularislappen aus Magen oder Gallenblase. Archiv f. klin. Chir. **67**, 40.

7) Stropeni und Giordano, Ersatz des Choledochus durch ein frei transplantiertes Venenstück. Centralbl. f. Chir. **41**, 190. 1914.

8) R. Danis, La greffe de segments veineux sur les voies biliaires. Belgique méd. **21**, 267. 1914.

9) Davis, C. A., und Levis, D. D., Repair of the common duct. by means of transplanted fascia. Transact. of the western surg. Association St. Louis, Dez. 1913.

10) Molineus, Über die Möglichkeit eines Choledochusersatzes durch Einpflanzung des Processus vermiformis. Deutsche Zeitschr. f. Chir. **121**, 447. 1913.

11) Kocher, Centralbl. f. Chir. 1903.

12) Doyen, Quelque opérations sur le foie et les voies biliaires. Arch. prov. de chir. 1892, S. 149.

über einem Drain nach Resektion der durch Steindruck usurierten Partie des Choledochus ausgeführt hat (1892).

Bei der Mehrzahl der Fälle, in welchen es zur Naht des Hauptgallenganges gekommen ist, handelte es sich um Gelegenheitsverletzungen anläßlich der Cholecystektomie. Kehr[1]) hat diese Fälle in seiner Chirurgie der Gallenwege zusammengestellt und beklagt es ausdrücklich, daß sie sich in der Literatur so selten angeführt finden. Sind doch gerade diese Fälle besonders wichtig zur Beurteilung der Gefahren der Cystektomie. Er erwähnt Fälle von Dobrucki[2]), Delagenière[3]), Körte[4]). Auch Dahls[5]) bekannter Fall von Hepaticojejunostomie, stellt eine derartige Verletzung eines Hauptgallenganges bei Cystektomie dar. Außerdem erwähnt Kehr noch zwei derartige Fälle von Smoler-Olmütz und einen Fall von Robber-Gelsenkirchen, welche er der persönlichen Mitteilung der Operateure verdankte. Er[6]) selbst hat in seiner Praxis der Gallenwege ebenfalls mehrere Fälle mitgeteilt, in welchen derartige Verletzungen, darunter drei vollständige Durchschneidungen des Choledochus, durch Choledochusplastik, Hepaticoduodenostomie oder durch zirkuläre Naht mit und ohne Hepaticusdrainage von ihm behandelt worden sind. Alle seine Fälle wurden geheilt, bis auf einen, der 10 Wochen nach der Operation starb. Aber der Tod war nicht auf die Hepaticusverletzung, sondern auf die durch die lang bestehende Choledocholithiasis bedingte biliäre Cirrhose zurückzuführen.

In Delagenières Fall handelte es sich um eine versehentliche Unterbindung des Choledochus bei einer schwierigen Cholecystektomie welche jedoch noch rechtzeitig bemerkt wurde. Der Operateur durchtrennte den ganzen Hauptgallengang und vereinigte die beiden Enden durch zirkuläre Naht der hinteren Wand und drainierte durch die vordere. In Körtes einem Fall war bei der Lösung der Gallenblase ein Längsriß im Hepaticus vom Cysticusstumpf bis zum Leberhilus entstanden, welcher ohne Schaden genäht wurde. Im zweiten Falle war beim Lösen der Gallenblase von der Leber durch Anziehen des kurzen Cysticus der Hepaticus und Choledochus faltenförmig emporgezogen und dann mit der Klemme gefaßt worden. Nach Abtrennung über der

---

[1]) Kehr, Chirurgie der Gallenwege. Neue deutsche Chirurgie. Enke, Stuttgart 1913.

[2]) Dobrucki, zitiert nach Kehr.

[3]) Delagenière, Resection d'une partie du canal hépatique et du cholédoque au cours d'une cholécystectomie. Suture bout à bout. Bull et Mém de la Soc. de Chir. **30**, 1031. 1909.

[4]) Körte, zitiert nach Kehr.

[5]) Dahl, l. c.

[6]) Kehr, Praxis der Gallenwegchirurgie. München 1913. Lehmann.

Klemme wurden beide Gänge quer durchschnitten. Es erfolgte zirkuläre Naht End zu End, welche zu glatter Heilung führte.

Diesen Angaben der Literatur über Fälle von Naht oder Plastik der Hauptgallengänge, welche einer unmittelbaren Heilung zugeführt wurden gegenüber, fehlen so gut wie vollständig Mitteilungen über ihr späteres Schicksal, so daß ein sicheres Urteil über den Wert der Choledochus- bzw. Hepaticusnaht nicht ganz leicht ist.

Aus dem Material der Würzburger chirurgischen Klinik vermag ich nun einige Beiträge zur Frage der operativen Verletzung der Gallengänge bei Cholecystektomie zu geben, vor allem aber auch über das fernere Schicksal von drei zirkulären Hepaticusnähten zu berichten, welche einiges Nachdenken über den Wert dieses Verfahrens zu verursachen vermag.

Fall 1. Frau S., Eleonore, 32 Jahre, 27. III. 16. plötzlich erkrankt mit Leib- und Rückenschmerzen. Ausstrahlende Schmerzen in die Schulterblätter, Erbrechen von Speisen und Galle, Obstipation, niemals Ikterus, keine Anfälle früher. Druckempfindlicher Tumor am rechten Rippenbogen. Mediane Laparotomie (Dr. Lobenhoffer). Gallenblase sehr groß, stark entzündet und verwachsen, Cysticusstein. Cholecystektomie. Die vordere Wand des Choledochus wird bei der Lösung des Cysticus, der mit dem Choledochus sehr weit parallel verläuft, angeschnitten, so daß nur mehr noch ein kleines Stück der hinteren Wand steht. T-Drainage, zirkuläre Naht der vorderen Wand. Am 22. IV. mit noch bestehender Gallenfistel, aber bei gutem Allgemeinbefinden entlassen. Acht Tage nach der Entlassung Fistel geschlossen. Bis Oktober 1916, also ein halbes Jahr, völliges Wohlbefinden und Arbeitsfähigkeit. Dann Beginn eines langsam zunehmenden Ikterus, Abmagerung, Bettlägerigkeit. 15. III. 17 Wiederaufnahme und Relaparotomie am nächsten Tage (Prof. Enderlen). Lösung von Verwachsungen des Netzes mit der vorderen Bauchwand. Luxieren der Leber sehr schwierig, derbe Verwachsungen. Choledochus und Hepaticus werden freigelegt, Hepaticuspunktion ergibt leeres Lumen. Choledochus wird 2 cm über der Einmündung in das Duodenum durchtrennt und nach dem Hepaticus sondiert. Nach 6 cm diesseits der Einmündung völlige Striktur des Hepaticus durch zirkuläre Narbe. Nach Lösung der Narbe fließt von oben klare Galle. Direkte Vereinigung der Stümpfe mißlingt wegen zu großer Spannung. Hepaticoduodenostomie End zu Seite, Pylorus durch Umschnürung mittels Seidenfaden ausgeschaltet, Gastroenterostomia retrocolica posterior. Drainage, Tamponade. 19. IV. entlassen bei allgemeinem Wohlbefinden, geschlossener Gallenfistel, gut gefärbtem Stuhle. Ende Mai 1917. Gewichtszunahme, Wohlbefinden, kein Ikterus.

Fall 2. Frau V., Bilhildis, seit sechs Tagen Schmerzen in der Lebergegend, galliges Erbrechen, ähnliche Anfälle seit einem Jahre wiederholt. Druckempfindlicher Tumor unter dem rechten Rippenbogen, Temperatur. Nach Abklingen der akuten Erscheinungen am 30. V. 16 Operation (Dr. v. Redwitz). Gallenblase stark gerötet, stark verdickt, Verwachsungen mit Darm, schwierige Lösung. Beim Lösen der Gallenblase wird durch den kurzen Cysticus der Choledochus faltenförmig emporgezogen und mit der Klemme gefaßt und durchschnitten. Im Präparat zeigt sich dann, daß der Ductus cysticus völlig obliteriert und mit der Hinterwand des Hepaticus verwachsen war. Zwei große Kalksteine in der Blase. Zirkuläre Naht des Hepaticus, T-Drainage. 12. VI. 16 bei gutem Allgemeinbefinden und gefärbtem Stuhle geheilt entlassen. Völliges Wohlbefinden und volle

Arbeitsfähigkeit in der Landwirtschaft bis Anfang März 1917, dann Auftreten und langsames Zunehmen von Ikterus. Die Frau ist zu einer zweiten Operation nicht zu bewegen, kommt immer mehr herunter und stirbt am 30. III. 17.

Fall 3. R., Juliana, 35 Jahre alt, am 7. II. 17 Cholecystektomie wegen mehrfacher Gallensteinanfälle (Prof. Enderlen). Blase sehr stark verwachsen, enthält mehrere Steine. Cysticus und Hepaticus verlaufen fast bis zur Papille parallel nebeneinander, ohne sich zu vereinigen. Ductus hepaticus wird beim Herauslösen der Blase durchtrennt und zirkulär fortlaufend genäht. T-Drainage. 27. II. 17 bei gutem Allgemeinbefinden mit geschlossener Gallenfistel und gut gefärbtem Stuhle entlassen. Anfang Juni 1917 völliges Wohlbefinden und Arbeitsfähigkeit.

Es handelt sich also um drei ziemlich ähnlich liegende Fälle von Cholecystektomie: Beim ersten Falle war bei der Entfernung der Gallenblase die vordere Wand des Choledochus ziemlich stark verletzt worden. Der Defekt wurde durch einige Nähte und T-Drainage ausgeglichen. Beim zweiten und dritten Falle wurde der Hepaticus bei der Operation völlig durchschnitten und durch zirkuläre Naht mit T-Drainage wieder vereinigt. Alle drei Fälle zeigten gute Heilung, völligen Rückgang des Ikterus, gute Färbung des Stuhles nach der Operation und wurden bei gutem Allgemeinbefinden entlassen.

Bei Fall 1 hat das Wohlbefinden 6 Monate lang angedauert. Die Frau hat stark an Gewicht zugenommen und schwere landwirtschaftliche Arbeiten geleistet. Erst dann ist wieder langsam zunehmender Ikterus eingetreten, welcher die Patientin 11 Monate nach der ersten Operation zum zweiten Male in die chirurgische Klinik führte. Die Relaparotomie ergab keine Konkremente, sondern völlige Striktur des Hepaticus an der Narbenstelle der Naht. Ganz gleich liegt der Fall 2, in welchem nach zirkulärer Hepaticusnaht mit T-Drainage völliges Wohlbefinden bei Gewichtszunahme 9 Monate bestanden hat, bis dann allmählich Ikterus auftrat und sich ein vollständiger Verschluß der Gallenwege einstellte. Leider hat die Patientin die Klinik nicht wieder aufgesucht, so daß ihr nicht mehr geholfen werden und der Befund nicht mehr kontrolliert werden konnte. Fall 3 befindet sich jetzt 4 Monate nach der Operation völlig wohl und ist ganz arbeitsfähig. Es ist zu hoffen, daß die Patientin nicht das Schicksal der beiden anderen Patientinnen teilt. Die Erfahrung in den Fällen 1 und 2 mahnt zur Vorsicht bei Anwendung der zirkulären Naht der Hauptgallengänge jedenfalls dann, wenn es sich um Gänge von normaler Weite handelt, wie es ja bei Nebenverletzungen gelegentlich einer Cholecystektomie wegen reiner Cholelithiasis meistens der Fall sein dürfte. Bei stark dilatierten und veränderten Gallenwegen infolge Stein- oder Tumorverschlusses an der Papille mögen die Verhältnisse vielleicht anders liegen und die Aussichten einer zirkulären Vereinigung, Plastik oder Überbrückung durch Drainage sich günstiger gestalten.

Crile[1]) hat in jüngster Zeit auf Grund eines Todesfalles nach glatt ausgeführter Choledochotomie sich für eine möglichst schonende Behandlung des Choledochus bei Cholecystektomie ausgesprochen, damit die längs des Choledochus verlaufenden Nerven, welche er mit der inneren Sekretion der Leber in Zusammenhang bringt und durch deren Schädigung es zu einem „Leberbloc" kommen könnte, nicht geschädigt werden. Um jeden Reflex vom Sympathicus auszuschalten, geht er sogar so vor, daß er neben Allgemeinnarkose noch eine Novocaininjektion vornimmt, wenn möglich scharf mit dem Messer präpariert und die Choledochusschleimhaut möglichst wenig berührt.

Die Fälle von schwerer Schädigung des Choledochus oder Hepaticus während der Operation, welche ja in der Mehrzahl wenigstens zu einer unmittelbaren Heilung führten, sprechen nicht für die Häufigkeit und Größe derart gefährlicher Reflexvorgänge, wie sie Crile erwähnt. Immerhin mag vielleicht eine sorgfältige Beobachtung seiner Angaben die Mortalität bei Cholecystektomien noch weiter herabsetzen; andererseits ist zu bedenken, daß bei querer Durchtrennung der Hauptgallengänge wohl auch meist die neben dem Choledochus verlaufenden Nerven durchtrennt werden. Die Wiederherstellung der durchtrennten Gallengänge durch Naht wird auch die Regeneration und das Zusammenwachsen der Nerven eher begünstigen, als wenn irgendeine andere Gallengang-Darmverbindung gewählt wird. Auch diese Überlegung wird man bei der Wiederherstellung der Gallensystem-Darmverbindung nicht ganz außer acht lassen dürfen, wenn auch die Fälle von gelungener Hepaticojejunostomie und Hepatoenterostomie dafür sprechen, daß die Physiologie der Leber durch eine derartige völlige Durchtrennung der Hauptgallengänge und Auseinanderlagerung ihrer Stümpfe nicht so schwer beeinträchtigt wird, daß ernstliche Schäden für die menschliche Gesundheit entstehen. Dagegen hat die von uns zweimal beobachtete Stenose nach zirkulärer Naht das Leben der Patienten ernstlich gefährdet. Vielleicht kann man den beiden Überlegungen am besten gerecht werden, wenn man nach Möglichkeit versucht, die Hepaticoduodenostomie an alter Stelle auszuführen, da man sich dann ein Überwachsen von sympathischen Nervenfasern aus dem Ligamentum hepatoduodenale auf den Hepaticus am ehesten vorstellen kann.

Die Kombination von Hepaticoduodenostomie und Umschnürung des Pylorus und Gastroenterostomie, welche, soweit ich die Literatur überblicken kann, noch nicht ausgeführt scheint, dürfte für diese Fälle

---

[1]) Crile, G. W., Cholecystectomy or cholecystostomy and a method of overcoming to special risks attending common duct operations. Surg. gynecol. a. obstetr. **18**, Nr. 4, S. 429. 1914. Zentralbl. f. die ges. Chir. u. ihre Grenzgeb. **5**, 600.

sich auch für die Zukunft empfehlen. Nur Dreesmann[1]) teilte gelegentlich eines Falles von Choledochuscyste mit, daß er bei derartig großen Cysten in Zukunft beabsichtige, eine Gastroenterostomie, Durchschneidung des Pylorus und blinden Verschluß desselben in einer oder zwei Sitzungen anzustreben. Das blindverschlossene Duodenalende wolle er seitlich breit mit der Cyste vernähen.

Kohlbrugge[2]) und Jundell[3]) haben bereits auf die verhältnismäßige Sterilität der oberen Dünndarmschlingen in leerem Zustand hingewiesen und die Untersuchungen von Radsiewsky[4]) ergaben, daß auch nach einfacher Cholecystenterostomie die aufsteigende Infektion der Gallenwege nicht so sehr zu fürchten ist, wenn keine Stauung des Sekretes stattfindet. Allerdings zeigt der Fall von Pendl[5]), in dem sich bei der Obduktion eine bedeutende Erweiterung der Gallenblase herausstellte, daß bei einfacher Cholecystenterostomie eine solche Stauung zustande kommen kann. Die von F. Krause[6]) eingeführte Enteroanastomose zwischen zu- und abführendem Schenkel scheint diese Gefahr zu bannen und auch die vielen anderen zu diesem Zwecke angegebenen Operationsmethoden, die sich bei Kausch[7]) zusammengestellt finden, sollen in diesem Sinne wirken. In allerletzter Zeit hat Mocquot[8]) im Hundeexperiment nachgewiesen, daß nach Gallenwege-Darmverbindungen die Gefahr der Infektion der Gallenwege vom Darm aus nicht besonders groß ist, wenn man die Anastomose klein macht und exakt näht. Bei bakteriologischen Untersuchungen konnte er Bakterien zwar in der Gallenblase und in den Gallenwegen, nicht aber in der Leber nachweisen. Andererseits aber fand er in der Leber Veränderungen, welche einer biliären Cirrhose entsprachen, und zwar bei der Anastomose der Gallenblase mit dem Magen in geringerem, mit dem Jejunum in höherem Grade, während nach Anastomose mit dem Duodenum die Leber normal war. Bei Bestätigung dieses Befundes läßt sich vielleicht für die Zukunft in noch höherem Grade eine Bevorzugung der Hepaticoduodenostomie mit Pylorusverschluß und

[1]) Dreesmann, Beitrag zur Kenntnis der kongenitalen Anomalien der Gallenwege. Deutsche Zeitschr. f. Chir. **92**, 401. 1908.

[2]) Kohlbrugge, Zentralbl. f. Bakt. **29** u. **30**, zit. nach Jundell.

[3]) Jundell, J., Über das Vorkommen von Mikroorganismen im Dünndarm des Menschen. Archiv f. klin. Chir. **73**, 965. 1904.

[4]) Radsiewsky, Die künstliche Gallenblasendarmfistel und ihr Einfluß au den Organismus. Mitt. a. d. Grenzgeb. f. Med. u. Chir. **9**, 659. 1902.

[5]) Pendl, Wiener klin. Wochenschr. 1900, Nr. 22.

[6]) Krause, Nach Maragliano, Centralbl. f. Chir. **35**, 941. 1903. Cholecystenterostomie, verbunden mit Enteroanastomose.

[7]) Kausch, l. c.

[8]) Mocquot, Recherches expérimentales sus les anastomoses des voie biliaires avec l'estomac et avec l'intestin. Bull. et Mém. de la Soc. Anat. de Paris 88 Nr. 5, S. 243. 1913. Zentralbl. f. d. ges. Chir. u. ihre Grenzgeb. **2**, 578.

Gastroenterostomie empfehlen, wie sie sich in dem ersten der von uns mitgeteilten Fälle bewährt hat.

Die vorstehende Mitteilung beansprucht nicht die angeschnittene Frage erschöpfend behandelt zu haben. Es bestand nur die Absicht, durch Veröffentlichung dieser Fälle für das spätere Schicksal von Hepaticusnähten zu interessieren und gleichzeitig auf die Vorzüge hinzuweisen, welche die Ausführung einer Hepaticoduodenostomie in der Kombination mit Pylorusverschluß und Gastroenterostomie in der Behandlung von Hepaticusdurchtrennung bei fehlender Gallenblase zu besitzen scheint. Bei der zirkulären Naht des Hepaticus ist nach unseren Erfahrungen die Gefahr der Spätstenose ziemlich groß, jedenfalls dann, wenn es sich bei der Operation um nichtdilatierte Gallengänge handelt. Der Einwand der zu engen Naht, der diesen Fällen gegenüber gemacht werden könnte, ist dadurch hinfällig, daß die Naht über einem T-Drain erfolgte, das fast die ganze Lichtung der Gallengänge ausfüllte. Auch das langsame Auftreten der Stenose, die in beiden Fällen erst 6 Monate nach der Naht die erste Erscheinung machte, spricht ja dafür, daß die genähten Gallengänge unmittelbar nach der Naht allen Anforderungen genügten.

(Aus der chirurgischen Universitätsklinik in Würzburg [Vorst. Prof. Dr. Enderlen].)

Zur Frage der freien Transplantation der Rippe bei der Behandlung von Unterkieferdefekten.

Von

Privatdozent Dr. **Erich Freiherrn v. Redwitz,**

Assistent der Klinik.

Mit 2 Tafeln.

Die vielfachen Frakturen und Zertrümmerungen des Unterkiefers durch Schußverletzungen in diesem Kriege haben die Frage nach dem Ersatz von zu Verlust gegangenen Teilen der Mandibula, die in Friedenszeiten den Chirurgen nur selten und meist nur nach Tumorentfernung beschäftigt hat, zu großer Wichtigkeit erhoben. Bis jetzt wurde bereits eine Fülle von neuen Erfahrungen auf diesem Gebiete gezeitigt. Prothesenbehandlung, gestielte Plastik mit primär knochenhaltigem Lappen, wobei die Knochen aus dem Stirnbein [Bardenheuer[1])] aus der Clavicula [Woelffler[2]), Pichler] aus der gesunden Mandibula [Krause[3]), Bardenheuer nach Wildt[4]), Diakonow[5])] entnommen wurden, gestielte Plastik mit freien eingepflanzten Knochen wobei die Knochen aus der Clavicula [Rydygier[6]), Oppel[7]), Nyström[8])] aus Sternum und Rippe [Payr[9]), Heller[10]),] Scapula

[1]) Bardenheuer, Resektion des Unterkiefers und Resektion des Oberkiefers Centralbl. f. Chir. **19,** 78. 1891.

[2]) Woelffler, Diskussionsbemerkung zu Bardenheuer. Ibidem.

[3]) Krause, F., Unterkieferplastik. Centralbl. f. Chir. **31,** 767. 1904.

[4]) Wildt, Über partielle Unterkieferresektion mit Bildung der natürlichen Prothese durch Knochentransplantation. Centralbl. f. Chir. **23,** 1179. 1896.

[5]) Diakonow, Osteoplastische Operation nach der Methode usw. Referier Centralbl. f. Chir. **24,** 1351. 1897.

[6]) Rydygier, v. L., Zum osteoplastischen Ersatz nach Unterkieferresektion Centralbl. f. Chir. **35,** 1321.

[7]) Oppel, Zur freien Osteoplastik des Unterkiefers, Chirurgitschedki Archiv, ref. Jahresbericht über die Fortschritte aus dem Gebiete der Chirurgie, 16. Jahrg., S. 62

[8]) Nyström, Klinischer Beitrag zum osteoplastischen Ersatz der Unterkieferdefekte. Archiv f. klin. Chir. **98,** 1001.

[9]) Payr, E., Über osteoplastischen Ersatz nach Kieferresektion durch Rippenstücke mittels gestielter Brustwandlappen oder freier Transplantation. Centralbl. f. Chir. **35,** 1065. 1908.

[10]) Heller, Beitrag zur Methodik der Unterkieferresektion. Deutsche Zeitschr. f. Chir. **92.** 1908.

[Nikolsky[1])] stammten, und die freie Transplantation von lebenden Knochenstücken, stehen hierbei in Konkurrenz.

Abgesehen von heteroplastischen Transplantationsmethoden und zwei homoioplastischen Transplantationen — eines Unterkieferstückes aus der Leiche bei einem größeren Defekt des Unterkiefers nach Tumorresektion einer Unterkieferhälfte und eines Tibiaspanes aus der Leiche in einem anderen, ähnlichen Fall durch Lexer[2]) —, wurden Transplantationen von Knochenmaterial aus dem eigenen Körper des Patienten ausgeführt.

Der erste Versuch, einen Mandibuladefekt autoplastisch durch einen Span aus der gesunden Seite des Unterkiefers zu decken, wird nach Göbell[3]) Sykoff[4]) zugeschrieben. Doch zweifelt Schmolze[5]) an der Richtigkeit dieser Angabe, da Sykoff offenbar noch eine Brücke mit dem umliegenden Gewebe als Grundbedingung forderte. Sykoff hat aber nach diesen beiden Autoren auch schon als erster an den Ersatz des Unterkieferdefekts durch die allseitig von Periost bekleidete Rippe gedacht.

Tillmann[6]) hat dann 1908 als erster einen Unterkieferdefekt mittels eines Tibiaspanes autoplastisch gedeckt, Payr[7]) im gleichen Jahr die Rippe frei transplantiert und zunächst Einheilung des Transplantates erzielt. Später wurde dieses jedoch infolge von Wundinfektion wieder ausgestoßen. Den ersten Erfolg mit autoplastischer Transplantation einer Rippe zur Deckung eines Unterkieferdefektes hat Enderlen[8]) erzielt in einem Fall, in welchem der ganze linke horizontale Unterkieferast wegen eines Riesenzellensarkoms entfernt worden war. Göbell hat den Fall ausführlich beschrieben und Abbildungen von ihm gebracht. Ihm selbst hat sich das Verfahren in einem Falle gut bewährt, in einem anderen bei der Deckung eines kongenitalen Kinndefekts bei einem zweijährigen Kinde versagt. Nach der Operation

---

1) Nikolsky, Zitiert nach Schmolze, Behandlung der Pseudarthrosen und Knochendefekte nach Brüchen des Unterkiefers. Bruns Beitr. z. klin. Chir. **106**, 117. 1917.

2) Lexer, Die Verwendung der freien Knochenplastiken nebst Versuchen über Gelenkversteifungen und Gelenktransplantationen. Verhandl. d. Deutschen Gesellschaft f. Chirurgie, 37. Sitzung, 2. Teil, S. 494.

Ders. Blutige Vereinigung von Knochenbrüchen. Deutsche Zeitschr. f. Chir. **133**, 227.

3) Göbell, Zum osteoplastischen Ersatz von angeborenen und erworbenen Unterkieferdefekten. Deutsche Zeitschr. f. Chir. **123**, 144.

4) Sykoff, Zur Frage der Knochenplastik vom Unterkiefer. Centralbl. f. Chir. **27**, 881.

5) Schmolze, l. c.

6) Tillmann, zitiert nach Göbell.

7) Payr, l. c.

8) Enderlen, bei Göbell.

war Scharlach eingetreten, in dessen Verlauf es zur Nekrose des Transplantats kam, das nach 3 Monaten entfernt werden mußte.

Seither liegen nun vielfache Erfahrungen über Erfolge und Mißerfolge der autoplastischen Transplantation zur Deckung von Unterkieferdefekten nach planmäßiger Operation oder nach Verletzungen vor, wobei das verschiedenartigste Material benützt worden ist:

Der Unterkiefer [von Hacker[1]), Hohmeir[2]), Loos[3]).]

Tibiaspäne [Vorschütz[4]), Buchbinder[5]) Schmieden[6]), Schloffer[7]), Rosenthal[8]), Gadany und Ertl[9]), Wilms[10]), Klapp[11]) Lindemann[12]), Schmolze[13])]

Rippe [Blair[14]), Lexer[15]), Wideroe[16]), Ringel[17]), Wilms[18])].

Metatarsen [Bardenheuer (nach Vorschütz[19]), Klapp[20])].

Wenn wir Schmolzes[21]) Ausführung bei der Beurteilung des vorliegenden kasuistischen Materials freier autoplastischer Knochen-

---

[1]) v. Hacker, vergl. Streissler. Der gegenwärtige Stand unserer klinischer Erfahrungen über die Transplantation lebenden menschlichen Knochens. Beiträge z. klin. Chir. **71**, Heft 1.

[2]) Hohmeir, Über Unterkieferfrakturen. Centralbl. f. Chir. **37**, 81.

[3]) Loos, Die Schußbrüche des Unterkiefers. Beitrag z. klin. Chir. **98**, 93.

[4]) Vorschütz, Klinische Beiträge zur Frage der freien Knochentransplantation bei Defekten des Unterkiefers. Deutsche Zeitschr. f. Chir. **111**, 591.

[5]) Buchbinder, Der Ersatz resezierter Unterkieferknochenstücke durch lebend implantierten Knochen. Centralbl. f. Chir. **40**, 870.

[6]) Schmieden, Ersatz von Unterkieferdefekten. Verhandl. d. Deutscher Gesellschaft f. Chirurgie, 42. Kongreß, **1**, 131.

[7]) Schloffer, Autoplast. Ersatz größerer Teile des Unterkiefers. Deutsch med. Wochenschr. 1916, S. 840.

[8]) Rosenthal, Zahnärztl. chir. Hilfe bei Kriegsverletzungen der Kiefer Münch. med. Wochenschr. 1915, S. 1154.

[9]) Gadany und Ertl, Österr.-Ungar. Vierteljahrsschr. f. Zahnheilk. 1915 S. 54.

[10]) Wilms, Über Kieferplastik. Berliner klin. Wochenschr. 1916, S. 126.

[11]) Klapp, Tätigkeit des Chirurgen bei Kieferverletzungen. Deutsche med Wochenschr. S. 216, 242.

[12]) Lindemann, Die gegenwärtigen Behandlungswege bei Kieferschußverletzungen. Ergebnisse aus dem Düsseldorfer Lazarett für Kieferverletzte, Heft 4—6, S. 269.

[13]) Schmolze, l. c.

[14]) Blair, Undeveloped lower jaw with limited excursion. Ref. Centralbl. f. Chir. **36**, 1906.

[15]) Lexer, l. c.

[16]) Wideroe, Ein Fall von Adamantinom des Unterkiefers. Resektion Osteoplastik. Ref. Centralbl. f. Chirg. **43**. 159.

[17]) Ringel, Zerschmetterung des rechten Unterkiefers. Berliner klin. Wochenschr. 1915, S. 449.

[18]) Wilms, l. c.

[19]) Vorschütz, l. c.

[20]) Klapp, l. c.

[21]) Schmolze, l. c.

transplantationen zur Deckung von Unterkieferdefekten folgen, so ergibt sich, daß meist der Tibiaspan vorgezogen worden ist. Die bequeme Erreichbarkeit und die Kompaktheit desselben, seine langsame Resorbierbarkeit und die Möglichkeit, die Implantatenden leicht für die Befestigung zuzuformen, stehen dem Nachteil der Geradlinigkeit gegenüber. Dadurch wird die Nachahmung der Kieferkrümmung nicht ohne weiteres gestattet. Auch die Schädigung der Tibia an der Entnahmestelle muß in Betracht gezogen werden, welche unter Umständen so groß sein kann, daß die Gefahr der Spontanfraktur oder doch wenigstens der Fraktur bei verhältnismäßig geringfügigem Trauma besteht. Der Rippe werden als Vorzüge nachgerühmt, daß die Stücke aus ihr besonders groß genommen werden können und daß sie sich dadurch besonders für den Ausgleich sehr großer Defekte eigne. Außerdem ist sie allseitig von Periost bekleidet. An ihrer Entnahmestelle entsteht kein funktioneller Schaden — die Gefahr des Pneumothorax dürfte bei guter Technik nicht groß sein — und infolge ihrer Krümmung paßt sie sich gut dem Unterkiefer an. Als Nachteile bei ihrer Verwendung werden angeführt: Die Schwierigkeit ihrer Befestigung, die meist die Zuhilfenahme von Draht erfordert, der infolge des Fremdkörperreizes die Einheilung des Transplantates gefährdet und vor allem ihre angeblich rasche Resorbierbarkeit. Dem Unterkiefer selbst haften nach Schmolze[1]) fast nur Nachteile bei der Transplantation an, andere Knochenteile, wie der von Periost allseitig eingekleidete Beckenkamm und vor allem der Metatarsus, mit dem Klapp[2]) besonders schöne Erfolge erzielt hat, sind mehr in Erwägung zu ziehen.

Grundbedingung für die Einheilung des Transplantats sind absolut saubere Verhältnisse — die Vermeidung jeder Schleimhautverletzung, und wie Soerensen[3]) unlängst hervorgehoben hat, eine möglichste Ruhigstellung des Unterkiefers auf 4—6 Wochen. Bei der Befestigung des Transplantats ist die Verzapfung und Verbolzung grundsätzlich der Drahtnaht vorzuziehen.

Pichler[4]) hat in einer neuen Arbeit aus der von Eiselbergschen Klinik mitgeteilt, daß man an dieser Klinik mit der freien Transplantation lebender Knochenteile bei der Behandlung von Schußverletzungen des Kiefers kein Glück gehabt habe und daher wieder zur Plastik mit primär knochenhaltigem Lappen (Bardenheuer, Krause) übergegangen sei.

---

[1]) Schmolze, l. c.

[2]) Klapp, l. c.

[3]) J. Soerensen, Knochentransplantation bei Unterkieferdefekten. Chirurg und Zahnarzt, 1. Heft. Springer, Berlin. 1917.

[4]) Pichler, Über Knochenplastik am Unterkiefer. Archiv f. klin. Chir. **108**, 4. Heft.

Ich bin nun in der Lage, aus der Würzburger Klinik für die Frage der freien Knochentransplantation beim Unterkieferdefekt einen Beitrag zu liefern, der doch ein sehr gewichtiges Wort für die Verwendbarkeit der Rippe zu diesem Zwecke zu sprechen scheint. Die Röntgenbilder (Fig. 1 und 2) stammen von Enderlens Fall, der von Göbell bereits veröffentlicht worden ist. Sie sind also 7 Jahre nach der Operation aufgenommen, und zeigen eine tadellose Einheilung der Rippe und des zur Naht benützten Drahtes. Auch die Struktur der Rippe ist gut zu erkennen. Dabei ist das gute kosmetische und funktionelle Resultat sich vollkommen gleich geblieben. Ich glaube nicht, daß man von einer Ersatzoperation sehr viel mehr verlangen kann. Der Fall zeigt vor allem auch, daß man nicht von einer raschen Resorbierbarkeit der Rippe sprechen kann, nachdem sich das Transplantat 7 Jahre vollkommen erhalten hat.

Übrigens läßt sich auch aus der Literatur nachweisen, daß die Rippe als Transplantationsmaterial bei der Deckung von Unterkieferdefekten mit Unrecht in Mißkredit gekommen ist. Den Erfolgen mit Rippentransplantationen von Enderlen[1]), Blair[2]), Lexer[3]), Wilms[4]), Wideroe[5]), Ringel[6]), Göbell[7]) stehen die Mißerfolge durch Ausstoßung des Transplantats von Payr[8]), Göbell[9]), Schmolze[10]) (Fall 16) gegenüber.

Hellers[11]) Fälle, welche ebenfalls immer gegen die Brauchbarkeit der Rippentransplantation beim Unterkieferdefekt angeführt werden, kommen nicht in Betracht. Denn bei ihnen handelt es sich nicht um freie Transplantation, sondern um gestielte Plastik mittels Lappen, in welchen die Rippenstücke frei eingepflanzt waren. In den Fällen von Payr und Göbell, welche zu einem Mißerfolg führten, ist, wie ausdrücklich angegeben worden ist, eine Infektion der Wunde eingetreten, welche zur Abstoßung des Transplantates führte. Diese Gefahr der Wundinfektion dürfte bei den Kriegsverletzungen in ganz besonderem Maße bestehen und das Transplantat gefährden, gleichviel ob man Rippe, Tibiaspan oder ein anderes Material verwendet. So haben wir an der Würzburger Klinik z. B. auch Mißerfolge mit Tibiaspänen infolge

[1]) Enderlen, l. c.
[2]) Blair, l. c.
[3]) Lexer, l. c.
[4]) Wilms, l. c.
[5]) Wideroe, l. c.
[6]) Ringel, l. c.
[7]) Göbell, l. c.
[8]) Blair, l. c.
[9]) Göbell, l. c.
[10]) Schmolze, l. c.
[11]) Heller. l. c.

Infektion der Wunde zu verzeichnen. Die Frage der Verwendung von Fremdkörpernahtmaterial bei der Transplantation der Rippe ist eine rein technische. Ihre Umgehung dürfte keinerlei Schwierigkeiten bereiten. Ich kann über einen Fall berichten, welcher eine Schußfraktur des Unterkiefers bei einem Offizier betrifft. Im Herbste 1914 wurde zur Deckung des ausgedehnten Unterkieferdefekts eine Rippe frei transplantiert, ohne Verwendung von Fremdkörpernahtmaterial. Die Rippe wurde lediglich zwischen den Unterkieferstümpfen eingestemmt. Sie ist zu tadelloser Einheilung gekommen. Jetzt besteht gute Funktion, der Offizier ist längst wieder im Felde.

Vor allem aber kann nach unserer Beobachtung die Behauptung der raschen Resorbierbarkeit der Rippe nicht mehr aufrechterhalten werden. Der Vorteil aber der allseitigen Umkleidung mit Periost, der geringsten Schädigung an der Entnahmestelle und der Möglichkeit, auch große Transplantate zu gewinnen, wird durch keine andere Wahl eines Transplantates erreicht. Dazu kommt die Überlegung, daß die Rippe auch der funktionellen Beanspruchung nach am meisten für die neu zu verrichtenden Aufgaben geeignet scheint, jedenfalls dann, wenn es sich um den Ersatz des horizontalen Unterkieferastes handelt. Für den Ersatz des aufsteigenden Unterkieferastes dürfte sich der Metatarsus seiner Form nach am besten eignen.

Über die pathologisch-anatomischen Veränderungen nach Pilzvergiftung.

Von

Prof. Dr. **M. B. Schmidt** in Würzburg.

Eine Gruppe von 6 jungen Menschen hatte am 5. Oktober 1916, nachmittags 5 Uhr, ein Gericht von selbstgesuchten Pilzen in oberflächlich gekochtem Zustand genossen; wie die nachträgliche botanische Untersuchung durch Herrn Prof. Kniep feststellte, bestand dasselbe aus Knollenblätterschwamm (Amanita phalloides). Alle sechs erkrankten im Lauf der nächsten 7—12 Stunden an intensivem Erbrechen und Durchfall und schweren Allgemeinerscheinungen. Die genaue klinische Beobachtung ist von Hans Schultze[1]) in der Münchner medizinischen Wochenschrift 1917, Nr. 25 niedergelegt, so daß ich hier von der Wiedergabe der Einzelheiten absehe; erwähnen will ich nur, daß nur bei dem $5^3/_4$ Tage Lebenden Ikterus mäßigen Grades beobachtet wurde. Allein eine der Patientinnen, welche ihren Anteil an dem Pilzgericht noch einmal gekocht hatte und leichtere Symptome darbot, hat die Krankheit überstanden, die übrigen 5 sind gestorben, 4 von ihnen am 3. Tag (8. Oktober), und zwar 56, 69, 78 und 81 Stunden, einer am 6. Tag (11. Oktober, früh 11 Uhr), 138 Stunden nach der Vergiftung. Die Sektionen wurden im Pathologischen Institut teils von mir, teils von Herrn Feldunterarzt Hauck vorgenommen und eine ausführliche mikroskopische Untersuchung angeschlossen.

Die Mitteilungen der an sich spärlichen und sporadischen Beobachtungen über tödliche Amanitavergiftung sind so wenig erschöpfend, daß noch kein abschließendes Urteil darüber gewonnen werden konnte, welche Veränderungen konstant und das Wesentliche in der Wirkung des Pilzgiftes sind; so bieten unsere Fälle eine nicht unwesentliche Ergänzung der bisherigen Erfahrungen. Besonders wichtig erscheint es mir, daß die Erkrankung 5 jugendliche, ganz oder fast ganz gesunde Menschen betraf, und ferner, daß zwei Stadien der Veränderungen untersucht werden konnten, da der eine Patient erst 2—3 Tage nach den übrigen starb; die Leber ließ bei ihm eine sehr interessante Weiterentwicklung der Erkrankung feststellen. Die maßgebendste Grundlage unserer bisherigen Kenntnisse bildet die Mitteilung Sahlis[2]) über 2 von Langhans sezierte Fälle; obwohl der Bericht nur kurz zusammenfassend ist, hebt er doch zwei Hauptveränderungen, die ausgedehnte, in der Leber am auffälligsten hervortretende Verfettung der Organe und die multiplen Blutungen, prägnant hervor, während die früheren Angaben Maschkas[3]) über 7 tödliche Fälle wohl manche wichtige Erscheinungen, das Fehlen der Totenstarre, die weiten Pupillen, das Flüssigbleiben des Blutes und die multiplen Ekchymosen als Hauptveränderungen bei der Sektion bezeichnen, aber der Verfettung, obwohl sie dreimal an der Leber gefunden wurde, keine Bedeutung beilegen und auch die späteren Berichte von Trateanu[4]) (allerdings nur im Referat vorliegend) über 5 Todesfälle nichts von Leberverfettung erwähnen, nur Hyperämie und Hämorrhagien der Organe; Plowrhigts[5]) Angaben über 2 obduzierte Fälle sind sehr mangelhaft, und berichten. von Peritonitis, Hyperämie des Magens und nur bei einem Kind von Fettleber.

Ich will nur einen Teil der Sektionsprotokolle ausführlich wiedergeben, die anderen, welche in allen wesentlichen Punkten damit übereinstimmen, in gekürzter Form.

1. Stanislawa Wuzinska, 22 Jahre, gest. 8. X. 16, 78 Stunden nach der Vergiftung. (Obduzent M. B. Schmidt.)

Kräftige, gut genährte Leiche, Gewicht 68 kg, Größe 165 cm. Etwas dunkles Hautkolorit, aber kein Ikterus. Muskulatur der Bauchdecken und Brust auffallend matt und blaß. Darmschlingen mäßig aufgetrieben. Im großen Netz und in den Appendices epiploicae, im Mesenterium des Dünn- und Dickdarms, ferner subserös an der vorderen Bauchwand und auf den an den unteren Rippen ansetzenden Muskeln zahlreiche linsengroße und größere Blutungen; viel symmetrische Extravasate im Fettgewebe der Achselhöhlen, sehr ausgedehnte auch im mediastinalen Fettgewebe. Nur wenig Tropfen blutig imbibierten Serums in der Bauchhöhle, je 40 cm in den Pleurahöhlen. Thymusdrüse zweilappig, graurot, stark fettdurchwachsen, 30 g schwer. Herz mit dem Herzbeutel durch straffes, immerhin zu lösendes Bindegewebe ohne käsige Einlagerungen in ganzer Ausdehnung verwachsen; an der Vorderfläche eine kleine Gruppe von subepikardialen Ekchymosen. Myokard etwas schlaff, sehr matt und blaß und auf dem Durchschnitt ausgesprochen gelb, am Papillarmuskel stark gesprenkelt, rechts noch stärker als links. Klappen unverändert, nur blutig imbibiert. Linke Lungenspitze leicht adhärent. Keine Blutungen in Pleura und Lungengewebe, in letzterem überhaupt keine Herde, Gewebe mäßig blutreich. Leichte Rötung der Bronchialschleimhaut, Bronchialdrüsen nicht vergrößert. An der Hinterseite des Pharynx auf der Muskulatur sowie vor der Schilddrüse und vor der Halswirbelsäule intermuskulär wieder konfluierende Ekchymosen. Epithel im unteren Teil des Oesophagus maceriert, Schleimhaut sonst unverändert. Tonsillen und Balgdrüsen etwas prominent. Schilddrüse klein, fest, kolloidarm, ohne Knoten. Kehlkopf und Trachea o. B.; Aorta thoracica an der Innenfläche stark blutig imbibiert.

Beide Nebennieren o. B. Nieren mit glatter, leicht ausschälbarer Oberfläche, leicht venös hyperämisch; Gewebe deutlich gelb gefärbt, besonders in der Rinde. In der Schleimhaut der Nierenbecken vereinzelte Ekchymosen. Milz mittelgroß, Gewicht 130 g, Maße 12 : 7 : 3 cm; Kapsel nicht gespannt, Pulpa blaßrot,

Follikel deutlich, aber nicht vergrößert. Im Magen und Duodenum graue, schleimige Flüssigkeit ohne besonderen Geruch. Magenschleimhaut etwas mameloniert, im Fundusteil in Selbstverdauung begriffen, frei von Blutungen. Aus der Gallengangsmündung entleert sich bei Druck nur ein fast farbloser Tropfen; Gallenblase fast leer, enthält nur 1 ccm einer weißlichen Schmiere; ihre Schleimhaut durch Venenfüllung gerötet. Pankreas etwas schlaff und gelb. Leber von beträchtlicher Größe, stark gewölbt und steif, ihre Form gut einhaltend. Die buttergelbe Oberfläche durch zahlreiche subkapsuläre Ekchymosen rot gesprenkelt. Auf dem Schnitt deutliche acinöse Zeichnung, auf der gelben Fläche viel punktförmige Blutungen. An der Innenfläche der Aorta abdominalis längsgestellte Fettlinien. Harnblase leer, Schleimhaut o. B. Im Dünndarm ein dünner grauer Brei mit schwarzen Flocken (Tierkohle), Dickdarm stark gefüllt mit dem gleichen Inhalt. Schleimhaut des Dünndarms leicht ödematös und venös-hyperämisch, im übrigen ebenso wie die des Dickdarms unverändert und frei von Blutungen; Peyer'sche Plaques ganz glatt. Im rechten Ovarium ein hämorrhagischer Follikel, Uterusschleimhaut im Korpus frisch gerötet, sonst Beckenorgane unverändert. Am Clivus Blumenbachii ein kirschkerngroßes Chordom. Die weichen Hirnhäute nicht besonders feucht und hyperämisch; Hirnsubstanz etwas glänzend, frei von Blutungen.

Anatomische Diagnose: Starke fettige Degeneration der Parenchyme, besonders stark der Leber, multiple Blutungen. Obliteration des Herzbeutels.

Spektroskopisch: Das Hämoglobin zeigt den gewöhnlichen Streifen im Gelb und Grün. Mittels Schwefelammonium läßt es sich reduzieren, desgleichen durch Einwirkung von Ferricyankalium in Methämoglobin verwandeln, erweist sich also als unverändert (Cand. med. E. Heiß).

Mikroskopische Untersuchung: An der Leber besteht intensivste, ganz gleichmäßige Verfettung, von der kaum eine Leberzelle frei geblieben ist. Meist sind es große Fetttropfen, oft nur einer, der die Zelle ganz ausfüllt und kuglig abrundet; das auf einen schmalen Saum reduzierte Protoplasma ist ganz körnig, zuweilen noch von feinsten Fettkörnchen durchsetzt. Soweit die Kerne sich überhaupt nachweisen lassen, sind sie an den Rand der Zelle gedrängt; in größerer Ausdehnung aber fehlen sie ganz oder sind in feinste Chromatinkörnchen aufgelöst, so daß viele Leberbälkchen mit solchen wie bestäubt erscheinen. Die unversehrten Kerne finden sich besonders in den peripheren Abschnitten der Läppchen, der Kernzerfall und -schwund betrifft etwa die zentralen zwei Drittel. Auch die Kerne der Kapillarendothelien fehlen vielfach, so daß in großen Bezirken der Läppchen die einzigen gefärbten Kerne von den polynucleären Leukocyten herrühren, welche im Lumen der Kapillaren in etwas vermehrter Zahl liegen. Viel unscharf begrenzte Blutextravasate liegen in verschiedenen Teilen der Läppchen.

Die Nieren zeigen in großer Ausdehnung fettige und albuminöse Degeneration und Nekrose der Epithelien, aber mit einer gewissen gesetzmäßigen Auswahl: Die Hauptstücke der gewundenen Harnkanälchen sind durchweg schwer und ganz gleichartig erkrankt, die basalen Abschnitte ihrer Zellen durch Fetttropfen eingenommen, die gleichgroß, fast vom Umfang eines roten Blutkörperchens und in ganz gleichmäßigen Abständen aufgestellt sind, das zwischen dieser liegende und das zentral vorgeschobene Protoplasma dagegen ist fettfrei, aber stark körnig getrübt, stellenweise in Zerfall begriffen, das Lumen meist verlegt, die Kerne fehlen fast durchweg. Dagegen sind die Zwischen- und Schaltstücke frei von Veränderungen, ihre Kerne wohlerhalten, ebenso die absteigenden Schleifenschenkel vollkommen normal, die aufsteigenden dagegen wieder in großem Umfang getrübt, verfettet, oft kernlos. An den Markstrahlen fehlt größtenteils die Kernfärbung: die Sammelröhren haben ihre Kerne, dagegen ist ihr Protoplasma trüb, das Lumen durch feinkörnige Massen verlegt. Sehr auffällig ist die Beteiligung der kleinen Arterien des Markes und der Markstrahlen: An ihnen sind die Kerne der zirkulären Muskelfasern häufig in feinkörnigem Zerfall begriffen, auch ab und zu Leukocyten in der Wand vorhanden, während an den übrigen Rindenarterien, auch den Vasa afferentia, der Zustand vollkommen normal ist. Die Glomeruli sind in jeder Beziehung unverändert.

Myokard hochgradig verfettet, kaum eine Faser ist frei davon und in vielen unter der Einlagerung großer Fetttröpfchen die kontraktile Substanz ganz verschwunden; starke Fragmentation.

Milz: Im Abstrich des frischen Organs finden sich die roten Blutkörperchen etwas blaß und vielfach gefaltet, die Pulpazellen oft mit schlechten Protoplasmagrenzen versehen und in vielen von ihnen feine Fetttröpfchen angesammelt, aber nirgends blutkörperchenhaltige Zellen. An Sudan-gefärbten Schnitten sind die fetthaltigen Zellen in den Follikelzentren lokalisiert, außerdem enthält die verdickte Intima der Follikelarterien oft die bekannten fettigen Einlagerungen.

Zwerchfellmuskulatur in großer Ausdehnung fettig degeneriert, jede zweite bis dritte Faser ist befallen, auffallenderweise gewöhnlich abwechselnd eine stark verfettet, eine oder zwei ganz normal, ohne Zwischenstufen. In der Skelettmuskulatur ist die Zahl der degenerierten Fasern und die Intensität der Verfettung geringer.

Zunge: In vielen Muskelfasern feinkörnige Verfettung; die Papillae filiformes enthalten ebenso wie die Oesophagusschleimhaut im Bindegewebe und Epithel viel polynucleäre Leukocyten, die tiefste Epithelschicht schließt Fettkörnchen ein. In den serösen Drüsen, welche neben den Papillae vallatae münden, sind fast alle Epithelien feinkörnig verfettet, ihr Protoplasma stellenweise zerfallen; dagegen fehlt dieser Zustand vollkommen an den Schleimdrüsen der Zunge. Die Pharynxmuskulatur ist oben in der Höhe der Tonsillen stark verfettet, weiter unten nur an vereinzelten Fasern, während die glatte Muskulatur des Oesophagus ganz frei von Fetteinlagerungen ist und in der Übergangszone bisweilen eine quergestreifte, total verfettete Faser inmitten eines Bündels glatter unverfetteter eingeschlossen liegt. Eigentümlich ist am weichen Gaumen eine ausgedehnte Verfettung der an der Hinterfläche mündenden gemischten Drüsen, während die Schleimdrüsen der Vorderfläche absolut verschont geblieben sind. Das Fett liegt in Form vorwiegend kleiner Tröpfchen in den trüben Zellen, deren Kerne häufig Karyorrhexis zeigen, wogegen die durch Schleimbildung aufgehellten Zellen derselben Drüsenbläschen fast ausnahmslos frei davon sind. In einer ganzen Zahl beliebiger Fälle, in denen ich daraufhin den Gaumen untersucht habe, habe ich keine Andeutung dieses Zustandes gefunden, sodaß ich ihn mit der Pilzvergiftung in Zusammenhang bringen muß. Submaxillare Speicheldrüse ohne Veränderung ihrer Epithelzellen.

Lunge: Viel Alveolarepithelien, festsitzende und abgestoßene, enthalten einen oder mehrere mittelgroße Fetttropfen, ohne regressive Veränderungen an den Kernen; entzündliche Prozesse fehlen in der Lunge, nur ganz vereinzelte Leukocyten liegen in den Alveolen.

Gehirn: Sehr verbreitet in der Großhirnrinde ist eine intensive Verfettung der Kapillarendothelien, während Glia- und Ganglienzellen ausnahmslos verschont geblieben sind.

In den Follikelepithelien der Schilddrüse viel feinkörniges Fett, dessen Menge aber nicht über das hinausgeht, was im normalen Organ gefunden wird. Im Stroma viele, zum Teil große lymphatische Herde, deren manche verfettet Zellen einschließen. In einer untersuchten Lymphdrüse enthalten die Sinus viel abgestoßene, zum Teil mäßig verfettete Endothelien und ziemlich viel rote

Blutkörperchen zwischen ihnen. In der Follikelsubstanz einzelne fetthaltige Retikulumzellen.

Nerven- und Arteriendurchschnitte in den verschiedenen Organen sind völlig unverändert. Wand der Carotis o. B.

2. Ludowika Wuzinska, 18 Jahre, gest. 8. X. 16, 56 Stunden nach der Vergiftung. (Obduzent G. Hauck.) Aus dem ausführlichen Protokoll hebe ich das Wesentliche heraus. Kräftiger, ziemlich fettreicher Körper. Mittelweite Pupillen. Ekchymosen nur im beiderseitigen Achselhöhlenfett, im inguinalen Fett- und im Beckenbindegewebe und vereinzelte auf der Leberoberfläche. Muskulatur des Rumpfes und der Glieder trocken und rosagelblich. Thymus vorhanden. Wenig blutig imbibiertes Serum in Perikard und Pleuren. Myokard sehr schlaff, stark verfettet, Klappen blutig imbibiert. Schwaches Lungenödem; leichter Katarrh der Bronchien. Milz mittelgroß (12 : 6 : $3^1/_2$ cm, Gewicht 120 g). Magenschleimhaut höckrig, frei von Blutungen, ebenso der Darm, wo Plaques und Follikel und Mesenterialdrüsen stark vergrößert; auch axillare und inguinale Drüsen geschwollen. Galle dunkelgrün. Leber schlaff, stark verfettet, auf dem Schnitt deutliche acinöse Zeichnung, der zentrale Teil der Läppchen stärker gelb, als der periphere. Nierenparenchym trüb, bläulich-rot. Blasenschleimhaut blaß. In einem Ovarium ein geplatzter Graafscher Follikel; Uterusschleimhaut stark hyperplastisch und rot. Leichte Hyperplasie der Tonsillen und Balgdrüsen. Kleine Fettflecken in der Aorta.

Mikroskopische Untersuchung: Kerne der Leberzellen stellenweise gut gefärbt, stellenweise ganz chromatinarm, so daß nur eine Kernmembran darstellbar ist. Sämtliche Zellen sind ganz von großtropfigem Fett erfüllt, nur ab und zu in der Nähe der Zentralvenen ist der Fettgehalt geringer und der Umfang der Tropfen kleiner; die Kerne liegen an ihrer normalen Stelle; Zerfall der Zellen ist nirgends vorhanden. Auch die Kupfferschen Sternzellen enthalten stellenweise Fettkörnchen. In der Glissonschen Kapsel sind etwas reichlichere Rundzellen vorhanden, Lymphocyten und Leukocyten, unter letzteren spärliche eosinophile. Die Blutextravasate gehören den peripheren Abschnitten der Acini an.

Niere: Glomeruli unverändert, dagegen alle Hauptstücke der gewundenen Harnkanälchen und die aufsteigenden Schleifenschenkel intensiv verfettet, an ersteren ist ganz wie in Fall 1 die Einlagerung der sehr gleichmäßig großen Tropfen auf die Zone der basalen Stäbchen beschränkt, der zentrale Teil der Zellen dagegen wiederum trüb und gekörnt; Kerne fehlen in ihnen vollständig, häufig ist der Zusammenhang der Zellen gelockert, einzelne Exemplare sind ins Lumen abgestoßen, manche in Eiweiß- und Fettkörnchen aufgelöst; an den Zwischen- und Schaltstücken sind die Epithelien albuminös getrübt, selten verfettet, an den Sammelröhren wenig verändert. Im Stroma der Rinde liegen wiederholt Blutungen, Glomerulusblutungen dagegen sind nicht vorhanden. Manche gewundene Harnkanälchen enthalten im Lumen Kalkzylinder resp. -schollen.

Im Myokard sehr verbreitete und intensive Verfettung, welche nur wenige Muskelfasern frei läßt; starke Fragmentation.

Im Zwerchfell eine große Zahl der Muskelfasern, reichlich $^1/_3$ von ihnen, stark körnig verfettet, aber nicht zerfallen. In der Skelettmuskulatur ist die Zahl der fettig degenerierten Fasern viel geringer und in der einzelnen Faser die Fettablagerung schwächer. Zungenmuskulatur dagegen in großer Ausdehnung sehr feinkörnig verfettet, fast die Hälfte aller Fasern betroffen. Auch am weichen Gaumen ziemlich viel Fett in den Muskelfasern und wie in Fall 1 in den gemischten Drüsen an der Hinterfläche das Epithel von Fettkörnchen durchsetzt, nur in etwas schwächerem Grade. Oesophagus unverändert, wie überhaupt auch hier die glatte Muskulatur von der fettigen Degeneration ganz verschont geblieben ist. Im Magen ist das Drüsenepithel in den inneren Schichten meist abgefallen, wo vorhanden, aber stellenweise feinkörnig verfettet; die tiefen Schleimhautschichten enthalten selten Fett, dagegen finden sich im Stroma öfter fetthaltige Rundzellen. Processus vermiformis bis auf Fettgehalt mancher Reticulumzellen unverändert. Im Lungengewebe außer Ödem zahlreiche Fetttröpfchen in den Alveolen, jedoch ist eine Beziehung derselben zu den Zellen nicht festzustellen. In den Schilddrüsenfollikeln viel abgestoßene Epithelien, zum Teil im verfetteten Zustand. Milz und Uterus o. B. Brustdrüse zeigt jungfräulichen Bau, die drüsigen Apparate gering entwickelt, in den Epithelzellen oft Fetteinlagerungen, besonders aber sehr gleichmäßig in allen Bindegwebszellen feinste Fettkörnchen.

3. Josefa Gailz, 18 Jahre, gest. 8. X. 16, 69 Stunden nach der Vergiftung. (Obduzent G. Hauck.) Auszug aus dem Protokoll: Sehr kräftige Leiche, mittelweite Pupillen. 40 ccm Flüssigkeit in der Bauchhöhle. Magen sehr groß, mit viel breiigem Inhalt, Schleimhaut blaß, unverändert. Muskulatur des Rumpfes und der Extremitäten trocken, rosagelb. Reichliche Ekchymosen im großen Netz, an der Magenserosa, beiderseits im Achselhöhlenfett, spärlich auf der Pleura und auf den Intercostalmuskeln, reichlich längs beider Nn. vagi und im Epikard des linken Ventrikels. Herz äußerst schlaff, deutlich gelb, blutige Imbibition der Klappen. Thymus ziemlich groß. Pleuraflüssigkeit (je ca. 250 ccm) serös, blutig imbibiert, Peritonealflüssigkeit nicht vermehrt. Leichtes Lungenödem. Milz 220 g, etwas groß (13 : 9 : 4). fest. Dunkelgrüne Galle in der Blase. Leber an Ober- und Schnittfläche durch zahlreiche Ekchymosen rot gesprenkelt, blaßgelb durch starke Verfettung. Nierenrinde blaßgelb, weniger das Mark. Peyersche Plaques und Follikel groß, blaß, Mesenterialdrüsen vergrößert, rot. Uterusschleimhaut verdickt und gerötet; in einem Ovarium ein geplatzter Graafscher Follikel. Tonsillen und Balgdrüsen groß. Ein hühnereigroßer kolloider Strumaknoten. Längsgereihte feine Intimaverfettungen in der Aorta. Axillar- und Inguinaldrüsen sehr groß, gerötet.

Mikroskopische Untersuchung: Leberzellen ganz gleichmäßig intensiv verfettet, große Fetttropfen, Kerne vorwiegend im Zentrum der Zellen, seltener an den Rand gedrängt, wenig Zellen sind verschont. Viele Leberzellen im Zustand der Karyorrhexis. Viel Blutungen, besonders neben der Glissonschen Kapsel, unter Zertrümmerung der Leberbälkchen, sonst keine Lockerung des Zellzusammenhanges. Vermehrte Rundzellen, und zwar Lympho- und Leukocyten im Bindegewebe, keine Eosinophilen.

Niere: Glomeruli unverändert. Gewundene Harnkanälchen in den Hauptstücken fast ausnahmslos verfettet, und zwar wie in Fall 1 und 2 nur in den basalen Abschnitten der Epithelien, während der zentrale trüb geschwollen ist unter Verengerung des Lumens; genau an dem äußeren Kernpol hört die Verfettung auf; die Kerne sind vorhanden, obschon nur schwach färbbar. Die übrigen Abschnitte der Harnkanälchen verhalten sich vollkommen wie im Fall 2; und wie dort finden sich auch hier im Lumen gerader Kanälchen Kalkzylinder, an Zahl reichlicher als in jenem.

Herzmuskel in den inneren Schichten des linken Ventrikels gleichmäßig stark fettig degeneriert, in den äußeren ungleichmäßig. Skelettmuskulatur: Eine mäßige Zahl von Muskelfasern ist stark verfettet. Zunge fast frei von Fetteinlagerung in die Muskelfasern. Processus vermiformis: Viel Fettkörnchen in den Stromazellen. Lunge: Reichliche große Fetttropfen im Lumen der Alveolen, oft in festsitzenden Alveolarepithelien, andere Male in abgestoßenen, ohne daß man von Pneumonie sprechen könnte. Uterus und Nebenniere o. B. Im Pankreas viele Drüsenzellen von feinen Fettkörnchen durchsetzt, die Zellen der meisten Langerhansschen Inseln in höherem Grade fetthaltig als die sekretorischen Epithelien. Intima der Aorta an vielen Stellen stark verfettet. Glatte Muskulatur des Digestionstraktus und der Blutgefäße durchweg frei von Verfettung.

Auch an den Endothelien der Blutgefäße in den verschiedenen Organen nirgends etwas von Fett.

4. Kowalski, Johann, 32 Jahre, gest. 9. X. 16, 81 Stunden nach der Vergiftung. Sektionsprotokoll etwas gekürzt. (Obduzent M. B. Schmidt.) Kräftige Leiche, ohne besondere Hautfärbung. Muskulatur des Thorax trocken und blaß. Serosa des Darms spiegelnd, ohne Blutungen, nur im Lig. gastro-colicum zwei Ekchymosen und zahlreiche solche auf der Leber. Dünndarm ziemlich eng, Dickdarm mittelweit. Brusthöhlen trocken. Herz sehr kräftig, an seiner Oberfläche einzelne kleine Blutungen, Blut im Herzen größtenteils flüssig, kirschrot; Myokard nicht besonders schlaff, blaßrötlich, aber nicht deutlich gelb, recht matt, Klappen zart, ohne wesentliche blutige Imbibition. Nicht blutiges Serum im Herzbeutel. Lungen ziemlich blutreich, mit etwas Hypostase, ohne Herde; in den Bronchien gerötete Schleimhaut und viel schleimiger Inhalt; eine rechtsseitige Bronchialdrüse verkalkt. Mesenterialdrüsen leicht vergrößert. Milz klein, fest, 70 g schwer; Pulpa durch wechselnden Blutgehalt etwas fleckig. Magen weit und schwappend, enthält viel graue Flüssigkeit; auf der Schleimhaut des Pylorus zäher Schleim; Magenschleimhaut leicht höckrig, blaß, ohne Blutungen, Nieren mittelgroß, mit glatter Oberfläche, an der die Venensterne etwas reichlich und rechts einzelne Ekchymosen vorhanden sind; Rinde trüb und gelb, nicht verbreitert; keine Schleimhautblutungen im Nierenbecken. Reichlicher flockiger Urin in der Blase, Schleimhaut der letzteren unverändert. Leber groß, schwer und steif; an der Unterfläche sind die Blutungen noch reichlicher als an der oberen, und sehr reichlich auch auf dem Schnitt; derselbe ist im übrigen ockergelb durch starke Verfettung, die acinöse Zeichnung sehr wenig deutlich, die Blutungen häufen sich nach dem Hilus zu. Gallenblase enthält viel fast schwarze, schleimige Galle. Im Dünndarm wenig grauer Brei, viel dagegen im Dickdarm neben geballten Faeces, nirgends blutiger Inhalt. Im oberen Jejunum große, dicht stehende Follikel, ebenso im Ileum, die Peyerschen Plaques jedoch ganz platt; im Coecum leichte schiefrige Pigmentierung. In dem lockeren Bindegewebe vor der Aorta, oberhalb der Aorta flache Blutungen. Intima der Aorta ganz zart, fast keine Fettflecken darin. Psoas blaß und leicht gelblich.

Anatomische Diagnose: Starke fettige Degeneration der Leber, des Herzens. Hämorrhagische Diathese.

Mikroskopische Untersuchung: Leber: Starke allgemeine Verfettung des Parenchyms, nur wenige Zellen sind davon ausgenommen; das Fett großtropfig, jedoch meist mehrere Tropfen in einer Zelle. Kerne nur in den an die Glissonsche Kapsel anstoßenden Teilen der Läppchen innerhalb der verfetteten Zellen kräftig gefärbt und an ihrer normalen Stelle liegend, im übrigen ganz fehlend oder nur schattenhaft, kaum gefärbt zu sehen; Karyorrhexis wie in Fall 1 ist nicht vorhanden. Stellenweise sind die Zellen selbst zerfallen, und große Fetttropfen liegen frei in den Maschen des Gerüstes. In den zentralen Teilen der Acini liegt axial in den Leberbälkchen feinkörniges braunes Pigment. Kapillarwandzellen mit Ausnahme weniger kleiner Bezirke gut färbbar, vielfach die Endothelien stark prominent, stellenweise Fetttröpfchen, nie aber rote Blutkörperchen einschließend. In den peripheren Acinusabschnitten liegen neben den verfetteten Leberzellen häufig rundliche Zellen mit blassem Kern, myeloblastenähnlich, über deren Natur sich aber nichts Sicheres aussagen läßt. Die makroskopisch sichtbaren Blutungen liegen sehr regelmäßig um das periportale Bindegewebe, gehören aber dem Parenchym selbst an und trennen die Leberbälkchen und Zellen voneinander. Das Gewebe der Glissonschen Kapsel selbst zeigt vielfach größeren Zellreichtum durch Einlagerung von Lymphocytenschwärmen, eosinophile Zellen sind nicht nachweisbar. Weder in den Gallenkapillaren noch Gallengängen finden sich Gallenabscheidungen.

Niere: Die Veränderungen sind nicht so stark wie in Fällen 1—3. Hauptstücke durchweg trüb geschwollen und ihre Zellen vielfach basal verfettet, die Kerne aber fast durchweg gut färbbar erhalten. Zwischenstücke ohne Veränderungen, Schaltstücke zum Teil trüb geschwollen; selten etwas verfettet; absteigende Schleifenschenkel unverändert, aufsteigende trüb, bisweilen basal verfettet; Glomeruli vollkommen unverändert, nur hat das Kapselepithel um die Austrittsstelle des Harnkanälchens nicht selten die Beschaffenheit desjenigen der Hauptstücke und ist dann genau so verändert wie diese. In reichlicher Menge findet sich in den Kanälchen der Rinde Kalk abgelagert; besonders in den Markstrahlen, rückwärts bis in die gewundenen Kanälchen reichend, dagegen die Marksubstanz fast ganz frei lassend. Der Kalk bildet bisweilen gleichmäßig große, eckige Schollen, vollkommen den verkalkten Epithelien bei Sublimatvergiftung gleichend, häufiger rundliche Körner, die, in dichten Haufen liegend, oft zu kompakten Zylindern zusammenfließen, das Lumen ausfüllen und nicht selten nur teilweise von Epithel überlagert werden, teilweise bis zum Stroma reichen.

Myokard: Über den Schnitt gleichmäßig verteilt ziemlich viel verfettete Muskelfasern, in den einzelnen Fasern jedoch die Menge der Fettkörnchen nicht sehr groß.

Zwerchfell: Schätzungsweise jede dritte bis vierte Faser ist in mäßigem Grade fettig degeneriert. Im Psoas viel verfettete Fasern, ungefähr jede dritte bis vierte Faser ist befallen.

Milz: Abstrich vom frischen Organ zeigt sehr gut erhaltene rote Blutkörperchen, viel kräftige runde Pulpazellen, nirgends in denselben Fett, nirgends blutkörperchenhaltige Zellen. Im Schnittpräparat großer Blutreichtum des Gewebes, sonst keine Veränderungen, speziell kein Fett.

Lunge: Spärliche, festsitzende oder in Ablösung begriffene Alveolarepithelien enthalten ein oder zwei gleichgroße, hinter einem roten Blutkörperchen etwas zurückbleibende Fetttropfen neben dem wohlerhaltenen Kern; keine Spur von Entzündung im Gewebe.

5. Janik, Joseph, 20 Jahre, gest. 11. X. 16, 138 Stunden nach der Vergiftung.

Sektion (Obduzent M. B. Schmidt): Protokoll etwas gekürzt. Muskulöser Körper mit ziemlich geringem Fettpolster. Ausgesprochener Ikterus der Haut. Bauchhöhle trocken. Dünndarm mittelweit, Dickdarm etwas weiter und schlaffer, Darmserosa spiegelnd. Leber verbirgt sich ganz unter dem Rippenrand. Auch die Pleurahöhlen ohne Flüssigkeit. Umschriebene Verwachsung der linken Lunge. Platte, zweilappige, rote Thymusdrüse mit deutlichen Hassallschen Körpern. Herz kräftig, Myokard etwas blaßrot, nicht gelb, höchstens etwas trüb, gar nicht schlaff. Stark ikterische Färbung der Klappen, nirgends Blutungen. Beide Lungen ziemlich blutreich, in beiden Unterlappen zahlreiche dunkelrote bronchopneumonische Herde, nirgends ältere Veränderungen; starke Rötung und Schleimbildung in den Bronchien. An der Pleura des rechten Unterlappens mehrere Gruppen von linsengroßen Blutungen ohne begleitende Fibrinauflagerung. Tonsillen und Balgdrüsen recht groß. Schilddrüse ziemlich klein und fest, kolloidreich, ohne Knoten; an der Pharynxschleimhaut deutlicher Ikterus, sonst keine Veränderungen. Mesenteriale Lymphdrüsen kaum vergrößert. Magen kontrahiert, enthält etwas rote Flüssigkeit (Rotwein). Schleimhaut in Falten gelegt, die Höhe der letzteren durch Venenfüllung stark gerötet, die Schleimhaut des Pylorus mit einem zähen, ikterischen Schleimbelag bedeckt. Im Dünndarm stark gallig gefärbter Inhalt, Gallenblase mit dunkelbraungrüner Galle mäßig gefüllt. Leber sehr schlaff, plattet sich beim Liegen ganz ab und ist verkleinert; Maße betragen: Breite 24 cm, Höhe rechts 18, links $11^1/_2$ cm, Dicke $5^1/_2$ resp. $2^1/_2$ cm. Auf dem Durchschnitt das Gewebe rot und gelb marmoriert, nach dem Hilus hin nimmt das Rot zu;

außer den verwaschen roten Partien sind namentlich an der Oberfläche bis linsengroße Blutungen sichtbar; von der Schnittfläche läßt sich roter Saft abstreichen, das Gewebe ungemein weich, Fäulniserscheinungen fehlen vollkommen. Milz kaum vergrößert, 13 : 8 : 3 cm, Gewicht 140 g, Kapsel nicht besonders gespannt, recht große Follikel, blaurote Pulpa. Nebennierenrinde beiderseits recht fettarm, rot. Nieren von guter Konsistenz, ihre Venen stark gefüllt, nichts von gelber Farbe darunter, keine Blutungen, auch nicht im Nierenbecken. Harnblase gefüllt, Urin dunkelgelb, etwas ikterisch, an der Blasenschleimhaut außer gelblicher Färbung keine Veränderungen. Streifenförmige Fettflecken und ikterische Färbung der Intima der Aorta. Im Dünndarm fast gallenfreier Inhalt trotz durchgängiger Gallenwege. Schleimhaut des Jejunum etwas cyanotisch, im ganzen Darm aber frei von Blutungen und sonstigen Veränderungen. Dura mater etwas gespannt. Hirnwindungen leicht abgeplattet, Hirnsubstanz etwas feucht, ihre Venen stärker gefüllt, keine Herde im Gehirn.

Anatomische Diagnose: Akute gelbe und rote Leberatrophie, Ikterus. Frische Bronchopneumonie beiderseits, starke venöse Hyperämie der Organe.

An frisch aufbewahrten Stücken der Leber ist die Oberfläche am Tage nach der Sektion mit einem weißen Belag von Leucin und Tyrosin überzogen.

Mikroskopische Untersuchung: Das Lebergewebe ist in großem Umfange zerstört, nur neben der Glissonschen Kapsel ist mit großer Regelmäßigkeit eine Schicht stark verfetteten Parenchyms mit Bälkchenanordnung vorhanden, in welchem die Fetttropfen an Zahl und Größe mit der Entfernung von der Glissonschen Kapsel zunehmen; die ganzen inneren Teile der Läppchen, ungefähr drei Viertel derselben, bestehen aus dem kollabierten Gerüstwerk, Kapillaren und Fasern, und in den Maschen einzeln liegenden, zu kleinen, eckigen, formlosen Klümpchen geschrumpften, kernlosen Leberzellen mit feinen Fetttröpfchen und stellenweise braunen Pigmentkörnchen; wirkliche Auflösung der Zellen in freie Fettkörnchen läßt sich selten beobachten. Die Kerne, welche in den so veränderten Teilen der Läppchen vorhanden sind, gehören teils Endothelien an, welche in vereinzelten Exemplaren sich erhalten haben, teils poly- und mononucleären Rundzellen. Zwischen den direkt an die Glissonsche Kapsel anstoßenden verfetteten Leberzellen liegen nicht selten Gruppen von solchen, welche wohl als regenerierte anzusehen sind: Dieselben sind fettfrei, in der Größe sehr verschieden, eng aneinandergeschlossen zu Blöcken, mit dichtem Protoplasma versehen, einmal fand ich eine Mitose in einer von ihnen. In der Glissonschen Kapsel fast überall dichte Ansammlung von Rundzellen mononukleärer und polynukleärer Beschaffenheit, unter letzteren nicht selten eosinophile. Sehr reichlich kleinere Blutungen im Lebergewebe.

Niere: Glomeruli stark hyperämisch, das aufsitzende Epithel stellenweise nekrotisch; im Raum der Bowmanschen Kapsel, ebenso wie im Lumen der gewundenen Kanälchen schollige Eiweißabscheidungen. Das Epithel der Tubuli contorti in den Hauptstücken sehr trüb, nicht verfettet, überall kernhaltig, im übrigen nicht verändert; in den Markstrahlen und den basalen Teilen der Markkegel viel verfettete Kanälchen, offenbar alles aufsteigende Schleifenschenkel; eine steifenförmige Markblutung. Nicht selten liegen in den Kanälchen der Markstrahlen kräftige Kalkzylinder, welche sich an den Enden in Schollen von der Größe und Form von Epithelzellen auflösen; in den Markkegeln keine solchen.

Herzmuskel fast frei von Fett. Die Skelettmuskeln zum Teil ganz frei von Fett, zum Teil mit ganz spärlichen feinsten Fetttröpfchen in den Fasern. Zungenmuskulatur ganz unverändert. Im Zwerchfell eine größere Zahl von Fasern bei Sudanfärbung leicht gelb, aber nirgends deutliche Tröpfchen vorhanden.

Milz: Im frischen Abstrichpräparat kein Pigment, keine sicheren blutkörperchenhaltigen Zellen, in einer ganzen Anzahl von Pulpazellen und manchen Sinusendothelien Fettkörnchen; rote Blutkörperchen in Form und Farbe unverändert. In Schnitten gute Pulpastruktur, Sudanfärbung negativ, um die Follikel eine recht blutreiche Zone. Muskulatur des Pharynx und Oesophagus ganz fettfrei, Schleimhaut unverändert. Magenschleimhaut mit dickem Schleimbelag bedeckt, unter demselben das Epithel wohlerhalten, nur in einer kleinen Epithelgruppe etwas Fett im Protoplasma. Muskulatur der Magenwand frei von allen Veränderungen. Schilddrüse: In vielen Epithelien etwas feinkörniges Fett. An Groß- und Kleinhirn und Medulla oblongata keinerlei Veränderungen an dem Gewebe und an den Gefäßen. In keinem Organ die Gefäßwand irgendwie verändert, ebensowenig die Nerven und sympathischen Ganglien.

Betrachtet man zunächst die vier ersten Fälle, welche am 3. Tag nach der Vergiftung tödlich geendet hatten, so beherrschen zwei Erscheinungen das Gesamtbild: 1. die Verfettung vieler Organe und Gewebe, 2. die hämorrhagische Diathese. Bezüglich der ersteren Veränderung ergibt die umfassende mikroskopische Untersuchung, daß sie weit über die Grenzen des makroskopisch Konstatierbaren hinausgeht. Interessant ist dabei ihre Verteilung, die Gesetzmäßigkeit im Befallenwerden gewisser und im Freibleiben anderer Gewebe, für welche sich zunächst nur eine unvollkommene Erklärung geben läßt: Am stärksten verfettet ist in allen Fällen die Leber, in der kaum eine Zelle verschont geblieben ist, nächstdem die Niere, wo elektiv die Hauptstücke der Tubuli contorti und die aufsteigenden Schenkel der Henleschen Schleifen, also die wichtigsten sekretorischen Abschnitte schwer erkrankt und in Fall 1 und 2 in allen ihren Zellen schließlich abgestorben waren, während die Glomeruli inmitten dieser stark veränderten Rinde durchweg wohlerhalten sind; ferner das Myokard, in welchem bei den meisten Patienten kaum eine Faser von der fettigen Degeneration ausgenommen und an vielen derselben die kontraktile Substanz zerstört war; dann die quergestreifte Muskulatur des Zwerchfells und der Zunge, etwas weniger diejenige des Skelettes; konstant frei war im Gegensatz dazu die gesamte glatte Muskulatur, diejenige der Blutgefäße, des Digestionstraktus, des Uterus. Ferner nehmen an der Verfettung teil die Drüsenzellen des Magens (nur in Fall 2 untersucht), konstant die Alveolarepithelien der Lunge, sowohl losgelöste als festsitzende, ohne daß pneumonische Prozesse mitspielen, und in den zwei darauf untersuchten Fällen die gemischten Drüsen an der Hinterseite des weichen Gaumens, und zwar in ihren serösen Drüsenzellen, die dabei Zeichen des Absterbens darbieten, sowie in Fall 1 die rein serösen Drüsen der Zunge; auch hier ist der Gegensatz zu den Schleimdrüsen an der Vorderfläche des Gaumensegels und in der Zunge, welche ausnahmslos verschont sind, überraschend. Die Verfettung der Schilddrüsenepithelien geht nirgends über das hinaus, was im normalen Organ gefunden wird, diejenige des Milzgewebes war so geringfügig, daß auch ihre Beziehung zum Vergiftungsprozeß nicht erwiesen erscheint; dagegen glaube ich die Fetteinlagerungen in die Retikulumzellen der lymphatischen Gewebe darauf beziehen zu müssen, ebenso wie diejenigen in Bindegewebs- und Drüsenzellen der

Brustdrüse in Fall 2 (in den übrigen Fällen fehlt diese Untersuchung). Im Gegensatz zu den Befunden, welche Schürer[6]) in seinem Falle (5jähriges Kind, gestorben 35 Stunden nach der Vergiftung unter schweren cerebralen Symptomen) an Nerven- und Gliazellen des Zentralnervensystems erhob, konnte ich weder in Fall 1 noch Fall 5 mit fast 6tägiger Lebensdauer irgend etwas von Verfettung oder anderen regressiven Metamorphosen an den genannten Zellen nachweisen, wohl aber war in Fall 1 das Kapillarendothel der Großhirnrinde in großer Ausdehnung verfettet, ähnlich wie es bei Kohlenoxyd- und Phosphorvergiftung beobachtet wird. Die Verfettung der Aortenintima gleicht so vollkommen dem bei den verschiedensten Individuen vorkommenden Zustand, daß man sie nicht in Verbindung mit der Vergiftung bringen kann.

Die Erklärung für die Bevorzugung der Leber und Nieren liegt offenbar darin, daß in beiden das Gift die relativ höchste Konzentration erreicht hat, in der Leber, weil sie die gesamte im Magen-Darmkanal resorbierte Giftmenge als erstes Organ zugeführt erhielt, in der Niere, weil sie die wirksame Substanz zwecks Ausscheidung speicherte. Die eigentümliche fettige Degeneration der serösen Drüsen der Zunge und der serösen Epithelien in den gemischten Drüsen des weichen Gaumens muß wohl ebenfalls damit erklärt werden, daß das Gift durch sie eliminiert wird, obwohl darüber, daß dasselbe in den Mundspeichel übergeht, keine Untersuchungen angestellt sind. Leider wurde versäumt, Haut zur Untersuchung der Schweißdrüsen zurückzubehalten.

Was die quergestreifte Muskulatur des Herzens und des übrigen Körpers zu einem so hervorragenden Angriffspunkt für das Pilzgift wie auch für andere Gifte macht und ihr im Gegensatz zur glatten ihre hohe Neigung zur fettigen Degeneration gibt, entzieht sich unserer Kenntnis; daß die rein topographischen Verhältnisse keine Rolle spielen, ergibt sich schon daraus, daß in der Grenzzone von Pharynx und Oesophagus, wo Fasern beider Arten sich ineinanderschieben, ganz gesetzmäßig ausschließlich die quergestreiften verfettet sind. Offenbar sind die funktionellen Eigenschaften das Ausschlaggebende. Und so läßt sich auch bezüglich der erwähnten elektiven Empfänglichkeit gewisser willkürlicher Muskelabschnitte gegenüber anderen, wie sie in den vorliegenden Fällen zutage tritt, die Frage aufwerfen, ob der Grad der Funktion von Einfluß war, d. h. die stärkere Inanspruchnahme während der Zirkulation des Giftes die Degeneration beförderte. Die Lokalisation ließe sich damit einigermaßen in Einklang bringen: Die Skelettmuskulatur, welche geringere Erkrankung zeigt, war infolge der Apathie der Patienten offenbar wenig mehr gebraucht, während Zwerchfell, Zunge und Pharynx, welche intensiv verfettet sind, abgesehen von der respiratorischen Bewegung des ersteren durch die Brechbewegungen in andauernde heftige

Kontraktion versetzt worden waren. Wie wiederholt von Sahli u. a. betont worden ist, gleicht die starke Verfettung der Leber, Nieren und Muskeln durchaus dem Zustand nach Phosphorvergiftung; es gibt wohl keine anderen Verhältnisse, unter denen so intensiv und zugleich so rasch die genannten Organe dieser Degeneration anheimfallen, wie bei diesen beiden Vergiftungen. Die Frage läßt sich aufwerfen, ob der Fettgehalt aller beteiligten Organe durch den gleichen Vorgang zustande gekommen ist: Leber, Nieren, seröse Drüsen und Muskelfasern sind sicher direkte Angriffspunkte des Giftes, sie zeigen das gewöhnliche Bild der fettigen Degeneration, die verfetteten Zellen sind in großem Umfang im Untergang begriffen. Dagegen lassen die verfetteten Alveolarepithelien der Lunge, die Drüsen- und Bindegewebszellen der Mamma, die Endothelien der Hirnkapillaren keinerlei regressive Vorgänge erkennen, besitzen durchaus wohlerhaltene Kerne; man kann demnach daran denken, daß sie eine reine Fettinfiltration erfahren haben, ohne daß sie der Giftwirkung unterlegen waren. Der Zustand der Leber, bei dem gewöhnlich die einzelnen Zellen prall mit großen Fetttropfen gefüllt sind, läßt sich nur durch die Annahme verstehen, daß Fett im Übermaß denselben zugeführt worden ist, während sie gleichzeitig durch das Gift geschädigt wurden, daß also wie bei der Phosphorvergiftung außer einer Einwirkung auf die Parenchymzellen eine solche auf die Fettdepots des Körpers stattgefunden hat, und so ergibt sich der Gedanke, daß das aus ihnen mobilisierte Fett auch in solchen Zellarten abgelagert worden ist, welche nicht vom Gift geschädigt waren.

Lehrreich ist es, wie nahe sich in der Leber die Bilder der Fettinfiltration und der Fettdegeneration berühren: Die unter den gleichen Verhältnissen, durch das gleiche Gift, bei annähernd gleichem Alter und gleicher Körperbeschaffenheit wenigstens der drei weiblichen Individuen und in der gleichen Zeit entstandene Leberverfettung geht das eine Mal (Fall 1) mit Verdrängung der Kerne, dem Merkmal der Infiltration, die anderen Male (Fälle 2, 3, 4) mit Verbleiben derselben an ihrer Stelle, wie bei „Fettdegeneration" einher, beide Zustände aber, auch der erstere, führen an vielen Zellen zur Nekrose, sind also ohne Zweifel der Degeneration zuzuzählen, obwohl fast stets die großtropfige Form der Fettablagerung vorhanden ist. Auch die Art der Kernzerstörung ist verschieden, geschieht im ersten Fall fast nur durch Karyorrhexis, in den übrigen fast nur durch Chromatolysis.

Auch bezüglich der zweiten Haupterscheinung, der Blutungen, bestehen neben manchen Übereinstimmungen trotz der gleichen Vorbedingungen wesentliche Verschiedenheiten in der Lokalisation und Intensität: Überall war die Leber der Hauptsitz; das erklärt sich wiederum aus der unmittelbaren Berührung der Kapillarwandungen mit dem aus dem Darm resorbierten konzentrierten Gift; hier wie auch in den anderen

Organen war übrigens keine anatomische Veränderung der Gefäßwand nachzuweisen. Nächstdem war ziemlich konstant, nämlich in 3 Fällen, eine hämorrhagische Infiltration des Achselhöhlenfettes nachzuweisen, ferner dreimal Ekchymosen im Epikard, wenn auch verschiedener Reichlichkeit, im übrigen wechselten die Lokalisationen; konstant frei waren die Magen- und Darmwand in allen Schichten, fast stets frei Pleuren, Nierenbecken und Nierengewebe. Die Gleichheiten und Ungleichheiten in der Verteilung der Blutungen geben keinen Aufschluß darüber, welche Momente für dieselben maßgebend waren.

Noch nicht vollkommen geklärt ist das Verhalten der roten Blutkörperchen bei der Amanitavergiftung: Zuerst Kobert[7]) dann Abel und Ford[8]) und Koberts Schüler Rabe[9]) haben festgestellt, daß im Knollenblätterschwamm mindestens zwei giftige Substanzen existieren, eine thermolabile, für Tierblut stark hämolytische (Abel und Fords „Amanitahämolysin", welches Rabe in die Eiweißgruppe rechnet) und eine hitzebeständige, für Warm- und Kaltblüter rasch tödliche (Abel und Fords „Amanitatoxin", welches Rabe mit Kobert für ein Alkaloid erklärt). Dem Hämolysin wird von Abel und Ford bei menschlichen Intoxikationen keine wesentliche Bedeutung zugeschrieben, weil in der Regel keine sicheren Zeichen von Blutkörperchenauflösung dabei beobachtet worden sind; die Erklärung läßt sich darin suchen, daß es durch Erwärmen auf 65° und die Verdauungsfermente zerstört wird; Rabe jedoch tritt gegen die Bedeutungslosigkeit des Hämolysins auf, er fand es schon in kleinen Dosen für Warmblüter tödlich. Wie weit freilich dabei die in vitro nachweisbare Hämolyse auch in vivo eintritt, läßt er nach seinen Versuchen unentschieden. 3 neuerdings von Kobert beobachtete Fälle sind die einzigen menschlichen, in denen die positive Angabe gemacht ist, daß im Blutserum aufgelöste rote Blutkörperchen gefunden wurden und einmal auch Gallenfarbstoff im Harn; freilich liegt keine Mitteilung vor, wieviel Zeit zwischen Vergiftung und Tod vergangen war. In fast allen meinen Fällen wurde blutige Imbibition der Herzklappen und des Inhalts der serösen Höhlen und verschiedener Organe festgestellt, obwohl Fäulniserscheinungen vollkommen fehlten; dadurch wird der Gedanke nahegelegt, daß intra vitam bereits eine Auflösung der Erythrocyten stattgefunden und nach dem Tode die Färbung der Gewebe veranlaßt hat. Da die Pilze offenbar in den vorliegenden Fällen in mangelhaft gekochtem Zustand genossen waren, kann die eine Voraussetzung für das Wirksambleiben des hämolytischen Giftes zutreffen. Allerdings war von den klinischen Folgen der vitalen Hämolyse, Ikterus und Hämoglobinurie, bei den vier Patienten nichts vorhanden, und die mikroskopische Untersuchung ließ nichts Sicheres von Schädigung roter Blutkörperchen auffinden; auch fehlten Gallenthromben in der Leber, was freilich seinen Grund in der schweren, zur Gallenbildung überhaupt nicht mehr befähigenden Erkrankung des Lebergewebes gehabt haben kann. H. Schultze erwähnt, daß die einzige überlebende Patientin keine Resistenzverminderung der Erythrocyten darbot; aber sie hatte das Gericht noch einmal gekocht.

Zweifelhaft ist es mir, ob die Schwellung der lymphatischen Apparate der Darmwand und der mesenterialen Lymphdrüsen mit der Vergiftung in Beziehung gebracht werden darf. Schürer[6]) rechnet sie zu den charakteristischen Folgeerscheinungen der Amanitavergiftung, fand jedoch bei seinem Patienten, einem 5 jährigen Knaben, welcher schon 35 Stunden nach der Vergiftung gestorben war, daneben ausgesprochen akut entzündliche Erscheinungen an der Darmschleimhaut; letztere fehlen in meinen Beobachtungen vollkommen; die Hyperplasie, welche allerdings in Fall 2 und 3 an Peyerschen Plaques, Follikeln und Mesenterialdrüsen, in ersterem auch an den peripheren Drüsen, vorhanden war, in Fall 4 sich auf die Solitärfollikel des Dünndarms beschränkte und in den anderen Fällen ganz fehlte, trug kein Zeichen akuter Entstehung an sich.

Endlich muß als eine eigentümliche Erscheinung die Bildung von Kalkzylindern in den Harnkanälchen erwähnt werden, welche in vieren der Fälle und am stärksten bei dem am längsten Überlebenden (Fall 5) sich fanden. Sie hängen ohne Zweifel mit der Vergiftung zusammen; mikroskopisch sehen sie anders aus, als die in beliebigen Nieren nicht selten zu treffenden glatten Kalkzylinder. Auffällig ist ihre Beschränkung auf die Rinde, wo die Markstrahlen und zum Teil die distalen Abschnitte der Tubuli contorti sie enthalten. Sicher spielt bei ihrem Zustandekommen die Inkrustation der Epithelien eine große Rolle, nicht selten sind auf eine Strecke hin die noch festsitzenden Epithelzellen verkalkt, und stellenweise lassen sich die Zylinder in eckige gleichgroße Schollen auflösen, welche vollkommen den Kalkablagerungen nach Sublimatvergiftung gleichen, nur daß eben die schwer veränderten und nekrotischen Zellen der Hauptstücke unbeteiligt sind; außerdem kommen im Lumen auch solcher Kanälchen, welche ihr Epithel noch besitzen, Kalkkugeln verschiedener Größe, welche nichts mit Epithelien zu tun haben und zu Zylindern zusammenfließen, vor. Da dieser Befund sich erst bei der mikroskopischen Untersuchung ergab, war nicht mehr festzustellen, ob eine Vermehrung des Blut- und Harnkalkes bestand, und man annehmen kann, daß, wie es bei der Sublimatvergiftung wohl infolge verringerter Ausscheidung durch den erkrankten Dickdarm der Fall ist, ein vermehrter Kalkgehalt des Harns die Ausfällung in den abgestorbenen Epithelzellen veranlaßt oder wenigstens begünstigt hat.

Die interessanteste Erscheinung in dem ganzen Komplex von Vorgängen ist das Schicksal der Lebererkrankung. Trotz der weiten Verbreitung der Veränderungen über den Körper steht sie schon bei den nach

3 Tagen tödlichen Fällen im Mittelpunkte des anatomischen Bildes in Gestalt der hämorrhagischen Fettleber. In dem 5. Fall, in welchem das Leben $2^1/_2$ Tage länger erhalten geblieben war, bildet sie fast die einzige, jedenfalls die allein ausschlaggebende Veränderung und stellt sich dar als schwerste akute gelbe und rote Atrophie, welche wohl auch ohne die hinzugetretene Bronchopneumonie zum Tod geführt haben würde. Verfettungen anderer Organe fehlen in diesem letzteren Falle ganz oder bis auf verschwindende Spuren, die Nekrose mancher Glomerulusepithelien, die in den früheren Fällen vermißt wurde, wird demgemäß nicht auf die Pilzvergiftung selbst bezogen, sondern erst als Folge der Lebererkrankung angesehen werden müssen. Ob stärkere Verfettung der übrigen Parenchyme in den ersten Tagen bestanden hat und schon wieder rückgängig geworden ist, läßt sich nicht entscheiden, jedenfalls wird kein Zelluntergang in den Nieren, wie in Fällen 1—4, vorhanden gewesen sein, denn daß die Regeneration so vollständig innerhalb der kurzen Zeit abgelaufen wäre, ist nicht anzunehmen. Angesichts der weitgehenden Übereinstimmung der Leberveränderungen in den ersten 4 Fällen wird man aber damit rechnen dürfen, daß diese atrophische Leber während der ersten Tage ihnen gleich beschaffen gewesen, daß demnach im Laufe von $2^1/_2$ Tagen die große akute Fettleber in eine weit fortgeschrittene Atrophie übergegangen ist. Die Amanitavergiftung stellt sich also als eine Ursache akuter gelber und roter Leberatrophie heraus. Bisher liegt darüber nur eine Mitteilung Paltaufs[11]) vor, welche sich allerdings auf eine kurze Erwähnung des mikroskopischen Verhaltens der Leber beschränkt, ohne weitere Angaben über den Fall selbst zu machen. Heckers[12]) Beobachtung, welche gelegentlich als Beleg für den Zusammenhang zwischen Pilzvergiftung und Leberatrophie genannt worden ist, läßt sich tatsächlich nicht in diesem Sinne verwerten; denn sie betrifft eine Gravida, und die Mitwirkung von Pilzen war lediglich als Verdacht dritter Personen ausgesprochen worden.

Mehrfach ist die Frage erörtert worden [Anschütz[13]), Paltauf[11])], ob sich mikroskopisch die „genuine“ Leberatrophie von der nach Phosphorvergiftung entstandenen unterscheiden läßt, daß heißt also, ob das Bild derselben nach den ätiologischen Momenten wechselt. Man muß sich bei dieser Fragestellung bewußt sein, daß das, was genuin genannt wird, bezüglich der Ursachen durchaus nicht einheitlich und mit dieser Gegenüberstellung die Einteilung der akuten Leberatrophie nicht erschöpft ist. Wie sich aus den neueren Erfahrungen schließen läßt, wird die letztere hervorgerufen durch Gifte, welche teils im Körper entstehen und ihrer Natur nach nicht bekannt sind, teils von außen kommen und bakterieller oder nichtbakterieller Natur sind; von letzteren Substanzen kennen wir zur Zeit den Phosphor, das Chloroform und nun das Pilzgift. Paltauf findet zwischen der genuinen und der Phosphoratrophie einen Unterschied einmal in der Lokalisation des Parenchymschwundes: Bei letzterer beginnt der Zerfall in der Peripherie der Acini, und am längsten bleiben die zentralen Zellen erhalten, bei der genuinen — Paltauf urteilt dabei nach 10 eigenen Beobachtungen — im Zentrum; ferner — darin stimmt er Anschütz zu — in der Art des Zellunterganges derart, daß bei der genuinen die Nekrose und der rasche totale Zerfall der Zellen die Hauptrolle, die Verfettungsvorgänge dagegen nur eine untergeordnete Rolle spielen, während bei der Phosphorvergiftung die letzteren ganz im Vordergrund stehen. Paltauf leitet aus diesem Unterschied einen verschiedenen Hergang resp. eine verschiedene Herkunft des wirksamen Giftes ab: Bei Phosphorvergiftung soll ein autolytisches Ferment vom Blut aus auf die Leberzellen einwirken, bei der genuinen Atrophie der zentrale Sitz der Nekrosen auf ein in der Galle vorhandenes Gift hinweisen. Ohne Zweifel müssen die zwei Formen der akuten Leberatrophie, welche ja schon Marchand[14]) einander gegenübergestellt hat, vom anatomischen Standpunkt aus getrennt werden; ob sie sich aber ebenso scharf nach der Pathogenese trennen lassen, wie Paltauf will, erscheint mir zweifelhaft. In meinem Fall, in dem ein exogenes Gift wie bei der Phosphorleber wirksam war, bestanden allerdings autolytische Abbauvorgänge, wie die Anwesenheit von Leucin und Tyrosin bezeugen, und der Verfettungsprozeß trat ungemein auffällig hervor sowohl in dem durch die Fälle 1—4 charakterisierten Vorstadium als in den erhaltenen Teilen der betreffenden Leber selbst; der Zerfall begann aber im Zentrum der Acini, wie bei der genuinen Atrophie. Eine Auflösung der Zellen ließ sich nur selten feststellen; meist wurden in den Maschen des Kapillargerüstes kleine eckige Häufchen von Fettkörnchen gefunden, die noch von einem Protoplasma ohne Kern zusammengehalten wurden; die Fettkörnchen waren hier viel kleiner als in dem vorhergehenden Stadium, also offenbar während der Atrophie der Zellen verkleinert und verringert worden.

Fettgehalt und Größe der Fetttropfen, welche allerdings in den verschiedenen Fällen von akuter Leberatrophie stark schwanken, hängen davon ab, ob das Gift, welches den raschen Abbau der Lebersubstanz herbeiführt, zugleich durch eine Einwirkung auf die Fettdepots des Körpers eine Fettwanderung nach der Leber veranlaßt; bei den bakteriellen und den Autointoxikationen scheint dies in der Tat selten der Fall zu sein, bei der Phosphor- und Pilzgiftleber dagegen die Regel.

Literaturverzeichnis.

1. Schultze, Hans, Münch. med. Wochenschr. 1917, Nr. 25.
2. Sahli, Schärer und Studer, Mitt. der Naturforsch. Ges. in Bern 1885, S. 75.
3. Maschka, Prager Vierteljahrsschrift 2, 137. 1855.

4. Trateanu, Spitalul 1909, Nr. 20; ref. Schmidts Jahrb. **306**. 1910.
5. Plowright, Brit. med. Journ. 1905, 9. Sept.
6. Schürer, Deutsche med. Wochenschr. 1912, 1, S. 548.
7. Kobert, Petersb. med. Wochenschr. 1891; Lehrbuch der Intoxikationen **2**.
8. Abel und Ford, Archiv f. exp. Path. u. Pharm. 1908, Suppl. S. 8.
9. Rabe, Zeitschr. f. exper. Path. u. Ther. **9**, 352. 1911.
10. Kobert, Chemiker-Zeitung 1916, Nr. 129, S. 901.
11. Paltauf, Verh. d. Deutsch. Pathol. Ges. 1902, S. 93.
12. Hecker, Monatsschr. f. Geburtskunde u. Frauenkrankh. **21**, 210. 1863.
13. Anschütz, v. Baumgartens Arbeiten aus dem Path. Institut Tübingen **3**, 230. 1902.
14. Marchand, Zieglers Beiträge **17**, 206. 1895.

(Aus dem pathologisch-anatomischen Institut der Universität Halle [Direktor: Geheimrat Professor Dr. Beneke].)

Über Schwangerschaft im verkümmerten Nebenhorn der einhörnigen Gebärmutter.

Von

Professor Dr. **Karl Justi**, Halle,

z. Z. ordinierendem Arzt der Malariastation in Aschersleben.

Mit 6 Zeichnungen des Verfassers.

Die einhörnige Gebärmutter in ihren verschiedenen Spielarten gehört zu den selteneren Mißbildungen. Im vergangenen Jahre reichte mir meine Sektionstätigkeit kurz hintereinander zwei Fälle in die Hände.

Die erste Beobachtung stellte sich als Nebenbefund dar bei einer 32jährigen Phthisica. Die schlanke, einhörnige Gebärmutter war nach rechts gekrümmt und trug an ihrem spitzen Ende die Anhänge. Links fehlten sie. An Stelle des linken Horns fand sich eine dünne Muskelplatte, die sich in der Höhe des Halsabschnittes ansetzte und, 24 cm lang, von einer Bauchfellfalte überdeckt, an der linken Linea innominata in einen mit Lichtung versehenen Tubenstumpf von 4 cm Länge und mit kräftigem Fimbrienende auslief. Die Tube umgriff eine mit Brei und Haaren prall gefüllte Dermoidcyste mit unscheinbarem Kopfhöcker. Die linke Niere fehlte.

Sehr viel eindrucksvoller war der zweite Fall. Eine junge Frau war im dritten Schwangerschaftsmonat beim Tragen eines Wasserfasses plötzlich unter Leibschmerzen ohnmächtig zusammengebrochen und starb auf der Fahrt in die Klinik an innerer Verblutung. Die Sektion ergab statt der erwarteten geborstenen Eileiterschwangerschaft — eine Untersuchung hatte nicht stattgefunden — zu allgemeiner Überraschung ein schwangeres, geplatztes Nebenhorn.

Bericht über die Sektion. 21. Juni 1916, 10^{15} Morgens.

Große, kräftig gebaute, gut genährte Leiche von sehr blasser Farbe der Haut und der Schleimhäute. An beiden Brustwarzen tritt Colostrum hervor. Geschlechtsteile frei von Blut. Leib gut gewölbt, kaum aufgetrieben.

Bei Eröffnung des Bauchraumes strömt dunkles Blut hervor. Ein kugeliger, doppelt faustgroßer Tumor, von frischen Kruormassen bedeckt und von einem Netzzipfel überkleidet, nimmt die rechte Unterbauchseite bis zur Mittellinie ein. Umfangreiche schwarze Gerinnsel liegen in dem kleinen Becken und in der linken Bauchseite. Die Menge der Coagula und des flüssigen Blutes beträgt 2400 ccm. Nach Ablösung der Gerinnsel und des angeklebten Netzes wird am seitlichen Pole

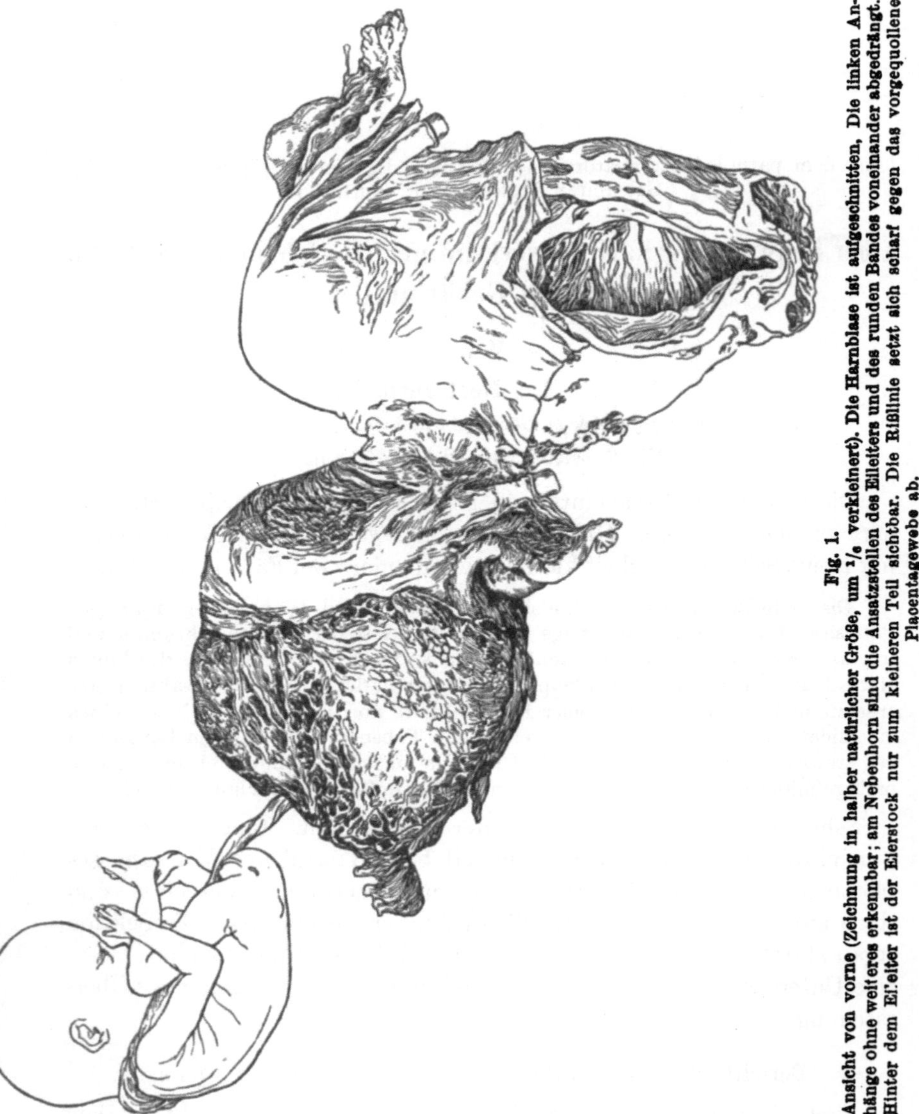

Fig. 1.
Ansicht von vorne (Zeichnung in halber natürlicher Größe, um 1/6 verkleinert). Die Harnblase ist aufgeschnitten. Die linken Anhänge ohne weiteres erkennbar; am Nebenhorn sind die Ansatzstellen des Eileiters und des runden Bandes voneinander abgedrängt. Hinter dem Eileiter ist der Eierstock nur zum kleineren Teil sichtbar. Die Rißlinie setzt sich scharf gegen das vorgequollene Placentagewebe ab.

des Tumors der Kopf eines Foetus sichtbar. Bei leichtem Zug gleitet die 20 cm lange wohlgestaltete und wohlerhaltene tote Frucht vollends hervor. Der Tumor hat nunmehr die Größe einer Faust. Der größere seitliche Abschnitt hat das Aussehen der dezidualen Fläche einer Placenta; der mediale, untere Abschnitt, durch eine Rißlinie scharf abgegrenzt, ist muskulös und vom Bauchfell überzogen. Der Bauchfellüberzug ist an der Rißlinie hier und da medialwärts umgekrempelt. Das rechte runde Band setzt sich vorn unten an dem medialen, muskulösen Abschnitt an. Lateralwärts und etwas tiefer entspringt der Eileiter, medial- und abwärts herabhängend. Hinter dem Eileiter ist der walnußgroße Eierstock versteckt. (Fig. 1.)

Der Tumor verjüngt sich an seinem medialen unteren Pol in einen kleinfingerdicken muskulösen Strang von 2 cm Länge, der in die rechte Kante des Uterus, 5 cm unterhalb von dessen spitzem Fundus übergeht. Diese Stielverbindung wird jedoch erst bemerkbar beim Anheben des Tumors; in situ überlagert er die rechte Kante des Uterus. Der Tumor ist in seiner vom Stiel zum äußeren Pol führenden Längsachse um 90° einwärts gedreht und gegen die Mittellinie umgesunken; der Stiel wird entfaltet dadurch, daß man den Tumor entsprechend auswärts dreht und etwas nach außen senkt. In situ ist der Stiel nach hinten und abwärts geknickt.

Der Uterus ist leicht nach vorn gebogen; er hat die Größe einer im 3. Monat schwangeren Gebärmutter und fühlt sich weich an. Die linken Anhänge gehen an normaler Stelle ab. Das Lig. ovarii proprium ist kurz, der Eierstock liegt dicht am Uterus. Das kräftige runde Band verläuft in gerader Richtung zum Leistenkanal.

Brustsektion. Der Brustkorb ist normal gestaltet. Die Knorpel sind leicht schneidbar. Der Mittellappen ist flächenhaft mit der Brustwand verwachsen. Die Lungen sind zurückgesunken, weich, blutreich, überall lufthaltig und besonders in den Unterlappen ödematös.

Im Herzbeutel keine vermehrte Flüssigkeit. Herz faustgroß, Epikard mäßig fettreich; Muskel von mittlerer Stärke, blaßbraun. Die Aorta und die größeren Äste zeigen einzelne punktförmige Verfettungen der Innenhaut. Innere Brustdrüse nicht deutlich entwickelt.

Tonsillen vergrößert, in der linken eine erbsengroße Eiteransammlung. Schleimhaut der Speiseröhre blaßgrau, glatt, der Luftröhre leicht gerötet. Schilddrüse nicht vergrößert, enthält in beiden Lappen kolloide Knoten.

Bauchsektion. Milz 11 : 7 : $2^1/_2$ cm groß, 102 g schwer, sehr schlaff, weich. Schnittfläche gleichmäßig graurot. Leber 25 : 15 : 7 cm groß, 1170 g schwer. Der linke Lappen ist stark aufwärts ausgezogen und abgeplattet. Konsistenz schlaff. Schnittfläche blaß graubraun. Zeichnung verwaschen. Keine Herde sichtbar. Nebennieren platt, Rinde schmal, hellgelb. Mark grau. Nieren 9 : 5 : 3 cm groß, 100 g schwer, schlaff. Kapsel leicht abziehbar. Oberfläche glatt. Rinde lehmfarbig. Mark blaßrot. Nierenbecken o. B. Blase eng zusammengezogen, leer, Schleimhaut weiß. Im Magen und Darm gelblicher Inhalt von normaler Konsistenz. Magenschleimhaut rötlichgrau, nicht verdickt, frei von Defekten und Narben. Darmschleimhaut grau. Bauchaorta schmal, gut elastisch, mit einzelnen, längsgestellten Verfettungsstreifen. Untere Hohlvene und ihre größeren Äste frei von Pfröpfen.

Diagnose: Zweihörnige Gebärmutter mit rechtsseitigem, schwangerem, geborstenem Nebenhorn.

Tödliche Blutung in die Bauchhöhle. Akute allgemeine Anämie. Lungenödem.

Beschreibung des nach der Sektion in Formalinlösung eingelegten Präparates.

1. Das Hauptthorn (links) ist leicht anteflektiert, in der Längsachse etwas nach links gebogen, vergrößert entsprechend einem im 3. Monate schwangeren Uterus, und abgeplattet. Der Fundus ist rund und sieht nach oben links. Am breitesten — 8 cm — ist das Haupthorn in der mittleren Höhe des Körpers; die größte Dicke — an gleicher Stelle — beträgt 5 cm, die äußere Länge 12 cm. Die Wand ist ungleich stark. An der rechten konvexen Seite ist sie schmaler als an der linken konkaven. Am Fundus ist sie $1^1/_2$ cm dick. Die Länge der ganzen Höhle mißt 26 mm, die des Halskanals 45 mm. Die Körperschleimhaut ist in eine kräftige, den Tubenwinkel ausfüllende Decidua umgewandelt. Diese reicht mit mehreren Zapfen über den inneren Mm. hinab. Der Halskanal ist von einem zähen rötlichen Schleimpfropf ausgefüllt.

Die Scheide ist weit, die Schleimhaut blaß, stark gefaltet. Das vordere Scheidengewölbe ist flach, das hintere etwas tiefer.

Wie erwähnt, haften die Anhänge an normalen Stellen, d. h. links vom Fundus, an. Das runde Band erreicht bald nach dem Abgang vom Horn eine Stärke von 7,5 mm. Der Eileiter ist dünn, 9,5 cm lang; das Fimbrienende ist offen und trägt eine 10 mm lange gestielte Hydatide. Das Lig. ovarii propr. ist nur 11 mm lang. Der Eierstock sitzt also dicht am Uterus. Er hat platt ovaläre Gestalt, mißt

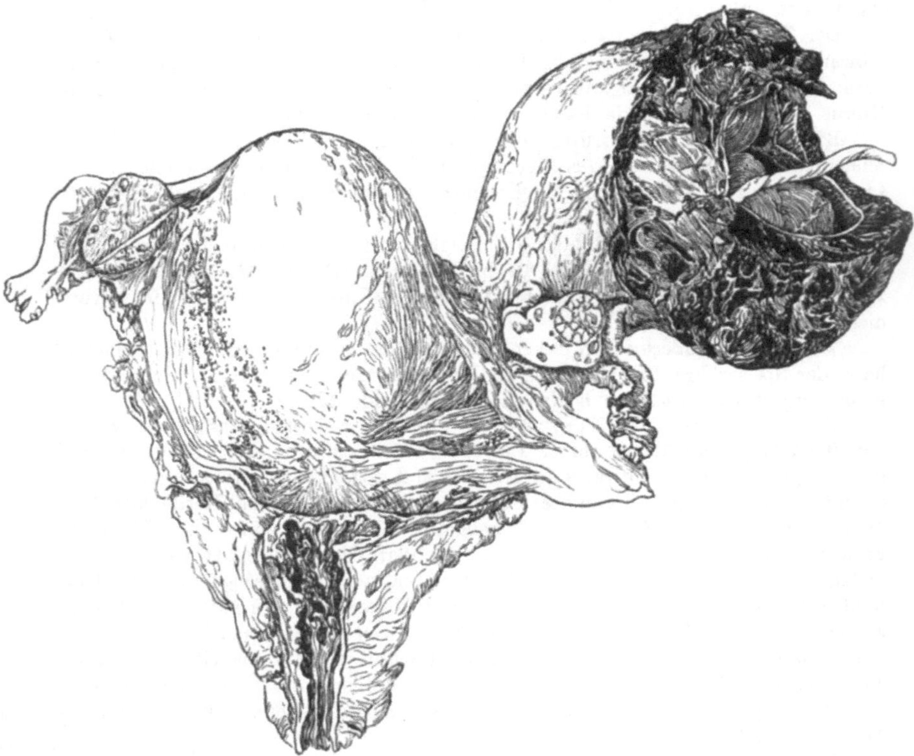

Fig. 2.
Ansicht von hinten. Mastdarm aufgeschnitten, beide Eierstöcke angeschnitten. Im rechten Eierstock ein gelber Schwangerschaftskörper; das Lig. ovarii ist von dem Eileiter weit abgerückt. Zahlreiche Schmorlsche Deciduaknötchen sind am linken Rande des Haupthorns sichtbar. Die Placenta quillt weit aus dem geborstenen Nebenhorn hervor. Durch den Riß der Eihüllen sieht man die gewulstete Innenfläche der Eihöhle. Stellenweise liegen die Eihäute von Placenta unbedeckt frei (die Nabelschnur deutet auf eine große, schmetterlingsförmige derartige Stelle).

34 : 24 : 10 mm. Die Oberfläche ist uneben; zwischen narbigen Einziehungen quillt das Gewebe zu flachen Knollen vor. Auf dem Durchschnitt erscheinen an diesen Stellen in der Rinde zahlreiche bis erbsengroße, glattwandige Cysten. Außerdem sind in dem derb fibrösen Gewebe mehrere Corpora candicantia sichtbar, von denen eines rot gefärbt ist. Das Parovar samt seinen Ausführungsgängen ist kräftig ausgebildet. Das breite Band und die Oberfläche des Eileiters tragen einzelne stecknadelkopfgroße Serosacysten. Der zum Haupthorn gehörige Douglas ist platt und stellenweise braun verfärbt.

2. Das Nebenhorn (rechts) hat die Gestalt einer von vorn nach hinten etwas abgeplatteten Kugel. Es ist 11 cm breit, 10 cm hoch und $5^1/_2$ cm tief. Die

mediale Wand steigt ziemlich steil an und zeigt dichte, quer und längs angeordnete Falten. Die untere Fläche steht nahezu horizontal. Etwa im sagittalen Äquator der Kugel ist der Bauchfellüberzug in einer etwas gezackten Linie abgerissen; die laterale Hälfte der Kugel ist bauchfellfrei. Der Rißrand des Bauchfells ist teilweise medialwärts umgekrempelt. Blutgefüllte Venen schimmern durch das Bauchfell durch. Die quer verlaufenden Gefäße lassen sich teils über den Rißrand hinaus verfolgen, teils sind sie hier abgerissen. Der laterale, bauchfellfreie Teil der Kugel

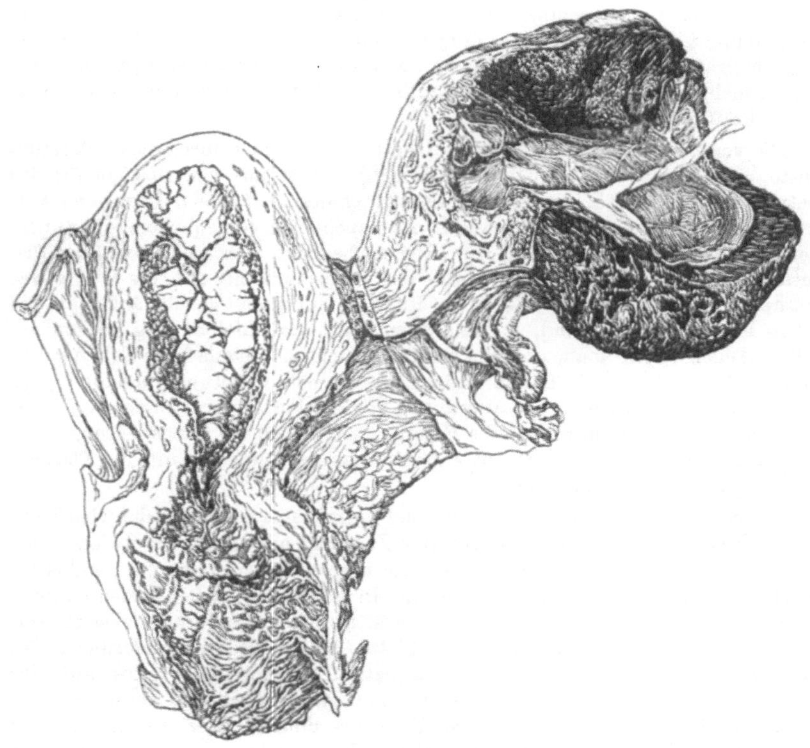

Fig. 3.
Frontalschnitt. Decidua im Haupthorn. Auf dem Sagittalschnitt des Stils mehrere Gefäßlichtungen. Die Wand des Nebenhorns hat sich, unter Vorquellen der Placenta, zurückgezogen; die inneren Lagen sind gefaltet. Die Nabelschnur entspringt am Rande der Placenta. Beide Lig. ovarii sind durchgeschnitten.

zeigt vorn die freiliegende parietale Fläche der Placenta, hinten und am seitlichen Umfang liegen in großer Ausdehnung die durchschimmernden Eihäute vor. Am seitlichen Umfange tragen die Eihäute einen senkrechten, 5 cm langen, breit klaffenden Riß, durch den die Frucht, mit dem Kopf voran, ausgeschlüpft ist. (Fig. 2.)

Das runde Band, kräftiger als links, entspringt mit breiter, fächerförmiger Ausbreitung an dem medialen, unteren vorderen Quadranten des Nebenhorns und geht dicht oberhalb der unteren Kante, 3 cm von dem medialen Umfange des Horns entfernt, gerade nach vorn zum Leistenkanal. Der Eileiter, 9 cm lang, ist 5,5 cm von der medialen Kante und etwas oberhalb vom runden Bande angeheftet. Er erstreckt sich abwärts; die untere Hälfte liegt hinter dem runden Bande verborgen. Das Fimbrienende ist frei. Das Lig. ovarii propr. ist dick und starr, 16 mm lang und geht von der Rückfläche des Horns, 2 cm von dessen medialem Umfang entfernt, ab. Der Abstand dieser Stelle von dem Tubenansatz beträgt, mit dem Tasterzirkel gemessen, 32 mm. Der Eierstock liegt hinter der Tube, unterhalb des Hornkörpers. Er ist länglich, platt, das freie Ende kugelig verdickt. Länge 31, größte Höhe 22, größte Dicke 16 mm. Die Oberfläche ist unregelmäßig flachknollig mit ausgedehnten narbigen Einziehungen. Auf dem Durchschnitt erscheint, den äußeren oberen Pol einnehmend und bis dicht zur Oberfläche reichend, ein ovaläres, 16 mm langes, 12 mm hohes Corpus luteum. Es hat einen weißen Kern, der in die hellgelbe Randzone feine Septen ausstrahlt. Außerdem enthält das derbe Stroma mehrere kleine Corpora candicantia und kleine Cysten. Das Parovar ist ebenso kräftig wie links entwickelt.

Die von rechts nach links längliche, platte Eihöhle ist durch dicke Placentawülste eingeengt und in dem jetzt vorliegenden Zustande viel zu klein für den Foetus. Die Placenta, von Blutergüssen durchsetzt, haftet der Hornwand z. T. fest an; sie ist weit über den Rißrand in die Bauchhöhle vorgequollen. Die Innenfläche des Horns ist fast überall von Placenta bedeckt. Der mediale Pol der Placenta ist 20 mm von der medialen Kante des Horns entfernt; d. h. die Wand des Horns ist hier 20 mm stark. Gegen die Rißstelle hin nimmt sie allmählich ab und endigt hier, spitz zulaufend, zusammen mit dem Bauchfellüberzug. Schon mit bloßem Auge bemerkt man, daß die inneren Schichten in steile hohe Falten gelegt und gelblich verfärbt sind. In den übrigen Wandschichten tritt eine um die Längsachse vorwiegend konzentrische Anordnung von Muskulatur und Bindegewebe hervor. Gegen den Stiel hin nimmt die Faserung allmählich die Längsrichtung an.

Die 22 cm lange Nabelschnur entspringt an der unteren Kante der Placenta am Übergang zu den Eihäuten.

Der Stiel ist sattelförmig, abwärts und dorsalwärts geknickt; die Oberfläche zeigt senkrechte Falten. Im ausgestreckten Zustande mißt er an der oberen Kante 3 cm. An das Haupthorn setzt er sich, 5 cm unterhalb der Spitze des Fundus beginnend, bis gegen die Cervix, 3 cm hoch, an. In der Mitte zwischen beiden Hörnern ist er 28 mm hoch. Der obere Teil ist am kräftigsten, walzenförmig; abwärts verjüngt er sich zu einer dünner werdenden Platte. Dem oberen walzenförmigen Teil haftet das Bauchfell fest an; dem unteren platten Abschnitt liegt es lose auf. Die Grenze zwischen beiden Teilen setzt sich mit querer Richtung auf die vordere Wand des Haupthorns fort als oberer Rand des unteren Uterinsegmentes. Auf senkrechten Schnitten durch den Stiel ist ein Kanal nicht bemerkbar. Auch läßt sich nicht, wie Jaensch das beschreibt, Saft durch streichenden Druck auspressen. Die Muskelfasern, von blätteriger Anordnung, sind längs gerichtet. Sie strahlen in das Nebenhorn büschelförmig aus. Am Haupthorn biegen die oberen Lagen aufwärts in den Fundus, die unteren Lagen abwärts gegen den Halsteil und vermengen sich mit den äußeren Schichten der Haupthornmuscularis. In dem Stiel sind zahlreiche weite Blutgefäße sichtbar; mehrere Spalträume, die etwa als Bruchteile eines Kanals aufgefaßt werden könnten, werden mikroskopiert und erweisen sich als endothelausgekleidet.

Schmorlsche Deciduaknötchen werden beobachtet links auf dem Eierstock, besonders reichlich an der Rückfläche; ferner in großen Mengen auf dem hinteren Blatt des breiten Bandes und von da übergreifend auf den angrenzenden Bezirk der hinteren Uteruswand sowie im Douglas. Hier sind sie etwas größer und vielfach bräunlich verfärbt. Rechts auf der hinteren Platte des breiten Randes; am tiefsten Teil desselben macht sich die braune Verfärbung bemerkbar; ferner in großer Zahl auf dem Eierstock.

Mikroskopische Untersuchung.

Technik. Um die harten Objekte (Hornwand, Stiel, Eierstock) schnittfähiger zu machen, empfiehlt sich die Einschaltung von Cedernholzöl für einige Stunden zwischen dem Alcoh. absol. (2 × 24 Std.) und dem Cloroform, das vor dem Xylol Vorzüge hat. Die Blöcke kommen dann in 40grād. Paraffin, worin sie, ohne Schaden zu nehmen, tagelang bleiben können, um sich gut zu durchtränken. In dem 56grād. Paraffin genügen 1 bis $1^1/_2$ Stunden. Man kann selbst von großen Stücken 5-μ-Schnitte erhalten.

Färbung: Die schönsten Bilder von der Hornwand, dem Eierstock und den Deciduaknötchen des Bauchfells lieferte das Verfahren mit Eisenhämatoxylin und nach van Gieson nach der Vorschrift von Weigert. Gefriermikrotomschnitte wurden mit verd. Löfflerscher Methylenblaulösung und mit Sudan 3 nach Hämatoxylinvorfärbung behandelt. Versuche, das Glykogen nach Best darzustellen, mißlangen infolge der Formalinkonservierung.

Decidua im Haupthorn. 8 mm dick. Färbbarkeit i. A. herabgesetzt. Mächtige Compakta mit weiten Bluträumen, deren Endothel meist erhalten ist. Besonders die oberen Schichten sind aufgelockert und enthalten Ansammlungen von Eiweißkörnchen (Flüssigkeit) sowie von roten Blutkörperchen und Lymphocyten. Die ganze Decidua ist mäßig leukocytär infiltriert, besonders in den tiefen Lagen, wo die Drüsenlichtungen von ihnen ausgefüllt sind. In den umschriebenen Ansammlungen, aber auch verstreut im ganzen Gewebe, treten Rundzellen vom Typus großer Lymphocyten auf, die mit Blutpigment beladen sind. Die Deciduazellen färben sich mit Eosin meist sattrot; der Zelleib ist feinwabig. Größere Waben, die den Zellen ein helleres Aussehen verleihen, sind seltener. Viele haben Spindelgestalt. Neben den großen Zellen sind hier und da die Jugendformen mit dunklem Kern bemerkbar. Die Kerne der großen Zellen sind z T. schön gezeichnet; meist sind sie mehr oder weniger weitgehend geschrumpft.

Das Epithel fehlt an der Oberfläche; in den Drüsen ist es durchweg undeutlich, vorwiegend abgestoßen und zerfallen

Stiel. Sagittale Schnitte. Glatte, in kräftigen Bündeln angeordnete Muskulatur. Die Bündel, durch schmale Bindegewebszüge verbunden, sind vorwiegend quer getroffen. Eine besondere Anordnung der wechselnden Verlaufsrichtungen ist nicht ersichtlich. Die einzelnen Muskelfasern sind kräftiger als im ruhenden Uterus. Das Gewebe ist reich vascularisiert. Außer zahlreichen kleinen Gefäßen sind größere Arterien und Venen vorhanden. Ein epithelialer Kanal fehlt.

Nebenhorn 1. Muskelwand. Nachdem der Fruchthalter durch einen frontalen Schnitt in der Längsachse (s. Fig. 3.) gespalten war, wurde von der gesamten oberen Wandschnittfläche mit anhaftender Placenta eine Scheibe abgetragen, in mehrere Stücke zerlegt und untersucht.

Das Bauchfellendothel ist stellenweise abgestoßen, i. übr. kräftig, kubisch bis niedrig zylindrisch mit großen dunklen Kernen. Subseröses Bindegewebe durchschnittlich 160 μ dick, kernarm, dicht, nicht infiltriert. Darunter folgt eine 640 μ breite (äußere) Schicht von längs gerichteter Muskulatur, von dem subserösen Gewebe durch ein schmales Band quer (ringförmig) angeordneter Muskelfasern getrennt. (Werths subseröse zirkuläre Muskelfasern.) Bindegewebe und Gefäße sind etwa in gleicher Menge wie im normalen Uterus vertreten. Die Venen sind ausgedehnt. Die Muskelfasern sind kräftig entwickelt, jedoch nicht deutlich hypertrophisch.

Die Hauptmasse der Hornwand, nahe dem Stiel 9 mm dick, setzt sich aus Muskelfaserzügen wechselvoller Richtung und aus mäßig kernreichem fibrillärem Bindegewebe zusammen. Die Muskelbündel sind unregelmäßig durchflochten; in der äußeren Hälfte überwiegt die ringartige, in der inneren die Längsanordnung.

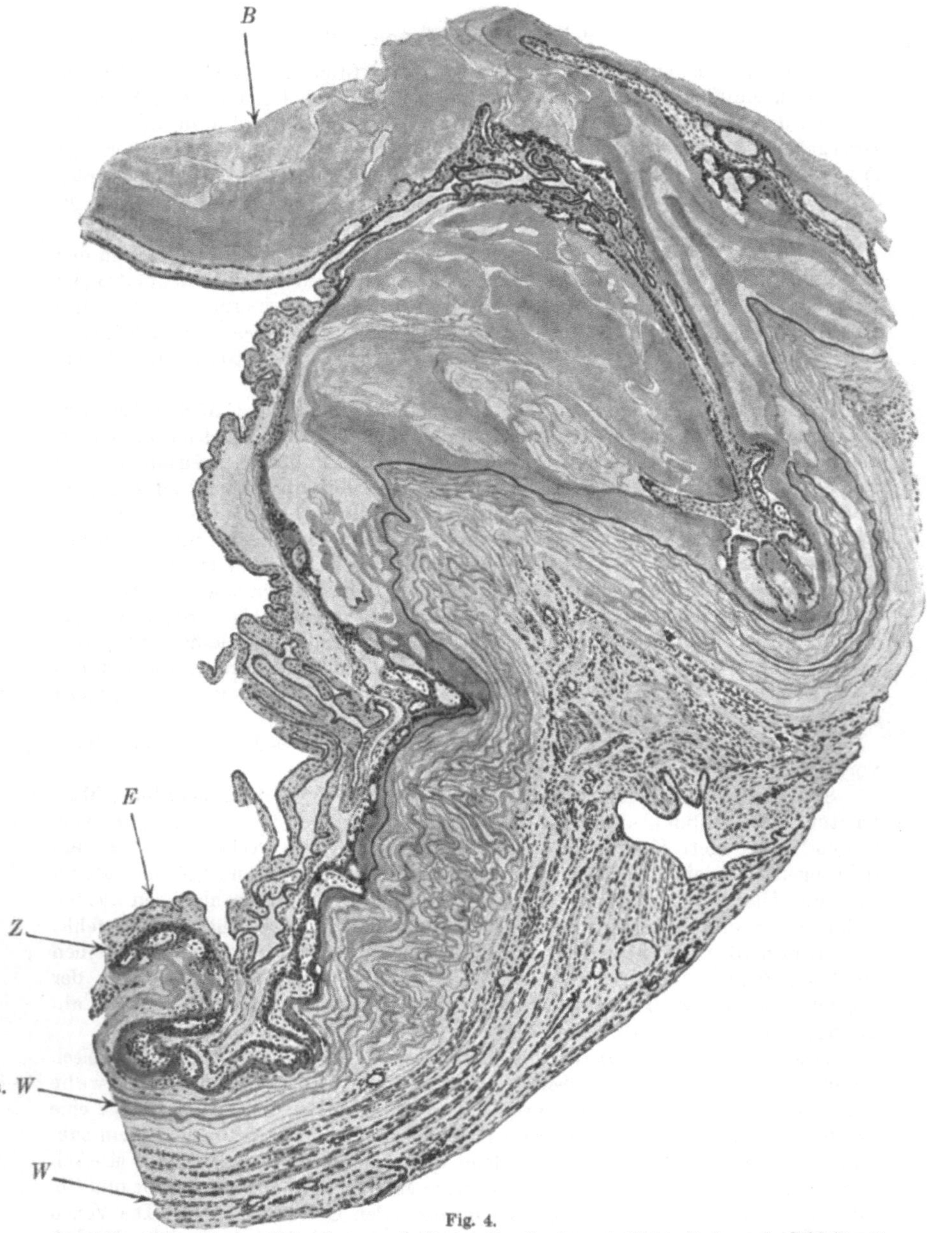

Fig. 4.

Kaudaler Abschnitt der Nebenhornwand (Vergr. 10 : 1); dargestellt ist die innerste Schicht mit den Eihäuten. Soweit die Hornwand erhalten ist (*W*), besteht sie aus einem Gemisch von Muskulatur und Bindegewebe. Gegen die Eihäute (*E*) hin findet sich eine breite, nekrotische, eng aufgefaltete Lage. Die maskroskopich sichtbaren Falten (Fig. 3) entsprechen den hohen breiten Erhebungen. (unten bei *E*, eine in der Mitte der Zeichnung, eine rechts oben). Zwischen die beiden letzteren senkt sieh ein Zipfel der weithin durch ein Hämatom abgehobenen Eihäute bis in das Faltental. (*B* Hämatom, reicht bis an den linken Abfall der mittleren Falte). Rechts oben ist innerhalb des Hämatoms ein Stück Eihaut angeschnitten. An der Unterfläche des Chorions hier und da Zotten. (*Z*.)

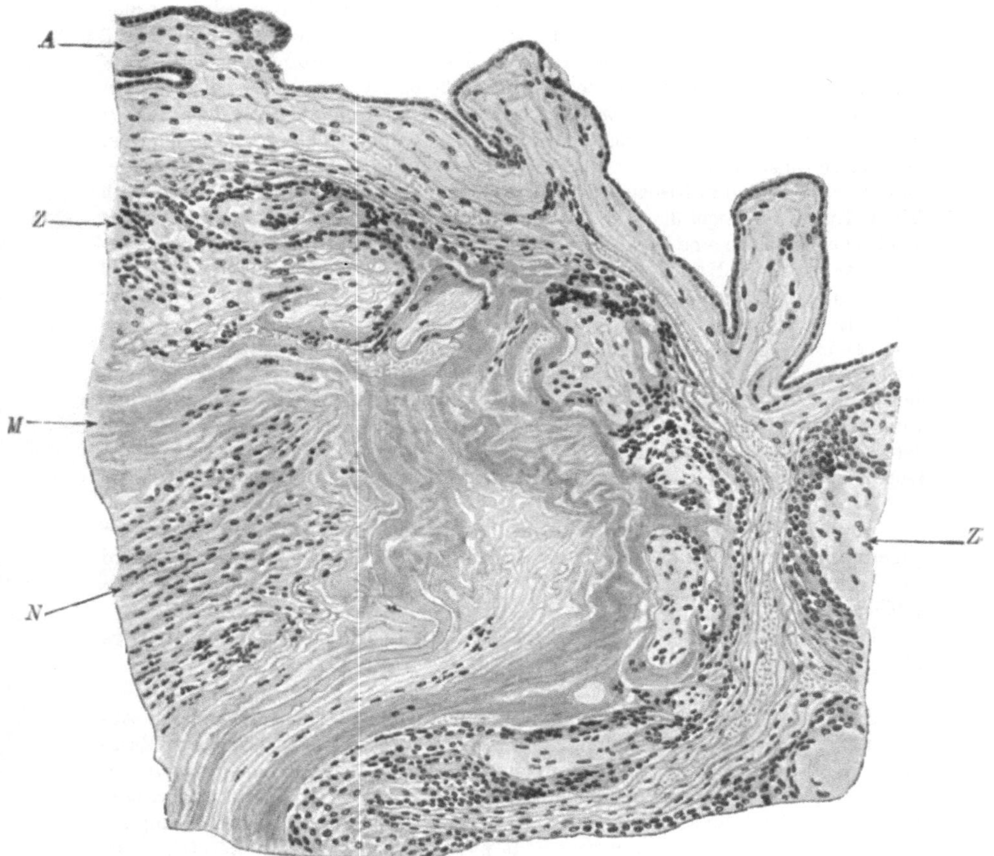

Fig. 5.
Stelle bei *E* und *Z* bei Verg. 62 : 1. *A.* Amnion. *Z.* Zotten. *N.* Nekrotisierte und mit Fibrin untermengte Schicht unterhalb des Chorions. *M.* Faltenhöhe der erhaltenen innersten Hornwandschicht.

Wir könnten demnach von einer äußeren Längsmuskelschicht, der erst erwähnten, von einer mittleren, vorwiegend zirkulär, und einer inneren, vorwiegend längs gerichteten Muskellage sprechen.

In der mittleren und inneren Schicht sind einzelne Bündel hypertrophiert. Das Bindegewebe tritt hier in viel breiteren Zügen auf als in dem normalen Uterusmuskel und in der äußeren Schicht. Im großen und ganzen ist etwa die gleiche Menge von Muskulatur und von Bindegewebe entwickelt. Besonders in der inneren Schicht sind die fibrillären Septen oft erheblich breiter als die Muskelbündel; vielfach erscheinen einzelne Fasern oder kleine Verbände inselförmig in das Bindegewebe eingelagert. Gefäße sind reichlich vorhanden: Capillaren, kleine und größere Venen und starkwandige Arterien. Nirgends enthalten die Gefäße Zotten. Das Endothel ist kräftig ausgebildet. Hier und da liegen kleine Lymphocytenansammlungen in der Umgebung der Gefäße; gegen die Innenfläche des Horns nehmen sie an Häufigkeit und Umfang zu; hier treten sie auch in größerer Entfernung von den Gefäßen auf. Auf eine deciduale Umwandlung des Bindegewebes wurde umsonst gefahndet.

Die innersten Schichten der Muskulatur sind in breite Falten gelegt; in den Faltenhöhen ist vielfach das Gewebe geschädigt; die Muskelfasern sind hyalin glänzend, in Streifen und Schollen zerfallen, die Kerne geschrumpft, schlecht färbbar, zerklüftet. Das Bindegewebe ist von größeren Lymphocytenmengen durchsetzt; die Kerne teils im Schwunde begriffen, teils groß, bläschenförmig. Geht man von dem caudalen Teil des Nebenhorns gegen den Fundus hin, so kann man die äußere Muskelschicht bis zur Rißstelle hin verfolgen; ihr Endstück ist aufgelockert, zerfetzt und in frische Gerinnsel eingehüllt. Die Gefäße sind zum Teil durch frische Thromben ausgefüllt. Die äußere Schicht mit dem subserösen Bindegewebe hat bis zur Rißstelle eine Dicke von 800 μ , also nicht ganz 1 mm, und stellt die sogenannte gedehnte Hornwand dar. Die weitere Betrachtung ergibt jedoch, daß es sich nicht um eine solche Dehnung handelt, sondern um eine Zerreißung der mittleren und der inneren Schicht, unter Erhaltung der äußeren Muskellage, die offenbar infolge des Mangels an Bindegewebe die normale Elastizität des Muskels besitzt. Die mittlere und die innere Schicht verlieren in einiger Entfernung von dem caudalen Hornende, etwa in der Mitte zwischen diesem und der Rupturlinie allmählich die Gewebszeichnung und die Färbbarkeit der Kerne bei Erhaltenbleiben der Gefäßlichtungen, die prall mit Blut angefüllt sind. Am besten sind die äußeren Lagen erhalten; die inneren erscheinen auf große Strecken hin völlig der Nekrose verfallen.

Die mittlere und die innere Schicht haben sich gegen die Rißstelle hin von der äußeren abgehoben und erheblich zurückgezogen; von da an bis zur Ruptur wird die Hornwand, wie gesagt, nur von der äußeren Muskelschicht und der Serosa gebildet.

Bei der weiteren Betrachtung des Präparates haben wir den caudalen, etwa $1^1/_2$ cm langen und den kranialen Abschnitt der Hornwand zu sondern.

a) Der caudale Abschnitt (Fig. 4 und 5).

Der inneren Muskelschicht ruht, teils in scharfer, teils in verwaschener Abgrenzung, eine dicke, aus stumpf und spitzwellig gefalteten Fasern bestehende Masse auf. Die Fasern, fast durchweg von hyalinem Glanz, färben sich nach van Gieson zum Teil gelb, von etwas leuchtenderer Intensität als die glatte Muskulatur, zum Teil rot, jedoch matter als das fibrilläre Bindegewebe. Bei starker Vergrößerung bemerkt man in den Faserzügen verstreute pyknotische Kerne und Kerntrümmer; ferner liegen vereinzelte hyaline Fasern innerhalb der erhaltenen Hornwand. Hier und vielfach in dem Grenzgebiet sind zweifellose Übergänge der Muskel- und der Bindegewebsfasern in die streifigen Massen festzustellen. Offenbar sind dieselben, wenigstens ganz vorwiegend, nichts anderes als die stark aufgefaltete hyalin entartete, nekrotisierte innerste Hornwandschicht; nebenbei treten auch unzweifelhafte Fibrinfasern innerhalb der Schicht auf. Nach Weigerts Fibrinmethode färbt sich die gesamte Schicht blau.

Ihr ruhen, durch Vermittlung eines breiten Fibrinbandes, die Eihäute auf. In dem Fibrinband erscheinen bei sorgfältiger Durchsicht der Präparate hier und da kleine, kaum ein Viertel des Gesichtsfeldes bei starker Vergrößerung einnehmende, geschädigte, von Fibrinfäden durchsponnene Deciduainseln. An der nekrotisierten Hornwand sind die Eihäute auf große Strecken durch Blutergüsse abgehoben.

Der Unterfläche des Chorions liegen streckenweise Zotten an; andere Stellen sind zottenfrei. Letztere werden durch die Hämatome buckelförmig abgehoben, während die zottentragenden Teile fester zu haften scheinen. Die fest haftenden Teile senken sich zipfelförmig in die Tiefe, zu ihrer Verankerungsstelle; die benachbarten Teile sind vorgetrieben. So entsteht das Bild einer tiefen Faltung der Eihäute, das indessen mit einer Auffaltung durch die Retraktion nichts zu tun hat.

Die Zotten streben nicht wurzelförmig in die Tiefe, sondern liegen den Eihäuten platt, wie angepreßt an. Teils sind es lange, schmale Gebilde, die bei mittlerer Vergrößerung durch ein ganzes Gesichtsfeld ziehen, teils übertreffen sie kaum einen Glomerulus an Größe.

Das Stroma ist zart fibrillär, mäßig kernreich und gefäßhaltig. Das Epithel ist, außer an der unteren Seite, gut entwickelt; jedoch ist die Trennung in Langhanssche Zellen und in Syncytium nicht durchführbar. Im wesentlichen liegt letzteres

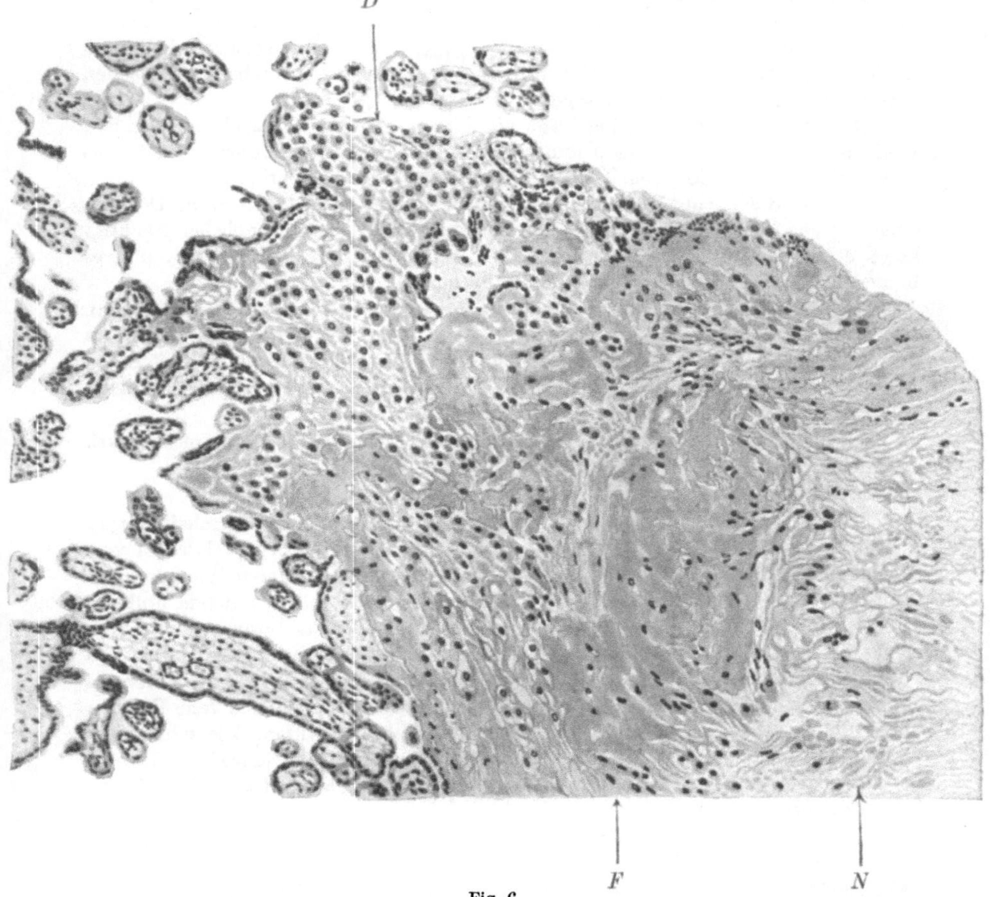

Fig. 6.
Kranialer Abschnitt der Nebenhornwand (r) mit Placenta (l) (Vergr. 62 : 1). *N* nekrotisierte innerste Lage der Hornwand mit spärlichen Kernen und Kernresten. *F* sehr mächtige Fibrinstreifen. Dann folgt eine Lage von Deciduazellen, von feineren Fibrinfasern durchsponnen, dann wieder eine breitere Fibrinmasse, gefaltet. Auf dieser (nach links und links oben hin) Decidua (*D*) ebenfalls Fibrinfäden enthaltend. In die Decidua ist oben (rechts neben *D*) eine Zotte eingedrungen; darunter liegen mehrere syncytiale Riesenzellen.

vor, allerdings durch zahlreiche unregelmäßige Lücken durchbrochen. Die Kerne wechseln erheblich an Größe und Chromatingehalt. An der Unterfläche der Zotten liegt das Stroma unmittelbar dem Fibrin auf. In dieses sind hier und da wuchernde synzytiale Zellen eingedrungen. Einzelne Zotten, besonders diejenigen, die in die Hämatome eintauchen, sind mehr oder weniger weitgehend hyalin degeneriert oder völlig abgestorben. Da, wo das Chorion dem Fibrin nackt aufliegt, ist eine untere lockere Bindegewebsschicht mit großen bläschenförmigen Kernen entwickelt.

Das Amnion nimmt an der Auffaltung der innersten Hornwand teil, soweit es nicht durch Blutergüsse abgehoben ist. Es zeigt normales Stroma und schön entwickelten Epithelbelag.

b) Der kraniale Abschnitt (Fig. 6).

Eine lockere Decidua von durchschnittlich 120 μ Dicke liegt der Muskulatur auf. Die schönen, großen Deciduazellen sind vielfach auch an solchen Stellen erhalten, wo die angrenzende Hornwand geschädigt oder abgestorben ist; doch sind auch manche Abschnitte in Zerfall begriffen, von Leukocyten durchsetzt, die Zellen zum großen Teil zugrunde gegangen.

Die Oberfläche der Decidua trägt ein breites Fibrinband; auch ist sie selbst vielfach von dicken Fibrinlagen und feinen Fäserchen durchsponnen. Die in das dicke Fibrin eingeschlossenen Zellen sind größtenteils abgestorben.

Dem oberflächlichen Fibrin sitzen die Zotten auf, einige sind in die Decidua eingedrungen und hyalin entartet. Das Zottengewebe ist von erheblicher Mächtigkeit; es durchzieht mehrere Gesichtsfelder bei schwacher Vergrößerung, und es hängt über die Abrißstelle der Muskulatur hinaus.

Das Stroma der Zotten ist i. A von normalem Aussehen. Der Epithelsaum schmal, syncytial; er treibt vielfach Knospen. Freie Riesenzellen liegen hier und da in den zum Teil normal weiten, zum Teil stark verbreiterten intervillösen Räumen. An der Anlagerungsstelle der Zotten ist das Epithel häufig zugrunde gegangen, so daß das Stroma nackt dem Fibrin anliegt.

Schnitte aus der Placenta ergeben normales Zottengewebe und meist stark erweiterte intervillöse Räume.

Eileiter. Keine Besonderheiten. Keine deciduale Umwandlung.

Eierstöcke. Links. Untersucht wurde der gelbe Schwangerschaftskörper mit dem angrenzenden Gewebe. Letzteres enthält mehrere Corpora lutea in verschiedenen Stadien der Rückbildung und mehrere Cystchen, deren Wandung von breitem Luteingewebe gebildet wird; ferner zahlreiche Eizellen, reifende Follikel. Die Gefäßwandungen sind zum Teil hyalin. Das Corpus luteum graviditatis zeigt in den breiten bindegewebigen, stark vascularisierten Septen Herde von polynucleären Zellen und Lymphocyten. Die Luteinzellen sind in großen Mengen entwickelt, ein Hohlraum ist nicht vorhanden. Rechts reichliche freie Eizellen und Follikel, gelbe Körper in verschiedenen Rückbildungsstufen. Die zahlreichen Cysten sind meist von einem breiten Saum von Luteingewebe eingefaßt. Die inneren Zellagen sind endothelartig abgeplattet. In einzelnen Hohlräumen liegen freie Luteinzellen.

Schmorlsche Deciduaknötchen. Das Bauchfellendothel ist vielfach in Wucherung begriffen. Die Zellen sind kubisch, der Kern groß und rund. Auch tritt Zweischichtung auf. Stellenweise findet man Ballen von großen runden und polygonalen Zellen, in denen Mitosen angetroffen werden. Sie unterscheiden sich von den Bindegewebszellen durch ihr dunkleres Protoplasma und den dichteren Kern. Über den größeren, kuppelförmig vorquellenden Deciduaknötchen fehlt das Endothel, oder aber man findet statt dessen eine homogene schmale Protoplasmaschicht mit spärlichen pyknotischen Kernen; an der unteren Fläche dieser Schicht haben sich hier und da Lymphocyten angesammelt.

Das subseröse Bindegewebe zeigt verschieden intensive Infiltration mit Lymphocyten und spärlichen neutrophilen Leukocyten. Einzelne Infiltrate reichen bis an die Endotheldecke. Außerdem treten hier und da kleine Hämatome auf. Die Gefäße zeigen keine Besonderheiten.

Die deciduale Umwandlung betrifft teils einzelne Zellen in verschiedenen

Höhen des subserösen Bindegewebes, teils schafft sie Reihen von großen hellen Zellen; oder aber sie hat große ovaläre oder kugelige Herde gebildet, die bis zu ihrem Äquator in den Bauchraum vorquellen.

In den untersuchten Präparaten sind nur kurze Strecken frei von decidualer Umwandlung; die größeren Knötchen liegen oft dicht gedrängt aneinander.

Der Durchmesser der Zellen beträgt im Mittel 30 μ; doch treten auch kleinere und viel größere Zellen auf mit entsprechend wechselnder Kerngröße, die durchschnittlich 10 bis 12 μ mißt. Die großen Zellen haben bisweilen zwei Kerne.

Die Formen sind wechselnd. Im ganzen herrschen ovaläre Gestalten vor, doch sind runde und längliche häufig. In den Herden, wo die Elemente dicht gedrängt sind, platten sich die Zellen gegenseitig ab; hier kommen polygonale und Halbmondformen vor.

Die Zellen sind durch eine weiche, kaum färbbare Masse, in der hier und da ein Lymphocyt liegt, verbunden. Der scharf konturierte Zelleib ist dicht von kleinen runden Vacuolen gleichmäßig durchsetzt. Größere Lücken sind selten. Die Kerne haben eine zarte Membran, ein feines Gerüstwerk und 1 bis 2 Nucleolen.

Zwischen den großen hellen Deciduazellen treten schmale, längliche Zellen mit tieferer Protoplasmafärbung und dunklerem Kern auf.

Die Abgrenzung der Knoten gegen das Bindegewebe ist scharf. Die Zellen scheinen sich in dasselbe hineinzuschieben.

Die Glykogenfärbung mit Jod und nach Best ergab kein positives Resultat, wobei auf die Formalinkonservierung hingewiesen sei.

Bei Sudan-3 Behandlung sind in den großen hellen Zellen Fetttropfen nirgends nachweisbar; dagegen treten solche in ruhenden Bindegewebszellen auf. Offenbar handelt es sich um eine Glykogenspeicherung der Bindegewebszellen, nicht um eine Fettresorption, an die man immerhin auch denken könnte.

Als Beginn der decidualen Umwandlung findet man in dem derben fibrillären Bindegewebe etwas vergrößerte Bindegewebszellen mit zunächst gleichmäßig dichtem Zellkörper. In einzelnen dieser Zellen macht sich eine Auflockerung des Protoplasmas durch kleine hellen Lücken bemerkbar.

Lunge. Blöcke aus verschiedenen Teilen der Lungen. Etwa in jedem 10. Schnitt gelingt es, eine Zottenriesenzelle bald quer, bald längs getroffen, nachzuweisen. Die größte hat 32 μ durchschnittliche Breite und 80 μ Länge. Die Kerne sind wohlerhalten. Verbindungen mit der Gefäßwand sind nicht eingetreten. Außer geringer Abstoßung aufgequollener Endothelien sonst nichts Besonderes.

Leber. In geringer Zahl sind rundliche Nekrosen vorhanden, die bis zu 100 μ Durchmesser haben. Innerhalb derselben ist die Balkenzeichnung zerstört. In den Randteilen liegen, von den Bälkchen abgelöst, freie Leberzellen mit dichtem Zelleib. Die Kerne sind teils abgeblaßt, mit verwaschener Zeichnung, teils zerfallen. Die Mitte der Herde wird eingenommen von Protoplasmaschollen und -streifen und von Kerntrümmern. In den angrenzenden Blutcapillaren sind farblose Blutkörperchen angesammelt; einzelne liegen in dem Herd selbst. Einige Capillaren enthalten hyaline Pfröpfe; jedoch sind diese nicht für alle Nekrosen nachweisbar. Sonst nichts Besonderes.

Nieren. Kein krankhafter Befund.

Begriff der einhörnigen Gebärmutter mit verkümmertem Nebenhorn.

Sie steht ihrer äußeren Erscheinung nach in der Mitte zwischen der einfachen einhörnigen Gebärmutter, dem Uterus unicornis und der zweihörnigen Gebärmutter mit gemeinsamem Halsteil und gleichmäßig ausgebildeten Hörnern, dem Uterus bicornis unicollis.

Denkt man sich an einem zweihörnigen Uterus das eine Horn kleiner, schmal und zierlich, so hat man das Bild des Uterus unicornis cum rudimento cornualterius (Rokitansky, Kußmaul) alias Uterus bicornis uno latere rudimentarius (Werth).

Übergänge stehen zwischen beiden Formen; so können Zweifel auftauchen, ob man ein Horn, namentlich wenn es durch Schwangerschaft vergrößert und in seiner Gestalt verändert ist, als vollentwickelt oder als verkümmert bezeichnen soll. Diese Zweifel sind schwierig zu lösen, wenn man das Präparat nicht vor Augen bekommt, wenn also nur eine Untersuchung an der Kranken, ohne Ergänzung durch den Operationsbefund oder die Autopsie, vorliegt. Man hat für solche Fälle vorgeschlagen, als entscheidend die Beschaffenheit der Stielverbindung einzusetzen: Ist sie kanalisiert, so soll der Fall als Uterus bicornis, fehlt ein durchgehender Kanal, als verkümmertes Nebenhorn gelten. Im ersteren Falle kann das Horn von dem Halskanal aus sondiert worden, die Entbindung ist auf natürlichem Wege möglich. Der Kanal wird durch Sonden erweitert, das Ei ausgeräumt (Kehrers Fall 54, Krönig, Fall 4 meiner Tabelle). Unter dieser Begriffsfassung müßten auch die beiden Präparate von Scanzoni und Rokitansky fallen. Es wäre das ein gegenüber der Autorität dieser beiden Gelehrten wenig angebrachter Gewaltakt. In dem Falle Krönigs wurde bei erneuter Schwangerschaft das Horn abgetragen und als verkümmert bestätigt.

Diese Fassung des Begriffs ist wohl im großen und ganzen richtig — ein durchgehender Kanal kommt nur in einer verschwindenden Zahl der Objekte vor —, jedoch schematisiert sie zu sehr. Die Entwicklungsgeschichte lehrt zwar, daß gerade der unterste Abschnitt der Müllerschen Fäden (M.F.), der epitheliale Kern der Stielverbindung, am stärksten von der Atrophie befallen wird, so daß er die Verbindung mit seinem Nachbar nicht erreicht. Sie gibt aber auch der Annahme Raum, daß der M. F. in regelrechter Weise ausgebildet werden und zur Verschmelzung gelangen kann, und daß sich erst nachträglich eine Schädigung des Körperabschnittes einstellt. Dann würde man zwar ein verkümmertes Nebenhorn, jedoch eine verhältnismäßig gut ausgebildete, kanalisierte Stielverbindung vor sich haben.

Es kommt demnach nicht allein auf die Einzelheiten des Stiels an, sondern auf den gesamten Entwicklungszustand des Horns. Der Verlauf einer Schwangerschaft ist nicht maßgebend für die Klassifizierung; einerseits kann ein vollentwickeltes Horn abortieren. Andererseits trägt ein sicher verkümmertes Nebenhorn die Schwangerschaft häufig aus. Bei einer klinischen Untersuchung bleibt die Entscheidung zwischen beiden Arten bisweilen unmöglich.

Minderwertigkeit eines Horns kommt aber auch bei äußerlicher Verschmelzung vor: Uterus bilocularis mit atretischem Nebenhorn. Diese Mißbildung würde zwischen der einhörnigen Gebärmutter mit verkümmertem Nebenhorn und dem Uterus septus unicollis vermitteln, der durch eine Scheidewand in zwei gleiche Längskammern abgeteilten Gebärmutter. Auch hierbei sind Schwangerschaften beschrieben worden (Riedinger, Fraenkel, Werner [1905], Scheffzeck, Mihalkovics, Antecki, Bayer und Sachs).

Geschichtliches.

An der Spitze der Literatur steht das 1859 bei Stahel in Würzburg erschienene Buch Kußmauls: Von dem Mangel, der Verkümmerung und Verdoppelung der Gebärmutter, von der Nachempfängnis und der Überwanderung des Eies. Der Reichtum und die Sorgfalt der Beobachtungen, die übersichtliche Anlage, die schönen Holzschnitte und die Reinheit der Sprache machen das Werk des Frauenarztes und späteren inneren Klinikers zu einem Denkmal der medizinischen Wissenschaft. Für unseren Gegenstand ist das Werk grundlegend: Kußmaul gelang es, 12 Fälle aus der Literatur zu sammeln, die meistens unter der falschen Diagnose der Eileiterschwangerschaft vergraben waren. Zwei Präparate (v. Tiedemann und Czitak, 1824, und Herzfelder, 1835) fand er in der Heidelberger Sammlung auf und unterzog sie einer durch sechs neue Zeichnungen erläuterten Nachuntersuchung. Die bis dahin als die ersten geltenden Beobachtungen von Rokitansky (1842) und Scanzoni (1852) rückten an die 11. und 12. Stelle. Der älteste Fall stammt aus 1681 (Dionis); ein von Mauriceau beschriebenes und abgebildetes Objekt aus dem Jahre 1669 erklärt Kußmaul für eine interstitielle Schwangerschaft.

Die Untersuchungen Kußmauls erschöpfen das, was mit unbewaffnetem Auge zu sehen ist. Die nächsten Jahrzehnte brachten weiteres Material bei (Jaensch, Kehrer, Engström). Erst in unserem Jahrhundert wurde durch die Überleitung auf das Gebiet der Mikroskopie Licht über die feineren geweblichen Verhältnisse und Vorgänge verbreitet. Es war Werth, dem aus der Fülle der angehäuften Beobachtungen der Mangel histologischer Aufklärung entgegengähnte. Mit allem Nachdruck verlangte er in seinem Beitrage zu dem v. Winckelschen Lehrbuche (1904) nach der Ausschachtung der histologischen Grundlagen des klinischen Geschehens. Bereits im nächsten Jahre stellte er drei, auf die Beschaffenheit der Hornwand begründete, anatomische und klinische Verlaufsmöglichkeiten auf, die ich in einem späteren Abschnitte eingehend zu besprechen habe.

Die Blütezeit der operativen Geburtshilfe und Gynäkologie brachte die notwendige Erfahrung für die klinische Diagnose. Am Krankenbett erkannte Sänger (1882) als erster das Leiden; zwei Jahre später folgte Staude. Seitdem ist das schwangere Nebenhorn öfters vor der Operation diagnostiziert worden, wie aus der Tabelle Kehrers und meiner Zusammenstellung zu ersehen ist.

Die Zahl der bekannt gewordenen Fälle ist in schnellem Fortschreiten begriffen. Den 12 Kußmaulschen Beobachtungen reihte Jaensch 14 Jahre später 8 weitere an. Kehrer berechnete 1899 die Gesamtzahl auf 82, Werth 1904 auf rund 100. Neuere Übersichten bringen Beckmann (1911), Guillaume (1911) und Fehr (1915). Fehr kommt auf eine Summe von 103 Fällen seit Werth.

Von diesen müssen mehrere gestrichen werden; so ist Fall Werner 1904 ein Ut. bilocul. c. cornu rudim.; Kehrer (85.) ist identisch mit Ratner, Beneke mit Brauss, Thywissen ist schon bei Kehrer mitgezählt. Die Fälle 83 und 94 (Abuladse) sind identisch. Seitz (93) ist irrtümlich angeführt.

Meine Tabelle schließt an Werth an und umfaßt 102 Präparate, so daß wir jetzt über rund 200 Fälle verfügen. Die Tabelle steht, so wenig sie mit Kriegsdingen zu tun hat, unter dem Zeichen des furchtbaren Völkerringens, das den ganzen Erdball in Atem hält. Auch auf wissenschaftlichem Gebiete haben uns die Feinde so gut wie möglich von der Außenwelt abgeschnitten; ob wir oder sie dabei den größeren Schaden leiden, ist eine Frage, die bei dem hohen Stande der deutschen Forschung und angesichts der großartigen Leistungen auf dem Gebiete der angewandten Medizin einer ausdrücklichen Beantwortung nicht bedarf. Ich mußte auf die Einzelheiten mehrerer ausländischer Arbeiten verzichten.

Entwicklungsgeschichtliche Erklärungsversuche.

Die Mißbildung ist das Erzeugnis zweier Störungen: 1. der Nichtvereinigung der normalerweise zum Uterovaginalkanal (Felix) verschmelzenden Abschnitte der M. F. und 2. der Minderwertigkeit ihrer Entwicklung. Die Minderwertigkeit hat, falls sie sich frühzeitig, d. h. vor dem Verschmelzungstermin, bemerkbar macht, die Verdoppelung, im äußersten Falle die völlige Verkümmerung der betroffenen Seite zur Folge.

Die Nichtvereinigung hat man in verschiedenster Weise zu erklären versucht. Meistens werden Einflüsse benachbarter Organe herangezogen, teils Entzündungen mit ihren Folgezuständen, Verwachsungen, Schwielenzerrungen, vorzugsweise jedoch Raumbeschränkungen. Im Gegensatz zu diesen äußeren, mechanischen Störungen hat neuerdings das eigene Zellenleben der M. F., und zwar sowohl bezüglich der bindegewebigen Hülle wie des epithelialen Kerns, Berücksichtigung gefunden.

1. Mechanische Störungen.

Die ältesten Erklärungsversuche für die Verdoppelungen der Gebärmutter nehmen Entzündungsvorgänge in Anspruch. Grätzer (1857) vermutet, daß eine Peritonitis die M. F. in ihrer seitlichen Lage festhielte. A. Paltauf verlegt die Entzündung in das Bauchfell, die Niere oder die Nierenkapsel; Folge hiervon sei die Verwachsung der M. F. mit dem parietalen Bauchfell der Nierengegend. Nach Kußmaul ist das runde Band Sitz der Entzündung; die entzündlich geschrumpften Bänder üben einen seitlichen Zug auf die M. F. aus. Die Bänder entwickeln sich neben den Ligg. lata als Plicae inguinales aus dem caudalen Ende des Wolffschen Körpers (W. K.) an der Stelle, wo die herabsteigenden M. F. die W. K. kreuzen. Sie sind mit den M. F. fest verbunden; ihre seitwärts gerichtete Zugwirkung würde, so lautet die Annahme Kußmauls, die medial abwärts strebenden M. F. ablenken und ihre Vereinigung hintertreiben. Die Lehre Kußmauls hat sich, im Gegensatz zu den Anschauungen Grätzers und Paltaufs, als lebensfähig erwiesen.

Krieger (1858) führte zuerst das Lig. recto-vesicale ins Treffen. Dieses Band zieht von der Hinterfläche der Blase zwischen den beiden Hörnern hindurch zu der vorderen Mastdarmwand. Krieger faßt es auf als Überbleibsel der Allantois, während Grätzer und Kußmaul es als Ergebnis einer foetalen Bauchfellentzündung betrachten. Ahlfeld, der es bei Mißbildungen häufig antraf, spricht es als Rest der Verbindung zwischen Blase und Mastdarm an. Suwalki fand unter

30 Fällen von Uterus bicornis das Band fünfmal entwickelt, hält es jedoch nicht für die Ursache, sondern für die Folge der Uterusmißbildung.

Eine starke Dehnung der Allantois bzw. der Harnblase sowie des Enddarms hat P. Müller (Billroths Handbuch, Bd. 55) als mechanisches Hindernis für die Vereinigung der M. F. angesprochen. Ähnliches vermuten Ahlfeld und Grote. Piquand sagt, daß bei Ut. didelphys Blase und Mastdarm häufig zwischen die M. F. vorgeschoben sind.

Nach Thiersch gehen Verdoppelungen der Gebärmutter und der Scheide häufig mit ungewöhnlich breiten Beckenmaßen einher, eine Beobachtung, die Pfannenstil und R. Meyer bestätigt haben. Dabei liegen die W. K. weit auseinander, sie werden erheblich größer, und ihre Rückbildung verzögert sich. v. Winckel hat die Theorie Thierschs weiter entwickelt. Er sieht als entscheidend das Ausbleiben der Involution des caudalen Urnierenpols an; hierdurch kommt es zu einer stärkeren Ausbildung der runden Bänder, die nun in den Stand versetzt werden, die M. F. aus ihrer normalen Wachstumsrichtung seitlich abzuziehen. Er macht darauf aufmerksam, daß die W. G. früher vollendet werden und früher den Sinus urogenitalis erreichen als die M. F.; diese wachsen den W. G. als Leitbändern entlang. An der kritischen Stelle, wo sie die W. G. kreuzen und wo das Lig. rot. ansetzt, kann es deshalb leicht zu einer fortgesetzten Anlagerung an die W. K. und damit zu einem Getrenntbleiben der M. F. kommen.

Ähnlich spricht sich O. Frankl aus: Die W. K. seien von vornherein außergewöhnlich groß angelegt, und dementsprechend bilde sich ihr caudales Ende nur langsam und spät zurück. Damit werde die Entstehung der Plicae inguinales verzögert. Das runde Band bleibt nun kurz und erhält einen unrichtigen Ansatz an den M. F.; dieser wird in seiner weiteren Entwicklung gestört und an der Vereinigung mit seinem Nachbar verhindert.

Dem seitlichen Zug der überaus stark entwickelten und abnorm angehefteten runden Bänder mißt auch R. Meyer entscheidende Bedeutung bei; als unterstützend führt er ein Mißverhältnis zwischen der Breite des unteren Körperendes des Embryos und des unteren Teils der Genitalfalte an. Während bei der Nichtvereinigung der M. F. eine gesteigerte spiralige Drehung derselben in Frage kommt, spielt das erwähnte Mißverhältnis die Hauptrolle bei den Septenbildungen. Erwähnenswert ist in diesem Zusammenhang die starke Entwicklung des runden Bandes bei im übrigen verkümmertem Genitale in dem Falle Köhlers (Trennung des inneren Genitalschlauchs mit Verkümmerung beider Hörner).

Kehrer drückt sich bezüglich der abnormen Zugwirkung primär hypertrophischer oder entzündlich geschrumpfter runder Bänder zurückhaltend aus und legt den entscheidenden Wert auf innere Wachstumsstörungen der M. F. selbst.

Suwalki schließt sich für den Uterus bicornis unicollis der Theorie von R. Meyer an. In seinem Falle, war als Folge der übertriebenen Spiraldrehung der M. F. Konvergenz der Hornachsen nach innen hinten eingetreten. Sie lagen nicht in einer Ebene, sondern bildeten einen nach vorn offenen Winkel von 60°. Die vordere Cervixwand sprang in den Halskanal vor, wodurch die vordere Muttermundslippe eine nach vorn konkave Krümmung erhielt.

Die Theorie von Thiersch ist neuerdings mit erheblichen Bedenken belastet worden. Nach Felix reicht der W. K. niemals in das Gebiet des Uterovaginalkanals hinab; ferner vereinigen sich die M. F. zu einer Zeit, wo das caudale Ende der Urniere noch an Masse zuzunehmen im Begriff ist. Somit kommen entwicklungsgeschichtliche Störungen von seiten der W. K. auf den Uterovaginal nicht in Betracht; und wenn Thiersch, Frankl recht hätten, so müßte die Nichtvereinigung der M. F. die Regel, ihre Vereinigung die Ausnahme sein. Felix lehnt es ab, daß der caudale Pol des W. K. überhaupt zurückgebildet werde; er bleibt vielmehr zur Bildung der Epi- und Paragenitalis erhalten. Damit wird allen Erklärungsversuchen, die sich auf das Erhaltenbleiben oder die verzögerte Rückbildung des W. K. stützen, der Boden entzogen. Kermauner stellt an dem v. Winckelschen Schema aus, daß es zwischen der völligen Trennung der M. F. (Uterus duplex separatus) und den übrigen Verdoppelungen keinen grundsätzlichen Unterschied mache. Der Ut. dupl. separ. sei bereits angelegt, ehe die Rückbildung des caudalen Pols des W. K. beginne. Was die runden Bänder anlangt, so seien diese regelmäßig schon frühzeitig an normaler Stelle nachweisbar. Für einen Teil der Mißbildungen nimmt Kermauner ein verlängertes Bestehen des Kloakenseptums an; Überrest der verspäteten Kloakenbildung sei das Lig. rectovesicale (Beispiel: Blasendarmspalte mit getrennten M. F.). Über die mesenchymcelluläre Theorie Kermauners werden wir weiter unten berichten.

Pick verwertet das Vorkommen von Myomen und Adenomyomen in der Nähe des Septums für die Erklärung der Doppelmißbildungen; die Geschwulstanlagen sollen eine Drehung der M. F. bewirken, wodurch deren Vereinigung verhindert würde. Dieser Deutung schließt sich u. a. Mintrop für seinen Fall von Ut. bicornis mit subserösem Myom an; neben dieser vermutlich im 2. Foetalmonat angelegten Geschwulst entwickelte sich bei der 58j. Frau ein Funduskrebs mit Pyometra. H. Freund beschreibt einen Ut. dupl. bicorn. unicollis mit einem kleinen Myom an der Vereinigungsstelle der Hörner. Auch in diesem Falle hatte sich später ein Carcinom eingestellt. Über Myome berichten ferner Marchall, Briggs, Werth (s. Tabelle 28.), Podpach, Linzenmeier. Jedenfalls sind, wie auch Fehr bemerkt, die Geschwulstbildungen in der Medianebene so selten, daß ihnen eine allgemeine ursächliche Bedeutung nicht zuerkannt werden darf.

Während man gewöhnlich annimmt, daß der Uterovaginalkanal zum Körper, dem Halsteil der Gebärmutter und zur Scheide wird, lehrt Felix, daß der Körper aus dem unteren Ende, dem tubaren Uterinabschnitt der M. F., der nicht in den Uterovaginalkanal einbezogen ist, entstehe. Die tubaren Uterinabschnitte verlaufen normalerweise in einer Flucht; sie bilden zu dem Uterovaginalkanal den wagerechten Balken eines T. Indem sich ihre kraniale Wand erhebt, formieren sie durch einfache Erweiterung zusammen mit dem oberen blinden Ende des Uterovaginalkanals das Corpus uteri. Treffen die M. F. unter spitzem Winkel zusammen (Y-Form), so fehlt der notwendige Raum für ihre Hebung und Verschmelzung, das Epithelrohr des Corpus wird zweihörnig. Bleibt die Zweihorngestalt bis zur Entwicklung des Muskelmantels bestehen, so liegt ein Uterus bicornis vor. — Es bleibt nur noch eine einleuchtende Erklärung zu erbringen für die abnorme Y-Figur!

Wie schon Kußmaul erörtert, sind, wie die Mißbildungen der Gebärmutter überhaupt, so insbesondere die Fälle von verkümmertem Nebenhorn nicht selten mit Anomalien der Harnleiter-Nierenanlage verbunden. Für das einseitige Fehlen des Genitalschlauches (Uterus unicornis) und der Niere ist die Herleitung einfach: Hierbei fehlt die ganze Urogenitalleiste. Schwieriger fällt es, einen einseitig minderwertigen Genitalkanal (Nebenhorn) mit Anomalien der Nierenanlage zu erklären. Bolaffio hat neuerdings 35 verkümmerte Nebenhörner mit Nierenanomalien gesammelt; davon betreffen 17 Fälle einseitiges Fehlen der Niere bei normalem Nierenbefund auf der anderen Seite, 5 angeborene Nierenverlagerung ohne Nierenmangel, 2 Mangel der einen, Anomalie der anderen Niere und einer eine verkümmerte rechte Niere bei normaler linker Niere und normalen Eierstöcken. Weibel sieht die Ursache der kombinierten Störung in einem abnormen Verlauf des Ureters; dieser wachse, statt in dorsolateraler Richtung um den W. G. herumzugleiten, entlang dem W. G. aufwärts. Hier kommt er dem abwärts vordringenden M. F. in den Weg und unterdrückt dessen weiteres Wachstum, leidet aber auch selbst durch die Raumbeengung. Folge davon ist — nach Weibel — eine Atrophie der Nierenanlage oberhalb und eine Atresie des Genitalschlauchs unterhalb der Kompressionsstelle.

Bolaffio lehnt diesen Erklärungsversuch ab. Er stellt nämlich fest, daß die Harnleiter-Nierenanlage der Entwicklung des Genitalschlauchs vorangeht und daß die Niere ihre normale Lage zwischen der 12. Rippe und dem 4. Lendenwirbel zu einem Zeitpunkte (bei 26—28 mm Körperlänge) erreicht hat, wo die M. F. eben in den Sinus urogenitalis eindringen. Bolaffio sucht die ursprüngliche Schädigung in dem untersten Abschnitt des W K., dessen Zellen in ihrer Vermehrungskraft eingeschränkt seien, womit der Anschluß an die Kloake und die Entwicklung der Nierenanlage ausbleibt. Da nun die M. F. bei ihrem Herabwachsen sich eng an die W. G. anlegen und besonders nach ihrem Eintritt in den Geschlechtsstrang in der Bahn zwischen den W. G. fortgeleitet werden, so verkümmern die M. F. an der gleichen Stelle und in der gleichen Ausdehnung wie die W. G. Bolaffio hebt dabei — in Übereinstimmung mit Pick — die aktive Rolle der Epithelien des M. F. hervor, die trotz einer möglicherweise vorhandenen ungünstigen Lage des M. F. durch selbständiges Aussprossen die Vereinigung mit dem anderen M. F. erreichen können. Eine weitere Folge der Atrophie des M. F. ist das Ausbleiben der Nebennierenentwicklung; dieses Organ wird in nächster Nähe der Stelle angelegt, wo sich kurz darauf der Müllersche Trichter bildet.

2. Innere Ursachen. Wachstumsstörungen des Mesenchyms und des Epithelfadens.

Kermauner vermutet die Ursache einseitiger Atrophie der M. F. in dem mangelhaften Wachstum des Mesenchyms, welches von dem caudalen Pol des urogenitalen (nephrogenen) Gewebsstranges als Bett für den herabsprossenden M. F. geliefert wird. Je nach der schwächeren oder kräftigeren Ausbildung dieses Lagers findet der M. F. bessere oder schlechtere Ernährungsbedingungen. Ist das Bett an der Stelle, wo zwischen Ende des 2. und Anfang des 3. Monats, frühestens bei 22 mm Körperlänge, die Verschmelzung der M. F. stattfinden sollte, ungenügend vorbereitet, so bleibt die Verschmelzung unter Verkümmerung des Epithels aus. Kermauner erklärt die Schädigung des Mesenchyms durch kolloid-chemische Veränderungen, Koagulationsnekrose von Zellen und von Zellgruppen. Die Hypothese macht die gleichzeitigen Entwicklungsstörungen der Niere, eines mesodermalen Abkömmlings des urogenitalen Gewebsstranges, ohne weiteres verständlich.

Ehe ich nun auf die Annahme primärer Epithelnekrosen eingehe, sei zunächst an den Vorgang des Wachstums der M. F. erinnert. Es handelt sich dabei nach der Darstellung R. Meyers nicht etwa um ein Herabgeschobenwerden des Fadens, sondern es findet eine Sprossung der Epithelzellen am unteren freien Ende statt; ähnlich wie bei dem Bau einer Mole Stein vor Stein in das Wasser eingelassen wird, so wird jedesmal die Tochterzelle vor die Mutterzelle in das Mesenchym hineingeschoben. Wir können uns weiter vorstellen, daß von den eindringenden Epithelzellen ein Reiz auf das Mesenchym ausgeübt wird, der die Gruppierung der Mesenchymzellen zu einem umhüllenden Mantel anregt und wohl auch die weitere Ausreifung des Zellenmantels zu der muskulösen Wand des Eileiters, der Gebärmutter und der Scheide bewirkt. Beneke hat die Beeinflussung und spezifische Umwandlung des noch nicht differenzierten Bindegewebes durch das Epithel als einen allgemeingütigen Vorgang erkannt, der für die Entwicklung epithelialer Organe von größter Bedeutung ist. Das Epithel schafft sich, entsprechend seinen eigentümlichen Leistungen, die besonderen Strukturen und Charaktere in dem Bindegewebe, in das es eindringt und welches dadurch zu dem geeigneten Stroma des Organs wird. Die Beschaffenheit des Stromas ist, um einen Ausdruck aus der Mathematik zu gebrauchen, eine Funktion des Epithels. Als Beispiele aus dem Gebiete der weiblichen Geschlechtsorgane seien angeführt die embryonale Erosion und die Verlagerung von Scheidenepithel in die Cervix. Im ersteren Falle, einer übermäßigen Entwicklung von Cervixepithel, tritt eine mächtige Überentwicklung des Portiogewebes ein; im zweiten Falle wird die Portio hypoplastisch und nimmt die Beschaffenheit der Scheidenwand an. Durch das Differenzierungsprinzip Benekes werden diese beiden Beobachtungen R. Meyers, des Meisters der entwicklungsgeschichtlichen Erforschung der Geschlechtsorgane, aus dem Dunkel einer bloßen Merkwürdigkeit in das Licht gesetzmäßigen Geschehens versetzt.

Wenden wir das Prinzip auf die Entstehung des verkümmerten Nebenhorns an, so würde als Grundlage der Mißbildung eine ursprüngliche Schädigung des Epithels im M. F. vorauszusetzen sein. Schon Pick und Bolaffio haben die aktive Bedeutung des Epithels für die Vereinigung der M. F. hervorgehoben. Kehrer stellt — neben den besprochenen mechanischen Beeinflussungen durch das runde Band — zwei Entstehungsmöglichkeiten der Mißbildung auf. Entweder geht nach vollzogener Verschmelzung an einer, der späteren Cervix entsprechenden Stelle das Epithel des M. F. zugrunde, womit dieser Abschnitt auch bezüglich seiner mesenchymalen Hülle mehr oder weniger zurückbleibt, oder aber der M. F. macht in der Nähe der späteren Cervix halt, dicht neben dem anderen M. F., das Epithel stirbt ab; der Mesoplast liefert den epithelfreien Stiel des Nebenhorns, die Scheide wird nur aus einem M. F. gebildet. Jedenfalls führt Kehrer im ersteren Falle die Mißbildung auf eine primäre Epithelschädigung zurück; als Ursache derselben vermutet er Entzündungen, Blutungen und Entwicklungsstörungen.

Brauß hat nun in seiner Dissertation die Lehre von der primären Epithelnekrose weiter ausgebaut. Er geht aus von einer minderwertigen Entwicklung des Epithelrohrs, wodurch dasselbe im Vergleich zu dem anderen, vollentwickelten M. F. in den Zustand ungleicher Differenzierung gerät. Hiermit wird ein zweiter Satz Benekes von der sog. aktiven embryonalen Abschnürung anwendbar. Dieser Satz besagt, daß gleich differenzierte epitheliale Organkeime sich vereinigen, ungleich differenzierte getrennt bleiben; ist also das Epithelrohr auf der einen Seite minderwertig, so bleibt die Verschmelzung aus, es erfolgt eine aktive embryonale Abschnürung. Nicht das Mesenchym ist es, welches zwischen die zur Vereinigung strebenden Epithelzapfen eindringt und der Verschmelzung sich in den Weg legt, sondern dem einen Epithelfaden fehlt es an genügender Wertigkeit, der Bedingung für das Zusammenfließen mit dem entwicklungsgeschichtlichen Paarling.

In dem Falle des verkümmerten Nebenhorns würde man eine Minderwertigkeit des Epithels des gesamten „tubaren Uterinsegmentes" oder nur des Cervixabschnittes anzunehmen haben. Im ersteren Falle haben wir eine durchweg verkümmerte Schleimhaut (I. Typus von Werth), im 2. Falle beschränkt sich diese auf den untersten Abschnitt des Horns, während in dem Hornkörper selbst eine mehr oder weniger vollkommene Mucosa entwickelt sein kann (Typus II und III).

Schließlich seien noch Anschauungen von Dubreuil-Chambardel (nach Laurent) angeführt, nach denen die angelsächsische Rasse mehr als die lateinische Abweichungen in der Genitalanlage unterliegen soll. In Nordfrankreich werden Verdoppelungen häufiger beobachtet als im Süden. In Amerika überwiegen sie in hauptsächlich angelsächsischen Gegenden, in Italien und Spanien sollen sie selten sein. Dubreuil führt damit den Atavismus in den Kreis der Erklärungsversuche ein. Bezeichnenderweise wird die germanische Rasse von dem Franzosen übersehen.

Wenn wir nun die lange Reihe der Hypothesen überblicken und sie auf ihren Wert prüfen, so scheint es mir richtig, mit Kermauner grundsätzlich zwischen Trennungen und einseitigen Verkümmerungen zu unterscheiden, mit der Maßgabe, daß beides zugleich vorkommen kann. Für die Verdoppelungen scheinen mir ungünstige Raumverhältnisse verschiedener Art eine annehmbare Erklärung zu geben. Die einseitigen Verkümmerungen sind zu trennen in solche mit vollzogener (Ut. unicollis septus uno latere atreticus) und solche mit ausgebliebener Vereinigung der M. F. (Ut. unicollis bicornis uno latere rudimentarius). Betreffs dieser Mißbildungen hat m. E. diejenige Deutung am meisten für sich, die primäre Störungen in dem Wachstum des Epithelfadens als ursächlich annimmt und das Verhalten des Mesenchyms als Funktion des Epithels auffaßt.

In dem Uterus biloc. atret. würde die Epithelschädigung in eine etwas spätere Zeit fallen als in dem Ut. unic. c. rudim. cornu. alt., sie würde nachträglich erfolgen, nachdem eine genügende Differenzierung des Epithels den Anschluß an den anderen M. F. bereits bewirkt hat. Es blieben indessen die Verlagerungen und die ein- oder beiderseitigen Verkümmerungen der Nierenanlage zu erklären; die Nieren sind ja, wie wir aus der Darstellung Bolaffios ersehen haben, schon ausgebildet und an Ort und Stelle gelangt, während die M. F. in den Sinus urogenitalis eindringen. Eine Beeinflussung der Nierenanlage durch einen Fehler in den M. F. ist deshalb ausgeschlossen.

Für diese kombinierten Mißbildungen geben die Hypothesen Bolaffios (ursprüngliche Schädigung des W. G., sekundäre des M. F.) und Kermauners (ursprüngliche Schädigung des Mesenchyms, aus dem sich sowohl die Hülle des M. F. wie die Nierenanlage entwickelt) ausreichende Erklärungen. Allerdings würde man hiernach ein häufigeres, wenn nicht gar regelmäßiges Vorkommen von Nierenanomalien beim verkümmerten Nebenhorn zu erwarten haben.

Wollen wir der Hypothese der primären Epithelschädigung des M. F. den Vorzug geben, so müßte es sich um eine mehr zufällige, in ihrem Zusammenhange nicht übersehbare Vereinigung zweier Mißbildungen handeln; oder wir müßten uns zu der Annahme bequemen, daß ein einheitlicher Reiz, dessen Natur uns vorläufig verborgen bleibt, sowohl den W. G. wie später den M. F. träfe und umschriebene Läsionen in beiden Epithelsträngen bewirkte.

Anatomie und Histologie.

Kußmaul unterscheidet drei Grade der Mißbildung:

1. Die verkümmerte Hälfte stellt sich dar als dünner, bandartiger, muskulöser Faserstreifen, der nach außen und oben steigt und in das runde Mutterband umbiegt.

2. Der platt rundliche Strang verdickt sich an seinem äußeren Ende

zu einem eiförmigen Körper ohne Höhlung; von ihm geht das runde Band ab.

3. Der an Größe wechselnde eiförmige Körper enthält eine Höhlung und läuft in einen Eileiter aus; er trägt das runde Band und den Eierstock. Der bald kürzere, bald längere plattrundliche Verbindungsstrang entspringt mit seinem oberen Rande in verschiedener Höhe von der Konvexität des Haupthorns, der untere Rand scheint stets bis zum Halsteil hinabzutreten. (Tiefere Insertion legt die Annahme eines Uterus pseudodidelphys nahe — Fälle von Küstner und Oeri.)

Schwangerschaft ist möglich. Dieser höchste Grad der Entwicklung bildet den Gegenstand der folgenden Ausführungen.

(Werth, auf dessen gründliche Darstellung in dem v. Winckelschen Handbuche hingewiesen sei, teilt etwas anders ein. Er faßt 1. und 2. zusammen und trennt 3. in zwei Stufen.)

Das Nebenhorn wird gewöhnlich von einer Bauchfellfalte eingehüllt. Das breite Band ist niedriger als auf der anderen Seite. Mit dem Beckenboden ist der Körper straff verbunden. Daher ist die bei Schwangerschaft entfaltungsfähige Fläche die freie, nach der Bauchhöhle zu gerichtete. Der Douglas ist entweder deutlich vorhanden oder abgeflacht, bisweilen ganz verstrichen.

Über die Gefäßversorgung besitzen wir nur wenige Angaben. Kehrer beschreibt ein von den Aa. ovarica, uterina und Lig. rot. gespeistes Schlagadernetz. Größere Arterien im Stiel fanden Krull, Leopold, Quain, Ernst (von den Aa. ovarica und uterina abgezweigt), Hegar. Bei der Schwangerschaft treten im Stiel weite venöse Bluträume auf, wie im normalen schwangeren Uterus (Hegar). In meinem Falle ist der Stiel reich mit kleineren und größeren arteriellen und venösen Gefäßen versehen.

Der Aufbau der Hornwand in Präparaten von Hämatometra. Freund sah eine, scharf gegen die Struktur des Haupthorns kontrastierende ringförmige Anordnung der Muskelfasern. In dem Grenzgebiet fand eine gewisse Vermischung der beiderseitigen Faserungen statt. Beide Hörner wurden durch eine längs gerichtete Lage umhüllt. Die Nebenhornwand war gefäßreich und in den äußeren Schichten von breiten Bindegewebsstraßen durchzogen. Ernst (Fall 3, Hämatometra, Adnexentzündung) beschreibt wie Freund hyaline Entartung der Gefäße.

Über die Schleimhaut bei Hämatometra ist folgendes zu berichten. Freund: Cytogenes Gewebe mit epithelialen Einsenkungen, unvollständig von kubisch-zylindrischem Epithel bedeckt. In dem Stroma zahlreiche Blutpigmentzellen, ebenso in der angrenzenden Muskulatur. Ernst: 3 mm im Durchmesser haltende Schleimhautinsel, 2 Schichten. In der oberen, in ödematösem Stroma, verzweigte Drüsen; das Protoplasma der Epithelzellen klar, die Kerne an die Basis gedrängt. Tröpfchen treten aus dem Zelleib in die Drüsenlichtung über; in dieser abgestoßenes Epithel, Leuko- und Lymphocyten. In der tieferen Schicht sind die Drüsen einfach, die Kerne liegen in der Mitte. In dem 2. Falle von Ernst (Hämatometra, Hämatosalpinx) fehlte die Schleimhaut völlig. Podpach (Hämatometra): 1 mm starke Schleimhaut mit vermehrten Drüsen, die weit in die Muskulatur vorgedrungen sind. Oberfläche mit Fibrin, roten und farblosen Blutkörperchen bedeckt. Im Stroma Blutpigmentzellen. Seinen Befund mikroskopischer Myomanlagen habe ich bereits unter der Entwicklungsgeschichte erwähnt. Schubert: Überall Schleimhaut im Cavum, stellenweise nur einfache Lage von Oberflächenepithel. Endometritis interstitialis. Blutpigmentzellen im Stroma (Aufsaugung des in das Stroma ergossenen Blutes). Schubert nimmt eine nur geringe Resorptionsfähigkeit der Schleimhaut an. Gegen die Muskulatur ist dieselbe scharf abgesetzt.

Reichlichere Angaben liegen über die Wand des schwangeren Nebenhorns vor.

Die muskulöse Hornwand ist oft ausgesprochen dreischichtig (Freund, Holländer, Scheffzeck, v. Szabó, Werth). In der mittleren Schicht sind die Fasern ringförmig durchflochten, in der äußeren, subserösen und in der inneren längs gerichtet. In meinem Präparat sind die mittlere und die innere Schicht nicht scharf voneinander geschieden. Werth (30) wies unmittelbar unter dem Bauchfell zirkuläre Fasern nach; diese Lage ist auch in meinem Falle deutlich ausgebildet. Drüsige Gebilde in der Muskulatur haben Beckmann und Werth (28) aufgefunden. Besonders in der mittleren Schicht (Werth) tritt Bindegewebe auf, das bei stärkerer Entwicklung die Muskulatur in Bündel zersplittert. Rein bindegewebige Inseln beschreibt Mannière. Das Bindegewebe ist häufig, vornehmlich in den subserösen Lagen, kleinzellig infiltriert (Beckmann, Fehr, v. Szabó). Die Bindegewebsdurchwachsung setzt der Dehnung des Horns Widerstand entgegen, vermindert jedoch nicht die Kontraktionsfähigkeit. Bei der Betastung des schwangeren Horns kann man, auch bei bindegewebsreicher Wand, Zusammenziehungen fühlen; nach Entleerung der Frucht zieht sich der Fruchthalter zu einem derben Knollen zurück (Andrews, Beckmann, Brauß, Hannes, Werth).

Je größer der Gehalt an Bindegewebe, desto minderwertiger ist das Horn im Hinblick auf die Ansprüche des wachsenden Eies. In meinem Präparat ist der Riß zunächst in der von Bindegewebe stark durchwachsenen mittleren und inneren Schicht erfolgt, während die äußere, rein muskulöse Lage der Spannung zu folgen vermochte und erst im letzten Augenblicke gesprengt wurde. In einem hochentwickelten Nebenhorn ist reine Muskulatur, wie im normalen Uterus, vorhanden. Wir unterscheiden demnach zwei Wertigkeitsstufen, die, durch allmähliche Übergänge verbunden, für den weiteren Verlauf der Schwangerschaft bedeutsam sind.

Die Schleimhaut ist keineswegs mit der Wand gleichsinnig entwickelt. Bei guter Muskulatur kann die Schleimhaut atrophisch, bei schwieliger Muskulatur kann sie verhältnismäßig kräftig ausgebildet sein.

Sie fehlt völlig bei Beckmann, Freund, Fuchs, Limnell, Werth (29); mangelhaft ist sie entwickelt bei Gubareff, Guillaume, Hannes, Hicks, Hoehne (hier Trennung in Spongiosa und Compacta), Justi, Sauer und Daels, Werth (30). — Sehr dünn, stark zerfallen fand sie Schauta. Eine Dicke von 0,5 bis

1 mm stellte Werth (31) fest, eine solche von 1 mm Scheffzeck, von 1,5 mm v. Szabó. Flach, nur stellenweise mit Drüsen und Deckepithel versehen, nennt sie Fehr. Normales Stroma, ohne Drüsen, flaches Deckepithel: Werth (28). Normale Schleimhaut und normale Decidua beobachteten Holländer, Mannière.

Je dürftiger die Schleimhaut entwickelt ist, desto geringer ist natürlich auch die deciduale Umwandlung.

Die Stielverbindung zwischen Haupt- und Nebenhorn. Der Stiel besteht aus häufig blättrig gefügter Muskulatur. Sie entbehrt einer besonderen, auf einen Zusammenhang mit dem M. F. deutenden Anordnung; wahrscheinlich gehört sie der sekundären, an den Bauchfellüberzug der Gebärmutter, der Eileiter und der breiten Bänder gehefteten Muskulatur an (Werth). Bei der Schwangerschaft wird der Stiel gewöhnlich kürzer. Eine Schwangerschaftshypertrophie vermißte Beckmann; sie findet sich in den Präparaten von Brauß und Justi.

Einen von Epithel ausgekleideten Kanal fand Werth unter 100 Fällen 19 mal angegeben; unter den 53 Präparaten meiner Tabelle mit diesbezüglichen Angaben kommt er fünfmal vor (Abuladse, Beckmann, Gubareff, Krönig, Treub). Das würde einen Satz von 16 v. H. darstellen.

Im allgemeinen läßt sich sagen, daß die Aussicht, einen Kanal nachzuweisen, um so geringer ist, je unscheinbarer der Strang. Durchgehend ist er nur in den Präparaten von Scanzoni, Rokitansky, Kehrer (85) und Krönig. In den beiden letzteren Fällen konnte das Ei per vias naturales entleert werden nach gewaltsamer Dehnung des Kanals. In den anderen Fällen ist der Kanal nur auf eine kurze Strecke ausgebildet. Er endigt kurz vor dem Fruchthalter oder dem Haupthorn oder vor beiden. Ernst fand zweimal bei nichtschwangerem Horn „Spuren von Epithel". Jedenfalls ist bei zweifelhaftem Befunde die mikroskopische Untersuchung unerläßlich; erweiterte Gefäße können dem unbewaffneten Auge einen Kanalstumpf vortäuschen.

In den vollentwickelten Fällen zeigt sich, daß der Kanal, entsprechend dem Uterus-unicornis-Charakter der Mißbildung, im oberen Abschnitte des Halsteiles des Haupthorns entspringt.

Histologisch bietet der Kanal in den Beobachtungen von Sinclair, Kelly, Beckmann den vollkommensten Bau dar. Kelly: Einschichtiges Zylinderepithel sitzt einem retikulären Bindegewebe auf. Nach außen schließen sich eine ringförmig und eine längs angeordnete Muskelfaserschicht an. Sinclair und Beckmann: Drüsenhaltige Schleimhaut, mit scharfer Abgrenzung umscheidet von ringförmig gestellten Muskelfasern, die nach außen in unregelmäßige Durchflechtung verfallen. Treub sah kubisches Epithel als innere Auskleidung.

Werth beobachtete in seinem 4. Falle einen epithelialen Kanal an der Unterfläche des Horns, den er als erhalten gebliebenen Wolffschen Gang erkannte. Canestrini will einen gegabelten W. G. gesehen haben. Podpach wies ebenfalls einen Rest des W. G. nach.

Bezüglich der Portio und der Scheide sei folgendes erwähnt. Kehrer nimmt an, daß die Portio und die Scheide bald aus beiden, bald aus dem einen M. F. entständen. Im letzteren Falle würden Unregelmäßigkeiten in der Gestalt der Portio auf die einseitige Entwicklung der M. F. zurückgeführt werden können.

Kußmaul stellte an zwei Präparaten fest, daß im Halsteil die konkave Seite dicker ist als die konvexe, daß die Querfalten im Cervicalkanal hier stärker vorspringen als dort, daß die Portio klein ist und die Plica palmata an der konkaven Seite zum mindesten schwächer ausgebildet ist als an der konvexen.

In den zwei Fällen von Palmer-Staude und Beckmann waren beide M. F. an der Bildung der Scheide beteiligt; es fand sich nämlich ein Septumrudiment im unteren Drittel der vorderen Scheidenwand.

Schwangerschaftsveränderungen.

Haupthorn. Wenn man sich an das Verhalten des Uterus bei Tubenschwangerschaft erinnert, so nimmt es kein Wunder, daß sich bei Nebenhornschwangerschaft im Haupthorn hypertrophische und hyperplastische Umwandlungen vollziehen. Dieselben schwanken allerdings in weiten Grenzen.

Die Muskulatur hypertrophiert, die spitzspindelige Form des Horns kann sich derjenigen eines normalen vergrößerten Uterus nähern. Als Beispiel erheblicher Schwangerschaftsvergrößerung führt Werth den Fall von Serejnikoff an: Bei einer lebenden Frucht von 33 Wochen betrug die Länge des Cavums 13—15 cm. Andererseits fand Conrad bei 7 monatiger Gravidität nur ein Maß von $7^1/_2$ cm. Nach Beendigung der Schwangerschaft oder nach dem Fruchttode erfolgt meist rasche Rückbildung; bisweilen wird sie verzögert (Scheffzeck: 1 Monat nach Fruchttod 12 cm, Nückel (1) 3 Monate n. F. 19 cm).

Der Halskanal wird durch einen festhaftenden zähen Schleimpfropf verschlossen; die Schleimhaut erfährt eine deciduale Umwandlung. Die Decidua erreicht verschiedene Mächtigkeit. In meinem Falle maß sie durchschnittlich 5 mm. Beim Tode der Frucht kann sie im ganzen oder stückweise ausgestoßen werden (Cameron, Lewers, Quain, Werth 30); in meinem Präparate bereitete sich die Abstoßung offenbar vor. In anderen Fällen wird nur eine mäßige Blutung beobachtet (Beckmann, Bretschneider, Holländer, Kouver). Bei der Kranken Flataus erregten die Blutungen Verdacht auf Myom. Die Kranke von Brauß wurde wegen der Blutungen ausgeschabt; in der Ausschabung wurde Decidua nachgewiesen. Allem Anschein nach vermag sich die Decidua völlig zurückzubilden, so daß, auch ohne vorangegangene Blutungen, eine Schwangerschaft im Haupthorn bald eintreten kann.

Nebenhorn. Die ursprüngliche zierliche Birnform nimmt allmählich ein ovaläres, kugeliges, seltener kegelförmiges Aussehen an. Bisweilen erlangt das Nebenhorn die Form und die Größe sowie das blättrige Gefüge und die Konsistenz eines normalen hochschwangeren Uterus. Von dem Haupthorn her kann Muskulatur auf das Nebenhorn herübergezogen werden (Werth). Der Stiel wird dadurch breiter und kürzer; der Fruchthalter sitzt — mit Ausnahmen — in den späteren Monaten dem Haupthorn breitbasig auf, der Sattel verstreicht.

Bei der Größenzunahme des Horns rücken die Tube, das runde Band und das Lig. ovarii propr. allmählich abwärts und auch medialwärts; diese Gebilde sitzen dann nicht mehr dem äußeren oberen Pol, sondern der Basis des Nebenhorns auf. Bisweilen werden Tube und Ovarium auseinandergerückt. Aus dieser Verschiebung der Anhänge geht hervor, daß die Ausdehnung des Fruchhalters nicht gleichmäßig geschieht, sondern hauptsächlich den der Bauchhöhle zugekehrten, medialen Abschnitt betrifft. Nach Guillaume beruht diese einseitige Ausdehnung auf der angeborenen Schwäche der medialen Wand (die auch an dem Haupthorn in meinem Fall hervortritt); diese Wandabschnitte sind ja auf die beiden Hörner verteilt und müssen deshalb schmächtiger sein. Wir haben erörtert, daß infolge der Fixation des Horns am Beckenboden der der Bauchhöhle zugekehrte Teil des Horns entfaltungsfähiger ist; Werth erinnert daran, daß sich die fixierte retroflektierte Gebärmutter nach vorn, der ventrofixierte Uterus nach hinten oben ausdehnen, also jedesmal gegen die Bauchhöhle hin. Das Nebenhorn gelangt mehr und mehr in eine schrägflache Lage, wobei es, wie die schwangere Tube, häufig breit intraligamentär eingelagert erscheint (Werth).

Eine Stieldrehung beträchtlichen Grades gehört zu den Seltenheiten; in unserem Falle war sie gering. In den Präparaten von Dawydowa (180°), Galle (90°), Topp war sie beträchtlicher. Sie beruht auf der Massenzunahme des oberen, ursprünglich medialen Abschnittes, der rückwärts umsinkt; Voraussetzung ist ein längerer, nachgiebiger Stiel.

Wie wir oben bemerkt haben, ist die Schleimhaut meistens nur kümmerlich entwickelt. Ist sie, gleichsinnig mit der Muskelwand, vollwertig, so wird das mikroskopische Bild und der Verlauf der Schwangerschaft nicht von demjenigen im gesunden Uterus abweichen.

Näher eingehen müssen wir auf die überwiegende Zahl der Nebenhornschwangerschaften, die sich auf einer minderwertigen Schleimhaut oder bei schwieliger Hornwand eingestellt haben.

In diesen Fällen ist die deciduale Umwandlung mangelhaft; die Zotten finden deshalb an einer umschriebenen Stelle nicht die genügende Unterkunft, sondern heften sich überall, wo Schleimhaut vorhanden ist, fest.

So finden wir als nächste Folge der Verkümmerung der Schleimhaut eine ausgedehnte, oft allseitige Anheftung des Eies unter Aufhebung der gesamten Hornhöhle. Nur Werth erwähnt eine Differenzierung in Chorion laeve und frondosum. Eine Placenta diffusa sahen Freund, Fuchs, Justi, Kworostansky, Leopold, Limnell, Ratner, Scheffzeck; die Hauptmasse sitzt gewöhnlich in dem unteren medialen Pol der Hornhöhle. Manchmal ist sie stärker an der Vorder- oder an der Hinterfläche entwickelt. Neben der Hauptplacenta können — entsprechend der Schleimhautausbreitung — verstreute Inseln von Placentargewebe auftreten (Beckmann). Quain beschreibt eine Schmetterlingsform; zwischen den Flügeln ging die Nabelschnur ab. v. Ott (Kiparski) fand einen drei-, Potocki einen fünflappigen Mutterkuchen. Die Placenta circumvallata Benckisers hängt wohl auch mit den mangelhaften Ernährungsverhältnissen zusammen — wenn man der Erklärung R. Meyers für diese Abnormität beipflichtet.

Meistens haftet die Placenta fest an (Benckiser, Echols, Eden, Fürtner, Hellier, Hoehne, Justi, Kworostansky). Berstet der Fruchtsack, so tritt zwar der Foetus in die freie Bauchhöhle, die Placenta jedoch wird zurückgehalten. Zieht sich nun das Horn fest zusammen, so sitzt sie diesem pilzhutartig auf.

Bei Andrews und Freund (während der Operation), bei Conrad, Hellier (58) und Krukenberg wurde sie zusammen mit der Frucht ausgestoßen. Benckiser fand Foetus, Eihäute und den abgerissenen größten Teil der Placenta in der freien Bauchhöhle. In dem Fall von Krukenberg wurde bei der Relaparatomie — bei der ersten Operation quoll aus dem Riß im Nebenhorn Zottengewebe vor — aus der rechten Unterbauchseite die eingekapselte Frucht mit dem größten Teil der Placenta herausbefördert. Hier liegt also eine partielle Retention der Placenta vor.

Bei starrer Hornwand geht unter dem zunehmenden Druck die Placenta und damit die Frucht zugrunde; die Placenta und die Eihaut trifft man im Zustande der Nekrose, mit den inneren, ebenfalls abgestorbenen Hornwandschichten zu einer unentwirrbaren Masse verbacken (Beckmann 76). Die Placenta wird zur Ablagerungsstätte von Kalksalzen (Dawydowa, Fehr, Schauta).

Das Fruchtwasser ist nur in geringen Mengen vorhanden; bei Nekrose des Eies verfärbt es sich braun bis schwarz. Längere Retention hat den völligen Schwund der Flüssigkeit zur Folge, wodurch der Austrocknung des Foetus der Boden bereitet wird.

Histologie.

Über den Stiel genügen wenige Worte. Mehrfach wurde die Muskulatur hypertrophiert befunden. Auch in meinem Präparat sind die Muskelfasern deutlich vergrößert. Eine deciduale Umwandlung der Schleimhaut hat nur Scanzoni gesehen.

Hornwand. Brauß, Fehr, Freund, Hannes, Hoff und Werth stellten eine deutliche Hyperplasie und Hypertrophie der Muskelfasern fest. Besonders findet dieselbe statt in der äußeren (Fehr, Justi) und in der mittleren Schicht (Werth). Werth (29) fand deciduale Herde innerhalb der Muskulatur.

Während eine rein muskulöse Wand der Massenzunahme des Eies folgt, wird eine bindegewebsreiche Muskulatur durch Druck und Spannung geschädigt; sie verfällt allmählich der hyalinen Entartung und der Nekrose (Beckmann, Brauß, Fehr, Justi, Knoop); dies erfolgt zunächst in den dem Druck am stärksten ausgesetzten innersten Schichten. Die Muskel und die Bindegewebsfasern verlieren ihre Kerne und verbacken schließlich zu gleichmäßig glasig aussehenden streifigen Massen. Küstner und Hannes sowie v. Szabó und Scheffzeck beobachteten am Rande der Nekrose, innerhalb der Hornwand, einen Leukocytenwall, der die Bildung einer Demarkationslinie einleitete. In meinem Fall haben sich Lymphocyten in den Randteilen der lebenden Hornwand angesammelt, ohne den Charakter eines zusammenhängenden Infiltrates erlangt zu haben. Die äußere Muskellage, die sich durch den Mangel an Bindegewebe auszeichnet, hat am längsten standgehalten und ist zuletzt durchgerissen, während die mittlere und innere Lage, von der äußeren abgehoben, vorher nachgegeben und sich in hohen Falten gegen die Stielgegend hin zurückgezogen haben. Die Hornwand ist durch das Zurückgleiten ihrer Hauptmasse auf 0,8 mm verdünnt worden. Die Gefäße sind in den abgestorbenen Teilen teilweise frisch thrombosiert. Fehr sah an der Stelle, wo sich die Ruptur vorbereitet, Rundzellenansammlungen. Die Muskulatur kann, wenn genügend Zeit vorhanden ist, durch Granulationsgewebe von seiten des Muskelbindegewebes ersetzt werden. In dem Falle Beckmanns lieferte das angelagerte und verklebte Netz Bindegewebe; das gleiche ist auch anzunehmen für die übrigen Fälle von Netzverklebung und -verwachsung.

Der Schwund der Muskelfasern unter Ersatz durch Schwielengewebe kommt übrigens auch bei längerer Retention der abgestorbenen Frucht vor (Smith und Williamson, Turner, Werth) und ist wohl als Ausheilungsstadium der Druck- und Spannungsnekrose der Muskulatur aufzufassen.

Wahrscheinlich spielt in manchen Fällen bei der Nekrose nicht nur der unmittelbare Druck auf die Gewebe, sondern auch der Verschluß von Gefäßen mit Störung der Blutversorgung eine Rolle.

Hyaline Entartung der Muskelfasern tritt auch unabhängig von Druck und Spannung auf, und zwar infolge der Durchwachsung der Hornwand durch die Zotten. Einmal üben die Zotten offenbar eine chemische Wirkung auf das Gewebe aus, andererseits schädigen sie durch den Gefäßverschluß. Brauß machte die interessante Beobachtung, daß eine ausgedehnte hyaline Degeneration der Gefäßwände bei der Berührung mit den Zotten stattfand; er erklärt sie durch spezifische Einwirkung des Zottenepithels auf die Wandzellen; die eingeengten Venenlichtungen enthielten in der Nähe der Rupturstelle geschichtete Thromben, die gleichfalls von hyalinen Ballen durchsetzt waren. Fehr beschreibt eine ausgedehnte hyaline Entartung des von Zotten durchwachsenen Gewebes. Aus meinen Präparaten habe ich ebenfalls die Überzeugung gewonnen, daß die synzytiale Epithellage bei ihrer Berührung mit der Hornwand die nächste Umgebung zur hyalinen Degeneration bringt; das Bild der Nekrosen ist so eigenartig, daß ich mit Knoop typische Fermentwirkungen von seiten der Zotten annehmen möchte.

Jedoch ist dieser Vorgang stets auf die nächste Umgebung beschränkt. Ausgebreitete Nekrosen ganzer Schichten können durch die Vergiftung von seiten einiger Zotten nicht erklärt werden.

Schleimhaut. Insertion des Eies. Bei vollentwickelter Schleimhaut spielt sich die Placentation in gleicher Weise wie im Uterus ab.

Wir betrachten deshalb nur die Vorgänge unter den abnormen Verhältnissen, wie sie durch eine verkümmerte Schleimhaut geschaffen werden.

a) Die Zotten und das zottenfreie Chorion können in großer Ausdehnung unmittelbar oder durch Vermittlung einer Fibrinschicht — die dem Nitabuchschen Streifen entspricht — der Muskulatur aufliegen, ohne daß an irgendeiner Stelle die Zotten in die Hornwand eindringen (Fuchs, Guillaume, Hicks, Justi, Kworostansky, Scheffzeck).

In meinem Präparat sind die Zotten in flacher Ausbreitung den Eihäuten breit, wie angepreßt, angelagert; das ihnen zukommende Bestreben, sich wurzelartig in die Tiefe einzusenken, ist durch den harten Boden der Muskulatur unterdrückt. Der Epithelsaum ist an dieser Seite geschwunden. Häufig findet man die Zotten in den verschiedenen Stufen der Entartung und des Absterbens; manche sind völlig nekrotisiert. Keineswegs ist die gesamte Unterfläche des Chorions mit Zotten besetzt; vielmehr liegen die Eihäute vielfach dem Fibrinstreifen unmittelbar auf. Treten Blutungen zwischen diesen und der Hornwand auf, so haften die zottentragenden Abschnitte dauerhafter an, und so kommt es, daß die zottenfreien Teile buckelförmig von dem Hämatom vorgetrieben werden; die verankerten Teile ziehen als lange schmale Zipfel senkrecht durch die Blutmasse in die Tiefe, an die Muskulatur heran (Fig. 4). Es handelt sich bei diesen Bildern nicht um Auffaltungen der Eihäute infolge der Retraktion der Wand, sondern infolge von Blutergüssen und ihrer unregelmäßigen Zottenbefestigung.

Im Gebiete von größeren Schleimhautinseln ist die Zottenentwicklung lebhaft; hier finden wir der Norm sich nähernde Zustände (Fig. 6). Wahrscheinlich würde bei genauer Untersuchung in jedem Falle von Nebenschwangerschaft hier und da eine größere Schleimhautinsel nachgewiesen werden können. Die Angaben völligen Mangels der Schleimhaut leuchten mir nicht ein. Allerdings ist das Auffinden solcher Inseln nicht immer ganz leicht, da sie durch die Nekrosevorgänge bis zur Unkenntlichkeit entstellt werden können.

b) In anderen Fällen atrophischer Schleimhaut dringen die Zotten mehr oder weniger tief in die durch Ödem aufgelockerten (Lockyer) Muskelzwischenräume (Brauß, Doran, Hannes, Limnell, Werth 29), selbst bis zum Bauchfellüberzug (Fehr, Knoop) ein. Sie gelangen in die Venen (Brauß, Doran, Hoff, Freund, Knoop, Küstner), die schließlich prall von den Zottenbäumen ausgefüllt werden: die Placenta entwickelt sich dann hauptsächlich innerhalb der mütterlichen Bluträume (Werth).

Es kommt zu Stauungen, Ödem, Blutungen, ja zum Absterben kleiner Gewebsabschnitte. Außerdem aber können Abkömmlinge der Langhansschen Schicht (Fuchs, Guillaume) und des Syncytiums in Gestalt von Zellsträngen das interstitielle Gewebe durchwachsen (Doran, Freund, Fuchs, Guillaume, Hoff, Knoop).

Sind die Zotten- und die Trophoblastwucherungen sehr lebhaft, so sieht man den Vorgang mit unbewaffnetem Auge; die Wand ist von weichem, schwammigen, zum Teil abgestorbenen Placentargewebe durchsetzt (Brauß).

Häufig kommt es in beiden Fällen a) und b) infolge unzureichender Ernährung zu hyaliner Entartung der Zotten; dieselbe befällt, wie schon oben erwähnt, auch das Gewebe der Hornwand und die Gefäße. Sind die Zotten weit eingedrungen, so resultiert eine verhängnisvolle Brüchigkeit des Gewebes und die Gefahr einer Berstung des Fruchthalters. Es ergibt sich hier also eine Parallele zu den Vorgängen bei der Eileiterschwangerschaft; hier spielt das Ei die Rolle einer destruierenden Geschwulst, und das Ergebnis ist das gleiche wie in unserem Falle: Ruptur des Fruchthalters.

Daß die breite Eröffnung der mütterlichen Bluträume auch retroplacentare Blutungen und damit Absterben der Frucht zur Folge haben kann, ist schon erörtert worden.

An weiteren Degenerationen der Zotten kommt die schließliche Verkalkung öfters vor; Limnell beschreibt eine krankhafte Ablagerung von Fettkörnchen in dem Epithelsaum der Zotten; auch farblose Blutkörperchen fand er mit Fetttropfen beladen, was er auf Resorption zurückführt.

Überblicken wir nunmehr den Zustand der Hornwandung und der Schleimhaut, die keineswegs gleichsinnig entwickelt zu sein brauchen, in ihrer Wechselwirkung mit dem Ei, so ergeben sich mehrere Möglichkeiten:

1. Die Schleimhaut ist verkümmert. Die Zotten heften sich flächenhaft an die Muskulatur. Etwa vorhandene Schleimhautinseln ermöglichen eine lebhaftere Placentation. Fehlt die Schleimhaut so gut wie ganz, so dringen die Zotten verheerend in die Muskulatur und in die Gefäße ein. Das Eibett wird zerstört durch tryptische Wirkung des Zottenepithels und Ischämie; es kommt, falls nicht der Eitod frühzeitig erfolgt, zu einem Durchbruch in die Bauchhöhle. Oder das Blut ergießt sich aus den eröffneten mütterlichen Venen zwischen die Hornwand und die Eihäute; das Ei geht durch Ablösung vom Eibett zugrunde.

2. Die Muskulatur ist schwielig, die Schleimhaut verhältnismäßig wohlgebildet. Die Hornwand gibt dem wachsenden Ei nicht nach. Unter dem zunehmenden Druck und der Spannung sterben zunächst die inneren Wandschichten ab; die Nekrose ergreift auch die mittlere Muskelage. Diese reißt ein, und schließlich ist auch die äußere Schicht nicht mehr imstande, dem Druck standzuhalten. Der Fruchthalter wird gesprengt. Es tritt vollständiger oder unvollständiger Abort in die Bauchhöhle ein; sehr häufig verblutet dabei die Mutter. Oder das Ei leidet eher als die Wand; der Eitod ist die Folge. Die geschädigte Muskulatur wird durch Bindegewebe ersetzt, so daß man bei langer Retention eine fast rein bindegewebige Hornwand antreffen kann.

3. Sind Muskulatur und Schleimhaut vollwertig, so kann die Schwangerschaft bis zu ihrem normalen Ende ausgetragen werden.

Werth faßt diese drei Möglichkeiten in folgenden Sätzen zusammen:

1. Primärer Mangel einer zur decidualen Umwandlung geeigneten Schleimhaut führt zu destruktivem Wachstum des Chorions und damit, wenn nicht der Eitod zuvorkommt, zur Ruptur.

2. Primäre Unvollkommenheit in dem Aufbau der muskulösen Hornwand, fehlerhaftes Überwiegen des Bindegewebes auf Kosten der Muskulatur bei gleichzeitigem Vorhandensein einer genügend ausgebildeten und umbildungsfähigen Schleimhaut bedingt Drucknekrose des Eies, also primären Fruchttod.

3. Die Ausstattung des Nebenhorns mit einer normalen entwicklungsfähigen Muskulatur und zugleich mit einer als Eiboden tauglichen Schleimhaut gibt die Gewähr ungestörten Ablaufs der Schwangerschaft.

Ich habe die Gruppe 2 etwas weiter gefaßt, um Fälle wie den meinigen, in das Schema unterbringen zu können. Hier ist die Berstung eingetreten allein durch den Druck; von einem verheerenden Zottenwachstum war keine Rede.

Kurz erwähnen möchte ich die in meinem Falle nachgewiesene Verschleppung von foetalen Riesenzellen in die Lungen, wo sie indessen keine fortschreitende Entwicklung eingehen, und die kleinen Nekrosen in der Leber, die als eklamptische Herde zu bezeichnen sind.

Ausgang der Schwangerschaft.

Mit Ausnahme der spärlichen Fälle von offenem Verbindungskanal zum Haupthorn ist eine Entleerung der Frucht und der Nachgeburt per vias naturales ausgeschlossen. Es bleibt somit 1. der Tod der Frucht innerhalb des Fruchthalters oder, falls Abort eintritt, innerhalb der Bauchhöhle. Das günstigste Ereignis ist der frühzeitige Eitod mit Mumifikation des Foetus in dem unversehrten Horn; doch kann auch durch Einkapselung der in die Bauchhöhle ausgetretenen Frucht relative Heilung erreicht werden. 2. Der Tod der Mutter. 3. Die Operation.

Unter meinen 81 Fällen mit diesbezüglichen Angaben finden wir 44 unter 5 Monate alte Foeten, wovon 23 (28 v. H.) auf die ersten 3 Monate entfallen. Von den 37 älteren waren 23 (28 v. H.) ausgetragen (Werth 26 v. H.).

Der frühzeitige Eitod ist, da in der ersten Zeit der Schwangerschaft die Bedingungen im Nebenhorn günstiger liegen als in dem Eileiter, seltener wie bei der Tubengravidität; bei dieser zerstört sich das Ei gewöhnlich sehr bald sein Eibett. Eine minderwertige Schleimhaut und eine schwielige Muskulatur werden dem Ei im Nebenhorn erst etwas später verhängnisvoll, bald durch das Eindringen der nahrungsuchenden Zotten in die Hornwand und ihre Venen, bald durch die abnormen Druckverhältnisse. Das verheerende Zottenwachstum bereitet, wie wir gesehen haben, die Wandung für die Berstung vor; die Eröffnung der Bluträume schafft ein retroplacentares Hämatom, welches die Frucht zum Absterben bringt. In dem Falle von Fuchs hatte das durch die Tube abfließende Hämatom eine Hämatocele retrouterina zustande gebracht. Der abnorme Druck gefährdet das Leben des Eies und endigt häufig mit der Ruptur.

Bleibt das abgestorbene Ei in dem Nebenhorn liegen, so wird das Fruchtwasser allmählich aufgesogen, die Placenta verkalkt, der Foetus wird aufgelöst, bis schließlich nur Knochen übrigbleiben, oder er wird mumifiziert.

So fand Werth (28) eine kirschgroße, von schwarzen Foetalknochen ausgefüllte Höhle; die hypertrophierte Wand war an einer Stelle durch die Knochen durchbohrt. Den Anfang dieser Perforation sehen wir bei Quain. Der mumifizierte Foetus kann jahrelang retiniert werden (6 Jahre bei Gaettegebiur).

Die Ruptur des Fruchthalters kommt nach Werth in 45 v. H. der Fälle vor. Beckmann berechnete auf seine 46 Fälle 40 v. H., Guillaume 41 v. H. Zusammen mit der Aufstellung von Werth ergibt meine Tabelle (186 Fälle) den Satz von 45 v. H.

Auch die Ruptur tritt später ein als bei der Tubenschwangerschaft. Unter meinen 86 verwertbaren Fällen befinden sich 39 Rupturen. Von diesen liegen 22 in den ersten 5 Monaten; achtmal war die Schwangerschaft ausgetragen. Die Prädilektionsstelle ist der obere innere Umfang, also der Platz der stärksten Dehnung (Werth). Kußmaul verlegte sie an die Spitze des Horns, wo die Wand von vornherein am dünnsten sein sollte.

Bei der Operation findet man selten unvollständige, oberflächliche Einrisse, die durch Verletzung von Gefäßen eine lebensgefährliche Blutung machen können (Massen-Slavjanki); es sind dies die Anfangsstadien der Berstung, durch die Operation fixiert. Bei kleineren, durchgehenden Rissen quillt das angrenzende Placentargewebe vor, oder die Fruchtblase stellt sich ein. Auch kann die Nabelschnur vorfallen (Ernst). Ist die Sprengwirkung sehr stark, so werden Fetzen aus der Wand herausgerissen (Werth 29). Meistens gelangt die Frucht in die freie Bauchhöhle (unter meinen 39 Rupturen 22 mal); dabei wird bisweilen das unversehrte Ei entleert (Conrad, Hellier, Hoff, Menge; Freund sah dies bei der Operation). Meist jedoch bleibt die Nachgeburt im Horn sitzen; zieht sich dieses bei großem Riß fest zusammen, so überdeckt die Placenta pilzhutartig die zurückgekrempelten Ränder der invertierten Muskelmasse. In der Bauchhöhle kann die Frucht sekundär eingekapselt werden (Eden, Everke, Hannes, Hellier 12, Krukenberg).

Die Ruptur ist für die Mutter nicht immer unmittelbar verhängnisvoll; dies gilt von den subakuten Berstungen, beruhend auf allmählich um sich greifender Nekrose der Hornwand (Fuchs), wobei die Gefäße rechtzeitig verlegt werden. Eine erhebliche Blutung braucht dann nicht einzutreten. Durch angelagertes Netz und Darmschlingen wird die Wunde bedeckt; es tritt Vernarbung ein. Das angrenzende Bindegewebe proliferiert zuungunsten der Muskulatur, das Netz liefert Granulationsgewebe (Beckmann 76). Hellier (12) wies 8 Jahre nach der Entfernung eines ausgetragenen toten Kindes aus der Bauchhöhle bei der Autopsie die alte Narbe im Nebenhorn nach.

Bei plötzlicher Ruptur ist eine lebensgefährliche Blutung die Regel. Bis zu mehreren Litern Blut werden in der Bauchhöhle vorgefunden (41 Kelly). Das Blut ist flüssig, oder auch mit Coagulis vermischt; ja die Bauchhöhle kann von einem großen Gerinnsel ausgefüllt sein (Andrews 57, Echols).

Die Berstung des schwangeren Nebenhorns ist nach Werth gefährlicher als die Ruptur der graviden Tube, bei der die frühe Zerstörung des Eibettes und eine begrenzte Blutung in die Umgebung mit der Möglichkeit spontaner Ausheilung den häufigsten Ausgang darstellt.

Von den 39 Rupturen meiner Aufstellung sind 10 zugrunde gegangen. Das wäre eine Sterblichkeitsziffer von 26 v. H. 4 Frauen starben, noch ehe sie auf den Operationstisch kamen (Ernst, v. d. Heyden, Hoff, Justi), 6 während oder kurz nach der Operation an der ausgebluteten Patientin (Andrews 57, Benckiser, Mansfeld, Webster, West).

In diesen 10 Fällen bestand 2 mal äußerlicher Blutabgang (Andrews, Benckiser), 5 mal Amenorrhöe (Ernst, Justi, Mansfeld, Ratner, West), 3 mal fehlen Angaben. Bei den geheilten Frauen handelt es sich fast ausschließlich um die genannten subakuten Berstungen; Schtschebtina rettete eine Frau trotz schwerster innerer Blutung.

Diese Übersicht bestätigt die traurige Prognose, die Werth den Rupturen des schwangeren Nebenhornes stellt.

Die Folge für den Foetus ist gewöhnlich der Tod. Nur sofortige Operation würde das Kindesleben retten können. In dem Falle von Hannes hatte die Frucht noch 5 Monate in der Bauchhöhle weitergelebt und sich zur Reife entwickelt. Kiparski traf ein lebendes Kind in der Bauchhöhle an.

Die Frucht

liegt meistens in Schädellage. Sie ist oft schlecht entwickelt und mehr oder weniger stark zusammengepreßt (Kworostansky, Fehr, Fürter, Holländer, Lewers, Potocki, Quain, Scheffzeck). Amniotische Verwachsungen beschreibt Beckmann.

Innerhalb des Horns geht der abgestorbene Foetus in Maceration oder Mumifikation über (Beckmann, Dawydowa, v. d. Linden, Sauer und Daels, Chappius).

Bei Austritt in die Bauchhöhle kommt es zu sekundärer Einkapselung, zu Maceration, Mumifikation oder zur Versteinerung (Fehr).

Klinische Betrachtungen.

Menstruation.

Für die Menstruation kommt nur die dritte Kußmaulsche Gruppe in Betracht, soweit sie zum mindesten mit einer nur spurenweise entwickelten Schleimhaut ausgestattet ist.

Während Kußmaul es ablehnte, daß die Menstruationserscheinungen durch das Nebenhorn beeinflußt werden und tatsächlich manche Frauen dauernd beschwerdefrei sind (Brauß, Ernst 4, Guillaume, Justi), so steht doch fest, daß die anfänglich schmerzlose Periode nach einigen Monaten oder Jahren schmerzhaft werden kann (Hegar und Freund nach 11—12 Jahren, Laurent, Blanchard bei Laurent). Gouilliourd berichtet über eine im 15. Jahre menstruierende Nonne, die mit 32 Jahren durch ihr verkümmertes Nebenhorn Menstruationsbeschwerden bekam. In dem ersten Falle von Ernst kam dies zustande nach zwei normal verlaufenen Schwangerschaften im Haupthorn.

Andere Frauen geben von Beginn an Schmerzen bei den Menses an (Podpach, Ernst 2, Holländer, Fehr). In dem dritten Falle von Ernst waren die Schmerzen seit der letzten Entbindung erheblich gesteigert.

Um das nachträgliche Einsetzen der Schmerzen zu erklären, die regelmäßig auf der Seite des Nebenhorns oder doch hier am stärksten empfunden werden, hat man zwei Wege beschritten.

H. Freund entwickelte die Annahme, daß eine aufsteigende Entzündung zum Abschluß des gemeinsamen Cervicalkanals gegen das Nebenhorn führte, und daß diese erworbene Atresie die Ursache der Dysmenorrhöe sei.

Bei seiner Hämatometra traten die Beschwerden 10—12 Jahre nach einer Operation ein, bei der die Tube der verkümmerten Seite abgebunden und abgetragen wurde. Hiermit war der Abfluß des Menstruationsblutes in die Bauchhöhle unmöglich gemacht worden. Vorläufig soll nun das Blut per vias naturales entleert worden sein. Dann aber wurde der Kanal im Verbindungsstück verschlossen; nunmehr trat die Dysmenorrhöe ein. Zugunsten der infektiös-entzündlichen Ursache der Atresie führt Freund die Häufigkeit der Adnexerkrankungen und Pelveoperitonitiden bei Uterusverdoppelungen an.

Nach der andern Auffassung erreicht das verkümmerte Nebenhorn später als das Haupthorn seinen Reifezustand. Da nun — erwiesenermaßen — fast niemals eine Abflußmöglichkeit in die Scheide besteht, so wird bei der ersten Menstruation eine Retention eintreten. Die Hämatometra bewirkt Auftreibung des Nebenhorns und Koliken. Tritt der Reifezustand frühzeitig ein, so ist die Menstruation von Anfang an oder doch sehr bald schmerzhaft; verzögert er sich, so bleiben die Menses längere Zeit beschwerdefrei. Anscheinend befördern Schwangerschaften im Haupthorn die Reifung des Nebenhorns.

Die Freundsche Hypothese mag für einzelne Frauen zutreffen. Für die erdrückende Mehrzahl fällt die Prämisse Freunds, nämlich ein ursprünglich durchgängiger, später verschlossener Verbindungskanal, eine Annahme, die Kußmaul vertreten hat, weg. Wenn also die sekundäre Dymenorrhöe überhaupt dem Nebenhorn zuzuschreiben ist, so müssen wir zu der Hypothese der verzögerten Reifung des Nebenhorns greifen oder uns mit der Annahme aushelfen, daß das Fimbrienende sich geschlossen habe und den bisher möglichen Abfluß des Blutes in die Bauchhöhle versperre.

Das angesammelte Blut wird allmählich eingedickt, dunkelbraun bis schwarz. Es kann vom Darm aus infiziert werden. Tweedy und Tussenbroek beschreiben eine Pyometra im verkümmerten Nebenhorn. Tussenbroek nimmt eine Infektion mit Influenzabazillen an.

Das ausgedehnte und gespannte Nebenhorn wird nun versuchen, den Inhalt auszutreiben; daher die stechenden oder kolikartigen Schmerzen. Daß die Hämatometra Schmerzen hervorrufen kann, beweisen die operativen Erfolge von Groß und Fruhinsholz sowie von Drießen: Die Abtragung der Hämatometra machte die Frauen beschwerdefrei. In dem Fall von Drießen war der Eileiter bemerkenswerterweise, wohl auf entzündlicher Grundlage, atretisch.

Ist die Periode von vornherein und dauernd beschwerdefrei, so muß man annehmen, daß das Nebenhorn überhaupt nicht oder nur spurenweise menstruiert oder daß das Blut jedesmal ohne Schwierigkeiten durch den Eileiter abfließt (Refluxtheorie von Olshausen und Sänger).

Ganz so einfach liegen die Dinge allerdings nicht. Es sind nämlich Fälle von Nebenhornschmerzen während der Menses bekannt geworden, ohne daß dieses eine Höhlung besaß (Gouilliourd). Blanchard, dem wir systematische Untersuchungen hierüber verdanken, erklärt dieses merkwürdige Vorkommnis durch menstruelle Wallungen, wobei der ganze Hornkörper an- und abschwillt. Die Blutansammlung ist also keineswegs die conditio sine qua non für die Nebenhorndysmenorrhöe; Schmerzen können auch bei Amenorrhöe entstehen.

Hiermit kommen wir zu der wichtigen Frage, ob das Nebenhorn — auch bei verhältnismäßig kräftiger Schleimhaut — regelmäßig an dem menstruellen Turnus teilnimmt.

Wahrscheinlich ist es, im Hinblick auf die funktionelle Beziehung zum Eierstock, daß, wenn das Nebenhorn den Turnus mitmacht, dies gleichsinnig mit dem Haupthorn geschieht (Bucura). Als sicher ist anzunehmen, daß das eine Horn bei Schwangerschaft des anderen weiter menstruieren kann. So sehen wir bisweilen bei Schwangerschaft im Nebenhorn den Blutabgang aus dem Haupthorn anfänglich nicht unterbrochen oder nach einigen Monaten der Amenorrhöe eine regelmäßige Blutung aus dem Haupthorn wieder einsetzen (Beckmann, Dawydowa, Göttegebiur, v. d. Linden, Menge, Morison, Natanson, Potocki). Auch kann sich bei schon bestehender Schwangerschaft im Nebenhorn ein Ei im Haupthorn einnisten (Bazterrica, Kiparski, Sauer und Daels).

Es besteht also eine gewisse Selbständigkeit der Hörner bezüglich ihrer Teilnahme an den Menstruationsumwandlungen; dieselbe tritt noch stärker hervor in der Beobachtung von Freudenberg, in der das geschlossene Horn menstruierte, das Haupthorn amenorrhöisch war. Guillaume meint, daß das Nebenhorn in der überwiegenden Menge der Fälle amenorrhöisch sei. Trotz der Amenorrhöe kann eine den Turnus mitmachende Schleimhaut nachgewiesen werden, wie ein Fall von Rosenthal beweist; hier fand sich ein postmenstrueller Zustand der Mucosa bei völlig blutleerer Hornhöhlung. Werth weist, um die Amenorrhöe trotz vorhandener Schleimhaut verständlich zu machen, auf das Vorkommen einer solchen bei hochsitzenden Atresien hin.

Diese Erörterungen mögen auf den ersten Blick als zwecklos erscheinen. Jedoch hat Werth als Voraussetzung für eine Schwangerschaft im Nebenhorn die Amenorrhöe desselben aufgestellt. Nähme das Nebenhorn an der Menstruation teil, so würde das ergossene Blut die Eieinbettung verhindern, also ein Schutz gegen die Schwangerschaft sein. Wir kämen dann also zu dem merkwürdigen Schluß, daß das Nebenhorn um so weniger empfänglich sei, je besser seine Schleimhaut entwickelt wäre.

Die Hämatometra scheint nun viel seltener vorzukommen (Stolberg 1905 43 Fälle) als die Schwangerschaft (bis 1905 einschließlich 130 Fälle); falls dieser Unterschied nicht etwa auf der geringeren operativen Dringlichkeit oder an dem kleineren publizistischen Interesse liegt, würde sie dafür sprechen, daß die Gruppe 3 Kußmauls (das mit Höhlung ausgestattete Nebenhorn) vorwiegend amenorrhöisch ist.

Leopold und Sänger halten die Voraussetzung Werths nicht für unerläßlich; Leopold glaubt, daß das Blut — gewöhnlich handelt es sich ja nur um geringste Mengen — aufgesogen werde; Sänger und Olshausen nehmen an, daß es durch den Eileiter abfließe.

Für das Vorkommen einer Aufsaugung spricht die Hämatometra Freunds; in dem Nebenhorn lag ein haselnußgroßer Blutkern. Die Schleimhaut und die nächsten Lagen der Muskulatur sowie die inneren Schichten der Tube enthielten große Mengen von Blutpigmentzellen. Podpach und Calmann (bei Podpach) haben ebenfalls Blutpigment in der Wandung nachgewiesen. Allerdings ist nicht erwiesen, daß die Aufsaugung genügend ist, um das Blut wegzuschaffen und der Eizelle Zutritt zur Schleimhaut zu ermöglichen. Schubert bezweifelt das. Indessen würde nach Freund eine geringe Blutmenge kein Hindernis sein.

Die ganze von Werth aufgeworfene Frage hat — abgesehen von mehreren theoretisch interessanten Punkten — auch ein gewisses praktisches Interesse. Würde man doch mit großer Wahrscheinlichkeit — wenn Werth recht hat —, annehmen dürfen, daß bei einer Vorgeschichte mit dysmenorrhöischen Beschwerden eine Schwangerschaft im verkümmerten Nebenhorn nicht vorliegen kann.

Bei Verschluß des Fimbrienendes gesellt sich zu der Hämatometra eine Hämatosalpinx (Schubert bei Uterus bicornis, Freund, Ernst 2 und 3). Freund erklärt den Verschluß durch aufsteigende oder abdominelle Infektion. Zu den Seltenheiten gehören entzündliche Adnextumoren (Hicks, Freund); es beruht dies auf der fast ausnahmlosen Abgeschlossenheit der Hornhöhle gegen die Cervix und die Scheide.

Der Fimbrienverschluß wird bekanntlich in verschiedener Weise erklärt. Veit und Sänger nehmen infektiöse Vorgänge an. Andere Autoren glauben, daß die Organisation des ergossenen Blutes zu einer Verödung der abdominalen Öffnung genüge. (Mainzer). Strutz führt den Verschluß auf einfache Verklebung der epithelentblößten Schleimhautflächen zurück.

Schwangerschaft.

Meistens gehen der Schwangerschaft im Nebenhorn Geburten aus dem Haupthorn voraus.

Meine Übersicht bestätigt diesen Satz Werths. Von 70 Frauen mit entsprechenden Angaben waren 25 erstgeschwängert und 45 mehrgeschwängert; unter diesen 18 Zweit-, 13 Dritt- und je eine Acht- und Neuntschwangere. Unter den 112 vorangegangenen Haupthornschwangerschaften finden sich 10 Aborte, worunter mehrere kriminelle sind (z. B. bei Guillaume). Die Mißbildung hat also auf den Verlauf der Schwangerschaft im Haupthorn keinen erheblichen Einfluß.

Die Schwangerschaft im Haupthorn befördert mit ihrer nachhaltigen Durchblutung der Kleinbeckenorgane wahrscheinlich die Reifung und die Konzeptionsfähigkeit des Nebenhorns. Immerhin sind die Konzeptionsbedingungen für das Nebenhorn durch den Abschluß gegen den Cervicalkanal erschwert. Kußmaul vertrat die Ansicht, daß in jedem Falle von schwangerem Nebenhorn eine offene Verbindung mit dem gemeinsamen Cervicalkanal bestanden haben müßte, die dem Samen das Eindringen in das Nebenhorn erlaubte. Der Kanal würde infolge der Gravidität durch den Druck der erweiterten Gefäße oder durch deciduale Wucherung verlegt. Kußmaul glaubte nicht an die äußere Überwanderung des Samens.

Dieser ablehnende Standpunkt ist durch die geweblichen Befunde am Stiel unhaltbar geworden. Wir wissen, daß ein durchgehender Kanal zu den größten Seltenheiten gehört, und tragen keine Bedenken, der Fortbewegungsfähigkeit der Samenfäden den Weg durch die Bauchhöhle zuzutrauen.

Auch für die Eizelle müssen wir die Fähigkeit einer Überwanderung annehmen, da häufig der Eierstock des Haupthorns den gelben Schwangerschaftskörper beherbergt.

In meiner Zusammenstellung ist 73 mal der Sitz des Nebenhorns ersichtlich (34 mal links, 39 mal rechts). Unter diesen 73 Präparaten ist bei 36 außerdem der Sitz des gelben Körpers (22 mal rechts, 14 mal links) angegeben. Bei den rechtsseitigen Nebenhörnern lag er 7 mal im rechten, 15 mal im linken Eierstock. Bei den linksseitigen Nebenhörnern sind die Zahlen 8 und 6. Das befruchtete Ei stammte also in 15 Fällen aus dem rechten, in 21 Fällen aus dem linken Eierstock; die Überwanderung des Eies ist somit häufiger vorgekommen als die Einnistung in das gleichseitige Horn, und zwar zugunsten des linken Eierstocks und des rechtsseitigen Nebenhorns.

Auch gegen die äußere Überwanderung des Eies hatte sich Kußmaul gesträubt. Er glaubte wie Scanzoni, daß das Ei durch die gleichseitige Tube in das Haupthorn und von da durch den Verbindungskanal in das Nebenhorn gelange. Der Übertritt von befruchteten Eizellen von einem Horn in das andere wird bei Tieren häufig beschritten (Bischoff, Leuckart). Letzterer nimmt an, daß dieser Vorgang zur gleichmäßigen Verteilung der Eier in beiden Hörnern diene, wenn die Eierstöcke verschieden große Mengen von Eiern liefern.

Die äußere Überwandernng der Eizelle ist heutzutage um so weniger staunenswert, als wir wissen, daß die beiden Fimbrienenden medialwärts umgeschlagen, nicht weit voneinander entfernt und bedeutender Bewegungen fähig sind. Die Strecke, die das Ei zurückzulegen hat, ist somit nicht groß. Ob der Überwanderung des Eies die Befruchtung vorangeht, ob sie innerhalb der Bauchhöhle oder in der Tube stattfindet, ist eine unwesentliche Frage, die auf sich beruhen mag.

Als Kuriosum sei nach Kußmaul erwähnt, daß Chausiers Präparat die Lehre des Altertums, wonach aus dem rechten Eierstock Knaben, aus dem linken Mädchen hervorgehen sollten, widerlegen konnte.

Echte Zwillingsschwangerschaft ist bisher nur einmal (Cholmogoroff), eine gleichzeitige Schwangerschaft in beiden Hörnern noch niemals bekannt geworden. Dagegen kommt wiederholte Schwangerschaft im Nebenhorn hin und wieder vor (Haydon und Smith, L. Meyer [bei Beckmann], Chappius).

In dem Falle Meyers starb die erste Frucht und wurde 2 Jahre lang zurückgehalten. Bei der Operation fand sich eine ausgetragene Frucht neben der alten mumifizierten. Sauers und Daels stießen auf zwei ungleich alte mumifizierte Föten im Nebenhorn; im Haupthorn lag eine lebende Frucht. In dem Falle von Chappius war ein 4 monatiger skelettierter Fötus vorhanden neben einer 10 mm langen frischen Frucht. Beispiele für eine Schwangerschaft im Haupthorn bei schwangerem Nebenhorn finden wir außer bei Sauers und Daels bei van Deen (1846) und Küstner.

Die Schwangerschaft kann, namentlich bei Mehrschwangeren, zunächst und bis zum normalen Ende ohne größere Beschwerden als bei einer Schwangerschaft im Haupthorn verlaufen. Der weibliche Organismus reagiert in der gleichen Weise wie bei einer normalen Gravidität.

Im Vordergrunde der Erscheinungen steht die Amenorrhöe. Das Haupthorn schwillt an und bildet eine Decidua; die Genitalschleimhäute werden livide verfärbt.

Der Fundus des Nebenhorns steigt bis zum Rippenbogen und bis zum Schwertfortsatz hinauf. Weder der Form noch der Lage nach ist er durch äußerliche Untersuchung von einem normalen Uterus zu unterscheiden.

Bisweilen wird jedoch gleich zu Anfang (Beckmann) oder auch im späteren Verlauf der Schwangerschaft (Werth 31, Echols) über Schmerzen geklagt. Die Kranke Beckmanns hatte heftige Schmerzen, die sich bis zur Ohnmacht steigerten, ohne daß eine Blutung vorlag. Topp berichtet über 6 Wochen lang anhaltende Schmerzen mit Erbrechen im 4. und 5. Monate, ehe die Kindsbewegungen sich einstellten. Diese Beschwerden können also auftreten, ohne daß auf eine Störung im Verlaufe der Schwangerschaft zu schließen wäre.

Verläuft die Schwangerschaft bis zum normalen Ende, so stellen sich Wehen ein, die bald wieder nachlassen und gänzlich aufhören; in dem Falle von Abuladse wurden noch 3 Wochen lang danach Kindsbewegungen verspürt; Schmerzen und Blutabgang drängten zur Laparatomie, bei der eine leicht macerierte Frucht von 2800g aus dem incidierten Nebenhorn herausgenommen wurde.

Das Ereignis des Fruchttodes macht bisweilen keine besonderen Symptome; die Frau bemerkt, daß allmählich die Kindsbewegungen aufhören und der Leib wieder dünner wird (Roberts, Schauta, Scheffzeck). Meist jedoch werden wehenartige, rythmisch-ziehende (Werth [30]), schwächere oder stärkere Schmerzen ausgelöst (Lindner, Krukenberg, Topp). In dem Falle von Leopold war, da die Wehen erfolglos blieben, von der Hebamme die künstliche Frühgeburt eingeleitet worden.

Zu den Wehen gesellen sich Blutungen nach außen (Bretschneider, Krukenberg). Bisweilen wird die Ausstoßung von Deciduafetzen beobachtet (Cameron, Hoehne, Quain, Werth [30]); es ist dies jedoch kein verläßliches Zeichen für den Fruchttod. So ging sie in dem Falle Camerons dem Fruchttod um 3 Monate voraus.

Über eine Peritonitis (ohne Ruptur) berichtet Holländer; sie schloß sich an den Tod einer ausgetragenen Frucht an. Im Falle Cohns trat im 7. Monate eine Lungenentzündung auf, der der Fruchttod folgte. Während hier die akute Infektionskrankheit möglicherweise die Schwangerschaft unterbrach, kommt dies für den Fall von Beckmann (Typhus mit Pneumonie im 3. Monat) nicht in Frage; der Foetus starb infolge der Drucknekrose in der Hornwandung, die nach kurzer Zeit eine Ruptur herbeiführte.

Nach dem Absterben der Frucht wird die Menstruation aus dem Haupthorn bald wieder aufgenommen, entweder regelmäßig oder auch mit Pausen (Natanson); eine Decidua braucht nicht ausgestoßen zu werden, wie aus der Darstellung der Histologie hervorgeht. Es können aber auch, offenbar infolge der Zurückhaltung von größeren Deciduaresten, Metrorrhagien auftreten, die z. B. in dem Falle Flataus als Myomsymptom aufgefaßt wurden.

Die fortgesetzte Anstrengung des Haupthorns, sich der toten Frucht zu entledigen, führt zu erneuten wehenartigen Schmerzen (Abuladse 3 Wochen, Roberts 6 Monate nach dem Fruchttode). In dem Falle von Andrews (wobei der Fruchtsack vereitert war) erfolgte 4 Monate nach dem Fruchttod statt der Schmerzen heftiges Erbrechen; bei Roberts (5 Monate) traten Schmerzen und peritonitische Erscheinungen auf (entzündliche Verwachsungen).

Eine Kranke von Werth (28) litt während 4—5 jähriger Retention an Schmerzen, die auf eine chronische Salpingoophoritis hinwiesen; als Ursache fand er eine Durchbohrung der Hornwand durch fötale Knochen mit Bauchfellverwachsungen. Vielleicht spielte auch die reaktive Hyperplasie der Muskulatur eine Rolle.

Wir haben also für gewöhnlich als Anzeichen des Fruchttodes Wehen oder wehenartige Schmerzen oder auch Blutungen. Seltener verläuft er unvermerkt oder unter stürmischen Erscheinungen.

Die Symptome der Ruptur sind plötzliche heftige Schmerzen (Benckiser, Hellier [58], Mansfeld, Whitehouse), wie ein Messerstich (Conrad), krampfartig (Doran); dazu kommt Erbrechen (Brauss, Whitehouse), und wenn eine schwere innere Blutung stattfindet, Ohnmacht und Kollaps (Benckiser, Doran, Ernst, Heyden, Hoff, Mansfeld, Ratner, Webster, West). Hinselmann erlebte eine allgemeine Peritonitis im Anschluß an die Ruptur.

Bisweilen setzt die Ruptur nicht so jäh ein, sondern sie vollzieht sich als ein allmähliches Nachgeben und Auseinanderweichen der Hornwand. Dann sind die Anzeichen weniger stürmisch. So klagte die Kranke Beckmanns nach dem unvermerkt gebliebenen Fruchttod einige Wochen lang über leichte Schmerzen in der Seite. Die Operation deckte einen durch Netz tamponierten Riß im Nebenhorn auf, ohne daß es zu einem nennenswerten Bluterguß gekommen oder der Fötus entleert worden wäre. In diesen günstigeren subakut verlaufenden Fällen findet man Verklebungen und Verwachsung des Horns mit dem Netz und den Därmen, die den Operationsakt erschweren und die Übersicht stören können.

Der Ruptur gehen bisweilen Blutungen voraus wie beim Abortus imminens (Benckiser); dieselben beruhen wohl auf der Lösung von Deciduafetzen.

In dem Falle von Brauß wurde Anfang des 3. Monats wegen der Blutungen kurettiert; die ausgeschabten Massen erwiesen sich als Decidua. Die Ruptur erfolgte 6 Wochen später. Bei Krukenberg wurde die Decidua 17 Tage nach dem Fruchttode, bei Lewers 8 Tage nach der Operation ausgestoßen.

In 4 Fällen schlossen sich die akuten Rupturerscheinungen an ein Trauma an. Hellier: Stoß gegen den Leib, Werth (29) Heben eines Tisches, wobei Zerreißungsgefühl mit Verdacht auf perforiertes Magengeschwür, Echols langer Spaziergang, Gefühl einer inneren Berstung („give way"). Justi: Tragen eines Wasserfasses.

Die Symptome der Ruptur sind demnach durchschnittlich sehr viel schwerer als diejenigen des Fruchttodes. Akute Berstungen durch Sprengwirkung von seiten des gespannten Fruchtsackes verlaufen unter heftigen plötzlichen Schmerzen, die wohl hauptsächlich als Fremdkörperschmerz der Bauchhöhle aufzufassen sind. Die Schmerzen werden sehr bald durch die Folgen der inneren Blutung in den Hintergrund geschoben. Bei subakuten, aus der allmählichen Zerstörung der Hornwand hervorgehenden Rissen sind die Erscheinungen weniger besorgniserregend; die Schmerzen können gering sein oder fehlen, eine nennenswerte Blutung braucht nicht stattzufinden.

So vermengen sich die Symptome der Ruptur mit den Erscheinungen des Fruchttodes auf einer mittleren Linie. Die klinische Diagnose ist deshalb nicht immer möglich. Dauernde Schmerzen lassen auf eine, abdeckende Verwachsungen erzielende Bauchfellreizung schließen.

Diagnose.

Die Feststellung der Nebenhornschwangerschaft am Krankenbett ist eine spezifizierte Diagnose auf ektopische Gravidität. Wie alle Diagnosen auf Ausnahmezustände kann sie nur gestellt werden, wenn der Untersucher an die Möglichkeit dieser Seltenheit denkt und mit ihrer Beschaffenheit vertraut ist.

Nachzuweisen ist das neben dem Tumor seitwärts und meist rückwärts gebogene, gewöhnlich vergrößerte Haupthorn. Beim Herabziehen desselben wird der zwischen beiden Hörnern eingelassene Sattel tastbar, der in situ durch das Aufliegen des Fruchthalters auf dem Haupthorn zugedeckt ist. Bisweilen fühlt man — was bei Tubenschwangerschaft ausbleibt — Kontraktionen des Fruchthalters (Smoler, Targett [bei Werth], Cohn, Gubareff). Bei wiederholter Untersuchung fällt bei fortschreitender Schwangerschaft die Größenzunahme auf. Wichtig ist der Nachweis des runden Bandes (A. Martin), das von der vorderen Fläche des Tumors nach unten zieht. Bei Eileiterschwangerschaft liegt das runde Band medial von der Geschwulst. Die Differentialdiagnose gegen interstitielle Gravidität dürfte am Krankenbette recht schwierig sein (s. die Fälle von Bogdanowicz, Freund, Kiparski). In dem Präparat von Mendels wurde die Differential-Diagnose erst gelegentlich der Diskussion klargestellt: es handelte sich nicht um ein schwangeres Nebenhorn, sondern um eine interstitielle Schwangerschaft. Hieraus kann man die Schwierigkeiten für die Erkennung des Leidens am Krankenbett ermessen.

Aus meiner Tabelle gehen die Fehldiagnosen hervor, die des differentiell-diagnostischen Interesses nicht entbehren.

Nahe an die richtige Diagnose kommt die Annahme einer extrauterinen (Eileiter-) Schwangerschaft heran (29 Fälle). In einigen derselben wurde außerdem der Tod der Frucht festgestellt. Hicks hatte zunächst an ein Myom neben abgelaufenem Abort gedacht; bei der Operation fand sich ein Blutgerinnsel in dem Nebenhorn, das durch den Nachweis der Zotten als Blutmole erkannt wurde. Abuladse glaubte eine extrauterine Schwangerschaft ausschließen zu müssen und vermutete eine uterine Gravidität neben einer Ovarialcyste; er kam zu dieser Ansicht, weil das Symptom der spontanen Schmerzen fehlte. Wir haben gesehen, daß diese bei der Schwangerschaft im Nebenhorn fehlen können. Als besonders gelungene Diagnose sei die von Andrews 56 erwähnt (Eiterung im graviden Nebenhorn).

Liegt eine Ruptur mit schwerer Blutung vor, so wird man sich mit der Feststellung einer geplatzten ektopischen Schwangerschaft begnügen. Die Dringlichkeit dieser Fälle läßt eine gründliche differentiell-diagnostische Erörterung nicht zu.

Mehr von theoretischem als praktischem Interesse ist — aus dem gleichen Grunde — das relative und absolute Ansteigen der Leukocytenkurve, auf das Brickner (130 Fälle von Extrauteringravidität) aufmerksam machte. Es wurden Zahlen bis zu 45 000 vorgefunden (Taylor in der Diskussion). Quain fand bei einer subakuten Ruptur ohne Blutung einen Wert von 10 000.

Schwierigkeiten bereitet die Diagnose, wenn nach frühzeitigem Eitod die Frucht retiniert ist und neben dem Haupthorn (das als der einfache Uterus imponiert) ein Tumor gefunden wird. Hierbei wird meistens auf Myom oder Ovarialgeschwulst gefahndet. Wichtig ist hier die Tastung des runden Bandes und die Vorgeschichte.

Die Diagnose des Fruchttodes gründet sich auf die Erzählung der Frau, auf das Aufhören der Kindesbewegungen und das Dünnerwerden des Leibes sowie das Mißverhältnis zwischen dem anamnestischen Beginn der Schwangerschaft und dem Stande des Fundus uteri.

Als erster stellte Sänger (1882, Nebenhornschwangerschaft im 7. Monat mit abgestorbener Frucht), als zweiter Staude (1884) die richtige Diagnose. Mit der zunehmenden operativen Erfahrung wurde sie häufiger. In meiner Übersicht sind in 15 v. H. der Fälle die zutreffenden Diagnosen angegeben, nämlich von Bazterrica, Knauer, Kouver, Lindner, Werth 30, Gubareff, Leopold, Topp (Fritsch), Andrews 56 und 57, Kiparski, Hoehne, Holländer, Hinselmann, Schtschebtina.

Prognose.

Noch mehr wie die Eileiterschwangerschaft hängt die Gravidität im Nebenhorn bezüglich ihres Ausganges von der Erkennung und der Behandlung ab. Allerdings kann sich die Natur selbst helfen; das Ei stirbt frühzeitig innerhalb des Fruchthalters oder, in die Bauchhöhle ausgetreten, ab. Im Laufe der Jahre kann der Foetus bis auf geringe Reste aufgesaugt werden. Jedoch ist den Frauen dauerndes Siechtum beschieden.

Schwere Blutungen erfordern eine sofortige Operation; dieselbe ist noch dringender als bei der geplatzten Eileiterschwangerschaft. Die Sterblichkeit an schwangerem Nebenhorn beruht fast ausschließlich auf dem Verblutungstode.

Beckmann berechnet sie auf 5,5 v. H. Nach meiner Zusammenstellung beträgt sie 10 v. H. Die 10 Frauen (unter 102) haben sich sämtlich verblutet.

Behandlung.

Die Behandlung kann nur eine operative sein. Werth (28) schlug in der Annahme eines chronischen Adnextumors den vaginalen Weg ein. Die Methode der Wahl ist der Bauchschnitt mit Abtragung des Nebenhorns. Je frühzeitiger das Leiden erkannt und der Behandlung zugeführt wird, desto besser für die Mutter; ja es ist möglich, durch rechtzeitiges Eingreifen ein lebendes Kind an das Licht der Welt zu befördern.

Bei Anzeichen akuter Anämie muß der Eingriff sofort vorgenommen werden. Dem Erfolge verschlägt es nichts, wenn die Diagnose allgemein auf ektopische Schwangerschaft gestellt wurde. Der Verblutungstod ist die dringende Lebensgefahr für die Nebenhornschwangeren.

Nr.	Jahrgang	Autor Zeitschrift	Alter	Geburten, Aborte	Sitz d. Schw. u.d.Corp.lut.	Klinischer Verlauf	Diagnose, Operation, Verlauf	Foetus	Präparat
1	1900	Dawydowa-Schepelewa (nach Beckmann)	23	θ θ	r. ?	An normalem Geburtstermin Schmerzen, geringer Blutabgang für 1 Monat; Aufhören der Kindsbewegungen. 2 Monate später Rückkehr der Menstruation	θ Operation 20 Mon. nach Fruchttod	23 cm, 1600 g. Mumifiziert, in Fruchthalter	2300 g schwerer Fruchthalter. Keine Ruptur. Drehung um 180°, Stiel lang, 2 Querfinger dick. θ Kanal. Placenta mit Kalksalzen durchsetzt
2	1902	Frank, M. G., 15, 231				Schwangerschaft im 9. Monat	θ Abtragung	Totfaul, ausgetragen	Keine näheren Angaben
3	1903	Kiparski, M. G., 18, 768.	23	1 θ	l. ?	12 Mon. Amenorrhöe Vom 4. Mon. an wurde Leib dünner	Dermoidcyste? Fibromyom? Später: Extrauterine oder interstit. Schw. Abtragung, Heilung	Tot, ausgetragen	Kleinfingerdicker Stiel. Haupthorn Dreimonatgröße
4	1903	Bazterrica, Semana medical, Buenos Aires, 10, 477	25	θ θ	r. ?	Schw. ausgetragen, keine Geburt. $1^1/_2$ Jahre später bei Operation Haupthorn 5 Monate schwanger (bis zu normalem Ende ausgetragen)	Richtig! Abtragung. Heilung	Tot, ausgetragen	θ Kanal
5	1903	Everke, M. G. 18, 887		1	r. ?	Vor 9 Mon. Menstruation 2 mal ausgeblieben; Schmerzen im Unterleib	θ Herausnahme des Foetus aus Bauchhöhle	In Bauchhöhle, eingekapselt	Ruptur
6	1903	Fürter, I.-D., Würzburg	40	4 1	r. l.	8 Mon. Amenorrhöe. Operation 6 Mon. danach	Subseröses Myom. Abtragung. Heilung		
7	1902	Krönig	23	2 θ	l.	Ende des 1. Monats Schmerzen, Blutabgang, dann Kollaps. (Später erneute Schw., Abtragung)	Tubenschw. links. Ausräumung d. dilatierten Verbindungskanal		250 ccm fl. Blut in Bauchhöhle. Fruchtsack faustgroß. Fingerdicker Stiel

Nr.	Jahrgang	Autor, Zeitschrift	Alter	Geburten, Aborte	Sitz d. Schw. u.d.Corp.lut.	Klinischer Verlauf	Diagnose, Operation, Verlauf	Foetus	Präparat
8	1903	Kworostansky (Fall 10), A. G. 70, 113			l. r.	4 monatige Schw.	? Abtragung. Heilung	Schlecht entwikkelt, in Bauchhöhle ausgetreten	θ Kanal. θ Mucosa, θ Decidua. Zotten sitzen der hyalin entartet. Muskulatur auf. Verkalkungen
9	1903	Langlands Intercolon. med. Journ. Melbourne 8, 129	21	θ	l.	Schw. ausgetragen. 7—8 Mon. später Operation	? Abtragung. Heilung		Beginnende Ruptur. Adhäsionen. θ Kanal
10	1903	Lefour-Fieux, Rev. mens. Bordeaux	18	θ θ	l.	4 Mon. Amenorrhöe. Dann Erscheinungen des Abortus imminens	Extrauterine Schw. Abtragung. Heilung	Im 3. Monat †	θ Ruptur. Großer, breiter Stiel
11	1904	Brettschneider, C. G. 707	23	θ θ	l. l.	8 Wochen Amenorrhöe, dann 8 Tage Blutung, Schmerzen, dann wieder Wohlbefinden	Extrauterine Schw., wachsend, oder Cystoma ovarii. Abtragung. Heilung		Kindskopfgroße Geschulst. θ mikrosk. θ Kanal
12	1904	Hellier, Journ. obst. S. 438 (Mai) Fall 2				1886 ausgetragener toter Foetus aus Bauchhöhle entfernt, von Membran eingehüllt			1904 Strangulationsileus. †. Sektion. Rupturnarbe des verk. Nebenhorns
13	1904	Knauer, M. G. 20, 1188				Ausgetragene Schw.	Richtig!	†	θ Kanal
14	1904	Kouver, C. G.		5	l.	7 Mon. Amenorrhöe. 5 Mon. danach Metrorrhagien	Richtig! (evt. Tumor). Abtragung. Heilung	7 Mon. alt, †, maceriert	Zur Zeit der Operation im Haupthorn 4-monatige Schw., durch Operation nicht unterbrochen

Nr.	Jahrgang	Autor, Zeitschrift	Alter	Geburten, Aborte	Sitz d. Schw. u. d. Corp. lut.	Klinischer Verlauf	Diagnose, Operation, Verlauf	Foetus	Präparat
15	1904	Lindner, C. G. 1408	21	1	r. r.	9 Mon. Amenorrhöe, dann Wehen, Aufhören der Bewegungen	Richtig! Ausräumung von Placenta und Frucht. Abtragung. Heilung	50 cm, 2700 g, †, maceriert	θ Kanal
16	1904	Natanson, Trans. soc. gynäc. Moskau	34	6 θ	l.	5 Mon. Amenorrhöe, dann starke Schmerzen, Menstr. für 3 Mon., dann 3 Mon. Amenorrhöe, dann normale Menstr.	Ovarialcyste. Abtragung. Heilung	Im 4. Monat †, maceriert	Dicker Stiel, makroskopisch θ Kanal
17	1904	Nijhoff, C. G. 90				Keine näheren Angaben. Der Fall war 1834 von Krieger als tubo-uterine Schw. beschrieben worden			
18	1904	Ries, Amer. Journ. obst. 49, 809				3 monatige Schw.	Keine näheren Angaben		Fibröser Stiel
19	1904	Derselbe, ebenda				6 monatige Schw.	do.		Fibröser Stiel
20	1904	Scheunemann, Berl. klin. W. 348				1902 Schw. im verkümmerten Nebenhorn operiert, jetzt normale Schw. und Geburt aus Haupthorn	do.		Keine näheren Angaben
21	1904	Treub, C. G. 981, 1905			l.	Schw. bis zu normalem Ende	6 Wochen danach Operation	Ausgetragen, †	
22	1904	Webster, Amer. Journ. obst. 49, 809		mehrere	l. l.	Keine näheren Angaben	? Operation an der Moribunden. Exit. letal.		Ruptur. θ Kanal θ mikrosk.
23	1904	Derselbe, ebenda				Nur kurz erwähnt			

Nr.	Jahrgang	Autor, Zeitschrift	Alter	Geburten, Aborte	Sitz d. Schw. u. d. Corp. lut.	Klinischer Verlauf	Diagnose, Operation, Verlauf	Foetus	Präparat
24	1905	Frank, M. G. 24, 247	34	θ θ	l.	Im 9. Mon. der Schw. wegen erfolgloser Wehen Einleitung der Geburt. Danach Fieber. 14 Tage später Operation	Extrauterine Schw. Abtragung. Tamponade. Heilung	50 cm, totfaul	Zwei, 2 Tage alte Rupturen, 10 und 14 cm lang. Ei nicht ausgetreten. Frische Adhäsionen. Placenta 1350 g
25	1905	Hannes, C. G. 792, s. auch Fuchs Nr 44	25	1 θ	r.	Im 4. Mon. der Schw. bei der Wäsche plötzliche heftige Leibschmerzen		53 cm, frisch tot, 2760 g, in Bauchhöhle; sekundäre Fruchtsackbildung	Ruptur; Placenta sitzt retrah. Horn pilzhutartig auf. Mikrosk. v. Fuchs. Mucosa in Spuren. Zotten dringen in Hornwand ein
26	1905	Lewers, Amer. Journ. obst. 51, 692	24		l. r.	Im 4. Mon. der Schw. Schmerzen, Blutung in Bauchhöhle	? Abtragung. Heilung	Plattgedrückt, Ei intakt, platzt bei Operat.	8 Tage nach Operation geht die Decidua ab
27	1905	Scheffzeck, A. G. 83, 422, 1907 und C. G. 1905	21	θ θ	r. l.	9. Mon. Amenorrhöe. Dann Aufhören der Bewegungen. Im 10. Mon. Wehen	Extrauterine Schw. Frucht †. Abtragung. Heilung	1870 g, stark gepreßt. Beginnende Maceration.	θ Ruptur. θ Verwachsungen. Kaum Fruchtwasser. Wenig Decidua. Zotten dringen nicht in Hornwand ein. θ Kanal
28	1905	Werth, A. G. 76, 48	30	θ θ	l.	Vor 4—5 Jahren 4 Mon. Amenorrhöe. Leibschmerzen	Salpingo-oophorit. chron. Exstirpation d. Uterus, Ovarien belassen. Heilung	Nur noch Knochen vorhanden	Alte Ruptur, durch Netz verschlossen. Typus 3. θ Kanal
29	1905	Derselbe, ebenda	24	1 θ	r. r.	5 Mon. Amenorrhöe. Bei Heben eines Tisches Schmerzen (perfor. Magenulcus ?), Erbrechen, Ohnmacht. Blutung in Bauchhöhle	Geborstene, extrauterine Schw. Abtragung. Heilung	Frisch	Stück Wandung ausgerissen. Horn pilzartig retrahiert. θ Kanal. Typus 1. Nach 5 Tagen geht die Decidua ab

Nr.	Jahrgang	Autor, Zeitschrift	Alter	Geburten, Aborte	Sitz d. Schw. u. d. Corp. lut.	Klinischer Verlauf	Diagnose Operation, Verlauf	Foetus	Präparat
30	1905	Derselbe, ebenda	26	1 θ	r. l.	$4^1/_2$ Mon. Amenorrhöe. Dann Schmerzen, Abgang von Blut und Decidua	Richtig, jedoch nicht ganz sicher. Abtragung. Heilung	14 cm	θ Ruptur. θ Kanal. Typus 2
31	1905	Derselbe, ebenda	31	5 1	l. l.	2 Mon. Amenorrhöe. Seit letzter Geburt vor 2 Jahren Schmerzen	Wachsende, ektopische Schw. Abtragung. Heilung	42 mm	θ Ruptur. θ Kanal. W. G. erhalten. Typus 3
32	1906	Conrad, Journ. de chir. de Bruxelles nach Petrovskaia Th. de Paris 1909	21	mehrere	r.	4 Mon. Amenorrhöe. Dann plötzliche Schmerzen wie Messerstiche Schwere Blutung in Bauchhöhle	Geborstene, extrauterine Schw. Abtragung. Heilung	4 Mon. alt, in den unversehrten Eihüllen in Bauchhöhle ausgetreten	Horn stark retrahiert
33	1906	Doran, Journ. obst. Brit. Empire 448, Juni	27	2	r.	3 Mon. Amenorrhöe. Dann plötzlich Schmerzen, Ohnmacht	θ Laparotomie. Heilung	3 Zoll	Ruptur, aus dem Ei vorquillt Mikrosk. von Lockyer. Typus 1. θ Kanal
34	1906	Freund, A. G. 79, 381	21	2	r. r.	4 Mon. Amenorrhöe. Leibschmerzen	Interstit. Schw. ? Laparatomie. Heilung	3 Mon. alt, lebend	Fruchthalter reißt bei Operation ein, Foetus und Placenta treten aus. Netz adhärent. θ deut. Stiel, θ Kanal. Typus 1
35	1906	Hoff, A. G. 80, 352	40		l. r.	Im 4. Mon. der Schw. Tod durch innere Blutung		12 mm, in den unversehrten Eihüllen in Bauchhöhle ausgetreten.	Ruptur. Typus
36	1906	Küstner, M. G. 23, 733, Uter. pseudodidelphys ?	32	4 4	l.	6 monatige Schw.	Myom in r. Lig. lat. eingewachs. ? Ovarialtumor ? Abtragung. Heilung	Stark gepreßt	θ Kanal. θ Fruchtwasser. Mikrosk. von Fuchs. Typus 2 ?

Nr.	Jahrgang	Autor, Zeitschrift	Alter	Geburten, Aborte	Sitz d. Schw. u. d. Corp. lut.	Klinischer Verlauf	Diagnose, Operation, Verlauf	Foetus	Präparat
37	1906	West, Amer. Journ. obst. 54, 403	33			4 Mon. Amenorrhöe. Plötzlich Rupturerscheinungen	Geborstene, extraut. Schw. Sofort im Bett operiert. Exit. let.		Vor Jahren als kleines Myom diagnostiziert. 0 mikrosk.
38	1907	Brindeau, Bull. soc. obst. Paris 10, 250	28	2	r. l.	10 Mon. Amenorrhöe Vom 6. Mon. an Leib nicht stärker geworden. Bewegungen nie gefühlt. Ende des 9. Mon. Wehen v. kurzer Dauer	Übertragene Schw., Frucht †. Supravaginale Abtragung. Heilung	Seit 4 Monat. †, maceriert, gepreßt	θ Ruptur. θ Kanal. θ mikrosk.
39	1907	Burdsinsky, Russ. Journ. Geb. u. Gyn. 640, n. Beckmann		3		7 Mon. Amenorrhöe. Im 4. Mon. Schmerzen, Blutabgang	? Abtragung. Heilung	Seit 4 Monat. †, maceriert	
40	1907	Cholmogoroff, ebenda, n. Beckmann		2		Im 7. Mon. der Schw. Schmerzen und Aufhören der Bewegungen	? Operation im 10. Mon. der Schw.	Zwillinge, 35 u. 37 cm, †, mace riert	θ Kanal
41	1907	Cohn-Driaghesco, Bull. soc. chir. Bukarest 15. III. 07, Rev. gyn. chir. abd. 1, 909	27	2	r. r.	Im 7. Mon. der Schw. Pneumonie, Aufhören der Bewegungen. 2 Mon. danach Operation	? Abtragung. Heilung	7 Mon. alt, seit 2 Monat. †	θ Ruptur. Netz verklebt. 4 cm langer, $^1/_2$ cm dicker Stiel. θ Kanal. θ mikrosk.
42	1907	Echols, Surgery, gyn., obst. Chicago 5, 703	24	1	r. l.	4 Mon. Amenorrhöe. Schmerzen im Unterleib. Nach Spaziergang plötzlich Gefühl von Berstung (give way) im Unterleib	Tubare Schw. 3 l flüssiges, 1 l geronnenes Blut in Bauchhöhle. Abtragung. Heilung	$3^1/_2$ Mon. alt, in Bauchhöhle ausgetreten	Frische Ruptur. θ Kanal. θ mikrosk.
43	1907	Flatau, Münch. med. W. 633					Myom. Abtragung.	3 Mon. alt	Keine sonstigen Angaben

Nr.	Jahrgang	Autor, Zeitschrift	Alter	Geburten, Aborte	Sitz d. Schw. u.d.Corp.lut.	Klinischer Verlauf	Diagnose, Operation, Verlauf	Foetus	Präparat
44	1907	Fuchs, Beitr. Geb. Gyn. 11, 220	32	2	r.	Anfang des 3. Mon. plötzlich Leibschmerzen, Erbrechen, Blutabgang	Extrauterine Schw. Abtragung. Heilung		Etwas Blut i Bauchhöhle. Hämatocele (Abfluß von retroplacent. Hämatom durch Tube) Typus 3
45	1907	Gubareff-Mykertschjanz, Wratscheb Gazetta, n. Beckmann		6		Menstr. einmal ausgeblieben. Blutabgänge. 6 Mon. später Schmerzen. Apfelsinengroßer Tumor fühlbar	Richtig! Abtragung. Heilung	16 cm, maceriert	Breiter Stiel mi Kanal. Decidua kümmerlich
46	1907	Leopold, C. G. 887 (von Steffen demonstriert, C. G. 89)	30		r. l.	Im 7. Mon. der Schw. Einleitung der Geburt, resultatlos. 4 Mon. später Leib wie im 8. Mon. der Schw.	Richtig! Abtragung. Heilung		Mannskopfgroßer Tumor. θ mikrosk.
47	1907	Limnell, A. G. 81, 399	32	7	l. r.	Ende des 3. Mon. Erbrechen, Leibschmerzen, kein Blutabgang. Nach 2 Wochen wieder Wohlbefinden	Tubenschw. Bei Operation reißt der Fruchthalter weit ein. Abtragung. Heilung	24 cm, gut erhalten	Kindskopfgroßer Tumor. Kleiner Einriß, aus dem Placenta vorquillt. Kurzer, 4 Finger breiter Stiel. θ Kanal. Typus 1
48	1907	v. d. Linden-Goettegebiur, Journ. de chir., Ann. soc. belge de chir. 282	39	θ θ	l. r.	Vor 6 Jahren 10 Mon. Amenorrhöe. In der 6. Woche Symptome innerer Blutung	? Abtragung. Heilung	33 cm, mumifiziert	Hämatosalpinx. Dünner Stiel. θ Kanal. θ mikrosk.
49	1907	Mieländer-Mykertschjanz, Wratsch. Gazetta, n. Beckmann	24	2	l.	Im 7. Mon. Aufhören der Bewegungen, Wehen	Fibromyom. Abtragung. Heilung	40 cm, maceriert	Mannskopfgrosser Tumor. Langer, dünner Stiel. θ Kanal.

Nr.	Jahrgang	Autor, Zeitschrift	Alter	Geburten, Aborte	Sitz d. Schw. u.d.Corp.lut.	Klinischer Verlauf	Diagnose, Operation, Verlauf	Foetus	Präparat
50	1907	Morison, Edinburgh Med. Journ. 142, Februar	32	1 1	l.	5 Mon. Amenorrhöe, dann wieder Menstr. Leib dünner, Schmerzen. Im 8. Mon. Operation	Ektopische Schw.? Abtragung. Heilung		Fall nicht ganz sicher. Verf. bezeichnet Stiel als „Tube"!
51	1907	Reifferscheidt, M. G. 26, 766	26	θ 1			Abtragung. Heilung	Ausgetragen, seit 8 W. †	
52	1907	Roberts, Trans. obst. soc. 48, 309			l.	9 Mon. Amenorrhöe. θ Wehen. 5 Mon. später Schmerzen, peritonitische Erscheinungen	Extrauterine Schw.? Myom? Solider Ovarialtumor? Abtragung. Heilung	Ausgetragen. Seit 6 Mon. †	θ Ruptur. Verwachsungen, in denen Ovar. u. Tube nicht auffindbar. Wand wie in normalem Uterus am Ende der Schw. Von R. nicht, von Williamson (mikrosk.) für sicher erklärt
53	1907	v. Szabó, A. G. 82, 105 (Fall 1 = Malom 1896)	25	θ	r. l.	Im 9. Mon. Aufhören der Kindsbewegungen, 2 Wochen danach Blutungen, Schmerzen	? Abtragung. Heilung	48,5 cm, maceriert	θ Ruptur. Fruchthalter †Frucht 2800 g. Mucosa 15 mm dick, ebenso wie Eisack und angrenzende Muskulatur abgestorben. θ Kanal. Typus 3
54	1907	Topp, I.-D., Bonn (Fritsch)	26	θ 1	r. l.	Ende des 4. Mon. Schmerzen, Erbrechen, Gelbsucht (Appendicitis angenommen!). Anf. des 10. Mon. Aufhören der Bewegungen	Richtig! Ende des 10. Mon. Abtragung. Heilung	Ausgetragen, maceriert	Verwachsungen. Stieldrehung. θ Kanal. θ mikrosk.
55	1908	Anderson, Trans. obst. soc. 49, 209			r. r.	2 monatige Schw.			θ mikrosk. Keine näheren Angaben

Nr.	Jahrgang	Autor, Zeitschrift	Alter	Geburten, Aborte	Sitz d. Schw. u. d. Corp. lut.	Klinischer Verlauf	Diagnose, Operation, Verlauf	Foetus	Präparat
56	1908	Andrews, ebenda		θ θ	r.	Im 8. Mon. Abgang von Blut und Deciduafetzen. Am normalen Ende d. Schw. keine Wehen. Kindsbewegungen hören auf. Leib wird dünner	Eiterung im graviden Nebenhorn! Extraktion d. Foetus und der Nachgeburt. Abtragung beider Hörner. Drainage. Heilung	17 Zoll	Verwachsungen. Stinkender Eiter im Fruchtsack. θ mikrosk.
57	1908	Derselbe, ebenda	32	θ θ	r.	Im 8. Mon. Ohnmachten, geringer Blutabgang. Symptome schwerer innerer Blutung	Richtig! u. zwar geborsten! Abtragung. $1^1/_2$ Std. p. op. Exit. let.	Nicht älter als 6 Mon.	Kleine frische Ruptur, in der Placenta vorliegt. Horn zieht sich zurück wie normaler Uterusmuskel. Dünner Verbindungsstrang. θ mikrosk.
58	1908	Hellier Brit. Med. Journ. 1235. 23. Mai	23	1 θ	r.	5 Mon. Amenorrhöe. Stoß gegen Unterleib, Schmerzen, Ohnmacht	Blutung in Bauchhöhle; Schw.? Bekkenverletzung? Abtragung. Heilung	$4^1/_2$ Mon. alt, in Eihüllen und mit Placenta in Bauchhöhle ausgetreten	Ruptur. Normale Muskulatur (mikrosk.). θ Kanal.
59	1908	Hicks, Brit. Med. Journ. 303, 8. Febr.	39	3	l. r.	Seit 11 W. schw., seit 2 W. Schmerzen. Vor 9 Jahren Appendicitis	Extrauterine Schw.? (zunächst Myom neben abgelaufenem Abort) Abtragung des Uterus. Heilung	Fruchtblase $1^1/_4 : 2^1/_2$ Zoll groß, Blutmole, mit Zotten vermengt	Ruptur am oberen Pol hinten. Hämatocele. R. Hydropalpinx, Verwachsungen. θ Kanal
60	1908	Jerie, Časopis lek. českych. 47, 1471.	21	θ θ	l. l.	Menstr. zweimal ausgeblieben. Apfelgroßer Tumor vor dextrovert. und retropon. Uterus, nach 2 W. beträchtlich vergrößert	Anfänglich Dermoidcyste? Extrauterine Schw. Abtragung. Heilung.	7 cm	θ Ruptur. Stiel 3 cm lang, fingerdick, Kanal vorhanden

Nr.	Jahrgang	Autor, Zeitschrift	Alter	Geburten, Aborte	Sitz d. Schw. u. d. Corp. lut.	Klinischer Verlauf	Diagnose Operation, Verlauf	Foetus	Präparat
61 bis 63	1908	Kiparski-v. Ott. 4 Kongr. tschesch. Naturf. u. Ärzte Prag, n. Beckmann (einer der Fälle = Nr. 3?)				Alle 3 Fälle ausgetragen. Davon 1 Ruptur, Foetus in Bauchhöhle	Eine richtige Diagnose. 5 Mon., 6 Mon. nach Absterbend. Frucht, 19 Tage nach Ruptur operiert. Heilung	2 Früchte † 1 Frucht lebend extrahiert	θ Kanal
64	1908	Menge, Veits Handbuch, IV, 2, 1910	37	1	l.	5 Mon. Amenorrhöe. Anfänglich heftiger Schmerzanfall, periton. Symptome. Vom 6. Mon. an regelm. Menstr.	Extrauterine Schw., geborsten, Frucht †? Dermoidcystom? Abtragung. Heilung	20 cm, in Eihäuten in Bauchhöhle ausgetreten	Einriß im Fundus. Kleinkinderkopfgroßer Tumor. Verwachsungen. θmikrosk.
65	1909	Dönhoff, M. G. 30, 246				Keine näheren Angaben		2 Mon. alt	
66	1909	Eden, Brit. Med. Journ. 940, 17. April (Fall 7)	27	1	l.	Anfang des 6. Mon. Schmerzen, Ohnmacht (Peritonitis?). Abgang von Deciduastücken. Seitdem leidend, Schmerzen, Schwäche	Extrauterine Schw.	5 Mon. alt, in Bauchhöhle ausgetreten, von Membranen eingehüllt	Ruptur
67	1909	Hoehne, M. G. 30, 649	32	2	l.	Erst Amenorrhöe, dann Abgang von Blut und Decidua. Zunehmende Schmerzen, Anämie. Unruhe. 12 600 Leukocyten	Richtig!	18,5 cm, in Bauchhöhle ausgetreten	Große Ruptur, umsäumt von hämorrh. Placenta. Decidua nur an einer Stelle entwickelt. Typus 1?

Nr.	Jahrgang	Autor, Zeitschrift	Alter	Geburten, Aborte	Sitz d. Schw. u. d. Corp. lut.	Klinischer Verlauf	Diagnose, Operation, Verlauf	Foetus	Präparat
68	1909	Krukenberg, M. G. 30, 642	29	θ θ	r.	11 W. Amenorrhöe. Dann heftige Schmerzen (nach Eisenbahnfahrt, Appendicitis ?), schwere Blutung in Bauchhöhle, hochgrad. Anämie	Extrauterine Schw., geborsten. Abtragung des schw. Nebenhorns, in dem das Ei vermutet wurde	8 cm, mit Placenta in r. Unterbauchseite eingekapselt, bei Relaparatomie gefunden und herausgenommen	Ruptur im Fundus, 2 cm lang. Mikrosk. θ Kanal
69	1909	Potocki, Soc. d'obst. gyn. péd. S. Pérochon sowie Petrovskaia, Th. de Paris	24	3 θ	l. r.	8 Mon. Amenorrhöe, dann Menstr. 2 Mon. bis zur Operation	Richtig! Abtragung. Heilung	3370 g, gepreßt	Fruchthalter 4000 g. Muskulatur und Eihäute normal. Insertio velamentosa. θ Kanal. Typus 3
70	1909	Riedinger, C. G. 1022	22	θ θ	l.	3 Mon. Amenorrhöe. Apfelgroßer Tumor	Ovarialcyste	3 Mon. alt	Diagnose von Sternberg bestätigt. θ mikrosk.
71	1910	Benckiser, B. G. 15, 292	24	2	r. l.	8 W. nach letzter Menstr. Blutabgang, wiederholt. Ende des 3. Mon. Schmerzen, Ohnmacht. Kollaps	Operation. Verblutungstod	In Bauchhöhle ausgetreten mit größtem Teil der Eihäute und der Placenta	Ruptur. Kleinapfelgroßer Tumor. Placenta anhaftend. Stiel kleinfingerdick. θ Kanal
72	1910	Fothergill, Brit. Med. Journ. 264, 29. Jan.		4 θ	r.	Frühzeitige Ruptur. Schwere Blutung in Bauchhöhle	? Abtragung. Heilung	4 Zoll	Über hühnereigroßer Sack. θ mikrosk.
73	1910	Piccardo, Rev. soc. med. Argentina, II. 1, n. Guillaume	18	θ θ	r.	3—4 monatige Schw. in fortschreitender Entwicklung	Abtragung. Heilung		Zweifelhaft, Horn vielleicht nicht verkümmert. Links Salping. gonorrh. θ Kanal

Nr.	Jahrgang	Autor, Zeitschrift	Alter	Geburten, Aborte	Sitz d. Schw. u. d. Corp. lut.	Klinischer Verlauf	Diagnose, Operation, Verlauf	Foetus	Präparat
74	1910	Savage, Midl. Med. Journ. 9, 114 n. Quain				10 monatige Schw.	? Abtragung. Heilung	Ausgetragen, frei in Bauchhöhle	Ruptur
75	1911	Abuladse, Russ. Journ. Geb., Volkmanns Kl. Vortr. Nr. 614 (1906 beobachtet), Ref. C.G. 1913	20	θ θ	l. l.	An normalem Ende der Schw. Wehen. Nach 3 W. Aufhören der Bewegungen, dann Schmerzen, Blutungen	Uterine Schw. mit Ovarialcystom (extrauterine wegen mangelnder Schmerzen auszuschließen). Spaltung, Extraktion von Frucht und Nachgeburt, Abtragung beider Hörner. Heilung	2800 g, leicht maceriert	Mikrosk. In dem bindegew. Stiel 2 mm langer Stumpf eines m. Schleimhaut ausgekleideten Kanals
76	1911	Beckmann, Z. G. 68, 600	22	θ θ	r.	Zu Beginn der $3^1/_2$-monat. Amenorrhöe Leibschmerzen bis zur Ohnmacht. Im 3. Mon. Typhus mit Pneumonie. Im 4. Mon. mäßiger Blutabgang, dann normale Menstr.	θ Abtragung. Heilung	Seit 5 Mon. †, mumifiziert. Amniotische Verwachsungen	Ruptur Ende des 3. Mon. θ Mucosa, θ Decidua. Innere Wandschicht abgestorben. Verwachsungen. Im Stiel Kanalstumpf
77	1911	Calderini, Ref. M. G. 35, 648, 1912		1	l. l.	Im 9. Mon. Leibschmerzen. Anfang des 10. Mon. Operation	Tubenschw.		θ mikrosk. θ Ruptur
78	1911	Guillaume, Th. de Paris und La Gynéc. 15, 496	21	1	r. r.	4 Mon. Amenorrhöe. Häufig Schmerzen im r. Unterbauch. Nach Coitus heftiger Schmerzanfall. Schließlich schwere innere Blutung	Ektopische Schw., Blutung in Bauchhöhle. Abtragung. Heilung	20 cm, frisch tot	Ruptur. Ei nicht ausgetreten. Typus 2 θ Kan. 10 Mon. später Hämatocele in Mastdarm perforiert. Tubenschw. ?

Nr.	Jahrgang	Autor, Zeitschrift	Alter	Geburten, Aborte	Sitz d. Schw. u. d. Corp. lut.	Klinischer Verlauf	Diagnose, Operation, Verlauf	Foetus	Präparat
79	1911	Sauers u. Daëls, Bull. acad. r. de Belge, 30. Sept., n. C. G. 153, 1912	27	1 θ	l. l.		Abtragung bei 6 monat. Schw. im Haupthorn	2 Foeten, der eine seit 11, der andere seit 2 Mon. †, mumifiziert	θ Kanal. Schw. im Haupthorn im 9. Mon., 12 W. nach Operation beendigt
80	1911	Werner, Gyn. Geb. Gesellsch. zu Wien, 12. Dez.				Übertragene Nebenhornschwangerschaft. Keine näheren Angaben			
81	1912	Brauß, I.-D., Bonn (Fall Engelmann)	39	2 θ	l. l.	2 Mon. Amenorrhöe. Dann Schmerzen, Blutung in Bauchhöhle	Extrauterine Schw., Abtragung. Heilung	23 cm, 18 W. alt, lebend	Bei Operation platzt Fruchthalter, Foetus schlüpft hervor. Typus 1. θ Kanal
82	1912	Chappius, Gynecol. helvetica 276	27			4 monatige Schw.	Tubenschw., geborsten. Abtragung. Heilung	2 Foeten, 4 Mon. alter, skelettiert, 10 mm langer, in intakten Eihüllen	Ruptur. Placenta zerrissen, liegt zum Teil im Nebenhorn. 5 cm langer Stiel
83	1912	Schauta, C. G. 283			r.	10 Mon. Amenorrhöe, Dann Aufhören der Bewegungen. $1^1/_2$ Mon. danach Operation. Uterusfundus am Schwertfortsatz	Übertragene extrauterine Schw. Abtragung. Heilung	Ausgetragen, seit 9 W. †	θ Kanal. Mucosa sehr dünn, Zotten hyalin degeneriert Kalkablagerungen
84	1912	Whitehouse, Proc. r. soc. of Med. S. 121	36	4	r.	4 Mon. Amenorrhöe. Dann Schmerzen, Erbrechen	θ Abtragung. Heilung		Daumendicker Verbindungsstrang. θ Ruptur
85	1912	Worall, Austral. Med. Gaz. 16. März, Ref. Journ. obs. gynec. Mai				Keine näheren Angaben im Referat. Original nicht erhältlich			

Nr.	Jahrgang	Autor, Zeitschrift	Alter	Geburten, Aborte	Sitz d. Schw. u.d.Corp.lut.	Klinischer Verlauf	Diagnose, Operation, Verlauf	Foetus	Präparat
86	1913	Bogdanovicz, Gyn. Gesellsch. Budapest April, Ref. C. G. 1204	20	1	r. l.	6 Mon. Amenorrhöe	Extrauterine oder interstitielle Schw. Abtragung. Heilung	6 Mon. alt, lebend	Kleinkinderkopfgroßer Tumor. Adhäsionen. Dicker, kurzer, muskulöser Stiel
87	1913	Bryano, Russ. Journ. Geb. u. Gyn. 28, 883				Nicht erhältlich			
88	1913	Holländer, Orvosi Hetilap. Gyn. H. 1, nach Arch. mens. d'obst. gyn. 3, 353	21	θ θ	r. l.	Schw. bis zu normalem Ende. Im 7. Mon. Schüttelfrost, Aufhören der Bewegungen, dauernd Blutabgang	Richtig! Abtragung. Heilung	52 cm, 3450 g, komprimiert, seit 2 Mon. †, maceriert	θ Ruptur. Verwachsungen mit Appendix. θ Kanal. Typus 3
89	1913	Knoop, M. G. 38, Erg.-H. 360 u. 39. Erg.-H. 725					4 Mon. alt		θ Kanal. Horn gut entwickelt, Decidua vorhanden. Typus 1
90	1913	Mansfeld, Orvosi Hetilap. Gyn. H. 3 u. 4 (nach persönl. Mitteil.)	27	1 1	r.	3 Mon. Amenorrhöe. Dann Ohnmacht. 36 Std. später (Transport zur Klinik!) Operation an ausgebluteter Kranken	Tubenschw., geborsten. Abtragung, †		Einriß. Verblutung in Bauchhöhle. Frucht nicht ausgetreten. θ mikrosk. θ Kanal
91	1913	Quain, Surgery, gynec., obst. 17, 427	21	θ θ	r. r.	An normalem Ende der beschwerdefreien Schw. Wehen, Decidua ausgestoßen. Aufhören der Bewegungen. Leib wird wieder dünner. (Bem. 13 Mon. später normale Entbindung aus Hauptborn)	Ektopische Schw. mit ausgetragenem † Foetus. Abtragung. Heilung	45 cm, 1915 g, komprimiert, maceriert	θ Ruptur. An 2 Stellen durch foetale Gliedmaßen durchbohrt. θ Mucosa. Innere Muskellage abgestorben. θ Kanal

Nr.	Jahrgang	Autor, Zeitschrift	Alter	Geburten, Aborte	Sitz d. Schw. u. d. Corp. lut.	Klinischer Verlauf	Diagnose Operation, Verlauf	Foetus	Präparat
92	1913	Ratner, I.-D., Bern (Kehrer) u. Gyn. helv. 14, 426	35		r. l.	6 Mon. Amenorrhöe. Plötzlich schwere Blutung in Bauchhöhle	Nicht sichergestellt. Bei Operation †	Maceriert	Ruptur, durch die Fruchtblase vorquillt. Adhäsionen. Diffuse Placenta. θ mikrosk.
93	1914	Ernst, Gyn. helvet. Frühl.-Ausgabe, 14, 177	31	2 2 (artifiziell)	r. l.	Im 3. Mon. Schmerzen, Schwindel, Anämie, Ohnmachten. Nach 4 Tagen †	Stirbt bei Einlieferung. Keine Untersuchung	16½ cm	Ruptur, Vorfall der Nabelschnur. Verblutung in Bauchhöhle. θ Kanal. θ mikrosk.
94	1914	Hénault, Journ. belge gyn. obst. 507				Nicht erhältlich			
95	1914	v. d. Heyden, Ned. Tijdschr. Geneesk. 1. Hälfte, 1536	39	θ θ	r.	Im 4. oder 5. Mon. plötzlich heftige Schmerzen, † kurz nach Aufnahme			Ruptur. θ Kanal. Gute Decidua i. Haupthorn
96	1914	Hinselmann, M. G. 39, 724, I.-D. Leistner, Bonn, noch nicht erschienen	31	θ θ		An normalem Ende der Schw. hohes Fieber, periton. Erscheinungen	Richtig! Peritonitis. Abtragung beider Hörner. Heilung		Riß im Fruchthalter. Adhäsionen mit Netz
97	1914	Schtschebtina, Russ. Journ. Geb. Gyn., nach C. G. 1010				Allmählich wachsender Tumor neben dem leeren Haupthorn	Richtig! Abtragung. Heilung		
98	1914	Derselbe, ebenda				Schwerste innere Blutung	Abtragung. Heilung		Ruptur des dünnen Fundus

Nr.	Jahrgang	Autor, Zeitschrift	Alter	Geburten, Aborte	Sitz d. Schw. u. d. Corp. lut.	Klinischer Verlauf	Diagnose, Operation, Verlauf	Foetus	Präparat
99	1915	Fehr, I.-D. Zürich	25	θ θ	l.	Ende des 7. Mon. Leibschmerzen, 3 W. später Blutabgang m. Fetzen, 1 Mon. später Abnahme des Leibumfangs. Anfang des 10. Mon. und des 11. Mon. kurze Wehentätigkeit	Ovarialtumor. Entfernung der Frucht aus Bauchhöhle. Abtragung. Heilung	6—7 Mon. alt, platt gedrückt, beginnende Versteinerung. Frei in Bauchhöhle	20 cm lange Ruptur am lateralen Pol des 10 : 6 : $4^1/_2$ cm großen Fruchthalters. Placenta adhärent. Typus 1
100	1915	Pintor, Ann. obst. Milano 113, n. Frommel 287				8 Mon. alte Schw. Nicht erhältlich	Operation		
101	1915	Schwartz, Long. IslandMed. Journ. 9, 440				Nicht erhältlich			
102	1917	Justi	28	2 θ	r. r.	3 Mon. Amenorrhöe. Kein Erbrech. (wohl aber bei früheren Schw.). Beim Tragen eines Waschfasses Ohnmacht. Nach 24 St. kommt Arzt, sofortiger Transport nach Klinik, währenddessen †	Extrauterine Schw., geborsten (nicht untersucht!). Verblutung in Bauchhöhle	20 cm, frisch tot. Tritt bei Sektion in Bauchhöhle	Ruptur. Typus 2. θ Kanal

Durch Vermittlung meines nunmehr verewigten hochverehrten Gönners und Freundes, Herrn Geheimrat J. Veit bin ich in die Lage versetzt, die zwei Beobachtungen von Jerie (60) und Mansfeld (90) ausführlich wiederzugeben. Ich danke den Herren Kollegen v. Gromadzki in Warschau für die Übersetzung der Jerieschen Veröffentlichung und O. Mansfeld in Budapest für die Mitteilung seines Falles.

1. Dr. J. Jerie: Schwangerschaft im rudimentären Uterushorn.

Den obengenannten Fall haben wir im Anfang dieses Jahres beobachtet. Der Fall betrifft ein 21 jähriges Mädchen, welches seit dem 18. Lebensjahr regelmäßig menstruiert hatte, noch nicht geboren, weder abortiert hat. Es hatte die letzte Regel am 11. XI. 1907. Bei der Aufnahme in die Klinik am 3. II. 1908 wurde ein anteflektierter, mäßig vergrößerter Uterus vorgefunden, welcher dextrovertiert und retroponiert war; vor dem Uterus lag ein Tumor von Apfelgröße, welcher beweglich war und sich bis in die Nabelhöhle heraufziehen ließ. Beim Heraufziehen des Tumors konnte man einen Stiel nachweisen, welcher zur linken Uteruskante verlief. Die Konsistenz des Tumors war regelmäßig weich, elastisch ohne nachweisbare Fluktuation.

Aus obengenannten Gründen schwankte anfänglich die Diagnose zwischen einer Ovarialgeschwulst (Dermoid) und einer Extrauteringravidität. Nach Ablauf von 14 Tagen zeigte es sich, daß der Tumor sich beträchtlich vergrößert hatte, bis zur Größe einer Apfelsine, wobei aber der Uterus unverändert blieb. Dieses sprach zugunsten einer Extrauteringravidität. Bei der Laparatomie am 21. II. fiel vor allem sofort die starke Hyperämie der inneren Genitalien auf. Der Uterus war vergrößert, dem zweiten Monate der Gravidität entsprechend, er war weich, war aber nach rechts verschoben. Vor dem Uterus und etwas nach links von ihm lag ein Tumor, welcher mit der linken Uteruskante mittels eines 3 cm langen und fingerdicken Stieles in Verbindung war. Auf der Oberfläche des Tumors schimmerten zahlreiche Gefäße durch. Links oben auf der Vorderfläche des Tumors befand sich die Insertion der linken Tube und des linken Eierstockes von normaler Größe. Etwas niedriger und nach innen von der Tubeninsertion ungefähr in einer Entfernung von 1 cm inserierte das linksseitige Ligamentum rotundum. Der peritoneale Überzug des Tumors ging im unteren Umfange in das Ligamentum latum über.

Nach Unterbindung des Lig. infundibulopelvicum, rotundum, des Stieles und des Lig. latum wurde der Tumor exstirpiert; die Wunden wurden mit dem Thermokauter verschorft.

Das rechte Ovarium war unverändert und zeigte keine Spur von einem frischen Corpus luteum.

Die Laparotomienarbe verheilte per primam, und die Kranke wurde am 18. Tage nach der Operation (am 10. III.) entlassen.

Der exstirpierte Sack ist von Gänseeigröße, und der Stiel, mittels welchem er mit dem Uterus in Verbindung war, ist hohl und 2 cm breit; das Ligamentum latum dieses Hornes hat eine Breite von 6 cm. Auf der obersten Partie des Sackes befindet sich die Insertion des Lig. rotundum, 1,5 cm über ihm befindet sich das uterine Tubenende, und hinter dem letzteren liegt das große Ovarium. Die Oberfläche des Sackes ist glatt, und auf seiner Oberfläche schimmern zahlreiche stark erweiterte Gefäße durch, welche ihr eine violette Verfärbung verleihen. Auf dem Durchschnitt sehen wir, daß die Wand des Sackes 1,5—3 mm dick ist und daß in seinem Inneren sich ein Ei befindet, dessen Chorion frondosum die Hälfte des Inneren des Sackes einnimmt. In der Amnionhöhle liegt ein 7 cm langer Foetus.

2. Mansfeld.

Die Kranke wurde am 31. III. 13 1 Uhr mittags auf die Universitätsfrauenklinik 2 (Prof. Tauffer) aufgenommen. 27 Jahre alt. Vor zehn Jahren 1 Partus, vor sechs Jahren 1 Abort. Letzte Regel Dezember 1912. Am 30. III. 13 Ohnmachtsanfall und Schmerzen im Leib. Der zugezogene Arzt diagnostiziert Tubenruptur und rät zum Transport nach Budapest. Reise mit Wagen und Eisenbahn. Ankunft in der Klinik etwa 36 Stunden nach dem Anfall.

Status: Stark ausgeblutete Frau. Puls fadenförmig, über 120, Leib gebläht, freie Flüssigkeit.

Sofort Laparotomie (Mansfeld). Bauchhöhle mit großer Menge flüssigen, teils geronnenen Blutes erfüllt. Abklemmen der Inf. pelvicum rechts und am medialen Rande der rupturierten Stelle. Dabei stellt es sich heraus, daß nicht der Eileiter, sondern Uterusgewebe rupturiert ist. Abtragen der r. Adnexe mit dem abgeklemmten Stück Uterusgewebe. Rasche Versorgung. Dabei wird der Puls, trotz Hypodermoklyse, immer schlechter, und nach Schluß der Bauchnaht tritt der Exitus ein.

Sektionsbefund: Fehlen des rechten Uterushorns; an dessen Stelle doppelte Nahtreihe. Das linke Horn hat keine Kommunikation mit den Abtragungsstelle. Mikroskopische Untersuchung mußte aus äußeren Gründen unterbleiben.

Literaturverzeichnis.

(A. G. = Archiv für Geburtshilfe und Gynäkologie; B. G. = Hegars Beiträge; C. G. = Centralblatt f. Geb. u. Gyn,: M. G. = Monatsschrift für Geburtshilfe u. Gynäkologie; Z. G. = Zeitschrift für Geburtshilfe u. Gynäkologie.)

(Die erste Zahl bedeutet den Band, die zweite die Seite.)

Antecki, Przeylad chir. i. gin. **6**, 122. 1911.

Bayer, I.-D. Königsberg 1915 (Literatur).

Beneke, Univ.-Programm. Marburg 1907.

Bischoff, Preisschrift über die Entwicklung des Kanincheneies 1842. Entwicklungsgeschichte des Hundeeies 1845, des Meerschweincheneies 1852, des Rehs 1854.

Bolaffio, Z. G. **68**, 261. 1911.

Brickner, Amer. Journ. obst. **67**, 27 u. 157. 1913.

Bucura, Wiener klin. Wochenschr. 1911, H. 39.

Driessen, Nederl. Tijdschr. v. Verlosk. e. Gyn. 232, 1913.

Ernst, Gynaec. Helv. Frühl. Ausg. **14**, 177. 1914

Felix, Handbuch der Entwicklungsgeschichte von Keibel und Mall.

L. Fränkel, M. G. **18**, 282.

H. Freund, Berlin. klin. Wochenschr. 1911. A. G. **79**, 381. 1906.

Galle, I.-D. Breslau 1911.

Gouilliourd, Thèse de Lyon 1911.
Gross und Fruhinsholz, Soc. obstét. et gynéc. **21**, 5. 1913. Ref. La Gynécol. H. **9**. 1913.
Jaensch, Virch. Archiv **88**, 185. 1873.
Kehrer, I.-D. Heidelberg 1899. B. G. **15**, 1. 1909.
H. A. Kelly, Operative Gynecology. **2**, 464. 1898.
Kermanner, Z. G. **72**, 724. 1912.
v. Klein, M. G. **35**, 659. 1912.
Köhler, Z. G. **71**, 506. 1912.
Kußmaul, Monatsschrift f. Geburtskunde. Bd. **20**.
Laurent, Thèse de Lyon 1913.
Maassen-Slavzanski, C. G. **13**, 80. 1889.
Mannière, Americ. Journ. obstet. **15**, 212. 1899.
A. Martin, Deutsche Med. Wochenschr. 785, 1910.
Mendels, Nederl. Tijdschr. v. Verlosk. e. Gyn. **23**, 84. 1914.
Mihalkoviecs, Ref. Frommel 619, 1909.
Mintrop, I.-D. Straßburg 1912.
Pick, A. G. **52**, 389. 1896 und **57**, 596. 1899.
Piguand, Rev. de gynéc. **2**, 401. 1910.
Podpach, I.-D. Halle 1911.
Riedinger, Wiener klin. Wochenschr. 859, 1889.
Rosenthal, Semaine gynéc. **18**, 389. 1914.
Sachs, Deutsche Med. Wochenschr. **42**, 91. 1916.
Schubert, Z. G. **62**, 248. 1908.
Stolberg, I.-D. Leipzig 1905.
Suwalki, I.-D. München 1911.
v. Tussenbroek, Niederl. Gynaek. Gesellschaft **76**, 12. 1906. Ref. M. G. **26**.
Tweedy, Lancet April 1913.
Weibel, M. G. **31**. Februar.
Werner, B. G. **9**, 345. 1905.

Über das Relief der Magenschleimhaut und seine Bedeutung für Lokalisation und Formgebung der Magengeschwüre.

Von

Geh. Hofrat Prof. Dr. **L. Aschoff.**

Mit 2 Textfiguren.

In seinem bekannten Werke „Über die Beziehungen der Röntgenbilder des menschlichen Magens zu seinem anatomischen Bau“ kommt Forssell unter weiterem Ausbau der Grödelschen Arbeiten zu dem Vorschlag, den Magen einzuteilen in den Fornix und Corpus (Pars cardiaca) und den Sinus und Canalis pyloricus (Pars pylorica). Der Canalis pyloricus bildet den Saccus egestorius, Sinus, Corpus und Fornix den Saccus digestorius. Die Grenze zwischen Corpus und Sinus liegt an der kleinen Kurvatur ungefähr an der Umbiegungsstelle des vertikalen (descendierenden) und des horizontalen (ascendierenden) Abschnittes des Magens, d. h. im Gebiet der Angulus ventriculi, während eine ähnlich scharfe Abgrenzung an der großen Kurvatur nicht besteht. Vielmehr muß die Grenze hier mehr physiologisch gesucht werden, nämlich dort, wo die schleifenförmigen Ausläufer der inneren Muskelschicht die sog. untere Segmentschlinge bilden und bei Kontraktion derselben eine Einschnürung hervorrufen. Forssell[1]) schlägt mit Recht vor, das Wort Antrum fallen zu lassen, da es die einen Autoren für den Sinus, die anderen für den Canalis pyloricus gebrauchen. Wie weit eine wirkliche Trennung zwischen Sinus und Canalis pyloricus durchführbar ist, will ich dahingestellt sein lassen. Vielleicht gehören Canalis pyloricus und Sinus funktionell doch näher zusammen als Sinus und Corpus. Zur Klärung dieser Frage müßte man die genaue histologische Untersuchung der verschiedenen Schleimhautgebiete mit heranziehen. Soweit ich solche hier draußen habe anstellen können, gehört der Sinus mit seinen serösen Drüsen zum Gebiet des Can. pyloricus. Jedenfalls müßte

---

[1]) Forssell, G., Fortschritte auf dem Gebiete der Röntgenstrahlen, Ergänzungsband 30.

man dem Sinus, wie es übrigens Forssell selbst getan, eine Zwischenstellung einräumen.

Endlich wäre die Frage zu erörtern, ob man nicht das Relief der Magenschleimhaut zur Einteilung verwenden könnte. Wegen der Literatur, die ich mir nicht in größerem Umfange verschaffen konnte, muß ich auf Forssell verweisen. Ich habe, wie er und seine Vorgänger, die Mägen formolfixierter Leichen oder sofort nach der Herausnahme fixierte Mägen für meine Untersuchung benutzt, darunter solche, die innerhalb der ersten Stunde nach dem Tode fixiert worden waren. Wann die Totenstarre des Magens eintritt, habe ich leider nicht feststellen können, ebensowenig die Zeit der Lösung, da das sehr wesentlich vom Füllungszustand des Magens und dem Stadium der Verdauung im Augenblick des Todes abzuhängen scheint. Auffallend war mir die Mitteilung Forssells, daß er an den Mägen alter Leichen, in denen die Öffnung erst einen Tag nach dem Tode stattfand, noch starke Faltenbildung unter dem Einfluß des Formols hat eintreten sehen. Nach meinen Erfahrungen sind diese durch Schrumpfung zustande kommenden Faltenbildungen sehr gering. Forssell bildet allerdings auch keinen wirklich kontrahierten Magen ab. In allen seinen Fällen handelt es sich nur um Partialkontraktionen. Denn an den ganz frisch nach dem Tode gewonnenen Mägen konnte ich feststellen, daß unter dem Einfluß des die Starre begünstigenden Formols sich eine ganz intensive Faltenbildung einstellt [1]), was auch Beckey [2]) hervorhebt. Doch wären auch hier über zeitlichen Ablauf, Dauer der Beeinflußbarkeit usw. systematische Untersuchungen in der ersten Stunde nach dem Tode dringend geboten. So sehr ich mich nach dieser Richtung hin bemüht habe, so ist doch mein Material zu klein, da ich mein Hauptaugenmerk auf das Herz werfen mußte und so der Magen zu kurz kam. Deshalb kann ich auch zu der Frage, ob wir aus dem Relief der Schleimhaut etwas über den funktionellen Aufbau des Organs lernen können, nur wenig beisteuern. Immerhin kann ich trotz der Buntheit der Bilder Forssells Satz bestätigen, daß die Faltenbildung im Sinusgebiet auffallend häufig schwach entwickelt zu sein pflegt, wenn auch das Gegenteil vorkommt. Andererseits vermag ich Forssell nicht zuzustimmen, wenn er die fehlende Faltenbildung mit der stärkeren Chagrinierung der Schleimhaut im Sinusgebiet in Zusammenhang bringt. Wenn das auch vielfach zusammenfällt — ich selbst habe durch Kokubo [3]) auf diese Eigentümlichkeit der Pars pylorica hinweisen und sie histologisch begründen lassen —, so gibt es doch Fälle, wo die stark gerunzelte Corpusschleimhaut ebenso stark,

[1]) Die Präparate befinden sich in der kriegspathologischen Sammlung der Kaiser-Wilhelms-Akademie zu Berlin.

[2]) Beckey, Frankfurter Ztsch. f. Path. VII. 1911.

[3]) Kokubo, Orth-Festschrift 1903.

wenn nicht noch stärker chagriniert ist, als die glatte Sinusschleimhaut. Warum ist nun die Sinusschleimhaut in der Regel glatter als die Corpusschleimhaut? Wird der Magen in der Leiche in situ fixiert, so befindet sich gelegentlich das im Magen vorhandene Luft-Gasgemisch im Sinusgebiet. Ob hierin ein Grund für die unzureichende Faltenbildung zu sehen ist, muß ich dahingestellt sein lassen. Jedenfalls kann man auch bei frühzeitig ($1^1/_2$ Stunde nach dem Tode) gewonnenen und unfixiert eröffneten, erst später fixierten Mägen im Sinusgebiet die geringe Faltenbildung finden. Also liegt doch wahrscheinlich eine in dem Verhältnis der Ausdehnungs- und Zusammenzugsfähigkeit der Muscularis propria zu der der Mucosa und in der Struktur der Muscularis mucosae begründete geringere Neigung zur Faltenbildung vor. Gegen den Pylorus zu steigert sich die Faltenbildung wieder.

Neben dieser, wie ich noch einmal betonen will, keinesfalls regelmäßigen oder gar gesetzmäßigen Sonderstellung der Sinusschleimhaut fällt der in frisch konservierten Mägen so gut wie stets zu findende Unterschied zwischen der durch Längsfalten gekennzeichneten Magenstraße (Retzius, Kaufmann, Waldeyer) und dem Hauptraum des Magens besonders auf. Diese an der Cardia bis in den Sinus verlaufenden Längsfalten und die von ihnen begrenzte Magenstraße, welche nur bei ganz früh entnommenen, sofort eröffneten und dann erst fixierten Mägen, welche eine starkere Kontraktion in der Längsrichtung der kleinen Kurvatur erfahren, zurückzutreten pflegt, haben nun für den pathologischen Anatomen das größte Interesse. Sie sind der Sitz der die Kliniker und die Pathologen gleich interessierenden Magengeschwüre.

Über die Entstehung dieser Magengeschwüre gibt es eine Fülle von Theorien, der beste Beweis, daß keine alles erklärt. Ich gehe hier auf eine Diskussion dieser Theorien nicht näher ein, da ich das an anderer Stelle getan habe, will nur hervorheben, daß sich fast alle Autoren darin einig sind, daß die Geschwüre mit Schleimhautblutungen beginnen. Wie aber diese Blutungen entstehen, bleibt strittig. Ich muß zugeben, daß gegenüber den Anhängern der mechanischen Theorie, welche die Blutungen in erster Linie auf venöse Rückstauungen beim Brechakt und beim Würgen zurückführen, die Vertreter der neuropathischen Genese der Blutungen (Beneke, Rössle, Bergmann) in neuester Zeit mehr Anhänger bei den Klinikern gefunden haben. Das sympathische Nervensystem spielt heute eine maßgebende Rolle. Die meisten Autoren, welche die neuropathische Genese des Magenulcus befürworten, übersehen aber, daß eine Lösung der Frage nach der Entstehung der Blutungen noch keine Antwort auf die viel wichtigere Frage gibt, warum aus den zweifellos sehr häufigen Blutungen nur bei einer ganz kleinen Zahl von Fällen ein Geschwür entsteht und warum dieses Geschwür gerade dort sitzt wo es gefunden wird.

Mit dieser Frage haben sich leider die wenigsten Bearbeiter des Ulcusproblems beschäftigt und doch ist sie mindestens so wichtig, wie die nach der Entstehung der Blutungen. Durch Stromeyer habe ich an der Hand eines größeren Materials zeigen lassen, wie sehr das mechanische Moment bei der Entstehung und der Lokalisation der Geschwüre in den Vordergrund tritt, ja auch die Formgebung der Geschwüre völlig beherrscht. Früher glaubte man die symmetrische Lage mancher Geschwüre zu beiden Seiten der kleinen Kurvatur, wie auch die so charakteristische Trichterform älterer Geschwüre mit Virchows Theorie der ursprünglichen Infarktnatur derselben erklären zu können. Ich konnte zeigen — und Stromeyer[1]) hat durch eingehende histologische Untersuchungen den Beweis dafür erbracht —, daß die Symmetrie mancher Geschwürsbildungen durch die symmetrische Anordnung der Längsfalten der sog. Magenstraße gegeben ist, auf deren Kuppen sich mit Vorliebe Blutungen einstellen, aus denen sich dann wegen der mechanischen Reizung der Schleimhaut bei den Kontraktionsvorgängen und dem Gleiten der Ingesta an der Magenstraße wirkliche Geschwüre entwickeln können. Die bestimmt gerichtete Bewegung des Inhalts und die gleichsinnige Druck- und Zerrwirkung an der Schleimhaut erzeugt auch die bekannte Trichterform, indem die Schleimhaut am kardialen Rand auf das Geschwür hinüber, am pylorischen Rand von dem Geschwür hinweggezogen wird. So entsteht sehr frühzeitig eine gegen die Kardia gerichtete Nische, in welcher sich Speisebrei und Magensaft fangen und nun weiter in der einmal gegebenen Richtung die Magenwandung zerstören.

Seitdem ich in den letzten Jahren, auch während des Krieges, alle zur Beobachtung gelangenden Fälle von Magengeschwüren genau auf diese Gesichtspunkte hin untersucht habe, habe ich mich von der Richtigkeit derselben immer von neuem überzeugen zu können geglaubt. Allerdings konnte ich früher für zwei auffallende Tatsachen keine genügend gestützten Erklärungen bringen. Einmal für die meist vorhandene Abweichung der Achse des Geschwürstrichters von der Längsachse der kleinen Kurvatur. Die erstere verläuft nicht immer parallel zur letzteren, sondern oft spitzwinklig. Die andere Tatsache war die Lokalisation der Geschwüre an bestimmter Stelle der Magenrinne.

Was die Schrägstellung der Geschwürsachse anbetrifft, so hatten wir seinerzeit die Vermutung ausgesprochen, daß diese schräge Stellung durch eine besondere Form der Kontraktion bedingt sein kann. Jetzt glaube ich, den Beweis hierfür erbringen zu können, nachdem ich eine größere Zahl von Mägen relativ bald nach dem Tode in mehr oder weniger stark kontrahiertem Zustande habe fixieren und untersuchen können. Ich muß dabei wieder von dem Relief der Magenschleimhaut ausgehen. Schon

---

1) Stromeyer, Zieglers Beiträge 54. 1912.

seit langem, insbesondere seit den Arbeiten von Retzius Kaufmann und Waldeyer, hat man das Längsfaltengebiet der kleinen Kurvatur als etwas Besonderes von dem übrigen Hohlraum abgetrennt (Sulcus gastricus, Magenstraße). Forssell gibt die genaue Beschreibung dieser meist in der Vierzahl auftretenden Längsfalten durch Waldeyer wieder und fügt hinzu, daß diese Falten sich bei der Kontraktion wie Fugen ineinanderlegen, so daß gar kein größerer Hohlraum übrigbleibt. Auch erwähnt er kurz, daß sich diese Längsfalten bei dichter Aneinanderlagerung dachziegelartig decken.

Dazu möchte ich auf Grund eigener Beobachtungen folgendes ergänzend bemerken. Von den 4 Längsfalten pflegen die beiden medialen die niedrigeren, die beiden lateralen die höheren zu sein. Wenn sich der Magen kontrahiert, schieben sich die beiden äußeren Falten derartig über die medialen hinüber, daß letztere ganz überdeckt werden und wie in einer Scheide liegen, so daß sie von dem übrigen Hohlraum wenigstens streckenweise ganz abgesperrt sein können. Dieses Verhältnis habe ich mehrfach gefunden, selbst in einem Falle, wo der Hohlraum des Magens erweitert war, also einen Inhalt besaß. Diese Abdeckung der Magenrinne tritt mit Vorliebe im Gebiet des Angulus und dem kranialwärts daranstoßenden Teil des Corpus auf. Sollte die Bildung einer solchen gedeckten Rinne von Bedeutung für die Entstehung der Magengeschwüre sein, so würde man verstehen, daß gerade den 4 Falten entsprechend die Geschwüre bald näher, bald entfernter von der kleinen Kurvatur, sehr viel seltener aber in ihrer Achse auf der Mittellinie selbst liegen. Von den äußeren Falten kämen als Sitz der Geschwürsbildung mehr die medialen Flächen in Betracht. Erst eine genaue, dahinzielende Statistik des Sitzes der Magengeschwüre wird weitere Klärung bringen.

Wesentlicher noch scheint mir eine andere Tatsache zu sein. An stärker kontrahierten Mägen kann man leicht feststellen, daß bei der dachziegelartigen Übereinanderschiebung der lateralen über die medialen Falten, besonders im Gebiet des Angulus, eine förmliche spiralige Drehung lateral-medialwärts zustande kommt, die bald an den Falten der Hinterwand, bald an denen der Vorderwand stärker ausgebildet ist. Soweit meine bisherige Erfahrung an dem noch kleinen Material einen Schluß gestattet, scheinen die Vorderwandfalten im Corpus, die Hinterwandfalten im Sinus stärker spiralig gedreht zu sein, während im Angulus die völlige Überdeckung der Rinne durch die starke mediale Übereinanderschiebung der Falten keine Entscheidung zuläßt.

Was hat diese medial gerichtete Zusammenschiebung und die gleichzeitige, bald an der Vorderwand, bald an der Hinterwand deutlicher ausgeprägte spiralige Drehung für einen Einfluß auf das sich entwickelnde Geschwür? Meines Erachtens erklären sie einwandfrei die so häufig zu beobachtende oben erwähnte Tatsache der schrägen, fast, könnte man

Cardia
vorn
hinten
Pylorus

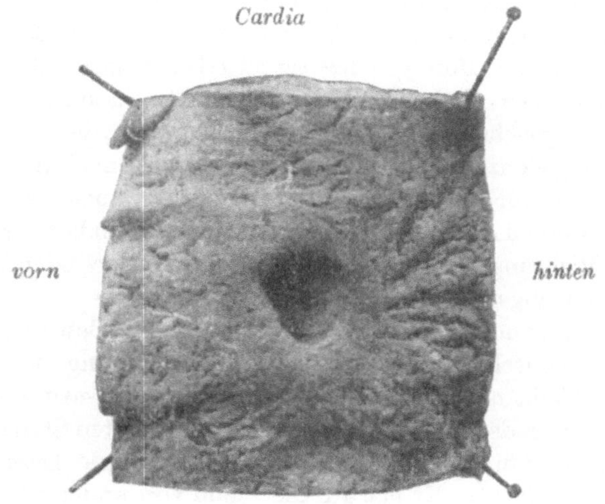

Cardia
vorn
hinten
Pylorus

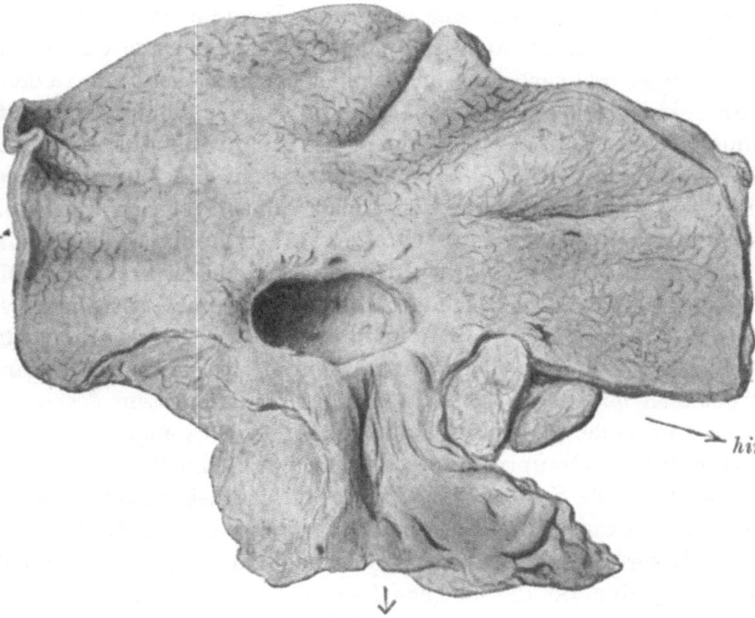

Fig. 2

in einigen Fällen sagen, queren Stellung der Geschwürsachse zur Achse der kleinen Kurvatur (s. Fig. 1 u. 2). Es wird eben die Schleimhaut nicht nur pyloruswärts, sondern gleichzeitig mittelwärts gegen die kleine Kurvatur zu geschoben. Daher liegt der überdachte Rand nicht nur cardiawärts, sondern gleichzeitig nach der großen Kurvatur, der geglättete Rand pylorus- aber gleichzeitig mittelwärts. Ich bin also nach dieser Erkenntnis in der Lage, für die Mehrzahl der Geschwüre, auch wenn sie exstirpiert sind, aus dem Aufbau des Geschwürstrichters und seiner Ränder die Lage und Richtung des Geschwürs, ob der Vorder- oder Hinterwand angehörend, anzugeben.

Haben wir somit den letzten noch fehlenden Beweis für die Bedeutung mechanischer Einflüsse bei der Formgebung der Geschwüre erbracht, so bleibt noch die Frage zu beantworten, warum sich die Geschwüre gerade an der Magenstraße und an bevorzugten Stellen derselben entwickeln. Stromeyer hat die damals vorliegende Literatur eingehender berücksichtigt. Er hat auf die schon von anderer Seite betonte verschiedene Festigkeit, schwere Verschiebbarkeit der Schleimhaut der Magenstraße, besonders im Gebiet des an sich schwerer ausdehnbaren Canalis pyloricus und Sinus hingewiesen, sowie in Übereinstimmung mit mir die Bedeutung der physiologischen Engen hervorgehoben. Doch fehlt es hier noch an weiteren beweisenden Unterlagen.

Untersucht man die Magenlichtung kontrahierter und halbkontrahierter Mägen, so drängt sich einem die Tatsache auf, daß Magenrinne und Magenhauptraum auch beim Menschen eine gewisse Unabhängigkeit voneinander besitzen. Mein Material ist noch zu klein, um zu dem Satz Forssells Stellung nehmen zu können, ob tatsächlich immer die Magenrinne sich zuerst öffnet und dann erst der Hauptraum durch zunehmende Erweiterung hinzutritt. Das mag richtig sein. Es fragt sich aber, ob dieser Zustand während der Verdauung immer bestehen bleibt, ob sich nicht die Magenrinne bei fortschreitender Verdauung wieder mehr oder weniger schließen kann. Ich verfüge nur über ein Präparat, wo die Magenrinne in der Tat bei noch belastetem d. h. erweitertem Hauptraum eine weitgehende Schließung zeigt, besonders im Gebiet des Angulus ventriculi. In anderen Fällen starker Kontraktion ist die Magenstraße ganz abgeschlossen und bildet ein selbständiges Spaltensystem gegenüber der durch Ineinandergreifen der Falten mehr oder weniger verschwindenden Lichtung des Hauptraumes. Berücksichtigt man die relativ große Verschieblichkeit der Schleimhautfalten im Gebiet des Hauptraumes gegenüber der starreren Fixierung der Längsfalten in der Magenstraße, so läßt sich verstehen, daß in der Magenrinne die Bedingungen für länger dauernden Kontakt des Magensaftes mit der Schleimhaut im leer arbeitenden Magen am ehesten gegeben sein können. Hier kann nur das Experiment, wie es die Physiologen bereits erfolgreich für den tätigen

Magen angewandt haben, und die Beobachtung in vivo bei der Operation die endgültige Aufklärung bringen.

Für die Magenrinne kommt aber als ein die Bildung von Geschwüren aus vorhandenen Blutungen förderndes Moment noch die zweifellos stärkere Zerrung der Schleimhaut am Magenwinkel bei den die Magenarbeit begleitenden Versteifungen der kleinen Kurvatur bald im Corpus, bald im Sinus und Canalis pyloricus in Betracht. Leider läßt sich der Grad dieser Versteifungen nicht direkt beobachten, auch aus dem Leichenbilde nicht erschließen, nur aus dem Röntgenbilde vermuten. Kommt es bei der von Forssell sehr anschaulich geschilderten Gesamtkontraktion des Canalis pyloricus zu einer Rückwärtspressung von Magensaft, so würde derselbe geradezu an der Magenrinne von dem Trichter eines sich etwa dort bildenden Geschwüres aufgefangen werden müssen, die Geschwürsbildung an der kleinen Kurvatur dadurch gefördert werden. Selbstverständlich ist es nicht ausgeschlossen und die Erfahrung bestätigt es, daß auch an anderen Stellen der Magenschleimhaut Geschwüre entstehen können. Jedoch bleibt der Satz zu Recht bestehen, daß die am meisten beweglichen Teile der Magenschleimhaut am seltensten von der Geschwürsbildung betroffen werden.

Läßt sich die Lokalisation der Geschwüre im Gebiet der Magenstraße bis zu einem gewissen Grad verständlich machen, so bleibt noch die Frage zu erörtern übrig, warum bestimmte Stellen der Magenstraße, die Gegend dicht vor dem Pylorus und die Gegend des Magenwinkels bevorzugt sind. Wir dürfen hier auch die Geschwüre des Oesophagus dicht über dem Zwerchfell und die Duodenalgeschwüre dicht an dem Pankreaskopf nennen. Wir haben hier früher von physiologischen Engen gesprochen, vor denen Säftestauungen die Geschwürsbildung begünstigen. Man wollte solche mechanische Belastung dieser Gebiete nicht anerkennen. Aber wenn ich sehe, daß auch Forssell wieder auf ganz bestimmt auftretende Einschnürungen an der Grenze zwischen Corpus und Sinus hinweist und solche Einschnürungen auch am Leichenmagen noch zu sehen sind (vgl. auch die Angaben von Beckey), so habe ich allen Grund, an der Bedeutung der physiologischen Engen festzuhalten, und hoffe den Nachweis solcher Engen an frühzeitig fixierten Mägen in einer späteren ausführlicheren Arbeit unter Beifügung photographischer Wiedergaben führen zu können. Der Magenwinkel wechselt zweifellos bei der Verdauung seinen Platz. Immerhin wird er für bestimmte Verdauungsperioden, besonders bei dem arbeitendem Magen, bei jedem Menschen eine aus dem Körperbau sich ergebende und von dem Füllungszustand der Därme noch beeinflußte Lage haben. Das mag auch zur Erklärung der verschiedenen Lokalisation der Geschwüre bei den verschiedenen Menschen dienen. Einen genaueren Einblick in den Mechanismus der Entstehung der Geschwüre würde man freilich erst dann bekommen, wenn wir geschwürshaltige Mägen frisch nach dem Tode in situ fixiert öfters zu untersuchen Gelegenheit gehabt haben. Einen derartigen, leider nicht frisch genug fixierten Fall habe ich beobachten können. Die Lage des Geschwürs dicht vor dem Angulus war sehr charakteristisch. Solange uns der Zufall nicht häufiger zu solchen Beobachtungen verhilft, muß uns das genau und immer wiederholteStudium des Reliefs der geschwürsfreien Magenschleimhaut der Lösung des Problems näher führen. Wenn ich es wage, eine derartige unfertige Skizze dem Meister der Gründlichkeit zu seinem 70. Geburtstag darzubringen, so können nur die äußeren Umstände ihrer Entstehung die Entschuldigung bilden.

Bukarest, 4. August 1917.

(Aus der Königl. Chirurgischen Klinik in Greifswald [Direktor: Geh. Med. Rat Professor Dr. Pels Leusden].)

Transplantation auf geschwulstkranke Individuen.

Von

Professor Dr. **Georg Schöne,**

Oberarzt der Klinik, z. Z. im Felde.

Mit 5 Tafeln.

Die vorliegende Untersuchung knüpft an Arbeiten der experimentellen Geschwulstpathologie an. Seit dem Jahre 1906 wurde die Frage erörtert, welchen Einfluß die Gegenwart eines ersten durch Transplantation erzeugten Tumors auf das Ergebnis einer späteren zweiten Impfung erkennen lasse.. Als Versuchstiere dienten Maus, Ratte und Hund. Ehrlich hatte bei der Maus die Beobachtung gemacht, daß die zweite Impfung häufig gänzlich versagte oder nur zu einer dürftigen Tumorbildung führte. Unter denen, die seine Versuche nachprüften, stellte v. Gierke im Institut von Bashford fest, daß umgekehrt die Anwesenheit der ersten Geschwulst das Wachstum der zweiten in ausgesprochenem Maße begünstigte.

Sorgfältige Untersuchungen (Ehrlich und seine Mitarbeiter, Bashford und seine Mitarbeiter, Borrell, Lewin, Sticker, Uhlenhut und seine Mitarbeiter usw.) haben allmählich den Beweis dafür erbracht, daß sowohl die von Ehrlich wie die von v. Gierke festgelegten Tatsachen zu Recht bestehen. Nach welcher Seite hin das Bild sich wendet, hängt von verschiedenen Momenten ab. Genannt seien:

Individualität der Tumorstämme,

Wachstumsenergie der Tumoren,

Länge des zwischen Impfung 1 und 2 verstreichenden Zeitintervalles,

Impfmethode (Brei- oder Stückchenimpfung).

Uns interessiert hier in erster Linie die Wachstumsförderung, welche, wie die genauere Beobachtung zeigt, komplizierter Natur ist. v. Gierke fand neben einer Beschleunigung des Wachstums der zweiten Geschwulst auch eine deutliche Erhöhung der Angangsziffer, d. h. bei den doppelt geimpften Tieren ging die zweite Impfung in einer größeren Prozentzahl der Fälle an als auf den Kontrollen.

Für den, welcher sich mit dem Versuch befaßt, normale Gewebe mit Erhaltung ihres Lebens von einem Individuum auf das andere zu verpflanzen, lag der Gedanke nahe, zu prüfen, wie sich das Schicksal homoioplastisch transplantierter normaler Gewebe gestaltet, wenn der Empfänger einen Tumor trägt.

Ich habe mich in den Jahren 1913/14 ausführlich mit einer solchen Untersuchung beschäftigt. Durch den Ausbruch des Krieges ist die Arbeit unterbrochen worden. Es besteht keine Aussicht, sie in absehbarer Zeit wieder aufzunehmen. Die vorliegenden Ergebnisse werden deshalb hier mitgeteilt.

Als Versuchstier diente die weiße Maus. Von transplantablen Geschwülsten standen mir zwei Stämme des Ehrlichschen Instituts zur Verfügung: ein rasch wuchernder epithelialer Tumor (Nr. 5) und das bekannte schnell zu großen Geschwülsten heranwachsende hämorrhagische Chondrom. Beide Geschwülste ergaben auch in Greifswald auf Berliner Mäusen eine Ausbeute von fast 100 %. Geimpft wurde mit Brei, subcutan in der seitlichen Brustbauchgegend. Mit dem epithelialen Tumor machte ich nur einen größeren Versuch (20 Tiere). In der großen Mehrzahl der Fälle benutzte ich das Chondrom.

Als normales Transplantat verwendete ich große Lappen aus der Rückenhaut. Technik: freie Transplantation; sorgfältige fortlaufende Naht rings um den Hautlappen; kein Verband (s. Fig. 1*a*, Tafel XXXIV). Ich habe früher in großen Versuchsreihen festgestellt, daß solche homoioplastische Hauttransplantationen bei blutfremden Mäusen fast ausnahmslos mißlingen. Auch jetzt hatten zwei Kontrollreihen von zusammen acht Paaren dasselbe Resultat. Echte Anheilung wird nur im Falle der Blutsverwandtschaft, und auch dann nicht häufig, beobachtet. Dagegen gelingt die Reimplantation bei demselben Tiere, sei es an der Stelle der Entnahme, sei es an einem anderen Orte, regelmäßig.

Zunächst wurde folgendermaßen vorgegangen: Eine große Anzahl von Tieren wurde in typischer Weise mit Chondrom geimpft.

Nach 1, 2, 3 usw. bis 20, nach 26, 32, 33, 34, 37, 38, 39 Tagen, also in den verschiedensten Stadien der Geschwulstentwicklung, wurden zwischen je einem Geschwulstträger und einer normalen Maus Hautlappen am Rücken ausgetauscht. Blutsverwandtschaft zwischen Spender und Empfänger wurde durch sorgfältige Auswahl der Tiere ausgeschlossen.

Das Tumorwachstum blieb unbeeinflußt. Die Geschwülste entwickelten sich ebenso kräftig wie sonst, so daß die Tiere, falls sie nicht zu einem früheren Zeitpunkte getötet wurden, gewöhnlich innerhalb von zwei Monaten, vom Tage der Impfung ab gerechnet, zugrunde gingen.

An dem der Geschwulstträgerin entnommenen und einer normalen Maus implantierten Hautlappen spielten sich meist die typischen Vorgänge des Verfalls ab, wie wir sie aus zahlreichen Versuchen mit dem Hautaustausch zwischen blutfremden normalen Mäusen kennen. In der großen Mehrzahl der Fälle standen für die klinische Beobachtung die Erscheinungen der Schrumpfung, des Eintrocknens und der Abstoßung im Vordergrunde (siehe Fig. 1*b*, Tafel XXXIV). Einige Male aber waren auch auf den normalen Tieren Vorgänge angedeutet, wie sie im folgenden ausführlich für die Tumorträger geschildert werden sollen. Von den normalen Tieren wird später wieder die Rede sein.

Auf den Geschwulstträgern verfiel der fremde Hautlappen häufig ebenso prompt wie auf dem normalen Spender, nur daß nicht selten die übliche Schrumpfung ausblieb oder sich in engeren Grenzen hielt. Oft verzögerte sich der Eintritt untrüglicher Anzeichen des Verfalles in auffallender Weise. Auch in solchen Fällen war meist der geringe Grad der Schrumpfung zu vermerken. Endlich aber kam es doch zur Vertrocknung und, falls das Tier lange genug am Leben blieb, auch zur Abstoßung des Transplantats. Schließlich blieben bei einigen wenigen Tieren Austrocknung und Abstoßung endgültig aus. Die körperfremde Haut schien mehr oder weniger vollständig anzuheilen.

Diese letzte Beobachtung verdient genauere Berücksichtigung. Zunächst überraschte das völlige Ausbleiben oder der geringe Grad der Schrumpfung. Die Austrocknung unterblieb entweder vollständig oder beschränkte sich auf Teilabschnitte des Lappens (siehe Fig. 1*a*, Tafel XXXIV). So kam es mitunter zur Bildung größerer oder kleinerer Schorfe auf dem Lappen. Diese durchsetzten nicht immer die ganze Dicke des verpflanzten Hautstückes, griffen vielmehr oft nur wenig in die Cutis hinein. Solche Schorfe wurden nach Wochen durch eine träge Demarkation innerhalb des Lappens gelöst und abgestoßen. Zu dieser Zeit war also unzweifelhaft lebendes vascularisiertes Bindegewebe im Transplantate selbst enthalten.

Bemerkenswert war ferner das Verhalten der Nähte. Auf den normalen Tieren blieben sehr häufig die Nähte sitzen, bis der Lappen vertrocknet war. Bei den uns jetzt beschäftigenden Geschwulstträgern erfolgte häufiger innerhalb der zweiten bis vierten Woche eine Abstoßung der Nähte. Es handelte sich unverkennbar um eine Demarkation von größeren Abschnitten des durch die fortlaufende Naht fest zusammengefaßten Gewebsstreifens, also auf der einen Seite ebenfalls um eine Demarkation innerhalb des Lappens, ein weiterer Beweis für das Vorhandensein von lebendem vascularisierten Bindegewebe im Transplantat. Dieselbe Beobachtung kann man aber gelegentlich auch nach dem Hautaustausch zwischen normalen Mäusen machen. Auch bei ihnen muß also in solchem Falle zu einer bestimmten Zeit lebendes Bindegewebe wenigstens in der Randzone der verpflanzten Haut vorhanden sein. Dieser Vergleich gibt zu denken. Wir werden darauf zurückkommen.

Wichtig wurde mir das Verhalten der Haare. Während nach dem

Hautaustausch zwischen normalen Mäusen die fremden Hautstücke mit ihrem Haarkleid einzutrocknen pflegten, kam es bei den wenigen auf den Geschwulstträgern scheinbar anheilenden Lappen innerhalb der zweiten bis fünften Woche zu einem ausgedehnten, schließlich vollständigen Haarausfall. Die Haare lösten sich zusammen mit dünnen Lamellen trockenen Epithels von der Unterlage ab. Der Prozeß begann peripher. Die mittleren Bezirke des Transplantats kamen zuletzt an die Reihe, auch war der vordere Abschnitt des Lappens dem hinteren meist voraus. Unter dem zarten Haar-Epithel-Schorf trat dann regelmäßig ein nackter, epithelbedeckter Lappenteil zutage.

Mehrfach war so das Endergebnis das eines großen, wenig geschrumpften, nackten Hautstückes. Niemals wurde auch nur eine Andeutung neuen Haarwuchses im Bereich der transplantierten Haut beobachtet. Auch blieb sie auffallend trocken und spröde: sie entbehrte offenbar der Einfettung durch Hauttalg.

Der klinische Gesamteindruck war der einer, wenn auch nicht vollkommenen Anheilung. Ich selbst verfiel anfangs in den Fehler, sie für tatsächlich vorhanden zu halten und habe mich auch einmal in diesem Sinne geäußert.

Auf den rechten Weg brachte mich der sorgfältige Vergleich mit den Ergebnissen der autoplastischen Hauttransplantation. Nach entsprechender Autoplastik bedeckt sich die tadelfrei angeheilte Haut regelmäßig wieder mit neuem jungen Haar, das schnell zu einem dichten Schopfe auszuwachsen pflegt. Stutzig geworden durch das Ausbleiben jeden Haarwuchses und das offenbar vollständige Versagen der Talgdrüsen in unserem Falle, habe ich die mikroskopische Untersuchung solcher scheinbar angeheilter Lappen sowie überhaupt des einschlägigen Materials eingehend betrieben und festgestellt, daß eine echte Anheilung nicht stattfindet. Die transplantierte Haut stirbt vielmehr ab und wird unter vorläufiger Erhaltung eines toten Grundgerüstes durch Substitution von den Geweben des Wirtes aus reorganisiert.

Bevor die Einzelheiten der mikroskopischen Befunde hier dargelegt werden, sei auf eine Veränderung der Versuchsanordnung hingewiesen, die mir anfangs wesentlich erschien. In einer Anzahl von Serien tauschte ich die Haut nicht zwischen je einem Geschwulstträger und einem normalen Tier, sondern zwischen je zwei Geschwulstträgern aus. Die Partner trugen entweder beide das Chondrom oder beide den epithelialen Tumor Nr. 5. Das Intervall zwischen Geschwulstimpfung und Transplantation betrug beim epithelialen Tumor 6—7 Tage, beim Chondrom 17, 20, 21, 23, 24, 29, 33 Tage. Das Ergebnis deckte sich mit dem der erstgeschilderten Versuche (siehe Fig. 2, Tafel XXXV).

Da v. Gierke im Falle seiner Doppelimpfungen die Wachstumsförderung des zweiten Tumors, welchem unser Hautlappen entspricht, beim Experimentieren mit einem hämorrhagischen Geschwulststamm beobachtet hatte, da weiter gerade im Falle der Hauttransplantation an spezifische Einflüsse epithelialer Tumoren zu denken ist, so achtete ich genau auf etwaige Differenzen in den Ergebnissen der Versuche mit Chondrom und Tumor 5. Bisher habe ich keine Unterschiede aufgedeckt, die mir wesentlich erschienen wären.

Das übereinstimmende Ergebnis der histologischen Untersuchung der scheinbar anheilenden Transplantate in den verschiedensten Stadien war zunächst das, daß Epithel und Bindegewebe der Nekrose verfielen (s. Fig. 5, Taf. XXXVII). Wenigstens habe ich einen sicheren Anhalt für die Annahme eines dauernden Überlebens dieser Gewebe nicht gewinnen können. Gelegentlich schien es mir, als ob Teile des Fettgewebes (bereits von Lexer, Rehn usw. beobachtet) und besonders auch des Hautmuskels die Überpflanzung überstanden hätten. Doch ist die Prüfung dieser Einzelfragen nicht abgeschlossen[1]).

Die Epithelerneuerung auf dem Lappen erfolgt nachweisbar durch allseitiges Überwachsen des Epithels der benachbarten normalen Haut. Sie schreitet demgemäß von der Peripherie zentralwärts fort, wie auch klinisch festgestellt wurde. Am lebhaftesten scheint das Epithelwachstum in der Gegend des Genicks zu sein. Das Epithel schiebt sich zwischen der Cutis und einem zarten aus abgestorbenem Epithel und Haarresten bestehenden Schorfe vorwärts. Oft wächst es weit auf völlig nekrotische Abschnitte des Transplantates hinauf, in deren Bereich keine Rede von irgendeiner Substitution der Cutis ist. Es folgt streng den Konturen der alten Lederhaut und wächst häufig an den Stellen alter, nekrotischer Haarbälge in die Tiefe, so daß schließlich Bilder entstehen, welche bei oberflächlicher Prüfung eine echte Regeneration der Haarbälge vortäuschen (s. Fig. 1c, Tafel XXXIV). Eine solche Mißdeutung liegt um so näher, wenn in dem neuen

[1]) Sehr wichtig wäre die Entscheidung der Frage, ob der Hautlappen auf dem Geschwulstträger ebenso schnell, schneller oder langsamer wie auf einem normalen Tier abstirbt. Bei Ausbruch des Krieges lag mir ein großes Material zum Studium dieser Dinge vor. zum größten Teil bereits geschnitten und gefärbt. Ich habe es bisher nicht verwerten können. Eine Anzahl von Versuchen über Rücktransplantation der homoioplastisch verpflanzten Haut auf den spendenden Tumorträger resp. die spendende normale Maus nach 5, 6, 7 Tagen mit den entsprechenden Kontrollversuchen an normalen Mäusepaaren sprachen nicht für ein ungewöhnlich langes Überleben des einem Tumorträger implantierten Hautstückes, waren aber noch nicht zahlreich und mannigfaltig genug, um definitive Schlüsse zu gestatten. Nach dem Hautaustausch zwischen normalen Tieren gelingt die Rücktransplantation gelegentlich und teilweise noch 5 Tage nach der Überpflanzung, regelmäßig und vollständig nach 3 Tagen.

Epithelzapfen noch Reste des alten Haarschaftes sichtbar sind. Wahre Haarneubildung habe ich aber niemals gesehen, ebensowenig kann ich von einer Regeneration der Talgdrüsen berichten, die zum Teil von dem einwachsenden Epithel erreicht und nicht selten allein oder gemeinsam mit einem abgeschnürten Epithelzapfen an der Stelle des früheren Haarbalges zu kleineren oder größeren Epithelcysten umgewandelt werden. Auf alle diese Trugbilder habe ich schon früher gelegentlich hingewiesen.

Die Reorganisation der Cutis war ebenfalls gut zu verfolgen. In das tote bzw. absterbende Fasergerüst der Lederhaut sprossen aus dem unterliegenden Wirtsgewebe junges Bindegewebe und Gefäße hinein. Zeitweise ist der Kernreichtum oft bedeutend, die charakteristische Struktur der Cutis verwischt. Allmählich lichtet sich das Bild, die Kerne werden spärlicher, der Bau der Lederhaut nähert sich wieder dem der normalen (Fig. 6, Tafel XXXVII). Stellenweise ist die Reorganisation so vollkommen, daß man normale Lederhaut zu sehen glaubt, meist aber spielen narbige Umwandlungen größerer Abschnitte eine wichtige Rolle. Auch findet man zu Zeiten, zu denen der Prozeß klinisch annähernd abgeschlossen erscheint, im Lappen kernreiche Bezirke, innerhalb deren offenbar Demarkationsvorgänge und reorganisierendes Wachstum, gelegentlich auch entzündliche Prozesse, ineinandergreifen.

Von Bedeutung ist das Verhalten des Bindegewebes und der Gefäße im Bereich der Unterlage. Geht ein solches homoioplastisch verpflanztes Hautstück in der üblichen Weise unter Eintrocknung zugrunde, so pflegt sich unter ihm eine erhebliches demarkierendes Granulationslager zu bilden. In den späteren Stadien spielen dabei auch entzündliche Vorgänge mit. Auch in den uns beschäftigenden Fällen von guter Substitution bildete sich in Verbindung mit der Reorganisation der Cutis unter dem Lappen eine Zone aus, innerhalb deren die Neubildung von Bindegewebe und Gefäßen deutlich erkennbar war. Diese Neubildung hält sich aber in engeren Grenzen als im ersten Falle. In den späteren Stadien hellt sich die Unterlage auf. Schließlich ist von einer Kernvermehrung nur noch wenig nachweisbar (Fig. 6, Tafel XXXVII).

In zahlreichen Präparaten von teilweise substituierten Lappen, deren Endschicksal noch nicht entschieden war, erwiesen sich sowohl Unterlage wie Lederhaut des Transplantates als auf weite Strecken hin intensiv infiltriert. In solchen Fällen hatte ich nicht selten bereits bei der klinischen Untersuchung den Eindruck gewonnen, daß die Substitution nicht zum Ziele führen würde. Wichtig ist, daß oft das gefäßhaltige Bindegewebe auch in dem Untergang geweihte Lappen energisch eindringt, was auch von Transplantaten auf normalen Tieren gilt. Es kann streckenweise eine tiefe substituierte Schicht der Cutis erhalten bleiben, die Demarkation also innerhalb der transplantierten Cutis erfolgen. Damit ist eine Parallele zu den von Axhausen beschriebenen Vorgängen bei der Sequestrierung am osteomyelitisch erkrankten Knochen gegeben.

Nicht selten begegnet man in einem und demselben Transplantate gegensätzlichen Bildern: hier ein kurzer Abschnitt, in dem die Cutis fast vollkommen substituiert erscheint, darunter kaum merkbare Kernvermehrung im Bindegewebe, dicht daneben ein längerer Streifen mit Verschorfung des Lappens z. B. bis in die mittlere Tiefe der Lederhaut hinab, die tiefsten Schichten des Lappens intensiv infiltriert, die Unterlage verwandelt in ein zellreiches Granulationslager, in welchem oft auch entzündliche Erscheinungen nicht fehlen. Auch unter Lappenteilen, welche in Substitution begriffen sind, kann die Reaktion eine lebhaftere sein.

Das selten erreichte Idealbild war nach allem das der vollendeten Anheilung eines durch Substitution innerhalb bestimmter Grenzen reorganisierten Hautstückes.

Ehrlich hat 1906 über Doppelimpfungen mit unserem Chondrom berichtet. Damals war im allgemeinen der zweite Tumor ebensogut gewachsen wie der erste. Die Angangsziffer näherte sich von vornherein 100 %, war also kaum zu steigern. Herabgesetzt wurde sie nicht. Das Chondrom wuchs in jenen Jahren ziemlich langsam. Inzwischen hat es aber im Verlauf fortgesetzter Transplantationen an Wachstumsenergie bedeutend gewonnen. Entsprechende Versuche mit dem epithelialen Tumor Nr. 5 hat Ehrlich 1908 geschildert. Er erzielte eine deutliche, wenn auch nicht sehr erhebliche Wachstumsbeschränkung der zweiten Geschwulst. Die Vorimpfung geschah diesmal mit Stückchen, die zweite Impfung mit Brei. Ich hatte die Absicht, beide Geschwülste noch einmal ernstlich auf ihr Verhalten bei der Doppelimpfung zu prüfen, wurde aber an der Ausführung dieses Planes durch den Ausbruch des Krieges verhindert. Ferner stand ich im Sommer 1914 im Begriff, mir einen transplantablen Tumor zu verschaffen, bei welchem erfahrungsgemäß das Ergebnis der zweiten Impfung das der ersten — im Sinne v. Gierkes — übertrifft. Mit ihm sollten die in dieser Arbeit geschilderten Versuche wiederholt werden. Wieder trat der Krieg hindernd dazwischen.

Dagegen habe ich vor dem Kriege die Versuche in einem wesentlichen Punkte ergänzen können. Apolant hatte sich auf Grund einiger Versuche im Gegensatz zu Bashford und seinen Mitarbeitern dahin ausgesprochen, daß die Implantation eines körperfremden Spontantumors bei Spontantumormäusen leichter gelingt als bei normalen Tieren. Ich habe deshalb zu den Hautverpflanzungen auch eine Anzahl von Mäusen mit typischen Spontantumoren verwendet. Der Hautaustausch erfolgte 11mal zwischen je einer Spontantumormaus und einem normalen Tier, 1mal zwischen zwei Spontantumormäusen. Das Ergebnis war wieder genau dasselbe. In je einem Fall kam es auf der Trägerin des autochthonen Tumors zu einer weitgehenden Substitution des Transplantates (siehe Fig. 4*a*, *b*, *c*, Taf. XXXIV u. Fig. 3*a*, *b*, Taf. XXXV). Ob die Tatsache, daß der einzige Versuch von Hautaustausch zwischen zwei Spontantumormäusen erfolgreich war, mehr bedeutet als einen Glücksfall, vermag ich nicht zu sagen. Auch in diesen Versuchen beobachtete ich einmal eine auffallend weitgehende Substitution des Transplantates auf dem normalen Partner (siehe Fig. 7, Tafel XXXVIII).

Der Vorgang der Substitution eines Transplantates ist seit geraumer Zeit besonders aus den Erfahrungen mit der freien Knochenverpflanzung wohlbekannt. In den letzten Jahren ist besonders auch bei Gelegenheit der Gefäßtransplantation (Borst und Enderlen) die Rede von ihm gewesen.

Was die Hauttransplantation angeht, so war man zuerst nicht recht einig über den Umfang der Rolle, welche die Substitution besonders bei der freien autoplastischen Verpflanzung von Cutislappen spielt. Enderlen hat nachgewiesen, daß sie hier nur in relativ geringem Maße eingreift.

Die Tatsache, daß homoioplastisch verpflanzte Haut vom Wirt aus substituiert werden kann, ist nicht neu. Es ist besonders Lexer gewesen, der derartige Beobachtungen gemacht hat. Mitteilungen von F. Salzer über Keratoplastik sind ebenfalls in diesem Zusammenhange von Interesse. Bei der normalen Maus habe auch ich schon vor Jahren das Wesen des Prozesses kennengelernt. Beim freien Hautaustausch zwischen zwei blutfremden Tieren kommt es gelegentlich vor, daß nach der Abstoßung des Transplantates an der einen oder anderen Stelle, zumal im Nacken, ein Restchen stehenbleibt. Die mikroskopische Untersuchung lehrt, daß es sich nicht um überlebende, sondern um substituierte Teile der körperfremden Haut handelt, welche alle beschriebenen Kennzeichen, z. B. auch die scheinbare Reorganisation der alten Haarbälge, aufweisen können. Sie bleiben stets nackt. Es sei hier an die obenerwähnte Demarkation der Nahtlinie erinnert, wie sie gelegentlich auch nach dem Hautaustausch zwischen normalen Mäusen vorkommt. Vorbedingung für sie ist das Einschieben von gefäßhaltigem Bindegewebe in die fremde Cutis. Wir haben gesehen, daß dieser Vorgang nicht ohne weiteres Substitution bedeutet. Zu einer Substitution ausgedehnter Teile eines großen Lappens kommt es fast niemals, eine solche des ganzen Transplantates habe ich bei der normalen Maus überhaupt nicht gesehen. Der festgestellte Gegensatz zwischen den Ergebnissen der homoioplastischen Hauttransplantation auf normale Mäuse und auf Geschwulstträger ist ein quantitativer. Beim Kaninchen, vielleicht auch beim Menschen kommt möglicherweise eine ebenso vollkommene Substitution auch bei normalen Individuen vor.

Es ist hier der Ort, noch einmal auf das Verhalten der den Geschwulstträgern entnommenen und normalen Mäusen implantierten Hautlappen zurückzukommen. Es wurde oben gesagt, daß sie zumeist in der gewöhnlichen Weise zerfielen, daß aber hier und da andeutungsweise ein ähnlicher Verlauf wie auf Tumorträgern vorkam. Auffällig war gelegentlich, wie langsam die Zeichen des Verfalles manifest wurden. Ein paarmal war ich überrascht über die Ausdehnung des substituierten Stückes; sie war beträchtlicher, als ich mich erinnere, es je nach dem Hautaustausch zwischen normalen Mäusen gesehen zu haben. So besonders bei einem von einer Spontantumormaus entnommenen Transplantat. Die histologische Untersuchung ergab typische Substitution, z. B. auch Einwachsen des Epithels in alte Haarbälge (s. Fig. 7, Taf. XXXVIII u. Fig. 8, Taf. XXXVIII). Die Reaktion der Unterlage war meist recht ausgesprochen. Ganz zur Ruhe gekommen war die Demarkation niemals. Es regte sich der Verdacht, ob nicht gelegentlich ein ganz leiser Einfluß des Tumors in der verpflanzten Haut nachwirken könnte. Der Vorsicht halber wiederholte ich den Hautaustausch, wie erwähnt, in dieser Zeit bei acht normalen, unter sich blutfremden Mäusepaaren. Hier war der Verlauf der altgewohnte. Die endgültige Entscheidung dieser wichtigen Frage muß ich offen lassen. In der größten Mehrzahl der Fälle ist jedenfalls das Schicksal der dem Tumorträger entnommenen und einer normalen Maus eingepflanzten Haut das der Eintrocknung.

Suchen wir einen tieferen Einblick in das Wesen der geschilderten Vorgänge zu gewinnen, so erinnern wir uns zunächst, wie auffällig uns das Ausbleiben oder der geringe Grad der Schrumpfung der auf Geschwulstträger verpflanzten Haut war (Fig. 1 *a*, Taf. XXXIV). Unzweifelhaft spielt hierbei die Dehnung der Rumpfhaut durch den oft unverhältnismäßig großen Tumor eine wichtige Rolle (siehe Fig. 1 *a*, Tafel XXXIV und Fig. 2, Tafel XXXV). Der eingenähte Hautlappen wird mitgedehnt und so am Schrumpfen verhindert. Dabei ist besonders anzumerken, daß die Geschwulst nach der Hauttransplantation weiter wächst, die Dehnung also stetig zunimmt. Häufig schiebt sich der Tumor sogar unter den Lappen oder zieht die verpflanzte Haut zipfelförmig nach seiner Seite aus.

Diese Dehnung hat zur Folge, daß der transplantierte Hautlappen seiner Unterlage weit fester und weniger verschieblich anliegt als unter normalen Bedingungen. Man vergegenwärtige sich, wie reichlich bemessen sonst das Hautkleid einer Maus ist. Ich halte es für sicher, daß die innigere Berührung mit der Unterlage sowie die Ausschaltung der Schrumpfung den Prozeß der Substitution wesentlich begünstigen. Das knappe Anliegen erleichert die Durchfeuchtung des Transplantates durch die Gewebssäfte des Wirtes, verzögert somit die Austrocknung; ein Anreiz zur Demarkation fällt damit fort. Auch hält der stärkere Druck des Lappens schon an sich die Granulationen in Schranken. Schließlich wird das Eindringen des substituierenden Bindegewebes und der Gefäße in den Lappen mechanisch erleichtert, wenn kein Spalt zwischen Transplantat und Unterlage klafft und der Lappen sich nicht verschiebt. Selbst die Einwanderung von Bakterien und ihr Gedeihen wird durch die feste Anpressung der fremden Haut an die Unterlage und durch die Ausschaltung toter Räume zwischen beiden erschwert sein.

Hin und wieder kam es zu einer ähnlichen, wenn auch weniger intensiven Dehnung des Transplantates auf geschwulstfreien Tieren, welche im Verlauf der Gravidität hoch aufschwollen. Die Schrumpfung des Lappens blieb auch hier gering, zu einer erheblichen, definitiven Substitution kam es nicht. Dabei ist der von Haaland festgestellten Tatsache zu gedenken, daß viele gravide Mäuse unempfänglich gegen die Tumorimpfung sind.

Ich habe versucht, die Hautlappen auf normalen Mäusen künstlich unter Spannung zu bringen. Es wurden die Lappen entweder in relativ sehr große Defekte eingenäht oder aber große Längsfalten der Bauchhaut ausgeschaltet oder schließlich künstliche Tumoren durch Paraffineinspritzungen erzeugt. Es gelang, das weite Röckchen der Maus erheblich zu verengen und die Spannung auf die eingenähte fremde Haut zu übertragen, aber eine Steigerung der Substitution erreichte ich nicht, nicht einmal das Ausbleiben der Schrumpfung des Transplantates. Die Maßnahmen waren zu grob gewesen: die Nähte pflegten abzuplatzen und die Lappen zu verderben. Die Versuche waren bei Kriegsausbruch noch nicht einwandfrei durchgebildet und konnten nicht fortgesetzt werden.

Man bleibt versucht, an der rein mechanische Erklärung festzuhalten.

Die Bedenken, welche gegen eine ausschließliche Betonung des mechanischen Momentes geltend gemacht werden können, sind im wesentlichen folgende:

In einzelnen Fällen weitgehender Substitution blieb die Spannung der verpflanzten Haut eine relativ geringe (siehe Fig. 3*a* Tafel XXXV und Fig. 4*a* Tafel XXXVI). Umgekehrt unterlagen von den stark gespannten Lappen nur ganz vereinzelte der weitgehenden Substitution.

Um das Moment der Spannung auszuschalten, habe ich in mehreren

Versuchsreihen Ovarien und Nebennieren auf Tumorträger subcutan oder intraperitoneal verpflanzt. Die Versuche wurden durch den Ausbruch des Krieges unterbrochen, bevor sie zu einem eindeutigen Ergebnis geführt hatten.

Es bleibt also nur übrig, vorläufig allein die Hauttransplantationen näher zu betrachten.

Nicht gleichgültig ist die Dicke des Hautstückes. Ein sehr dicker Lappen wird im allgemeinen weniger leicht substituiert als ein dünner. Auch von der großen Zahl der dünnen ergeben aber nur einige wenige ein gutes Resultat.

Alter und Geschlecht der Versuchstiere sind nicht entscheidend. Die Spontantumormäuse, auf deren einer es zu einer fast idealen Substitution kam, waren alte Weibchen, die übrigen Tiere unter Mittelgewicht und aus beiden Geschlechtern gemischt.

Herkunft und Vorgeschichte der Tiere ergaben ebenfalls keinen neuen Gesichtspunkt. Blutsverwandtschaft war ausgeschlossen. Die Ernährung war eine gleichmäßige.

Der Wundverlauf war fast ausnahmslos so glatt, daß die Frage des Eintritts oder des Ausbleibens einer Infektion für den Kernpunkt des Problems nicht in Betracht kommt. Die Einwanderung von Bakterien im Fall des Mißlingens schien vielmehr post festum zu erfolgen.

Die Technik der Operation war so zuverlässig, daß technische Fehler die Verschiedenartigkeit des Verlaufes nicht erklären können. Die Probe aufs Exempel war das fast ausnahmslose Gelingen der entsprechenden Autoplastik.

Faßbare, von vornherein gegebene Unterschiede zwischen den Versuchstieren und im Verhältnis der Partner zueinander, welche für den ungleichen Erfolg verantwortlich zu machen wären, haben wir also nicht aufgedeckt. Es ist aber nicht zu vergessen, daß auch nach dem Hautaustausch zwischen normalen Mäusen auf einzelnen Tieren gelegentlich Besonderheiten des Verlaufes vorkommen, für welche die Erklärung aussteht. Und warum entwickelten in London unter 2851 überlebenden mit 35 hämorrhagischen Spontantumoren geimpften Mäusen 187 Tiere einen Tumor, die anderen nicht? (Bericht von v. Gierke.)

Wenn wir also auch beim Suchen nach einer Erklärung für den mannigfaltigen Ablauf des Versuches auf den einzelnen Tieren angeborene oder früher erworbene Eigentümlichkeiten der Individuen nicht ausschließen können, so liegt es doch sehr nahe, die Rückwirkung der Geschwulstimpfung und des Geschwulstwachstums auf den Allgemeinzustand der Maus mit in Rechnung zu ziehen.

Es handelt sich um geschwulstkranke Tiere. Ob bei anderen Krankheiten Ähnliches zu beobachten wäre, vermag ich nicht zu sagen. Eine zufällige einschlägige Beobachtung ist mir nicht vorgekommen.

Da vermutlich der Faktor der Dehnung der transplantierten Haut nicht vernachlässigt werden darf, so ist diese Seite des Problems nicht ohne eingehende, hierauf gerichtete Versuche zu lösen. Wir müssen uns vorerst an die allein untersuchte Geschwulsterkrankung halten.

Auf fast allen Tieren, bei denen es zu einer ausgezeichneten Substitution kam, wuchsen die Tumoren zu sehr erheblicher Größe heran. Die Spontantumormaus, auf welcher die fremde Haut besonders vollkommen substituiert wurde, trug zwei mittlere Tumoren in der Achsel- und Analgegend. Die meisten Geschwülste ulcerierten früher oder später. Einen Einfluß der Ulceration auf das Schicksal des Transplantats konnte ich nicht mit Sicherheit feststellen.

Die Tiere, auf welchen gute oder leidliche Substitution erfolgte, waren 3, 5, 6, 7, 16—17, 24, 26, 37 und 38 Tage vor der Transplantation mit dem Tumor geimpft worden. Die Intervalle zwischen Impfung und Operation betrugen überhaupt

im Falle des Austausches zwischen einem Chondromtier und einer normalen Maus: 1, 2, 3, 4, 5, 6, 7, 8, 9, 10, 11, 12, 13, 14, 15, 16, 17, 18, 19, 20, 26, 32, 33, 34, 37, 38, 39 Tage,

im Falle des Austausches zwischen zwei Chondromtieren: 17, 20, 21, 23, 24, 29 und 33 Tage,

im Falle des Austausches zwischen zwei Tieren mit dem epithelialen Tumor: 6—7 Tage.

Aus dem Vergleich der zwischen Impfung und Operation verflossenen Zeiten ist demnach kein Aufschluß zu gewinnen. Gemeinsam bleibt allen Tieren, daß der Tumor auf ihnen dauernd erheblich an Größe zunahm und schließlich den Tod herbeiführte.

In Verfolgung der Gedankengänge, welche zu dieser Untersuchung geführt haben, fragen wir uns weiter, ob eine Parallele zwischen der Einwirkung eines Tumors auf das Schicksal des implantierten körperfremden Hautlappens und dem Einfluß des ersten Tumors auf das Ergebnis der zweiten Geschwulstimpfung im Falle der Doppelimpfung zu ziehen ist.

Es ist hier der Ort, kurz auseinanderzusetzen, welche Vorstellungen man sich von dem Wesen der eigentümlichen bei Doppelimpfungen beobachteten Erscheinungen gebildet hat. Ich will auf dieses Thema nicht allzu nahe eingehen, da es fast unerschöpflich ist und die präzise Lösung der Frage aussteht.

Ehrlich hob besonders die wachstumsbeschränkenden Einflüsse hervor und entwickelte die Theorie der „athreptischen Immunität". Diese behauptete, daß im gegebenen Falle der schnell wuchernde erste Tumor die für das Geschwulstwachstum unentbehrlichen Nahrungs- und Wuchsstoffe in einem Maße mit Beschlag belege, daß für die zweite Geschwulst nicht mehr genügend übrigbleibe und diese deshalb verkümmere. Die Gegner lehnten den Gedanken der Athrepsie mehr oder weniger vollständig ab und suchten den Beweis dafür zu erbringen, daß die angezogenen Tatsachen sich im wesentlichen aus der Wirksamkeit einer durch den wachsenden Tumor (oder durch die Resorption eines Teiles des ersten Impfmaterials) erzeugten aktiven Immunität erklären.

Der wachstumsbegünstigende Einfluß des ersten Tumors läßt ebenfalls verschiedene Deutungen zu: Zerstörung von Hemmungen und Schutzvorrichtungen durch die erste Geschwulst, Produktion von wachstumsfördernden Substanzen, Anaphylaxie usw.

Wenn wir fragen, ob ähnliche Fernwirkungen der Geschwulst bei der Erörterung der Substitution eines implantierten Hautstückes in Betracht kommen können, so ist es vor allem notwendig, sich klarzumachen, daß das Anwachsen eines implantierten Tumors und der hier festgestellte Vorgang der Substitution fremder Haut unter sich wesentlich verschieden sind. Im Falle des Tumors erhält sich das Transplantat lebendig, in dem der Haut nicht. Eine belebende Einwirkung auf die überpflanzten Zellen, „Beschleunigung der Wachstumsgeschwindigkeit“, „Erhöhung der Angangsziffer“ kommen also im bisherigen Sinne nicht in Betracht. Allerdings wäre es wichtig, genau festzustellen, ob die Hautstücke auf den Geschwulstträgern ebenso schnell, schneller oder langsamer absterben wie auf normalen Tieren. Wie erwähnt, habe ich das zum Studium dieser Frage vorbereitete Material bisher nicht verwerten können. Es wäre durchaus möglich, daß eine Abkürzung oder Verlängerung dieser Absterbefrist die Bedingungen für die Substitution beeinflußt. Im übrigen aber wird, so weit es sich um anhaltende Einwirkung auf das Wachstum handelt, ein Einfluß auf das Wachstum der Gewebe des Wirtstieres in Betracht kommen.

Wenn in unseren Versuchen ein körperfremder Hautlappen zu weitgehender Substitution gelangt, so weicht dies Ergebnis in zwiefacher Hinsicht von dem gewöhnlichen ab. Erstens wird der Lappen nicht wie üblich demarkiert und abgestoßen, zweitens wird er in einem weit über den Durchschnitt hinausgehenden Umfange substituiert. Beides hängt innig zusammen, ist aber doch zu unterscheiden. Wir müssen uns deshalb vorerst mit dem Ausbleiben der Demarkation näher beschäftigen.

Von den dem demarkierenden Prozeß entgegenwirkenden Folgen des durch die Dehnung des Lappens erzeugten Druckes ist oben bereits gesprochen worden.

Außerdem ist aber die Demarkationskraft der Tumormäuse, mindestens in den späteren Stadien des Leidens, erheblich herabgesetzt. Es war dies nicht zu verkennen, wenn man z. B. die Lösung und Abstoßung gänzlich verlorener Hautreste beobachtete, wie sie sich viel träger vollzog als bei gesunden Tieren.

Das Absinken der demarkierenden Energie bei elenden, mit riesigen zum Teil ulcerierten Geschwülsten beladenen Tieren überrascht nicht (siehe z. B. Fig. 2, Tafel XXXV). Die Chondromtiere pflegen allerdings erst relativ spät schwer kachektisch zu werden. Mäuse mit Spontantumoren machen oft schon zu einer Zeit, wo die Geschwulst noch relativ klein ist, einen angegriffenen Eindruck, sind ja auch meist alte Tiere. Wir Chirurgen sehen täglich, wie der gesunde jugendliche Organismus wesentlich besser demarkiert als der senile bzw. durch Krankheit geschwächte. Zu unterscheiden ist zwischen einer derartigen unspezifischen Schwächuung der demarkierenden Energie und einer auf bestimmte Einzelmomente zurückzuführenden Störung der hierher gehörigen cellulären und humoralen bzw. biochemischen Vorgänge. Ich erinnere an die eigentümlichen Zustände, welche gelegentlich nach peripheren Lähmungen, bei Rückenmarkserkrankungen wie Querschnittsunterbrechung, Tabes, Syringomyelie beobachtet werden, ferner besonders an den Diabetes mellitus. Hier ist z. B. an den Extremitäten die mangelhafte Demarkation abgestorbener Sehnen- und Aponeurosenfetzen sehr auffallend.

Beim krebskranken Menschen scheint die Demarkationskraft meist in demselben Maße abzunehmen, wie die Kachexie wächst, ein seniler Körper demarkiert oft schon im Beginn der Erkrankung schlecht. Für die Annahme, daß bei dieser Krankheit des Menschen spezifische Momente die Demarkation störten, fehlen vorläufig genaue Unterlagen. Wir dürfen aber nicht vergessen, daß die Mäusetumoren in mancher Hinsicht anders dastehen als die menschlichen bösartigen Geschwülste: Geringfügigkeit des infiltrierenden Wachstums, meist auch der Metastasierung auf der einen, eine ungeheuerliche, den Tumor oft binnen wenigen Wochen auf das Gewicht seines Trägers bringende Wachstumsenergie auf der anderen Seite zeichnen die typische Mäusegeschwulst, zumal die fortgezüchtete, aus.

In den extremen Fällen tritt die Trägheit der demarkierenden Funktion des Bindegewebes deutlich in der Einschränkung der Granulationsbildung zutage. Die Demarkation hat aber zwei Seiten, außer der morphologischen auch eine biochemische. Es ist sehr wohl denkbar, daß der Tumor, sei es nun in spezifischer Weise oder nicht, auch speziell in den Ablauf der chemischen Prozesse eingreift.

Nicht zu vergessen ist, daß besonders die Chondrommäuse oft relativ lange scheinbar munter bleiben. Auch bei ziemlich kurz nach der Impfung operierten Tieren wurde aber gelegentlich gute Substitution beobachtet. Man mache sich deshalb klar, daß der Ablauf der Demarkation nicht nur durch von vornherein gegebene Eigenschaften des demarkierenden Organismus bestimmt wird, sondern auch von Einflüssen abhängig werden kann, die von dem zu demarkierenden Objekt ausgehen und welche die demarkierende Gegenäußerung, sei es direkt, sei es indirekt, auf dem Umweg über spezifische lokale oder allgemeine Reaktionen anregen oder zügeln. Wir werden diesen Punkt noch einmal berühren.

Sehr oft findet man den Lappen zum Teil substituiert, zum Teil zerstört, darunter ein mächtiges Granulationslager. Ergreift eine intensive demarkierende Reaktion auch die Unterlage des in Substitution begriffenen Lappenteils, so geht dieser wohl stets schließlich verloren. Bleibt aber die Reaktion unter ihm gering, so wird er sich unter glücklichen sonstigen Bedingungen halten. Die Substitution kann sich also neben lebhaften demarkierenden Prozessen, die ja auch in den Lappen selbst hineingreifen, vollziehen. Nur wird sehr oft das eben Erreichte bald wieder zerstört.

Das Bindegewebe entwickelt auch in den Fällen, in denen die Substitution nicht durch die Einmischung der Demarkation gestört wird, eine nicht unbedeutende Tätigkeit. Daß eine kräftige, in die richtige Bahn gelenkte Funktion des Bindegewebes und der Gefäße der Substitution günstig ist, erhellt aus Beobachtungen, die ich oft gemacht habe. Ich habe erwähnt, daß gelegentlich auch auf normalen Mäusen kleine, körperfremde Hautstücke substituiert werden. Dies geschieht besonders gern in der Nackengegend. Hier liegt der Lappen einem dicken, weichen Gewebspolster auf, das gut vascularisiert ist, während im Bereich des hinteren Rückens und besonders des Steißes die Weichteilbedeckung des Skeletts sehr dürftig ist und die Gefäßversorgung zu wünschen übrigläßt. Auch bei den Geschwulstträgern pflegt die Substitution in der Nachbarschaft des Genickes einzusetzen; nur selten greift sie auf das ganze Transplantat über. Die saftige, weiche Unterlage im Nacken begünstigt von vornherein die Durchfeuchtung des Transplantats. Bei der Besprechung der Folgen der Lappendehnung wurde bereits darauf hingewiesen, daß mit der Vermeidung der Austrocknung ein wesentlicher Anreiz zur Demarkation ausscheidet. Außerdem ist es aber unverkennbar, wie die Gewebsneubildung im Nacken die der Steißgegend an Kraft übertrifft.

Es kommt demnach nicht auf eine allgemeine Herabstimmung der Bindegewebsfunktionen an, sondern darauf, daß die Tätigkeit des Bindegewebes in die richtige Bahn geleitet wird, aus der der Demarkation in die der Substitution. Wenn dabei die Kraft zur Demarkation beeinträchtigt, zur substituierenden Wucherung aber gestärkt wird, so kann das nur günstig wirken.

Es fragt sich, ob es wirklich Fernwirkungen von Tumoren

gibt, welche in diesem Sinne für ein normales körperfremdes Hauttransplantat von Bedeutung werden können. Daß Fernwirkungen von Tumoren auf die Organe und das Bindegewebe ihres Trägers vorkommen, dafür gibt es deutliche anatomische Belege. Mediceanu, Apolant, Cimononi u. a. haben auf die Milzvergrößerung bei vielen Tumormäusen aufmerksam gemacht. Ich habe diese Beobachtung bestätigt. Nur ist der Grad der Milzschwellung bei den einzelnen Tumorstämmen, außerdem auch individuell, sehr verschieden. Bei unserem Tumor 5 fehlt sie oft ganz. Mitunter erreicht der Milztumor, und zwar auch bei Spontantumortieren, eine sehr bedeutende Größe. Goldmann hat nach erfolgreicher intraperitonealer Impfung von Tumoren, besonders unseres Chondroms, eine erhebliche, in Gestalt einer Allgemeinreaktion auftretende, vor allem in der Milz mächtige Plasmazellenneubildung beschrieben. Hierher gehören ferner die bereits vor Goldmann erhobenen Befunde von Da Fano über die stellenweise Anhäufung von Lymphocyten und noch mehr von Plasmazellen im Binde- und Fettgewebe (entfernt von der Impfstelle) nach Erzeugung einer Geschwulst- oder Transplantationsimmunität.

Es leuchtet ein, daß solche Feststellungen in unserem Zusammenhange von Wert sind. Die Veränderungen im Bindegewebe können auch auf den Transplantationsort übergreifen, dessen Bindegewebe dann von dem des normalen Tieres abweicht. Anzumerken ist in diesem Zusammenhang, daß gerade auch solche Teile des Hautlappens, unter welche sich der wachsende Tumor geschoben hat, nicht so selten substituiert werden. Sehr häufig gehen sie allerdings zugrunde. Der Milztumor bedeutet eine Reaktion gegen irgendeine Allgemeinwirkung. So wird es schon verständlicher, wenn das Schicksal des Transplantates ein ungewöhnliches ist.

Es fragt sich weiter, wie die Fernwirkungen des Tumors näher vorzustellen sind. Wir wissen darüber wenig. Ich beschränke mich deshalb absichtlich auf die Andeutung einiger Arbeitshypothesen.

Nach den Untersuchungen des Londoner Instituts ist es wohl nicht zu bezweifeln, daß man nicht nur bei normalen Tieren sondern auch bei den Trägern von Tumoren bestimmter Stämme eine aktive Geschwulstimmunität künstlich erzeugen kann, indem man z. B. avirulente hämorrhagische Spontantumoren einspritzt. Auch an die Möglichkeit der Umkehrung einer solchen Reaktion in ihr Gegenteil im Sinne der Überempfindlichkeit ist zu denken. Manche Autoren halten es weiter für ausgemacht, daß der wachsende transplantierte Tumor an sich einen Immunitätszustand auslösen kann oder aber, daß die Resorption eines Teiles des Impfmaterials (Brei) in demselben Sinne wirkt. Solche Reaktionen könnten einen wesentlichen Einfluß auf die Demarkation eines körperfremden Hautstückes gewinnen. Was die Substitution anbetrifft, so erinnere ich z. B. an Bashfords

Gedanken, daß die Wirkung der Geschwulstimmunität wesentlich in einer mangelhaften Versorgung der eingeimpften Tumorzellen mit Stroma (gleich Bindegewebe plus Gefäße) zum Ausdruck komme. Für den Fall der Umkehrung der Reaktion in eine wachstumsfördernde, wäre vielleicht an eine Stärkung auch des Stromawachstums zu denken. Dem nachgeimpften Tumor würde unser Hautlappen, der Stromawucherung das substituierende Wachstum entsprechen. Ob autochthone Geschwülste zu ähnlichen Allgemeinwirkungen Veranlassung geben, steht dahin.

Umgekehrt habe ich früher im Ehrlichschen Institut bei der Arbeit mit anderen, von Bashford nicht geprüften und auch in dieser Untersuchung nicht benutzten Tumorstämmen vergeblich versucht, eine aktive Geschwulstimmunität (oder allgemeine Transplantationsimmunität) neben dem wachsenden, durch Transplantation fortgepflanzten Tumor hervorzurufen. Genauer gesagt, es ist mir damals nicht gelungen, sie nachzuweisen.

Die Versuche waren, wie ich selbst hervorhob, nicht frei von Fehlerquellen. Immerhin können die Dinge sehr wohl so liegen, daß manche Tumoren das Aufkommen einer aktiven Geschwulst- bzw. Transplantationsimmunität gestatten, andere nicht. Jedenfalls ist anzunehmen, daß auf kachektischen Tieren die immunisatorische Reaktion eine schwache ist.

Man muß demnach auch mit der Möglichkeit rechnen, daß auf den Geschwulstträgern unter Umständen eine normalerweise nach der Implantation körperfremder Haut auftretende lokale oder allgemeine Immunitätsreaktion ausbleibt und daß so das Schicksal des Transplantates eine Änderung erfährt.

Daß die Einverleibung körperfremden, artgleichen, blutfremden, normalen Gewebes eine sogenannte Transplantationsimmunität erzeugt, ist durch Bashfords Versuche mit Blut, durch die meinigen mit Embryonen und Leber, die anderer Autoren mit Milz und Mamma sichergestellt. Wenn ich also einer normalen Maus ein großes, körperfremdes Hautstück aufsetze, so ist eine, wenn auch vielleicht schwache, lokale oder allgemeine immunisatorische Reaktion des Wirtes zu erwarten. Ob diese allerdings die Ursache des Absterbens des Transplantates wird, bleibt dahingestellt. Nehmen wir an, daß diese immunisatorische Reaktion unter dem Einfluß des Tumors, sei es nun in spezifischer, sei es in unspezifischer Weise (Kachexie) beeinträchtigt wird, so würde ein Demarkation und Abstoßung unterstützendes Moment fortfallen oder abgeschwächt werden, das substituierende Wachstum des Bindegewebes, der Gefäße sowie des Epithels dagegen freiere Bahn finden. Eine solche Erklärung würde auch für den Fall der Transplantation auf Träger von Spontantumoren in Erwägung zu ziehen sein.

Natürlich kann man sich eine Erleichterung oder Anregung des substituierenden Wachstums bzw. eine Schwächung der Demarkation auch auf ganz anderen Wegen erreicht denken. Ich erinnere an die Umwälzung des Kreislaufes durch die enorme Geschwulst, an den Einfluß von Substanzen, welche ohne den Umweg über eine Reaktion entstehen, usw. Was z. B. die Schwächung der Demarkation anbetrifft, so könnte man, Ehrlichs Art zu denken folgend, annehmen, daß die Geschwulst bestimmte, bei der Demarkation wirksame Substanzen nicht entstehen lasse, neutralisiere, mit Beschlag belege usw. Wir wissen über diese Dinge noch zu wenig, als daß wir es wagen dürften, uns auf bestimmte Theorien festzulegen. Aber anregend wirkt es auf die weitere Arbeit, wenn man die verschiedenen Möglichkeiten durchdenkt. In diesem Sinne bitte ich auch diese theoretischen Ausführungen zu verstehen, die überdies gewiß das Interesse, das solcher vielleicht fernliegend erscheinenden Untersuchung zukommt, deutlich machen.

Wir sprachen bisher hauptsächlich von der Rolle des Bindegewebes und der Gefäße, weil Bindegewebe und Gefäße das Schicksal des Hautlappens zweifellos zunächst entscheiden. Das Epithel wächst zwar oft weit auf nekrotische Lappen hinauf, deren Cutis gar nicht oder nur mangelhaft substituiert wird. Die Erhaltung der Haut wird dadurch aber nicht erheblich gefördert, höchstens daß eine gute neue Epitheldecke der Austrocknung, damit der Demarkation entgegenwirkt und so die Substitution der Cutis begünstigt.

Blicken wir zurück, so wird es bei der Kompliziertheit und dem Durcheinanderwirken der verschiedensten Faktoren nicht mehr befremden, wenn die Substitution nur auf vereinzelten geschwulstkranken Mäusen eine vollständige wird, zumal wenn wir dabei auch die erfahrungsgemäß für das Ergebnis solcher Transplantationen wesentlichen, wenn auch unfaßbaren, individuellen Eigentümlichkeiten der Versuchstiere mit in Betracht ziehen.

Schließlich einige Worte über den sehr viel selteneren Fall, daß der dem Geschwulstträger entnommene Lappen auf einer normalen Maus ausgiebiger substituiert wird, als wir es sonst nach dem Hautaustausch zwischen normalen Mäusen gesehen haben. Sollte die weitere Beobachtung wirklich erweisen, daß hier ein Zufall auszuschließen ist, so wäre eine Brücke zum Verständnis durch die Feststellung gegeben, daß das dem geschwulstkranken Tier exstirpierte Hautstück gelegentlich deutliche Abweichungen von der Norm darbieten kann. Ich meine die erwähnte, von Da Fano und von Goldmann beschriebene Anhäufung von Plasmazellen und von Lymphocyten im Unterhautbindegewebe. Wie die Umstimmung des Transplantates im einzelnen zu denken wäre, entzieht sich vorläufig unserer Kenntnis.

Zum Schluß sei noch einmal festgestellt, daß ich zwar bisher bei keinem der geschilderten Versuche sichere Anzeichen für ein dauerndes Überleben des körperfremden Transplantates habe finden können, daß aber das Material nach dieser Richtung hin nicht vollständig durchuntersucht ist. Ich halte es für wohl möglich, daß der eingeschlagene Weg noch weiter führt.

Dieser Aufsatz ist im Felde niedergeschrieben worden. Ich mußte darauf verzichten, Lücken der Untersuchung auszufüllen und die Literatur in der gewohnten Weise vollständig zu berücksichtigen.

Ich schließe mit dem Ausdruck der Freude, daß es mir trotz des Krieges möglich geworden ist, zu der vorliegenden Festschrift beizutragen und so, in dankbarer Erinnerung an die Jahre in Marburg, dem Jubilar meine Verehrung zu bezeugen.

Literaturverzeichnis.

(Verzeichnis einiger einschlägiger Arbeiten.)

Apolant, H., Über die biologisch wichtigen Ergebnisse der experimentellen Krebsforschung. Zeitschr. f. allg. Physiol. 1909.

— Über die Immunität bei Doppelimpfungen von Tumoren. Zeitschr. f. Immunitätsf. **10**. 1911.

— Über die Beziehungen der Milz zur aktiven Geschwulstimmunität. Zeitschr. f. Immunitätsf. **18**. 1913.

— Die experimentelle Erforschung der Geschwülste. Handbuch der pathogenen Mikroorganismen, ed. Kolle und v. Wassermann. G. Fischer, Jena 1913.

— und P. Ehrlich, Über die Genese des Carcinoms. Verhandlungen der Deutschen pathologischen Gesellschaft in Kiel 1908.

Bashford, Fifth annual report of the Imperial Cancer research fund. 1906/07.

— The immunity reaction to cancer. Proc. of the Roy. soc. of med. März 1910.

— The behaviour of tumor-cells during propagation. IV. scient. report of the Imperial cancer research fund. 1911.

— Murray und Bowen, Die experimentelle Analyse des Carcinomwachstums. Zeitschr. f. Krebsf. **5**. 1907.

— — und Cramer, The natural and induced resistance of mice to the growth of cancer. Proc. of the Roy. soc. **79**. 1907.

— — und Haaland, Ergebnisse der experimentellen Krebsforschung. Berliner med. Wochenschr. 1907, Nr. 38/39.

— — — Resistance and susceptibility to inoculated cancer. III. scient. report of the Imperial cancer research fund. 1908.

— — — Ergebnisse der experimentellen Krebsforschung. Zeitschr. f. Immunitätsf. **1**. 1909.

— — — und Bowen, General results of propagation of malignant new growths. III. scient. report of the imperial cancer research fund. 1908.

— und Russell. Further evidence on the homogeneity of the resistance to the implantation of malignant new growths. Proc. of the Roy. soc. **82**. 1910.

Borrel, Le problème du cancer. Bull. de l'Institut Pasteur 1907.

Borst und Enderlen, Über Transplantation von Gefäßen und ganzen Organen Deutsche Zeitschr. f. Chir. **99**. 1909.

Cimoroni, Sulle modificazioni della milza e del fegato nei topi portatori de epithelioma. Tumori 1912.

Da Fano, Celluläre Analyse der Geschwulstimmunitätsreaktionen. Zeitschr. f. Immunitätsf. **5**. 1910.

Ehrlich, P., Experimentelle Carcinomstudien an Mäusen. Arbeiten aus dem Kgl. Institut für experimentelle Therapie zu Frankfurt a. M. G. Fischer, Jena 1906.

— Über ein transplantables Chondrom der Maus. Arbeiten aus dem Kgl. Institut für experimentelle Therapie zu Frankfurt a. M. G. Fischer, Jena 1906.

v. Gierke, Die hämorrhagischen Mäusetumoren mit Untersuchungen über Geschwulstresistenz und -disposition bei Mäusen. Beiträge zur patholog. Anatomie 1908.

Goldmann, Studien zur Biologie der bösartigen Neubildungen. Beiträge z. klin. Chir. **72**. 1911.

— Neue Untersuchungen über die äußere und innere Sekretion des gesunden und kranken Organismus im Lichte der vitalen Färbung. Beiträge z. klin. Chir. **78**. 1912.

Haaland, Beobachtungen über natürliche Geschwulstresistenz bei Mäusen. Berliner klin. Wochenschr. 1907, Nr. 23.

— Means of inducing resistance to transplantation of cancer tested in spontaneously affected mice. Proc. of the patholog. soc. of Great Britain and Ireland. Jan. 1910.

Hertwig und Poll, Zur Biologie der Mäusetumoren. Abhandlg. der Kgl. Preuß. Akad. der Wissenschaften. Berlin 1907.

Lexer, Über freie Transplantationen. Verhandlungen der Deutschen Gesellschaft für Chirurgie 1911. Archiv f. klin. Chir. 1911.

Lewin, C., Die biologisch-chemische Erforschung der bösartigen Geschwülste. Ergebnisse der inneren Medizin und Kinderheilkunde **1** und **2**. 1908.

Medigreceanu, Über die Größenverhältnisse einiger der wichtigsten Organe bei tumorkranken Mäusen und Ratten. Berliner klin. Wochenschr. 1910, Nr. 13.

Murray, Spontaneous cancer in the mouse etc. III. scient. report of the Imperial cancer research fund. 1908.

Russell, The nature of resistance to the inoculation of cancer etc. III. scient. report of the Imperial cancer research fund. 1908.

— The manifestation of active resistance to the growth of implanted cancer. V. scient. report of the Imperial cancer research fund. 1912.

Schöne, G., Untersuchungen über Carcinomimmunität bei Mäusen. Münch. med. Wochenschr. 1906, Nr. 51.

— Weitere Untersuchungen über Geschwulstimmunität bei Mäusen. Verhandlungen der Deutschen Gesellschaft für Chirurgie 1907.

— Experimentelle Untersuchungen über die Transplantation körperfremder Gewebe. Verhandlungen der Deutschen Gesellschaft für Chirurgie 1908.

— Vergleichende Untersuchungen über die Transplantation von Geschwülsten und von normalen Geweben. Beiträge z. klin. Chir. **61**. 1908.

— Die homoioplastische und heteroplastische Transplantation. Julius Springer, Berlin 1912.

— Über Transplantationsimmunität. Münch. med. Wochenschr. 1912.

Schöne, G., Beobachtungen über das Wachstum der Haare. Die Naturwissenschaften 1914.

— Begünstigung der Anheilung körperfremder Haut durch Tumorwachstum. Verhandlungen des Med. Vereins in Greifswald 1913. Deutsche med. Wochenschr. 1914. Nr. 7.

— Athreptische Immunität in: Paul Ehrlich, Eine Darstellung seines wissenschaftlichen Wirkens. G. Fischer, Jena 1914.

— Austausch normaler Gewebe zwischen blutsverwandten Individuen. Beiträge z. klin. Chir. 1916. Bd. 99.

Sticker, Spontane und postoperative Implantationstumoren. Münch. med. Wochenschr. 1906.

Uhlenhut, Über Immunität bei Rattensarkomen. Centralbl. f. Bakt. u. Parasitenk. **47.** 1910.

— Dold und Bindseil, Experimentelles zur Geschwulstfrage bei Tieren. VI. Tagung der freien Vereinigung für Mikrobiologie 1912.

— Händel und Steffenhagen, Beobachtungen über Immunität bei Rattensarkom. Zeitschr. f. Immunitätsf. **6.** 1910.

— — — Experimentelle Untersuchungen über Rattensarkom. Arbeiten a. d. Kais. Gesundheitsamt **36.** 1911.

— und Weidanz, Mitteilungen über einige experimentelle Krebsforschungen. Arbeiten a. d. Kais. Gesundheitsamt **30.** 1909.

Versuchsprotokolle.

A. Versuche über den Hautaustausch zwischen je einer Chondrommaus und einer normalen Maus.

Versuch I.

Hautaustausch zwischen je einer Chondrommaus und einer normalen Maus. 2 Paare.

Intervall: { Chondromimpfung 5. IX. 13.
26 Tage { Transplantation 1. X. 13.

Hervorzuheben: Eine sehr weitgehende Substitution bei einer Chondrommaus, welche die Transplantation um 28 Tage überlebte. Mikroskopischer Befund: Sehr gute Substitution. Nur geringe Reaktion unter dem Lappen.

Versuch II.

Hautaustausch zwischen je einer Chondrommaus und einer normalen Maus. 8 Paare.

Diese Mäuse stammten ausnahmsweise aus einer und derselben Lieferung des Händlers (ausgesucht aus 100 Mäusen).

Intervall: { Chondromimpfung 1. X. 13.
16—17 Tage { Transplantation 17. X. und 18. X. 13.

Hervorzuheben: 1. Eine sehr weitgehende Substitution bei einer Chondrommaus, welche die Transplantation um 31 Tage überlebte (siehe Fig. 6, Tafel XXXVII). Mikroskopischer Befund: Sehr gute Substitution. Nur geringe Kernvermehrung in der Unterlage.

2. Auf einer normalen Maus kam es vorübergehend zur Substitution von mehreren Lappeninseln, die später vertrockneten.

Versuch III.

Hautaustausch zwischen je einer Chondrommaus und einer normalen Maus. 8 Paare.

Intervall: 38 Tage { Chondromimpfung 4. X. 13.
Transplantation 11. XI. 13.

Hervorzuheben: Bei einer Chondrommaus erfolgte Substitution eines erheblichen Teiles des Lappens. Das Tier wurde 21 Tage nach der Operation getötet (siehe Fig. 1 *a* und *b*, Tafel XXXIV). Mikroskopischer Befund: Weitgehende Substitution. Bindegewebe und Fett zum Teil kernreich (siehe Fig. 1 *c*, Tafel XXXIV).

Versuch IV.

Hautaustausch zwischen je einer Chondrommaus und einer normalen Maus. 2 Paare.

Intervall: 19 Tage { Geimpft 29. X. 13.
Transplantation 17. XI. 13.

Hervorzuheben: —

Versuch V.

Hautaustausch zwischen je einer Chondrommaus und einer normalen Maus. 2 Paare.

Intervall: 32 Tage { Chondromimpfung 28. X. 13.
Transplantation 29. XI. 13.

Hervorzuheben: —

Versuch VI.

Hautaustausch zwischen je einer Chondrommaus und einer normalen Maus. 6 Paare.

Intervall: 1, 2, 3, 4, 5, 6 Tage { Chondromimpfung 27. XI. 13.
Transplantation 28., 29., 30. XI. 13; 1., 2., 3. XII. 13.

Hervorzuheben: Auf einer Chondrommaus Substitution eines großen Teiles des Lappens. Transplantation 5 Tage nach der Impfung. Getötet 27 Tage nach der Operation. In der Gegend der Substitution war der Tumor unter dem Lappen gewachsen. Mikroskopischer Befund: Über dem Chondrom schöne Substitution. Die Bindegewebsreaktion unter dem substituierten Teil ist wohl im wesentlichen durch den Tumor ausgelöst.

Versuch VII.

Hautaustausch zwischen je einer Chondrommaus und einer normalen Maus. 13 Paare.

Intervall: 7, 8, 9, 10, 11, 12, 13, 14, 15, 17, 18, 19, 20 Tage { Chondromimpfung 27. XI. 13.
Transplantation 4., 5., 6., 7., 8., 10., 11., 12., 14., 15., 17., 18. XII. 13.

Hervorzuheben: 1. Bei einer Chondrommaus wurde ein Fünftel des Lappens substituiert. Intervall zwischen Impfung und Operation 11 Tage. Lebensdauer nach der Operation 35 Tage (getötet!). Der Tumor war unter den Lappen gewachsen. An dieser Stelle Substitution. Mikroskopischer Befund: Über dem Tumor gute Substitution. Darunter nur wenig Infiltration.

2. Bei einer normalen Maus war das vordere Drittel des Lappens gut substituiert. Intervall zwischen Chondromimpfung des Partners und Operation 12 Tage. Getötet 16 Tage nach der Operation. Mikroskopischer Befund: Vorn über eine kurze Strecke gute Substitution. Starke Granulationsbildung unter dem Lappen, auch unter dem substituierten Teil.

3. Bei einer normalen Maus wurde vorn ein kleines Stück des Lappens substituiert. Intervall zwischen Chondromimpfung des Partners und Operation 21 Tage. Getötet 22 Tage nach der Operation. Mikroskopischer Befund: Stellenweise Substitution.

Versuch VIII.

Hautaustausch zwischen je einer Chondrommaus und einer normalen Maus.

Intervall: 26, 33, 34, 37, 39 Tage.	Chondromimpfung 26., 28. X. 13; 1. XI., 10. XI. 13. Transplantation 4., 5., 6. XII. 13.

Hervorzuheben: 1. Bei einer Chondrommaus Substitution eines erheblichen Teiles des Lappens, besonders vorn, zum Teil über dem Tumor. Intervall zwischen Impfung und Transplantation 37 Tage. Gestorben 24 Tage nach der Operation. Mikroskopischer Befund: Vorn gute Substitution. Sonst Nekrose. Überall Granulationsgewebe unter dem Lappen.

2. Bei einer Chondrommaus vorübergehende, weitreichende Substitution, dann vertrocknet. Intervall zwischen Impfung und Transplantation 37 Tage.

3. Bei einer Chondrommaus wurde ein gutes Drittel des Lappens vorn substituiert. Intervall zwischen Chondromimpfung und Operation 34 Tage. Gestorben 34 Tage nach der Operation. Mikroskopischer Befund: Über dem Chondrom stellenweise gute Substitution. Ausgesprochene Infiltration darunter.

4. Bei einer normalen Maus wurde vorn ein kleines Stückchen substituiert. Intervall zwischen Chondromimpfung des Partners und Transplantation 32 Tage. Getötet 16 Tage nach der Operation. Mikroskopischer Befund: Zum Teil gute Substitution. Dann starke Infiltration. Sonst Nekrose. Zum Teil Demarkation im Bereich des Lappens.

5. Bei einer normalen Maus wurde eine sehr kleine Lappeninsel in der Mitte substituiert. Intervall zwischen Chondromimpfung des Partners und Operation 34 Tage. Getötet 35 Tage nach der Operation. Das normale Tier war sehr jung. Mikroskopischer Befund: Eine Strecke weit gute Substitution. Darunter viel Granulationsgewebe.

Versuch IX.

Hautaustausch zwischen je einer Chondrommaus und einer normalen Maus. 13 Paare.

Intervall: 3, 4, 5, 6, 7, 8, 9, 10, 11, 13, 14, 17 Tage	Chondromimpfung 1. XII. 13. Transplantation 4., 5., 6., 7., 8., 9., 10., 11., 12., 14., 17., 18. XII. 13.

Hervorzuheben: Bei einer Chondrommaus erfolgte eine ausgedehnte Substitution des Lappens zu etwa zwei Dritteln, in seiner ganzen Länge, auf der dem Tumor zugewandten Seite, zum Teil über dem Tumor selbst. Intervall zwischen Chondromimpfung und Operation 3 Tage. Getötet 25 Tage nach der Operation. Mikroskopischer Befund: Stellenweise gute Substitution. Ziemlich starke demarkierende Reaktion auch unter diesen Partien.

B. Versuche über den Hautaustausch zwischen je zwei Chondrommäusen.

Versuch I.

Hautaustausch zwischen je zwei Chondrommäusen. 3 Paare.

Intervall: 20 bzw. 24 Tage { Erste Gruppe geimpft 28. X. 13.
Zweite Gruppe geimpft 24. X. 13.
Transplantation 17. XI. 13.

Hervorzuheben: Erste Gruppe. 1. Substitution eines kleinen Stückes des Lappens vorn in der Nackengegend. Gestorben 40 Tage nach der Operation. Mikroskopischer Befund: Vorn gute Substitution. Hier auch Bindegewebsreaktion unter dem Lappen, aber wesentlich schwächer als unter den nekrotischen Teilen.

Zweite Gruppe: 1. Weitgehendste Substitution des ganzen Lappens. Gestorben 30 Tage nach der Operation (s. Fig. 2, Tafel XXXV). Mikroskopischer Befund: Sehr schöne Substitution, kaum demarkierende Reaktion.

Versuch II.

Hautaustausch zwischen je 2 Chondrommäusen. 2 Paare. (Bis auf 1 Tier sehr früh getötet oder gestorben.)

Intervall: 23 bzw. 27 Tage { Erste Gruppe: Chondromimpfung 27. XI. 13.
Zweite Gruppe: Chondromimpfung 1. XII. 13.
Transplantation 24. XII. 13.

Hervorzuheben: —

Versuch III.

Hautaustausch zwischen je zwei Chondrommäusen. 2 Paare. Früh gestorben bzw. getötet.

Intervall: 29 bzw. 33 Tage { Erste Gruppe geimpft 27. XI. 13.
Zweite Gruppe geimpft 1. XII. 13.
Transplantation 30. XII. 13.

Hervorzuheben: —

Versuch IV.

Hautaustausch zwischen je zwei Chondrommäusen. 1 Paar.

Intervall: 17 Tage { Chondromimpfung 5. I. 14.
Transplantation 22. I. 14.

Hervorzuheben: —

Versuch V.

Hautaustausch zwischen je zwei Chondrommäusen. 7 Paare.

Intervall: 21, 23, 24 Tage { Chondromimpfung 3. III. 14.
Transplantation 24., 26., 27. III. 14.

Alle früh getötet zur Untersuchung. Dazu 7 Kontrollpaare: Hautaustausch zwischen je 2 normalen Mäusen, an denselben Tagen operiert und getötet.

C. Versuche über den Hautaustausch zwischen je zwei Mäusen mit dem epithelialen Tumor 5.

Versuch I.

Hautaustausch zwischen je zwei Mäusen mit dem epithelialen Tumor 5. 10 Paare.

Intervall 6—7 Tage { Tumorimpfung 23. IX. 13. / Transplantation 29. und 30. IX. 13.

Hervorzuheben: 1. Substitution eines kleineren Lappenteils in der Gegend des Tumors. Gestorben 40 Tage nach der Operation. Mikroskopischer Befund: Gute Substitution über dem Tumor.

2. Substitution zweier Drittel des Lappens, je eines vorn und hinten.

Getötet 36 Tage nach der Operation. Mikroskopischer Befund: Gute Substitution. Geringe bindegewebige Reaktion.

D. Versuche über den Hautaustausch zwischen je einer Spontantumormaus und einer normalen Maus[1]).

Versuch I.

Hautaustausch zwischen einer Spontantumormaus und einer normalen Maus. 1 Paar.

Spontanmaus — Weibchen mit halbhaselnußgroßem Tumor auf der rechten Schulter.

Transplantation 18. V. 14.
Gestorben bzw getötet 27. V. 14.

Ergebnis: Spontanmaus: Nekrose des Lappens (siehe Fig. 5, Tafel XXXVII).

Normale Maus: Mikroskopischer Befund: Lappen auffallend gut erhalten. Im ganzen nur geringe bindegewebige Reaktion.

Versuch II.

Hautaustausch zwischen je einer Spontantumormaus und einer normalen Maus.

1. Spontanmaus — Weibchen mit je einem, ca. haselnußgroßen Tumor an rechter Achsel und linker Hüfte.

Normale Maus: — Männchen.

Transplantation 2. VI. 14.
Beide Tiere getötet 22. VI. 14,

20 Tage nach der Operation.

Verlauf: Spontanmaus: Lappen schnell vertrocknet und abgestoßen.

Normale Maus: Lappen vollständig substituiert, nackt. In den letzten Tagen Bildung eines Geschwürs auf dem Lappen (siehe Fig. 7, Tafel XXXVIII). Mikroskopischer Befund: Sehr gute Substitution. Bindegewebige Reaktion bedeutend (zum Teil unter dem Einflusse des Geschwürs?).

2. Spontanmaus — Weibchen mit einem haselnußgroßen Tumor in der rechten Achsel und einem kleinen Tumor in der Analgegend.

Normale Maus — Weibchen.

Transplantation 2. VI. 14.
Spontanmaus getötet 14. VII. 14,

42 Tage nach der Operation.

---

[1]) Anmerkung: Sämtliche Spontantumoren erwiesen sich bei der mikroskopischen Untersuchung als epitheliale Geschwülste.

Verlauf: Spontanmaus: Erhaltung mehrerer größerer, sehr dünner, substituierter Lappenteile.

Normale Maus: Lappen schnell vertrocknet, Anfang Juli abgestoßen.

Versuch III.

Hautaustausch zwischen je einer Spontantumormaus und einer normalen Maus.

1. Spontanmaus — altes Weibchen mit großem hämorrhagischem Tumor im linken Nacken.

Normale Maus: — Männchen.

Transplantation 14. VII. 14.
Beide Lappen trocken 31. VII. 14.

Spontanmaus gestorben Ende September 1914: Narbe.

2. Spontanmaus — altes Weibchen mit großem hämorrhagischem Tumor im linken Nacken.

Normale Maus — Männchen.

Transplantation 14. VII. 14.
Beide Tiere getötet 25. VII. 14.

Verlauf: Lappen der Spontanmaus weiter zerstört als der der normalen Maus.

3. Spontanmaus — altes Weibchen mit kleinem Tumor im rechten Nacken.

Normale Maus — Männchen.

Transplantation 14. VII. 14.

Verlauf: Spontanmaus: Lappen vertrocknet 31. VII. 14. Lappen fast gelöst beim Tode 9. VIII. 14.

Normale Maus: Lappen vertrocknet 31. VII. 14, später abgestoßen.

4. Spontanmaus — altes Weibchen mit 3 Tumoren:

Rechte Achsel
Linke Achsel } Alle drei etwa halbhaselnußgroß.
Linke Vulvagegend

Normale Maus — Männchen.

Transplantation 14. VII. 14.

Verlauf: Spontanmaus: Gestorben 31. VII. 14. Lappen vertrocknet.

Normale Maus: Lappen vertrocknet 31. VII. 14.

5. Spontanmaus — altes Weibchen mit größerem Tumor in der rechten Achsel.

Normale Maus — jüngeres Weibchen.

Transplantation 20. VII. 14.

Verlauf: Spontanmaus: 31. VII. 14 Lappen sieht gut aus. 3. IX. 14 gestorben, Lappen abgestoßen.

Normale Maus: 31. VII. 14 Lappen vertrocknet.

Versuch IV.

Hautaustausch zwischen je einer Spontantumormaus und einer normalen Maus.

1. Spontanmaus — Weibchen mit größerem hämorrhagischen Tumor an der rechten Hüfte.

Normale Maus — großes Weibchen.

Transplantation 25. VII. 14.

Verlauf: Spontanmaus: Getötet 11. VIII. 14. 17 Tage nach der Operation. Ausgedehnte Substitution, Haare in Abstoßung, keine jungen Haare (siehe Fig. 4*a*, *b*, Tafel XXXVI). Mikroskopischer Befund: Ausgedehnte, aber noch längst nicht vollendete Substitution. Die Nekrose tritt noch deutlich hervor. Kaum Reaktion in Bindegewebe.

Normale Maus: Gestorben 2. IX. 14. Substitution eines kleinen Lappenrestes (siehe Fig. 4*c*, Taf. XXXVI). Mikroskopischer Befund: Deutliche Substitution. Kernreichtum des Bindegewebes stellenweise auffallende vermehrt.

2. Spontanmaus — Weibchen mit drei Tumoren: Kleiner Tumor am rechten Hals, kleiner Tumor an der rechten Hüfte, größerer Tumor in der linken Achsel.

Normale Maus — großes Weibchen.

Transplantation 25. VII. 14.

Verlauf: Spontanmaus: 12. VIII. 14 gestorben. Lappen vertrocknet.

Normale Maus: 2. IX. 14 gestorben. Lappen abgestoßen.

3. Spontanmaus — Weibchen mit kleinerem hämorrhagischem Tumor im Nacken.

Normale Maus — großes Weibchen.

Transplantation 25. VII. 14.

Verlauf: Spontanmaus: September 1914 gestorben. Befund: Narbe.

Normale Maus: 2. IX. 14. gestorben. Befund: Narbe.

E. Versuche über den Hautaustausch zwischen zwei Spontantumormäusen.

Versuch I.

Spontanmaus 1: Weibchen mit größerem Tumor in der rechten Achsel.

Spontanmaus 2: Mittlerer Tumor in der rechten Achsel.

Transplantation 30. VI. 14.

Verlauf: Spontanmaus 1: Getötet 3. VIII. 14, 35 Tage nach der Transplantation. Substitution fast des ganzen Lappens. Keine Haare. Längliches Geschwür auf dem Lappen nach Abstoßung eines Schorfes (siehe Fig. 3 *a*, *b*, Tafel XXXV). Mikroskopischer Befund: Sehr gute Substitution. Bindegewebsreaktion unter dem Lappen nicht unbedeutend, wohl unter dem Einflusse der Geschwürsbildung.

Spontanmaus 2: Lappen vertrocknet schnell. Gestorben 5. VIII. 14. Nichts substituiert.

F. Versuche über den Hautaustausch zwischen je zwei normalen Mäusen.

(Siehe auch frühere Arbeiten, besonders: „Untersuchungen über die Transplantation von Tumoren und von normalen Geweben", Beiträge z. klin. Chir. 1909, und „Die homoioplastische und heteroplastische Transplantation". J. Springer. Berlin 1912.)

Versuch I.

Hautaustausch zwischen je zwei normalen, blutfremden Mäusen. 5 Paare.
Transplantation 13. XI. und 14. XI. 13.
Verlauf: Nichts angeheilt. Keine Substitution.

Versuch II.

Hautaustausch zwischen je zwei normalen, blutfremden Mäusen. 3 Paare.
Transplantation 18. XI. 13.
Verlauf: Nichts angeheilt. Keine Substitution.

Erklärungen der Tafeln XXXIV—XXXVIII.

Fig. 1. Hautaustausch zwischen einer Chondrommaus und einer normalen Maus.
Chondromimpfung 4. X. 13.
Transplantation 11. XI. 13.
Beide Mäuse getötet 2. XII. 13, 21 Tage nach der Transplantation.
a) und *b*) Beide Mäuse, lebend gezeichnet am 27. XI. 13, 16 Tage nach der Transplantation.
Der Hautlappen auf der normalen Maus (*b*) ist vollkommen vertrocknet und stark geschrumpft. Der Hautlappen auf der Chondrommaus (*a*) ist weich und gedehnt. Die Haare sind noch nicht abgestoßen. Das Tier ist bereits sehr schwach.
c) Längsschnitt aus dem Hautlappen des Chondromtieres (21 Tage nach der Transplantation).
Weitgehende Substitution. Bindegewebe und Fettgewebe zum Teil kernreich. Das Epithel ist in die alten Haarbälge hineingewachsen, in denen stellenweise wohlerhaltene Reste des abgestorbenen Haares sichtbar sind.

Fig. 2. Hautaustausch zwischen zwei Chondrommäusen.
Chondromimpfung: Tier 1: 28. X. 13.
Tier 2: 24. X. 13.
Transplantation 17. XI. 13.
Das Bild zeigt Tier 2, gezeichnet am 10. XII. 13, 23 Tage nach der Transplantation. Der Hautlappen ist stark gedehnt, der Haar-Epithel-Schorf ist in der Ablösung begriffen, und zwar fortschreitend von der Peripherie zum Zentrum des Lappens. Darunter erscheint das vom Wirte stammende junge Epithel. Die in Abstoßung befindliche Haarepithelschicht sieht auf dem Bild zu grob und dick aus.
Das Tier starb am 17. XII. 13, 30 Tage nach der Transplantation. Mikroskopisch: Sehr gute Substitution.

Fig. 3. Hautaustausch zwischen zwei Spontantumormäusen, beides Weibchen, aus zwei verschiedenen Zuchten.
Transplantation am 30. VI. 14.
a) Lebend gezeichnet Ende Juli 1914, etwa 4 Wochen nach der Transplantation.
Der Lappen ist wenig geschrumpft. Die zarte Haar-Epithelschicht ist zum guten Teil schon abgelöst. Das vom Wirte stammende junge, nackte Epithel liegt vielfach, besonders an der Peripherie, frei oder

schimmert durch. Über einem Teil des Lappens ein stellenweise tiefer greifender Schorf, welcher aber im Bilde viel zu grob geraten ist.

b) Dasselbe Tier, gezeichnet nach dem Tode (getötet 3. VIII. 14, 35 Tage nach der Transplantation).

Man sieht den wenig geschrumpften, nackten Lappen, auf ihm eine schmale, nach Ablösung des tiefer greifenden Schorfes zutage getretene Granulationsfläche. Hinten auf dem Lappen noch ein kleines Büschel abgestorbener alter Haare.

Fig. 4. Hautaustausch zwischen einer Spontantumormaus und einer normalen Maus.
Transplantation 25. VII. 14.
Tumormaus getötet 11. VIII. 14, 17 Tage nach der Transplantation.
Normale Maus gestorben 2. IX. 14, 39 Tage nach der Transplantation.

a) Spontantumormaus, gezeichnet nach dem Tode.

Die Ablösung einer dünnen Haarepithelschicht ist im Fortschreiten von der Peripherie zum Zentrum hin begriffen. Darunter erscheint der vom Wirte her frisch epithelisierte Lappen.
(17 Tage nach der Transplantation).

b) Längsschnitt aus dem Lappen der Spontantumormaus (17 Tage nach der Transplantation).

Die Substitution ist im Gange. Die abgestorbenen Haarbälge sind noch nicht wieder von Epithel ausgefüllt. Die Haare sind tot. Die Organisierung der Cutis ist noch nicht beendet.

c) Schnitt durch einen sehr kleinen, auf dem normalen Tier sitzengebliebenen substituierten Lappenrest (39 Tage nach der Transplantation). Kernreichtum des Bindegewebes stellenweise auffallend vermehrt.

Fig. 5. Hautaustausch zwischen einer Spontantumormaus und einer normalen Maus.
Transplantation 18. V. 14.
Spontantumormaus gestorben 27. V. 14, 9 Tage nach der Transplantation.
Schnitt durch den Lappen der Spontantumormaus: Nekrose der transplantierten Haut. Kaum Kernvermehrung unter dem Lappen.

Fig. 6. Hautaustausch zwischen einer Chondrommaus und einer normalen Maus.
Chondrom geimpft 1. X. 13.
Transplantation 17. X. 13.
Chondrommaus gestorben 17. XI. 13, 31 Tage nach der Transplantation.
Längsschnitt durch den Lappen des Chondromtiers (31 Tage): Sehr gute Substitution. Tiefenwachstum des Epithels an den Stellen der alten Haarbälge. Nur geringe Kernvermehrung in der Unterlage.

Auf der normalen Maus ging der Lappen vollkommen zugrunde.

Fig. 7. Hautaustausch zwischen einer Spontantumormaus und einer normalen Maus.
Transplantation 2. VI. 14.
Normale Maus getötet 22. VI. 14, 20 Tage nach der Transplantation.
Schnitt durch den Lappen der normalen Maus (20 Tage): Auf der normalen Maus erfolgte die Substitution von etwa drei Viertel des Lappens. In den letzten Tagen bildete sich ein Geschwür im hinteren Drittel. Der Lappen war nackt.

Mikroskopischer Befund: Weitgehende Substitution. Tiefenwachstum des Epithels an der Stelle eines alten Haarbalges. Solche reorganisierte Haarbälge oder ihnen anhängende neuepithelisierte Talgdrüsenreste sind cystisch erweitert. Erhebliche Kernvermehrung in der Unterlage und in den unteren Schichten der transplantierten Cutis (z. T. unter dem Einflusse der Ulceration ?).

Auf der Spontantumormaus ging der Lappen schnell zugrunde. Am 8. VII. 14 war er fast vollständig abgelöst. Es hielt sich nichts.

Fig. 8. Hautaustausch zwischen einer Chondrommaus und einer normalen Maus.
Schnitt durch einen kleinen substituierten Lappenrest im Genick der normalen Maus. Das Epithel des Wirtes ist in die abgestorbenen Reste eines Haarbalges hineingewachsen. In der Tiefe ein Überbleibsel des alten Haarschaftes. Kein neues Haarwachstum.

Über die operative Behandlung der Schlottergelenke.

Von

Geh. Medizinalrat Prof. Dr. **Anschütz**, Kiel.

(Aus der Königlichen chirurgischen Universitäts-Klinik Kiel.)

Mit 8 Textfiguren.

Von den Mobilisierungen versteifter Gelenke ist in den letzten Jahren viel die Rede gewesen: Die Erfolge sind höchst erfreuliche, augenfällige; mit großen Hoffnungen darf man den weiteren Entdeckungen in diesem chirurgischen Neulande entgegenblicken. Damit verglichen bleibt die Behandlung der Schlottergelenke leider noch weit zurück, obschon sie älter ist, als die der Gelenkversteifungen. Auch ihre Erfolge sind gute und sichere, aber sie waren doch zumeist wenig befriedigend für uns und unsere Patienten insofern, als sie an Stelle der übermäßigen Beweglichkeit die Versteifung des Gelenkes setzte. Gewiß wird dadurch, wie wir sehen werden, den Kranken ein erheblicher praktischer Gewinn in Gang oder Griff, aber sie müssen dafür eben das versteifte Gelenk in Kauf nehmen.

Erst in allerletzter Zeit sind auf dem Gebiete der Schlottergelenkbehandlung Versuche gemacht worden, das Gelenk auf operativem Wege in seiner übermäßigen Beweglichkeit nur zu hemmen, es wieder zusammenzuziehen, und wenn auch mit gewissen Einschränkungen, doch funktionsfähig zu erhalten.

Nur an die allerschwersten Fälle von Schlottergelenken werden wir operativ herangehen. In allen denjenigen Fällen, wo die Gelenkteile und die zugehörigen Muskeln noch so weit erhalten sind, daß sich die wichtigsten Bewegungen mit Hilfe von zweckentsprechenden Schienenapparaten ausführen lassen — in allen diesen Fällen werden wir von größeren blutigen Eingriffen nach Möglichkeit absehen. Die Operation kommt aber bestimmt in Frage für jene verzweifelten Fälle, wo das Gelenk aus dieser oder jener Ursache sein Punctum fixum verloren hat und auch mittels eines Apparates nicht oder nur ganz unvollkommen wieder arbeiten kann — wo in der Tat das Glied im zerstörten Gelenk bei den wichtigsten Bewegungen und bei Belastungen hin- und herschlottert.

Dieser Übelstand kann eintreten

1. wenn bei ausgedehnten Muskellähmungen das Gelenk nicht mehr festgehalten werden kann,
2. wenn der eigentliche Gelenkapparat, Knochen, Kapsel, Bänder zerstört oder schwer geschädigt oder mißbildet sind.

Demnach kann man die Schlottergelenke in zwei große Gruppen teilen

1. die paralytischen Schlottergelenke,
2. die destruierten Schlottergelenke.

Früher kamen fast nur Fälle der ersten Gruppe zur operativen Behandlung. Zumeist war eine Poliomyelitis, seltener eine Plexusläsion die Ursache der Muskellähmung. Ich will auf diese Gruppe der Fälle hier nicht allzu ausführlich eingehen. Es handelt sich am häufigsten um Schlottergelenke des Knies, des Fußes, der Schulter oder der Hüfte. Es wurden an allen diesen Gelenken in einer der Reihenfolge entsprechenden Häufigkeit die Schlottergelenke operativ behandelt. Am Kniegelenk wurde in zahlreichen Fällen mit bestem Erfolge die typische Arthrodese nach Albert ausgeführt.

Am Fußgelenk genügte auch nach unseren Erfahrungen zur dauernden Festigkeit die einfache Knochenarthrodese nicht.

Wir versuchten deshalb eine Zeitlang die Fixierung des schlotternden Fußgelenkes durch Bolzung mit Knochen (Lexer) oder Elfenbeinstiften (Bade) vom Calcaneus aus. Das Resultat war nur bei einem kleinen Teil der Fälle (3 von 11) ein brauchbares — bei den anderen trat genügende Festigkeit nicht ein oder Schmerzen machten sogar die Entfernung des Bolzens wieder notwendig.

Danach haben wir uns für einen Teil der Fälle der Methode der intraossären Sehnenfixation von Biesalski zugewendet, mit der wir in einigen Fällen gute, jedenfalls bessere Ergebnisse erzielten als mit den früheren Verfahren. Für einen größeren Teil der Fälle verzichten wir jetzt auf operative Feststellung und kommen auf die früher allein geübte Schienenbehandlung zurück.

Dagegen haben wir in den letzten Jahren immer häufiger die operative Behandlung des schlotternden Schultergelenks ausgeführt. Wir haben uns im großen und ganzen meist an die Methoden der Arthrodese von Vulpius und Gocht gehalten. Die Resultate sind ausgezeichnete — jedenfalls die besten von allen Arthrodesen! Sie müssen auch theoretisch die besten sein, deshalb, weil die wichtigen Oberarmbewegungen nicht nur im Humeroscapular- sondern auch im Akromioclavicular- und Sternoclaviculargelenk vor sich gehen. Das Schlottern des Humeroscapulargelenkes schließt die Ausnützung der erhaltenen Beweglichkeit in den andern aus. Die Arthrodese des Humeroscapulargelenkes wird deshalb, wenn sie auch die Beweglichkeit des eigentlichen Schultergelenkes aufhebt, doch die aktiven Bewegungen des Oberarmes gegen den Rumpf in seitlicher Richtung wieder ermöglichen.

Die Versteifung in nahezu rechtwinkliger Abduction mit geringer Neigung nach vorn und leichter Innenrotation hat sich uns aufs beste bewährt. Der Oberarm bleibt danach gegen den Rumpf mit Hilfe der Schultergürtelmuskulatur noch bis zu 80 und 90° beweglich. Die Patienten können die Hand beim Essen wieder frei zum Munde führen, manche können sich sogar wieder kämmen. Die rechtwinklige Abduction wird nicht oder nur wenig störend wirken, da das Schulterblatt sich allmählich mit seinem Winkel weiter als normal der Medianlinie zudreht, ohne daß dadurch die Beweglichkeit im Akromioclaviculargelenk beeinträchtigt wird.

Ein weiterer großer Vorteil liegt darin, daß bei abduziertem Arm bekanntlich die Ellbogenmuskulatur (besonders der Biceps) und auch die Handmuskulatur weit besser ausgenützt wird als bei herabhängendem Arm. Somit wird durch die Arthrodese im Humeroscapulargelenk die Arbeitskraft der ganzen Extremität wesentlich gehoben.

Wir sind für die geeigneten Fälle überzeugte Anhänger der Schultergelenksarthrodese und ziehen ihre sicheren Ergebnisse den am Schultergelenk unsicheren Muskelplastiken und der komplizierten Apparatbehandlung vor.

Beim Hüftgelenk wurde an meiner Klinik bisher nur einmal wegen des quälenden Schlotterns des paralytischen Gelenkes die Versteifung vorgenommen, und zwar durch die bei früheren Fällen bewährte Trochanterimplantation in die Gelenkpfanne, von der alsbald ausführlich gesprochen werden wird.

Der Erfolg dieser Operation war den Umständen nach auch in diesem Falle ein recht befriedigender. Die Extremität saß nunmehr fest in der Ebene des Rumpfes und abduziert im Hüftgelenk, sie war dem Körper eine sichere Stütze geworden. Das Becken sank nicht mehr bei jeder Belastung nach der gesunden Seite nieder (Trendelenburgsches Phänomen). Und vor allem hörte nun auch das bei Lähmung der großen Beckenmuskeln so quälende Kippen des belasteten Beckens und Oberkörpers nach vorn auf, und damit das Aufstützen der Hand auf den Oberschenkel beim Gehen, womit derartig Gelähmte eine Entlastung des Beckens herbeizuführen und dem weiteren Zusammenknicken beim Auftreten entgegenzuarbeiten suchen.

Dieses Kippen des Beckens nach vorn kann ein gewöhnlicher Hessingscher Apparat auch unter Mitwirkung eines Beckengürtels nicht ganz verhindern. Er kam hier zudem wegen der hohen Kosten nicht in Frage.

Wir glauben, daß dieses gute Ergebnis uns berechtigt, für derartige Fälle schwerer Beckenmuskellähmung die noch genauer zu beschreibende Trochanterimplantation zur häufigeren Anwendung zu empfehlen. Sie ist nach unseren Erfahrungen einfacher und schneller als die typische Arthrodese im Hüftgelenk auszuführen. Man kann bei ihr eine erhebliche Gangbesserung in sichere Aussicht stellen. Ihr gegenüber ist die

Hüftgelenksversteifung ein kleinerer Schaden, denn diese wird bei jugendlichen Individuen durch die vermehrte Beweglichkeit in der Wirbelsäule erfahrungsgemäß (Coxitis!) zum Teil wieder ausgeglichen.

Wenden wir uns nunmehr der zweiten Gruppe der Schlottergelenke zu, der oben als destruiert bezeichneten. Die Destruktion kann auf Mißbildung oder auf Zerstörung durch osteomyelitische oder tuberkulöse Prozesse der Knochen beruhen. Sie kann auch durch traumatische Verletzungen oder aber durch eine Gelenkoperation bedingt sein.

In Friedenszeiten trat die Aufgabe, derartige Schlottergelenke operativ anzugreifen, recht selten an uns heran, denn die Entzündungen und schweren Verletzungen der Gelenke pflegen in der überwiegenden Zahl der Fälle mit Versteifung zu endigen, ausgenommen die subcapitalen, also intracapsulären Schenkelhalsfrakturen. Am häufigsten sah man die schweren destruierten Schlottergelenke nach sehr weit, wohl oft zu weit ausgedehnten oder mißglückten Gelenkresektionen, meist am Ellbogen, seltener am Schulter-, noch seltener am Hüftgelenk. Und auch diese Fälle ließen sich fast immer mit einem zweckentsprechenden Schienenapparat so weit bessern, daß man nicht zu operieren brauchte.

Durch den Krieg hat sich in dieser Beziehung das Material sehr geändert! Jetzt begegnen wir Schlottergelenken viel häufiger. Denn die Schußfraktur setzt einerseits häufig größere Gelenkdefekte, die nicht anders als mit einem schlotternden Gelenk ausheilen können, andererseits macht die Infektion der Schußfraktur manchmal eine sehr radikale Resektion notwendig — oder es wird in weniger erfahrenen Händen zu weitgehend operiert: item, wir sehen häufig Schlottergelenke nach Schußfrakturen — besonders am Ellbogen, seltener an der Schulter, noch seltener an der unteren Extremität.

Wenn wir zunächst auf die Fälle aus der Friedenszeit zurückkommen, so wurde ja schon angedeutet, daß es im Lauf der letzter zehn Jahre nur ganz vereinzelte Patienten waren, bei denen wir uns zum blutigen Eingriff entschlossen Alle betrafen das Hüftgelenk.

1. Im ersten Fall war das Schlottergelenk im Alter von $1^1/_2$ Jahren nach eines eitrigen Coxitis entstanden, bei welcher anderen Orts eine Hüftgelenksoperation (Resektion) vorgenommen war. Die Krankheit (Osteomyelitis colli femoris Tuberkulose?) war vollkommen ausgeheilt. Die Pfanne war vollkommen erhalten. Der Schenkelkopf fehlte ganz, vom Schenkelhals war nur noch ein kleiner Rest vor handen. Der Trochanter war nach oben getreten. Auf ihm lastete beim Auftreter der Körper. Es hatte sich aber keine neue Pfanne gebildet. Das Hüftgelenk wa mehr als normal beweglich, es ließ sich durch Zug leicht auf und ab ziehen auch bei anderen Bewegungen bot es auffallend wenig Halt. Trochanter link 4 cm höher als rechts. Verkürzung 9 cm. Sehr ausgesprochenes Trendelen burg sches Phänomen. Dazu Schmerzen beim Gehen auch mit Hessingscher

Apparat. Es bestand außerordentlich schnelle, quälende Ermüdbarkeit bei der 24 jährigen, sonst frischen, tatendurstigen jungen Dame.

Die Ursache der Coxitis läßt sich nicht feststellen, wahrscheinlich hat es sich um einen der bei Kindern nicht seltenen Fälle von Femurkopf- oder Femurhalsosteomyelitis gehandelt, bei denen es zur Gelenkvereiterung und vollkommenen Zerstörung des Kopfes und Halses kommt. Möglicherweise ist aber auch bei der Operation dieser Knochenteil reseziert worden. Jedenfalls war die Versteifung, die sonst fast regelmäßig diesen Eiterungen folgt, nicht eingetreten, sehr zum Nachteil für die Patientin. Der Oberschenkel verlor jeden festen Halt gegenüber dem Becken — auch trat gegenüber den neuen statischen Verhältnissen keine kräftige Gewebsreaktion ein, kein fester Kapselhalt, keine neue Pfanne. Der Femurteil des Gelenkes fehlte vollständig, daher das Schlottergelenk und der schwerhinkende, ermüdende und dabei noch schmerzende Gang!

Den dringenden Wunsch, von dem Schienenapparat loszukommen, konnte ich verstehen und entschloß mich zur Trochanterimplantation in die Hüftpfanne.

Der altbewährte typische Eingriff bietet keinerlei Schwierigkeiten, er ist auch keineswegs reich an Blutung. Man hat zur Sicherung der Gelenkversteifung von allen Seiten her reichlich Periostknochenlappen zur Verfügung, wenn man den von den Muskelansätzen befreiten Trochanter ins Gelenk gebracht hat. Bei Kontrakturen empfiehlt es sich, die Adductoren subcutan zu durchtrennen, nötigenfalls auch die angespannten Flexoren, dadurch wird die Implantation des Trochanters in die Pfanne, die gar nicht oder nur wenig angefrischt zu werden braucht, erleichtert. Gipsverband in guter Abduction und möglichst korrigierter Flexion vom Processus ensiformis bis zu den Zehen, zuerst den gesunden Oberschenkel bis ans Knie mit umfassend. Später wird der Verband immer kleiner, nach 6—9 Monaten fällt er ganz weg.

Der Erfolg war ein sehr guter, was die Festigkeit betraf. Die Verkürzung betrug nur noch 5 cm, da ja durch die Trochanterimplantation das Bein verlängert wird. Abduction 20°. Die Patientin war sehr glücklich, nun schmerzlos ohne auffallendes und ermüdendes Hinken gehen zu können. Auch nach sechs Jahren betrachtet die Patientin, und wir mit ihr, das Ergebnis der Operation als großen Gewinn. (Stellung und Länge des Beines wie früher.)

Schwieriger lagen die Verhältnisse in einem anderen Falle von Osteomyelitis des Schenkelhalses, die in der Kindheit zur Vereiterung und Versteifung und zu einem spontanen Bruch resp. Defekt des Schenkelhalses geführt hatte. Mehrfache Operationen waren notwendig gewesen. Der Defekt kam nicht zur Ausheilung und es entstand eine breite subcapitale intracapsuläre Pseudarthrose, die man wohl auch den Schlottergelenken zuzählen darf.

2. Im Alter von 22 Jahren kam das Mädchen zu uns. Schenkelkopf in der Pfanne fest, Schenkelhals fehlt bis auf kleinen Rest. In der Umgebung der Pfanne und am Halsrest periostale Wucherungen, Trochanter 3 cm höher als rechts. Verkürzung 6 cm. Die Bewegungen des Oberschenkels sind schmerzhaft, gehen unter Crepitieren vor sich. Der Trochanter gleitet auf Zug und Druck leicht nach unten und oben. Abduction behindert, Flexion kaum beschränkt. Starkes Trendelenburgsches Phänomen und watschelndes Hinken.

5. III. 17. Trochanterimplantation in typischer Weise. Gips in Abduction. Außerordentlich schnelle Heilung und Festigkeit, offenbar wegen der reichlichen periostalen Brücken und Spangen, die den Trochanter umgeben.

November 1917 geht sie bereits ohne Gips, schmerzlos, mit geringem Hinken. Sehr zufrieden mit dem Ergebnis der Operation.

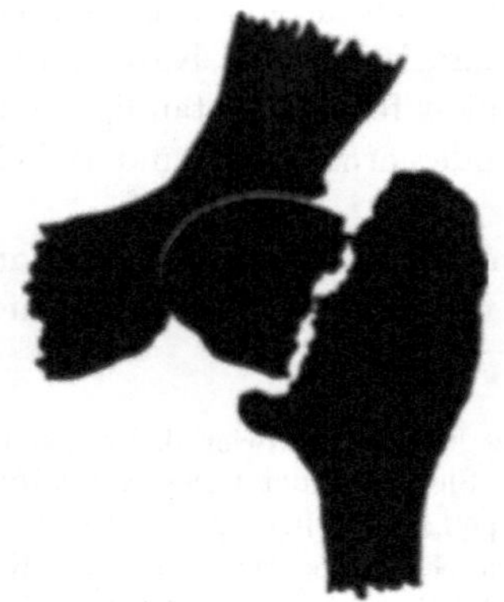

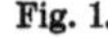

Fig. 1.

Fig. 1 a.

In einem dritten Fall handelte es sich um eine im Alter von 8 Jahren erworbene traumatische subcapitale Schenkelhalsfraktur, die ebenfalls zur Pseudarthrose innerhalb des Gelenkes geführt hatte.

3. Mit 18 Jahren kam das Mädchen in die Klinik wegen der abnormen Bewegung und heftigen Schmerzen im Gelenk und wegen des hinkenden Ganges. Es wurde zunächst der Versuch gemacht, mittels eines durch Trochanter und Schenkelhals in den Kopf getriebenen autoplastisch entnommenen Periostknochenstückes eine Verbindung zwischen den Gelenkteilen zu erzielen. Der Versuch mißlang. — Nach zwei Jahren kam Patientin mit den gleichen Beschwerden wieder, wie vor der Operation. Nunmehr Trochanterimplantation auf typische Weise. Bester Erfolg, auch nach fünf Jahren noch festgestellt.

Im Anschluß hieran möchte ich noch zwei Fälle kongenitaler Hüftluxation erwähnen. Von diesen kann der erste, da der Kopf in der Entwicklung sehr zurückgeblieben war, also als destruiert resp. als mangelhaft konstruiert bezeichnet werden muß, den oben besprochenen Beobachtungen durchaus an die Seite gestellt werden.

4. 22 jähriger junger Mann, Luxatio congenita sinistra. Verkürzung 6 cm. Trochanter 5 cm höher als rechts. Außerordentlich schweres Hinken und Tren-

delenburgsches Phänomen. Auf- und Abgleiten des Trochanters auf Zug und Druck sehr ausgiebig. Oberer Pfannenrand wenig ausgebildet. Keine deutliche Sekundärpfanne. Kopf sehr klein, etwas pilzförmig. Schenkelhals im Sinne der Coxa vara verbogen. Da der Gang schwer watschelnd, sehr ermüdend und schmerzhaft ist, geht Patient gern auf die Hüftversteifung ein. Typische Trochanterimplantation in die etwas ausgehöhlte Pfanne. Es muß vorher die derbe verengte Kapsel entfernt werden. Die Spitze des Trochanters muß erst abgemeißelt werden, ehe es gelingt, ihn in die Pfanne zu bringen. Bei dem ersten Verbande zu starke Abduction — sie muß späterhin in Narkose etwas vermindert werden. Resultat weniger befriedigend, weil der Gang nicht so gut wird, wie in den anderen Fällen; wohl eine Folge der zu starken Abduction.

Im anderen Falle handelt es sich ebenfalls um eine ältere kongenitale Hüftgelenksluxation eines Mädchens von 23 Jahren. Er sei nur der Trochanterimplantation wegen hier erwähnt.

5. Hier war der Kopf normal groß, die Pfanne sehr klein. Trochanterhochstand 5 cm. Schwer watschelnder Gang. Crepitation, heftige Schmerzen, die auch auf längere Extensionsbehandlung nicht besser wurden. Patientin verlangt dringend eine Beseitigung dieser Beschwerden, die ihr das Gehen so sehr erschweren. Hier wurde erst der Versuch einer blutigen Reposition des Hüftgelenks nach Lexers Methode gemacht. Es gelang aber trotz allergrößter Kraftanstrengung nicht, den verkleinerten Kopf in die ausgehöhlte Pfanne zurückzubringen. Offenbar waren die Gewebe bei der relativ alten Patientin zu stark geschrumpft, um auf Zug genügend nachzugeben. Deshalb Abmeißelung des Schenkelhalses und Implantation des etwas verkürzten Trochanters. Vielleicht hätte man ausgedehntere Myotomien machen sollen.

Wir kommen nun zur Besprechung der

Schlottergelenke nach Schußfrakturen,

unter denen die schwersten Formen sind, die wir bisher zu sehen bekamen. Ebenso wird es wohl auch allen anderen Chirurgen ergangen sein. Die Ursache für die Entstehung dieser außerordentlich schweren Schlottergelenke nach Schußfrakturen haben wir oben schon ausgeführt: sie sind in den großen Schußdefekten einerseits und den ausgedehnten Gelenkresektionen andererseits zu suchen.

Am Schultergelenk haben wir mehrere Fälle gesehen, welche durchaus eine operative Behandlung erheischten, haben jedoch bisher nur zwei zur Operation bekommen.

Der Arm hängt, wie bei den Kindern mit poliomyelitischer Schultermuskellähmung schlaff am Thorax und kann, da das Gelenk defekt ist, auch wenn der Deltoideus erhalten ist, nicht abduziert oder eleviert werden, wodurch auch die Bewegungen im Ellbogen und im Handgelenke sehr beeinträchtigt werden. Die Arbeitsfähigkeit ist schwer geschädigt.

Man könnte auch hier daran denken, mit einem der den Arm abduzierenden Apparate, wie sie für die poliomyelitischen Lähmungen von Schüßler, Heusner u. a. oder wie sie neuerdings für Axillaris- oder Plexuslähmungen nach Schußverletzungen von Spitzy und Stracker angegeben sind, zu helfen. Gewiß wird man damit die Arbeitsfähigkeit des Armes bessern, aber die Apparate sind doch recht unbequem zu tragen und werden, wenn sie bei einem Schlottergelenk festsitzen sollen, einen größeren Umfang annehmen müssen.

Es lag nahe, für die schweren Fälle destruierter Schlottergelenke der Schulter dieselben Indikationen zur Operation zu stellen, wie für die paralytischen Schlottergelenke, und es lag ebenso nahe, die bei den letzteren bewährten operativen Methoden und Erfahrungen auf die Behandlung der ersteren zu übertragen. Es ist mir bisher nur eine Publikation von Lange (Deutsche Zeitschr. f. Chir. Bd. 139, 1916)[1]) über diesen Gegenstand bekannt geworden. In vier von seinen Fällen wurden zwei sehr gute Resultate und ein befriedigendes mit der Arthrodese des Schultergelenkes bei Schußdefekten erzielt. In allen Fällen fand sich die Pfanne wenig oder gar nicht verändert, die Zerstörung betraf nur den Humeruskopf und den oberen Teil des Schaftes. Bei unseren zwei Fällen lagen die anatomischen Verhältnisse ebenso. Das Verfahren, das wir zur Arthrodese verwandten, war einfacher als das bei Lange angeführte.

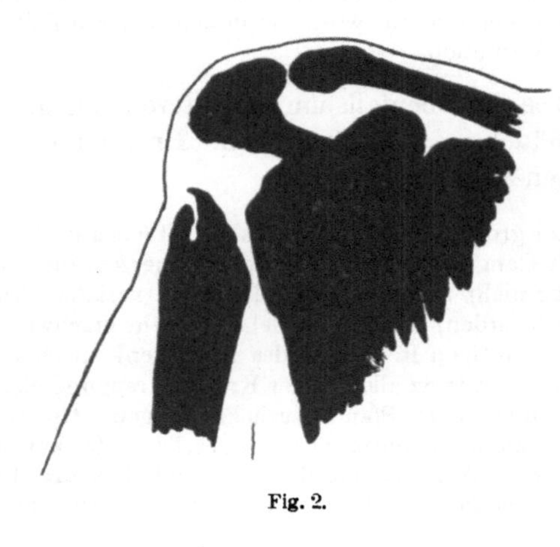

Fig. 2.

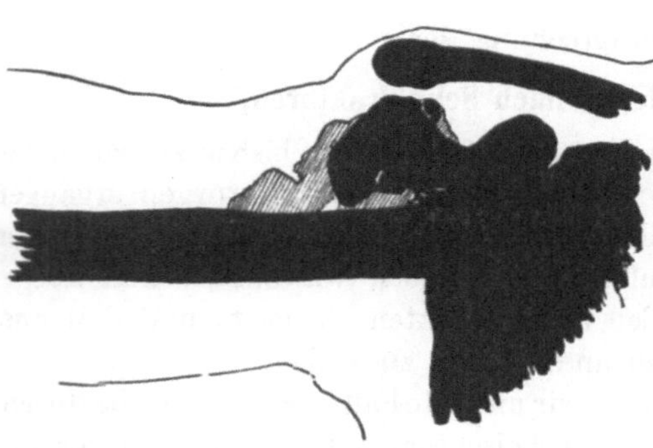

Fig. 2a.

Fall 1. 30 J. Mit einem Längsschnitt durch den Musculus deltoideus, welcher zwischen Akromion und Processus coracoideus über das Schultergelenk hinaus bis zur Clavicula geht, wird das obere Humerusende freigelegt, wobei die periostalen Wucherungen der Umgebung sorgfältig abpräpariert und geschont, die narbigen Gewebemassen möglichst weitgehend bis ins gesunde, stärker blutende Gewebe hinein exstirpiert werden. Auf die gleiche Weise wird die Gelenkpfanne besonders im oberen Teil und oben an ihrem Halse frei gemacht. Auch der Processus coracoi-

[1]) Aus dem Freimaurer-Krankenhaus zu Hamburg. Oberarzt Dr. Grisson.

deus wird herauspräpariert. Nach Abrundung des Humerusendes, das dem Übergang des Collum chirurgicum in den Schaft entspricht, wird dasselbe in eine leicht zu bildende und zu erweiternde Lücke zwischen Processus coracoideus, Akromion und Clavicula mit etwas Kraft hineingeschoben. Dortselbst wird es mit einigen vom Processus coracoideus und Akromion entnommenen Periostknochenlappen gedeckt und vernäht. Nunmehr wird der bereits leidlich fixierte Humerus von unten her an dem oberen Rand der Gelenkpfanne resp. an dem oberen Rand des Halses, die vorher mit der Luerschen Zange muldenförmig angefrischt sind, mit Drahtnähten fixiert [1]). Eine weitere Drahtnaht befestigt den Humerus von oben her an das angefrischte Akromion, das durch Druck leicht dem Humerus zugebogen werden kann. Die Festigkeit der Verbindung zwischen Humerus und Scapula ist jetzt recht befriedigend und zuverlässig. Ausgiebige Naht der Muskulatur. Hautnaht.

Der Arm hatte auf diese einfache Weise einen so guten Halt im Schultergürtel bekommen, daß er mit geringer Unterstützung in rechtwinkliger Abduction festhielt.

Gefensterter Gipsverband in rechtwinkliger Abduction um den Thorax und bis zur Hand. Nach sechs Wochen Wechsel. Festigkeit sehr gut. Erneuter Gips auf vier Wochen, dann Gipsrinne in rechtwinkliger Abduction, damit der Arm massiert und im Ellbogengelenk bewegt werden kann.

Schlußstatus: Oberarm im Schultergelenk rechtwinklig etwas nach vorn abduziert, ein wenig nach innen rotiert. Seitliche Bewegungen des Oberarms lassen sich in einer Ausdehnung von 40° aktiv unter Mitbewegungen des Schulterblattes schmerzlos ausführen. Der Arm kann noch nicht ganz an den Thorax adduziert werden, es fehlen etwa 25°.

Bei der Wiedervorstellung $^1/_4$ Jahr später volle Festigkeit zwischen Oberarm und Schultergürtel. Aktive Abduction 80°, der Arm steht in Ruhelage immer noch etwa 15° vom Thorax ab. Pat. arbeitet mit seinem Arm und ist sehr zufrieden mit dem Erfolg. Muskulatur des Ober- und Unterarmes sehr kräftig. Pat. kann essen mit der rechten Hand. Er hofft wieder als Maurer arbeiten zu können.

Fall 2. 19 J. Humeruskopfschuß rechts. Operation I. 1915. Sommer 1917 völliger Kopfdefekt, Schlottergelenk ohne alle aktive Beweglichkeit.

1. IX. 17. Arthrodese wie bei Fall 1 durch Befestigung des Humerus am oberen Teil der Pfanne und am Akromion.

15. XI. 1917. Gipswechsel. Sehr gute Festigkeit.

Nach diesen Erfahrungen ist es also nicht nötig, den Humerus durch Knochen- oder Hornbolzen oder Nägel mit der Gelenkpfanne der Scapula zu verbinden. Es genügt das Einschieben des Humerusschaftes zwischen Akromion, Processus coracoideus und Gelenkpfanne und die Befestigung am ausgehöhlten oberen Pfannenrande von unten her und vom Akromion aus von oben her mit Drahtnähten, um den Humerus alle Bewegungen der Scapula gegen die Clavicula mitmachen zu lassen.

---

[1]) Wir verwenden dazu einen von Herrn Dr. Kappis speziell für die Schultergelenkoperationen vorgeschlagenen, aber auch für andere sehr praktischen elektrischen kleinen Bohrer, bei dem der Bohrer senkrecht zum Handgriff steht. Damit kann man „um die Ecke“ herum bohren. Angefertigt von E. Pohl, Kiel, Hospitalstr.

Eine Verwachsung zwischen Humerusende und Clavicula ist nicht zu befürchten, da Muskelfasern reichlich zwischen ihr und dem Knochen liegen. Der Erfolg in unserem einen abgeschlossenen Falle war recht zufriedenstellend. Daß der Oberarm durch das Einschieben unter die Clavicula noch einige Zentimeter mehr verkürzt wird, dürfte bei der sowieso bestehenden Verkürzung kaum schwerwiegend sein. Es fällt vielleicht auf, daß der Oberarm sich noch immer nicht ganz an den Thorax anlegt, wie man es nach den Arthrodesen bei kindlichen paralytischen Schlottergelenken öfter beschrieben liest. Aber auch bei dieser Operation haben wir keineswegs regelmäßig das volle Anliegen des Armes an den Thorax nach gut gelungener Arthrodese in rechtwinkliger Abduction gesehen. Es ist wohl zu erwarten, daß der Patient mit der Zeit lernt, die Scapula immer mehr nach innen zu rotieren. Man kann bei einem Erwachsenen nicht die gleiche Nachgiebigkeit der Gelenkkapseln, Bänder und Muskeln erwarten wie bei einem kindlichen Organismus, der in die veränderte anatomische Lage sozusagen hineinwächst.

Am häufigsten und am schwersten sahen wir die Schlottergelenke am Ellbogen nach ausgedehnten Resektionen. Der Fixpunkt des Gelenkes war vollkommen verloren, es bestand auch keine Bandverbindung mehr zwischen Unter- und Oberarmknochen. Sie schlottern umeinander herum. Die Muskeln waren atrophisch und unwirksam, da sie zu lang waren für die erheblich verkürzten Knochen und zum Teil ihre Ansatzpunkte verloren hatten. In einem Falle (4) hing beim Ausstrecken des Armes der Unterarm rechtwinklig gegen den Oberarm nach hinten. In den andern Fällen war das Schlottern weniger bedeutend, aber auch hier ganz abnorme seitliche und dorsale Bewegungen ausführbar.

Bei leichteren Fällen wird man, wie es früher nach schlotternden Ellbogenresektionen stets üblich und ausreichend war, mit Schienen gut auskommen. Auch „überwindet", wie Moszkowicz sagt, die Muskulatur manchmal das Schlottergelenk durch Anpassung in befriedigender Weise. Bei geringeren Graden wird man also zunächst eine sehr energische Massage und zweckmäßige Übungstherapie zu betreiben haben.

Man muß überhaupt sich gerade beim Ellbogengelenk durch längere Beobachtung darüber klar zu werden suchen, ob die Möglichkeit der Besserung durch verspätete Knochenneubildung noch besteht oder nicht. Gerade wie man bei den sog. Pseudarthrosen nach Schußfrakturen — in Wahrheit sind es verzögerte Callusbildungen — mitunter noch nach $^1/_2$ bis $^3/_4$ Jahren energische Knochenneubildung ganz unerwartet auftreten sieht — kann man auch bei Schlottergelenken nach längerer Zeit durch Knochenneubildung noch spontane Besserungen beobachten.

Hatte man in solchen überraschenden Fällen eines der die Knochenbildung anregenden Mittel angewendet, so wird man versucht sein, das als „propter hoc“ dankbar anzuerkennen — wer wie wir auch ohne jede spezielle Therapie mehrere Male ganz verspätete und dabei plötzlich einsetzende, ausgezeichnete Knochenneubildung erlebte, wird skeptischer werden und mehr das „post hoc“ zu vertreten geneigt sein.

In einem Falle stellte sich das Schlottergelenk nach einer Sequestrotomie recht günstig wieder her — der ins Auge gefaßte größere Eingriff wurde unnötig.

Von den schweren Fällen, bei denen die Schienenbehandlung ein schlechtes Resultat gab, weil die Knochen gar keinen Halt aneinander hatten, entschlossen sich leider nur vier zur Operation. Es bestand bei allen die strikte Indikation, das Gelenk wieder zu binden. Wenn möglich nicht durch volle Versteifung, Arthrodese, sondern im Sinne einer neuen Gelenkbildung — durch Arthroplastik.

Früher hatte man, wie gesagt, wenig Gelegenheit gehabt derartigen operativen Problemen bei Schlottergelenken nachzugehen. In der Kriegszeit hat nun Moszkowicz (über Arthroplastik, Bruns Beiträge Bd. 105, 1917) in einer sehr inhaltsreichen Arbeit höchst interessante Mitteilungen über diese Frage gebracht und seine nach Lage der Fälle wirklich ausgezeichneten Erfolge bekanntgegeben.

Abgesehen von vielen wichtigen allgemeinen Bemerkungen über diese neue Art der Arthroplastik, nämlich die bei Schlottergelenken, hat er die gute Idee gehabt und durchgeführt, in schwersten Fällen dem Unterarm dadurch Halt am Oberarm zu geben, daß er entgegengesetzt, wie normal den Unterarm vor den Humerus setzt und befestigt. Nunmehr wird am Humerus die Pfanne des Gelenkes sitzen und die Ulna wird den Kopf bilden.

Angeregt durch diese Arbeit, und überzeugt davon, daß durch die Vorlagerung des Unterarmes vor den Humerus aussichtsreiche Heilungsverhältnisse für die verzweifelt schweren Fälle von Schlottergelenken des Ellbogens gegeben werden, habe ich bisher fünfmal nach Moskowiczs Methode operiert. Die Fälle sind für die Beurteilung noch nicht ganz abgeschlossen, immerhin haben wir wertvolle Erfahrungen gemacht. Und daß diese Methoden zum Ziele führen können, geht aus der genannten Arbeit überzeugend hervor.

Unter den fünf Operationen an vier Patienten haben wir zwei Mißerfolge — aber gerade diese haben uns wichtige Dinge gelehrt.

Man muß offenbar genau wie bei der Arthroplastik an versteiften Gelenken rücksichtslos alles indifferente Binde- und Narbengewebe im Bereiche des Operationsgebietes entfernen und in der Tat überall bis in das gesunde, frischblutende Gewebe hineingehen. Nur die gesunden Gewebe sind fähig zu den Umbildungen, die wir für die neue

Gelenkbildung verlangen müssen und nach den allgemeinen guten Erfahrungen bei der Arthroplastik an versteiften Gelenken (Murphy, Payr, Lexer und viele andere) auch verlangen dürfen. Wir erwarten die Bildung einer neuen elastischen Gelenkkapsel und elastischer Bänder für das neue Gelenk, wir erwarten gutfunktionierende Muskulatur trotz der Verkürzungen. — Diese wunderbaren Anpassungen und Transformationen kann nur das gesunde Gewebe leisten, nicht das indifferente Narben- und Bindegewebe, das durch Trauma und Entzündungen seiner Umbildungsfähigkeit beraubt ist. Das neue Gelenk muß von gesunden Weichteilen umgeben sein, diese Forderung sollte man stets vor Augen haben. In den zwei Operationen, wo wir nicht genügend darauf achteten, war die eine von wenig gutem Erfolg, die andere ein glatter Mißerfolg. Und bei der wiederholten, nunmehr sehr radikalen Operation kamen wir zum gewünschten Ziele und hoffen ein endgültig gutes Resultat zu erreichen.

1. M., 21 J., Ellbogenschuß rechts 12. X. 16. 1. V. 17 Aufnahmebefund. Ellbogenschlottergelenk mit zweiquerfingerbreiter Knochendiastase. Humerus- und Ulnaverkürzung von 4 cm. Schlottergelenk läßt eine Überstreckung von 80° und eine seitliche Beweglichkeit von je 50° zu, aktive Beugung fehlt fast völlig; der kräftige Biceps wird benutzt, um den U.-A. an den O.-A. heranzuziehen. Ulnarislähmung.

10. V. 17. Hinterer Schnitt. Excision der Narben und eines kleinen Eiterherdes mit kleinem Sequester. Ulnarisnaht. Brachialisraffung. Aufpassung des U.-A.-Endes auf Humerusvorderseite, Tricepsnaht.

18. XI. 1917. Wunden völlig vernarbt. Aktive Beugung bis 90°, Streckung noch schwach, nur noch geringe Diastase, Schlottern von 20° nach jeder Seite.

Epikrise: Erfolg noch gering und wenig Besserung zu erwarten. Offenbar zu wenig radikal operiert.

2. Sch., 24 J. Ellbogenschuß links 29. X. 16, im Feld operiert. Aufnahme 22. XI. 16. Großer Defekt des Ellbogengelenks mit handtellergroßer hinterer Wunde; beide Knochenenden reseziert, so daß von beiden Knochen je 3—4 cm fehlen. — Fenstergips. Sequesterentfernung usw. — 11. V. 17. Wunden bis auf kleine Fistel geheilt. Zweiquerfingerbreite Diastase zwischen Humerus und U.-A.-knochen. Schlottergelenk mit je 40° seitlicher und 20° Beweglichkeit nach hinten. Aktive Streckung fehlt, aktive Beugung bis 90°.

Operation: Anfrischung der Knochenenden nach sorgfältiger Exstirpation der zwischenliegenden Narbe, Entfernung des oberen Radiusendes, Einlagerung in die neugebildete Pfanne auf der Vorderseite des Humerus, Brachialisraffung, Tricepsnaht.

13. VIII. 17. Entlassungsbefund. Glatte Wundheilung. Aktive Beugung bis 90°, passive bis 135°, aktive Streckung noch fehlend. Seitliche Beweglichkeit erheblich gebessert. Schienenapparat.

Epikrise: Erfolg recht befriedigend, schon nach kurzer Zeit sehr vermehrte Festigkeit und Gebrauchsfähigkeit des ganzen Armes.

3. P., 37 J. Ellbogenschuß rechts 15. VII. 16. Aufnahme 4. VII. 17. Ellbogen: Schlottergelenk durch U.-A.-Defekt. 45° ulnare, 20° radiale seitliche

Beweglichkeit; aktive Streckung 0, Beugung 180 bis 100°. (Fig. 3, 3 a.) 13. VII. 17. Freilegung der Knochenenden mit weitgehender Narbenexcision. Bildung einer

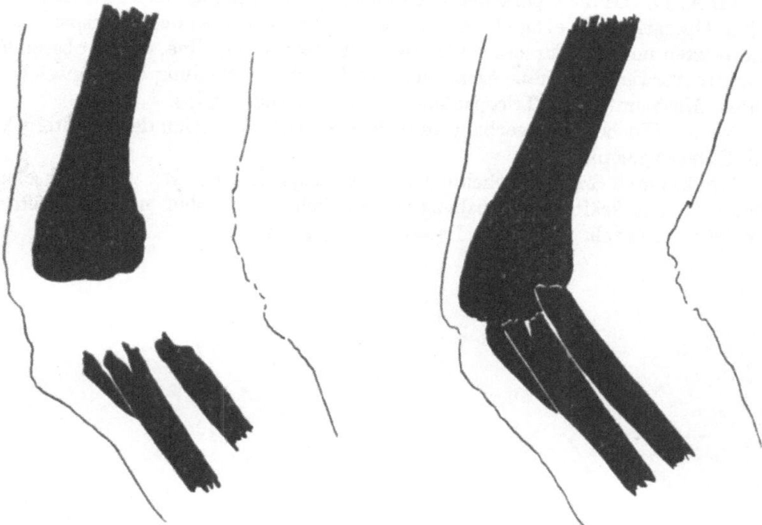

Fig. 3. Vor Operation. Fig. 3a. Nach Operation.

Gabel und Pfanne am unteren Humerusende, in die das Ulnaende eingepaßt wird. Sorgfältige Brachialisraffung und Tricepsnaht.

15. XI. 17. Ellbogen kaum noch seitlich beweglich, aktive Beugung 160 bis 90°, Streckung noch schwach. Schienenapparat.

Epikrise: Erfolg recht befriedigend. Stetig zunehmende Gelenkfestigkeit. Muskulatur kräftigt sich überraschend schnell.

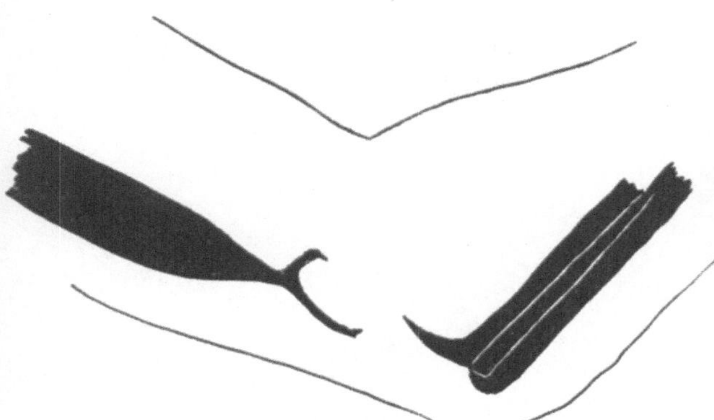

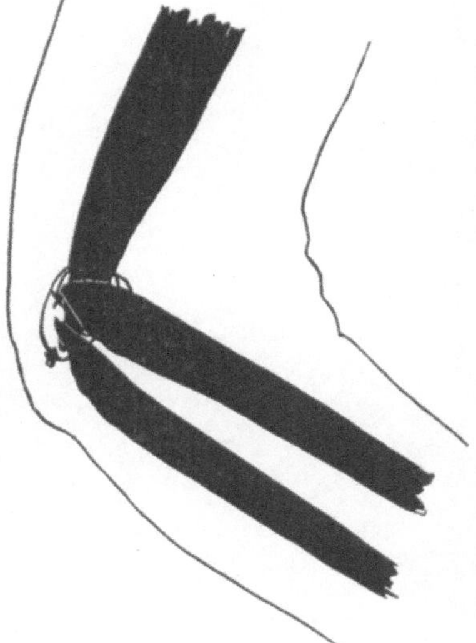

Fig. 4. Vor Operation. Fig. 4a. Nach Operation.

4. B., 23 J. 15. IX. 16 Ellbogenschuß rechts. 22. VII. 17 Aufnahme. Schwerstes Schlottergelenk des r. Ellenbogens. (Fig. 4 und 4 a.) Der U.-A. ist gegen den O.-A. nach allen Seiten in einem Winkel von etwa 100° beweglich.

28. VII. 17. Operation. Einpassung des U.-A. auf die Vorderseite des Humerus. Sicherung des Knochenhaltes durch Bleiplattennaht und Muskelraffung.

11. X. 17. Da die Operation einen ungenügenden Erfolg hatte, 11. X. 17 nochmalige Operation: Weitgehendste Excision der Narben, Einspießung des zugespitzten unteren Humerusendes zwischen Radius und Ulna, die am oberen Ende knöchern verwachsen sind. Sicherung der Knochenverkeilung durch zwei Drahtnähte. Muskelraffung. Tricepsnähte. Rechtwinkliger Gips.

Nach 2 Wochen Gipsverband in rechtwinkliger Abduction des Schultergelenks und Ellbogengelenks.

Epikrise: Erfolg erscheint jetzt vielversprechend. Bei Gipswechsel gute Festigkeit und kräftige Bicepsbeugung möglich, was bisher nie zu sehen war. Streckung schwach. Seitliche Beweglichkeit gering.

(Aus dem Physiol. Institut zu Marburg, Physiol.-chem. Abt.)

Über einige Extraktivstoffe aus den Embryonen und der Leber des Dornhais (Acanthias vulgaris).

Von

Dr. **Ernst Berlin** und Prof. Dr. **Fr. Kutscher.**

Die früher namentlich unter dem Einfluß Liebigs scharf geprägten Unterschiede zwischen dem Stoffwechsel der Pflanzen und der Tiere gipfeln in den Sätzen,. daß die Pflanzen aus einfachen hoch oxydierten anorganischen Stoffen, wie Kohlensäure, phosphorsauren, salpetersauren u. a. Salzen unter Abspaltung von Sauerstoff die kompliziertesten organischen Stoffe, z. B. Eiweiß, Alkaloide, Fette und Kohlehydrate, zu bilden vermögen. Der Stoffwechsel der Pflanze ist danach ein synthetischer, mit weitgehenden Reduktionen verknüpfter Prozeß. Die Tiere hingegen zerstören wieder die von den Pflanzen gebildeten organischen Stoffe, die sie entweder direkt oder indirekt dem Pflanzenreich entnehmen und in ihrem Organismus zu Kohlensäure, Schwefelsäure und anderen einfachen, von den Pflanzen benutzten Bausteinen verbrennen. Im Leben der Tiere spielen also analytische Vorgänge mit lebhaften Oxydationsprozessen die wichtigste Rolle.

Sehen wir aber genauer zu, dann vermögen wir selbst im Stoffwechsel des schnell oxydierenden Warmblüters vielseitige Reduktionen und Synthesen zu beobachten. Das bekannteste Beispiel hierfür ist die Bildung der Fette aus Kohlehydraten, und auch die Eiweißstoffe werden beim Warmblüter höchstwahrscheinlich aus ziemlich einfachen Körpern, den Aminosäuren, aufgebaut. Nur verdecken die energischen Oxydationsprozesse uns beim Tiere die Synthesen und Reduktionen, also jene Vorgänge, in denen sich der tierische Stoffwechsel dem pflanzlichen nähern und bei denen das Tier jedenfalls auch intermediäre Stoffwechselprodukte erzeugen muß, die den in der Pflanze gebildeten ähnlich oder gleich sind.

Versucht man aber derartige, durch synthetische Vorgänge erzeugte intermediäre Stoffwechselprodukte, die Tier und Pflanze gemeinsam sind, beim Warmblüter zu fassen, dann stößt man auf die größten Schwierigkeiten, weil eben beim warmblütigen Tiere die Oxydationsvorgänge zu stark überwiegen und die intermediären Stoffwechselprodukte schnell der endgültigen Oxydation verfallen. Weit günstiger müssen die Verhältnisse für derartige Untersuchungen beim Kaltblüter liegen, bei ihm verlaufen die Oxydationen langsam. Es läßt sich deshalb erwarten, daß beim Kaltblüter sich interessante intermediäre Stoffwechselprodukte auffinden lassen werden, die man bisher ausschließlich bei den Pflanzen nachgewiesen und die deshalb scheinbar charakteristisch für die Pflanzen gewesen waren.

Diese Überlegungen veranlaßten vor Jahren Ackermann[1]) und Kutscher, die Untersuchung der wasserlöslichen Extraktivstoffe eines kleinen Krebses, der Nordseegarnele (Crangon vulgaris), aufzunehmen. Bereits die ersten Arbeiten lieferten ein günstiges Resultat, denn es gelang, zwei organische Basen darin aufzufinden, das „Betain" und das „Methylpyridylammoniumhydroxyd", zwei am Stickstoff methylierte Substanzen, die wohl im Pflanzenreich verbreitet sind, aber beim Tier bisher mit Sicherheit nicht angetroffen wurden. Der genannte Befund war um so wichtiger, weil im Tier am Stickstoff methylierte Extraktivstoffe fast vollkommen fehlen, während sie bei den Pflanzen häufig und reichlich vorzukommen pflegen. Namentlich überraschte uns schon damals das massenhafte Auftreten von Betain im Krabbenextrakt, während Cholin, von dem man allgemein[2]) das Betain herleitete, fehlte. Inzwischen ist allerdings von Engeland[3]) im hiesigen Institut gezeigt worden, daß das Glykokoll ein Baustein der Eiweißkörper, die Muttersubstanz des Betains ist.

Der gute Erfolg gab Veranlassung dazu, die Untersuchungen auch auf die Extraktivstoffe anderer Kaltblüter auszudehnen.

Angaben älterer Forscher wiesen auf die Selachier, denen Acanthias vulgaris angehört, als besonders geeignete Versuchsobjekte.

Seit den Untersuchungen von Städeler und Frerichs[4]) wissen wir nämlich, daß die Selachier unter den Wirbeltieren eine merkwürdige Ausnahmestellung einnehmen. Während die übrigen Wirbeltiere sich des Harnstoffs, dieses hauptsächlichsten Endproduktes des Eiweißstoffwechsels, möglichst schnell entledigen, stapeln die Selachier davon in ihrem Körper beträchtliche Mengen auf.

Schröder[5]) konnte in der Muskelsubstanz von Scyllium catulus 1,95%, im Blute des gleichen Fisches sogar 2,61% Harnstoff nachweisen. Nach Schröder[6]) „findet der große Reichtum der Organe des Selachiers

---

[1]) Zeitschrift für Nahrungs- und Genußmittel **13** u. **14**, Jahrg. 1907 und 1908.

[2]) Fr. Czapek, Biochemie der Pflanzen **2**, 186.

[3]) R. Engeland, Sitzungsberichte der Ges. zur Bef. d. ges. Naturwissenschaften. Marburg 1909.

[4]) Journ. f. prakt. Chemie **73**, 48 und **76**, 58.

[5]) Zeitschrift f. physiol. Chemie **74**, 576.

[6]) l. c.

an Harnstoff in der Trägheit, mit welcher die Niere denselben ausscheidet, seine Erklärung. Die Ausscheidung des Harnstoffs ist hier, wenn man so sagen darf, behindert, und der Selachier gleicht in dieser Beziehung bis zu einem gewissen Grade einem Säugetiere im Zustand der Urämie."

Auf Grund der von Städeler, Frerichs und Schröder erhaltenen Resultate konnte man vermuten, die Selachier würden außer Harnstoff auch andere Substanzen, die im Laufe des intermediären und regressiven Stoffwechsels sich bilden, neben dem Harnstoff in ihrem Leibe aufstapeln und der Forschung zugänglich machen.

Diese Vermutung erwies sich als richtig. Denn Suwa[1]), der im hiesigen physiologischen Institut auf Veranlassung von Kutscher die Muskelextraktivstoffe von Acanthias vulgaris untersuchte, konnte daraus reichlich Betain und eine bisher weder im Pflanzen- noch im Tierreich nachgewiesene organische Base, das Trimethylaminoxyd, gewinnen.

Unter den Dornhaien, die uns für diese Untersuchungen geliefert wurden, fanden sich auch trächtige Weibchen. Acanthias vulgaris gehört zu denjenigen Selachiern, die lebende Junge zur Welt bringen, und wir konnten aus den Weibchen eine größere Menge Acanthiasembryonen sammeln. Dieselben wurden nach Entfernung des Dottersacks zunächst in Alkohol konserviert. Das Gewicht der gesamten Embryonen, die wir uns auf diese Weise verschafften, betrug ca. 1 kg. Sie sind von uns in folgender Weise verarbeitet worden.

Die ganzen Embryonen wurden zerkleinert und mehrfach mit heißem Wasser ausgezogen. Die wäßrigen Auszüge wurden mit dem Alkohol, der zur Konservierung gedient hatte, vereinigt, der Alkohol durch Eindampfen verjagt und die auf 1 Liter eingeengte Flüssigkeit mit Tannin gefällt. Das Filtrat der Tanninfällung befreiten wir nach Angaben von Kutscher und Steudel vom überschüssigen Tannin, säuerten es mit Schwefelsäure an und fällten mit Phosphorwolframsäure die Basen aus.

Aus der Phosphorwolframfällung stellten wir durch Baryt die freien Basen her, säuerten ihre Lösung mit Salpetersäure schwach an und fällten mit Silbernitrat. Die geringe Fällung enthielt Purinbasen. Sie wurde mit siedender Salpetersäure unter Zugabe von Harnstoff gelöst. Beim Erkalten schieden sich wohlausgebildete, schwerlösliche Nadeln ab, wie sie für die Silbernitratverbindungen der Purinbasen charakteristisch sind. Die Ausbeute an krystallisierter Substanz betrug 0,5182 g.

Das Filtrat dieser Silberfällung wurde vorsichtig mit Silbernitratlösung und Barytwasser ausgefällt. Die mäßige, gut ausgewaschene

[1]) Archiv f. d. ges. Physiologie, **128**, 421 u. **129**, 231.

Fällung wurde mit Schwefelwasserstoff zersetzt, die erhaltene Basenlösung mit Salpetersäure neutralisiert und mit überschüssigem kohlensauren Kupfer gekocht. Die tiefblaue Lösung setzte nach dem Einengen schwerlösliche Krystalle ab, die sich bei der Analyse als d-Argininkupfernitrat erwiesen.

0,1357 g Substanz gaben bei 110—120° 0,0129 g H_2O ab.

0,1228 g wasserfreie Substanz gaben 0,0178 g CuO.

Für	Für
$(C_6H_{14}N_4O_2)_2 \cdot Cu(NO_3)_2 + 3\,H_2O$	$(C_6H_{14}N_4O_2)_2 \cdot Cu(NO_3)_2$
Ber H_2O = 9,2% Gef = 9,5%	BerCu = 11,9% GefCu = 11,6%.

Aus dem Filtrat der zweiten Silberfällung schieden wir nach Beseitigung des Baryts und Silbers die noch darin enthaltenen Basen wieder mit Phosphorwolframsäure ab und gewannen aus den Phosphorwolframaten durch Baryt die freien Basen, die wir stark einengten. Wir fällten sie mit alkoholischer Pikrinsäurelösung. Die abgeschiedenen Pikrate wurden abgesaugt, mit Alkohol gewaschen und in die Chloride übergeführt. Es zeigte sich, daß sie nur Betain enthielten, sie schmolzen bei 228—229° C, und das aus ihnen dargestellte Aurat gab sofort den Goldwert des Betainaurats. 0,1595 g Substanz gaben 0,0688 g Au.

Für $C_5H_{11}NO_2 \cdot HCl \cdot AuCl_3$

BerAu = 43,14% GefAu = 43,1%.

Aus dem Filtrat der abgeschiedenen Pikrate verjagten wir den Alkohol, säuerten es mit Salzsäure an und entfernten die Pikrinsäure. Die verbliebenen Chloride fällten wir mit alkoholischer Sublimatlösung. Die ausgefallenen Quecksilberdoppelverbindungen zersetzten wir mit Schwefelwasserstoff. Die vom Quecksilbersulfid abgetrennten Chloride wurden stark eingeengt. Es schied sich eine reichliche Krystallisation ab. Als dieselbe sich nicht mehr vermehrte, wurde sie mit Alkohol verrieben, unter Alkohol einige Zeit stehengelassen und dann abgesaugt. Die in Alkohol unlöslichen Krystalle bestanden wieder hauptsächlich aus Betain. Der alkohollösliche Anteil hingegen enthielt Cholin. Um dieses nachzuweisen, wurde der Alkohol verdunstet, der Rückstand mit wenig verdünnter Salzsäure aufgenommen und mit Goldchloridlösung gefällt. Das ausgeschiedene Aurat gab einen zum Cholinaurat stimmenden Goldwert. 0,1125 g Substanz gaben 0,0501 Au.

Für $C_5H_{14}NO \cdot Cl \cdot AuCl_3$

BerAu = 44,5 GefAu = 44,5.

Die Ausbeute an Betain hatte ca. 12 g, die an Cholin ca. 0,5 g betragen.

Weiter ist von uns auch der basenfreie Anteil der Extraktivstoffe der Embryonen teilweise verarbeitet worden. Wir entfernten aus ihm die überschüssige Phosphorwolframsäure durch Baryt, säuerten ihn stark mit Schwefelsäure an und extrahierten ihn im Extraktionsapparat von Kutscher und Steudel längere Zeit mit Äther.

In den Äther ging Fleischmilchsäure und eine bisher unbekannte Substanz, die nach dem Verjagen des Äthers in feinen Nadeln krystallisierte. Wir wollen diesen Körper „Acanthin" nennen. Die Eigenschaften des Acanthins sind folgende:

Es ist in kaltem Wasser ziemlich schwer, in heißem Wasser, Alkohol und Äther leicht löslich. Zu unserer Überraschung reagierte die Lösung des reinen Acanthins in Wasser neutral gegen Lackmus.

Von Farbenreaktionen haben wir die nachstehenden mit ihm angestellt.

Biuretreaktion negativ.

Tryptophanreaktion negativ.

Diazoreaktion nach Pauly stark positiv.

Millons Reaktion positiv. Die Farbenreaktionen lassen im Acanthin einen Phenolrest vermuten.

Das Acanthin schmilzt bei 192—194°.

Das Acanthin ist S-frei.

Aus den Analysenzahlen läßt sich für das Acanthin die Formel $C_{15}H_{22}N_4O_4$ berechnen.

I. 0,1191 g Substanz gaben 0,2436 g CO_2 und 0,0757 g H_2O.

I. 0,1025 g Substanz gaben 15,1 ccm N; t = 16°; B = 742.

Die Substanz wurde umkrystallisiert und wieder analysiert. Es wurden folgende Werte erhalten:

II. 0,1122 g Substanz gaben 0,2281 g CO_2 und 0,0708 g H_2O.

II. 0,1052 g Substanz gaben 15,7 g N; t = 16°; B = 742.

Für $C_{15}H_{22}N_4O_4$

Ber		Gef	I.	II.
C =	55,8%	C =	55,8%	55,5%
H =	6,9%	H =	7,1%	7,1%
N =	17,4%	N =	17,0%	17,2%
O =	19,9%	O =	20,1%	20,2%

Die Ausbeute an Acanthin betrug ca. 1 g.

Die Fleischmilchsäure, die mit dem Acanthin ebenfalls in den Äther gegangen war, ließ sich durch kaltes Wasser leicht davon abtrennen. Zur Analyse wurde sie in das charakteristische Zinksalz übergeführt.

0,2506 g lufttrockene Substanz gaben 0,0323 g H_2O.

0,2183 g bei 120° getrocknete Substanz gaben 0,0733 ZnO.

Für $(C_3H_5O_3)_2Zn + 2\,H_2O$ Für $(C_3H_5O_3)_2Zn$

BerH_2O = 12,9% GefH_2O = 12,9%; BerZn = 26,9% GefZn = 27,0%.

In ganz ähnlicher Weise wie die Extraktivstoffe der Embryonen haben wir die wasserlöslichen Extraktivstoffe der Leber des Dornhais untersucht. Zur Verfügung standen ca. 2 kg Leber von erwachsenen Dornhaien. Da hier die Silberfällungen sehr gering und stark verschmiert waren, mußten wir uns auf den Nachweis von Betain und Cholin beschränken. Es wurden ungefähr 1,4 g Betain und 0,6 g Cholin gewonnen, die als Aurate analysiert wurden.

0,1337 g Substanz gaben 0,0578 g Au.
0,1240 g Substanz gaben 0,0547 g Au.

Für $C_5H_{12}NO_2 \cdot Cl \cdot AuCl_3$
BerAu = 43,14% GefAu = 43,2
Für $C_5H_{14}NO \cdot Cl \cdot AuCl_3$
BerAu 44,5 GefAu = 44,1.

Die Ausbeuten an Betain und Cholin, die aus den verschiedenen Organen des Dornhais erhalten wurden, stelle ich der besseren Übersicht wegen tabellarisch zusammen. In die gleiche Tabelle füge ich die Ausbeuten an Betain, die Scheibler für junge und alte Runkelrüben (Beta vulgaris) angibt.

	Ausbeute an Betain	Ausbeute an Cholin
In den Muskeln von Acanthias vulgaris	0,7 ‰	—
In der Leber „ „ „	0,7 ‰	0,3 ‰
In den Embryonen von Acanthias vulgaris . .	12,0 ‰	0,5 ‰
In alten Runkelrüben	1,0 ‰	—
In jungen Runkelrüben	2,5 ‰	—

Ein Blick auf die Tabelle läßt zunächst bei dem untersuchten Tier und der Pflanze insoweit eine auffallende Ähnlichkeit bezüglich des Verhaltens des Betains erkennen, als bei Acanthias vulgaris und Beta vulgaris das Betain in der Jugend sehr reichlich vorhanden ist, um mit zunehmendem Alter zu verschwinden. Wir müssen daher wohl das Betain als stickstoffhaltigen Reservestoff ansehen, der in früher Jugend gebildet und später im Stoffwechsel des wachsenden Tieres verwandt wird.

Zu der vorstehenden Arbeit sind dem einen von uns (Kutscher) Mittel aus der Gräfin-Bose-Stiftung zur Verfügung gestellt worden.

Druck der Spamerschen Buchdruckerei in Leipzig.

Additional material from *Festschrift LXX. Geburstage,*
ISBN 978-3-662-42200-7 (978-3-662-4220-7_OSFO1),
is available at http://extras.springer.com

Fig. 1.

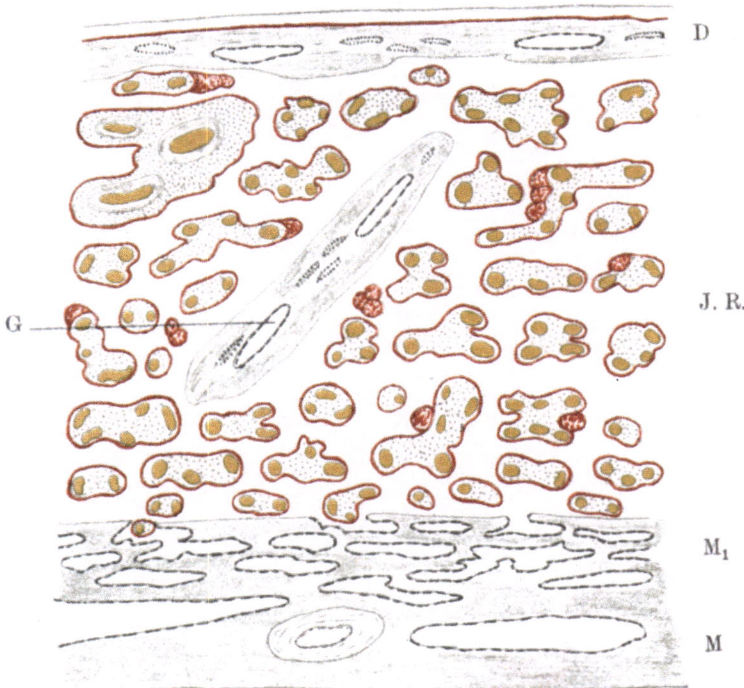

Fig. 4.

Strahl, Tatusia novemcincta L.

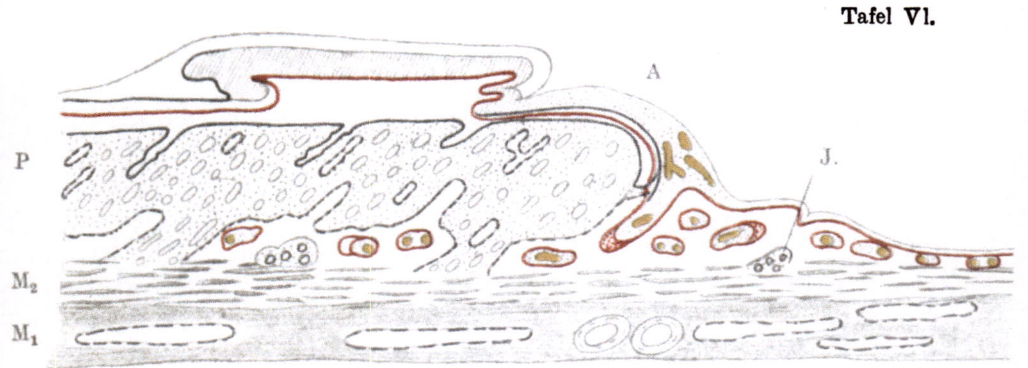

Fig. 2.

F

P. P

N. N.

D. D.

P_1 P_1

M M

M_1 M_1

Springer-Verlag Berlin Heidelberg

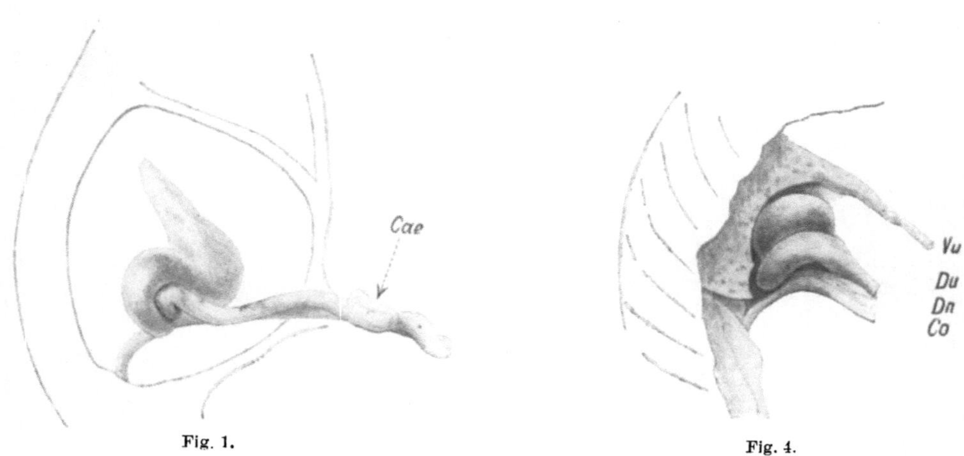

Fig. 1.

Fig. 4.

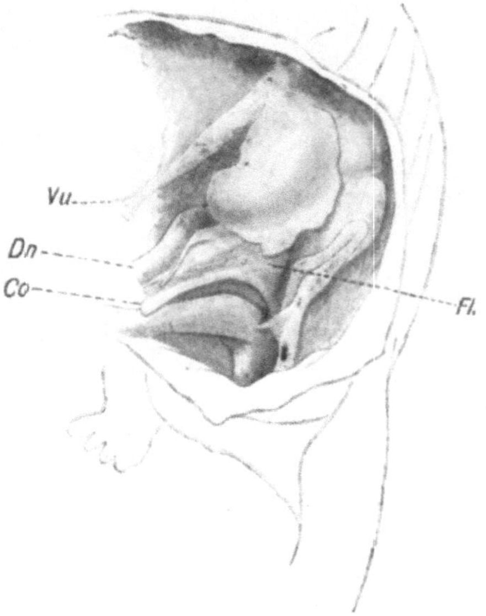

Vu
Dn
Co
Fl.

Fig. 2.

Vm
Pa
Ac
Ams
Ami
Du
Dn
Fl
Mc
Co

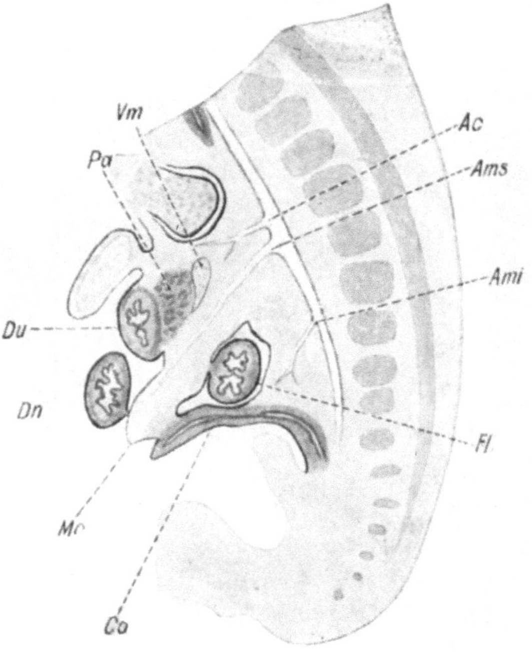

Fig. 5.

Additional material from *Festschrift LXX. Geburstage,*
ISBN 978-3-662-42200-7 (978-3-662-4220-7_OSFO2),
is available at http://extras.springer.com

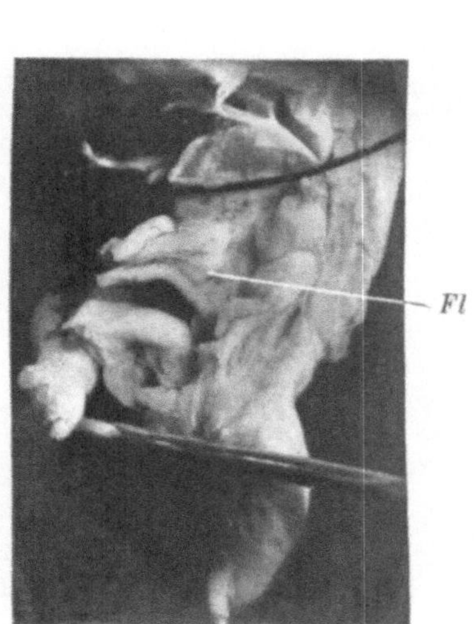

Fig. ?.

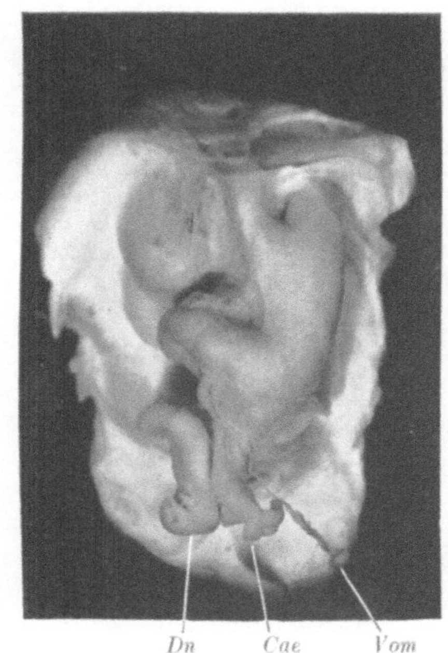

Fig. 19.

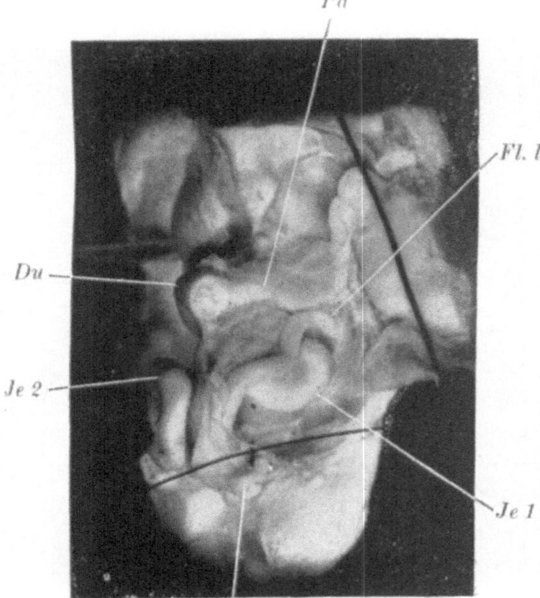

Fig. 20.

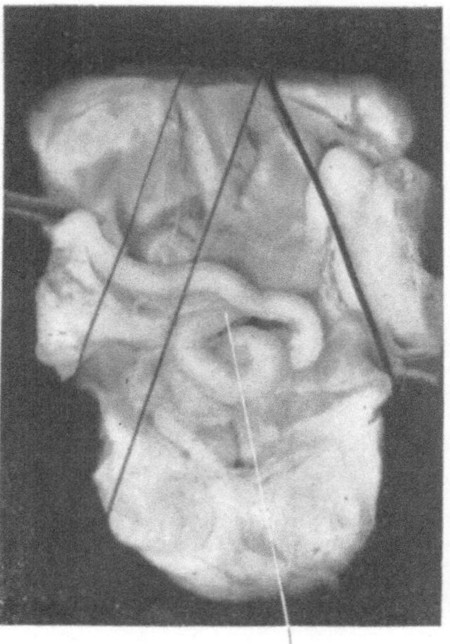

Fig. 21.

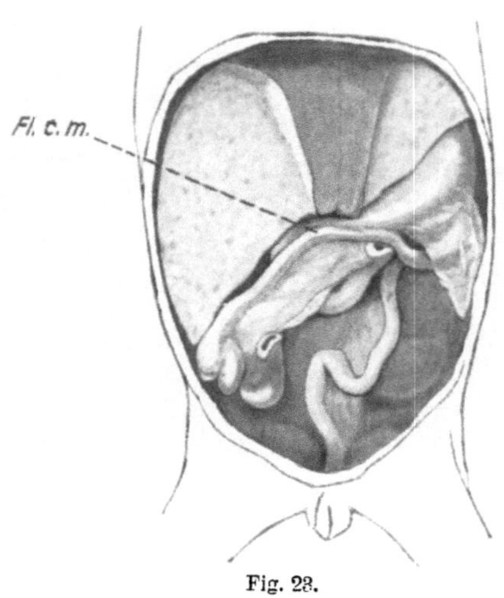

Fig. 23.

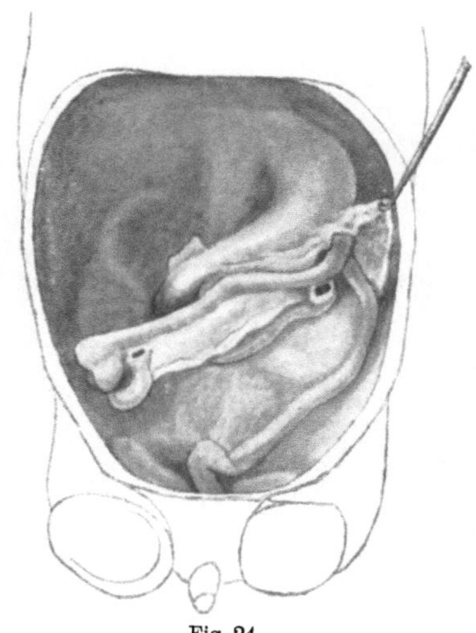

Fig. 24.

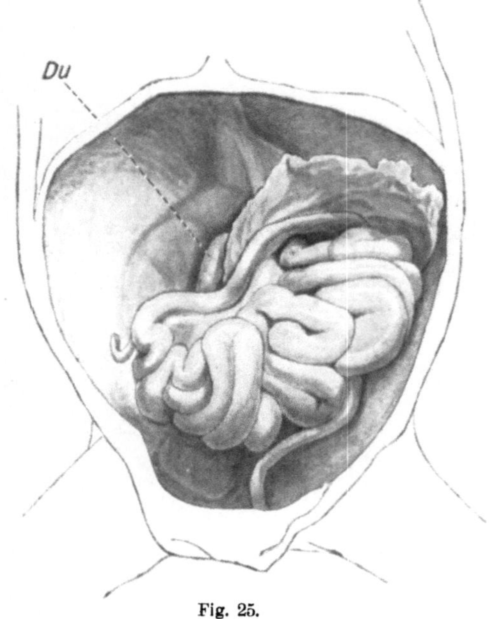

Fig. 25.

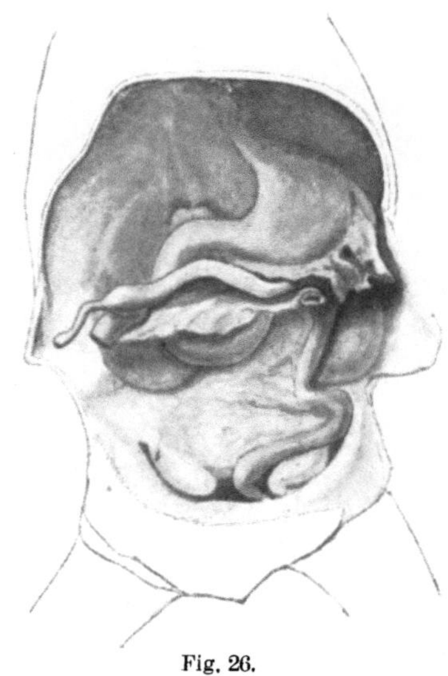

Fig. 26.

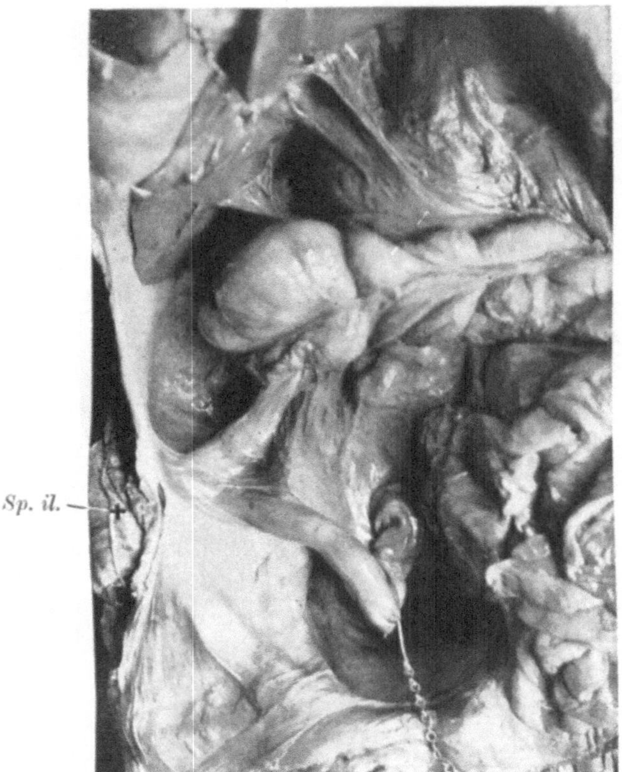

Fig. 30.

Fig. 31.

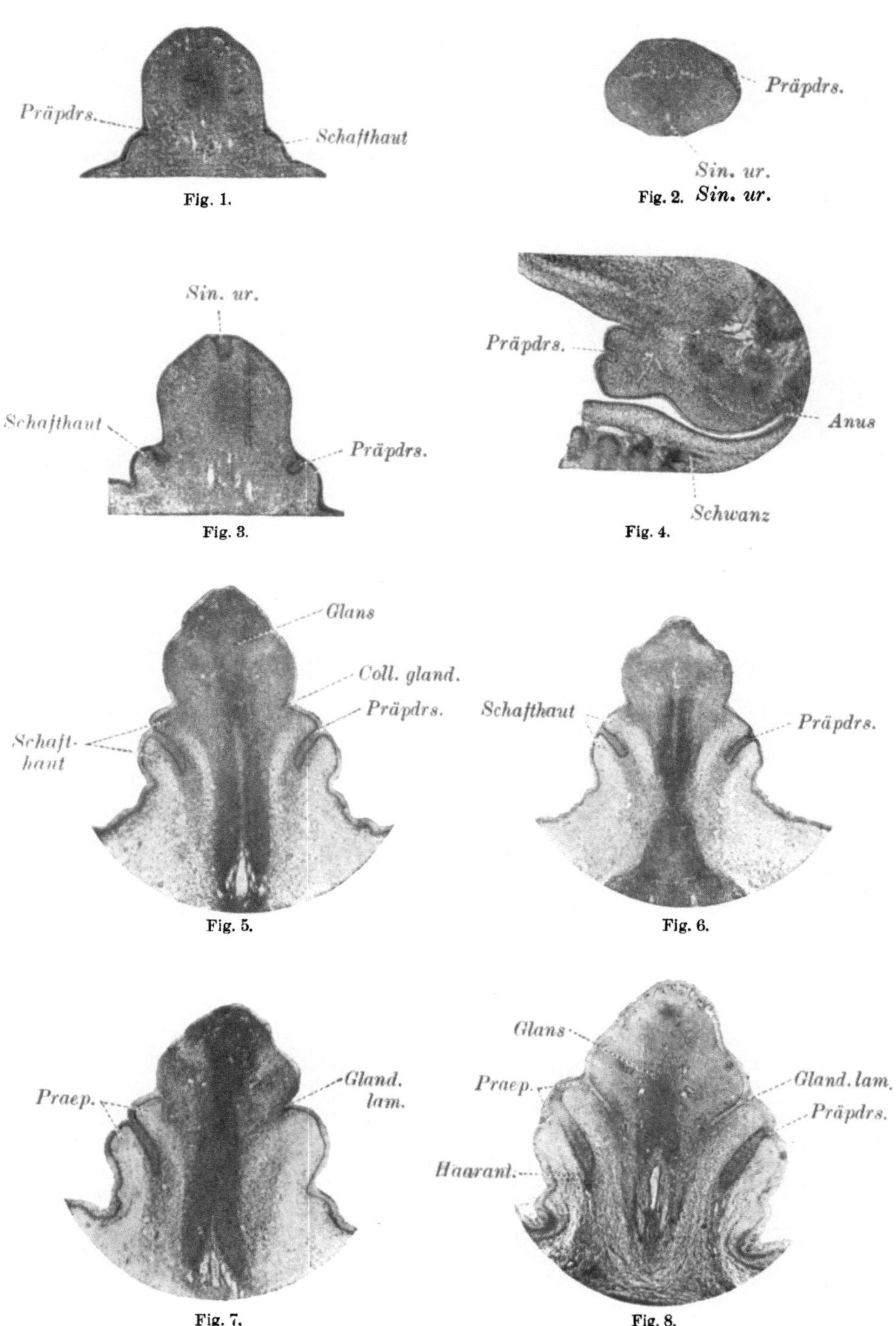
Präpdrs.
Schafthaut
Fig. 1.
Präpdrs.
Sin. ur.
Fig. 2. Sin. ur.
Sin. ur.
Schafthaut
Präpdrs.
Fig. 3.
Präpdrs.
Anus
Schwanz
Fig. 4.
Glans
Coll. gland.
Präpdrs.
Schaft-
haut
Fig. 5.
Schafthaut
Präpdrs.
Fig. 6.
Praep.
Gland.
lam.
Fig. 7.
Glans
Praep.
Gland. lam.
Präpdrs.
Haaranl.
Fig. 8.

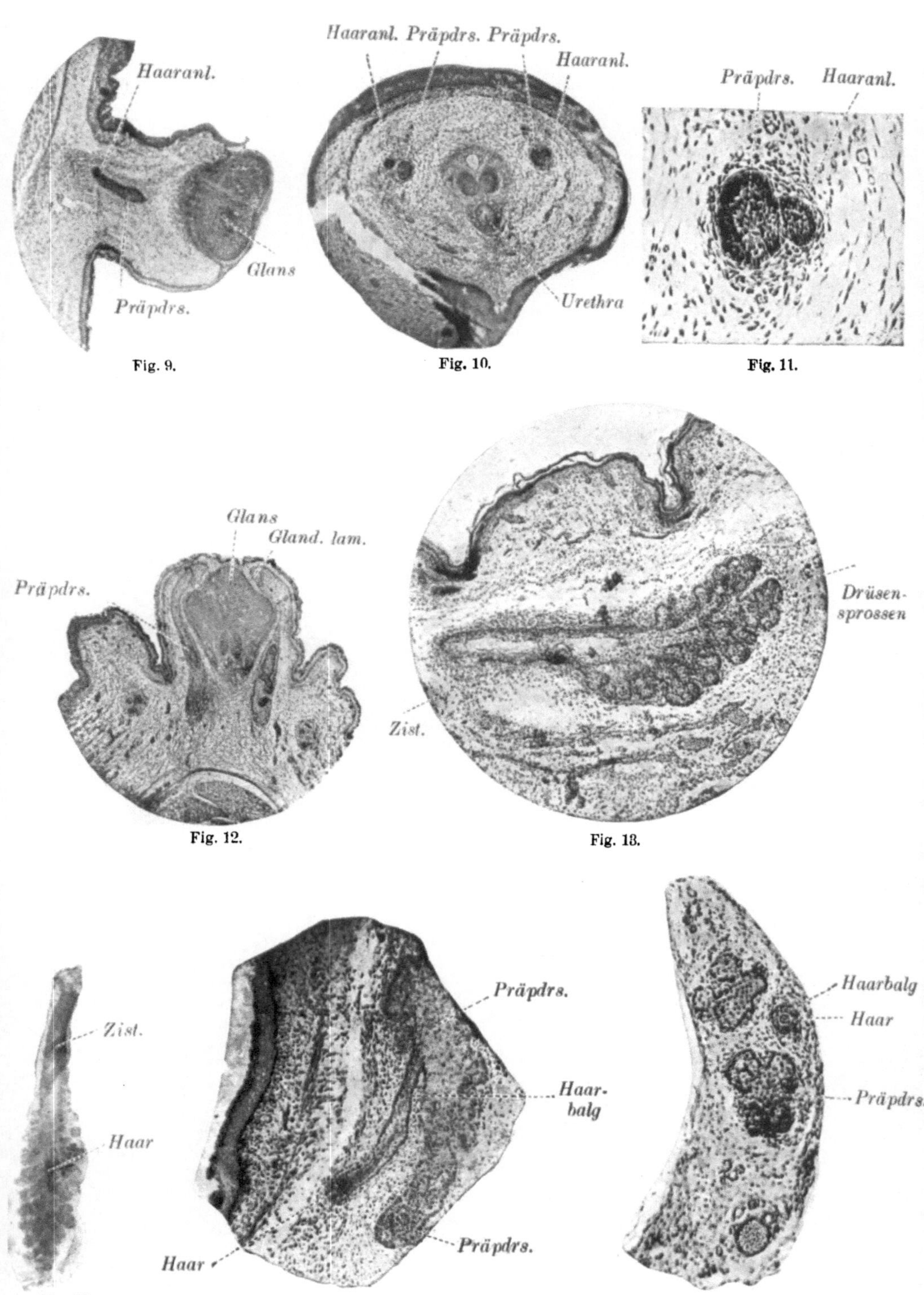

Fig. 9. Fig. 10. Fig. 11. Fig. 12. Fig. 13. Fig. 14. Fig. 15. Fig. 16.

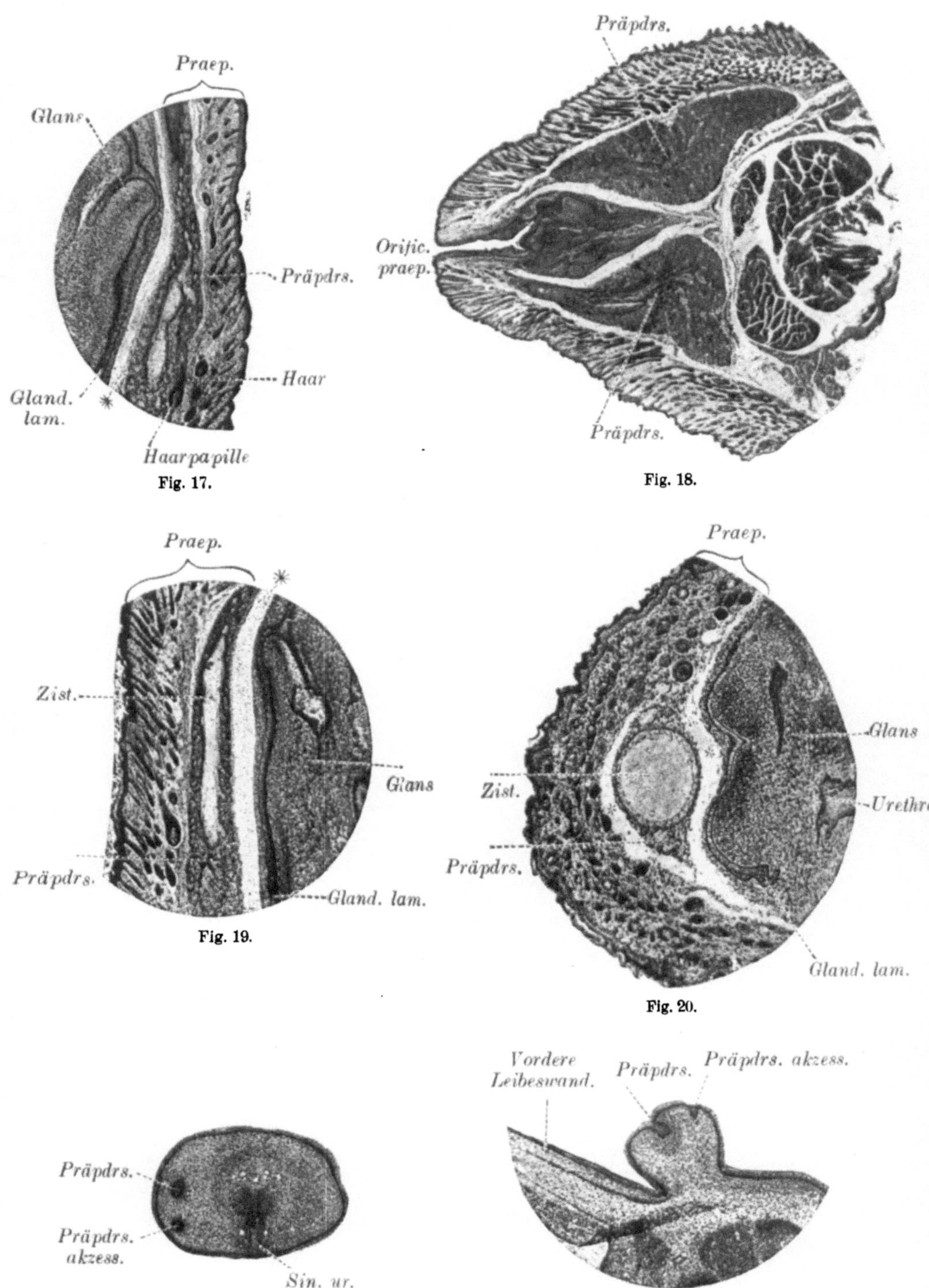

Fig. 17.

Fig. 18.

Fig. 19.

Fig. 20.

Fig. 21.

Fig. 22.

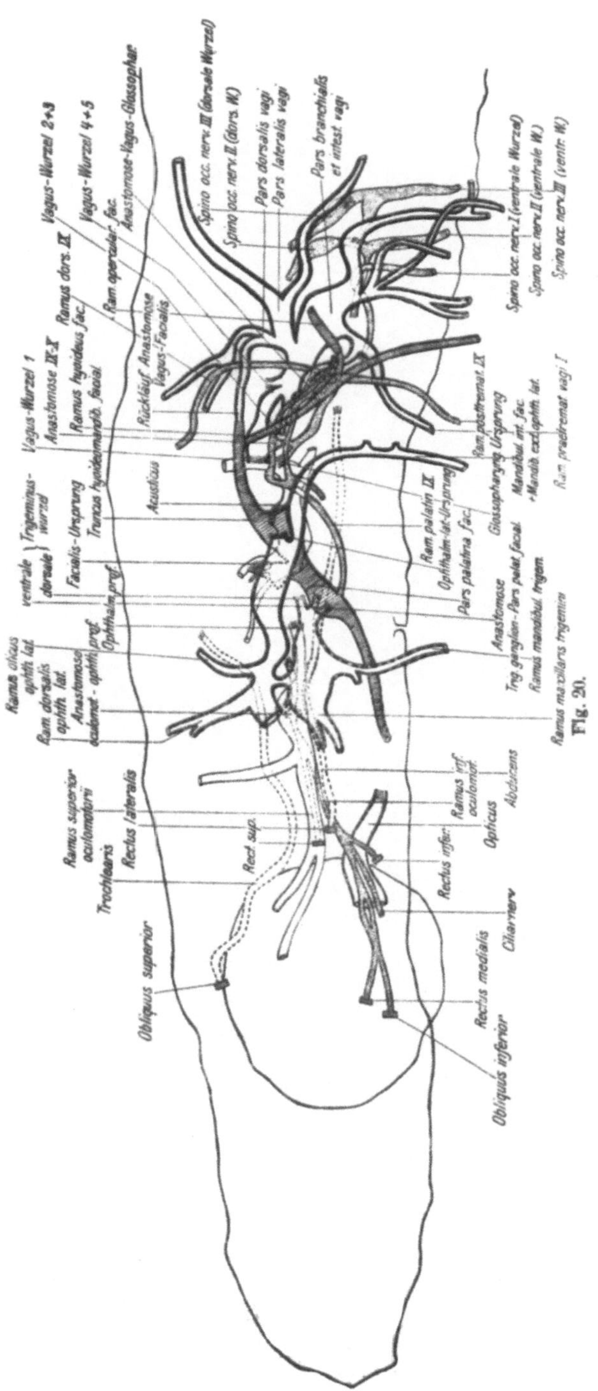

Fig. 20.

Freier occ. Wirbelbogen
I. Wirbelkörper
Chorda
Os occipitale
Aortenkanal
Os parietale
Tectum synoticum
Parabasale
Saccus vasculosus
Hypophyse
Öffnung d. Hypophyse zur Mundhöhle
Infundibulum
Chiasma opticum
Saccus dorsalis
Epiphyse
Tela chorioidea
Os frontale
Parabasale
Nasenseptum

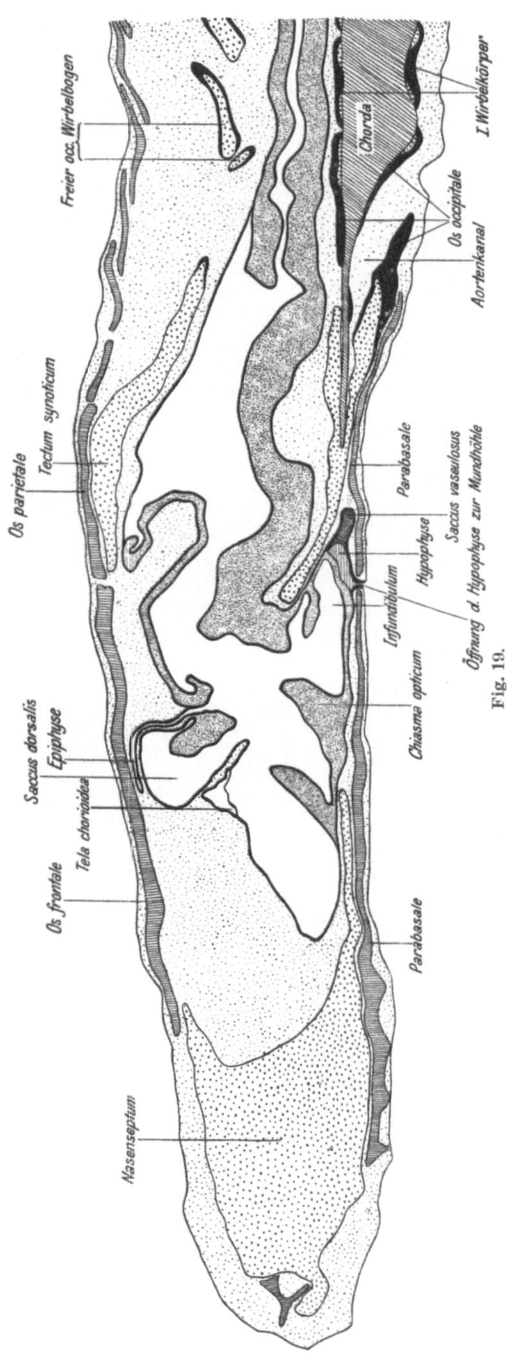

Fig. 19.

Vagus-Wurzel 2+3
Vagus-Wurzel 4+5
Anastomose-Vagus-Glossophar.
Ram. opercular. fac.
Ramus dors. IX
Ramus hyoideus fac.
Anastomose IX-X
Vagus-Wurzel 1
Rückläuf. Anastomose Vagus-Facialis
Truncus hyoideomandib. facial.
Trigeminus-wurzel
ventrale
dorsale
Facialis-Ursprung
Acusticus
Ophthalm. prof.
Ramus oticus ophth. lat.
Ram. dorsalis ophth. lat.
Anastomose oculomot.-ophth. prof.
Ramus superior oculomotorii
Rectus lateralis
Trochlearis
Rect. sup.
Obliquus superior
Spino occ. nerv. III (dorsale Wurzel)
Spino occ. nerv. II (dors. W.)
Pars dorsalis vagi
Pars lateralis vagi
Pars branchialis et intest. vagi
Spino occ. nerv. I (ventrale Wurzel)
Spino occ. nerv. II (ventrale W.)
Spino occ. nerv. III (ventr. W.)
Ram. posttremat. IX
Glossopharyng. Ursprung
Mandibul. int. fac.
+Mandib. ext. ophth. lat.
Ram. praetremat. vagi I
Ram. palatin. IX
Ophthalm.-lat.-Ursprung
Pars palatina fac.
Anastomose
Trig.-ganglion-Pars palat. facial.
Ramus mandibul. trigem.
Ramus maxillaris trigemini
Abducens
Ramus inf. oculomot.
Opticus
Rectus infer.
Ciliarnerv
Rectus medialis
Obliquus inferior
Fig. 20.

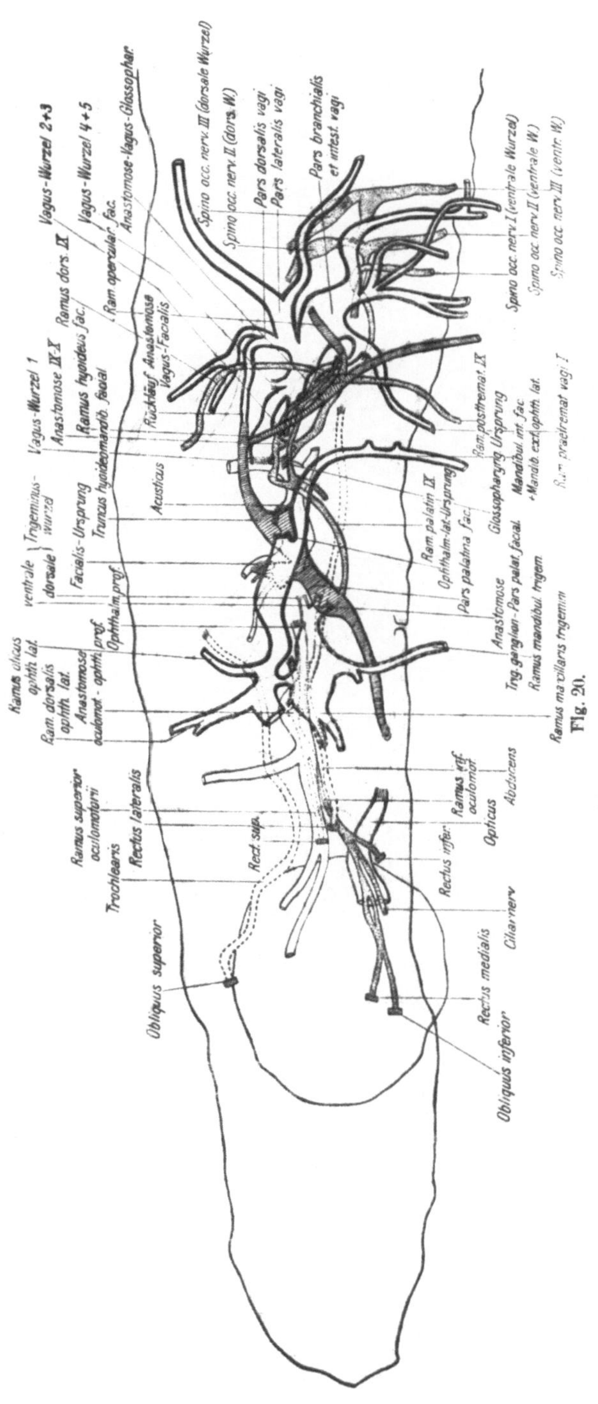

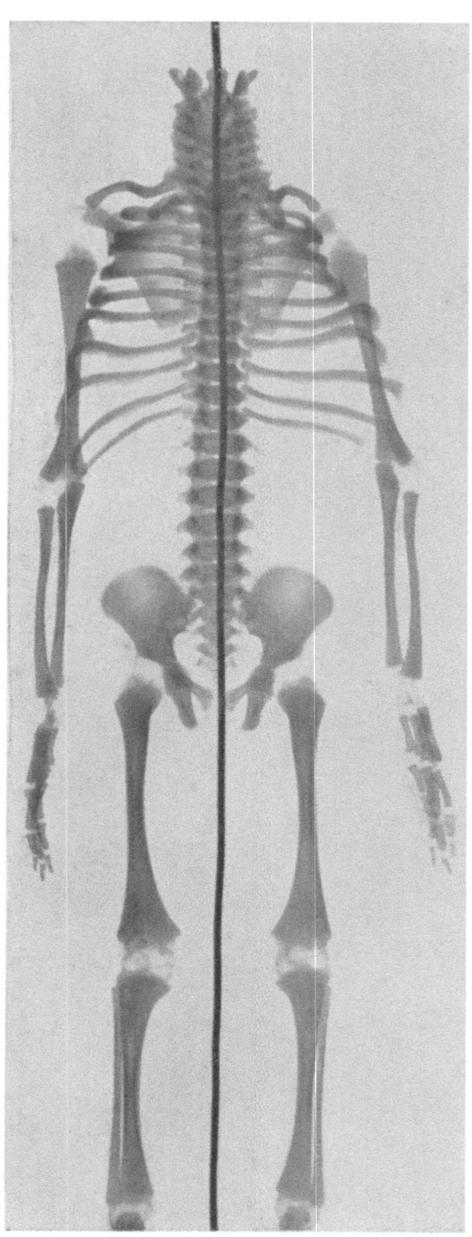

Fig. 1. Skelett im 1. Halbjahr (25 Wochen).

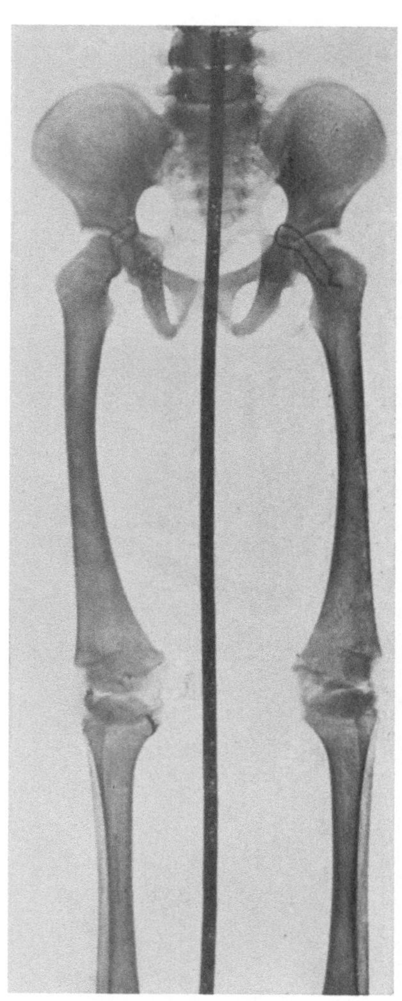

Fig. 2. Skelett, 2jährig.

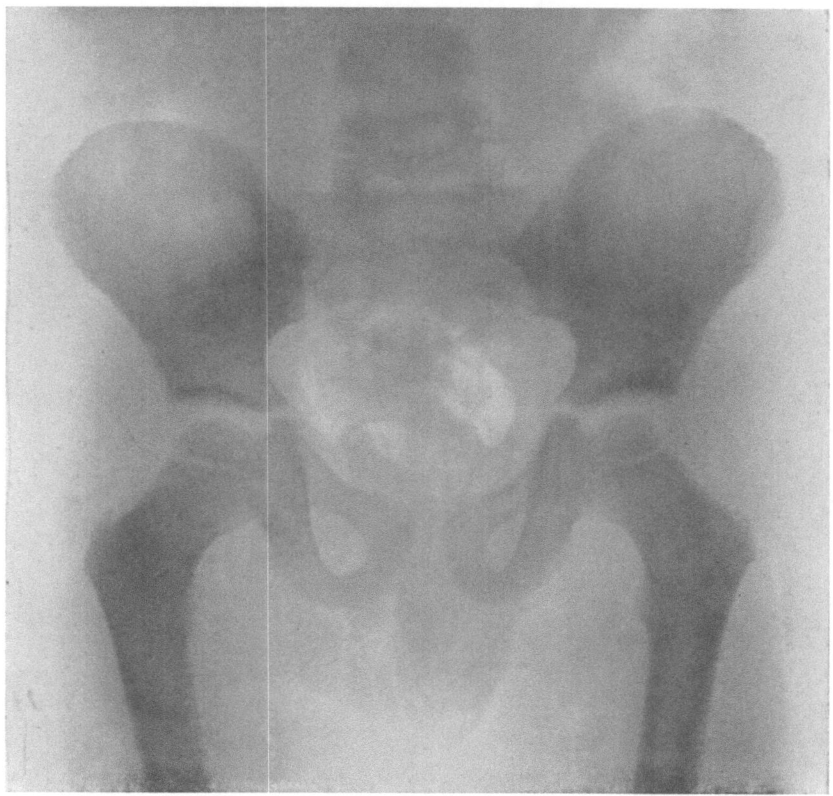

Fig. 3. 5jähr. Becken.

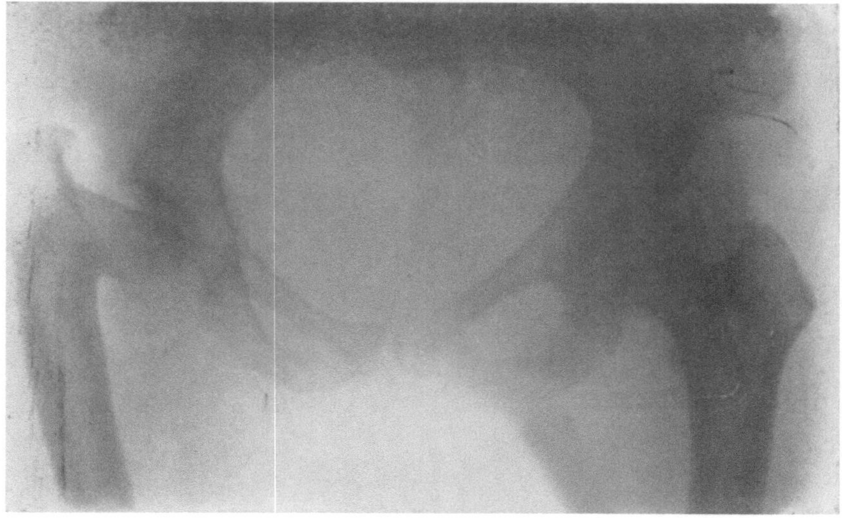

Fig. 7. Coxa vara.

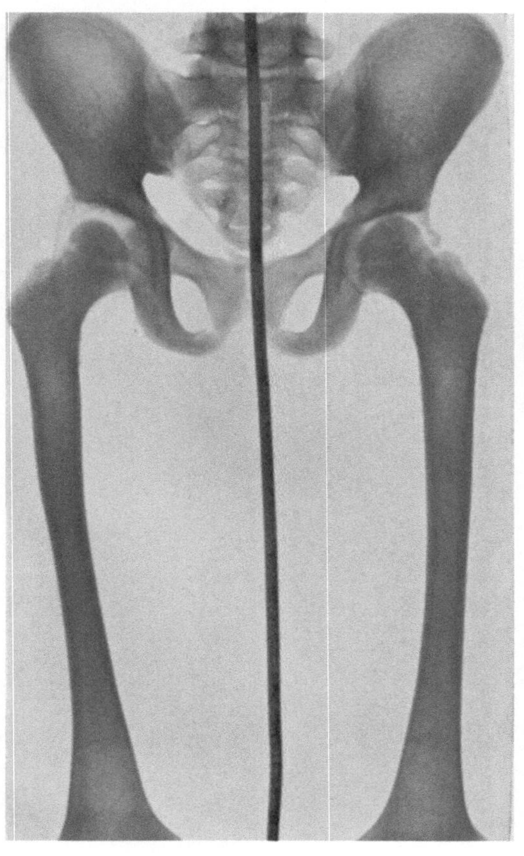

Fig. 4. Skelett des 8jährigen.

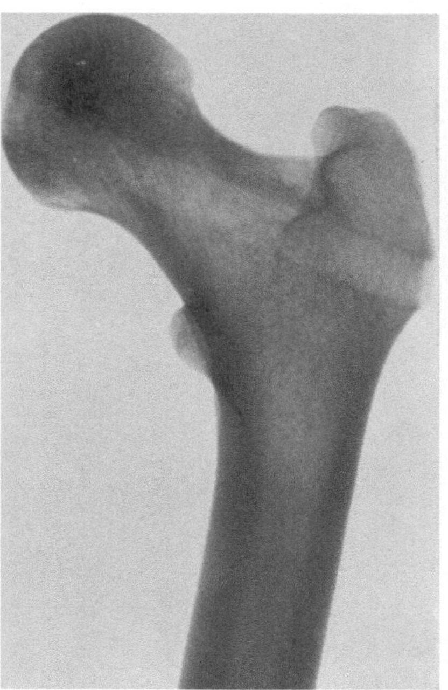

Fig. 6. Normales Femur vom Erwachsenen.

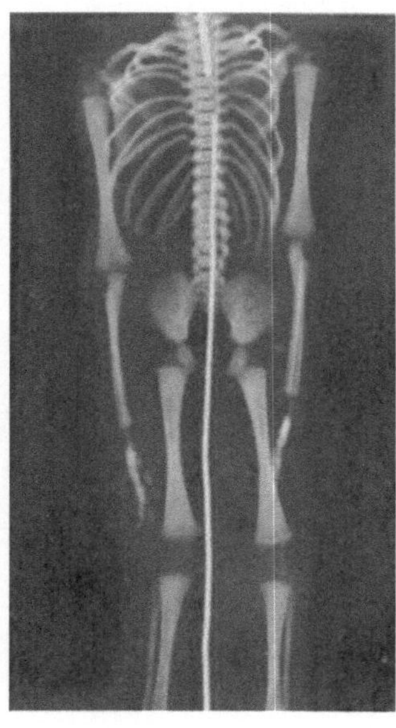

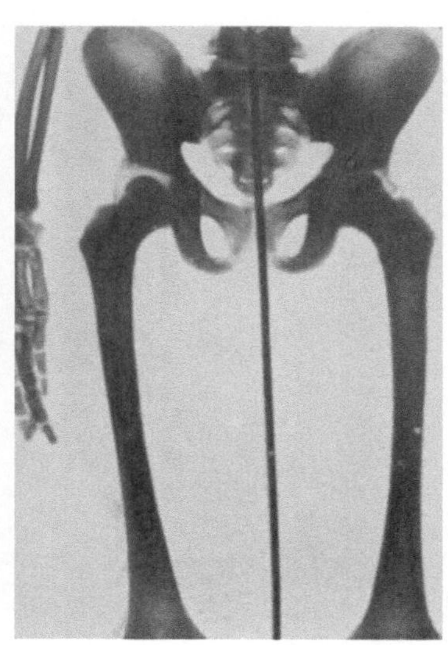

Fig. 5.

Skelett im 1. Halbjahr (25 Wochen). Skelett des 8jährigen.

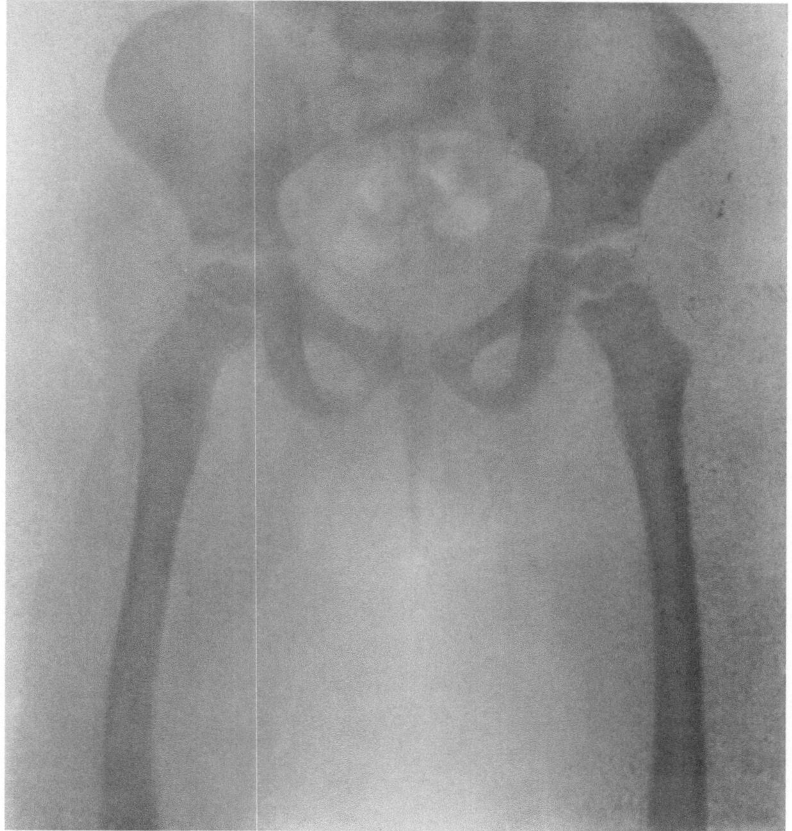

Fig. 8a.

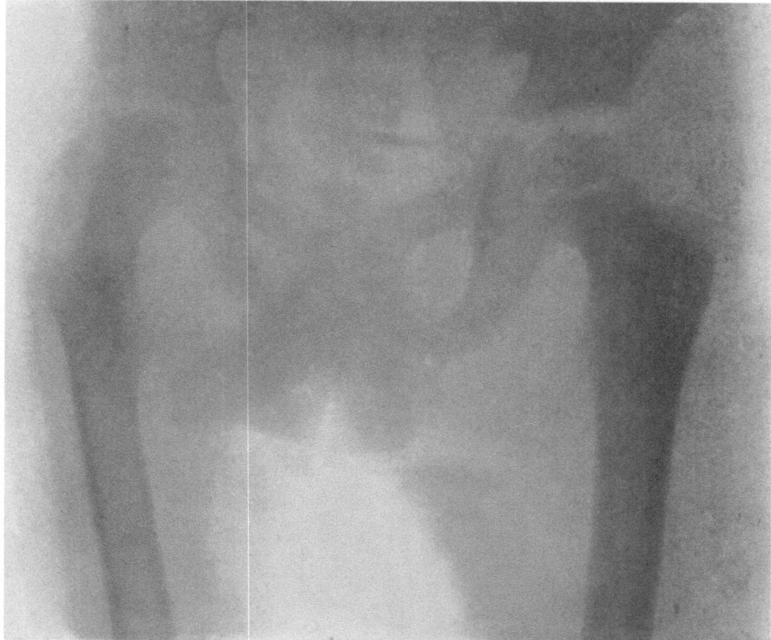

Fig. 8b.

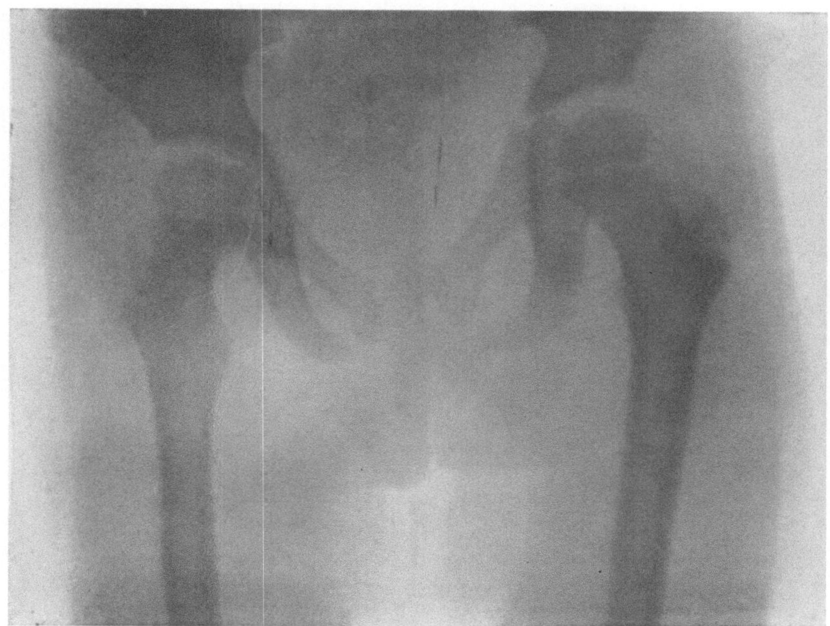

Fig. 8 c.

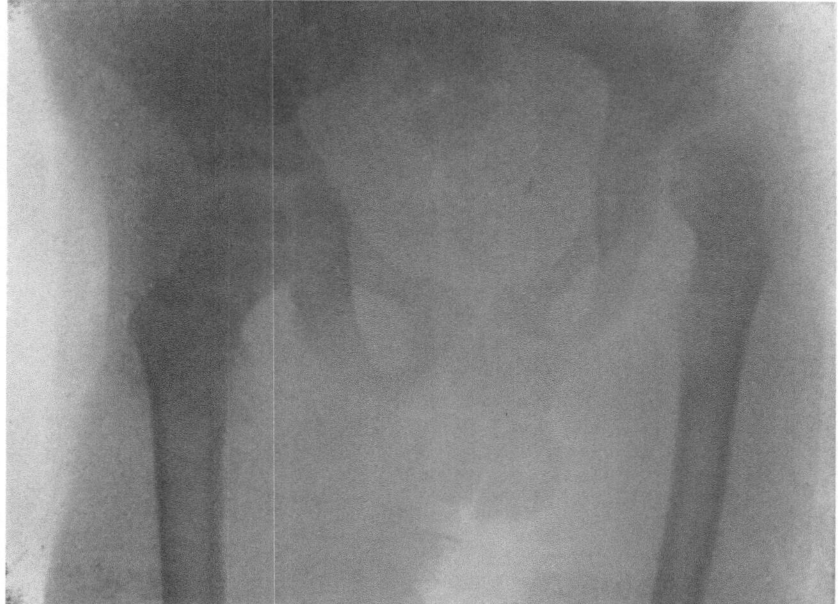

Fig 8 d

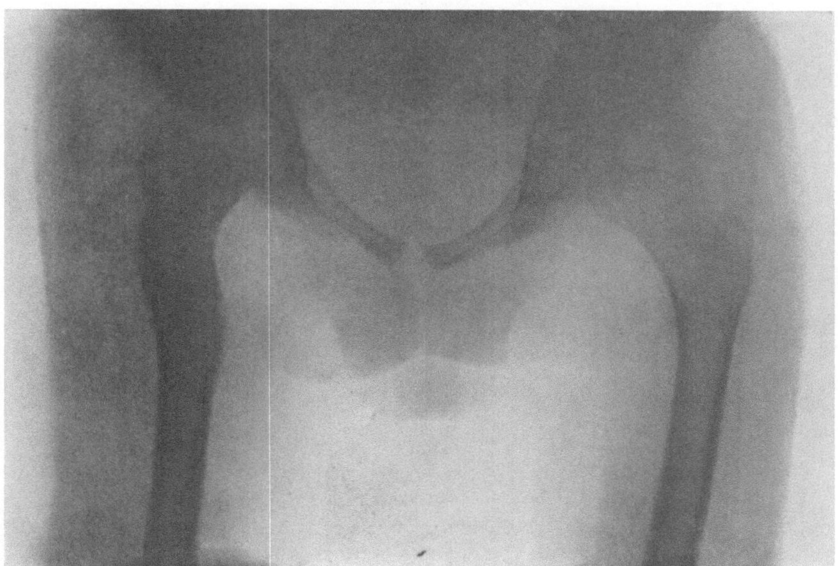

Fig. 8e.

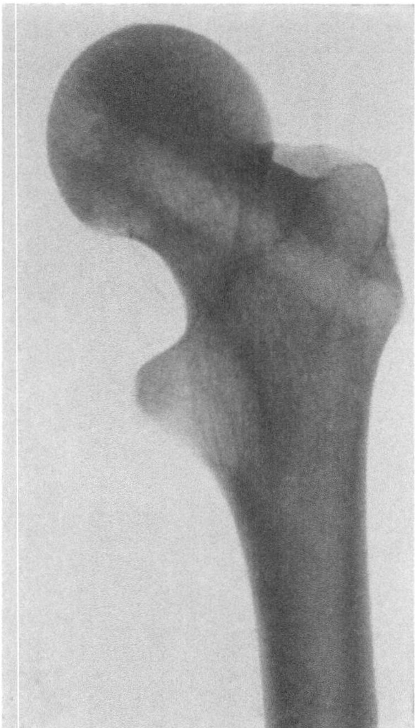

Fig. 9.

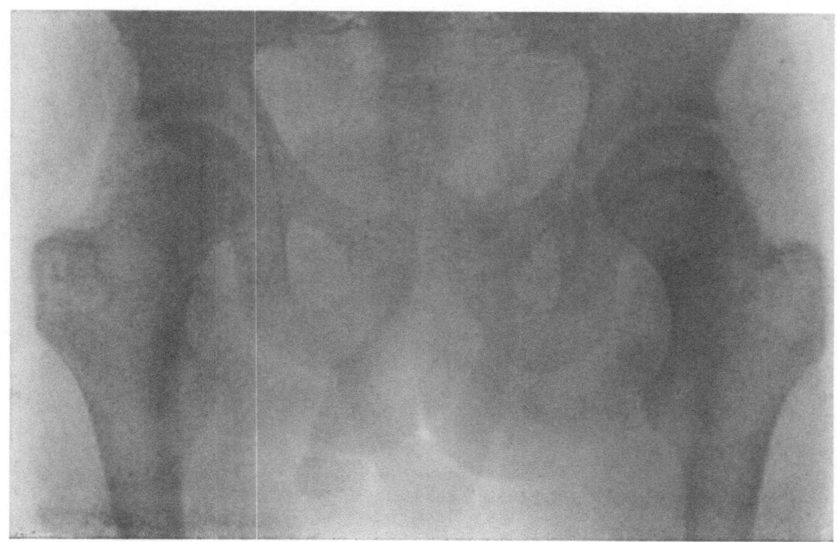

Fig. 10.

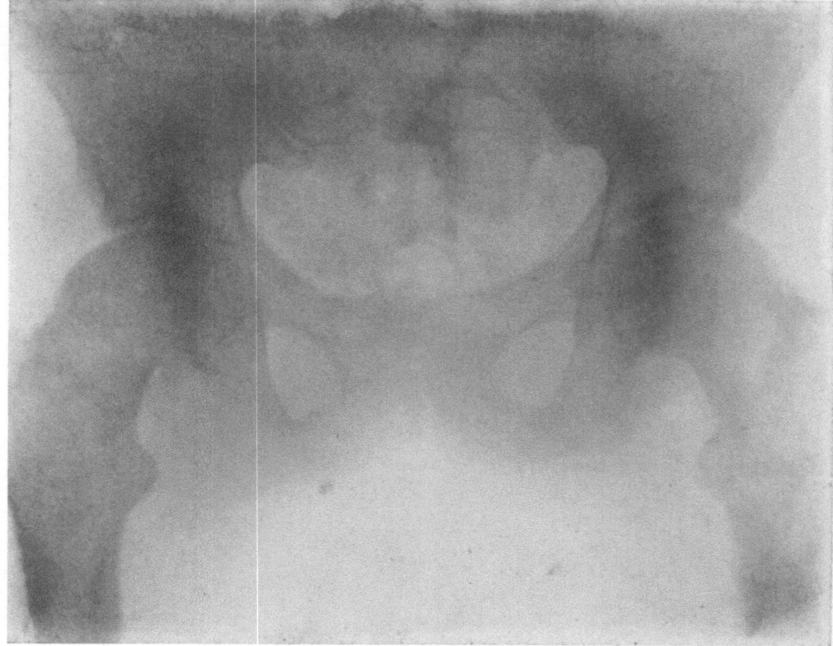

Fig. 11.

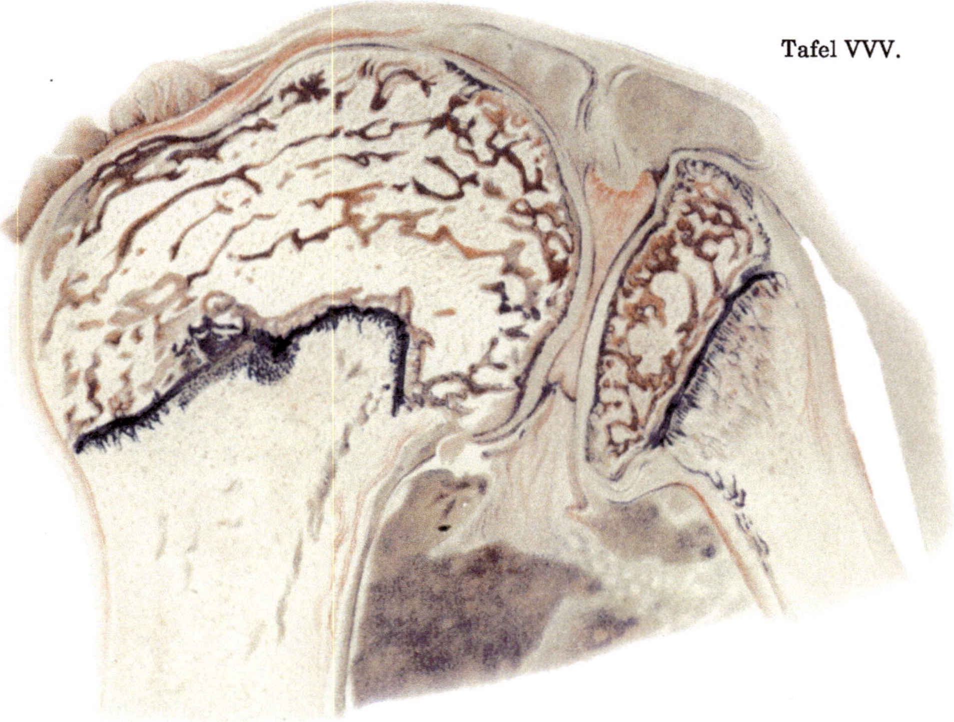

Fig. 2.

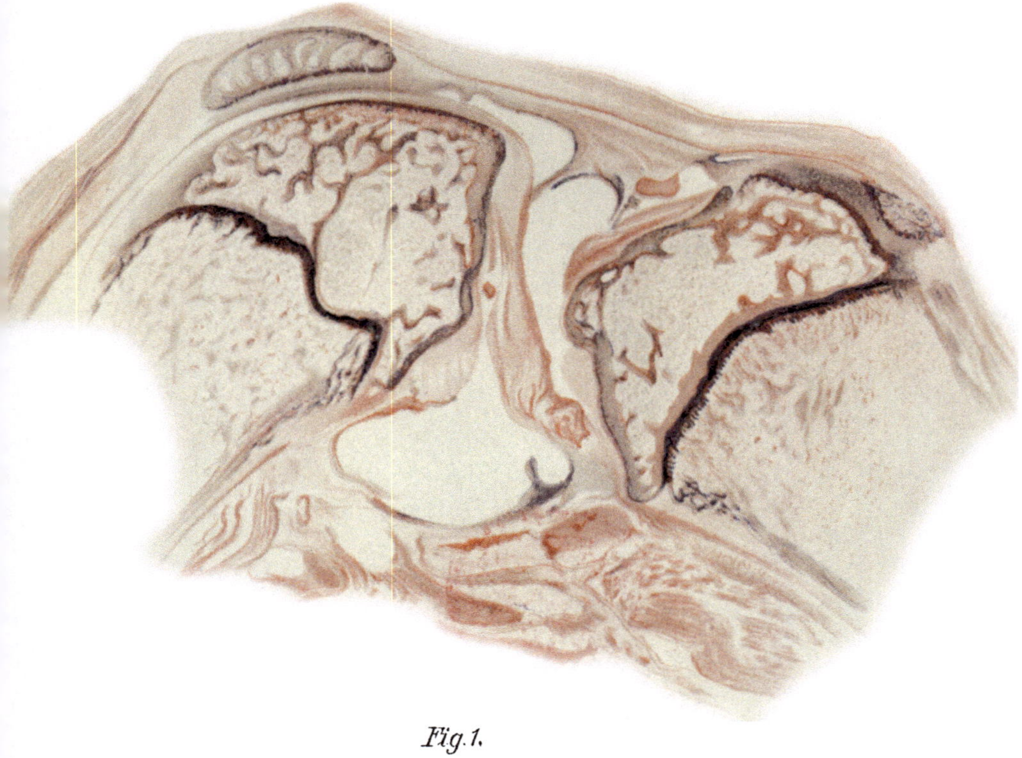

Fig. 1.

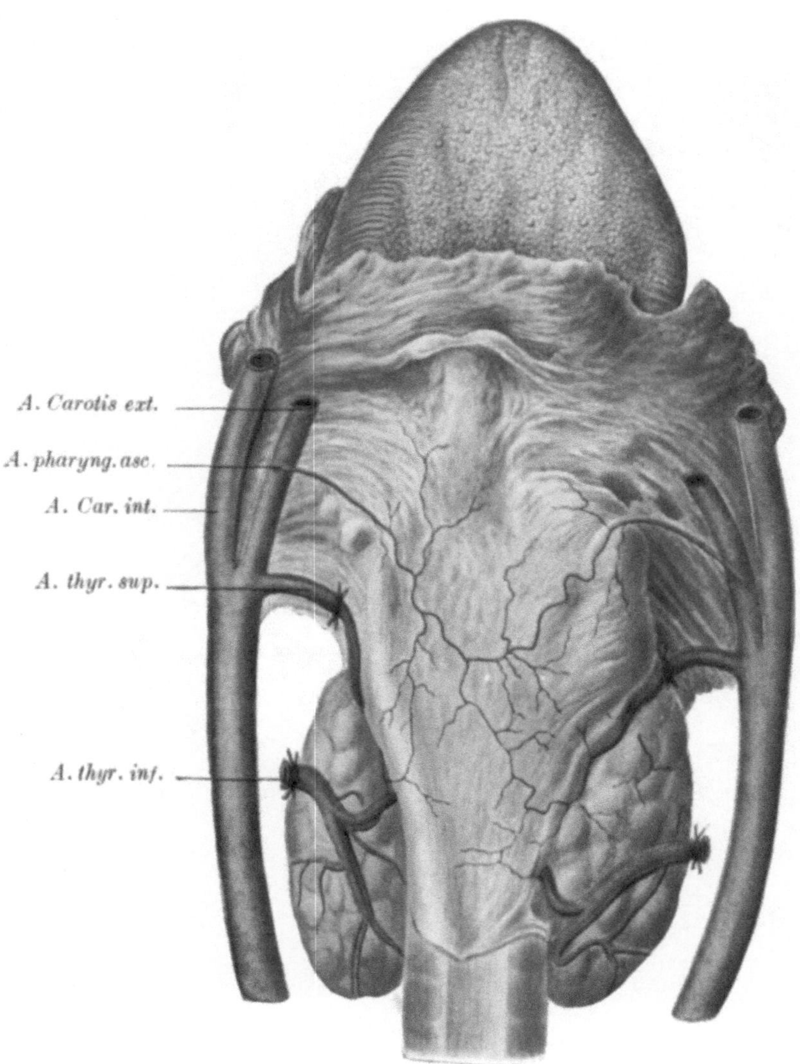

Fig. 1.

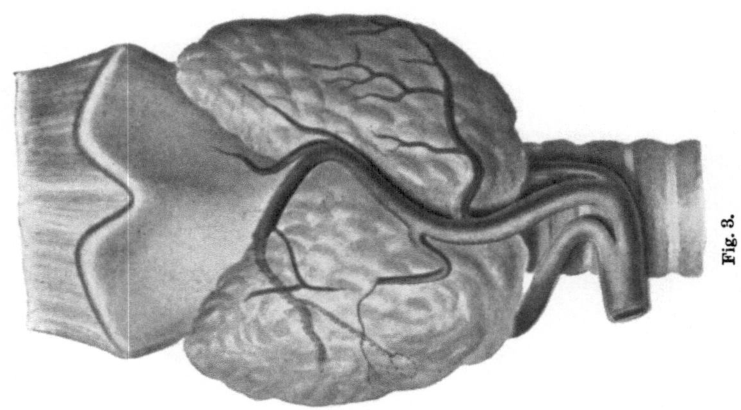

Fig. 3.

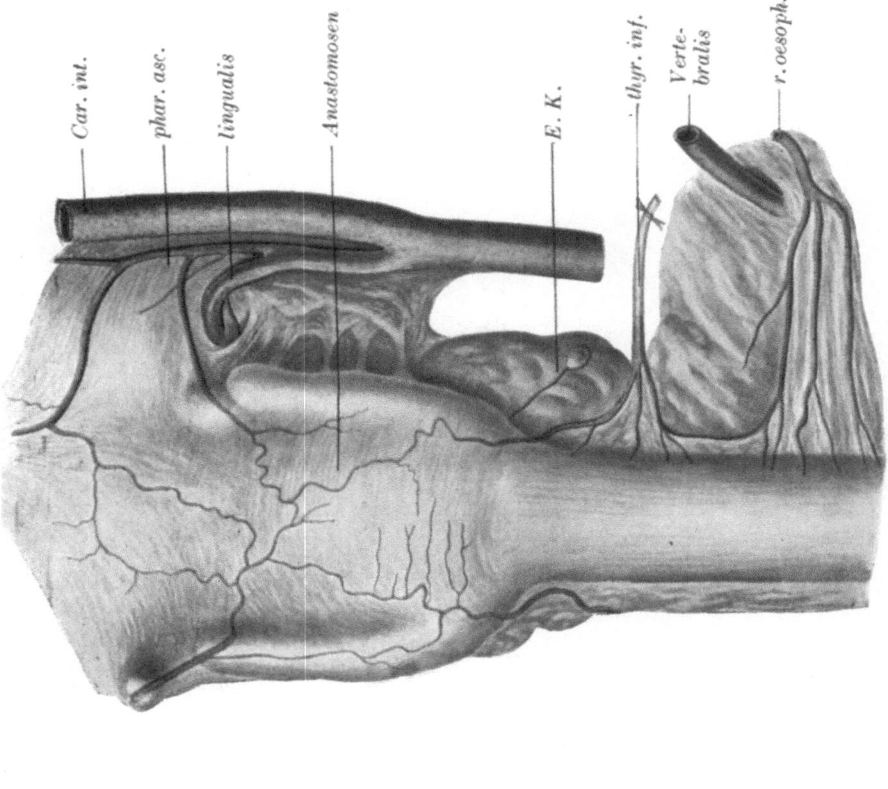

Car. int.
phar. asc.
lingualis
Anastomosen
E. K.
thyr. inf.
Verte-bralis
r. oesoph.

Fig. 2.

Springer-Verlag Berlin Heidelberg

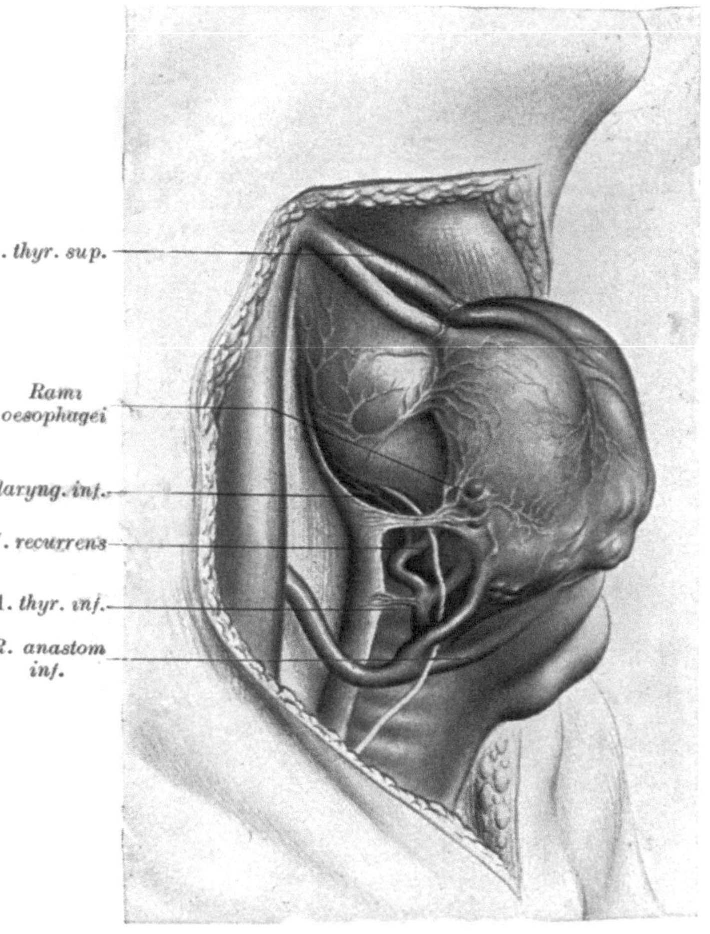

Fig. 4. Rechtsseitige Struma.

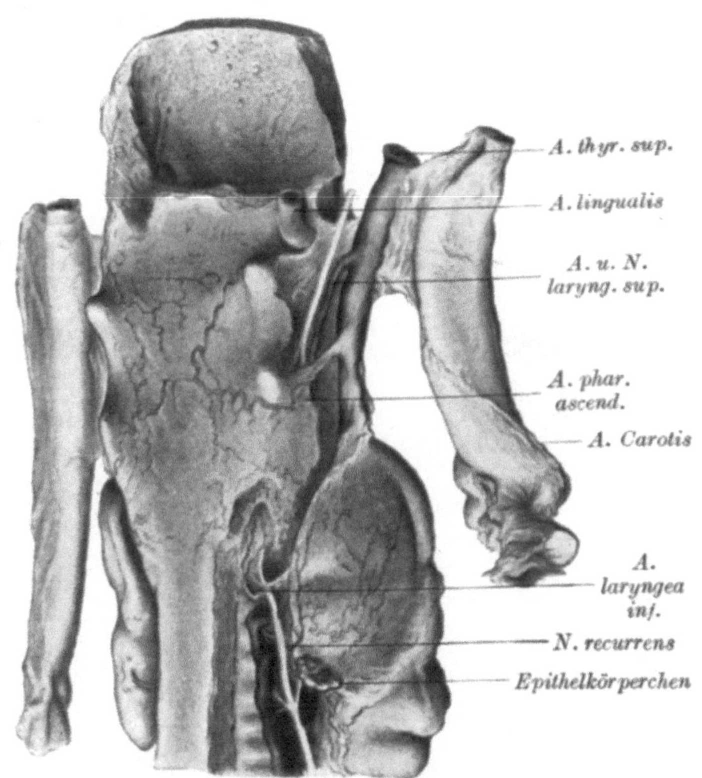

Fig. 5. Oesophag und Schilddrüse dorsal.

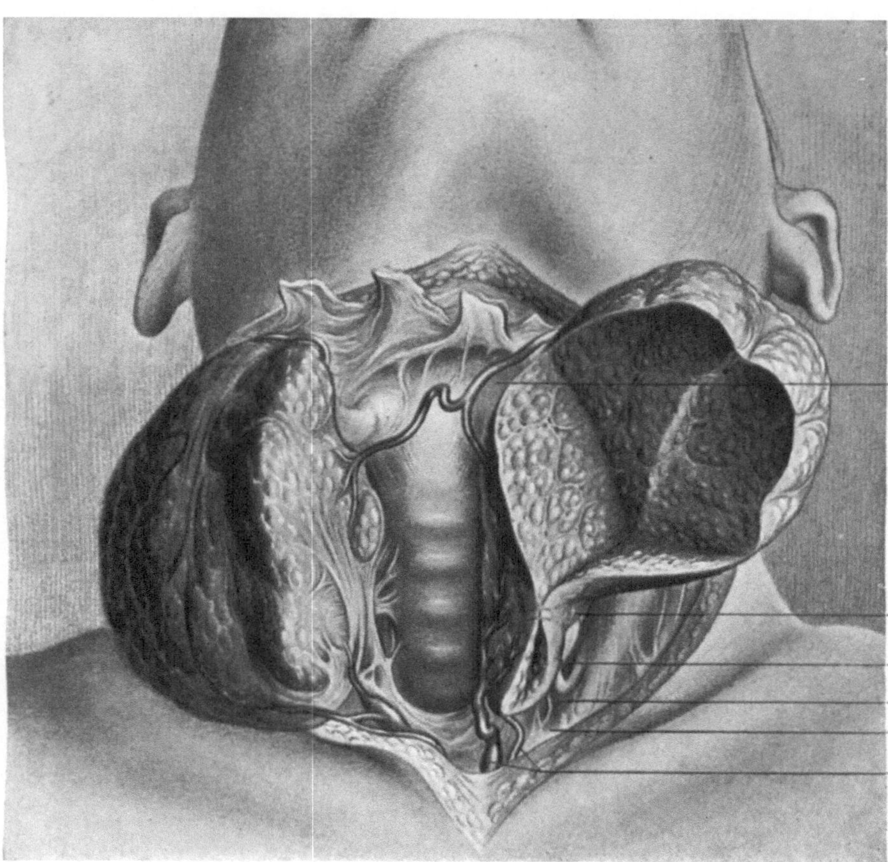

Fig. 6. Doppelseitige Kropfresection.

 Springer-Verlag Berlin Heidelberg

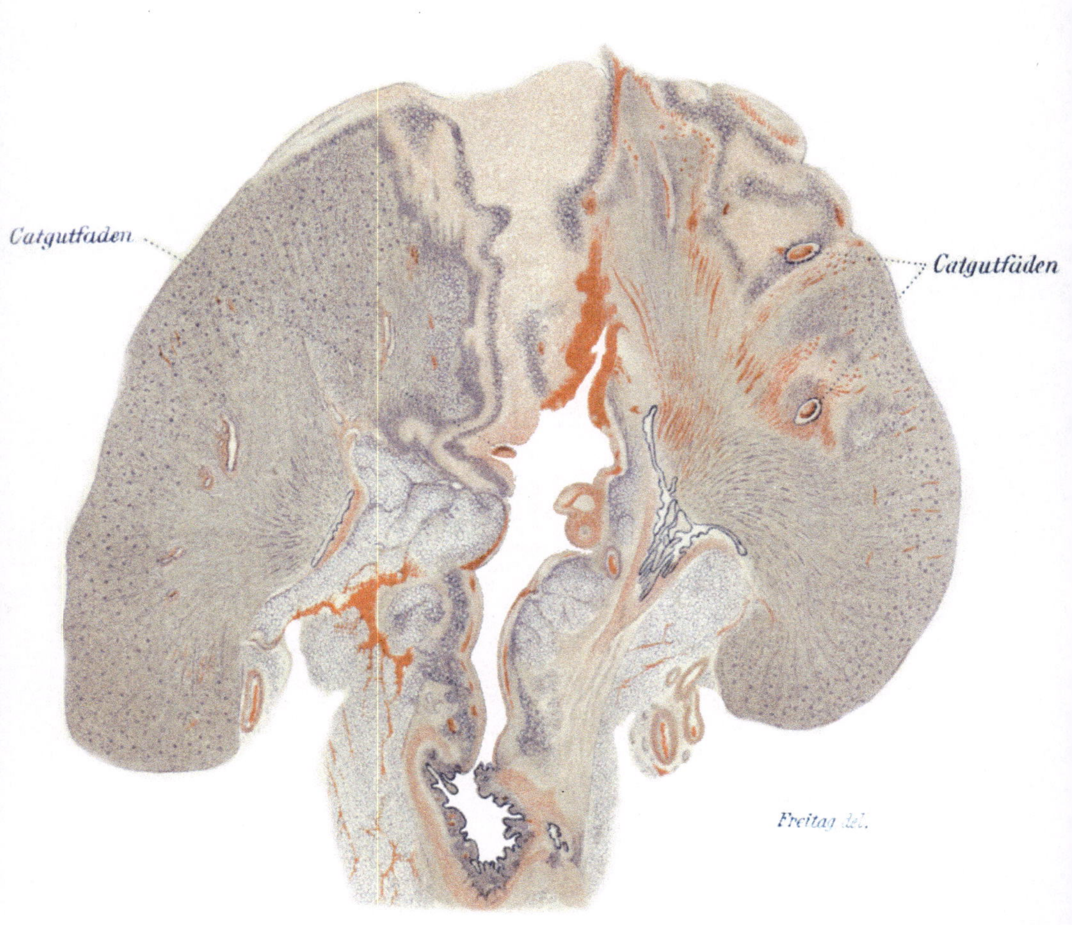
Catgutfaden
Catgutfäden
Freitag del.

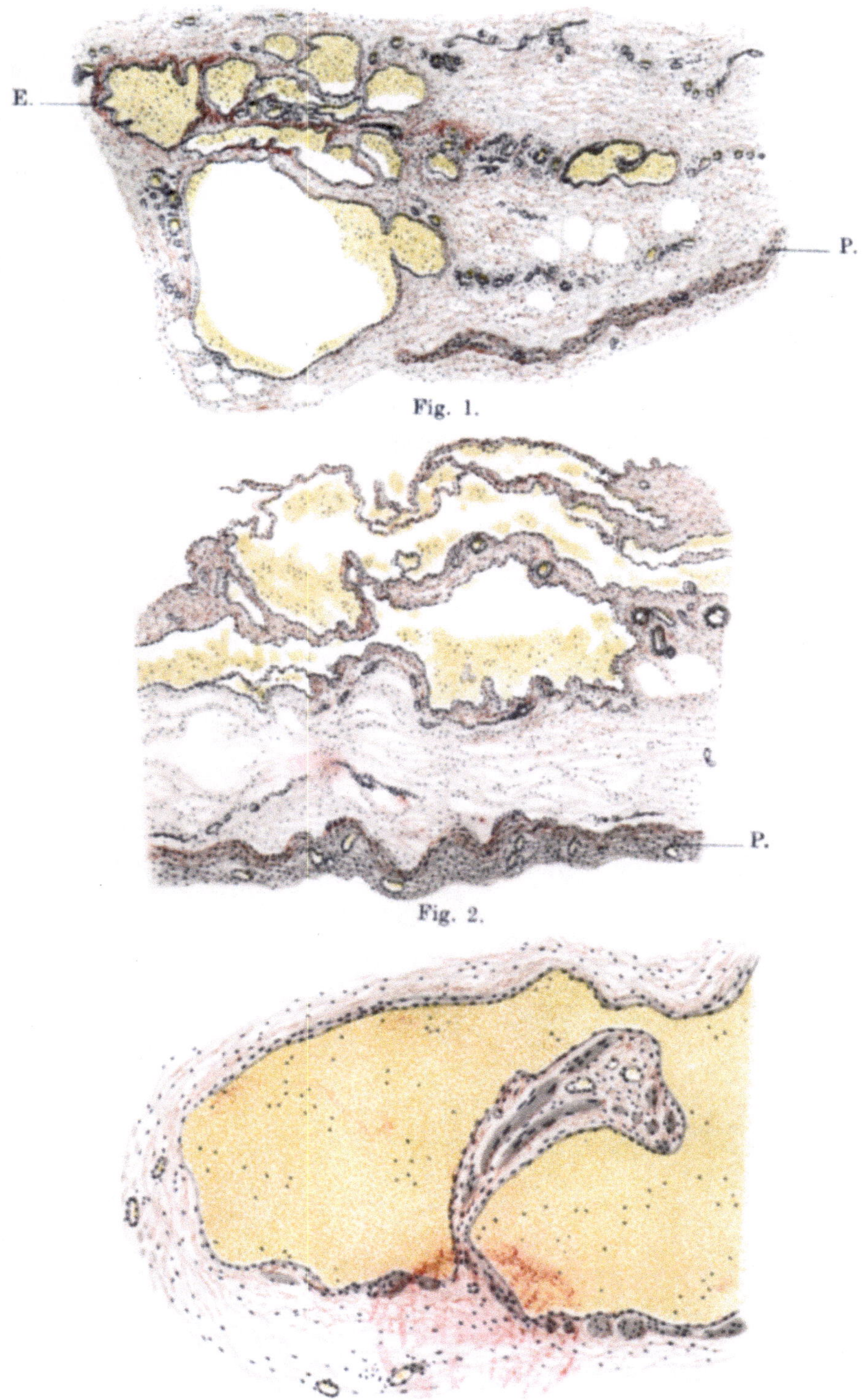

Fig. 1.

Fig. 2.

Fig. 3.

Springer-Verlag Berlin Heidelberg

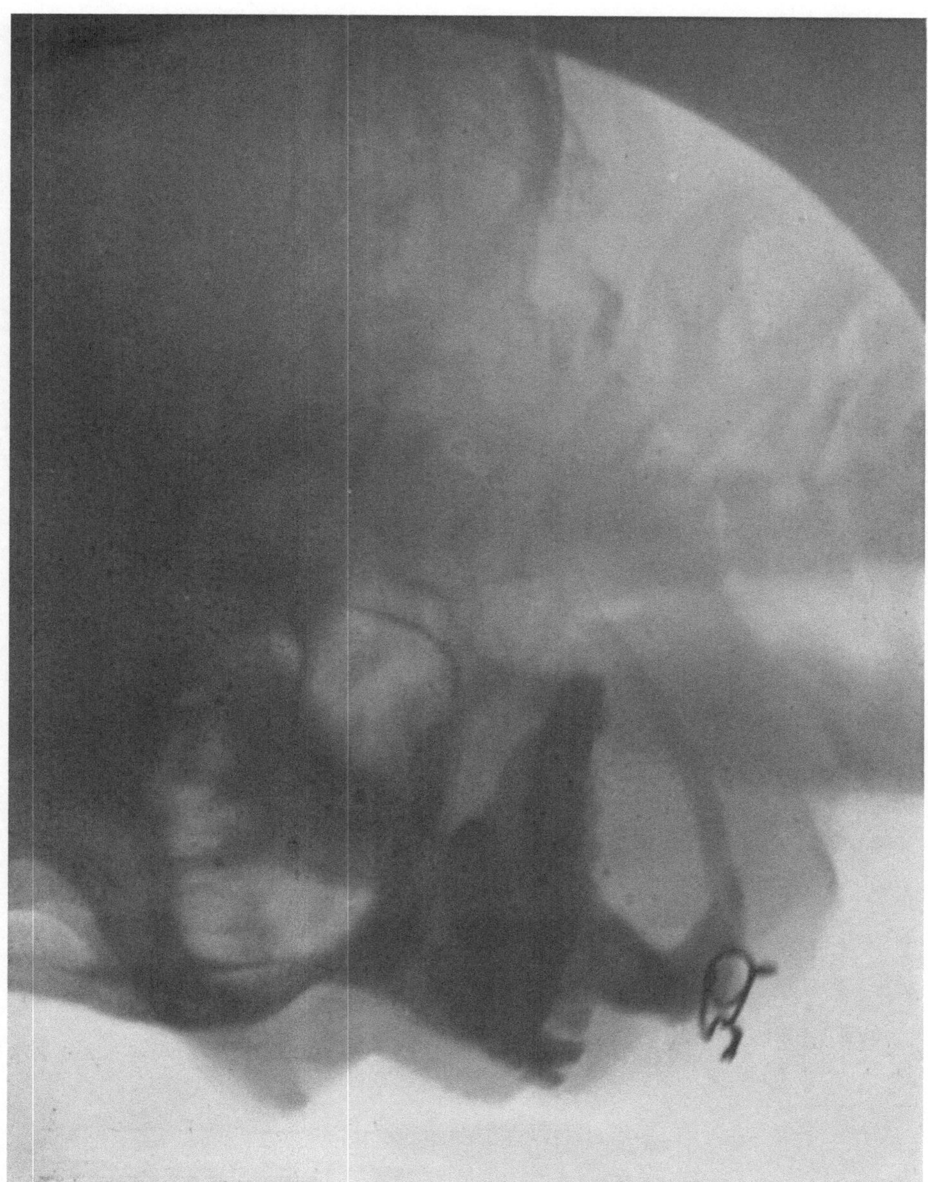

Fig. 1. Rippentransplantat 7 Jahre nach der Einheilung ohne Zahnprothese.

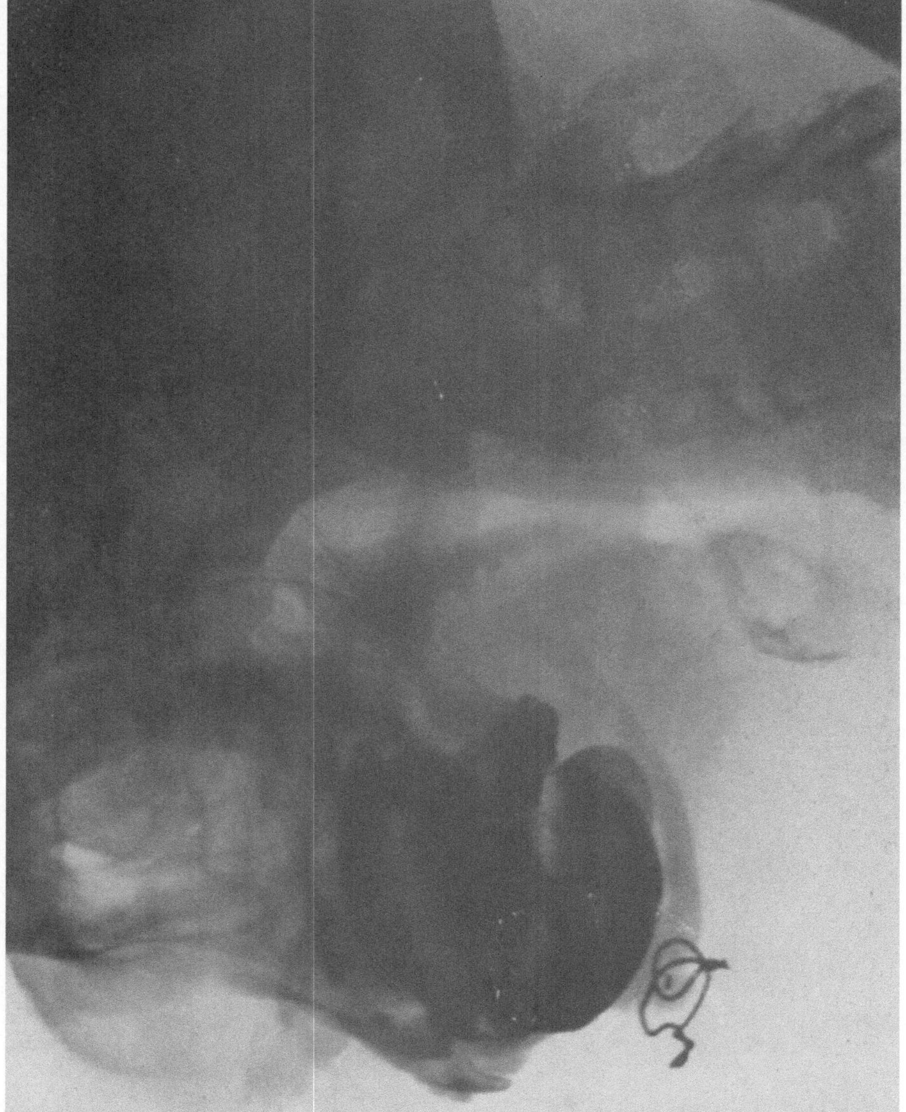

Fig. 2. Rippentransplantat 7 Jahre nach der Einheilung mit Zahnprothese.

Fig. 1a.

Fig. 1b.

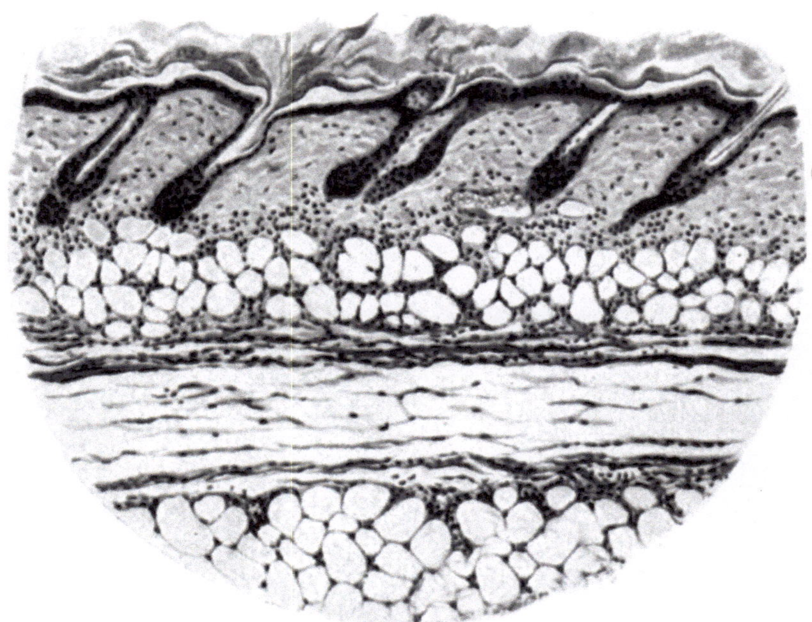

Fig. 1c.

Springer-Verlag Berlin Heidelberg

Fig. 2.

Fig. 3a.

Fig. 3b.

Springer-Verlag Berlin Heidelberg

Tafel XXXVI.

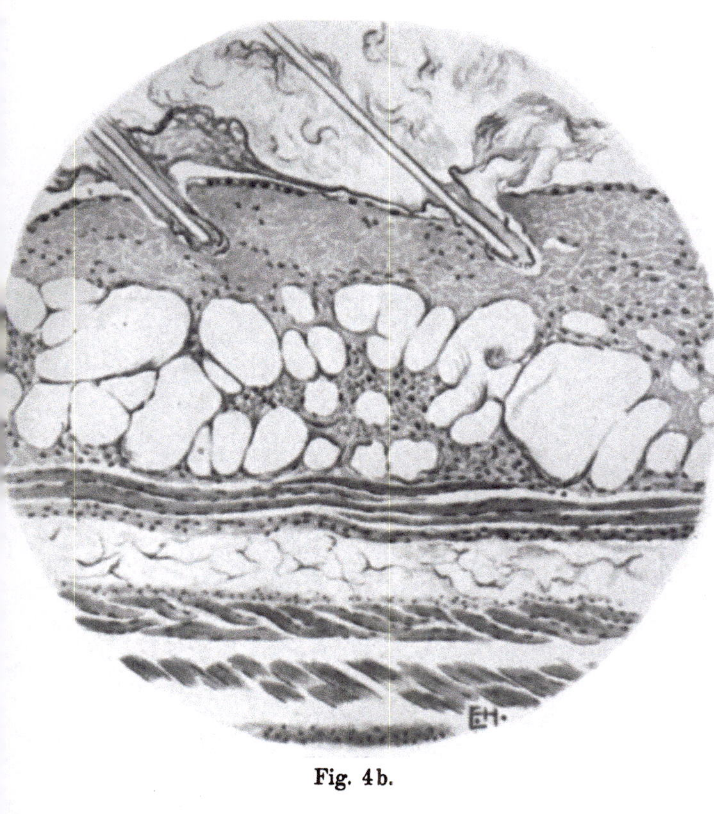

Fig. 4b.

Fig. 4a.

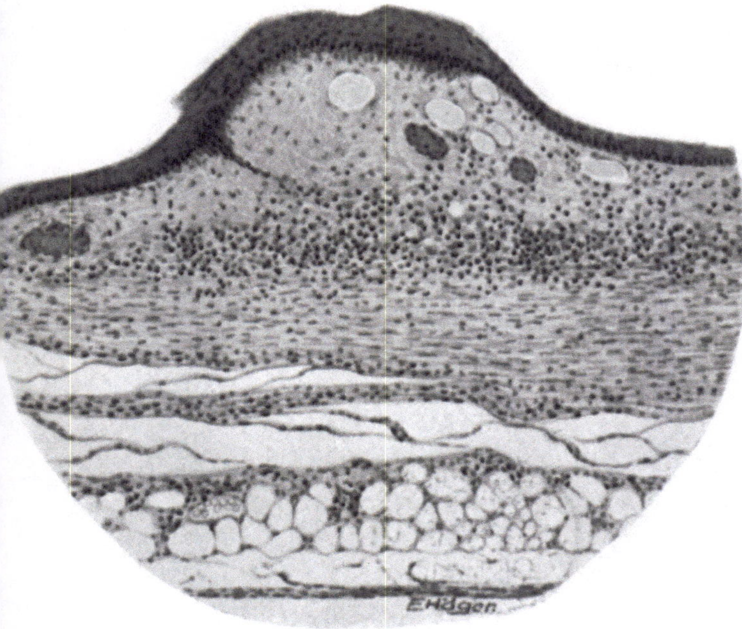

Fig. 4c.

Springer-Verlag Berlin Heidelberg

XVII.

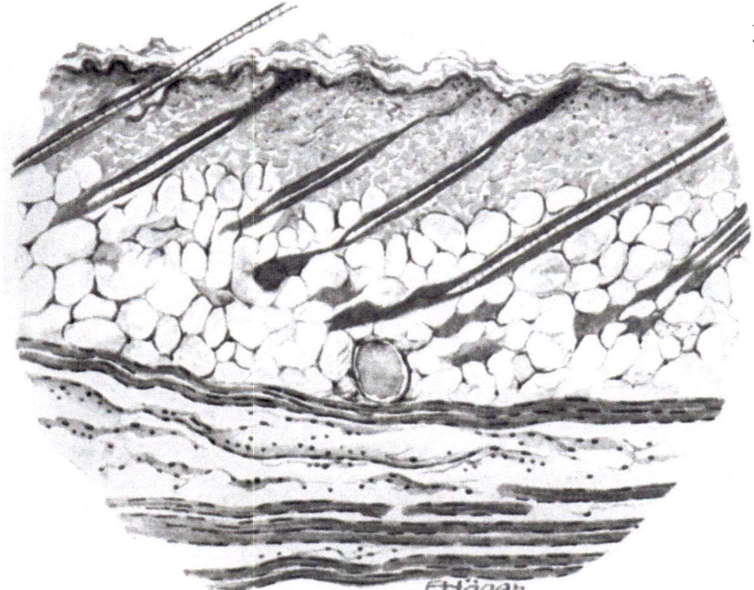

Fig. 5.

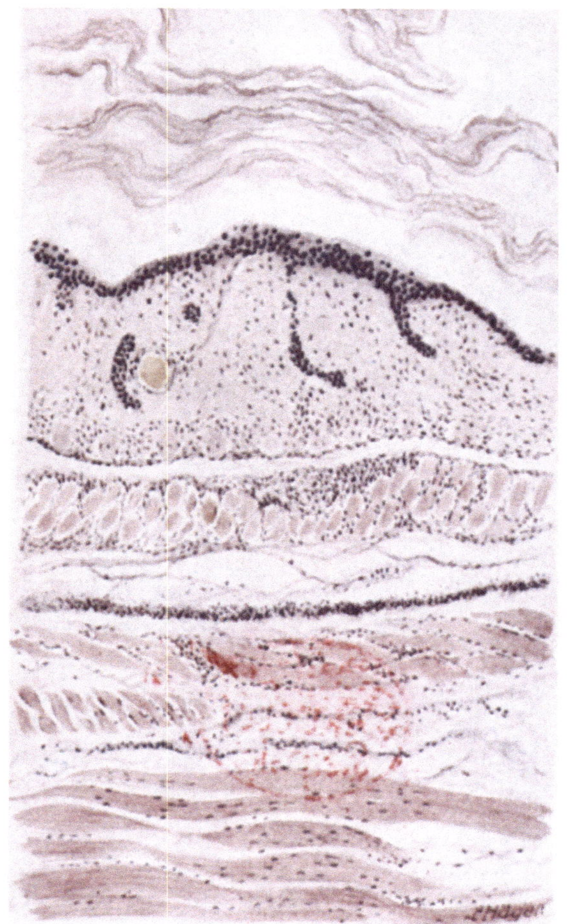

Fig. 6.

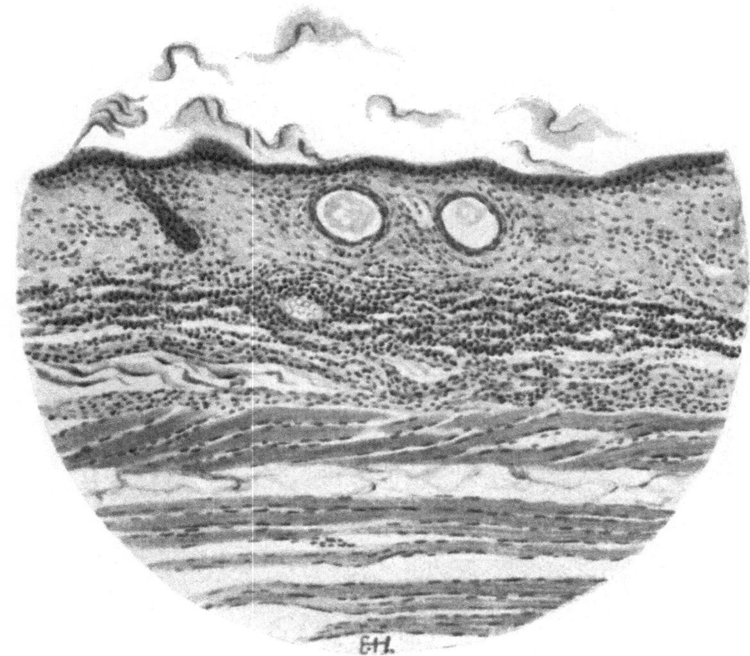

Fig. 7.

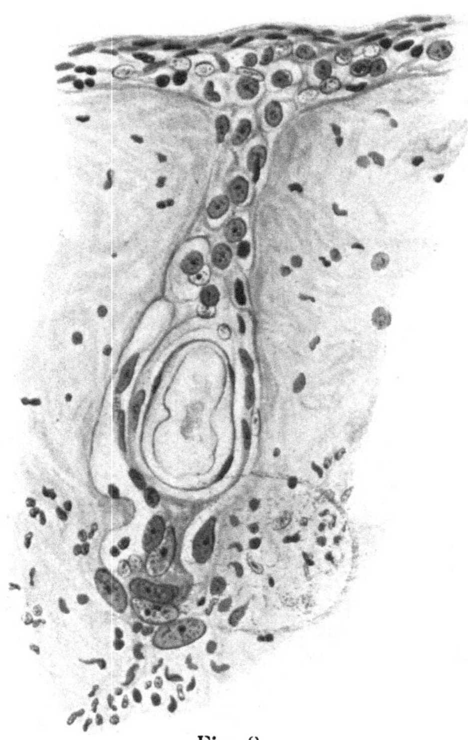

Fig. 8.